Ihle
Klimatechnik
mit Kältetechnik

Schriftenreihe
Der Heizungsingenieur
Herausgegeben von Dipl.-Ing. Claus Ihle

Band 1
Erläuterungen zur DIN 4701 – Wärmedämmung

Band 2
Die Pumpen-Warmwasserheizung

Band 3
Lüftung und Luftheizung

Band 4
Klimatechnik mit Kältetechnik

Band 5
Energie- und Feuerungstechnik
(in Vorbereitung)

Werner-Verlag

Schriftenreihe
Der Heizungsingenieur

Band 4

Klimatechnik mit Kältetechnik

Von Dipl.-Ing. Claus Ihle

Studiendirektor an der Bundesfachschule für Sanitär-, Heizungs- und Klimatechnik, Karlsruhe

3., neubearbeitete und erweiterte Auflage 1996

Werner-Verlag

1. Auflage 1969
2. Auflage 1975
3. Auflage 1996

Die Deutsche Bibliothek – CIP-Einheitsaufnahme

Der Heizungsingenieur : e. Schriftenreihe – Düsseldorf : Werner

Bd. 4 → Ihle, Claus: Klimatechnik mit Kältetechnik

Ihle, Claus:
Klimatechnik mit Kältetechnik / von Claus Ihle – 3., neubearb. und erw. Aufl. – Düsseldorf : Werner, 1996

(Der Heizungsingenieur ; Bd. 4)
ISBN 3-8041-2113-6

ISB N 3-8041-2113-6

DK 697.94

Satz: Graphische Werkstätten Lehne GmbH, Grevenbroich
Offsetdruck und buchbinderische Verarbeitung:
Bercker Graphischer Betrieb GmbH, Kevelaer
Archiv-Nr.: 477/3 – 12.95
Bestell-Nr.: 3-8041-2113-6

Inhaltsverzeichnis

Vorwort

Seit der letzten Auflage ist ein langer Zeitraum verstrichen, und in dieser Zeit hat sich die Klimatechnik stark verändert. Einerseits bleibt sie von Kritik nicht verschont, andererseits wird es immer deutlicher, daß sie als wesentlicher Bestandteil der Gebäudetechnik – insbesondere bei Funktionsbauten – für Menschen und zahlreiche Produktionsprozesse existentielle Bedeutung und Zukunftsaufgaben zu erfüllen hat.

Die Klimatechnik ist komplexer geworden und damit auch das Anforderungsprofil des Klimaingenieurs. Die Ursache liegt an den neuen Planungs-, Bemessungs- und Koordinierungsanforderungen, an zahlreichen neuen Systemen und Systemveränderungen (starke Dezentralisierungen, großes Angebot an Kühldecken, neue Luftführungen in Räumen, Einbeziehung von Fertigbauteilen, der Einsatz von Wasser – Splitsystemen, veränderten Induktionsgeräten, Befeuchtungsgeräten, Wärmerückgewinnungssystemen, Filterelementen, Eisspeicher u. a.), an den entscheidenden Durchbrüchen in der Meß-, Steuerungs-, Regelungs- und Informationstechnik, an den zahlreichen Simulationsmethoden, am hohen Stellenwert der Wirtschaftlichkeit, an den umfangreichen Energiesparkonzepten, an der starken Einbindung des Umweltschutzes, an strukturellen Veränderungen bei der Energieversorgung, an den veränderten Qualitätsmaßstäben bei der Gebäudeplanung (ökologisches und ökonomisches Bauen), an den neuen Instandhaltungsstrategien, an der stärkeren Verknüpfung mit der Kälteversorgung und nicht zuletzt vielfach auch an einem veränderten Nutzerverhalten.

Die nun vorliegende 3. Auflage mußte daher völlig neu konzipiert und stark erweitert werden. Dabei wurde nicht nur auf diese Entwicklungstendenzen eingegangen, sondern auch hinsichtlich der Stoffdarbietung wurden ganz konkrete Zielvorstellungen verfolgt:

1. Die Verwendung als Lehrbuch für Fach- und Ingenieurschulen sowie für „Seiteneinsteiger“ wird durch eine fächerübergreifende Stoffauswahl, durch zahlreiche Berechnungsbeispiele mit Lösungen, durch 661 Wiederholungs- und Prüfungsfragen (kapitelweise nach Schwierigkeitsgrad gegliedert) und durch umfangreiche Veranschaulichungen mit 554 Abbildungen und 89 Tabellen unterstützt.
2. Zur Verwendung als Nachschlagewerk bei der Berufsausübung wurde u. a. ein spezieller Schriftsatz mit Hervorhebung von Textstellen, eine abschnittsweise Zusammenstellung von Planungshinweisen, eine große Informationsdichte und ein ausführliches Sachwortregister gewählt.
3. Eine starke Kürzung der theoretischen Grundlagen zugunsten einer praxisorientierten Stoffauswahl wurde in Kauf genommen, da hierfür ausreichende und gute Literatur zur Verfügung steht und der Umfang des Buches begrenzt werden mußte.
4. Die Einbeziehung der Kältetechnik erfolgte aufgrund bestimmter Entwicklungstendenzen (neue Systeme, Klimageräte, Wärmepumpen) und auf vielfachen Wunsch von Ausbildungsstätten und der Praxis. Bei der Stoffauswahl wurde allerdings vorwiegend auf die Belange der Klima- und Wärmepumpentechnik Rücksicht genommen.

Weitere Themen zur Planung und Ausführung von raumlufttechnischen Anlagen, wie z. B. Lüftungssysteme, Luftheizungsanlagen, Geräte, Kanalnetz, Luftführung in Räumen, Ventilatoren, Akustik, Wärmerückgewinnung, werden im Band 3 behandelt.

Karlsruhe, im November 1995 Der Verfasser

Hinweise zum Gebrauch des Buches:

- Die öfter innerhalb des Textes in Klammern angegebene Abbildungs-, Tabellen- oder Kapitelnummer muß nur dann aufgesucht werden, wenn der Textinhalt weiter vertieft oder ergänzt werden soll.
- Die am Schluß des Buches für alle Kapitel zusammengestellten Wiederholungsfragen können meistens auch geteilt werden. Sie sind anhand des Textes zu beantworten.
- Zum schnellen Aufsuchen des Inhalts in den einzelnen kleinen Abschnitten und zur Hervorhebung der Merksätze dienen die fettgedruckten Wörter bzw. Textstellen.

Literaturhinweise

Herstellerunterlagen der — Fa. Happel, Wanne-Eickel; Fa. Kraftanlagen, Heidelberg; Fa. Schako, Kolbingen; Fa. Krantz, Aachen; Fa. Maico, Villingen-Schwenningen; Fa. Strulik, Hünfelden; Fa. Rox, Köln; Fa. Landis u. Gyr, Frankfurt; Fa. Weiss, Mönchengladbach; Fa. Kiefer, Stuttgart; Fa. Fläkt, Butzbach; Fa. Barth + Stöcklein, München; Fa Trox, Neukirchen-Vluyn; Fa Danfoss, Offenbach; Fa. LTG, Stuttgart; Fa. Delbag, Berlin; Fa. Beil, Radolfzell; Fa. Kaut, Wuppertal; Fa. Weiss, Reiskirchen; Fa. Wolf, Mainburg; Fa. Klimatec, Trier; Fa. Hygromatik, Norderstedt; Fa. Menerga, Mühlheim/Ruhr; Fa. Stulz, Hamburg; Fa. Hitachi, Hamburg; Fa. Kälte - Fischer, Stuttgart; Fa. Bitzer, Sindelfingen; Fa. Polenz, Norderstedt; Fa. Ruhaak, Frankfurt; Fa. NOVA, Donaueschingen; Fa. Heber, Rotthalmünster; Fa. Kessler und Luch, Gießen.

Abrach, R. u. a. — Regelungskonzepte für Kühldecken, IKZ 8/95, Strobel-Verlag, Arnsberg

Adam, J. — Zur Problematik der . . . Fensterlüftung hochisolierter und wärmebelasteter Bürogebäude, TAB 3/95, Bertelsmann-Verlag, Gütersloh

– — Lehrgangsreihe TGA, Beispiel: Kältetechnik in Klimaanlagen, KK 4/94, Gentner Verlag, Stuttgart

Amberg, H. U. — Kälteerzeugung zeitlich verschoben (Eisspeicher), HLH 7/92 VDI-Verlag, Düsseldorf

Baron, Ewald — Raumtemperatur in nicht klimatisierten Büroräumen, KI 2/93, C.F. Müller-Verlag, Karlsruhe

Berchthold, W. G. — Wartungstechnische Aufgaben in der Luftbefeuchtungstechnik, TAB 3/94, Bertelsmann-Verlag, Gütersloh

– — Abgrenzung zwischen Ausführungsplanung und Auftragsausführung, TAB 7/92, Bertelsmann-Verlag, Gütersloh

Bley, H. — Gegenüberstellung unterschiedlicher variabler Zuluft – Dralldurchlässe, HLH 3/93, VDI-Verlag, Düsseldorf

– — Forum: Luftfiltrierung, KL 11/92, C.F. Müller-Verlag, Karlsruhe

Braun, A. — Luftgekühlte Verflüssiger für R 22 – Kälteanlagen, KK 3/90, Gentner Verlag, Stuttgart

Brunk u. Makulla — Kühldecke mit Wärmeträger „Wasser“, HLH 4/92, VDI-Verlag, Düsseldorf

– — Kühldecken-Marktanalyse, CCI 9/93, Promotor-Verlag, Karlsruhe

Busweiler, U. — Ersatz für die Kältemaschine, sbz 8/92, Gentner-Verlag, Stuttgart

De Fries, H. — Eisspeicher Systeme und deren Kosteneinsparung, KK 10/93, Gentner-Verlag, Stuttgart

DIN - Normen — siehe Aufstellung in Kap. 15

Esdorn, H. — Einzelheiten zur Kühllastberechnung, HLH 4/94, VDI-Verlag, Düsseldorf

Fackelmayer, H. — Produktionsmittel Kühlwasser als Energieträger, KI 7–8/92, C.F. Müller-Verlag, Karlsruhe

Finke, U. — Verunreinigungsquellen in Klimaanlagen, KI 10/93, C.F. Müller-Verlag, Karlsruhe

Fitzner, K. — „Probleme erkannt, aber noch lange nicht gebannt“, CCI 6/92, Promotor-Verlag, Karlsruhe

Fitzner, K. — Sprühbefeuchter, KI 11/94, C.F. Müller-Verlag, Karlsruhe

Flemming, J. — Langfristig einsetzbare Kältemittel, Danfoss, Journal 4/93

Frank, L. — Integriertes Gebäudemanagement . . . , TAB 8/92, Bertelsmann-Verlag, Gütersloh

Glück, Bernd — Sind Kühldecken als Heizdecken einsetzbar? HLH 2/94, VDI-Verlag, Düsseldorf

Guntermann, K. — Einsatzmöglichkeiten und Grenzen von Quelluft-Endgeräten, HLH 7/94 VDI-Verlag, Düsseldorf

Haas, Wilfried — Elektrobiologie . . ., TAB 1/92, Bertelsmann-Verlag, Gütersloh

Hartmann, Klaus — Variables Volumenstromsystem . . ., HLH 6/87, VDI-Verlag, Düsseldorf

Hartmann, Klaus — Hydronik-Klimasysteme, IKZ 5/94, Strobel-Verlag, Arnsberg

Hartmann, Klaus — Kälteerzeugung in Absorptionsanlagen, KK 10/92, Gentner Verlag Stuttgart

Hartmann, Klaus — Kältemaschinen mit Kolben-, Rotations- und Turboverdichtern, TAG-Magazin 3/95, SWI-Studio G. Bahmann, Stuttgart

Hilbers, H. — Arbeitsräume in der Reinraumtechnik, TAB 7/92, Bertelsmann-Verlag, Gütersloh

Iselt, P. — Luftbefeuchter für RLT-Anlagen, IKZ 7/93, Strobel-Verlag, Arnsberg

Iselt, P. — Luftbefeuchtung und hygienische Anforderungen, TAB 9/92, Bertelsmann-Verlag, Gütersloh

Katz, Ph.	Behaglichkeit in klimatisierten Räumen, TAB 7/89, Bertelsmann-Verlag, Gütersloh
Löffler, G.	Thermostatische Expansionsventile . . ., KK 7/93, Gentner-Verlag, Stuttgart
Lotz, H.	Neue Wege für die Kältetechnik am Bau? TAB 10/54, Bertelsmann-Verlag, Gütersloh
Lubitz, Reiner	Haustechnik nach dem Jahr 2000, HR 6/89, Krammer-Verlag, Düsseldorf
Masuch, J.	Kühllastberechnung nach VDI 2078, HLH 12/92 u. 1/93, VDI-Verlag, Düsseldorf
Müller, K-G.	Reizwort unter Dauerbeschuß: Klimatechnik, HR 7–8/93, Krammer-Verlag, Düsseldorf
Mürmann, H.	Luftführung in Fertigungshallen, TAB 4/92, Bertelsmann-Verlag, Gütersloh
–	Reinraumkolloquim, HLH 3/95, VDI-Verlag, Düsseldorf
Mürmann, H.	Prüfverfahren Luftfiltrierung, TAB 12/89, Bertelsmann-Verlag, Gütersloh
Ney, A.	Adiabatische Kühlung, KI 7–8/92, C.F. Müller-Verlag, Karlsruhe
Rákóczy, T.	Grenzen bei Lüftung von Wohn- und Büroräumen, HLH 7/92, VDI-Verlag, Düsseldorf
Rákóczy, T.	Einsatz neuer RLT-Systeme für Bürogebäude, KI 3/92, C.F. Müller-Verlag, Karlsruhe
Rákóczy, T.	Möglichkeiten der Energieeinsparung bei RLT-Anlagen, HLH 3/94, VDI-Verlag, Düsseldorf
Recknagel, Sprenger, Schramek	Taschenbuch für Heizung + Klimatechnik, 94/95, 67. Ausgabe, Oldenbourg-Verlag, München
Reichel, W.	Erfahrungen mit Kühldecken, TAB 10/92, Bertelsmann-Verlag, Gütersloh
Reinmuth, F.	Speicherplatten-Regenerator, TAB 6/92, Bertelsmann-Verlag, Düsseldorf
Reinmuth, F.	Freie Kühlung, TAB. 4/88, Bertelsmann-Verlag, Gütersloh
Reinmuth, R.	Randbedingungen der Wärmefalle im Nichtwohnungsbau, TAB 7/88, Bertelsmann-Verlag, Gütersloh
Scharmann, R.	Mikrobiologische Kontrolle in Klimaanlgen, KI 11/92, C.F. Müller-Verlag, Karlsruhe
Scharmann, R.	UV-Desinfektion von Klimawasser, TAB 10/92, Bertelsmann-Verlag, Gütersloh
Scharmann, R.	Wasserbehandlung für Verdunstungsbefeuchter, TAB 9/93, Bertelsmann-Verlag, Gütersloh
Schartmann, Herbert	Luftbefeuchtung in der Raumlufttechnik, IKZ 19/94, Strobel-Verlag, Arnsberg
Schartmann, Herbert	Deckeninduktionsanlage . . ., KL 12/93, C.F. Müller-Verlag, Karlsruhe
Schicht, Hans. H.	Intern. Normung in der Reinraumtechnik, HLH 3/95, VDI-Verlag, Düsseldorf
Schlapmann, D.	Wärmerückgewinnung in der Lüftungs- und Klimatechnik, IKZ 10/95, Strobel-Verlag, Arnsberg
Schmeiser, B.	Meßtechnik zur Bestimmung von Raumklimagrößen, KI 6/91, C.F. Müller-Verlag, Karlsruhe
Schmidt, H.	Fallstromkühlung, sbz 18/92, Gentner-Verlag, Stuttgart
Schnell, H.	Bauarten von Kältemittelkondensatoren, TAB 11/86, Bertelsmann-Verlag, Gütersloh
Schnell, H.	Offene und geschlossene Kühltürme, TAB 9/95, Bertelsmann-Verlag, Gütersloh
Schroers, D.	Prüfverfahren für Luftfilter, HLH 8/91, VDI-Verlag, Düsseldorf
Schultz, W.	Lüftungs- und Klimageräte, bauliche Planung . . ., IKZ 8/94, Strobel-Verlag, Arnsberg
Sefker, Th.	Einfluß der Zulufteinbringung auf die thermische Behaglichkeit des Menschen, HR 11/91, Krammer Verlag, Düsseldorf
Slipcevic, B.	Verdampferbauarten, TAB 7/87, Bertelsmann-Verlag, Gütersloh
Socher, H.J.	Düsenbefeuchtung in der Industrie, KI 6/86, C.F. Müller-Verlag, Karlsruhe
Sodec, F.	RLT-Anlagen in Produktionsstätten, IKZ 24/94, Strobel-Verlag, Arnsberg
Sodec, F.	Anwendungsmöglichkeiten von Kühldecken, TAB 10/93, Bertelsmann-Verlag, Gütersloh
Steimle, Fritz	Mensch und Raumklima, sbz 2/92, Gentner-Verlag, Stuttgart
Steiner, R.	Dampfbefeuchtung in RLT-Anlagen, IKZ 4/5/93, Strobel-Verlag, Arnsberg
Steiner, R.	Luftauslässe, Verdrängungslüftung-Quellüftung, KK 2/92, Gentner-Verlag, Stuttgart
–	Kühldecken-Symposium, TAB 8/92, Bertelsmann-Verlag, Gütersloh
Ströder, R.	Wärmerückgewinnung in Fertigungshallen, TAB 7/92, Bertelsmann-Verlag, Gütersloh
Ströder, R.	Wirtschaftliche Luftgeschwindigkeiten in RLT-Anlagen, TAB 11/94, Bertelsmann-Verlag, Gütersloh
VDI-Blätter	siehe Aufstellung in Kap. 15
VDMA-Blätter	siehe Aufstellung in Kap. 15
Weber, G.H.	Feuchte Luft, TAB 8/94, Bertelsmann-Verlag, Gütersloh

1 Bedeutung und Aufgaben der Klimatisierung

Bemerkungen zum Wort „Klima“:

Schon seit einigen Jahrhunderten wird das Wort „Klima“ mit dem Wetter in Beziehung gebracht. Meteorologisch versteht man unter Klima das auf einen längeren Zeitraum bezogene Wettergeschehen mit den Klimaelementen: Lufttemperatur, Feuchte, Niederschläge, Sonnenstrahlung, Wind usw. Man spricht von Sommerklima, Winterklima, gesundem Klima, Tropenklima, Feuchtklima, schwülem Klima, Reizklima, mildem Klima, Küstenklima, Binnenklima, „Stadtklima“, „Treibhausklima“ usw. und **möchte damit Luftzustände ausdrücken, wie sie vom Menschen empfunden werden.** Dieses Außenklima muß bei der Planung und beim Betrieb von Klimaanlagen ebenfalls einbezogen werden. Es ist oft untragbar und wirkt sich auf unsere Aufenthalts-, Arbeits- und Produktionsräume negativ aus, so daß darin ein behagliches oder betrieblich notwendiges Klima technisch hergestellt werden muß. Man spricht dann von klimatisierter Luft, von technisch aufbereitetem Klima, Innenklima oder allgemein vom **Raumklima, mit dem sich der Klimatechniker beschäftigt.** Man spricht – meist im negativen Sinn – auch von einem „künstlichen Klima“, und wenn durch schlechte Erfahrung oder durch Polemik eine negative Einstellung zur Klimatisierung vorliegt, kann das Wort „Klima“ sogar zu einem Reizwort werden.
Das Wort Klima ist in unserer Umgebung noch vielfältiger geworden. So spricht man z. B. von einem vertrauensvollen Verhandlungsklima, von einem schlechten Betriebsklima, von einem guten Klima im Semester usw.

1.1 Notwendigkeit und Anwendung – Entscheidungskriterien

Die Aufgaben, die durch den Einbau einer Klimaanlage oder durch die Aufstellung von Klimageräten erfüllt werden sollen oder müssen, können hier nur im Überblick zusammengestellt werden. Die genauere Begründung, der rechnerische Nachweis und die Hinweise für Planung, Ausführung und Betrieb gehen größtenteils aus den jeweiligen späteren Teilkapiteln hervor.

Obwohl in der Gebäudeplanung im letzten Jahrzehnt enorme Fortschritte bei der Berücksichtigung energetischer Einflußgrößen gemacht wurden (Kap. 11.4), kann in manchen Aufenthaltsräumen und erst recht in vielen Produktionsstätten auf eine Klimatisierung nicht verzichtet werden. Um die Notwendigkeit und den Anwendungsbereich etwas zu gliedern, **unterscheidet man zwischen Komfort-Klimaanlagen und Industrie-Klimaanlagen.**

Beide Begriffe sind zwar üblich, aber trotzdem ungeeignet, da sie falsch interpretiert werden können. Eine Komfort-Klimaanlage, die oft als „Luxusanlage“ verstanden wird, dient der Gesundheit und dem Wohlbefinden der Menschen – nicht zuletzt der arbeitenden Menschen – und sollte daher besser als **„Humanklimaanlage“** bezeichnet werden. Eine **Industrie-Klimaanlage** hat eine Funktion zu übernehmen, d. h., nur durch sie sind manche Prozesse überhaupt erst möglich. Mit der Bezeichnung **„Prozeßklimaanlage“** wird dies vielleicht besser verdeutlicht.

Wird nach Aufgabe und Anwendung der Klimatisierung gefragt, so bezieht man diese meistens auf die jeweiligen Gebäude, Räume, Einrichtungen, Arbeitsprozesse und auf unterschiedlich spezielle Anforderungen. Im wesentlichen unterscheidet man:

a) **Funktionsbauten für Menschen einschließlich Freizeit- und Kulturbauten,** wie z. B. Theater, Konzertsäle, Kinos, Hörsäle, Büroräume, Konferenzräume, Mehrzweckräume, Krankenhäuser, Kaufhäuser, exklusive Hotels und Restaurants, spezielle Arbeitsräume, Sporthallen, Schwimmbäder, Museen. Hier besteht die Aufgabe darin, die Forderungen an Luftreinheit, Temperatur, Feuchtigkeit, Luftgeschwindigkeit mit der von der Architektur vorgegebenen Bautechnik wieder in eine Umwelt zu bringen, die für den Menschen behaglich oder lebensnotwendig ist. Hier ist die innere Umwelt gemeint, zu der noch eine weitere Anzahl von Klimakomponenten gehört (Kap. 2.1). Das jeweils gewünschte bzw. geforderte Raumklima soll dabei ganzjährig garantiert werden, unabhängig davon, welche Störgrößen innerhalb und außerhalb des Gebäudes auftreten.

Ohne Klimatisierung wären große Versammlungsräume (Theater, Konzertsäle, u. a.) unbrauchbar, Bürohochhäuser könnten im Sommer nicht genutzt werden, viele Operationen könnten nicht durchgeführt werden, in Arbeitsstätten mit hohen Anforderungen gäbe es völlig unbefriedigende Arbeitsergebnisse, große Kaufhäuser wären undenkbar, in manchen Räumen müßte mit großen Sachschäden gerechnet werden, der Besuch von Schwimmhallen wäre eine Zumutung, fensterlose Verkaufs- und Arbeitsräume oder Räume mit großen Raumtiefen und hohem Wärmeanfall hätten das Klima einer Sauna.

Von Fall zu Fall wird man dabei abwägen, ob eine „Voll"-Klimatisierung (Heizung, Kühlung, Entfeuchtung, Befeuchtung), eine Teilklimatisierung (z. B. nur Kühlung und Entfeuchtung) oder sogar nur eine Lüftungsanlage vorgesehen werden muß; entsprechend auch bei den Einzelgeräten. Man wird unterscheiden müssen zwischen notwendig und nicht unbedingt notwendig, denn man kann die **Klimatisierung grundsätzlich weder ablehnen noch befürworten.** Man muß im Einzelfall entscheiden.

In den **heißeren Ländern** ist die Klimatisierung zu einem der wichtigsten Wirtschaftsfaktoren geworden. Erst durch den Einsatz von Klimaanlagen konnten sich in vielen Ländern Urlaubs- und Industriezentren bilden, die heute zum wirtschaftlichen Aufschwung und somit zur Existenz ihrer Region beitragen.

Die Klimatechnik beeinflußt z. B. in Ostasien, Amerika, Afrika, Japan u. a. die Besiedlung ganzer Landstriche und bedeutet dort das, was bei uns die Heizung bedeutet. Der Aufstieg zur wirtschaftlichen Größe mancher Städte, wie z. B. Singapore, Hongkong, Bangkok und vieler anderer, wäre ohne Klimatisierung niemals möglich gewesen. Die Leistungskraft könnte nie aufgebracht werden, Millionen wären arbeitslos, der Ferntourismus käme zum Erliegen.

b) **Funktionsbauten für technische Zwecke,** wie z. B. Fertigungsbetriebe, Produktionsstätten, Labors, Meßräume, EDV-Räume. Bei diesen industriellen Klimaanlagen steht nicht das menschliche Wohlbefinden im Vordergrund, sondern **hier bestimmt der technische Prozeß oder das Produkt und somit der wirtschaftliche Nutzen das Raumklima.**

- In vielen Produktionsstätten ist heute die Herstellung, Verarbeitung und Lagerung von Materialien, Waren, Einrichtungen **ohne Klimatisierung nicht mehr vorstellbar.** So z. B. in Prüfräumen mit hochempfindlichen Instrumenten, in speziellen Labors, in Meßräumen, bei der Herstellung und Lagerung von Medikamenten, in der chemischen Industrie, bei der Herstellung von Präzisionsbauteilen z. B. in der Mikroelektronik, bei der Halbleiterfertigung, bei der Produktion von Kunstfasern, bei der Oberflächenbehandlung, bei speziellen Arbeitsräumen in der Papier-, Tabak-, Süßwaren-, Lebensmittel-, Pharma- und Fotoindustrie, in Museen und Bibliotheken mit empfindlichen Wertobjekten, in der Reinraumtechnik, Medizintechnik u. a.
- Im Gegensatz zu Humanklimaanlagen werden sie in der Regel als eine **Betriebseinrichtung** angesehen, weshalb die Kosten betriebstechnisch in Rechnung gestellt werden können. Ebenso wird die Wartung mehr gewährleistet, da das erforderliche Betreuungs- und Bedienungspersonal vorhanden ist.

c) **Einrichtungen und spezielle Aufgaben,** wie z. B. Klimaanlagen oder Klimageräte in Flugzeugen, Eisenbahnzügen, in Transportfahrzeugen, Personenkraftwagen, Versuchskammern u. a.

Klimatisierte Luft im Auto dient nicht nur dem Komfort, sondern auch der Verkehrssicherheit. Hitze und hohe Luftfeuchtigkeit belasten den Organismus, beeinträchtigen das Reaktionsvermögen beim Fahren und erhöhen insbesondere im Stau die Unfallgefahr. Außerdem kann bei einer „Klimaanlage" die Luft durch Staub- und Aktivkohlefilter gereinigt werden. In Europa rechnet man mit etwa 13 % (1,6 Mio. Fahrzeuge) im Jahr 1992 und mit > 25 % bis 1997.

Eine Airbuskabine ist in drei Klimasektoren eingeteilt, je nach Sitzbelegung gesteuert.

Aufgaben und Vorteile der Klimatisierung

Ergänzend zu vorstehenden Ausführungen über Notwendigkeit und Anwendung, aus denen ja die wesentlichen Aufgaben und Vorteile schon hervorgehen, sollen diese nachstehend nochmals zusammengefaßt und ergänzt werden.

1. **Einhaltung einer bestimmten Raumtemperatur und Luftfeuchtigkeit** im Sommer und im Winter. In der Regel heißt das im Sommer: Kühlung und Entfeuchtung, und im Winter: Heizung und Befeuchtung. Daß dies nicht immer zutrifft, zeigen folgende Beispiele:

In einem vollbelegten Versammlungsraum mit geringen Wärmeverlusten muß vielfach auch im Winter gekühlt werden, d. h., wenn die Kühllast größer als die Heizlast ist. In manchen Produktionsräumen muß auch im

Sommer befeuchtet oder im Winter entfeuchtet werden, wenn ganzjährig eine sehr hohe bzw. sehr geringe relative Feuchte verlangt wird. In einem Raum mit großem Wasserdampfanfall (Naßräume) muß ganzjährig die Raumluft entfeuchtet werden.

Die richtige Temperatur und Feuchte kennzeichnen zwar nicht allein die Behaglichkeit, spielen jedoch zur **besseren Befriedigung der Komfortbedürfnisse** sicherlich die größte Rolle und sind auch die entscheidenden Triebfedern für einen Umsatzzuwachs des „Klimageschäftes".

Die Menschen kaufen das, was sie entsprechend hoch bewerten, ob dies ein Auto, ein Campingwagen, eine Urlaubsreise, ein Boot, ein Konzertflügel, eine Videoanlage oder sonst etwas ist. Die **Bewertung einer Klimatisierung** hängt ab von der Erfahrung, die Menschen in klimatisierten Räumen gemacht haben, von der Art des Gebäudes, Raumes und der Tätigkeit, vom Lebensstandard, von der Beeinflussung durch Reklame, vom Prestigedenken u. a. Außerdem findet man vielfach eine größere Bereitschaft, für mehr Komfort zu zahlen.

2. Den Aufenthaltsräumen **ausreichend Außenluft zuzuführen** (Lufterneuerung durch Lüftung) ist zwar mit der Klimaanlage in der Regel gekoppelt, doch kann dies auch mit einfachen RLT-Anlagen erreicht werden (vgl. Bd. 3).

Zur Erreichung einer einwandfreien inneren Umwelt, d. h. zur **Verbesserung der Raumluftqualität** werden zukünftig die Außenluftraten eher höher angesetzt. Umluft soll möglichst vermieden werden.

3. Reinigung der Außen- und Raumluft durch Einbau von Luftfiltern zur Komfortverbesserung und aus wirtschaftlichen Gründen (vgl. Kap. 5.2.2).

Filter dienen auch zur Gesunderhaltung, wie z. B. Fernhalten von schädlichem Staub, Ruß usw. Personen, die z. B. unter Pollenallergie leiden, finden Erleichterung. Voraussetzung ist allerdings eine gute Filterwartung. Es soll hier nicht unerwähnt bleiben, daß auch durch eine starke Entfeuchtung mit Klimageräten die Raumluft einem gewissen Reinigungsprozeß unterzogen wird.

4. **Bessere Arbeitsbedingungen** in den vorstehend genannten Produktionsstätten, Büros usw. und somit weniger Ausfall durch Erhöhung der Arbeitsfreude und Reduzierung zahlreicher psychischer und physiologischer Störungen (Tab. 1.1), die nicht nur durch zu hohe Temperatur und Feuchte, sondern auch durch eine zu schlechte Luftqualität entstehen können.

Tab. 1.1 Auswirkungen eines unbehaglichen Raumklimas auf den arbeitenden Menschen

Störungen	Reaktionen (Beispiele)	Leistungsabfall bei
psychische	unbehaglich, reizbar, keine Konzentration	geistiger Arbeit
psycho-physiologische	Zunahme von Arbeitsfehlern oder Unfällen	Geschicklichkeitsarbeiten
physiologische	Herz-Kreislauf, Ermüdung, Wasser-/Salzhaushalt	körperlicher Arbeit
arbeitsunfähig	Bei extremen Temperaturen (35°-40°) und extremer Feuchte	

5. Im Zusammenhang mit vorstehendem Hinweis **Verbesserung der Arbeitsergebnisse** hinsichtlich Qualität und Quantität. Ein gutes Raumklima erhöht zwangsweise Leistungsfähigkeit, Umsatz und in der Regel auch die Lebensqualität.

So können durch eine Klimatisierung auch in kleineren und mittleren Einzelhandelsgeschäften, Friseursalons, Cafés, Blumengeschäften, Boutiquen, Metzgereien usw. beachtliche Umsatzsteigerungen festgestellt werden. Eine nachträgliche Klimatisierung durch Einzelgeräte vorzunehmen, ist kein Problem (Kap. 6).

6. Erfüllung von Zukunftsaufgaben, wie z. B. die Durchführung wichtiger technologischer Produktionsverfahren, Herstellung neuer Geräte, Ermöglichen von Forschungs- und Entwicklungsvorhaben, vielseitige Maßnahmen zur Herstellung zahlreicher lebensnotwendiger Produkte, wirtschaftliche Unterstützung von Entwicklungsländern usw.

7. Erstellung moderner Gebäudearten und Verwendung neuer Gebäudekonstruktionen und Baustoffe. Viele Bauten in den 60er und 70er Jahren wurden von seiten der Architekten als großer Vorteil und Verdienst der Klimatechnik hingestellt.

Das war sicherlich ein Irrtum, dem auch mancher Klimatechniker verfallen ist. Viele Bausünden mit der Klimatechnik ausbügeln zu wollen, ist der Branche nicht gut bekommen. Die Verwendung von wenigspeichernden Baumaterialien, Festverglasungen bis zur völligen Auflösung der Außenflächen und Stahlskeletten ergeben heute noch Probleme hinsichtlich thermischer Behaglichkeit, Lufteinführung, Luftqualität und nicht zuletzt Vorwürfe, ein „Energiefresser" zu sein. Weitere Hinweise hierzu vgl. Kap. 11.

8. **Bessere Raumnutzung** wegen des Anwachsens städtischer Ballungsgebiete, extrem steigender Grundstückspreise und Mietkosten. Je weniger Raum pro Person zur Verfügung steht, je näher die Arbeitsplätze an der Fensterfront angelegt werden, je größer der Einsatz wärmeabgebender Geräte und je höher die Ansprüche an die Beleuchtung, desto öfter muß der Raum gelüftet oder klimatisiert werden.

9. **Einsatz neuer Techniken zur Wärmerückgewinnung und Wärmeverschiebung,** d. h. die Wiederverwendung bisher verlorengegangener „Abfallwärme" (Fortluftwärme, Kondensatorwärme, Prozeßwärme, Latentwärme) und die Einbindung regenerativer Energien.

   Daß durch Einbau von RLT-Anlagen auch Energie eingespart werden kann und Schadstoffe reduziert werden können, ist nicht nur ein Vorteil, sondern bedeutet für die Heizungs- und Klimatechnik die größte Herausforderung ihrer Geschichte.

10. **Schutz vor Außenlärm,** was auch mit einfachen Lüftungsanlagen ermöglicht wird. Insbesondere in Stadtzentren ist in vielen Räumen ein ständiges Öffnen der Fenster kaum mehr möglich, um einen ausreichenden zeitgebundenen Außenluftvolumenstrom lärmfrei garantieren zu können.

1.2 Entwicklung und Probleme

Die Entwicklung der Technik ist ständig im Fluß. Das war und wird auch in Zukunft bei der Klimatechnik so sein. Vieles wurde erreicht. Es wurden interessante Fortschritte gemacht, es wurden aber auch Fehler gemacht. Daraus hat man Konsequenzen gezogen und Weichen gestellt, mit denen die Branche hoffnungsvoll in die Zukunft blicken kann.

1.2.1 Historie und Tendenzen

Der „Vorgänger" der Klimaanlage ist die Luftheizung. Wie in Bd. 2 erwähnt, wurde schon vor Christi Geburt eine Art Luftheizung gebaut, die sog. Hypokaustenheizung. Im 12. Jahrhundert baute man sog. Steinofenheizungen, bei denen direkt beheizte Steine anschließend als Wärmespeicher für die Zulufterwärmung verwendet wurden. Erst einige Jahrhunderte später (etwa ab 1790) wurde die erwärmte Luft von Rauchgasen und Feuerung getrennt.

Seit etwa 1820 baute man Luftheizungen, d. h. Ofeneinsätze in einem gemauerten Warmluftraum. In der zweiten Hälfte des 19. Jahrhunderts entstanden die ersten Lüftungsanlagen, und langsam begann damit die Entwicklung der Raumlufttechnik. Am Anfang des 20. Jahrhunderts wurden in einigen Industriezweigen höhere herstellungsbedingte Anforderungen an die Luftqualität gestellt. Man sprach damals von Lüftungsanlagen mit zusätzlichen Einrichtungen. Die ersten automatischen Klimaanlagen wurden etwa 1920 in Textil- und Tabakbetrieben errichtet, wo hygroskopische Stoffe verarbeitet wurden. Kurz danach entstand auch die erste Komfortklimaanlage.

Eine der ersten Anlagen baute man z. B. im Wiener Opernhaus, wo man zur Kühlung die Zuluft über ein großes Quellwasserbecken führte. Bei anderen Gebäuden nutzte man zur Kühlung die Verdunstungskälte von versprühtem Wasser oder ließ die Luft über Eisblöcke streichen.

Erst die Erfindung der Kältemaschine und anschließend die Fertigung von Kompaktklimageräten aufgrund der Entdeckung der FCKW-Kältemittel (um 1938) verhalf der Klimatechnik zum Durchbruch. In den 30er Jahren entwickelte man für Zentralanlagen die Kastenbauweise. Zuvor baute man gemauerte Klimakammern, z. T. auch gemauerte Zu- und Abluftkanäle als Bestandteil des Gebäudes.
Die Klimatechnik in Deutschland entwickelte sich – von kleinen Ansätzen abgesehen – erst richtig in den 50er Jahren. Sie ist also eine verhältnismäßig junge Branche. Manche behaup-

ten, sie ist noch so jung, daß sie gerade beginnt, ihre Kinderkrankheiten abzulegen, und erst jetzt richtig weiß, was man alles machen muß, um Zug- und Lärmfreiheit, eine einwandfreie Luftqualität und eine wirtschaftliche, sparsame und umweltfreundliche Betriebsweise garantieren zu können.

Die vorstehend genannten und die nachfolgenden Tendenzen machen die intensive Entwicklung und die Vielseitigkeit der Klimabranche deutlich. Das Fachinstitut Gebäude-Klima (FGK) bemüht sich schon seit Jahren, in Zusammenarbeit mit zahlreichen Experten und Forschungsinstituten (Bauphysik, Medizin, Biologie, Gebäudetechnik, Elektronik u. a.) den hohen Stellenwert der Branche auch der Öffentlichkeit deutlich zu machen.

Tendenzen - Prognosen

Seit Ende der 80er Jahre zeichnet sich – ohne große Sprünge – eine stärkere und ständige Weiterentwicklung in der Klimatechnik ab. Es gibt eine Reihe von Fragen, die beantwortet werden müssen, eine große Anzahl interessanter Neuentwicklungen, die man beobachten und verfolgen muß, und eine Vielfalt von Zukunftsaufgaben und Probleme, die zu lösen sind.

Gleichbedeutend stehen folgende Fragen im Vordergrund: Wovon ist die Klimatechnik abhängig? Welchen wirtschaftlichen und gesellschaftlichen Entwicklungen von innen und außen muß sich die Branche stellen? Was zeichnet sich in naher und ferner Zukunft ab? Wie kann man Marktanteil und Umsatz erhöhen, und wovon hängen die Konjunkturaussichten ab? Wo besteht Nachholbedarf? Wie kann man nicht gut funktionierende Anlagen möglichst bald wieder zufriedenstellend und problemlos betreiben? Wie wirken sich die Veränderungen in der Gebäudetechnik auf die Klimatechnik aus? Welche Auswirkungen hat der Europäische Binnenmarkt? Wo liegen die Schwerpunkte in der Ausbildung und Forschung? Wie kann man die Investitions- und Betriebskosten drastisch senken? Welchen Einfluß hat das wachsende Umweltbewußtsein, und welche Folgen hat die sich abzeichnende Verschärfung der Gesetzgebung (z. B. hinsichtlich Emissionen, Entsorgung, Luftqualität, Energieverbrauchsbegrenzung u. a.)?

Die Beantwortung einiger dieser Fragen kann hier nur angedeutet werden, zahlreiche weitere können aus verschiedenen Teilkapiteln entnommen werden, und einige werden schon in Band 3 „Lüftung und Luftheizung" beantwortet. Vereinzelt können auch Vermutungen angestellt werden, die sich aus entsprechenden Tendenzen ableiten lassen.

1. Für die **Konjunkturaussichten** sind die Hauptindikatoren die Baukonjunktur, die sich auch auf die Bau- und Grundstückspreise auswirkt, das Modernisierungspotential, die Energieeinsparungsmöglichkeiten, das Zinsniveau und die Finanzierungsmöglichkeiten, die Defizite der öffentlichen Haushalte, der Anstieg der Produktionskosten und die Verschärfung in der Gesetzgebung.
   Durch die geringeren Investitionsmittel für Kulturbauten ist im Komfortbereich ein starker Rückgang bei Klimaanlagen eingetreten. Vielfach geht man daher auf Einfachsysteme über, wobei Komforteinbußen in Kauf genommen werden (allerdings nicht hinsichtlich Zugerscheinung und Geräuschbildung). Längerfristig zeichnet sich eine stärkere Verlagerung zur Erbringung von Dienstleistungen ab, wie z. B. Planung, Steuerung, Instandhaltung (Kap. 11.7).
2. Die **Firmenstruktur der Klimabranche** war schon immer mehr mittelständisch, d. h., es gibt nur wenige große, jedoch viele anpassungsfähigere mittlere und kleinere Betriebe. Bei großen Firmen zeichnet sich eine Marktanpassung durch Dezentralisierung ab, wodurch die Kundennähe verbessert werden soll. Früher haben viele größere Firmen die Komponenten gefertigt, vertrieben und die Anlagen installiert. Heute werden Fertigung und Installation stärker voneinander getrennt.
   Das **Handwerk** beschäftigt sich kaum auf dem Sektor Klimatechnik, obwohl er zum SHK-Berufsbild zählt und obwohl die SHK-Branche zum drittgrößten Handwerksbereich Deutschlands zählt, mit weit über ¼ Millionen Beschäftigten (ohne Nebenbetriebe). Der starke Trend zur dezentralen Klimatisierung durch Einzelgeräte (vgl. Kap. 6) erhöht jedoch das Interesse dieser Firmen.
3. Die **Angaben über den Umsatz** in der SHK-Branche sind sehr widersprüchlich. Eine vorsichtige Schätzung für 1992 wird mit etwa 4 Mrd. angegeben (Inlandumsatz). Nach Rückgang und Stagnation werden für 1990 im Klimaanlagenbau Zuwachsraten von etwa 4 % und für 1991 etwa 3 % angegeben, wobei der Zuwachs sich hauptsächlich auf den Wirtschaftsbau erstreckt.
   Noch in den 80er Jahren wurden viele Anlagen im Ausland gebaut (vor allem in den Arabischen Staaten). Der schon seit Jahren zurückgehende **Export** liegt an dem geringen Geldfluß bei den Ölförderländern, am starken Wettbewerb aus dem asiatischen Raum mit Niedrigpreisen (z. B. Japan) und am Umbruch im Ostblock.

4. **Veränderungen in der Gebäudetechnik** haben zukünftig stärkere Auswirkungen auf Planung, Betrieb und Überwachung (Kap. 11.4). Nennenswerte Tendenzen und Prognosen sind: veränderte Bauhülle und -struktur, temporärer Wärmeschutz, neue Fenstertechnik, Variogläser, verbesserte Beleuchtungstechnik, Nutzung alternativer Energien, Vorfertigung, Bauteilkühlung, Doppelböden u. a.
   Das vieldiskutierte „intelligente Gebäude" wird der Branche neue Impulse vermitteln.
5. **Tendenzen bei der Planung** sind Veränderungen im Planungsablauf, begründet durch die immer weiter fortschreitende Informationstechnik, insbesondere die modernen Berechnungs- und Auslegungsverfahren sowie die zahlreichen Berechnungsprogramme. Die Vereinigung zahlreicher Steuer-, Regelungs- und Kommunikationsfunktionen bedeutet für die Klimatechnik eine völlig neue Ära.
   Durch eine **integrierte Planung** zwischen Architekt und Klimaingenieur, bei Großbauten auch unter Beteiligung von Bauphysikern, Arbeitsmedizinern und Hygienikern, zeichnet sich eine intensivere Gebäudenutzung ab. Zahlreiche Firmen haben ihre Planungsabteilungen erweitert. Der Einfluß beratender Ingenieure ist größer geworden.
6. Der **Aus- und Weiterbildung** wird ein immer größerer Stellenwert zugeordnet, da sich die Anforderungsprofile der Branche laufend verschieben. Die zahlreichen, jahrelangen Forschungen an Instituten, der hohe Stand der Ausbildung an Universitäten, Fachhoch- und Technikerschulen, die Förderung des Praktikernachwuchses und nicht zuletzt der Erfahrungsschatz der Betriebe müssen den zu erwartenden Trends Rechnung tragen.
7. Durch die **neuen Bundesländer** ist seit 1992 ein stärkerer Nachfrageschub zu verzeichnen. Durch die Neustrukturierung der Wirtschaft und durch die steigende Baukonjunktur rechnet man dort in naher Zukunft mit jährlichen Zuwachsraten von etwa 10 bis 15 %.
   Augenblickliche Tendenzen sind die vielen Niederlassungen westdeutscher Firmen, die Übernahme von Betrieben der RLT, marktorientierte Forschungsvorhaben durch das BMFT, die Bildung von Berufsverbänden, die Einrichtung neuer Schulen, Institute mit Partnerschaften und persönlichen Kontakten und sonstiger Aus- und Weiterbildungsstätten sowie die stärkere Beachtung der Umweltaspekte.
8. **Nachholbedarf** oder Forcierung mancher Entwicklungen beziehen sich weniger auf die Gerätekomponenten als vielmehr auf die Neugestaltung der Energieversorgung und -optimierung, Umweltschutz, Sicherheitsschutz, Meßtechnik (z. B. hinsichtlich der Gewährleistung), Qualitätssicherung, CO_2-Reduzierung, Kooperationen zwischen Industrie und Ausbildung, Behebung sämtlicher Reklamationen vorhandener Anlagen, Betriebs- und Überwachungssysteme, Instandhaltungsstrategien u. a.

Europäischer Binnenmarkt

Durch den freien Verkehr von Personen, Waren und Dienstleistungen innerhalb der EWG eröffnen sich zwar neue Chancen, jedoch ebenso viele Risiken, insbesondere durch den Wegfall nationaler Schutzbarrieren und durch den zusätzlichen Kostenwettbewerb. So ist in den nächsten Jahren mit einem sehr großen Angebot an Produkten aus unseren Nachbarländern zu rechnen.
Was muß der Planer oder die ausführende Firma diesbezüglich zukünftig beachten?

- Genaue Feststellung der einzelnen Anforderungen für die jeweiligen Anwendungsbereiche (z. B. Maße, Verbindungsart, Druck, Temperatur)
- Beachtung möglichst europäischer oder nationaler Normen, Richtlinien und Vorschriften
- Beachtung der Sicherheitsanforderungen im jeweiligen Verwendungsland
- Vergewisserung, ob CE-Zeichen
- Schriftliche Bestätigung der Konformität
- Prüfung der Gewährleistung
- Überprüfung, ob bei Schadensfall der Rückgriff auf Lieferant oder Hersteller gewährleistet ist (Produkthaftung)
- Einbeziehung von Servicenähe und Produktservice
- Klärung der Entsorgung
- Wahl bewährter Produkte von namhaften Firmen
- Beachtung von Herstelleranweisungen
- Beobachtung des Marktes und angemessene Reaktion

Die Anforderungen für die Sicherheit dieser Produkte werden durch EG-Richtlinien vereinfacht. Ein Produkt, mit dem **EG-Zeichen (CE)** versehen, ist im gesamten Binnenmarkt verkehrsfähig und kann frei gehandelt werden. Das CE-Zeichen bescheinigt einem Produkt die Einhaltung gesetzlicher Anforderungen, jedoch keine Qualität. Für RLT-Anlagen kommen in erster Linie die EG-Maschinenrichtlinie (Herstellerverantwortung) und die **EG-Bauprodukt-**

richtlinie in Betracht. Letztere bezieht sich auf die RLT-Anlage selbst. Hierzu gehören die Anforderungen hinsichtlich mechanischer Festigkeit und Standsicherheit, Brandschutz, Hygiene, Gesundheit, Umweltschutz, Nutzungssicherheit, Schallschutz, Wärmeschutz und Energieeinsparung. Die inhaltliche Ausgestaltung dieser Forderungen soll in harmonierten Normen erfolgen (CEN), die dann in nationale Normen umgesetzt werden.

Da die Anforderungen in den einzelnen Ländern unterschiedlich sind, mußten zwangsläufig **Klassen und Anforderungsstufen** eingeführt werden. Stimmt dann diese Klasse mit der vom Mitgliedsland geforderten Klasse überein, darf es auch verwendet werden. Die **Übereinstimmung wird durch die Konformitätsbescheinigung belegt.** Mit diesem Nachweis kann demnach auch derjenige den Markt beliefern, der nicht nach EG-Normen produziert. Der Hersteller oder Lieferant bestätigt nämlich damit, daß das Produkt allen Anforderungen entspricht, die am Verwendungsort gelten.

1.2.2 Die Klimatisierung im Kreuzfeuer der Kritik – Gegenmaßnahmen

Nachdem im vorangegangenen Teilkapitel ausführlicher auf die Notwendigkeit und Vorteile der Klimatisierung eingegangen wurde, soll nun abschließend auf die Kritikpunkte hingewiesen werden, mit denen sich heute jeder Klimatechniker und -ingenieur auseinanderzusetzen hat. Die Gegenargumente muß er für seine Beratung kennen.

Die zahlreichen Vorwürfe und Kritiken seit Mitte der achtziger Jahre hinsichtlich Klimatisierung sind berechtigt, sei es durch falsche Planungen, ungeeignete Auswahl von Bauteilen und Zubehör, Unstimmigkeiten zwischen Planung und Ausführung, mangelhafte Montage, miserable Betriebsweise, ungenügende Wartung, stark unterteilte oder gar dubiose Auftragsvergabe, Praktiken ohne jegliche Qualitätsangaben. Die möglichen Folgen gehen von sehr harmlos bis sehr problematisch. Letztere können sogar ein erhöhtes Risiko für die Gesundheit bedeuten, wenn z. B. eine ungenügende Wartung beim Filter oder Wäscher vorliegt. Wenn dann Meldungen von fehlerhaften Anlagen noch durch Medien verallgemeinert, aufgebauscht, dramatisiert oder gar verfälscht werden, wird die Öffentlichkeit mehr als verunsichert.

Welches sind die genannten Nachteile, Kritiken und Beschwerden?

Da unter bestimmten Bedingungen die eine oder andere der nachfolgenden Behauptungen mehr oder weniger zutreffen kann, steht die Branche schon seit Jahren in einem Spannungsfeld zwischen den genannten notwendigen Aufgaben mit ihrem hohen Erfüllungsanspruch einerseits und dem vielfach empfundenen „Reizwort Klimatechnik" andererseits. Dieses Spannungsfeld stellt somit nicht selten gleichzeitig auch ein Problemfeld dar. Die nachfolgend angegebenen Kriterien und Beschwerden wurden fast ausschließlich durch Umfragen ermittelt.

1. Klimatisierung bei unserem Außenklima ist **Luxus** bzw. stellt einen überzogenen Behaglichkeitsanspruch für Wohn- und Arbeitsräume dar.

- Dies mag für **zahlreiche Fälle** zutreffen, insbesondere dann, wenn durch vernünftige Massivbauweise und gute Lüftungsmöglichkeit die Speicherfähigkeit ausgenutzt werden könnte (freie Kühlung durch Lüftung vgl. Bd. 3); ferner bei geringerem innerem Kühllastanfall, bei geeignetem Sonnenschutz und günstiger Gebäudelage sowie bei geringeren Ansprüchen an das Raumklima am Arbeitsplatz.
- Sicherlich wird jemand einen richtig klimatisierten Versammlungsraum an **heißen, schwülen Sommertagen** nicht als Luxus empfinden, und ein hitzegeplagter Arbeitnehmer weiß die Klimatisierung zu schätzen, insbesondere dann, wenn sie manche Bausünden ausbügeln muß.
  Bei Umfragen gaben z.B. über 90 % der Beschäftigten an, daß an heißen oder kalten Tagen ein angenehmes Raumklima ein wichtiges Bedürfnis ist.
- Wie schon unter 1.1 erwähnt, betrachten viele Menschen eine **Autoklimatisierung** nicht mehr als Luxus. Fast alle Hersteller melden zunehmende Bestellungen, und viele Autos werden nachgerüstet. Wie zahlreiche Umfragen ergeben, möchte niemand mehr auf seine Autokühlung verzichten, was nicht zuletzt auch die Entwicklung der Raumklimatisierung beeinflussen wird. Spezielle Einrichtungen werden bereits auf gemäßigtere europäische Zonen mit stärkeren Preissenkungen konzipiert.

- **Im Gegensatz zur Prozeßklimatisierung,** wo die Klimatisierung vielfach existenznotwendig ist, bleibt die Klimabranche aufgerufen, sich selbst so viel Verantwortung aufzuerlegen, daß sie entscheidet, ob in manchen Aufenthalts- und Arbeitsräumen eine Klimatisierung unbedingt notwendig oder nur bedingt notwendig ist.
- Zur Beantwortung der Frage, ob eine Klimaanlage erforderlich ist, sind für den Bauherrn ausreichende Entscheidungsvorlagen notwendig. So kann man heute mit Hilfe von Modellrechnungen den thermischen Zustand von Innenräumen vorausberechnen. Dabei sind z. B. **zu berücksichtigen: die Wärmespeicherung des Gebäudes, der Fensterflächenanteil, der Sonnenschutz, die Wärmequellen im Raum, die Arbeitszeiten, der Zeitgang der thermischen Lasten.**

2. Der **hohe Energieverbrauch** und die hohen Betriebskosten rechtfertigen keine mechanische Luftbehandlung durch RLT-Anlagen.

- Aus diesem Grund wird man heute **keine „Voll"klimatisierung** wählen, wenn eine Teilklimatisierung oder gar eine Lüftungsanlage ausreicht. Klimaanlagen sollen nur dort empfohlen werden, wo sie dringend notwendig sind und sorgfältig gewartet werden.
- Durch moderne Technologien (Regelungssysteme, Simulationssysteme, Optimierungssysteme), durch geeignete Gebäudeplanungen (integrierte Planung) und durch spezielle Prozeß- und Betriebsführungen lassen sich enorme Energiemengen und andere Betriebskosten einsparen (vgl. Kap. 11.2 und 11.3).
  Man darf einfach die **heutigen Klimaanlagen nicht mehr mit den alten Anlagen vergleichen,** denn eine Anlage z. B. aus der Mitte der 70er Jahre benötigte bis dreimal soviel Energie wie eine von heute. Es sollen sogar Studien über Neuanlagen mit Wärmerückgewinnungssystemen und Wärmeverschiebungen innerhalb des Gebäudes vorliegen, die zeigen, daß der jährliche Energieverbrauch nicht größer ist als bei einem Gebäude, das nur Heizung und Fensterlüftung hat.
- **Wenn dieser Vorwurf berechtigt ist,** liegen die Gründe an unsachgemäßer Gesamtplanung, falscher Dimensionierung (z. B. zu große Geräte), mangelnder Betriebsanpassung, ungeeigneter Betriebsart, fragwürdiger Komponentenauswahl, aufwendiger Wartung, schlechter Benützerinformation, fehlerhafter Vergabe. Vieles kann man auch nachträglich korrigieren!

3. **Menschen fühlen sich in klimatisierten Räumen ohne Fenster eingeschlossen** und leiden daher an Beklemmung (Klaustrophobie = Furcht durch Eingeschlossensein). Sie haben das Bedürfnis, mit der Umwelt in Verbindung zu stehen.

- Bei manchen Umfragen hinsichtlich der Beeinträchtigung am Arbeitsplatz steht die **Kritik an der fehlenden Fensterlüftung mit Abstand an 1. Stelle.** Hinzu kommt die Tatsache, daß man das Fenster grundsätzlich nicht öffnen kann und dadurch das Gefühl des Eingeschlossenseins verspürt.
- Somit sind es mehr **psychologisch bedingte Gründe,** daß die Akzeptanz einer Klimaanlage wesentlich verbessert wird, wenn die Beschäftigten die Entscheidungsfreiheit haben, auch beim Betrieb der Klimaanlage die Fensterlüftung in Anspruch nehmen zu können. Als in einem klimatisierten Bürogebäude nachträglich Fenster zum Öffnen eingebaut wurden, zeigte sich, daß in den ersten Wochen fast alle Kippfenster schräg gestellt waren. Es hatte jedoch nicht lange gedauert, bis nur noch wenige Fenster offen waren und das Raumklima wesentlich angenehmer empfunden wurde.
- Wenn es draußen sehr heiß ist, wird wohl **kaum jemand das Fenster unnötig öffnen.** Außerdem gibt es Steuersysteme, durch die beim Öffnen des Fensters die Klimaanlage (Klimagerät) abgeschaltet werden kann.
- Bei zahlreichen Neuanlagen wird heute die Möglichkeit, die Fenster öffnen zu können, (auch aus energetischen Gründen) **in die Gesamtplanung einbezogen** (individuelle Lüftung, freie Kühlung). Die natürliche Belüftung über Fenster findet schnell ihre Grenzen, wo viele Menschen in einem Raum zusammenkommen, wo der Arbeitsplatz sich zu nah am Fenster befindet (< 4 . . . 6 m), bei starker Verschmutzung der Außenluft oder bei extremem Straßenlärm. **Wo es möglich ist, sollte die natürliche, und wo es nötig ist, die mechanische Lüftung verwendet werden!**

4. Die **hohen Anschaffungskosten** einer Klimaanlage mit den damit verbundenen baulichen Nebenkosten stehen in keinem guten Verhältnis zum Nutzen.

- Die Anschaffungskosten sollten heute nur noch im **Zusammenhang mit den Betriebskosten** gesehen werden, denn die Folgekosten können durch mehr Technik drastisch reduziert werden. Gute Technik hat ihren Preis.
- Sehr geringe Anschaffungskosten liegen oft an **faulen Kompromissen** bei der Planung, an Billiganbietern und mangelhaften Einschätzungen bei der Vergabe. Leider gibt es Klimaanlagen, besonders im Komfortbereich, die durch falsche Einsparungen vom heutigen Stand der Technik weit entfernt sind und Anlaß für Beschwerden bieten. Manchmal ist nicht einmal eine Sanierung möglich.

- Durch die heutige **integrierte Gebäudeplanung** sind die Leistungen und somit auch die Anlagen wesentlich kleiner als früher. Außerdem geht man auch hier auf Einfachsysteme über, wenn es die Nutzung zuläßt.

5. **Klimatisierte Luft führt zu Unwohlsein,** Ermüdung, Erkältungen usw. und mindert die Konzentrationsfähigkeit.

- Wird nach den Störungen des Wohlbefindens gefragt, so führen hier die Aussagen zu sehr **widersprüchlichen Ergebnissen.** Ein Zeichen dafür, daß es dem Begriff „Behaglichkeit" an objektiver Gültigkeit mangelt. Außerdem nimmt die Anzahl derartiger kritischer Äußerungen um so mehr zu, je größer die grundsätzliche Ablehnung von Klimaanlagen ist.

- Antwortet jemand auf die Frage: „Fühlen Sie sich behaglich?" mit ja oder nein, so ist dieses Urteil einerseits subjektiv, andererseits aber auch von zahlreichen **anderen Empfindungen und vielfältigen Sinneseindrücken aus seiner Umgebung** abhängig, wie z. B. Raumgestaltung, Raumgeometrie, Platzangebot (Sitzplatz), Wandbehang, Geräusche, Licht, Blendung, die Kollegen am Arbeitsplatz, Einrichtungen, Pflanzen, Farbe, Ausblick, Duft, Gerüche usw.
  Grundsätzlich müßte man hier untersuchen, ob zwischen den genannten Klagen, wie Kopfschmerzen, Müdigkeit, schwere Beine, Rückenschmerzen, Reizbarkeit, Konzentrationsmangel, rheumatische Beschwerden, Kreislaufschwäche usw. ein echter Zusammenhang zur Raumklimatisierung überhaupt besteht oder ob hier nicht eine **verminderte Luftqualität** durch Gase, Dämpfe, Staub, Gerüche, Bakterien, z. B. aus Baustoffen, Möbeln, Textilien usw. vorliegt (vgl. „Sick Building Syndrom" Kap. 2.4).

- Grundsätzlich sollte man gerade hier beim Vergleich eines einwandfrei klimatisierten mit einem nicht klimatisierten Raum **von den gleichen Voraussetzungen ausgehen,** einerseits hinsichtlich Art und Betrieb der Anlage, andererseits hinsichtlich Baukörper, Außenklima (einschl. Lärm), Jahreszeit, Nutzung und Ausstattung des Gebäudes und Raumes, Raumbelüftung, Belastung der Personen usw.

- Die kritischen Äußerungen über **„zu trockene Luft"** bzw. „trockene Schleimhäute" kommen besonders im Winter vor. Auf diese Kritik wird ausführlicher in Kap. 4.2.2 und 4.2.3 eingegangen.

6. Eine Klimaanlage verursacht **in der Regel Zugerscheinungen** und somit Erkältungskrankheiten.

- Zugerscheinungen entstehen vor allem durch zu große Luftbewegungen, zu kalte Luft und durch sehr unterschiedliche Luftströmungen. Sie entstehen jedoch **nicht immer durch eine mangelhafte Planung,** sondern vielfach durch eine unvollkommene Inbetriebnahme oder durch eine falsche Betriebsweise.
  Wie oft kann man feststellen, daß durch eine nachträgliche Einregulierung oder durch Austausch von Bauelementen (z. B. Luftdurchlässe) eine schon seit Jahren kritisierte Anlage plötzlich zugfrei arbeitet. Wieviel Ärger hätte man ersparen können!

- Obwohl die meisten Personen eine Klimaanlage schon immer nach dem Zugkriterium beurteilen, werden erst in jüngster Zeit **Luftgeschwindigkeitsmessungen und die Turbulenzgrade ausgewertet.** Außerdem versucht man durch neue Planungs- und Anlagenkonzeptionen, wie z. B. Kühldecken (Kap. 3.7.3), Verdrängungsluftströmung, Strahlungs-Luftheizung, die Luftgeschwindigkeiten im Raum möglichst gering zu halten. Weitere Hinweise zum Thema Zugerscheinung vgl. Kap. 2.3.4.

7. In der Klimaanlage bilden sich **Bakterien und Krankheitserreger,** die in die Aufenthaltsräume gelangen können.

- Dieser Vorwurf hat in letzter Zeit die Öffentlichkeit am stärksten beunruhigt und ist der Hauptgrund für zahlreiche Stellungnahmen und Ablehnungen. Da diese Behauptung bei einigen Anlagen bestätigt werden konnte – und das nicht nur bei Altanlagen –, ist die Branche aufgerufen, entsprechende Maßnahmen zu treffen. Hierzu zählen **Vorkehrungen bei der Planung** der Befeuchtungsanlage, bei der Filterauswahl und bei der Ausführung des Luftverteilsystems.

- Weitaus wichtiger ist jedoch eine **intensivere Wartung** der Klimaanlage, wobei hier mehr der Anlagenbetreiber als der Ersteller der Anlage angesprochen ist. Durch eine ordnungsgemäße Wartung, die auch aus wirtschaftlichen, hygienischen und funktionstechnischen Gründen notwendig ist, sowie durch Beachtung der einschlägigen Vorschriften und Regeln ist der **Vorwurf „Klimaanlagen machen krank" nicht zu halten.** Näheres hierzu vgl. Kap. 11.7.

8. Im Hochsommer sind die **Lufttemperaturen in Aufenthaltsräumen viel zu kalt** bzw. die Temperaturdifferenz zwischen innen und außen zu hoch.

- Bei der Nachforschung nach Ursachen kann man immer wieder feststellen, daß auch diese Kritik weniger an einer falschen Planung als vielmehr an einer mangelhaften Betriebsweise (Regelung) liegt, an den Personen

selbst (ständiger oder kurzzeitiger Aufenthalt, Kleidung, Tätigkeit, Alter usw.), an der Raumnutzung, an der Anordnung der Arbeitsplätze und an den anderen Klimakomponenten.
Trotz sorgfältiger Planung und Einregulierung wird man hier durch die komplexen Einflußgrößen immer mit einiger Unzufriedenheit rechnen müssen (Kap. 2.2). Schließlich kann man bei der Zentralheizung im Winter ähnliches feststellen, wenn es um die optimale Raumlufttemperatur geht.

9. **Klimaanlagen und Klimageräte verursachen Geräusche,** die dann im Aufenthaltsraum zu hören sind.

Wer hat noch nicht z. B. in einem Hotel die Geräusche einer Klimaanlage wahrgenommen, insbesondere bei Nacht, wenn der „Straßenpegel" gering ist? Trotzdem muß hier deutlich gemacht werden, daß bei einer sorgfältig durchgeführten akustischen Berechnung, bei richtiger Auswahl der Schalldämpfer und Bauteile (Vermeidung von Strömungsrauschen) und bei einem richtig ausgeführten Luftverteilsystem ein **nicht störender Schalldruckpegel im Raum garantiert werden** kann – auch in Deutschland, wo die Anforderungen und Ansprüche höher sind als in manchen anderen Ländern.

Etwas schwieriger ist es bei der Auswahl und Aufstellung mancher **Raumklimageräte,** bei denen man oft niedrige Drehzahlen einstellen muß, um hohe Anforderungen hinsichtlich des Raumpegels erfüllen zu können (vgl. Kap.6).

Die Grundlagen zur akustischen Auslegung, die Vermeidung von Luft- und Körperschallübertragung und die Schalldämpferauslegung werden ausführlich in Band 3 behandelt.

10. Klimaanlagen oder -geräte mit **FCKW-Kältemitteln belasten die Umwelt** und sind nur noch begrenzt zulässig.

1991 ist die FCKW-Halo-Verbotsverordnung verabschiedet worden und in Kraft getreten. Sie bedeutet einschneidende Änderungen für den Anlagenbauer und Betreiber. Als erster Staat der Welt hat die Bundesrepublik bis 1995 den Ausstieg aus vollhalogenierten FCKWs und Halogenen vollzogen. Viele Kältemittel sind schon ab 1. 12. 92 verboten, bei anderen ist der Ausstiegstermin später. Ersatzkältemittel sind bereits auf dem Markt. Für bestehende Kälteanlagen gibt es Übergangsvorschriften; sie dürfen auch über 1995 hinaus betrieben werden, jedoch mit strengen Auflagen für Instandhaltung. Merkmale, Anforderungen und Auswahl von Kältemitteln vgl. Kap. 13.9.

11. Eine **nachträgliche Klimatisierung ist nicht mehr möglich** (z.B. bei Umbauten, Erweiterungen).

Diese Kritik mag früher berechtigt gewesen sein. Heute, wo man sowieso mehr zur Dezentralisierung neigt (z. B. durch mehrere Kammerzentralen), stimmt das nicht mehr. Der Markt bietet so viele Möglichkeiten, insbesondere mit Einzelklimageräten, daß nahezu alle „Klimatisierungswünsche", auch nachträglich, erfüllt werden können (Kap. 6). Größere Eingriffe in den Baukörper, wie z. B. durch große Lüftungskanäle, sind jedoch nachträglich nur in den seltensten Fällen möglich.

Ältere Anlagen müssen mehr und mehr umgebaut, saniert oder komplett erneuert werden, wenn sie den heutigen Ansprüchen genügen sollen. Für diese nachträglichen Montagearbeiten bietet der Markt ebenfalls interessante Möglichkeiten.

Welche Konsequenzen sind daraus zu ziehen?

Diese z. T. berechtigten Kritikpunkte müssen umgehend ernst genommen werden und entsprechende Folgerungen daraus gezogen werden. Die Berücksichtigung folgender **Maßnahmen** zeigt, daß man die Beschwerderaten drastisch reduzieren kann. Die Reihenfolge stellt dabei keine Wertung dar.

a) Bessere **Zusammenarbeit** der Klimabranche mit anderen Gewerken und Institutionen

- Diese Arbeit muß auf verschiedenen Ebenen noch besser forciert und verbessert werden, wie z. B. in der Gebäudetechnik, Bauphysik, Medizin u. a. Eine sehr frühzeitige, umfassende Zusammenarbeit zwischen Planer, Architekt, Komponentenhersteller, Anlagenbauer, Behörden, Verbraucher und allen am Bau beteiligten Gewerken ermöglicht auch die Realisierung einer optimalen Klimaanlage.
- Ein **reger Erfahrungsaustausch** ist notwendig, denn manche Einflußgrößen auf die Behaglichkeit muß auch der Architekt oder Bauphysiker berücksichtigen. Vieles wird zu schnell auf die Klimaanlage geschoben.

b) Die Kritiken durch **Umfragen** müssen zukünftig noch ernster genommen werden.

- Die Begriffe „Behaglichkeit", „Zufriedenheit", „Wohlbefinden" usw. sind äußerst komplex, so daß man ohne systematische Befragungen keine Informationswerte über subjektive Empfindungen erhalten kann.

- Die Erhebungen müssen vielfach noch besser analysiert, auf Praxistauglichkeit gesichert, durch methodische Einbeziehung arbeitswissenschaftlicher Fragestellungen und effizientere Auswertungsstrategien erprobt und eine generelle Aussage überprüft werden.
- Laienhafte Erklärungsversuche sollen nicht mehr als Meckerquote oder unsinnige Bewertung abgetan werden. Viele Angaben beziehen sich nämlich nicht nur auf falsche Temperatur, Feuchtigkeit oder Zugerscheinung, sondern auf andere Behaglichkeitskriterien.

c) Die Menschen müssen auf breitester Front über die Klimatisierung **besser aufgeklärt** werden, insbesondere ist eine umfangreiche Infoarbeit direkt bei Klimanutzern erforderlich.

- Leider fehlt zwischen Ersteller und Nutzer der Klimaanlage sehr oft der Konsens. Untersuchungen haben gezeigt, daß bei Arbeitnehmern in klimatisierten Räumen die **Akzeptanz** stark zugenommen hat, nachdem sie über die Klimaanlage aufgeklärt wurden: was diese kann und nicht kann, evtl. auch, wie sie aufgebaut ist und in Betrieb genommen wird.
- Über die **guten Erfahrungen,** mit denen ja schließlich das Erkennen und Anerkennen der Klimaanlage beginnt, hört man viel zuwenig, während schlecht geplante, ausgeführte oder betriebene Anlagen schnell in aller Munde sind.

d) Die **Wartung** von Klimaanlagen muß einen noch viel höheren Stellenwert erhalten und darf nicht allein dem Betreiber überlassen werden.

- Mit einer gewissenhaften Anlagenbetreibung, verbunden mit einer regelmäßigen fachgerechten Wartung und Instandhaltung, kann man fast alle genannten Probleme auf ein Minimum reduzieren oder in der Regel zur Zufriedenheit lösen. Es ist einfach nicht mehr tragbar, wenn dem Nutzer der Klimaanlage selbst die Wartung übertragen wird. **Wartungsverträge** mit gewissenhaften Dienstleistungsbetrieben und geschultem Personal sowie die Festlegung von Sicherheitsgesamtpaketen müssen festgeschrieben werden.
- Gut gewartete Anlagen bedeuten nicht nur Komfort und Sicherheit für den Nutzer und Imageverbesserung für die Branche, sondern auch spürbare **Energieeinsparung** und konsequenter Umweltschutz. Um der großen Bedeutung der Wartung gerecht zu werden, soll darauf noch ausführlicher in Kap. 11.7 eingegangen werden.

e) Bei der Auftragsvergabe soll die Leistungsfähigkeit einer Klimafirma in Form einer **Qualifizierung** berücksichtigt werden.

- Obwohl die meiste Kritik durch eine miserable Betriebsweise entsteht, darf nicht vergessen werden, daß auch durch eine falsche Planung und Installation grundlegende Fehler gemacht werden können, die später nur schwer oder überhaupt nicht repariert werden können. Beim Eingehen von Kompromissen, bei der Vergabe an Billigstanbieter oder bei zu starker Aufteilung besteht immer die Gefahr, daß Störungen auftreten. Die **Einführung einer „Qualitätssicherung"** ist der richtige Weg und daher dringend ratsam.
- Zur Qualifizierung gehört auch die ständige **Weiterbildung der Mitarbeiter,** da sich die Anforderungsprofile nicht nur in der Klimatechnik, sondern in der gesamten technischen Gebäudeausrüstung (TGA) laufend verschieben.
- Montage, Instandhaltungsarbeiten und Außerbetriebnahmen von Klimaanlagen und -geräten mit **Kältemittelkreisläufen** dürfen nur von Firmen bzw. Personen ausgeführt werden, die über die erforderliche Sachkunde und technische Ausrüstung verfügen.

f) Die **Einbindung neuer Technologien** sowohl in der Planung als auch in der Ausführung und Überwachung muß – besonders bei größeren Anlagen – weiterhin intensiviert werden. Dadurch sollen noch größere Energieeinsparpotentiale, ein erhöhter Umweltschutz, effizientere Betriebsweisen und mehr Sicherheit erreicht werden.

Schon seit Jahren bemüht man sich um neue Regelungs- und Überwachungssysteme, um neue Meßmethoden, um zahlreiche Verbesserungen und Neuentwicklungen bei den Klimasystemen, um Montagevereinfachungen, um Hygieneverbesserungen, um den Einsatz neuer Kältemittel und nicht zuletzt um eine individuelle integrierte Planung mit branchenspezifischer Software.
So bringt z. B. auch die Gebäudeautomation (Kap. 11.4) für die Klimatechnik völlig neue Impulse, und die laufenden Forschungsvorhaben in Labors und Versuchsobjekten werden die Entwicklung weiter vorantreiben.

2 Raumklima und Behaglichkeit

Wenn im Zusammenhang mit der Klimatechnik die Begriffe Raumklima, Wohnklima, Behaglichkeit, Wohlbefinden auftauchen, so stehen sicherlich die thermische Behaglichkeit und die Luftqualität im Vordergrund. Mit beiden befaßt sich die Heizungs-, Lüftungs- und Klimabranche, ohne zu vergessen, daß auch in den unzähligen Produktionsstätten bestimmte existentielle Anforderungen an die Raumluft gestellt werden. In nachfolgenden Teilkapiteln muß jedoch deutlich gemacht werden:

1. Es gibt **zahlreiche Behaglichkeitskomponenten,** die das Raumklima beeinflussen oder kennzeichnen (Abb. 2.1). Der Behaglichkeitsbegriff muß daher umfassender und möglichst objektiver gesehen werden, als dies vielfach der Fall ist, d. h., der Klimaingenieur oder die Klimatechnik kann nicht für alle Ursachen unbehaglicher Raumzustände verantwortlich gemacht werden.
2. Hinsichtlich der **thermischen Behaglichkeit** muß sich der Klimaingenieur vorwiegend um die richtige Temperatur, Feuchtigkeit und Luftgeschwindigkeit kümmern. Da es sich hier physiologisch um das Wärme- und Kälteempfinden des Menschen handelt, sind auch hierzu weitere Einfluß- und Störgrößen zu beachten, wie z. B. Umfassungsflächen, Sonnenstrahlung, Einrichtungen. Erkenntnisse aus den biologischen Forschungsbereichen der Medizin und Physiologie sind ständig einzubeziehen.
3. Wenn Behaglichkeit mit **gesundem Raumklima** gleichgesetzt wird, so ist mit Gesundheit vorwiegend eine einwandfreie Luftqualität gemeint. Dies bezieht sich auf die Reduzierung der Außenluftverschmutzung, auf einwandfreien Betrieb der RLT-Anlage und auf die Vermeidung von Verunreinigungen innerhalb des Raumes und durch Materialien und Einrichtungen.
   Gemäß einer Definition der Weltgesundheitsorganisation versteht man unter Gesundheit nicht nur die Abwesenheit von Krankheiten, sondern auch ein körperliches, seelisches und soziales Wohlempfinden. Die Beurteilung des Wohlbefindens muß auch in psychischer und psychologischer Hinsicht gesehen werden.

2.1 Behaglichkeitskomponenten

Wie aus Abb. 2.1 hervorgeht, kann man die Einflußgrößen auf ein behagliches Raumklima in 5 Gruppen unterteilen. Nur ein geringer Teil davon kann durch eine Heizungsanlage, ein weiterer durch eine Lüftungsanlage und ein noch größerer Teil durch eine Klimaanlage abgedeckt werden. Viele Einflußgrößen kann der Mensch mit seinem Körper nicht integrieren.

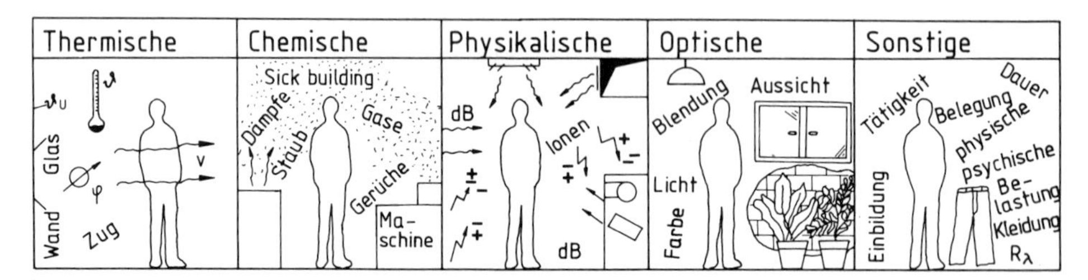

Abb. 2.1 Behaglichkeitskomponenten (umfassender Behaglichkeitsbegriff)

2.1.1 Thermische Einflußgrößen

Der großen Bedeutung wegen wird auf diese Einflußgrößen in Kap. 2.3 ausführlicher eingegangen. Hierzu müssen zunächst auch einige wärmephysiologische Grundlagen beachtet werden, um die Reaktion des menschlichen Körpers auf eine falsche Umgebung zu verdeutlichen.

2.1.2 Chemische Einflußgrößen

Hierzu zählen die CO_2-Abgabe, die Geruch- und Ekelstoffe sowie der Tabakqualm durch Menschen, nach denen die Außenluftrate bzw. der erforderliche Außenluftvolumenstrom festgelegt wird. Ferner sind es Staubentwicklungen, gasförmige Verunreinigungen und Schadstoffe jeglicher Art.

Da gerade letztere Einflußgrößen für die Luftqualität und somit für die Bewertung der Behaglichkeit eine zunehmende und z. T. sogar dominierende Rolle spielen, wird hierzu ausführlicher in Kap. 2.4 und 5.1.2 eingegangen.

2.1.3 Physikalische Einflußgrößen - Luftelektrizität

Hier sind folgende zwei Klimakomponenten zu nennen, die durch ihre Auswirkungen die Behaglichkeit und somit das Raumklima sehr ungünstig beeinflussen können.

2.1.3.1 Schall und Lärm

Lärm ist störender Schall, der nicht unbedingt laut sein muß. Ein Mensch kann sich in einem Raum nicht behaglich fühlen, wenn er ständig einem störenden Lärmpegel von außen ausgesetzt wird, gleichgültig ob es der Autoverkehr, ein vorbeirasender Zug, der lästige Preßlufthammer von der Baustelle, spielende Kinder oder die benachbarte Produktionsstätte ist. Lärmpegel im Raum entstehen z.B. durch Geräte, Maschinen oder durch die RLT-Anlage selbst, sei es durch Ventilatorgeräusche oder durch Strömungsgeräusche bei den Luftdurchlässen.

Die akustische Auslegung einer Klimaanlage ist heute eine der wichtigsten Aufgaben des planenden Ingenieurs. Da dies auch auf jede Lüftungs- und Luftheizungsanlage zutrifft, wird das Thema „Geräuschentstehung und Lärmminderung“ in RLT-Anlagen ausführlich in Band 3 behandelt, und es sei hier nochmals erwähnt, daß es RLT-Anlagen gibt, die man nicht hört.

Auszüge aus Band 3:

Was ist Lärm? Akustische Grundbegriffe, Vorschriften, DIN- und VDI-Blätter, Luft- und Körperschall, Frequenzanalyse, Schalldruck und Schalldruckpegel, Schalleistung, Schalleistungspegel, Addition von Schallquellen, Geräuschbewertung, Grenzkurven, Geräusche von RLT-Anlagen (Ventilator, Kanalsystem, Bauelemente), Richtwerte für maximale Schallpegel (im Raum und außerhalb), Pegelsenkungen in der RLT-Anlage, Raumabsorption, Schallschutzmaßnahmen, Schalldämpferarten und Schalldämpferauswahl, Luftschalldämmung, Körperschalldämmung.

2.1.3.2 Luftelektrizität - Elektroklimatisation

Luftelektrische Größen, welche u. U. eine biophysiologische Wirkung auf den Menschen ausüben können, sind Ionenkonzentrationen, elektrische Felder und elektrostatische Aufladungen in Räumen.

Ionengehalt

In der Luft befinden sich Partikel und Aerosole, von denen ein Teil elektrisch geladen ist (= Ionen). Durch diese sich immer neu bildenden „Elektrizitätsträger“ entsteht ein Strom, der vor allem von der Anzahl der geladenen und ungeladenen Teilchen sowie von deren Durchmesser abhängig ist. So findet man im Größenbereich der Kleinionen die höchste Ionenkonzentration und somit stärkste elektrische Leitfähigkeit.

Folgerungen und weitere Hinweise:

- Ein **Überschuß an negativen Ionen** soll ein angenehmes Gefühl auslösen; die Luft wird manchmal als „dünn“ und „kühl“ bezeichnet.
- Ein **Überschuß an positiven Ionen** soll das Behaglichkeitsempfinden praktisch nicht beeinflussen; die Luft wird vereinzelt als „schwer“ bezeichnet (ebenso bei ionenarmer Luft). Bei einer Ionenanreicherung bei der Polarität wird die Luft oft als „leicht“ und „frisch“ bezeichnet.
- **Die Reaktionen durch unterschiedliche Luftionisation kann man kaum verallgemeinern, da nicht nur die Menschen unterschiedlich reagieren, sondern auch die luftelektrischen Größen (Ionenkonzentration, Ionenspektrum, Verhältnis von positiven und negativen Ionen) von so vielen örtlichen Einflußgrößen abhängen.**

  Im Freien: z. B. von der Zusammensetzung der Luft (Art der Luftverschmutzung), kosmischen Strahlung, Windrichtung, Windgeschwindigkeit, Gebäudelage. Dies bedeutet, daß der Ionengehalt nicht unabhängig vom atmosphärischen Gesamtzustand gesehen werden kann.
  Im Rauminneren: z. B. vom Staubgehalt, von der Art der Heizung und Lüftung, Dichtheit der Fenster und

Türen (Luftaustausch), Zusammensetzung der Baustoffe, ferner durch Tabakrauch, elektrische Geräte (z. B. Strahler, Grillgerät, Staubsauger, Heizkissen) u. a.
Im Rauminneren ist der Ionengehalt wesentlich höher als im Freien.

- **Bei zu starker positiver Ionisation** (z. B. bei föhnartigen Wetterlagen, Nebel, verschmutzter Großstadtluft, Wechsel zwischen Kalt- und Warmfront) verringert sich der Partialdruck des Sauerstoffanteils. Der Körper versucht dies durch erhöhte Atemfrequenz auszugleichen. Staub und Rauch senken die Ionenbildung.

- In der **Medizin** werden bei der sog. **Ionentherapie** bestimmte Ionenkonzentrationen und Ionenströme künstlich hergestellt, um Atmung, Blutzirkulation, Stoffwechsel oder bestimmte Krankheiten positiv zu beeinflussen. **Auch Bakterien und Geruchstoffe werden durch künstliche Ionisation in ihrem Wachstum gehemmt bzw. beseitigt.**

Elektrostatische Aufladungen in Räumen

Daß auch in Innenräumen Ionen beiderlei Vorzeichens erzeugt werden, liegt vor allem am Durchdringen der kosmischen Strahlen. Jeder kennt die „elektrischen Schläge" beim Berühren von geerdeten Metallteilen in Gebäuden, ein Zeichen, daß die Räume nicht feld- und somit nicht stromfrei sind.
Ursache solcher Feldstärken und -sprünge ist vor allem die schnelle und anhaltende negative Aufladung an Oberflächen (z. B. an Kunststoffen), selbst bei ganz geringfügigen mechanischen Berührungen oder Reibungen und besonders bei trockener Luft.

Beispiele:

Begehen von Fußböden und Teppichen; Staubwischen von beschichteten Möbeln; Berühren von Treppengeländern; Auf- und Zuziehen von Vorhängen; gegenseitige Reibung, wie z. B. An- und Ausziehen gleichzeitig getragener, aber chemisch unterschiedlicher Textilien (viele synthetische Fasern laden sich stark negativ auf und erzeugen ein unnatürliches elektrisches Feld); Bedienung von Maschinen; Bearbeitung bestimmter Werkstoffe usw.

Unter Umständen können völlig unbrauchbare Luftzustände und somit Arbeitsbedingungen entstehen. Störanfällig für Schäden durch elektrostatische Entladungen ist auch die Mikroelektronik.

Gegenmaßnahmen: Erhöhung der elektrischen Leitfähigkeit durch Luftbefeuchtung (Kap. 4.2.2) und Verwendung entsprechender Materialien, durch Behandlung von Holz oder synthetischem Material durch Wachsen und Ölen, durch entsprechende Kleidung, durch erhöhten Luftwechsel, durch Besprühen synthetischer Teppiche mit Seifenlauge u. a.

Elektrostatisches Feld im Freien

Dieses in der Natur vorhandene Gleichstromfeld entsteht durch die Ladung der elektrisch leitenden atmosphärischen Schicht (Ionosphäre, vorwiegend positiv) gegen die leitende Erdoberfläche (vorwiegend negativ) aufgrund des ständigen „Nachschubs" von Ionen. Eine biologische Auswirkung auf das Behaglichkeitsgefühl ist unbedeutend.

- **In geschlossenen Räumen** (auch im Wald, im Wasser) kann sich dieses statische, d. h. zeitkonstante elektrische Feld nicht auswirken, da die elektrische Leitfähigkeit von Baustoffen (insbesondere Betonbauten) wesentlich größer ist als von Luft (Ableitung an den Wänden).

- Bei sog. **„Elektro-Bioklimaanlagen"** versucht man, die elektrischen Luftverhältnisse der freien Natur auch in geschlossenen Räumen herzustellen (z. B. durch spezielle Geräte oder durch Flächenelektroden an der Decke), um die Luftreinheit zu verbessern (Reduzierung von Schwebstoffen). Da jedoch die Stärke dieser künstlich erzeugten Felder sehr gering ist, ist auch deren Wirkung minimal.

Elektrische Wechselfelder

Dieses zeitlich veränderliche Feld, hierzu zählen auch elektromagnetische Impulse (ausgehend von atmosphärischen Entladungen), ist vorgenanntem elektrostatischem Feld überlagert. Es dringt über den Baukörper, über Installationen und elektrische Leitungen ins Rauminnere ein und hängt vorwiegend vom Frequenzspektrum ab.

- Bei Hochfrequenzfeldern sollen z. B. bei vielen Versuchspersonen vegetative Beschwerden (z. B. Kopfschmerzen, Übelkeit, Depressionen, Arbeitsunlust) festgestellt worden sein. Der Einfluß bei Mikro-, Infrarot- oder Radarwellen ist bekannt.
  Elektrische und magnetische Felder im Haus sind bei einwandfreier Elektroinstallation vernachlässigbar gering. Bei Erdungsmängeln, brüchigen Kabeln, defekten Geräten u. a. können jedoch durch induktive Ströme und Streufelder stärkere Felder entstehen.

Schlußbemerkung zur Luftelektrizität

Nach Studium zahlreicher wissenschaftlicher Arbeiten und verschiedener Untersuchungen wissenschaftlicher Institute muß man feststellen, daß die praktische Anwendung luftelektrischer Größen in der Klimatechnik, etwa zur Beurteilung eines exakten Raumklimas, nicht möglich ist, da ein allgemeingültiger luftelektrischer „Normalzustand" nicht festgelegt werden kann. Fest steht, daß die physiologischen Wirkungen von Ionen und elektrischen Feldern komplex vorliegen, aber die Untersuchungsergebnisse z. T. widersprüchlich und zu unsicher sind.

2.1.4 Optische Einflußgrößen

Ein unbehagliches Raumklima kann physiologisch und psychisch auch auf optische Eindrücke zurückgeführt werden. Es wird jedoch individuell sehr unterschiedlich sein, wie diese jemand empfindet; z. B. einen Arbeitsraum ohne Fenster, d. h. der fehlende Kontakt zur Umwelt; eine unzureichende Lichtgebung, störende oder „kalte" Lichtfarben; Besonnung; Blendung durch Leuchtkörper; eine farblich störende Inneneinrichtung; eine stark verschmutzte Tapete; ein störender Anblick beim Nachbargebäude, fehlendes Grün oder Blumen usw. Wenn auch der Klimatechniker für diese Empfindungen nicht verantwortlich gemacht werden kann, sollte er trotzdem darauf achten, inwieweit solche Eindrücke bei der Bewertung eines klimatisierten Arbeitsraumes (etwa bei Umfragen) möglich sind.
Bei der Zusammenarbeit mit dem Beleuchtungsingenieur ist folgendes zu beachten:

1. Aufgrund der erforderlichen Beleuchtungsstärke wird die entsprechende Lampenleistung gewählt. Bei der **Berechnung der inneren Kühllast** (Kap. 7.2.2) muß der Klimafachmann die jeweilige Wärmeabgabe berechnen, die u. U. den größten Anteil der Kühlerleistung ausmachen kann.
2. Bei der Abluftführung über Absaugleuchten müssen Ausleuchtung, Blendfreiheit, Abluftvolumenstrom, Ästhetik und Wirtschaftlichkeitsfragen in Einklang gebracht werden. Es gibt auch integrierte Deckensysteme, in denen alle Funktionen: Beleuchtung, Klimatisierung, Akustik und Deckengestaltung, gelöst sind.

2.1.5 Sonstige Einflußgrößen

Diese Einflußgrößen verursachen dem Klimatechniker die größten Probleme und bringen ihn, insbesondere während des Betriebs der Klimaanlage, nicht selten zur Verzweiflung. Es sind Größen, auf die er weniger oder so gut wie keinen Einfluß hat und die trotzdem bei der Bewertung des Raumklimas ganz entscheidend sein können. Dies sind vor allem:

1. **Art der Beschäftigung** (Aktivitätsgrad) und somit die unterschiedliche Wärmeproduktion des menschlichen Körpers, die durch eine entsprechende Umgebung (ϑ, φ) so abzuführen ist, wie sie entsteht.

Tab. 2.1 Sensible Wärmeabgabe des Menschen in Abhängigkeit vom Aktivitätsgrad

Tätigkeit	schlafend	liegend	sitzend	z.B. Maschinen-schreiben	handwerkliche Tätigkeit	sehr schwere Tätigkeit
in Watt	60	80	100	etwa 150	etwa 200	etwa 250
Aktivitätsgrad	-	-	I	II	III	IV

2. **Art der Kleidung,** die nach DIN 1946/2 durch den Wärmeleitwiderstand R_λ gekennzeichnet wird. 0 $m^2 \cdot K/W$ ohne Bekleidung; 0,08 bei leichter Sommerkleidung; 0,16 bei mittlerer Kleidung; 0,24 bei warmer Kleidung.
   R_λ hat größeren Einfluß auf die optimale Lufttemperatur (0,03 $m^2 \cdot K/W \triangleq$ etwa 0,5 bis 1 K) und auf die zulässige Luftbewegung (0,08 $m^2 \cdot K/W \triangleq$ etwa 0,04 m/s). Eine andere Einheit in den USA ist das clo (von clothing: 1 clo $\triangleq$ 0,155 $m^2 \cdot K/W$). Erschwerend für die Einhaltung der Behaglichkeit ist demnach der unterschiedliche R_λ-Wert der Kleidung von weiblichen und männlichen Personen oder zwischen leichter Sommerbekleidung und Arbeitsbekleidung.
3. **Bestimmte physische, psychische und soziale Einflußgrößen,** wie z. B. Gesundheitszustand, Alter, Aufenthaltsdauer, Belegung, Umweltkontakt, Ernährung, Arbeitsbedingungen, Hypersensibilität, Jahreszeit.
   Auch die Einbildung, d. h. subjektive Empfindungen, spielen eine Rolle und sind schwer zu beeinflussen. So herrscht in der Öffentlichkeit verbreitet die Meinung vor, daß die Raumluftqualität bei RLT-Anlagen grundsätzlich schlechter sei als bei Fensterlüftung. Der eine schimpft über das Gebäude, während sich ein anderer behaglich darin fühlt.

Nach der **DIN 1946/2** werden für die thermische Behaglichkeit **und** Raumreinheit folgende Einflußgrößen genannt:

Personen	Tätigkeit, Kleidung, Aufenthaltsdauer, thermische und stoffliche Belastung, Belegung
Raum	Oberflächentemperatur, Temperaturverteilung, Wärmequellen, Stoffquellen (Feuchtigkeit)
RLT-Anlage	Lufttemperatur, Luftgeschwindigkeit, Feuchte, Luftaustausch und -führung, System

2.2 Grundlagen der Wärmephysiologie

Wenn nun der Mensch sich thermisch wohl fühlen soll, müssen an die Heizungs-, Lüftungs- und insbesondere Klimaanlage eine Reihe wärmephysiologischer Anforderungen gestellt werden (Physiologie = Lehre von den Lebensvorgängen im Organismus). Dabei interessieren folgende Fragen:

1. **Wie reagiert der Körper, wenn die Umgebungsluft zu kalt, zu warm, zu feucht oder zu trocken ist?**
2. **Kann ein allgemeingültiges Raumklima geschaffen werden, in dem sich der Mensch thermisch behaglich fühlt?**
3. **Welchen Einfluß haben die Wärmeübertragung durch Strahlung und die durch Konvektion auf das Behaglichkeitsempfinden?**
4. **Weshalb spielt die Luftfeuchtigkeit eine große Rolle für die Bewertung des Raumklimas und für die Auslegung der Klimaanlage?**
5. **Welchen Einfluß haben kalte Raumflächen und stärkere Luftgeschwindigkeiten auf die thermische Behaglichkeit?**
6. **Gibt es Behaglichkeitsmaßstäbe oder Geräte, die zur Kennzeichnung eines Raumklimas herangezogen werden können?**
7. **Welche sonstigen Einflußgrößen können die thermische Behaglichkeit negativ beeinflussen?**

2.2.1 Temperaturregelung des menschlichen Körpers

Der Mensch soll stets eine innere Körpertemperatur von etwa 37 °C haben, damit ein ordnungsgemäßes Funktionieren seiner Organe gewährleistet ist. Wird seine Umgebungsluft zu kalt oder zu warm, kann sich der Körper seinen Umweltbedingungen nicht mehr anpassen. Die in den Organen des Körpers laufend entstehende Wärme muß an die Umgebung abgeführt werden, damit sich die Körpertemperatur nicht verändert.

Es muß demnach ein Gleichgewichtszustand herrschen, bei dem die Summe aller Wärmeerzeugungsmöglichkeiten (Muskelarbeit, Nahrungsmittelverbrennung, Frösteln) **gleich der Summe der Wärmeabgabemöglichkeiten ist.**

Eine wesentliche Rolle für dieses Wärmegleichgewicht des Körpers und somit für den dem Raum zu- oder abzuführenden Wärmestrom spielt auch die Art der Bekleidung. Sie hat die Aufgabe, so zu dämmen, daß die Wärmeabgabe nach außen der fühlbaren Wärmeerzeugung des Körpers entspricht. Daß der menschliche Körper gegen geringe Temperaturänderungen (von einigen Zehntelgraden bis etwa 1,5 K) unempfindlich ist, liegt jedoch nicht nur an der Kleidung, sondern vor allem an seiner selbsttätigen Temperaturregelung. Fühler dieser „Regelungsanlage“ sind bestimmte temperaturempfindliche Hautnerven, die teils die innere Wärmeerzeugung, teils die Wärmeabgabe des Körpers beeinflussen und somit die Körpertemperatur aufrechterhalten, d. h., zwischen der Wärmeerzeugung im Innern des Körpers und seiner Wärmeabgabe ein Gleichgewicht herstellen.
Man unterscheidet demnach:

a) Die physikalische Temperaturregelung

Die Grundlage dieser Temperaturregelung, welche die äußere Wärmeabgabe des menschlichen Körpers überwacht, ist die Hautdurchblutung bzw. die Veränderung der Blutgefäße.

Ist die Umgebung des Körpers zu kalt,
sei es durch zu niedrige Raumlufttemperatur, zu niedrige Wandoberflächentemperatur oder durch zu starke Luftbewegung, so führen die durch die Hautnerven ausgelösten Impulse zu einer Verengung der Blutgefäße (evtl. „Gänsehaut") und somit zu einer geringeren konvektiven Wärmeabgabe infolge verminderter Hautdurchblutung (blasse Hautfarbe) und Verringerung der Hautoberfläche. Da der Wärmestrom vom Körperkern zur Hautoberfläche proportional zum Temperaturunterschied zwischen Körpertemperatur (36,5 - 37 °C) und Hauttemperatur (32 – 35 °C) ist, wird bei geringerer Oberflächentemperatur der Haut auch weniger Wärme zu ihr fließen.

Ist die Umgebung des Körpers zu warm,
d. h., steigt die Raumlufttemperatur über den Behaglichkeitsbereich an, so liegen die Verhältnisse umgekehrt, d. h., es strömt mehr Blut in die Gefäße (rote Hautfarbe); die Hautoberflächentemperatur steigt und somit auch die Wärmeabgabe an die umgebende Luft. Der Körper wird stärker entwärmt. Reicht jedoch diese Entwärmung, d. h. die Erhöhung der Wärmeverluste, nicht aus, dann treten die Schweißdrüsen in Tätigkeit. Dadurch entsteht eine wesentlich höhere Wärmeabgabe durch Verdunstung.

b) Die chemische Temperaturregelung („innere Wärmeerzeugung")

Darunter versteht man die Überwachung der inneren Wärmeerzeugung des Körpers, d. h. die Nachproduktion von Körperwärme. Diese Regelung beeinflußt das Bedürfnis nach Nahrungsaufnahme und Muskeltätigkeit, die beide zur Wärmeerzeugung dienen. Selbst das anschließende Frösteln wird durch diese „Regelung" beeinflußt. Sie setzt im allgemeinen dann ein, wenn die physikalische Regelung nicht mehr ausreicht.

Folgerungen und weitere Hinweise:

- Das Gefühl der thermischen Unbehaglichkeit bedeutet demnach nichts anderes, als daß das Gleichgewicht im **Wärmehaushalt des menschlichen Körpers gestört** ist. Die Temperaturregelung kann dieses nur in einem sehr engen Bereich korrigieren.
- Man kann sich den **Menschen als „Heizkessel"** vorstellen, bei dem als „Brennstoff" die aufgenommene Nahrung dient, die dann im Körper in Energie bzw. Wärme umgewandelt wird. Jede Tätigkeit zehrt an dieser Energie und bewirkt eine zusätzliche Wärmeabgabe. Da der Körper jedoch dauernd mehr Wärme produziert, als er selbst verbrauchen kann, muß auch ständig Wärme abgeführt werden.

Den Raum richtig beheizen bzw. klimatisieren heißt, den **menschlichen Körper richtig entwärmen,** d. h., eine Umgebung schaffen, in der die erzeugte Körperwärme ordnungsgemäß abgeführt werden kann.

- Nach Benzinger wird der Wärmehaushalt des Menschen durch folgende zwei Arten von „Temperaturfühlern" reguliert:
  a) **Rezeptoren für Kälte,** die auf der gesamten Haut verteilt sind. Sie beginnen Nervenimpulse auszusenden, sobald die Hauttemperatur unter etwa 34 °C sinkt. Ab etwa 33 °C beginnt der Körper die Temperatursenkung durch Stoffwechselerhöhung zu kompensieren.

  b) **Rezeptoren für Wärme,** die im vorderen Stammhirn liegen. Sie beginnen Nervenimpulse auszusenden, sobald die Temperatur im Großhirn etwa 37 °C überschreitet. Sie sind auch für die Schweißbildung maßgebend. Benzinger hat die Temperatur der Wärmerezeptoren durch die Temperatur am Trommelfell gemessen.

  Der Mensch fühlt sich thermisch behaglich, wenn beide Rezeptoren keine Nervenimpulse aussenden oder die kalten und warmen Impulse gleich groß sind. **Auf dieser Basis soll es zukünftig möglich sein, daß die Behaglichkeit auch meßbar sein wird und entsprechende Meßgeräte entwickelt werden können.** Labormeßgeräte, die die menschliche Haut simulieren, zeigen interessante Ergebnisse.

2.2.2 Wärmeabgabe des Menschen

Die Wärmeabgabe, d. h. die Entwärmung des Körpers, erfolgt auf mehrfache Art gleichzeitig und stellt dadurch ganz bestimmte Anforderungen an die Heizungs- und Klimaanlage. Wie aus Abb. 2.2 hervorgeht, unterscheidet man zwischen der sensiblen Wärme durch Wärmestrahlung, Konvektion, Wärmeleitung und der latenten Wärme durch Verdunstung und Atmung. Für die Behaglichkeit ist nun entscheidend, wie diese vier Anteile vom Körper an seine Umgebung abgegeben werden.

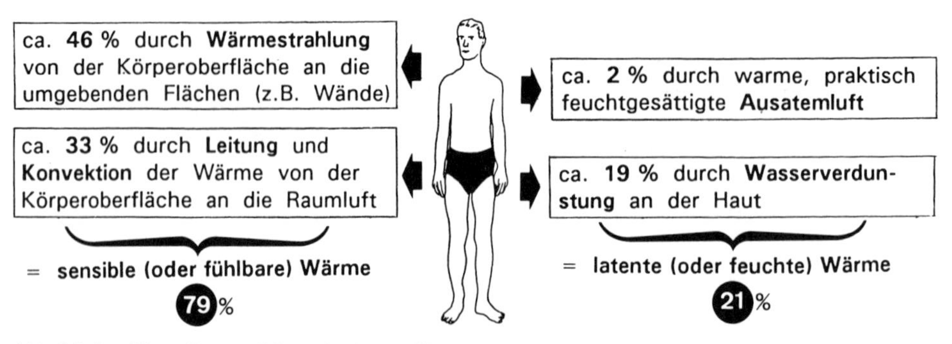

Abb. 2.2 Sensible und latente Wärmeabgabe des Menschen

Der **Wärmeaustausch durch Wärmeleitung** (bei der Wärmeabgabe unberücksichtigt) hängt von der Wärmeleitfähigkeit λ der die Haut berührenden Gegenstände und Materialien ab. So wird ein Steinboden von der nackten Haut als sehr kalt empfunden, während der Holzboden – trotz gleicher Oberflächentemperatur – sich warm anfühlt, da er nur wenig Wärme entzieht. Großen Einfluß hat auch die Kleidung.

Auf die Bedeutung des Kleiderwiderstandes R_λ wurde zwar schon in Kap. 2.1.5 hingewiesen, doch spielt bei der Leitung auch die Temperaturdifferenz zwischen der Hautoberfläche und der inneren Kleidertemperatur eine Rolle. Ebenso hat die Luftschicht zwischen Haut und Kleidung einen zusätzlichen Dämmwert.

Der **Wärmeaustausch durch Konvektion** entsteht durch die Temperaturdifferenz zwischen der wärmeren Luft unmittelbar am Körper und der umgebenden Luft sowie durch das Ausmaß der Luftbewegung.

Steigt die Umgebungstemperatur (Raumlufttemperatur), ist die Temperaturdifferenz zur Körpertemperatur (Oberfläche der Kleidung) geringer, die Konvektion und somit die Entwärmung werden schwächer; entsprechend auch bei starker Abnahme der Luftgeschwindigkeit. Die erwärmte Luft direkt am Körper steigt hoch; kältere Luft strömt nach und entzieht wiederum Körperwärme.

Die **Wärmeabgabe durch Strahlung** an kältere Umgebungsflächen ist bei Normumsatz der größte Anteil der sensiblen Wärme. Maßgebend für diese Wärmeübertragung ist bekanntlich der Temperaturunterschied beider Körper (hier Mensch und z. B. Wand oder Fenster) und ihr Strahlungsvermögen. Wird z. B. einem menschlichen Körper plötzlich in verstärktem Maße Wärme entzogen, so kann ihm am schnellsten durch Strahlung und nicht durch Konvektion über die Luft diese Wärme wieder zugeführt werden.

Aus dem Gebiet der Strahlungsheizung (wie z. B. die Strahlplatten- oder Infrarotheizung) ist dem Heizungstechniker bekannt, daß die Wärmestrahlen weitgehend verlustlos die Raumluft durchdringen und sich erst beim Auftreffen z. B. auf Personen in fühlbare Wärme umwandeln. Das würde bedeuten, daß die Messung der Raumlufttemperatur immer zu Fehlergebnissen führen muß, da je nach Strahlungsintensität die Empfindungstemperatur weit unter der Raumlufttemperatur liegen kann. Man hat also beim Anheizen dieses Heizungssystems im Vergleich zu einer Konvektionsheizung einen sprunghaften Behaglichkeitsanstieg.

Die **Wärmeabgabe durch Verdunstung** ist besonders wirksam bei höheren Umgebungstemperaturen. Neben der mit Wasserdampf angereicherten Ausatemluft sind es vor allem die Poren der Haut, die durch Ausdünstung und Transpiration Feuchtigkeit abgeben.

Da bei der **Aggregatzustandsänderung** (Wasser wird zu Wasserdampf) die Verdampfungswärme aufzuwenden ist, kann der Körper auf diese Weise Wärme abführen. Wie aus Abb. 2.3 hervorgeht, kann die Wärmeabgabe durch Verdunstung bei körperlicher Belastung extrem stark werden.
Bilden sich **Schweißtropfen,** so bedeutet dies, daß der Körper wesentlich mehr Wärme produziert, als er unter normalen Bedingungen verarbeiten und abgeben kann. Die Schweißbildung bedeutet eine Art „Sicherheitsven-

til", da sie dem Körper in erhöhtem Maße Wärme (Verdunstungswärme) entzieht. Die schnelle Verdunstung von z. B. Alkohol auf der Haut macht den starken Wärmeentzug deutlicher.
Ein ähnlicher Fall liegt vor, wenn z. B. bei einem nassen Körper im Schwimmbad, insbesondere bei stärkerer Luftbewegung, die „Verdunstungskälte", d. h. der erhöhte Wärmeentzug deutlich wird.

Tab. 2.2 Wärme- und Wasserdampfabgabe des Menschen

Raumlufttemperatur		°C	18	20	22	23	24	25	26	
Wärmeabgabe	sensibel	W	100	95	90	85	75	75	70	Tätigkeit: körperlich nicht tätig bis leichte Arbeiten im Stehen, Aktivitätsgrad I bis II
	latent	W	25	25	30	35	40	40	45	
	gesamt	W	125	120	120	120	115	115	115	
Wasserdampfabgabe		g/h	35	35	40	50	60	60	65	

Sowohl die sensible als auch die latente Wärme hängen – wie Tab. 2.2 zeigt – sehr stark von der Umgebungstemperatur ab. **Bei steigender Temperatur nimmt die sensible Wärme um etwa den gleichen Wert ab, wie die latente Wärme zunimmt,** so daß die Gesamtwärmeabgabe etwa gleich ist. Wie schon Tab. 2.1 zeigt, erhöht sich die Wärmeabgabe auch durch zunehmende körperliche Tätigkeit. Bemerkenswert ist dabei die anteilmäßig stark zunehmende Latentwärme (Abb. 2.3).

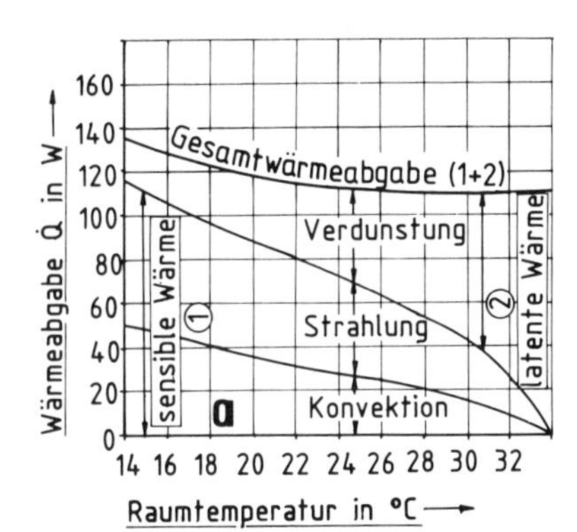

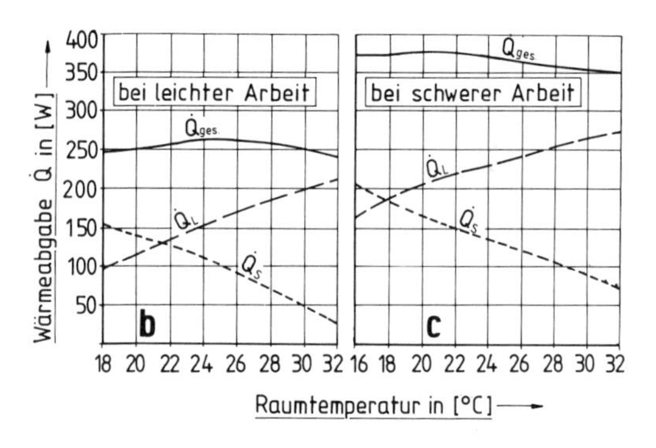

Abb. 2.3 Aufteilung der Gesamtwärmeabgabe in Abhängigkeit der Raumtemperatur

Folgerungen und Hinweise für die Planung:

1. Die **sensible Wärme** pro Person beträgt bei ϑ_i = 22 °C und Aktivitätsstufe I: 90 W (Winter), während sie bei 26 °C (Sommer) nur 70 W beträgt. Bei schwerer körperlicher Arbeit sind es 120 W bzw. 105 W. **Entsprechend muß die Umgebungstemperatur geringer sein, damit diese erhöhte Wärmeabgabe auch abgeführt werden kann.**
2. Die **latente Wärme** pro Person beträgt bei ϑ_i = 22 °C und Aktivitätsstufe I: 30 W, während sie bei 26 °C sogar 45 W beträgt, d. h. 50 % mehr! Bei schwerer körperlicher Arbeit sind es 150 bzw. 175 W (wesentlich höher als die sensible Wärme!).
Wie in Kap. 4.1.5 näher erläutert, kann man die latente Wärme auch als Wasserdampf angeben, z. B. 30 W ≙ 40 g/h, 45 W ≙ 65 g/h ($\dot{m} = \dot{Q} \cdot 1000/r = 45 \cdot 1000/700 \approx 65$ g/h). **Entsprechend sollte die Luftfeuchte der Umgebungsluft geringer sein, damit dieser erhöhte Wasserdampf auch abgeführt werden kann.**
3. Kann die sensible Wärmeabgabe des Menschen nicht richtig abgeführt werden, entsteht ein „Wärmestau". Kann die latente Wärme bzw. der Wasserdampf nicht ausreichend abgeführt werden, entsteht ein „Feuchtestau", beides zusammen als Schwüle empfunden (Abb. 2.7).

2.3 Thermische Behaglichkeitskomponenten

Bei diesen Komponenten handelt es sich um folgende vier Einflußgrößen, die die vorstehende „Entwärmung", d. h. das Wärme- und Kälteempfinden des Menschen, beeinflussen und somit ausschlaggebend für die Planung und Betriebsweise der Klimaanlage sind.

Dabei soll erwähnt werden, daß die **Grundlagen der Wärmephysiologie und thermischen Behaglichkeit nicht nur eine Angelegenheit für den Klimatechniker, sondern auch für den „Nur-Heizungstechniker"** sind. Bei der Wahl eines Heizungssystems sowie bei dessen Ausführung und Betriebsweise interessieren nämlich ebenfalls die Möglichkeiten, die „thermische Behaglichkeit" verbessern zu können; nicht zuletzt auch unter dem Aspekt der Energieeinsparung und des Umweltschutzes.
Hierzu gehören z. B. Art der Heizflächen (z. B. Strahlungsanteil), Aufstellungsort der Heizkörper, Art der Regelung, hydraulische Schaltung, Art und Größe der Glasflächen, Raumhöhe, eingeschränkte Betriebsweise, Nachtabsenkung, Wärmedämmung des Gebäudes, Dichtheit der Umschließungsflächen, Luftbewegung, Nutzung des Raumes, Art der Tätigkeit, Fußboden (Temperatur, Wärmedämmung), psychologische Einstellung, Kleidung usw.
Der erfahrene Techniker und Ingenieur kann zu jedem dieser Stichworte einen Zusammenhang zwischen Heizung und Raumklima herstellen.

Ein thermisch behagliches Raumklima zu erreichen ist deshalb so schwierig, weil die vier Komponenten: Lufttemperatur, Umgebungsflächentemperatur, Luftfeuchte und Luftbewegung, nur im Zusammenhang betrachtet werden können. Da eine Komponente mit einer anderen etwas kompensiert werden kann und diese wieder Einfluß auf eine dritte hat, wird deutlich, daß die thermische Behaglichkeit eine komplexe Größe darstellt, für die es – von einigen Prototypen abgesehen – noch keine befriedigenden Meßgeräte gibt.

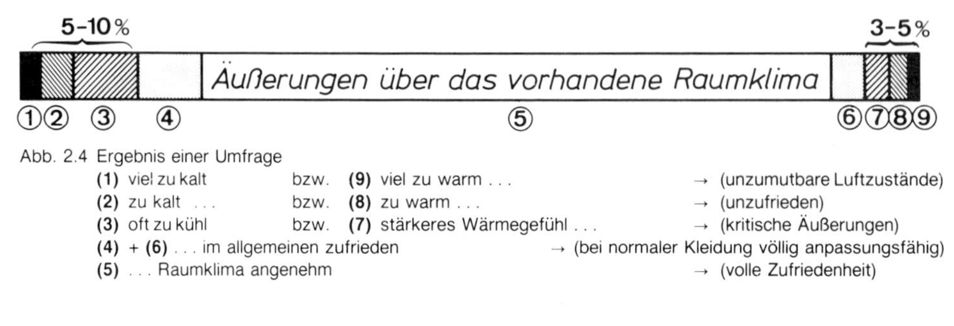

Abb. 2.4 Ergebnis einer Umfrage

(1) viel zu kalt bzw. **(9)** viel zu warm ... → (unzumutbare Luftzustände)
(2) zu kalt ... bzw. **(8)** zu warm ... → (unzufrieden)
(3) oft zu kühl bzw. **(7)** stärkeres Wärmegefühl ... → (kritische Äußerungen)
(4) + **(6)** ... im allgemeinen zufrieden → (bei normaler Kleidung völlig anpassungsfähig)
(5) ... Raumklima angenehm → (volle Zufriedenheit)

Erläuterungen und Hinweise zu Abb. 2.4

1. Für solche **widersprüchlichen Angaben** bzw. solche divergierenden Empfindungen werden zwar meistens die thermischen Einflüsse, wie zu geringe Lufttemperatur, Zugerscheinung oder Schwülegefühl, verantwortlich gemacht. Oft ist es aber auch eine mangelhafte Lüftung. Die Ausdrücke verbrauchte Luft, schwere Luft, bedrückende Luft, dünne Luft, beklemmende Luft ergeben keine klaren Aussagen.
2. **Für den Klimatechniker besteht nun die Aufgabe darin, die mittlere Bandbreite 5 zu vergrößern,** denn würde man das rechte Ende 7 – 9 verringern, würde sich das linke 1 - 3 entsprechend vergrößern oder umgekehrt. Wenn sich in einem Raum 85 – 90 % der Personen thermisch behaglich fühlen, der Rest je etwa zur Hälfte zu kühl bzw. zu warm empfindet, ist das Raumklima technisch kaum mehr zu verbessern.

Voraussetzungen hierzu sind:

Frühzeitige Zusammenarbeit zwischen Klimafirma, Architekt, Bauherrn und anderen Gewerken sowie eine gewisse Vorplanung; nur technisch einwandfreie Lösungen (Systemauswahl, Regelung, Luftführung); Grundforderungen in bauphysikalischer Hinsicht; sorgfältige Einregulierung und Inbetriebnahme; laufende Überwachung und Wartung; Anpassung der Anlage an die Raum- bzw. Gebäudenutzung; evtl. Vertauschung der Arbeitsplatzstellen oder Umstellung der Raumeinrichtung; Anpassung der Kleidung.

2.3.1 Raumlufttemperatur

In der Heizungstechnik wird zur Kennzeichnung des thermischen Raumklimas sehr oft die Raumlufttemperatur allein herangezogen. Bei der Klimatisierung hat sie jedoch einen anderen Stellenwert, da sie hier ergänzt und unter anderen Bedingungen festgelegt werden muß. Grundsätzlich ist **die sich einstellende Raumlufttemperatur** das Ergebnis der äußeren und inneren thermischen Lasten, des thermischen Verhaltens der Raumumfassung (speicherwirksame Masse und Wärmeabsorptionsvermögen) und der Betriebsweise der RLT-Anlage.

a) Die richtige Raumlufttemperatur – ob im Winter oder Sommer – kann nur **im Zusammenhang mit den drei anderen thermischen Einflußgrößen** optimal angegeben werden; mit der relativen Feuchte (Abb. 2.7), mit der Raumumschließungsflächentemperatur (Abb.

2.9) und mit der Luftgeschwindigkeit (Abb. 2.10). Demnach muß entweder die betreffende Einflußgröße der Temperatur angepaßt werden oder umgekehrt.

b) Die **Lufttemperatur im Winter** für die Raumheizung wird nach DIN 4701 in der Regel mit 20 °C festgelegt (vgl. Bd. 1). Bei RLT-Anlagen (Luftheizung) legt man jedoch nach DIN 1946 eine Temperatur von 22 °C zugrunde.
Im Sommer muß in Aufenthaltsräumen die Raumtemperatur der jeweiligen Außentemperatur angepaßt werden (vgl. Abb. 2.5), wobei man als **maximale Temperaturdifferenz zwischen innen und außen etwa 5 bis 6 K** annehmen kann, d. h., bei $\vartheta_a = 32$ °C sollten etwa 26 °C im Raum gewählt werden. Diese Differenz kann in Räumen – wie z. B. in Büroräumen, die durchgehend klimatisiert werden – geringfügig höher gewählt werden (ϑ_i etwas geringer), während sie in Räumen wie z. B. Kaufhäusern, die für den Käufer nur kurz oder intermittierend genutzt werden, eher etwas niedriger angesetzt werden kann (ϑ_i etwas höher).

Ein weiterer Anhaltswert für die ϑ_i-Annahme im Sommer wäre das arithmetische Mittel zwischen ϑ_a und 20 °C:

z. B. bei $\vartheta_a = 34\ °C \rightarrow \vartheta_i = \frac{20 + 34}{2} = 27\ °C$; bei $\vartheta_a = 30\ °C \rightarrow \vartheta_i = \frac{20 + 30}{2} = 25\ °C$

Ergänzende Hinweise zur Raumlufttemperatur:

1. Die **Temperaturangaben in Abb. 2.5** gelten für Aktivitätsstufe I und II entsprechend Tab. 2.1 und für eine leichte bis mittlere Bekleidung (0,08 bis 0,16 $m^2 \cdot K/W$).

   Der **schraffierte Bereich** zwischen 25 und 26 °C ist nur kurzfristig – etwa 10 % der Aufenthaltszeit – zulässig (z. B. bei kurzzeitig auftretenden Innenlasten).

   Temperaturannahmen in Produktionsstätten können, sofern sie nicht durch technische Verfahren bestimmt werden, nach den Arbeitsstättenrichtlinien erfolgen.

   Arbeitserschwerend sind bereits Temperaturen > 25 °C. Bei > 30 °C beginnt ein Leistungsabfall von etwa 40 %.

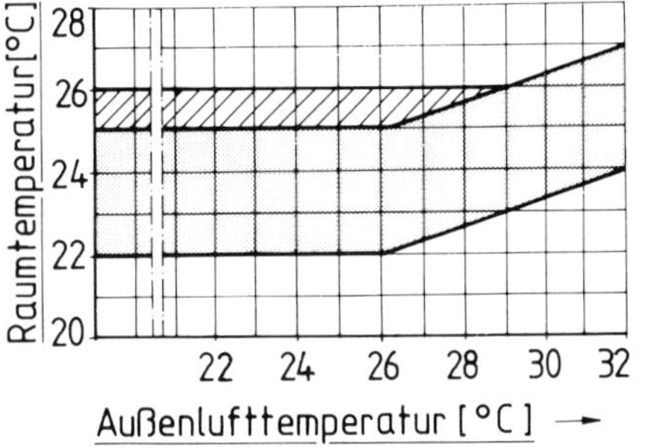

Abb. 2.5 Temperaturbereich in Abhängigkeit der Außentemperatur (DIN 1946)

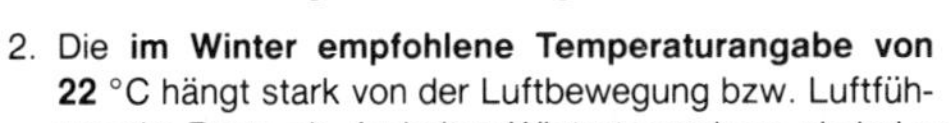

2. Die **im Winter empfohlene Temperaturangabe von 22** °C hängt stark von der Luftbewegung bzw. Luftführung im Raum ab. An kalten Wintertagen kann sie bei schlechter Wärmedämmung und großen Fensterflächen oft höher gewünscht werden, wogegen die Grenze nach oben mit 25 °C in der Regel nicht mehr behaglich ist.

3. Die Raumtemperatur kann **nur für den Aufenthaltsbereich** gelten. Nach VDI 3803 kann dieser bei etwa 1 m Abstand von Außenwänden, 0,5 m von Innenwänden und 1,8 m über Fußboden angenommen werden. Durch gute Wärmedämmung können diese Zahlenwerte beachtlich geringer angesetzt werden. Bereiche in Türnähe und Verkehrswege gehören nicht zum Aufenthaltsbereich.

4. Bei RLT-Anlagen sollten nach DIN 1946/2 die örtlichen und zeitlichen **Temperaturabweichungen** in einer horizontalen Meßebene im Aufenthaltsbereich nicht mehr als ± 2 K betragen. Auch der vertikale Anstieg sollte nicht mehr als 2 K je m Raumhöhe betragen (gültig zwischen 0,1 und 1,1 m über Fußboden); Anhaltswert: max. 2,5 K zwischen Fuß und Kopf.
   Die minimale Raumtemperatur in 0,1 m Höhe **über Fußboden** soll etwa 21 °C nicht unterschreiten (möglichst 22 °C in Knöchelhöhe).

5. Eine wesentliche Rolle zur Angabe einer behaglichen Raumlufttemperatur ist der **Einfluß der Strahlungstemperatur der Umgebungsflächen.** Daher sollte man nicht von Raumlufttemperatur, sondern von Raumtemperatur sprechen (Kap. 2.3.3). Dies ist zukünftig in der Klimatechnik dann von Bedeutung, wenn Wand- oder Deckenelemente zur Raumkühlung verwendet werden, wo die Strahlung berücksichtigt werden muß (Kap. 3.7.3).

6. Eine sehr **geringe relative Raumfeuchte im Winter** verlangt auch eine etwas höhere Lufttemperatur, um die gleiche Behaglichkeit zu erreichen. Je höher aber die Temperatur gewählt wird, desto weiter sinkt die relative Feuchte.

7. Zur **Temperaturmessung** werden im wesentlichen folgende temperaturabhängige Größenänderungen genutzt: Ausdehnung durch Druck, elektrischer Widerstand, Thermospannung (Thermoelement, PT 100), die am weitesten verbreitet ist, und Strahlung.
   Lufttemperaturfühler müssen gegen Strahlung und Strahlungstemperaturfühler gegen Luftbewegung abgeschirmt werden. Oberflächentemperaturfühler übernehmen das Temperatursignal durch Wärmeleitung.

c) Die Annahme der **Raumtemperatur in klimatisierten Fabrikationsbetrieben** erfolgt durch die Anforderungen des Produktionsprozesses (Präzision, Verarbeitung, Qualität, Wirtschaftlichkeit), wobei die zulässigen Toleranzen oft geringer sind als in Versammlungsräumen. Dies gilt auch gleichzeitig für die erforderliche relative Feuchte (Kap. 10.11).

Eine Durchschnittstemperatur von mehr als 25 oder 26 °C gilt bereits als arbeitserschwerend. Leistungsverluste kann man zwar durch Mobilisierung von Leistungsreserven ausgleichen, was allerdings zu einer physischen Überforderung führen muß. Bei Temperaturen > 30 °C beginnt ein Leistungsabfall von etwa 40 %.

Wenn vom Produkt aus keine Anforderungen an die Raumtemperatur gestellt werden, kann man für die Temperaturannahme die Arbeitsstättenrichtlinien zugrunde legen (vgl. Bd. 3).

2.3.2 Raumluftfeuchte

Hierzu sollten zweckmäßigerweise die Grundlagen über die absolute Luftfeuchtigkeit (Kap. 4.1.1) sowie die der relativen Feuchte (Kap. 4.2.2) erarbeitet werden. Beide haben in der Klimatechnik eine genauso große Bedeutung wie die Raumlufttemperatur.

Da die Entwärmung des menschlichen Körpers auch durch Verdunstung erfolgt (Abb. 2.2), hat die Luftfeuchtigkeit ebenfalls einen Einfluß auf die thermische Behaglichkeit. Die Stärke der Verdunstung hängt bei sonst gleichen Bedingungen von der Druckdifferenz des Wasserdampfs an der Hautoberfläche und des Wasserdampfs in der Luft ab. Es ist zwar nicht möglich, eine genaue Grenze für die optimale relative Feuchte anzugeben, doch wird entsprechend Abb. 2.6 für die Behaglichkeit die **obere Grenze** des Feuchtegehalts mit 11,5 g/kg bzw. eine relative Feuchte mit 65 % angegeben. Über die **untere Grenze** liegen keine gesicherten Erkenntnisse vor, man kann aber – weitgehend unabhängig von der Temperatur – diese Grenze mit etwa 30 % annehmen (u. U. sogar etwas geringer). Ein **empfohlener Mittelwert liegt bei etwa 45 %** (40 – 50 %). Ist die Umgebung des Menschen zu feucht, d. h., kann seine Wasserdampfabgabe nicht ausreichend an die Umgebung abgeführt werden, beginnt der Körper zu schwitzen. Kommt neben der Feuchte auch noch eine hohe Temperatur hinzu, wird die Luft als schwül empfunden.

Schwülegefühl ist eine Störung der Entwärmung des menschlichen Körpers vorwiegend durch Verdunstung, d. h. eine ungenügende Abführung der latenten Wärme.

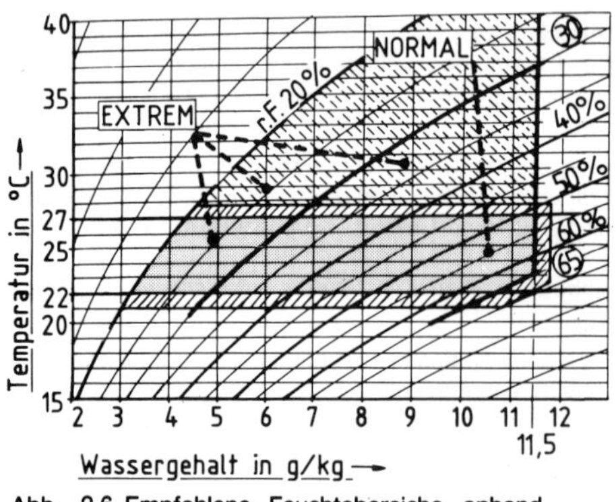

Abb. 2.6 Empfohlene Feuchtebereiche anhand des *h,x*-Diagramms (DIN 1946)

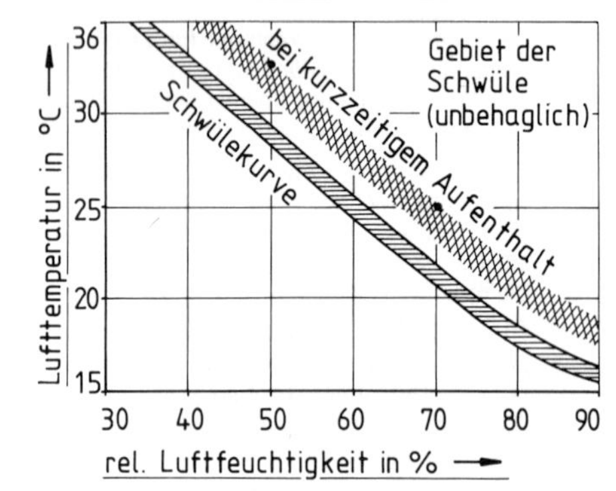

Abb. 2.7 Zusammenhang von Raumtemperatur und rel. Feuchte

Eine ausreichende Raumfeuchte im Winter ist nicht so sehr des Wärmehaushalts wegen wichtig, sondern damit die Schleimhäute der Atmungsorgane ihrer Reinigungs- und Befeuchtungsfunktion nachkommen können (Kap. 4.2.2).

Folgerungen und weitere Hinweise:

- Wie aus Abb. 2.6 hervorgeht, kann man eine **empfohlene Luftfeuchte nur in Abhängigkeit von der Temperatur** angeben. Je höher die relative Feuchte ist, desto geringer muß die Lufttemperatur sein, wenn man von derselben Behaglichkeit ausgeht.
- Wenn man von der rechten Grenzlinie von Abb. 2.6 (x = 11,5 g/kg) ausgeht, kann man über φ die Temperatur abtragen und erhält die Kurve nach Abb. 2.7, die man als **„Schwülekurve"** bezeichnen kann. Wenn sich jemand bei ϑ = 25 °C und φ = 70 % wegen schwüler Luft beklagt, so fühlt er sich genauso unbehaglich, wenn die Temperatur etwa 33 °C und φ = 50 % beträgt. In Abb. 9.1 ist der Zusammenhang zwischen ϑ_i und φ_i (Behaglichkeitsbereich) im h,x-Diagramm dargestellt.
- In **Schwimmhallen** kann man entsprechend Abb. 2.7 mit der Grenzlinie (Schwülekurve) etwas nach oben abweichen (kürzerer Aufenthalt, keine Kleidung, Energieeinsparung, Abkühlung durch Beckenwasser).
- Aus Gründen der Energieeinsparung kann man ohne Behaglichkeitseinbuße die **relative Feuchte im Winter etwas geringer, im Sommer etwas höher wählen.** Dies ist eigentlich ein Widerspruch hinsichtlich des Wärmegleichgewichts, denn der Mensch gibt im Sommer nicht nur mehr Wasserdampf ab, sondern durch die Lüftung wird auch mehr Wasserdampf von außen eingeführt, d. h., φ_i müßte eigentlich geringer sein. Jede vermeidbare Entfeuchtung im Sommer verringert jedoch Lüftungs- oder Kälteenergie und somit Betriebskosten. Im Winter ist es gerade umgekehrt, da verursacht jede unnötige Befeuchtung höhere Energiekosten.

2.3.3 **Raumumschließungsflächentemperatur** (Strahlungstemperatur)

Unter dieser Umschließungsfläche versteht man alle Flächen, an die der Rauminsasse auf dem Weg der Strahlung Wärme abgibt, wenn die Flächen kälter als die Körpertemperatur sind, oder von denen er Wärme empfängt, wenn diese wärmer als der menschliche Körper sind. Man spricht daher von der **Strahlungstemperatur** des Raumes.

Da die innere Temperatur der Umschließungsflächen ϑ_U der Wände, Fenster, Decken, Fußböden eine Gebäudeeigenschaft ist, wurde auf sie schon eingehender in Bd. 1 (Wärmebedarfsberechnung) eingegangen.

Im Vordergrund steht die sog. **Empfindungstemperatur** ϑ_E und nicht die Lufttemperatur ϑ_L, d. h., hinsichtlich der Behaglichkeit interessiert weniger die gemessene Lufttemperatur als vielmehr die Temperatur, die der Mensch empfindet. Nach der DIN 4701 ist dies die Norm-Innentemperatur.

$$\vartheta_E = \frac{\vartheta_U + \vartheta_L}{2}$$

Annähernd ist ϑ_E das arithmetische Mittel der mittleren Raumumschließungsflächentemperatur ϑ_U und Lufttemperatur ϑ_L.

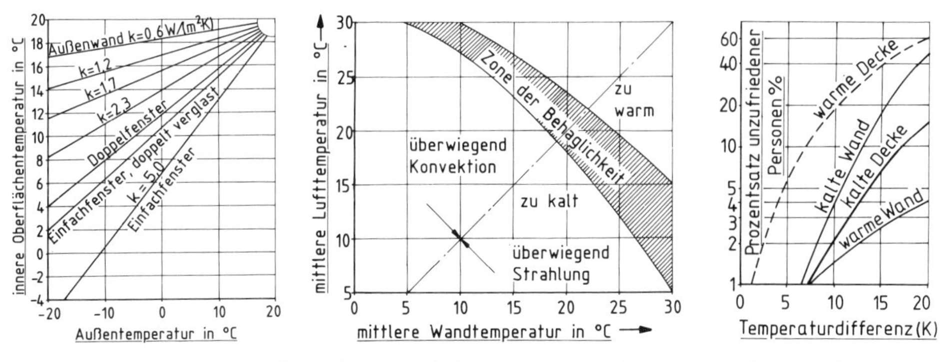

Abb. 2.8 Zusammenhang von k, ϑ_a und ϑ_o Abb. 2.9 Zusammenhang von ϑ_i und ϑ_o Abb. 2.9a Einfluß von $\vartheta_i - \vartheta_o$

Aus diesen drei Abbildungen kann man eine Reihe wichtiger **Folgerungen** ziehen, die nicht nur für die Behaglichkeit, sondern auch für die Planung und Betriebsweise von RLT-Anlagen eine beachtliche Rolle spielen können.

1. Je kälter die Außentemperatur ist, desto geringer ist entsprechend Abb. 2.8 die innere Umschließungsflächentemperatur ϑ_U von Fenstern, Wänden und Flachdächern.

- Durch verbesserte **Wärmedämmung** kann $\vartheta_L - \vartheta_U$ drastisch reduziert und somit ein lästiger Strahlungsaustausch zwischen Außenwand und Mensch vermieden werden. Bei Vollwärmeschutz liegen ϑ_L und ϑ_U so nahe beisammen, daß ϑ_E, d. h. die Norminnentemperatur, mit der gemessenen Lufttemperatur fast identisch ist.
  In **Altbauten** ohne jegliche Wärmedämmung liegen ϑ_L und ϑ_U mehrere Grade auseinander, so daß dort eine Raumtemperatur oft erst bei 23 . . . 24 °C als behaglich empfunden wird. 1 K höhere Raumtemperatur bedeutet jedoch mind. 5 . . . 6 % mehr Heizkosten.
- Der vorgesehene Wärmedurchgangskoeffizient für **Isolierfenster** nach der Wärmeschutzverordnung (bis 2 W/(m² · K)) hat eine Temperaturdifferenz $\vartheta_L - \vartheta_U$, die nur noch etwa ⅓ der Temperaturdifferenz gegenüber dem früheren Einfachfenster beträgt. Die extreme asymmetrische Entwärmung des Körpers beim Einfachfenster ($\vartheta_U \approx \pm 0$ °C bei $\vartheta_a = -10$ °C) muß der Vergangenheit angehören.
- Um **Schwitzwasser** zu vermeiden, darf ϑ_U nicht die Taupunkttemperatur erreichen. Neben der Unbehaglichkeit sollen nämlich dadurch bauphysikalische Schäden sowie hygienische und gesundheitliche Nachteile (z. B. Schimmelbildung) vermieden werden. In Kap. 4.1.3 werden die hierzu gehörenden Einflußgrößen und Gegenmaßnahmen angegeben und anhand eines Beispiels erläutert.
- Bei großem Temperaturunterschied ($\vartheta_L - \vartheta_U$) entstehen sowohl im Winter als auch im Sommer **zusätzliche Konvektionsströmungen.** So kann z. B. auch im Sommer ein von der Sonne „aufgeheiztes Fenster" eine nach oben gerichtete Luftströmung verursachen, die sich ungünstig auf die vorgesehenen Kaltluftströme auswirken kann. Im Winter kann die kalte, abwärtsgerichtete Luftströmung starke Zugerscheinungen verursachen. Sie kann durch Rauchproben sichtbar gemacht werden.

2. Je geringer die mittlere Raumumschließungsflächentemperatur $\vartheta_{m,U}$, desto höher muß entsprechend Abb. 2.9 die Lufttemperatur ϑ_L gewählt werden. **Die Temperaturdifferenz $\vartheta_L - \vartheta_{m,U}$ soll möglichst nicht mehr als 1 bis 2 K betragen.**

- Für die **Zone der Behaglichkeit** wird hier eine verhältnismäßig **große Bandbreite** angegeben. Bei z. B. ϑ_U = 17 °C müßte ϑ_L zwischen 22 und 26 °C liegen, im Mittel also bei 24 °C. Die in der DIN angegebenen 22 °C wären dann erst bei ϑ_U = 20 °C erreichbar. Andererseits wird hier auch deutlich, daß bei einer Raumlufttemperatur (nicht ϑ_E!) von 20 °C und ϑ_U = 18 °C die Behaglichkeitsgrenze unterschritten wird.
  In diesem Zusammenhang sind unbedingt noch die unter Kap. 2.3.1 angegebenen Hinweise zu beachten (Kleidung, Aktivitätsstufe, Aufenthaltsbereich u. a.).
- Sind **Umschließungsflächen wärmer als die Lufttemperatur** (Flächenheizungen, Sonneneinfluß), wird die Behaglichkeit überwiegend durch Strahlung erreicht. 1 K mehr entspricht fast einer ϑ_L-Absenkung von 1 K, was z. B. bei der Strahlungsheizung ausgenutzt wird. Bei $\vartheta_U < \vartheta_L$ wird die Behaglichkeit vorwiegend durch Konvektion erreicht.
- Je größer die Temperaturdifferenz zwischen Wand bzw. Decke und Raumluft (nach Franger: Asymmetrie der Strahlungstemperatur $\Delta\vartheta_R$), desto größer ist die **Anzahl der Unzufriedenen.** Dabei ist zu beachten, daß besonders zu warme Decken und zu kalte Wände kritisch sind. Die Werte nach Abb. 2.9a können nur als ganz grobe Anhaltswerte dienen, da die exakte Berechnung von $\Delta\vartheta$ sehr komplex ist.

Die **Fußbodentemperatur** nimmt hinsichtlich der Raumumschließungsflächentemperatur eine Sonderstellung ein. Ein schlecht wärmegedämmter Fußboden hat nicht nur einen größeren Wärmedurchgang, sondern ist aus wärmephysiologischen Gründen äußerst problematisch. Dabei ist weniger die Kontakttemperatur entscheidend (vorausgesetzt entsprechendes Schuhwerk!) als vielmehr der Strahlungsaustausch zwischen Fußboden und Bein. Wenn der Mensch von unten Kälte verspürt („Fußbodenkälte"), fühlt er sich oft im ganzen Körper unbehaglich und möchte wieder durch eine höhere Raumtemperatur eine Kompensation erreichen.

- Wie schon in Kap. 2.2.2 erwähnt, ist vor allem die Leitfähigkeit des Bodenmaterials entscheidend, wenn es sich um die Berührungsfläche mit dem Fußboden handelt. Bei der **Kontakttemperatur** ϑ_K spielen allerdings auch noch die spezifische Wärmekapazität c und die Dichte ϱ (sofern diese nicht schon bei der λ-Angabe berücksichtigt ist) eine Rolle. Nach Schüle werden die drei Größen zur sog. „Wärmeeindringzahl b" zusammengefaßt.

$$b = \sqrt{\lambda \cdot c \cdot \varrho}; \quad \vartheta_K = \frac{b_1 \cdot \vartheta_1 + b_2 \cdot \vartheta_2}{b_1 + b_2}$$

Index 1 Fläche 1
Index 2 Fläche 2

***b*-Werte** (Anhaltswerte): Haut 16 (bei 30 °C Fußsohle); Kork 2; Holz 7–10; Beton 25

Stellt man den nackten Fuß z. B. auf eine Schaumstoffplatte, so liegt die Kontakttemperatur ϑ_K bei etwa 29 °C, während sie beim Betonfußboden bei etwa 17 °C liegt.

- Der Wunsch nach einer **Fußbodentemperierung** durch Heizschlangen ist bei Steinfußböden bekannt und auch stark verbreitet. In Schwimmhallen, Bädern ist sie eine Selbstverständlichkeit. Sie ist auch **grundsätzlich bei RLT-Anlagen zu empfehlen,** je nachdem, wie die Luftführung im Winter gewählt und der Raum genutzt wird.
Die Wärmeabgabe des Fußbodens, die etwa zu 50 % durch Strahlung und zu 50 % durch Konvektion erfolgt, kann überschläglich nach folgender Gleichung ermittelt werden: $\dot{Q} = A \cdot \alpha \cdot (\vartheta_{FB} - \vartheta_L)$, wobei der Wärmeübergangskoeffizient α mit etwa 11 . . . 12 W/(m^2 · K) angesetzt werden kann.

Im Hinblick auf die thermische Behaglichkeit (hohe Kontakttemperatur und geringer Strahlungsaustausch) soll die **Oberflächentemperatur des Fußbodens nicht unter 17 °C liegen,** wobei die anderen Einflußgrößen nicht außer acht gelassen werden dürfen.

2.3.4 Einfluß der Luftbewegung auf die Behaglichkeit - Zugerscheinung

Soll ein Raum belüftet oder klimatisiert werden, wird vielfach die Raumluft mit der einströmenden Zuluft vermischt (Mischströmung). Dies führt zwangsweise zu Luftbewegungen, deren Geschwindigkeiten und Richtungen sehr unregelmäßig im Raum auftreten können. Ebenso entstehen durch Temperaturunterschiede Luftströmungen: kalte Luft nach unten, warme Luft nach oben. Stören solche Luftbewegungen das Wohlbefinden, so spricht man von Zugluft oder einfach von **Zug, der „Hauptfeind" jeder RLT-Anlage.** Die schwierigste Aufgabe bei der Planung und Inbetriebnahme von Klimaanlagen, speziell Luftkühlanlagen, besteht darin, die Luft zugfrei in die Räume bzw. an die Personen zu bringen.

Es entsteht ein Zug (Wärmeentzug des Menschen):
a) wenn der Mensch im Strahlungsaustausch mit einer zu kalten Fläche steht (Kap. 2.3.3), insbesondere dann, wenn der Körper (z. B. an der Fensterfront) einseitig entwärmt wird,
b) wenn am Körper eine zu starke Luftbewegung oder eine ungünstige instabile Strömung vorliegt (hoher Turbulenzgrad), d. h., der konvektive Wärmeübergangskoeffizient zu groß ist.
In beiden Fällen handelt es sich um eine örtliche Unterschreitung der Hauttemperatur.

Während eine **unsymmetrische Abkühlung** als sehr unangenehm empfunden wird, stört eine **unsymmetrische Wärme** kaum. Das liegt daran, daß die erwähnten Kälterezeptoren über die gesamte Hautfläche verteilt sind, während die Wärmerezeptoren nur zentral im Körper den Wärmestau fühlen.

Für die **richtige Raumluftgeschwindigkeit** und somit für die Vermeidung von Zugerscheinungen sind folgende Hinweise erwähnenswert:

1. Eine optimale Geschwindigkeitsangabe ist nur im Zusammenhang mit der Lufttemperatur möglich. Je höher die Temperatur ist, desto höher darf auch die Luftgeschwindigkeit sein. So kann man z. B. im Winter eine lästige Luftbewegung durch eine Temperaturerhöhung und im Sommer eine zu hohe Lufttemperatur durch eine höhere Luftbewegung kompensieren.

   Wie schon unter Kap. 2.3.1 erwähnt, ist bei Luftheizungen wegen der stärkeren Luftbewegungen eine etwa 2 K höhere Lufttemperatur gegenüber der Radiatorenheizung erforderlich. Eine Querlüftung, ein Fächerlüfter an der Decke oder ein Tischventilator sollen durch höhere Luftbewegungen unerträgliche Raumtemperaturen ausgleichen, desgl. beim aufgeheizten Pkw durch Luftzug (Fahrtwind). Ein Arbeiter im Freien oder ein schwitzender Wanderer freut sich über eine höhere Windgeschwindigkeit.

2. **Zugerscheinungen** sind für den Menschen unangenehmer als zu hohe oder zu geringe Raumtemperaturen. Durch neuere Untersuchungen hat man festgestellt, daß die Be-

schwerderaten unter 5 % liegen können, wenn die Luftgeschwindigkeit drastisch reduziert wird. Aus dieser Erkenntnis heraus wurde in der neuen DIN-Norm neben der Lufttemperatur auch der **Turbulenzgrad** einbezogen (Abb. 2.10).

Die vielfach angegebenen Geschwindigkeiten von 0,2 bis 0,25 m/s sind in Aufenthaltsräumen zu hoch und sollten bei höheren Turbulenzgraden **0,1 bis 0,15 m/s** nicht überschreiten. Empfindliche Hautbereiche können bereits Geschwindigkeiten von etwa 0,05 bis 0,1 m/s wahrnehmen, was nicht heißen soll, daß ein „Zug“ empfunden wird. Eine Mindestgeschwindigkeit ist erforderlich, sonst kann keine Luft „bewegt“ und somit Last abgeführt werden.

- Nachdem man noch vor Jahren mit Anemometer subjektive Mittelwerte ermittelte und danach die Behaglichkeit hinsichtlich Zugerscheinung testete, werden heute die **Luftgeschwindigkeiten statistisch ausgewertet** und die arithmetischen Mittelwerte durch Angabe von Standardabweichungen und Turbulenzgraden ergänzt.
  Um die **Turbulenzen meßtechnisch nachzuweisen,** hat man trägheitsarme Geräte entwickelt, die nicht nur die mittlere Luftgeschwindigkeit messen (Abb. 2.11, punktierte Linie), sondern auch die überlagerten zickzackförmigen örtlichen Geschwindigkeitserhöhungen. Diese führen – wie auch die ständigen Veränderungen – zu einer erhöhten Hautabkühlung und somit Zugempfindung.
- Nach DIN 1946/2E werden **drei verschiedene „Turbulenzgradbereiche“** für verschiedene Turbulenzgrade angegeben (Abb. 2.10). Die **gestrichelte Linie** ist die bisherige Angabe in der z. Zt. noch geltenden DIN 1946 (83).
  Der **Turbulenzgrad, d. h. das Verhältnis von Standardabweichung und Geschwindigkeitsmittelwert,** hängt vorwiegend von der Luftführung im Raum ab: bei der Mischströmung zwischen 20 und 70 %, bei der Quellüftung bei nur 5 bis 10 %. Die gewünschte gute Induktion bei Luftdurchlässen führt demnach zwangsweise auch zu Turbulenzen.
  Die Glättung von turbulenten Strömungen muß demnach als Ergänzung zur Geschwindigkeitsreduzierung gesehen werden.

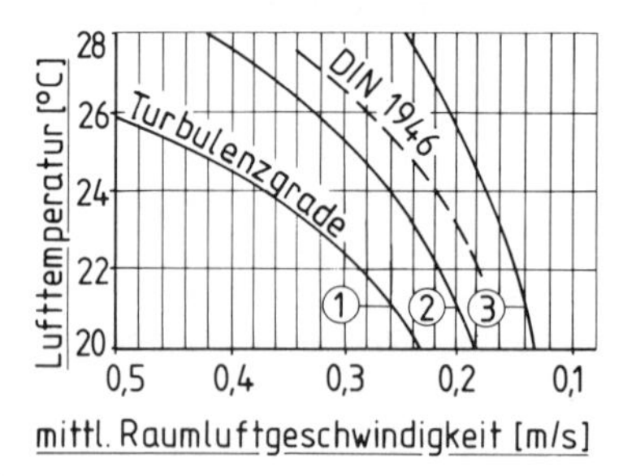

Abb. 2.10
Empfohlene Raumluftgeschwindigkeiten

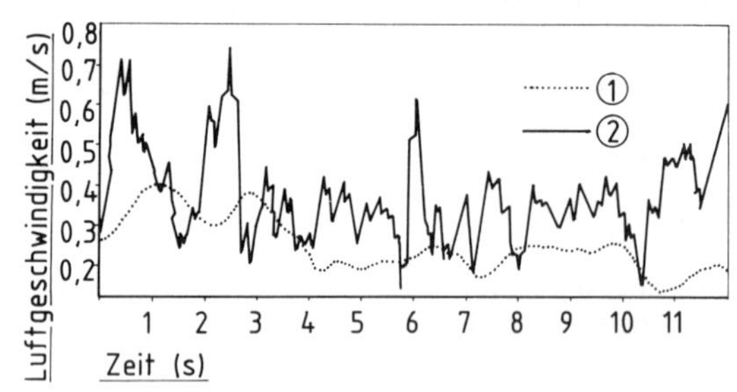

Abb. 2.11 Turbulenzen innerhalb einer Luftströmung (1); Mittelwert (2) Spitzengeschwindigkeiten

Turbulenzgrad: $T_u = \frac{S_v}{v_m}$

① $T_u < 5\,\%$
② $5\,\% \leq T_u \leq 20\,\%$
③ $T_u > 20\,\%$

S_v Standardabweichung der Momentanwerte der Luftgeschwindigkeit:

$$S_v = \sqrt{\frac{1}{n-1} \sum_{i=1}^{n} (v_i - v)^2}$$

v_i Momentanwert der Geschwindigkeit
v mittlere Geschwindigkeit (zeitlicher Mittelwert)

Die Werte gelten für Aktivitätsstufe I.

Abgesehen von einigen Verdrängungsstörungen, ist eine exakte Erfassung des Turbulenzgrades nicht nötig, und zudem sind sehr empfindliche Sonden erforderlich. Werte zwischen 5 und 20 % lassen sich in der Praxis nur schwer verwirklichen.

3. Auch die **Frequenz,** d. h. die Anzahl der Anblasungen in einer bestimmten Zeit, sowie die **Strömungsrichtung** spielen eine Rolle.

- So wird z. B. die Luftgeschwindigkeit lästiger empfunden, wenn ein im Raum montiertes **Klimagerät öfters ein- und ausgeschaltet** werden muß, da z. B. die Kühllast zu gering oder das Gerät zu groß gewählt wurde.
- Die Verwendung eines **Fächerlüfters** (Decken- oder Standgerät) läßt etwas höhere Luftgeschwindigkeiten

zu, wenn diese sich zeitlich verändern und die Luftströmung aus wechselnden Richtungen kommt. Der Einfluß auf das dynamische Verhalten der Luftbewegung ist daher zu beachten.

- Von manchen Seiten wird eine konstante Luftgeschwindigkeit (ebenso eine konstante Temperatur) nicht empfohlen, da das **Raumklima zu monoton** sei. Unter dem Einfluß von Temperaturunterschieden und Trägheitskräften sind jedoch dauernd gewisse Geschwindigkeits- und Richtungsänderungen zu erwarten.
- Die **empfindlichen Stellen beim Menschen** sind die Fußknöchel und ganz besonders der Nacken, d. h., eine zu hohe Luftbewegung in Kopfhöhe ist kritischer als im Bereich des Fußbodens. Der Mensch reagiert empfindlicher, wenn er von der Seite und erst recht von hinten angeblasen wird (Genick) als von vorne. Das bedeutet, daß man u. U. auch die Raumeinrichtung, wie z. B. die Anordnung des Schreibtisches, ändern kann, um Zugempfindungen zu vermeiden. Ein typisches Beispiel ist die Klimatisierung mittels Raumklimageräten, wenn diese nicht an eine optimale Stelle montiert werden können (vgl. Abb. 6.14).
- Entscheidend bei einer unbehaglichen Luftströmung ist die **Wahl der Untertemperatur** $\vartheta_{zu} - \vartheta_i$, d. h. die sorgfältige Auswahl, Anordnung und Einregulierung der Luftdurchlässe. Sie ist oft die Ursache von Reklamationen.

4. **Weitere Einflußgrößen** hinsichtlich Zugerscheinungen sind u. U. das Raumvolumen, der Luftwechsel, die Raumausstattung und -einteilung sowie die durch den Menschen selbst (z. B. Kleidung, Konstitution, subjektive Einstellung zur Klimatisierung).

Wie schon in Kap. 2.1.5 erwähnt, hängt die richtige Luftgeschwindigkeit vom Kleiderwiderstand und vor allem vom Aktivitätsgrad ab, trotzdem sind die zahlreichen genannten Einflußgrößen auf Zugempfindung aufschlußreicher. Ältere Menschen sind im allgemeinen empfindlicher gegenüber Zugerscheinungen als jüngere, was mitunter vom Kreislauf abhängt. Der Gesundheitszustand hat hier weniger Einfluß.

Wichtige Geschwindigkeitsmessungen in der RLT-Technik werden nicht nur in den Lüftungsleitungen und an Luftdurchlässen zur Bestimmung des optimalen Volumenstroms durchgeführt, sondern auch an Raumklimageräten und vor allem im Raum selbst zur Beurteilung des thermischen Raumklimas. Die bei der **Messung von Raumluftgeschwindigkeiten** örtlich und zeitlich sowie nach Richtung und Größe festgestellten Schwankungen können auch durch die Raumparameter entstehen. Ursachen sind z. B. Widerstände im Raum, die – trotz sorgfältiger Auslegung der Luftdurchlässe – die Raumströmung stören können (Regale, Möblierung, Säulen, Unterzüge, Raumteiler u. a.); ferner können es Konvektionsströme durch Wärmequellen sein, wie z. B. Heizkörper, Lampen, Menschen, Computer (auch deren Gebläse!), durch die Sonne aufgeheizte Fenster u. a.

Bei den Geschwindigkeitsmeßgeräten (Anemometern) haben sich in den letzten Jahren die **Universalmeßgeräte** durchgesetzt, mit denen durch Einsatz von verschiedenen Fühlern bzw. Meßsonden nicht nur die Geschwindigkeit (Strömung), sondern auch die Temperatur, die relative Feuchte und z. T. auch ein Differenzdruck gemessen werden können. Für Geschwindigkeitsbereiche unter 5 m/s verwendet man vorwiegend richtungsunabhängige thermische Meßsonden, wogegen Flügelradmeßsonden im Bereich zwischen 5 . . . 40 m/s präzise Meßergebnisse ermöglichen; größere Sonden z. B. für Messungen an Luftdurchlässen.

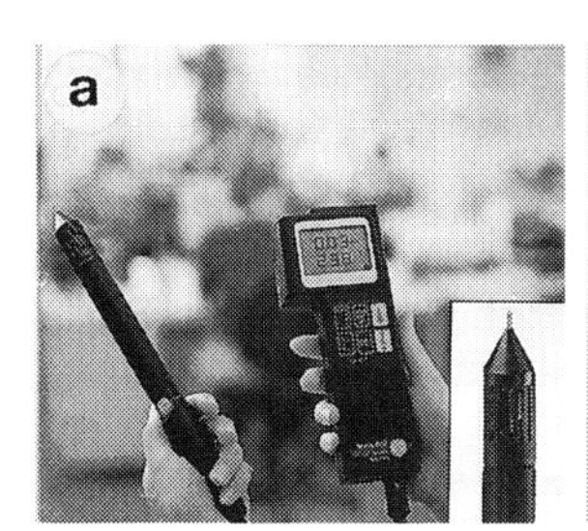

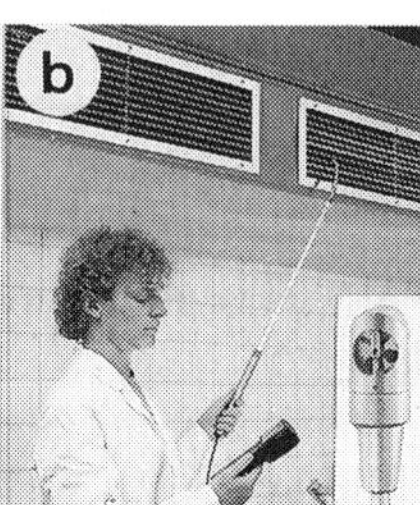

Abb. 2.12 Geschwindigkeitsmessungen mit unterschiedlichen Meßgeräten

Abb. 2.13 Flügelradanemomenter

Bei der **thermischen Meßsonde** (Hitzedrahtprinzip) wird der Sensor (in Abb. 2.14 als Kugel ausgebildet) durch einen Heizstrom auf einer bestimmten Temperatur gehalten (mind. 20 K über Umgebung). Diese Temperatur wird ständig gemessen, und der je nach Abkühlung nachgeregelte Stromverbrauch ist ein Maß für die Geschwindigkeit.

Bei der **Flügelradmeßsonde** werden die Flügel an einem Sensor vorbeigeführt, der die Drehbewegungen registriert. Durch Anlegen einer Spannung entsteht ein elektromagnetisches Feld in der Spule (Sensor). Der Wechsel von Flügel, Luft, Flügel verursacht Impulse, deren Frequenz im Meßgerät linearisiert, umgerechnet und angezeigt wird. Lagereigenschaften, zulässige Geschwindigkeit, Einsatzbereich und Meßort bestimmen die Flügeldurchmesserwahl (üblich 16 mm). So soll z. B. ein Kanalquerschnitt etwa 30mal größer als die Sonde sein.

Abb. 2.12 zeigt verschiedene **Messungen mit einem Mehrfunktionsgerät:**
a) Behaglichkeitsmessung in einem Großraumbüro; **b)** Luftaustrittsgeschwindigkeitsmessung mit Flügelradsonde, Teleskop- und Schwanenhals an einem Zuluftgitter; **c)** Meßgerät mit PC-Adapter bei Langzeitmessungen, Qualitätskontrollen u. a., der direkt an einen PC zum Weiterverarbeiten und Auswerten angeschlossen werden kann. Der aufgesteckte Recorder speichert und/oder druckt bis zu 2500 Meßdaten; Betrieb automatisch oder manuell.

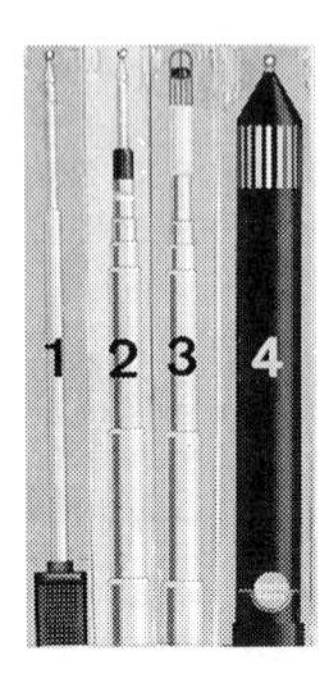

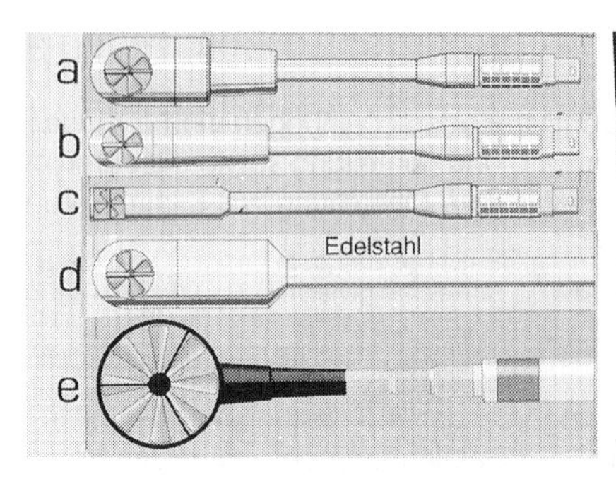

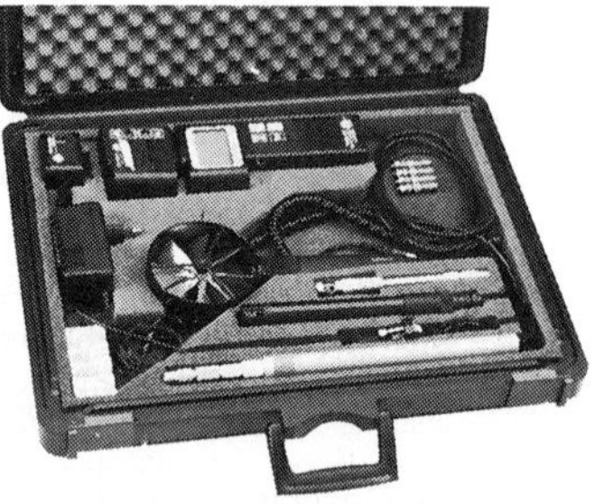

Abb. 2.14 Meßsonden Abb. 2.15 Flügelradsonden (Fa. Ahlborn) Abb. 2.16 Meßkoffer

Abb. 2.14 zeigt verschiedene **thermische Meßsonden.** (1) einfachere Ausführung für Meßbereiche von 0 bis 5 (10) m/s; (2) desgl. mit Teleskop; (3) desgl. mit besonders reaktionsschneller Sonde; (4) Dreifunktionssonde zur Strömungsmessung (v = 0 bis 10 m/s), Temperaturmessung (ϑ = – 20 bis + 70 °C) und Feuchtemessung (φ = 0 bis 100 %); Kosten etwa 1000 DM.

Abb. 2.15 zeigt verschiedene **Flügelradsonden** (auch zur Temperaturmessung bis 140 °C): **a)** Bereich von 0,4 bis 40 m/s mit ± 1 % Genauigkeit vom Endwert; **b)** desgl. 0,4 . . . 60 m/s; **c)** desgl. ohne Temperaturmessung 0,6 . . . 20 m/s, Genauigkeit ± 0,4 m/s vom Endwert; **d)** Hochtemperatursonde für Dauermessungen 0,4 bis 20 m/s (ϑ = – 40 bis 350 °C); **e)** Sonde mit 60 mm Durchmesser für integrierte Strömungsmessung mit ausziehbarem Teleskop, Genauigkeit bis ±0,2 m/s, ϑ = – 20 bis + 60 °C.

2.4 Luftqualität - Sick-Building-Syndrome

Wie schon mehrfach erwähnt, werden Störungen hinsichtlich Behaglichkeit sowie körperliche Beschwerden sehr oft mit ungünstigen raumklimatischen Verhältnissen in Verbindung gebracht. Dies mag sicherlich in den meisten Fällen zutreffen. Wenn aber in einem Gebäude ohne Klimaanlage oder mit einer RLT-Anlage, die auf dem neuesten Stand projektiert, ausgeführt und einwandfrei betrieben wird, trotzdem Klagen über geringe Leistungsfähigkeit, Haut- und Augenreizungen, Kopfschmerzen, Müdigkeit, Anfälligkeit für Infektionen und Allergien, störende Geruchs- und Geschmacksempfindungen usw. gemeldet werden, bedarf dies einer objektiven Klärung.

Seit wenigen Jahren hat man nun festgestellt, daß diese typischen Merkmale und Befindungsstörungen von Geruchs- und Schadstoffkonzentrationen in Räumen und Gebäuden herrühren, für die nicht nur die Klimaanlage verantwortlich gemacht werden kann. Dieses Problem wird mit dem Begriff **„Sick-Building-Syndrome“** (SBS) bezeichnet.

Sick Building = „Krankes Gebäude“; Syndrom ist eine Ansammlung von verschiedenen Symptomen, deren Ursache man zum großen Teil nicht kennt.

Es ist eine Selbstverständlichkeit, daß die Klimabranche Interesse hat, die SBS-Ursachen zu klären und zu beseitigen, um die „innere Umwelt“ zu verbessern. Schließlich bemängeln bisher mehr Menschen das Raumklima in klimatisierten Räumen als die Unzulänglichkeiten in nicht klimatisierten Räumen. Auf die möglichen Gründe der Kritik wurde schon in Kap. 1.2.2 eingegangen.

Obwohl das SBS-Problem sehr komplex sein kann und obwohl trotz der Fülle klimatechnischer Parameter immer noch keine exakten Aussagen über die tatsächlichen Zusammenhänge zwischen Ursache und Wirkung von körperlichen Beschwerden vorliegen, sollen folgende mögliche Ursachen und Vermutungen zusammengefaßt werden:

1. Es gibt Tausende **chemischer Verbindungen** in vielen kleinen Konzentrationen aus allen möglichen Einrichtungen, Materialien (wie z. B. Textilien, Kunststoffe usw.), Flüssigkeiten u. a., die mindestens 20 % der Verunreinigungsquellen ausmachen dürften.
2. **Holzmöbel und Bauteile** üben nicht den großen negativen Einfluß auf die Raumluft aus, wie ursprünglich angenommen, es sei denn, man habe bei Möbeln, Verkleidungen, Verschalungen usw. schädliche Holzschutzmittel, Lacke oder Reinigungsmittel verwendet.
3. **Belästigungen durch Menschen** entstehen vorwiegend durch das Rauchen („verrauchte" Kleidung, Teppichböden, Vorhänge, Polstermöbel), ferner durch Schweißgeruch, Parfüm u. a.
4. Die **RLT-Anlage** kann bei schlechter Wartung sicherlich der „Hauptschuldige" sein. So können über 40 % der Verunreinigungen vom Filter oder durch Staubablagerungen herrühren. Auch an dem im **Filter** zurückgehaltenen Staub können sich Geruchsstoffe anreichern. Die zweite mögliche Verunreinigungsquelle kann der **Luftwäscher** sein (Kap. 3.4.2).

   Oft wird aus Gründen der Energieeinsparung der Außenluftvolumenstrom zu stark reduziert – ebenfalls ein möglicher „Hauptschuldiger" obengenannter Störungen.
5. **Allergische Reaktionen** können durch Pollen, Hautschuppen von Tieren, Pflanzen, bestimmte Staubarten u. a. entstehen. Fehlende Außenluftzufuhr und die dadurch mögliche feuchte und muffige Luft erhöhen die Gefahr einer Schimmelpilzbildung.
6. **Weitere Möglichkeiten** sind, wie schon unter Kap. 2.1.5 angedeutet, z. B. psychische Effekte, Hypersensibilität gegen bestimmte chemische oder biologische Stoffe, Krankheitserreger, schlechter Gesundheitszustand, störender Ionenhaushalt, tieffrequenter Schall, blendende Beleuchtung, unzureichende Lichtgebung oder ganztägiges Kunstlicht, miserable oder überholte Bauweise, störende Raumausstattung, schlechte Arbeitsbedingungen, zu dichte Belegung, Streß, Platzangst bei fester Verglasung. **Für so viele dieser Störungen und Symptome muß die Klimaanlage herhalten.**

Zur Zeit werden über einen Forschungsauftrag Erhebungen von Befindlichkeitsstörungen, Gesundheitsbeeinträchtigungen und Funktionseinschränkungen im Zusammenhang mit thermischen, akustischen, optischen und lufthygienischen Verhältnissen in klimatisierten und nicht klimatisierten Räumen durchgeführt. Daraus sollen dann über Verdichtung und Wechselbeziehungen von Daten statistisch abgesicherte Zusammenhänge und Aussagen erarbeitet werden.

Solche Forschungsaufgaben sind wichtig, damit das SBS-Problem wieder aus dem Bewußtsein verdrängt werden kann. Die Untersuchung der Raumluft, insbesondere die **Bestimmung chemischer Verbindungen,** kann – je nach Substanz – mit Hilfe verschiedener Analyseprinzipien erfolgen, wie z. B. die Auswertung einer Farbreaktion (Prüfröhrchen, Teststreifen), der Einsatz von Gaschromatographen (spezielle Gasprobennehmer) u. a.

Als Maßstab für die Behaglichkeit in bezug auf gasförmige Luftverunreinigung bzw. **zur quantitativen Bestimmung der „Luftqualität"** wird der Geruch zu Hilfe genommen, der von einem Menschen wahrgenommen wird. Als Maßeinheiten versucht man die Einheit **Olf** (Stärke der Geruchsquelle) und **Dezipol** (wahrgenommener Geruch bei Belüftung) einzuführen. Der Mensch dient dabei als „Meßgerät".

Ein **Olf** ist die Luftverunreinigung einer „Standardperson", d. h. eines durchschnittlichen nichtrauchenden Erwachsenen, der in einem Büro oder einem ähnlichen, nichtgewerblichen Arbeitsplatz eine sitzende Tätigkeit (Aktivitätsgrad I) bei behaglicher Wärme ausübt und einen Hygienestand von 0,7 Bädern/Tag hat bei täglich frischer Wäsche.

Die **Einheit Olf** (von olfaction = Geruchssinn), von „Franger" eingeführt, umfaßt den **Schadstoffausstoß entsprechend der Auswirkung auf die menschliche Nase und die wahrgenommene Belästigung. Die Verschmutzungsquelle kann dabei beliebig sein.** Sie wird lediglich durch die Anzahl von Standardpersonen ausgedrückt, die notwendig sind, um die gleiche Belästigung zu verursachen.

Beispiele: Kind (12 Jahre) 2 Olf; Personen mit Aktivitätsgrad II 1,5 Olf, bei III 2 Olf, bei IV 2,5 Olf; Teppichboden bis 0,2 Olf/m^2 (bei Wolle), bis 0,4 Olf/m^2 (bei Kunststoffaser), Marmorboden 0,01 Olf/m^2; Raucher durchschnittlich 6 Olf (während des Rauchens 25 Olf!). Ein Olfkatalog ist in Vorbereitung.

Werden die **Olf-Werte bei der Bestimmung des Außenluftvolumenstroms** berücksichtigt – dies gilt auch für einfache Lüftungsanlagen –, so müßten zukünftig die Außenluftvolumenströme gegenüber der DIN 1946 sowie die Luftwechselzahlen z. T. drastisch erhöht werden, wobei der Einbau von Wärmerückgewinnungseinrichtungen wieder mehr in den Vordergrund rücken würde. Die Forderungen hinsichtlich Energieeinsparung sollen dann nicht mehr nur auf Kosten von Hygiene und Behaglichkeit gehen.

Ein **Dezipol** ist die Verunreinigung durch eine Standardperson, wenn für sie ein Außenluftvolumenstrom von 10 l/s (≙ 36 m^3/h eingeführt wird. Anders ausgedrückt: Es ist die **von der Nase wahrgenommene Luftverunreinigung** mit einer Verunreinigungsquelle von 1 Olf bei Belüftung mit sauberer Luft. **1 Dezipol entspricht demnach 1 Olf pro 10 l/s = 0,1 Olf pro l/s.**

Mit der Dezipol-Angabe wird demnach nur ein Verschmutzungsgrad angegeben, der anzeigen soll, ob oder welche Belästigung vorliegt. Sie kann u. U. nur die erste Bewertung eines möglichen Gesundheitsrisikos liefern. **1 Dezipol spricht für ein „gesundes Gebäude“,** 10 für sick building, 100 bei Abgasen, 0,1 für Außenluft (Stadtluft), 0,01 für Gebirgsluft.

Mit einem Beispiel und Hinweisen soll dieser Abschnitt abgeschlossen werden:

- **Beispiel:** Büroraum 40 m^2 mit einer Annahme von 0,1 Olf/m^2 (Teppichboden, Möbel usw.). Das bedeutet, daß für diesen Raum 0,1 · 40 = 4 Olf, d. h. **4 Personen zusätzlich** angenommen werden müßten. Wenn nun je Person 10 l/s (≙ 36 m^3/h) eingeführt werden müssen, um 1 Olf wahrzunehmen, müßten 36 · 4 = 144 m^3/h Außenluft zusätzlich eingeführt werden. Legt man z. B. 5 Personen und eine Außenluftrate von 30 m^3/h · Personen zugrunde, so müßte diese um 144 : 5 = 28,8 m^3/h, d. h. um fast 100 % erhöht werden.

- Dies kann nicht die zukünftige Lösung sein. **Es darf nämlich nicht nur heißen, daß man primär die Außenluftraten erhöht, sondern daß man alle Maßnahmen ergreifen muß, um die Verunreinigungsquellen herabzusetzen.** Hier stehen im Vordergrund eine sorgfältige Filter-, Wäscher- und Kanalreinigung, Vermeidung von Verunreinigungsmaterialien im Raum, Sorgfalt beim Umgang mit stark riechenden Stoffen und Chemikalien, entsprechende Aufstellung von Geräten und Maschinen, evtl. mit Absaugeinrichtungen, und vieles andere mehr.

  In diesem Zusammenhang ist sicherlich ein **Vergleich mit den Einheiten für Licht und Schall** interessant, wobei irgendwann auch für die Verunreinigungen Meßgeräte entwickelt werden. Die Entwicklung der Geruchssensoren zeigt z. B. erfreuliche Fortschritte.

Tab. 2.3 Einheitenvergleich von Verunreinigung, Licht und Schall

Intensität und Wahrnehmung	Verunreinigung (**Nase**)	Licht (**Auge**)	Schall (**Ohr**)
von einer Quelle „ausgesendet“	Olf	Lumen	Watt
vom Menschen empfundener Wert	Dezipol	Lux	Dezibel (A)
Hinweis	Störung, Unzufriedenheit*)	gemessen unabhängig von der Störung	

*) irgendwann werden auch hierfür Meßgeräte entwickelt werden

- Ob und wie sich die Luftverunreinigungen, ausgedrückt in Olf, durch Baumaterialien, Teppiche, Möbel, Büromaschinen, Bücher, Papier und insbesondere RLT-Anlagen (Staubfilter, Befeuchter, Heiz- und Kühlregister, Kanäle) ausschalten lassen, hängt davon ab, **ob die Einheiten Olf und Dezipol praktikabel und reduzierbar sind und wie aufwendig das Meßverfahren ist.** Ob dann alle genannten Symptome verschwinden, sei dahingestellt – ein Weg in die richtige Richtung ist es mit Sicherheit.
  Solange keine genormten Meßvorschriften und gesicherten Olfkataloge vorliegen, kann auch danach kein exakter Außenluftvolumenstrom bestimmt werden.

3 Die Klimaanlage – Bauteile und Systeme

Während im Kap. 6 eingehender auf die Einzelklimageräte eingegangen wird, sollen in diesem Kapitel die Zentrale und die wesentlichen Bauteile sowie ein Überblick über die Systeme im Vordergrund stehen. Die Zustandsänderungen und die Berechnungsgrundlagen dazu werden u. a. in Kap. 7 (h,x-Diagramm) behandelt.

Bei einer Klimaanlage handelt es sich um eine RLT-Anlage, die sicherstellen muß, daß während des ganzen Jahres sowohl die Raumtemperatur als auch die Raumfeuchte und die Luftreinheit selbsttätig auf dem vorgegebenen oder gewünschten Wert gehalten werden. Hierzu sind eine ganze Anzahl von Bauteilen und eine umfangreiche und präzise Regelungsanlage mit zahlreichen Meß- und Kontrollgeräten erforderlich, durch welche diese Aufgabe in Abhängigkeit von Raumlasten und Außenklima erfüllt werden kann. Eine sorgfältige Planung, Montage, Inbetriebnahme, Betriebsweise und Instandhaltung gehören dazu.

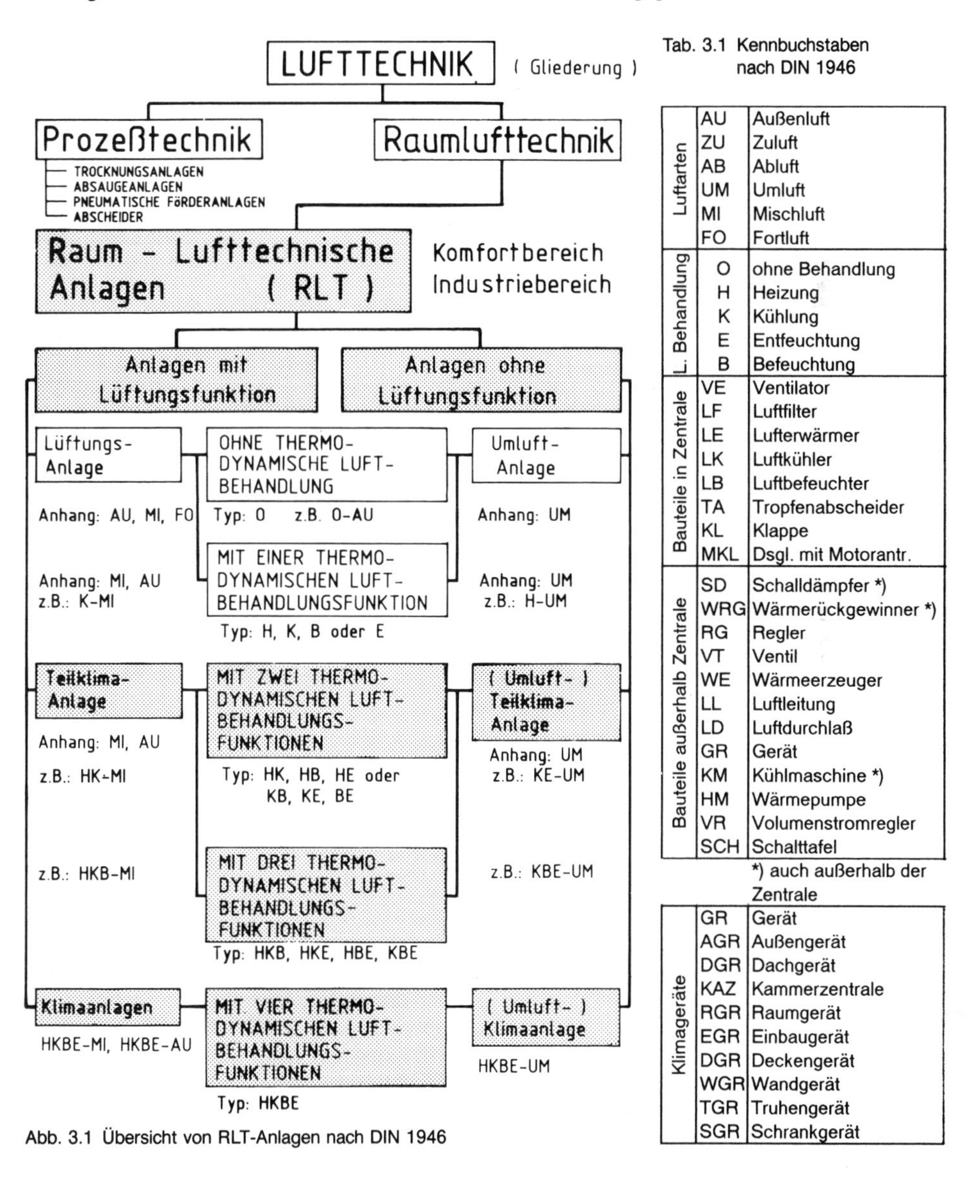

Abb. 3.1 Übersicht von RLT-Anlagen nach DIN 1946

Tab. 3.1 Kennbuchstaben nach DIN 1946

Luftarten	AU	Außenluft
	ZU	Zuluft
	AB	Abluft
	UM	Umluft
	MI	Mischluft
	FO	Fortluft
L. Behandlung	O	ohne Behandlung
	H	Heizung
	K	Kühlung
	E	Entfeuchtung
	B	Befeuchtung
Bauteile in Zentrale	VE	Ventilator
	LF	Luftfilter
	LE	Lufterwärmer
	LK	Luftkühler
	LB	Luftbefeuchter
	TA	Tropfenabscheider
	KL	Klappe
	MKL	Dsgl. mit Motorantr.
Bauteile außerhalb Zentrale	SD	Schalldämpfer *)
	WRG	Wärmerückgewinner *)
	RG	Regler
	VT	Ventil
	WE	Wärmeerzeuger
	LL	Luftleitung
	LD	Luftdurchlaß
	GR	Gerät
	KM	Kühlmaschine *)
	HM	Wärmepumpe
	VR	Volumenstromregler
	SCH	Schalttafel

*) auch außerhalb der Zentrale

Klimageräte	GR	Gerät
	AGR	Außengerät
	DGR	Dachgerät
	KAZ	Kammerzentrale
	RGR	Raumgerät
	EGR	Einbaugerät
	DGR	Deckengerät
	WGR	Wandgerät
	TGR	Truhengerät
	SGR	Schrankgerät

3.1 Klassifikation nach DIN 1946

In Band 3 wurde schon ausführlicher auf die Gliederung nach DIN 1946 Teil 1 hingewiesen, wobei dort nur die RLT-Anlagen zur Lüftung einschließlich der freien Lüftungssysteme und zur Raumheizung behandelt wurden. Beides, Lüftung und Lufterwärmung, ist jedoch auch Bestandteil einer vollkommenen Klimaanlage.

Wie aus Abb. 3.1 hervorgeht, werden Klimaanlagen nach der Anzahl der thermodynamischen Aufbereitungsstufen eingeteilt. Zur Benennung der Luftarten, Luftbehandlung und Bauteile wurden bestimmte Kennbuchstaben eingeführt (Tab. 3.1).

Ergänzende Bemerkungen hierzu:

1. Auch die **Klimageräte** kann man nach dieser Klassifizierung einteilen. Da Geräte vielfach nur zur Kühlung und Entfeuchtung eingesetzt werden, müßte man von „Teilklimageräten" sprechen, was sich in der Praxis jedoch nicht durchsetzen wird. Eine Vielzahl von Geräten ist ohne Lüftungsfunktion, d. h., sie sind als Umluftgeräte konzipiert.
2. Anlagen und vor allem Geräte mit **einer** Luftbehandlungsfunktion, nämlich nur Kühlung, werden in der Praxis weder als Lüftungsanlage (Lüftungsgerät) noch als Teilklimagerät, sondern schlechthin als „Klimagerät" verkauft. Als Teilklimagerät mag dies noch berechtigt sein, denn mit der Kühlung wird in der Regel auch gleichzeitig eine Luftentfeuchtung erreicht, also eine 2. Funktion. Anlagen bzw. Geräte nur mit der Funktion **„Heizen"** bezeichnet man als Luftheizungsanlage bzw. Heizgerät, und mit der Funktion nur **„Befeuchtung"** als Befeuchtungsgerät (Kap. 6.5). Entfeuchtungsgeräte siehe Kap. 6.6.
3. Die Funktion **„Filtern"** wird nicht angegeben, denn es ist eine Selbstverständlichkeit, daß jede Klimaanlage und jedes Klimagerät auch die Luftreinigung übernehmen muß.
4. Auf die Kennbuchstaben, die z. B. in Massenauszügen, Stücklisten, Abrechnungsunterlagen, Zeichnungen, Schaltschemata usw. verwendet werden, wurde schon ausführlicher in Band 3 hingewiesen.
   Beispiel: HKEB - KHM - KAZ: Zentralgerät (**Ka**mmer**z**entrale) mit allen vier Behandlungsfunktionen: **H**eizung, **K**ühlung, **E**ntfeuchtung, **B**efeuchtung; mit eingebauter **K**ältemaschine, die auf Wärmepumpe (**H**eiz**m**aschine) umgeschaltet werden kann.

3.2 Die Klimazentrale und ihre Bauteile

Der Aufbau einer Klimazentrale ist aus den Abb. 3.2 und 3.3 ersichtlich. Zum Begriff „Klimazentrale" sei hier erwähnt, daß damit oft der Aufstellungsraum gemeint ist, in dem sich das Gerät und sämtliche anderen zur TGA gehörenden Aggregate befinden. Man bezeichnet die Klimazentrale auch als Kammerzentrale, Zentralklimagerät, kombiniertes Zu- und Abluftgerät zur Klimatisierung, sehr häufig als Kastengerät (je nach Abmessungen auch als Schrankgerät) oder nach dem Aufstellungsort z. B. als Dachzentrale, Deckenklimagerät, Hygieneausführung u. a.

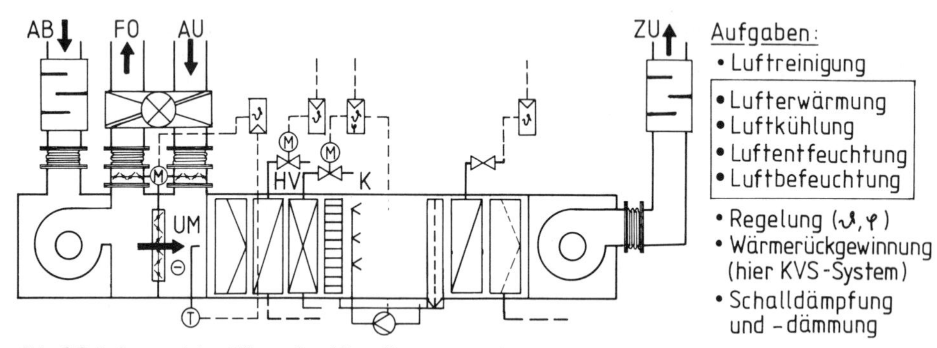

Abb. 3.2 Aufbau und Anschlüsse einer Klima-Kammerzentrale

Gegenüber früher werden die Zentralgeräte – je nach den Anforderungen – im Baukastensystem zu Lüftungs-, Teilklima- oder (Voll-)Klimaanlagen zusammengebaut. Bei mittleren und größeren Geräten (ab etwa 20 000 m³/h) können die einzelnen Teile, wie Ventilatorkammer, Lufterhitzerkammer, Misch- und Filterkammer, Befeuchtungskammer usw., an Ort und Stelle montiert werden.

Da die Baulänge des Zentralgeräts sehr groß werden kann, z. T. bis über 10 m, insbesondere wenn noch der Wärmerückgewinner, die Schalldämpfer und zusätzliche Filter eingebaut werden, müssen die Elemente oft übereinander, nebeneinander oder im Raum um die Ecke angeordnet werden (Abb. 3.4). Kantenlängen vgl. Abb. 3.8.

Auf die Vorteile der Blockbauweise bzw. des Baukastensystems wurde schon in Band 3 hingewiesen.

Abb. 3.3 Klima-Kammerzentrale im Baukastensystem

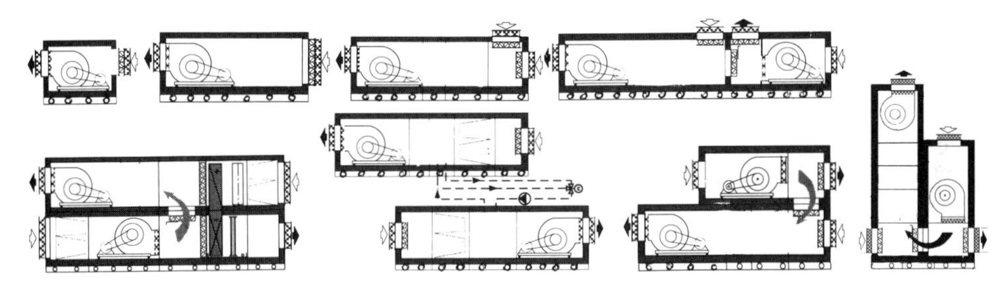

Abb. 3.4 Kombinationsmöglichkeiten von Kammerzentralen

Eine größere Rolle spielen auch die wetterfesten **Dachklimazentralen** (Abb. 3.5), die in der Regel als betriebsfertige Geräte auf dem Gebäudedach aufgestellt werden. Sehr oft ist in dieser Zentrale die Kältemaschine mit luftgekühltem Kondensator mit Axialventilatoren integriert.

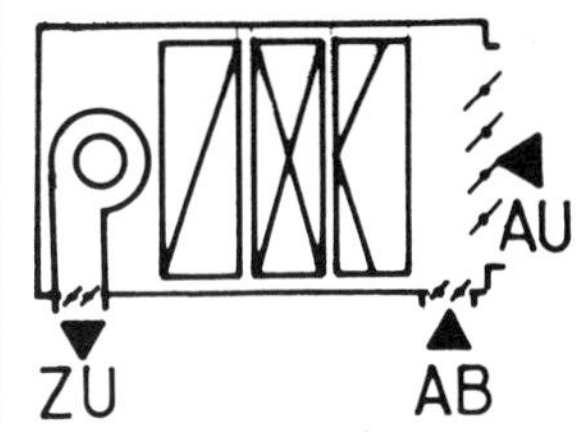

Abb. 3.5 Dachklimazentrale

Die Anwendung bezieht sich vorwiegend auf Gebäude mit Flachdächern, wie z. B. für Kaufhäuser, Werkhallen, Ausstellungsräume, Hotels, u. a. Neben den Vorteilen, wie geringere Montagekosten, Einsparung an Platz und Raumvolumen, vielfach preisgünstigere Luftverteilung, einfache Einbindung der Wärmerückgewinnung, sind zahlreiche Sicherheitsvorkehrungen zu beachten.

Anforderungen: Korrosionsfestes Material, wasserdichtes Gehäusedach, selbsttragende Konstruktion, Beachtung von Transportvorkehrungen (besonders bei großen Bautypen), Einbeziehung bauaufsichtlicher Vorschriften, evtl. Durchführung von statischen Berechnungen oder statischen Nachweisen für die Standsicherheit, Maßnahmen gegen Einfriergefahr, Vermeidung von Geräuschbelästigungen sowohl hinsichtlich des Gebäudes (gegen Körperschallübertragung) als auch hinsichtlich der Nachbarschaft (Luftschall).

Die **graphischen Symbole** der einzelnen Bauteile sind nach DIN 1946 genormt. Von den in Bd. 3 aufgeführten 144 Sinnbildern sollen die wesentlichen zur Darstellung einer Klimaanlage ausgewählt werden (Abb. 3.6).

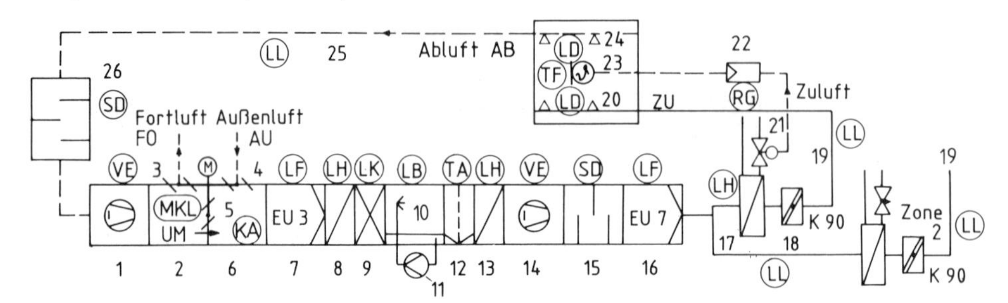

1 Abluftventilator, **2** Fort-Umluftkammer, **3** Gliederklappe Fortluft, **4** desgl. Außenluft, **5** desgl. Umluft, **6** Mischkammer, **7** Außenluftfilter, **8** Lufterwärmer (Vorwärmer), **9** Luftkühler, **10** Sprühbefeuchter (Luftwäscher), **11** Kreiselpumpe, **12** Tropfenabscheider, **13** Lufterwärmer (Nachwärmer), **14** Zuluftventilator, **15** Schalldämpfer (im Gerät), **16** Zuluftfilter, **17** Lufterwärmer (im Kanal für Zone 1), **18** Brandschutzklappe mit Feuerschutzklasse, **19** Luftleitung (Zuluft), **20** Zuluftdurchlaß, **21** Durchgangsregelventil mit Motorantrieb, **22** Regler, **23** Raumtemperaturfühler, **24** Abluftdurchlaß, **25** Luftleitung (Abluft), **26** Schalldämpfer im Kanalnetz

Abb. 3.6 Zeichnerische Darstellung einer Klimaanlage mit Symbolen und Kurzzeichen

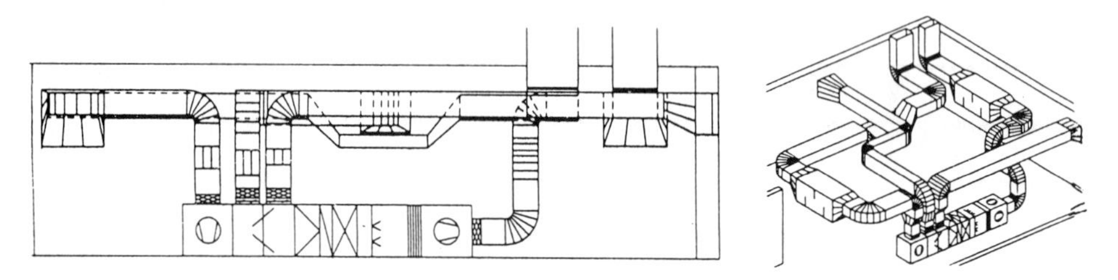

Abb. 3.7 Zeichnungen mit CAD

Für die **Auswahl von Kastengeräten** sind vor allem die vorzusehenden Einbauten, insbesondere der Ventilator mit dem erforderlichen Betriebspunkt ($\dot{V}$ und Δp_t) unter Berücksichtigung der Geschwindigkeit und des bestmöglichen Wirkungsgrades entscheidend (vgl. Bd. 3). Die in den VDI 3803 angegebenen Anforderungen an die Zentralgeräte beziehen sich auf die Konstruktion des Gehäuses, auf die Einbauten und auf die Montage. Daß neben dem Volumenstrom die zu wählende Luftgeschwindigkeit im Gerät die wichtigste Ausgangsgröße ist,

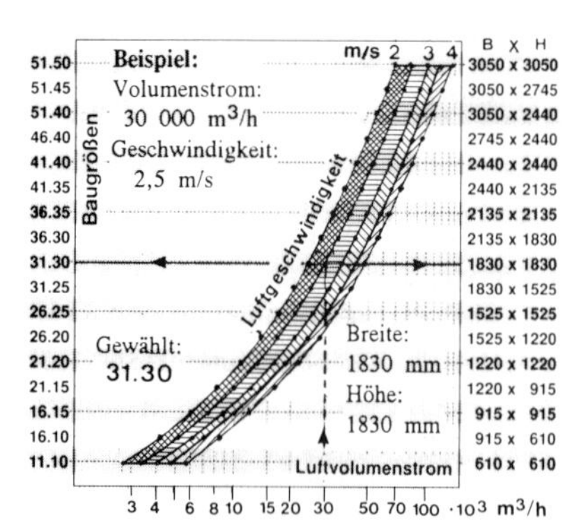

Abb. 3.8 Auswahl von Kammerzentralen in Abhängigkeit von $\dot{V}$ und v

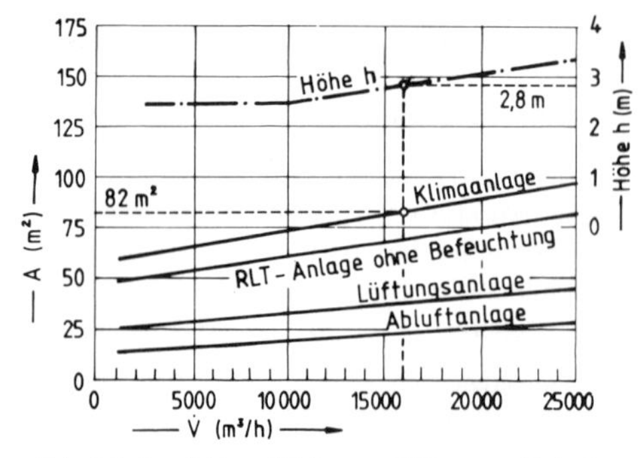

Abb. 3.9 Empfohlene Flächen und Höhen von Technikzentralen

liegt daran, daß dieser Einfluß auf die Druckverluste (und somit auf die Wirtschaftlichkeit), auf den Kühler (ob Tropfenfänger erforderlich), auf das Filter (Abscheidung), auf den Luftwäscher (Befeuchtungswirkungsgrad) und auf die Geräuschbildung hat.

Wie aus Abb. 3.8 hervorgeht, kann man den Gerätetyp bzw. die Baugröße des Gerätes mit dem jeweiligen Querschnitt (Breite × Höhe) in Abhängigkeit von Volumenstrom und Geschwindigkeit bestimmen. Je nach Wärme- und Kälteleistung und Temperaturen der Medien von Luft und Wasser bestimmt man dann nach den Herstellerunterlagen (Nomogramm oder Tabellen) die Anzahl der Rohrreihen des Wärmetauschers.

Bei der **Annahme von Luftgeschwindigkeiten wählt man erfahrungsgemäß 2,5 bis 3,5 m/s für Heizbetrieb** mit etwa 1 – 2 – (3) Rohrreihen und **2 bis 2,5 m/s für den Kühlbetrieb** mit etwa (3) – 4 – 5 – (6) Rohrreihen. Nach den VDI 3803 werden Anhaltswerte in Abhängigkeit der Betriebszeit angegeben (Tab. 3.2).

Tab. 3.2 Geschwindigkeitsannahmen in Klimazentralen

Betriebszeit t	h/a	< 5000	1500...3000	3000...6000	6000...8760	v auf lichten Querschnitt bezogen
Geschwindigkeit v	m/s	< 4	< 3	< 2,5	< 2	

Vergleichskriterien bei der Geräteauswahl

Bei der Vielfalt der Anbieter und den unterschiedlichen Firmenunterlagen ist es oft schwierig zu entscheiden, welche Kriterien für die Geräteauswahl herangezogen werden sollen oder müssen. Obwohl der Preis oft als das wesentliche Kriterium gesehen wird (Vorsicht!), sollten mehr die technischen Einzelheiten bei Gehäuse, Einbauten, Regelung und Wartung beachtet werden.

- Die **Gehäusekonstruktionen** bzw. die einzelnen Kammern bestehen aus einem Profilrahmen, meist aus Aluminium, mit eingefügten Deckplatten aus verzinktem Stahlblech, die auf der Innenseite schall- und wärmedämmend ausgekleidet sind. Die einzelnen, meist zweischaligen Elemente, ca. 50 mm dick, sind meistens modular aufgebaut und leicht demontierbar. Die *k*-Werte sind je nach Fabrikat unterschiedlich und schwanken etwa zwischen 0,4 und 0,9 W/(m^2 · K). Zahlreiche Geräte ermöglichen einen kompletten Zusammenbau vor Ort, und bei einigen Herstellern sind sogar Einzelanfertigungen möglich. Für spezielle Fälle und auch als Dachzentrale kann das Gerät in Edelstahlausführung geliefert werden.
- Die **Volumenströme** schwanken bei den einzelnen Herstellern sehr stark und hängen vor allem von der Anzahl der Gerätegrößen und Aufbereitungsstufen ab. Die übliche Angebotspalette liegt etwa zwischen 500 m^3/h – 100 000 m^3/h (in Einzelfällen bis 50 000 und bis 300 000 m^3/h). Die Anzahl der Gerätegrößen (Baugrößen) schwankt – je nach Hersteller – zwischen 12 und 20 und demnach auch die Leistungsbereiche und Abmessungen. Durch die Tendenz zur Dezentralisierung, d. h. zur Aufteilung der Gesamtleistung auf mehrere Kastengeräte, sind Geräte < 20 000 m^3/h sehr verbreitet.
- Die **Druckverluste** schwanken sehr stark, insbesondere beim Zuluftventilator, der ja die wesentlichen Widerstände der Einbauten zu übernehmen hat (z. B. 400 bis 1 500 Pa); beim Abluftventilator liegen die Werte bei etwa 100 bis 500 Pa. Der maximale Unterdruck bzw. Überdruck in der Zentrale wird meist mit ca. 2 000 Pa angegeben.
- **Weitere Fragen, die interessieren:** Ob Block- oder Modulbauweise, Ausführung der Gerätewände und -türen, Oberflächenbeschaffenheit (z. B. ob verzinkt, lackiert, pulverbeschichtet), Wartungsfreundlichkeit, Korrosionsbeständigkeit, ob Baustellenmontage möglich, Ausbaufähigkeit, Dichtheitsklasse, ob für spezielle Bedarfsfälle geeignet (z. B. für Schwimmbäder), Schalldämmaß (bei Mineralwolle etwa 40 dB), Schalleistung beim Zu- und Abluftstutzen, Art der Wärmedämmung (Energieverluste, Kältebrücke, Brandschutz), Bauart, Qualität und Details bei den nachfolgend beschriebenen Bauteilen (z. B. welche Filter, Befeuchter, Wärmerückgewinner usw.), Aufstellungsmöglichkeit (z. B. ob doppelstöckig), Transport, ob die Regelung für alle Fabrikate oder nur auf das Gerät abgestimmt ist, Stabilität des Gerätes (Grundrahmen, Querstreben usw.), ob Bauteile ausziehbar, Wetterschutz bei Dachzentralen (z. B. Zusatzdach, Dachfolie, spezielle Dichtungen), ex-geschützt, Planungsunterlagen, PC-Programme, Liefertermin, Erfahrung des Herstellers, Referenzen und nicht zuletzt die laufenden Betriebskosten.
- **Tendenzen,** die sich in letzter Zeit bei Klima-Kammerzentralen abzeichnen sind: Zunahme von Hygieneausführungen, große Anstrengungen hinsichtlich der Wartungsfreundlichkeit (z. B. leichterer Filteraustausch),

neue Ventilatorserien (geräuschärmer), Computerauslegungsprogramme, Verbesserungen bei der Düsenkammer (vgl. Kap. 3.4.2), verfeinerte Regelungssysteme, geringere Montagezeiten, Pulverbeschichtung (längere Lebensdauer).

Bauteile in der Klimazentrale (entsprechend Abb. 3.2 und 3.3)

Die in einer Lüftungszentrale vorhandenen Einbauten werden ausführlicher in Bd. 3 „Lüftung und Luftheizung" erläutert und sollen anschließend nur kurz erwähnt werden. Was die Klimatisierung betrifft, so sollen hier der Luftkühler und ausführlicher der Luftbefeuchter behandelt werden.

Sämtliche Teile, ob Ventilator, Lufterwärmer, Luftkühler, Befeuchter, Schalldämpfer usw., sind in sog. Kammern eingebaut, die – je nach Baugröße – unterschiedliche Baulängen aufweisen.

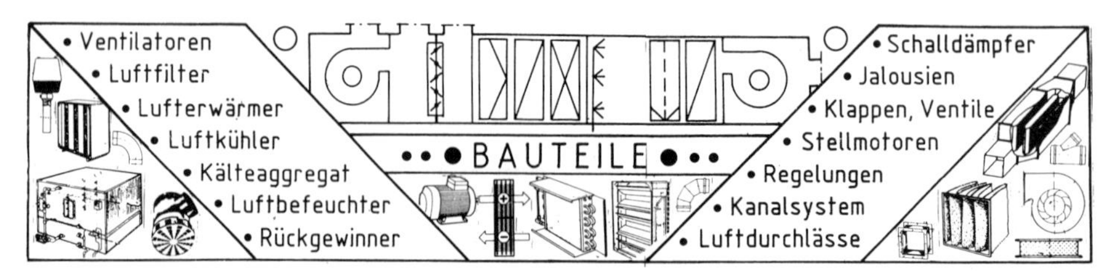

Abb. 3.10 Bauteile in einer Klimaanlage (vgl. auch Abb. 3.6)

Ventilatoreinheit (Ventilatorkammer)

Ob als Zu- oder Abluftventilatoreinheit, bei beiden werden Ventilator und Motor gemeinsam auf Trägern schwingungsgedämpft montiert. Auf Führungsschienen kann die komplette Einheit bei Service- oder Montagearbeiten leicht zur Bedienungsseite herausgezogen werden. Durch Motorspannschlitten oder -schienen kann die Arbeit des Keilriemenspanners erleichtert werden. Die Kammerlänge beträgt je nach Baugröße 1 bis 3,5 m. Abb. 3.11 zeigt eine Auswahl von Einbauvarianten.

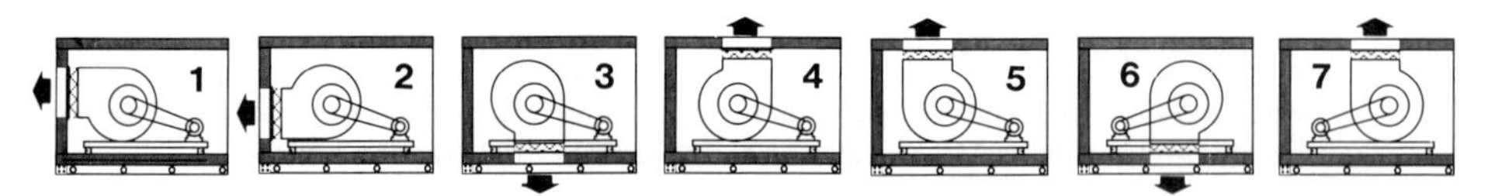

Abb. 3.11 Ausblasvarianten bei Ventilatoren

Abb. 3.12 zeigt eine zweischalige **Ventilatorkammer,** 50 mm dick, großflächige Bedienungstür, elastische und schnellösliche Verbindung zwischen Gehäuse und Ventilator, verzinktes Stahlblech, Schalldämmaß 42 dB (A), k-Zahl = 0,55 W/(m^2 · K) (Steinwolle), doppelseitig saugender Ventilator mit vorwärts- oder rückwärtsgekrümmten Schaufeln, Einsatzbereich –20 °C bis +40 °C; **Anschlußstutzen** mit beschichtetem, luftdichtem und zerreißfestem Segeltuch oder elastischem, beschichtetem Glasfasergewebe.
Bei druckseitiger Anordnung innerhalb des Gerätes soll ein Prallplattendiffusor vorgesehen werden.

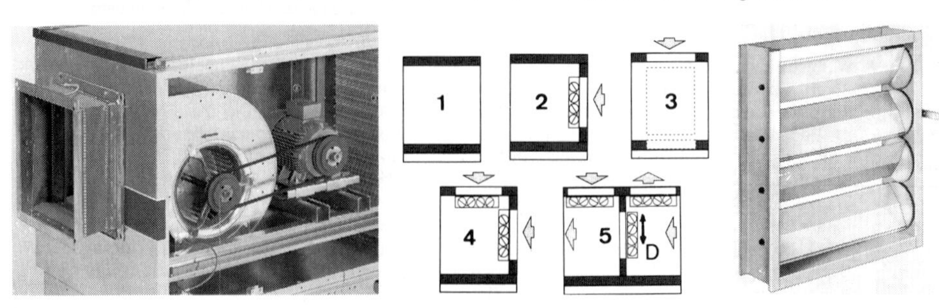

Abb. 3.12 Ventilatorkammer (Fa. GEA)

Abb. 3.13 Ansaug- und Mischkammern u. a.

Abb. 3.14 Jalousie (gegenläufig)

Ansaug- und Mischkammer, Jalousien

Da die Mischkammer, der Mischluftbetrieb, die Berechnung und Regelung von Mischluftanlagen auch Bestandteil von Lüftungs-Luftheizungsanlagen sind, wurde hierzu schon in Band 3 eingegangen.

Aus Abb. 3.2 geht hervor, daß bei konstantem Zuluftvolumenstrom um denselben Betrag, wie Außenluft zugeführt wird, Fortluft abgeführt werden muß. Beim Verstellen durch den Stellmotor bewegen sich demnach Außen- und Fortluftklappe im gleichen, die Umluftklappe im entgegengesetzten Sinn. Bei diesem Mischungsvorgang interessiert nun bei der Klimatisierung nicht nur die Temperaturänderung, sondern auch die sich dabei einstellende absolute Luftfeuchtigkeit. Die Frage, wieviel Wasser durch die Außenluft in die Anlage „eingebracht" oder „entfernt" wird, spielt bei der Berechnung eine große Rolle (Kap. 9.2.1).

Je nachdem, ob die Zentrale für Außenluft, Umluft- oder Mischluftbetrieb zusammengestellt wird oder ob die Einbauten angeordnet werden, unterscheidet man verschiedene Kammern.

Abb. 3.13 zeigt 5 verschiedene Varianten: **Leerkammer (1),** in mehreren Längen, für evtl. später vorgesehene Bauteile; **Ansaugkammer (2)** z. B. für Energierückgewinnung, reiner Außenluftbetrieb, wahlweise auch mit Mattenfilter, mit und ohne Bedienungstür, innen oder außen liegende Jalousieklappe; **Umluftkammer (3)** mit oder ohne Filter, mit oder ohne Bedienungstür, Jalousieklappe innen oder außen für unterschiedliche Klappensteller, Länge 0,6 – 1,5 m (je nach Baugröße); **Mischluftkammer (4)** für Um- und Außenluft (Fortluftabführung separat), mit oder ohne Filter, Bedienungstür zur Jalousiewartung, innenliegende Jalousieklappe; **Doppelmischeinheit (5)**, Außen- und Fortluft von oben oder unten (wahlweise gegenüber Bedienungsseite), innenliegende Jalousieklappen, zweischalige Kammerabschottung, Bedienungstür in Fortluftkammer, Drosselblech D für Druck- und Volumenstromabgleich.

Abb. 3.14 zeigt eine Jalousieklappe als Regel-, Drossel- und Absperrklappe zur Druck- und Volumenstromänderung, Lamellenhohlkörper, von außen verstellbar, Alu-Zahnräder, Kunststofflager, Lamellen gegen- oder gleichläufig gekuppelt, Antriebshebel in jeder Winkellage verstellbar, wahlweise mit Dichtelementen.

Mischluftbetrieb bedeutet einerseits Einsparung von Energie, insbesondere bei extremen Außenluftzuständen im Sommer und Winter, sowie beim Aufheizen, andererseits muß immer überlegt werden, ob belastete Raumluft als Umluft akzeptiert werden kann.

Luftfilter

Das im Klima-Kastengerät eingebaute Filter, das z. T. auch in einer eigenen Filterkammer eingebaut wird, kann in verschiedenen Klassen geliefert werden. Bei höheren Anforderungen und beim Einsatz von Luftwäschern wählt man sogar zwei Filter, nämlich einen „Außenluftfilter", z. B. EU 4 – 5 (Lufteintritt), und einen Zuluftfilter, z. B. EU 7 – 9 (Luftaustritt). Neben den üblichen gefalteten Mattenfiltern oder Taschenfiltern sind bei fast allen Herstellern auch spezielle Filter, wie Rollbandfilter, Schwebestoffilter, Elektrofilter, Aktivkohlefilter, Fettfilter, Befeuchtungsfilter u. a. lieferbar.

Bei der Luftfiltrierung liegt ein gewisser **Zielkonflikt** vor, denn einerseits führt eine bessere Filterwirkung zu einem höheren Energieverbrauch und zu geringeren Filterwechselintervallen (höhere Wartungskosten), andererseits führt eine geringere Filterwirkung zu einer schlechten Luftqualität und zur Verschmutzungsgefahr der Anlage. Grundlagen über Luftverunreinigung, Filtertechnik, Filterarten, Filterauswahl vgl. Kap. 5.

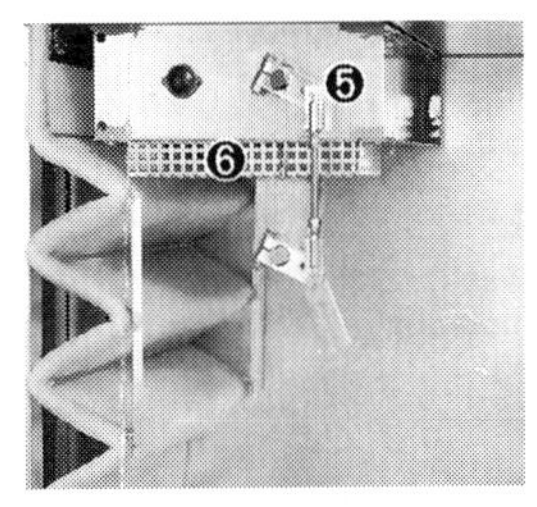

Abb 3.15 Filterkammern (Fa. GEA)

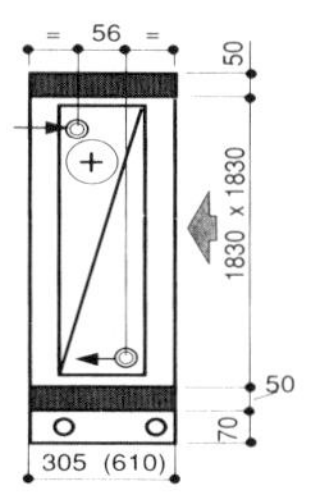

Abb. 3.16 Lufterwärmerkammer

3.3 Wärmeübertrager

Hier sind vor allem die „Wärmetauscher“ gemeint, mit denen die Luft durch Warmwasser erwärmt oder durch Kaltwasser gekühlt werden soll. Die Berechnungsgrundlagen für Lufterwärmer (Heizregister), wie sie in Bd. 3 für Lüftungs- und Luftheizungsanlagen dargelegt werden, gelten prinzipiell auch für Klimaanlagen. Einige Ergänzungen hinsichtlich der Auswahl sollen hier angefügt werden. Zusätzliche Hinweise sind bei den Wärmetauschern zur Kühlung zu beachten.

3.3.1 Lufterwärmer

Mit einem Lufterwärmer, Lufterhitzer, Heizregister, Erhitzerteil, und wie auch immer dieser Wärmetauscher in der Praxis bezeichnet wird, müssen innerhalb der Klimaanlage (in der Zentrale in einer Kammer eingebaut) unterschiedliche Aufgaben erfüllt werden. So muß z. B. ein Vorwärmer in der Zentrale die Mischluft auf die erforderliche Luftwäschereintrittstemperatur erwärmen, der Nachwärmer erwärmt die Zuluft, so daß über den Raumthermostaten die erforderliche Raumtemperatur geregelt werden kann.

Mit Heizregistern in Zuluftkanälen können zonenweise unterschiedliche Zulufttemperaturen erreicht werden (Abb. 3.6) und in Fortluft- und Außenluftkanal eingebaut, wird eine Wärmerückgewinnung ermöglicht. Außerdem gibt es zahlreiche Sonderaufgaben, wie z. B. bei Trocknungsanlagen, großen Luftschleusen u. a.

Abb. 3.16 zeigt das **Erhitzerteil** für das nach Abb. 3.8 ermittelte Kastengerät; Wärmetauscher aus Kupferrohren mit aufgepreßten Aluminiumlamellen, auf Anfrage auch in Cu/Cu, Stahl oder aus Sondermaterial, auch für Dampfbetrieb oder als mehrstufiges ELektroheizregister lieferbar; p_{max} = 16 bar, ϑ_{max} = 110 °C; Vor- und Rücklauf vertauschen, wenn Luftrichtung in umgekehrter Richtung. Wärmeleistung für ein und zwei Rohrreihen siehe Tab. 3.3; bei großen Leistungen zwei Register übereinander in der Klammer.

Tab. 3.3 Wärmetauscher (Heizregister) in Zentralen

		Cu/Al-Wärmetauscher mit 1 RR										Cu/Al-Wärmetauscher mit 2 RR									
Luftgeschw. m/s		2,0		2,5		3,0		3,5		4,0		2,0		2,5		3,0		3,5		4,0	
Luftvol.-str. m³/h		20.590		25.740		30.890		36.040		41.180		20.590		25.740		30.890		36.040		41.180	
PWW		$\dot{Q}_H$ kW	t_{LA} °C	$\dot{Q}_H$ kW	t_{LA} °C	$\dot{Q}_H$ kW	t_{LA} °C	$\dot{Q}_H$ kW	t_{LA} °C	$\dot{Q}_H$ kW	t_{LA} °C	$\dot{Q}_H$ kW	t_{LA} °C	$\dot{Q}_H$ kW	t_{LA} °C	$\dot{Q}_H$ kW	t_{LA} °C	$\dot{Q}_H$ kW	t_{LA} °C	$\dot{Q}_H$ kW	t_{LA} °C
70 / 50	-16	211,7	15	239,0	12	262,8	9	284,0	7	302,7	6	341,7	33	394,3	30	440,9	26	482,8	24	520,7	22
	-14	205,5	16	232,0	13	255,2	11	275,5	9	293,6	7	331,7	34	382,9	30	428,2	27	468,7	25	505,5	22
	-12	199,2	17	225,1	14	247,4	12	267,0	10	284,6	9	321,9	34	371,5	31	415,4	28	454,7	25	490,3	23
	-10	193,2	18	218,0	15	239,5	13	258,5	11	275,7	10	312,0	35	360,1	32	402,6	29	440,6	26	475,1	24
	± 0	161,4	23	182,1	21	200,3	19	216,0	18	230,2	17	262,5	38	303,0	35	338,4	33	370,1	30	398,8	29
	5	145,5	26	164,3	24	180,3	22	194,6	21	207,4	20	237,6	39	273,8	37	305,7	34	334,3	33	360,1	31
	10	129,6	29	146,1	27	160,5	25	173,2	24	184,5	23	212,3	41	244,5	38	272,9	36	298,3	35	321,2	33
	15	113,4	31	127,9	30	140,5	28	151,6	27	161,7	27	186,8	42	215,0	40	239,9	38	262,1	37	282,2	35
	20	97,1	34	109,6	33	120,4	32	129,8	31	138,3	30	160,9	43	185,1	41	206,6	40	225,7	39	243,3	37
80 / 60	-16	247,1	20	279,1	16	306,8	14	331,4	11	353,5	10	396,6	41	458,3	37	512,9	33	561,9	30	606,3	28
	-14	240,8	21	272,0	17	299,0	15	323,0	13	344,5	11	386,7	42	446,9	38	500,1	34	547,8	31	591,1	29
	-12	234,5	22	264,9	19	291,2	16	314,6	14	335,5	12	376,9	42	435,5	38	487,3	35	533,7	32	575,8	30
	-10	228,2	23	257,8	20	283,4	17	306,1	15	326,8	14	367,0	43	424,0	39	474,4	36	519,6	33	560,3	30
	± 0	196,7	28	222,3	26	244,3	23	263,7	22	280,9	20	317,5	46	366,5	42	409,8	39	448,7	37	483,9	35
	5	180,9	31	204,2	29	224,4	27	242,2	25	258,2	24	292,7	47	337,7	44	377,5	41	413,1	39	445,4	37
	10	164,9	34	186,1	31	204,5	30	220,7	28	235,3	27	267,7	49	308,8	46	345,0	43	377,8	41	407,2	39
	15	148,8	36	168,0	34	184,5	33	199,2	31	212,3	30	242,8	50	279,8	47	312,5	45	341,7	43	368,1	41
	20	132,8	39	149,7	37	164,5	36	177,5	35	189,2	34	217,4	51	250,4	49	279,4	47	305,5	45	329,0	44

Beispiel: **30 000 m³/h Mischluft von +5 °C sollen auf etwa 38 °C erwärmt werden. Für die Zentrale wird eine Luftgeschwindigkeit von 3 m/s festgelegt.**

a) **Wieviel Rohrreihen sind erforderlich, und welche Wassertemperatur ist etwa einzuhalten?**

b) **Wieviel Prozent Außenluft wurden in die Mischkammer eingeführt, wenn die Außentemperatur – 10 °C und die Raumlufttemperatur (= Umlufttemperatur) +22 °C beträgt?**

Lösung: Gewählt 2 Rohrreihen, ϑ_{AUS} = 34 °C (bei 70/50) und 41 °C (bei 80/60), d. h., bei etwa ϑ_V = 75 °C wird die gewünschte Temperatur erreicht.
ϑ_m = AU % · ϑ_{AU} + UM% · ϑ_{UM}; 5 = x · (–10 °C) + (1 – x) · 22 °C;
x = 0,53 ≙ 53 % ($\dot{V}_{AU}$ ≈ 16 400 m³/h).

Die Ermittlung der Rohrreihen, des Wassermassenstroms, des Druckverlustes u. a. wird vielfach anhand von **Auswahlnomogrammen** ermittelt (Abb. 3.17)

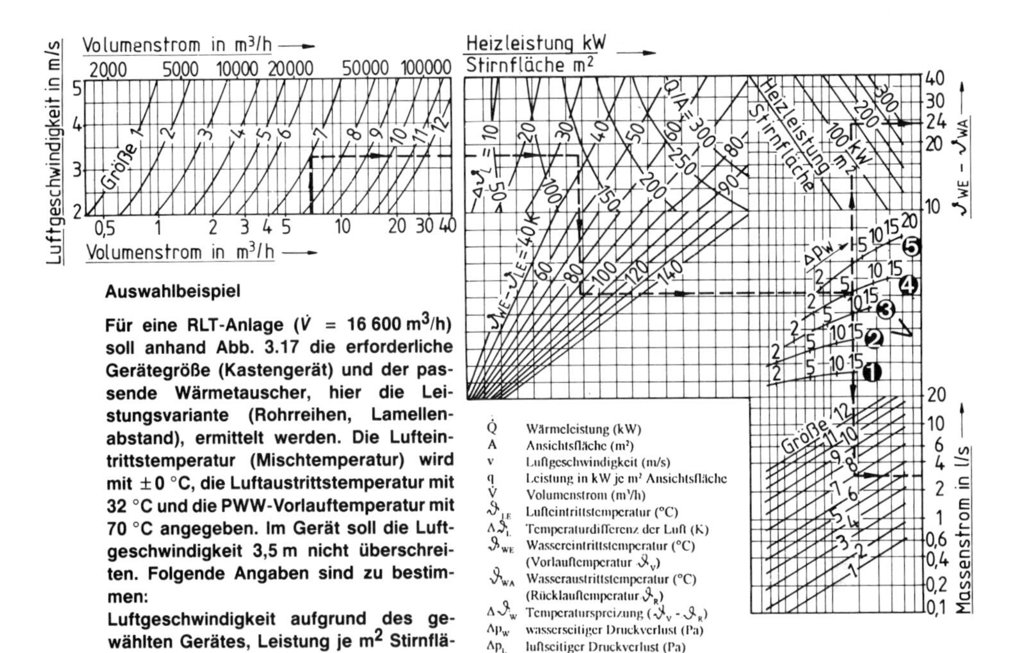

Auswahlbeispiel

Für eine RLT-Anlage ($\dot{V}$ = 16 600 m³/h) soll anhand Abb. 3.17 die erforderliche Gerätegröße (Kastengerät) und der passende Wärmetauscher, hier die Leistungsvariante (Rohrreihen, Lamellenabstand), ermittelt werden. Die Lufteintrittstemperatur (Mischtemperatur) wird mit ± 0 °C, die Luftaustrittstemperatur mit 32 °C und die PWW-Vorlauftemperatur mit 70 °C angegeben. Im Gerät soll die Luftgeschwindigkeit 3,5 m nicht überschreiten. Folgende Angaben sind zu bestimmen:
Luftgeschwindigkeit aufgrund des gewählten Gerätes, Leistung je m² Stirnfläche, Rücklauftemperatur, Wassermassenstrom in l/h, wasser- und luftseitiger Widerstand in Pa. Außerdem ist die Wärmeleistung rechnerisch nachzuprüfen.

Abb. 3.17 Auswahlnomogramm für Lufterwärmer

Lösung:

Gerätegröße 6, $v \approx$ **3,4 m/s,** $A = \dot{V}_S/v \cdot 3\,600 = 16\,600/3{,}4 \cdot 3\,600 \approx 1{,}36\ \text{m}^2$, $q \approx$ **135 kW/m²,** Leistungsvariante 5 (1 RR, 4 mm LA), $\Delta\vartheta \approx 20$ K $\Rightarrow \vartheta_{WA} \approx$ **50 °C;** 2,2 l/s = **7 920 l/h,** $\Delta p_W \approx$ **7 000 Pa,** Δp_L (Tab. 3.4) = **26 Pa;** $\dot{Q} = A \cdot q = 1{,}36 \cdot 135 \approx 184$ kW, $\dot{Q} = m \cdot c \cdot \Delta\vartheta_W = 7\,920 \cdot 1{,}16 \cdot 20/1000 \approx$ **184 kW,** $\dot{Q} = \dot{V} \cdot c \cdot \Delta\vartheta_L = 16\,600 \cdot 0{,}35 \cdot 32/1000 \approx 186$ kW (Übereinstimmung mit Ablesegenauigkeit).

Tab. 3.4 Luftseitiger Druckverlust

Geschwindigkeit		m/s	1,6	1,8	2,0	2,2	2,4	2,6	2,8	3,0	3,2	3,4	3,6	3,8	4,0	4,2	4,4	4,6	4,8	5,0
V1	1RR, LA 4 mm	Pa	7	9	11	13	15	17	19	21	24	26	29	32	35	38	41	44	47	51
V2	1RR, LA 2,5 mm	Pa	8	10	12	15	17	20	22	25	28	31	35	38	42	46	49	553	58	62
V3	2RR, LA 4 mm	Pa	11	13	16	19	22	26	29	33	37	41	45	50	54	59	64	69	75	80
V4	2RR, LA 2,5 mm	Pa	15	18	22	25	30	34	39	44	49	54	60	66	72	79	86	92	100	107
V5	3RR, LA 2,5 mm	Pa	21	25	31	36	42	48	55	62	70	77	86	94	103	112	122	131	142	152

Noch eine Bemerkung zur Berechnung:

Die Wärmeleistung, insbesondere die **Wärmedurchgangskoeffizienten**, theoretisch zu bestimmen hat wenig Sinn, da die Annahmen hierzu sehr unterschiedlich sind und stark schwanken können, wie z. B. Anordnung der Rohre, Kontakt zwischen Rohr und Lamellen, Lamellenform, Anzahl und Schaltung der Rohrreihen, Turbulenzgrad der Luft (Wärmeübergang), Wasserführung, konstruktive Unterschiede (z. B. Trennstege) u. a.

Anhaltswerte für *k*-Zahlen (bei etwa 0,5 m/s Wassergeschwindigkeit) liegen je nach Lamellenkonstruktion zwischen 20 – 30 W/(m² · K) ($v_{Luft} \approx 1$ m/s), 25 – 45 W/(m² · K) ($v \approx 2$ m/s), 35 – 55 W/(m² · K) ($v_{Luft} \approx 3$ m/s). Die sich daraus ergebende zunehmende Leistung geht aus Tab. 3.3 hervor.

Die **Bestimmung der Wärmeleistung** von Lufterwärmern anhand des *h,x*-Diagramms wird in Kap. 9.2.2 vorgenommen. Dabei ist zu unterscheiden, wonach der Zuluftvolumenstrom ausgelegt wird und welche Übertemperatur gewählt werden kann. Wird auch die Lüftung einbezogen, muß festgelegt werden, bis zu welcher Außenlufttemperatur $\dot{V}_{zu} = \dot{V}_a$ ist, bzw. ab welcher Außenlufttemperatur mit Mischluft gefahren wird.

3.3.2 Luftkühler

Die Luftkühlung in einem Kastengerät erfolgt meistens durch einen Oberflächenkühler, in dem kaltes Wasser strömt, das in der Regel in einer Kältemaschine gekühlt wird (Kap. 13.4.2). Befindet sich ein solches Kühlregister in der Zentrale, d. h., ebenfalls in einer herausziehbaren Einheit eingebaut, spricht man von einer indirekten Kühlung. Bei der direkten Kühlung wird die Luft durch den im Kastengerät befindlichen Verdampfer gekühlt.
Durch den Luftkühler wird in der Regel die Luft auch entfeuchtet, so daß im Kühlerteil zusätzlich ein Tropfenabscheider und eine Kondensatwanne erforderlich wird.

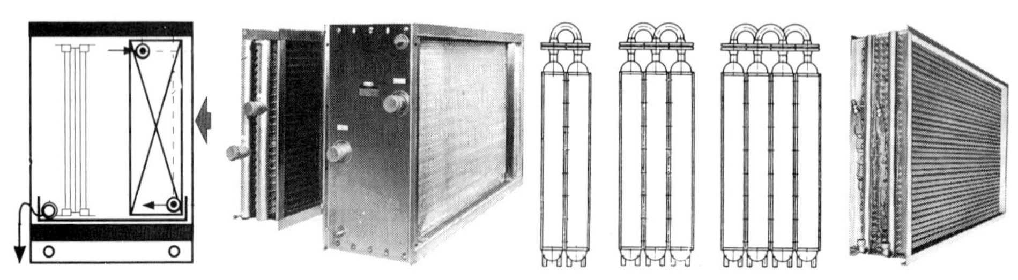

Abb. 3.18 Kühlerkammer Abb. 3.19 „Kühlregister" Abb. 3.19a Schaltung von Kühlelementen Abb. 3.20 Verdampfer

Abb. 3.18 zeigt eine **Kühlerkammer** für die nach Abb. 3.8 ermittelte Baugröße einer Klimazentrale; bei umgekehrter Luftrichtung müssen Vor- und Rücklauf vertauscht werden; Kühlelemente aus Kupferrohr und Alulamellen (Teilung 2,1 mm), Sammler aus Kupfer; Kondensatwanne aus Edelstahl; Wärmetauscher auf Führungsschienen ausziehbar; 4 oder 6 Rohrreihen; Wasserinhalt 30 l (4 RR) und 56 l (6 RR); bei großen Baugrößen zwei übereinander angeordnete Kühlregister; luftseitiger Druckverlust – je nach Betriebspunkt ($\dot{V}$, Δp_t) – etwa 30 . . . 80 Pa (4 RR) oder 50 . . . 100 Pa (6 RR); wasserseitiger Druckverlust vgl. Abb. 3.21.

Abb. 3.19 zeigt **Kühlerteile mit Cu-Al-Element.** Auswahl nach Abb. 3.17, luftseitiger Druckverlust nach Tab. 3.4.

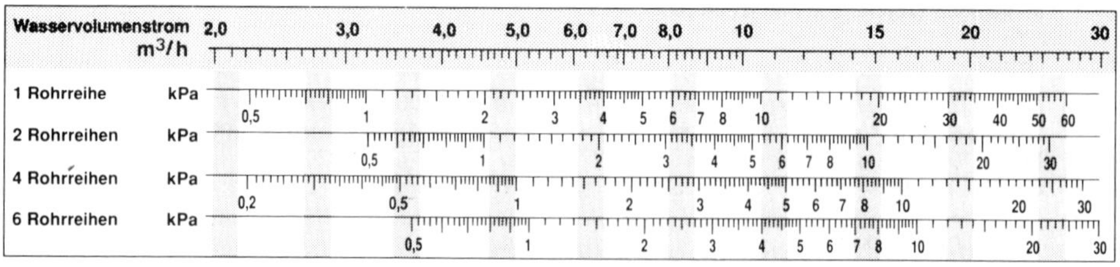

Wasservolumenstrom m³/h: 2,0 3,0 4,0 5,0 6,0 7,0 8,0 10 15 20 30
1 Rohrreihe kPa: 0,5 1 2 3 4 5 6 7 8 10 20 30 40 50 60
2 Rohrreihen kPa: 0,5 1 2 3 4 5 6 7 8 10 20 30
4 Rohrreihen kPa: 0,2 0,5 1 2 3 4 5 6 7 8 10 20 30
6 Rohrreihen kPa: 0,5 1 2 3 4 5 6 7 8 10 20 30

Abb. 3.21 Wasserseitiger Druckverlust für Heiz- und Kühlregister

Ergänzende Hinweise:

- Anstelle des Kühlerteils kann auch eine **Leerkammer** mit denselben Abmessungen, ebenfalls mit Edelstahlwanne, gewählt werden, wenn eine Kühlanlage erst später eingebaut werden soll. Nicht selten bleibt es aus Kostengründen dabei.
- Ein **Tropfenabscheider** ist nur bei einer Luftgeschwindigkeit > 2,5 m/s erforderlich; Lamellen meist aus Kunststoff, max. Luftgeschwindigkeit 3,8 m/s (je nach Bauart auch wesentlich höher); ϑ_{max} = 85 °C; in Edelstahlrahmen eingefaßt; Druckverlust etwa 10 . . . 50 Pa (je nach Betriebspunkt).
- Der **Wärmedurchgang** und somit die Wärmeleistung hängt – wie Tab. 3.5 zeigt – sehr stark von der Luftgeschwindigkeit ab, ebenso von der **Wassergeschwindigkeit,** die bei etwa 1 m/s liegt. Bei trockener Kühleroberfläche sind die *k*-Zahlen so groß wie beim Heizregister. Beim nassen Oberflächenkühler wird die Wärme von Luft auf Wasser in doppelter Weise übertragen (sensible und latente Wärme).
- Bei Kühler mit Sole bzw. **Kaltwasser mit Frostschutzmittel** geht nicht nur die spezifische Wärmekapazität, sondern auch die *k*-Zahl – je nach Temperatur und Prozentsatz – drastisch zurück, so daß man eine entsprechende Vergrößerung der Tauscherfläche vornehmen muß (z. B. bei ϑ = 10 °C und 10 % Antifrogen etwa 20 % Minderung). Auch der Druckverlust nimmt dabei zu.

Abb. 3.20 zeigt einen **Verdampfer** als Wärmetauscher. Das darin verdampfende Kältemittel wird über einen

Verteiler („Spinne"), bestehend aus zahlreichen dünnen Kupferrohren, über die gesamte Stirnfläche dem Kühler zugeführt (direkte Kühlung vgl. Kap. 13.4.1).

Die **Auswahl** erfolgt nach Herstellerunterlagen entweder anhand von Nomogrammen (ähnlich wie Abb. 3.17) oder anhand von Kühler-Leistungstabellen.

Tab. 3.5 Kühlerleistungstabelle (GEA)

Cu/Al-Wärmetauscher mit 4 RR											Kühlen nur mit Tropfenabscheider										
Luftgeschw. m/s		2,0				2,5				3,0				3,5				4,0			
Luftvol.-str. m³/h		20.590				25.740				30.890				36.040				41.180			
PKW	t_{LE} / r.F. °C / %	$\dot{Q}_{KT}$ kW	$\dot{Q}_{KS}$ kW	t_{LA} °C	r.F. %	$\dot{Q}_{KT}$ kW	$\dot{Q}_{KS}$ kW	t_{LA} °C	r.F. %	$\dot{Q}_{KT}$ kW	$\dot{Q}_{KS}$ kW	t_{LA} °C	r.F. %	$\dot{Q}_{KT}$ kW	$\dot{Q}_{KS}$ kW	t_{LA} °C	r.F. %	$\dot{Q}_{KT}$ kW	$\dot{Q}_{KS}$ kW	t_{LA} °C	r.F. %
6/12	32/40	155,9	122,4	15	96	180,9	145,6	15	94	195,8	163,2	17	92	217,1	184,5	17	91	239,9	206,4	17	90
	27/46	96,7	86,8	15	95	116,4	105,4	15	93	133,3	122,1	15	91	147,9	137,3	16	90	160,6	151,3	16	88
	25/50	61,4	61,4	16	88	88,6	85,1	15	91	105,0	100,8	15	91	118,5	114,3	16	89	130,8	126,9	16	88
8/14	32/40	130,1	110,7	16	95	152,7	132,8	17	93	170,7	152,4	17	91	188,7	171,7	18	89	204,1	188,7	19	87
	27/46	69,4	69,4	17	86	89,1	89,1	17	87	104,7	104,7	17	86	118,5	118,5	17	85	131,1	131,1	13	83
	25/50	53,2	53,2	17	81	58,5	58,5	18	77	78,0	78,0	18	80	91,6	91,6	17	81	103,0	103,0	18	80

Cu/Al-Wärmetauscher mit 6 RR											Kühlen nur mit Tropfenabscheider										
Luftgeschw. m/s		2,0				2,5				3,0				3,5				4,0			
Luftvol.-str. m³/h		20.590				25.740				30.890				36.040				41.180			
PKW	t_{LE} / r.F. °C / %	$\dot{Q}_{KT}$ kW	$\dot{Q}_{KS}$ kW	t_{LA} °C	r.F. %	$\dot{Q}_{KT}$ kW	$\dot{Q}_{KS}$ kW	t_{LA} °C	r.F. %	$\dot{Q}_{KT}$ kW	$\dot{Q}_{KS}$ kW	t_{LA} °C	r.F. %	$\dot{Q}_{KT}$ kW	$\dot{Q}_{KS}$ kW	t_{LA} °C	r.F. %	$\dot{Q}_{KT}$ kW	$\dot{Q}_{KS}$ kW	t_{LA} °C	r.F. %
6/12	32/40	187,6	138,7	12	100	221,6	167,1	13	100	254,2	194,8	14	99	279,6	218,7	14	98	293,3	236,7	15	96
	27/46	93,5	87,0	15	97	137,7	118,4	13	98	162,7	140,4	14	97	183,3	160,2	14	97	202,0	179,0	14	96
	25/50	81,5	76,4	14	97	88,9	87,4	15	94	115,4	109,8	14	95	142,0	131,1	14	95	160,4	148,3	14	95
8/14	32/40	156,5	125,1	14	100	187,4	152,2	15	99	205,3	172,3	16	97	238,1	200,4	16	97	260,3	222,9	16	96
	27/46	79,5	79,5	16	94	89,1	89,1	17	88	116,0	116,0	16	93	137,9	136,2	16	92	155,5	153,8	16	92
	25/50	68,4	68,4	15	94	76,5	76,5	16	87	83,1	83,1	17	83	88,8	88,8	18	79	114,6	114,6	17	84

Erläuterungen zur Leistungstabelle einer Kühlereinheit (Tab. 3.5)

a) Kastengerät und Leistungstabelle

Zunächst muß im Herstellerkatalog die geeignete Baugröße des Kastengerätes gewählt werden (z. B. Abb. 3.8), dann muß unter Berücksichtigung von $\dot{V}$, Δp_t und η der passende Ventilator gewählt werden (z. B. zwei Varianten bei einer Gerätebaugröße). Anhand der für die betreffenden Baugrößen zugehörigen Tabelle können die Leistungsdaten ermittelt werden.

b) Hinweise zu den Zahlenangaben

In Tab. 3.5 sind bei 2 unterschiedlichen Rohrreihen ersichtlich: die Kaltwassertemperatur (Vorlauf/Rücklauf), die Temperatur t_{LE} und die relative Feuchte φ (r. F.) der einströmenden Luft, die Kälteleistung $\dot{Q}_{KT}$, die sich aus der sensiblen Kälteleistung $\dot{Q}_{KS}$ und der latenten $\dot{Q}_{KT} - \dot{Q}_{KS}$ zusammensetzt, die Austrittstemperatur t_{LA} und Feuchte, der Volumenstrom $\dot{V}$ bei der entsprechenden Luftgeschwindigkeit.
Bei anderen Betriebsbedingungen sind durch entsprechende Faktoren die Korrekturen vorzunehmen.

c) Berechnungsbeispiele zu den Zahlenangaben

Die zugehörigen Grundlagen und Erläuterungen zur Kühlerberechnung werden in Kap. 4.1.5 und besonders in Kap. 9.2.5 behandelt.

c_1 **Überprüfen Sie die sensible Kälteleistung $\dot{Q}_{KS}$ bei Pumpenkaltwasser (PKW) 6/12, v_{Luft} = 2,5 m/s, 4 RR, $\dot{V}$ = 25 740 m³/h, ϑ_{LE} = 27 °C (Eintrittstemperatur).**
$\dot{Q}_{KS} = \dot{V} \cdot c \cdot (\vartheta_{LA} - \vartheta_{LE}) = 25\,740 \cdot 0{,}34 \cdot (15-27) = -105\,019$ W ($\approx$ 105 kW, wie in Tab. angegeben).

c_2 **Überprüfen Sie die angegebene Luftaustrittstemperatur ϑ_{LA} bei 6 RR, v_{Luft} = 3 m/s, Lufteintrittstemperatur** ϑ_{LE} (Außenluft) 27 °C **und einer KW-Spreizung von 6/12 und 8/14. Bestimmen Sie außerdem die latente Kälteleistung und die ungefähre Entfeuchtung in l/h (Wasserausscheidung an der Kühleroberfläche).**

6/12: $\Delta\vartheta = \vartheta_{LA} - \vartheta_{LE} = \dot{Q}/\dot{V} \cdot c \cdot \varrho = 140\,400/30\,890 \cdot 0{,}28 \cdot 1{,}177 = 13{,}8$ K $\Rightarrow \vartheta_{LA} = 27 - 13{,}8 =$ **13,2 °C**

8/14: $116\,000/30\,830 \cdot 0{,}28 \cdot 1{,}177 = 11{,}4$ K $\Rightarrow \vartheta_{LA}$ = **15,6 °C** ($\approx$ 16 °C)
$\dot{Q}_{lat} = \dot{Q}_{KT} - \dot{Q}_{KS} = 162\,700 - 140\,400 =$ **22 300 W**, $\dot{m}_W = 22\,300 : 700 =$ **31,8 l/h;**
bei 8/14 ist $\dot{Q}_{KT} = \dot{Q}_{KS} \Rightarrow \dot{m}_W = 0$

3.4 Luftbefeuchter in der Zentrale

Wie schon in Kap. 4.2 verdeutlicht wurde, muß die Luft sehr oft befeuchtet werden; in Versammlungsräumen vorwiegend im Winter, in Fabrikationsstätten oft ganzjährig durch die Anforderungen, die das Produktionsverfahren an die Raumluft stellt. Während in Kap. 6.5 ausführlicher die Befeuchtungsarten und die Befeuchtungsgeräte behandelt werden, soll hier auf die Befeuchtungseinrichtung in der Zentrale eingegangen werden.

Fragen, die den Praktiker interessieren, sind z. B.: Soll die Luft mit Wasser oder mit Dampf befeuchtet werden? Welche Geräte kommen für den betreffenden Anwendungsfall in Frage? Wo und wie soll der Befeuchter eingebaut werden? Wie soll die Wartung durchgeführt werden? Wie groß ist die Befeuchtungslast, und wie groß muß die „Befeuchtungsleistung" sein? Wie soll die Luftfeuchte geregelt werden? Welche Kriterien sind beim Vergleichen der zahlreichen Befeuchtungseinrichtungen heranzuziehen? Welche Einsparmöglichkeiten gibt es bei der Befeuchtung?
Grundsätzlich unterscheidet man bei der Befeuchtung zwischen Verdunstung, Zerstäubung und Verdampfung, wobei alle drei Prinzipien ihre volle Berechtigung haben und jeweils – insbesondere bei den Geräten – zahlreiche Varianten zur Anwendung kommen. Bei großen Anlagen setzt man in der Kammerzentrale Luftwäscher mit Varianten (vereinzelt auch Dampfverteilsysteme) ein; in kleineren, bei entsprechenden hygienischen Anforderungen, vorwiegend elektrische Dampfbefeuchter. Auch die Ultraschall-Luftbefeuchtung gewinnt seit Anfang der 90er Jahre zunehmende Bedeutung (vgl. Kap. 6.5.2).

Befeuchtungsart ▶	Verdunstung	Zerstäubung	Verdampfung
Bauarten, Konstruktion Einsatzmöglichkeiten Details, Zubehör	• Rieselbefeuchter • Befeuchtungsfilter (• Rotierende Scheiben) • Einzelgeräte (Kap. 6.5.1)	• Düsenkammer • Befeuchtungsfilter • Einzelgeräte und Spezialdüsen (Kap. 6.5.2	• Elektrische Dampfbefeuchter (Elektrodenprinzip) • Befeuchter mit Fremddampf • Einzelgeräte (Kap. 6.5.3)

Abb. 3.22 Übersicht über Befeuchtungseinrichtungen

3.4.1 Verdunstungsbefeuchter

Im Gegensatz zu den unter Kap. 6.5.1 erwähnten Verdunstungsgeräten wird in Zentralen keine ausschließliche Verdunstungsbefeuchtung, sondern vereinzelt eine Kombination von Verdunstungs- und Sprühbefeuchtung gewählt. Stellvertretend sind hier folgende zwei Ausführungsformen:

a) Rieselbefeuchter mit Füllkörper

Hier wird die zu befeuchtende Luft mit einer sehr großen nassen Oberfläche in Berührung gebracht, auf der Wasser verdunstet. Die Oberfläche besteht aus einer Schicht von Füllkörpern, Kunststoffröhrchen, wabenförmig strukturierten Bauteilen oder aus speziellen plattenförmigen Kontaktflächen. Alle diese Flächen werden von oben mit Wasser gleichzeitig berieselt.

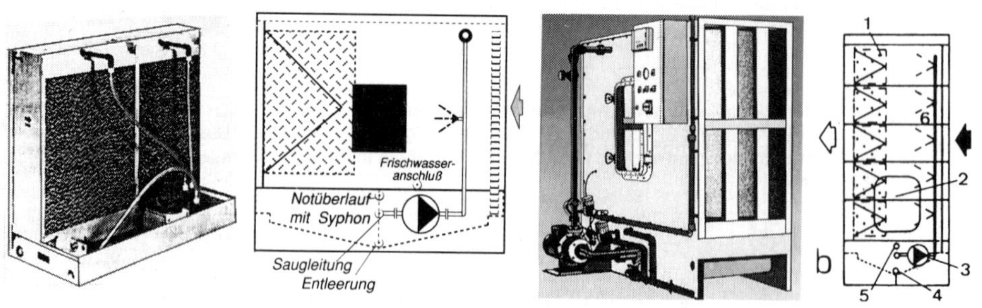

Abb. 3.23 Rieselbefeuchter (Munters)

Abb. 3.24 Befeuchtungsfilter (GEA, DELBAG)

Abb. 3.23 zeigt einen **Rieselbefeuchter**, bei dem über Vollkegeldüsen Wasser bei geringem Druck über die Flächen rieselt; Luftgeschwindigkeit 0,5 . . . 1 m/s (bei anderen Kontaktflächen bis > 2,5 m/s), Abschlammung wie beim Luftwäscher, geringe Baulänge, kein Tropfenabscheider, geringe Pumpenstromkosten, jedoch höherer luftseitiger Druckverlust, Vorschaltung von Staubfilter ratsam.

b) Befeuchtungsfilter

Hier handelt es sich um eine Befeuchtungseinrichtung, bei der eine Verdunstung mit einer Zerstäubung kombiniert wird. Im Prinzip handelt es sich um eine Düsenkammer mit einem zusätzlich eingebauten mehrschichtigen Filter (Grob- und Feinfilter), das benetzt werden kann und an dem dann das Wasser verdunstet. Durch das nasse Filter wird gleichzeitig der Filterwirkungsgrad verbessert (entspricht dann etwa EU 6).

Abb. 3.24 zeigt eine **Befeuchtungsfilterkammer** in Modulbauweise. Volumenstrom je nach Größe 3000 bis 80 000 m^3/h. Gehäuse und Leitungen aus Kunststoff; Düsenstock mit Exzenterdüsen (6), mehrstufiges Spezialfiltersystem in Modulbauweise (1), Tür (2), Pumpe aus Edelstahl (3), Entleerung (4), Notüberlauf (5); bei 2,5 m/s: Befeuchtungswirkungsgrad 65 bis 95 % (einstell- oder regelbar), ca. 100 Pa (Enddruckdifferenz ≈ 300 Pa); Zubehör: Beleuchtung, Begehung, Wasserregelung, Befeuchtungsdrossel.

Trotz der zahlreichen **Vorteile,** wie Abscheidung von Staub, Gasen (z. B. SO_2 bis 95 %), Pollen, Aerosole und Keimpartikel, die Verwendung von Frischwasser, u. U. kein Zurückpumpen mehr und $\dot{m}_W$-Regelung durch variierte Einschaltintervalle, kein Pulverbelag hinter Befeuchter, kein Tropfenabscheider, lange Standzeit u. a., ist die Anwendung lediglich als „Filter" wegen der wesentlich höheren Kosten (2–3fach) gegenüber einem Mehrstufenfilter noch selten. Gegenüber dem Luftwäscher sind jedoch die Mehrkosten des Befeuchtungsfilters gering, so daß sein Einsatz in bestimmten Anwendungsbereichen geprüft werden sollte. Hinweise zur Wasseraufbereitung vgl. Kap. 3.4.3. Der Befeuchtungsfilter stellt somit eine echte Alternative zum üblichen Wäscher dar, bei dem ja im Prinzip auch eine Kombination von Zerstäubung und Verdunstung vorliegt.

3.4.2 **Luftwäscher** (Sprühbefeuchter)

Im Luftwäscher (auch als Düsenkammer, Zerstäubungsbefeuchter, Befeuchtungskammer, Sprühbefeuchter bezeichnet) wird Wasser unter Pumpendruck durch zahlreiche Dralldüsen sehr fein zerstäubt und mit der durchströmenden Luft in direkte Berührung gebracht. Der versprühte Wasserstrom, der etwa 30 . . . 80 % von dem des Luftstroms entspricht, wird in oder gegen Luftströmung geführt. Das nicht verdunstete Wasser fällt in die Wanne zurück, wird von der Pumpe wieder angesaugt und erneut den Düsen zugeleitet. Nur 1 . . . 2 % des zerstäubten Wassers verdunstet! Die kleinen Wassertröpfchen verdunsten umgehend vollständig, wogegen die größeren während des Transports bis zum Tropfenabscheider nur zum Teil verdunsten oder dort abgeschieden werden.

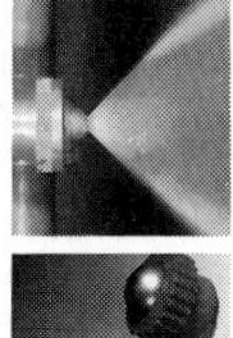

Abb. 3.25 Düsenkammer (Fa. LTG)

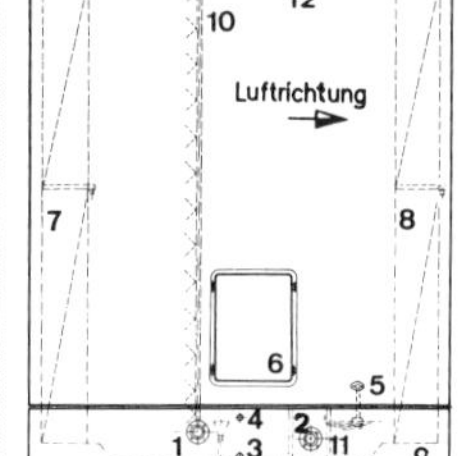

Abb. 3.26

Abb. 3.26 zeigt den Aufbau einer Düsenkammer, lieferbar in zwei Standardlängen 1,5 m und 2,25 m in 15 verschiedenen Baumaßen (Höhe x Breite) und zwei verschiedenen Düsenarten. (1) Düsenstock; (2) Pumpenanschluß (Saugseite); (3) Ablauf; (4) Überlauf; (5) Schwimmerventil zum automatischen Zusatz von Frischwasser; (6) Inspektionstür; (7) Gleichrichter; (8) Tropfenabscheider; (9) Tank; (10) Gehäuse; (11) Filtersieb; (12) Beleuchtung.

Bei der Zerstäubung bzw. während der anschließenden Tropfenverdunstung **findet nicht nur ein Stoffaustausch (Wasseraufnahme), sondern auch ein Wärmeaustausch statt,** da die erforderliche Verdunstungswärme dem Luftstrom entzogen wird und der deshalb – wenn die

Luft dadurch nicht gekühlt werden soll – wieder erwärmt werden muß. Da dem Wasser weder Wärme zu- noch abgeführt wird, d. h. die Verdunstungswärme nur der Luft entzogen wird, handelt es sich um den fast ausschließlich verwendeten **adiabatischen Wäscher** (Enthalpie konstant). Das Wasser bezeichnet man hier als **Umlaufwasser.**
Der Luftwäscher, eines der ältesten Bauelemente der Klimatechnik, kommt dann zur **Anwendung,** wenn keine besonderen hygienischen Anforderungen gefordert werden (vielfach im industriellen Bereich). Sie werden auch dann gewählt, wenn die nachstehenden Hygieneanforderungen sorgfältig erfüllt werden und der eine oder andere Vorteil im Vordergrund steht.

Hinweise zu den Bauteilen, Merkmale (z. T. firmenbezogen)

Gehäuse		bestehend aus Kunststoff, Edelstahl, seltener aus verzinktem Stahlblech (früher Mauerwerk); Schalenbauweise (z. B. GFK-Schalen), auf Tank aufgesetzt, zwei Seiten- und eine Deckfläche; Kammerlänge 1,5 bis 3 m, meist saugseitiger Einbau; bei sehr großen Abmessungen getrennte Anlieferung (Zusammenbau auf Baustelle, Baukastensystem, Rastermaße).
Wassertank-Pumpe		Kunststoffausführung; Tankhöhe 300 . . . 500 mm; Überlauf; Entleerung (Ablaufstutzen); automatische Trinkwasserzufuhr und konstanter Wasserspiegel durch Schwimmerventil; Pumpe neben dem Tank, auf Sockel oder Konsole oder am Gehäuse angeflanscht; Siebfilter an der Pumpensaugseite zum Schutz der Düsen vor Fremdkörpern (wahlweise mit periodisch arbeitender Freispüleinrichtung bei großen Kammern).
Düsen, Düsenstock		Wasser wird durch Sammel- und Verteilrohre (Düsenstock) den Düsen zugeführt; **Düsenstock** (Düsenrohre) i. allg. aus Kunststoff mit Bohrungen, an die die Düsen mit Bügelschnellverschluß befestigt werden. Düsenrohre am Verteilrohr verschraubt (leichter Austausch); ein oder bei großen Wassermengen zwei Düsenstöcke, Richtung gegen oder mit Luftstrom (oder beides). **Düsen** aus Kunststoff (oft durchsichtig), Drallkammer aus Edelstahl (läßt sich öffnen), meist Exzenterdüsen, Düsendurchmesser 3 bis 10 mm, Düsenabstand ca. 150 bis 350 mm, sehr unterschiedliche Düsenanzahl (je nach -durchmesser). **Wasserzerstäubung** hohlkegelförmig, unterschiedliche Tropfengröße (30 . . . 500 μm), Mittelwert 120 . . . 250 μm bei 2,5 bar; zerstäubter Wassermassenstrom $\dot{m} \approx$ proportional $\sqrt{\text{Düsendruck}}$ ($\dot{m}_1/\dot{m}_2 \approx \sqrt{\Delta p_1/\Delta p_2}$).
	Kleiner Düsen∅	Hohe Düsenanzahl (z. B. bei 3 mm ∅ ca. 30 Düsen/m^2), geringerer Tropfendurchmesser, größerer Stoffaustausch, geringer Durchsatz und Düsendruck (z. B. je Düse 150 l/h bei 2,5 bar), feinste Zerstäubung, höherer Befeuchtungswirkungsgrad bei geringerer Energie, höhere Wartungskosten (Verstopfungsgefahr).
	Großer Düsen∅	Geringe Düsenanzahl (z. B. bei 8 mm∅ ca. 6 Düsen/m^2), höherer Düsendruck, je Düse großer Durchsatz (z. B. 1000 l/h bei 4,5 bar), größere Wasser-Luftzahl, größere Pumpenleistung, größere Kammerlängen, höhere Luftgeschwindigkeit möglich, Anwendung vorwiegend im Industriebereich.
Tropfenabscheider		Nach VDI 3803 müssen Tropfenabscheider bei allen Betriebszuständen das Durchschlagen von Wassertröpfchen verhindern; Abscheidung durch Prallwirkung an zickzackförmig angeordneten Kunststoff- oder Blechumlenkungen mit überstehenden Kanten (Abb. 3.30); Material aus Kunststoff; auch Salzstaubteilchen sollen zurückgehalten werden; zur Reinigung ausziehbar, 0,4 . . . 1 m vom Düsenstock entfernt.
Gleichrichter		Einbau in Strömungsrichtung vor dem Düsenstock; bewirkt gleichmäßige axiale Luftströmung und Drallfreiheit, sind praktisch auch Tropfenabscheider bei ungleichmäßiger Strömung (Tropfenbahn erfolgt nicht nur in Richtung Luftströmung!); meist aus Kunststoff oder Edelstahl.
Sonstiges		**Inspektionstür:** dichtschließend, gute Beobachtung, alternativ mit Deckel (aus hygienischen Gründen lichtdicht). **Beleuchtung:** Leuchtstoffröhre, wasserdichte Anschlußarmatur, Schutzart P 55, 220 V; bei erhöhten Vorschriften wasserdichte Leuchte mit 42-V-Birne, außerhalb liegender Trafo; von außen Betrieb (ein/aus) erkennbar. **Sonderzubehör:** z. B. Schnellfülleinrichtung, Wasserdrehfilter.
Hygiene		Reinigungsgeräte, Wasserbehandlung, Desinfektion, Zusatzstoffe (vgl. Kap. 3.4.3).

● **Vorteile der Düsenkammer** (vgl. auch Nachteile der Dampfbefeuchtung)

1. Bei großen Befeuchtungsmengen wird eine **wirtschaftliche Betriebsweise** infolge des geringeren Energiebedarfs ermöglicht, insbesondere RLT-Anlagen mit regenerativer Wärmerückgewinnung.
2. Beachtlich ist die **Reinigungswirkung** bei Staubpartikeln und Aerosolen, d. h., grobe Staubteilchen und auch einige Gase lassen sich aus der Luft „herauswaschen". Wie unter Kap. 3.4.1 erwähnt, können in Verbindung mit Luftfilter auch das Austreten von Aerosolen und die damit verbundene Bildung von Kalkstaub und Keimen verhindert und SO_2 nahezu absorbiert werden.
3. Durch die **adiabatische Kühlung** kann man, insbesondere in der Übergangszeit, Kälteenergie sparen (z. T. über 20 %). Auch im Sommer ist dies möglich, wenn eine sehr hohe relative Feuchte zulässig oder erwünscht ist, wie z. B. in der Textilindustrie, bei der Tabakverarbeitung oder bei Reife- und Gärprozessen. In Verbindung mit der Wärmerückgewinnung (Sorptionsrad) kann man die Luft auch ohne Kältemaschine kühlen und entfeuchten (Abb. 9.37).
4. Die Düsenkammer kann auch als **Heiz- oder Kühlwäscher** eingesetzt werden, indem man z. B. in die Rohrleitung einen entsprechenden Wärmetauscher einbaut oder dem Düsenstock warmes bzw. kaltes Wasser zuführt (Anwendung äußerst selten).
5. Im Gegensatz zur Verdampfung erfolgt bei der Düsenkammer die Befeuchtung, d. h. die Aggregatzustandsänderung (Wasser zu Wasserdampf) bei **niedrigem Temperaturniveau,** weit unter dem Siedepunkt.
6. Im Zuluftkanal kann **keine Überfeuchtung** eintreten, da adiabatisch betriebene Luftwäscher immer unter 100 % r. F. liegen (vgl. Befeuchtungswirkungsgrad).

● **Nachteile der Düsenkammer** (vgl. auch Vorteile der Dampfbefeuchtung)

1. Vor allem sind es die **hygienischen Mängel,** die möglichen gesundheitlichen Gefahren durch Verkeimung, die Staubproduktion (z. B. Kalkrückstand nach der Verdunstung) und eine evtl. Geruchsbildung bei starker Verunreinigung.
2. **Erhöhte Anforderungen an den Betrieb** (Anweisungen an den Betreiber) hinsichtlich der Reinigung, Abschlämmen, Entsalzung, Desinfektion. Der Wartungsaufwand ist umfangreich. Zum störungsfreien Betrieb gehören auch die richtige Auswahl und Bemessung der betreffenden Einrichtungen.
3. Die erforderliche Verdunstungsstrecke und der umfangreiche Apparateaufwand erfordern einen **höheren Platzbedarf** (einschließlich für die Wasserbehandlung); höherer Druckverlust durch Tropfenabscheider und Gleichrichter.
4. **Erhöhter Wasserbedarf** durch Abschlämmen und Reinigung. Große Wasserumlaufmengen verursachen Pumpenstromkosten.
5. Ein evtl. **Nachwärmen der Luft,** wenn die adiabatische Abkühlung nicht akzeptiert werden kann, verursacht Energiekosten. Nachteilig ist die Abhängigkeit dieser Erwärmung von der momentanen Befeuchtungsleistung.

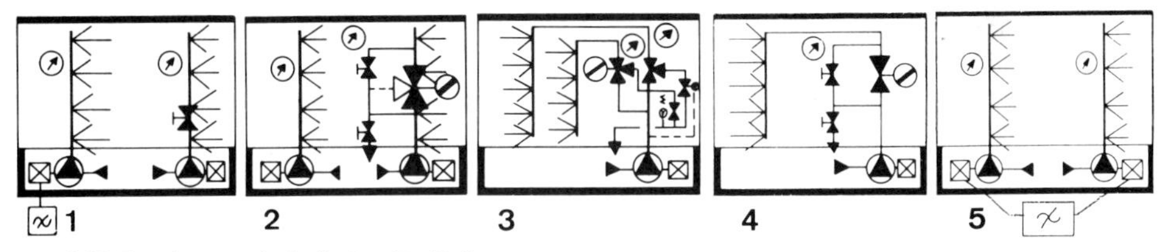

Abb. 3.27 Regelung von Luftwäscher (Fa. Beil)

Befeuchtungswirkungsgrad η_{Bef} einer Düsenkammer

Für die Berechnung der Befeuchtungsleistung und für die Regelung des Luftwäschers spielt die Angabe des Befeuchtungswirkungsgrades η_{Bef} eine wichtige Rolle. Er hängt vor allem von der Luftgeschwindigkeit, von der Strömungsrichtung Luft und Wasser (Gegenstrom etwas besser als Gleichstrom), vom Düsenstock bzw. vom Düsendurchsatz (Wasserdruck, Düsenkonstruktion, Düsenbohrung) sowie von der Länge der Düsenkammer (Befeuchtungsstrekke) ab. Entscheidend sind demnach die Verweilzeit der Tropfen im Wäscher, die Vermischung mit der Luft und die Tropfendurchmesser. Je kleiner die Tropfen, je geringer die Luftgeschwindigkeit v_L, je gleichmäßiger die Geschwindigkeitsverteilung am Eintritt und je länger die

Düsenkammer, desto größer ist η_{Bef}. Mit welchem Zustand die Luft die Düsenkammer verläßt, bzw. wieviel Wasser von der Luft aufgenommen wird oder wie weit die Luft vom Sättigungszustand noch entfernt ist, kann man sehr anschaulich im h,x-Diagramm darstellen. Daraus ergibt sich auch die Definition von η_{Bef}, nämlich das **Verhältnis der erreichten bzw. gewünschten Befeuchtungsleistung zur höchstmöglichen bis zur Sättigung** (Abb. 9.14).

Die Bestimmung des maximalen Befeuchtungswirkungsgrades erfolgt anhand von Herstellerangaben. So kann man ihn z. B. anhand Abb. 3.28 und 3.29 in Abhängigkeit von v_L, Düsenstock bzw. Düsendurchsatz und Düsenbohrung sowie Länge der Düsenkammer (Verdunstungsstrecke) ermitteln.

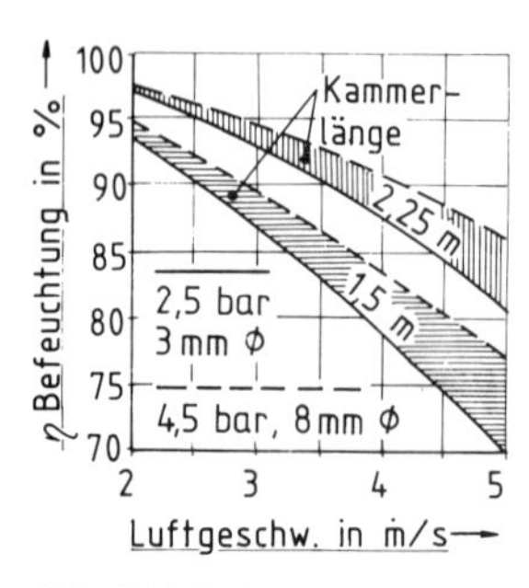

Abb. 3.28 Befeuchtungswirkungsgrad (Fa. LTG)

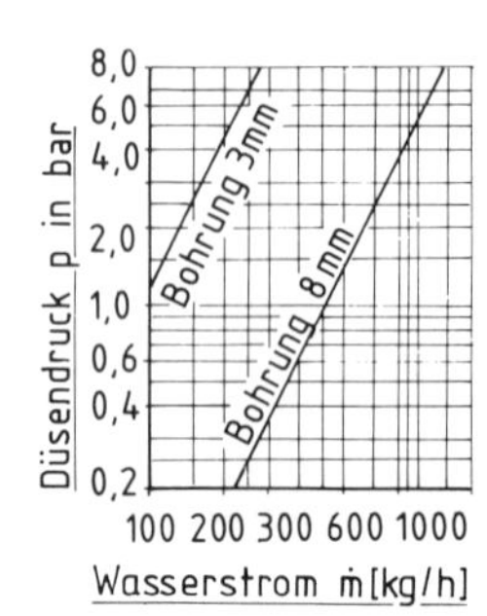

Abb. 3.29

Tab. 3.6 Auslegungsbedingungen der beiden Düsen nach Abb. 3.28 und 3.29

Düsendurchmesser	**[mm]**	**3**	**8**
Düsendruck	[bar]	2,5	4,5
Pumpendruck	[bar]	3,0	5,0
Wasser je Düse	[kg/h]	150	1100
Düsenanzahl je m²		32	6
Luftgeschw. w	[m/s]	3,5	3,5
Lufts. Druckverlust	[Pa]	180	180
Wasser-Luftzahl μ	[-]	0,32	0,44

Von diesen Bedingungen kann abgewichen werden

Wasser-Luft-Zahl μ einer Düsenkammer

Diese Kennzahl gibt an, wieviel Wasser stündlich verdüst werden muß, um einen bestimmten Befeuchtungswirkungsgrad zu erhalten. **Die Wasser-Luft-Zahl μ ist das Verhältnis von verdüstem Wassermassenstrom $\dot{m}_W$ (kg/h) und durchströmendem Luftmassenstrom $\dot{m}_L$: $\mu = \dot{m}_W/\dot{m}_L$.** Übliche Wasser-Luftzahlen liegen bei etwa 0,3 bis 0,4. Bei speziellen Befeuchtungsaufgaben in der Industrie (großer Massenstrom $\dot{m}_W$) oder besonders bei Heiz- oder Kühlwäscher liegen die μ-Werte bei 1 bis 2.

- Möchte man nun dem durchströmenden Luftstrom die geforderte Wassermenge zuführen, d. h. den **gewünschten Befeuchtungswirkungsgrad erreichen,** so wird man kaum die Konstruktionsmerkmale, wie Düsenart, Düsenanzahl, Befeuchtungsstrecke, Wasser/Luft-Strömung verändern, sondern die Wasser-Luftzahl. Dies geschieht mehr durch eine Veränderung des Wasserstroms und weniger durch die des Luftstroms.
- Die Wasserstromänderung, man spricht hier von der **„Spritzwasserregelung“,** erfolgt durch Drosselung des Wasserstroms oder durch eine Pumpenregelung. Die Spritzgrenze der Düsen nach unten ist allerdings begrenzt (bis ca. 30 %), so daß man evtl. einen zweiten Düsenstock vorsehen muß.

Auswahlbeispiel (anhand Abb. 3.28 und 3.29)

Die durch die Zentrale festgelegte Düsenkammer ist 1 m hoch und 1,5 m breit. Der Volumenstrom beträgt 18 000 m³/h.
Wie groß ist der Befeuchtungswirkungsgrad η_{Bef} und die Wasser-Luft-Zahl μ, wenn ein Düsendurchmesser von 3 mm $\varnothing$, ein Düsendruck von 3 bar und eine Kammerlänge von 1,5 m gewählt werden?

$\dot{V}$ = 18 000/1,5 · 3 600 = 3,3 m/s, $\eta_{Bef} \approx$ 84 %; $\dot{m}_L \approx \dot{V} \cdot \varrho$ = 18 000 · 1,2 = 21 600 kg/h, $\dot{m}_W \approx$ 170 kg/(h · Düse) · 32 Düsen/m² · 1,5 m² = 8 160 kg/h, $\mu = \dot{m}_W/\dot{m}_L$ = 8 160/21 600 = 0,38.

Hierzu noch einige Anmerkungen:
- Der ermittelte η_{Bef} wird nur bei **einwandfreiem Zustand der Düsen** erreicht. Im Betrieb kann man oft bis 10 %-Punkte abziehen.
- Bei der Frage, ob eine **kleine oder große Düsenbohrung,** muß man beachten, daß bei kleinem Durchmesser die Zerstäubung feiner wird (selbst bei niedrigerem Düsendruck) und bei geringen Wasser-Luftzahlen höhere η_{Bef} ermöglicht werden (geringere Energiekosten). Nachteilig sind bei kleiner Bohrung die wesentlich größere Düsenanzahl und der höhere Wartungsaufwand.

Der **Druckverlust** eines Luftwäschers ist abhängig von der Bauart des Tropfenabscheiders und des Gleichrichters, von der zerstäubten Wassermasse und von der Luftgeschwindigkeit. Anhaltswert 150 . . . 200 Pa.

Die Luftgeschwindigkeit liegt etwa zwischen 2,5 und 3,5 m/s. Wenn man in Sonderfällen bis 6 m/s und höher wählt, müssen an den Tropfenabscheider andere Bedingungen gestellt werden (Vermeidung von Durchschlagen von Wassertropfen, Staubtransport, Korrosion und hohen Stromkosten).

Insbesondere bei industriellen Klimaanlagen kann die Düsenkammer durch einen **Bypaßkanal** mit Filter und Jalousieklappe umgangen werden (Abb. 3.31). Dadurch kann man je nach Bedarf eine höhere Temperatur und einen geringeren Wassergehalt der Zuluft wählen.

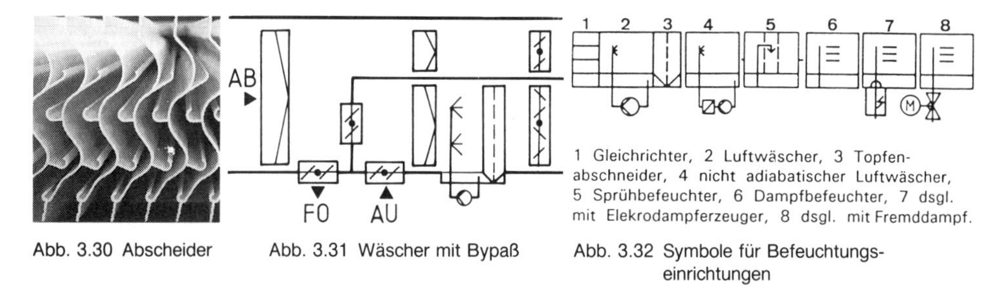

Abb. 3.30 Abscheider

Abb. 3.31 Wäscher mit Bypaß

1 Gleichrichter, 2 Luftwäscher, 3 Topfenabschneider, 4 nicht adiabatischer Luftwäscher, 5 Sprühbefeuchter, 6 Dampfbefeuchter, 7 dsgl. mit Elekrodampferzeuger, 8 dsgl. mit Fremddampf.

Abb. 3.32 Symbole für Befeuchtungseinrichtungen

Abschließend sollen noch anhand **Abb. 3.32** für die zahlreichen Befeuchtungseinrichtungen die **zeichnerischen Symbole** dargestellt werden, wie sie in Plänen und technischen Unterlagen verwendet werden.

3.4.3 Wasserprobleme - Wasserbehandlung

Über Auswirkungen von Befeuchtungsanlagen und über den Anlagenabschnitt von Befeuchter bis Zuluftdurchlaß gab es in den letzten Jahren zahlreiche negative Meldungen, wie „krank durch Klimaanlagen", „Befeuchterlunge", „Montagsfieber", „Geruchsemissionen" u. a., die die Klimabranche aufschreckten und sie zu intensiveren Gegenmaßnahmen bei Planung, Ausführung und Betrieb zwangen. Die Ursachen der Klagen sind weniger fehlende Einrichtungen als vielmehr eine völlig ungenügende Wartung.

Ein hygienisch einwandfreier Betrieb einer Düsenkammer ist jedoch nur möglich,

1. wenn die Wasserqualitätsforderung nach der VDI-Richtlinie 3803 zu jeder Zeit eingehalten wird (Trinkwasserqualität)
2. wenn die Düsenkammer planmäßig gewartet wird und der Tropfenabscheider zuverlässig arbeitet.

Bei der Zerstäubung bzw. der anschließenden Verdunstung bleiben die im Wasser enthaltenen Salze, wie z. B. Calziumhydrogenkarbonate, Calzium- und Magnesiumsulfate, erhalten. Je mehr Wasser verdunstet, desto höher wird dieser Salzgehalt, denn Salze und Schmutzbestandteile bleiben im Umlaufwasser nach der Verdunstung zurück. Die Härtebildner können nicht mehr in Lösung gehalten werden und setzen sich als fester Rückstand (Wassersteinbildung an Düsen, Tropfenabscheider, Leitungen) ab oder werden mit der Luft als „Staub" fortgetragen. Hinzu kommen zwangsläufig noch durch Adsorption mineralische und organische Stoffe aus der Luft hinzu. Beides zusammen führt zu einer **Eindickung des Wäscherwassers** mit nachstehenden Folgen:

Steinbildung, Ablagerung von Kalk- und Trübstoffen an Wäscherwänden und Abscheider, Staubbildung nach Verdunstung (weiße Niederschläge), Bildung von Algen und Bakterien (Verkeimung), Düsenverstopfung, hohe Wartungskosten, verminderte Verdunstung der Tropfen (längere Verdunstungszeit), „Durchschlagen" des Tropfenabscheiders, mangelnde UV-Wirkung bei der Desinfektion, evtl. Geruchsbildung

Die **wichtigste Gegenmaßnahme** ist das Zuführen von Frischwasser in die Wäscherwanne, so daß ständig ein offener Abfluß besteht. Durch ein solches **„Abschlämmen"** („Absalzen") will man die schwebenden Karbonate und Trübstoffe beseitigen bzw. drastisch verringern und dadurch auch der Bakterienbildung entgegenwirken.

- Wenn das Abschlämmen nicht automatisch erfolgt (bei kleinen Anlagen noch leider verbreitet), sind unbedingt **regelmäßige Betriebskontrollen** durchzuführen und daraus die Wartungsintervalle zu bestimmen.
- Der Abschlämmassenstrom und somit der **Frischwasserverbrauch** richtet sich nach der Wasserqualität, der zulässigen Eindickung (Endkonzentration), den Hygieneanforderungen (Nutzung) und der möglichen Nebelaustragung.
  Wievielmal mehr Wasser gegenüber der verdunsteten Wassermenge aus dem Kreislauf entfernt und somit wieder ergänzt werden muß, kann man annähernd aus dem Verhältnis $h/H - h$ berechnen, wobei h die Härte des Zusatzwassers und H die des Umlaufwassers ist.
  Beispiel: $h = 20$ °d und $H = 26$ °d. Wasserwechsel (Absalzwassermenge) = 20/26 – 20 = 3,3fach **(Anhaltswerte 2 . . . 3fach)**

Sicherer und wirtschaftlicher – und dies nicht nur bei größeren Wäschern – ist eine **automatische Abschlämmeinrichtung** (Absalzautomatik), die nach der elektrischen Leitfähigkeit des Umlaufwassers selbsttätig die erforderliche Abschlämmasse regelt.
Mit der Leitfähigkeit, die über die Meßelektrode erfaßt und digital angezeigt wird, erhält man eine sichere Aussage über den Zustand des Kreislaufwassers. Bei Überschreiten des eingestellten Sollwertes wird der Absalzvorgang durch Öffnen des Motormembranventils oder Magnetventils eingeleitet. Bei Unterschreiten wird er automatisch beendet. Über eine Mikroprozessorsteuerung kann vielfach auch das Spülen des Wasserbeckens mit Frischwasser automatisiert werden.

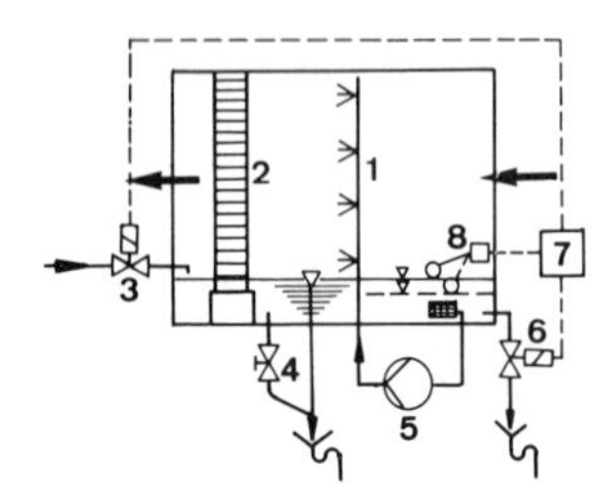

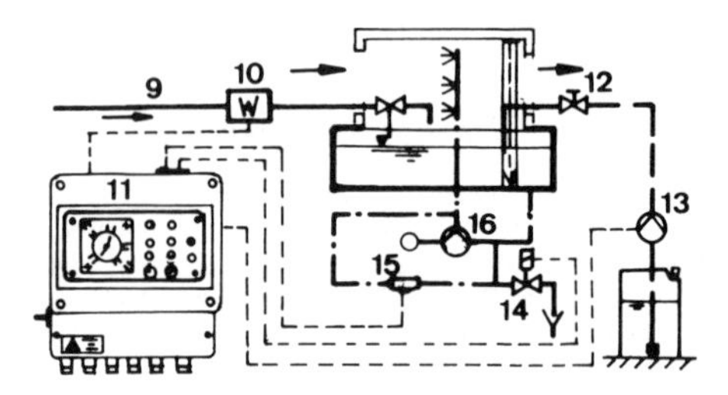

Abb. 3.33 Beispiele mit Absalzanlagen
(1) Düsenstock; (2) Gleichrichter und Abscheider; (3) Magnetventil für Wasserzufuhr für Verdunstung $\dot{m}_D$ und Absalzung $\dot{m}_A$; (4) Überlauf und Entleerung; (5) Umwälzpumpe; (6) Magnetventil für Absalzung; (7) Schaltkasten; (8) Schwimmerschalter; (9) Zusatzwasser; (10) Wassermesser mit Kompaktgeber; (11) Absalzautomatik (Steuerkasten); (12) Impfstelle; (13) Dosierpumpe; (14) Absalzung; (15) Meßelektrode

- Die **Leitfähigkeit wird in** μS/m (Mikrosiemens pro m) angegeben und ist proportional der Salzkonzentration. Jedes Salz hat jedoch bei gleicher Masse (z. B. mg/l) eine unterschiedliche Leitfähigkeit, wobei NaCl als Mittelwert gewählt wird (1 mg NaCl/l ≙ 2 μS/cm bei 20 °C). Der Wäscher ist **so abzuschlämmen, daß ein Leitwert von etwa 1 000 μS/cm nicht überschritten wird.**
- Durch eine **Enthärtungsanlage,** z. B. durch Ionenaustauscher (Calziumionen werden durch Natriumionen ersetzt), wird zwar das Ausfallen von Kalk verhindert, der Gesamtsalzgehalt des Wassers bleibt jedoch unverändert und dadurch auch die genannten unangenehmen Folgen einer Eindickung.
- Hat das Frischwasser einen hohen Salzgehalt, ist zumindest eine **Teilentsalzung** erforderlich, denn dadurch können die Abschlämmraten und somit der Wasserbedarf verringert werden. Bei einer **Vollentsalzung,** bei der dann keinerlei Mineralien im Wasser mehr vorhanden sind, besteht Korrosionsgefahr, da nun das Wasser aggressiv ist (hohe Konzentration freier Kohlensäure).
- Auch bei einer automatischen Abschlämmung müssen **regelmäßige Betriebskontrollen** festgelegt werden, und unabhängig von der Konzentration ist zusätzlich eine Reinigung der Wäscherwanne vorzunehmen.

Desinfektion beim Luftwäscher (Mikrobiologische Behandlung)

Die Ursachen der anfangs erwähnten Klagen sind u. a. auch damit zu erklären, daß beim Klimaingenieur und beim Betreiber keine umfangreichen Kenntnisse über die Folgen der Bakterienbildung vorhanden waren und daß in den Wartungsanleitungen eindeutige Hinweise zur Wasserbehandlung fehlten. Abgesehen davon, daß das Immunsystem der Menschen sehr unterschiedlich ist, muß zukünftig noch mehr auf die möglichen gesundheitsgefährdenden Auswirkungen hingewiesen werden.

Durch den Wasser- und Luftweg gelangen Keime in den Wäscher. Um eine solche Keimbildung zu verhindern bzw. dafür zu sorgen, daß die zugelassene oder bedenkliche Keimzahl nicht überschritten wird, muß das Wäscherwasser laufend erneuert und die Wanne mit Zubehör ständig gereinigt werden. In zunehmendem Maße wird das Wasser bei hohen Anforderungen und gleichzeitig bei großem Wasserbedarf zusätzlich mikrobiologisch behandelt werden. Ein ungehemmtes Wachstum von Mikroorganismen, wie Schleimbakterien, Algen, Krankheitserregern u. a., bedeutet nicht nur mögliche Gefahren für die Gesundheit, sondern auch eine Beeinträchtigung der Betriebsbereitschaft der Klimaanlage.

Zur Desinfektion verwendet man entweder chemische Zusätze mit einer speziell entwickelten Intervall-Dosiertechnik oder arbeitet mit einer UV-Bestrahlung. Eine gute Abschlämmung – wenn auch mit wesentlich geringerem Wasserverbrauch – ist trotzdem Voraussetzung.

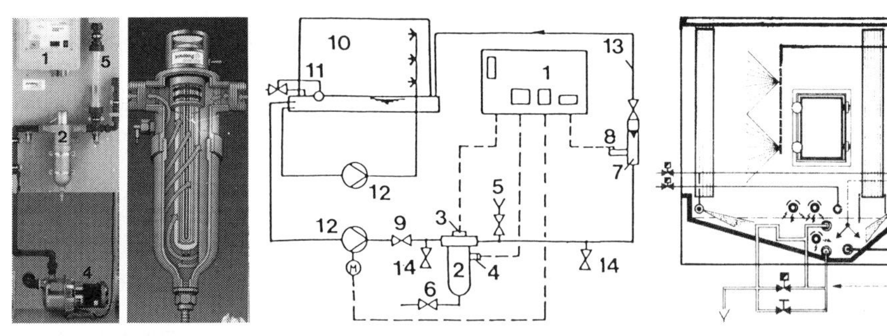

Abb. 3.34 UV-Lampe (Schilling)

Abb. 3.35 Separater Entkeimungskreislauf

Abb. 3.36 UV-Lampe in Wanne (Beil)

Abb. 3.34 zeigt eine **UV-Entkeimungsanlage,** komplett auf einer Montageplatte anschlußfertig montiert. Die wichtigsten Bestandteile sind der UV-Monitor (1) mit allen Anzeige- und Überwachungsfunktionen, der UV-Reaktor (2) mit eingebauter UV-Lampe, Umlenkkammer, Quarzschutzrohr für die UV-Lampe, Entleerungsventil und UV-Sensor, die Umwälzpumpe (4) und der Durchflußmesser (5).
Wie aus der Schnittdarstellung ersichtlich, wird das zu entkeimende Wasser an der zentrisch angeordneten **UV-Lampe** (Amalgam-Niederdrucklampe) gezielt entlanggeführt. Die UV-Dosis von 50 m Joule/cm^2 reicht für Wasserströme von ca. 3 bis 10 m^3/h je nach System und UV-Transmission. Bewährt haben sich überdies UV-Lampen in der Wanne, so daß auch die Wannenwände desinfiziert werden (Abb. 3.36).

Abb. 3.35 zeigt eine **Entkeimungsanlage mit separatem Kreislauf** (1) UV-Monitor, (2) UV-Reaktor, (3) Lampenkopf, (4) Sensor, (5) Einfülltrichter, (6) Entleerung, (7) Durchflußmeßgerät, (8) Durchflußwächter (Grenzwertkontakt), (9) Membranventil, (10) Düsenkammer, (11) Niveauregulierung, (12) Pumpen, (13) Entkeimungskreislauf, (14) Probehähne

Ergänzende Bemerkungen und Hinweise:

1. Der **Vorteil der UV-Desinfektion** besteht darin, daß dem Wasser keine bedenklichen Stoffe zugeführt werden und keine Reaktionen mit natürlichen Wasserinhaltsstoffen stattfinden; auch eine Anreicherung (Depotwirkung) ist nicht möglich.

2. **UV-Licht ist unsichtbares Licht,** eine elektromagnetische Welle, deren Energie durch die Wellenlänge in nm (Nanometer) angegeben wird. Für die Entkeimung ist nur der Bereich von 200 bis 280 nm entscheidend (maximale Wirkung bei ca. 250 nm). Sichtbares Licht erstreckt sich zwischen etwa 400 bis 800 nm.

3. Durch eine **Bestrahlung der Mikroorganismen** mit ultraviolettem Licht wird im Zellkern des Mikroorganismus eine fotochemische Reaktion ausgelöst, die eine Vermehrung durch Zellteilung nicht mehr möglich macht. Der Effekt der UV-Strahlung auf Mikroorganismen hängt ab von der Empfindlichkeit des Mikroorganismus, von Abschirmeffekten, von der Bestrahlungsdauer und Bestrahlungsstärke (Lichtenergie).

4. Die **Anzahl der Keime** bestimmt die Qualität des Wassers nach hygienischen Gesichtspunkten. Man spricht hier von KBE/ml (kolonienbildenden Einheiten), wobei das Wasser im Wäscher mit $<$ **100 KBE/ml** annähernd Trinkwasserqualität haben soll (Tab. 3.7).
   Bei schlecht gewarteten Luftwäschern wurden schon Werte von über 10 Mio KBE/ml gefunden. Solch hohe Werte können jedoch durch eine UV-Behandlung in 1 . . . 2 Tagen wieder auf zulässige Grenzwerte reduziert werden.

Tab. 3.7 Beurteilung der Keimzahlen im Wasser

Keimzahl (KBE/ml)	Klassifizierung	Bemerkungen
< 100 (10^2)	keimarm	anzustrebende Qualität in Klimaanlagen
10^3 bis 10^4 (10^5)	normales Wachstum	Eintkeimung ist aus hygienischen Gründen zu empfehlen
10^5 bis 10^6 und höher	verstärkter Befall	Entkeimung ist dringend zu empfehlen, da erhöhte Infektionsgefahr und mögliche Betriebsstörungen durch Ablagerungen

5. Die **UV-Geräteauslegung** richtet sich nach der UV-Dosis. Man versteht darunter das Produkt von Bestrahlungszeit und -stärke. Entscheidend ist die UV–Transmission des Wassers, die z. B. bei stark verschmutztem Wasser (Industrieklimaanlagen) beträchtlich reduziert wird und die durch erhöhte Lampenleistung oder durch Anpassung des Wasserstroms ausgeglichen werden muß.

6. Bei der **Verwendung von Bioziden** (bakterientötenden Chemikalien) muß auf die richtige Dosierung geachtet werden, die etwa 0,1 % betragen soll (auf Beckeninhalt bezogen). Eine Überdosierung kann Augenreizungen und Schleimhautentzündungen hervorrufen. Über die Verwendung muß eine eindeutige Bescheinigung des Herstellers vorliegen, denn oft fehlen toxikologische Untersuchungen im Langzeitbetrieb, so daß diese Desinfektionsart trotz Unbedenklichkeitsbescheinigungen vielfach grundsätzlich abgelehnt wird. Chemikalien bedeuten auch zusätzliche Salz- und Aerosolproduktion.

7. Neuerdings kann das dem Wäscher zugeführte Wasser über ein Steuer- und Anodenteil mit **Silberionen** angereichert werden. Diese bewirken eine Zerstörung bzw. Behinderung der Enzymbildung und entziehen dadurch den Mikroorganismen ihre Lebensgrundlage und sorgen für eine vollständige Entkeimung.

Betrieb und Wartung von Luftwäschern

Auf einen hygienischen Betrieb wurde vorstehend schon mehrmals hingewiesen. Hier noch einige ergänzende allgemeine Hinweise:

Laufende Wartungen sollte man – nachdem die Anlage kontrolliert wurde (Dichtheit, Tropfenabscheider, Gleichrichter, Düsenausrichtung, Luftgeschwindigkeit, Schwimmerventil, Wasserfilter, Pumpendrehrichtung, Zusatzeinrichtungen) – zeitlich unterscheiden. Gleichgültig, welche Zeitintervalle erforderlich sind, ist auf Regelmäßigkeit, auf Sorgfalt und Protokollierung aller durchgeführten Arbeiten einschließlich Art und Verbrauch der verwendeten Chemikalien zu achten (Wartungsbuch!).

a) **Ein Service nach 1 bis 4 Wochen** (je nach Verschmutzungsgrad) kann wie folgt ablaufen: Anlage abschalten; einige Stunden vor der Reinigung Stoßdosierung eines Desinfektionsmittels; Pumpeneinschaltung (ca. 3 Std.); Schließen des Zulaufventils und Öffnen des Ablaufventils; Entfernung der Ablagerungen; Innengehäuse, Wanne und Einrichtungen mit Hochdruckreiniger säubern; Demontage und Säubern des Filters; Wannenreinigung; Überwachung der Füllstandskontrolle.
Nicht selten muß man das Wannenwasser 3- bis 4mal wöchentlich erneuern, wenn ohne Zusätze eine Algen- und Bakterienbildung vermieden werden soll. Nach der Reinigung der Wanne wird diese desinfiziert.

b) **Ein Service nach 4 bis 6 Monaten** umfaßt die Überprüfung von Tropfenabscheider, Gleichrichter, Düsen usw. auf Ablagerungen (evtl. Einsatz von Enthärtungsmittel, Nachspülung); falls eine Algenbildung festgestellt wird, sind kürzere Reinigungsintervalle oder höhere Abschlämmraten erforderlich. Der Sommerbetrieb mit $\vartheta > 20$ °C macht eine gründliche Reinigung und Desinfektion in kürzeren Abständen erforderlich.

c) **Ein Service nach etwa 3/4 bis 1 Jahr** schließt a) und b) ein; zusätzliche Arbeiten sind vielfach: Demontage der Düsenhalterungen, Säubern der Düsen in Reinigungslösung, Demontage und Säubern der Pumpe, Demontage und Reinigung von Tropfenabscheider und Gleichrichter bei stärkeren Ablagerungen.

Ein **Austausch oder eine Sanierung alter Befeuchtungsanlagen** bezieht sich auf die Kammer selbst, auf neue Düsenstöcke mit verstopfungsfreien Düsen, auf wirkungsvollere Gleichrichter und Tropfenabscheider. **Bei längerem Anlagenstillstand** (z. B. über das Wochenende) gibt es spezielle Schaltungen, womit automatisch über Zeitschaltuhr das Wannenwasser über ein Ventil abgelassen wird, um eine gründliche Abreinigung des Wannenbodens zu gewährleisten. Durch eine intensive Spülung mit anschließender Trocknung wird Keimen und Bakterien die Grundlage der Vermehrung entzogen.

Ist ein **Entkeimungskreislauf** vorhanden, kann dieser bei abgeschalteter Befeuchtungsanlage weiterbetrieben werden. Damit bei kurzzeitigem Stillstand keine Temperaturerhöhung eintritt, kann über ein Magnetventil Kaltwasser zugemischt und somit die Keimbildung reduziert werden (16 °C).

3.4.4 Dampf-Luftbefeuchter

Die bei der Düsenkammer erwähnten Nachteile machen verständlich, daß die Luftbefeuchtung durch Dampf schon seit Jahren in zunehmendem Maße bevorzugt wird. Dies nicht nur bei sehr hohen Anforderungen, wie z. B. im Krankenhaus, in der Reinraumtechnik, usw., sondern auch in Aufenthalts- und Produktionsräumen. In diesem Abschnitt sollen die zwei wichtigsten Vertreter behandelt werden, nämlich Befeuchter, die in der Zentrale, und solche, die im Kanalnetz eingebaut werden. Weitere Dampfbefeuchtungsgeräte, die im Raum aufgestellt bzw. angeordnet werden, siehe Kap. 6.5.

Im Gegensatz zur Verdunstung oder Zerstäubung (Luftwäscher) wird hier die Luft nicht mit Wasser, sondern unmittelbar mit Wasserdampf in Berührung gebracht. Die Umwandlung von Wasser in Wasserdampf (Aggregatzustandsänderung) erfolgt demnach nicht mehr in dem zu befeuchtenden Luftstrom, sondern entweder in einem elektrischen Eigendampferzeuger – fast ausschließlich nach dem Elektrodenprinzip – oder in einem Dampferzeuger, von dem aus der Dampf über ein Dampfnetz dem Luftbefeuchter zugeführt wird. Die erforderliche Verdampfungswärme wird somit dem Befeuchtungsgerät „zugeführt" und nicht mehr dem Luftstrom entzogen.

Vorteile der Dampfbefeuchtung

1. Eine **in hygienischer Hinsicht optimale Befeuchtung** ist gewährleistet, da das Wasser gekocht wird und die Keime abgetötet werden. Eine Bakterien- und Algenbildung wird verhindert. Diese Sterilisationswirkung hat einen hohen Stellenwert.
2. Die befeuchtete Luft ist **frei von Schwebestoffen und Mineralien,** so daß Ablagerungen („Kalkstaub") im Kanal und im Raum vermieden werden. Mineralien bleiben im Dampferzeuger zurück.
3. Dampf ist praktisch **geruchlos.** Zumindest bei der Elektrodendampferzeugung sind keinerlei Geruchsbildungen möglich.
4. Die Befeuchtung erfolgt nahezu **ohne Temperaturerhöhung,** d. h., durch die isotherme Zustandsänderung ist keine von der Befeuchtung abhängige Lufterwärmung notwendig.
5. Der **geringe Platzbedarf** ergibt sich durch die kompakte Bauweise und kurze Befeuchtungsstrecke. Dies wirkt sich auch günstig auf die Investitionskosten aus.
6. Eine **einfache Nachrüstung** bei bestehenden kleineren bis mittleren Anlagen ist dadurch gegeben, daß man Dampfbefeuchter in den Zuluftkanal einbaut. Je nachdem, wie das Kanalnetz geplant wird, kann man dadurch **zonenweise** nur die Räume befeuchten, in denen eine Luftbefeuchtung dringend erforderlich ist.
7. Der **Wartungsaufwand ist geringer** als bei einem Luftwäscher. Außerdem besteht eine größere Sicherheit bei Wartungs- und Betriebsfehlern. Eine überladene Elektronik und eine Vielzahl von Meldedaten können allerdings die Kundendiensteinsätze erhöhen.
8. **Weitere Vorteile** sind die gute Regelbarkeit, die schnelle und gleichmäßige Wasserdampfverteilung, der Wegfall einer Wasseraufbereitungsanlage (je nach Ausführung), problemlose Außerbetriebsetzung, automatische Anpassung an die Wasserqualität.

Nachteile und Probleme sind die hohen Stromkosten, die bei großen Anlagen und größerer Befeuchtungsleistung zu einem sehr unwirtschaftlichen Betrieb führen können. Die Energiebereitstellung erfolgt immer bei einem hohen Temperaturniveau. Bei zu großen Dampfmassenströmen, zu geringem Luftstrom, zu geringen Befeuchtungsstrecken oder bei falscher Regulierung besteht Überflutungsgefahr. Die möglichen Probleme sind vermeidbar, wenn die anschließenden Planungs- und Montagehinweise beachtet werden.

3.4.4.1 Elektrischer Dampf-Luftbefeuchter

Bei der elektrischen Dampf-Luftbefeuchtung gibt es zwar mehrere Möglichkeiten, doch ist der mit Abstand am meisten eingesetzte Dampf-Luftbefeuchter der nach dem Elektrodenprinzip. Wie Abb. 3.37 zeigt, wird hier das Wasser in einem Dampfzylinder mit einer Elektrodenheizung direkt in Dampf umgewandelt.

Aufbau und Wirkungsweise

Über einen Feuchteregler der Anlage wird der Heizstrom eingeschaltet. Verzögert öffnet dadurch das Magnet-Einlaßventil (1), und gebräuchliches Leitungswasser fließt durch den Füllbecher (2) in den Dampfzylinder (3), der aus Kunststoff besteht und als Einweg- oder reinigbarer Zylinder lieferbar ist. Schon wenige Minuten nach dem Kaltstart wird drucklos Dampf erzeugt und über den „Dampfschlauch" (4) in den Verteiler (5) geleitet, von wo aus er in den Luftstrom geleitet wird. Anfallendes Kondensat wird über den Kondensatschlauch (6) in den Becher zurückgeführt.

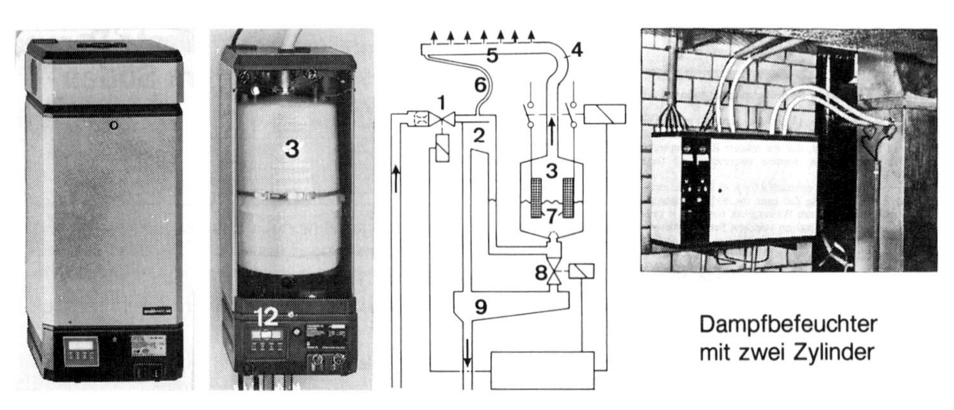

Abb. 3.37 Elektroden-Dampfbefeuchter (Fa. Barth + Stöcklein)

Die Dampfleistung ist abhängig von der elektrischen Stromaufnahme und diese wiederum von der Eintauchtiefe der Elektroden (7) sowie von der elektrischen Leitfähigkeit des Wassers. Bei einem vorbestimmten Strom – die Leitfähigkeit des im Zylinder befindlichen Wassers soll konstant gehalten werden – schließt das Ventil (1) wieder. Muß die verdampfte Wassermasse wieder ersetzt werden, öffnet es erneut wieder.

Die im Wasser gelösten Mineralsalze bleiben während des Verdampfungsvorgangs im Dampfzylinder zurück. Um aber eine wachsende Mineralsalzkonzentration und somit auch die elektrische Leitfähigkeit zu begrenzen, wird bei Bedarf die kleinstmögliche Wassermenge über Ablaßventil (8) und Sammler (9) abgeschlämmt. Da sich Kalk und andere Mineralsalze auch in fester Form an den Elektroden absetzen, müssen diese nach einer von Betriebszeit und Wasserqualität abhängigen Zeit ausgetauscht werden.

Der **Betrieb wird vollautomatisch gesteuert und überwacht,** indem er durch den Sensor – in Verbindung mit der Elektronik – **laufend der Wasserqualität angepaßt** wird (infolge der so unterschiedlichen Wasserhärten erforderlich). Eine exakte Feinabstimmung des zugeführten und abgelassenen Wassers wird dadurch ermöglicht. Über die entsprechende Programmauswahl können laufende Betriebsdaten abgefragt und interne Daten geändert und neu programmiert werden. Die LCD-Anzeige (12) erfolgt auf dem Display. Mit der MC-Technik können bis zu sieben Geräte, die mit einer einfachen Elektronik ausgerüstet sind, aufgeschaltet werden. Von einem Führungsgerät aus kann jedoch jedes Gerät einzeln angesteuert und entsprechend programmiert werden. Über eine Schnittstelle ist ein Anschluß an PCs oder RLT-Systeme möglich, so daß die Funktion überwacht werden kann.

Damit die Vorteile der Dampfbefeuchtung, insbesondere was die Hygiene betrifft, gewährleistet werden, muß auf eine sorgfältige Auswahl und Montage geachtet werden, damit der Dampf einwandfrei ohne Kondensatausscheidung von der Luft aufgenommen wird.

Hinweise für Planung, Montage und Betrieb

1. Zunächst muß der **erforderliche Dampfbedarf** ermittelt werden, der vom Luftstrom und von der absoluten Feuchte vor und nach der Befeuchtung abhängig ist. Richtwerte kön-

nen zwar aus Tab. 3.8 entnommen werden, entsprechend auch der passende **Gerätetyp,** doch soll eine genaue Berechnung jederzeit vorgezogen werden (Kap. 9.2). Der Befeuchter soll nicht überdimensioniert werden.

Tab. 3.8 Näherungsweise Bestimmung der Dampfmenge

Bei einem Außenluft-zustand								Genaue Ermittlung:
	-15°C, 90% r.F.	500	1000	1700	2800	4000	5600	$\dot{m}_D = \frac{\dot{V} \cdot \rho}{1000 \cdot (x_i - x_a)}$
	-5°C, 80% r.F.	650	1250	2150	3500	5000	7000	
	+5°C, 60% r.F.	800	1500	2600	4200	6000	8400	
Dampfmassenstrom $\dot{m}_D$ in kg/h		4	7,5	13	21	30	42	$\dot{V}$ = Außenluft m³/h
Gerätetyp (fabrikatbezogen)		240	340	440	430	540	660	

2. Die **Dampfverteilerrohre** (Messing, vernickelt) für den Einbau in Lüftungskanälen müssen möglichst nah am Dampferzeuger eingeführt werden (max. 2 m). Entsprechend der Kanalbreite ist immer der längstmögliche Dampfverteiler zu wählen (Tab. 3.9). Die Dampfverteilung muß – auch bei Teillast – gleichmäßig über den gesamten Geräte- oder Kanalquerschnitt erfolgen.

Tab. 3.9 Erforderliche Kanalbreite in Abhängigkeit der Verteilerrohrlänge

Verteilerlänge	m	200	300	450	650	850	1000	1200
Kanalbreite	mm	200-350	350-500	500-700	700-900	900-1050	1050-1250	1250-1550

Die häufigsten **Einbauarten** sind in Abb. 3.38 dargestellt. Bei sehr geringen Kanalhöhen, bzw. Breiten bei senkrechtem Kanal, besteht die Gefahr von Kondensatbildung (evtl. wasserdichte Befeuchtungsstrecke mit Auffangwanne und Ablauf erforderlich). Montage mit ca. 2 % Gefälle zum Kondensatablauf. Die Einhaltung der Höhenmaße kann durch Aufkleben einer Schablone erleichtert werden.

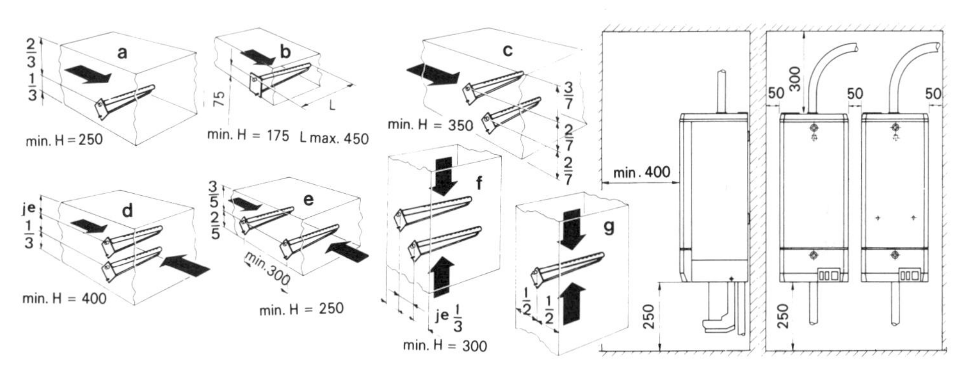

Abb. 3.38 Einbauarten von Dampfrohrverteiler

3. Die **Befeuchtungsstrecke** ist die Strecke nach Austritt des Wasserdampfs aus dem Verteilrohr, in der der Dampf als Nebel sichtbar ist. Erst nach diesem Abstand B ist die Vermischung des Dampfes mit der Luft ausreichend und somit eine Kondensation an nachfolgenden Anlageteilen vermeidbar.

- Zur Vermeidung einer Übersättigung sollte die **Zuluft auf eine relative Feuchte von etwa 90 % begrenzt** werden.

Die **Bestimmung der Befeuchtungsstrecke** kann nach **Tab. 3.10** erfolgen (Richtwerte !), und zwar in einem Zulufttemperaturbereich von 10 °C bis 30 °C. φ_1 ist die relative Feuchte vor der Befeuchtung bei minimaler Zulufttemperatur und φ_2 nach dem Dampfverteiler bei maximaler Dampfleistung.

Beispiel: φ_1 = 30 % r. F., φ_2 = 70 % ⇒ Befeuchtungsstrecke **B = 1,2 m.** Läßt die Einbausituation nur kürzere Strecken zu, wird der Dampfmassenstrom auf zwei oder mehrere Dampfverteiler aufgeteilt.

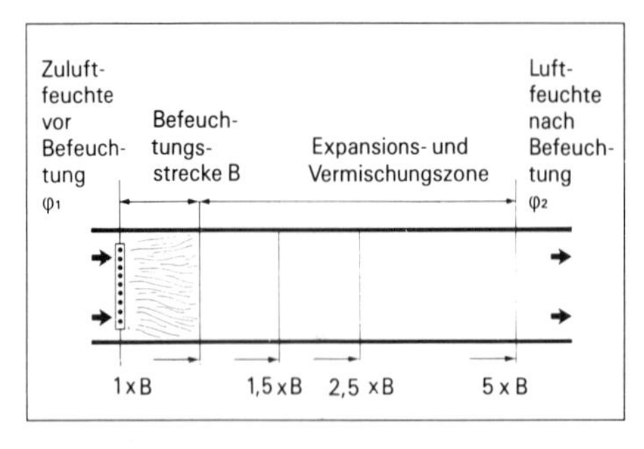

Abb. 3.39 Befeuchtungsstrecke

Tab. 3.10 Empfohlene Befeuchtungsstrecken

φ_2	$\Delta\varphi$ max. = $\varphi_2 - \varphi_1$ in % r.F.									
% r.F	5	10	15	20	30	40	50	60	75	90
40	0,3	0,4	0,5	0,6	0,7	0,8	-	-	-	-
50	0,4	0,5	0,6	0,7	0,8	0,9	1	-	-	-
60	0,4	0,5	0,6	0,7	0,9	1	1,1	1,2	-	-
70	0,5	0,6	0,7	0,9	1	1,2	1,3	1,5	-	-
80	0,5	0,7	0,9	1	1,2	1,4	1,6	1,8	2	-
85	0,6	0,8	1	1,2	1,4	1,6	1,8	2	2,3	-
90	0,7	1	1,2	1,4	1,7	2	2,3	2,5	2,8	3
95	1	1,4	1,7	2	2,5	2,9	3,2	3,5	3,9	4,3

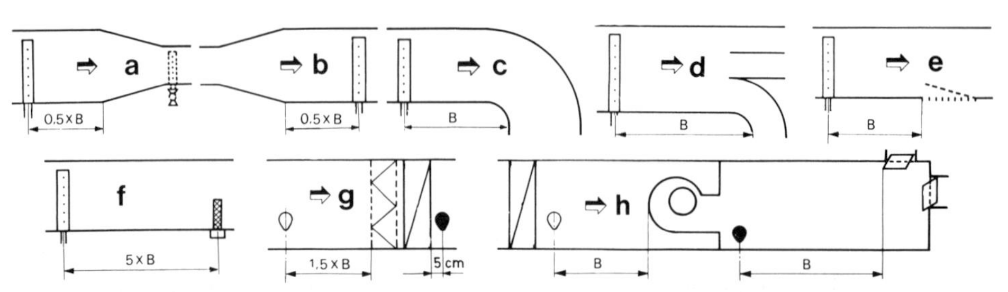

Abb. 3.40 Empfohlene Befeuchtungsstrecken bei Einbauten

4. Der **Dampfschlauch** soll zur Vermeidung von Kondensatbildung möglichst kurz sein. Kondensat muß entweder zum Zylinder zurück- oder zum Verteiler hinfließen können. Der Kondensatschlauch muß ausreichend Gefälle zum Ablauf hin haben; normalerweise zurück zum Einlaßbecher.

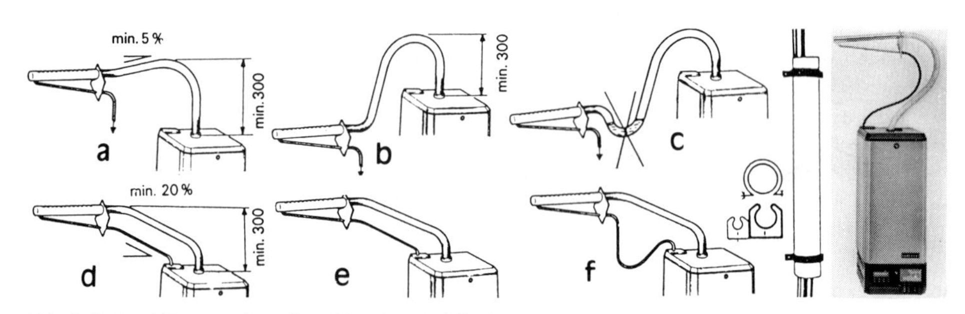

Abb. 3.41 Anschlüsse von Dampf- und Kondensatschläuchen

Abb. 3.41 zeigt einige Montagehinweise:
Beim **Dampfschlauch** (Kunststoff, gewebeummantelt) keine Verengungen und Absperrungen; „Kondensatsäcke" vermeiden; ausreichender Biegeradius; Mindeststeigung 20 % zum Verteiler, wenn dieser mind. 30 cm oberhalb Gerät montiert wird; liegt der Schlauch mit 20 % Gefälle dann kann er, mind. 30 cm über Gerät, mit 5 %-Gefälle weitergeführt werden; bei schwieriger Montage und geringen Biegeradien kann die Verbindung auch mit Cu-Rohren erfolgen, die Anschlüsse allerdings mit kurzen Schlauchstücken.

Der **Kondensatschlauch** (Kunststoff) wird ca. 2 cm in Einlaßbecher eingeführt, andernfalls in Ablauftrichter einleiten; wenn Dampfverteiler im Unterdruckbereich montiert ist (vor Ventilator), Schlauch als Syphon ausbilden, der vor Inbetriebnahme mit Wasser gefüllt wird; ausreichend Rohrschellen (ca. 30 cm Abstand) bei Dampf- und Kondensatschläuchen.

5. Bei der **Feuchteregelung** wird vorwiegend eine Raumfeuchteregelung angewandt, wobei der Feuchtefühler entweder im Raum oder als Kanalfühler im Abluftkanal angebracht wird

(Abb. 3.42). Der Befeuchter wird stetig geregelt und kann an alle handelsüblichen Reglern mit stetigem Stellsignal angeschlossen werden. Im Bereich von 10 . . . 100 % der Nennleistung erfolgt die Regelung stufenlos; darunter im Zweipunktbetrieb. Zur Vermeidung von evtl. Feuchteschäden sind zahlreiche Sicherheitseinrichtungen erforderlich.

- Eine **Zuluft-Feuchteregelung** sollte nur dort vorgesehen werden, wo eine Raumfeuchteregelung aus anlagetechnischen Gründen nicht vorgesehen werden kann.
- Eine **Zweipunktregelung** (EIN/AUS) über einen Hygrostaten verwendet man für Raumbefeuchtungsgeräte oder für kleine Befeuchter vorwiegend in Umluftanlagen.

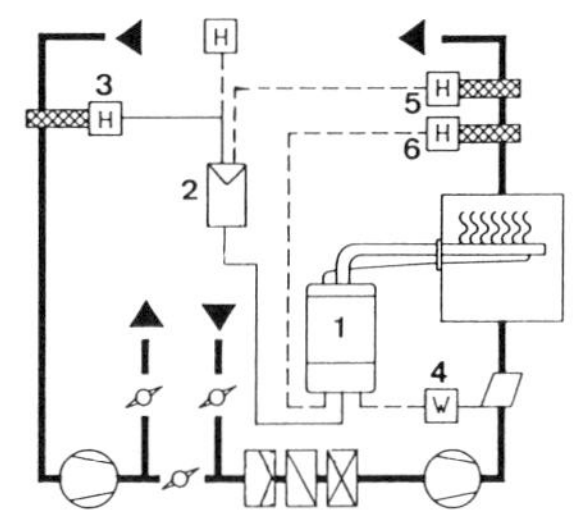

Abb. 3.42 Regelungsschema

- Dringend erforderliche **Sicherheitseinrichtungen** sind eine Anlageverriegelung über eingeschaltete Ventilatoren, ein Strömungswächter zur Überwachung des Luftstroms (Differenzdruckschalter etc.) und je ein Sicherheitshygrostat in Zuluftkanal und Raum (Abb. 3.42). Zusätzliche Sicherheitseinrichtungen sind eine stetige Zuluftfeuchtebegrenzung (unter bestimmten Betriebsbedingungen erforderlich), eine separate Raumfeuchteüberwachung über Minimal- und Maximalhygrostat mit Störungsmeldung, eine selektive Fernanzeige zur Kontrolle der Befeuchtungsfunktion (Betriebszustand, Servicebedarf, Störung), ein Anschluß an PC o.a. über Schnittstelle.

6. **Weitere Hinweise** beziehen sich auf die Sanitär- und die Elektroinstallation:

- Für die **Wasserzuleitung** kann gebräuchliches Leitungswasser ohne Wasseraufbereitung verwendet werden; Wasserdruck 1 bis 10 bar, bei > 10 bar Reduzierventil einbauen (Einstellung auf ca. 2 bar); Absperrhahn am Ende der Zuleitung (mind. DN 10); zwischen Hahn und Befeuchter genügt Cu-Rohr ⌀ 6/4 mm; erforderliche Zuflußleistung vom Gerätetyp abhängig.
- Die **Abflußleitung** soll 30 . . . 50 cm unterhalb des Befeuchters angeschlossen werden; Abfluß drucklos, Rückstau vermeiden, DN 25 . . . 50, Gefälle mind. 10 % zur Kanalisation, gute Zugänglichkeit zur Reinigung oder Spülen, bei Kunststoffrohren auf Temperaturbeständigkeit achten (bei Servicearbeiten bis 100 °C möglich), freien Abfluß ermöglichen, Abflußleistung vom Gerätetyp abhängig (2,5 oder 5 l/min).
- Bei der **Elektroinstallation** örtliche Vorschriften beachten, jeder Befeuchter eigene Sicherheitsgruppe, Schutzart des Gerätes IP 21, in Sicherheitskette Strömungswächter, Ventilatorverriegelung und Sicherheitshygrostat vorsehen, Anschlußdaten und Installationsschema in den Herstellerunterlagen.

7. Hinsichtlich **Betrieb und Wartung** sind ebenfalls zahlreiche Hinweise zu beachten, damit die Vorteile der Dampfbefeuchtung auch voll genutzt werden können.

- **Vor der Inbetriebnahme** nimmt das Service-Personal zahlreiche Einstellungen vor, die kontrolliert und – falls nötig – korrigiert werden müssen (vgl. Software-Anleitung); Bedienungselemente (Schalter, Lampen, LCD-Anzeige) erklären, durch Tastendruck die verschiedenen Funktionen auslösen, Abrufen von Betriebsdaten oder evtl. Verändern der Parameter nach Ablauf des Systemtestes (nach Geräteeinstellung).
- **Beim Betrieb** unterscheidet man die Normalfunktion, bei der alle Operationen vollautomatisch durchgeführt werden (z. B. Abschlämmen), und die Sicherheitsoperationen bei evtl. Störungen (z. B. zu hohe Stromaufnahme, Wassermangel, Salzablagerungen).
  Zur **Einsparung von Energie** sollte das Gerät über Zeitschaltuhr nur dann eingeschaltet werden, wenn der Raum genutzt wird. Dadurch werden auch die Wartungsintervalle verlängert.
- Die **Wartung** bezieht sich neben den Kontrollaufgaben vorwiegend auf den **Austausch des Dampfzylinders,** dessen Standzeit bzw. Lebensdauer von den Betriebsstunden, vom Dampfverbrauch (Betriebsleistung B des gewählten Gerätes) und von der Wasserqualität abhängig ist (Abb. 3.43).

  Vor dem Austausch: Entleerung, Unterbrechung des Heizstroms, Abkühlung, Entfernung der Schläuche, Öffnen der Zylinderhalterung; beim Einsetzen des Zylinders: nur leichtes Festziehen von Spannband und Schlauchbefestigung, Aufstecken des Sensors und Steckers auf die entsprechenden Stifte; die 6 Heizelek-

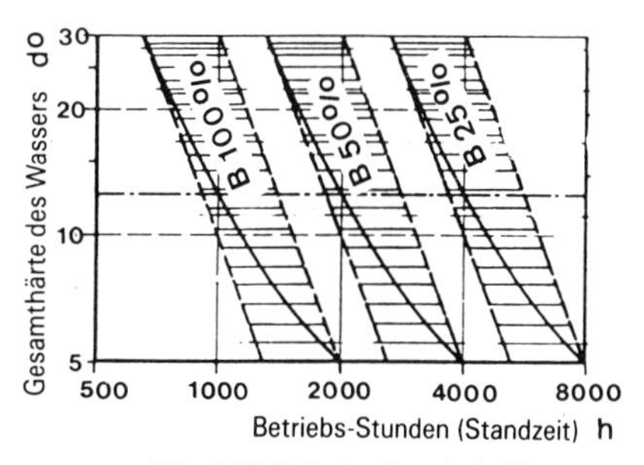

Abb. 3.43 Zylinder-Standzeit-Diagramm

troden und die zugehörigen Stifte sind farblich gekennzeichnet. Zur **1 bis 2mal jährlichen Wartung** gehören auch Reinigung aller Teile, Ablösung von Verkrustungen, Durchspülung der Abflußleitung, evtl. Ersetzen von Einzelteilen, Überprüfung der Meßgeräte u. a. Bei längerer Außerbetriebnahme (Sommer) ist das Zylinderwasser zu entleeren.

3.4.4.2 Dampfbefeuchtung mit Fremddampf

Bei dieser Befeuchtungsart wird dem Befeuchter vorhandener Dampf zugeführt, der über ein Ventil geregelt und kondensatfrei der Luft zugeführt wird. Die Einsatzgebiete erstrecken sich auf solche Gebäude, in denen Dampfnetze vorhanden sind (Industrie), oder auf große Anlagen mit hohem, möglichst kontinuierlichem Dampfbedarf. Grundsätzlich unterscheidet man zwischen einzelnen Dampfverteilrohren (Abb. 3.44) und Großbefeuchtern mit Hauptverteilrohr und vertikal angeordneten Düsenstöcken.

1. Der Dampferzeuger muß einen entsprechenden **Dampfvorrat** besitzen, d. h., es werden hierzu keine Schnelldampferzeuger eingesetzt.
2. Wenn anderweitig kein Dampf benötigt wird, muß der Kessel auch **bei Nichtentnahme** durch die Dampfbefeuchtung betrieben werden. Dies wirkt sich zwar ungünstig auf die Energiekosten aus, doch können die Gesamtkosten wesentlich unter denen der elektrischen Dampfbefeuchtung liegen, ganz abgesehen davon, daß es bei großen Zentralen keine andere Möglichkeit gibt.
3. Dampf darf mit **keinem Korrosionsschutzmittel** (z. B. Hydrazin) geimpft werden. Außerdem soll das Wasser entsalzt werden, bevor es in den Dampfkessel eintritt. Bei einer Vollentsalzung wird das Wasser allerdings korrosiv, so daß dann die Leitungen aus Edelstahl gewählt werden müssen.

Beim geschlossenen System wird der Dampf zuerst in ein Mantelrohr des Verteilers geführt. Durch eine solche Umspülung des Innenrohrs mit Dampf soll eine Kondensatbildung vermieden werden. Deshalb muß der Dampfverteiler auch bei abgeschalteter Befeuchtung ständig auf Temperatur gehalten werden. Bei dem **heute üblichen offenen System** fließt jedoch das Kondensat aus dem Verteiler drucklos über einen Kondensatableiter ab, so daß eine „Mantelheizung" und eine zusätzliche Wärmedämmung des Dampfverteilers entfallen können.

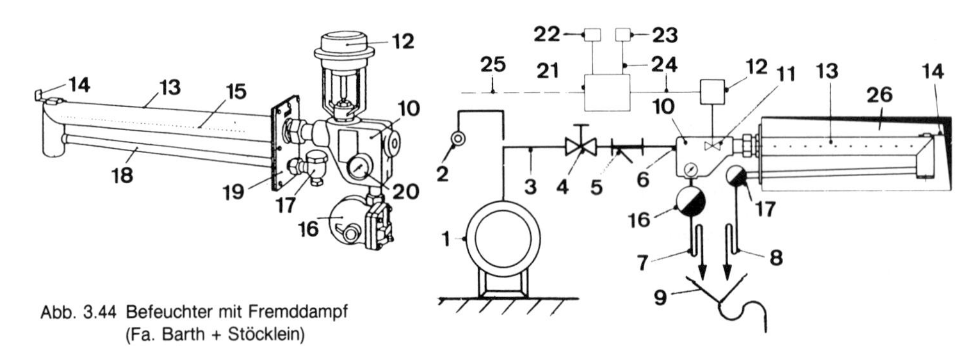

Abb. 3.44 Befeuchter mit Fremddampf (Fa. Barth + Stöcklein)

Abb. 3.44 zeigt ein **Dampfrohr („Dampflanze") für kleinere und mittlere Leistungen.** Kondensatfreies Einblasen von vorgetrocknetem Dampf bis 250 kg/h für Kanal- und Geräteeinbau und für Anschluß an Dampfkessel oder Dampfnetze von 0,2 bis 3,5 bar Sattdampf. Der Dampf wird in der Kernzone des Rohres entnommen und durch Düsen in Luftrichtung (oder 90° dazu) ausgeblasen. Der Ventilkörper vereint die Vortrocknungskammer, Umlenk- und Trocknungseinbauten, Nachtrocknungskammer und Regelventil.

- **Bauteile und Anschluß** gehen ebenfalls aus Abb. 3.44 hervor:
(**1**) Dampferzeuger; (**2**) Ferndampfnetz; (**3**) Dampfrohrzuleitung; (**4**) Absperrventil; (**5**) Schmutzfänger; (**6**) Anschluß am Ventilkörper; (**7**) Primär-Kondensatleitung mit Dampfsperre (Schleife); (**8**) Sekundär-Kondensatleitung; (**9**) Ablaufleitung; (**10**) Ventilkörper; (**11**) Regelventil; (**12**) Stellantrieb (elektromagnetisch oder pneumatisch); (**13**) Dampfrohr; (**14**) Fixierbügel; (**15**) Düsenöffnungen; (**16**) Kugelschwimmerkondensatableiter (Entwässerung der Dampfzuleitung) mit Anfahrentlüfter; (**17**) Kondensatableiter (Schnellentleerer) zur Dampfrohrentwässerung; (**18**) Kondensatleitung; (**19**) Anschlußplatte; (**20**) Manometer; (**21**) Regler; (**22**) Hygrostat; (**23**) Begrenzungshygrostat; (**24**) Steuerleitungen; (**25**) desgl. zur Anlagenverriegelung; (**26**) Lüftungskanal

- Die **Bestimmung des Befeuchters** (Rohrlänge, Rohrtyp und maximale Befeuchtungsleistung) kann man in Abhängigkeit der Kanalbreite nach **Tab. 3.11** erfolgen. Eine größere Dampflanze geht von einer Kanalbreite von 1,4 m mit 109 kg/h bis 3 m mit 250 kg/h.
  Die Mindestkanalhöhe bei horizontaler Verlegung beträgt 210 mm. Bei senkrechter Verlegung kann der Abstand Rohr – Kanalwandung (Ausströmseite) Tab. 3.12 entnommen werden. Wenn man zur Rückseite 70 mm wählt, beträgt die Mindestkanalbreite D + 70 mm.
- Die **Bestimmung der Ventilgröße** erfolgt nach Diagrammen in Abhängigkeit von Befeuchtungsleistung $\dot{m}$ und Ventilvordruck p_1. Um einen einwandfreien Betrieb zu gewährleisten, soll die Schwankung von p_1 die Δp-Werte nach **Tab. 3.13** nicht überschreiten, außerdem soll dadurch bei voll geöffnetem Ventil der Druck im Dampfrohr $p_2 < 0{,}25$ bar bleiben. p_1 soll möglichst hoch sein, um die Auswirkungen von Druckschwankungen im Dampfnetz auf den Dampfstrom klein zu halten.

Tab. 3.11 Dampflanze und $\dot{m}_{max}$

Kanalbreite		Rohr-	Rohr-	$\dot{m}_D$
min.	max.	länge	typ	kg/h
300	390	280	1/28	12
400	490	380	1/38	21
500	590	480	1/48	30
600	690	580	1/58	39
700	790	680	1/68	47
800	990	780	1/78	56
1000	1190	980	1/98	74
1200	1390	1180	1/118	91

- Hinsichtlich **Montage und Wartung** sind folgende Hinweise erwähnenswert:
  Dampfrohr darf kein Rückgefälle aufweisen; Gefälle in Dampf-Flußrichtung 0,5 . . . 1 % zulässig; dichtes Kanalstück (bzw. Geräteteil); Kondensatwanne mit Ablaufstutzen vorteilhaft; Gefahr von Wasser oder Wasserdampfgemisch bei Überfüllen des Dampferzeugers, verstopftem Kondensatableiter und defektem Regler; zur Betriebskontrolle ein Schauglas oder eine Wartungsöffnung nach dem Dampfrohr vorsehen; temperaturbeständige Materialien 110 . . . 160 °C (je nach Druck); maximale Dampfgeschwindigkeit 25 m/s; Kondensatleitungen mit 0,5 . . . 1 %; Gefälle; Wartung 1- bis 2mal jährlich; Bedienungs- und Wartungsvorschriften für Stellantrieb nach Lieferantenangaben.

Tab. 3.12 Wandabstand vom Befeuchter

v	m/s	2	3	4	5	6	7	8
D	mm	350	300	250	200	180	160	140

Tab. 3.13 Zulässige Druckerhöhung

p_1	0,3	0,4	0,5	0,75	1	1,5	2	3
Δp	0,15	0,2	0,25	0,4	0,55	0,7	0,85	0,5

Abb. 3.45 zeigt abschließend einen **Dampfbefeuchter für große Dampfmengen** bis 2 000 kg/h. Die numerierten Bauteile entsprechend Abb. 3.44 zusätzlich: (27) Dampftrockner mit Prallplatte; (28) Schrägsitzfilter mit Sieb; (29) Verschluß- und Reinigungszapfen; (30) Hauptverteilrohr.
Die Fertigung dieses Dampfverteilsystems wird dem Querschnitt angepaßt; Dampfüberdruck 0,2 bis 3,5 bar; horizontales Dampfverteilrohr mit verstellbarer Abstützung; vertikale Düsenrohre mit Düsen und Fixierbügel; Kondensatsammler; kompakte Dampfanschlußeinheit mit Filter; Dampftrockenkammer mit Prallplatte; lineares Regelventil; Kugelschwimmerkondensatableiter (primär und sekundär).

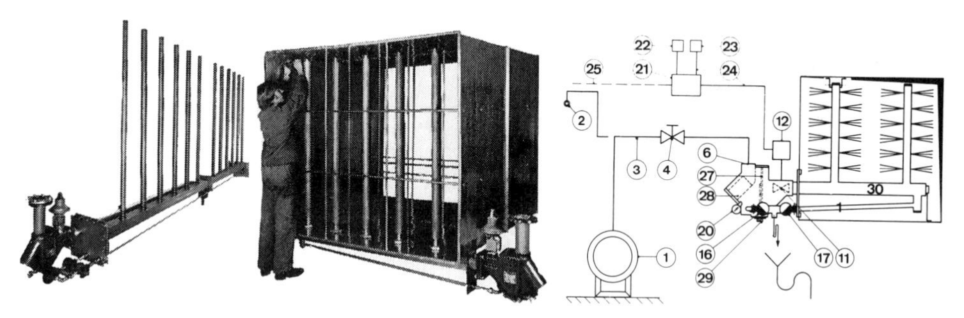

Abb. 3.45 Dampfbefeuchter in Kammerzentralen für große Dampfmengen

Merkmale und Hinweise: Vorbestimmter Dampfdruck im Verteilsystem; Dampfaustritt 90° zur Luftrichtung; gleichmäßige Dampfbeaufschlagung, auch bei Kleinlast; zulässiger maximaler Dampfstrom je Meter Düsenstock ist von der Luftgeschwindigkeit abhängig und bestimmt den Düsen-Mindestabstand; Geruchsbildung vermeiden (keine Zusätze, Abschlämmen und Spülen); Kondensatwasserverlust 3 . . . 10 % der max. Befeuchtungsmenge (je nach Typ, v_{Luft} und ϑ_{Luft}). Typ von Geräte- bzw. Kanalabmessungen und Einbauart abhängig; Bestimmung der Düsenstockanzahl, Befeuchtungsstrecke, Ventilgröße und Dimensionierung des Dampfanschlusses erfolgen anhand Diagramm und Tabellen; Ein- oder Anbauhinweise beachten.

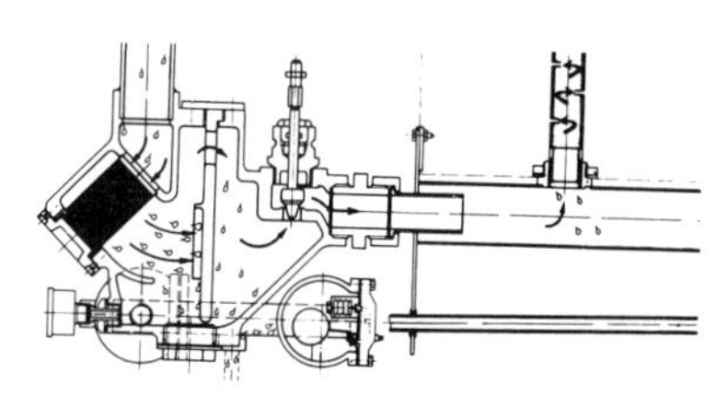

Abb. 3.46 Befeuchtungsventil

3.5 Einteilung von Klimaanlagen

Sämtliche Klimaanlagen und -geräte einzuteilen ist nicht ganz einfach, da die Kriterien hierzu

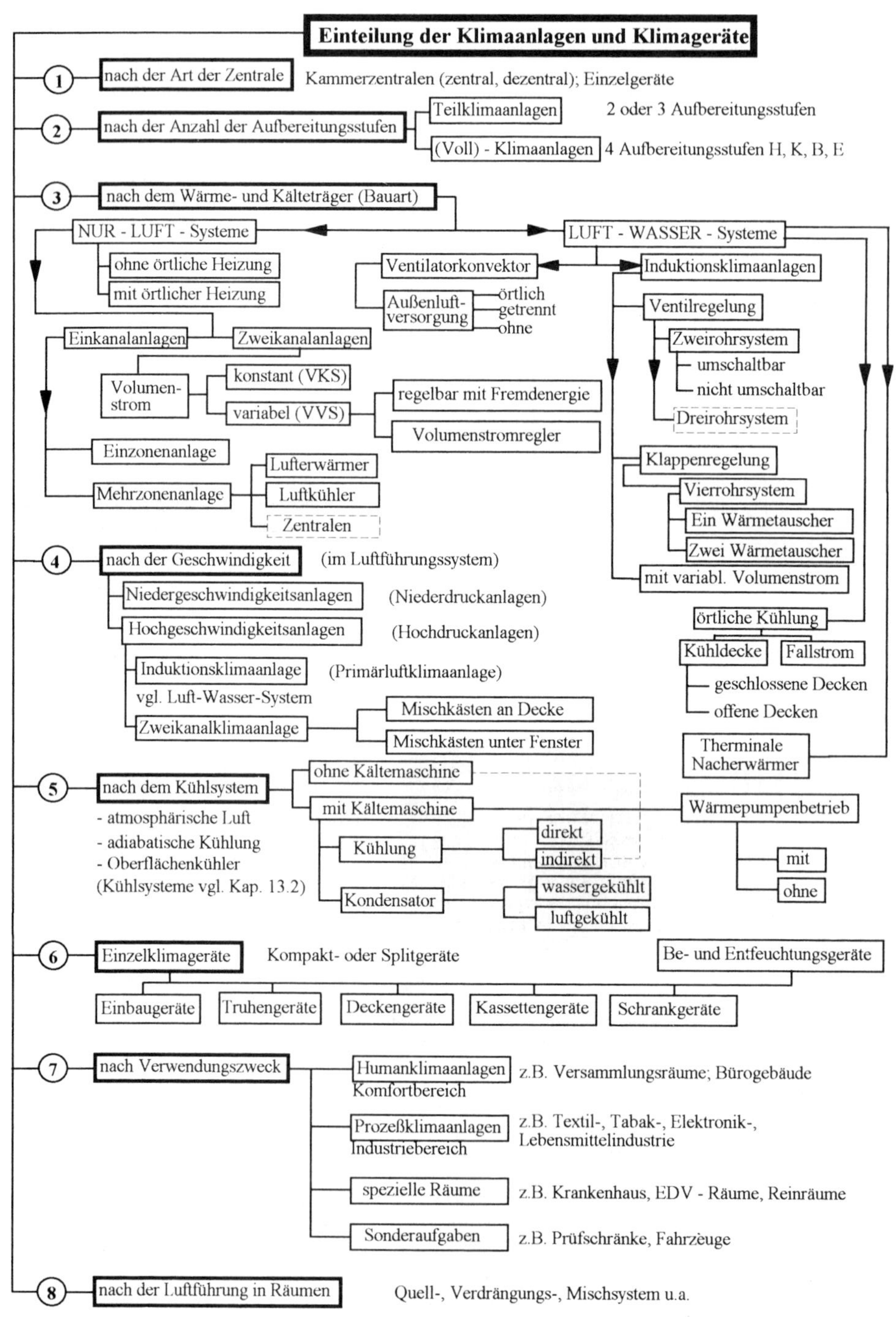

Abb. 3.47 Einteilungsschema für Klimaanlagen und -geräte

stark ineinandergreifen. Im Schema nach Abb. 3.47 wird der Versuch unternommen, die bekanntesten Anlagenarten nach acht Kriterien zusammenzufassen, wobei die jeweiligen Unterteilungen größtenteils noch weiter ergänzt werden könnten. Anschließend werden zu den einzelnen Anlagen wesentliche Hinweise zu Planung, Ausführung und Betrieb zusammengestellt.

Zu ① **Nach der Zentrale**

Zentralklimaanlagen sind Anlagen, bei denen mehrere Räume oder gar Gebäudeteile von **einem** Gerät aus über ein Kanalnetz, z. T. in Verbindung mit einem Rohrnetz, klimatisiert werden. In der Regel handelt es sich um die zuvor beschriebenen Kammerzentralen verschiedenster Bauform (Abb. 3.2 bis 3.6). Dezentral muß jedoch nicht heißen, daß in jedem Raum ein Klimagerät aufgestellt wird, sondern schon seit Jahren werden in größeren Gebäuden mehrere kleinere Klima-Zentralgeräte vorgesehen, von denen jeweils nur ganz wenige Räume über jeweils eigenes Kanalnetz versorgt werden.

Bei den unter Gruppe 3, 4, 7, 8 aufgeführten Systemen handelt es sich fast ausschließlich um Zentralanlagen. Auch mit Einzelgeräten, wie z. B. mit einem Schrankgerät, kann eine Zentralanlage konzipiert werden, indem man an Stelle des Ausblaskopfes einen Zuluftkanal anschließt (Kap. 6.2.2). So kann man – wie bei kombinierten Lüftungs-Luftheizungen üblich – auch bei der Klimatisierung die Zuluft zentral, die Abluft jedoch dezentral wählen, sofern mit der Anlage auch die Lüftung übernommen werden soll.

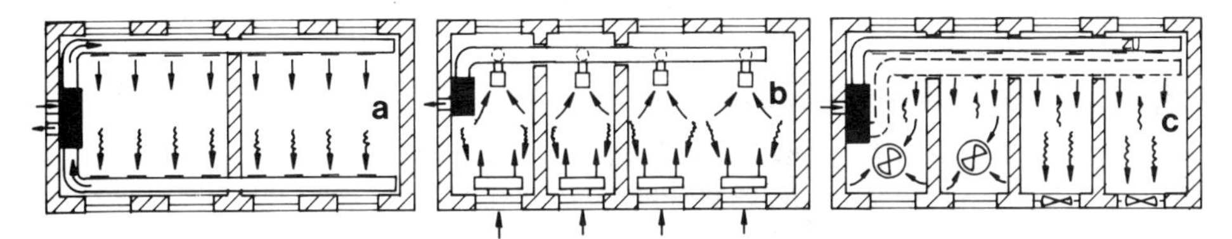

Abb. 3.48 Zentrale- und dezentrale Luftführung

Zu ② **Nach der Anzahl der Aufbereitungsstufen**

Hier handelt es sich um die nach DIN 1946 Teil 1 festgelegte Klassifizierung, bei der die Klimaanlagen und -geräte danach unterschieden werden, wie die Luft thermodynamisch aufbereitet wird. Dabei unterscheidet man zwischen Teilklimaanlagen und (Voll-)Klimaanlagen, je nachdem, wieviel Funktionen gewählt werden.

Für diese Zuluftbehandlungsfunktionen gibt es nach Abb. 3.1 für die einzelnen Stufen die entsprechenden Abkürzungen: **O** ohne Behandlung, **H** Heizen, **K** Kühlen, **B** Befeuchten, **E** Entfeuchten. Die Filtrierung ist in der Regel eine Selbstverständlichkeit und wird nicht extra angegeben.

Zu ③ **Nach dem Wärme- und Kälteträger**

Je nachdem, wie die Raumlasten, d. h. die entsprechenden Wärme- oder Wasserdampfströme, dem Raum zu- oder abgeführt werden, ob durch warme oder kalte Zuluft oder über Wärmetauscher mit Warm- und Kaltwasser, unterscheidet man eine ganze Reihe von Anlagenvarianten. Die beiden Hauptgruppen sind hierbei die Luft-Luft-Systeme und die Luft-Wasser-Systeme, die anschließend eingehender behandelt werden.

Zu ④ **Nach der Geschwindigkeit**

Je nach der Geschwindigkeit der Luft im Kanalnetz unterscheidet man zwischen Niedergeschwindigkeitsanlagen mit Geschwindigkeiten bis max. 10 m/s und Hochgeschwindigkeitsanlagen bis max. 15 m/s. Da durch hohe Geschwindigkeitsannahmen hohe Ventilatordrücke entstehen, spricht man auch von Nieder- bzw. Hochdruckklimaanlagen. Zu letzteren zählen vorwiegend die Induktionsklimaanlage (Kap. 3.7.2) und in der Regel auch die Zweikanalklimaanlage (Kap. 3.6.2).

Noch in den 60er und 70er Jahren wählte man wegen der großen Zuluftvolumenströme Geschwindigkeiten bis zu 20 m/s; auch bei Einkanalanlagen z. T. bis 15 m/s. Durch die heute geringere Geschwindigkeitsannahme in Hochdruckanlagen reduziert man die Ventilatordrücke (anstatt 1 ... 2 kPa noch 0,5 bis 1,5 kPa) und somit die Energiekosten sowie die Gefahr der Geräuschbildung und die möglichen Probleme bei der Luftverteilung. Eine Volumenstromreduzierung erreicht man heute durch andere Maßnahmen, wie größere Untertemperaturen, neuartige Zuluftdurchlässe, VVS-Anlagen, Kühldecken, Kühllastreduzierungen, andere Planungskriterien.

Zu ⑤ **Nach dem Kühlsystem**

Durch die Zunahme der inneren Wärmelasten und durch Veränderungen beim Außenklima und im Bauwesen hat die Bedeutung der Kühlung wieder zugenommen. Zahlreiche Kühlsysteme sind Bestandteil einer Klimaanlage, und jeder Klimatechniker muß sich daher etwas eingehender mit der Kältetechnik befassen.

In Kap. 13 werden zwar die Kühlsysteme und kältetechnischen Grundlagen zusammengestellt, doch auch beim Thema „Einzelklimageräte" (Kap. 6), d. h. bei Geräten mit eingebautem Kälteaggregat, sowie in anderen Teilkapiteln wird die Bedeutung der Kälte erkennbar.

Zu ⑥ **Einzelklimageräte**

Der unverkennbare starke Trend zur Klimatisierung mit Einzelgeräten veranlaßte den Verfasser, dieses Thema im Kap. 6 etwas ausführlicher zu behandeln. Die Gerätevarianten nehmen von Jahr zu Jahr zu. Durch die in der Regel einfache Planung und Montage und durch die zahlreichen Vorteile rechnet man auch mit einer höheren Bewertung der Klimatisierung schlechthin.

Zu ⑦ **Nach dem Verwendungszweck**

Die Unterscheidung von Komfortklimaanlage (Humanklimaanlage) und Industrieklimaanlage (Prozeßklimaanlage) bezieht sich sowohl auf die Planung und Berechnung als auch auf den Betrieb, insbesondere auf die Regelung und Wartung.

Wie schon in Kap. 1 erwähnt, muß bei **Komfortklimaanlagen** der Raumluftzustand je nach Außenklima und den anfallenden Lasten variiert werden. **Der Mensch bestimmt die Anforderungen** an das Raumklima.

Bei der **Prozeßklimaanlage** werden in der Regel konstante Luftzustände verlangt, und zwar je nach Fabrikationsbetrieb sehr unterschiedlich (vgl. Kap. 11.10), jedoch ohne wesentliche Veränderungen. Man spricht daher auch von Konstantklimaanlagen. Demnach **bestimmt hier das Produkt und der Produktionsprozeß die Anforderungen** an das Raumklima.

Zu ⑧ **Nach der Luftführung**

Mit der Luftführung im Raum, die den Wärme- und Stoffaustausch übernehmen muß, kommt der Rauminsasse in direkten Kontakt und beurteilt nicht selten danach die Qualität der Klimaanlage. Je nachdem, wie die Luftströmung geführt wird, spricht man von Klimaanlagen mit Verdrängungsströmung, Mischströmung, Dralluftführung, Strahlluftführung, Diffusströmung, Tangentialströmung, Quellüftung usw.

Die jeweils dem Objekt oder Raum zuzuordnende Luftführung in Verbindung mit den noch umfangreicheren Luftdurchlässen ist von sehr zahlreichen Einflußgrößen abhängig. Das Thema Luftverteilung wird ausführlicher in Bd. 3 behandelt und lediglich in Kap. 10 dieses Bandes in bezug auf die Luftkühlung noch etwas zusammengefaßt und ergänzt.

3.6 NUR-LUFT-Systeme

Bei diesem System wird die Luft in einer Kammerzentrale, je nach Anforderungen, aufbereitet und durch das Kanalnetz in die einzelnen Räume geführt. Es wurde schon als Lüftungs-Luftheizungsanlage (Bd. 3) sowie bei zahlreichen speziellen RLT-Anlagen behandelt. In der Klimatechnik werden mit diesem System alle Raumlasten: Heizlast, Kühllast, Entfeuchtungslast, Entnebelungslast, Befeuchtungslast, Verunreinigungslast, **ausschließlich mit Luft** übernommen. Je nachdem, ob dem Raum Wärme zu- oder abgeführt werden muß (Heiz-

oder Kühllast), muß die Zulufttemperatur wärmer oder kälter als die Raumtemperatur sein. Muß dem Raum Wasserdampf zu- oder abgeführt werden (Be- bzw. Entfeuchtungslast), muß die absolute Feuchte höher bzw. geringer als die der Raumluft sein. Mit der Zuluft wird den Räumen auch der hygienisch erforderliche Außenluftvolumenstrom zugeführt. Demnach sind beim NUR-LUFT-System **für die Räume keine Heiz- oder Kühlwassersysteme erforderlich.** Die Wärmetauscher in der Zentrale müssen selbstverständlich mit Warm- und Kaltwasser versorgt werden.

Die möglichen **Nachteile dieses NUR-LUFT-Systems** zur Vollklimatisierung, wie die großen Volumenströme, der große Raumbedarf (Kanäle), keine individuelle Nachbehandlung, die hohen Bau- und Anlagenkosten, der vielfach hohe Energiebedarf sowie die möglichen Probleme bei der Luftführung im Raum (insbesondere bei der Beheizung), höhere Anforderungen bei der Regelung, führten schon früh zu zahlreichen Varianten und neuerdings zu veränderten Klimatisierungsvorschlägen, zu energetisch günstigeren Kombinationsmöglichkeiten (z. B. in Verbindung mit Kühldecken) und zu einer Anzahl von interessanten Einzelklimageräten, Bauelementen und Regelungssystemen. Entsprechend Abb. 3.47 kann man die NUR-LUFT-Klimaanlagen in folgende Gruppen unterteilen.

3.6.1 Einkanalklimaanlagen

Diese Anlagen können entweder mit konstantem oder mit variablem Volumenstrom (Kap. 3.6.3) ausgeführt werden. Erstere werden unterteilt in Ein- und Mehrzonenklimaanlagen.

Da bei der **Einzonenklimaanlage** einem oder mehreren Räumen **nur Luft desselben Zustandes** zugeführt werden kann, wählt man diese vorwiegend für Einraumgebäude, wie z. B. Theater, Festsäle, Hallen, Versammlungsräume, Kinos; vereinzelt auch für einzelne Raumgruppen mit gleicher Gebäudeorientierung und etwa gleichmäßigem Lastanfall. Die Anlagen bzw. Zentralen werden in der Regel mit Mischkammer gewählt, so daß mit Umluft, Mischluft oder Außenluft gefahren werden kann.

Was die **Raumheizung** betrifft, wählt man der Energieeinsparung und des Komforts wegen vielfach zusätzliche statische Heizflächen (z. B. Heizkörper unter Fenster). Wird damit ein Teil oder gar die gesamte Heizlast gedeckt, handelt es sich allerdings bei der Heizung nicht mehr um eine ausschließliche NUR-LUFT-Klimaanlage, ähnlich bei der Kühlung mit Kühldecken.

a) **Heizlast wird durch Klimaanlage voll gedeckt** (keine Heizkörper): bei „Einraumgebäuden" wie z. B. großen Mehrzweckräumen, wobei der besseren Temperaturverteilung im Bodenbereich wegen eine Fußbodentemperierung (nicht Fußbodenheizung) zweckmäßig sein kann.

b) **Heizlast wird zum Teil durch Heizkörper gedeckt:** vorteilhaft für Räume, die nicht dauernd benutzt werden, wo nun durch die Heizkörper ständig eine „Grundheizung" vorhanden ist (z. B. 10 . . . 15 °C), wenn die Klimaanlage stillsteht. Je nachdem ist eine Vollheizung mit individueller Zonenregelung sinnvoller.

c) **Heizlast wird voll durch Heizkörper gedeckt:** bei Vielraumgebäuden, wo die Beheizung unabhängig von der Klimatisierung erfolgen soll.

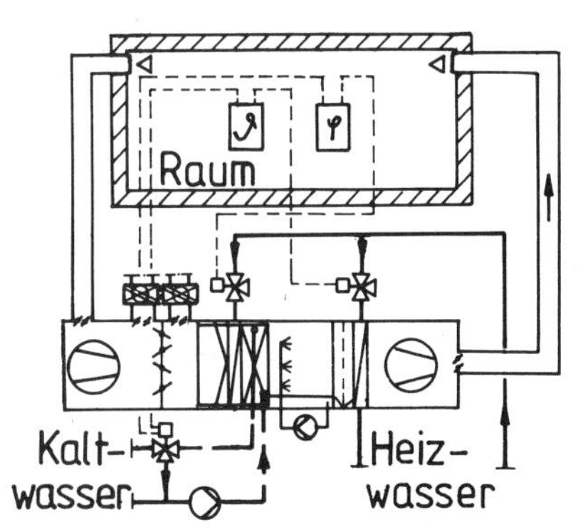

Abb. 3.49 Einkanalklimaanlage mit einer Zone

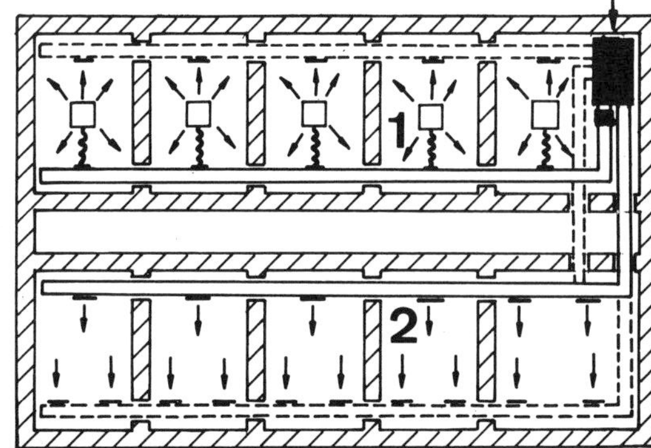

Abb. 3.50 Einkanalklimaanlage mit 2 Zonen

Bei **Mehrzonen-Klimaanlagen** ist es möglich, jeder Zone (Raum, Raumgruppe, Gebäudeteil) Luft verschiedenen Zustandes zuzuführen. Dies ist in der Regel auch notwendig, da die einzelnen Räume unterschiedliche Lasten aufweisen, wie z. B. durch unterschiedliche Belegung, Sonneneinstrahlung, Beleuchtung usw. Von der Zentrale, in der die Luft aufbereitet wird, gehen mehrere Kanäle und somit getrennte Zuluftvolumenströme ab, die dann für die einzelnen Zonen entsprechend dem Lastanfall nachbehandelt werden können. In der Regel bezieht sich dies nur auf die Temperatur, vorwiegend auf die Beheizung.

Beispiel:

Zwei Versammlungsräume, jeweils eine Heizlast von 45,5 kW und 200 Personen, gewählte Zulufttemperatur 35 °C, Raumtemperatur 22 °C, Wärmeabgabe je Person 90 W (vgl. Tab. 2.2).
Der eine Raum ist mit 200 Personen, der andere mit nur 50 Personen belegt. Welche Zulufttemperatur muß jeweils gewählt werden?

$$\dot{V}_{zu} = \frac{\dot{Q}_H}{c \cdot (\vartheta_{zu} - \vartheta_i)} = \frac{91\,000}{0{,}35\,(35 - 22)} = 20\,000\,\frac{m^3}{h}\,; \qquad \vartheta_{zu} = \frac{45\,500 - 90 \cdot 200}{0{,}35 \cdot 10\,000} + 22 = \mathbf{29{,}8\ °C}$$

bei 50 Personen $\Rightarrow$ **33,7 °C**

Evtl. muß auch für eine oder mehrere Zonen eine Befeuchtung vorgesehen werden, was dann z. B. durch einen Kanalbefeuchter geschehen kann. Eine zentrale Befeuchtung für alle Räume kann dadurch entfallen. Zur Erreichung einer zonenweise unterschiedlichen Zulufttemperatur gibt es folgende drei Möglichkeiten:

a) **Anlagen mit Nachwärmer** entsprechend Abb. 3.51
Anstelle des Nachwärmers in der Zentrale wird in jedem Zuluftkanal ein Lufterwärmer (Heizregister) eingebaut, der durch einen Zonenthermostat (z. B. Raumthermostat) geregelt wird.
Nach Abb. 3.51 wird die Mischluft entweder vorgewärmt oder gekühlt, d. h., das Vorwärmerventil öffnet bei fallender und das Kühlerventil bei steigender Temperatur. Hinsichtlich der zentralen Kühlung, die sich ja nach dem ungünstigsten Raum richten soll, muß man aufpassen, daß bei Nachwärmung einer Zone keine unnötigen Energiekosten verursacht werden (Nachteil).

b) **Anlagen mit Wechselklappen** entsprechend Abb. 3.52
Hier erreicht man die gewünschten unterschiedlichen Zulufttemperaturen dadurch, daß man – je nach Bedarf – warme und kalte Luft mischt. Der in der Druckkammer vorgesehene Lufterwärmer erwärmt die Luft auf etwa 30 °C, und der Kühler kühlt sie auf etwa 15 °C.
Am Anfang jeder Zone werden durch die Wechselklappen die vom Raumthermostat verlangten Misch- bzw. Zulufttemperaturen erreicht. Kompakte Mehrzonengeräte sind schon bis 10 Klappen bzw. Zonen und mehr gebaut worden. Durch die **Nachteile,** wie großer Raumbedarf für die Kanäle, Energieverluste durch die Mischung von Kalt- und Warmluft, mögliche Leckverluste bei den vielen Klappen und der große Volumenstrom, muß man bei der Planung eine sorgfältige Kostenrechnung aufstellen. Eine stärkere Dezentralisierung durch mehrere kleinere Kammerzentralen wird heute vorgezogen.

c) **Anlagen mit zusätzlich angeordneten Kastengeräten**
In jeder Zone befindet sich hier eine sog. „Unterzentrale", was natürlich sehr kostenintensiv ist und vereinzelt nur bei sehr großen Anlagen zur Anwendung kommt. Damit kann zonenweise **zusätzlich** gefiltert, geheizt und evtl. gekühlt sowie durch den Ventilator auch die Drücke im Raum (Über- oder Unterdruck) variiert werden. Die Be- und Entfeuchtung erfolgt in der „Hauptzentrale".

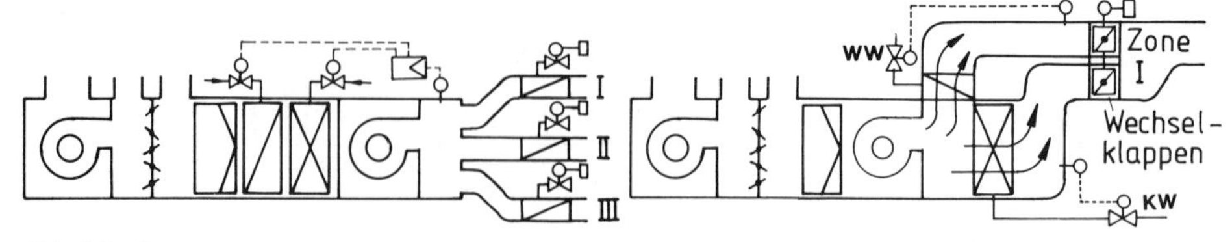

Abb. 3.51 Zonen-Teilklimaanlage mit Nachwärmer

Abb. 3.52 Zonen-Teilklimaanlage mit Wechselklappen

3.6.2 Zweikanalklimaanlage

Bei diesem in der Regel als Hochdruckanlage ausgeführten NUR-LUFT-System werden im Gegensatz zur Einkanalklimaanlage in die betroffenen Zonen, Raumgruppen oder in einem Großraum (z. B. Schalterhallen) zwei Kanäle (Warm- und Kaltluftkanal) geführt.

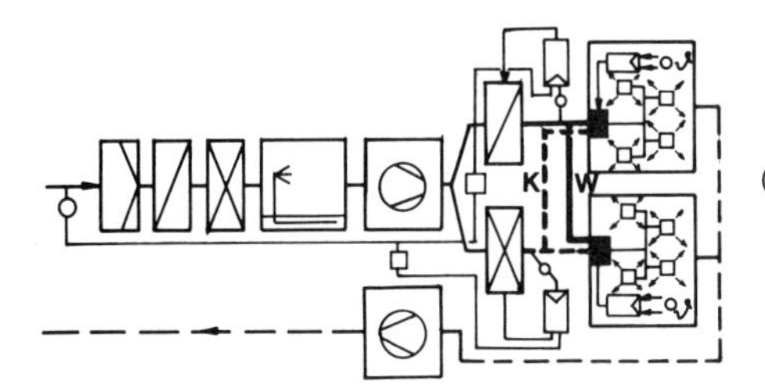

Abb. 3.53 Zweikanalklimaanlage

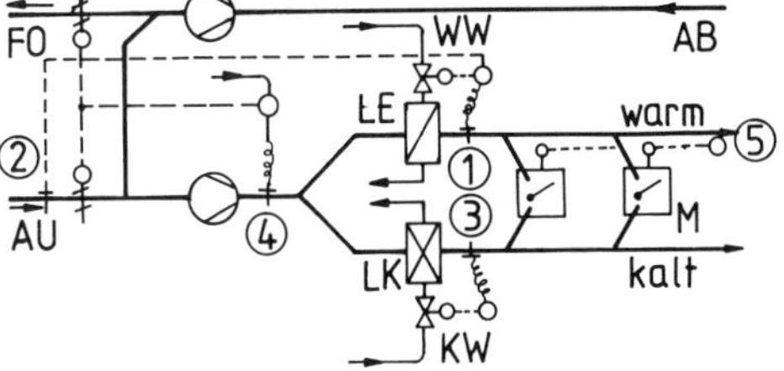

Abb. 3.54 Schematische Darstellung einer Zweikanalklimaanlage

Wie Abb. 3.53 zeigt, werden die Zuluftdurchlässe an spezielle Anschlußkästen („Mischkästen") angeschlossen, die jeweils mit einem Warmluft- und Kaltluftkanal verbunden sind. Die Mischung von warmer und kalter Luft erfolgt durch Klappen, die durch einen Stellmotor betätigt werden. Liegt die maximale Kühllast vor, erhält der Raum nur Kaltluft, während bei maximaler Heizlast nur Warmluft eingeführt wird. Der jeweilige Volumenstrom für die Bemessung der Kanäle erfolgt nach der Heiz- bzw. Kühllast, so daß der Kaltluftkanal für ca. 80 . . . 100 % und der Warmluftkanal für ca. 40 . . . 50 % des Gesamtvolumenstroms ausgelegt werden muß. Die Nachteile machen deutlich, daß diese Anlage **mit konstantem Volumenstrom** nur noch selten empfohlen werden kann, so z. B., wenn durch die Mikroprozessortechnik eine energieoptimale Lösung sinnvoll durchgeführt wird.

Nachteile: Hohe Investitionskosten (Kanalsystem), große Volumenströme und daher hoher Kraftbedarf, großer Energieverbrauch in den Außenzonen (z. T. mehr als 50 % gegenüber Truhengeräten), großer Platz- bzw. Raumbedarf für Kanalführung und Zentrale, Mischverluste in der Übergangszeit, d. h. Aufheizung von Kaltluft und Kühlung von Warmluft, Umluftbetrieb erforderlich (aus energetischen Gründen) und dadurch evtl. Geruchsübertragung. Keine individuelle Feuchteregelung.

Weitere Merkmale und Hinweise:

1. Da sich die Luftverteilung auf beiden Kanälen ständig ändert, ist der statische Druck starken Schwankungen unterworfen, so daß die Mischkästen auch mit einem **Volumenstromregler** ausgestattet sein müssen. Dieser hält den Zuluftvolumenstrom – und somit auch die Strömungsverhältnisse im Raum – dadurch konstant, daß z. B. beim mechanisch wirkenden Regler mit steigendem Volumenstrom der Querschnitt durch einen Federdruck verringert wird (Abb. 3.55).
2. Die **Mischluftgeräte** haben entweder zwei Klappen oder zwei Luftventile, die oft gleichzeitig auch die Volumenstromregulierung übernehmen. Die Konstruktion der Mischkästen ist bei den Herstellern sehr unterschiedlich. Vorteilhaft ist eine ausreichende Schalldämmung, damit bei Drosselung keine Geräuschabstrahlung vom Kasten erfolgen kann. Es gibt Anordnungen an Decken, Wänden und unter Fenstern.

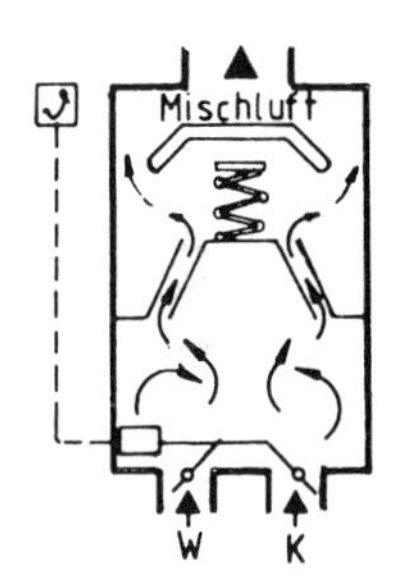

Abb. 3.55 Mischklappe

3. Die maximale und die minimale Zulufttemperatur sind abhängig von der Heiz- bzw. Kühllast und von der Luftwechselzahl (z. B. ϑ_{zu} ca. 30 °C bzw. 15 °C). Um Mischverluste möglichst gering zu halten, soll $\Delta\vartheta$ zwischen Warm- und Kaltluft konstant gehalten und **Außenluft beigemischt** werden. Ist $\vartheta_a < \vartheta_{zu(kalt)}$, darf der Kühler im Kaltluftkanal nicht ansprechen; ist $\vartheta_a > \vartheta_{zu(warm)}$, darf der Nacherwärmer im Warmluftkanal nicht in Betrieb gehen, und liegt ϑ_a zwischen $\vartheta_{zu(warm)}$ und $\vartheta_{zu(kalt)}$, erfolgt die Temperatureinstellung über den Lufterwärmer bzw. Kühler.
4. Das **Regelungsprinzip entsprechend Abb. 3.54** ist nur eine Möglichkeit unter vielen: $\vartheta_{zu(warm)}$ wird durch Regler 1 geregelt und temperaturabhängig geführt (Regler 2) und im Winter durch entsprechenden Außen/Umluftanteil auf etwa 15 °C konstant gehalten (Regler 4). $\vartheta_{zu(kalt)}$ wird auf einen konstanten Wert geregelt (Regler 3); zwischen 15 und 22 °C etwa 100 % Außenluftanteil, der bei $\vartheta > 22$ °C durch einen zweiten Regler (5) gleitend verringert werden kann.
5. Bei **Zweikanalanlagen mit variablem Volumenstrom** im Kühlbetrieb spart man Energiekosten. Im Kaltluftkanal, in dem das ganze Jahr Außenluft geführt wird ($\vartheta \approx 15$ °C konst.), wird der Volumenstrom variabel betrieben je nach Kühllastanfall; vgl. VVS-Anlagen Kap. 3.6.3.

3.6.3 VVS-Anlagen – Volumenstromregler

Variable **V**olumenstrom-**S**ysteme sind „NUR-LUFT"-Systeme, deren Einsatz schon seit Jahren – in Verbindung mit modernen Zuluftdurchlässen und regelungstechnischen Neuerungen – stark zugenommen hat. Im Gegensatz zu allen anderen RLT-Anlagen und -geräten, bei denen ein konstanter Zuluftvolumenstrom mit variabler Temperatur Anwendung findet, bleibt bei **VVS-Anlagen die Zulufttemperatur annähernd konstant, und der Volumenstrom wird der momentanen sensiblen Kühllast proportional angepaßt** (m. E. auch der Heizlast).

Variabler Volumenstrom $\dot{V}_{zu} = \frac{\dot{Q}_K}{c \cdot (\vartheta_{zu} - \vartheta_i)}$	**Konstanter Volumenstrom** $\vartheta_{zu} = \frac{\dot{Q}_K}{\dot{V}_{zu} \cdot c} + \vartheta_i$	$\dot{Q}_K$ sensible Kühllast $\vartheta_{zu} - \vartheta_i$ Untertemperatur
Zulufttemperatur konstant	Zulufttemperatur variabel	

Die Regelung des Volumenstroms erfolgt durch Volumenstromregler, die sowohl im Zu- als auch im Abluftkanal eingebaut werden. Sie sind somit das Verbindungsglied zwischen der RLT-Anlage und dem Regelungs-, Steuerungs- oder Überwachungssystem unterschiedlichster Fabrikate.

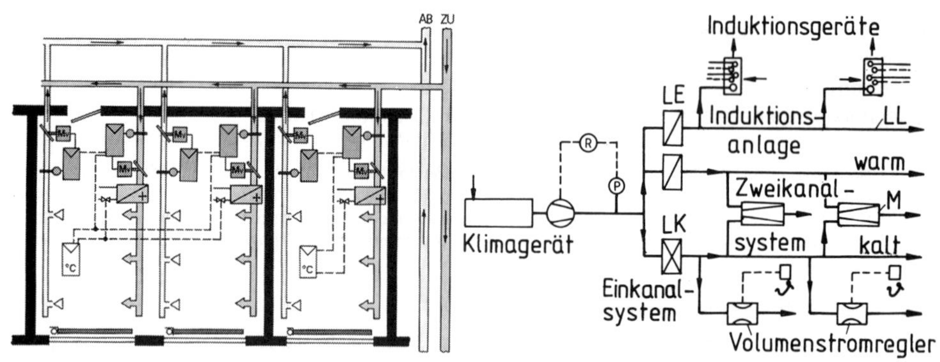

Abb. 3.56 VVS-Anlage

Abb. 3.57 Kombination: Einkanal-, Zweikanal- und Induktionsanlage

Abb. 3.56 zeigt **Regelzonen mit Zu- und Abluft-Volumenstromreglern.** Der Betriebsvolumenstrom wird vom Raumtemperaturregler zonenweise innerhalb der vorgegebenen Volumenströme $\dot{V}_{max}$ und $\dot{V}_{min}$ bestimmt. Muß der Raum gekühlt werden, wird $\dot{V}$ bis zu dem am Regler eingestellten Wert $\dot{V}_{max}$ erhöht. Wird eine Erwärmung verlangt, sinkt $\dot{V}$ auf den eingestellten Wert $\dot{V}_{min}$. Anschließend öffnet das Heizventil.

Abb. 3.57 zeigt eine **Kombination von Einkanal-, Zweikanal- und Induktionsanlage.** Beim Einkanalsystem können sowohl Räume mit konstantem als auch mit variablem Volumenstrom angeschlossen werden (VR Volumenstromregler); Zweikanalsystem mit Mischkasten M; Induktionsanlage mit entsprechenden Induktionsgeräten, z. B. für Außenräume.

VVS-Anlagen beziehen sich auf verschiedene Anlagen wie Einkanalanlagen, Zweikanalanlagen, Induktionsanlagen und sind besonders für größere Innenräume mit stark veränderlichen Kühllasten geeignet. Auch bei großen Fensterflächen (große Lastschwankungen durch Sonneneinfluß) ist eine VVS-Anlage sinnvoll.

Weitere Merkmale und Anforderungen

1. **Die Energieeinsparungen durch eine Volumenstromreduzierung** sind beachtlich, da die „Transportkosten" der Luft in Klimaanlagen bis zu 50 % der Gesamtkosten betragen können. Schließlich wird für die Auslegung in der Regel der extreme Lastfall und somit Volumenstrom zugrunde gelegt, während in der meisten Zeit auch mit einem z. T. wesentlich geringeren Zuluftvolumenstrom der gewünschte Raumluftzustand erreicht werden kann.
2. Weitere **Vorteile des VVS-Systems** sind neben den geringeren Betriebskosten die einfache oder oft gar nicht erforderliche Einregulierung der Zuluftdurchlässe, die bessere Anpassung an evtl. später eintretende

Veränderungen an Raum oder Gebäude, die energetisch günstige Einzelraumregelung sowie bei der elektronischen Regelung die Kontrolle von Temperatur und relativer Feuchte im Raum, die Sequenzregelung von Kühlung und Heizung, die einfache Sollwertverschiebung der Raumtemperatur, der Anschluß an eine DDC-Gebäudeautomation (Fernbedienung), Volumenstrom-Abschaltung in Kombination mit zu öffnenden Fenstern u. a.

3. Der dem Raum zugeführte variable **Volumenstrom wird nach oben begrenzt,** damit Zugerscheinungen vermieden werden, kein zu großer Überdruck im Raum entsteht, eine zu starke Netzbelastung auf Kosten anderer Räume verhindert wird (insbesondere beim Anfahrzustand) und im Sommer eine bessere Anpassung der Ventilatorleistung an wechselnde Volumenströme ermöglicht wird.
4. Der **Volumenstrom wird nach unten begrenzt,** damit die hygienischen Anforderungen (Außenluftrate) erfüllt werden. Außerdem muß bei stark reduziertem Volumenstrom der gewählte Zuluftdurchlaß durch eine gute Induktion noch eine raumausfüllende Strömung, auch in Teilbereichen, gewährleisten.
5. Da nicht bei allen Zuluftdurchlässen der maximale Volumenstrom gleichzeitig erforderlich ist, kann man bei der Auswahl der **Kammerzentrale oft nur 70 . . . 80 % des Gesamtvolumenstroms** zugrunde legen. Ein schwankender Gesamtvolumenstrom kann z. B. durch **Veränderung der Ventilatordrehzahl** geregelt werden, indem der Volumenstrom stufenlos reduziert wird, wenn der statische Druck ansteigt. Eine Regelung allein durch den Volumenstromregler wäre unzureichend und unwirtschaftlich.
6. Die **Anforderungen an den Luftdurchlaß bei VVS-Anlagen** sind: Einwandfreies Funktionieren bis unter 40 % des Vollast-Volumenstroms, großes Induktionsverhältnis, möglichst gleichmäßige Wurfweite, Einhalten des Sollwertes auch bei schwankenden Kanaldrücken, geringer Schallpegel, gute Anpassung an bauliche Gegebenheiten, Temperaturkontrolle, Anschluß an Fernbedienung (Gebäudeautomation).
7. Eine **Beheizung** mit einzubeziehen ist nicht unproblematisch, so daß diese sehr oft mit separaten Raumheizflächen vorgenommen wird. Bei der VVS-Anlage laufen die Ventilatoren nachts mit geringer Drehzahl oder mit Umluft. Da bei fallender Raumlufttemperatur der Volumenstromregler nur den Mindest-Zuluft-Volumenstrom zuläßt, muß mit einem Nachwärmer ermöglicht werden, daß der Regler vor Betriebsbeginn öffnet (Abb. 3.56).
   Sehr schwierig sind auch eine ausreichende Raumdurchspülung und somit eine optimale Temperaturverteilung zu erreichen. Örtliche Heizkörper werden ebenfalls in Sequenz zum VVS-Luftstrom geregelt.

Volumenstromregler

Diese Regler haben die Aufgabe, entweder den Volumenstrom – trotz schwankendem Druck im Kanalnetz – ständig konstant zu halten, wie z. B. bei der Zweikanalanlage, Induktionsanlage oder verzweigten Einkanalanlagen (= Konstantvolumenstrom-Regler), oder den Volumenstrom ständig zu verändern (VVS-Anlage). Bei der VVS-Anlage befindet sich am Regler zusätzlich ein Stellmotor, der in Abhängigkeit von der Raumtemperatur den Sollwert des Volumenstroms ständig verändert (Abb. 3.56). Über einen Druckfühler kann dann entsprechend der Ventilatorförderstrom angepaßt werden.

Man unterscheidet zwischen dem Volumenstromregler ohne Fremdenergie (selbsttätiger Regler) und dem mit Fremdenergie (elektrisch, pneumatisch oder elektronisch). Der **selbsttätige Volumenstromregler** hat keine Bedeutung mehr, da durch den erforderlichen Vordruck von ca. 100 . . . 200 Pa zusätzliche Ventilatorstromkosten entstehen.

Beim **Volumenstromregler mit Fremdenergie** erfolgt die Volumenstrommessung durch Blende, Venturidüse, Staurohr, Sonde oder Thermistor. Die Veränderung des Austrittsquerschnitts erfolgt z. B. durch Klappen, durch Walzen, durch Bälge, die aufgeblasen werden (pneumatische Klappen), u. a. In Zusammenhang mit der Gebäudeleittechnik ist bei größeren Gebäuden durch DDC geregelte VVS-Geräte eine optimale Kommunikation zwischen Raum und Zentrale möglich.

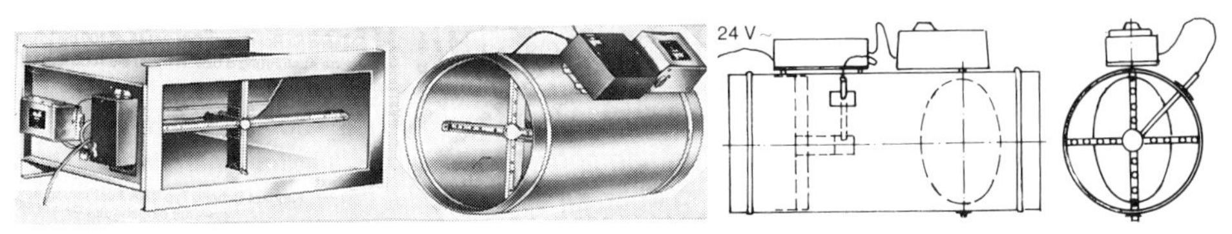

Abb. 3.58 Volumenstromregler

Abb. 3.58 zeigt **Volumenstromregler** für konstanten oder durch Zuführung eines Führungssignals auch für variablen Volumenstrom, runde oder eckige Ausführung, elektrische oder pneumatische Geschwindigkeitsmeßsonde, Kanalgeschwindigkeit 1 bis 15 m/s, Betriebstemperatur 0 bis 50 °C, dicht schließende Drosselklappe.

3.7 LUFT-WASSER-Systeme

Bei diesem Klimasystem werden die Lasten des Raumes nicht nur durch Luft (Kanalsystem), sondern auch durch Wasser (Rohrsystem) zu- oder abgeführt. Entsprechend Abb. 3.47 sind die wichtigsten Vertreter die Induktionsanlage, m. E. Anlagen mit Ventilatorkonvektoren, NUR-LUFT-Systeme mit Nachbehandlung, kombinierte RLT-Anlage mit Kühldecken u. a. Wird die Raumluft ausschließlich durch Warmwasser (Wärmeträger) und Kaltwasser (Kälteträger) behandelt, d. h. kein zusätzliches Verteilsystem mit Außenluft (Lüftung) oder aufbereiteter Luft vorgesehen, kann man auch von einem NUR-WASSER-System sprechen. Beispiele hierzu wären Ventilatorkonvektoren (Klimatruhen) im Umluftbetrieb oder Kühldecken, mit denen nur sensible Kühllasten abgeführt werden sollen.

3.7.1 **Ventilatorkonvektoren** (Klimatruhen)

Ein Ventilatorkonvektor ist ein Einzelgerät, und man spricht daher von einer dezentralen Klimatisierung. Da diese Geräte auch in großen Gruppen von einer Heiz- und Kältezentrale mit Warm- und Kaltwasser versorgt werden, spricht man auch von einer zentralen Warm- bzw. Kaltwasserversorgung. Anwendungsbeispiele sind vorwiegend Verwaltungsgebäude, Hotels, Banken, Mehrzweckräume, Festsäle, Büroräume u. a.

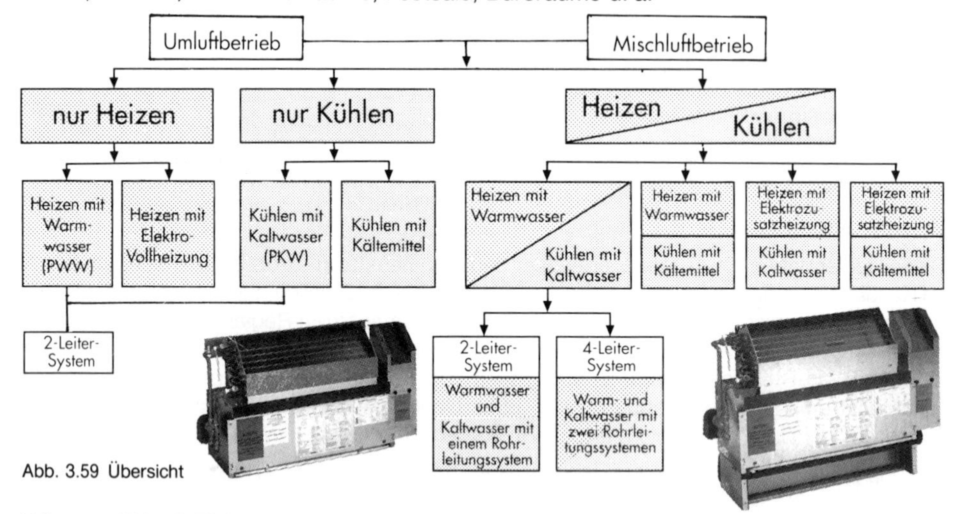

Abb. 3.59 Übersicht

Wie aus Abb. 3.59 hervorgeht, unterscheidet man die Anlagen mit Ventilatorkonvektoren danach, ob mit Umluft- oder Mischluftbetrieb geplant werden muß, ob damit auch geheizt werden soll (mit Warmwasser oder elektrisch), ob nur gekühlt und entfeuchtet werden muß (mit Kaltwasser oder mit Kältemittel), ob beides verlangt wird: sowohl Heizung als auch Kühlung, und ob dies mit einem 2-Leitersystem (Vorlauf und Rücklauf, warm oder kalt) oder mit einem 4-Leitersystem (Vorlauf und Rücklauf, jeweils warm und kalt) ausgeführt werden soll. Das Warmwasser wird in der Regel in einem Heizkessel, das Kaltwasser in einem Kaltwassersatz (Kältemaschine) erzeugt. Die Ventilatorkonvektoren werden meistens unter die Fenster montiert, können aber auch liegend an der Decke angeordnet werden. Vorteilhaft sind die individuelle Betriebsweise, z. B. Abstellen bei Nichtbelegung oder zur Schnellaufheizung (hohe Drehzahl), die vielseitigen Montagemöglichkeiten, die Kombinationsmöglichkeiten mit anderen RLT-Anlagen, die Aufteilung in Gruppen u. a.

In Kap. 6.4 wird bei den Einzelklimageräten der Ventilatorkonvektor ausführlicher behandelt, und zahlreiche Hinweise werden für die Planung, Berechnung, Regelung usw. zusammengestellt. Der Begriff „Klimatruhe" ist allerdings – wie Abb. 6.59 zeigt – umfassender. Man versteht darunter z. B. auch Gebläsekonvektoren, bei denen die Kühlung durch einen Verdampfer erfolgt, oder Geräte mit eingebauter Kältemaschine, Splitgeräte, Entfeuchtungsgeräte u. a. (Abb. 6.48). Ebenso bezeichnet man nachfolgende Induktionsgeräte vielfach als Truhengeräte.

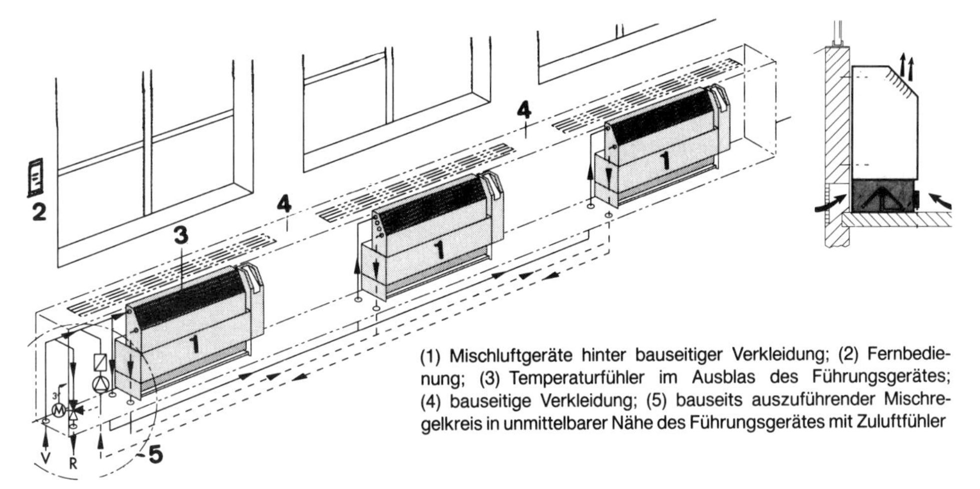

(1) Mischluftgeräte hinter bauseitiger Verkleidung; (2) Fernbedienung; (3) Temperaturfühler im Ausblas des Führungsgerätes; (4) bauseitige Verkleidung; (5) bauseits auszuführender Mischregelkreis in unmittelbarer Nähe des Führungsgerätes mit Zuluftfühler

Abb. 3.60 Ventilatorkonvektoren für Heizung und Kühlung, außentemperaturabhängig über Mischventil vorgeregelt (Fa. Happel)

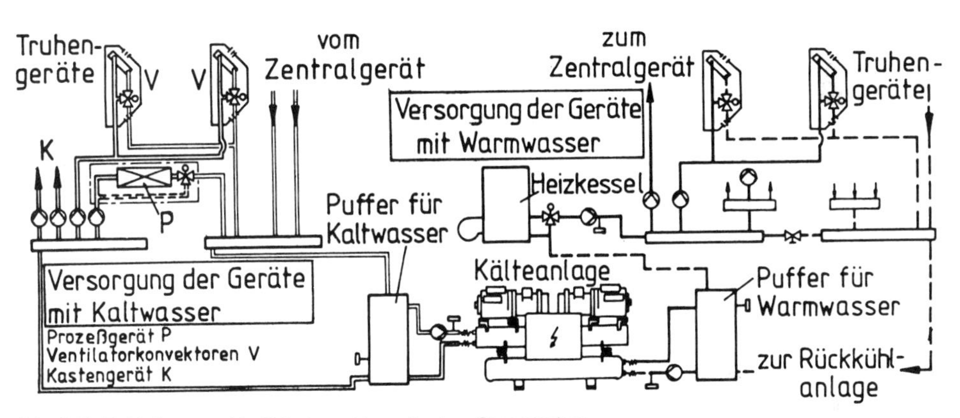

Abb. 3.61 Einbindung von Ventilatorkonvektoren in einer Gesamtanlage

3.7.2 Induktionsklimaanlagen

Bei dieser auch als Primärluftklimaanlage bezeichneten Anlage handelt es sich um die bekannteste Hochdruckklimaanlage, eine Anlage, bei der in der Regel unter den Fenstern Einzelgeräte (Induktionsgeräte) montiert werden, die mit Luft und Wasser versorgt werden. Die Schwitzwasserwanne (6) muß evtl. anfallendes Schwitzwasser aufnehmen, und wenn die Vorlauftemperatur wesentlich unter dem Taupunkt der Raumluft liegt, ist ein zentrales Schwitzwasser-Ablaufsystem erforderlich.

Eine starke Verbreitung hatten diese Anlagen vor allem in den 60er und 70er Jahren, vorwiegend im Bürohochhausbau und in anderen Vielraumgebäuden. Bei der Gegenüberstellung mit der NUR-LUFT-Niedergeschwindigkeitsanlage (Abb. 3.62) und nachfolgenden Abbildungen ergeben sich bei der Induktionsanlage nachstehende Merkmale und Folgerungen:

1. Man unterscheidet in Abb. 3.63 zwischen der **Primärluft** (3), die sich meist nur auf die hygienisch erforderliche Mindestaußenluftvolumenstrom beschränkt, und der **Sekundärluft** (2), die im Gerät durch die über Düsen einströmende Primärluft (3') aus dem Raum angesaugt (induziert) und als Umluft im gleichen Raum ohne Kanäle umgewälzt wird.

Beträgt z. B. die Zuluft 500 m³/h, die Außenluft 100 m³/h, so ist das Verhältnis Sekundärluft zu Primärluft 4 : 1.

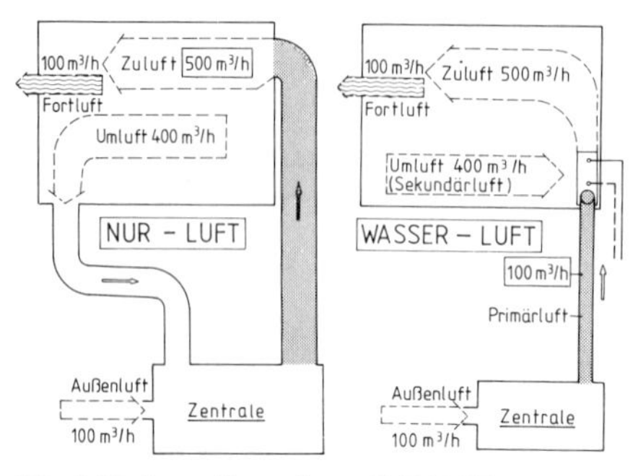

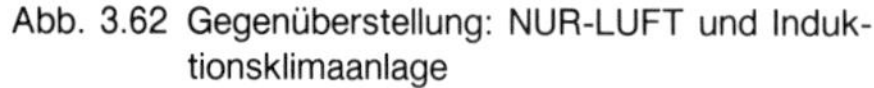

Abb. 3.62 Gegenüberstellung: NUR-LUFT und Induktionsklimaanlage

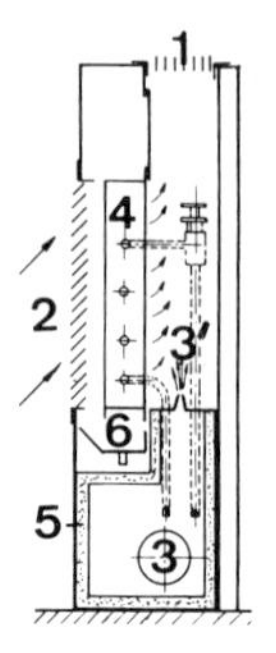

Abb. 3.63 Aufbau eines Induktionsgerätes und Einbaubeispiel (ohne Verkleidung)

Weitere Merkmale und Hinweise:

- Da den Geräten nur Außenluft zugeführt wird, **entfallen die Umluftkanäle,** wodurch die Kosten für das Luftsystem und der Platzbedarf drastisch verringert werden. Auch das Klimazentralgerät wird wesentlich kleiner. Die Abluft (= Fortluft) wird zentral abgeführt und höchstens bei einer entsprechenden Wärmerückgewinnung der Zentrale wieder zugeführt.
- Da sich bei Vielraumgebäuden wie Büros, Hotels, Banken usw. der Außenluftbedarf unwesentlich ändert (30 bis 50 m³/h · Pers.), ist auch der **Primärluftstrom das ganze Jahr über annähernd konstant,** somit auch das Induktionsverhältnis (Verhältnis von Zuluft- und Primärluftstrom) und die Luftwechselzahl (ca. 2 bis 3 h^{-1}). Aus Gründen der Energieeinsparung kann dies zukünftig nicht mehr grundsätzlich akzeptiert werden. So kann z. B. durch VVS-Geräte der Volumenstrom aufgeteilt werden: ein Teil mit dem erforderlichen Mindestvolumenstrom und ein zweiter Teil (zweite Düsenreihe) entsprechend der Kühllast, individuell abgestuft (Abb. 3.70). Bei geringer Kühllast (z. B. bei variablem Sonnenschutz, energiesparender Beleuchtung) kann die Außenluft einen großen Kühllastanteil übernehmen.
- Hinsichtlich der **Aufbereitung der Primärluft** in der Zentrale wird die Luft sehr gut gereinigt, damit die Geräte nicht so schnell verschmutzen (EU 5–7), auf annähernd konstante Zulufttemperatur von etwa 13 . . . 17 °C erwärmt oder gekühlt (richtet sich nach dem ungünstigsten Gerät, das nahezu mit der Zuluft allein die Lasten ausgleicht) und be- oder entfeuchtet.
- Die **Querschnittsfläche** der wärmegedämmten Lüftungsrohre (Wickelfalzrohre) oder Kanäle für den Primärluftstrom beträgt gegenüber der des Zuluftkanals bei der NUR-LUFT-Anlage nur etwa 10 . . . 20 %, denn erstens ist $\dot{V}_{AU}$ wesentlich geringer als $\dot{V}_{ZU}$ (Abb. 3.62), und zweitens ist die Kanalgeschwindigkeit mit etwa 12 . . . 16 m/s oft doppelt so hoch wie bei Niedergeschwindigkeitsanlagen. Ein zu hoher Schallleistungspegel muß allerdings vermieden werden.

2. Wie schon beim Gebläsekonvektor erwähnt, unterscheidet man, je nachdem wie die Wärmetauscher angeschlossen und geregelt werden, zwischen dem **2-Rohr-System,** d. h. nur eine Vorlauf- und eine Rücklaufleistung, dem 3-Rohr-System mit Vorlauf warm, Vorlauf kalt und gemeinsamem Rücklauf (wird wegen hoher Mischverluste nicht mehr angewandt) und dem **4-Rohr-System** mit Vorlauf warm und kalt sowie Rücklauf warm und kalt. Außerdem unterscheidet man die **Ventilregelung** für 2- und 4-Rohr-Systeme,

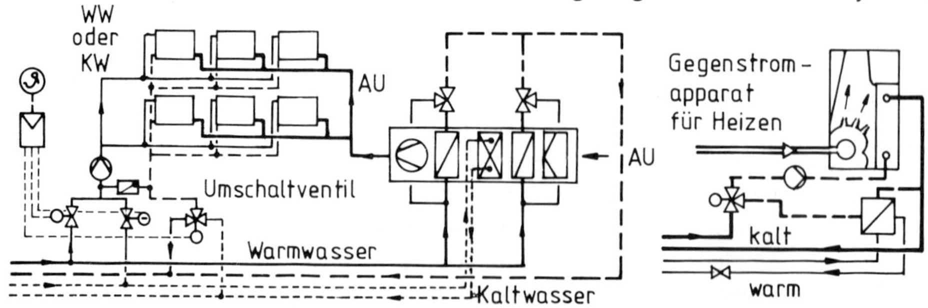

Abb. 3.64 Induktionsanlage als Zweirohrsystem (wahlweise über Gegenstromapparat)

letztere mit einem oder zwei Wärmetauschern, und die **Klappenregelung,** ebenfalls für 2-, jedoch fast ausschließlich für 4-Rohr-Systeme, bei denen die beiden Wärmetauscher durch Klappen abgedeckt werden.

Ob das 2- oder 4-Rohr-System gewählt werden soll, hängt vor allem von den Lastunterschieden im Gebäude, von den Komfortansprüchen und der Qualität der Geräte und Regelung ab.

Bei Geräten mit **einem Wärmetauscher** strömt in der Regel entweder warmes Wasser vom Heizkessel oder kaltes Wasser vom Kaltwassersatz durch. Bei Geräten mit **zwei Wärmetauschern** (Heiz- und Kühlregister) steht sowohl warmes als auch kaltes Wasser für jeden Raum ständig zur Verfügung, d. h., in einem Raum kann gekühlt, in einem anderen geheizt werden.

- Beim **2-Rohr-System** (2-Leitersystem) unterscheidet man bei der Ventilregelung zwischen:

  a) dem sog. **Change-over-System,** bei dem durch Ventile **von Heizen auf Kühlen umgeschaltet** wird. Durch Zwischenschaltung eines Wärmetauschers (Abb. 3.64) kann man beide Kreise hydraulisch trennen und somit die Energieverluste (Mischverluste) minimieren. Die Regelung erfolgt durch Dreiwegeventile, die in Sequenz arbeiten. Eine Geräteaufteilung in Zonen nach Himmelsrichtung ist ratsam. Der Umschaltpunkt ist vor allem von der Außentemperatur (Jahreszeit) und vom Primärluftstrom abhängig. Dabei wird der Regelsinn der Stellglieder (Ventile, Klappen) vertauscht.

  b) dem sog. **Non-change-over-System,** bei dem nur **Kaltwasser zur Kühlung und die Primärluft zur Heizung** verwendet werden.
  Nachteile: Energieverluste, größerer Primärluftstrom, höhere Temperaturen im Winter, Ventilatorbetrieb auch nachts; jedoch weniger träge und einfachere Regelung als bei a)

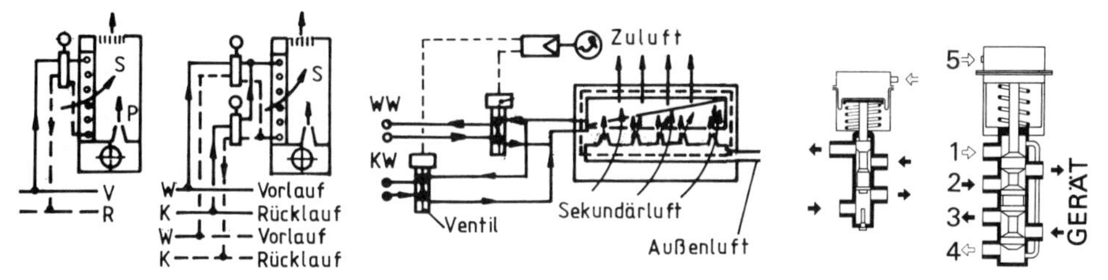

Abb. 3.65 2- und 4-Leitersystem Abb. 3.66 Ventilregelung beim 4-Leitersystem Abb. 3.67 Sequenzventile

- Die **Ventilregelung beim 4-Rohr-System** hat heute keine Bedeutung mehr. Sie erfolgte mit Sequenzventilen (Abb. 3.67), bei denen durch den Ventilkegel der Massenstrom zum Gerät geändert wird, während durch den Bypass im Ventil der vom Netz kommende Wasserstrom konstant bleibt. Die Empfindlichkeit und die Nachteile der Ventile, wie Wärmeverluste, Undichtigkeiten, Verschmutzungsgefahr (insbesondere beim 6-Wegeventil), führten zur **Trennung der Wasserwege,** die durch zwei in Sequenz arbeitende 3-Wegeventile geregelt werden (Abb. 3.66). Während das Wasser durch das Ventil in einen Stromkreis geregelt wird, fließt der Wasserstrom des anderen durch den Bypass.

- Die **Klappenregelung** ist schon seit vielen Jahren – vorwiegend beim 4-Rohr-System – die übliche Ausführung. Die Wasserströme (warm und kalt) fließen ständig durch die Wärmetauscher, während die Temperaturregelung luftseitig erfolgt, indem der Raumthermostat über Stellmotor die Klappen betätigt. Vorteile gegenüber der Ventilregelung sind einfachere Regelung, keine Zonierung, keine Ventilprobleme, geringere Trägheit (schnelle Wirkung), preisgünstig, geringere Verschmutzungsgefahr, einfachere Berechnung, größere Betriebssicherheit u. a.

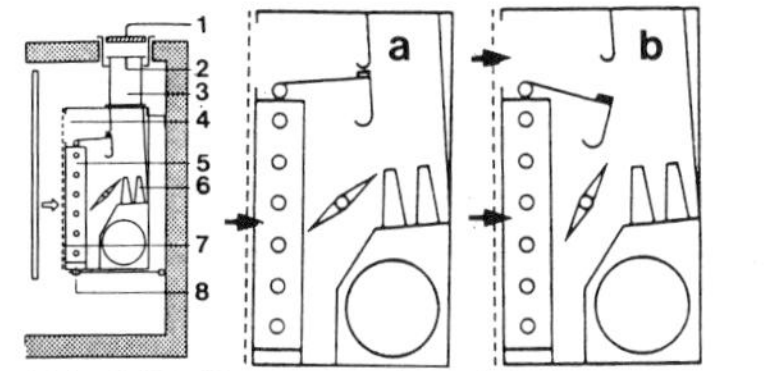

Abb. 3.68 Klappenregelung bei einem Wärmetauscher

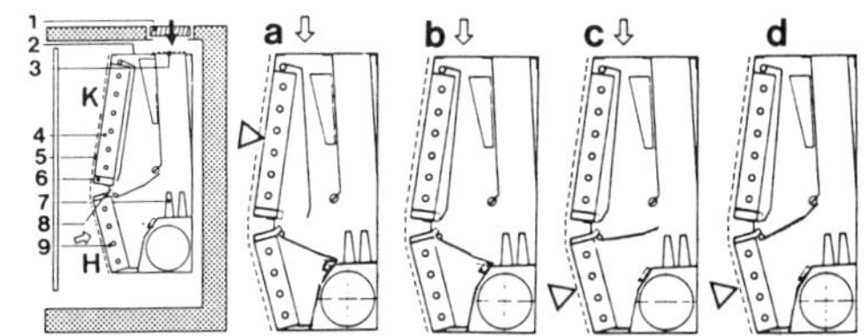

Abb. 3.69 Klappenregelung, 4-Leitersystem, zwei Wärmetauscher

Abb. 3.68 zeigt ein **Gerät mit einem Wärmetauscher.** a) Vollast, b) Teillast; Kühlen oder Heizen; 2-Rohr-System mit zentraler wasserseitiger Zonenregelung oder für 2- und 4-Rohr-Systeme mit wasserseitiger Regelung durch Sequenzventile. Beim automatischen Bypass kann auch im 2-Rohr-System die Leistung durch pneumatischen Klappenstellmotor geregelt werden.

Abb. 3.69 zeigt ein **Gerät mit zwei Wärmetauschern** für 4-Rohr-Systeme. (1) Luftaustrittsgitter, (2) Bypass, (3) Sieb, (4) Luftkühler, (5) Sekundärluftfilter, (6) Schwitzwasserwanne, (7) Primärluftdüsen, (8) Dämmung, (9) Lufterhitzer; lieferbar in 5 Baugrößen und jeweils 5 Düsensätzen.
a) Kühlen Teillast, b) Neutral Bypass, c) Heizen Teillast, d) Heizen Vollast.

Abb. 3.70 zeigt ein **2-Rohr-Induktionsgerät für VVS-System.** (1) Klappe für Lufterwärmer, (2) Klappe für VVS-Regelung der Primärluftmenge, (3) Klappe zur Regelung der Raumluftgeschwindigkeit im VVS-Regelbereich, (4) Wärmetauscher;
a) Heizen Vollast, b) Heizen Teillast, c) Neutral, d) Kühlen Teillast, e) Kühlen Vollast.
Die hintere Düsenreihe übernimmt den Mindestvolumenstrom, in der vorderen wird über Drosselklappen der jeweils erforderliche, d. h. der Kühllast entsprechende Volumenstrom eingeführt. Noch wirtschaftlicher ist die Trennung VVS-Gerät und statische Heizung, in Sequenz geregelt. Es gibt auch VVS-Geräte im 4-Rohr-System.

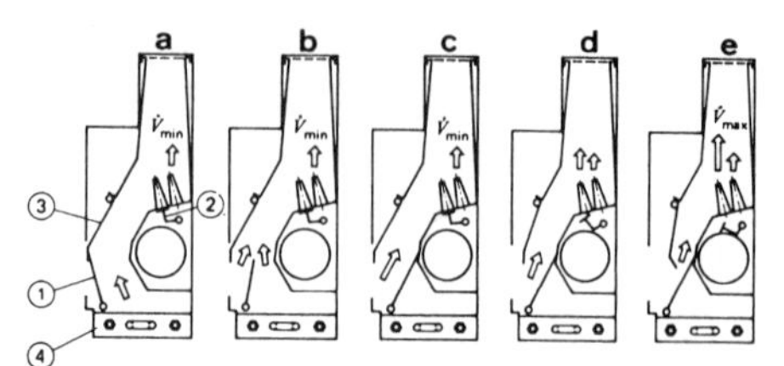

Abb. 3.70 2-Rohr-Induktionsgerät für VVS-System; a) Heizen Vollast, b) Heizen Teillast, c) neutral, d) Kühlen Teillast, e) Kühlen Vollast

Schlußbemerkung zur Induktionsanlage

Gegenüber der klassischen NUR-LUFT-Anlage hat dieses System zahlreiche Vorteile, wie z. B. individuelle Temperaturregelung in jedem Raum (4-Rohr-System), geringer Platzbedarf, keine Geruchsübertragung von Raum zu Raum (keine Umluft), kein Ventilatorbetrieb zur Temperierung (z. B. nachts); trotzdem ist die Anwendung stark rückläufig. Zahlreiche Anlagen aus den 60er und 70er Jahren entsprechen nicht mehr den heutigen Komfortwünschen und arbeiten z. T. sehr unwirtschaftlich. Mögliche Gründe: hoher Wartungsaufwand, umfangreiches Rohrsystem, ungenügende Betriebssicherheit bei Ventilen, unbefriedigende Raumströmung (je nach Raumgestaltung), Geräuschbildung, Energieverluste bei undichten Klappen bzw. Ventilen (auch durch Strahlung und Konvektion), Kondenswasserprobleme.
Eine **Neuentwicklung ist das Quelluft-Induktionsgerät.** Im Prinzip handelt es sich um eine Kombination von einem auf den Kopf gestellten Induktionsgerät (mit Primärluftverteiler und druckseitig angeordnetem Wärmetauscher) und einem speziellen Luftverteilelement für eine gleichförmige Luftgeschwindigkeit in der vertikalen Ausblasebene (vgl. Kap. 10).

3.7.3 Kühldecken, Bauteilkühlung

Bei Kühldecken handelt es sich fast ausschließlich um kaltwasserführende Rohrsysteme, die – ähnlich wie die Fußbodenheizung – ihre Leistung teils durch Strahlung, teils durch Konvektion an die Raumluft abgeben, wobei das Verhältnis Strahlung zu Konvektion eine wesentliche Rolle spielt. Die Wärmeübergangszahl liegt bei etwa 9 . . . 12 W/(m^2 · K).

Die Kühldecke hat lediglich die Aufgabe, die sensible Kühllast ganz oder teitweise abzuführen, während die anderen Aufgaben, wie die Lüftung, die Abführung von Verunreinigungen und Feuchtelasten und in der Regel auch die Luftbefeuchtung, weiterhin die RLT-Anlage zu übernehmen hat.
Man unterscheidet im wesentlichen folgende zwei Systeme mit wiederum zahlreichen Varianten. Die verwendeten Werkstoffe sind je nach Fabrikat: Stahl, Kupfer, Kunststoffe, Aluminium.

1. **Geschlossene Kühldecken:** Hier handelt es sich um Kühldecken mit glatter Unterseite ohne offene Fugen, um Putzdecken oder Montagedecken. Der Raum über den mit Rohren versehenen Metallplatten (Kühlpaneelen) steht mit dem Nutzraum in keiner luftseitigen Verbindung. Werden Rohre oder Rohrmatten in die Decke bzw. in den Deckenputz eingebracht (z. B. KaRo-System), spricht man auch von einem „Naßverlegesystem“ oder von Bauteilkühlung, bei dem nicht das Rohrmaterial, sondern vor allem die Unterdeckung von entscheidendem Einfluß auf Wirkungsweise und Leistung ist. Neuerdings gibt es auch fertige 15 mm dicke Gipskartonplatten mit integrierten Kapillarrohrmatten in verschiedenen Längen; Breite im Raster von 5 cm zwischen 40 und 120 cm.
   Die Berechnung kann hier – im Gegensatz zur offenen Decke – mit der der Fußbodenheizung verglichen werden, wenn nicht größere lokale Wärmequellen vorliegen.
   Grundsätzlich können hier auch Wände und, nur bedingt, der Fußboden als Kühlfläche

einbezogen werden. Die Leistung (Kühlleistungsdichte) liegt bei etwa 50 . . . 80 W/m², die nach oben durch die Verhinderung einer Kondensatbildung begrenzt ist. Der Strahlungsanteil beträgt etwa 50 . . . 60 %, kann aber durch Deckenluftdurchlässe zugunsten des Konvektionsanteils verändert werden. Je geringer die Kühlleistungsdichte, je höher ist der Strahlungsanteil (z. B. bei 25 W/m² bis 75 %).

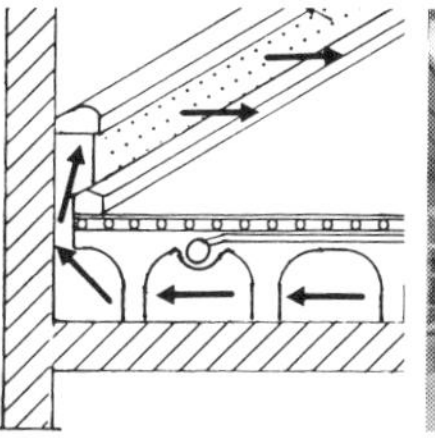

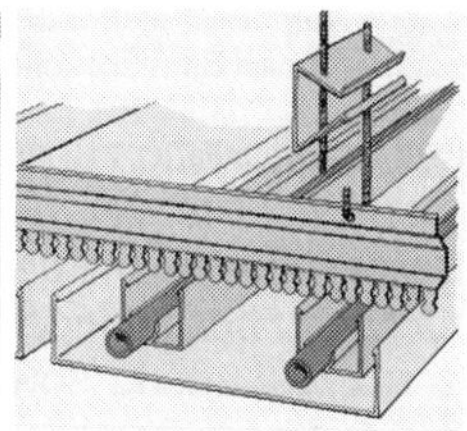

Abb. 3.71 Kapillarrohrmatte mit Spritzputz (geschlossene Kühldecke); „Kühlboden" und Zuluftführung

Abb. 3.72 Offene Kühldecke mit Aluprofilen

Abb. 3.71 zeigt **Wärmetauschermatten,** bestehend aus etwa 2 mm dicken wasserdurchflossenen Kapillarrohren aus Kunststoff. Diese münden nahtlos in ein Sammelrohr und werden an Decken, Wänden, Säulen befestigt und eingeputzt oder auf abgehängte Metall-Akustikdecken aufgelegt. Anschlüsse flexibel mit Schnellkupplungen montiert, Druckprobe vor dem Einputzen (ca. 15 bar, 24 Stunden), gleichmäßige Temperaturverteilung in Deckennähe, Kaltwasser durch Kälteaggregat oder Kühlturm, Abluftöffnung z. B. über der Tür. Zuluft z. B. aus Fußbodenleiste mit Lochblech und darüber gespanntem textilem Gewebe.

Abb. 3.72 zeigt ein **horizontales Kühldecken-System aus Alu-U-Profilen** mit wasserführenden integrierten Kupferrohren, das sich wie eine Zwischendecke montieren läßt. Rohrabstand und somit die Kühlleistung variabel, mehrere in Reihe geschaltete Rohrschlangen, Einclipsen der Deckenpaneele in Zahnleisten, wärmeleitende Verbindung, Paneelbreite 80, 100 180 mm, Länge 6 m, in verschiedenen Farben lieferbar, „passive" Paneele (d. h. ohne Rohre) für zusätzliche Installationen (Beleuchtung, Lautsprecher, Luftdurchlässe), Aufhängehöhe ca. 20 cm (bei Spezialabhängern 11 cm), Gewicht (einschl. Inhalt) ca. 14 kg/m².

2. **Offene Kühldecken:** Hier handelt es sich um mit Abstand verlegte Kühlpaneele in Form von frei hängenden, gut zugänglichen Systemen oder um Kühlelemente, meist in Form von Rohrregistern, die über Lochdecken oder in der Regel über Rasterdecken mit etwa 90 bis 95 % freiem Querschnitt montiert werden (Abb. 3.73). Die Höhe des Deckenhohlraums beträgt ca. 20 . . . 30 cm. Je nach Konstruktion (Öffnungen) kann die aufsteigende Warmluft mehr oder weniger von oben in die Kühlelemente nachströmen, während die austretende kalte Luft nach unten strömt. Die Decke hat demnach Öffnungen für die zur Erhöhung der Kühlleistung erforderliche Luftzirkulation. Dementsprechend wird der konvektive Teil der Wärmeabgabe wesentlich größer als bei der geschlossenen Decke. Die Leistung kann bei 100 % Deckenbelegung bis über 150 W/m² liegen. Dies bedeutet, daß

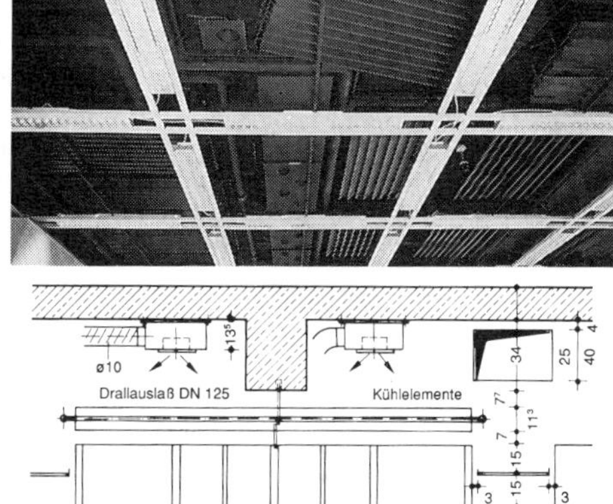

Abb. 3.73 Rasterdecke unter Kühlelementen

nur ein gewisser Prozentsatz der Deckenfläche mit Kühlelementen besetzt sein muß (Abb. 3.83), was die Investitionskosten senkt und auch bei sehr starken lokalen Wärmequellen im Raum von Vorteil ist. Die Speichermasse der Rohdecke kann zur Kühlung bzw. Temperierung genutzt werden (Bauteilkühlung).

Werden zur Abfuhr der Raumkühllast nur konvektive Kühlelemente eingesetzt, wobei der Strahlungsanteil meist wesentlich unter 15 % liegt, kann man eigentlich nicht mehr von einer Kühldecke im klassischen Sinn sprechen.

Die Entwicklung zur Kühldecke hat nun seit Ende der 80er Jahre einen **Wandel und eine Alternative in der Gebäudeklimatisierung** gebracht, wie z. B. ein „Kühlwassernetz" im Deckenbereich, mit der Tatsache, daß sich die lufttechnische Industrie verstärkt mit Rohrleitungsbau beschäftigen muß. Die Trennung oder Aufteilung von Kühllastabfuhr, Stofftransport und Lüftung sowie die Konsequenzen bei der Luftführung im Raum, die veränderte Wärmeübertragung und die neuen Randbedingungen bei Planung, Ausführung und Betrieb von Klimaanlagen zeigen neue Wege auf.

An nachfolgenden Merkmalen erkennt man die **Einsatzgebiete** von wasserführenden Kühldecken: Räume, in denen die thermischen Lasten im Vergleich zu den Stofflasten hoch sind, wie z. B. Büroräume mit größeren Wärmequellen (Maschinen, EDV-Geräte), Aufenthaltsräume mit hohen Komfortansprüchen, Schalterhallen, Arbeitsräume im Krankenhausbereich, Produktionsstätten mit vorwiegend sitzender Tätigkeit und hohen raumklimatischen Anforderungen, nachträglich durchzuführende Klimatisierungsaufgaben u. a.

Die Kühldecke allein ist jedoch nicht denkbar in großen Versammlungsräumen. Sie ist kein genereller Ersatz für eine RLT-Anlage, sondern in der Regel eine Ergänzung oder Teilkomponente von ihr. Sie ist weniger sinnvoll in Räumen, bei denen der zur Abfuhr der Stofflast erforderliche Volumenstrom annähernd oder sogar größer ist als der zur Abfuhr der Energielast.

Vorteile und Merkmale von Kühldecken

Die nachfolgenden, stark zusammenhängenden Argumente für die Verwendung von Kühldecken erklären zwar die zunehmende Bedeutung dieser Klimatisierungsart, doch müssen anschließend auch die Einsatzgrenzen deutlich gemacht werden.

1. Die **wesentlich geringere Luftgeschwindigkeit** und die Turbulenzgrade durch die Entkoppelung von Luftstrom und Energielast verbessern das Raumklima. Man spricht auch von einem „sanften Klima", einer „stillen Kühlung" oder von einem „statischen Kühlsystem", da die Kühlung nicht mehr durch Zuluft und Luftbewegung erfolgt. Letztere entsteht bei der Kühldecke fast ausschließlich durch Dichteunterschiede.

- Durch den Wegfall von möglichen Zugerscheinungen (Kap. 2.3.4) haben sich die **Akzeptanz von Klimaanlagen** und somit das Image der Branche wesentlich verbessert. Dies wird auch beim Umbau von Altanlagen festgestellt (vgl. Hinweis 6).
- Meßergebnisse zeigen, wovon hier die **Raumluftgeschwindigkeiten abhängig** sind, wie z. B. von der Art der Kühldecke, von der aktiven Kühlfläche und, falls mit einer RLT-Anlage kombiniert, von der Wahl der Luftführung, von der Art des Luftdurchlasses und von der Lastverteilung. Bei einer geschlossenen Decke mit hohem gekühltem Flächenanteil dürfte sie überall, auch in Verbindung mit einer Quellüftung, **unter 0,1 m/s** liegen (mit Ausnahme direkt vor dem Luftdurchlaß). Die Grenzwerte nach DIN 1946/2 werden demnach wesentlich unterschritten (nach Abb. 3.74 z. B. bei ϑ_i = 26 °C, v = 0,2 m/s ⇒ ≈ 12 %; bei 0,1 m/s ⇒ ≈ 3 %). Auch in Verbindung mit einer Mischströmung, z. B. mit Drallauslaß und mit etwa 20 . . . 30 % Kühllastanteil, dürften 0,15 m/s an

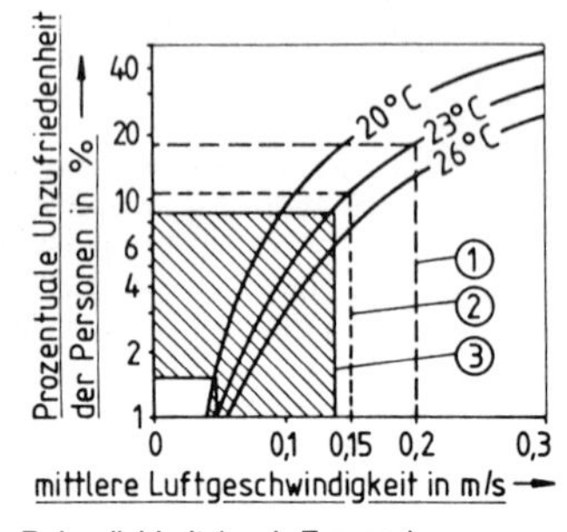

Abb. 3.74 Auswirkung der Strahlungskühldecke (schraffierte Fläche) auf die Behaglichkeit (nach Franger)

keiner Stelle überschritten werden (≈ 80 % der Meßstellen sogar unter 0,1 m/s). Bei einer Mischströmung allein kann sie dagegen innerhalb eines Raumes sehr unterschiedlich sein, je nach Meßort 0,25 m/s bis 0,5 m/s.

2. Der **Zuluftvolumenstrom und somit die Luftwechselzahlen werden geringer,** da die sensible Kühllast nicht mehr durch die Zuluft, sondern durch die Kühldecke abgeführt wird. Die Zuluft hat demnach vielfach nur die Lüftung, d. h. die hygienisch gewünschten Außenluftraten, zu garantieren; Mischkammern können u. U. entfallen. Die RLT-Zentrale kann bis zu 50 % kleiner werden. Zu Einsparungen durch Energietransport vgl. Hinweis 4.

- **Beispiel:**
  Gegeben: Büroraum, je Person 8 m^2 Grundfläche, Außenluftrate 40 m^3/h · Person, sensible Kühllast 65 W/m^2, Untertemperatur 8 *K*

  Gesucht: Prozentualer Zuluftvolumenstrom gegenüber einer NUR-LUFT-Anlage, wenn die Kühllast durch die Kühldecke übernommen wird.

  Lösung: $\dot{V}_{zu} = \dot{Q}_K / c \cdot \Delta\vartheta_u \approx 65/0{,}35 \cdot 8 = 23\ m^3/(h \cdot m^2)$; $\dot{V}_a = 40 : 8 = 5\ m^3/(h \cdot m^2)$; $\triangleq$ 22 %

  Dies gilt natürlich nicht, wenn im Raum zusätzlich eine größere Stofflast (z. B. Wasserdampf) abzuführen ist oder wenn die Raumluft befeuchtet werden muß.

- Der geringere Luftstrom kann vielfach mit geringerer Austrittsgeschwindigkeit laminar, auch über Fußboden, eingeführt werden, wodurch wiederum Zuggefahr und Strömungsrauschen vermieden werden und der Lüftungswirkungsgrad verbessert wird. Die Kühldecke verschaffte somit der Quellüftung wieder eine Renaissance.

3. Der **Wärmeaustausch wird in den Strahlungsbereich verschoben** und erfolgt nicht mehr durch Luftbewegung. Da der Mensch über 40 % seiner Wärmeabgabe durch Strahlung abgibt, empfindet er grundsätzlich eine gekühlte Umgebungsfläche angenehmer als eine gekühlte Luftströmung. Man muß daher bei Kühldecken grundsätzlich zwischen solchen mit hohem und solchen mit geringem Strahlungsanteil unterscheiden. Je nach Fabrikat und Luftführung liegt der Strahlungsanteil zwischen etwa 20 und 60 %.

   Kühldecken mit hohem Strahlungsanteil sind nur durch große, geschlossene Kühlflächen erreichbar. Wegen der geringeren Leistung muß bei sehr großem Kühllastanfall die RLT-Anlage oft einen Teil der Last übernehmen. Außerdem muß die Decke im Strahlungsaustausch mit den wärmeabgebenden Personen und Gegenständen stehen. Die Temperaturdifferenz zwischen Kühldecke und Aufenthaltszone sollte etwa 10 K nicht überschreiten, um Zugerscheinungen durch Strahlung (Strahlungszug) zu vermeiden.

- Bei Strahlungskühldecken liegt **die empfundene Raumtemperatur 1,5 . . . 2 K niedriger als die gemessene Raumlufttemperatur,** was sich sowohl auf den Komfort, als auch auf die Energiekosten günstig auswirkt.

- Da neben der aktiv gekühlten Deckenfläche auch alle übrigen Raumoberflächen zur Raumkühlung beitragen – sie stehen ständig mit der Kühldecke im Strahlungsaustausch –, **spielt die Raumlufttemperatur nicht mehr die große Rolle;** selbst bei 28 . . . 29 °C kann sie durchaus noch als behaglich empfunden werden.

- Zur **Wärmeabgabe des Menschen** muß sich bei Kühldecken die Oberflächentemperatur der Haut nicht erst erhöhen. Der Kopf bleibt kühl, und an den anderen Körperpartien wird die Temperatur nicht als zu kalt empfunden. Außerdem wird bei höherem Strahlungsanteil die **Temperaturasymmetrie der Raumumschließungsflächen verbessert,** da die Flächen im Strahlungsaustausch mit der Kühldecke stehen.

- Bei **Kühldecken mit höherem konvektivem Anteil** gibt es eine Anzahl von Kühlelementen und Deckenkonstruktionen: von kleinen Wärmetauschern (ähnlich dem eines Konvektors) mit etwa 10 % Strahlungsanteil und ca. 10 . . . 15 % Deckenbelegung bis zu großflächigen Rohrelementen mit über 30 % Strahlungsanteil und über 50 % Deckenbelegung.
  Die Kühlelemente werden über offene Raster oder Lochdecken an der Decke befestigt. Die kalte Luft strömt nach unten, während die aufsteigende warme Luft von oben in die Elemente einströmt. Die Kühlleistung in W/m^2 Bodenfläche ist wegen des höheren konvektiven Wärmeübergangs und der kälteren Oberflächentemperatur wesentlich größer als bei der Strahlungskühldecke (u. U. bis 4 : 1 und mehr), entsprechend geringer sind die belegte Deckenfläche und die Anschaffungskosten.

  Nachteilig sind die stärkere Luftbewegung und somit höhere Raumluftgeschwindigkeiten (je nach Element,

Belegung und Konvektionsanteil bis 0,2 m/s und höher), was allerdings bei Publikumsverkehr wieder von Vorteil sein kann, die höher empfundene Raumtemperatur, im allg. mehr Platz in der Raumhöhe und die geringere (kältere) Vorlauftemperatur.

Abb. 3.75 zeigt ein Beispiel von **Temperaturmeßwerten beim Vergleich von Strahlungsdecke (Alu-Paneelen) und konvektiven Kühlelementen** oberhalb einer Lochdecke mit 4,5 mm Lochdurchmesser und 20 % freiem Querschnitt. Gemessen wurden die Vor- und Rücklauftemperatur, die Oberflächentemperatur von Lochdecke- bzw. Strahldecke, die mittlere Raumluft- und Wandoberflächentemperatur, die Temperaturen unter dem Kühlelement und im Deckenhohlraum sowie die Lamellenoberflächentemperatur. Die Raumkühllast beträgt jeweils 30 W/m² Fußboden, die Kühlelementbelegung bei a) etwa 15 % und bei b) etwa 75 % und die Kühlleistung bei a) 200 W/m² Kühlelement und b) 40 W/m² Kühldecke.

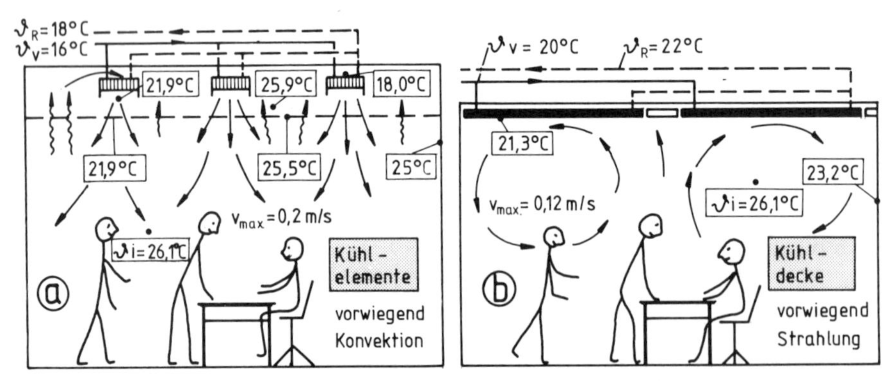

Abb. 3.75 Vergleich von Meßergebnissen, a) bei konvektiven Kühlelementen und b) bei einer Strahlungsdecke und gleicher Raumkühllast

4. Die wesentlichen **Einsparungen an Energiekosten** werden dadurch erreicht, daß die „Wärmeabfuhr" durch Wasser wesentlich geringere Förderkosten verursacht als durch Luft, insbesondere wenn nur der Mindestaußenanteil berücksichtigt werden muß. Maßgeblich kann der Energieverbrauch auch durch die Nutzung der freien Kühlung gesenkt werden. Einsparung von Energie ist gleichzeitig auch ein Beitrag zum Umweltschutz.

- **Beispiel:** (Förderkosten für Wärmeabfuhr)
  Ausgehend von 1kW, soll die Stromaufnahme für die sensible Kühllastabfuhr durch Wasser mit der durch Luft gegenübergestellt werden, wobei folgende Angaben zu berücksichtigen sind: $\Delta\vartheta_L = 8$ K, $\Delta\vartheta_W = 5$K, $\eta_{VE} = 0{,}7$, $\eta_{Pu} = 0{,}3$, $\Delta p_{VE} = 1$ kPa, $\Delta p_{Pu} = 30$ kPa.

$$\dot{V}_L = \frac{\dot{Q}}{c \cdot \Delta\vartheta} = \frac{1\,000}{0{,}35 \cdot 8} = 357\ \frac{m^3}{h};\quad P_{VE} = \frac{\dot{V} \cdot \Delta p}{\eta} = \frac{357 \cdot 1\,000}{3\,600 \cdot 0{,}7} = \mathbf{141\ W};$$

$$\dot{m}_W = \frac{1\,000}{1{,}16 \cdot 5} = 172\ \text{kg/h}\left(\approx 0{,}17\ \frac{m^3}{h}\right);\quad P_{PU} = \frac{0{,}172 \cdot 30\,000}{3\,600 \cdot 0{,}3} = \mathbf{4{,}8\ W} \mathrel{\hat{=}} \mathbf{3{,}4\ \%}\ (\approx 30:1)$$

Hinweis: Da die sensible Kühllast nur einen Teil der Kälteleistung darstellt und nur dafür diese Relation gültig ist, ist die Einsparung bei der gesamten RLT-Anlage wesentlich geringer. Bei Bürogebäuden, in denen nachträglich die alte RLT-Anlage durch Kühldecken mit Quellüftung ersetzt wurden, werden Einsparungen bei Ventilatoren und Pumpen von 30 bis 45 % genannt (anstatt 7 . . . 9 DM pro m² Bürofläche nur noch 3 . . . 4 DM/m²).

- Unter Umständen kann die Wärme über einen Kühlturm (Verdunstungskühler) direkt an die Außenluft abgeführt werden, und die Kältemaschine müßte dann nur eingeschaltet werden, wenn eine sehr hohe sensible Kühl- und/oder Entfeuchtungslast vorliegt. Bei dieser sog. freien Kühlung wird die **Kühldecke über einen Wärmetauscher sowohl an den Kaltwasserkreislauf als auch an den Kühlwasserkreislauf des Kühlturms angeschlossen.** Bei der Anlage mit Kältemaschine versorgt der Kühlturm entweder den Verflüssiger oder die Kühldecke (Abb. 3.90).

Auch die **Servicekosten** sollen bei Kühldecken etwa 30 bis 50 % niedriger sein als bei RLT-Anlagen. Insbesondere liegt dies an der wesentlich geringeren Verschmutzungsgefahr. Diese Kosten entsprechen etwa denen einer Heizungsanlage.

Die jährlichen Betriebskosten werden oft mit max. 5 DM/m² angegeben, etwa 20 . . . 40 % geringer als bei NUR-LUFT-Anlagen.

5. Die **geringeren Investitionskosten** gegenüber einer NUR-LUFT-Anlage ergeben sich nicht durch die Klimaanlage selbst (Kühldecke einschließlich RLT-Anlage), als vielmehr durch die Reduzierung der Rohbaukosten und die Platzeinsparung. Günstig auf die Anlagekosten wirkt sich die Einsparung durch das stark reduzierte Kanalnetz mit Zubehör (Luftdurchlässe, Kanalformstücke, Montagezubehör, Einbauten usw.) aus. Eine Aufteilung der RLT-Anlage (Lüftung, Kühlung, Heizung, Be- und Entfeuchtung) bringt in speziellen Fällen weitere Kosteneinsparungen, wie z. B. durch eine flexiblere Zuluftzuführung, bei der Regelung, bei der Geräuschdämpfung u. a.

   - Bei den Investitionskosten bzw. bei der **Beurteilung der Wirtschaftlichkeit** müssen zahlreiche der genannten Vorteile ebenfalls mit einbezogen werden, wie z. B. der höhere thermische Komfort (Steigerung der Arbeitseffektivität, Reduzierung des Krankenstands), der höhere Standard und vor allem der Gebäudeentwurf. Eine allgemeine Aussage kann nicht gemacht werden, da die günstige Wirtschaftlichkeit in jedem Einzelfall projektbezogen ermittelt werden muß.

     Die Investitionskosten je m^2 Kühldecke liegen z. Zt. (1993) zwischen 300 und 600 DM je nach Ausführung. Durch die stark steigende Zahl der Anbieter ist mit einer merklichen Preissenkung zu rechnen.

   - Bei mehrgeschossigen Gebäuden kann wegen des wesentlich **geringeren Platzbedarfs** durch minimale Konstruktionshöhe der Kühldecke, geringe Kanalhöhen und kleinere Schalldämpfer viel Bauvolumen gewonnen werden, ggf. ein komplettes Stockwerk.

   - Sehr günstig wirken sich die Investitionskosten beim nachträglichen Einbau, bei der Erweiterung in bestehenden Gebäuden oder – wie im folgenden Hinweis erwähnt – bei der Sanierung von Altbauten aus.

6. Durch die Systementkoppelung, d. h. durch die Trennung von Kühlung, Stofftransport und Lufterneuerung (Lüftung), ist eine preisgünstige **Sanierung oder Modernisierung von Altbauten** gegeben. Die individuelle Anpassung an die baulichen Gegebenheiten und Betriebsverhältnisse erweisen sich als kostendämpfend.

   - In den nächsten Jahren können sicherlich viele Gebäude, auch unter Denkmalschutz stehende Bauten, mit **Kühldecken nachgerüstet** werden, insbesondere dann, wenn die Raumhöhen für Kanäle zu gering sind und etagenweise klimatisiert werden soll. Auch ältere, nicht einwandfrei funktionierende Anlagen können auf einfache Weise durch Kühldecken ersetzt werden.

     Beim Umbau solcher RLT-Altanlagen (z. T. aus den 60er und 70er Jahren mit ganz anderen Anforderungen) in Anlagen mit Kühldecke äußerten sich Belegschaften, die hier einen direkten Vergleich hatten, äußerst positiv. Auch die Fehlzeiten gingen z. T. um mehr als ein Drittel zurück, seit Kühldecken mit Quellüftung eingebaut worden waren.

   - **Vorkehrungen für spätere Erweiterungen oder Laständerungen** können einfach dadurch vorgenommen werden, daß man Blindelemente (inaktive Deckenplatten) einsetzt, die später gegen aktive Kühlelemente problemlos ausgetauscht werden. Eventuell kann man zunächst auch eine etwas höhere Kühldeckenvorlauftemperatur und somit höhere Deckenoberflächentemperatur ϑ_o wählen, die später eine Anhebung der Kühlleistung durch Absenken von ϑ_o zuläßt: $\dot{Q} = A \cdot \alpha \cdot (\vartheta_i - \vartheta_o)$.

7. **Weitere nennenswerte Vorteile von Kühldecken** sind die variable Nutzung und die unbegrenzten Gestaltungsmöglichkeiten im Deckenbereich. Leuchten, Luftdurchlässe, Lautsprecher, Sprinkleranlagen können in nichtgekühlten Deckenplatten eingefügt werden. Hohe akustische und lichttechnische Ansprüche können optimal erfüllt werden. Die Kühldecke kann man gut mit Quell- und auch mit Mischlüftung bis zu integrierten Gesamtlösungen kombinieren. Temperaturschichtungen im Raum sind praktisch nicht vorhanden.

   - Bei den meisten Deckenkonstruktionen kann man nicht erkennen, daß es sich um eine geschlossene Kühldecke handelt, deren Leistung etwa zwischen 50 und 80 W/m^2, ähnlich wie bei der Fußbodenheizung, liegt. Bei der Kühldecke ist auch das gute **Eigenregelverhalten bei thermischen Laständerungen** erwähnenswert. Beispiel: Deckenoberflächentemperatur ϑ_o = 18 °C. Steigt die Raumlufttemperatur ϑ_i z. B. von 24 auf 26 °C an, erhöht sich die Kühlleistung um ca. 30 %.

Wenn mit Kühlflächen fast ausschließlich Kühldecken gemeint sind, so soll hier doch erwähnt werden, daß auch **Kühlwände** angeboten werden, die besonders bei Modernisierungsmaßnahmen vorteilhaft sind.

Vorteile: Keine Einrüstung als Montageunterstützung und somit geringere Montageverweilzeiten, keine größeren Umstellungen und Störungen beim Betriebsablauf, Verwendung als Zwischen-Raumelement, flexiblere

Verwendungsmöglichkeit, größere Austauschflächen und somit geringere Kühlflächenbelastung, bessere Anpassung zwischen Kühlfläche und Einzelperson bzw. Arbeitsplatz, punktuelle Anpassung (z. B. Klimatisierung von Teilbereichen in einem großen Büroraum).

Obwohl erst seit wenigen Jahren Kühldecken geplant und ausgeführt werden, sind die **Ausführungsarten und Konstruktionsmerkmale** schon so zahlreich, daß es äußerst schwierig ist, sich von den Produkten der über 20 Hersteller, die jeweils wiederum zahlreiche Varianten anbieten, einen Überblick zu verschaffen. Erschwerend waren bisher vor allem die so unterschiedlichen Leistungsangaben der Hersteller, so daß die **DIN 4715 „Raumkühlflächen, Leistungsmessung bei freier Strömung"**, hier Klarheit schaffen wird. Danach sollen auch DIN-Prüfzeichen erteilt werden können. Der bereits verstärkte Wettbewerb wird laufend Neuentwicklungen und Ergänzungen – sowohl für Neu- als auch für Altbauten – hervorbringen. So gibt es z. B. Kombinationen mit Schallabsorption (Metallakustik-Kühldecken), Kühldecken mit bereits integrierter Beleuchtung, aufklappbare Kühldeckenflächen und somit leichter Zugang zum Deckenhohlraum, anfangs erwähnte fertige Deckenplatten aus Gips mit eingebauten, wasserführenden Kunststoff-Rohrmatten u. a.

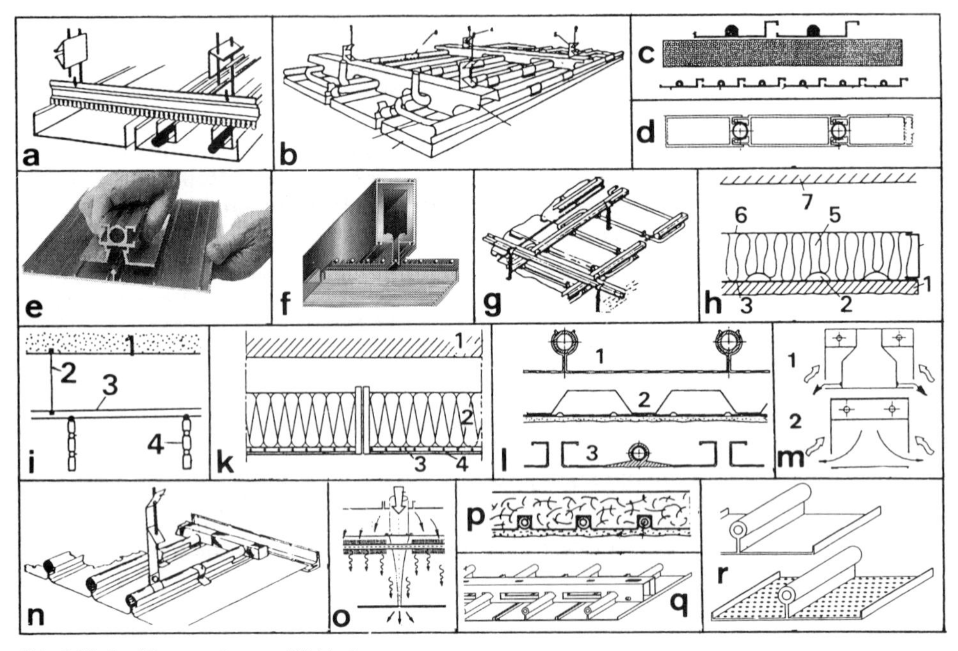

Abb. 3.76 Ausführungsarten von Kühldecken

Zu a) Horizontales Metalldeckensystem, Cu-Alu-Wärmeleitprofil, Alupaneele mit geschlossener oder perforierter Oberfläche, verschiedene Teilung, Rohrdurchmesser und Blechdicke; **zu b)** Kassettendecke auf Bandrastermodul, Tragschienen, schallabsorbierend durch Vlieseinlagen, Länge bis 6 m, 60 cm Einbauhöhe, 3 Paneelbreiten; **zu c)** Metall-Kühldecke, Aluprofil-Modul mit integriertem Wasserkanal, kombiniert mit Akustikelementen, integrierte Beleuchtung, Lamellenoberflächen pulverbeschichtet, hohe Leistung durch Konvektionsanteil; **zu d)** Rasterdecke, Cu-Al-Hohlkammerprofil, 25 cm Lamellenhöhe, hohe Leistungsdichte, geeignet für Hallen mit Lichteinfall über Dach, Warenhäuser; **zu e)** Standardisierte Bauteile, Alu-Strangpreßprofil mit eingezogenem verlötetem Cu-Rohr, Paneele oder Kassetten von unten durch Schnappverbindung aufgeklipst; **zu f)** Feingeripptes Alu-Profil, rückseitig eingebaute Kühlwasserschlange, Betrieb ohne oder mit Zuluft, d. h. passive oder/und aktive Kühlung; **zu g)** Langfeldplattendecke mit hohem Schallabsorptionsgrad, Registergröße bis 3 x 1,8 m, Breite 200 und 312 mm, Stahlrohr/Alu; **zu h)** Hohlprofilmetalldeckensystem, $\Delta\vartheta$ zwischen Deckenoberfläche und Wasser max. 2K: (1) Mehrschichtputz ca. 5 mm, (2) Strömungskanäle, (3) Alu-Element mit den integrierten Kanälen, (4) Alu-Strangprofil, (5) Wärmedämmung 20 mm, (6) Alu-Abdeckung, (7) Betondecke; **zu i)** Vertikales Metalldeckensystem: (1) Decke, (2) Aufhängungen, (3) Schienenkonstruktion, (4) eingehängte Kühlpaneele, Teilung 200 mm und 400 mm; **zu k)** Trockenverlegesystem mit Metallpaneelen, Rohre aus Cu oder Kunststoff, verschiedene Teilung, Leistung je nach Kontaktstelle und Teilung: (1) Rohrdecke, (2) Wärmedämmung, (3) Kühlmatte, (4) Blechpaneele; **zu l_1)** Alu-Paneele (150 . . . 600 mm breit), frei an der Decke aufgehängte Stahlrohrregister, aufliegende Wärmedämmung; **zu l_2)** Kompakte Bauelemente aus selbsttragenden Alu-Paneelen mit integrierten, halbelliptischen Strömungskanälen, strukturierter Putzauftrag; **zu l_3)** gezogene Aluprofile mit runden Kanälen, selbsttragende Einzellamellen oder vormontierte Module; **zu m)** Kühlsystem mit Cu-Alu-Wärmetauscher in lackiertem Stahlblechgehäuse, bei 1) mit Lüftung über Ausblasdüsen (Primärluftsystem), Standardlängen 2 bis 3,6 m, 25 cm breit; **zu n)** Alu-Langkassettendecke, 300 mm breit, farbig beschichtet, Stahlkühlrohre DN 15, verschiedene Perforationen; **zu o)** Kühldecke in Verbindung mit Primärluftzuführung (vgl. Abb. 3.84); **zu p)** Rohrmatten in geschlitzten Akustikplatten eingelegt, Aufbringen eines dünnen Spritzputzes, Rohrabstand 16 mm, Rohr ∅ (Polypropylen) 2,4 mm; **zu q, r)** Kühldeckenelemente in Modultechnik und mit ungelochter und gelochter Profilgestaltung.

Weitere Hinweise zur Planung und Ausführung von Kühldecken – Probleme und Anforderungen

Bei der Frage, **welches Luftführungssystem** bei Kühldecken verwendet werden soll, bzw. mit welchem System die Außenluftversorgung und die Luftentfeuchtung durchgeführt werden soll, hat sich besonders das turbulenzarme Quelluftsystem als vorteilhaft erwiesen (vor allem in Arbeitsplatznähe). Prinzipiell können jedoch alle vorhandenen Lüftungssysteme mit Kühldecken kombiniert werden. Vorwiegend konkurriert das Quelluftsystem mit der diffusen Luftführung (Drall- und Schlitzdurchlässe).

- Der **intensive Impulsaustausch** bei der Lufteinführung durch Deckenluftdurchlässe (gute Induktion) verändert die Temperaturgrenzschicht im Deckenbereich und mindert dadurch die Neigung von evtl. unkontrollierten Ablösungen kalter Luftströme insbesondere bei geringeren Deckentemperaturen. Erwähnenswert ist auch, daß sich bei dieser Lufteinführung der konvektive Wärmeübergang erhöht, so daß Kühldecken mit hohem Konvektionsanteil stärker in Wechselwirkungen mit dem Luftführungssystem stehen und unterschiedliche Raumluftströmungen hervorrufen können.
- Das **Quellsystem** (vgl. Kap. 10) kann wegen der geringen Untertemperatur von 2 . . . 4 K und des begrenzten Zuluftvolumenstroms nur geringe Kühllasten abführen (ca. 5 . . . 10 W/m^2). Der erforderliche Außenluftvolumenstrom beträgt je nach den Gegebenheiten 30 . . . 50 m^3/(h · Person) (vgl. Kap. 2.4, 5.1.2 und Bd. 3), in Verwaltungsgebäuden 6 . . . 10 m^3/h pro m^2 Fußbodenfläche; Luftwechselzahlen liegen meistens zwischen 2 . . . 4 h^{-1}. Wird die Luft im Bodenbereich turbulenzarm eingeführt (vgl. Abb. 3.77), bildet sich dort ein sog. „Frischluftsee", aus dem die Luft nach oben geführt wird, und zwar an den Stellen, wo die Wärmequellen (Menschen, Maschinen) durch die Wärmeabgabe für einen Auftrieb sorgen. Die aufsteigende Luft nimmt sowohl Wärme als auch Schadstoffe mit und verdrängt evtl. Kaltluftabfall in andere Raumbereiche, in denen sich keine Personen oder andere Wärmequellen befinden. Man spricht hier auch von einer **Schichtenströmung.**
- Das **Mischsystem,** z. B. mit Deckenluft-Dralldurchlässen, Schlitzdurchlässen (Abb. 3.77), ist ebenfalls möglich und in der Regel energetisch günstiger, wenn man die Zuluft auch für Kühlzwecke nutzen möchte. Obwohl hier wesentlich größere Untertemperaturen gewählt werden können, sollte der Kühllastanteil durch das Luftsystem etwa 30 . . . 40 % nicht überschreiten, um den Komfortvorteil der Kühldecke nicht zu mindern.

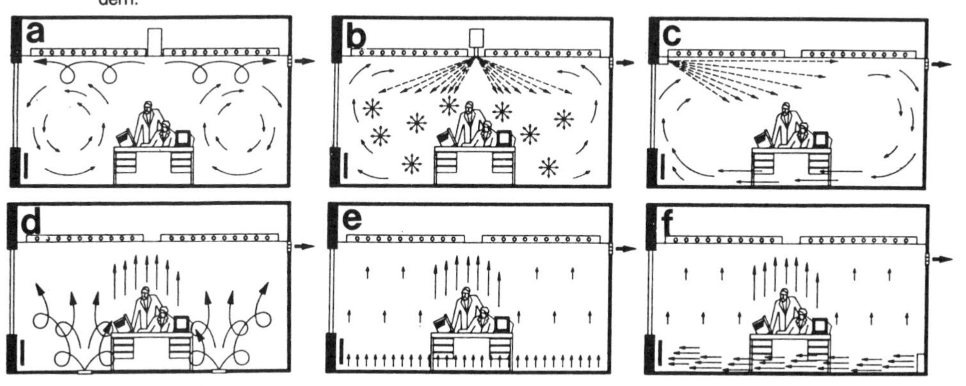

Abb. 3.77 Luftführungsarten in Verbindung mit Kühldecken; turbulente Raumströmung mit a) Drall-, b) Schlitz- und c) Wanddurchlaß; turbulenzarme Schichtenströmung mit d) Drallauslaß, e) durchströmtem Teppich, f) Quell-Durchlaß

Zur **Vermeidung einer möglichen Schwitzwasserbildung** an den Kühlflächen muß grundsätzlich durch entsprechende regelungs- und lüftungstechnische Maßnahmen die Kaltwassertemperatur bzw. Oberflächentemperatur der Kühlflächen und Rohre höher (wärmer) als die Taupunkttemperatur gehalten werden (Kap. 4.1.3); möglichst mit einem entsprechenden Sicherheitszuschlag, da die Temperatur der Kühldecke bis zu ± 2 K schwanken kann.

- Im Falle, daß die Wassertemperatur die Taupunkttemperatur erreicht hat, bzw. bei Feststellung von Tauwasser durch den an der Fläche angebrachten **Tauwasserfühler** (z. B. bei hohen Raum-Feuchtelasten und/oder hoher Außenluftfeuchte) wird entweder die Kaltwasserzufuhr unterbrochen oder durch ein Regelventil die Vorlauftemperatur der betreffenden Regelzone angehoben.

  Weitere mögliche Maßnahmen zur Sicherung gegen Schwitzwasser sind: eine außenluftfeuchteabhängige Vorlauftemperaturregelung, zu öffnende Fenster mit Kontaktschalter, keine ständig offenen Verbindungstüren zu nichtklimatisierten feuchten Nachbarräumen, die Ermittlung des ungünstigsten Lastfalles, geringe Temperaturdifferenzen zwischen Kaltwasser- und Deckenoberflächentemperatur und nicht zuletzt die Abfuhr von Feuchtlasten durch eine Lüftungsanlage.

- Kühldeckensysteme werden standardmäßig mit einer Kondensationsüberwachung angeboten. Es gibt sogar **DDC-geführte Anlagen,** bei denen aus dem erfaßten Abluftzustand rechnerisch die Taupunkttemperatur bestimmt und die Kaltwassertemperatur entsprechend begrenzt wird.

- In üblichen Aufenthalts- und Büroräumen ist keine Tauwasserbildung zu erwarten, wenn die **Wassertemperaturen 16 bis 17 °C oder höher** liegen; evtl. sogar 1 bis 2 K höher, wenn keine Lüftung vorhanden ist.

Bei der Wahl der **Regelung von Kühldecken** müssen vor allem die Raumnutzung, die Anlagenkonzeption und die Leistung berücksichtigt werden. Je mehr die Kühldeckenflächenregelungstechnik unterteilt wird, desto höher sind die Anschaffungskosten, und je individueller die Regelung gewählt und angepaßt wird, desto geringer sind die Betriebskosten.

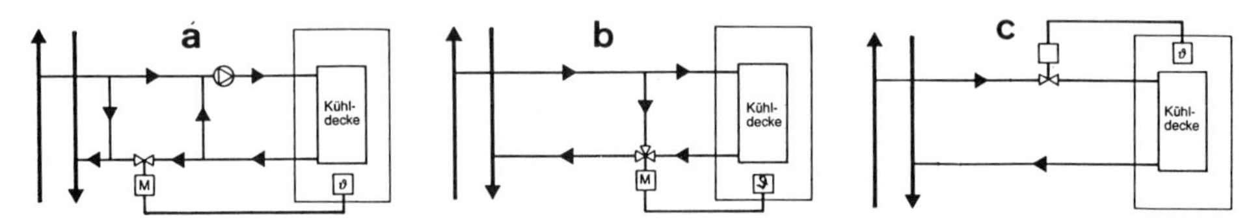

Abb. 3.78 Grundsätzliche Regelungsmöglichkeiten von Kühldecken

Entsprechend **Abb. 3.78** erfolgt die **Raumtemperaturregelung** entweder durch Veränderung der Kaltwasservorlauftemperatur bei konstantem Wasserstrom (a), durch Veränderung des Wasserstroms mit Dreiwegeventil (b) oder durch Verwendung von Thermostatventilen mit Fernfühler (c), die auch – wie bei der Heizung – als Einzelraumregelung (trotz geregelter Vorlauftemperatur) vorgesehen werden.

Da die Temperaturdifferenz zwischen Deckenoberfläche und Raumlufttemperatur sehr gering ist, ist der in Hinweis 7 erwähnte Selbstregelungseffekt, d. h. die „automatische" Leistungszunahme bei warmer Lufttemperatur, merklich spürbar oder entsprechend umgekehrt.

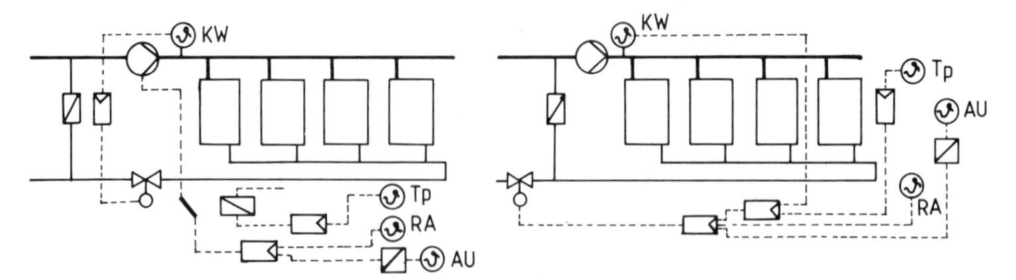

Abb. 3.79 Regelung mit konstanter Vorlauftemperatur

Abb. 3.80 Regelung mit konstantem Massenstrom

Abb. 3.79 zeigt eine einfache Regelung für geringe spezifische Leistungen. Konstanthaltung der Vorlauftemperatur ϑ_V über Motor-Durchgangsventil und Bypass. Raumtemperatur ϑ_{RA} durch Pumpenschaltung, Tauwasserfühler ϑ_{Tp} an den Kühlelementen sorgt für die Unterbrechung der Kaltwasserzufuhr bei evtl. Tauwasserbildung, Außenfühler ϑ_{AU} sorgt über Gleitmodul für entsprechende ϑ_{RA}.

Abb. 3.80 zeigt eine Regelung mit konstantem Wasserstrom. Regelung der Wassereintrittstemperatur gemäß den Anforderungen im Raum, die Änderungen der Raumlasten lassen sich feiner ausgleichen (daher besser als nach Abb. 3.79); Tauwasserfühler ϑ_{Tp} sorgt bei Tauwasserbildung für eine Anhebung der KW-Eintrittstemperatur in Anlehnung an die Sollwerttemperaturanhebung.

Die Frage, ob bei Kühldecken die **Fenster geöffnet** werden können, kann man grundsätzlich bejahen, wenn die entsprechenden Voraussetzungen beachtet werden.

Bei längerem Öffnen der Fenster muß die Kühldecke und die RLT-Anlage abgeschaltet werden, damit unnötige Energiekosten und die vorstehend erwähnte Schwitzwasserbildung vermieden werden.

Die **Kälteleistung der Kühldecke** wird vorwiegend aus den (vielfach verbesserungsbedürftigen) Herstellerunterlagen entnommen. Sie ist vor allem abhängig von der zulässigen Differenz zwischen Kühlwasser-Vorlauftemperatur und Raumlufttemperatur, von der Ober- und Unterkonstruktion der Decke (R_λ-Wert), vom Wasserstrom, vom Abstand der Kaltwasserrohre, vom Kontakt: Rohrklammer – Rohr und Leitblech, vom Wärmeübergang Decke/Raum, ebenso von der Raumfläche (Speichervermögen) und von Art, Lage und Temperatur der Wärmequellen. **Sie ist dann am größten, wenn die Temperaturdifferenz zwischen mittlerer Deckentemperatur und Wassertemperatur möglichst klein ist und die Differenz der mittleren Deckentemperatur von der Raumtemperatur möglichst groß ist.** Die Leistung wird nach oben weniger durch die Behaglichkeit als vielmehr durch den Taupunkt begrenzt.

Beispiele zur Auswahl von Kühldecken aus Herstellerunterlagen

1. Bestimmung der Wasserkreise (Typ, Kühlleistung, Kühlfläche, Druckverlust und Wassergeschwindigkeit) anhand Abb. 3.81 und 3.82

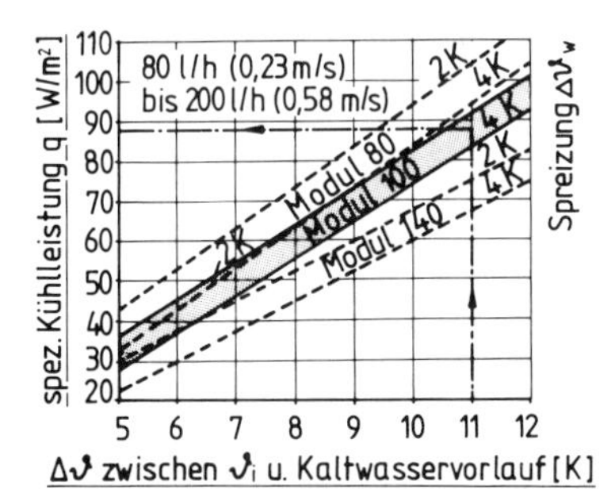

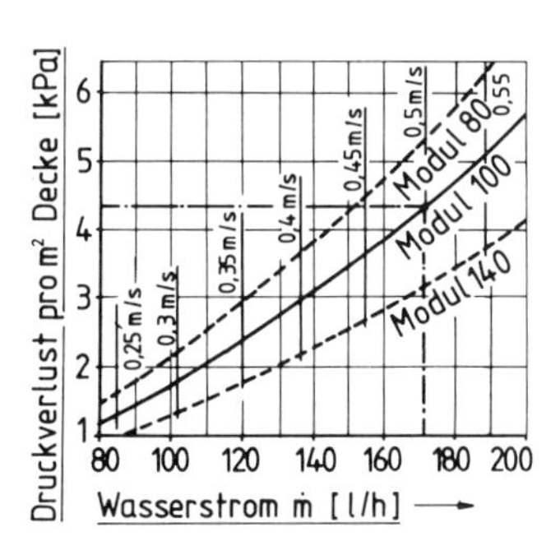

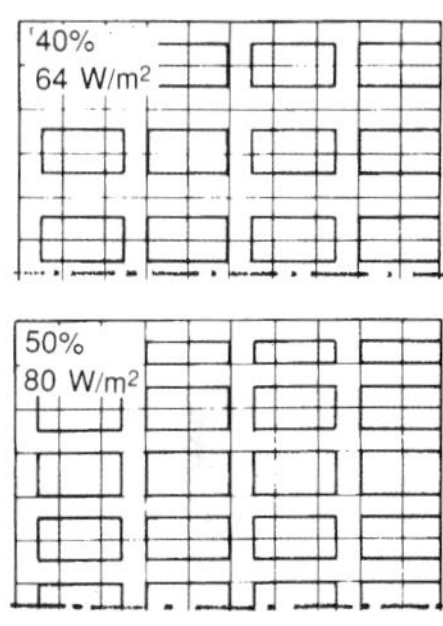

Abb. 3.81 Kühlleistung zum Beispiel

Abb. 3.82 Druckverlust

Abb. 3.83 Belegungsdichte

Gegeben: Sensible Kühllast 1 000 W, Deckenfläche 20 m² abzüglich 20 % für Beleuchtung usw. (d. h. aktive Kühlfläche 80 %), zulässige Raumlufttemperatur 27 °C, Kaltwasservorlauftemperatur 18 °C, $\Delta\vartheta_W$ = 3 K (angenommen).

Lösung: Spez. Kühlleistung q = 1 000/20 · 0,08 = 62,5 W/m², $\Delta\vartheta$ = 27 – 18 = 9K; ⇒ **Modul 100;** bei $\Delta\vartheta_W$ = 3K ⇒ **68 W/m²;** erforderliche Kühlfläche A = 1 000/68 = 14,7 m²; Wasserstrom $\dot{m} = \dot{Q}/(c \cdot \Delta\vartheta)$ = 1 000/1,16 · 3 = 287 l/h, entsprechend Abb. 3.82 auf **2 Wasserkreise** aufgeteilt ⇒ bei 143,6 l/h und Modul 100 ⇒ 3 300 Pa/m², bei 14,7 : 2 = 7,35 m² ⇒ Δp = 3 300 · 7,35 = **24 255 Pa** je Kreis; $v \approx$ 042 m/s.
Bei $\Delta\vartheta_W$ = 4K ⇒ 215,5 l/h : 2 = 107,7 l/h, Δp = 1 900 Pa/m², Δp_{Kreis} = 1 900 · 7,35 = 13 965 Pa (wirtschaftlicher Pumpenbetrieb). Leistung 64 W/m² ⇒ 14,7 · 64 = **941 W** (etwas knapp).

2. Bestimmung der Deckenfläche je Element für eine Kühldecke mit Primärluft.

   Die **Kombination von wassergekühlten Kühldeckenpaneelen und Luftdurchlaß** ermöglicht entsprechend Abb. 3.84 zwei Betriebsfälle:

   a) **Zuluftbetrieb** *Z*, wenn in der Regel eine ausreichende Lüftung, das Abführen von Lasten (z. B. Gerüche, Feuchte) garantiert werden muß oder wenn mit gekühlter Luft oder kühler Außenluft thermische Lasten abzuführen sind. Leistung je nach Rasterteilung und Primärluft 60 . . . 100 (150) W/m².

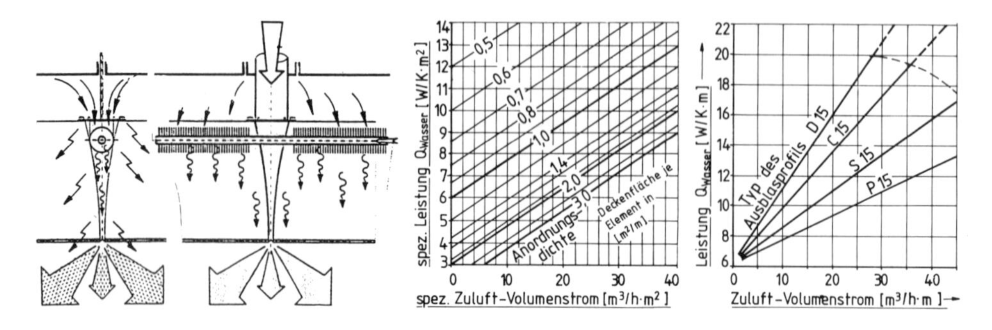

Abb. 3.84 Kühldecke mit Luftdurchlaß (Kiefer) Abb. 3.85 Anordnungsdichte Abb. 3.86 Wasser-Kühlleistung

b) Beim **Wasserkühlbetrieb W** unterscheidet man wiederum zwischen der sog. **aktiven Kühlung** mit Wasser + Luft, wenn hohe Kühlleistungen vorliegen, und der **stillen Kühlung** (Wasserkreislauf ohne Zuluft). Letztere kommt in Frage bei geringer Kühlleistung, geringer Belegung (geringe Lüftungsforderung) beim Abführen von Restwärme außerhalb der Betriebszeit (35 . . . 60 W/m²).

Tab. 3.14 Zuluft- und Wasserkühlbetrieb

Betriebs-arten (Kühlleistung)					
	Zuluftbetrieb Z	Außenluftzufuhr, Stofflastabfuhr, Raumluftkühlung $\vartheta_{zu} < \vartheta_i$			
	Wasserkühl-betrieb W (Decke)	aktive	Küh-lung	Z und W (für hohe Kühlleistung)	W Z W
		stille		W (geringe Kühlleistung, z.B. nachts)	Z W W

Vorgaben: Büroraum, Deckenfläche 40 m², Kühllast $\dot{Q}_{ges} = \dot{Q}_Z + \dot{Q}_W$ = 4 400 W, 10 Personen, Außenluftrate 35 m³/(h · P), Untertemperatur $\vartheta_{zu} - \vartheta_i$ = 12 K, Kaltwasservorlauftemperatur 15 °C, Wassertemperaturdifferenz (Spreizung) 2 K, Raumtemperatur 26 °C.
Gesucht: Deckenfläche je Element bei Ausblasprofil P 15 nach Abb. 3.85 (Anordnungsdichte).

Lösung: q = 110 W/m², $\dot{V}_{zu} = \dot{V}_a$ = 350 m³/h; $\vartheta_{m(Wasser)}$ = 16 °C, $\Delta\vartheta = \vartheta_m - \vartheta_i$ = 10 K; $\dot{Q}_{zu}$ = 350 : 40 = **8,75 m³/(h · m²)**; $\dot{Q}_Z$ (Leistung über die Luft) = $\dot{V}_{zu} \cdot c \cdot \Delta\vartheta$ = 8,75 · 0,35 · 12 = 37 W/m²; $\dot{Q}_W$ (Leistung über Kühldecke) = $\dot{Q}_{ges} - \dot{Q}_Z$ = 110 − 37 = 73 W/m² (bezogen auf $\Delta\vartheta$ = 10 K) ⇒ **7,3 W/(m² · K).**

Hinweise:

Wasserseitige Leistung $\dot{Q}_W$ je Element ≈ **6 W/K** (73 : 12) bei Zuluftvolumenstrom Null. Bei z. B. $\dot{V}$ = 20 m³/h · m (Schlitzdurchlaß) erhöht sich $\dot{Q}_W$ nach Abb. 3.86 auf ≈ 9 W/(K · m) bei P 15 und 16 W/(K · m) bei Profil D 15.

Druckverlust (für die Pumpenwahl) hängt von Massenstrom und Elementlänge ab. Anhaltswerte für 1 m Länge bei 200 l/h ≈ 2,4 Pa, 300 l/h ≈ 4,7 kPa, 400 l/h ≈ 7,8 kPa, 500 l/h ≈ 12 kPa.

Anhaltswerte und Empfehlungen für die Auslegung:
ϑ_i ≈ 26 bis 28 °C; Kühldecken-Oberflächentemperatur ca. 17 bis 19 °C; Kaltwasser-Vorlauftemperatur 15 bis 18 °C; Temperaturspreizung ($\Delta\vartheta_W = \vartheta_R - \vartheta_V$) ≈ 2 . . . 4 (. . . 5) K Wasserstrom ≥ 100 l/h pro Wasserkreis und max. 280 l/h (v_W < 0,55 m/s).

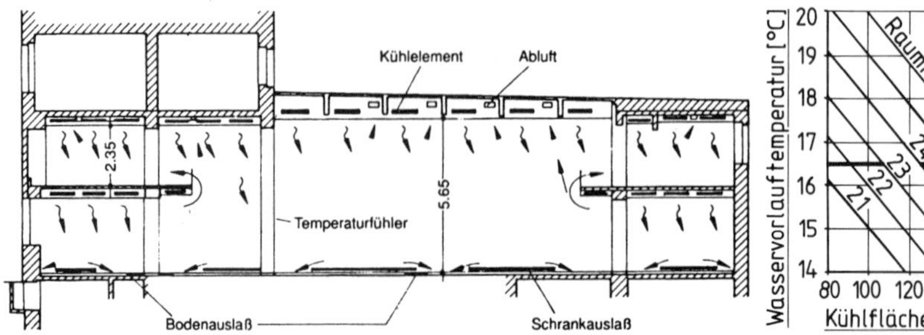

Abb. 3.87 Kühlelementbelegung in einem Bankgebäude

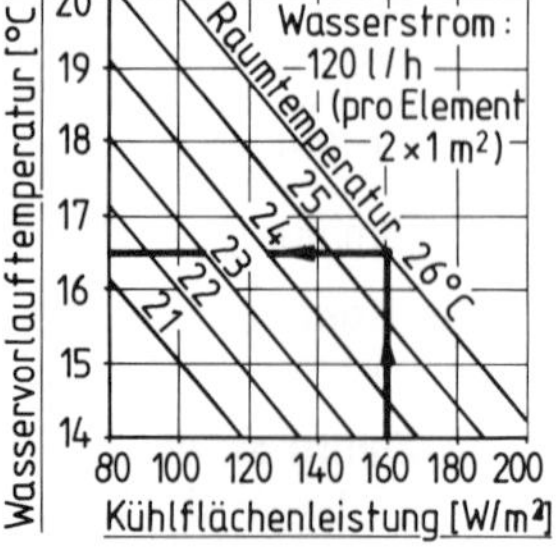

Abb. 3.88 Zusammenhang zwischen ϑ_{KW}, ϑ_i, $\dot{Q}$

3. Die **Auflösung der Deckenfläche,** d. h. der Kühldecke in Einzelkühlelementen (Abb. 3.83), ermöglicht eine Anpassung an die errechnete Kühllast. Unter diesen sog. aktiven Kühlflächen sinkt die gekühlte Luft, losgelöst vom Nachbarelement, nach unten und ermöglicht wärmephysiologisch einen guten Strahlungsaustausch.

Abb. 3.87 zeigt ein **Ausführungsbeispiel mit Lamellenkühlelementen (50 % Belegung),** eine Bank mit 2 500 m^2 Deckenfläche, 15 Regelzonen (Kassenhalle mit Beimischschaltung, kleinere Flächen mit geringer Raumhöhe mit Thermostatventilen), Auslegung wurde mit 160 W/m^2 ausgelegt bzw. bei 50 % Kühlflächenbelegung 80 W/m^2. Die **Außenluftzufuhr** erfolgt über Fußboden- und Schrankdurchlässe (Verdrängungsprinzip), $\vartheta_{zu} \approx 21 \ldots 22$ °C (ganzjährig), $v_{zu} \approx 0{,}2$ m/s, LW $\approx 4h^{-1}$, Abluftdurchlaß über Kühlelement, Beheizung durch Fassadenheizprofile.

Abb. 3.88 zeigt den **Zusammenhang zwischen $\dot{Q}$, ϑ_{Kw} und ϑ_i** bei gegebenem Wasserstrom (120 l/h) und je Element 2 x 1 m^2. Lösung: mit 50 % Belegung und $\vartheta_i = 26$ °C erfolgt die Kühlwasserbeaufschlagung zwischen 16,5 °C, 80 W/m^2 und 21,5 °C, 40 W/m^2.

Mit der **DIN 4715 Teil 1** (E) 1993 werden Angaben zur Leistungsmessung und Prüfregeln aufgestellt. Damit werden einerseits die so unterschiedlichen Leistungsangaben der Hersteller (z. T. bis 20 %) vereinheitlicht, andererseits soll damit auch die Gewährleistung gegenüber dem Bauherrn festgelegt werden können.

Einige Hinweise aus der DIN 4715 hierzu:

Gültig für Raumkühlflächen für Decken, Wände oder Fußboden, Wärmeträger Wasser oder Luft, reproduzierbare Leistungsbestimmung durch festgelegte Prüfbedingungen, Normkennlinie bildet die Bemessungsgrundlage (Untertemperatur 10 K, Wasserspreizung 2 K), Meßungenauigkeit max. 3 %. Mind. 70 % zusammenhängende Kühlelemente bei konstruktionsgemäß vorgesehener vollflächiger Anordnung und 80 % bei streifenförmiger (offener) Anordnung, wobei die Einbaubedingungen der Hersteller beachtet werden müssen; Wärmedämmung 40 mm ($\lambda = 0{,}04$ W/(m · K)); Prüfberichte durch Prüflabors, Simulation in 5 verschiedenen Prüfräumen mit Angabe der Meßorte für Temperatur (geschlossene Decke, offene Decke, Wandkühlfläche, Bodenkühlfläche, Kühlkonvektor) und 1 Prüfraum für Geschwindigkeiten.

Die **Kühldecke auch für Heizzwecke** zu verwenden ist bei guter Wärmedämmung und geringen inneren Oberflächentemperaturen grundsätzlich möglich. Wenn lediglich Deckenflächen vorliegen, können Probleme auftreten, insbesondere bei mehreren ungedämmten Außenflächen und womöglich großen Glasflächen, da hier zu unterschiedliche Strahlungstemperatursymmetrien vorliegen.

Die Beheizung ist hier zufriedenstellend, wenn auch „Heizflächen" in die Außenwand integriert werden und sie – in bezug auf die Personen – im gleichgerichteten Strahlungsaustausch wie die Glasflächen stehen. Unter Umständen muß die Deckenfläche sogar abgeschaltet werden und nur die Wandflächen dürfen betrieben werden. Besser ist die Kombination von Kühldecke (bzw. Heizdecke) und Raumheizflächen oder Zuluftzuführung unter Fenstern.

Die Behinderung der Entwärmung des Kopfes ist keine angemessene Komfortlösung, im Industriebereich jedoch gut vertretbar. Warmluftpolster unter der Decke führen zu Energieverlusten, wenn die Abluftdurchlässe oben angeordnet sind. Die maximal zulässige Oberflächentemperatur bzw. die Übertemperatur beträgt etwa 1/3 der Untertemperatur, so daß bei üblichen Raumhöhen nur etwa 30 W/m^2 erreicht werden.

Die **Befürchtung vor Leckagen und Wasserschäden** soll man nicht dramatisieren, denn letztlich ist bei jeder Sprinkleranlage oder Fußbodenheizung „Wasser in der Decke oder in den Wänden". Voraussetzung ist jedoch eine sorgfältige Planung unter Einbeziehung sämtlicher Gewerke, eine einwandfreie Montage und ausreichende Zugänglichkeit.

Durch eine fehlerhafte Ausführung können grundsätzlich sehr schnell die Vorteile von Kühldecken zunichte gemacht werden oder sogar ins Negative umkehren. Aus diesem Grunde sollten Rohrnetz, Hydraulik, RLT-Anlage, Regelung im Zusammenhang mit der Decke als Gesamtsystem betrachtet und angeboten werden. Wichtige Komponenten sollten nicht im Supermarkt gekauft werden.

Die Frage, ob **Kühldecken über Wärmetauscher angeschlossen** werden sollen, ist grundsätzlich zu bejahen, insbesondere wenn mehrere größere Raumgruppen oder geschoßweise Anschlüsse vorgenommen werden (Abb. 3.89). Vorteilhaft sind dadurch die individuelle und einfache Regelung durch die hydraulische Entkoppelung, der Wegfall der Verschmutzung des Kühldeckenkreislaufs, die mögliche Erhöhung der Spreizung im Primärstromkreis (kleineres Rohrnetz, geringerer Platz- und Energiebedarf), die Unabhängigkeit von Stockwerkserweiterungen und das geringere Volumen für aufbereitetes Wasser im Kühldeckenkreis (Kosten).

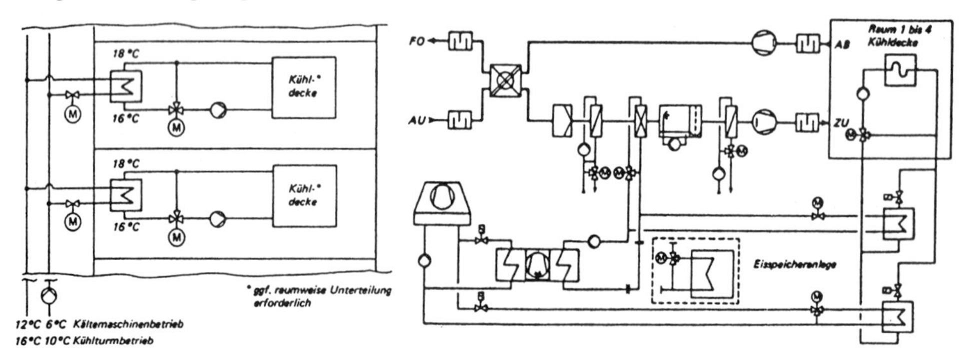

Abb. 3.89 Kühldecken mit Wärmeübertrager

Abb. 3.90 Kühldecke mit RLT-Anlage, wahlweise mit freier Kühlung über Kühlturm

Schlußbemerkung zur Kühldecke

Die genannten Vorteile und die überaus positive Beurteilung erklären die starke Zunahme von Kühldecken. Das europäische Patentamt in München dürfte mit 43 000 m² die größte zusammenhängende Kühldeckenfläche Europas haben. Der Einbau von Kühldecken wird schon deshalb steigen, weil Vorbehalte vieler Architekten und Bauherren gegenüber der Klimatisierung abgebaut werden können. Der Heizungsbauer mit seiner langjährigen Erfahrung bei der Erstellung von Fußbodenheizungen und Strahlplattenheizungen ist für den Einbau moderner Kühldecken der ideale Partner.

Trotzdem sind die Anwendungsarten, Probleme und Bedingungen zu beachten, so daß die Entwicklung sicherlich nicht stehen bleibt. Erwähnenswert hierzu sind: die höheren Anforderungen bei hohen Kühllastwerten, bei hohen Entfeuchtungslasten, bei stark schwankenden Raumlasten, bei der Auswahl optimaler Regelungssysteme, bei evtl. Ablagerungen in abgehängten Decken, bei der Vermeidung von Kaltluftabfall (z. B. bei hohen Räumen), bei der Montage (Dichtheit), bei der Kombination mit der RLT-Anlage (z. B. hinsichtlich der Lüftung und Luftbewegung), bei der Materialpaarung, bei der meßtechnischen Überprüfung und bei der Festlegung der DIN-Werte.

Nach einer **CCI-Umfrage** rechnet man in Deutschland z. Zt. (1993) *) mit etwa 310 000 m² Kühldeckenflächen, und dies innerhalb von 3 Jahren. Nimmt man die z. Zt. fest eingeplanten Deckenflächen hinzu, dürfte die Zahl von 400 000 m² erreicht werden. Diese Fläche wurde nach verschiedenen Kriterien angegeben. Die Unterteilung **nach Art des Gebäudes** erstreckt sich auf 70 % Neubauten (davon 75 % aktive und 25 % inaktive Flächen) und 30 % Altbauten, d. h. auf Modernisierungsvorhaben (davon 80 % aktiv); die Unterteilung **nach der Raumnutzung** erstreckt sich zu 88 % auf Verwaltungsgebäude wie Büros, Banken, Versammlungs- und Konferenzräume, also mehr im Komfortbereich, 5 % auf Industrie und 7 % Sonstiges; bei der Unterteilung **nach dem Auftraggeber** wurden Banken, Versicherungen mit 45 %, die öffentliche Hand mit 25 % und die Industrie mit 30 % angegeben; bei der Frage **nach der Wärmeübertragung** wurden 88 % Strahlungskühldecken und 12 % konvektive Kühldecken genannt; **nach der Lüftungsart** waren es 49 % mit Quellüftung, 39 % mit Mischlüftung, 10 % ohne Lüftung (!) und 2 % Sonstiges; **nach dem Kühlmedium** waren es 99 % Wasser und 1 % Luft, wobei letztere in den nächsten Jahren zunehmen dürfte; bei der Frage **nach dem Preis** gab es große Schwankungen (300 bis ca. 600 DM/m², 1993), 2 Jahre zuvor lagen die Kosten noch 50 % höher.

*) Hinweis: In den vorstehend genannten Kühldeckenflächen sind die einige hunderttausend Spiegelprofildekken mit integrierten Luftdurchlässen, Beleuchtung usw. nicht enthalten.

4 Die Luftfeuchtigkeit in der Raumlufttechnik

Während in der Heizungs- und zum größten Teil auch in der Lüftungstechnik die Feuchtigkeit wenig oder überhaupt nicht beachtet wird, spielt sie in der Klimatechnik neben der Raumtemperatur die größte Rolle (insbesondere in Versammlungsräumen und bestimmten Arbeits- und Fabrikationsräumen). Der Einfluß der Luftfeuchtigkeit auf das menschliche Wohlbefinden, die Berechnung von Be- und Entfeuchtungseinrichtungen, die Feuchteeinwirkung auf Baukörper und Einrichtungen sowie die Messung und Regelung der Luftfeuchtigkeit müssen jedem, der sich mit Klimatisierung beschäftigt, bekannt sein.

4.1 Zustandsgrößen und Gesetze feuchter Luft

In der Klimatechnik muß die Luft erwärmt, gekühlt, entfeuchtet oder befeuchtet werden, d. h., sie muß thermodynamisch von einem Zustand auf einen anderen gebracht werden (Zustandsänderung). Hierzu sind zur Kennzeichnung des Anfangs- und Endzustandes und somit zur Planung und Berechnung von Klimaanlagen mehrere Zustandsgrößen erforderlich:

4.1.1 Wasserdampfdruck - Absolute Feuchtigkeit

Die Luft, die uns umgibt, stellt eine Mischung von trockener Luft und unsichtbarem Wasserdampf dar. Man spricht daher von **feuchter Luft,** gleichgültig, ob sie sehr feucht oder sehr trocken ist. Grundsätzlich interessiert bei allen klimatechnischen Fragen oder Aufgaben, wieviel Wasser bzw. Wasserdampf in der Luft quantitativ vorhanden ist, auch ob und wie dieser verändert werden muß.

Merke: **Der Wasserdampfgehalt der Luft ändert sich nur, wenn der Luft Wasser zugeführt oder entzogen wird.**

- Der **Wasserdampfgehalt der Luft erhöht sich,** wenn z. B. der Luft durch Menschen oder Geräte Wasser zugeführt wird oder wenn die Raumluft mit einer Außenluft vermischt wird, deren Wassergehalt größer ist als der der Raumluft (Lüftung im Sommer) ⇒ in beiden Fällen **wird die Luft befeuchtet.**
- Der **Wasserdampfgehalt der Luft verringert sich,** wenn z. B. der Raumluft durch ein Klimagerät Wasser entzogen wird (Schwitzwasser am Kühler) oder wenn die Raumluft mit einer Außenluft vermischt wird, deren Wassergehalt geringer ist als der der Raumluft (Lüftung im Winter) ⇒ in beiden Fällen **wird die Luft entfeuchtet.**

Nun interessieren weitere Fragen, wie z. B.:

- Wie kann der Wassergehalt angegeben werden, in welchen Einheiten?
- Wovon hängt die Aufnahmefähigkeit von Wasserdampf in Luft ab?
- Wieviel Wasser kann die Luft maximal aufnehmen, bis sie gesättigt ist, d. h. der Taupunkt erreicht ist?
- Wie kann man den Wassergehalt berechnen, und wie hängt dieser vom Luftdruck ab?
- Was bedeutet die absolute Feuchte hinsichtlich der erforderlichen Befeuchtung während des Jahres?

Wasserdampfdruck p_D, p_{DS}

Der am Barometer abgelesene Druck wird durch die Luft ausgeübt, und da die Luft aus mehreren Gasen besteht, ist jedes Gas – entsprechend seinem Anteil – an diesem Gesamtdruck beteiligt.
Der Gesamtdruck p ist demnach immer die Summe aller Einzeldrücke (= Partialdrücke).
$p = p_1 + p_2 + p_3 \ldots$ **(Gesetz von Dalton)**
Bei der feuchten Luft, bei der man nur den Trockenluftanteil und den Wasserdampfanteil betrachtet, gilt dann:

$$p = p_L + p_D$$ in mbar (früher Torr)

Der Wasserdampfpartialdruck p_D ist demnach der Druck, den der Wasserdampf auf die Umgebung ausüben würde, wenn er allein vorhanden wäre. Das bedeutet, je mehr Wasser in einem bestimmten Raum vorhanden ist, desto größer ist p_D und entsprechend geringer der Partialdruck der trockenen Luft p_L.

Der **höchstmögliche Wasserdampfanteil p_{DS} ist stark von der Temperatur abhängig** (Tab. 4.1). Ist dieser erreicht, spricht man eigentlich nicht mehr von feuchter, sondern von **gesättigter Luft,** denn der Partialdruck p_D ist zum **Sättigungsdampfdruck** p_{DS} (Siededruck bei der entsprechenden Temperatur) geworden.

Beispiel: Bei –12 °C ist p_{DS} = 1,65 mbar, bei 20 °C bereits 23,37 mbar, bei 50 °C schon 123,35 mbar, und bei 100 °C ist kein Trockenluftanteil mehr vorhanden, d. h., p_{DS} entspricht dem Gesamtdruck von 1013 mbar.

Weitere Hinweise hierzu:

- Führt man mehr Wasserdampf hinzu, als es dem Sättigungsdampfdruck entspricht, schlägt sich dieser „Überschuß" **als Wasser nieder.** Befinden sich in der Luft winzig kleine Wassertröpfchen im Schwebezustand (Aerosole), handelt es sich um **Nebel** (übersättigte „nebelige Luft"), der sich bei Erwärmung sofort wieder auflöst.
- Der in der Luft vorhandene Wasserdampf wird in der Praxis weniger durch den Partialdruck p_D als vielmehr durch die absoute Feuchtigkeit x angegeben.

Tab. 4.1 Zustandsgrößen von gesättigter Luft bei 1013 mbar

ϑ °C	ϱ_{tr} $\frac{kg}{m^3}$	ϱ_s $\frac{kg}{m^3}$	c $\frac{Wh}{m^3 \cdot K}$	x_s $\frac{g}{kg}$	h_s $\frac{kJ}{kg}$	r $\frac{kJ}{kg}$
-20	1,396	1,395	0,388	0,63	-18,5	2839
-15	1,368	1,367	0,380	1,01	-12,6	2838
-14	1,363	1,362	0,379	1,11	-11,3	2838
-13	1,358	1,357	0,377	1,22	-10,0	2838
-12	1,353	1,352	0,376	1,34	- 8,8	2837
-11	1,348	1,374	0,374	1,46	- 7,5	2837
-10	1,342	1,341	0,373	1,60	- 6,1	2837
- 9	1,337	1,336	0,371	1,75	- 4,7	2836
- 8	1,332	1,331	0,370	1,91	- 3,3	2836
- 7	1,327	1,325	0,368	2,08	- 1,9	2836
- 6	1,322	1,320	0,367	2,27	- 0,4	2836
- 5	1,317	1,315	0,366	2,47	+ 1,1	2836
- 4	1,312	1,310	0,364	2,69	+ 2,7	2835
- 3	1,308	1,306	0,363	2,94	+ 4,3	2835
- 2	1,303	1,301	0,362	3,19	+ 5,9	2835
- 1	1,298	1,295	0,360	3,47	+ 7,6	2835
0	1,293	1,290	0,359	3,78	9,4	2500
1	1,288	1,285	0,357	4,07	11,2	2498
2	1,284	1,281	0,356	4,37	12,9	2496
3	1,279	1,275	0,354	4,70	14,8	2494
4	1,275	1,271	0,353	5,03	16,7	2492
5	1,227	1,266	0,352	5,40	18,5	2489
6	1,265	1,261	0,351	5,79	20,5	2486
7	1,261	1,256	0,349	6,21	22,6	2484
8	1,256	1,251	0,348	6,65	24,7	2482
9	1,252	1,247	0,347	7,13	26,9	2480
10	1,248	1,242	0,345	7,63	29,2	2477
11	1,243	1,237	0,344	8,15	31,6	2475
12	1,239	1,232	0,342	8,75	34,1	2473
13	1,235	1,228	0,341	9,35	36,6	2470
14	1,230	1,223	0,340	9,97	39,2	2468
15	1,226	1,218	0,339	10,60	41,8	2465
16	1,222	1,214	0,337	11,40	44,8	2463
17	1,217	1,208	0,336	12,10	47,8	2461
18	1,213	1,204	0,335	12,90	50,7	2458
19	1,209	1,200	0,334	13,80	54,1	2456
20	1,205	1,195	0,332	14,70	57,8	2453

ϑ °C	ϱ_{tr} $\frac{kg}{m^3}$	ϱ_s $\frac{kg}{m^3}$	c $\frac{Wh}{m^3 \cdot K}$	x_s $\frac{g}{kg}$	h_s $\frac{kJ}{kg}$	r $\frac{kJ}{kg}$
21	1,201	1,190	0,331	15,6	61,2	2451
22	1,197	1,185	0,329	16,6	64,1	2448
23	1,193	1,181	0,328	17,7	67,9	2446
24	1,189	1,176	0,327	18,8	72,1	2444
25	1,185	1,171	0,326	20,0	75,8	2441
26	1,181	1,166	0,324	21,4	80,4	2439
27	1,177	1,161	0,322	22,6	84,6	2437
28	1,173	1,156	0,321	24,0	89,3	2434
29	1,169	1,151	0,320	25,6	94,3	2432
30	1,165	0,146	0,318	27,2	99,7	2430
31	1,161	1,141	0,317	28,8	104,8	2428
32	1,157	1,136	0,316	30,6	110,2	2425
33	1,154	1,131	0,314	32,5	116,1	2423
34	1,150	1,126	0,313	34,4	122,3	2420
35	1,146	1,121	0,311	36,6	129,1	2418
36	1,142	1,116	0,310	38,8	135,8	2416
37	1,139	1,111	0,309	41,1	142,5	2414
38	1,135	1,107	0,308	44,5	149,6	2411
39	1,132	1,102	0,306	46,0	157,5	2409
40	1,128	1,097	0,305	48,8	165,9	2406
42	1,121	1,086	0,302	54,8	183,1	2401
44	1,114	1,076	0,299	61,3	202,4	2396
46	1,107	1,065	0,296	68,9	223,7	2392
48	1,100	1,054	0,293	77,0	247,2	2387
50	1,093	1,043	0,290	86,2	273,6	2382
55	1,076	1,013	0,282	114	352,4	2370
60	1,060	0,981	0,273	152	457	2358
65	1,044	0,946	0,263	204	599	2345
70	1,029	0,909	0,252	276	796	2333
75	1,014	0,868	0,241	382	1081	2321
80	1,000	0,823	0,229	545	1521	2308
85	0,986	0,773	0,215	828	2284	2296
90	0,973	0,718	0,200	1400	3821	2283
95	0,959	0,656	0,182	3120	8484	2270
100	0,947	0,589	0,164	–	–	2258

Absolute Feuchtigkeit, x, x_s

Die absolute Feuchte x ist **der in der Luft tatsächlich vorhandene Wasserdampfgehalt,** meistens mit der Einheit g/kg (Gramm Wasser je kg Luft). Die vorstehenden Angaben beim Partialdruck gelten entsprechend auch hier. Ist die obere Grenze erreicht, erhält man die **Sättigungsdampfmenge** (gesättigte Luft), d. h., so wie p_D zu p_{DS}, wird hier x zu x_S und somit zum höchstmöglichen Wassergehalt. Für klimatechnische Berechnungen ist die absolute Feuchte von größter Bedeutung, da durch sie die Befeuchtung (+ Δx) oder die Entfeuchtung (- Δx) gekennzeichnet wird.

Weitere Hinweise hierzu:

- Der Wasserdampfgehalt (Gramm Wasser) **bezieht sich auf 1 kg trockene Luft.** Ist z. B. x = 10 g/kg, so handelt es sich um 1 000 g + 10 g = 1 010 (1 + x) g Feuchtluft, denn die Wassermasse des Luftwasserdampfgemisches kann sich nur durch Wasseraufnahme und Wasserabnahme ändern, während der Trokkenluftanteil konstant bleibt. Dies ist jedoch für spätere Berechnungen kaum von Bedeutung.
- Die **Sättigungsdampfmenge ist stark temperaturabhängig.** So kann die Luft von z. B. -10 °C nur 1,6 g/kg, bei 20 °C jedoch 14,7 g/kg aufnehmen, bis diese jeweils ihren höchstmöglichen Wassergehalt erreicht hat.
- Die **Berechnung der maximalen absoluten Feuchte** kann man nach folgender Gleichung vornehmen, die sich aus der allgemeinen Gasgleichung in Verbindung mit dem DALTON-Gesetz ergibt:

Sättigungsdampfmenge:

$$x_S = 0{,}622 \cdot \frac{p_{DS}}{p - p_{DS}} \quad \text{in g/kg}$$

p_{DS} Sättigungsdampfdruck
p Luftdruck (Barometer)

Der Faktor 0,622 ergibt sich aus dem Quotienten der beiden Gaskonstanten von Luft und Wasserdampf (287,1/461,4).

- Die **x_s-Werte nach Tab. 4.1 gelten für p = 1 013 mbar,** ebenso für das hx-Diagramm (Abb. 9.1), obwohl es auch Tabellen und Diagramme für andere Drücke gibt, z. B. ist x_S bei 1 000 mbar und 20 °C 14,9 g/kg, anstatt 14,7 g/kg bei 1 013 mbar. Bei größeren Abweichungen vom Normdruck verändert sich auch stark die maximal mögliche Wasserdampfmenge:

Tab. 4.2 Abhängigkeit x_S von Luftdruck

Höhe über Normalnull	m	0	200	400	600	800	1000	1500	2000
Gesamtdruck (Luftdruck)	mbar	1013	989	966	943	921	899	842	795
Sättigungsdampfmenge x	g/kg	14,7	15,1	15,4	15,8	16,2	16,6	17,76	18,83

- Die **Umrechnung von p_D in x** kann man in dem Temperaturbereich von 0 bis 40 °C mit etwa $x \approx 0{,}62 \cdot p_D$ vornehmen.

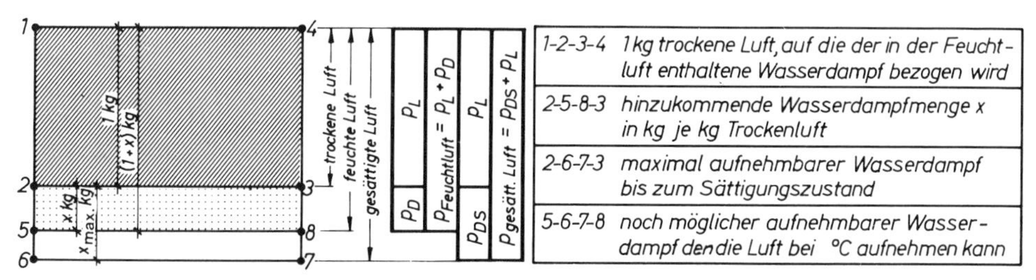

Abb. 4.1 Graphische Darstellung von gesättigter, feuchter und trockener Luft 2–3 → x = 0; 6–7 → $x = x_S$

- Die **absolute Feuchte der Außenluft x_a** schwankt im Laufe des Jahres sehr stark (Abb. 7.14), während sie im Tagesverlauf, im Gegensatz zur temperaturabhängigen relativen Feuchte, nahezu konstant bleibt (Abb. 7.15). Wie im Kap. 7.3.1 erläutert, hat der in der VDI 2078 für Deutschland einheitlich festgelegte Wert von 12 g/kg Konsequenzen für die Auslegung von RLT-Anlagen.
- Werden nämlich **zwei Luftmassen mit unterschiedlichen x vermischt,** wie z. B. Außenluft mit x_a und Raumluft mit x_i, so kann man – wie anfangs erwähnt – den Raum entfeuchten (falls $x_a < x_i$). Bei

Hinweis 2 wären dies bei $\dot{V}$ = 1 000 m³/h eine entzogene Wasserdampfmasse von $\dot{m}_W = \dot{V} \cdot \varrho \cdot \Delta x$ = 1 000 · 1,2 · (14,7 − 1,6) = 15 720 g/h ≙ 15,7 l/h. Im Sommer, wenn $x_a > x_i$ ist, findet eine Befeuchtung statt.

- Die **Dichte feuchter Luft** $\varrho_f = \varrho_L + \varrho_D$ kg Gemisch/m³. Da die Dichte von Wasserdampf geringer als die der Luft ist, ist 1 m³ **feuchte Luft leichter als trockene.** Feuchte Luft sammelt sich daher im Deckenbereich an, was bei der Luftführung in Naßräumen beachtet werden muß.

4.1.2 Relative Feuchtigkeit φ

Im Gegensatz zur absoluten Feuchtigkeit, die für die Berechnung von Klimaanlagen entscheidend ist, wird die relative Feuchtigkeit zur Kennzeichnung des Raumluftzustandes herangezogen. Hier stellt sie eine **Behaglichkeitskomponente** dar und hat zusammen mit der Temperatur Einfluß auf das Schwüleempfinden. Ferner dient die relative Feuchte als **Meß- und Regelgröße,** d. h., überall dort, wo die Feuchtigkeit gemessen und geregelt werden muß, ob im Raum, innerhalb der Klimaanlage, im Freien oder sonstwo, verwendet man Geräte, an denen die relative Feuchte abgelesen bzw. eingestellt wird.

Das Verhältnis des in der Luft vorhandenen Wasserdampfs zu dem bei derselben Temperatur maximal möglichen nennt man relative Feuchte, die mit dem griechischen Buchstaben φ bezeichnet wird.

bezogen auf das Druckverhältnis: $\varphi = \frac{p_D}{p_{DS}}$; bezogen auf das Massenverhältnis: $\varphi = \frac{x}{x_S}$

Beispiel: (Weitere Aufgaben vgl. Kap. 4.1.7)

Ein Raum hat eine Lufttemperatur von 12 °C und eine relative Feuchte von 50 %. Wie groß ist die absolute und die relative Feuchtigkeit nach der Erwärmung auf 22 °C?

$\varphi = \frac{x}{x_S}$; $x_{50} = \varphi \cdot x_S = 0{,}5 \cdot 8{,}75 = 4{,}375$ g/kg; $\varphi = \frac{4{,}375}{16{,}6} = 0{,}264$ ≙ **26,4 %**

(26,5 % aufgrund des Druckverhältnisses), d. h., relativ ist die Luft trockener geworden, die absolute Feuchtigkeit (4,375 g/kg) bleibt jedoch unverändert; unterschiedlich sind selbstverständlich die beiden Sättigungsdampfmengen x_S.

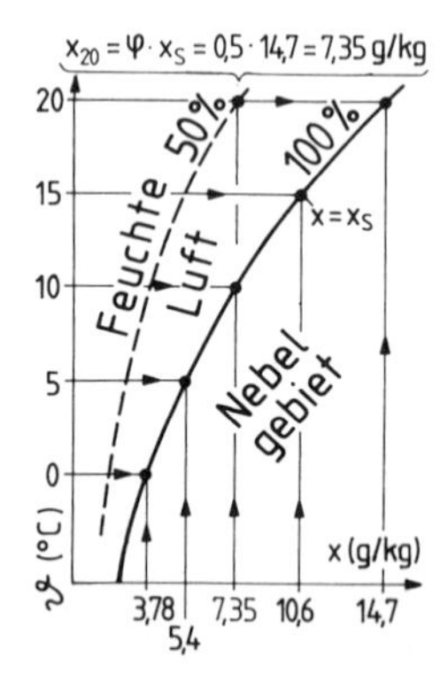

Abb. 4.2 Sättigungsdampfkurve und bei φ = 50 %

Trägt man die Sättigungsdampfmenge x_s in Abhängigkeit von der Temperatur auf, ergibt sich die **Sättigungsdampfkurve,** d. h. die φ-Linie 100 %. Oberhalb dieser Kurve befindet sich feuchte Luft, und unterhalb beginnt die Luft, Wasser abzugeben (Abb. 4.2). Die relative Feuchte gibt demnach den **Prozentsatz des maximal möglichen Feuchtegehalts** bei der jeweils gegebenen Temperatur an. Erwärmt man z. B. so weit, daß die Luft die doppelte Masse Wasserdampf aufnehmen kann, so ist sie nur noch 50 % gesättigt. Andere Prozentsätze ergeben andere Kennlinien (vgl. *h,x*-Diagramm, Abb. 9.1).

Wie schon erwähnt, sagt **eine veränderte relative Feuchte allein nichts aus, ob eine Be- oder Entfeuchtung durchgeführt wird.** So kann eine Luft mit sehr geringer absoluter Feuchte noch weiter getrocknet werden mit einer Luft, die eine sehr hohe relative Feuchte aufweist. Ebenso sagt sie allein nichts aus, ob die Luft schwül ist oder nicht (Abb. 2.7).

Weitere Hinweise:

- Abgeleitet von allg. Gasgesetz und dem Gesetz von DALTON, ergibt sich die **relative Feuchte aus dem**

Druckverhältnis. Für die Praxis ist es jedoch gleichgültig, ob φ nach dem Mengen- oder dem Druckverhältnis bestimmt wird.

$$\varphi = \frac{p_D}{p_{DS}} = \frac{\text{Wasserdampfpartialdruck}}{\text{Sättigungsdampfdruck}}$$

p_D/p_{DS} weichen von x/x_s nur bei geringen Temperaturen und sehr hoher Luftfeuchte stärker voneinander ab. Umrechnung: $x/x_s = \varphi\,[(p-p_{DS})/(p-p_D)]$

Den **Wasserdampfgehalt nicht gesättigter Luft** kann man bei gegebener relativer Feuchte nach folgender Beziehung berechnen: $x = 0{,}622\,(\varphi \cdot p_{DS})/(p - \varphi \cdot p_{DS})$.

- Da entsprechend Tab 4.2 der Luftdruck p von der barometrischen Höhe abhängig ist und φ wiederum von p, kann man die **φ-Werte mit folgenden Faktoren *f* korrigieren:**

Tab. 4.3 Korrekturfaktoren für φ in Abhängigkeit vom Luftdruck

p	mbar	1013	989	966	943	921	899	842	795	entsprechend Tab. 4.2
f	-	1	0,976	0,953	0,931	0,909	0,887	0,831	0,785	$\varphi_{korr} = \varphi \cdot f$

- Eine **behagliche Raumluftfeuchte** hängt – wie in Kap. 2.3.2 erläutert – vorwiegend von der Raumtemperatur ab. Anhaltswerte: bei ϑ_i = 18 bis 21 °C ⇒ φ_i = 60 bis 50 %, bei ϑ_i = 22 bis 25 °C ⇒ φ_i = 50 bis 40 %, d. h., φ = (45 bis) **50 % ist ein empfohlener Mittelwert.** Bei Produktionsstätten gelten spezielle und z. T. sehr unterschiedliche Anforderungen an die relative Feuchte (Kap. 12).
- Die **relative Feuchte der Außenluft φ_a** schwankt nicht nur im Laufe des Jahres, sondern – im Gegensatz zur absoluten Feuchte – auch sehr stark im Laufe des Tages (Abb. 7.15), da sie von der Temperatur abhängig ist; demnach Höchstwerte im Sommer in den frühen Morgenstunden (90 bis 100 %), Tiefstwerte um die Mittagszeit (≈ 45 bis 50 %).

4.1.3 Taupunkttemperatur - Schwitzwasserbildung

Wie aus vorherigen Teilkapiteln hervorgeht, nimmt bei jedem Wärmeentzug die Temperatur der Luft ab, während die absolute Feuchte unverändert bleibt. Dabei nähert man sich immer mehr derjenigen Temperatur, bei der der vorhandene absolute Wasserdampfgehalt x der Sättigungsdampfmenge x_s entspricht, d. h. x zu x_s bzw. φ zu φ_{100} wird. Den auf der Sättigungslinie erreichten Punkt bezeichnet man als Taupunkt und die zugehörige Temperatur als Taupunkttemperatur.

Die Taupunkttemperatur ϑ_{Tp} ist diejenige Temperatur, bis zu der man feuchte Luft abkühlen muß, bis sie voll gesättigt ist (x = konst), d. h., sie ist die Temperatur, bei der die Luft beginnt, Wasser auszuscheiden. Alle Luftzustände mit derselben absoluten Feuchte haben denselben Taupunkt.

Teils ist dieser Taupunkt erwünscht (z. B. zur Luftentfeuchtung oder bei der Brennwertnutzung), teils unerwünscht (z. B. wegen Feuchteschäden).

Gegenstände, die eine niedrigere Oberflächentemperatur ϑ_o als die Taupunkttemperatur ϑ_{Tp} der sie umgebenden Luft besitzen, beschlagen sich mit Wasser. Je größer diese Temperaturdifferenz $\vartheta_{Tp} - \vartheta_o$ ist, desto mehr Wasser wird der Luft entzogen, das als Kondenswasser oder „Schwitzwasser" bezeichnet wird.

Beispiele:

Beschlagen der Fenster oder Metallrahmen bei tiefen Außentemperaturen, „Schwitzen" kalter Wasserleitungen in Räumen, Kondensation feuchter Luft innerhalb oder außerhalb von Luftkanälen, Beschlagen des Spiegels, feuchte Wandflächen mit den dabei auftretenden Problemen (Kap. 4.2.1), Tropfenbildung am Bierglas, Tau oder Nebelbildung in der Natur und nicht zuletzt gewünschter Kondensatanfall am Oberflächenkühler eines Klimagerätes.

Möchte man den Taupunkt nicht erreichen, so ist demnach die Taupunkttemperatur ϑ_{Tp}

der Raumluft gleichzeitig die niedrigst zulässige Oberflächentemperatur ϑ_o einer Fläche (z. B. Fenster, Rohr).

Setzt man die Formel des Wärmedurchgangs: $\dot{Q} = A \cdot k \cdot (\vartheta_i - \vartheta_\alpha)$ derjenigen des Wärmeübergangs: $\dot{Q} = A \cdot \alpha_i \cdot (\vartheta_i - \vartheta_{Tp})$ gleich, so erhält man für k und ϑ_{Tp}:

$$k \leqq \alpha_i \frac{\vartheta_i - \vartheta_{Tp}}{\vartheta_i - \vartheta_a}$$

in $W/(m^2 \cdot K)$

Anhaltswerte für die innere Wärmeübergangszahl α_i:
3,5 bis 6 W/(m² · K): tote Ecken, ruhende Luft (Nischen), abgehängte Decke
7 bis 9 W/(m² · K): normale Fälle, Luft an Innenwänden
10 bis 14 W/(m² · K): stärkere Luftbewegungen, über Heizkörper
$>$ **14 W/(m² · K):** direkt angeblasene Flächen, Zwangslüftung

$$\vartheta_{Tp} \geqq \vartheta_i - \frac{k}{\alpha_i}(\vartheta_i - \vartheta_a)$$

in °C

ϑ_{Tp} entspricht zwar der niedrigst zulässigen Oberflächentemperatur, doch sollte hier, vor allem wegen der Ungenauigkeit von α_i, ein Sicherheitszuschlag von etwa 2 K oder φ = 90 % angenommen werden.

Diese Beziehungen haben vor allem in Naßräumen größere Bedeutung, wie z. B. bei der Schwimmbadlüftung (vgl. Bd. 3).

Beispiel: (Weitere Aufgaben vgl. Kap. 4.1.7)

Wie hoch darf die relative Feuchte φ_i bei einer Außenlufttemperatur von –12 °C und einer Raumtemperatur von 25 °C sein, wenn eine Wärmedurchgangszahl von 1,3 W/(m² · K) angegeben wird. α_i soll mit 4 W/(m² · K) angenommen werden, und anstelle φ = 100 % soll aus Sicherheitsgründen von φ = 90 % ausgegangen werden.

Lösung: $\vartheta_{Tp} \approx$ 13 °C, $x_{s(13)}$ = 9,35 g/kg, $x_{90(13)}$ = 8,42 g/kg, $\varphi = x/x_s$ = 8,42/20,0 = **42,1 %**
(anstatt 46,8 % bei φ 100 %)

Bei Naßräumen – insbesondere bei älteren Gebäuden mit geringer Wärmedämmung – sowie bei kalten strömenden Medien in Rohren oder Kanälen, auch wenn solche durch kalte Räume geführt werden, ergeben sich daraus folgende **bauphysikalische, heizungs- und lüftungstechnische Hinweise:**

1. Oberflächentemperaturen an kalten Flächen kann man durch eine **Reduzierung des Wärmebedarfskoeffizienten** drastisch senken, wie z. B. durch eine Wärmedämmung an Außenflächen, Isolierverglasungen, Vermeidung ungedämmter Fensterrahmen, Dämm-Maßnahmen an kalten Rohren. Der Einfluß der Außentemperatur und des Wärmedurchgangskoeffizienten auf die innere Oberflächentemperatur der Raumumfassungsfläche zeigt Abb. 2.8.
2. **Tote Ecken sollte man möglichst vermeiden,** denn an diesen Stellen mit geringer Luftbewegung (geringer α-Wert) besteht die größte Gefahr, daß der Taupunkt erreicht oder sogar unterschritten wird. Hierzu zählen z. B. Nischen, Fensterbrüstungen und -leibungen, Ecken an zwei angrenzenden Außenwänden, verdeckte Flächen (hinter Möbeln, Vorhängen), Lichtschächte u. a. Hier wird eine sinnvolle Wärmedämmung besonders deutlich (vgl. Bd. 1).
3. Eine **Abschirmung durch Warmluft** kann ebenfalls die Erreichung oder gar Unterschreitung der Taupunkttemperatur verhindern. So können z. B. das Beschlagen großer Glasflächen durch entsprechende Heizflächenwahl und -anordnung oder durch entsprechende Lamellenstellung bei Luftheizgeräten, durch Brüstungskanäle, Lüftungsschienen im Estrich usw. verhindert werden. Solche „Warmluftschleier" erhöhen auch den Wärmeübergangskoeffizienten und verschieben dadurch den Taupunkt.
   Ebenso können Strahlungsheizungen jeglicher Art die Taupunkttemperatur verändern und somit die Gefahr der Schwitzwasserbildung stark verringern.
4. **Kältebrücken an Gebäudeteilen sind zu vermeiden.** Hierunter versteht man die Stellen, an denen die Dämmwirkung des Bauteils stark geschwächt wird, wie z. B. Betonsturz, Glasbausteine, Eisenträger, Befestigungselemente, Beschläge usw. Auch Glasflächen und Nischen gehören im Prinzip dazu.
5. Je höher die innere Oberflächentemperatur, desto höher kann der **Hygrostat gestellt** werden. Dadurch braucht die Lüftungsanlage nicht so oft bzw. so lange in Betrieb zu gehen (Energieeinsparung). Es ist auch möglich, diese Temperatur im Winter als Regelgröße zu wählen.
6. Auch bei **Außenluft- und Fortluftkanälen** können in bezug auf Schwitzwasserbildung Probleme auftreten; so z. B., wenn eine warme feuchte Fortluft (z. B. Küche) durch einen kalten Raum geführt wird (Kondensation innen) oder wenn kalte Außenluft durch einen warmen feuchten Raum geführt wird (Kondensation außen). **Die Taupunktunterschreitung findet demnach immer nur auf der wärmeren Seite statt.** Eine entsprechende Wärmedämmung mit Dampfsperre ist unerläßlich.

Möchte man hierzu die **Dämmdicke $d_{Wä}$ für den Kanal berechnen,** kann dies wie folgt geschehen:

$$d_{Wä} \geqq \lambda_{Wä} \left[\frac{\vartheta_W - \vartheta_K}{\alpha_W (\vartheta_W - \vartheta_{Tp})} - \left(\frac{1}{\alpha_W} + \frac{d_{Ka}}{\lambda_{Ka}} + \frac{1}{\alpha_K} \right) \right]$$

vgl. Aufgabe 13, Kap. 4.1.7

α für Innenseite Kanal
$\approx 6{,}2 + 4{,}2 \cdot v$ (bei $v < 5$ m/s)
$\approx 7{,}3 \cdot v^{0{,}8}$ (bei $v \geq 5$ m/s)
Indizes: w auf wärmerer Seite,
k auf kälterer Seite, Ka Kanal; Wä Dämmung

7. Es gibt auch **Diagramme** (vgl. Abb. 4.3), aus denen man in Abhängigkeit der Außentemperatur die zulässige relative Feuchte oder den erforderlichen Wärmedurchgangskoeffizienten direkt ablesen kann (hier auf $\vartheta_i = 20$ °C bezogen).

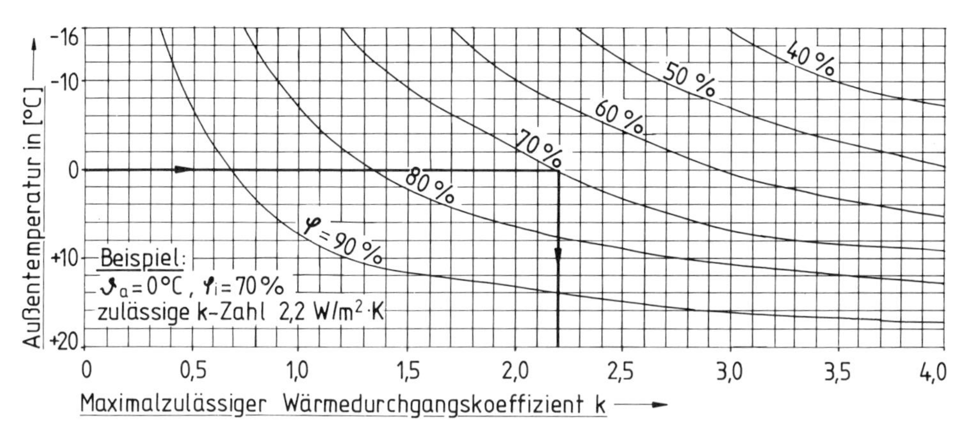

Abb. 4.3 Ermittlung von k_{max} zur Vermeidung von Kondensation

4.1.4 Wasserdampfdiffusion

Für Feuchteschäden in Bauteilen ist nicht nur die vorstehend erklärte Oberflächenkondensation entscheidend, sondern ob und in welcher Menge auch innerhalb des Bauteils Kondensat anfällt. Das Eindringen von Wasserdampf, man spricht hier von Wasserdampfdiffusion, ist möglich, wenn auf beiden Seiten der Wand unterschiedliche Partialdrücke p_D herrschen.

Allgemein versteht man unter Diffusion eine allmähliche Vermischung von zwei verschiedenen aneinandergrenzenden Stoffen (Gase). Dieser Ausgleich von Konzentrationsunterschieden erfolgt von selbst, d. h. wird durch die Eigenbewegung der Moleküle bewirkt. Hier ist zwar der Transport von Wasserdampf (Diffusionsstrom) innerhalb einer Wand gemeint, doch gibt es auch zahlreiche andere Fälle, wo die Molekularbewegung die Diffusion bewirkt, wie z. B. der Diffusionseffekt bei der Abscheidung von Schwebestoffen an Filterfasern, die Diffusion der Zuluft in die Raumluft, das Eindiffundieren von Gasen in bestimmte Volumenströme u. a.

Der Diffusionsvorgang und insbesondere die Frage, ob der Wasserdampfdiffusionsstrom innerhalb der Wand einen Tauwasserausfall bewirkt, lassen sich am einfachsten anhand eines Diagramms darstellen (sog. Glaserdiagramme). Dabei ist neben dem Schichtaufbau der Wand bzw. den jeweiligen Wärmeleit- und Wärmeübergangswiderständen R_λ und R_i, R_a auch der jeweilige **Diffusionsdurchlaßwiderstand $\mu \cdot d$** von Bedeutung, der für den Wasserdampfdurchgang entscheidend ist.

μ Diffusionswiderstandsfaktor (dimensionslos). Er gibt an, wievielmal wasserdampfdichter ein Stoff gegenüber einer gleichdicken Luftschicht ist. Für Luft ist $\mu = 1$. Er wird bei der Tabelle für λ-Werte in der DIN 4108 mit angegeben (vgl. Bd. 1).

d Schichtdicke, die in der Einheit m eingesetzt wird.

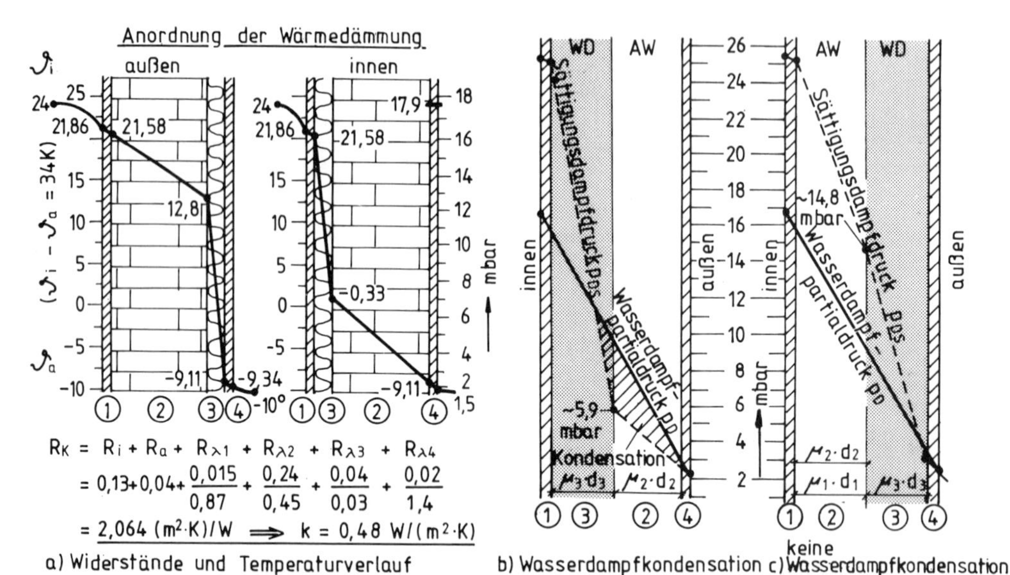

Abb. 4.4 Graphische Darstellung des Temperatur- und Wasserdampfdruckverlaufs („Diffusionsdiagramm")

Abb. 4.4 Diffusionsdiagramm einer beidseitig verputzten Außenwand. a) Temperaturverlauf nach den Gesetzen des Wärmedurchgangs: a1) Wärmedämmung außen, a2) Wärmedämmung innen; b) Partialdruckkurve p_D schneidet die Sättigungskurve (es entsteht Wasserdampfkondensation in der schraffierten Fläche); c) p_D liegt von p_{DS} weit voneinander (keine Kondensation im Mauerwerk).

- **Wie geht man vor bei einer Diffusionsberechnung?**

1. **Bestimmung der Temperatursprünge in den einzelnen Schichten:** $\Delta\vartheta_1 = k \cdot \Delta\vartheta \cdot d_1/\lambda_1$; $\Delta\vartheta_2 = k \cdot \Delta\vartheta \cdot d_2/\lambda_2$... **Man erhält somit die Temperaturen in den Trennfugen.**

   Zu Abb. 4.4 Wärmedämmung innen: $\Delta\vartheta_{ü} = 0{,}13 \cdot 34/2{,}064 = 2{,}14$ K $\Rightarrow$ 21,86 °C (26,4 mbar); $\Delta\vartheta_1 = 0{,}017 \cdot 34/2{,}064 = 0{,}28$ K $\Rightarrow$ 21,58 °C (25,7 mbar); $\Delta\vartheta_3 = 1{,}33 \cdot 34/2{,}064 = 21{,}94$ K $\Rightarrow$ – 0,33 °C (5,9 mbar); $\Delta\vartheta_2 = 0{,}533 \cdot 34/2{,}064 = 8{,}78$ K $\Rightarrow$ 9,11 °C (2,8 mbar); $\Delta\vartheta_4 = 0{,}014 \cdot 34/2{,}064 = 0{,}23$ K $\Rightarrow$ – 9,34 °C (2,7 mbar); $\Delta\vartheta_{ü} = 0{,}04 \cdot 34/2{,}064 = 0{,}66$ K $\Rightarrow$ – 10 °C (2,6 mbar)

   Wärmedämmung außen: $\Delta\vartheta_{ü} = 0{,}13 \cdot 34/2{,}064 = 2{,}14$ K $\Rightarrow$ – 21,86 °C (26,4 mbar); $\Delta\vartheta_1 = 0{,}017 \cdot 34/2{,}064 = 0{,}28$ K $\Rightarrow$ – 21,58 °C (25,7 mbar); $\Delta\vartheta_2 = 0{,}533 \cdot 34/2{,}064 = 8{,}78$ K $\Rightarrow$ – 12,8 °C (14,8 mbar) usw. ...

2. **Berechnung der jeweiligen Diffusionswiderstände $\mu \cdot d$ und nacheinander maßstäbliche Eintragung auf der Abszissenachse.**

3. **Danach ermittelt man die den Trennfugentemperaturen zugehörigen Sättigungsdampfdrücke p_{DS} und trägt diese maßstäblich in Abb. b) bzw. c) ein; Verbindung der Schnittpunkte.**

4. **Bestimmung von p_D auf beiden Seiten. Nach Eintragung beide Punkte miteinander verbinden.**

5. **In dem Bereich, in dem die p_{DS}-Linie unterhalb der p_D-Linie liegt, ist Kondensation zu erwarten.**

Folgerungen und weitere Hinweise:

1. Durch die Wasserdampfdiffusion kann es innerhalb der Wand zur Schwitzwasserbildung kommen. Die möglichen Folgen, wie **größerer Wärmeverlust, Bauschäden und Gesundheitsgefährdung durch Schimmelbildung,** sind bekannt. Eine Diffusion tritt auch dann ein, wenn zwischen beiden Seiten trotz gleicher Temperatur eine unterschiedliche Luftfeuchte herrscht.

2. Da man davon ausgehen kann, immer auf der warmen Seite den höheren Dampfdruck zu haben, erfolgt die **Wasserdampfdiffusion praktisch immer von der warmen zur kalten Seite,** d. h. in Richtung des Wärme-Kälte-Gefälles. Demnach ist es günstig, wenn der Diffusionswiderstand der einzelnen Wandschichten in Richtung des Wärme-Kälte-Gefälles abnimmt.

3. Materialien mit großen Diffusionswiderstandsfaktoren, wie Kunststoffolien, Bitumen usw., bezeichnet man als **Dampfsperre.** Wenn also eine Durchfeuchtungsgefahr besteht, kann durch eine solche Dampfsperre, die **auf der warmen Seite angebracht** werden muß, die Gefahr beseitigt werden. So sind z. B. heute

Tab. 4.4 Diffusionswiderstandsfaktoren

Putz										Holz				Anstriche						Folien				
															Diofan									
Kalk-, Zement	Gips-, Anhydrid	Wärmedämmung	Normal- und Bimsbeton	Gasbeton, Lochziegel, Kalksandstein, Leichtbauplatten	Klinkermauer	Holzwoll-Leichtbauplatten	Mineral. und pflanzl. Stoffe	PUR – Schaum	Polystrolschaum	harte Faser	poröse Faser	Buche, Fichte	Sperrholz	Bitumen	einfach	dreifach	Binderfarben	Leimfarben	Lacke	Ölfarben	PVC > 1 mm	Polyäthylen	Aluminium	Dachpappe
15 – 35	10	5 – 20	70 – 150	5 – 10	100	2 – 5	1	30 – 100	20 – 100	70	5	40	50 – 400	740	12 000	200 000	200 – 6000	180 – 215	25 000 – 50 000	10 000 – 24 000	20 000 – 50 000	≈ 100 000	dampfdicht	15 000 – 100 000

Wärmedämmungen mit Dampfsperre (z. B. mit Alukaschierung) eine Selbstverständlichkeit. Außerdem gibt es diffusionsbehindernde Spezialanstriche.

4. Eine Kondensation im Winter braucht keine Schäden hervorzurufen, wenn **während des Sommers das Tauwasser im Innern des Bauteils wieder durch Verdunstung abgegeben** werden kann (vgl. DIN 4108 T. 5). Entscheidend für Bauschäden ist demnach nicht allein die Taupunktunterschreitung, sondern die ein- und ausdiffundierenden Wassermassen, die annähernd wie folgt berechnet werden: $\dot{m} \approx \Delta p / 1{,}5 \cdot 10^6 \cdot \mu \cdot d$ (Δp = Wasserdampfdruckdifferenz in Pa, $\dot{m}$ in l/(m^2 · h)).
5. Bei den heutigen „Isoliersteinen" kann eine **Taupunktunterschreitung** im Mauerwerk praktisch nicht mehr vorkommen, so daß hier eine Diffusionsberechnung in der Regel entfallen kann.

Grundsätzlich kann man die **Kondensation durch Wasserdampfdiffusion verhindern,** wenn man

- die relative Feuchte im Raum verringert (z. B. durch Lüften)
- die Temperaturdifferenz zwischen innen und außen verringert
- die Wärmedämmung auf der Außenseite des Gebäudes anordnet
- die entsprechenden Baumaterialien wählt
- die auf der Innenseite eine diffusionsdichte Schicht (Dampfsperre) anbringt.

4.1.5 Enthalpie feuchter Luft — Sensible und latente Wärme

Die Enthalpie (= Wärmeinhalt) mit dem Symbol h hat in der Klimatechnik eine wesentlich größere Bedeutung als in der Lüftungstechnik, wo es sich meistens nur um die Erwärmung und Abkühlung der Luft handelt (vgl. Bd. 3). Dort berechnet man die zu- oder abzuführende Wärmemenge mit $Q = m \cdot c \cdot \Delta\vartheta$. Da die Enthalpie auf 0 °C bezogen wird, kann man **diese Gleichung auch als spezifische Enthalpie $h = c_L \cdot \vartheta$ ausdrücken,** wenn man die Masse auf 1 kg Luft bezieht und den Wasserdampfanteil der Luft unberücksichtigt läßt.

Die Enthalpie feuchter Luft, bei der dem Wasserdampfanteil der Luft derselbe Stellenwert zugeordnet wird wie dem Trockenluftanteil, setzt sich aus mehreren Enthalpieanteilen zusammen. Grundsätzlich unterscheidet man zwischen:

① $$\underbrace{h}_{\text{Wärmeinhalt feuchter Luft}} = \underbrace{c_L \cdot \vartheta}_{\text{(I) Wärmeinhalt des Trockenluftanteils}} + \underbrace{c_D \cdot x \cdot \vartheta}_{\text{(II) sensibler Wärmeinhalt des Wasserdampfanteils}} + \underbrace{x \cdot r}_{\text{(III) latenter Wärmeinhalt (des Wasserdampfanteils)}}$$

c_L = spezifische Wärmekapazität trockener Luft: 1 kJ/(kg · K) oder ≈ 0,28 Wh/(kg · K)
c_D = spezifische Wärmekapazität des Wasserdampfs: 1,93 kJ/(kg · K) oder ≈ 0,53 Wh/(kg · K)
x = Wasserdampfgehalt in kg je kg trockener Luft
r = Verdampfungswärme des Wassers: näherungsweise 2 500 kJ/kg oder 700 Wh/kg

Diese Enthalpieanteile kann man auch als **Trockenluftanteil und Wasserdampfanteil** angeben:

② $$h = \underbrace{c_L \cdot \vartheta}_{\text{Wärmeinhalt des Trockenluftanteils}} + \underbrace{c_D \cdot x \cdot \vartheta + r \cdot x}_{\text{Wärmeinhalt des Wasserdampfanteils}} = c_L \cdot \vartheta + x(c_D \cdot \vartheta + r)$$

Die wichtigste Angabe bzw. Unterscheidung der Enthalpieanteile feuchter Luft ist die der **sensiblen und der latenten Enthalpie:**

③ $$h = \underbrace{c_L \cdot \vartheta + c_D \cdot x \cdot \vartheta}_{\text{Wärmeinhalt sensibel (sensible Wärme)}} + \underbrace{r \cdot x}_{\text{Wärmeinhalt latent (latente Wärme)}} = \vartheta\,(c_L + c_D \cdot x) + r \cdot x$$

sensibel (= trocken, fühlbar)
latent (= feucht)

Da der mittlere Summand von Gleichung (1) (sensibler Wärmeinhalt des Wasserdampfs) äußerst gering ist, wird er in der Regel weggelassen, so daß man die **Enthalpie näherungsweise** angeben kann:

④ $$\underbrace{h}_{\text{Feuchtluft}} = \underbrace{c_L \cdot \vartheta}_{\text{Trockenluft-anteil}} + \underbrace{r \cdot x}_{\text{Wasserdampf-anteil}}$$

$$\text{bzw. } \Delta h = \underbrace{c_L \cdot \Delta\vartheta}_{\text{Enthalpie-differenz}} + \underbrace{r \cdot \Delta x}_{\text{Enthalpie-differenz}}$$

Diese Gleichung wird in den folgenden Kapiteln angewandt, da mit ihr am einfachsten die Planungs- und Berechnungsaufgaben erläutert werden können.

Folgerungen, Hinweise und Anwendungsbeispiele: (Aufgaben hierzu vgl. Kap. 4.1.7)

1. Bei allen Enthalpieanteilen **mit einem ϑ handelt es sich um sensible Wärme und bei allen mit einem x um latente Wärme.** Ändert man demnach nur die Temperatur ϑ (Erwärmung und Abkühlung), so verändert man nur den sensiblen Anteil, und ändert man nur die absolute Feuchtigkeit x (Be- oder Entfeuchtung), so verändert man nur den latenten Anteil; in beiden Fällen jedoch die Enthalpie der feuchten Luft.

2. **Auf Kosten der sensiblen Wärme kann die latente zunehmen.** Befeuchtet man z. B. den Luftstrom in der Düsenkammer (Abb. 4.5), indem man Wasser zerstäubt und dann verdunstet, so verändert man Δx ($x_2 > x_1$). Da jedoch durch das Wasser keine Wärme zugeführt wird, das Wasser auch nicht erwärmt wird, bleibt die Enthalpie der feuchten Luft konstant. Die Temperatur sinkt jedoch ($\vartheta_2 < \vartheta_1$), da die zur Verdunstung erforderliche Verdunstungswärme der Luft entzogen wird, d. h., die Aggregatzustandsänderung im Luftstrom erfolgt.
   Der Betrag $c \cdot \Delta\vartheta$ ist gleich dem Betrag $r \cdot \Delta x$, d. h., es findet ein Stoff-Wärme-Austausch statt.

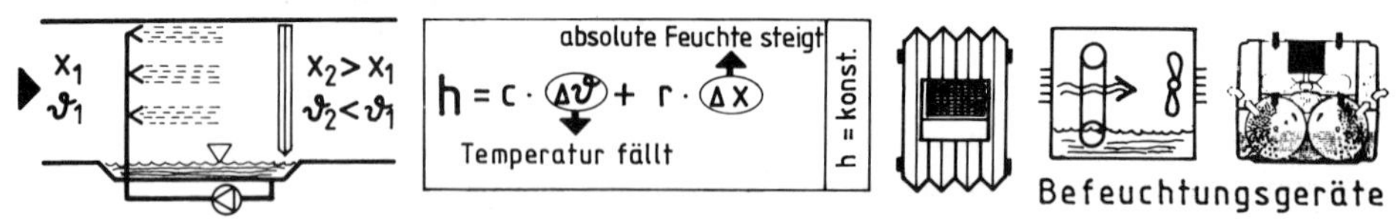

Abb. 4.5 Austausch von sensibler und latenter Wärme (Stoff-Wärmeaustausch) und Befeuchtungsgeräte

3. Soll diese adiabatische Kühlung (= Abkühlung bei konstanter Enthalpie) wieder durch Lufterwärmer ausgeglichen werden, **muß dessen Heizleistung $\dot{Q}$ der latenten Wärmeleistung $\dot{m}_{Wasser} \cdot r$ entsprechen,** denn $\dot{m}_{Wasser} = \dot{m}_{Luft} \cdot \Delta x$. So muß z. B. auch der Heizkörper in einem Raum entsprechend vergrößert werden, wenn durch einen Luftbefeuchter eine größere Wassermasse verdunstet. Beim Dampfbefeuchter ist dies nicht der Fall, da hier das Wasser gleich dampfförmig der Luft zugeführt wird, d. h., die Aggregatzustandsänderung nicht im Luftstrom, sondern durch die Zuführung von elektrischer Energie im Gerät stattfindet. Diese Zusammenhänge werden bei der Anwendung des *h,x*-Diagramms (Kap. 9) verständlicher.

4. Bei der Entfeuchtung der Luft durch einen Oberflächenkühler wird Wasser ausgeschieden ($x_2 < x_1$), d. h., die hierbei freigewordene Kondensationswärme ($\triangleq$ Verdampfungswärme r) muß ebenfalls vom Kühlme-

dium (z. B. Kaltwasser) aufgenommen werden. **Die Kühlerleistung muß demnach so groß sein, daß nicht nur die sensible Wärme zur Temperatursenkung abgeführt wird, sondern auch die latente Wärme** $\dot{m}_{Wasser} \cdot r$ (vgl. Kap. 9.2.3).

5. Die **Nutzung der latenten Wärme (Kondensationswärme) für Heizzwecke** spielt nicht nur in der Heizungstechnik (Brennwerttechnik), sondern auch in der Lüftungs- und Klimatechnik bei Wärmerückgewinnungssystemen eine große Rolle. So kann man z. B. die am Verdampfer eines Kälteaggregats freigewordene Kondensationswärme im Verflüssiger als sensible Wärme nutzbar machen (vgl. Abb. 9.41).

6. Zur Berechnung von Jahresenergiekosten verwendet man sog. Jahres-**Enthalpiestunden** (= Produkt aus jährlichen Stunden und der Enthalpiedifferenz zwischen Außenluft und dem Grenzwert für die Zuluft). So gibt es Kurven für mittlere Monatsenthalpie, Jahresdauerlinien der Enthalpie u. a. **Enthalpie-Mittelwert für Deutschland** $\approx$ 63 kJ/kg (Küstengegend $\approx$ 61,5 kJ/kg).
   Enthalpiefühler (kombinierte ϑ- und φ-Messung) verwendet man z. B. zur Erfassung von Δh zwischen Außen- und Fortluft zur Regelung von regenerativen Wärmerückgewinnern, bei denen Wärme und Wasserdampf ausgetauscht werden.

4.1.6 Feuchtkugeltemperatur — Psychrometer

Aus vorstehendem Kapitel 4.1.5 geht hervor, daß beim Verdunstungsvorgang die Lufttemperatur um so mehr sinkt, je mehr Wasser verdunstet. Das höchstmögliche Δx, das der Luft zugeführt werden kann, ist erreicht, wenn die Luft gesättigt, d. h. x_s erreicht ist; dann ist auch die höchstmögliche Abkühlung erreicht. Die dabei erreichte Temperatur bezeichnet man als Feuchtkugeltemperatur ϑ_f.

Unter der Feuchtkugeltemperatur ϑ_f versteht man die tiefstmögliche Temperatur, die sich beim Wärmeaustausch zwischen Luft und Wasser einstellen kann, wenn die zur Verdunstung erforderliche Wärme ausschließlich von der Luft geliefert wird („Umwandlung" von sensibler in latente Wärme).

Anders ausgedrückt: Sie ist die tiefste Temperatur (daher auch **Kühlgrenze** genannt), bis zu der Wasser mit nichtgesättigter Luft abgekühlt werden kann; Luft und Wasser, haben annähernd die gleiche Temperatur.

Hinsichtlich der Bedeutung der Feuchtkugeltemperatur folgende zwei Beispiele:

a) **Feuchtkugeltemperatur zur Bestimmung der relativen Feuchte**

Hierzu verwendet man das sog. Psychrometer, mit dem man nicht nur die Lufttemperatur (= Trockenkugeltemperatur) mißt, sondern auch die Temperatur am feuchten Thermometer (= Feuchtkugeltemperatur). Die Differenz dieser beiden Temperaturen (= **psychrometrische Differenz**) ist im wesentlichen nur noch vom Wasserdampf der Luft abhängig.

Aufbau und Wirkungsweise eines Psychrometers

Wie Abb. 4.6 zeigt, befinden sich in dem strahlungsgeschützten Aspirationspsychrometer zwei Thermometer. Das eine mißt die normale Temperatur (Trockenkugeltemperatur ϑ_{tr}), das andere, mit einem ständig mit Wasser getränkten „Baumwollstrumpf" umhüllt, die Feuchtkugeltemperatur ϑ_f. Das oben durch eine Feder aufgezo-

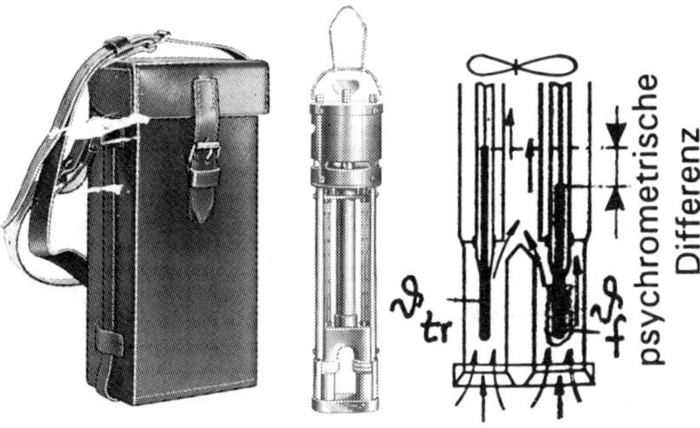

Abb. 4.6 Psychrometer für Feuchtemessungen

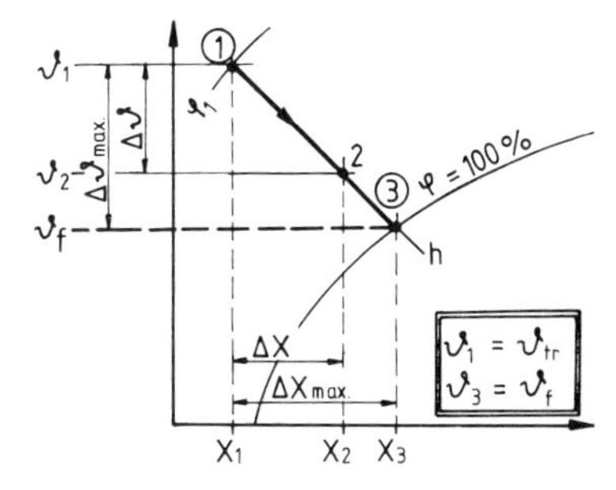

Abb. 4.7 Ermittlung der Feuchtkugeltemperatur im h,x-Diagramm

gene Gebläse erzeugt einen für beide Thermometer gleichmäßigen Luftstrom mit einer Geschwindigkeit von 1 bis 2 m/s (ausreichende Verdunstung!)

Maßgebend für die Verdunstung (Stoffaustausch) ist die Differenz zwischen dem Sättigungsdampfdruck am nassen Material (unmittelbar am nassen Thermometer ist die Luft gesättigt) und dem Wasserdampfpartialdruck der vorbeiströmenden Luft. Das bedeutet, **je höher der Feuchtigkeitsgehalt der Luft ist, desto weniger Wasser kann am Thermometer verdunsten und desto geringer ist die Differenz zwischen ϑ_{tr} und ϑ_f.**

Nachdem beide Temperaturen ϑ_{tr} und ϑ_f gemessen wurden, kann man die relative Feuchte anhand einer Tabelle (Tab. 4.5), anhand eines psychrometrischen Diagramms (Abb. 4.8) oder nach dem *h,x*-Diagramm (Abb. 4.7) bestimmen, indem man von Punkt 1 (Schnittpunkt ϑ_f mit der Sättigungslinie) die Enthalpie h mit ϑ_{tr} zum Schnitt bringt (Punkt 2).

Tab. 4.5 Psychrometertafel zur Bestimmung der relativen Feuchte

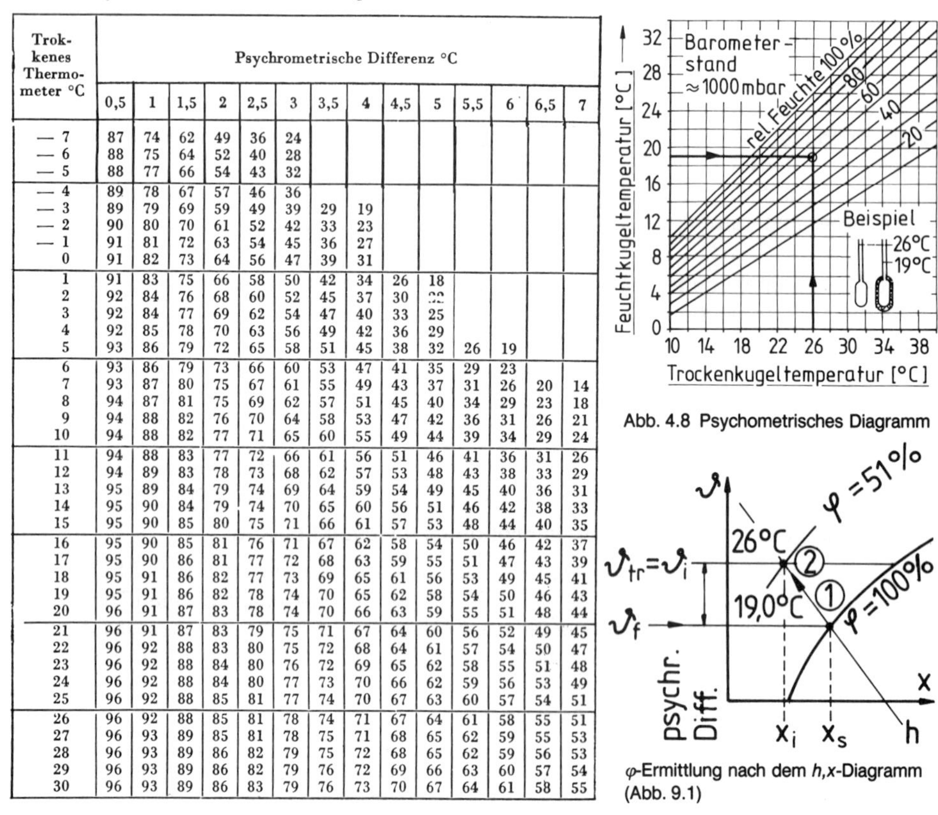

Trockenes Thermometer °C	Psychrometrische Differenz °C													
	0,5	1	1,5	2	2,5	3	3,5	4	4,5	5	5,5	6	6,5	7
— 7	87	74	62	49	36	24								
— 6	88	75	64	52	40	28								
— 5	88	77	66	54	43	32								
— 4	89	78	67	57	46	36								
— 3	89	79	69	59	49	39	29	19						
— 2	90	80	70	61	52	42	33	23						
— 1	91	81	72	63	54	45	36	27						
0	91	82	73	64	56	47	39	31						
1	91	83	75	66	58	50	42	34	26	18				
2	92	84	76	68	60	52	45	37	30	22				
3	92	84	77	69	62	54	47	40	33	25				
4	92	85	78	70	63	56	49	42	36	29				
5	93	86	79	72	65	58	51	45	38	32	26	19		
6	93	86	79	73	66	60	53	47	41	35	29	23		
7	93	87	80	75	67	61	55	49	43	37	31	26	20	14
8	94	87	81	75	69	62	57	51	45	40	34	29	23	18
9	94	88	82	76	70	64	58	53	47	42	36	31	26	21
10	94	88	82	77	71	65	60	55	49	44	39	34	29	24
11	94	88	83	77	72	66	61	56	51	46	41	36	31	26
12	94	89	83	78	73	68	62	57	53	48	43	38	33	29
13	95	89	84	79	74	69	64	59	54	49	45	40	36	31
14	95	90	84	79	74	70	65	60	56	51	46	42	38	33
15	95	90	85	80	75	71	66	61	57	53	48	44	40	35
16	95	90	85	81	76	71	67	62	58	54	50	46	42	37
17	95	90	86	81	77	72	68	63	59	55	51	47	43	39
18	95	91	86	82	77	73	69	65	61	56	53	49	45	41
19	95	91	86	82	78	74	70	65	62	58	54	50	46	43
20	96	91	87	83	78	74	70	66	63	59	55	51	48	44
21	96	91	87	83	79	75	71	67	64	60	56	52	49	45
22	96	92	88	83	80	75	72	68	64	61	57	54	50	47
23	96	92	88	84	80	76	72	69	65	62	58	55	51	48
24	96	92	88	84	80	77	73	70	66	62	59	56	53	49
25	96	92	88	85	81	77	74	70	67	63	60	57	54	51
26	96	92	88	85	81	78	74	71	67	64	61	58	55	51
27	96	93	89	85	81	78	75	71	68	65	62	59	55	53
28	96	93	89	86	82	79	75	72	68	65	62	59	56	53
29	96	93	89	86	82	79	76	72	69	66	63	60	57	54
30	96	93	89	86	83	79	76	73	70	67	64	61	58	55

Abb. 4.8 Psychrometrisches Diagramm

φ-Ermittlung nach dem *h,x*-Diagramm (Abb. 9.1)

Es gibt auch andere Geräte zur Messung der Luftfeuchtigkeit (vgl. Kap. 4.3).

b) Feuchtkugeltemperatur als meteorologische und klimatechnische Kenngröße

Bei der Berechnung von RLT-Anlagen, wie z. B. bei der Bemessung eines Kühlers, bei dem sowohl die sensible als auch die latente Wärme eine Rolle spielen, interessiert die Enthalpie bzw. Enthalpiedifferenz (vgl. *h,x*-Diagramm). **Alle Luftzustände mit derselben Feuchtkugeltemperatur haben nämlich auch dieselbe Enthalpie.** Das gleiche gilt für die Auslegung von Wärmerückgewinnungsanlagen, für die Bemessung von Kühltürmen, für die Ermittlung der Jahresenergiekosten für die Lüftung.

Zum Verständnis und zur Vertiefung noch folgende zwei Beispiele:

Beispiel 1:

Soll z. B. – wie in Aufgabe 17 und 18 Kap. 4.1.7 gezeigt – die Außenluft mit ϑ_a = 32 °C und φ_a = 38 % und

Tab. 4.6 Feuchtkugeltemperatur für verschiedene Städte

Städte	ϑ_f	Städte	ϑ_f	Städte	ϑ_f	Städte	ϑ_f	Städte	ϑ_f
Deutschland		Gießen	21	Nürnberg	21	**Ausland (EU)**		Algier	26
Augsburg	21	Hamburg	20	Passau	21	Athen	22	Bombay	28
Berlin	21	Hannover	21	Regensburg	21	Helsinki	19	Kairo	22
Braunschweig	21	Karlsruhe	22	Rostock	21	Kopenhagen	20	Melbourne	21
Bremen	21	Kassel	21	Saarbrücken	22	London	19	Mexico City	16
Erfurt	21	Köln	22	Stuttgart	21	Moskau	21	New York	24
Essen	21	Leipzig	21	Trier	22	Praris	21	Tokio	26
Flensburg	21	Magdeburg	21	**Schweiz, Österr.**		Prag	19	Los Angeles	21
Frankfurt/M	21	Mannheim	23	Basel, Genf	22	Rom	23	San Francisco	18
Freiburg	22	München	21	Graz, Wien	21	Stockholm	19	São Paulo	24

die mit ϑ_a = 25,5 °C und φ_a = 70 % auf einen bestimmten Wert gekühlt und entfeuchtet werden, so benötigt man für beide die gleiche Kälteenergie, da bei beiden als Ausgangsgröße die gleiche Feuchtkugeltemperatur gemessen wurde. Beide haben somit auch die gleiche Enthalpiedifferenz $\Delta h = h_2 - h_1 = (\Delta h_{sens} + \Delta h_{lat})$.

Beispiel 2:

In einer Firmenunterlage wird zur Bemessung eines Klimagerätes in Abhängigkeit der Außenluft-Feuchtkugeltemperatur der Kältebedarf je Person angegeben. Erklärung: Je mehr Außenluft pro Person vorgesehen werden muß (z. B. bei Raucherlaubnis) und je höher die Feuchtkugeltemperatur (und somit die Enthalpie der Außenluft h_a), desto mehr Energie ist zur Kühlung und Entfeuchtung dieser Außenluft erforderlich ($\Delta h = h_a - h_i = \Delta h_{sens} + \Delta h_{lat}$).

Schlußbemerkung

Die **Feuchtkugeltemperatur ϑ_f wird oft mit der Taupunkttemperatur ϑ_{Tp} verwechselt,** da man bei beiden gesättigte Luft erreicht hat; ϑ_f wird jedoch bei **verändertem *x*** durch Verdunstung und ϑ_{Tp} bei **konstantem *x*** durch Kühlflächen erreicht.

Bevor Berechnungsbeispiele zur Feuchtluft durchgeführt werden, nochmals eine Zusammenstellung der wesentlichen Zustandsgrößen:

a) Temperatur ϑ (Isotherme) **b) Wärmeinhalt** ***h*** (Enthalpie) **c) Wassergehalt** ***x*** (absolute Feuchte) **d) relative Feuchte** φ	**eigentliche Zustandsgrößen**	e) Wasserdampfpartialdruck p_D f) Taupunkttemperatur ϑ_{Tp} g) Feuchtkugeltemperatur ϑ_f h) Dichte feuchter Luft ϱ

● Mit Hilfe der Zustandsgrößen von c) bis g) kann die Luftfeuchtigkeit angegeben werden.

4.1.7 Übungsaufgaben zur Feuchtluft

Folgende Aufgaben sollen ohne Verwendung eines *h,x*-Diagrammes berechnet werden. Als Hilfsmittel dient lediglich Tab. 4.1, sofern nicht besonders auf weitere Tabellen hingewiesen wird. Die relative Feuchte soll mit dem Mengenverhältnis berechnet werden.

Aufgabe 1

Berechnen Sie die höchstmögliche absolute Feuchte (Sättigungsdampfmenge) der Luft von 20 °C a) bei 1 013 mbar und b) bei einer Höhe von 1 500 m über N.N. Das Ergebnis soll mit Tab. 4.2 verglichen werden.

Lösung: a) $x_s = 0{,}622 \cdot \frac{p_{DS}}{p - p_{DS}} = 0{,}622 \frac{23{,}37}{1\,013 - 23{,}37} = 0{,}0147 \frac{kg}{kg} \mathrel{\hat{=}}$ **14,7 g/kg** b) **17,7 g/kg**

Aufgabe 2

Wie groß ist die Sättigungsdampfmenge in 1 m³ Luft bei einer Raumtemperatur von 22 °C, sowie die ausgeschiedene Wassermenge, wenn diese Luft auf 15 °C abgekühlt wird?

Lösung:
ϱ = 1,185 kg/m³; x_s = 16,6 · 1,185 = 19,67 g/m³; $x_{s(15)}$ = 10,6 · 1,218 = 12,91 g/m³; $\Delta x \approx$ **6,8 g/m³**

Aufgabe 3

1 000 m³/h Feuchtluft (ϑ = 28 °C, φ = 35 %) werden bei einem Luftdruck von 950 mbar 4 l/h Wasser zugesetzt. Wie groß ist die absolute Feuchte vor und nach der Befeuchtung sowie die relative Feuchte, nachdem die Luft auf eine Temperatur von 40 °C erwärmt wurde?

Lösung: $x_{vor} = 0{,}622 \dfrac{0{,}35 \cdot 37{,}78}{950 - 0{,}35 \cdot 37{,}78} = 0{,}0088 \dfrac{kg}{kg} = \mathbf{8{,}8\ g/kg}$ $\Delta x = \dfrac{4\,000}{1\,000 \cdot 1{,}2} = 3{,}33$ g/kg

$x_{nach} = 8{,}8 + 3{,}3 = \mathbf{12{,}1\ g/kg}$; $\varphi = \dfrac{12{,}1}{52{,}3} = 0{,}231 \triangleq \mathbf{23{,}1\ \%}$ $x_s = 0{,}622 \dfrac{73{,}75}{950 - 73{,}75} = 0{,}0523$ kg/kg

Aufgabe 4

Gesättigte Luft von 15 °C wird auf 7 bar Überdruck komprimiert. Wieviel Gramm Wasser werden etwa je kg Luft ausgeschieden? (Temperatureinfluß nicht berücksichtigt.)

Lösung: $x_{s(8)} = x_{s(1)}/p = 10{,}6/8 \approx 1{,}3$ g/kg; $\Delta x = 10{,}6 - 1{,}3 = \mathbf{9{,}3\ g/kg}$

Aufgabe 5

Gesättigte Luft mit x_s nachstehender Tab. 4.7 soll um 20 K erwärmt werden. Berechnen Sie die relative Feuchte φ nach dem Mengen- und Druckverhältnis. Vergleichen Sie die Ergebnisse, und geben Sie jeweils den Umrechnungsfaktor an (in Tabelle eintragen).
Ferner soll Luft von ϑ = 20 °C und φ = 40 % um 5 K, 20 K und 50 K erwärmt werden. Auch hier soll jeweils der Umrechnungsfaktor bestimmt und in Tab. 4.7 eingetragen werden.

Tab. 4.7 Lösung von Aufgabe 5 (Umrechnung von x/x_s in P_D/P_{DS})

Erwärmung um 2 K		10	20	30	40	50
Gesättigte Luft	ϑ	10	20	30	40	50
Mengenverhältnis	x/x_s	0,28	0,30	0,32	0,32	0,31
Druckverhältnis	p_D/p_{DS}	0,29	0,32	0,34	0,37	0,40
$p_D/p_{DS} : x/x_s$	f	0,97	0,94	0,94	0,86	0,78

Luftzustand ϑ = 20°C, φ = 40°C	5	20	50
x/x_s	0,29	0,12	0,02
p_D/p_{DS}	0,30	0,13	0,03
f	0,97	0,92	0,67

Folgerung: Je höher die Temperatur, desto größer ist die Abweichung.

Aufgabe 6

Ein Zimmer (ϑ_i = 20 °C, φ_i = 60 %) soll durch Einführen von Außenluft (ϑ_a = +5 °C, φ_a = 70 %) entfeuchtet werden. Wieviel Liter Wasser können dem Raum entzogen werden, wenn für das 90 m³ große Zimmer ein 0,5facher Luftwechsel garantiert wird (ϱ = 1,2 kg/m³)?

Lösung: $x_i = 0{,}6 \cdot 14{,}7 = 8{,}82$ g/kg; $x_a = 0{,}7 \cdot 5{,}4 = 3{,}78$ g/kg; $\Delta x = 5{,}04$ g/kg; $\dot V = V_R \cdot LW$; $\dot m_W = \dot V \cdot \varrho \cdot \Delta x$ $= 90 \cdot 0{,}5 \cdot 1{,}2 \cdot 5{,}04 = 272{,}2$ g/kg $\approx$ **0,27 l/h** (Voraussetzung ist ein völliger Austausch mit Außenluft).

Aufgabe 7

Für unterschiedlich große Wohn- und Büroräume (ϑ_i = 20 °C) soll ein 0,5facher Luftwechsel angenommen werden (Abb. 4.9). Wie groß ist jeweils der erforderliche Wasserbedarf (Leistung des Befeuchtungsgerätes) in l/h, um die relative Feuchte φ_i von 45 % zu halten a) bei ϑ_a = −10 °C und b) bei ϑ_a = +10 °C (in Tabelle eintragen)?
Wie groß ist der tägliche Wasserbedarf bei einem 50 m³ großen Rauminhalt bei ϑ_a = −10 °C, φ_a = 80 %? Nehmen Sie kritisch Stellung zu diesem Ergebnis, und geben Sie weitere Einflußgrößen und einen Mittelwert an!

Lösung: Bei V_R = 50 m³ und ϑ_a = −10 °C, φ_a = 80 %: $\dot V_a = 0{,}5 \cdot 50 = 25$ m³/h; $\dot m_L = 25 \cdot 1{,}2 = 30$ kg/h; $x_a = \varphi \cdot x_s = 0{,}8 \cdot 1{,}6 = 1{,}28$ g/kg; $x_i = 0{,}45 \cdot 14{,}7 = 6{,}62$ g/kg; $\dot m_W = 30 \cdot (6{,}62 - 1{,}28) = 160{,}2$ g/h = 0,16 l/h
⇒ am Tag (24 Std.) : 3,84 l/h ≈ **4 l/h**

Tab. 4.8 Lösung zu Aufgabe 7 (erforderliche Befeuchtungsleistung)

Rauminhalt		m³	50	100	200	300	400	500	600	700	800	900
Wasserbedarf	ϑ_a = -10°C	l/h	0,16	0,32	0,64	0,96	1,28	1,6	1,92	2,24	2,56	2,88
	ϑ_a = +10°C	l/h	0,015	0,03	0,06	0,09	0,12	0,15	0,18	0,21	0,24	0,27

Dieser Wert ist in Wirklichkeit und im Durchschnitt aus folgenden Gründen zu hoch:

1. ϑ_a = −10 °C kommt auch im Winter nur selten und vor allem tagsüber nicht konstant vor.
2. Die Feuchtequellen in Wohnungen (Küche, Bad, Menschen, Pflanzen) können beachtlich und äußerst unterschiedlich sein (vgl. Tab. 7.4 Bd. 3).
3. Der Luftwechsel von 0,5 h^{-1} wird einerseits bei dichten Fenstern nicht garantiert, andererseits ist er bei geöffnetem Fenster wesentlich höher.

Als Anhaltswert dürften **bei einem Raumvolumen von 100 m³ und tieferen Außentemperaturen etwa 3 . . . 5 l/h täglich ausreichen.**

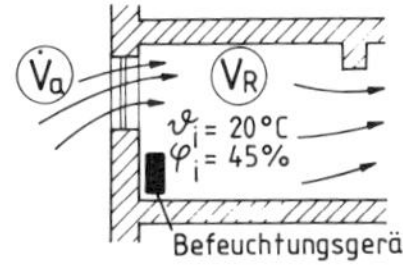

Abb. 4.9 Zu Aufgabe 7

Abb. 4.10 Zu Aufgabe 10

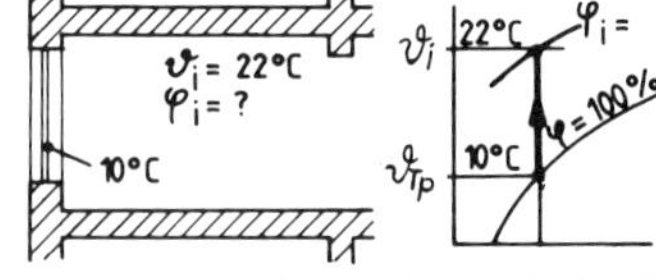

Abb. 4.11 Zu Aufgabe 11

Aufgabe 8

In einem Trockenraum wird Luft von ϑ = 15 °C und einer relativen Feuchte von 50 % auf 40 °C erwärmt. Wie groß ist φ nach der Erwärmung? Nehmen Sie Stellung zum Ergebnis!

Lösung: $\varphi = x/x_s$; $x_{15} = \varphi \cdot x_s$ = 0,5 · 10,6 = 5,3 g/kg; $x_{s(40)}$ = 48,8 g/kg; $\varphi_{40} = x/x_s$ = 5,3/48,8 = 0,109 ≙ **10,9 %** bedeutet eine extrem trockene Luft, so daß viel Wasser aufgenommen werden kann. (Das Verhältnis 10,6 : 48,8 beträgt immerhin 1 : 5!).

Aufgabe 9

Luft von 25 °C hat einen Wassergehalt von 12 g/kg. Wie groß ist die relative Feuchte, wenn die Luft um 5 K abgekühlt wird, und bei welcher Temperatur ist diese Luft gesättigt, d. h. der Taupunkt erreicht?

Lösung: $\varphi = x/x_s$ = 12/14,7 = 0,816 ≙ **81,6 %;** ϑ_{Tp} (nach Tab. 4.1) ≈ **17 °C** (hier ist $x = x_s$)

Aufgabe 10

Bei einer Klima-Kammerzentrale nach Abb. 4.10 werden in der Mischkammer 30 % Außenluft mit 70 % Umluft gemischt.

a) Berechnen Sie die absolute und die relative Feuchte nach dem Heizregister, wenn der Volumenstrom von 5 000 m³/h um 25 K erwärmt wird. Weitere Annahmen: ϑ_a = +5 °C, φ_a = 80 %, ϑ_i = 22 °C, φ_i = 50 %.

b) Wieviel l/h Wasser werden im Sommer durch die Mischung der Raumluft entzogen? (Annahmen: ϑ_i = 26 °C; φ_i = 50 %, ϑ_a = 32 °C, φ_a = 40 %)

Lösung: zu a) x_i = 0,5 · 16,6 = 8,3 g/kg, x_a = 0,8 · 5,4 = 4,3 g/kg; x_m = 0,7 · 8,3 + 0,3 · 4,3 = 7,1 g/kg, ϑ_m = 0,7 · 22 + 0,3 · 5 = 16,9 °C; Registeraustritt: ϑ = 41,9 °C; x = **7,1 g/kg,** φ = 7,1/54,4 = 0,13 ≙ **13 %**

zu b) ϑ_m = 27,8 °C, x_i = 0,5 · 21,4 = 10,7 g/kg, x_a = 0,4 · 30,6 = 12,2 g/kg; x_m = 11,15 g/kg, Δx = 0,45 g/kg, in = 5 000 · 1,2 · 0,45 = 2 760 g/h ≈ **2,8 l/h.** Dieses Wasser muß am Kühler wieder abgeschieden werden!

Aufgabe 11

In einem Raum (ϑ_i = 22 °C) ist die innere Oberflächentemperatur an der Glasscheibe 10 °C (Abb. 4.11). Welche relative Luftfeuchte darf im Raum nicht überschritten werden, und wie groß ist die absolute Feuchte im Raum, wenn das Hygrometer 40 % und das Thermometer 21 °C anzeigt?

Lösung: Bei 10 °C, x_s = 7,63 g/kg; bei 22 °C, x_s = 16,6 g/kg; φ = 7,63/10,6 = 0,46 ≙ **46 %;** $x = \varphi \cdot x_s$ = 0,4 · 15,6 = **6,2 g/kg**

Aufgabe 12

Durch einen Raum mit einer Lufttemperatur von 22 °C und 50 % relativer Feuchte führt eine Kaltwasserleitung mit einer Oberflächentemperatur von 11 °C. Durch Rechnung ist nachzuprüfen, ob sich am Rohr Schwitzwasser abscheidet.

Lösung: x = 0,5 · 16,6 = 8,3 g/kg; $x_{(22;\,50)} > x_{s(11)}$ ⇒ geringe Schwitzwasserbildung möglich (ϑ_{Tp} unterschritten, x_s = 8,15 g/kg)

Aufgabe 13

Wie dick muß die Mineralwolldämmung (λ = 0,04 W/(m · K)) gewählt werden, damit auf der Außenseite des 0,8 mm dicken Kanals (λ_{Ka} = 50 W/(m · K)) keine Kondensation stattfindet? Im Kanal strömt Außenluft mit einer Geschwindigkeit von 7 m/s und einer Temperatur von ϑ_a = –12 °C; α_a soll mit 5 W/(m² · K) angenommen werden. Raumzustand: ϑ_i = 22 °C, φ_i = 60 %.

Lösung: $x_{(22;\,60)} = 16{,}6 \cdot 0{,}6 = 9{,}96$ g/kg $\Rightarrow \vartheta_{Tp} \approx 14$ °C

$$d_{Wä} = 0{,}04\left[\frac{22-(-12)}{5\,(22-14)} - \left(\frac{1}{5} + \frac{0{,}0008}{50} + \frac{1}{7{,}3 \cdot 7^{0{,}8}}\right)\right] = 0{,}0248 \text{ m} \approx \mathbf{2{,}5\ cm}$$

Aufgabe 14

Die Luft in einem Baderaum hat bei ϑ_i = 24 °C eine relative Feuchte von 60 %.

a) Welche Temperatur darf im Raum nicht unterschritten werden, um dort eine Schwitzwasserbildung zu vermeiden?

b) Es ist durch Rechnung zu überprüfen, ob an der Außenwand mit einem Wärmedurchgangskoeffizienten von 1,4 W/(m² · K) ein Feuchtigkeitsniederschlag möglich ist, wenn die Außentemperatur –12 °C beträgt. α_i soll mit 6 W/(m² · K) angenommen werden (Ecke).

Lösung: zu a) $x_{24} = \varphi \cdot x_s = 0{,}6 \cdot 18{,}8 = 11{,}3$ g/kg; nach Tab. 4.1: ϑ_{Tp} = 15,9 °C ≈ **16 °C** ($x = x_s$).
zu b) $\vartheta_{Tp} = 24 - 1{,}4/6 \cdot (24 - (-12))$ = **15,6 °C)**, d. h., es kann zu Feuchteschäden kommen (Grenzfall).

Aufgabe 15

Berechnen Sie die Enthalpie der Luft in kJ/kg mit einer Temperatur von 26 °C und einer relativen Feuchte von 50 %. Zeigen Sie, daß der sensible Wasserdampfanteil vernachlässigt werden kann.

Lösung: $x = 0{,}5 \cdot 21{,}4 = 10{,}7$ g/kg; $h = c \cdot \vartheta + x\,(c_D \cdot \vartheta + r) = 1 \cdot 26 + 0{,}0107\,(1{,}9 \cdot 26 + 2\,500)$ = **53,3 kJ/kg.** Der sensible Wasserdampfanteil allein beträgt: $c_D \cdot \vartheta \cdot x$ = 0,53 kJ/kg (≙ 1 %)

Aufgabe 16

Ein Volumenstrom von 3 000 m³/h wird um 20 K erwärmt und anschließend befeuchtet (h = konstant). Wieviel Wasser (l/h) wurde der Luft zugeführt, wenn nach der Befeuchtung die Ausgangstemperatur wieder erreicht wird?

Lösung $\Delta h = c \cdot \Delta\vartheta + r \cdot \Delta x$; da h = const. $\Rightarrow c \cdot \Delta\vartheta = r \cdot \Delta x$; $\Delta x = c \cdot \Delta\vartheta / r = 0{,}28 \cdot 20/700$ = 0,008 kg/kg ≙ 8 g/kg; $\dot m_W = \dot m_L \cdot \Delta x = \dot V \cdot \varrho = 3\,000 \cdot 1{,}2 \cdot 0{,}008$ = **28,8 l/h**

Aufgabe 17

Außenluft hat eine Temperatur von 32 °C und eine relative Feuchte von 38 %. Welche relative Feuchte hat sie, wenn sie bei ϑ = 28 °C die gleiche Feuchtkugeltemperatur hat?

Lösung: $x_1 = \varphi \cdot x_s = 0{,}38 \cdot 30{,}6 = 11{,}63$ g/kg ≙ 0,0116 kg/kg; $h_1 = c \cdot \vartheta + r \cdot x = 1 \cdot 32 + 2\,500 \cdot 0{,}0116$ = **61 kJ/kg;** gleiche Feuchtkugeltemperatur bedeutet auch gleiche Enthalpie

$$\Rightarrow h_2 \approx c \cdot \vartheta + r \cdot x \Rightarrow x_2 = \frac{h - c \cdot \vartheta}{r} = \frac{61 - 1 \cdot 28}{2\,500} = 0{,}0132 \text{ kg/kg};\ \varphi = \frac{x}{x_s} = \frac{13{,}2}{24{,}0} = 0{,}55 \mathrel{\hat=} \mathbf{55\%}$$

Die Lösung kann sehr einfach anhand des h,x-Diagramms ermittelt werden.

Aufgabe 18

Die Stadt A hat im Sommer eine Außentemperatur von 32 °C und eine rel. Feuchte von 40 %. In der Stadt B wird eine Temperatur von 27,5 °C und eine relative Feuchte von 60 % gemessen. In beiden Fällen soll diese Luft auf ϑ = 24 °C gekühlt und auf φ = 50 % ($x \approx$ 9,2 g/kg) entfeuchtet werden. Bei welcher Stadt ist hierfür eine größere Enthalpiedifferenz Δh (Kühlerleistung) erforderlich?

Lösung: $h_{(32;\,40)} = 0{,}28 \cdot 32 + 0{,}53 \cdot 32 \cdot 0{,}0122 + 700 \cdot 0{,}0122 \approx$ **17,7 Wh/kg**

$h_{(27{,}3;\,60)} = 0{,}28 \cdot 27{,}5 + 0{,}53 \cdot 27{,}5 \cdot 0{,}014 + 700 \cdot 0{,}014 \approx$ **17,7 Wh/kg**

d. h., beide Städte haben demnach die gleiche Enthalpie und somit die gleiche Feuchtkugeltemperatur (nach h,x-Diagramm etwa 21,9 °C). Sie haben damit auch die gleiche Enthalpiedifferenz zum gewünschten Zustandspunkt: ϑ = 24 °C; x = 9,2 g/kg, h = 13,4 Wh/kg (Δh = 4,3 Wh/kg), und haben somit den gleichen Kältebedarf, nur mit unterschiedlichem sensiblem und latentem Anteil.

Aufgabe 19

Durch Rechnung und maßstäbliche Eintragung entsprechend Abb. 4.4 ist von folgender mehrschichtiger Wand nachzuprüfen, ob innerhalb der Wand Kondensat auftritt oder nicht: a) Wärmedämmung innen, b) Wärmedämmung außen. Angaben: 2 cm Außenputz Zementmörtel mit $\mu = 2{,}0$; $\lambda = 0{,}87$ W/(m · K); 2 cm Innenputz mit $\mu = 15$) $\lambda = 1{,}4$ W/(m · K); Wärmedämmung 4 cm mit $\mu = 37{,}5$; $\lambda = 0{,}04$ W/(m · K); Ziegelwand 24 cm mit $\mu = 8$; $\lambda = 0{,}45$ W/(m · K); Innenluft $\vartheta_i = 24$ °C, $\varphi_i = 60$ %, Außenluft $\vartheta_a = -10$ °C, $\varphi_a = 80$ %. In einer separaten Skizze sind auch jeweils die Temperatursprünge in der Wand darzustellen.

Lösung: (in und bei Abb. 4.4 eingetragen) $\mu_1 \cdot d_1 = 20 \cdot 0{,}15 = 3$; $\mu_2 \cdot d_2 = 7 \cdot 0{,}24 = 1{,}68$; $\mu_3 \cdot d_3 = 37{,}5 \cdot 0{,}04 = 15$; $\mu_4 \cdot d_4 = 15 \cdot 0{,}2 = 3$; maßstäblich in Abb. b) und c); p_D und p_{DS}-Werte nach Tab. 4.1.

4.2 Bedeutung der Luftfeuchte — Einfluß falscher Luftfeuchtigkeit

Obwohl schon in mehreren Teilkapiteln auf die Bedeutung der Luftfeuchte hingewiesen wurde, soll nachfolgend näher auf die Folgen falscher Luftfeuchtigkeit eingegangen werden; ergänzt durch zahlreiche Erläuterungen und Hinweise.

4.2.1 Folgen von zu hoher Luftfeuchtigkeit

Die möglichen Auswirkungen bei zu hoher Luftfeuchtigkeit kann man im wesentlichen auf folgende drei Bereiche beziehen:

a) Einfluß hoher Luftfeuchtigkeit auf die Behaglichkeit

Hierbei muß zwischen Winter- und Sommermonaten unterschieden werden.

Aufgrund der geringen absoluten Feuchtigkeit im Winter ist die relative Luftfeuchtigkeit in Wohn- und Arbeitsräumen nur in den seltensten Fällen zu hoch. Sehr unbehaglich wirkt sich dagegen die hohe Luftfeuchtigkeit im Sommer aus, da hier nicht nur die absolute Außenluftfeuchte sehr hoch ist, sondern auch die Wasserdampfabgabe der Menschen fast doppelt so hoch ist wie im Winter (Tab. 2.2), was vor allem in Versammlungsräumen schnell zu einem lästigen Schwülegefühl führt.

- **Ob eine hohe relative Feuchte eine schwüle Luft verursacht,** kann man erst im Zusammenhang mit der Lufttemperatur erkennen (vgl. Schwülekurve Abb. 2.7). Außerdem spielen – wie in Kap. 2.2.3 erläutert – auch die Luftbewegung, der Aktivitätsgrad, die Kleidung u. a. eine gewisse Rolle.
- **Wenn Menschen durch zu hohe Luftfeuchte schwitzen,** machen sich nicht selten Geruchsstoffe bemerkbar (hygienische Nachteile), in Arbeitsräumen entstehen erhöhte Ausfallzeiten durch mangelnde Konzentration, vermehrte Körperpflege und Unwohlsein; außerdem werden die Arbeitsfreude und das Betriebsklima beeinträchtigt.
- Da der **Behaglichkeitsbereich hinsichtlich der relativen Feuchte** φ_i von (35) 40 . . . 50(60) % sehr groß ist, wird man φ_i im Winter oft etwas geringer wählen, da bei der trockenen Luft jede zusätzliche Befeuchtung auch zusätzliche Energiekosten (latente Wärme) verursacht. Im Sommer wird man jede unnötige φ_i-Reduzierung vermeiden, da bei der feuchten Luft jede unnötige Entfeuchtung latente Kühlerleistung und somit teure Kälteenergie verursacht.

  Mancher Leser wird dem jedoch widersprechen, denn andererseits soll im Sommer (insbesondere bei Raumtemperaturen > 26 °C) die Raumfeuchte geringer gewählt werden, damit die erhöhte Wasserdampfabgabe der Menschen besser abgeführt werden kann. Somit sind beide Überlegungen zu beachten.

b) Einfluß hoher Luftfeuchtigkeit auf Baukörper und Einrichtungen

In Kap. 4.1.3 wurde auf die mögliche Oberflächenkondensation und in Kap. 4.1.4 auf die mögliche Kondensation im Innern des Baukörpers durch Diffusion hingewiesen, jeweils wurden Gegenmaßnahmen angegeben. In beiden Fällen kann hier zu hohe Luftfeuchtigkeit sehr unangenehme Auswirkungen haben, wie z. B. Gebäudeschäden, Schimmelbildung und die damit verbundenen gesundheitlichen und hygienischen Nachteile, Frostschäden, korrodierende Metalle, höhere Wärmeverluste, Wasserschäden, Fäulnisse, Geruchsbelästigungen, Verfärbungen, beschlagene Glasflächen, Zerstörungen an Möbeleinrichtungen, Lederwaren, Stoffen usw.

- Auf diese Auswirkungen wurde schon in Band 1 (Wärmedämmung, Lüftungswärmebedarf) und in Band 3 (freie Lüftung, Bäder, Wohnungslüftung, Küchenlüftung, Schwimmbadlüftung u. a.) eingegangen.

  Grundsätzlich soll hier nochmals erwähnt werden, daß warme Luft im Winter, **trotz richtiger Temperatur und Feuchte, sehr „gefährlich"** werden kann, wenn sie in kalte Nebenräume einströmt.

- Wie schon erwähnt, sind die Schwitzwassererscheinungen im wesentlichen abhängig vom Außenluftstrom (Lüftungsintensität), vom Außenluft- und Raumluftzustand, vom Raumvolumen und von der Raumgeometrie, von der Luftführung, von der Oberflächenbeschaffenheit, von den verwendeten Baumaterialien, von der Art und Anbringung der Wärmedämmung, von der Fensterbeschaffenheit, von den Feuchtequellen im Raum und nicht zuletzt von der Raum- und Oberflächentemperatur.

c) Einfluß hoher Luftfeuchtigkeit auf Produktionsverfahren

Viele Produkte können qualitativ und wirtschaftlich nur hergestellt werden, wenn die Raumluft eine entsprechende Temperatur und vor allem Luftfeuchtigkeit besitzt. Diese Aufgabe wird nicht nur durch eine Industrie-Klimaanlage erfüllt, sondern wird bei kleineren Einzelräumen auch durch Be- und Entfeuchtungsgeräte erreicht. In den meisten Fällen ist die relative Feuchte eher zu gering, d. h., es ist eine Befeuchtung erforderlich.

Räume, in denen eine zu hohe Luftfeuchte unerwünscht oder schädlich ist, sind z. B. Zuckerlager ($\varphi \approx 35$ %), Vulkanisation ($\varphi \approx 25 \ldots 30$ %), Bonbonherstellung ($\varphi \approx 30 \ldots 40$ %), z. T. in der Pharmaindustrie ($\varphi \approx 30 \ldots 35$ %), Linoleumindustrie (φ z. T. $\approx 25 \ldots 30$ %).

4.2.2 Folgen von zu geringer Luftfeuchtigkeit

Die negativen Auswirkungen von zu trockener Luft sind vor allem in den Wintermonaten sehr lästig, schädlich und aus wirtschaftlichen Gründen teilweise existenzbedrohend. Die Luftbefeuchtung ist daher in zahlreichen Arbeits- und Produktionsstätten die wichtigste Aufgabe der Klimatisierung.

a) Zu geringe Luftfeuchtigkeit beeinträchtigt die Behaglichkeit und die Gesundheit

Bei einer relativen Feuchte von weniger als etwa 30 %, exakte untere Grenzwerte gibt es nicht, empfindet der Mensch die Luft als zu trocken. Dies ist nicht nur lästig, sondern bedroht auch die Gesundheit durch Verminderung der Abwehrkräfte. Häufigeres Auftreten von Erkältungskrankheiten, Schädigung des Flimmerepithels, Austrocknen des Nasen-Rachen-Raumes, Reizhusten durch Beeinträchtigung der oberen Atemwege sind mögliche Folgen.

- Insofern ist der Ausdruck „Erkältung" irreführend, da man sich sehr oft den **Schnupfen und die Grippe** nicht draußen in der kalten Luft, sondern im trockenwarmen Raum holt. In überheizten und stärker gelüfteten Räumen ist die Luft besonders trocken, und die herumschwirrenden Viren finden in den trockenen Schleimhäuten den besten Nährboden. Nachteilig ist trockene Luft besonders für Bronchitis- und Asthmakranke. Durch Einhaltung von 50 % r.F. soll die Bakterienübertragung um ca. 30 % reduziert werden können.
- Die Empfindung eines „kratzenden Halses" ist nicht immer nur auf die Trockenheit zurückzuführen, sondern beruht oft auf einer **stärkeren Staubumwälzung.** Besonders der verschwelte Staub ist schwebend leicht und kann durch Luftbefeuchtung etwas „zusammenklumpen", dadurch sich besser absetzen und somit entfernt werden. Die Luftbewegung darf allerdings nicht zu hoch sein.

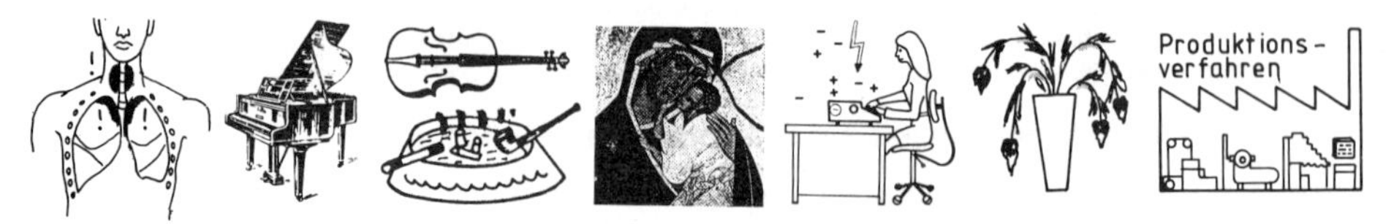

Abb. 4.12 Folgen von zu trockener Luft

- Unbehaglich oder lästig sind auch **elektrostatische Aufladungen** durch zu trockene Luft, insbesondere bei manchen Kunststoffmaterialien. In der Regel verschwindet diese Eigenschaft, wenn die relative Feuchte auf 50 . . . 55 % erhöht wird, da dadurch die elektrische Leitfähigkeit der Umgebung wieder zunimmt. Auch das Haften von Staub und Schmutz auf Teppichen, Vorhängen usw. wird drastisch verringert.
  Außerdem hat man festgestellt, daß bei sehr trockener Luft die **Geruchsempfindung** bei manchen Stoffen wesentlich stärker ist als bei befeuchteter Luft (z. B. bei Tabakrauch).

- **Sehr trockene Luft fordert eine höhere Lufttemperatur** bis über 1K, die wiederum die relative Feuchte senkt. 1K höher heizen bedeutet zwar 5 . . . 6 % höhere Heizkosten, doch muß man – wie schon mehrmals erwähnt – dabei beachten, daß jeder Liter Wasser zum Verdunsten oder Verdampfen etwa 700 Wh Energie benötigt.
- Geht man von einem behaglich gewünschten Raumluftzustand von 20 °C und 50 % r.F. aus und nimmt man eine normale Witterung im Frühjahr und Herbst mit 15 °C und 60 % r.F. oder ein feuchtes regnerisches Wetter mit + 5 °C und 80 % r.F. oder ein frostiges Wetter mit – 5 °C und 80 % im Winter an, so wird deutlich, daß **fast das ganze Jahr hindurch die Raumluft befeuchtet werden müßte.** Legt man einen Jahresmittelwert von x = 8 g/kg zugrunde (vgl. Abb. 7.16), so sind es etwa 75 . . . 80 % der Jahreszeit; allerdings bei der Annahme, daß keine Feuchtequellen im Raum entstehen.

b) Zu geringe Luftfeuchtigkeit zerstört Einrichtungen und Sachwerte

Jedermann kennt das Schrumpfen oder Verziehen oder sogar die Rißbildungen durch Materialschwund bei Möbelstücken, Gemälden, Lederwaren, Lacken, usw. Musikinstrumente, wie z. B. Konzertflügel, verlieren ihre Toncharakteristik. Gegenstände aus organischen Stoffen werden spröde und brüchig, Pflanzen verkümmern. Wertvolle Kunstgegenstände in Museen sind ohne Befeuchtungseinrichtungen gefährdet; umgekehrt kann jedoch bei extremen Besucherzahlen durch die hohe Wasserdampfabgabe der Menschen die Luftfeuchte so gefährlich ansteigen, daß eine Entfeuchtung erforderlich wird.

c) Einfluß geringer Luftfeuchtigkeit auf Produktionsverfahren

Wie schon beim „Einfluß von zu hoher Feuchte“ erwähnt, verlangen zahlreiche Verarbeitungsprozesse, neue technologische Verfahren, empfindliche Meß- und Prüfmethoden eine Erhöhung der Luftfeuchtigkeit. So wird z. B. in der Textilindustrie eine relative Feuchte bis 80 % verlangt (z. T. bis 90 %), in der Süßwarenindustrie bis über 60 %, in der Tabakindustrie (Vorbereitung) bis 85 %, in der Lebensmittelindustrie bis 70 %, in der fotografischen Industrie bis 60 %. Die Folgen von zu trockener Luft wären hier sehr hohe qualitative und quantitative Einbußen und somit völlig unwirtschaftliche Produktionsergebnisse, oft sogar überhaupt nicht mehr durchführbare Verfahren. Auch die Leistungsfähigkeit des Menschen läßt bei trockener Luft erheblich nach.

- **Wo und weshalb die trockene Luft so schädlich ist,** hängt von jeweiligen Arbeitsbereichen innerhalb der Betriebe ab. So haben z. B. in der **Textilindustrie** die Baumwollgarne ihre größte Festigkeit und Elastizität bei etwa 70 % r.F. Geringe Luftfeuchte verursacht schlechten Materialdurchlauf, Fadenbrüche, elektrostatische Aufladung des Materials, ungleiche Banddichten und unterschiedliche Farbpässe. In der **Tabakindustrie** wird eine hohe Luftfeuchte verlangt, damit eine volle Qualitätsausnutzung bezüglich Aroma, Geschmack und Brennbarkeit ermöglicht wird. Auch in der **Lebensmittelindustrie** werden z. T. sehr hohe Werte verlangt, wie z. B. bei Schokolade ca. 60 %, Gärraum für die Brotherstellung ca. 70 %, Pilzplantage ca. 80 %, Hefe ca. 70 %. In der **Elektroindustrie,** wie z. B. bei der Fabrikation von elektrischen Isolierungen 65 . . . 70 %, in **Brauereien** (Gärraum) 60 . . . 70 %; in **Druckereien** (wo vor allem durch Befeuchtung elektrostatische Aufladungen vermieden werden sollen) 50 . . . 60 %; in der **Lederindustrie** werden bei der Vorbereitung und Gerberei bis zu 70 % verlangt, um das Leder geschmeidig zu halten; in Kühlhäusern und in **Lagerräumen** sollen Materialverluste durch Wasserdampfabgabe verhindert werden; trockene Luft ist außerdem schädlich in Gärtnereien, in der Mikrobiologie u. a.
- **Hygroskopische Stoffe** nehmen entweder Wasserdampf aus der Umgebungsluft auf (Adsorption) oder geben ihn ab (Desorption). Wenn p_D der Umgebungsluft = p_D des Materials ist, erhält man den Gleichgewichtszustand, der durch sog. **Sorptionsisothermen** gekennzeichnet wird. Aus ihnen kann man ablesen, bei welcher relativen Feuchte der Raumluft ein Stoff im Feuchtegleichgewicht ist.
- Wie unter Kap. 1.2 und 6.5 erwähnt, waren gerade die Anforderungen an die **Luftbefeuchtung maßgeblich bei der Entwicklung der Klimabranche beteiligt.**
- Wenn aus produktionstechnischen Gründen eine hohe Luftfeuchtigkeit verlangt wird, müssen erstens bauseits die entsprechenden Voraussetzungen getroffen werden (gute Wärmedämmung, Isolierverglasung) und zweitens die anlagentechnischen Einrichtungen richtig bemessen und betrieben werden.

4.2.3 Maßnahmen zur Änderung der Luftfeuchtigkeit

Abschließend sollen anhand der Übersicht nach Abb. 4.13 nochmals zusammenfassend die Möglichkeiten aufgezeigt werden, mit denen man die Luftfeuchtigkeit erhöhen oder verringern kann. Die Notwendigkeit einer Erhöhung der Raumluftfeuchte, die in der Regel mit einer aktiven Befeuchtung durchgeführt wird, ergibt sich vorwiegend an kalten Wintertagen, während eine starke Entfeuchtung an schwülen Sommertagen und stärkerer Raumbelegung erforderlich wird.

		● Erhöhung der Luftfeuchtigkeit			● Verringerung der Luftfeuchtigkeit
relative Feuchte	absolute Feuchte	1. wenn man Wasser im Luftstrom verdunstet 2. bei Wasserzerstäubung (anschließende Verdunstung) 3. durch Einblasen von Dampf in den Luftstrom [4. wenn Wasser von Luft durchströmt wird] 5. durch Zumischen von noch feuchterer Luft	relative Feuchte	absolute Feuchte	1. durch Kondensation an kalten Flächen (Kühler) 2. durch Trocknung mittels Absorptionsstoffen (z.B. SiO_2) 3. durch Zumischen von noch trockener Luft
		6. durch Senkung der Temperatur (Luftkühlung)			4. durch Lufterwärmung
Grundsätzlich auch: durch Feuchtequellen im Raum			.... durch hygroskopische Stoffe im Raum		

Abb. 4.13 Maßnahmen zur Erhöhung und Reduzierung der Feuchte

4.3 Messung der Luftfeuchtigkeit

In der Klimatechnik hat die Feuchtemessung und -regelung, und somit Hygrometer und Hygrostate denselben Stellenwert wie die Temperaturmessung und -regelung, und somit Thermometer und Thermostat. In zahlreichen Teilkapiteln dieses Buches und auch schon bei manchen Lüftungsanlagen in Bd. 3 werden Hiinweise auf dazugehörende meß- und regelungstechnische Aufgaben und Lösungen hinsichtlich der Feuchte gegeben.

Die Feuchtemessung und -regelung gewinnt zunehmend an Bedeutung, besonders für die in Kap. 4.2 genannten Industriebetriebe und Herstellungsverfahren, da viele chemische, physikalische und biologische Prozesse sowie Einrichtungen sehr stark vom Feuchtegehalt der Luft abhängig sind. Gegenüber Versammlungsräumen sind hier die Anforderungen in der Regel höher und die zulässigen Toleranzen im Raum geringer.

Für die Beurteilung der Meßverfahren bzw. **für die Auswahl der Meßgeräte gelten folgende Kriterien:** Meßbereich; Toleranz (Genauigkeit); Empfindlichkeit gegenüber Verschmutzung, Dämpfen, Erschütterungen und trockener Luft; Ansprechzeit; Stabilität; Lebensdauer; Bedienungsaufwand (Handhabung); Wartungsfreundlichkeit; Abmessungen; Preis – Qualitätsverhältnis.

Verfahren der Luftfeuchtemessung (Auswahl)			Messung der
Direkte Meß-verfahren	Sättigungs-verfahren	• Taupunkthygrometer	Taupunkttemperatur
		• Li Cl-Taupunkthygrometer	Umwandlungstemperatur
	Absorptions-verfahren	Volumenhygrometer	Wasserdampfvolumen
		Elektrolyse - Hygrometer	Zersetzungsstrom von absorbiertem Wasser
		Absorptionshygrometer	absorbierte Wassermenge
Indirekte Meß-verfahren	Verdunstungs-verfahren	• Psychrometer	Abkühlung durch Verdunstung
	Hygro-skopische Verfahren	• Haarhygrometer	Längenänderung eines Testkörpers
		Gravimetrisches Hygrometer	Gewichtsänderung eines Testkörpers
		Kohleschichthygrometer	elektrische Leitfähigkeit eines Testkörpers
		Elektrolytisches Hygrometer	desgleichen für Oberflächen-Leitfähigkeit
		Kapazitives Hygrometer	dielektrische Eigenschaften eines Testkörpers
	Spektral-verfahren	Ultrarot-Hygrometer	Ultrarot-Absorptionsänderung
		Mikrowellen-Hygrometer	dielektische Eigenschaften
	Sonstige Verfahren	Diffusionshygrometer	Druckdifferenz wegen unterschiedlicher Diffusionsgeschwindigkeit
		Entladungshygrometer	Änderung der Ionisierbarkeit
		Farbhygrometer	Farbänderung

Abb. 4.14 Feuchte-Meßverfahren

Obwohl es über 20 verschiedene Feuchte-Meßmethoden gibt, zum großen Teil auch für Labormessungen, Feuchtemessungen von Materialien u. a., kommen in der Klimatechnik-Praxis nur wenige Verfahren zur Anwendung.

Bekannte Feuchtemeßgeräte sind das Haarhygrometer, das Psychrometer und das Lithiumchlorid-Hygrometer. Deren Nachteile führten dazu, daß heute vorwiegend **kapazitive Feuchtesensoren** verwendet werden. Deren **Vorteile** sind das breite Einsatzgebiet, die Unempfindlichkeit gegen Staub und Chemikalien, das gute Langzeitverhalten (selbst in 2 bis 3 Jahren noch eine Genauigkeit von ±5 % r. F.), der Wegfall von Kalibrierungen und die leichte Austauschbarkeit (ca. 2 bis 3 Jahre).

Haarhygrometer

Bei diesem einfachen mechanisch-hygroskopischen Verfahren werden entfettete Haare oder andere hygroskopische Stoffe wie Baumwolle, synthetische Fasern, Kunststoffe, Seide verwendet. Deren vom Feuchtigkeitsgehalt der Luft nahezu linear abhängige Längenänderung wird als Meßgröße φ auf einer Skala angegeben. Die Meßgenauigkeit von ca. ±5 % r. F. hängt vor allem von der Regeneration der Haarharfe ab, die – besonders bei länger anhaltender geringer Feuchte – in gesättigter oder sehr feuchter Luft vorgenommen werden muß, z. B. Umhüllung mit feuchtem Strumpf, in Plastiktüte mit feuchtem Schwamm, in Nachtluft. Synthetische Fasern müssen zwar nicht regeneriert werden, sind jedoch geringfügig von der Temperatur abhängig. Haarhygrometer sind bei geringer Feuchte dynamisch sehr träge (lange Ansprechzeiten).

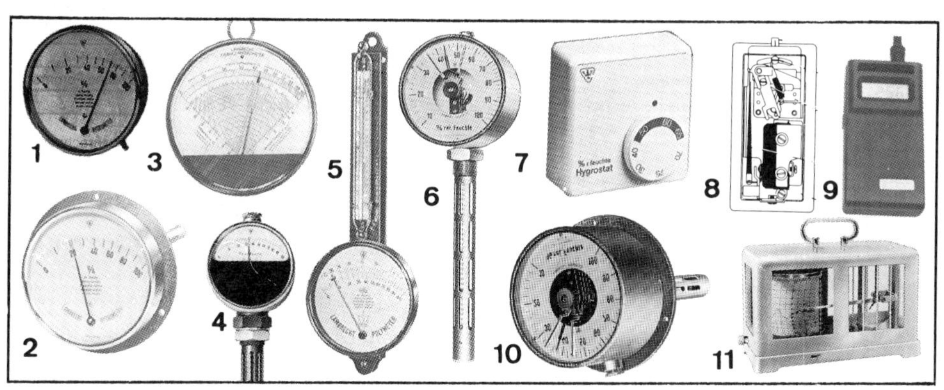

Abb. 4.15 Hygrometer, Hygrostate und Hygrographen

Abb. 4.15 zeigt verschiedene **Hygrometer:** (**1**) Rundhygrometer als Wand- oder Standgerät, 5...100 % r. F., mit Belüftungsöffnungen ⌀ 102 mm; (**2**) Einbauhygrometer in unzugänglichen Räumen, 5...100 % r. F.; (**3**) Thermohygrometer, Zeiger als Thermometerkapillare. Zur Bestimmung der absoluten und relativen Feuchte, Temperatur und Taupunkt, 5...45 g/kg bzw. 5...100 % r. F., –25 bis +40 °C; (**4**) Feuchtegeber mit Meßelement, Widerstandsgeber, Kabelstopfbuchse; (**5**) Kombination von Hygrometer und Thermometer, Bestimmung von x, φ, ϑ, p_{DS}, p_D; 5...100 % r. F., 0,1...80 g/kg, –30 °C bis +50 °C; (**6**) Kontakthygrometer als Wand- oder Einbauelement, Schaft 250 mm; (**7**) Hygrostat, 2-Punktregler für relative Feuchte, Kunststoffaserstrang, Wechsler, Einstellbereich 25...75 %; (**8**) Raumhygrostat (Aufbau) mit Haarharfe, Mikroschalter, einpoligem Umschalter, 2-Punkt- oder *P*-Regler; (**9**) Digitales Handhygrometer mit kapazitivem Feuchtemeßfühler, Temperaturfühler *Pt* 100, 9...92 % r. F., –10 bis +70 °C; (**10**) Einbaukontakthygrometer, verstellbarer Minimum- und Maximumkontakt, 10...95 % r. F.; (**11**) Hygrograph zur laufenden Registrierung der Feuchte, Registrierzeit z. B. 7 Tage, Meßbereich 5...100 % r. F.

Hygrostat

Wird ein Feuchtefühler mit einem Schaltelement zusammengebaut, erhält man einen Hygrostaten. Der Fühler kann auch als Meßeingang für einen Feuchteregler dienen, wenn anstelle des Schaltelements z. B. ein Potentiometer betätigt wird. Die heute verwendeten Fühler reagieren auf feuchtigkeitsabhängige elektrische Widerstandsänderungen oder auf die elektrische Kapazität bestimmter Stoffe.

Durch entsprechende Einstellung des Hygrostaten wird die gewünschte relative Feuchte eingehalten. Bei dessen **Montage** sind folgende Regeln zu beachten:

1. Die Umgebungsluft muß am Hygrostat frei zirkulieren können (Hindernisse vermeiden).
2. Der Hygrostat darf nicht dem direkten Einfluß von Wärmequellen ausgesetzt werden (z. B. Heizkörper, Motoren).
3. Der Montageort darf nicht an kalten Außenwänden liegen (gut wärmegedämmte Wände sind unproblematisch).
4. Der Hygrostat darf keiner Zugluft, z. B. durch offene Fenster, ausgesetzt werden.
5. Das Montageort darf nicht im Ausblasbereich des Luftbefeuchters oder in unmittelbarer Nähe von Feuchtequellen gewählt werden.

Lithium-Chlorid-Feuchtemeßgerät

Dieses Meßverfahren beruht darauf, daß das hygroskopische Salz Li Cl so lange aus der Luft Wasserdampf (Wasser) aufnimmt, bis ein Gleichgewicht zwischen der Salzlösung und der Feuchtluft besteht. Grundsätzlich sind folgende zwei Ursachen bzw. Vorgänge für die Wirkungsweise maßgebend:

1. Der **Sättigungsdampfdruck** bei der Li Cl-Lösung ist bei gleicher Temperatur geringer als bei Wasser. Soll jedoch der Dampfdruck bei Li Cl gleich dem Partialdruck des Wasserdampfanteils der Luft sein, so muß die Salzlösung auf eine höhere Temperatur gebracht werden.
2. Die elektrische **Leitfähigkeit** einer Li Cl-Lösung liegt wesentlich über der des festen Salzes. Dies bedeutet, daß man die erforderliche Aufheizung und Regelung der Heizleistung leicht durchführen kann.

Abb. 4.16 Lithium-Chlorid-Feuchtemeßgerät

Wie Abb. 4.16 zeigt, ist die isolierte Metallhülse mit einem Glasgewebe umgeben, das mit der Li Cl-Lösung getränkt und mit zwei nebeneinanderliegenden Drahtelektroden umwickelt ist. Legt man an die Elektroden eine Wechselspannung, so fließt Strom durch die Lösung, heizt sie auf und das Wasser verdampft. Wenn nun am Umwandlungspunkt Lösung/Salz die elektrische Leitfähigkeit abfällt, nimmt auch der Strom und somit die Temperatur ab, und das Li Cl-Salz nimmt wieder Feuchtigkeit von der Luft auf. Durch diese Feuchtigkeitsaufnahme steigt die Leitfähigkeit und die Stromstärke wieder an. Dies geht immer so lange, bis sich zwischen dem Wasserdampfgehalt der Luft und der Heizleistung ein Gleichgewichtszustand einstellt. Die Spannung darf nicht abgeschaltet werden.

Fazit und Ergänzungen:
Gemessen wird die absolute Feuchte dadurch, daß man die **Umwandlungstemperatur** Li Cl-Lösung/Li Cl-Salz mißt. Diese wird dann Anzeigegeräten oder Reglern zugeführt. Bei dieser Temperatur (Gleichgewichtszustand zwischen Trocknung und Wasseraufnahme) nimmt das hygroskopische Li Cl weder Wasser auf noch gibt es Wasser ab, was ausschließlich vom Wassergehalt der umgebenden Luft abhängig ist.
Diese Temperatur wird durch Widerstandsthermometer gemessen. Soll die **relative Feuchte** angezeigt oder geregelt werden, ist ein weiteres Thermometer erforderlich.
Bei längerem Stromausfall ($> 4 \ldots 5$ Stunden) müssen LiCl-Elemente neu getränkt und einreguliert werden.

Die **Anwendung** kann nur in begrenztem Bereich von etwa 30. . .80 % r. F. (je nach Umgebungstemperatur) erfolgen. Durch chemische Umwandlungspunkte bei Li Cl sind größere Abweichungen möglich (bis ± 5 % r. F.). Dynamisch ergibt sich meist ein nichtlineares Verhalten. Die Zeitkonstante liegt bei etwa 1 min.

Psychrometer
Auf die Wirkungsweise eines Psychrometers wurde schon in Kap. 4.1.6 ausführlicher eingegangen. Die Meßmethode ist zwar genau, jedoch ist die exakte Wasserzuführung für das Feuchtkugelthermometer nicht immer einfach und auch wartungsaufwendig. Abb. 4.17 zeigt einen psychrometrischen Meßwertgeber.

Elektronische Präzisionsmeßgeräte
Bei diesen heute fast ausschließlich verwendeten batteriebetriebenen Geräten handelt es sich meistens um Kapazitätshygrometer, bei denen sich eine feuchteempfindliche Folie zwischen zwei Elektroden befindet. Bei veränderter Umgebungsfeuchte verändert sich auch entsprechend die Kapazität, die dann mit Hilfe eines Spannungswandlers gemessen wird. Durch Einsetzen von verschiedenen Meßwertgebern in das Gerät können alle in der Klimatechnik vorkommenden Meßgrößen wie ϑ, φ, v, Δp usw. gemessen werden.
Das Geräteangebot reicht von sehr einfachen preiswerten **Taschengeräten** bis zu teueren mikroprozessorgesteuerten Handmeßgeräten mit elektrolytischer Meßzelle und einem Menueprogramm für folgende Meßgrößen: Trockenkugeltemperatur, Feuchtkugeltemperatur, relative Feuchte, absolute Feuchte, Wasserdampfpartialdruck, Taupunkttemperatur und spezifische Enthalpie; gleichzeitige Anzeige von zwei Meßwerten; Schnittstelle für PC; automatische Speicherung der Maximal- und Minimalmeßwerte; zahlreiches Zubehör, z. B. Oberflächentemperaturfühler, Verlängerungsrohr für Kanalmessungen, Netzgerät zur Stromversorgung, Schutzfilter u. a.

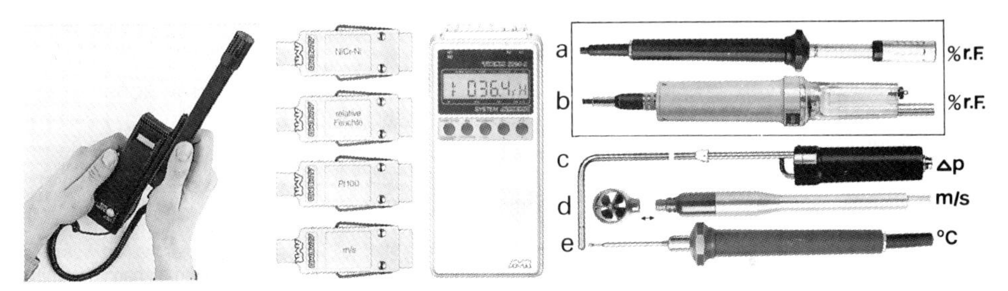

Abb. 4.17 Sekundenhygrometer

Abb. 4.18 Kombigeräte mit verschiedenen Gebern (Fa. Ahlborn)

Abb. 4.17 zeigt ein sog. Sekundenhygrometer, ein **kombiniertes Feuchte- und Temperaturmeßgerät.** Der durch eine Wendelleitung mit dem Meßgerät verbundene Fühler läßt sich seitlich einschieben. Feuchtefühler: kapazitiver Dünnfilmsensor, Meßbereich 2 bis 98 % r. F., Abweichung ±3 % im Bereich 5 bis 90 %; Temperaturfühler: PT 100 Meßwiderstand, Meßbereich −10 bis +60 °C, Abweichung ±0,2 K, Spannung 9 V (Batterie oder Aku).
Alternativ gibt es ein ähnliches Gerät auch mit integrierter Taupunktbestimmung und mit der Möglichkeit eines Anschlusses von Recorder und PC-Adapter.

Abb. 4.18 zeigt ein Präzisionsmeßgerät zur **Erfassung der verschiedenen Meßwerte durch Einsetzen der entsprechenden Meßwertgeber: a) Kapazitiver Luftfeuchte- und Temperaturfühler** einschließlich Schutzkappe mit Filter. Meßelement für Feuchte: kapazitiver Dünnfilmsensor (Meßbereich 5 bis 98 %) und für Temperatur: NiCr-Ni (−20 bis +80 °C); **b) Psychrometergeber** mit Temperaturfühler; **c) Druckmeßwertgeber** (wechselbare Staurohre); **d) Flügelrad zur Geschwindigkeitsmessung,** je nach Flügelrad ∅ 0,1 bis 40 m/s; **e) Temperaturfühler** mit Thermoelement NiCr-Ni (−200 bis +1 370°C).

Bei einem **speziellen Meßsystem** werden zum Anschluß der Fühler und Peripheriegeräte spezielle Stecker verwendet, die oben in das Gerät eingeführt werden. Diese Stecker enthalten programmierbare Datenträger, in denen die Parameter der angeschlossenen Fühler gespeichert werden. Die Funktionen der Meßgeräte passen sich den eingesteckten Einheiten automatisch an, so daß die Geräte sehr flexibel und anwenderfreundlich sind. Alle einmal programmierten Fühler sind ohne weitere Einstellung austauschbar.
Beim Einstecken werden der Meßbereich mit Verstärkung, die benötigte Stromversorgung und die Vergleichsstellenkompensation an das Meßgerät übertragen, ebenso alle Meßwertkorrekturen, Skalierungen, Dimensionen und Fühlerbezeichnungen. Spezielle Fühler sind nicht erforderlich, da jeder beliebige Sensor an die Stecker angeschlossen werden kann. Bei den Ausgängen ist die Elektronik für analoge und digitale Schnittstellen in den Steckern eingebaut.

5 Reinhaltung der Luft – Luftfiltrierung

Neben der thermodynamischen Behandlung der Luft (Heizen, Kühlen, Be- und Entfeuchten) wird neuerdings der Luftreinheit in Aufenthaltsräumen wesentlich mehr Aufmerksamkeit geschenkt, als es bisher der Fall war. Die Begriffe, wie Immissionsschutz, innere Umwelt, Luftqualität, sick-building-syndrome, machen auf die Notwendigkeit erhöhter Lüftungsforderung (Lufterneuerung, Schadstoffabführung) und Filtrierung der Zuluft aufmerksam.

5.1 Verunreinigungen in der Luft

Wenn sich der Mensch in Aufenthaltsräumen behaglich fühlen soll, wenn in Arbeitsstätten hohe Anforderungen an ihn gestellt werden und wenn seine Gesundheit keinerlei Schaden erleiden soll, so müssen die Luftverunreinigungen außerhalb und innerhalb von Gebäuden auf ein Minimum reduziert werden. Bei der Lufterneuerung (Lüftung) interessieren die Schadstoffkonzentrationen außerhalb der Gebäude, bei der Luftreinheit in Räumen interessieren außerdem die möglichen Verunreinigungen, die dort entstehen, wie diese abgeführt, verdünnt und reduziert werden können. Wie in Kap. 2.2.4 erläutert, sind es nicht nur Temperatur und Feuchte, sondern auch die Luftqualität, die ein gutes Raumklima gewährleisten.
Trotz vielfacher Umweltschutzmaßnahmen und -gesetze kann bei RLT-Anlagen in der Regel auf eine Luftfiltrierung nicht verzichtet werden. In zahlreichen Fällen, wie z. B. in Elektronikbetrieben, bei der Medikamentenherstellung, bei den meisten Oberflächenbearbeitungen, bei der Kunststoffherstellung, in der Lebensmittelindustrie, in Rechenzentren, in Krankenhäusern und vielen anderen Räumen, wird eine Staubreinheit gefordert, die sogar über den hygienischen Anforderungen liegt.

5.1.1 Außenluftbelastung – Umweltschutz

Die Verunreinigungen außerhalb der Aufenthaltsräume sind hauptsächlich Emissionen, d. h. der Ausstoß von Schadstoffen (Staub, Schwefeldioxid, Stickoxide, Kohlenmonoxid, Kohlendioxid, organische Verbindungen, Schwermetalle, u. a.) aus Feuerungsanlagen, Kraftwerken, speziellen Industriebetrieben, Müllhalden, Kraftfahrzeugen (auch durch Aufwirbelung von Straßenstaub), Flugzeugen, Maschinen, Haushalten usw.

Wenn manche RLT-Anlagen und -geräte auch unter dem Aspekt starker Luftverschmutzung installiert werden, so darf das nicht heißen, daß Lüftung und Klimatisierung schlechthin die Antwort auf einen vernachlässigten Umweltschutz sein dürfen. Die Emissionen wirken sich schließlich auch auf Boden und Gewässer aus, so daß die Reinhaltung der Außenluft zu einer existenziellen Frage geworden ist, die jeden Menschen angeht. Die zahlreichen Gesetze, Verordnungen und Richtlinien hinsichtlich technischer Maßnahmen bei allen genannten Verursachern (z. B. Abgasreinigungsanlagen, Großentstauber), hinsichtlich der Änderungen in der Energieversorgung, bei Fahrzeugen und Feuerungsanlagen, hinsichtlich der Meß- und Kontrolleinrichtungen und der zahlreichen Überwachungsaufgaben sind dringend erforderlich und werden in den kommenden Jahren noch Milliardenbeträge kosten.

Zur Festlegung und zur Begrenzung der Schadstoffe in der atmosphärischen Luft wurden maximale Immissions-Konzentrationen (MIK-Werte) festgelegt, die in mg/m^3 oder in cm^3/m^3 bzw. ppm (parts per million) angegeben werden.

Hierzu noch einige Ergänzungen:

1. Als **MIK-Werte** werden Konzentrationen aller festen, flüssigen und gasförmigen Luftverunreinigungen bezeichnet, unterhalb derer nach dem heutigen Wissensstand Mensch, Tier, Pflanze und wertvolle Sachgüter geschützt werden sollen. Je nachdem, worauf sich der MIK-Wert bezieht und wie lange der Schadstoff einwirkt, gibt es **mehrere MIK-Werte für einen Schadstoff.** So liegen z. B. bei SO_2 die MIK-Werte für verschiedene Pflanzen weit unter dem Schwellenwert für den Schutz der menschlichen Gesundheit, und bei halbstündiger Einwirkzeit dürfen sie etwa 10mal höher sein als im Jahresmittel.

2. **Immission** ist der Gehalt an luftverunreinigenden Stoffen an einer bestimmten Einwirkungsstelle (z. B. am Außenluft-Ansauggitter, im Aufenthaltsraum, am Arbeitsplatz) und darf nicht mit Emission verwechselt werden. **Emission** ist die Konzentration am Austritt von Verunreinigungen in die atmosphärische Luft. Eine Emissionsquelle ist z. B. die Schornsteinmündung, das Fortluftgitter oder das Kraftfahrzeug. Emissionen wirken sich auch auf Boden und Gewässer aus und können indirekt über Tiere und Pflanzen zu Gesundheitsschädigungen des Menschen führen. Man spricht auch von Schallemissionen und Geruchsemissionen.

3. Von den erwähnten **Gesetzen, Verordnungen und Richtlinien** auf Bundes- und Landesebene, durch die die Verunreinigungen in der Luft möglichst verhindert werden sollen, sind u. a. das Immissionsschutzgesetz,

die TA-Luft (Technische Anleitung zur Reinhaltung der Luft), die Verordnung für Klein- und Großfeuerungsanlagen, die VDI 2310 (max. Immissionswerte) und die Heizungsanlagenverordnung zu nennen.

4. In zahlreichen Ländern gibt es umfangreiche Netze von **Luftüberwachungsstationen,** bei denen nicht nur meteorologische Meßgrößen erfaßt, weitergeleitet und registriert werden (Windgeschwindigkeit, Windrichtung, Sonneneinstrahlung, Lufttemperatur, Luftfeuchtigkeit, Luftdruck), sondern auch zahlreiche **„Verschmutzungsmeßgrößen",** wie Kohlenwasserstoffe, Kohlenoxid, Kohlendioxid, Schwefeldioxid, Stickoxide, Staub, Ozon und z. T. organische Komponenten.

5. Inwieweit sich **Verunreinigungen der Außenluft auf Innenräume auswirken** (ohne RLT-Anlage), hängt vor allem von der Lüftungsintensität, vom Raum und vom Schadstoff selbst ab. So kann man z. B. Feinstaub und CO in Innenräumen in nahezu derselben Konzentration wie in der Außenluft antreffen, Schwebestaub zu etwa der Hälfte und SO_2 zu etwa 1/4.

5.1.2 Verunreinigungen in der Raumluft

Wie bereits unter Kap. 2.4 erwähnt, sind die Verunreinigungen wie Staub, Gase, Dämpfe, Gerüche, die in Räumen entstehen, oft umfangreicher, lästiger und umweltschädlicher als die in der Außenluft. Hierbei handelt es sich im wesentlichen um folgende „Verunreinigungsquellen", die zu völlig unbefriedigenden Raumluftzuständen führen können.

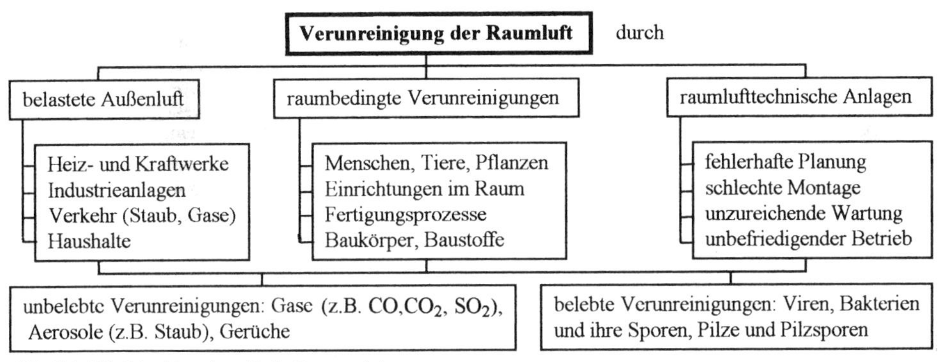

Abb. 5.1 Mögliche Ursachen für Luftverunreinigungen

a) „Verunreinigungen" durch den Menschen

Neben der Wärme- und Feuchtigkeitsabgabe (man spricht hier nicht von Luftverunreinigungen) wird die Luft durch die Menschen mit Kohlendioxid, Geruch- und Ekelstoffen sowie vielfach durch Tabakqualm angereichert. Die verbrauchte Luft ist demnach nicht nur zu warm und feucht (schwül), sondern wird dadurch auch unappetitlich und ruft bei Überschreitung bestimmter Grenzwerte bei Menschen einen Widerwillen hervor.

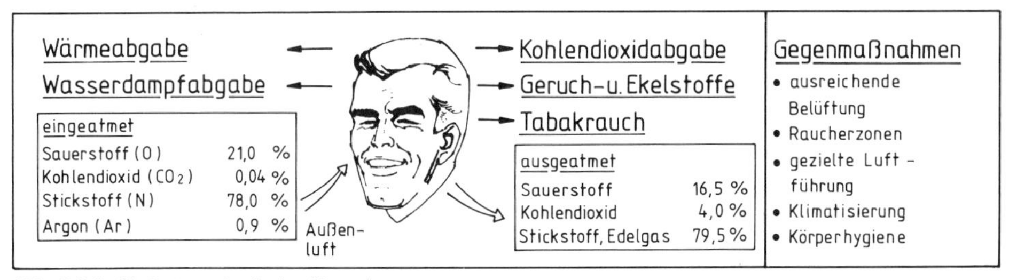

Abb. 5.2 Luftbelastung durch den Menschen

Hinweise zu Abb. 5.2

Auf die **Wärme- und Feuchtigkeitsabgabe** wird ausführlicher in Kap. 2.2.2 eingegangen. Sie hat jedoch indirekt auch Einfluß auf die Geruchsausscheidungen und somit auf die Luftreinheit.

Aus Abb. 5.2 gehen sowohl die Bestandteile der eingeatmeten Luft (natürliche Zusammensetzung) als auch die der ausgeatmeten Luft hervor. Die Luft enthält außerdem zahlreiche

Spurenelemente und verschiedene Verbindungen. Auffallend ist der prozentuale Anteil von **Kohlendioxid,** der bei der ausgeatmeten Luft bis auf das 100fache angestiegen ist.

Legt man ein Atemvolumen von 500 l/h und dessen CO_2-Gehalt von 4 % zugrunde, so wird pro Stunde und Person 0,02 m^3 = 20 l CO_2 an die Luft übergehen. Damit der geforderte CO_2-Gehalt im Raum dadurch nicht ständig zunimmt, muß der Raum belüftet werden. Daraus ergibt sich die erforderliche Außenluftrate nach DIN 1946 (vgl. Bd. 3), die allerdings wegen weiterer möglicher Verunreinigungsquellen höher angesetzt wird.

Die wesentlichen Ursachen der **Geruchs- und Ekelstoffe** sind vorwiegend die Schweiß- und Talgdrüsen. Die Talgdrüsen sondern den Hauttalg ab, der die Haut einfettet, und durch die Schweißdrüsen wird Wasserdampf abgegeben. Die dabei entstehenden Stoffe sind sehr vielschichtig, wirken sich unterschiedlich stark aus und sind auch von der körperlichen Belastung abhängig. Einer weiteren Zersetzung dieser Stoffe auf der Haut, wodurch noch mehr Geruchsstoffe entstehen, kann durch entsprechende Körperpflege entgegengewirkt werden. Nicht jedes Parfüm oder sonstiger Duftstoff macht die Luft appetitlicher.

Der empfohlene CO_2-Gehalt von nur 0,1 Vol.-% (max. 0,15 Vol.-%) nach DIN 1946 soll durch intensive Lüftung auch deshalb eingehalten werden, da ab diesem Wert die Geruchs- und Ekelstoffe in der Raumluft wahrgenommen werden. Der bekannte Hygieniker Pettenkofer hat festgestellt, daß die **CO_2-Anreicherungen und die der Geruchs- und Ekelstoffe ungefähr im gleichen Verhältnis ansteigen.**

Der **Tabakrauch,** dessen Einfluß auf die Lüftung schon in Bd. 3 hervorgehoben wurde, ist ein sehr lästiger und schädlicher Luftverschlechterer. In stark verqualmten Räumen kann die CO-Konzentration bis zum 3fachen des MAK-Wertes betragen, die Nikotinkonzentration bis zum 10fachen. Jede Zigarette benötigt einen Außenluftvolumenstrom von etwa 10 m^3/h, der in stark besetzten Räumen nur durch eine mechanische RLT-Anlage störungsfrei eingeführt werden kann.

Ganz abgesehen davon, werden im Raum durch den Tabakrauch Wände, Böden, Möbel, Vorhänge verschmutzt. Diese Rückstände verursachen wiederum Gerüche, die eine unappetitliche Luft verursachen. Bei empfindlichen Personen, insbesondere bei Nichtrauchern, können schon geringere Konzentrationen zur Reizung der Schleimhäute und Atemwege, zu Übelkeit und sogar zu gesundheitlichen Schäden führen.

b) Staubentwicklung, Gase, Dämpfe und Gerüche in Räumen

Durch Druck- und Temperaturunterschiede zwischen innen und außen, durch Windanfall, durch Arbeitsvorgänge und durch Bewegungen des Menschen im Raum findet ständig eine Luftbewegung statt. Dadurch entsteht **Staub,** anderer Staub wird in den Raum gefördert, und vorhandener Staub wird aufgewirbelt. Tagsüber kann der Staubpegel gegenüber den Nachtstunden bis auf das 3fache und während der Reinigung sogar auf das 8- bis 10fache und mehr ansteigen. Obwohl der Staubgehalt der Außenluft am „Wohnungsstaub“ beteiligt ist, kann dieser u. U. zu mehr als 80 % innerhalb der Wohnung entstehen, und zwar aus Fasern tierischer Herkunft (z. B. Wolle, Seide) oder pflanzlicher Herkunft (z. B. Baumwolle, Leinen, Kunstseide), hauptsächlich vom Abrieb der Teppiche, Kleidung, Böden, Innenraumdekoration, Möbel usw.
Wird in Wohnungen und Büroräumen durch gründliche Reinigung der Staub laufend entfernt, so ist sein Gehalt normalerweise so gering, daß er das Wohlbefinden nicht beeinträchtigt. In staubigen und schlecht gereinigten Arbeits- und Versammlungsräumen können jedoch die Nasen- und Rachenschleimhäute durch Kleinstorganismen (z. B. Staubmilbe) empfindlich gereizt werden. Im Winter, wenn die Luft sehr trocken ist (Kap. 4.2.2), und ganz besonders, wenn Staub auf zu warmen Heizflächen verschwelt oder sogar verkohlt, kann er schon des Geruchs wegen sehr lästig werden.

Durch heiße Raumheizflächen und die dadurch entstehende stärkere Luftumwälzung bilden sich durch die infolge Verschwelung sehr klein, leicht, trocken und hygroskopisch gewordenen Staubteilchen die sog. „Rußfahnen“ an Wänden und Decken. Diese Schwärzungen bilden sich besonders über Heizkörpern und Zuluftgittern sowie an feuchtem Mauerwerk und werden durch Tabakrauch wesentlich verstärkt.

Neben den Ausdünstungen des Menschen, dem Tabakrauch und der Staubentwicklung können auch **raumbedingte Gase, Dämpfe und Gerüche** durch Möbel, Geräte, Farbanstriche, Teppiche, Tapeten, Baustoffe (z. B. Spanplatten, Kunststoffe), Verbrennungsvorgänge, Vermoderungen, Reinigungsmittel, Küchen- und Toilettenbetrieb, Riechstoffe von Tieren und

Pflanzen usw. entstehen. Dadurch leidet nicht nur die Behaglichkeit, sondern es sind auch manche körperliche Beschwerden darauf zurückzuführen, für die fälschlicherweise oft die Klimaanlage verantwortlich gemacht wird.

- Nach der DIN 1946 T 2 unterscheidet man zwischen **unbelebten Verunreinigungen** wie Gase (z. B. CO, CO_2, SO_2, NO_2, NO_x, O_3, Radon, Formaldehyd, Kohlenwasserstoffe), Aerosole (z. B. organische und anorganische Stäube, Pollen), Gerüche (z. B. mikrobielle Abbauprodukte von organischen Materialien, Fäulnisbakterien, Geruchsstoffe durch Mensch, Tier und Pflanzen, Ausdünstungen) und **belebten Verunreinigungen** wie Viren, Bakterien und Sporen (z. B. Legionellen), Pilze und Pilzsporen.
- In diesem Zusammenhang sind auch die Hinweise zum **„sick building syndrome"** im Kap. 2.4 zu beachten, wo auch auf eine mögliche quantitative Bestimmung der Luftverunreinigung hingewiesen wird.

c) Verunreinigungen durch die RLT-Anlage selbst

Diese treten in der Regel nur bei fehlerhafter Planung, Ausführung, Wartung und Betriebsweise auf. Hierzu zählen z. B. schlechte Wartung der Filteranlage (Staubabbruch), ungenügende Pflege des Luftwäschers, Kondensation in den Kanälen, falsche Luftgeschwindigkeiten im Verteilsystem, mangelhafte Reinigung der Bauteile, Fehler bei der Kanalmontage (Staubablagerung) und Bauteilauswahl.
Die **Qualität der Zuluft,** die hinsichtlich der Verunreinigungen mindestens die Außenluftqualität aufweisen sollte, ist somit abhängig von den raumbedingten Verunreinigungen (bei Um- und Mischluftbetrieb), vom Außenluftzustand (von den zurückgehaltenen Verunreinigungen) und vom Zustand und Betrieb der RLT-Anlage. Die einwandfreie Zuluft muß selbstverständlich durch eine entsprechende Luftführung gleichmäßig im Raum verteilt werden.

5.2 Grundlagen der Filtertechnik

Um die genannten Verunreinigungen in Innenräumen gering zu halten und die Luftqualität zu verbessern, müssen in RLT-Anlagen die geeigneten Filter gewählt werden. Hierzu interessieren die Fragen über richtigen Einbau, Wirksamkeit, Druckverlust, Anschaffungs- und Betriebskosten, Standzeit, Wartungsarbeiten, Ersatzfilter, Filterentsorgung, Platzbedarf, Gesetze und Verordnungen, Prüfverfahren u. a., auf die nachfolgend kurz eingegangen werden soll.

Wenn man das gesamte Spektrum der Luftverunreinigung, also auch die gesamte Entstaubungstechnik, Abgasreinigung, Geruchsbeseitigung, Absaugtechnik, betrachtet, stellt dieses Fachgebiet „Lufttechnik" ein sehr anspruchsvolles und umfangreiches Spezialgebiet dar.

5.2.1 Staubarten - Staubgehalt - Staubabscheidung

Staub sind in der Luft feinverteilte Feststoffpartikel von unterschiedlichster Form in einer Größenordnung von 0,1 bis 1 000 μm. Wie aus Abb. 5.3 hervorgeht, erfolgt die **Staubeinteilung** in Grobstaub ($>$ 10 μm), Feinstaub (1 bis 10 μm) und Feinststaub ($<$ 1 μm); ferner in Staub, der sich je nach Größe mehr oder weniger absetzt (1 μm), und Staub, der ständig schwebend vorhanden ist mit einer Teilchengröße $<$ 1 μm. Staub von etwa $<$ 0,1 μm bezeichnet man als Kolloidstaub. Als normalen Staub bezeichnet man den mit einer Teilchengröße von etwa 0,4 bis 20 μm (vgl. Raster). Staub $>$ 10 μm ist mit bloßem Auge sichtbar.

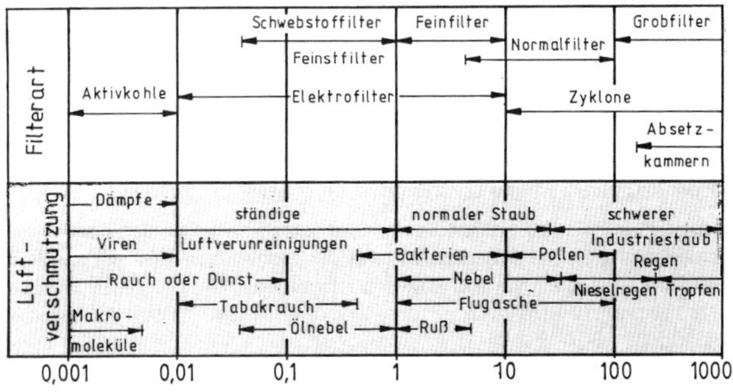

Abb. 5.3 Einteilung einiger Staubarten und Filter nach der Partikelgröße

Tab. 5.1 Mittlerer Staubgehalt der Luft

Meßort	Staubgehalt in mg/m³
Kurort	
Mittelwert	0,1
während der Heizperiode	0,13 - 0,15
Industriegebiet	
Mittelwert	0,25
sehr trocken	0,45
regnerisch	0,1
Inversionswetterlage	2,0 - 5
Luft in ländlichen Gebieten	0,05 - 0,1
Stadt allgemein	0,1 - 0,45
Eisenhütten- und Sägewerk (Entstaubung)	10 - 20

Aus Abb. 5.3 wird auch deutlich, daß **mit einem Filter nicht der gesamte Teilchengrößenbereich** erfaßt werden kann. Soll z. B. Flugasche (Emission aus Schornstein) erfaßt werden, muß neben dem Normalfilter auch ein Feinfilter vorgesehen werden. Zur Abscheidung von Feinststaub oder Schwebestäuben dienen Grob- und Feinfilter als Vorfilter.
Die Staubzusammensetzung im Freien ist sehr vielschichtig, wobei man zwischen anorganischem Staub (Ruß, Asche, Steinstaub, Zement, Sand, Kohle u. a.) und organischem Staub (Pflanzenteilchen, Pollen, Samen, Textilfasern, Sporen, Keime) unterscheiden kann. Staub entsteht z. B. durch Verwitterung, Wind, Verbrennungsvorgänge, Verkehr, Arbeitsvorgänge, Verschleiß und Abrieb und besonders in zahlreichen Fabriken. Die Konzentration (Tab. 5.1) ist nie gleich, da sie stark vom Wetter (Wind, Regen), von der Tageszeit, Jahreszeit (Sommer, Winter), Lage (Land, Stadt, Gebirge, Industrie) und vom Verkehr abhängig ist.
Die Staubzusammensetzung wird als Massenteil z. B. in mg/m^3 und besonders bei Schwebstoffen auch als Teilchenzahl je m^3, bei Gasen und Dämpfen als Volumenteil in cm^3/m^3 bzw. in ppm (parts per million) angegeben.

Einige ergänzende Erläuterungen und Begriffe:

1. Eine **Konzentrationsschwankung** am Einsatzort kann bis etwa 1 : 20 betragen, was allerdings dann eine Schwankung der Filterstandzeit von etwa 1 : 6 bedeuten kann.
2. Die **Staubbekämpfung,** insbesondere bei Feuerungen und in der Industrie (z. B. durch gewerbepolizeiliche Überwachung), ist deshalb erforderlich, da Staub die Atmung, die Umwelt und bei manchem Gewerbestaub auch die Gesundheit beeinträchtigt. Außerdem begünstigt Staub die Nebelbildung (Dunstschleier), verringert die Strahlungsintensität der Sonne, zerstört Bauwerke, ruft bei manchen Menschen allergische Reaktionen hervor, macht zahlreiche Produktionsverfahren unmöglich und beschädigt zahlreiche Geräte.
3. **Fein- und Feinststaub** sind besonders gesundheitsschädlich, da sie bis in die menschliche Lunge eindringen können. Normaler Staub wird in der Regel durch die Schleimhäute abgehalten.
4. **Schwebstoffe** sind Teilchen etwa $< 1\,\mu m$, die eine so geringe Sinkgeschwindigkeit haben, daß sie sich kaum oder – je nach Luftbewegung – gar nicht mehr absetzen. Diese Schwebstoffe, auch als **Aerosole** bezeichnet, sind entweder fest oder flüssig. Sie entstehen z. B. durch Verbrennungsvorgänge wie Rauch und Ruß (auch Tabakrauch), durch verfahrenstechnische Prozesse, durch mechanischen Abrieb, durch Staubaufwirbelung, durch Wasserzerstäubung, ferner als Nebelpollen, Bakterien, Pilze, Viren usw.
5. **Keime** sind Kleinlebewesen (Mikroorganismen, Bakterien, Viren), die sich schnell vermehren und in ihrer Konzentration außerordentlich schwanken. Sie haften vorwiegend an Staubteilchen (mehr Staub – mehr Keime) und werden zahlenmäßig je m^3, bei Wasser je ml angegeben. Auf die möglichen Bakterien in Klimaanlagen (Luftwäscher, Kühlturm usw.) und deren Bekämpfung wird in Kap. 3.4.3 eingegangen.
6. **Entstauber** setzt man in der Industrie ein, wo eine örtlich starke Staubentwicklung vorliegt. Dabei handelt es sich um spezielle Abzugshauben oder Einrichtungen, die den Staub direkt an der Entstehungsstelle abführen, z. B. in Gießereien, Zementfabriken, Textilfabriken u. a. Die Staubgröße geht von 0,3 μm bis in den Millimeterbereich. Man unterscheidet zwischen Trockenentstauber, Naßentstauber und Elektrofilter.

Die **Staubabscheidung** im Filter erfolgt vorwiegend durch mechanisch wirkende Faserfilter und Elektrofilter. Die Wirksamkeit beim Faserfilter ist vom Faserdurchmesser, Staubteilchendurchmesser, von Luftgeschwindigkeit, Partikelverteilung, Partikel- und Fasermaterial (Oberfläche) abhängig.

Die wichtigsten **Abscheideeffekte** an der Einzelfaser sind:

Der **Diffussionseffekt** erfolgt bei kleinen Teilchen, wenn sie lang und nah genug an der Faser verweilen.

Der **Trägheitseffekt** (Schwerkraft) liegt vor, wenn das frontal auf die Faser auftreffende Staubteilchen aufgrund seiner Massenträgheit keine ausreichende Ablenkung aus der vorherigen Bewegungsrichtung erfährt. Da die Trägheitskraft zum Aufprall auf die Faser führt, spricht man auch vom **Pralleffekt** (Grobstaubfilter).

Der **Sperreffekt** erfolgt dann, wenn kleine Staubteilchen mit einem bestimmten Abstand von der Faser vorbeiströmen ($d/2$), d. h., die Faser nahezu berühren und durch Adhäsion festgehalten werden.

Der **Siebeffekt** tritt ein, wenn der Partikeldurchmesser größer als der Querschnitt zwischen den Fasern ist. Ist der Faserabstand – wie beim Schwebstoffilter – sehr gering, ist zwar der Siebeffekt wirksam, doch muß dann zur Erzielung einer wirtschaftlichen Standzeit ein Vorfilter angeordnet werden. Beim progressiven Filtermedium, d. h. auf der Anströmseite große und zur Reinluftseite immer kleinere Porenweite, wird die gesamte Tiefe des Filtermediums besser ausgenutzt.

Der **Absetzeffekt** durch Sedimentation (Ablagerung) erfolgt nur bei großen Staubteilchen, die sich leider aber schon vor dem Filter z. B. im Luftkanal absetzen.

Der **elektrostatische Effekt** beruht auf den Wechselwirkungen der elektrisch geladenen Staubteilchen mit den Fasern (Haften der Teilchen auf der Faseroberfläche).

5.2.2 Aufgaben, Auswahlkriterien und Anforderungen von Filtern

Die Notwendigkeit eines Filters kann nach folgenden vier Gesichtspunkten gerechtfertigt werden, die allerdings in ihrer Gewichtung – je nach Anwendungsfall – ganz unterschiedlich zu bewerten sind.

1. **Behaglichkeit und Komfort**
   Die steigenden Ansprüche an eine gute Luftqualität beziehen sich nicht nur auf Wohn-, Büro- und große Versammlungsräume, sondern mehr und mehr auch auf Arbeitsräume in Produktionsstätten. Staub, Gerüche, Dämpfe – ob von außen eingeführt oder ob im Raum entstanden – werden als unbehaglich empfunden.
2. **Gesundheit**
   Wie vorstehend erläutert, sind so viele Schadstoffe gesundheitsgefährdend. Die Sensibilisierung der Bevölkerung dafür hat stark zugenommen, die Umweltschutzauflagen werden drastisch erhöht, und viele RLT-Anlagen werden auch nach der erreichten Staub- und Geruchsabscheidung bewertet. Ein Filter kann jedoch diese wichtige Aufgabe nur erfüllen, wenn er auch richtig ausgelegt und vor allem einwandfrei gewartet wird.
3. **Produktionssteigerung und Qualitätssicherung**
   Immer mehr Produktionsstätten verlangen hochgradig reine Luft, viele technologische Verfahren wären ohne Luftfiltrierung unvorstellbar, bei zahlreichen Arbeitsprozessen möchte man durch Luftfiltrierung höhere Qualität, Sicherheit, gesteigerte Präzision, geringere Störungen, geringeren Materialverlust und kürzere Verarbeitungszeiten erreichen.
4. **Schutz der Anlagenteile**
   Wenn auch bei zahlreichen Anlagen die beiden erstgenannten Argumente in den Vordergrund gestellt werden, so sollen durch die Filtrierung ebenso die Wärmetauscher in der Klimakammer geschützt, das Kanalnetz saubergehalten und Einrichtungen im Raum geschont werden – alles vorwiegend der geringeren Reinigungskosten und der Werterhaltung wegen.

Auswahlkriterien für die Filterauswahl

In der Regel ist eine exakte Filterauswahl im voraus nicht ohne weiteres möglich, da bei den Staubpartikeln die chemischen und physikalischen Eigenschaften, die Korngrößenverteilung und die Konzentration nicht konstant sind und außerdem die Nutzung des Raumes und der Anlage sehr unterschiedlich sein kann. Somit kann man nur Kenndaten zu Hilfe nehmen, die wenigstens eine grundsätzliche Beurteilung und einen direkten Vergleich der Filterleistungen ermöglichen. Alle vier genannten Aufgabenbereiche müssen dabei einbezogen werden.

Abb. 5.4 Beurteilungskriterien für Luftfilter

Unter **Sonstiges** können zahlreiche Einflußgrößen zählen, wie z. B. eine **verträgliche Umweltbelastung** bei Herstellung, Verteilung, Betrieb und Entsorgung. Hinsichtlich Recycling unterscheidet man Maßnahmen zur **Abfallvermeidung** (Wiederverwendbarkeit von Filtermedien und Rahmensystemen) und zur **umweltgerechten Entsorgung** (Vermeidung von Metallteilen, Veraschbarkeit bzw. rückstandsfreie Verbrennung, kein Sondermüll).
Weitere Beurteilungskriterien sind, neben den in Abb. 5.13 aufgeführten Beispielen, der Aufbau der Filterkonstruktion (z. B. Stabilität), die Austauschmöglichkeit, der Platzbedarf und die Einbauverhältnisse, die Handhabung und die Temperaturbeständigkeit.

Die wichtigsten Kriterien zur Beurteilung der Leistungsfähigkeit – vor allem von Grob- und Feinfilter – sind:

a) Abscheideleistung
Bei dieser wichtigen Prozentangabe unterscheidet man nach DIN 24 185 zwischen dem Abscheidegrad für die Filterklassen EU 1 bis EU 4 und dem Wirkungsgrad für die Klassen ab EU 5 (vgl. Tab. 5.3).

- Der **Abscheidegrad** A_m (auch als Entstaubungsgrad bezeichnet) gibt an, wieviel Gewichtsprozent eines **synthetischen Prüfstaubs** unter definierten Prüfbedingungen von einem Luftfilter abgeschieden werden kann (gravimetrische Messung).
- Der **Wirkungsgrad** E_m ist ein Maß für die Fähigkeit eines Luftfilters, atmosphärischen **(natürlichen) Staub** unter definierten Prüfbedingungen abzuscheiden. Er wird durch eine Trübungsmessung bestimmt.

Mit dem Verhältnis von abgeschiedener Staubmasse zur angebotenen Staubmasse bestimmt man die Abscheidung. Man mißt die Staubkonzentration K_1 der Luft vor dem Filter (Rohluft) und die Konzentration K_2 nach dem Filter (Reinluft) und erhält den:

$$\text{Abscheidegrad oder Entstaubungsgrad } \eta = \frac{K_1 - K_2}{K_1} \cdot 100 \quad \text{in \%}$$

Dieser Abscheidegrad ist veränderlich. So steigt er z. B. mit zunehmender Verschmutzung, da beim mechanischen Filter durch den eingelagerten Staub eine zusätzliche Filtrierung erreicht wird. Durch den unterschiedlichen Außenluftstaub ist auch der vorliegende Abscheidegrad nicht immer identisch mit dem auf dem Prüfstand gemessenen Wert. Den **Durchlaßgrad *D*** erhält man als Differenzbetrag: $D = 1 - \eta$

- Die **Abscheideleistung bei Schwebstoffiltern** geht weit über die Filterklassen EU 1 bis EU 9 hinaus, und für die Abscheidung gasförmiger Stoffe stehen zahlreiche Aktivkohlesorten zur Verfügung.

b) Druckdifferenz Δp

Die Druckdifferenz Δp zwischen der Roh- und Reinluftseite gibt den durch das Filter verursachten Strömungswiderstand an. Dieser ist abhängig von der Strömungsgeschwindigkeit der Luft (Volumenstrom und Filterfläche), von der eingespeicherten Staubmasse und von der geometrischen Anordnung des Filtermediums.

> In der Regel werden in den Herstellerunterlagen der Anfangswiderstand Δp_A (sauberes Filter) und eine **empfohlene Enddruckdifferenz** Δp_E angegeben. Letztere gibt den wirtschaftlichen Zeitpunkt für die Filterreinigung oder Filtererneuerung an und ist ausschlaggebend für die Auslegung der RLT-Anlage. Sie ist ein anlagebedingter, wirtschaftlich oder individuell gewählter Betriebspunkt, der wesentlich unter der eigentlichen Standzeit („Lebensdauer") liegen kann.

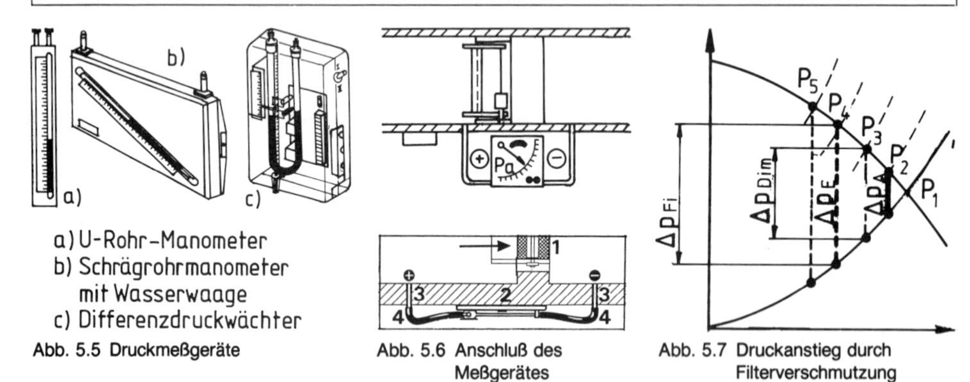

Abb. 5.5 Druckmeßgeräte

Abb. 5.6 Anschluß des Meßgerätes

Abb. 5.7 Druckanstieg durch Filterverschmutzung

- Die **Anfangsdruckdifferenzen** Δp_A liegen bei etwa 30 bis 50 Pa bei Grobstaubfilter, 50 bis 150 Pa bei Feinstaubfilter und 100 bis 150 Pa bei Schwebstoffilter. Bei Mehrstufenfilter oder bei der Reinraumtechnik liegen diese Druckverluste bei etwa 350 bis über 500 Pa. Bei Δp_A muß der Nennvolumenstrom $m^3/(h \cdot m^2)$ zugrunde gelegt werden (vgl. Hinweis c); bei Filterzellen, Filterelementen die Standardgröße.
- Die **empfohlene Enddruckdifferenz** Δp_E, die nicht mit der maximal möglichen verwechselt werden darf, beträgt etwa das 2–5fache des Anfangswiderstandes und höher, je nach Filterart und Filtermaterial. Aus betriebstechnischen, wirtschaftlichen und hygienischen Gründen wird die Enddruckdifferenz vielfach gerin-

ger gewählt als früher (unterbeaufschlagtes Filter), denn die Einsparung an Energiekosten ist oft größer als der Mehraufwand an Filtermatten. Außerdem bringt die Ausnutzung des letzten Viertels keine wesentliche Erhöhung der Standzeit.

- Zur **Bestimmung des Ventilatordrucks** legt man einen sog. **„Dimensionierungswiderstand"** zugrunde, der vielfach zwischen 30 bis 50 % unter Δp_E angenommen wird, je nachdem, wie hoch man Δp_E festlegt und welche Ventilatorkennlinienform vorliegt.

- Bei RLT-Anlagen ab etwa 10 000 m^3/h (teilweise auch schon bei 5 000 m^3/h) werden **Differenzdruckmeßgeräte** verwendet, entweder ein Schrägrohrmanometer (bis etwa 350 Pa) oder ein U-Rohr-Manometer (bis etwa 2 kPa).
  Ein **Differenzdruckwächter** (Meßbereich bis etwa 600 Pa) dient zur Auslösung eines Warnsignals, wenn Δp_E (am beleuchteten Kontaktmanometer direkt ablesbar) erreicht ist. Erreicht die Flüssigkeitssäule eine Elektrode, so löst ein Hochfrequenzimpuls einen verzögerten Schaltvorgang aus; gleichzeitig leuchtet im Gerät eine rote Signallampe auf. Eine Verbindung mit einem entfernt montierten Warngerät ist möglich.

- Für die **Reduzierung des Volumenstroms durch Filterverschmutzung** ist im wesentlichen die Ventilatorkennlinie maßgebend. In Abb. 5.7 ist der Betriebspunkt P_1 ohne Filtereinsatz; P_2 beim Anfangswiderstand; P_3 beim Dimensionierungswiderstand; P_4 bei der Enddruckdifferenz; P_5 bei maximal möglicher Druckdifferenz, und Δp_{Fi} beim Druckabfall mit bestaubtem Filter. Bis zum Filteraustausch (bzw. Reinigung) ist Δp_A auf Δp_E gestiegen. Die Volumenstromänderung schwankt zwischen ± 5 . . . 10 %, je nachdem wie steil die Ventilatorkennlinie ist.

Standzeit

Obwohl die Standzeit kein Auswahlkriterium für die Filterart darstellt, kann diese mit der Enddruckdifferenz in Zusammenhang gebracht werden. Man versteht darunter die höchste Zeitspanne, die vergeht, bis das Filter regeneriert oder ausgetauscht werden muß. Eine **allgemeine Standzeitangabe eines bestimmten Filters ist jedoch nicht möglich,** da die Staubkonzentration am Ort, das Korngrößenspektrum, die Staubdichte u. a. örtlich, klimatisch und jahreszeitlich sehr stark schwanken. Sie ist von der Staubspeicherfähigkeit abhängig (vgl. d) und somit mehr oder weniger ein individueller und anlagenbedingter Erfahrungswert. Wird dieser jedoch nicht eingehalten, besteht:

1. die Gefahr einer mechanischen Zerstörung des Filtermaterials bei zu großer Druckdifferenz (**allgemeine Standzeit**),
2. die Gefahr, daß gespeicherter Staub durch den Luftstrom mitgerissen wird, d. h., „Staubdurchbrüche" auftreten; ferner die, daß das Filter von Pilzen durchwachsen ist oder Gerüche entstehen (**filtertechnische Standzeit**),
3. die Gefahr, daß der geforderte Volumenstrom durch den Ventilator nicht mehr ausreicht (**anlagetechnische Standzeit**).

Bei täglich acht- bis zehnstündigem Betrieb kann man von guten Grobfiltern erwarten, daß sie bei normalen atmosphärischen Staubverhältnissen Standzeiten von mehreren Wochen erreichen (**etwa 1/4 Jahr**). Luftfilter zur Feinstaubabscheidung sind bei ausreichender Vorfilterung unter den gleichen Bedingungen im Durchschnitt einige Monate in Betrieb (**etwa 1/2 Jahr**), für Schwebstoffilter hinter Grob- und Feinfilter kann bis **etwa 1 – 2 Jahre** angesetzt werden.

Tab. 5.2 Standzeiten von Luftfiltern (Anhaltswerte)

1 Industriegegend 2 Gewerbebetriebe 3 geschlossene Wohngegend 4 offene Wohngegend 5 ländliche Gegend	①	②	③	④	⑤	starke Schwankung auch innerhalb der Gegend und Lage üblich
Grobfilter (etwa EU 3 bis 4)	bis 1500	1000-2000	1500-3000	2000-4000	3000-6000	einstufige Filteranlage
Fein- bzw. Feinst-filter (EU 5 bis 7)	bis 3000	2500-5000	4000-6000	5000-7000	6000-8000	Grobstaubfilter vorgeschaltet
Schwebstoff-filter (ab EU 9	bis 5000	4000-6000	5000-7000	6000-8000	7000-10000	Grob- oder Feinstaubfilter vorgeschaltet

Folgerungen und weitere Hinweise:

- Die **Angaben in Tab. 5.2** können nur ganz grobe Mittelwerte sein. Selbst die angegebene Standzeit eines ganz bestimmten Filtertyps mit einem ganz bestimmten Filtermaterial in einem ganz bestimmten Ort kann Schwankungen bis etwa 1:10 unterliegen, d. h., wenn die kürzeste Standzeit (z. B. bei ungünstigem Inversionswetter) 500 Stunden beträgt, wäre die längste Standzeit (z. B. bei sommerlichem Hochdruckwetter) 5 000 Stunden.
- Neben der Standzeit sollen gleichzeitig auch Angaben über die in einem bestimmten **Zeitraum eingespeicherte Staubmenge** gemacht werden, denn wenn kein Staub gespeichert wird, ist die Standzeit unendlich lang. Ist der maximal zulässige Aufnahmegrad erreicht, ist auch die Standzeit erreicht.
- Neben der Vorfiltrierung führt vor allem eine **Vergrößerung der Filterfläche zu einer Standzeitverlängerung.** So bringt eine Verdoppelung der Filterfläche eine etwa 2,5fache Standzeit, bei gleichem Anstieg des Filterwiderstandes. Eine zu große Standzeit über Jahre hinweg, etwa mit einem Großflächenfilter (Abb. 5.32), ist jedoch vielfach nicht erwünscht, da durch das lange Festhalten von Ruß, Industriestaub, Asche, Autoreifenabrieb usw. Gerüche entstehen können, welche die Luftqualität beeinträchtigen.

c) Nennvolumenstrom $\dot{V}_N$ (m³/h), Anströmgeschwindigkeit v (m/s)

Hierbei handelt es sich um den Volumenstrom, mit dem eine Filteranlage am wirtschaftlichsten betrieben werden kann, wobei sowohl die Investitionskosten als auch die Energiekosten zu berücksichtigen sind. Er bezieht sich entweder auf 1 m² Filtermedium oder auf einen bestimmten Filter, wie z. B. bei Filterzellen mit Standardgrößen (Abb. 5.29). Anhand des Volumenstroms $\dot{V}_N$ und der Fläche A kann man die zulässige Anströmgeschwindigkeit ermitteln ($v = \dot{V}/A \cdot 3\,600$).

d) Staubspeicherfähigkeit S

Mit ihr wird nachgewiesen, wieviel Gramm Prüfstaub unter Prüfbedingungen vom Luftfilter bis zum Erreichen der vorgegebenen Enddruckdifferenz eingespeichert wird, ohne daß seine Wirkung verringert wird und ohne daß eine zu hohe Beanspruchung möglich ist. Die Speicherfähigkeit ist das Produkt aus der in der Luft vorhandenen Staubmasse m (vor der Filtrierung) und dem mittleren Abscheide- bzw. Wirkungsgrad η (also $S = m \cdot \eta$) und somit vor allem von der Art des Filtermediums und der Staubzusammensetzung abhängig.
Wenn man auch die gemessenen Werte nicht auf einen bestimmten Anwendungsfall übertragen kann, bieten sie trotzdem eine Grundlage dafür, daß man im direkten Vergleich von Nennvolumenstrom, Enddruckdifferenz und Staubspeicherfähigkeit bei verschiedenen Filterschichten diejenige mit der besseren Standzeit ermitteln kann. Die Speicherfähigkeit ist also mehr oder weniger nur eine Hilfsgröße, eine **ergänzende Angabe zur Standzeit.**

Weitere Hinweise:

- Ein Filter mit einer möglichst großen Staubspeicherfähigkeit wird man dann wählen, wenn eine möglichst lange Standzeit erreicht werden soll (z. B. in einer Industriegegend).
- Bei Glasfaserfiltern kann man durch **Benetzungsmittel** die Staubspeicherfähigkeit vergrößern. Die Anwendung – vorwiegend bei Rollenware, vereinzelt auch bei Platten- und Rollbandfilter – ist jedoch gering (ca. 20 %). Die Anströmgeschwindigkeit kann um etwa 15 bis 20 % höher gewählt werden, also bis etwa 3,5 m/s anstatt 2 bis 3 m/s.

5.2.3 Filterklassen und Filterbeurteilung

Je nach ihrem mittleren Abscheide- bzw. Wirkungsgrad werden Luftfilter nach DIN 24 185 in Filterklassen von EU 1 bis EU 9 eingeteilt (Tab. 5.3). Grobfilter zählen bis etwa Klasse EU 4, Fein- bzw. Feinstfilter bis EU 7; die Klasse EU 8 gibt es praktisch nicht. Filter der Klasse EU 9 kann man schon zu den Schwebstoffiltern nach DIN 24 184 zählen. Während man im industriellen Bereich in der Regel mit einer Filterstufe auskommt (meistens EU 3 . . . 4), wählt man im Komfortbereich mehr und mehr zwei Filterstufen, mindestens EU 4 als erste und EU 7 als zweite Filterstufe. Da in letzter Zeit auf eine einwandfreie Luftqualität größerer Wert gelegt wird, d. h., daß in verstärktem Maße auch Feinststaub, Ruß, Rauch, Dunst, Bakterien usw. abgeschieden werden sollen, wählt man vielfach auch die Kombinationen EU 5 mit EU 9.

Weitere Hinweise:

- Bei der **früheren Filterklasseneinteilung** unterschied man zwischen Klasse A (≙ EU 1), B_1 (≙ EU 2), B_2 (≙ EU 3 und EU 4 mit $A_m \leqq 90$ %), C_1 (≙ EU 5 und z. T. EU 6 mit $E_m < 75$ %), C_2 (≙ z. T. EU 6 mit $E_m \geqq 75$ % und EU 7), C_3 (≙ EU 8).

Tab. 5.3 Filterklassen mit Abscheide- und Wirkungsgraden

Filterklasse		Ausscheidung in %	**Anwendungsbeispiele, Einsatzgebiete**
Grobfilter	Abscheidegrad (grav.) E_m%	**EU 1** < 65 %	Vorfilter für sehr grobe Stäube; Lüftungsanlagen mit ganz geringen Anforderungen an die Luftreinheit (findet kaum Anwendung)
Grobfilter	Abscheidegrad (grav.) E_m%	**EU 2** 65 bis 80 %	Vorfilter bei hoher Staubkonzentration; Lüftungs und Klimaanlagen mit nur geringen Anforderungen an die Luftreinheit; in Fensterklimageräten; Filtrierung von Kühlluft z.B. für Großmaschinen; Filter gegen spezifische Grobstäube (z.B. Zementindustrie)
Grobfilter	Abscheidegrad (grav.) E_m%	**EU 3** 80 bis 90 % **EU 4** > 90 %	Filter für die Klima- und Lüftungstechnik zur Grobstaubabscheidung; Vorfilter für Schwebstoffilter; Vorfilter in der Stahlindustrie; Filter für Maschinenraumbelüftung; Filter zum Schutz von Wärmetauscher-Aggregaten; erhöhtes Abscheide- und Speichervermögen
Feinfilter	Mittl. Wirkungsgrad (atm.) E_m%	**EU 5** 40 bis < 60 %	Feinstaubabscheidung in klima- und lüftungstechnischen Systemen mit hoher Luftreinheit; Restaurant- und Saallüftung; Luftschleier für Lebensmittelgeschäfte; Zuluftfilterung für empfindliche Schaltgeräte; Zuluft für Farbspritzkabinen; Vorfilter für Schwebstoffilter
Feinfilter	Mittl. Wirkungsgrad (atm.) E_m%	**EU 6** 60 bis < 80 %	Feinstaubabscheidung in der Pharma-, Elektro- und Fotoindustrie; Zuluftfilter für Lackierstraßen und Trocknungsanlagen; Teil- und Vollklimaanlagen mit hoher Luftreinheit; Labors; Krankenzimmer
Feinstfilter	Mittl. Wirkungsgrad (atm.) E_m%	**EU 7** 80 bis 90 % **EU 8** 90 bis 95 % **EU 9** > 95 %	Feinststaubabscheidung in klimatechnischen Systemen mit sehr hoher Luftreinheit; Zuluftfilter für hochwertige Montageräume und Schaltanlagen; Lebensmittelherstellung; Vorfilter für Reinraumanlagen in der Pharmaindustrie; Sterilisations- und OP-Räume Luftfilter mit einem hohen mittl. Wirkungsgrad können bereits einer Schwebstoffilterklasse nach DIN 24148 entsprechen

- Die **Abkürzung** EU stammt von Eurovent – Europäisches Komitee der Hersteller von lufttechnischen und Trocknungsanlagen, Frankfurt/M.
- Bei den **Schwebstoffilterklassen** unterscheidet man nach DIN 24 184 (1990) zwischen den Klassen Q, R, S und den ULpa-Filtern U und T (vgl. Kap. 5.3.3), entsprechend dem Abscheidegrad vom Prüfaerosol Paraffinölnebel.

5.2.4 Filter-Prüfverfahren

Um die Leistungsfähigkeit eines Luftfilters ermitteln zu können und Filter unterschiedlicher Bauart miteinander vergleichen zu können, müssen sie nach einem bestimmten Verfahren getestet werden, das möglichst nahe den Praxisbedingungen gerecht wird. Während sich Prüfverfahren nach DIN 24 185 für Grob- und Feinstaubfilter international durchgesetzt haben und wortgleich mit der Europäischen Norm Eurovent 4/5 und der amerikanischen Richtlinie ASHRAE 52 – 76 sind, konkurrieren mit der DIN 24 184 für Schwebefilter mehrere Verfahren.

- Wie schon beim Abscheidegrad in Kap. 5.2.2 und bei den Filterklassen (vgl. Tab. 5.3) angedeutet, verwendet man beim **Filter bis EU 4 einen synthetischen Prüfstaub,** bestehend aus 72 % Gesteinsmehl, 25 % Ruß und 3 % Baumwollelinters. Der abgeschiedene (bzw. vom Filter aufgenommene) Staub wird durch Wägung ermittelt. Man spricht von einem gravimetrischen Abscheidegrad mit der **Abkürzung** A_m.
- Bei Feinfiltern wird **(ab EU 5) natürliche Luft (atmosphärischer Staub)** benutzt, die vor und hinter dem Testfilter durch Sonden mit hochwertigem Filterpapier abgesaugt wird. Das Meßergebnis erhält man, indem man die Absaugzeit, die für eine bestimmte Schwärzung erforderlich ist, vergleicht. Man spricht bei diesem „Verfärbungsgrad" von einem Wirkungsgrad mit der **Abkürzung** E_m.
- Die beim Prüfverfahren ermittelten Kenngrößen, wie Druckdifferenz, Staubspeicherfähigkeit, Abscheide- und Wirkungsgrad werden in Abhängigkeit des Volumenstroms in einem Diagramm zusammengefaßt. **Aufbauend auf der Prüfmethode, wurden die vorstehenden Filterklassen eingeführt.**

5.2.5 Investitions- und Betriebskosten

Die hohen Kosten einer Filteranlage beziehen sich vor allem auf die Energie- und Wartungskosten, d. h., neben den Anschaffungskosten muß man heute möglichst alle Einflußgrößen erfassen, die sich auf die jährlichen Betriebskosten der Filteranlage auswirken. Fragen zur Filterauswahl und Filterbestellung werden am Anfang von Kap. 5.3 zusammengestellt. Es gilt nun, alle fixen und variablen Kosten zusammenzustellen, um eine optimale Ausführung und Betriebsweise zu gewährleisten.

Fixkosten

Hierzu gehören die Investitionskosten, wobei die Lieferung der Neuanlage einschließlich Zubehör, Meß- und Regelungstechnik, Fracht, Verpackung und die Montage im Vordergrund stehen.

Weitere Kosten sind bauliche Maßnahmen (z. B. Fundament), Anschlüsse an Kanäle, Inbetriebnahme, Ersatzteile, Planung, Transport u. a. Hinzu kommen die **abgeleiteten Kostenarten** aus der Investition, wie z. B. Abschreibung, Zinsen, Versicherung, Wagnis, Verwaltung, Instandhaltung und Reparatur, Steuern.

Variable Kosten

Zu diesen Kosten gehören die Energiekosten, die Kosten für Ersatzfilter, einschließlich Fracht, Lager, Versicherung usw., und die Kosten für den Filterwechsel (Stundenlohn, Gemeinkosten, Transport, Entsorgung, Hilfsmaterialien).

Kostenkurven

Das Zusammenwirken der einzelnen Kostenarten soll anhand der Abb. 5.8 dargestellt werden. Daraus geht hervor, daß die Kurve 4 für den Filterwechsel und die Kurve 3 für die Energie gegenläufig sind. Addiert man beide Kurven, so erhält man die Kurve 5 für die

Gesamte Fixkosten (jährlich) = Abschreibung + Kalkulatorische Zinsen

$$\hat{=} \frac{\textbf{Investition}}{\textbf{10 Jahre}} \quad \hat{=} \frac{\textbf{Filterpreis mit genannten Zusatzkosten und Montage}}{\textbf{2}} \cdot \textbf{13 \%}$$

Gesamte variable Kosten = a) + b)

a) Energiekosten *E* (DM/a)

$$E = \frac{\dot{V} \cdot \Delta p}{\eta_{Vent}} \cdot \frac{h}{a} \cdot \frac{DM}{kWh} \cdot \frac{1}{1\,000}$$

$$\frac{DM}{a} = \frac{m^3}{h} \cdot Pa \cdot \frac{h}{a} \cdot \frac{DM}{kWh} \cdot \frac{kWh}{Wh}$$

$$\frac{DM}{a} = \frac{m^2 \cdot m}{h} \cdot \frac{N}{m^2} \cdot \frac{h}{a} \cdot \frac{DM}{kWh} \cdot \frac{kWh}{Wh}$$

1 Pa $\hat{=}$ N/m²; 1 Nm $\hat{=}$ 1 Wh

b) Filterwechselkosten *W* (DM/a)

① Ersatzfilterelemente einschl. Fracht, Verpackung, Versicherung, Lagerung usw.

② Stundenlohn einschl. Nebenkosten, Transport, Entsorgung, Hilfsmaterial

W = (① + ②) · Anzahl der Filterwechsel

$$\text{Jährliche Filterwechsel} = \frac{8\,760\ (h)}{\text{Standzeit}\ (h)}$$

$$\text{Standzeit} = \frac{\text{Staubaufgabe (mg)}}{\text{Staubkonzentration (mg/m}^3) \cdot \dot{V}\ (\text{m}^3/\text{h})}$$

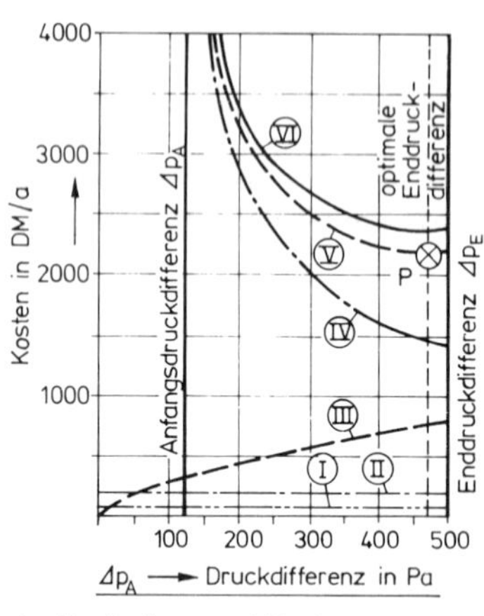

I Abschreibung und Verzinsung von Investition und Installation
II Abschreibung und Verzinsung von Investition und Installation, Drehstrom-Nebenschluß-Motor des Ventilators, Regeleinheit
III Elektrische Energie (Stromkosten des Ventilators)
IV Ersatzfilterelemente und Filterwechsel
V Gesamtkosten III + IV
VI Gesamtkosten II + III + IV
⊗ Minimum der Gesamtkosten

Abb. 5.8 Kostenkurven

Gesamtkosten ohne Abschreibung. Das Minimum dieser Kurve stellt etwa den optimalen Filterwechselrhythmus dar.

Folgerungen und Hinweise für die Planung:

1. Das Minimum der Kurve V (Punkt P) ergibt die optimale **Enddruckdifferenz** Δp_E, in diesem Beispiel etwa 430 Pa bei etwa 2 200 DM/a. Mit steigender Enddruckdifferenz fallen grundsätzlich die Kosten für Ersatzfiltermedien und Filterwechsel (Kurve IV), während die anteiligen Stromkosten (Kurve III) steigen. Reduziert man z. B. Δp_E auf 300 Pa, erhöhen sich die Betriebskosten von Kurve V von 2 200 auf 2 600 DM.
2. Für die Berechnung der **Stromkosten** sollte ermittelt werden, wie der Ventilator ausgelegt ist und wie die Regelung durchgeführt wird. Leistungskurven mit Wirkungsgradangaben vom Ventilator sind für die Kostenermittlung wichtige Grundlagen.
3. Beim **Beispiel entsprechend Abb. 5.8** handelt es sich um eine willkürlich ausgewählte Filteranlage (Wandrahmen – Taschenfilter, $\dot{V}$ = 4 000 m^3/h, Ventilator mit Drehzahlregelung). Die Einschalt- bzw. Betriebszeiten der Filteranlage wird auf 1 Jahr bezogen. Das Beispiel kann auf jede andere Filteranlage übertragen werden; Aktivkohlefilter und Elektrofilter unterliegen allerdings etwas abweichenden Berechnungen.
4. Der **Anteil der Fixkosten** bleibt, bedingt durch langen Abschreibungszeitraum, relativ gering und ist konstant. Voraussetzungen für geringe Fixkosten sind niedriger Filterpreis und geringer Montageaufwand.
5. Um dem Kunden eine **kostengünstige Filterauslegung** mit den geringsten Jahres-Gesamtkosten anbieten zu können, sollten mehrere verschiedene Filteranlagen ausgewählt und deren Kosten durchgerechnet werden. Nur die Filteranlage mit der höchsten wirtschaftlichen End-Druckdifferenz und/oder den geringsten Jahres-Gesamtkosten am Wendepunkt der Gesamt-Kostenkurve kann als optimal bezeichnet werden. Mit einer Absenkung der Druckdifferenz spart man zwar Energiekosten, erhöht jedoch dadurch die Filterflächen.

5.2.6 Wartung von Filteranlagen

Die sorgfältige Wartung einer Filteranlage hat nicht nur Einfluß auf die Wirtschaftlichkeit, sondern dient – wie unter Kap. 5.2.2 ausführlich erläutert – auch der Behaglichkeit, der Gesundheit, der Qualitätssicherung in Arbeits- und Produktionsstätten und dem Schutz der Anlagenteile. Viele berechtigte Kritiken an Klimaanlagen hinsichtlich Hygiene und Gesundheitsrisiken sind auf eine völlig ungenügende Wartung der Filteranlage zurückzuführen. **Filter wirken nur, wenn sie gewartet werden!**

Allgemeine Bemerkungen hierzu:

1. **Die Hinweise zur Wartung** für die jeweiligen Filterarten, wie für die verschiedenen Faserstoffilter, Elektrofilter, Metallfilter usw., werden bei den jeweiligen Abschnitten und Bildtexten gegeben. Grundsätzlich unterscheidet man zwischen einer **periodischen Wartung** (z. B. Prüfung der Steuerung sowie auf Verschmutzung (auch die der Umgebung), Beschädigung, Korrosion, Dichtheit, Vorrat) und der **Wartung bei Bedarf** (z. B. Filterreinigung bzw. -austausch, Ionisationsdrähte und Isolatoren auswechseln beim E-Filter).
2. Wenn ein Filter gewechselt werden mußte, soll der Zeitpunkt der Wartung sorgfältig vermerkt werden, damit man die Intervalle genauer festlegen kann.
3. Von sauberen Filtern werden **Pilzsporen** vollständig zurückgehalten, während sie durch alte, verschmutzte Filter hindurchwachsen können.

5.3 Filterarten – Filterbetrieb

1	nach dem Filterprinzip (Abscheidung)	Trockenschichtfilter, Elektrofilter, Adsorptionsfilter, Naßluftfilter, ölbenetzte Filter	Abscheidung von
2	nach der Bauart und Einbauart	Vertikalfilter, Zellenfilter, Taschenfilter, Kanalfilter, Wand- und Deckenfilter, Bandfilter, Rundfilter	Staub Asche, Ruß
3	nach Filterklassen (Leisungsstufen)	Grobfilter, Feinfilter, EU 1 bis EU 9, Schwebstofffilter, Filter für Reinräume (ULPA-Filter)	Bakterien Pollen
4	nach der Art der Wartung (Nutzung)	Wegwerffilter (Einmalfilter), regenerierbare Filter (waschen, spritzen, klopfen), selbstreinigende Filter	Nebel Rauch
5	nach der Betriebsart	stationäre Filter (Festfilter), Rollbandfilter, Umlauffilter, Elektrofilter, Filter mit Reinigungsanlagen	Dunst Viren
6	nach eingesetztem Filtermaterial	Metallfilter, Faserfilter (synthetisch, Glas), Filterschaum, Aktivkohlefilter, Tuchfilter	Dämpfe Gerüche

Abb. 5.9 Einteilungskriterien für Luftfilter

Obwohl eine sehr große Filteranzahl auf dem Markt angeboten wird, sind die Absatzzahlen der jeweiligen Filterarten äußerst unterschiedlich. Einige Filter, die früher sehr verbreitet waren, werden heute nur noch ganz vereinzelt eingesetzt. So dominiert heute bei den Faserfiltern der Kompaktfilter, während z. B. das Rollbandfilter rückläufig ist. Verbreitet sind der Kanalfilter in Kammerzentralen und die zahlreichen Filterzellen in RLT-Geräten.
Bevor auf die verschiedenen Filter eingegangen wird, sollen zunächst die **Fragen** zusammengestellt werden, die für eine exakte **Filterauswahl** bzw. **Filterbestellung** erforderlich sein können. Daraus ergeben sich – ergänzend zu Kap. 5.2.2 bis 5.2.4 – weitere Anforderungen:

1. **Wofür wird die zu reinigende Luft bestimmt, bzw. welche Anforderungen werden hinsichtlich der Raumluftqualität gestellt? Werden von der DIN abweichende Werte gefordert? Welche?**
2. **Wie groß ist der durch den Filter hindurchgehende Volumenstrom?**
3. **Wo liegt der zu klimatisierende Raum oder das Gebäude (Ort, Lage, Nachbargebäude), damit man daraus Art, Konzentration und Korngrößenspektrum der Außenluft abschätzen kann?**
4. **Liegen beschränkte Platzverhältnisse für den Einbau vor? Wenn ja, welche? (Skizze) Welche Einbaumöglichkeiten liegen vor?**
5. **Welche maximale Druckdifferenz ist in der RLT-Anlage zulässig? Evtl. Angaben über Ventilator- und Anlagenkennlinie.**
6. **Sind im Raum besondere Verunreinigungen oder Geruchsbelästigungen zu erwarten (Angaben der Quellen), und sind korrosive oder explosive Bestandteile in der Luft?**
7. **Welche Anforderungen werden hinsichtlich der Handhabung, Wartung und Druckdifferenzmessung gestellt? Wird ein Wartungsvertrag abgeschlossen? Ist eine Filterreinigung in den Betriebspausen möglich, oder ist ein ununterbrochener Filterbetrieb vorgesehen?**
8. **Welche relative Feuchtigkeit ist vor dem Filter zu erwarten, bzw. kann mit Kondensation gerechnet werden? Welcher Betriebstemperatur ist der Filter ausgesetzt?**
9. **Um welche RLT-Anlage handelt es sich? Ist eine Wärmerückgewinnungsanlage und/oder ein Kühler vorhanden (genauere Angaben)? AU/UM-Anteil?**
10. **Wie viele Betriebsstunden sind zu erwarten? Soll eine Wirtschaftlichkeitsberechnung aufgestellt werden?**

5.3.1 Metallfilter

Die Filtermedien für die vollständig aus Metall hergestellten Platten bestehen aus versetzt angeordneten Prallblechen, Metallgestrick, Streckmetall, Spanwickel, Formkörper usw., die in der Regel durch einen U-Profilrahmen zu einer Zelle eingefaßt werden. Bei manchen Zellen wird die Oberfläche mit Benetzungsmittel versehen, damit die Staubteilchen an der Oberfläche kleben und die Staubspeicherfähigkeit dadurch erhöht wird. Die Anwendung von Metall-Filterzellen erstreckt sich auf die Abscheidung von Öl- und Farbnebel, Fettdünsten, Wrasen, kondensierungsfähigen Dämpfen. Auf die Fettfangfilter bei Küchenlüftungen wird in Bd. 3 hingewiesen. Der Abscheideeffekt beruht bei Metallfiltern auf dem Sperr- und Trägheitseffekt. Die unbequeme Reinigung erfolgt durch Auswaschen in Lösungsmittel, z. T. auch durch Ausklopfen und Ausblasen mit Druckluft.

Abb. 5.10

Abb. 5.11 Zellen- und Rund-Metallfilter

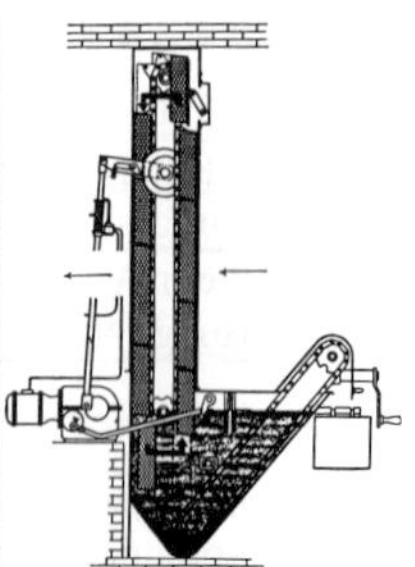

Abb. 5.12 Metall-Umlauffilter

Abb. 5.10 zeigt **Luftfilterzellen aus Stahl- oder Aluminiumblechen,** gegeneinander versetzt angeordnet und rhombisch profiliert, durch U-Profile eingefaßt, EU 1, 2 oder EU 3, η_m 78 – 80 %, empfohlene Enddruckdifferenz 300 Pa (Anfangsdruckdifferenz 50 – 100 Pa), Betriebstemperatur 60 °C, Bautiefe 16 oder 38 mm (2- oder 3plattig) bzw. 50 mm, benetzt.

Abb. 5.11 zeigt eine **Zelle aus Stahldrahtgeflecht,** die vorzugsweise gegen Emulsions- und Ölnebel eingesetzt wird, hat eine empfohlene Enddruckdifferenz von 120 Pa und eine Betriebstemperatur bis 100 °C, unbenetzt. Außerdem gibt es Zellen aus **Edelstahl- oder Aluminiumgestrick** in mehreren Schichten, beidseitig zwischen Streckmetallstützen, unbenetzt, empfohlene Enddruckdifferenz 500 Pa, Betriebstemperatur bis 400 °C.

Rundfilter werden zur Reinigung der Ansaugluft von Verbrennungsmotoren, Gebläsen, Kompressoren usw. angewendet. Sie werden zum Anflanschen oder Anklemmen an Saugleitungen geliefert, benetzt oder unbenetzt (je nach Bauart), regenerierbar, 240 bis 500 mm ∅.

Abb. 5.12 zeigt ein früher verwendetes automatisches Filter, ein **ölbenetztes Umlauffilter** für hohe mechanische Beanspruchung, Filterklasse EU 2, Δp_E = 100 Pa, ca. 800 – 1 000 Betriebsstunden. Die Filterzellen im endlos umlaufenden Band werden nach dem Paternosterprinzip über einen Motorantrieb selbsttätig weitertransportiert. Der sich am Boden ansammelnde Staub (Schlamm) wird ebenfalls automatisch über ein Förderband entfernt (in Abb. mit Handbetrieb).

An das **Benetzungsmittel** werden zahlreiche Forderungen gestellt, wie z. B. ergiebige Staubbindung, keine Eindickung, nicht harzend, richtige Viskosität, geruchlos, keimtötend, frei von Säuren und Laugen, geringe Oberflächenspannung gegen Filter und Staub (hohe gegen Luft). In Deutschland finden diese Filter so gut wie keinen Absatz mehr, höchstens zur Ausscheidung von extrem konzentriertem Grobstaub bei rauhen Betriebsverhältnissen (z. B. Bergbau) oder in sandsturmgefährdeten Gebieten.

5.3.2 Trockenschichtfilter

Trockenfilter mit den verschiedenen Medien und den so vielfältigen Filterkonstruktionen decken fast den gesamten Aufgabenbereich der Filtertechnik für RLT-Anlagen ab. Die aus Fasern oder faserähnlichen Materialien bestehenden Filtermedien werden vorwiegend zu Filtermatten unterschiedlicher Dicke und Form verarbeitet.

5.3.2.1 Filtermedien

Die verbreitetsten Materialien sind Synthesefasern, Glasfasergespinste, Naturmischfasern und Filterschäume in verschiedenen Strukturen, Bearbeitungen, Filterklassen, Dicken und somit Anwendungsbereichen. Diese sind als Bahnenware in Rollenform, als Zuschnitte nach Kundenangaben (z. B. für Filterzellen, als „Zickzackfilter") oder in Form der verschiedenen Filterkonstruktionen lieferbar. Wie schon erwähnt, müssen in jeder Filterschicht die abgeschiedenen Staubpartikel durch die Haftkräfte so festgehalten werden, daß diese nicht durch die kinetische Energie des Luftstroms wieder abgerissen werden. Ausreichende Ablagerungsflächen, begrenzte Anströmgeschwindigkeiten, größtmögliche „Haltekräfte" und somit eine gute Speicherfähigkeit sind wesentliche Forderungen.

Der Preis je m^2 Filterfläche beträgt 1994 je nach Medium, Masse (g/m^2) und Lieferform zwischen 10 bis 15 DM beim Wegwerffilter und 80 bis 100 DM beim regenerierbaren Filter.

a) Synthetische Fasern

Filtermaterial aus Kunstfaser wird sowohl zur Grobstaub- als auch zur Feinstaub- und Schwebstoffiltrierung eingesetzt. Vorteilhaft sind die vielseitigen Anwendungsmöglichkeiten und das günstige Preis-Leistungsverhältnis. Synthetische Filtermedien findet man – wie nachfolgende Abbildungen zeigen – in Zellenfiltern, Taschenfiltern, V-Formfiltern, Rollbandfiltern, Kanalfiltern u. a. Bei der Auswahl des Mediums können neben den Kriterien unter 5.2.2 folgende weitere Kenndaten herangezogen werden:

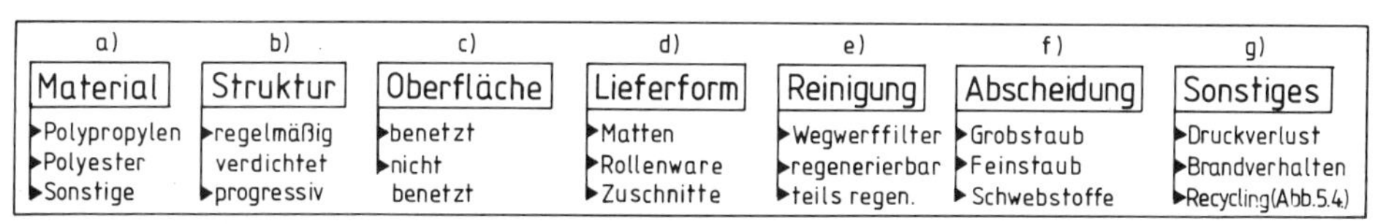

Abb. 5.13 Auswahlkriterien für synthetische Filtermedien

Zu a) Bei synthetischen Trockenfasern handelt es sich vorwiegend um das **Material** Polyester.

Zu b) Durch die **Struktur** wird der Abscheidegrad und somit die Filterklasse sehr stark beeinflußt. Man unterscheidet z. B. zwischen Labyrinthstruktur, regelloser Lagerung mit gleichmäßigem Aufbau, progressiv gesponnen, d. h. zur Reinluftseite immer mehr verdichtet (ab EU 3 . . . 4 sind nahezu alle Filtermedien progressiv), plissierter Vliesstoff mit Stützgitter, ohne oder oft mit Kunstharz gebunden, mit und ohne Stützgitter.

Zu c) Bei Glasfasern ist die **Oberfläche** benetzt, während die Synthesefasern praktisch unbenetzt sind, d. h., es wird kein Staubbindemittel aufgebracht.

Zu d) Neben den standardisierten Matten und den individuellen Zuschnitten für die verschiedenen Filterarten wird das Material vorwiegend als Rollenmaterial **geliefert,** in der Regel 20 m lang, 1 m oder 2 m breit, vereinzelt auch in beliebiger Breite bis 2 m (Abb. 5.16).

Zu e) Was die Reinigung betrifft, hat die Tendenz zum **Wegwerffilter zugenommen.** Ab EU 5 verwendet man sie bei Synthesefasern fast ausschließlich; bei Taschenfiltern und einigen Vliesstoffen teilweise schon ab EU 3 oder 4; Polyesterwirrvliese (EU 1 bis EU 4) sind bedingt regenerierbar.

Zu f) Wie aus Tab. 5.4 hervorgeht, erreicht man bei demselben Fasermaterial bei unterschiedlicher Struktur, Masse und Dicke **unterschiedliche Filterklassen,** d. h. unterschiedliche Abscheidewerte und Einsatzgebiete.

Zu g) Unter Sonstiges fällt z. B. Handhabung, Einbaumöglichkeit, Platzbedarf, Umweltverträglichkeit u. a.

Tab. 5.4 Firmenbezogene Kenndaten für synthetische Luftfilter; $\dot{V}_N$ Normvolumenstrom; Δp_A Anfangsdruckdifferenz; Δp_E empfohlene Enddruckdifferenz; d Dicke des Mediums; S Speicherfähigkeit; F/K Brandverhalten; η Abscheide- bzw. Wirkungsgrad entsprechend Tab. 5.3.

Klasse	Kenndaten	Material	Anwendung
EU 2	$\dot{V}_N = 7200\ m^3/(h \cdot m^2)$; $\Delta p_A = 30$ Pa; $\Delta p_E = 120$ Pa; d = 8 mm; S = 490 g/m²; F1/K1; $\eta = 70\ \%$; $\vartheta_m = 100°C$	acrylharzgebunden, Labyrinthstruktur, gleichmäßiger Tiefenaufbau;elastisch; unbenetzt; regenerierbar; Rollenform 20 m; 2 m breit	Klimatruhen; Zuluftanlagen u.a. mit geringen Anforderungen an die Reinheit der Luft
EU 3	$\dot{V}_N = 5400\ m^3/(h \cdot m^2)$; $\Delta p_A = 18$ Pa; $\Delta p_E = 200$ Pa; d = 10 mm; S = 536 g/m²; F1/K1; $\eta = 81{,}4\ \%$; $\vartheta_m = 80°C$	desgl. wie bei EU 2, jedoch mit progressivem Aufbau; Mattengrößen 500 mm x 500 mm (1350 m³/m²) oder 620 mm x 620 mm (2076 m²/m³)	Klimatruhen, -schränke; vor Ventilatoren und Wärmetauschern; allg. Zuluftanlagen mit geringen Anforderungen
EU 4	$\dot{V}_N = 5400\ m^3/(h \cdot m^2)$; $\Delta p_A = 50$ Pa; $\Delta p_E = 200$ Pa; d = 20 mm; S = 420 g/m²; F1/K1; $\eta = 91{,}7\%$	desgl. wie bei EU 3; Rollen 20m x 2 m oder Matten; 466 mm x 488 mm; 500 mm x 500 mm; 620 mm x 620 mm	allg. RLT-Anlagen; Umluftanlagen; Luftheizgeräte; Belüftung und Kühlung von Großmaschinen; Vorfilter z.B. Farbspritzkabinen
EU5	$\dot{V}_N = 5040\ m^3/(h \cdot m^2)$; $\Delta p_A = 106$ Pa; $\Delta p_E = 500$ Pa; d = 30 mm; S = 544 g/m²; F1/K1; $\eta = 96{,}4\ \%$; $\vartheta_m = 100°C$	regellos gelagerte Fasern zu hochwertigem Vlies gebunden; unbenetzt; regenerierbar; selbst erlöschend; progressiver Aufbau; Matten; Rollen	zur Grob- bis Feinststaubabscheidung; RLT-Anlagen mit höheren Anforderungen; Zuluftanlagen für empfindliche Geräte
EU6	$\dot{V}_N = 2500\ m^3/(h \cdot m^2)$; $\Delta p_A = 45$ Pa; $\Delta p_E = 400$ Pa; d = 15 mm; S = 350 g/m²; F1/K1; $\eta = 98\%$; $\eta_W = 56\%$; $\vartheta_m = 100°C$	feinste Fasern; gleichmäßiger Tiefenaufbau; reinluftseitig laminiert; Matten; Rollen; nicht regenerierbar; wahlweise mit Gittergewebe verstärkt	Feinststaubabscheidung in RLT-Anlagen mit sehr hohen Ansprüchen (z.B. empfindliche Schaltgeräte); letzte Filterstufe

Abb. 5.14 Synthetische Filtermedien

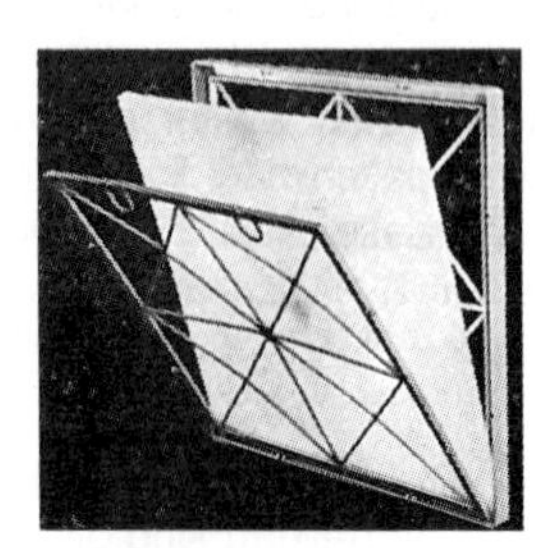

Abb. 5.15 Filtermatte, zugeschnitten

Abb. 5.16 Filterband (DELBAG)

Abb. 5.14 zeigt **verschiedene Filtermedien** mit unterschiedlicher Struktur und Oberfläche und somit auch mit verschiedenen filtertechnischen Eigenschaften.

Abb. 5.15 zeigt, wie eine Filtermatte in einen **Spannfederrahmen** eingelegt wird. Die Randabklemmung bedeutet Befestigung und Dichtung zugleich.

Abb. 5.16 zeigt ein **Luftfilterband** („Rollenfilter"), bestehend aus sehr feinen hochelastischen Fasern mit spezieller Oberflächenstruktur; EU 5; auf steifer reißfester Gaze aufgebaut; unbenetzt; nicht regenerierbar; Nennvolumenstrom 5 400 $m^3/(h \cdot m^2)$; Δp_A = 94 Pa, Δp_E = 500 Pa; η_A = 90%, η_W = 40 %; S = 233 g/m², ϑ_{max} = 60 °C; Rollenlänge 20 m, Breite 0,81, 1,11, 1,41, 1,71 und 2,01 m; auch als Zuschnitt lieferbar.
Ein anderes Filterband: EU 3; Mischung von synthetischen und natürlichen Fasern, selbsterlöschend imprägniert; Reinigung großer Volumenströme in Rollbandfiltern; Δp_A = 29 Pa, Δp_E = 500 Pa, η_A = 82 %, S = 540 g/m², ϑ = 80 °C.

b) Glasfasern

Bei Glasfasermedien, vorwiegend als Filtermatten oder -rollen, handelt es sich um Glasfasergespinst, gesponnene Glasfasern, Fiberglas, Glasfasern mit Schleier aus Synthesefasern (Abb. 5.27), papierartiges Vlies aus feinsten Mikrofasern (Abb. 5.46) u. a.
Filter mit Glasfasern erstrecken sich von Klasse EU 1 bis EU 9, d. h. von der Grobstaub- bis zur hochwertigen Feinstaubabscheidung. Glasfasern sind nicht regenerierbar und bis etwa EU 4 benetzt. Je nach Bauart gibt es bei diesen i. allg. preiswerten Wegwerffiltern: verschiedene Filterzellen (Abb. 5.22), Rollenware für verschiedene Filterelemente (Abb. 5.17), Taschenfilter (Abb. 5.35), Rollbandfilter (Abb. 5.18), Filterelemente u. a.
Die hohe Speicherkapazität wird durch den speziellen Aufbau und durch die federnde Beschaffenheit der einzelnen Glasfasern erzielt. Dadurch wird erreicht, daß das Filtermaterial auch bei hohem Druck und Staubgehalt nicht zusammenbricht. Die Imprägnierung von der Abluftseite her bindet den Staub, ist konstant, trocknet nicht aus und ermöglicht eine gute Tiefenwirkung. Das seltenere trockene Glasfasermedium (ohne Benetzung) verwendet man z. B. für Farbnebelabscheidung, da das flüssige Medium „Farbe" besser ausfiltriert wird.
Die Behauptung, inhalierte Glasfasern verursachen möglicherweise Lungenkrebs, hat sich aufgrund zahlreicher neuer umfassender Forschungsstudien nicht bestätigt.

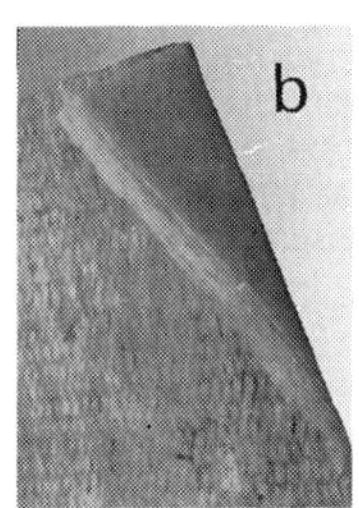

Abb. 5.17 Glasfasermatten

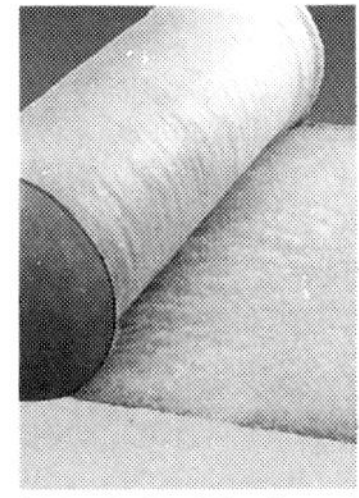

Abb. 5.18 Filterband

Abb. 5.19 Naturmischfasern

Abb. 5.20 Polyurethanschaum

Abb. 5.17a zeigt **Matten und Zellen** aus Glasfasergespinst; EU 2; progressiver Abbau (d. h. zur Reinluftseite verdichtet), gute Tiefenwirkung, hohe Staubspeicherfähigkeit; 25 mm oder 50 mm dick, η_A = 76 . . . 78 %, Δp_E = 150 . . . 180 Pa; benetzt; nicht regenerierbar; $\dot{V}$ = 5 400 . . . 9 000 m^3/h; ϑ = – 15 bis + 100 °C; geruchlos; nicht brennbar; Lieferform in Rollen 20 m × 2 m und als standardisierte Matten.
Anwendung: RLT-Anlagen ohne hohe Anforderungen, auch als Vorfilter in Spritzkabinen und hochwertigen Klimaanlagen geeignet.
Abb. 5.17b zeigt **gesponnene Glasfasern,** homogen, reinluftseitig verstärkt; unbenetzt; EU 6; nicht regenerierbar; η_A = 98 %, η_W = 60 %; Δp_A = 80 Pa bei $\dot{V}$ = 1 500 m^3/h; Δp_E = 500 Pa; ϑ_{max} = 200 °C; Dicke 20 mm; zur Feinstaubabscheidung.

Abb. 5.18 zeigt ein **Luftfilterband aus progressiv gesponenen Glasfasern;** EU 4; Dichte zur Reinluftseite zunehmend; benetzt durch geruchlose und wasserfeste Staubbindemittel; $\dot{V}_N$ = 10 800 $m^3/(h \cdot m^2)$; Δp_A = 50 Pa, Δp_E = 180 Pa; η_A = 92 %; S = 890 g/m^2; ϑ_{max} = 65 °C; zur Feinstaubabscheidung, zur Reinigung großer Volumenströme in Rollbandfiltern, industrielle und allg. RLT-Anlagen; Lieferform 20 m und 5 verschiedene Breiten, auf Stahlwelle mit verzinkten Seitenscheiben.

c) Naturmischfaser

Hierbei handelt es sich um latexgebundene Fasern pflanzlicher und tierischer Herkunft (Haare, Borsten), die ebenfalls als Matten oder Rollen geliefert werden; trocken oder mit Staubbindemittel besprüht. Nach Erreichen der Standzeit können diese Matten durch Abschütteln, Auswaschen und Ausblasen mit Preßluft gereinigt werden. Nachteilig ist vielfach die hygroskopische Eigenschaft. Wie alle Filtermedien müssen auch diese hinsichtlich Brandverhalten selbsterlöschend sein.

Abb. 5.19 zeigt eine **Filtermatte aus Naturmischfaser;** latexgebunden; gleichmäßiger Tiefenaufbau; hohe Eigensteifigkeit; je nach Dicke (20 mm, 30 mm, 40 mm) unterschiedliche Klasse (EU 2, EU 3); Δp_A = (65, 75, 95) Pa, Δp_E = 300 Pa; η_A = 74; 78; 85 %; Nennvolumenstrom = 1 000 $m^3/(h \cdot m^2)$; S = 1 000; 1 100; 1 200 g/m^2; ϑ = 60 °C, vier verschiedene Plattengrößen; unbenetzt, regenerierbar.
Anwendung: als Vorfilter, wo überwiegend hohe Staubkonzentrationen und grobe Stäube abgeschieden werden müssen; wie z. B. in RLT-Anlagen in der Zementindustrie und vergleichbaren Bereichen, zur Reinigung von Ansaug- und Verbrennungsluft bei Kompressoren, Motoren, Gebläsen und pneumatischen Förderanlagen.

d) Filterschaum

Hier handelt es sich vorwiegend um ein Material aus Polyester oder Polyurethan, das allerdings auch außerhalb der Raumlufttechnik Verwendung findet, wie z. B. für Industriestaubsauger, in der Automobilindustrie, Kosmetikindustrie u. a. Die Anwendung hängt sehr stark vom Aufbau und von den Merkmalen des Filterschaums ab.

Abb. 5.20 zeigt **Filtermedien aus Polyurethanschaum** in 7 verschiedenen Leistungsstufen, mit vorstehenden Merkmalen, Dichte 35 kg/m^3 (unbeflockt), Bahnenware 1 m x 1 m; Platten 2 m x 1 m; Zuschnitte; Dicken 10, 12, 15 und 20 mm.

Allgemeine Merkmale:
Homogene und formstabile Struktur; konstante Porengröße; Porenweite 0,2 bis 2,5 mm (10 ... 100 ppi = pores per inch), offenporig; gute Durchströmbarkeit bei minimalem Luftwiderstand, da nur etwa 3 Vol.-% Masse; Tiefenfiltration; lange Lebensdauer; keine Faserfreisetzung; lieferbar in Matten, Rollen und Profilen; einfache Reinigung; verschiedene Dicken; Dichte 35 bis 100 kg/dm^3 (bezogen auf Filtermasse); Temperaturbereich −45 bis 120 °C; Dehnung bis über 400 % je nach Porengröße; Filterklasse meist EU 1 bis 3, jedoch bei feinster Porenstruktur bis EU 7 und höher; z. T. mit Viskosebeflockung; Anströmgeschwindigkeit 0,8 bis 1,8 m/s je nach Struktur.
Vorsicht: Brandverhalten und Umweltbelastung beachten!

Anwendungsbeispiele in der RLT-Technik: als Grob- und z. T. als Feinfilter in kleinen Klimageräten, Be- und Entfeuchtungsgeräten, Schalldämpfer, Filter für Schwimmbäder, rotierende Wärmetauscher, u. a.
Es gibt auch zahlreiche **Sonderformen,** wie z. B. silikonisierter Filterschaum mit anschließender Vulkanisation für Wasser- und Ölnebel, Motorprüfstände, Heißluftabsauggeräte (bis 180 °C), Luftfilter im Röntgengerätebereich u. a. oder steifer Kunststoffschaumstoff als Trägermaterial, auf dem pulverförmige Kohle abriebfest aufgetragen wird. Die 0,12 bis 0,17 mm dicke Kohleschicht auf diesem Aktivkohlefilter wird dann von der Luft umspült.

5.3.2.2 Filterbauarten

Je nachdem, wo das Filter eingebaut wird, in Wand, Decke, Kanal, Gerät usw., unterscheidet man im wesentlichen folgende Bauarten, die sich teilweise auch auf die nachfolgenden Filter, wie Schwebstoffilter, Elektrofilter, Aktivkohlefilter usw., beziehen.

a) Zellenfilter

Werden Filtermatten mit etwas Übermaß in einen Rahmen eingespannt oder fest mit ihm verbunden, spricht man von einer Filterzelle, z. T. auch von einer Filterkassette. Der Vorteil ist – wie folgende Abbildungen zeigen – die Systembauweise. Die Zellrahmen werden in entsprechende Vorrichtungen von Filtergehäusen eingesetzt. Beim **Filterrahmen** unterscheidet man zwischen folgenden zwei Grundtypen:

1. **Fester Rahmen** (z. B. aus Pappkarton) mit großgelochtem Abstützblech oder Streckmetall bei hoher Filterklasse.
2. **Wechselrahmen,** vorwiegend aus Stahl (z. T. auch Kunststoff), der wirtschaftlicher ist, da nur die Kosten für das Filtermedium anfallen. Die Austausch- und Reinigungsarbeit ist etwa dieselbe.

Der Filterrahmen hat folgende drei Funktionen zu erfüllen, die vor allem bei Montage und Wartung zu beachten sind:

- eine **gute Befestigung,** damit das Filtermedium nicht wegrutscht
- eine **gute Abdichtung,** damit keine Leckstellen auftreten, d. h., unkontrollierte Rohluft nicht in die Reinluftseite übertreten kann (zulässige Leckraten beachten!)
- eine **gute Abstützung,** damit möglichst kein Staubdurchbruch entstehen kann, d. h., daß haftender Staub nicht wegfällt und auf die Reinluftseite gelangt.

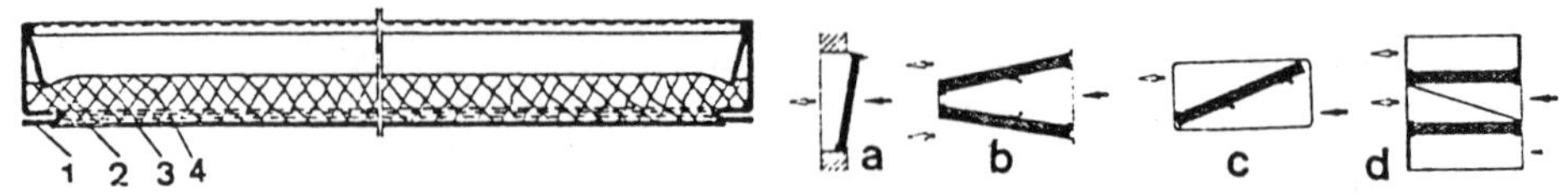

Abb. 5.21 Filterzelle mit Einbauvarianten

Abb. 5.21 zeigt den **Schnitt und die Einbauvarianten einer Filterzelle.** (1) Filtermedium; (2) Stützgitter; (3) Spannfeder; (4) Zellenrahmen; (a) Planströmung; (b) V-Form; (c) Schrägstrom; (d) Kanalanordnung.

Die zahlreichen Filterzellen aus Metall (Abb. 5.11), Synthetikfasern, Glaswolle usw. werden in die verschiedensten Filterkonstruktionen und RLT-Geräte eingebaut, wobei die Synthetikfaser anteilmäßig mindestens bei 70 bis 80 % liegen dürfte. Die bei den nachfolgenden Beispielen angegebenen Hinweise zeigen die unterschiedlichen Kenndaten, Merkmale, Anforderungen und Anwendungsbereiche.

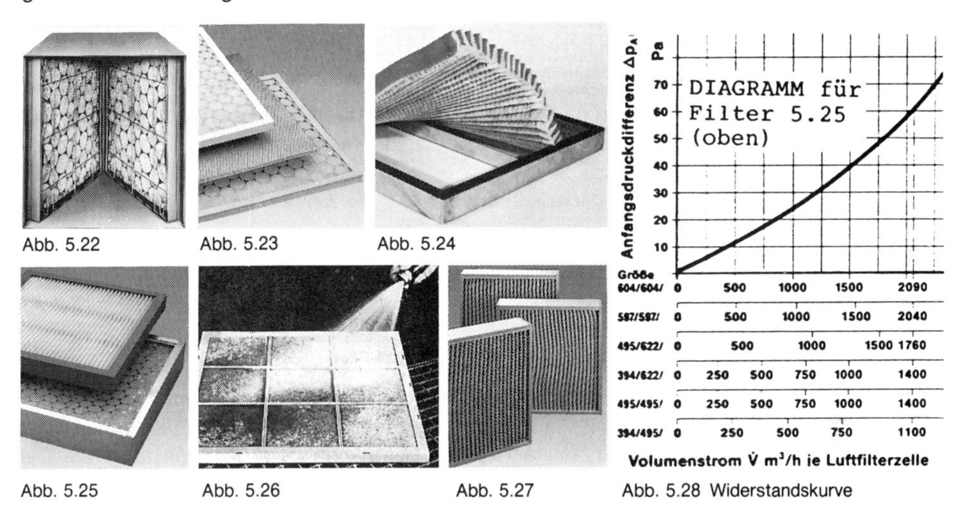

Abb. 5.22 Abb. 5.23 Abb. 5.24

Abb. 5.25 Abb. 5.26 Abb. 5.27 Abb. 5.28 Widerstandskurve

Abb. 5.22 zeigt zwei **benetzte Filterzellen aus Glasfasergespinst** im Bauteil eines Warmluftautomaten; zur Reinluftseite verdichtet; EU 2; Medium im Kartonrahmen staubdicht zwischen grobgelochten Stützblechen eingesetzt; Δp_A = 40 bis 80 Pa, Δp_E = 150 Pa; $\dot{V}$ = 5 400 bis 9 000 m^3/h; 25 mm dick (alternativ 50 mm); η_A = 76 %; 8 verschiedene Abmessungen; geeignet auch als Vorfilter für Schwebstoffilter und Reinräume.

Abb. 5.23 zeigt eine **Filterzelle aus Fiberglas;** EU 6; mit Abschlußvlies reinluftseitig; Schicht in großgelochten Stützblechen; elastischer Kartonrahmen (Quetschfalte); $\dot{V}_N$ = 500 m^3/h je Zelle (480 × 480 × 14); Δp_A = 140 Pa (linearer Kennlinienverlauf); Δp_E = 550 Pa; η_A > 98 %; η_W = 60 %; S = 35 g/Zelle; ϑ = 120 °C; Anwendung: in Kanalfiltern in der pharmazeutischen, elektronischen Industrie o. ä., als Endstufe beim Deckeneinbau in Lackierstraßen, Farbspritzkabinen.
In der Mitte ein **spezielles Fiberglas mit beidseitigem Aluminiumstreckmetall** eingefaßt, für ϑ bis 200 °C, z. B. bei Trocknungsanlagen und hohen Anforderungen; Δp_A = 175 Pa, Δp_E = 500 Pa; S = 40 g/Zelle.

Abb. 5.24 zeigt ein **Filterelement aus Kunststoffasern,** beiderseitig gefaltet; mit Stahldrahtnetzgewebe versteift; 8 mm dicke umlaufende Kautschukdichtung; nicht regenerierbar; hoher Nennvolumenstrom; EU 4; η_A = 90 %; Filterfläche 1,5 m^2 bei Größe 610 × 610 mm; $\dot{V}$ = 3 000 m^3/h; Δp_A = 100 Pa, Δp_E = 500 Pa.

Abb. 5.25 zeigt oben eine **Filterzelle aus plissiertem Synthetik-Filtervlies** mit reinluftseitigem weitmaschigem Stützgitter; vergrößerte Filterfläche durch die tiefen Falten; Rahmen aus wasserabweisender Hartpappe; unbenetzt, nicht regenerierbar; EU 4; Δp_A = 60 Pa, Δp_E = 400 Pa; Anwendung in Kastengeräten mit großem Volumenstrom, Zuluftfilter für Trocknungsanlagen, in Lackierereien, als Kühlluftfilter für Maschinen, als Vorfilter in Reinraumgeräten, in zahlreichen Spezialfiltern.

Abb. 5.26 zeigt die **Reinigung einer regenerierbaren Filterzelle,** wie sie zweckmäßigerweise nicht vorgenommen werden soll, es sei denn, es handelt sich um einen ganz „weichen" Strahl. Ein harter Strahl beeinträchtigt nämlich die Filterstruktur. Das Filtermaterial soll vielmehr in einem lauwarmen Wasserbad (max. 40 °C) nur geschwenkt werden (nicht auswringen!). Wenn schonend damit umgegangen wird, kann eine solche Reinigung mindestens 6- bis 8mal durchgeführt werden; bei fetthaltigem Staub unter Verwendung von Fettlösemittel.

Abb. 5.27 zeigt Filterelemente aus **Glasfasern mit reinluftseitigem Schleier aus Synthesefasern;** über Aluminium-Abstandshalter gefaltet; mehrfach geleimter Holzrahmen; EU 6 bis EU 9; unbenetzt; nicht regenerierbar; η_A > 98 %; Δp_E = 500 Pa; Größe 610 × 610 × 150 mm.

Abb. 5.28 zeigt, daß sich hier der Nennvolumenstrom zur Angabe der maximalen **Anfangsdruckdifferenz Δp_A auf die jeweilige Zelle bezieht.** Wie bei allen Filtern kann in Abhängigkeit von $\dot{V}$ der Widerstand Δp_A abgelesen werden. Weitere Hinweise Kap. 5.2.2b.

Abb. 5.29 zeigt zickzackförmig angeordnete **Filterzellen in einer RLT-Kammerzentrale,** wie sie auch in Kanälen oder großen Einzelgeräten verwendet werden; meistens EU 3 bis EU 5.

Abb. 5.29 Filtermatten (V-förmig)

Abb. 5.30 „Filterdecke“

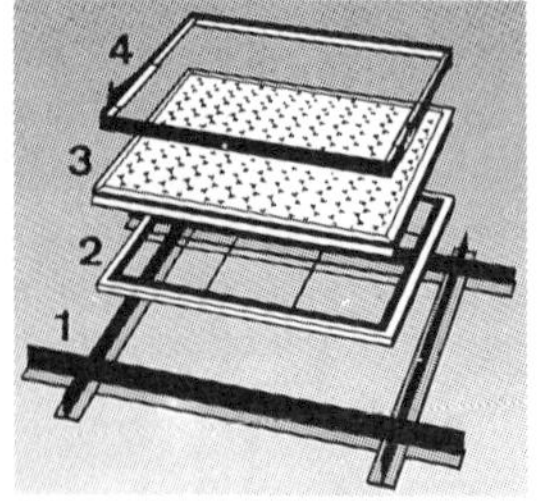

Abb. 5.31 Kassettenfilter

Filterzellen werden auch vielfach in bauseitige **Deckenkonstruktionen** eingebracht, u. U. bis über die gesamte Deckenfläche. Ebenso gibt es auch Filterelemente, kombiniert als Decken-Zuluftdurchlässe. (Abb. 5.48).

Abb. 5.30 zeigt **Filterzellen in der Decke einer Lackierwerkstätte.** Zur Wartung werden die einzelnen Zellen ausgehängt.

Abb. 5.31 zeigt einen sog. **Druckrahmenluftfilter,** wie er z. B. in Decken von Farbspritzräumen für die Zuluftreinigung eingebaut wird; unterschiedliche Filterschichten (EU 4 oder EU 6); Vorfilter dringend ratsam; Aufbau: (1) Druckrahmen mit Spannfedern; (2) Filterschicht; (3) Stützrahmen mit umlaufender Gummidichtung; (4) bauseitige Deckenkonstruktion (Raster); einfache Montage und schnelles Auswechseln.

b) V-Form-Filter

Durch die V-förmige Anordnung der Filtermedien kann man bei kleinstem Anströmquerschnitt (Stirnfläche) sehr große Filterflächen vorsehen und somit das Filtermedium optimal ausnützen. Da die Filterfläche ein Vielfaches der Stirnfläche beträgt, kann auch die Geschwindigkeit (bezogen auf die Stirnfläche) ein Mehrfaches betragen; bzw. bei der gleichen Geschwindigkeit ein mehrfacher Volumenstrom.

Die Ausführungen und Anordnungen sind mannigfaltig. Stellvertretend sind hier erwähnenswert: die einfachen Filterkästen mit V-förmig angeordneten Zellen, wie z. B. in Warmlufterzeugern (Abb. 5.22); zickzackförmig angeordnete Filtermatten oder -kassetten in Kammerzentralen (Abb. 5.29) oder in kombinierten Lüftungs-Luftheizgeräten (Bd. 3); spezielle „Großoberflächenfilter“ in Form von fertigen Filterkassetten oder in Zellen eingelegte Filtermedien (Abb. 5.32); V-förmig angeordnete Elemente in Kanalfiltern (Abb. 5.43) und interessante Neuentwicklungen in Form von Filterpaketen, die in Kunststoffteilen zu einer Einheit dicht vergossen werden.

Der starke Trend zu diesen verbesserten **Kompaktkassettenfiltern** (Abb. 5.34) geht vielfach auf Kosten der Taschenfilter, und zwar als 2. Filterstufe. Die Vorteile sind: kurze Einbautiefe, lange Standzeit (3- bis 4fach gegenüber Taschenfilter), Nachrüstung mit hochwertigen Filterstufen, passend in alle üblichen Taschenfilter-Aufnahmerahmen (Abb. 5.33), sichere Abdichtung, vielseitige Anwendung, wie z. B. in Kanälen, Klimazentralen oder vielfach im Mauerwerk als „Wandfilter“, wo zahlreiche Baueinheiten neben- und übereinander angeordnet werden (Abb. 5.36). Zum Auswechseln der Zellen muß auf der Rohluftseite genügend Platz sein.

Abb. 5.32 „Großflächenfilter“

Abb. 5.33 Einbau-Rahmenfilter

Abb. 5.34 Hochleistungs-Kompaktfilter

Abb. 5.32 zeigt einen früher öfters verwendeten sog. **„Großoberflächenfilter"** als Wandfilter (Vorder- und Rückseite), bei dem das Filtermedium auch an Ort und Stelle als Zuschnittware in spezielle Klemmrahmen eingelegt wurde. Das Verhältnis Filter : Stirnfläche beträgt bis 25 : 1 und höher, einfache Montage, schnelles Auswechseln, je nach Baueinheit 7 oder 3 Filtertaschen mit Einbaurahmen, luftdicht verbunden. EU 3 bis EU 7 Kunststoffaser und Glasfaser.

Abb. 5.33 zeigt im Hintergrund einen **Wandrahmen-Luftfilter** zum Einbau in Maueröffnungen, Klimakammern und Luftkanälen; drei verschiedene Rahmengrößen im Euro-Rastermaß (bis etwa 6 m Breite und 5 m Höhe, bzw. 5 Einheiten übereinander und 6 nebeneinander); ausklappbare und fest mit Rahmen verbundene Anpreßfedern zur Abdichtung und leichtem Ein- und Ausbau; wahlweise mit Stützgitter, d. h., anstelle der Federn wird das Filter durch ein schwenkbares, am Rahmen eingehängtes Gitter fixiert.

Abb. 5.34 zeigt einen **hochwertigen V-Form-Filter** zur Abscheidung von Feinstäuben, Bakterien, Pollen usw. als Endfilter oder als Vorfilter für Schwebstoffilter oder für Reinraumanlagen; lieferbar in 3 Ausführungen; EU 6 (mit Zellulosepapier), EU 7 und EU 9 (mit Mikro-Glasfaservlies); gleiche Frontabmessungen wie Taschenfilter; lange Standzeit, da Filterfläche (bis 18 m^2) zu Frontfläche etwa 50:1; durchgehende jeweils miteinander verschmolzene Kunststoffäden zum Distanzieren der einzelnen Falten (hohe Stabilität); einzelne V-förmige Pakete im Kunststoffteil zu einer Einheit dicht vergossen; sichere Abdichtung zwischen Aufnahmekonstruktion und Filterelement durch umlaufenden Anpreßflansch; bei Nennvolumenstrom etwa 100 bis 150 Pa als Anfangs- und 650 Pa als empfohlene Enddruckdifferenz; veraschbares Material und somit kein Sondermüll.

c) Taschenfilter („Sackluftfilter")

Diese Bauart, zugunsten von V-Form-Kompaktanlagen rückläufig, verwendet man in großen Kastengeräten, als Kanalfilter (Abb. 5.44) oder bei großen Anlagen als Wandrahmenfilter (Abb. 5.36). Die keilförmigen Taschen bestehen entweder aus synthetischen Fasern mit der Filterklasse etwa EU 3 bis EU 5 oder seltener aus Glasfasern mit EU 5 bis EU 9 (je nach Filtertyp) und werden mittels Klemmtechnik an U-Profilrahmen befestigt. Durch die Abstandhalter wird die Eigenstabilität verbessert und eine vollständige Ausnutzung der Taschentiefe erreicht. Die Taschenanzahl (je nach Typ 2 bis 8) und die Taschenlänge (je nach Typ etwa 35 bis 60 cm) bestimmen das Flächenverhältnis von Filterfläche zur Stirnfläche (bis etwa 20:1).

Abb. 5.35 Taschenfilter

Abb. 5.36 Aufnahmerahmen für Taschenfilter (Fa. Delbag)

Abb. 5.35 zeigt verschiedene **Taschenfilter aus Glasfasern,** je nach Filter und Größe EU 5 bis EU 9; η_A = 98,3 bis 99,4 %; η_W = 56,7 bis 95,3 %; max. empfohlener Volumenstrom 850 bis etwa 4 000 m^3/h; Anfangsdruckdifferenz Δp_A (vgl. Diagramm), Δp_E = 300 Pa; Abmessungen $B \times H$ 592 × 592, 490 × 592, 287 × 592, 287 × 287 mm.

Abb. 5.36 zeigt einen **Aufnahmerahmen** nicht nur für Taschenfilter, sondern auch für verschiedene Filterelemente und Filterzellen; ausklappbare und fest mit dem Rahmen verbundene Anpreßfedern; wahlweise Rahmen mit schwenkbarem und herausnehmbarem Stützgitter für eingelegte Filtermatten als Vorfilter.

Einsatzbereiche

Synthetische Taschen EU 3 bis EU 5 werden als erste oder alleinige Filterstufe zur Vor- und Feinstaubabscheidung verwendet.

EU 3 als Vorfilter, vor allem in der Industrie; **EU 4** für Werkstätten, Maschinenräume, Geschäftsräume und ähnliches; **EU 5** für Aufenthaltsräume, Büroräume, Restaurants, anspruchsvolle Lagerhallen und Produktionsstätten, Schaltzentralen u. a.

Glasfasertaschen EU 5 und EU 6 als hochwertige Feinstaubfilter werden als zweite oder seltener als alleinige Filterstufe verwendet (Anlagen- oder Wandeinbau).

EU 5 für empfindliche Werkstätten, Büroräume, Ladenlokale, Bettenräume, einfache Behandlungszimmer im medizinischen Bereich; **EU 6** darüber hinaus auch für Laboratorien und Krankenzimmer.

Glasfasertaschen EU 7 und EU 9, mit noch höherem Wirkungsgrad, werden in der Regel als zweite Filterstufe eingesetzt.

EU 7 für anspruchsvolle Montageräume, Schaltanlagen, elektr. Steuerungen, pharmazeutische Industrie, Lebensmittelherstellung, Krankenhäuser u. a.

EU 9 vorwiegend in der Pharmaindustrie, im elektronischen Bereich, in der Krankenhausbelüftung, in der Lebensmittelindustrie und bei ähnlich hohen Anforderungen.

d) Rollbandfilter

Hier handelt es sich um ein Trockenschicht-Bandluftfilter etwa EU 3 bis EU 5, bei dem ein Filterband von Hand oder in der Regel durch eine differenzdruckgesteuerte Automatik abschnittsweise von einer Rolle abgespult und auf eine zweite Rolle aufgewickelt und eingepackt wird, wenn die dem Luftstrom ausgesetzte Filterbandfläche mit Staub angereichert ist. Der Transport des Bandes erfolgt durch einen Elektromotor. Die zugunsten der Taschenfilter rückläufige Anwendung erstreckt sich sowohl auf industrielle als auch auf allgemeine RLT-Zuluftanlagen für Bürogebäude, Kaufhäuser u. a. Außerdem werden sie auch als Vorfilter für Filter höherer Güteklassen eingesetzt, wobei z. B. der Bandluftfilter direkt an einen Wandrahmen angeflanscht werden kann.

Die Luftfilter entsprechend Abb. 5.37 gibt es in 30 verschiedenen Höhen (1 240 bis 5 155 mm) und 5 verschiedenen Breiten (970 bis 2 170 mm), so daß durch Aneinanderfügen mittels Befestigungswinkel und elastischem Dichtungsband Breiten bis über 8 m erreicht werden können. Bei sehr hohen Filteranlagen werden dringend Wartungsbühnen empfohlen (Abb. 5.41). Dementsprechend erreicht man auch Volumenströme von etwa 8 000 bis 400 000 m^3/h. Ab einer bestimmten Größe sind dann allerdings zwei Antriebe erforderlich. Der höchstzulässige Volumenstrom richtet sich bei der jeweiligen Filtergröße nach der zulässigen Anströmgeschwindigkeit von etwa 1 bis 2 m/s.

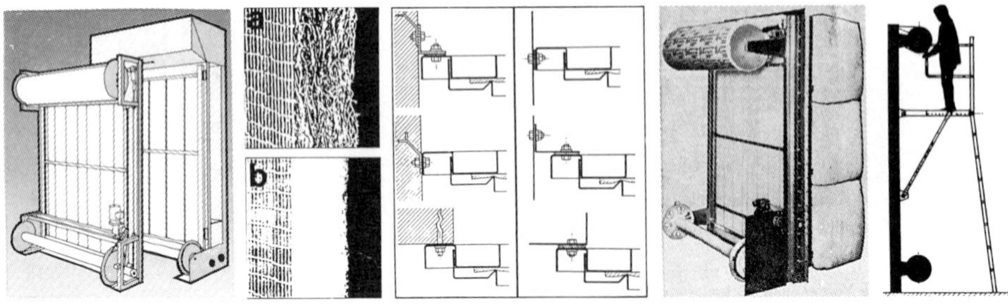

Abb. 5.37 Rollbandfilter Abb. 5.38 Abb. 5.39 Abb. 5.40 Zweistufenfilter Abb. 5.41

Abb. 5.37 zeigt ein **Rollbandfilter** EU 4, dessen Rahmen direkt als Einbaurahmen verwendet wird und auch in Kanälen und Kammerzentralen eingebaut werden kann; verstellbare Bandführung; in Normalausführung oder für rückwärtige Luftbeaufschlagung; Spulenlager für die Aufwickelspule und Kettenradlager aus Polyamid, Antriebsaggregat aus Aluminiumguß; Bandabstützung durch Stützdrähte; Abdeckung des Filterbands durch Springrollo aus reißfestem Kunststoff; Einbauvorschläge für Mauerwerk und Blechkanäle vgl. **Abb. 5.39.**

Abb. 5.38 zeigt den **Aufbau eines Filterbandes: a)** bestehend aus regellos gelagerten Fasern aus einer Mischung von synthetischem und natürlichem Material, auf reißfester Gaze, ohne staubbindende Benetzung; für Grob- bis Feinstaubabscheidung; selbsterlöschend imprägniert; ϑ_{max} = 80 °C; Anfangsdruckdifferenz Δp_A = 50 Pa bei 2 m/s Anströmgeschwindigkeit, Betriebsdruckdifferenz 120 bis 180 Pa; Bandlänge ca. 20 m; **b)** bestehend aus besonders feinen hochelastischen Fasern mit spezieller Oberflächenstruktur zur Fein- und Feinststaubabscheidung; hohe Abscheideleistung als zweite Filterstufe; ohne Benetzung; ϑ_{max} = 60 °C; Anfangsdruckdifferenz 60 Pa bei 1 m/s Anströmgeschwindigkeit.
Ein weiteres Filterband besteht aus progressiv gesponnenen Glasfasern mit Staubbindemittel; $\Delta p_A \approx$ 60 Pa, bei v = 3 m/s.

Abb. 5.39 zeigt einige Beispiele, wie der **Einbaurahmen befestigt** werden kann.

Abb. 5.40 zeigt einen **zweistufigen Filter,** d. h., der Rollbandfilter wird bei der Forderung nach höheren

Abscheidegraden einem hochwertigeren Feinfilter vorgeschaltet, so daß eine Kombination von z. B. EU 3 oder 4 und EU 5 bis 7 erreicht wird. Im Gegensatz zu früher ist diese Kombination stark rückläufig.

Mit Hilfe der **Automatik mit Kontaktmanometer** wird die Reinigung bzw. Erneuerung des Filtermediums durch einen automatischen Weitertransport des Bandes über einen wählbaren Druckdifferenzbereich ermöglicht. Da das Filterband von oben nach unten zur Abwickelspule verläuft, ist die obere Hälfte sauberer, so daß dort durch den geringeren Druckverlust eine höhere Geschwindigkeit vorliegt als im unteren Teil mit der höheren Verschmutzung und der längeren Betriebszeit. Man kann demnach zwischen einer oberen Druckdifferenz und einer unteren Druckdifferenz unterscheiden, wobei nach der oberen das bestaubte Band aufgespult werden soll, während die untere die Stelle bestimmt, bis zu der aufzuspulen ist. Die Schaltdifferenz der beiden bestimmt den Filterverbrauch und hat somit Einfluß auf die Wirtschaftlichkeit.

Vorteile: Vielseitige Einsatzmöglichkeiten; hohe Flexibilität durch Baukastensystem; große Volumenströme.

Nachteile: (vorwiegend gegenüber Großflächenfilter und Kompaktfilter); ungleichmäßige Geschwindigkeitsverteilung; geringerer Abscheidegrad bei geringer Geschwindigkeit; geringeres Staubvermögen (je nach Filtermaterial); höherer Filterverbrauch (z. T. mehr als das Doppelte); ungeeignet für VVS-Anlagen (starke η_A-Abnahme bei geringer Geschwindigkeit); mögliche Störanfälligkeit des Transportmechanismus, u. U. geringere Dichtheit, größerer Platzbedarf als bei Kompaktfilter.

Weitere Hinweise:

- Wenn eine nahezu **konstante Druckdifferenz** gewünscht wird, ist lediglich der Einschaltkontakt auf den gewünschten Wert von etwa 250 Pa zu schieben und der Ausschaltkontakt darüber zu legen. Ist dann der eingestellte Druckdifferenzbereich erreicht, soll der Ausschaltkontakt mindestens um etwa 50 Pa über der Anfangsdruckdifferenz liegen, damit zu großer Transport vermieden wird.
- Die **differenzdruckgesteuerte Automatik** besteht aus Schalter, Manometer, hochfrequenzgesteuertem Relais mit 8 s Einschaltverzögerung, wählbarem Ein- und Ausschaltkontakt, Schaltschütz, Warnlicht für Banderneuerung, Tastschalter für Handbetrieb, wobei das Band so lange weiterrollt, wie der Taster betätigt wird.
- Es gibt **verschiedene Automatikausführungen;** so kann z. B. ein Bandfilter abwechselnd bei zwei Volumenstromstufen mit je einem Einschaltkontakt betrieben werden. Das Umschalten der Kontakte beim Wechseln der Volumenströme (Ventilatordrehzahlen) erfolgt durch bauseitigen Schalter, der mit dem Stufenschalter des Antriebsmotors am Ventilator gekoppelt werden kann. Eine andere, sehr seltene Steuerung ist die Zeitsteuerung (je nach Benutzung), wobei das Bandende durch Abtasten des Bandvorrates angezeigt wird.

e) Kanalfilter („Durchgangsfilter“)

Diese Filter, die entweder in Kanalstücke oder in Gehäuse eingebaut werden, haben an einer oder an beiden gegenüberliegenden Seiten dichtschließende Wartungstüren zum Bedienen des Filters. Die Filter, gleichgültig ob als Zellen-, Kassetten-, V-Form- oder Taschenfilter, werden in verschiedenen Filterklassen, ein- oder mehrstufig und für die unterschiedlichsten Anwendungsbereiche gebaut; vorwiegend im industriellen Bereich. In der Regel werden sie als Mittelstück mit angeschweißten Winkelflanschen in Rechteckkanäle oder mit angeschweißten Stutzen in Lüftungsrohre eingebaut. In Kammerzentralen werden Kanalfilter als Baueinheit geliefert.

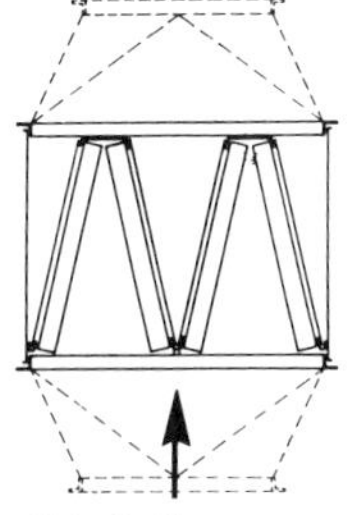
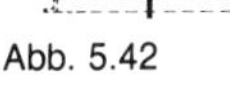

Abb. 5.42

Abb. 5.43

Abb. 5.44

Abb. 5.45

Abb. 5.42 zeigt einen **im Kanal eingebauten Luftfilter.** Durch die geforderte geringe Anströmgeschwindigkeit werden die Zellen V-förmig angeordnet, und durch die Übergangsstücke wird der runde Kanalquerschnitt auf den Filterquerschnitt erweitert. Liegen die Filterkassetten waagerecht (Abb. 5.45), befindet sich zwischen den Einschüben ein Blech, so daß die Luft immer im darüberliegenden Zwischenraum austritt.

Abb. 5.43 zeigt einen Kanalfilter (**Durchgangsfilter**) mit Deckblechen, in dessen Gehäuse unterschiedliche Filterschichten eingeschoben werden können. Die Einschuböffnungen werden durch die mit Drehfedern gehaltenen Abdeckbleche verschlossen. Filterklasse EU 2 oder 3; Kunststoffaser; regenerierbar; $\eta_A \approx 80$ %; bei $v = 2{,}8$ m/s auf Baueinheit ($\triangleq$ 1,75 m/s senkrecht auf Filterfläche) und $\dot{V} = 1\,250$ m^3/h beträgt $\Delta p_A = 100$ Pa; 14 verschiedene Größen mit den Maßen 155 bis 1 500 mm; Verwendung: z. B. Versammlungsräume.

Abb. 5.44 zeigt einen **Kanal-Taschenfilter** mit großer Wartungstür zur Aufnahme der Einsätze, EU 2 bis EU 9. Im Vordergrund einen universell einsetzbaren würfelförmigen Kanalfilter mit Filterelementen von EU 5 bis EU 9, auch als Schwebstoffilter (Abb. 5.49).

Abb. 5.45 zeigt einen der **Kanalfilter vorwiegend für industrielle Zwecke,** die durch luftdichte Deckel oder Türen verschlossen werden, für rauhe Betriebsverhältnisse und hohen Staubgehalt; $\eta_A = 85 \ldots 95$ %; regenerierbar; je nach Bauart einstufig, zweistufig (z. B. EU 4 bis 6) oder dreistufig mit Schwebstoffilter; Filterklasse EU 3 bis 6 (Matten), EU 2, 3 (Platten), EU 2, 3, 5 (Zellen), Schwebstoffe (Q, R, S).

Bei den Filterklassen handelt es sich meistens um EU 2 bis EU 4, bei höheren Anforderungen bis EU 7, z. T. als 2. Filterstufe. Spezielle Kanalfilter werden auch zur Schwebstoffabscheidung eingesetzt.

5.3.3 Schwebstoffilter

In Räumen, in denen die höchsten Anforderungen an die Luftreinheit gestellt werden, verwendet man Schwebstoffilter. Dabei handelt es sich um hochwertige Filterelemente (50 bis 300 mm tief) mit zickzackförmig angeordneten Filtermedien aus Mikroglasfasern, Zellulose, Papiergemische, mit denen auch Schwebstoffe (Kap. 5.2.1) einschließlich Nebel, Bakterien, Pilze, Viren, Aerosole, radioaktive und toxische Stäube u. a. abgeschieden werden. Die Elemente werden eingebaut in Kanäle, Kastengeräte, Wände, Decken, Luftdurchlässe u. a.
Das Medium wird zu einem kompakten Faltenpaket verarbeitet, das mit Faltenanzahl und -höhe optimal auf die Betriebsbedingungen ausgelegt wird. Durchgehende Kunststoffstützfäden oder Abstandhalter, wie z. B. Hartpappe-Kunststoff- oder Aluminiumstreifen, distanzieren die einzelnen Falten und bewirken eine hohe Stabilität und eine gleichmäßige Durchströmung. Das Filterpaket ist mit dem mehrfach geleimten Sperrholzrahmen (z. B. Polyurethan) gasdicht vergossen. Auch Alu- oder Nirosta-Stahlrahmen sind lieferbar.
Zur Abdichtung des Filterelements gegen die Anpreßfläche des Gehäuses dient eine umlaufende PU-Dichtung. Die Filterfläche ist 30- bis 50mal größer als die Anströmfläche, die Anströmgeschwindigkeit beträgt etwa 1,2 bis etwa 3 m/s, der gravimetrische Abscheidegrad η_A praktisch 100 %.

Die **Anwendung** von Schwebstoffiltern bezieht sich vorwiegend:

a) auf **Zuluftvolumenströme** in Krankenhäusern, wie z. B. OP, Intensivpflege, Entbindungsräume, d. h. überall dort, wo weitgehend keimfreie Zuluft gefordert wird; ferner auf Zuluftanlagen für industrielle bzw. prozeßtechnische Zwecke, wie pharmazeutische Betriebe, sterile Abfüllstationen, wissenschaftliche Labors, Mikrobiologie, Fertigungsräume der Mikroelektronik, Genußmittelindustrie mit hohen Ansprüchen bei der Produkthygiene, bei der Herstellung von anspruchsvollen Präzisionsgeräten (z. B. Feinmechanik, Optik), Film- und Magnetbandmaterial, Halbleitertechnik und grundsätzlich in der Reinraumtechnik (Kap. 5.4).
Die Filter müssen so nah wie möglich am Luftdurchlaß angeordnet werden.
b) auf **Abluftvolumenströme,** wenn angrenzende Räume vor gefährlicher Abluft geschützt werden müssen, wie kerntechnische Anlagen, Isotopenlabors, spezielle Labors der Mikrobiologie (Keime, Viren), Prozesse mit toxischen Schadstoffen (z. B. Blei, Chromate, Cadmium, Quecksilber u. a.).

Um die wirtschaftliche Betriebszeit bzw. Enddruckdifferenz Δp_E zu erhöhen, müssen die empfindlichen Schwebstoffilter vor zu hoher Staubbelastung **durch geeignete Vorfilter geschützt** werden. Ein Schwebstoffilter ist demnach in der Regel die Endstufe eines mehrstufigen Filters (Kap. 5.3.6).

- Die **richtige Auswahl der Vorfilterstufe** ist abhängig vom Zustand der Luftverunreinigung, von deren Partikelgröße und Konzentration sowie von der Anforderung und Dimensionierung an die Filteranlage.
- Zur **Grob- und Feinstaubabscheidung** verwendet man aus wirtschaftlichen Gründen großflächige Taschenfilter oder Elemente, die leicht zu warten sind. Bei sehr hohen Ansprüchen oder bei Platzmangel können auch einstufige Filterelemente entsprechend Abb. 5.34 als **zweite Filterstufe** oder als Umluftfilter eingesetzt werden.

Vor dem Schwebestoffilter:	1. Filterstufe mindestens EU 4;	2. Filterstufe mindestens EU 7

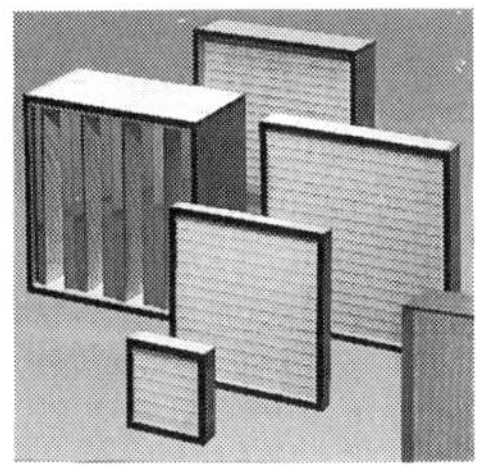

Abb. 5.46

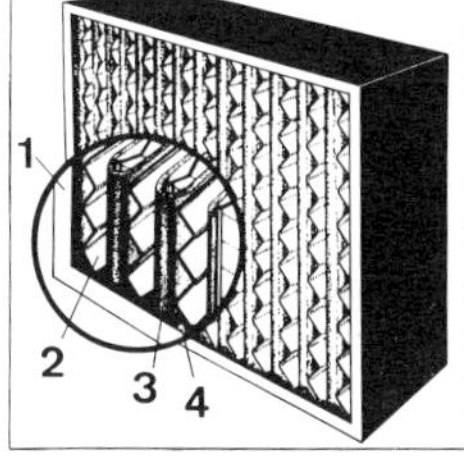

Abb. 5.47

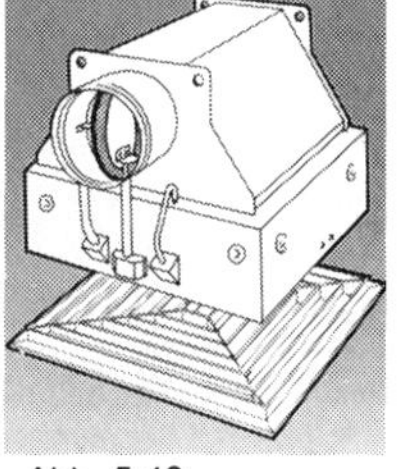

Abb. 5.48

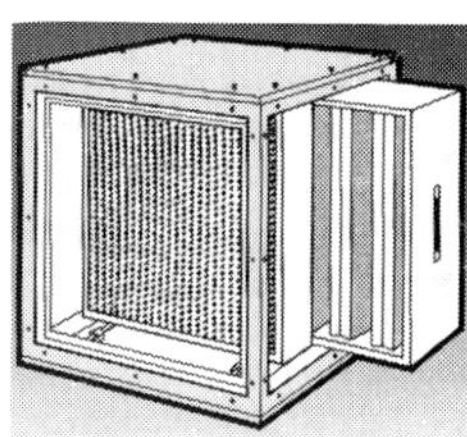

Abb. 5.49

Abb. 5.46 zeigt **Schwebstoffilter in Fadenbauweise** mit unterschiedlicher Bauhöhe. Filterklasse Q (Δp_A = 90 Pa), R (Δp_A = 125 Pa), S (Δp_A = 250 Pa); alle mit empfohlener Enddruckdifferenz Δp_E von 1 000 Pa; ϑ bis 80 °C; φ bis 100 %; papierartiges Mikrofaservlies; über 20 verschiedene Nenngrößen.

Abb. 5.47 zeigt den **Aufbau eines Schwebstoffilters:** (1) Zellenrahmen, (2) Abstandhalter aus Aluminiumstreifen (Separatorbauweise), (3) Filterschicht, (4) Vergußmasse.

Abb. 5.48 zeigt einen **Deckenluftdurchlaß mit eingebautem Schwebstoffilter;** luftdichtes Filtergehäuse aus Stahlblech, Filterrahmen aus Sperrholz; Filterklasse R (Δp_A = 125 Pa) und S (Δp_A = 250 Pa); Zuluftstutzen für Luftleitung, luftdicht nach DIN 1946 T 4; Spannelemente zum Anpressen des Filterelements; Luftverteiler, Drallauslaß, Gitter oder Lochbleche (günstig); für Prüf- und Testzwecke Dichtsitz-Prüfgerät mit Δp-Manometer und Partikelzahlmeßgerät; Montage durch Lochbandeisen, Gewindestangen und Haltewinkel; durch Absperrklappe ist ein Filterwechsel bei laufender RLT-Anlage möglich.

Abb. 5.49 zeigt einen Universal-**Kanalluftfilter mit würfelförmiger Konstruktion,** der zu größeren Einheiten zusammengebaut werden kann; Bestückung zweistufig, z. B. EU 5 oder EU 7 und Schwebstoffilter; Gehäuse aus verzinktem Stahlblech oder Edelstahl; abnehmbare Seitenwände; saugseitiger Betrieb $\Delta p_A \approx$ 370 bis 500 Pa (je nach Ausführung), Δp_E = 1 500 Pa.

Hinsichtlich der **Standzeit** wurde schon im Kap. 5.2.2b darauf hingewiesen, daß eine exakte Angabe nicht möglich ist. Gerade hier beim Schwebstoffilter spielt nämlich die Auswahl bzw. Qualität der Vorfilterung und deren regelmäßige Wartung sowie die Betriebsweise und Ausführung der Gesamtanlage (AU/UM-Betrieb, Raumverunreinigungen) eine noch größere Rolle. Bei toxischen Stoffen gelten Schwebstoffilter als Sondermüll.

- Obwohl vielfach 1 bis 5 Jahre, bei Anlagen mit hohem Umluftanteil und zusätzlicher Umluftfiltrierung sogar über 10 Jahre angegeben werden, muß man – insbesondere im Hygienebereich – die Standzeit zeitlich begrenzen. **1 bis 2 Jahre sollen als Anhaltswert** dienen, vor allem wenn sich die Filter in nicht einsehbaren Kammern befinden.
- Die **empfohlene Enddruckdifferenz Δp_E** wird zwar vom Hersteller angegeben (z. B. 1 000 Pa), doch kann die höchstmögliche bis auf das 3fache höher angesetzt werden.

Bei den **Filterklassen** unterscheidet man nach DIN 24 184 bei den Standardschwebstoffiltern zwischen der Klasse **Q** ($\eta_A \geq$ 85 %), die mit EU 9 zusammenfallen können, Klasse **R** ($\eta_A \geq$ 98 %) und Klasse **S** ($\eta_A >$ 99,97 %). Durch die immer höheren Anforderungen in der Reinraumtechnik wurden Hochleistungsschwebstoffilter, sog. ULPA-Filter (**U**ltra **L**ow **P**enetration **A**ir), entwickelt mit der Klasse **T** ($\eta_A >$ 99,9995 %) und **U** ($\eta_A >$ 99,99995 %).
Die **Prüfverfahren** sind in Europa unterschiedlich, so daß durch die unterschiedlichen Prüfaerosole die Ergebnisse nicht miteinander verglichen werden können.

- Der Normenausschuß DIN 24 183 stellt ein einheitliches Prüfverfahren mit einer **neuen Klasseneinteilung zur Diskussion.** Eine EURO-Norm ist für 1995 vorgesehen. Geplant sind die Klassen **EU 10 (η_A = 85 %) bis EU 17 (η_A = 99,999995 %),** d. h. eine durchgängige Klassifizierung anschließend an EU 9. Zur Diskussion steht auch der Wegfall der Kürzel EU und dafür die Einführung von G 1 bis G 4 (Grobfilter), F 5 bis F 9 (Feinstaubfilter), H 10 bis H 13 anstatt Q, R, S (HEPA-Filter = **H**igh **E**fficony **P**artikulate **A**ir oder HOSCH-Filter = **Ho**chleistungs**sch**webstoffilter) und U 14 bis U 17 (Ulpa-Filter).

  Nach der DIN 24 184 (1990) wird in Deutschland nur **Paraffinölnebel als Prüfaerosol** verwendet (vorher 3 verschiedene). Das Prüfverfahren basiert auf einer photometrischen Nachweismethode.

5.3.4 Elektrofilter

Bei diesen Filtern, die vorwiegend als Kompaktfilter („Gehäuseluftfilter") zum Einbau in Luftkanäle oder als Zellenluftfilter zum Aufbau größerer Filterwände zur Anwendung kommen, erfolgt die Staubabscheidung auf elektrischem Wege. Wie Abb. 5.50 ersichtlich, besteht der Filter aus zwei Teilen:

a) Ionisierungsteil (Ionisator)

In dieser Zone befinden sich zwischen geerdeten Platten parallelliegende Sprühdrähte, die an einer etwa 12 kV großen Gleichspannung liegen. Die an den Drähten mit der Luft vorbeiströmenden Partikel werden durch Ionenanlagerung positiv aufgeladen.

b) Abscheideteil (Kollektor)

Dieser entspricht in seinem Aufbau einem Plattenkondensator mit abwechselnd positiv gepolten Platten (an 6 kV Gleichspannung) und an Erdpotential liegenden Kollektorplatten. Beim Durchgang der positiv geladenen Partikel durch das elektrische Feld zwischen diesen Alu-Platten werden diese von den auf Erdpotential liegenden Platten angezogen. Auf beiden Seiten bildet sich eine dünne Staubschicht. Beim Abscheiden von Öldunst und Nebeln im Aerosolbereich läuft die niedergeschlagene Flüssigkeit in die Sammelwanne am Boden, von wo sie kontinuierlich abgeführt wird.

Man unterscheidet zwischen (Wand-) Zellenfilter, Kanalfilter, Gehäusefilter (mit Zellen und für Kanalanschluß) und Kompaktfilter.

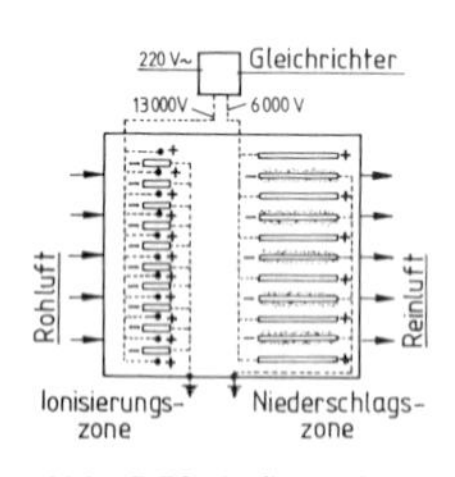

Abb. 5.50 Aufbau eines Elektrofilters

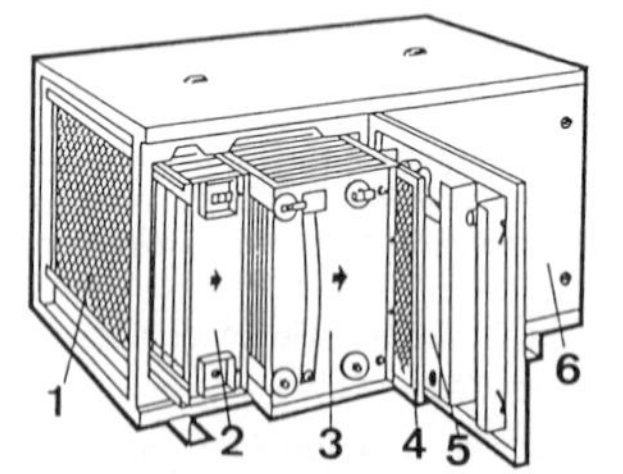

Abb. 5.51 Kompakt-Elektrofilter

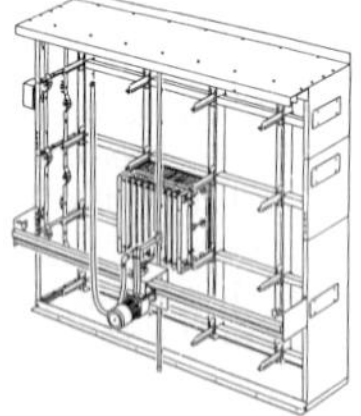
Abb. 5.52 Elektro-Filterzelle

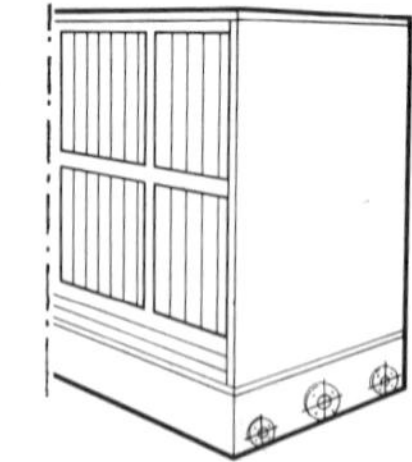
Abb. 5.53 Elektro-Kanalluftfilter

Abb. 5.51 zeigt einen anschlußfertigen **Kompakt-Elektrofilter** in Modulbauweise mit Vorfilter (1), Ionisator (2), Kollektor (3), Nachfilter (4), Hochspannungsmodul (5) und Ventilatoreinheit (6); kanalförmig öldicht geschweißtes Gehäuse (7); horizontale Durchspülung; automatische Abschaltung der elektrischen Aggregate beim Öffnen der Wartungstür; Abscheidegrad bis über 99 % möglich; 3 Baugrößen; Anströmgeschwindigkeit 1,5 bis 2,6 m/s; Δp = 250 bis 400 Pa; 220 V; Leistungsaufnahme etwa 1 . . . 3 kW; für Decken- oder Bodenmontage oder für mobilen Einsatz; $\dot{V}$ bis 4 240 m^3/h.

Abb. 5.52 zeigt, wie **Elektrofilterzellen nach dem Modulprinzip in ein Standard-Rahmensystem** eingesteckt werden; Mehrfachkontakte; fahrbare Waschanlage; Spritzwasserschutz (Alu-Luftfilterplatten) auf der Reinluftseite; Einbau in begehbare Kammern; bis 300 000 m^3/h.

Abb. 5.53 zeigt einen **Elektro-Kanalluftfilter** von 17 000 bis 150 000 m^3/h; komplette Filtereinheit in stabilem Blechgehäuse; Ablaufwanne, Begehkammer auf Rohluftseite.

Was die **Anwendung** betrifft, sind die Elektrofilter sehr teuer in der Anschaffung und werden vorwiegend in industriellen lufttechnischen Anlagen eingesetzt. Hierzu zählen die Abscheidung von Schweißdämpfen, Ölnebel, Metalloxidrauchen, Feinststäuben, Oxidstäuben u. a., d. h., neben der Industrieraumbelüftung spielt die Abluftreinigung, insbesondere bei Großanlagen, eine große Rolle. Die Abscheideleistung ist nicht eindeutig definierbar.

Vorteile:

Großer Korngrößenbereich (Abb. 5.3) und somit großer Anwendungsbereich, große Partikelkonzentration (Staub ca. 50 mg/m^3, Ölnebel bis 300 mg/m^3), niedrige und praktisch konstant bleibende Druckdiffe-

renzen und somit nahezu konstante Volumenströme, hoher Wirkungsgrad (bis > 95 % entsprechend EU 9) und somit u. U. Umluftbetrieb ausreichend, gute Anpassung an gegebene Betriebsbedingungen, Verwendung als Vorfilter bei der Schwebstoffabscheidung, Automatisierung und Selbstreinigung, geringer Verschleiß, geringe Unterhaltungskosten, kein Filterwechsel, Entlastung nachgeschalteter Kohlefilter, Beitrag zur Energieeinsparung.

Nachteile und Bedingungen:
Überprüfung der Wirtschaftlichkeit; gleichmäßige Anströmung der Abscheidefläche (durch Vorfilter oder Gleichrichter); regelmäßige und aufwendige Reinigung und ausreichende Trockenzeit; Vorfilter zur Erhöhung der Standzeit; Nachschalten eines Faserfilters, da beim Abschalten Staub abfallen kann; wegen möglicher Ozonerzeugung Umluftbetrieb überprüfen; Beachtung der Sicherheitsmaßnahmen; größerer Plattenabstand bei stärker verschmutzter Luft (9 mm anstatt 6 mm); gute Abdichtung zum Mauerwerk.

Die aufwendige **Reinigung und Wartung** erfolgt entweder von Hand durch Abspritzen der Zellen mit warmem Wasser oder bei mittleren und größeren Anlagen durch fahrbare Waschanlagen. Diese bestehen aus einem Kupfer-Waschrohr mit Flachstrahldüsen, das sich mit Getriebemotor auf einer Schiene auf der Rohluftseite des Filters hin- und herbewegt. Über eine Programm-Zeitschaltuhr kann der Reinigungsvorgang vollkommen automatisiert werden (Ventilator, Spannung, Waschanlage, Dosierung der Reinigungsmittel, Trockenzeit, Wiederinbetriebnahme). Bei problematischen Fremdstoffen werden spezielle Waschanlagen verwendet oder Dampfstrahl- und Hochdruckreinigungsgeräte eingesetzt.

Die **Reinigungsintervalle** betragen je nach Staubart und -konzentration etwa 2 bis 4 Wochen; Waschvorgang nur bei abgeschalteter Spannung. Die Intervalle können z. B. bei einer Ölnebelabscheidung wesentlich länger sein, da durch das ablaufende Öl eine **Selbstreinigung** erfolgt.
Alle ein bis zwei Jahre soll eine manuelle **Generalreinigung** mit einem geeigneten Industriereiniger vorgenommen werden, wozu die Zellen ausgebaut werden.
Die **Trocknungszeit** nach dem Waschen beträgt etwa 4 bis 6 Stunden, kann jedoch bei heißem Waschwasser verringert werden.

5.3.5 **Aktivkohlefilter** (Gasadsorptionsfilter)

Mit diesen Filtern sollen gasförmige, organische oder anorganische Luftverunreinigungen an einen Stoff gebunden werden, d. h., an dessen Oberfläche soll eine außerordentlich starke Anreicherung der Gasmoleküle erfolgen. Diese Bindung bezeichnet man als Adsorption, und als Stoff (Adsorbens) verwendet man in der Regel Aktivkohle. Der Anwendungsbereich des Aktivkohlefilters erstreckt sich von der Geruchsabscheidung über die Abscheidung technischer Gase, toxischer Gase und Lösungsmittel bis zur Abscheidung radioaktiver Schadgase. Die Filter werden in der Regel für Zuluft-Klimaanlagen zum Wand-, Kanal- oder Geräteeinbau verwendet, wie z. B. in der Nähe von Industrieanlagen, in Großküchen, verkehrsstarken Stadtgebieten; grundsätzlich überall dort, wo gasförmige Verunreinigungen geruchsbelästigend oder gar gefährlich für Mensch, Tier und Pflanze sind oder für Anlagenteile, Raumgegenstände, Produktionsanlagen, Gebäudeteile usw. schädigend sein können.
Um die Kohle zu schützen, ist eine **Vorfiltrierung erforderlich,** d. h., die Geruchsabscheidung in RLT-Anlagen erfolgt in Verbindung mit einem Mehrstufenfilter (vgl. Abb. 5.58) mit Grobfilter (z. B. EU 4 oder EU 5) und Feinfilter (z. B. EU 6 oder 7). Wenn die austretende Luft in hochempfindliche Räume zurückgeführt wird, ist u. U. sogar noch ein Nachfilter erforderlich (wegen evtl. Ablösung vom Kohlenstaub).

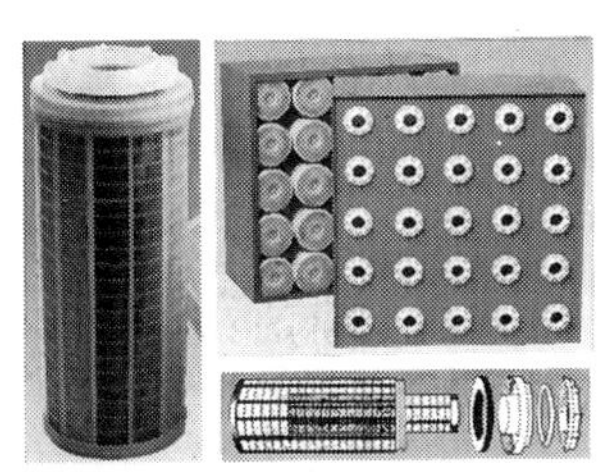

Abb. 5.54 Aktivkohle-Patronenfilter

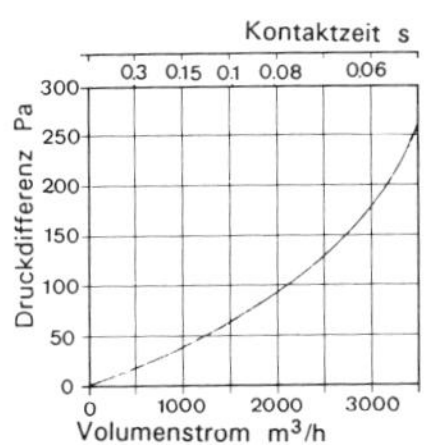

Abb. 5.55 Druckverluste

Abb. 5.56 Elektro-Plattenfilter

Abb. 5.57 Schüttgut-Elemente

Abb. 5.54 zeigt eine **Aktivkohle-Patronenfilterzelle;** bestehend aus Stahlblechgehäuse und 25 austauschbaren Patronen aus perforierten Kunststoffzylindern mit Schraub- oder Steckanschluß; Kohle-Schichtdicke ca. 20 bis 30 mm.

Abb. 5.55 zeigt den **Druckverlust** Δp dieser Filterzelle in Abhängigkeit des Volumenstroms $\dot{V}$ bzw. der Kontaktzeit (t). Neben der gewählten Aktivkohle und Kohlenmenge sind $\dot{V}$, t und Δp die **wichtigsten Daten einer wirtschaftlichen Auslegung.**

Abb. 5.56 zeigt ein **Aktivkohle-Plattenelement,** 305 x 610 x 295 oder 610 x 610 x 292 mm, Kohlevolumen 20 bis 50 l; Schichtdicke 20 mm; Sperrholzrahmen; Platten V-förmig und fest eingegossen, bestehend aus wabenförmigem Kunststoff mit eingerüttelter Kohle und einem beidseitig luftdurchlässigen Filtervlies, das den Kohlenstaub zurückhält; nach Sättigung der Kohle Austausch des Elementes; Druckverlust entspricht etwa dem nach Abb. 5.55.

Abb. 5.57 zeigt ein **Aktivkohle-Schüttgut-Element** aus nichtrostendem Stahl, entweder in mehrere Kammern unterteilt, mit Kohlegranulat konstanter Schichtdicke gefüllt oder mit variabler Schichtdicke nach Sättigung nachfüllbar.

Der Ausgangsstoff der **Aktivkohle** sind organische Substanzen, in einem Spezialverfahren aufbereitet, entweder in Pulverform oder als Granulat. Die Struktur ist durch die unzähligen Poren und Kanäle so porös, daß bei einer Schüttdichte von etwa 400 g/l eine Oberfläche von ca. 1 200 m^2/g vorliegt, so daß eine Substanzaufnahme von 15 bis 25 % des Eigengewichts möglich ist.

Weitere Hinweise:

- **Die zu wählende Aktivkohle** richtet sich nach dem Schadstoff. So bietet z. B. ein Hersteller 8 verschiedene Kohlesorten mit einer Korngröße von 1 mm an, da sich nicht alle Schadstoffe gleich gut abscheiden lassen. So gibt es z. B. für Geruchstoffe, Lösungsmittel, Säuredämpfe (H_2SO_4, HCl) und SO_2, Ammoniak, Formaldehyd, Schwefelwasserstoff usw. jeweils eine bestimmte Kohlesorte und somit verschiedene **Kenndaten** wie Kontaktzeit, Volumenstrom, Druckdifferenz u. a.
  Gut adsorbiert werden z. B. Körpergerüche, Haushaltsgerüche, Tabakrauch, Kosmetika, Benzin, Krankenhausgerüche u. a. Für höhere Konzentrationen und bei bestimmten Schadstoffen (z. B. N_2, O_2, H_2, NH_4, CO) wird die Aktivkohle entsprechend imprägniert.
- Diese unterschiedliche **Aufnahmefähigkeit** (Adsorptionsvermögen) der Aktivkohle ist abhängig von der Gaszusammensetzung, Gaskonzentration, Abscheidegrad, Strömungsgeschwindigkeit, Schichtdicke und vor allem von der Luftfeuchtigkeit (max. 70 %), der Temperatur (max. 40 °C) und der Mindestkontaktzeit (Verweilzeit) der Gasmoleküle mit der Kohle (0,05 bis $>$ 0,2 s).
  DIN-Normen für eine Klassifizierung hinsichtlich Abscheidegrad bzw. Aufnahmefähigkeit gibt es nicht, daher muß von Fall zu Fall überprüft werden, welche Stoffe in der Luft enthalten sind und welche Absorbentien (Form, Dicke, Filterfläche) vorliegen. In sehr schwierigen Fällen sind Vorversuche nötig.
- Die **Standzeit** hängt vor allem vom Absorptionsvermögen und der Vorfiltrierung ab. Sie liegt etwa zwischen 6 und 12 Monaten. Da die Druckdifferenz etwa konstant bleibt, ist das Kriterium für den Filterwechsel meistens der mit der Nase wahrgenommene Durchbruch. Außerdem gibt es Testelemente, an denen eine Verfärbung festgestellt werden kann.

Andere Möglichkeiten der Geruchsabscheidung außerhalb der RLT-Technik sind z. B. durch Ionisation bzw. Desodorierung (chemisch gebunden), durch Neutralisation (chemische Umsetzung), durch Auswaschung (vgl. Abb. 3.24), katalytische Nachverbrennung, Biofiltrierung u. a. gegeben.
Öle oder andere Stoffe in die Luft zu sprühen, um somit die störenden Gerüche zu überlagern, ist keine Geruchsabscheidung, sondern nur eine abzulehnende Maskierung.

5.3.6 Mehrstufenfilter

Die Hintereinanderschaltung mehrerer Filter ist grundsätzlich dann erforderlich, wenn höhere Anforderungen an die Luftreinheit gestellt werden. Wieviel Filter, welche Filter und welche Reihenfolge gewählt werden soll, hängt vor allem von der Staubzusammensetzung, von den Raumluftanforderungen und von der Betriebsweise der RLT-Anlage ab.
Wie schon aus Abb. 5.3 hervorgeht, kann man mit einer Filterklasse allein nicht alle Verunreinigungen und Partikelgrößen gleich gut und gleich wirtschaftlich abscheiden. Die Abscheidung sämtlicher Verunreinigungen wie Staub, Aerosole, Schwebstoffe, gasförmige Stoffe erfolgt demnach stufenweise, wobei die jeweiligen Filter in der Regel nicht direkt hintereinander angeordnet werden. Man spricht von Filterstufen.

Die **1. Filterstufe** mit EU 3 oder 4 soll möglichst in Nähe der AUL-Ansaugstelle angeordnet werden, denn mit ihr möchte man vorwiegend den Grobstaub abscheiden und die nachfolgenden Aggregate „schützen“ bzw. deren Wirksamkeit verbessern.

Ein „einstufiges“ Filter, eigentlich nur bei Lüftungsanlagen verwendet, wird meistens in der Filterklasse EU 4/ EU 5 ausgeführt. Filterarten sind z. B. Taschenfilter, Kanalfilter, Rollbandfilter oder eingelegte Mattenfilter. Bei letzteren ist allerdings auf gute Dichtheit zu achten.

Die **2. Filterstufe,** in der Regel EU 6 oder 7, soll u. a. das Kanalnetz sauberhalten und kann druckseitig zu Beginn der Zuluftkanalstrecke angeordnet werden. „Zweistufige“ Filter sind in Klimaanlagen üblich. Der prozentuale Anteil dürfte bei mindestens 80 % liegen. Übliche Filterbauarten sind Taschenfilter, Kompaktfilter, evtl. auch Elektrofilter.

Die **3. Filterstufe** besteht in der Regel aus einem Schwebstoffilter oder Sorptionsfilter zur Geruchsabscheidung. Vielfach spricht man hier von einem „Endfilter“, das druckseitig möglichst nah am Raum angeordnet werden soll.

Werden innerhalb eines Gebäudes in den einzelnen Räumen unterschiedliche Anforderungen an die Luftreinheit gestellt, kann man die Räume auch unterschiedlich behandeln. So unterscheidet man z. B. in Krankenhäusern hinsichtlich der geforderten Keimarmut zwischen der Raumklasse I (mit besonders hohen Anforderungen), wo eine dreistufige Filteranlage verlangt wird, und der Raumklasse II (mit normalen Anforderungen), wo eine zweistufige Anlage ausreicht. Die 3. Filterstufe kann dann z. B. auch direkt in einen Zuluftdurchlaß eingebaut werden (Abb. 5.48).

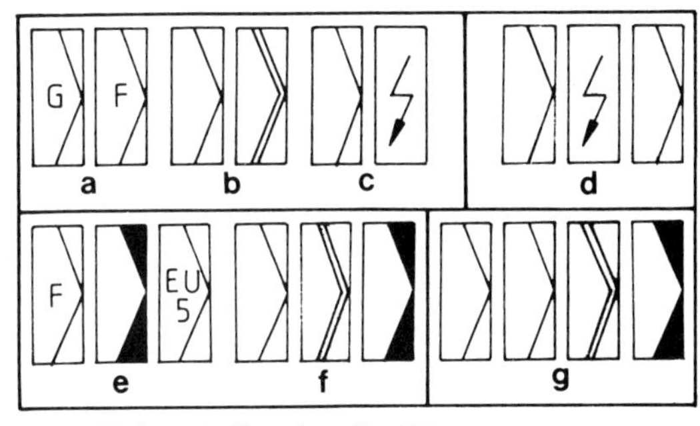

Abb. 5.58 Symbole für mehrstufige Filter

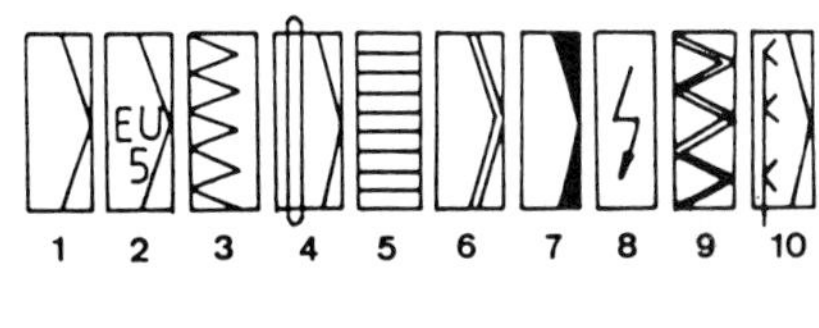

(1) Filter (allg.); (2) desgl. mit Klassenangabe; (3) gefaltete Matten (nicht genormt); (4) Rollbandfilter; (5) Taschenfilter (nicht genormt); (6) Schwebstoffilter; (7) Sorptionsfilter („Geruchsfilter“); (8) Elektrofilter; (9) Kanalfilter, Kassettenfilter; (10) Naßfilter

Abb. 5.59 Weitere Filtersymbole

Abb. 5.58 zeigt verschiedene **Filterkombinationen,** wobei nochmals hervorgehoben werden soll, daß es sich nur um einige Auswahlbeispiele handelt und daß diese Filter nur in den seltensten Fällen (z. B. im industriellen Bereich) direkt hintereinander angeordnet werden.

Beim **„Zweistufenfilter“** handelt es sich vorwiegend um eine Grob- und Feinstaubabscheidung, wobei jeweils verschiedene Filterarten (Bauarten) zum Einsatz kommen können. Elektrofilter als zweite Stufe finden fast ausschließlich Anwendung im industriellen Bereich. Entsprechend ihren Vorteilen (vgl. Kap. 5.3.4) kann man jedoch vermuten, daß sie zukünftig auch mehr im Komfortbereich eingesetzt werden. Im Fall d) dient es als Vorfilter zur Schwebstoffabscheidung.

Beim **„Dreistufenfilter“** ist der Fall e) die verbreitetste Ausführung bei höheren Anforderungen (z. B. in der Lebensmittelindustrie) und beim Einsatz von Luftwäschern und hohen Anforderungen. Ein Geruchfilter als Endfilter findet Anwendung bei der Abluftreinigung.

Einen **„Vierstufenfilter“** verwendet man nur bei allerhöchsten Ansprüchen an die Zuluft und hochempfindlichen Räumen, wenn z. B. auch noch evtl. abgelöster Aktivkohlestaub abgehalten werden muß. Die Druckverluste können bis > 500 Pa ansteigen.

Abb. 5.59 zeigt, wie man durch die **Filtersymbole** die verschiedenen Bauarten kennzeichnen kann (DIN 1946 T 1), wobei in vielen technischen Unterlagen auch geänderte und ergänzende Sinnbilder zu finden sind.

5.3.7 Spezielle Filter-Sonderbauarten

Neben den Filtern in der Raumlufttechnik gibt es eine große Anzahl von Spezialfiltern und Sonderbauarten in der Prozeßtechnik, wie z. B. bei Absauganlagen, Entstaubungsanlagen, Abscheideanlagen z. B. von Ölnebel, Fetten u. a., auf die hier nur hingewiesen werden kann.

Abb. 5.60 zeigt **Rundfilter für Saugleitungen** z. B. zur Reinigung der Ansaugluft für Kompressoren, Dieselmotoren u. a. Anschluß über Flansch oder Klemmschelle, je nach Gehäuse 30 bis 7 000 m^3/h, auswechselbare Filterschichten EU 2 bis EU 5.

Abb. 5.61 zeigt einen **direkt aneinander angeordneten Dreistufenfilter** mit fahrbarem Untersatz für spezielle

Anwendungen in der Industrie; Feinststaubabscheidung, Schwebstoffabscheidung, Gasadsorption.

Abb. 5.62 zeigt einen **Ölnebelfilter,** der direkt an der Maschine installiert werden kann. Die ölhaltige Luft wird über den zylindrischen Filterkörper (Kunstfaservlies) angesaugt. Eine Reinigung (ca. 5 Min.) erfolgt dadurch, daß der Filterkörper in eine schnelle Rotation versetzt wird. Dabei wird das angesammelte Öl ausgeschleudert und kann nach unten abfließen: (1) Ablufteintritt; (2) Abluftaustritt; (3) Ventilator; (4) Gebläsemotor; (5) Filter; (6) Schleudermotor; (7) Ölaustritt.

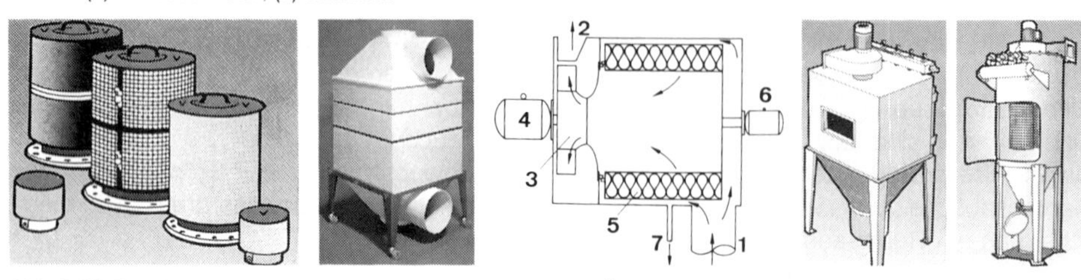

Abb. 5.60 Rundfilter Abb. 6.61 Abb. 5.62 Ölnebelfilter Abb. 5.63 Staubabscheidefilter

Abb. 5.63 zeigt zwei verschiedene **Staubabscheidefilter** für Rohrleitungseinbau: a) Schlauchkassettenfilter mit einschiebbaren Kassetten, Staubsammelbehälter, automatische Druckluftabreinigung; b) Patronenentstauber für kontinuierlichen Betrieb bei trockenen Staubarten; auswechselbare Patronen mit Bajonettverschluß.

5.4 Reinraumtechnik

Die Reinraumtechnik, die „hohe Schule der Klimatechnik", hat sich zu einer eigenständigen Disziplin und zu einer Schlüsselindustrie vorwiegend für den Produktschutz entwickelt. Es handelt sich um Räume, in denen durch Verwendung von Hochleistungsschwebstoffilter (Kap. 5.3.3) ein unabdingbares Umfeld geschaffen wird, das zur Realisierung zahlreicher hochtechnischer Fertigungsprozesse verlangt wird. Die **Anwendungsbereiche** erstrecken sich u. a. auf Operationssäle, auf zahlreiche Produktionsbereiche der Pharmaindustrie (z. B. Abfüllprozesse), der Lebensmittelindustrie, der Feinwerktechnik, der optischen Industrie u. a. Extreme Reinheitsanforderungen und somit neue und umfangreichere Einsatz- und Aufgabengebiete der Reinraumtechnik sind durch die Bio- und Gentechnik und vor allem durch die Mikroelektronik entstanden. So ist z. B. die Produktion von Megabit-Chips mit Abmessungen von etwa 7 μm ohne eine perfekte Reinraumtechnik unmöglich. Ein Haar oder eine menschliche Hautschuppe würde in jedem Fall zu Ausschuß führen.

Zum Vergleich: Ein menschliches Haar hat etwa 100 μm und das kleinste, mit bloßem Auge noch erkennbare Teilchen etwa 40 μm. Durch ULPA-Filter erfolgt eine Abscheidung bis 0,1 μm. Die kritischen Partikelabmessungen „Killerpartikel" liegen im Größenbereich einfacher Moleküle.

Während man sich in den Anfangsjahren (d. h. zu Beginn der 70er Jahre) bis Mitte der 80er noch auf ganze Räume konzentrierte, verwendet man heute mehr und mehr dezentrale Reinraumlösungen, vorwiegend in Modulbauweise. Man spricht daher für kleinere Arbeitsvorgänge von „Reinen Werkbänken" und für größere Vorgänge von begehbaren „Reinen Kabinen". Solche in sich geschlossene und örtlich flexible „Reinraumzonen" mit unterschiedlichen Güteanforderungen, d. h. auf die unmittelbare Arbeitsraumgestaltung begrenzt, ermöglichen enorme Investitions- und Betriebskosteneinsparungen.

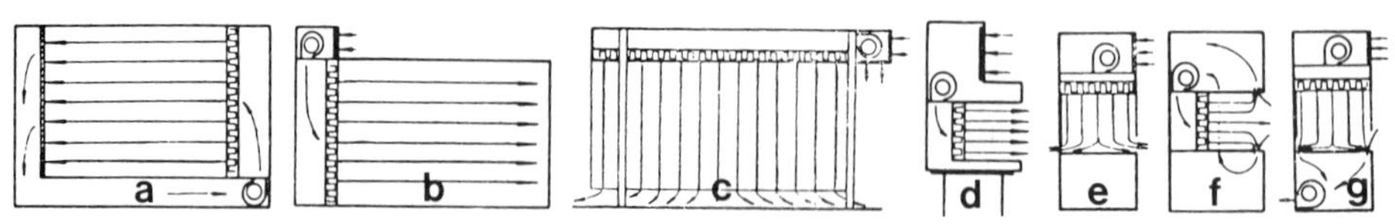

Abb. 5.64 Ausführungsformen für Reinraumtechnik

Aus **Abb. 5.64** sind verschiedene **Ausführungsformen** ersichtlich. Die Luft bewegt sich auf parallelen Strombahnen mit gleichförmiger Geschwindigkeit (0,3 bis 0,5 m/s), wobei die Luftführung entweder horizontal über eine Filterwand oder vertikal z. B. durch eine Filterdecke erfolgt.

(a) **Reinraum,** horizontal; (b) **Reinraumkabine** horizontal; (c) desgl. vertikal; (d) **Reine Werkbank** im Umluftbetrieb mit Vorfilter beim Lufteintritt; (3) desgl. mit Abluftabsaugung.

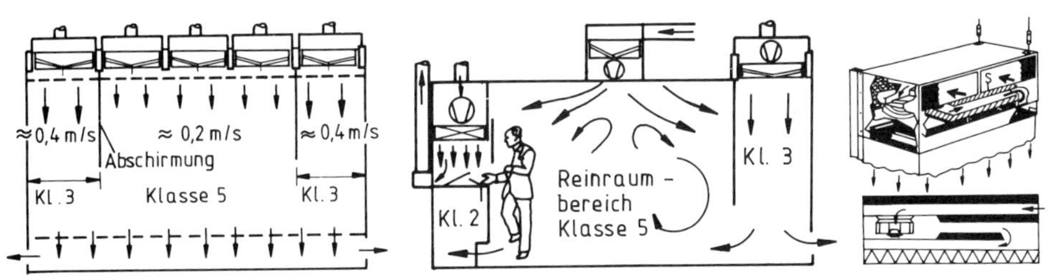

Abb. 5.65 Räume mit unterschiedlichen Reinraumklassen

Abb. 5.66 Reinraummodul

Abb. 5.65 zeigt verschiedene Raumbereiche mit unterschiedlichen Reinheitsklassen. Zur Stabilisierung der drei verschiedenen Strömungen mit unterschiedlicher Geschwindigkeit werden Schürzen oder Trennwände vorgesehen. In Abb. b) wird eine Kombination von turbulenter Mischströmung (z. B. für Klasse 5), laminarer Verdrängungsströmung (z. B. Klasse 3) und Reiner Werkbank (z. B. Klasse 2) durchgeführt.

Abb. 5.66 zeigt ein **Reinraum-Modul** in Deckenausführung. Durch solche Serienfertigungen mit integriertem Ventilator, Filter, Schalldämpfer usw. erreicht man große Kosteneinsparungen. Auch Decken können durch modulare Unterteilungen sehr flexibel ausgebildet werden.

Weitere Merkmale und Hinweise

1. Die Reinraum-**VDI Richtlinie 2083** erstreckt sich auf 10 Teile (z. T. noch in Bearbeitung). T 1: Grundlagen, Definition, Klassen; T 2: Bau, Betrieb, Wartung; T 3: Meßtechnik; T 4: Oberflächenreinheit; T 5: Behaglichkeitskriterien; T 6: Personal am Reinen Arbeitsplatz; T 7: Reinheit in Prozeßmedien; T 8: Reinraumtauglichkeitsuntersuchungen; T 9: Qualität, Erzeugung von Reinstwasser; T 10: Medien-Versorgungssysteme.
   Die **Forschung** in der Reinraumtechnik ist sehr intensiv, und seit dem 1. Symposium 1972 besteht ein weltweiter Erfahrungsaustausch.

2. Die **Einteilung in Reinraumklassen** erfolgt nach der zugelassenen Partikelanzahl von 0,5 μm je Kubikfuß (cft). So bedeutet z. B. die Klasse 1 (US-Klasse), daß nur noch weniger als ein Partikel/cft vorliegen darf, bei Klasse 100 000 sind es dann 105 Partikel/cft. Umgerechnet auf SI-Einheiten bedeutet dies **1 Partikel/cft ≙ 35 Partikel/m³** (1 cft = 28,3 l). US-Klasse 1, 10, 100 . . . bis 100 000 entspricht etwa VDI-Klasse 1, 2, 3 bis 6.
   Als Vergleich: Auf dem Land ≈ 10 Mio. Staubteilchen/m³, in der Stadt ≈ 100 Mio/m³, in Raucherräumen ≈ 1 000 Mio/m³. Die Hauptpartikelquelle (Kontaminationsquelle) ist der Mensch, so daß spezielle Schutzkleidung, Atemschutz u. a. Maßnahmen erforderlich sind; die Partikelabgabe $>$ 3 μm beträgt, je nach Beschäftigung, 1 . . . 10 Mio/min (!), die Keimabgabe 3 000 . . . 15 000/h.

3. Auf die **Filterklassen** wurde schon in Kap. 5.3.3 hingewiesen. Die bei der Reinraumtechnik verwendeten Hochleistungsschwebstoffilter über EU 9, wie HEPLA- bzw. HOSCH- und ULPA-Filter mit Abscheidegraden bis 99,999995 % (bezogen auf 0,1 μm), garantieren einen kaum vorstellbaren Reinigungseffekt.

4. Noch einige **Hinweise für Planung und Betrieb:**
   Kontrolliertes Überdruckgefälle; definierte Luftströmung durch turbulenzarme Verdrängungsströmungen, Vermeidung von Querströmungen; sehr umfangreiche werkseitige Qualitätssicherungsmaßnahmen, sorgfältige Abnahmemessungen (z. B. Differenzdruck, Strömungsgeschwindigkeit und -richtung, Filter); im allg. im Umluftbetrieb; hohe Luftwechsel- bzw. Luftumwälzzahlen (bis 500 h^{-1}); Vermeidung jeglicher Verschmutzungen; spezielle Abdichtungen bei Wand- und Deckenflächen.

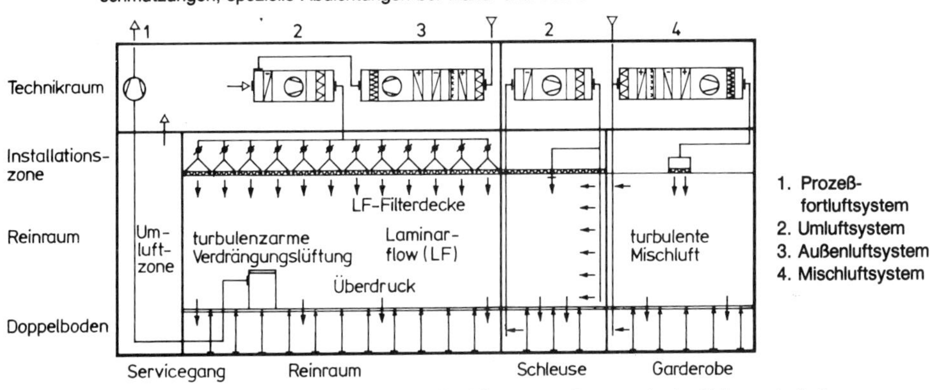

Abb. 5.67 Laminar-Flow-System mit turbolenzarmen Verdrängungsströmungen in der Reinraumtechnik

6 Raumklimageräte – Be- und Entfeuchtungsgeräte (dezentrale Klimatisierung)

Wenn man von der Klimatechnik spricht, denkt man vielfach nur an Klimaanlagen in großen Versammlungsräumen, Bürohochhäusern, Banken usw. und seltener an die Klimatisierung von einzelnen Räumen durch individuelle Klimageräte. Abgesehen von den mit Kaltwasser betriebenen Geräten, beschäftigen sich mit handelsüblichen anschlußfertigen Geräten und eingebautem Kälteaggregat mehr die Kältefachbetriebe als die Heizungs-Klima-Branche. Das muß nicht sein, denn viele Bauteile für die Luftaufbereitung sind ähnlich denen einer größeren Klimazentrale. Außerdem gelten auch hier die Grundsätze aus der RLT-Technik hinsichtlich Lüftung, Luftverteilung, Raumklima u. a.

Die **Vorteile und die Einsatzgebiete von Einzelklimageräten** haben in den letzten Jahren die Entwicklung der Klimatisierung günstig beeinflußt. Daß dies auch weiterhin so sein wird, zeigt sich daran, daß zu Beginn einer Hitzeperiode die auf Lager befindlichen Geräte vielfach verkauft waren. Die Gründe für die zunehmende Anwendung sind jedoch sehr vielfältig. In den Verkaufsräumen, insbesondere mit tiefen Raumzonen ohne Querlüftung, ist es das bessere Wohlbefinden der Kunden und des Verkaufspersonals; in den Büros, Konferenzräumen, Hotels mit großen Glasflächen oder Flachdächern sind es neben dem angenehmeren Aufenthalt durch eine thermische Behaglichkeit die besseren Arbeitsbedingungen und das steigende Leistungsniveau; in zahlreichen gewerblichen Betrieben ist es außerdem die bessere Lagerfähigkeit von Waren, wie z. B. in Konditoreien, Cafés, Blumengeschäften, Apotheken usw. In vielen Räumen ist es die annähernd erforderliche konstante Raumtemperatur, z. B. für bestimmte Produkte, EDV-Räume, wo eine solche Klimatisierung dringend empfohlen werden kann. Weitere Vorteile gehen aus Abb. 6.1 hervor.

1	Geringer Installationsaufwand durch anschlußfertige Anlieferung	7	Hohe Betriebssicherheit und bei mehreren Geräten keine Unterbrechung
2	Geringer Platzbedarf (Kompaktbauweise)	8	Sofortige Betriebsbereitschaft
3	Nachträglicher problemloser Einbau	9	Wirksame Kühlung und Entfeuchtung
4	Individuelle und einfache Bedienung (jeder Raum für sich regelbar)	10	Geräuscharmer Betrieb (besonders Splitgeräte)
		11	z.T. Verwendung als Wärmepumpe
5	Einfacher Transport, einfache Lagerung	12	z.T. Möglichkeit zur Lüftung
6	Geringe Wartungs- und Folgekosten	13	Wiederverwendung bei Umzug, Mobilgeräte

Abb. 6.1 Vorteile von Einzelklimageräten

Diese Aufzählung bedeutet keine Rangfolge, d. h., je nach Einsatzort, Verwendungszweck, Raumnutzung und baulichen Gegebenheiten ist die Gewichtung und Bewertung der einzelnen Vorteile sehr unterschiedlich.

Wenn das stimmt, daß in Deutschland jährlich über 30 000 steckerfertige „Klimageräte" verkauft werden und daß damit schon ganze Gebäudeteile klimatisiert werden, wird es deutlich, daß diese Geräte auch in etablierte Bereiche von Zentralklimaanlagen eingedrungen sind und diese Art Klimatisierung ernst genommen werden muß.

Die Geräte werden fast ausschließlich importiert (Japan, Korea, Italien, Spanien u. a.). Trotz starker Nachfrage (der Markt wird vom Käufer diktiert) besteht bereits ein Überangebot und eine starke Konkurrenzsituation.

Bezieht man die **Raumklimageräte auf den Weltmarkt,** so werden im asiatischen Raum etwa 54 %, in Nordamerika etwa 30 %, in Europa und im Mittleren Osten etwa 14 % und in Lateinamerika etwa 2 % des Gesamtumsatzes von etwa 25 Mrd. Dollar getätigt. Mit etwa 6 Mio. Geräten liegt Japan an der Spitze (weltweit etwa 16 Mio.).

Nachteile und kritische Äußerungen zu Einzelklimageräten gehen aus Abb. 6.2 hervor. Die Zahlen ergaben sich aufgrund zahlreicher Nachfragen des Verfassers bei Besitzern von Klimageräten und weichen nicht sehr von einer früheren Verbraucherumfrage ab. In vollklimatisierten Gebäuden, in denen sich Menschen während der Arbeitszeit aufhalten, ergeben sich andere Äußerungen (Kap. 1.2).

Wo ?	%	Warum ? (Vorteile)	%		%	Kritik ? (Nachteile)	%		%
① Wohnungen	6	① angenehmer Aufenthalt	26	⑥ Waren halten länger	7	① zu kalte Luft	4	⑥ keinerlei Kritik	19
② Büroräume	33	② gesteigertes Wohlbefinden	24	⑦ Schutz vor Außenlärm	6	② Zug-erscheinungen	17	⑦ häufig defekt	5
③ Verkaufsräume	38	③ größere Leistungsfähigkeit	10	⑧ reinere Raumluft (Staub)	6	③ Erkältungen	8	⑧ hohe Kosten	6
④ Gewerberäume	15	④ mehr Arbeitsfreude	8	⑨ höherer Umsatz (Konkurrenzgründe)	7	④ zu hohe Geräusche	28	⑨ sonstige Nachteile	4
⑤ Praxisräume	8	⑤ intensivere Ruhepausen	3	⑩ Schutz von Einrichtungen	3	⑤ schlechte Regulierung	6	⑩ ohne Angaben	3

Abb. 6.2 Umfrageergebnis zum Einsatz von Raumklimageräten

Warum darf man jedoch solche Zahlen nicht kritiklos und pauschal akzeptieren?

1. Grundsätzlich äußert man sich eher zu den Mängeln, als daß man eine von vornherein erwartete Zufriedenheit bestätigt. Interessant ist, daß – trotz der kritischen Anmerkungen – mehr als drei Viertel der Befragten die Raumklimageräte für empfehlenswert oder notwendig hielten.
2. Der hohe **Prozentsatz bei der Geräuschbewertung** liegt vorwiegend an der Verwendung von älteren Kompaktklimageräten (besonders bei niedrigem Außenpegel). Würde man ausschließlich Geräte in Splitbauweise, Geräte mit sehr geräuscharmen Ventilatoren oder geringer Drehzahl zugrunde legen, würde das Ergebnis völlig anders aussehen.
3. Bei der **hohen Prozentangabe hinsichtlich Zugerscheinungen** konnte man feststellen, daß die Ursachen sehr oft mehr am falschen Montageort (vgl. Abb. 6.14), an der schlechten Bedienung und an der falschen Auslegung lagen als an der Gerätekonzeption selbst.
4. Bei der **Nachfrage in Wohngebäuden** handelt es sich fast ausschließlich um ein Gerät (vorwiegend im Schlafzimmer). Würde man nur gewerbliche Räume zugrunde legen, wären die Zahlenwerte bei den Vorteilen 3, 4 und 9 zusammen mindestens doppelt so hoch.

Wenn auch diese Klimageräte nur eine Teilklimatisierung ermöglichen (im Vordergrund steht die Kühlung), ist die Bezeichnung „Klimagerät" üblich, obwohl es sich normgerecht um „Teilklimageräte" handelt (Kühlung und Entfeuchtung). Wie aus Abb. 6.3 hervorgeht, kann man die Klimageräte im wesentlichen **nach drei Kriterien unterteilen.** Die verschiedenen Bauarten hinsichtlich Aufbau, Wirkungsweise, Anwendung und Auswahl werden jeweils in den folgenden Abschnitten erläutert. Be- und Entfeuchtungsgeräte werden ausführlich in Kap. 6.5 und 6.6 behandelt.

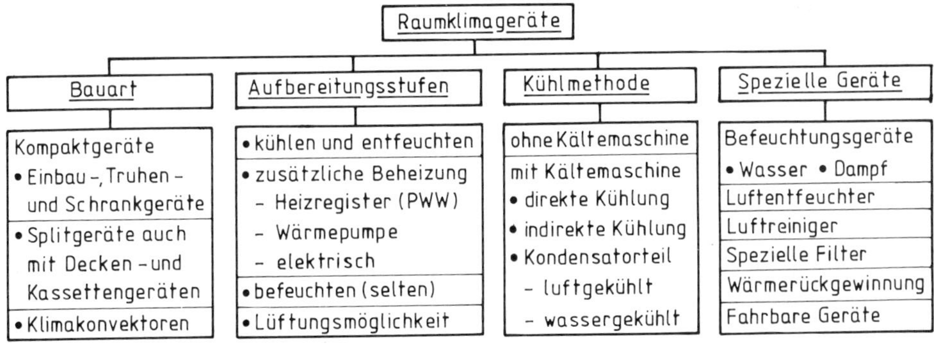

Abb. 6.3 Übersicht über Raumklimageräte

Weitere Anmerkungen und Hinweise:

1. In der Regel handelt es sich bei diesen Geräten um eine in einem Gehäuse eingebaute Kältemaschine zur Kühlung und Entfeuchtung, mit der **fast ausschließlich sommerliche Komfortzustände** erreicht werden sollen. Erwähnenswert sind auch das Filter, die komplette elektrische Verdrahtung mit allem für den automatischen Betrieb nötigen sicherheits- und regelungstechnischen Zubehör sowie die werkseitige Funktionsprüfung.

2. Daß diese Geräte – wie oben erwähnt – **vorwiegend vom Kälteanlagenbauer** eingebaut werden, der sich vielfach als Kälte-Klima-Fachmann bezeichnet, hat sicherlich seine Gründe.
   Es wird wohl daran liegen, daß Kälteaggregate zu seinem eigentlichen Berufsbild zählen und nur er daran arbeiten kann (dies ist jedoch bei kleinen Klimakompaktgeräten so gut wie nicht nötig). Ferner liegt dies daran, daß viele Heizungs-Lüftungs-/-Klima-Fachleute den zweiten Teil ihrer Berufsbezeichnung vernachlässigen und daß nicht wenige Klimafirmen, die sich schwerpunktmäßig um den Klimaanlagenbau kümmern, die Planung und Montage von Einzelgeräten mit Direktverdampfung oft als zweitklassig ansehen oder daß sie diese vielfach nur als Notlösung betrachten.

3. Die **wesentlichen Unterscheidungsmerkmale** sind neben dem Leistungsbereich die konstruktiven Merkmale, der Schallpegel, der Volumenstrom in Zusammenhang mit der Zulufttemperatur, die Luftführung, die Regelbarkeit, das Verhältnis von sensibler und latenter Wärme, die Entfeuchtungsleistung, die Montagefreundlichkeit, die Abmessungen und nicht zuletzt die Formgestaltung, das Aussehen und die Farbe.

4. Im kleinen **Leistungsbereich** von etwa 1,5 bis 6 kW werden fast ausschließlich luftgekühlte Kompakt- und Splitgeräte eingebaut, während bei größeren Leistungen luft- und wassergekühlte Block- und Schrankgeräte vorgesehen werden.

6.1 Kompaktklimageräte für Fenster- und Wandeinbau

Diese Geräte in Kompaktbauweise findet man vorwiegend in gewerblich genutzten Räumen oder dort, wo für eine Trennung des Kälteaggregats in Innen- und Außenteil keine Möglichkeit besteht. Die Abmessungen (Höhe, Breite, Tiefe) sind je nach Fabrikat und Typ sehr unterschiedlich (vgl. Tab. 6.2) und somit sehr anpassungsfähig an die örtlichen Gegebenheiten.

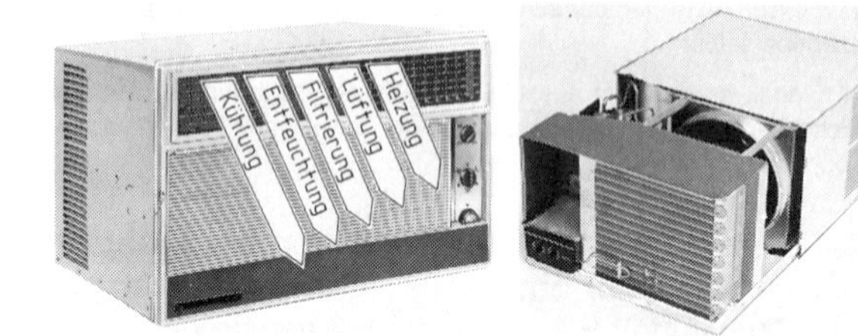

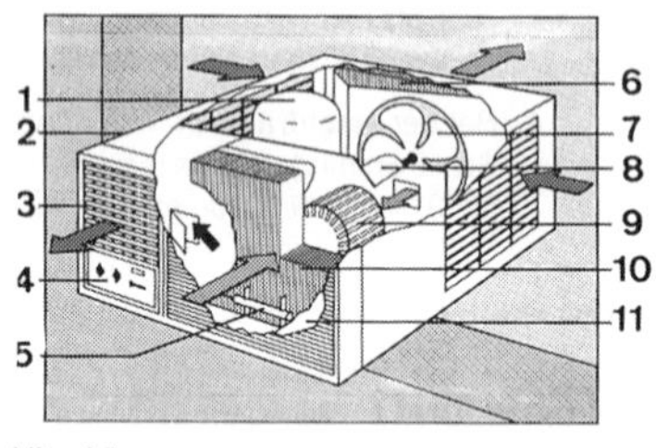

Abb. 6.4 Kompakt-Raumklimageräte für Fenster- und Wandeinbau (Fa. Hitachi)

Die Geräte werden meistens in das Mauerwerk an Außenwänden oder über Eingangstüren eingebaut; in der Regel nach außen überhängend (Abb. 6.5). Man erhält somit den einfachsten und preiswertesten Weg zur Klimatisierung. Durch zahlreiche Sonderformen können auch individuelle Wünsche erfüllt werden, wie z. B. extrem schmale und hohe Geräte, Geräte mit Wärmepumpenbetrieb, Geräte auf fahrbaren Ständern, die wechselweise in verschiedenen Räumen verwendet werden können, u. a.

Da diese Geräte in den heißen Ländern vorwiegend in bzw. unter die Fenster eingebaut werden (auf der Fensterbank), bezeichnet man diese schlechthin als **„Fensterklimageräte“**. Bei uns würde man zahlreiche überhängende Geräteinstallationen an einer Außenwand als Fassadenverunstaltung bezeichnen (vgl. Abb. 6.6).

Abb. 6.5 Einbaubeispiele von Kompakt-Klimageräten

Abb. 6.6

6.1.1 Aufbau und Wirkungsweise

Die **Hauptteile des Gerätes** sind: Gehäuse mit Kältemaschine, Ventilatoren, Luftfilter, Thermostat, Luftverteiler und Bedienungstableau (Abb. 6.7). Das steckerfertige Gerät saugt durch Ventilator (3) Raum- und evtl. auch Außenluft an. Nach der Filtrierung (1) wird die Luft über den Kühler bzw. Verdampfer (2) geführt. Dort wird sie gekühlt und entfeuchtet und über die Luftverteilungsscheibe (4) dem Raum wieder zugeführt. Bei Geräten mit Außenluftbetrieb (13) wird die Außenluft (etwa 10–20 % des Zuluftvolumenstroms) mit der Raumluft vermischt. Für Einbau- und Servicezwecke ist das komplette Geräteteil aus dem Gehäuse herausziehbar. Je nach Typ und Montageort sind auch eine Fernbedienung und zusätzliche Raumtemperaturregelung möglich.

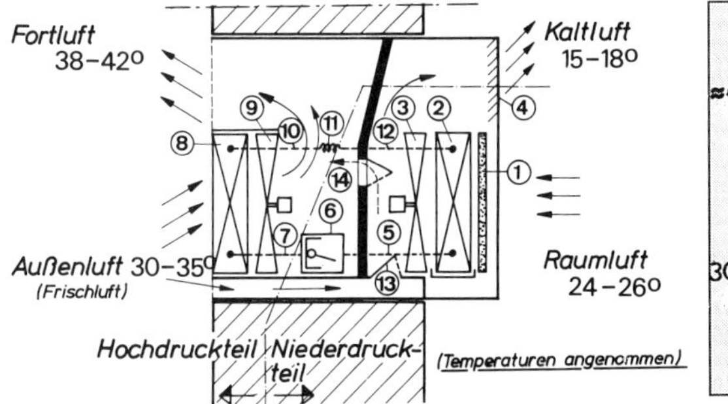

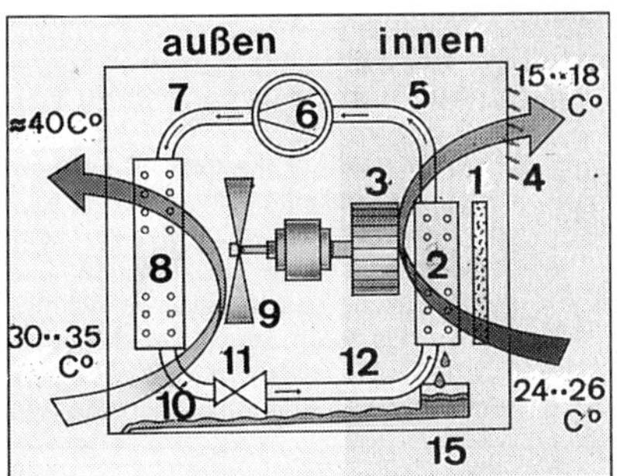

Abb. 6.7 Aufbau und Bauteile eines „Fensterklimagerätes"

(1) Luftfilter, (2) Verdampfer (Kühler), (3) Radialventilator oder Querstromgebläse, (4) verstellbare Luftverteilungslamellen, (5) Saugleitung, (6) Kompressor, (7) Heißgasleitung, (8) Kondensator, (9) Axialventilator, (10) Flüssigkeitsleitung, (11) Kapillarrohr oder Expansionsventil, (12) Einspritzleitung, (13) Außenluftklappe, (14) Fortluftöffnung, (15) Kondensatwanne.

Obwohl Grundsätzliches über den Kältekreislauf erst im Kap. 13.3.1 behandelt wird, muß schon hier bei den Klimageräten die Wirkungsweise des **Kälteaggregates** vorausgesetzt werden, da nur so die Funktion des Gerätes erklärt werden kann. Hierzu kann das Kälteaggregat eines Kühlschrankes als Vergleich herangezogen werden. Nach Abb. 6.7 werden nämlich hier ebenfalls die Bauelemente Verdampfer, Kompressor, Verflüssiger (Kondensator) und Expansionsventil (hier Kapillarrohr) (11) zu einem Kreislauf zusammengefügt (gestrichelte Linie).

Das in dem Kreislauf zirkulierende Kältemittel kommt im fast flüssigen Zustand beim Verdampfer an. Dort verdampft es bei etwa 0 °C und entzieht somit der durchströmenden Luft Wärme (Aufnahme der Verdampfungswärme). Da die Oberflächentemperatur des Verdampfers in der Regel unter der Taupunkttemperatur der Luft liegt, kann die durchströmende Raumluft auch gleichzeitig entfeuchtet werden.
Der Kompressor (6) saugt den Kältemitteldampf (5) aus dem Verdampfer (2), komprimiert ihn und drückt ihn in den Kondensator (8), wo er wieder gekühlt und somit verflüssigt wird (Abgabe der Verdampfungswärme + Kompressorwärme an die Außenluft). Am Kondensator ist ein zweiter Lüfter (9) angebracht, der von demselben Motor angetrieben wird und den Kühlluftstrom für den Verflüssiger liefert (daher der Name „luftgekühltes Kälteaggregat"). Obwohl die Außenluft im Sommer sehr warm ist, liegt die Temperatur noch unter der des durch die Kompression erhitzten Kältemittels, so daß immer noch ein Wärmestrom vom Kältemittel an die Außenluft möglich ist.

6.1.2 Hinweise für die Planung von Einbaugeräten (Kompaktgeräten)

Obwohl der Einsatz dieser Geräte keine hohen Anforderungen stellt, müssen trotzdem für die Berechnung, Auswahl und Beratung einige Hinweise beachtet werden:

1. Die **Anwendungskriterien** solcher Geräte erstrecken sich entsprechend den Unterschei-

dungsmerkmalen vor allem auf Kälteleistung, Entfeuchtungsleistung, Volumenstrom (Luftwechsel), Geräuschbildung und Montage. Hinsichtlich der Luftfiltrierung können keine höhere Anforderungen erfüllt werden; verwendet werden Synthesefasern EU 2/3 oder Kunststoffmatten. Die Kundenwünsche müssen analysiert, die örtlichen Gegebenheiten festgestellt und die Grenzen dieser steckerfertigen Geräte deutlich aufgezeigt werden.

Der **Leistungsbereich** erstreckt sich von etwa 1 200 W bis 7 000 W entsprechend einer Motorleistung von etwa 0,5 bis 3 kW je nach Luftzuständen, d. h. **etwa 2,5 kW Kühlleistung je kW Antriebsleistung.** Volumenstrom 300 bis 1 000 m³/h.

2. Die **Auslegung der Geräte** nach Firmenunterlagen erfolgt vorwiegend nach der erforderlichen Kälteleistung, die mindestens näherungsweise anhand eines geeigneten Berechnungsformulars durchgeführt werden soll (Abb. 7.30). Die Abhängigkeit von Raum- und Außenluftzustand ist jedoch zu berücksichtigen (Abb. 6.8).

Die Geräteauswahl nur nach Schätzwerten vorzunehmen, sollte man vermeiden. Wie Tab. 6.1 zeigt, ist die Bandbreite der Leistungsangaben sehr groß, so daß nur ein völlig ungenauer Überschlag möglich ist. So ist es völlig unverständlich, wenn z. B. ein Hersteller für die Gerätebestimmung nur von der Raumgröße ausgeht. Die Unsicherheit ist wegen des stärkeren Einflusses der Sonnenstrahlung und der Raumlasten viel größer als bei der Schätzung des spezifischen Wärmebedarfs bei der Heizungsanlage im Winter. Außerdem sind die Probleme eines zu groß gewählten Klimagerätes ungleich größer als bei einem zu groß gewählten Heizkörper.

Tab. 6.1 Schätzwerte für die Auslegung von Raumklimageräten

	max. Raum-Zustände	Kälteleistung gesamt			Grundfläche (m²) pro Person			Watt/m²			Außenluft-Menge m³/h m²		
		min.	mtl.	max.	min.	mtl.	max.	min.	mtl.	max.	min.	mtl.	max.
Wohnungen, Gästezimmer u. Hotels	26° 50%	35	54	81	10	17,5	32,5	2	6	9	0,85	1,2	1,5
Banken u. Kassenhallen	27° 50%	95	150	200	4	6	8	9	15	23	1,9	3,4	4,3
WARENHÄUSER Untergeschoß	27° 50%	65	95	105	2	2,5	3	8	19	21	1,3	1,7	2,9
Erdgeschoß	27° 50%	70	110	160	1,6	2,5	4,4	15	30	50	1,5	2,4	3,4
Obergeschoß	27° 50%	65	85	110	3,9	5,6	7,3	12	19	30	1,3	1,7	2,1
Hotel-Foyers u. ä.	26° 50%	90	140	200	2	6	8	9	12	22	1,9	2,9	3,6
Bürogebäude	26° 50%	65	100	140	8	10	12	9	20	30	1,7	2,2	3,2
Einzelbüros	26° 50%	90	120	170	4,8	7	12,5	6	15	35	2	3	4
Restaurants	27° 50%	240	320	500	1,3	1,5	1,7	15	17	20	3,5	4,5	7
Friseur- u. Kosmetiksalons	27° 50%	130	200	310	2,5	4	5	27*	50*	100*	3	5	8
Bekleidungs- u. Wäschegeschäfte	27° 50%	95	115	175	3	4	5	8	18	35	1,6	2,1	3
Schnellimbiß (Drugstores)	27° 55%	180	240	300	1,7	2,3	3,5	10	19	25	3	4	6
Hutgeschäfte — Pelzläden	27° 55%	105	120	175	4	6	8	8	18	27	1,7	2,2	3,3
Einheitspreisläden	27° 55%	95	150	270	1,5	2,4	3,6	12	25	60	1,2	2,4	3,4
Schuhläden	27° 55%	110	150	220	2	3	4	12	18	30	2,1	2,7	3,6
Theater u. Versammlungsräume	27° 55%	160*)	170*)	180*)	0,6	0,7	0,85	—	—	—	26*	35*	50*
Museen u. Bibliotheken	23° 50%	81	140	200	4	6	8	—	10	20	1,6	2,7	3,5
*) Kälteleistung pro Sitz;	* Gesamt elektrische Leistung für Geräte und Licht										* m³/h pro Sitz		

3. Für die Kühlung der Raumluft kann nicht die **gesamte Kälteleistung** eines Gerätes zugrunde gelegt werden, da noch im Wasserdampf der Raumluft die Verdampfungswärme r enthalten ist (latente Wärme). Diese wird dann wieder als Kondensationswärme frei, wenn sich am Kühler der Wasserdampf als Wasser niederschlägt. Diese Wärme ($\approx$ 700 Wh/kg) muß ebenfalls vom Kühler abgeführt werden und steht somit für die Raumluftkühlung nicht mehr zur Verfügung.

Der latente Kälteleistungsanteil $\dot{Q}_l$ wird in den **Herstellerunterlagen** entweder in Watt oder als Entfeuchtungsleistung $\dot{m}_w$ in l/h angegeben ($\dot{Q}_l = \dot{m}_w \cdot r$).

Tab. 6.2 Technische Daten von Kompakt-Raumklimageräten („Fensterklimageräte"), fabrikatbezogen

Modell (Typ		-	1060	3083	3082	3103	3141	3181	3182	3251	2109	2108	3142
Netzspannung		V	≈220	≈220	≈220	≈220	≈220	380/220	380/220	380/220	≈220	≈220	≈220
Kälteleistung [1]		W	1450	2050	2050	2700	3700	5000	4700	6500	2700	2700	3660
Heizleistung [2]		W	-	-	-	-	-	-	-	-	2700	2000 [5]	3660
Volumenstrom		m^3/h	270	340	360	400	540	765	660	1000	430	430	630
Außenluftanteil		m^3/h	25	-	55	-	80	115	100	150	65	65	95
Entfeuchtung		l/h	0,6	0,85	0,85	1,5	1,8	2,4	2,4	4,2	1,2	1,2	1,8
Leistungsaufnahme [3]		W	790	790	790	960	1480	1950/280	1950/280	2800/320	970	970	1480
Stromaufnahme [3]		A	3,6	3,6	3,6	4,3	6,7	3,3/1,3	3,3/1,3	4,8/1,5	4,4	4,4	6,7
Absicherung/träge		A	10	10	10	16	16	3x6	3x6	3x10	16	16	16
Schalldruck-pegel [4]	max	dB(A)	53	51	47	52	49	577	54	59	45	47	56
	min	dB(A)	49	46	43	47	44	51	47	54	39	41	50
Höhe		mm	486	345	345	345	424	424	424	424	370	370	424
Breite		mm	410	470	520	470	660	660	660	660	610	610	660
Tiefe		mm	316	520	515	570	760	655	760	760	615	615	655
Gewicht		kg	31	28	31	31	65	59	68	77	41	43	55

1) gültig für $\vartheta_i = 27°C$, $\varphi_i = 46\%$, $\vartheta_a = 35°C$, $\varphi_a = 40\%$; 2) bei $\vartheta_i = 27°C$, $\vartheta_a = 7°C$, $\varphi_a = 88\%$; 3) Kompressor (3 Phasen) Ventilator (1 Phase); 4) Pegel nach außen etwa 6 dB(A) höher; 5) Elektroheizung

Beispiel zur Anwendung von Tab. 6.2

Für einen Büroraum wurde eine sensible Kühllast $\dot{Q}_l$ von 2 500 W angegeben.

a) Durch Rechnung ist nachzuweisen, daß der Gerätetyp 3103 C trotz der 2 700 W nicht ausreicht.

b) Inwieweit reicht die Leistung des Gerätetyps 3141 aus, und unter welchen Umständen kann selbst das Gerät 3181 zu knapp sein? Mindestens zwei wichtige Gründe sind anzugeben.

Lösung:

a) Erforderliche Kälteleistung $\dot{Q}_{Kü} = \dot{Q}_S + \dot{Q}_l = 2\,700 - 1{,}5 \cdot 700 = 1\,650$ W, d. h., **850 W fehlen.**

b) $\dot{Q}_{Kü} = 3\,700 - 1{,}8 \cdot 700 = 2\,440$ W (ausreichend). Die Leistung bei Typ 3181 mit 5 000 – 1 680 = 3 320 W ist u. U. dann erforderlich, wenn stärker gelüftet werden muß (höhere Personenzahl). Der Außenluftvolumenstrom muß nämlich ebenfalls gekühlt und entfeuchtet werden.
$\dot{Q}_{Lü} = \dot{V}_a \cdot c \cdot (\vartheta_i - \vartheta_a) + \dot{V}_a \cdot \varrho \cdot (x_i - x_a) \cdot r/1\,000$ (Kap. 4.1.7 und 9.2.5). Außerdem muß die Geräteleistung bis zu 20 % größer gewählt werden, wenn der Raum nur kurzzeitig oder mit größeren Unterbrechungen klimatisiert werden muß (Kap. 7.4). Weitere Einflußgrößen sind die Luftzustände innen und außen, die Wasserdampfabgabe im Raum, die Luftverteilung im Raum und verschiedene Raumbedingungen.

4. Der **Einfluß des Raum- und Außenluftzustands auf die Kühlleistung** und der Arbeitsbereich der Klimageräte (Einsatzgrenzen) sind in der DIN 8957 festgelegt:

Raumluftzustand:	27 °C/46 %; Feuchtkugeltemperatur 19 °C
Außenluftzustand:	35 °C/40 %; Feuchtkugeltemperatur 24 °C

Keine Übereinstimmung mit der VDI-Richtlinie 2078 (vgl. Kap. 7.3).

Wie aus Abb. 6.8 hervorgeht, liegt durch die wesentlich niedrigeren Raum- und besonders Außentemperaturen in Mitteleuropa die Kühlleistung der Geräte wesentlich höher als die Nennkühlleistung. Der Einsatzbereich der Geräte für die Kühlung liegt etwa zwischen $\vartheta_a = +20$ °C und $+40$ °C und bei ϑ_i von maximal 32 °C (abhängig vom Fabrikat).

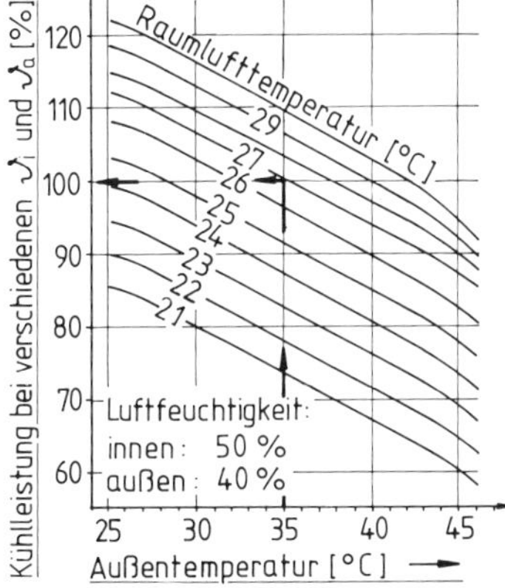

Abb. 6.8 Kühlleistung bei verschiedenen Innen- und Außentemperaturen

Beispiele:

Bei $\vartheta_a = 35$ °C und $\vartheta_i = 27$ °C ist die Kälteleistung 100 % der in Tab. 6.2 angegebenen Nennleistung (Abb. 6.8); desgl. bei $\vartheta_a = 32$ °C und $\vartheta_i = 26$ °C.

Werden jedoch bei $\vartheta_a = 32$ °C im Raum 29 °C zugelassen, so ist die tatsächliche Leistung etwa 10 % höher als die Nennleistung (Tabelenwert).

Bei einer Lagerraumkühlung von z. B. $\vartheta_i = 21$ °C beträgt die tatsächliche Kälteleistung nur etwa 78 % der Nennleistung.

5. Bei **Geräten mit Außenluftanteil,** d. h. bei Geräten, die auch eine Lüftungsfunktion übernehmen sollen, muß die Grenze aufgezeigt werden. Einbaugeräte sind vielfach als Umluftgeräte konzipiert, d. h., die Lüftung müßte dann über die Fenster erfolgen. Der Außenluftvolumenstrom beträgt nur etwa 10 bis 20 % des Zuluftvolumenstroms bei größter Drehzahl, denn der hierfür erforderliche Kältebedarf kann sehr beachtlich sein (vgl. Hinweis 2). Bei hohen Außentemperaturen und Außenluftfeuchten sollten folgende Hinweise beachtet werden:

   - Bei der **Wahl der Außenluftrate** heißt es, so viel wie nötig – so wenig wie möglich. Zusätzlicher Kältebedarf für die Geräteauswahl vgl. Auslegungsbeispiel unter Kap. 7.4
   - Wie man den **Außenluftvolumenstrom** bestimmt, und welche Einschränkungen möglich sind, wird ausführlich in Band 3 erläutert. So **kann** man z. B. bei $\vartheta_a > 26$ °C den Außenluftvolumenstrom bis max. 50 % des Tabellenwertes nach DIN 1946 reduzieren.
   - Bei intensivem Kühlvorgang sollte **nur mit Umluft** gefahren werden, insbesondere dann, wenn sich nur wenige Personen im Raum aufhalten. Ein kurzes Öffnen der Fenster kann energetisch günstiger sein als ein kontinuierlicher Außenluftanteil.
   - Bei **starker Entfeuchtung der Raumluft** (hoher latenter Kühleranteil) kann der Lüftungsbedarf stark reduziert werden, da hierdurch das Schwülegefühl beseitigt werden kann und außerdem ein beachtlicher Anteil der Geruchsstoffe „herausgewaschen“ werden. Die Luft empfindet man wieder als angenehm und „erfrischend“.
   - Da der Außenluftvolumenstrom prozentual sehr gering ist, muß in der Regel die entsprechende **Fortluft** nicht mechanisch abgeführt werden. Bei größeren Truhengeräten oder Schrankgeräten ist dies allerdings nicht immer der Fall.

6. Ein **zu klein gewähltes Gerät** hat einen höheren Stromverbrauch und garantiert bei sehr hohen Außentemperaturen keinen befriedigenden Raumluftzustand. Trotzdem führt ein zu klein gewähltes Gerät weniger zu Reklamationen als ein zu groß gewähltes.

   Wichtig ist hierbei, daß man zwischen Dauerbetrieb und Stoßbetrieb unterscheidet! Das kann – wie bereits erwähnt – bei der Auslegung bis über 20 % ausmachen.

   Ein **zu groß gewähltes Gerät** ist ebenfalls unwirtschaftlich, da bei geringem Kühllastanfall eine befriedigende Regelung (Anpassung) oft nicht erreicht werden kann. Ein öfteres Ein- und Ausschalten bringt außerdem ständig eine unterschiedliche Luftgeschwindigkeit. So sollte man bei größeren Leistungen und sehr unterschiedlichen Anforderungen die Gesamtleistung auf mehrere Geräte aufteilen, wobei allerdings auf den Montageort zu achten ist.

7. **Einbaugeräte sind relativ laut,** so daß der Geräuschpegel bei der Geräteauswahl ein wichtiges Entscheidungskriterium ist. Wenn die Werte trotz entsprechenden Ventilators und trotz niedriger Drehzahlstellung zu hoch erscheinen, muß man Geräte im Splitsystem wählen.

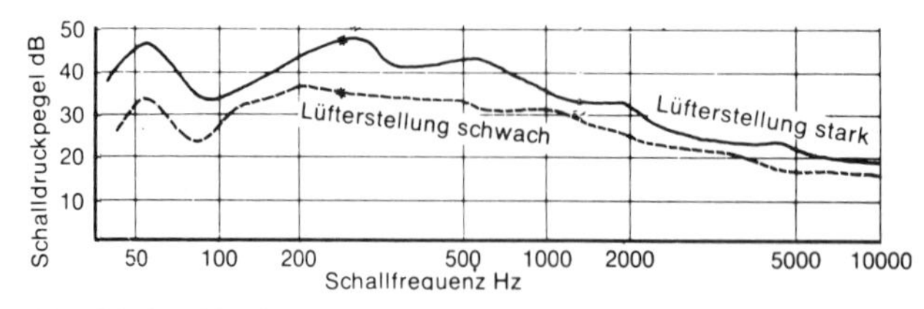

Abb. 6.9 Schalldruckpegel eines Kompaktklimagerätes (fabrikatbezogen)

   - Abb. 6.9 zeigt den **Verlauf des Geräuschpegels** des nebenstehenden Gerätes in Abhängigkeit der Frequenz. Bei der meist zugrunde gelegten Frequenz von 250 Hz werden bei schwacher Lüfterstellung 35 dB und bei stärkerer 47 dB angegeben. Bei diesem Diagramm wurde zwischen Meßort und Frontseite 1 m Abstand zugrunde gelegt. Die Geräuschpegel werden in der Regel in den Herstellerunterlagen angegeben (vgl. Tab. 6.2).
   - Würde z. B. einem Kunden das Gerät im Geschäft einer **Hauptverkehrsstraße** vorgeführt, so kann er es hier als erstaunlich leise beurteilen, während er es in seiner **ruhig gelegenen Wohnung** als sehr lästig

empfinden wird, ganz abgesehen davon, daß sich viele Menschen an die vorhandenen Betriebsgeräusche gewöhnen können.

8. Sollen diese **Geräte auch zur Beheizung** eines Raumes herangezogen werden, so wählt man eine elektrische Zusatzheizung oder sehr häufig die Wärmepumpenschaltung. Hier wird durch Umschaltung des inneren Kreislaufs der Verdampfer zum Kondensator „umfunktioniert" und umgekehrt, d. h., im Wärmepumpenbetrieb arbeitet der außenliegende Verflüssiger als Verdampfer. Die Umschaltung des eingebauten Mehrwegeventils erfolgt über einen Thermostaten.

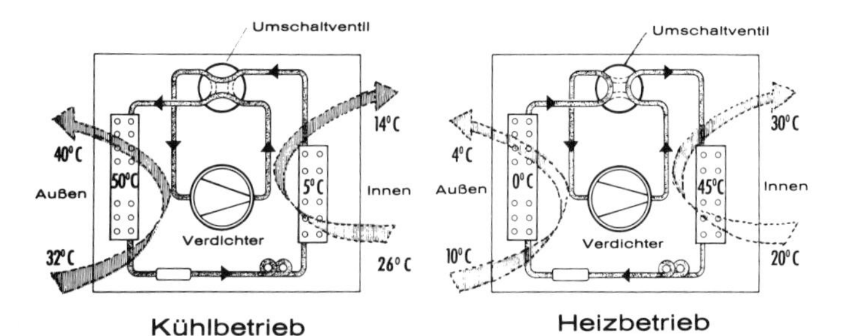

Kühlbetrieb	Heizbetrieb
Verdampfer	Verdampfer
entzieht der Raumluft die Wärme	entzieht der Außenluft die Wärme
Kondensator	Kondensator
gibt Wärme an Außenluft ab	gibt Wärme an Raumluft ab
"Kälteaggregat"	"Wärmepumpe"

Abb. 6.10 Klimagerät mit Wärmepumpenschaltung

Abb. 6.10 zeigt schematisch die Wirkungsweise einer **Wärmepumpenschaltung.** Ein wirtschaftlicher Betrieb ist nur in der Übergangszeit möglich (bis etwa ϑ_a = 7 °C). Ein vorteilhafter Einsatz besteht auch dann, wenn in einem größeren Gebäude (z. B. gewerblich) nur ganz wenige Räume genutzt werden (z. B. in den Abendstunden) und deshalb nicht die Zentralheizung betrieben werden muß (Nachtabschaltung).
Bei tieferen Temperaturen besteht Vereisungsgefahr, und Abtausysteme gehen auf Kosten der Leistungszahl. Eine Leistungszahl von z. B. 3,0 besagt, daß für 1 kW Kompressorleistung eine Kälteleistung von 3,0 kW erreicht wird. Der Kondensator übernimmt zwar die Aufgabe eines Raumheizkörpers, die Heizkörper der PWW-Heizung deshalb kleiner zu wählen ist jedoch nicht empfehlenswert. Welches Gerät auf Wärmepumpenbetrieb umgeschaltet werden kann, muß aus den Herstellerunterlagen entnommen werden (Tab. 6.2). Diese Geräte sind dann auch wesentlich teuerer.
Neben der Wärmepumpenschaltung gibt es Geräte mit zusätzlicher elektrischer Zusatzheizung, die dann ab etwa ϑ_a = + 10 °C über einen Regler automatisch eingeschaltet wird. Geräte mit Zusatzheizung können auch im Winter zur Lüftung herangezogen werden. Evtl. Regenwasser in der Kondenswasserschale muß abgeleitet werden (Frostgefahr).

9. Die **Kosten** bei der Anschaffung liegen je nach Leistung, Ausführung, ob mit oder ohne Wärmepumpenschaltung, mit oder ohne Fernbedienung, zwischen etwa 1 500 und 5 000 DM. Die lfd. Stromkosten sind sehr stark von der Kälteleistung und den Betriebsstunden abhängig.

Legt man z. B. für den Typ 3103 nach Tab. 6.2 die Leistungsaufnahme von 960 W zugrunde, so entstehen bei einer jährlichen Kühlstundenzahl von 700 und einem Einheitspreis von 20 Pf/kWh folgende Kosten:
$K = 0{,}96 \cdot 700 \cdot 0{,}2 = 134{,}40$ DM.

10. **Fahrbare Klimageräte** haben seit 1989 einen starken Zuwachs zu verzeichnen. Man rechnet bis 1995 mit einem Anteil von etwa 25 % des Gesamtumsatzes der Klimageräte, d. h. eine Verdoppelung gegenüber 1989. Die Kühlleistung dieser Newcomer beläuft sich auf 1,5 bis 3 kW.

Der Einsatz ist zwar nicht einheitlich, doch ist er besonders dort interessant, wo mehrere Räume zu unterschiedlichen Zeiten, oft nur kurzzeitig, gekühlt werden sollen. Die Konstruktionen sind sehr unterschiedlich. Es gibt zwar Geräte mit zwei Stutzen, Geräte mit zwei Kammern (Ansaugen und Ausblasen), jedoch dominieren die Geräte im Splitsystem (vgl. Abb. 6.42).

6.1.3 Hinweise für die Montage von Einbaugeräten (Kompaktgeräten)

Damit das Gerät einwandfrei arbeiten kann und im Raum auch optimale Strömungsverhältnisse vorliegen, muß man der Montage oft größere Aufmerksamkeit schenken als der Größenbestimmung selbst.

1. Der **Einbau** an der Außenseite des Gebäudes richtet sich, wie Abb. 6.11 bis 6.13 zeigen, nach den baulichen Gegebenheiten. Das Gehäuse kann entweder mit der Innen- oder Außenseite der Wand bündig abschließen.

   a) Beim **Wandeinbau** wird das Gerät z. B. an einen Rahmen geschraubt, der in die Wand eingemauert wird (Einbauskizze beachten!). Der Einbaukasten sollte mit einer Neigung von etwa 2 % nach außen eingebaut werden. Um das Mauerwerk beim Wanddurchbruch vor Regenwasser zu schützen, kann die Geräteauflagefläche mit einem rostfreien Blech ausgelegt werden.

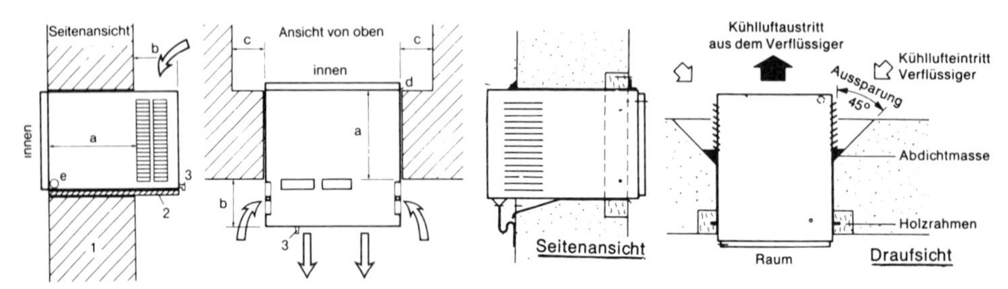

Abb. 6.11 Montagehinweise für Wandeinbau

Tab. 6.3 Montagemaße für den Geräteeinbau nach Abb. 6.11

Kühlleistung		2050	2700	3700	5000	6500
a = max	mm	217	235	310	310	310
b = min	mm	268	305	415	415	415
c = min	mm	150	150	150	150	150

1 Mauerwerk (max. Wandstärke = Maß "a". Ist das Mauerwerk ≥ „a“, so ist eine Abschrägung 45° vorzusehen).
2 Grundplatte (wasserfeste Holzplatte 20 mm)
3 Kondensatwasserablauf (∅ 1/2" = 12,7 mm).

d = Anschlußklemmbrett (Elektro) unten e = Anschluß beidseitig unten

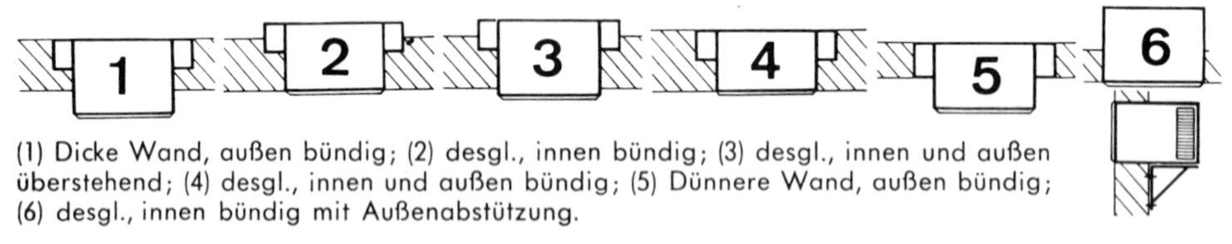

(1) Dicke Wand, außen bündig; (2) desgl., innen bündig; (3) desgl., innen und außen überstehend; (4) desgl., innen und außen bündig; (5) Dünnere Wand, außen bündig; (6) desgl., innen bündig mit Außenabstützung.

Abb. 6.12 Wandeinbau mit Einbaugehäuse für die Außenluftführung

   b) Beim **Fenstereinbau** (auf Fensterbank), der vorwiegend in außereuropäischen Ländern stark verbreitet ist, sollte mit dem Glaser zusammengearbeitet werden. Wie beim Wandeinbau muß das Gerät ringsum abgedichtet werden. Im Gegensatz zum Mauereinbau sind hier Schienen mit Halteträgern und Wandhaltern erforderlich, ebenso bei sehr dünnen Wänden.

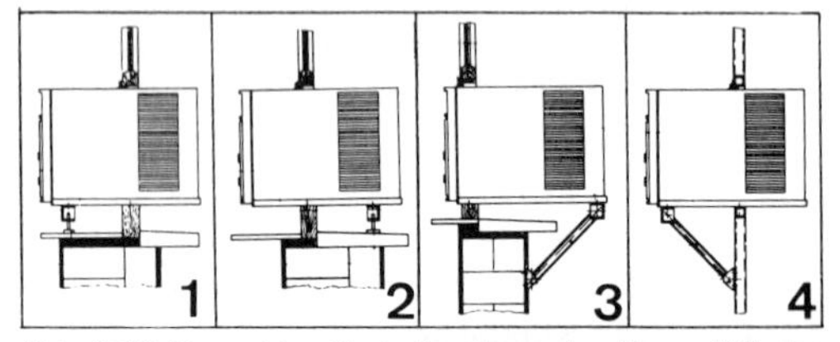

Abb. 6.13 Kompaktgeräte in Fenstern oder dünnen Wänden

2. Da es sich hier um luftgekühlte Geräte handelt, muß der **Kondensator** so **mit der Außenluft in Verbindung** stehen, daß die Kondensatorwärme einwandfrei abgeführt werden kann. Die Maße der Wandöffnung entsprechen etwa denen der Geräteabmessungen.

   Der **freie Platz hinter bzw. neben dem Kondensator** muß demnach gewährleisten, daß kein Warmluftstau entstehen kann, d. h. das Gerät nicht „überheizt“ wird und abschaltet. Ebenso muß auch die angesaugte Außenluft ungehindert – meistens seitlich – ins Gerät strömen können. Wird die Kondensatorwärme zuerst in einen Nebenraum geführt, so muß dieser kräftig be- und entlüftet werden.

   - Je nachdem, ob die Außenluftansaugstelle seitlich, von oben oder von unten in den Kondensator eintritt, sind beim Mauereinbau besondere Maßnahmen zu treffen, wie z. B. Anschrägungen am Mauerwerk (Abb. 6.11), Seitenkasten (Abb. 6.12).

3. Der **Einbauort** soll möglichst so gewählt werden, daß eine ausreichende Luftverteilung im Raum gewährleistet ist und Zugbelästigungen vermieden werden. Der Einbau in Läden erfolgt meistens über die Tür (Abb. 6.5) oder über Schaufenster. Solche hoch montierten Geräte können mit Fernbedienung gewählt werden. Luftklappen und Temperaturregler werden jedoch am Gerät zuerst fest eingestellt.

   - Vergleicht man etwa das kleinste Klimagerät mit einem Haushaltskühlschrank, der ja auch nicht mit der Außenluft in Verbindung steht, so muß man verdeutlichen, daß der am Verflüssiger abzuführende Wärmestrom des Klimagerätes auch über 20mal größer ist.

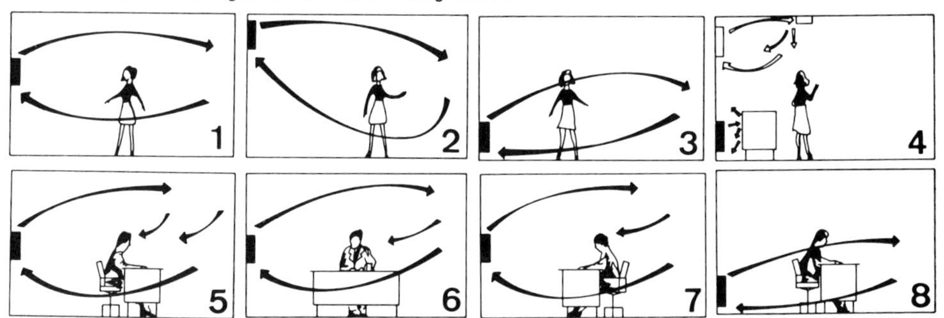

(1) Beste Anordnung; (2) gute Lage (Fernbedienung); (3) schlechte Anordnung, wenn Personen direkt angeblasen werden; (4) falsche Anordnung (Stau, Kurzschluß); (5) günstige Anordnung, da Anblasen von vorn; (6) evtl. noch tolerierbar; (7) sehr schlechte Anordnung, da Anblasung von hinten (Kaltluft im Genick); (8) extrem ungünstige Anordnung (unzumutbar)

Abb. 6.14 Richtige und falsche Montageanordnungen

4. Die eingebauten **Ventilatoren** sind in der Regel nur für freien Luftein- und -austritt ausgelegt, d. h., es können weder verdampferseitig noch verflüssigerseitig Lüftungsrohre oder -kanäle angeschlossen werden. Andernfalls sinkt der Volumenstrom und somit die Kühlerleistung, oder die Kältemaschine wird überlastet. Eine Garantieleistung entfällt hier.

5. Hinsichtlich des **elektrischen Anschlusses** muß bei größeren nachträglich montierten Geräten überprüft werden, ob das bestehende Stromnetz ausreicht.

   Manchmal ist es wegen der hohen Anlaufstromwerte ratsam, mehrere Geräte an einen gesonderten Stromkreis anzuschließen und mit der entsprechenden Trägesicherung abzusichern (Tab. 6.2). Ab etwa 1,5 kW Leistungsaufnahme werden Geräte in 380 V Drehstrom geliefert.

6. Das **Kondenswasser,** das während der Kühlung in der Auffangschale anfällt, muß nach außen abgeführt werden (geringe Geräteneigung). Die an den Anschluß (10–12 mm ∅) befestigte Leitung (meistens aus Kunststoff) muß nach unten geführt werden.

   Falls das Kondensat vom Verflüssigerventilator erfaßt wird, dort zerstäubt und über Austauschfläche verdunstet, kann bei normalen Betriebsbedingungen auf einen Kondensatablauf verzichtet werden.

6.1.4 Hinweise für den Betrieb von Einbaugeräten (Kompaktgeräten)

Von den vorstehenden Auswahl- und Montagehinweisen sind auch einige für den Betrieb von Bedeutung.

1. Die **Inbetriebnahme** (Lüftung, Kühlung) erfolgt durch Drucktasten; die verstellbare Kühlleistung durch Drehschalter (Thermostat), der Außenluftbetrieb z. B. durch Hebelbetätigung und die Lüftungsregelung durch Mehrstufenschalter (Betriebsanleitung des Herstellers beachten). Zwischen zwei Kompressoreinschaltungen werden etwa 2 Minuten Wartezeit empfohlen. Im allgemeinen gibt es zwei oder drei Ventilatordrehzahlen.

2. Alle **Hindernisse vor dem Klimagerät** (z. B. durch Vorhänge) sollen vermieden werden. Evtl. Gegenstände, wie Möbel, sollen mindestens 35 cm Abstand haben.

3. **Fenster und Türen** sollen während des Kühlbetriebes geschlossen bleiben oder bei Lüftungsbedarf nur kurz geöffnet werden. Das Eindringen von **direkter Sonnenstrah-**

lung muß verhindert werden (Sonnenschutzmaßnahmen vgl. Kap. 7.3.3). Um aufgeheizte Wände, Decken, Fußböden abzukühlen, müssen die Geräte frühzeitig eingeschaltet werden, sonst reicht u. U. die Geräteleistung nicht aus.

4. Die **Richtung der Zuluft** muß am Luftdurchlaß so vorgenommen werden, daß wegen der i. allg. tiefen Zulufttemperatur die Personen nicht direkt angeblasen werden.

   Bei Montagehöhen von etwa ≧ 1,8 m kann man die Lamellen waagrecht, bei geringeren Höhen nach oben einstellen, denn die kalte Luft fällt nach unten. Davon hängt auch die Wurfweite ab (etwa 3 bis 5 m). Wie Abb. 6.14 zeigt, kann man – um Zugerscheinungen zu vermeiden – auch die Sitzplatzanordnung verändern.

5. Die **Wartung** bzw. Pflege des Gerätes bezieht sich auf das Gehäuse und vor allem auf das Filter, das mindestens 1- bis 2mal im Monat gereinigt werden soll, und auf die Tropfwasserwanne.

   Nach Möglichkeit sollte das Filter jede Woche gegen das Licht gehalten werden, um festzustellen, ob eine Reinigung erforderlich ist.

6. Die **Steuerung- bzw. Regelung der Temperatur** erfolgt durch Ein- und Ausschalten des Kompressors. Neben der Steuerung aller Funktionen des Betriebsschalters (Kühlung Ein – Aus; Ventilator: schwach, mittel, stark) kann durch einen eingebauten Thermostat die Raumtemperatur zusätzlich geregelt werden. Eine Fernbedienung mit Kabellänge 1,5 oder 2,5 m ist bei sehr hoher Montage üblich.

   Bei **Klimageräten mit Wärmepumpenbetrieb** wird bei Temperaturabfall (z. B. über Nacht, während der Übergangszeit) die Funktion Kühlen automatisch auf Heizen oder bei Temperaturanstieg (z. B. bei Sonneneinstrahlung) von Heizen auf Kühlen umgeschaltet. Der Regler besitzt zwar nur ein Fühlerrohr, jedoch zwei voneinander getrennte Schaltkontakte. Wird z. B. Wärme benötigt, so schaltet das Umschaltventil den Kältekreislauf auf Heizen um (Abb. 6.10).

7. Beim **Vereisen des Verdampfers,** z. B. durch zu niedrige Außentemperaturen, durch starke Drosselung des Luftstroms oder durch eine starke Filterverschmutzung, wird nur die Betriebsart „Lüftung" eingestellt, bis das Eis geschmolzen ist.

6.2 Kompaktklimageräte als Standgerät

Hierunter versteht man ebenfalls anschlußfertige Geräte mit eingebautem Kälteaggregat. Die Wirkungsweise ist im Prinzip die gleiche wie anhand Abb. 6.7 erklärt. Der Unterschied gegenüber den vorstehend behandelten Einbaugeräten besteht im wesentlichen darin, daß die Geräte in der Regel auf dem Boden des Raumes stehen, daß die Kondensatorwärme mit Luft oder Wasser abgeführt werden kann, daß es sich um Geräte größerer Leistungsbereiche handelt, daß bei den größeren Geräten u. U. auch Lüftungsleitungen angeschlossen werden können, um mit dem Gerät mehrere Räume zu klimatisieren (Abb. 6.25), und daß öfters eine Raumbeheizung (meist Teilbeheizung) einbezogen ist. Grundsätzlich unterscheidet man zwischen Truhen- und Schrankgeräten.

6.2.1 Klimatruhen

Wenn der Begriff „Truhengerät" genannt wird, sollte man sich anhand der Abb. 6.48 verdeutlichen, daß es sich dabei um eine Vielzahl von Gerätevarianten handelt. Hier ist die sog. „Kompakttruhe mit Direktverdampfung" gemeint, die allerdings schon seit Jahren mehr und mehr durch die Ausführung im Splitsystem verdrängt wird. Die getrennte Aufstellung von Innenteil (Klimatruhe) und Außenteil (Kondensatorteil) hat nämlich Vorteile (Kap. 6.3.1).

Auch bei diesen Truhengeräten handelt es sich um Teilklimageräte. Gleichgültig ob mit luft- oder wassergekühltem Kondensator (letztere ob ohne oder mit Kühlturm) und ob mit eingebautem Kondensatorteil oder im Splitsystem, werden die Geräte dort vorgesehen, wo nur wenige zur Aufstellung kommen und die Anschaffung eines Kaltwassersatzes zur Kaltwasserversorgung für Ventilatorkonvektoren unwirtschaftlich ist. Die Klimatruhen, auch di..., gen, die als Entfeuchtungsgeräte konzipiert werden, arbeiten meistens im Umluftbetrieb. Für die Planung und Auslegung gelten die nachfolgend bei den Schrankgeräten zusammengestellten Hinweise, ebenso was die Wirkungsweise des Gerätes betrifft. Einige Hinweise bei den Einbaugeräten (Kap. 6.1) haben auch für diese Kompakttruhen ihre Gültigkeit.

Soll mit der **Truhe auch die Heizung** übernommen werden, unterscheidet man folgende drei Möglichkeiten: **1.** mit zusätzlichem Wärmetauscher, der an eine Pumpenwarmwasserheizung angeschlossen wird; **2.** durch Umschaltung des Kältekreislaufs auf Wärmepumpenbetrieb (Abb. 6.10) oder **3.** mit einer zusätzlichen Widerstandsheizung, vorwiegend für die Übergangszeit.

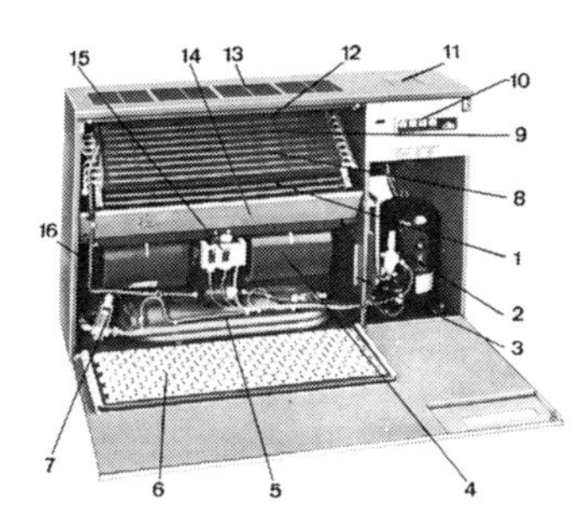

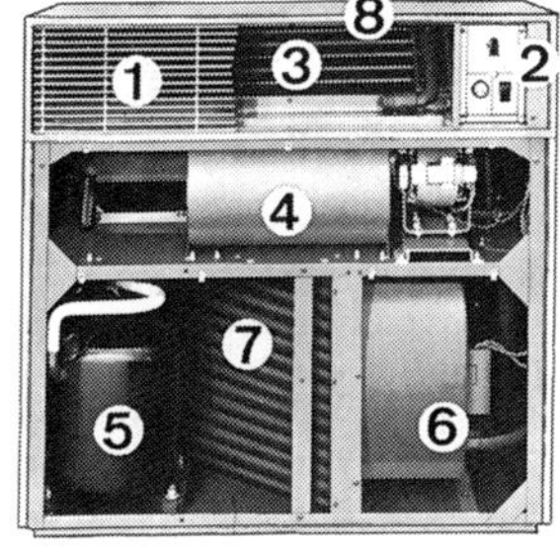

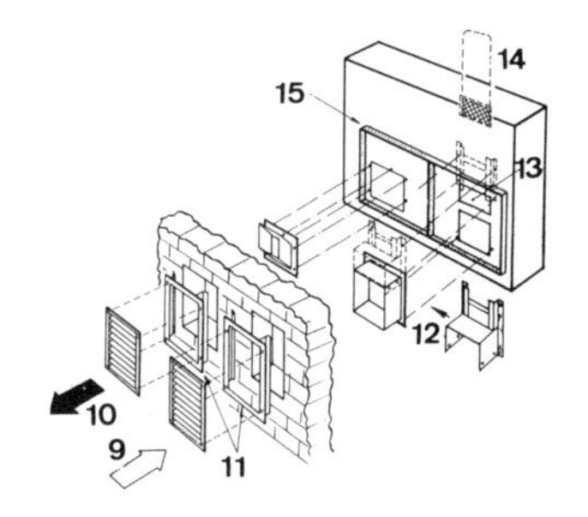

Abb. 6.15 „Klimatruhe", wassergekühlt   Abb. 6.16 „Klimatruhe", luftgekühlt

Abb. 6.15 zeigt eine ältere **Truhe mit wassergekühltem Kondensator** mit den in Tab. 6.4 angegebenen Typen und Daten; maximaler Außenluftanteil 10 %.

Bauteile: (1) Verdampfer; (2) Kompressor; (3) Außenluftfilter; (4) zwei doppelseitige Radialventilatoren; (5) wassergekühlter Verflüssiger für Wasser oder Glykolgemisch; bei luftgekühltem Gerät wird hier ein luftgekühlter Kondensator angebaut; (6) Luftfiltermatte; (7) Kühlwasserregler; (8) Wärmetauscher an PWW-Heizung; (9) Elektroheizung; (10) Funktionsschalter und Überwachungssignale; (11) Ventilator-Wahlschalter; (12) Befeuchtungseinrichtung (wahlweise); Montage des Dampfbefeuchters an der linken Seitenwand der Truhe; (13) Luftaustritt; (14) Tropfwasserwanne; (15) Sicherheitspressostat; (16) Außenluftansaugstufen in der Rückwand.

Tab. 6.4 Technische Daten von Kompakt-Truhengeräten

Gerätetyp		KT 1	KT 2	KT 3
Kälteleistung gesamt x)	kW	5,81	8,48	10,11
Kälteleistung sensibel	kW	4,53	6,27	7,55
Volumenstrom	m^3/h	900/1200	1200/700	
Ventilatormotor	kW	0,32	0,32	0,32
Motor-Nennstrom	A	1,5	1,5	1,5
Kompressorleistung	kW	1,1	1,5	1,8
Stromaufnahme (Motor)	A	4,1	4,5	6,7
Elektroheizung	kW	3	4,5	6
PWW-Heizregister 90/70	kW	10,3	12,9	12,9
Schalleistungspegel	dB(A)	52	54	58
Dampferzeuger (angebaut)	kg/h	1...2	1...2,5	1...2,5
Dampferzeuger E-Hzg.	kW	1,5...3	1,9...3	1,9...3
Kondensator (Kühlturm)	m^3/h	1,0	1,4	1,8
Höhe x Breite x Tiefe	mm	763 x 1255 x 3655		

x) bei $\dot{V}_{max}$, $\vartheta = 28°C$; $\varphi = 50\%$

Abb. 6.16 zeigt eine ältere **Truhe mit luftgekühltem Kondensator,** sowohl die Bestandteile des Gerätes als auch ein Außenluftanschluß. (1) Zuluftgitter mit oberem oder seitlichem Auslaß; (2) Bedienungstableau; (3) Verdampfer und darunterliegende Kondenswasserwanne; (4) Radialventilator mit davor angebrachtem Umluftgitter und Filter; (5) Kompressor; (6) Verflüssigerventilator; (7) Verflüssiger; (8) Gehäuse; (9) Außen- bzw. Kühllufteintritt; (10) Luftaustritt aus dem Verflüssiger; (11) Rahmen zum Einmauern; (12) Stutzen; (13) Aussparung für Außenluftstutzen; (14) hochgezogenes Filter vom Außenluftstutzen; (15) Abdichtung.

6.2.2 Schrankgeräte (Standgeräte)

Diese schrankförmigen Geräte, in denen sämtliche kälte-, luft- und regelungsseitig erforderlichen Bestandteile enthalten sind, stellen mit Ausnahmen eine echte Alternative zur Kammerzentrale dar. Die nachfolgenden Merkmale und Vorteile machen deutlich, daß bei kleineren und mittleren Anlagengrößen die Klimatisierung mit Schrankgeräten eine wirtschaftliche Lösung bietet. Die Aufstellung der Geräte erfolgt entweder in dem zu klimatisierenden Raum, in Nebenräumen, in Kellerräumen oder hinter Zwischenwänden. Kleine Geräte gibt es auch mit einer sog. „Ausblashaube", d. h., die Zuluft wird direkt vom Gerät aus in den Raum geführt. Üblich ist jedoch die Aufstellung in Verbindung mit einem angeschlossenen Kanalnetz, wodurch eine wesentlich bessere Luftverteilung im Raum möglich wird.

Abb. 6.17 Schrankgeräte

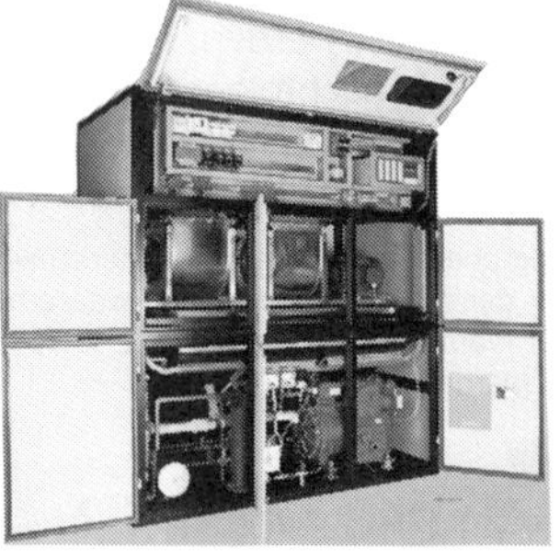

Abb. 6.18

Abb. 6.19 Einbaubeispiel

Abb. 6.18 zeigt einen **Klimaschrank mit integriertem Mikroprozessor zur Steuerung, Regelung und Überwachung;** in 8 Baugrößen: Kälteleistung von 5 bis 60 kW, Volumenstrom 1 600 bis 18 000 m^3/h; Verdichterleistung 1,5 bis 17,5 kW; Anlaufstrom 4,5 bis 32,5 A; wahlweise mit Heizung (Elektro oder PWW), 6 bis 50 bzw. 60 kW; externe Dampfbefeuchtung 0,8 bis 21 kg/h; Filter EU 4; modularer Aufbau; Leuchtdioden-Anzeigefeld für 64 frei wählbare Betriebs-, Störungs-, Überwachungs- und Wartungsmeldungen, nach Wunsch programmierbar; Diagnose für Betrieb, Störung und Überwachung sämtlicher Bauteile; Druckeranbindung.

Durch das große Angebot von Schrankgeräten, insbesondere durch die mannigfaltigen Typen und zahlreichen Kombinationsmöglichkeiten und Zubehörteilen, ist es nicht immer einfach, das jeweils optimale Gerät auszusuchen. Obwohl die Schränke vorwiegend zur Kühlung und Entfeuchtung eingesetzt werden, können sie durch Zusatzeinrichtungen bedingt bis zur Vollklimatisierung ausgebaut werden. Der Einsatz erstreckt sich vor allem auf Versammlungsräume, Verkaufsräume, Büroräume und Produktionsstätten. Für bestimmte Zwecke, wie z. B. für spezielle Labors, EDV-Räume u. a., gibt es auch Sonderausführungen. Wie bei den Truhengeräten, so geht auch bei der Klimatisierung mit Schrankgeräten die Tendenz stark zur Splitausführung.

Abb. 6.20 Klimatisierung mit Schrankgerät und Kanalnetz

Abb. 6.20 zeigt die **Klimatisierung einer Druckerei** mit einem Großklimaschrank und angeschlossenem Kanalnetz. Die Geräte im Hintergrund sind in der rechten Abbildung dargestellt. Anstelle von Großschränken können auch mehrere kleine Geräte zu einer Gruppe zusammengeschlossen werden, wodurch eine bessere Leistungsregelung und Unterteilung in Zonen gegeben ist.

Aufbau und Wirkungsweise

„Luftgekühlte Schränke" werden fast ausschließlich im Splitsystem ausgeführt, d. h., neben dem im Raum aufgestellten Klimaschrank wird die Kompressorkondensatoreinheit in der Regel außerhalb des Gebäudes aufgestellt (Abb. 6.35). „Wassergekühlte Schränke", d. h. Schränke, bei denen die Kondensatorwärme mit Wasser abgeführt wird, werden in der Regel in Verbindung mit einem Kühlturm betrieben (Kap. 13.4.5), von dem das Wasser wieder gekühlt dem Kondensator zugeführt wird (Abb. 6.22).

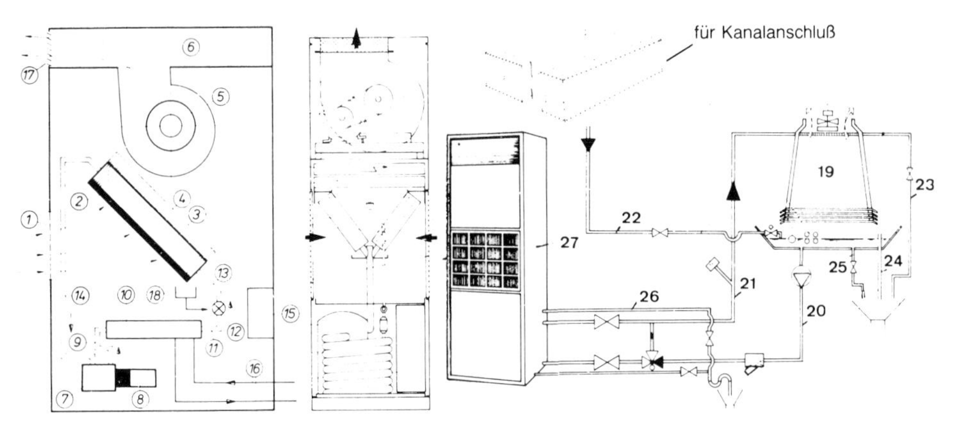

Abb. 6.21 Bauteile eines Klimaschranks

Abb. 6.22 Klimaschrank mit Rückkühlung

Abb. 6.21 zeigt den **schematischen Aufbau eines Klimaschrankes** mit wassergekühltem Kondensator mit den technischen Daten (ähnlich den Daten in Tab. 6.5).

1 **Umluftgitter** (Ansauggitter), an der Vorderwand mit zwei Magnetverschlüssen, nach vorn aufklappbar, selbsthaltend zur Filterentnahme, Unterkante etwa 0,5 . . . 0,7 m über Fußboden. Bei Mischluftgeräten mit Mischluftkasten kann auf der Rückseite Außenluft eingeführt werden.

2 **Kassettenfilter,** eingesetzt in Stahlrahmen, auswechselbar, von vorn leicht zugänglich, Klasse EU 2/3.

3 **Verdampfer** (Kühler), bestehend aus Kupferrohrwärmetauscher mit profilierten Alulamellen.

4 **Wärmetauscher** als mehrreihiges Heizregister, der an eine Pumpenwarmwasserheizung angeschlossen werden kann (wahlweise), ebenfalls aus Kupferrohren mit Alulamellen.

5 **Radialventilator** mit vorwärtsgekrümmten Schaufeln, doppelseitig saugend, statisch und dynamisch ausgewuchtet, verstellbarer Keilriemenantrieb, Drehstrommotor mit thermischem Überlastungsschutz.

6 **Ausblashaube,** in der Regel jedoch mit Anschlußstutzen für Luftkanalsystem mit drei Wechselblenden. Somit wird der Schrank zu einem Zentralgerät, das mehrere Räume versorgen muß (Abb. 6.25). Die Ausblashaube wird als Zubehör geliefert.

7 **Kompressor** (Verdichter), vollhermetisch (gegen Luft, Feuchtigkeit und Staub verschlossen), entweder als Rollkolben- oder Hubkolbenverdichter (je nach Typ), innerhalb der Kapsel und die Kapsel selbst nochmals schwingungsgedämpft gelagert, ab etwa 30 kW Leistung Aufteilung auf zwei Kompressoren.

8 **Antriebsmotor,** sauggasgekühlt, mit thermischem Wicklungsschutz und mit Überstromrelais zusätzlich gesichert, Anschlußleistung und Stromaufnahme vgl. Tab. 6.5, schwingungsarme Lagerung.

9 **Heißgasleitung** (Druckleitung): Durch die Kompressorwärme wird das Kältemittel komprimiert und dadurch auf einen höheren Druck und auf eine höhere Temperatur gebracht.

10 **Verflüssiger** (Kondensator), wassergekühlt, Kupferrohre innen spiralförmig berippt, Verflüssiger von außen isoliert, Kühlwasserstrom und Druckverlust vgl. Tab. 6.5, druck- und saugseitig spezielle Ventile.

11 **Flüssigkeitsleitung:** Flüssiges Kältemittel mit hohem Druck und hoher Temperatur wird vom Kondensator zum Expansionsventil geführt.

12 **Expansionsventil,** thermostatisch, mit äußerem Druckabgleich; durch die Expansion wird flüssiges Kältemittel wieder auf den Verdampfungsdruck und somit auf die Verdampfungstemperatur gebracht. Mit dem Ventil wird der dem Verdampfer zugeführte Kältemittelstrom geregelt (Volumenstromregler) und somit auch die Verdampfer- bzw. Kälteleistung. Nach dieser Expansion (Entspannung, Drosselung) entsteht Naßdampf.

13 **Einspritzleitung:** Darin wird das vom Ventil „eingespritzte" entspannte Kältemittel (jetzt ein Gemisch von flüssigem und dampfförmigem Kältemittel) über eine Verteilerspinne dem Verdampfer zugeführt.

14 **Saugleitung:** Der darin befindliche entspannte, kalte Kältemitteldampf wird vom Kompressor angesaugt.

15 **Schaltkasten,** in dem sämtliche Schaltschütze und Sicherheitselemente untergebracht sind.

16 **Kühlwasserleitungen,** je nach Gerätegröße DN 20 . . . 32 Anschluß mit Kühlwasserregler; mit diesem Wasser wird die Kondensatorwärme (= Verdampfer- und Verdichterwärme) abgeführt.

17 **Zuluftgitter** mit verstellbaren profilförmigen Leitlamellen, für ein- bis vierseitigen Luftaustritt möglich.

18 **Kondensatwanne,** unter dem Verdampfer angeordnet, der die Luft auch entfeuchten muß.

19 Kühlturm. Durch Verdunstung von Kühlwasser an einer großen Oberfläche wird ihm die hierzu erforderliche Verdunstungswärme entzogen, so daß es gekühlt dem Verflüssiger wieder zugeführt wird.

20 Kühlwasservorlauf (zum Kondensator) mit Kühlwasserpumpe $\dot{m} = \dot{Q}_{Kond}/(c \cdot \Delta\vartheta)$, $\Delta\vartheta \approx 5$ bis 8 K.

21 Kühlwasserrücklauf (vom Kondensator) führt oben im Kühlturm in ein Verteilerrohr (Sprührohr).

22 Frischwasserzuleitung, womit der Wasserbedarf infolge Verdunstungs- und Abschlämmverluste wieder über Schwimmerventil zugeführt werden kann.

23 Abschlämmleitung: Ähnlich wie beim Luftwäscher in Kap. 3.4.3 erläutert, muß auch hier der Kühlturm mit frischem Wasser gereinigt und eine sorgfältige Wasserpflege vorgenommen werden.

24 Überlaufleitung: Bei Überschreitung des maximalen Wasserstandes fließt Wasser in den Abfluß.

25 Entleerungsleitung: Ablassen des Wasserinhalts bei Außerbetriebsetzung und Kühlturmreinigung.

26 Schwitzwasserablauf ($\approx$ DN 25), an der Kondensatwanne angeschlossen, führt Kondensat über Geruchverschluß in das Abwassersystem.

27 Schrankgehäuse aus Stahlblech, verzinkt, einbrennlackiert; innen schall- und wärmegedämmt.

Merkmale und Vorteile bei Schrankgeräten

1. Die **kompakte Bauweise** beansprucht nur einen geringen Platzbedarf und vereinfacht die Montage (geringere Montagekosten); auch bei beengten Platzverhältnissen kaum Probleme beim Transport; bei großen Schränken z. T. Anlieferung in Einzelteilen.
2. **Einfache Installation und Wartung** durch die anschlußfertigen Geräte, leichte Zugänglichkeit zur Filterreinigung und zu allen wasser- und elektroseitigen Anschlüssen; Ausführung zahlreicher Montagevarianten noch auf der Baustelle, wie z. B. Richtung des Ausblasstutzens, Luftansaugung, Wasseranschlüsse (rechts oder links).
3. Die **Vielseitigkeit** erstreckt sich zwar auf die zahlreichen Einsatzmöglichkeiten im Komfort-, Gewerbe- und Industriebereich, doch darf dies nicht so verstanden werden, daß jeder Schrank für jedes Objekt paßt. Die hohe Flexibilität ermöglicht auch eine Veränderung des Aufstellungsortes oder einen Umbau oder Ausbau des Gebäudes.
4. Hohe **Wirtschaftlichkeit** ergibt sich durch die individuelle Anpassung, durch die einfache Möglichkeit zur Dezentralisierung bzw. Zonierung bei mehreren Schränken, durch die günstigen Anschaffungskosten bei kleineren Leistungen, durch die gute Leistungsanpassung mit mehreren Schränken, bei Teillast und durch die vorteilhafte Splitausführung.

Hinweise für die Planung und Auslegung von Klimaschränken

Schrankgeräte sind zwar in einem weiten Bereich einsetzbar, trotzdem muß man sich klar darüber sein, daß durch den fabrikmäßigen Zusammenbau der einzelnen Bauteile, wie Ventilator, Verdampfer, Heizregister, Filter und evtl. Befeuchtungseinrichtung, feststehende Leistungsverhältnisse gegeben sind. Im Gegensatz zu einer Kammerzentrale, wo aufgrund der Verunreinigungs-, Wärme- und Stofflasten die einzelnen Bauteile bestimmt werden, sind bei den jeweiligen Schrankgeräten Kälteleistung, Entfeuchtungsleistung, Heizleistung, Volumenstrom, Außenluftanteil, evtl. Befeuchtungsleistung, Filterqualität und Regelung gegebene Größen. Die Leistungen (Nennleistungen) beziehen sich außerdem auf bestimmte Werte und geben oft nur einen Anhaltswert, ob der Schrank für das jeweilige Objekt geeignet ist; allgemein ein Nachteil bei allen fertigkonzipierten Geräten. Insbesondere bei Komfortanlagen, wo die Lasten und Anforderungen stark schwanken können, müssen **möglichst alle vorkommenden Betriebsfälle (auch die extremen) überprüft werden, inwieweit diese mit der Gerätekonzeption übereinstimmen.** Die Anpassung ist jedoch nicht nur durch das Gerät, sondern auch durch eine optimale Luftführung mit Kanalnetz und entsprechenden Zuluftdurchlässen erreichbar.

Abb. 6.23 zeigt vier **Montagebeispiele: a)** Aufstellung im Raum mit freiem Ausblas; **b)** desgl., jedoch mit zusätzlichem Kanalanschluß zur besseren Luftverteilung im Raum; **c)** Aufstellung im Flur oder Nebenraum,

Luftverteilung über Kanalsystem für mehrere Räume, ebenfalls Umluftbetrieb, Nachströmen der Luft durch Überströmgitter an Wänden oder Türen; **d)** Aufstellung im Keller oder Nebenraum (mit Außenluftanschluß), Luftführung über Kanalnetz für 2 Etagen, Rückströmung der Umluft über Treppenhaus.

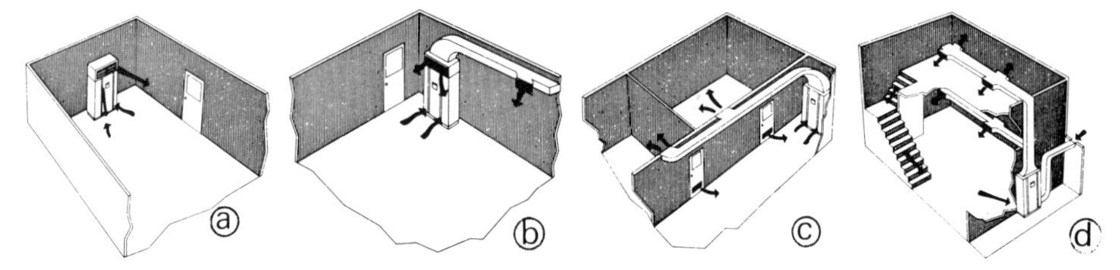

Abb. 6.23 Anordnung von Schrankgeräten

Auslegung des Schrankgerätes nach Tab. 6.5 und Folgerungen daraus

Wie aus der Tabelle ersichtlich ist, wird mit diesem Schrankgerät nur gekühlt und entfeuchtet, d. h., hier interessieren vor allem die Aufteilung der Kälteleistung und der Volumenstrom mit den sich daraus ergebenden Folgerungen.

Tab. 6.5 Technische Daten von Schrankgeräten (Fa. GEA)

Kompakt-Klimaschrank	Typ	EUC 3 J	EUC 5 J	EUC 8 J	EUC 10 J
Kälteleistung – gesamt	kW	9,2	15,9	22,7	30,2
– sensibel	kW	7,0	11,9	17,6	24,0
Luftvolumenstrom	m^3/h	1620	2700	4080	5400
Kompressor (3 x 380 V/50 Hz)					
Elektrische Anschlußleistung	kW	2,2	3,0	6,0	7,8
Stromaufnahme – Anlauf	A	59	52	93	121
– Betrieb	A	11	12	16	25
Füllmenge (R 22/-Öl)	kg	1,1 / 0,9	2,4 / 2,3	3,2 / 3,5	4,2 / 3,5
Ventilator (3 x 380 V/50 Hz)					
Motorleistungsaufnahme	kW	0,43	0,8	1,49	1,98
Stromaufnahme – Anlauf	A	2,8	6,8	13,0	18,5
– Betrieb	A	0,8	1,7	2,9	3,7
Leistungsabgabe (mech.)	kW	0,25	0,55	1,10	1,50
Zusätzliche stat. Pressung					
– ohne Anbauteile	Pa	110	50	100	200
– mit Rückluftanschluß	Pa	20	30	50	130
Schalldruckpegel (1 m)	dB(A)	54	55	59	59
Kondensator					
Kühlwasserstrom 26/35 °C	l/min	21	32	46	61
Druckverlust	kPa	19	12	16	21
Anschlüsse		3/4" / 3/4"	1" / 1"	1 1/4" / 1 1/4"	1 1/4" / 1 1/4"
Abmessungen: Höhe	mm	1700	1850	1850	1850
Breite	mm	750	950	1170	1470
Tiefe	mm	441	511	511	511
Gewicht	kg	148	180	240	315

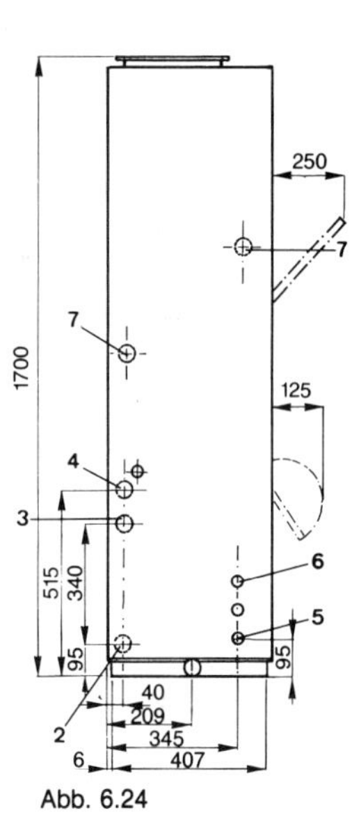

Abb. 6.24

a) Verhältnis der Trocken-Feucht-Kühlung

Die Aufteilung der Kälteleistung in einen sensiblen (trockenen) und latenten (feuchten) Anteil ist grundlegend für die Berechnung der Kühlerleistung (Kap. 9.2.5). Mit dem sensiblen Anteil soll die erforderliche Kälteleistung aufgrund der Kühllastberechnung erbracht werden, d. h., mit diesem Anteil wird der Raum auf die gewünschte Temperatur gehalten und steht somit auch mit dem Zuluftvolumenstrom in Zusammenhang. Da am Kühler durch die Entfeuchtung Wärme frei wird (Kondensationswärme), muß die Kühlerleistung um diesen sog. Latentanteil, der zur Luftabkühlung nicht mehr zur Verfügung steht, entsprechend größer sein. Inwieweit nun ein Schrank latente Wärme abführen soll, hängt von der Entfeuchtungslast (Feuchtequellen im Raum) und von der Lüftung (Entfeuchtung der Außenluft) ab. Hierzu folgende Hinweise:

1. Vergleicht man mehrere Herstellerunterlagen, so stellt man oft **unterschiedliche Trocken-Feucht-Anteile** fest. In Tab. 6.5 beträgt z. B. beim Typ EUC 10 J der sensible (trockene) Anteil 79,5 % (24 : 30,2) bzw. der latente (feuchte) 20,5 %. Im Durchschnitt liegt der Latentanteil zwischen 15 und 30 %, z. T. auch noch höher.

2. Die Angaben für $\dot{Q}_s$ bzw. $\dot{Q}_l$ werden **auf einen bestimmten Raumluftzustand bezogen;** hier ϑ_i = 27 °C, φ_i = 46 % und falls noch ein Außenluftanteil eingeführt wird, auch der Außenluftzustand, z. B. ϑ_a = 35 °C, φ_a = 40 %.

3. Die **Entfeuchtung in l/h** bestimmt man aus dem Quotienten von $\dot{Q}_{lat}$ und Kondensationswärme. Beim Typ EUC 10 J sind es: $\dot{m} = \dot{Q}/r$ = (30 200 – 24 000)/700 = 8,86 l/h. Gibt ein Hersteller nur die Entfeuchtungsleistung $\dot{m}$ in l/h an, kann man den sensiblen Anteil ermitteln ($\dot{Q}_s = \dot{Q}_{ges} - \dot{m} \cdot r$).

4. **Ob Geräte mit hohem oder geringerem Latentanteil gewählt werden sollen,** hängt vor allem von der Raumnutzung ab. So wird man Geräte mit einem höheren Anteil dort einsetzen, wo eine hohe Entfeuchtungslast (z. B. in Versammlungsräumen) vorliegt. In einer Konditorei z. B. benötigt man keinen großen Latentanteil, da hier fast ausschließlich die Raumtemperatur entscheidend ist. Bei Umluftgeräten ist meist eine größere Entfeuchtung gewünscht (Vermeidung des Schwülegefühls). Außerdem ist bei Umluftbetrieb (keine Feuchtigkeitszunahme durch Außenluft) und geringer Entfeuchtungslast der Latentanteil nicht erforderlich, d. h., es findet dann eine Unterbemessung des sensiblen Anteils statt.

5. **Wovon das Trocken-Feucht-Verhältnis abhängt,** liegt am Lufteintrittszustand, an der Auslegung des Kälteaggregats, an der Verdampferoberflächentemperatur, die wiederum von der Konstruktion des Wärmetauschers, von der Strömung der Medien abhängt, und besonders am Volumenstrom. Hierzu gibt es spezielle Diagramme, ähnlich wie nach Abb. 6.53 bei den Truhengeräten.

6. Der **sensible und latente Kühleranteil durch die Lüftung** hängt lediglich vom eingeführten Außenluftvolumenstrom ab. Nur im Umluftbetrieb entsprechen z. B. die 24 kW vom Typ EUC 10 J der Kühllastberechnung nach VDI 2078. Bei der Geräteauswahl für den Raum nach Abb. 7.29 wird eingehender darauf eingegangen.

b) Volumenstrom und Ventilatorkennlinie

Durch die Angabe des Volumenstroms und anhand der für die Geräte zugehörenden Ventilatorkennlinien kann man wesentliche Rückschlüsse auf das mögliche Betriebsverhalten ziehen. So ist der Volumenstrom neben der Kälteleistung die entscheidende Ausgangsgröße für die Geräteauswahl, und nicht selten muß man zwischen den Projektanforderungen und den gegebenen Gerätedaten einen Kompromiß schließen. Auch hierzu ergänzende Hinweise:

1. Anhand des Volumenstroms und sensiblen Kühleranteils kann man bei Umluftbetrieb die zu erwartende Zulufttemperatur bzw. **Untertemperatur ermitteln.** Beispiel: Beim Typ EUC 10 J, der allerdings gegenüber den anderen drei Typen zwei Ventilatoren besitzt, ist die Untertemperatur $\Delta\vartheta_u = \dot{Q}/(c \cdot \dot{V}) \approx$ 24 000/(0,35 · 5 400) = 12,7 K, d. h. bei ϑ_i = 27 °C ⇒ ϑ_{zu} = 14,3 °C eine sehr kalte Zulufttemperatur, die einer sorgfältigen Luftführung mit Zuluftkanal und speziellen Zuluftdurchlässen bedarf (keine übliche Luftgitter). Grundsätzlich bestimmt man den Zuluftvolumenstrom aufgrund der berechneten Kühllast (Kap. 8).

2. Anhand der **Ventilatorkennlinien des Gerätes** und der entsprechenden Einbauten kann man die möglichen Betriebszustände ermitteln. Die in der Tabelle angegebene zusätzliche Ventilatordruckdifferenz (hier als „zusätzliche Pressung" bezeichnet) ist die externe Druckdifferenz, die „außerhalb" des Gerätes als statischer Druck „verbraucht" werden darf (Kanalnetz, Luftdurchlässe, Einbauten). Die Kapitel Kanalnetzberechnung und Ventilatoren werden in Bd. 3 behandelt.

3. Interessant ist immer die **Überprüfung der Luftwechselzahl** LW (bzw. Luftumwälzzahl LU bei Umluftbetrieb) aufgrund des Zuluftvolumenstroms. Wie in Bd. 3 erläutert, ist sie ein wichtiger Anhaltswert für den Schwierigkeitsgrad der Luftführung. Beispiel: Raumgröße 1 930 m^3/h, gewähltes Gerät EUC 8 J ⇒ LU = 4 080/1 930 = 2,1 h^{-1}, ein sehr geringer Wert, der ebenfalls einer besonderen Luftführung bedarf. Ein größerer Volumenstrom und somit auch eine geringere Untertemperatur wäre besser, nachteilig sind jedoch ein teureres Kanalnetz (größerer Querschnitt) und höhere Ventilatorstromkosten.

4. Die **Ventilatordrehzahl** wird in anderen Unterlagen des Herstellers angegeben; hier bei diesen vier Typen: 760, 830, 890 und 990 min^{-1}, die Motordrehzahl jeweils 1 400 min^{-1}.

c) Heizleistung und weitere Angaben

Auf die Einbeziehung der Raumheizung bei Kompaktklimageräten wurde schon hingewiesen. Soll mit Klima-Schrankgeräten auch eine Beheizung durchgeführt werden, ist diese durch zusätzlichen Einbau eines Wärmetauschers, angeschlossen an eine PWW-Heizung, üblich; vereinzelt auch durch Elektroheizregister. Vergleicht man die Herstellerunterlagen, so findet man ein sehr unterschiedliches Verhältnis von sensibler Kälteleistung und Heizleistung.

- Daß alle **vorliegenden Anforderungen bei der Projektbearbeitung** von einem anschlußfertigen Gerät erfüllt werden können – und dies möglichst optimal das ganze Jahr –, bleibt ein Wunschbild. Hierzu zählen: Kühllast, Heizlast, Volumenstrom (Winter und Sommer), Über- und Untertemperatur, Luftwechsel, Lüftungsforderung, Entfeuchtung, Kältebedarf, Regelungsqualität, Luftführung, Geräuschpegel u. a.

- Der **Förderstrom für die Kühlwasserpumpe** $\dot{m}_W$ ist ebenfalls aus Tab. 6.5 ersichtlich. Beim Typ EUC 10 J z. B. ist $\dot{m}_W$ = 61 l/min = 3 660 l/h. Die Kondensatorleistung = Verdampferleistung + Kompressorleistung = 30 200 + 7 800 = 38 000 W; daraus ergibt sich die Temperaturspreizung $\Delta\vartheta$ = 38 000/(1,16 · 3 360) = 9,7 K.
- Die angegebenen **Schalldruckpegel** sind für Räume mit sehr hohen Anforderungen zu hoch, so daß evtl. ein Kanalanschluß mit Schalldämpfer erforderlich wird.
- Sämtliche **Anschlüsse** gehen aus Abb. 6.24 hervor, ebenso die Abmessungen (hier vom Typ EUC 3 J).

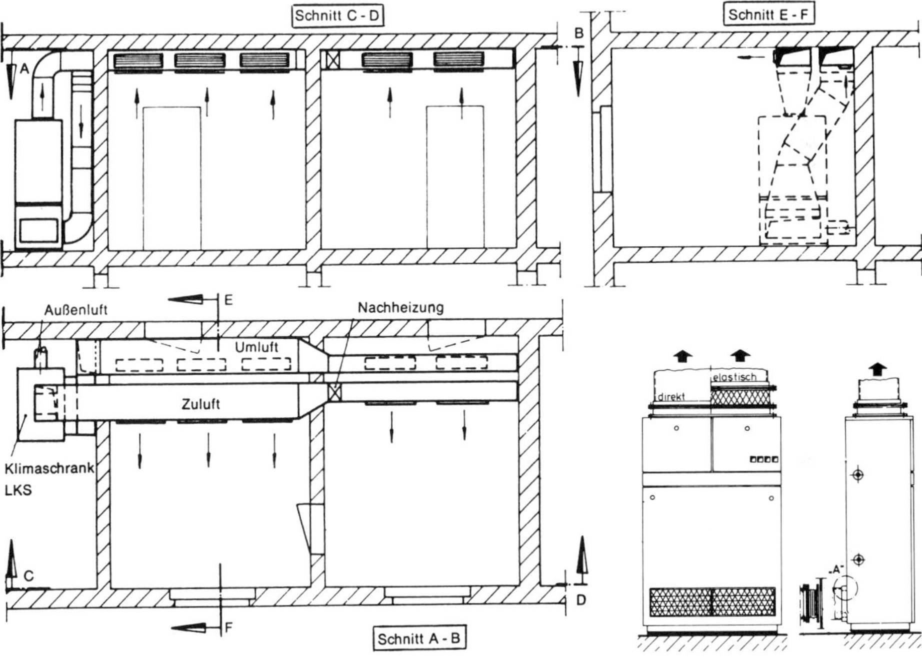

Abb. 6.25 Ansichten einer Klimaanlage mit Schrankgerät

6.3 Klimageräte im Splitsystem

Im Komfortbereich werden Einzelklimageräte fast ausschließlich im sog. Splitsystem instal-

(1) Luftansaugung über Lufteintrittsgitter
(2) Zuluftaustritt über horizontal und vertikal einstellbaren Luftlenkjalousien
(3) Hinter dem Gitter angeordnetes regenerierbares Luftfilter
(4) Bedienungs- und Anzeigetableau der Mikrocomputerregelung (vgl. Hinweise)
(5) Fernbedienung, über 1,5 m langes Multikabel mit Gerät verbunden (vgl. Hinweise)
(6) Schwitzwasserleitung, an der isolierten Schwitzwasserwanne angeschlossen
(7) Rohr- und Kabelverbindung der Geräte. Anschluß rechts, links oder nach hinten
(8) Lufteinführung über Luftleitbleche, frontseitig und an einer Seite (Abstände vgl. Abb. 6.45)
(9) Austritt der wärmeren Außenluft (Abstände vgl. Abb. 6.45)
(10) Klemmkasten mit Spannungszuführung und Erdungsklemme
(11) Wartungsanschluß, Sauggasleitungs- und Flüssigkeitsabsperrventil

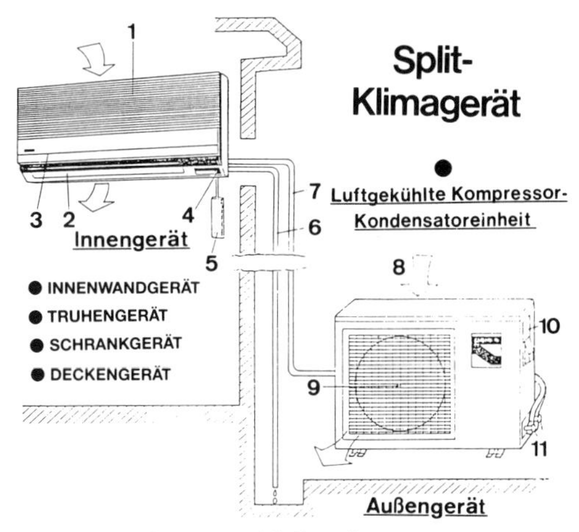

Abb. 6.26 Innen- und Außenteil

liert. Im Gegensatz zur Kompaktbauweise bestehen diese Geräte aus einem Innenteil und einem Außenteil, die kältemittel- und elektroseitig miteinander verbunden werden. Neben dem sog. Monosplitgerät nach Abb. 6.26 gibt es auch sog. Multisplitgeräte, bei denen mit einem Außengerät mehrere Innengeräte versorgt werden (Abb. 6.44).

Den Begriff „Splitbauweise" findet man außerdem bei der Planung von größeren Klimaanlagen, wenn z. B. der luftgekühlte Kondensator der Kältemaschine entfernt von der „Kaltwassererzeugung" oben auf dem Flachdach montiert wird (Kap. 13.8.2).

Kältekreislauf, Bauteile und Zubehör eines Splitgerätes

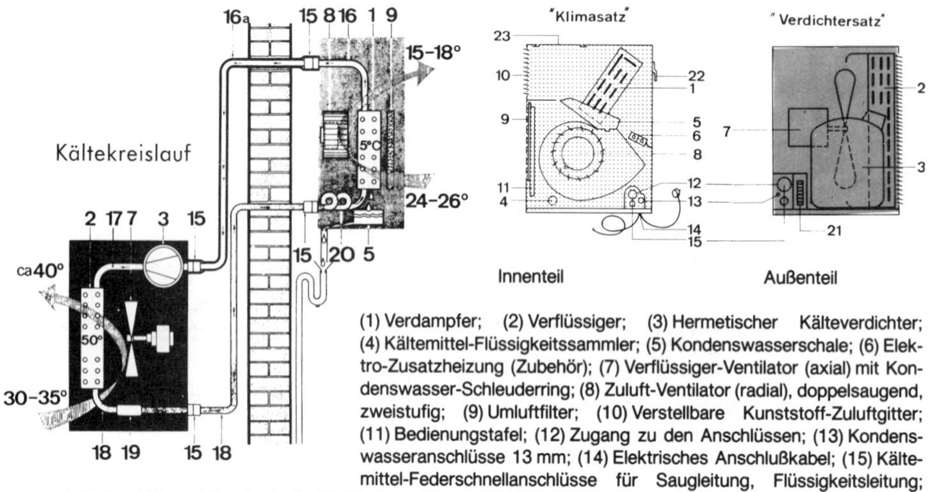

(1) Verdampfer; (2) Verflüssiger; (3) Hermetischer Kälteverdichter; (4) Kältemittel-Flüssigkeitssammler; (5) Kondenswasserschale; (6) Elektro-Zusatzheizung (Zubehör); (7) Verflüssiger-Ventilator (axial) mit Kondenswasser-Schleuderring; (8) Zuluft-Ventilator (radial), doppelsaugend, zweistufig; (9) Umluftfilter; (10) Verstellbare Kunststoff-Zuluftgitter; (11) Bedienungstafel; (12) Zugang zu den Anschlüssen; (13) Kondenswasseranschlüsse 13 mm; (14) Elektrisches Anschlußkabel; (15) Kältemittel-Federschnellanschlüsse für Saugleitung, Flüssigkeitsleitung; (16) Saugleitung (16 a isoliert); (17) Heißgasleitung; (18) Flüssigkeitsleitung; (19) Trockner; (20) Kapillarrohr; (21) Elektrische Anschlußleiste; (22) Wandmontageleiste; (23) Abdeckplatte – bei Zuluftaustritt nach oben wird diese entfernt und dient zur Abdeckung der Frontzuluftgitter 10.

Abb. 6.27 Bauteile eines Klimagerätes in Splitbauweise

6.3.1 Vorteile und Bauarten von Splitsystemen

Vorteile

1. Unabhängigkeit von der Außenfassade, d. h., es ist kein großer Durchbruch an der Außenwand erforderlich;
2. Flexibilität bei der Aufstellung, wie z. B. über der Innentür, an der Innenwand, an der Decke, im Einbauschrank u. a., d. h., das Gerät muß nicht immer an die Außenwand montiert werden;
3. Geringerer Geräuschpegel (vgl. Tab. 6.6), da im Innenteil Radial- oder Querstromventilatoren verwendet werden und Verdichter und Axialventilator sich außerhalb befinden;
4. Geringerer Raumbedarf durch die günstige Flachbauweise (z. B. 164 mm nach Tab. 6.6) und den wenigen Einbauten;
5. „Keine Fassadenverschändung", da kein Außenwanddurchbruch erforderlich wird und kein überstehender Geräteteil sichtbar ist; der Verflüssiger kann dort aufgestellt werden, wo er nicht stört (z. B. auf dem Dach);
6. Verwendung eines Außenteils für mehrere Klimageräte (Abb. 6.44), wodurch bei einem unregelmäßigen Grundriß eine bessere Luftführung im Raum ermöglicht wird und außerdem die vorzusehende Kältemaschinenleistung und somit Anschlußleistung und An-

schlußgebühr reduziert werden können (die Kühllast fällt selten immer in allen Räumen gleichzeitig an);

7. Geringes Gewicht, was für Montage und Transport von Vorteil ist;
8. Einbau eines Heizregisters, was allerdings selten und meistens nur bei größeren Truhen- oder bei Schrankgeräten vorgenommen wird;
9. Gegenüber einer Zentralanlage geringerer Raumbedarf, geringere Investitionskosten, kostengünstige nachträgliche Klimatisierung (geringe Nebenkosten) und einfache Abrechnung der Kühlkosten; Wiederverwendung bei Umzug.

Die **Anwendung** erstreckt sich nicht nur auf Wohn- und Büroräume, sondern – oft aus baulichen Gründen – auch auf Verkaufsräume jeglicher Art. Auch in Hotels finden sie zunehmend Anwendung.

Split-Innenteil

Das Innenteil (Niederdruckteil des Kälteaggregats) übernimmt die eigentliche Aufgabe der Raumklimatisierung. Wie Abb. 6.28 zeigt, unterscheidet man zwischen Wand-, Truhen-, Stand-(Schrank-), Decken- und Kassettengerät. Das jeweilige Angebot an Gerätevarianten hinsichtlich Ausführung, Einsatzgebiete, Kälteleistung, Zubehör, Bedienung und Preis ist sehr vielfältig. Im Innenteil befinden sich lediglich Verdampfer der Kältemaschine (Kühler), Ventilator, Filter und Bedienungsteil.

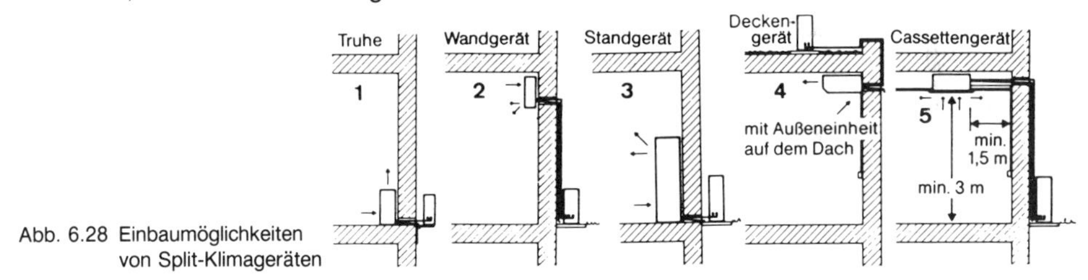

Abb. 6.28 Einbaumöglichkeiten von Split-Klimageräten

Wandgeräte im Splitsystem haben in der Regel eine besonders flache Bauform und werden sehr oft unauffällig oberhalb einer Tür angeordnet (Abb. 6.31). Die beim Kompaktgerät gegebenen Hinweise hinsichtlich Montageort und Luftführung gelten auch hier.

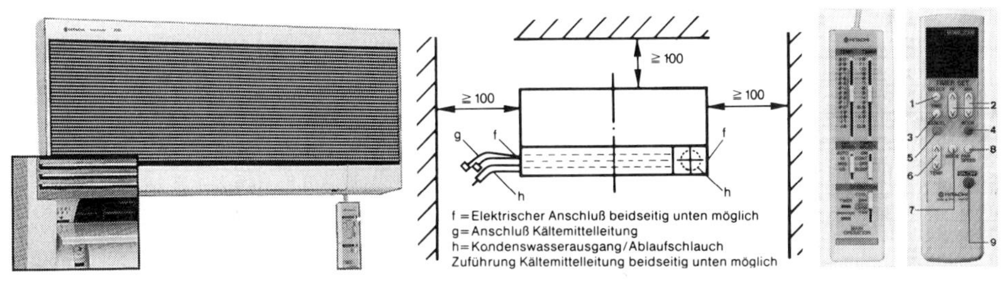

Abb. 6.29 Wandgerät, Anschlüsse und Montageabstände

Abb. 6.30

Abb. 6.29 zeigt ein **Wandmodell** bis 4,7 kW mit abnehmbarem Kunststoffgehäuse; horizontal und vertikal verstellbare Luftleitlamellen, Luftaustritt nach vorn oder nach unten; waschbarer Filtereinsatz im Ansauggitter; Querstromventilator mit dreistufigem Ventilator; mit Kältemittel R 22 gefüllte Kapillarrohreinspritzung (Kapillare im Außenteil); Kondenswasserauffangschale mit Ablaufschlauch. Die Mindestabstände sind einzuhalten.
An der dazugehörenden **Kabelfernbedienung (Abb. 6.30)** sind alle Funktionen einstellbar, wie z. B. die exakte Einhaltung der Raumtemperatur (16 °C – 30 °C) mit der IC-Steuerung; die Steuerung des gewünschten Volumenstroms; die Einstellung zur Entfeuchtung; das vorprogrammierte Aus- oder Einschalten (bis 12 h einstellbar); die elektronische Überwachung (z. B. Mindeststillstand und -laufzeit des Kompressors 3 min).
Alternativ kann auch eine **Infrarot-Fernbedienung** gewählt werden, Reichweite etwa 5 m. Alle Einstellwerte

können an der Anzeigetafel abgelesen werden. (1) Wahlschalter für programmiertes EIN - AUS; (2) Zeiteingabe hierfür in h und min; (3) Tageszeiteingabe; (4) Speichertaste; (5) Löschtaste für Vorprogrammierung; (6) Wahlschalter für gewünschte Raumtemperatur, 16 °C - 32 °C; (7) Wahl der Programme: Kühlen, Entfeuchten, nur Ventilator; (8) Wahl der Ventilatordrehzahlen: HI schnelle Kühlung, MED Normalbetrieb, LOW leiser Lauf, AUTO hohe Drehzahl nur beim Start; (9) Hauptschalter EIN/AUS.

Abb. 6.31 Anwendungsbeispiele von Wand-Klimageräten im Splitsystem

Tab. 6.6 Technische Daten von Splitgeräten, Wand (W)-, Truhen (T)- und Deckengeräten (D), (Fa. Hitachi)

Modell (Typ)		-	W1	W2	W3	W4	T1	T2	T3	D1	D2	D3
Netzspannung		V	≈220	≈220	≈220	≈220	≈220	≈220	380/220	≈220	380/220	380/220
Kälteleistung [1]		W	1870	2340	2490	3800	2340	3800	6500	3810	4700	6500
Heizleistung [2]		W	-	-	2870	-	4450	6300	8850	-	-	-
Volumenstrom		m^3/h	475	490	480	600	530	730	970	720	830	920
Entfeuchtung		l/h	1,0	1,2	1,2	2,0	1,2	1,8	4,2	1,8	2,4	4,5
Leistungsaufnahme [3]		W	520	690	880	1350	690	1390	2350/180	1390	1770/150	2350/170
Stromaufnahme [3]		A	2,3	3,1	4,1	6,0	3,1	6,22	4/0,8	6,2	3,1/0,7	4/0,8
Absicherung		A	10	10	10	16	10	16	3x10	16	3x6	3x10
Kältemittelleistung [4]		m	x	x	max 8	xx	x	xx	xx	xx	xx	xx
Schalldruck-pegel [5]	innen	dB(A)	28/38	29/38	36/43	31/41	34/46	34/42	41/50	33/42	37/45	38/46
	außen	dB(A)	43	45	47	51	45	51	55	51	54	56
Höhe (Innenteil)		mm	365	365	365	365	600	630	730	195	195	195
Breite (Innenteil)		mm	815	8155	815	815	790	1060	1060	1170	1170	1170
Tiefe (Innenteil)		mm	164	164	176	194	224	250	250	650	6550	650
[1] wie bei Tab. 6.4; [2] bei W3 Wärmepumpe, ansonst PWW 90/70; [3] wie Tab. 6.4); [4] x wahlweise 3, 5, 8 oder 12 m, xx 5,10 oder 15 m; [5] Innenteil und Außenteil (Kondensator) [5] min/max												

Truhengeräte im Splitsystem stehen in der Regel auf dem Boden, entweder an der Wand oder unter dem Fenster. Durch eine spezielle Wandhalterung können manche Geräte auch hochgehängt und somit als Wandgerät betrieben werden. Mit einem zusätzlichen Wärmetauscher, in der Regel als Zubehör, kann man die Truhe an eine vorhandene Pumpenwarmwasserheizung anschließen und somit zur Raumbeheizung heranziehen. Interessant sind das reichhaltige Angebot hinsichtlich technischer Daten, die vielseitigen Gehäuseformen und Designs, die geringe Bautiefe (nach Tab. 6.6 z. B. 22 cm), das Anschließen mehrerer Geräte an ein Außenteil und kombinierbar mit Wandgeräten.

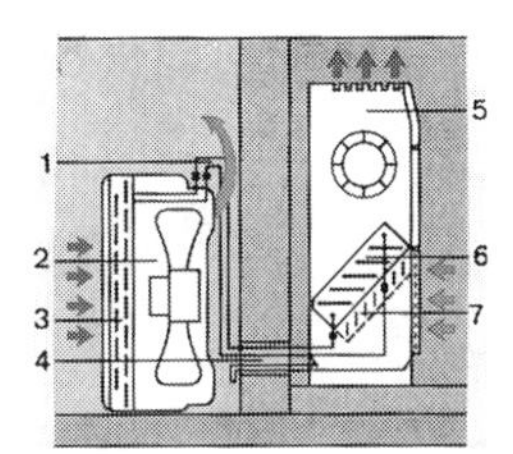

Abb. 6.32 Truhengerät in Splitbauweise

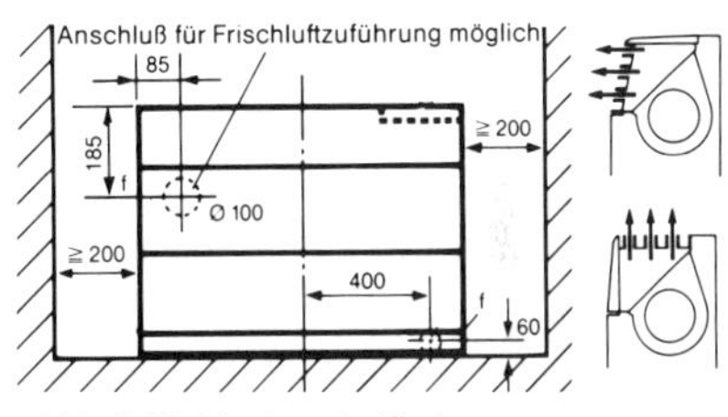

Abb. 6.33 Montageabstände

Abb. 6.32 zeigt ein **Truhengerät** bis 6,5 kW (Tab. 6.6) mit abnehmbarer Frontplatte aus Kunststoff; lackiertes Stahlblechgehäuse, Luftaustritt nach oben oder nach vorn durch einfaches Ummontieren der Abdeckung; Warmwasserwärmetauscher als Zubehör; Kältemittel R 22 mit Kapillarrohreinspritzung; dreistufiger Motor mit zwei Radialventilatoren; waschbarer Filtereinsatz; stufenlos regulierbarer Thermostat von etwa 18 °C – 28 °C; möglicher Außenluftanschluß (∅ 100); Schalttafel von oben; elektrischer Anschluß und Kältemittelleitung beidseitig unten möglich; Montageabstände vgl. Abb. 6.33.

Abb. 6.34 Anwendungsbeispiele von Truhengeräten im Splitsystem

Schrankgeräte im Splitsystem sind gegenüber dem Schrankkompaktgerät weit mehr verbreitet, vielfach in Verbindung mit einem angeschlossenen Kanalsystem.

Unter Kap. 6.2.2 werden die Schrankgeräte, die vielfach auch als Standgerät bezeichnet werden, ausführlicher behandelt (Aufbau, Wirkungsweise, Merkmale, Anwendung). Die dort zusammengestellten Hinweise für die Planung, Auswahl und Montage gelten prinzipiell auch hier. Schrank und Außenteil werden grundsätzlich bauseits mit Weichkupferrohren verbunden.

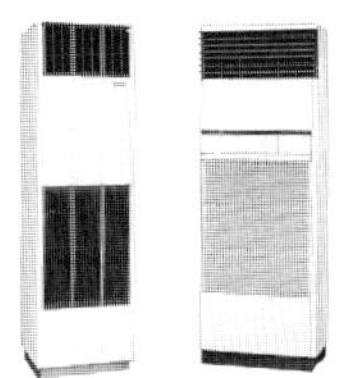

Abb. 6.35

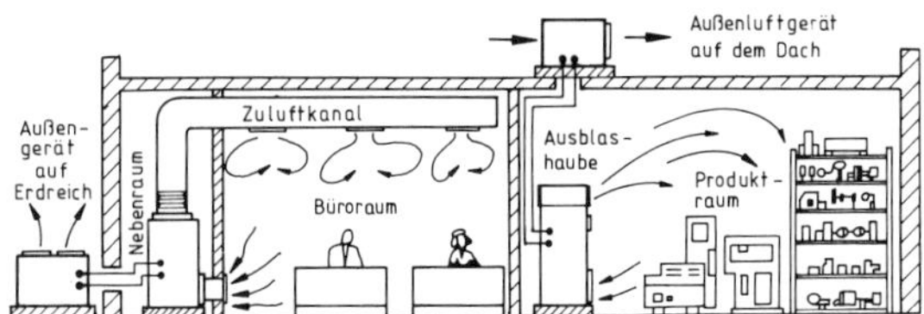

Abb. 6.36 Schrankgeräte in Splitbauweise

Abb. 6.37 Gerät im Wandschrank

Abb. 6.35 zeigt zwei Standgeräte bis zu einer Leistung von 13 kW (Tab. 6.6). Ausführung wie beim Truhengerät. Bedienungsfeld mit Temperaturwähler (Thermostat), Betriebsschalter, Drehzahleinstellung und Filterreinigungsgeräte.

Deckengeräte im Splitsystem sind fast ausschließlich als Umluftgeräte konzipiert, daher vielfach auch als „Umluftkühler" bezeichnet. Man findet sie vorwiegend in kleineren Geschäften, Bars, Cafés, Fitneßcenter, u. a. sehr oft – wie bei den Wandgeräten – nachträglich montiert. Die Luft wird in der Regel von unten angesaugt, verteilt sich im Deckenbereich und von dort wieder nach unten. Durch den möglichen Anlegestrahl an der Decke kann die Wurfweite verlängert werden. Die Montageabstände sind – je nach Gerätetyp und Luftführung – einzuhalten. Der Leistungsbereich erstreckt sich von etwa 3,5 bis 13 kW.

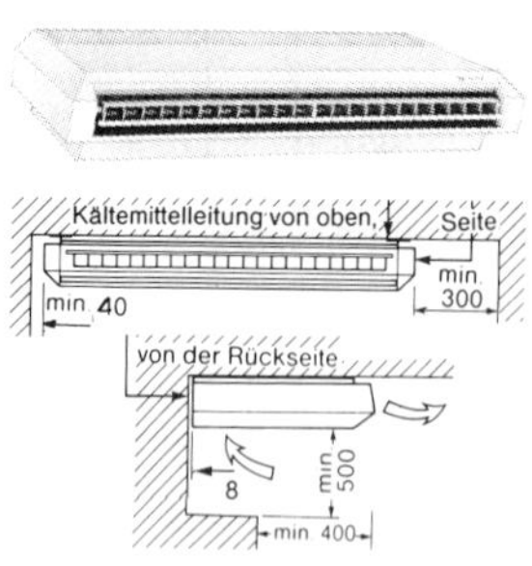

Abb. 6.38 Deckengerät

Abb. 6.39 Einbaubeispiele von Deckengeräten

Abb. 6.38 zeigt ein größeres **Deckengerät** mit einer Kälteleistung von etwa 8 bis 13 kW (3 Baugrößen), horizontal und vertikal verstellbare Lamellen; zweiteiliger, waschbarer Filtereinsatz; zwei Ventilatoren (Walzen) mit dreistufigem Motor; Kabelfernbedienung (bis zu 16 Inneneinheiten) mit folgenden Funktionen: Temperatureinstellung (stufenlos von 20 . . . 30 °C), Ventilatordrehzahl, Filterreinigungsanzeige, Serviceschalter für Fehlerdiagnose, Betriebsart-Wahlschalter. Weitere mögliche Funktionen der Steuerplatine im Innenteil sind: automatischer Wiederanlauf nach Stromausfall, Abnahme von Steuer- und Störsignalen für externe Anzeigen, automatische Ein-Aus-Schaltung über externe Schaltuhr, Temperatursteuerung über externen Raumthermostat und automatische Abtauung bei Vereisung.

Abb. 6.39 zeigt zwei **Anwendungsbeispiele:** ein Bistro mit den Geräten nach Abb. 6.38 und ein Blumengeschäft.

Kassettengeräte, grundsätzlich als Splitgeräte konzipiert, werden in Zwischendecken eingebaut. Mit diesen sog. Zwischendeckengeräten werden heute auch zahlreiche Neubauten und Umbauten ausgestattet, wie Empfangshallen, Restaurants, Banken, Verkaufsräume, Konferenzräume, d. h. Räume, in denen bisher ausschließlich Zentralanlagen vorgesehen wurden. Die Bezeichnung „Kassettengerät" trifft dann zu, wenn die Gerätegröße auf das Deckenrastermaß abgestimmt ist. An ein Außenteil können mehrere Geräte angeschlossen werden. Die Zuluftführung erfolgt ähnlich wie bei den Deckengeräten.

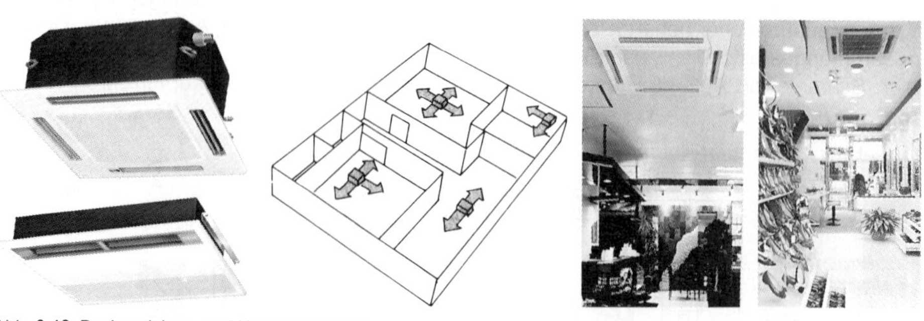

Abb. 6.40 Deckeneinbau- und Kassettengeräte

Abb. 6.40 zeigt zwei **Zwischendeckengeräte.** Bei a mit automatischer Schwenkvorrichtung für jede beliebige

Auslaßrichtung (8 unterschiedliche Einstellmöglichkeiten); Fernbedienung als Zubehör mit Kabel oder drahtlos (LCD-Anzeige); Kälteleistung 3,5 bis 13 kW mit 6 Baugrößen; wahlweise mit Außenluftanteil (Hilfsventilator erforderlich); herausklappbares Filter; wahlweise mit eingebauter Kondensatpumpe (Druckhöhe beachten!); geringer Geräuschpegel 41 dB (A) bei hoher Drehzahl; Selbstdiagnose; Entfeuchtungsprogramm; wahlweise mit Zentralregelung.

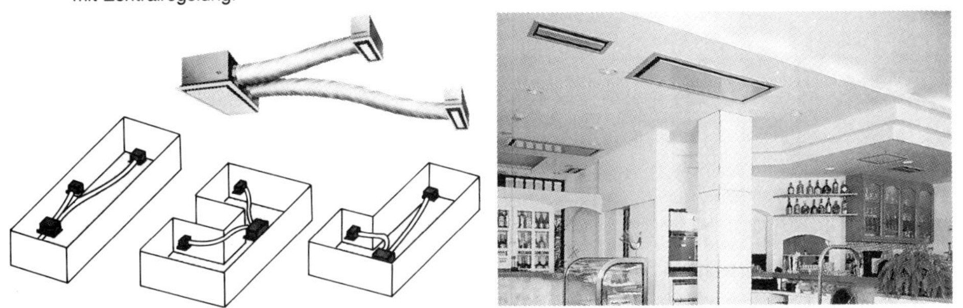

Abb. 6.41 Deckengerät mit mehreren Zuluftdurchlässen („Satellitengerät")

Abb. 6.41 zeigt ein sog. **Satellitengerät,** ein Zwischendeckengerät, an das über flexible Schläuche bis zu 10 m Entfernung Zuluftdurchlässe angeschlossen werden können. Dadurch erreicht man selbst bei sehr unregelmäßigem Grundriß eine gleichmäßige Luft- und Temperaturverteilung. Eine eingebaute Kondensatpumpe sorgt für störungsfreien Kondensatablauf.

Fahrbare Splitgeräte, d. h. Klimageräte ohne feste Installation, auf deren Bedeutung schon im Kap. 6.1.2 Pkt. 10 hingewiesen wurde, sind überall in wenigen Minuten einsatzbereit; wahlweise auch als Wärmepumpengerät umschaltbar.

Tab. 6.7 Technische Daten

Typ (Modell		200	245	325
Kälteleistung	W	2400	2930	4160
Heizleistung	W	2350	2810	4040
Entfeuchtung	l/h	1,0	1,2	1,5
Volumenstrom	m³/h	360	430	570
Aufnahme:				
Leistung	W	990	1307	2277
Strom	A	5	5,2	8,2
Abmessungen		H	B	T
Innenteil	mm	725	425	380
Außenteil	mm	400	420	260

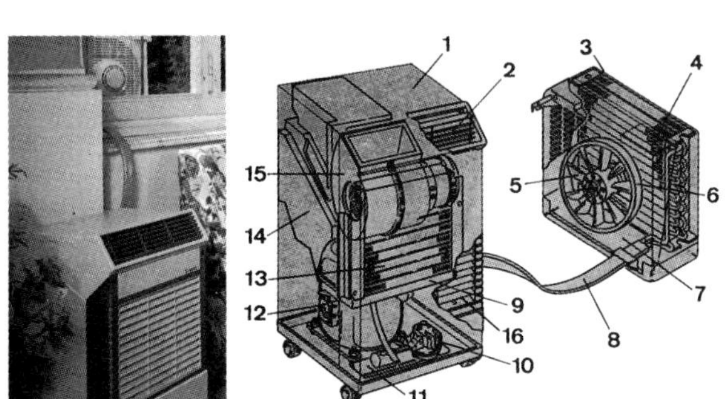

Abb. 6.42 Mobiles Klimagerät

Abb. 6.42 zeigt ein solches **mobiles Gerät:** (1) Innenteil; (2) schräg angeordnetes Luftaustrittsgitter; (3) Außenteil; (4) Kondensator; (5) Axialventilator; (6) Schleuderring; (7) Kondensatwanne; (8) flexible Verbindungsleitung; (9) Tauwasserwanne; (10) Kondenswasserpumpe; (11) Sammelbehälter mit Wasserstandskontrolle; (12) Kompressor; (13) Verdampfer; (14) Luftführung; (15) Zweistufiger Radialventilator; (16) Luftansauggitter mit dahinterliegendem Filter.

Außen- und Innenteil sind mit der 1,8 m langen, flexiblen Leitung verbunden. In dieser befinden sich die Kältemittelleitungen, die Kondensatleitung und die elektrische Verbindung zum Kondensator, so daß eine Öffnung von 4 cm x 2 cm am Fenster oder an der Tür ausreichend ist. Das am Verdampfer anfallende Kondenswasser sammelt sich in einem Auffangbehälter im Innenteil, von wo es mit einer schwimmerschaltergesteuerten Pumpe zum Außenteil gepumpt wird und dort an der warmen Kondensatoroberfläche verdunstet. Sollen Innen- und Außenteil durch eine Wanddurchführung verbunden werden, gibt es hierfür Schnellschlußkupplungen, womit ohne Kältemittelverlust beide Teile auch getrennt werden können.

Split-Außenteil

Wie schon in Abb. 6.27 dargestellt, befinden sich im Außenteil eines Splitklimagerätes der luftgekühlte Kondensator, der die im Raum vom Verdampfer (Kühler) aufgenommene Wärme wieder nach außen abführt; der Kompressor, der das Kältemittel verdichtet und auf den Kondensationsdruck bringt; der Axialventilator mit Antriebsmotor und Schutzgitter sowie in der Regel das Expansionsorgan und ein Kältemittelfilter.

Abb. 6.43 Anordnungsbeispiele von Split-Außenteilen

Splitgeräte benötigen in der Regel nur für das Außengerät („Kondensatoreinheit") eine Kraftstromversorgung, während das Klimagerät im Raum („Verdampfereinheit") von außen versorgt wird. Wo das Außengerät zweckmäßigerweise montiert werden soll, hängt vor allem von den örtlichen Gegebenheiten und der Leistungsgröße ab (Abb. 6.43). Die Aufstellung muß – insbesondere bei größeren Einheiten – waagerecht, vibrationsfrei und schallgedämmt erfolgen. Wie anfangs erwähnt, können mehrere Raumklimageräte an ein gemeinsames Außenteil angeschlossen werden, wobei aus den Herstellerunterlagen zu entnehmen ist, welche und wieviel Geräte bestimmter Leistungen mit einem bestimmten Außengerät verbunden werden können.

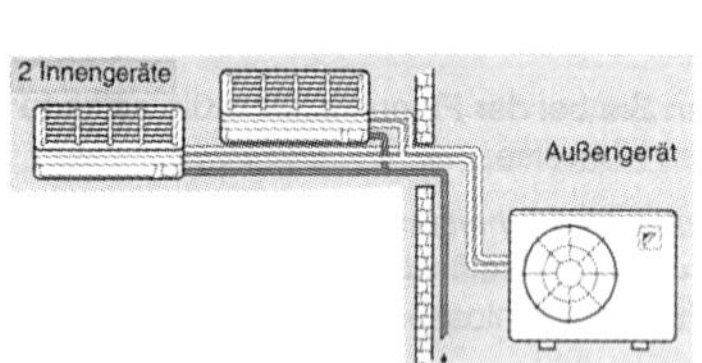

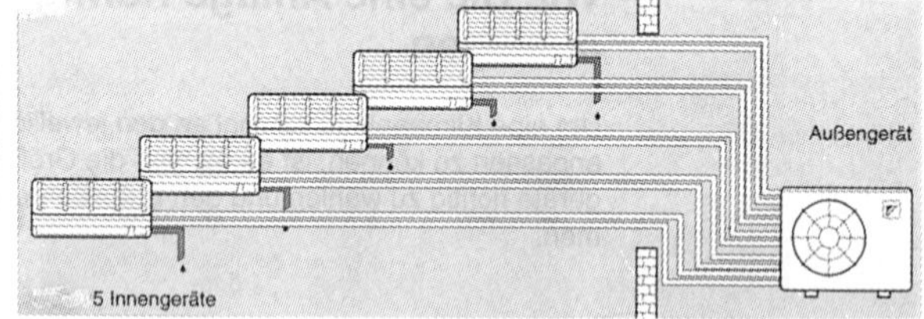

Abb. 6.44 Multi-Splitgerät

Systeme mit zwei Innengeräten bezeichnet man als „Duo-Split" oder „Twin-System" und mit drei als „Trio-Split". Ganz allgemein spricht man – im Gegensatz zum „Mono-Split-System" (ein Innen- und ein Außengerät) – von einem **„Multi-Split-System".**

Ergänzende Hinweise:

- Von den anfangs erwähnten zahlreichen Vorteilen eines Splitsystems ist beim Multisplitsystem neben der Platzersparnis die mögliche Reduzierung der Leistung des Außengerätes hervorzuheben. Da nämlich nicht in allen Räumen die maximale Kühllast anfällt, kann man die **Leistung des Außengerätes wesentlich geringer wählen als die Summe der Kühlleistungen sämtlicher Raumgeräte;** je nach Anzahl um 20 bis 40 %.
- **Wand-, Truhen- und u. U. auch Deckengeräte sind beliebig kombinierbar,** d. h., in verschiedenen Räumen können unterschiedliche Geräte mit einem Außengerät vorgesehen werden. Jede Inneneinheit hat zwar ihren eigenen Kompressor, doch alle sind in der Außeneinheit untergebracht. Die Verflüssiger werden von einem Axialventilator „belüftet".

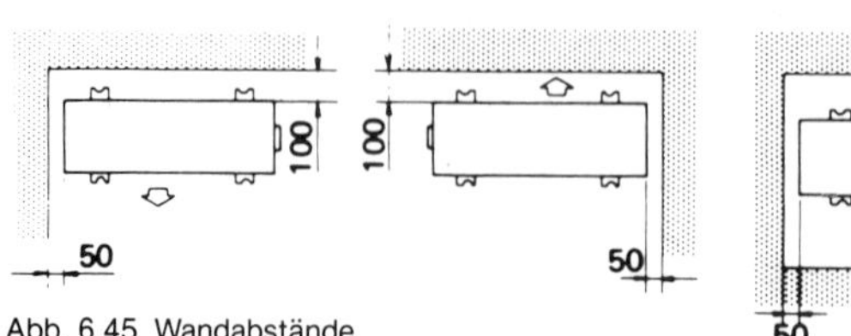

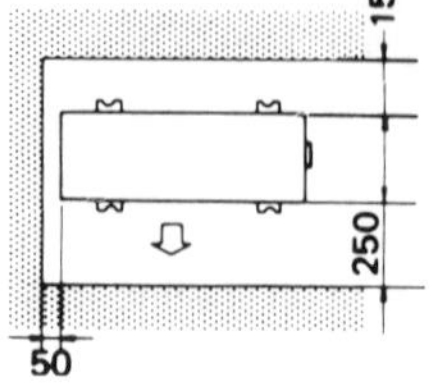

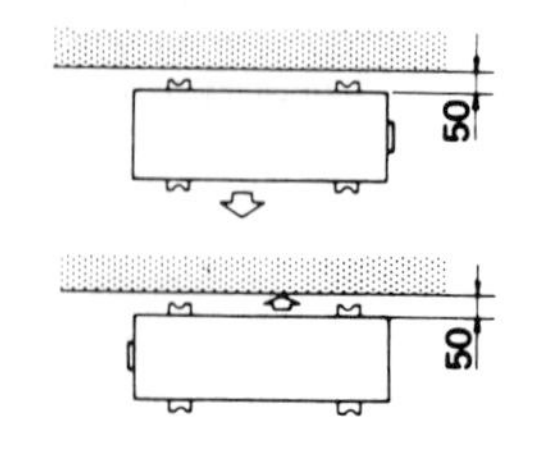

Abb. 6.45 Wandabstände

- Bei der **Auslegung des Außenteils** interessieren neben den anzuschließenden Innenteilen die Platzverhältnisse und somit Geräteabmessungen; der Schallpegel, der höher ist als der im Innenteil (vgl. Tab. 6.6); Motorleistung; Wetterschutz; Kältemittelfüllmenge; Leitungsverbindung; Gewicht.
- Damit die Luft beim Außenteil einwandfrei zu- und abgeführt und vor allem das Gerät problemlos gewartet werden kann (Staub mindert die Leistung), müssen die **vom Hersteller angegebenen Abstände** eingehalten werden (Abb. 6.45), die wiederum von der Geräteart und Größe abhängig sind.

6.3.2 Verbindung von Innen- und Außenteil

Hinsichtlich der Montage von Splitgeräten muß man, neben der sorgfältigen Aufstellung von Innen- und Außenteil, vor allem der Verbindung dieser beiden durch Kältemittelleitungen erhöhte Aufmerksamkeit schenken. Wie bei kleineren Wandgeräten oder fahrbaren Geräten gezeigt, werden vielfach werkseitig vorgefüllte Kältemittelleitungen angeboten, die zur Vermeidung von Schwitzwasserbildung gedämmt sind. Die Verbindung von Innen- und Außenteil erfolgt durch Kupplungen, die vor der Benutzung beidseitig, z. B. durch Membranen, verschlossen sind. Beim Festziehen der Kupplungen mit einem Drehmomentschlüssel wird die Membrane aufgeschnitten und somit der Kältekreislauf automatisch hergestellt. Ein Eindringen von Schmutz und Feuchtigkeit während der Montage wird durch eine solche Spezialkupplung verhindert. Nicht selten müssen unnötige Meter verlegt werden, denn die Leitungslänge (z. B. 3, 5, 8, 12 m) sind vorgegeben. Bei größeren Leistungen und Multisplitsystemen müssen Kältemittelleitungen an Ort und Stelle verlegt, evakuiert, getrocknet, geprüft, in Betrieb genommen und gewartet werden.

Hierzu sind spezielle Fachkenntnisse erforderlich, die in der Regel nur der Kälteanlagenbauer besitzt. Die Heizung/Klima-Firmen werden daher zweckmäßig immer mit Kältefirmen zusammenarbeiten. Diesen fehlen die Kenntnisse der Heizungstechnik (z. B. Rohrinstallation, hydraulische Schaltungen) und Lüftungstechnik (z. B. Kanalmontage).

Zum Schutz des Kompressors muß in dessen **Kurbelgehäuse zur Schmierung immer eine bestimmte Ölmenge** vorhanden sein. Durch den komprimierten Kältemitteldampf wird Öl mitgerissen und gelangt so in den Kältekreislauf. Damit immer genügend Öl zum Kurbelgehäuse zurückgeführt wird, müssen bei der Dimensionierung und Verlegung der Leitungen bestimmte Regeln beachtet werden. Diesbezüglich sind 3 Fälle zu unterscheiden:

a) **Außen- und Innengerät auf gleicher Höhe,** wo hinsichtlich der Ölrückführung in der Regel keine Probleme auftreten können.

b) **Außengerät unterhalb des Innengerätes** wie bei a, wobei die maximale Höhe lt. Herstellerangabe zu beachten ist, ebenso die dadurch auftretenden Leistungsverluste.

c) **Außengerät oberhalb des Innengerätes,** wo neben den Leistungsverlusten vor allem bei der Verlegung der Saugleitung **„Ölhebebogen"** vorgesehen werden müssen. Dadurch soll verhindert werden, daß bei der Kompressorabschaltung kein Öl zum Verdampfer zurückläuft. Bei mehreren Etagen ist ein solcher Bogen alle 3 . . . 3,5 m erforderlich (Abb. 6.47).

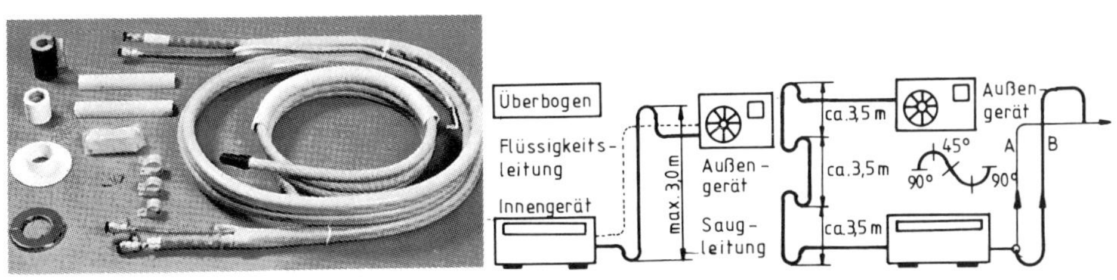

Abb. 6.46 Vorgefüllte Kältemittelleitungen

Abb. 6.47 Verlegung von Kältemittelleitungen

Weitere Hinweise zu den Kältemittelleitungen:

- Die **Entfernung zwischen Innen- und Außengerät** soll so kurz wie möglich gehalten werden (geringerer Druckabfall, bessere Leistungszahl, problemlosere Ölrückführung). In den Herstellerunterlagen wird sie in

Abhängigkeit des Rohrdurchmessers bzw. Gerätetyps angegeben (z. B. 25 m). Die maximale Leitungslänge hängt von der Gerätegröße, von der Anzahl der angeschlossenen Innengeräte und vor allem vom Höhenunterschied zwischen Außen- und Innengerät ab.

- Bei einem Klimagerät, bei dem ein **Kompressor mit mehreren Teillaststufen** vorliegt, könnte es passieren, daß durch eine zu geringe Geschwindigkeit die Ölrückführung in der Saugleitung nicht gewährleistet ist. Als Vorkehrungsmaßnahme kann entsprechend Abb. 6.47 eine zweite Steigleitung vorgesehen werden.
  Die Leitung „A" wird so bemessen, daß eine Ölrückführung auch bei Minimalleistung erfolgen kann. Im Teillastbetrieb füllt sich der Bogen, bis die Steigleitung „B" gesperrt ist, so daß der Kältemitteldampf durch die Leitung „A" strömt und genügend Öl mitführen kann. Die Leitung „B" muß entsprechend größer dimensioniert werden, damit bei Vollast der Druckverlust begrenzt wird.
- **Waagerecht verlegte Leitungen** sollen, wenn sie irgendwo senkrecht nach unten geführt werden müssen (z. B. Unterzüge), nicht wieder hochgezogen werden (Vermeidung von „Ölfallen"). Auch vor dem Kompressor darf kein „Ölsack" vorliegen.
- Bei der **Rohrmontage** sind folgende Maßnahmen zu beachten: staubdicht verschlossene Anlieferung, Verlegung im geschlossenen Zustand (Vermeidung von Schmutz- und Feuchtigkeit), Gefälle in Strömungsrichtung, Ausdehnung beachten, Kupferrohre in Kühlschrankqualität, Kupferrohrschneider verwenden und Schnittfläche entgraten, Hartlötung und geeignetes Flußmittel (vorher völlig entleeren), sorgfältige Bördelanschlüsse. Bei Demontage Kältemittel absaugen und entsorgen.
- Die **Rohrquerschnitte** sind im Kältekreislauf wegen der unterschiedlichen Zustandsformen des Kältemittels nicht einheitlich. Entscheidend sind die jeweiligen Geschwindigkeiten in den Rohrabschnitten, wie z. B. bei der Flüssigkeitsleitung etwa 0,4 . . . 0,8 m/s, in der Sauggasleitung etwa 7 . . . 12 m/s und Heißgasleitung etwa 10 . . . 15 m/s (R 22). Bei leistungsgeregelten Kompressoren muß auch in der kleinsten Stufe die Geschwindigkeit ausreichen, um das umlaufende Öl zum Kompressor zurückzuführen.

6.4 Truhenklimageräte (Ventilatorkonvektoren)

Heiz- und Lüftungstruhen, die auch als Gebläsekonvektoren oder nach der DIN als Ventilatorkonvektoren bezeichnet werden, haben in der Heizungs- und Lüftungsbranche in zahlreichen Fällen interessante und zweckmäßige Anwendungsbereiche. Sollen diese Geräte auch zur Klimatisierung herangezogen werden, sind weitere Hinweise zu beachten.

6.4.1 Einteilung und Anwendung

Bezeichnet man einen Ventilatorkonvektor als Klimagerät, so muß er mehr als „nur heizen". Er wird dann entweder zusätzlich oder ausschließlich zur Kühlung und Entfeuchtung von Aufenthalts- und Arbeitsräumen oder nur als Entfeuchtungsgerät verwendet.

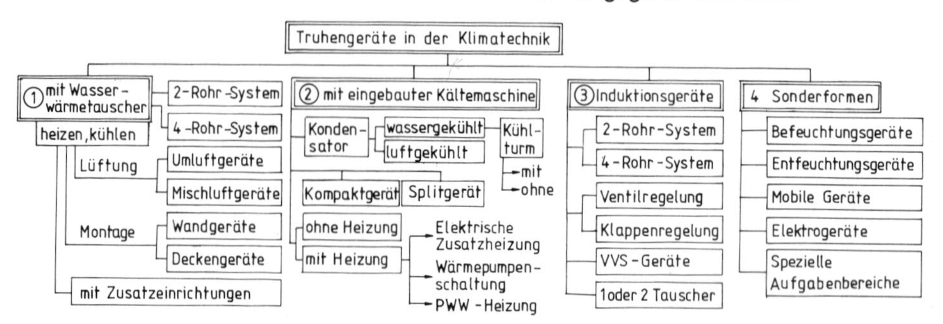

Abb. 6.48 Einteilung von Klima-Truhengeräten

Die Vielfalt von Truhengeräten (vgl. Abb. 6.48), die noch weiter unterteilt werden kann, zeigt, daß eine individuelle Anpassung an die jeweiligen Bedarfsfälle gegeben ist. Der große Anwendungsbereich dieser „Wassertruhe" bezieht sich vor allem auf Büroräume, kleinere und mittlere Versammlungsräume, Hotels, Verkaufsräume, Banken und nicht zuletzt auch auf zahlreiche gewerbliche Bereiche. Es gibt außerdem zahlreiche Truhengeräte für spezielle Aufgaben, wie z. B. als Entfeuchtungsgerät in einem Schwimmbadraum, als Konstantklimatruhe in einem Produktionsraum, als Befeuchtungsgerät in einem Museum, als Computerklimatruhe usw.

Die Truhengeräte als Induktionsgeräte bei Hochdruckklimaanlagen bzw. Primärluftklimaanlagen werden ausschließlich zur Klimatisierung von großen Verwaltungsgebäuden und Hotels (vorwiegend in Hochhäusern) verwendet. Auf dieses spezielle Luft-Wasser-System wird ausführlicher in Kap. 3.7.1 und 3.7.2 eingegangen.

Ventilatorkonvektoren mit Wasser-Wärmetauscher stehen in der Heizungs-/Klimabranche im Vordergrund, da hier die Planungs- und Installationsbedingungen dem Aufgabenbereich der Heizungstechnik voll zugeordnet werden können. Gerade hier wird es besonders deutlich, daß sich die Heizungsbranche mit der Klimatisierung beschäftigen muß.

Die **Wassertruhe zur Beheizung und Belüftung** oder auch zur Entfeuchtung durch Außenluft wird ausführlich im Bd. 3 behandelt. Hieraus nur vier Hinweise:

1. Möchte man die **Vorteile** nennen, so kann dies einerseits gegenüber Raumheizflächen geschehen, wie z. B. kurze Aufheizzeit, geringer Platzbedarf, Einbeziehung der Lüftungsvorteile u. a., andererseits gegenüber zentralen RLT-Anlagen (Nur-Luft-Systemen), wie z. B. individuelle Lösungsmöglichkeiten und Bedienung, einfacher nachträglicher Einbau, geringe Baunebenkosten, Unterfenstermontage, höhere Betriebssicherheit.
   Nachteilig gegenüber Raumheizflächen sind z. B. die aufwendigeren Versorgungsleitungen, die fehlende Strahlungswärme, die Wartungsprobleme, die Regelung u. a.; gegenüber der Nur-Luft-Anlage sind es neben den umfangreichen Versorgungsleitungen der größere Wartungsaufwand, die begrenzte Wurfweite bzw. Raumströmung u. a.
   Grundsätzlich sind alle Vor- und Nachteile und damit auch der Anwendungsbereich von den baulichen Gegebenheiten und von der Nutzung des Projektes abhängig. Sie müssen in ihrer jeweiligen Gewichtung sehr unterschiedlich, teilweise auch konträr, bewertet werden.
2. **Die Entscheidung, ob Umluft-, Mischluft oder Außenluftbetrieb,** hat ganz wesentliche Auswirkungen auf die Planung und Ausführung; z. B. auf die Wärmeleistung und den Volumenstrom, auf die Anschaffungs- und Betriebskosten, auf die Anordnung der Ab- bzw. Fortluftgeräte und ganz besonders auf die verschiedenen Regelungsmöglichkeiten.
3. **Weitere Planungs- und Berechnungskriterien** sind die Fragen nach Integration in Raum und Baukörper (Durchbrüche), Heizmedium und dessen Temperatur, Geräuschpegel, Wurfweite, wasserseitigem Druckverlust für die Rohrnetz- bzw. Pumpenbestimmung, Frostschutz und nicht zuletzt nach der hydraulischen Einbindung einschließlich Bemessung der Regelventile.
4. Truhengeräte zur **Entfeuchtung durch Außenluftbeimischung** ($x_a < x_i$) werden vorwiegend in Naßräumen verwendet (z. B. mit Schwimmbecken, Reinigungsbecken, offene Behälter). Nach dem Wasserdampfanfall $\dot{m}_W$ in l/h wird hier der erforderliche Außenluftvolumenstrom $\dot{V}_a = \dot{m}_W/\rho \cdot (x_i - x_a)$ ermittelt. $\dot{m}_W = A \cdot \sigma \cdot (x_s - x_i)$. Zum Beispiel für Schwimmhallen: σ Verdunstungszahl (10 ... 30 kg/m^2 · h), x_s Sättigungsdampfmenge auf Beckenwassertemperatur bezogen, x_a absolute Feuchte der Außenluft (für Juli ≈ 9 g/kg). Entscheidend für $\dot{m}_W$ und $\dot{V}_a$ sind diese Differenzen $x_s - x_i$ bzw. $x_i - x_a$, die stark von der Planung und noch mehr von der Betriebsweise (Regelung) abhängig sind. **Betriebskostensenkung** heißt demnach Reduzierung von $\dot{m}_W$ (die erforderliche Verdunstungswärme wird vorwiegend dem Beckenwasser entzogen, das sich dadurch abkühlt) und Reduzierung von $\dot{V}_a$ und somit geringerer Lüftungswärmebedarf $\dot{Q}_L$, der allerdings noch im Zusammenhang mit der Raumheizung und Regelung gesehen werden muß.

Abb. 6.49 Truhengerät in Wohn-, Büro- und Gymnastikraum

6.4.2 Bauteile der „Wassertruhe" (Ventilatorkonvektor)

Beim **Wärmetauscher (1)** mit Cu-Rohren (3 bzw. 4 Rohrreihen) und Alulamellen unterscheidet man, wie beim Induktionsgerät, zwischen dem **2-Leiter-System,** bei dem der Wärmetauscher für Heiz- oder Kühlbetrieb verwendet wird, entweder mit 3 Rohrreihen (Kühlen oder

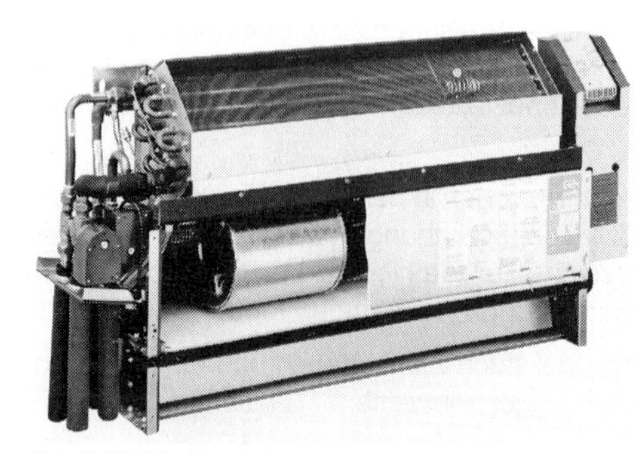

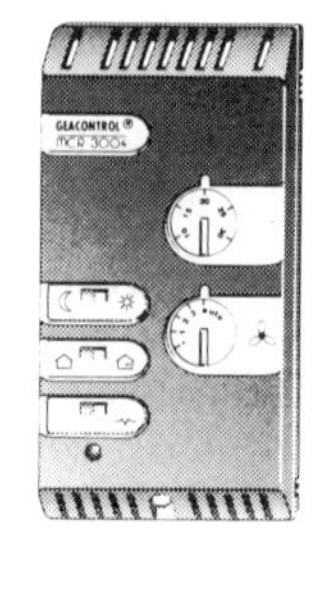

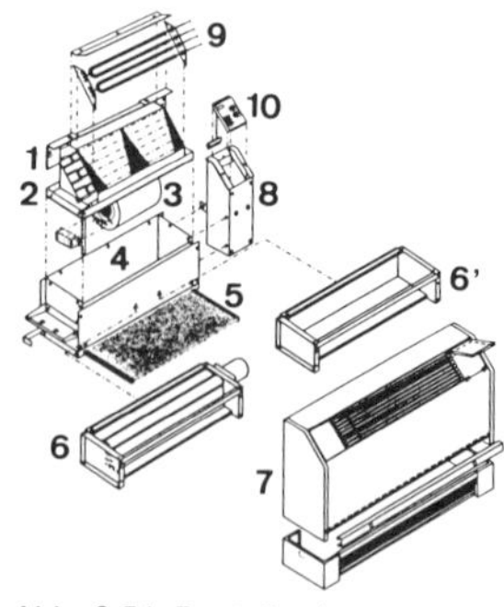

Abb. 6.50 Klimakonvektor ohne Verkleidung mit Mikro-Computer-Regelung (Fa. GEA)

Abb. 6.51 Bauteile eines Gebläsekonvektors

Heizen) oder mit 4 Rohrreihen (nur Kühlen), und dem **4-Leiter-System,** bei dem 1 Rohrreihe des Registers für Heizen und 3 Rohrreihen für Kühlen verwendet werden. Bei letzterem hat der Tauscher 2 Vorlauf- und 2 Rücklaufanschlüsse (warm und kalt); Wasserinhalt je nach Typ und Rohranzahl 0,5 bis 3 l; Anschlüsse rechts oder links.

Als **Heizmedium** verwendet man PW-Wasser mit einer max. Vorlauftemperatur von 110 °C (zur Raumheizung meistens < 70 °C) und als **Kühlmedium** Wasser oder Wasser-Glykol-Gemisch (max. 50 % Glykol) mit Vorlauftemperaturen von etwa 6 . . . 10 °C. **Betriebsdruck** 16 bar.

Die **Kondensatsammelwanne (2)** befindet sich unterhalb des Kühlers und ist unterseitig mit einer Wärmedämmung versehen. Bei Geräten mit Deckenmontage ist zusätzlich eine querliegende Wanne erforderlich. **Radialventilator (3)** mit vorwärtsgekrümmten Schaufeln ist doppelseitig saugend, mit Außenläufermotor; Lüfterwahl dreistufig, manuell oder automatisch; Leistungsaufnahme je nach Baugröße (Tab. 6.8) von etwa 50 bis 170 W, Stromaufnahme 0,22 bis 0,75 A. Ventilator und Kondensatwanne bilden zusammen eine Montageeinheit. Der **Luftansaugkasten (4)** hat Führungsschienen für den Flächenfilter. Die mit Wechselrahmen eingebaute **Filtermatte (5)** ist regenerierbar, Filterklasse EU 2 oder EU 3. Einen Gerätesockel benötigt man zur Montage des Luftansauggitters bei einer Stahlblechverkleidung. Der wärmegedämmte **Gerätesockel mit Mischlufteinheit (6)** besitzt eine luftdicht schließende Klappe mit Stellmotor und Frostschutzthermostat. Für Umluftgeräte wird alternativ der **Sockel (6′)** verwendet. Die **Stahlblechverkleidung (7)** ist elektrolytisch verzinkt, schall- und wärmegedämmt; Seitenteile aus Kunststoff; Bedienungsklappen aus transparentem Kunststoff, auch verschließbar, Baulängen 800 bis 2 000 mm je nach Baugröße. Im seitlich angebrachten **Elektroschaltkasten (8)** ist der zum jeweiligen Gerätetyp angepaßte **MC-Regler (10)** untergebracht. Die **Elektro-Zusatzheizung (9)** gehört zum Zubehörprogramm; 2stufig, nur für 2-Leiter-System. Der **Frostschutzthermostat** ist bei Mischluftgeräten erforderlich.

6.4.3 Kühlerleistung - Auswahl - Montage

Im Vergleich zur Lüftungstruhe müssen bei einer „Klimatruhe“ andere bzw. ergänzende Aufgaben und Probleme gelöst werden. Diese beziehen sich vor allem auf Wärmetauscher, Montage und Regelung.

1. Hinsichtlich der **Auswahlkriterien bei der Planung** ist zu unterscheiden, ob z. B. ein Umluftgerät (mit oder ohne Sockel) oder ein Mischluftgerät erforderlich ist (Außenluftrate, Luftwechsel), ob ein 2-Leiter-System zum Heizen **oder** Kühlen oder ein 4-Leiter-System zum Heizen **und** Kühlen gewählt werden soll, ob ein Wandgerät (frei oder in Verkleidung) oder ein Deckengerät (frei oder verkleidet) gewählt werden muß, ob mit dem Gerät mehr oder weniger entfeuchtet werden muß und welches Kühlmedium gewählt werden kann bzw. zur Verfügung steht, ob ein Einzelgerät aufgestellt wird oder ob Gruppenschaltungen gewählt werden müssen, welche Regelung gewählt werden soll, welche Drehzahl empfohlen werden muß (Betriebsweise, Geräuschpegel, Wurfweite), welche Filterqualität gewünscht wird (EU 2 oder

EU 3), wie der Raum genutzt wird (Fragen hinsichtlich der Aufstellung), welche Anschlüsse erforderlich sind, welche Zubehörteile, wie z. B. Elektrozusatzheizung, Wetterschutzgitter, Segeltuchstutzen, Ventile usw., mitbestellt werden müssen.

2. Für die **Bestimmung der Kühlerleistung und Geräteauswahl** ist grundlegend die Kühllastberechnung nach VDI 2078 oder zumindest die näherungsweise Berechnung nach Abb. 7.30. Außerdem interessiert – wie schon ausführlicher in Kap. 6.1.2 und 6.2.2 erwähnt – vor allem der Unterschied zwischen sensibler und latenter Kälteleistung und der Volumenstrom. Die Geräteauswahl erfolgt nach den Unterlagen der Hersteller (Tab. 6.8).

Tab. 6.8 Technische Daten von Gebläsekonvektoren zur Kühlung (Fa. GEA)

Baugröße		1									2									3								
Drehzahlstufe		I			II			III			I			II			III			I			II			III		
Luftvolumenstrom m^3/h		175			260			350			240			360			480			400			600			800		
Kühlel. 2RR	**Typ**	**1WK 5** ☐☐ s. Typenschlüssel S. 1a									**2WK 5** ☐☐ s. Typenschlüssel S. 1a									**3WK 5** ☐☐ s. Typenschlüssel S. 1a								
**) Lufteintrittstemperatur	t_{L1} °C	$\dot{Q}_o$ kW	$\dot{Q}_s$ kW	t_{L2} °C	$\dot{Q}_o$ kW	$\dot{Q}_s$ kW	t_{L2} °C	$\dot{Q}_o$ kW	$\dot{Q}_s$ kW	t_{L2} °C	$\dot{Q}_o$ kW	$\dot{Q}_s$ kW	t_{L2} °C	$\dot{Q}_o$ kW	$\dot{Q}_s$ kW	t_{L2} °C	$\dot{Q}_o$ kW	$\dot{Q}_s$ kW	t_{L2} °C	$\dot{Q}_o$ kW	$\dot{Q}_s$ kW	t_{L2} °C	$\dot{Q}_o$ kW	$\dot{Q}_s$ kW	t_{L2} °C	$\dot{Q}_o$ kW	$\dot{Q}_s$ kW	t_{L2} °C
Kühlen mit KW 6 / 12	27	1,0	0,8	14	1,2	1,1	15	1,5	1,3	16	1,6	1,2	12	2,0	1,6	14	2,4	2,0	15	2,3	1,9	13	3,0	2,5	15	3,5	3,0	16
	24	0,6	0,6	14	0,9	0,9	14	1,1	1,1	15	1,2	1,0	12	1,6	1,3	13	1,9	1,6	14	1,6	1,5	13	2,2	2,0	14	2,7	2,5	15
	22	0,4	0,4	16	0,7	0,7	15	0,8	0,8	15	1,0	0,8	12	1,3	1,1	13	1,6	1,4	14	1,2	1,2	14	1,6	1,6	14	2,0	2,0	15
	20	0,3	0,3	15	0,3	0,3	16	0,4	0,4	17	0,7	0,6	12	1,0	0,9	12	1,2	1,1	13	0,7	0,7	15	1,1	1,1	15	1,6	1,5	14
Kühlen mit KW 8 / 14	27	0,8	0,7	15	1,0	0,9	16	1,2	1,2	17	1,3	1,1	14	1,7	1,5	15	2,0	1,7	16	1,8	1,6	15	2,4	2,2	16	2,9	2,7	17
	24	0,4	0,4	18	0,7	0,7	16	0,9	0,9	17	0,9	0,9	13	1,2	1,1	15	1,5	1,4	15	1,2	1,2	15	1,7	1,7	16	2,1	2,1	16
	22	0,3	0,3	17	0,3	0,3	18	0,6	0,6	17	0,7	0,7	14	1,0	0,9	14	1,2	1,2	15	0,7	0,7	17	1,2	1,2	16	1,6	1,6	16
	20	0,2	0,2	16	0,3	0,3	17	0,3	0,3	18	0,3	0,3	16	0,7	0,7	14	0,9	0,9	15	0,5	0,5	16	0,6	0,6	17	0,6	0,6	18
Kühlen mit KW 10 / 16	27	0,6	0,6	17	0,8	0,8	18	1,0	1,0	19	1,0	0,9	15	1,3	1,3	16	1,6	1,5	17	1,4	1,4	17	1,9	1,9	18	2,3	2,3	18
	24	0,3	0,3	19	0,3	0,3	20	0,7	0,7	19	0,7	0,7	15	1,0	1,0	16	1,2	1,2	17	0,7	0,7	19	1,3	1,3	18	1,6	1,6	18
	22	0,2	0,2	18	0,3	0,3	19	0,3	0,3	20	0,5	0,5	16	0,7	0,7	16	0,9	0,9	17	0,5	0,5	18	0,6	0,6	19	0,6	0,6	20
	20	0,2	0,2	17	0,2	0,2	18	0,2	0,2	18	0,3	0,3	17	0,3	0,3	18	0,3	0,3	18	0,4	0,4	17	0,4	0,4	18	0,5	0,5	18

**) Lufteintrittstemperatur: 27 °C/46% r.F.; 24 °C/50% r.F.; 22 °C/55% r.F.; 20 °C/55% r.F.;

Beispiele und Erkenntnisse aus Tab. 6.8

a) Dieser Hersteller liefert von diesem Gerätetyp 5 Baugrößen mit einer **Kälteleistung** $\dot{Q}_0$ – je nach Baugröße, Drehzahl (Volumenstrom), Lufteintrittszustand (ϑ, φ) und Kaltwassertemperatur zwischen 0,3 und 7,6 kW, d. h. ein Verhältnis von etwa 1 : 25 (4. und 5. Baugröße in Tabelle nicht aufgenommen).

b) Der **sensible und latente Anteil** von $\dot{Q}_0$ (Verhältnis: Trocken-Feucht-Kühlung) hängt ebenfalls von den genannten Einflußgrößen ab. Dies kann anhand des *h, x*-Diagramms dargestellt werden (Kap. 9.2.5).

Merke:

- **Je geringer das Verhältnis $\dot{Q}_S/\dot{Q}_0$ bzw. je größer die Differenz** $\dot{Q}_0 - \dot{Q}_S$, desto größer ist die Entfeuchtungsleistung.
  Beispiel: Bei Typ 3 WK 5 6/12 °C, Drehzahl II, ϑ_{L1} = 27 °C ist $\dot{Q}_S/\dot{Q}_0$ = 2,5/3,0 = 0,83, $\dot{Q}_0 - \dot{Q}_S = \dot{Q}_l$ = 0,5 kW, $\dot{m}_W = \dot{Q}_l/r$ = 500/700 ≈ **0,71 l/h.**
- **Je wärmer die Kaltwassertemperatur oder je geringer die Drehzahl (Volumenstrom), desto geringer ist die Entfeuchtungsleistung** (bei mit 8 °C/14 °C nur etwa 0,28 l/h anstatt 0,71 l/h).
- Je weniger Wasser abgeschieden wird, desto mehr steht für die Raumkühlung zur Verfügung. Sind $\dot{Q}_0$ und $\dot{Q}_S$ identisch (z. B. bei Typ 3 WK 5, PKW 10/16 °C, Drehzahl II), so ist eine trockene Kühleroberfläche, d. h. **keine Entfeuchtung,** zu erwarten.

c) **Die Austrittstemperatur ϑ_{zu}** (= t_{L2}) bei Baugröße 3 liegt bei ϑ_{EIN} (= t_{L1}) = 27 °C zwischen 13 und 16 °C entsprechend einer Untertemperatur zwischen 14 und 11 K (Vorsicht bei kurzem Abstand und waagrechtem Ausblas!). **Zur Berechnung von ϑ_{zu} darf nur der sensible Leistungsanteil eingesetzt werden.**
Beispiel: Gerätetyp 3 WK 5, Drehzahl II, ϑ_{L1} = 27 °C, 6/12 °C, ϑ_{zu} = 15 °C ⇒ $\vartheta_{zu} = -[\dot{Q}_S/(\dot{m} \cdot c)] + \vartheta_i$ = – [2 500/(600 · 1,2 · 0,28)] + 27 = **14,6 °C**

d) Soll **mit der Klimatruhe auch geheizt werden,** so ist die Geräteleistung ebenfalls vom Heizmedium, von der Drehzahl und vom Eintrittszustand abhängig. Die Eintrittstemperatur ist ϑ_a, ϑ_m oder ϑ_i. ϑ_m ergibt sich aus dem Außenluftanteil bzw. aus der Lüftungsforderung, d. h., die Geräteleistung setzt sich immer aus der Heizlast und dem Lüftungswärmebedarf zusammen.
Die Zulufttemperatur t_{L2} bzw. **Übertemperatur $\vartheta_{zu} - \vartheta_i$** bei Umluft ist im Vergleich zu Zentralanlagen mit

Zuluftdurchlässen sehr hoch, nimmt aber bei geringeren Vorlauftemperaturen stark ab.
Die Geräteleistung in Tab. 6.9 erstreckt sich je nach Betriebsfall von 1,2 kW bis 15,6 kW (eine sehr große Leistungsspanne), die auch wiederum große Unterschiede bei der Zulufttemperatur zeigt.

Tab. 6.9 Technische Daten von Gebläsekonvektoren mit 4-Leiter-System 1 Rohrreihe für Heizung (Ergänzung zu Tab. 6.8)

Baugröße		1						2						3					
Drehzahlstufe Luftvolumenstrom m³/h		I 175		II 260		III 350		I 240		II 360		III 480		I 400		II 600		III 800	
Heizen 1RR	Typ	1W 5□□						2W 5□□						3W 5□□					
Lufteintritts temperatur	t_{L1} °C	Q kW	t_{L2} °C	Q kW	t_{L2} °C	Q kW	t_{L2} °C	Q kW	t_{L2} °C	Q kW	t_{L2} °C	Q kW	t_{L2} °C	Q kW	t_{L2} °C	Q kW	t_{L2} °C	Q kW	t_{L2} °C
Heizen mit PWW 90 / 70	- 12	4,1	50	5,1	40	5,9	33	6,0	54	7,7	44	8,9	37	9,8	53	12,5	43	14,3	36
	0	3,4	54	4,3	46	5,0	39	5,0	58	6,5	50	7,5	43	8,3	57	10,5	49	12,2	42
	+ 10	2,9	57	3,6	50	4,2	45	4,3	61	5,5	54	6,4	48	7,0	60	9,0	53	10,4	48
	+ 20	2,4	60	3,0	54	3,5	50	3,5	64	4,5	58	5,3	53	5,8	63	7,5	57	8,7	52
Heizen mit PWW 70 / 50	- 12	3,0	33	3,7	26	4,3	21	4,5	38	5,7	30	6,6	24	7,4	37	9,3	29	10,8	24
	0	2,3	37	2,9	31	3,4	27	3,6	41	4,5	35	5,3	30	6,0	42	7,5	35	8,7	30
	+ 10	1,8	40	2,2	35	2,6	32	2,8	44	3,6	39	4,2	35	47,	44	6,0	39	7,0	35
	+ 20	1,2	41	1,6	38	1,9	36	2,1	46	2,7	42	3,1	39	3,6	47	4,6	43	5,3	40

Aufgabe 1

Der Wärmebedarf nach DIN 4701 beträgt 4 kW, Anlage 70/50 °C, zusätzlich sollen bis ϑ_a = – 12 °C 30 % Außenluft zugeführt werden. ϑ_i = 20 °C.

Lösung: Erforderliche Registerleistung $\dot{Q}_{Reg} = \dot{Q}_H + \dot{Q}_L = \dot{Q}_H + \dot{V}_a \cdot c\,(\vartheta_i - \vartheta_a)$ oder $\dot{V}_{zu} \cdot c \cdot (\vartheta_{zu} - \vartheta_m)$. $\dot{Q}_{Reg} \approx 4\,000 + 730 \cdot 0{,}3 \cdot 0{,}35 \cdot [20 - (-)\,12] = 6\,453$ W. Ansaugtemperatur = $\vartheta_m = 0{,}7 \cdot 20 + 0{,}3 \cdot (-)\,12 = 10{,}4$ °C

Gewählt 3 W 5, Drehzahl II: 6,0 kW, ϑ_{zu} = 39 °C; Kontrolle: $\dot{Q}_{Reg} = 600 \cdot 0{,}28 \cdot 1{,}248 \cdot (39 - 10) \approx 6\,000$ W. Zahlreiche weitere Beispiele siehe Bd. 3 „Lüftung und Luftheizung".

Die **Umrechnung der Kälte- und Wärmeleistungen bei anderen Wassertemperaturen und Lufteintrittszuständen** kann näherungsweise nach Tab. 6.10 bzw. 6.11 erfolgen, wobei von den Bezugswerten ausgegangen werden muß.

Tab. 6.10 Korrekturfaktoren für Kühlbetrieb (Bezugswert: 6/12 °C; 27 °C; 46% r. F.)

Kaltwassertemperaturen (°C)	Lufteintritt: t_{L1} (°C) / φ_1 (% r.F.)						
	32/40	30/40	27/46	26/50	24/50	22/55	20/55
6/10	1,58	1,35	1,18	1,16	0,94	0,82	0,62
6/12	1,41	1,19	1,00	0,97	0,76	0,62	0,39
7/13	1,31	1,09	0,90	0,88	0,66	0,52	0,29
8/12	1,37	1,15	0,98	0,96	0,74	0,62	0,44
8/14	1,20	0,99	0,81	0,77	0,57	0,43	0,26
10/15	1,09	0,87	0,70	0,67	0,49	0,38	0,21
12/16	0,95	0,78	0,61	0,56	0,44	0,33	0,17

Tab. 6.11 Korrekturfaktoren für Heizbetrieb (Bezugswert: 90/70/20 °C)

Heizwassertemperaturen (°C)	Lufteintrittstemperatur: t_{L1} (°C)									
	-16	-12	-10	-5	0	+5	+10	+15	+20	+22
90/70	1,80	1,70	1,65	1,54	1,43	1,32	1,21	1,10	1,00	0,95
80/60	1,58	1,49	1,45	1,33	1,22	1,12	1,02	0,92	0,81	0,78
70/50	1,39	1,31	1,27	1,15	1,03	0,93	0,84	0,74	0,64	0,60
60/50	1,33	1,24	1,20	1,09	0,98	0,88	0,78	0,68	0,58	0,54
60/40	1,19	1,10	1,06	0,95	0,85	0,75	0,65	0,55	0,44	0,40
50/40	1,13	1,04	1,00	0,90	0,78	0,69	0,59	0,50	0,40	0,36
40/30	0,93	0,84	0,80	0,70	0,60	0,50	0,41	0,31	0,21	0,17

Aufgabe 2

a) **Mit derm Gerät 2WK5 nach Tab. 6.8 soll ein Raum gekühlt werden. Die erforderliche Kühlleistung beträgt 1,9 kW. Die Werte in der Tabelle beziehen sich auf eine Kaltwassertemperatur 6/12 °C und einen Eintrittszustand 27 °C/46 % r. F. Wie groß ist die Kälteleistung $\dot{Q}_0$ dieses Gerätes bei einer Wassertemperatur von 8/14 °C, einem Eintrittszustand von 26 °C/50 % r. F. und der Drehzahl 2 ? Bei welcher Leistung muß das Gerät aufgesucht werden, wenn bei 8/14 °C, 26 °C/50 % r. F. die 1,9 kW garantiert werden sollen?**

b) **Mit dem Gerät 2 W 5, Stufe 2 nach Tab. 6.9 soll die veränderte Heizleistung und Austrittstemperatur gegenüber dem Bezugswert 90/70/20 °C (Faktor) ermittelt werden; tatsächliche Temperaturen ϑ_V = 70 °C, ϑ_R = 50 °C, ϑ_i = 15 °C.**

Lösung:

a) $\dot{Q}_K = 2{,}0 \cdot 0{,}77 =$ **1,54 kW;** aufzusuchende Leistung: 2,0/0,77 = **2,6 kW,** d. h., hier muß die Baugröße 3 gewählt werden mit einer Leistung von $3{,}0 \cdot 0{,}77 = 2{,}3$ kW

b) $\dot{Q}_H = 4{,}5 \cdot 0{,}74 =$ **3,33 kW;** $\vartheta_{zu} = [3\,330/(360 \cdot 0{,}35)] + 15 =$ **41,4 °C** (anstatt 58 °C).
Sind 4,5 kW erforderlich, muß das Gerät bei 4,5/0,74 = 6,1 kW in der 90/70/20-Spalte aufgesucht werden, d. h., es ist wieder der nächstgrößere Gerätetyp 3 W 5 mit 7,5 kW erforderlich.

Anstelle solcher Tabellen gibt es auch Auswahldiagramme, anhand deren man die Geräteauswahl und den Trocken-Feucht-Anteil bestimmen kann.

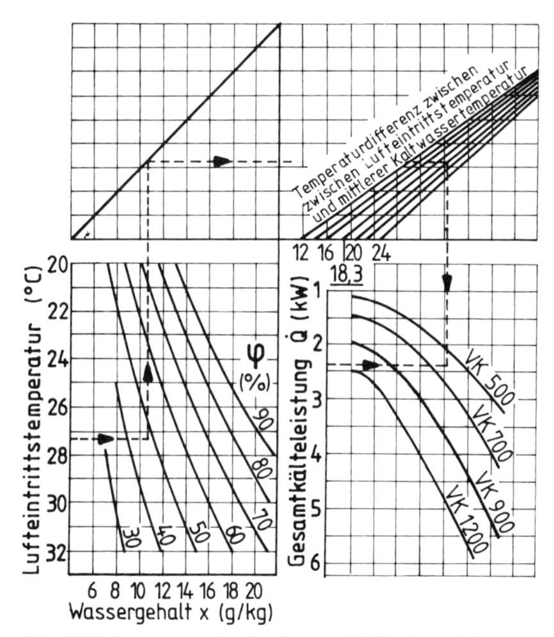

Abb. 6.52 Bestimmung des Gerätetyps (Gebläsekonvektor)

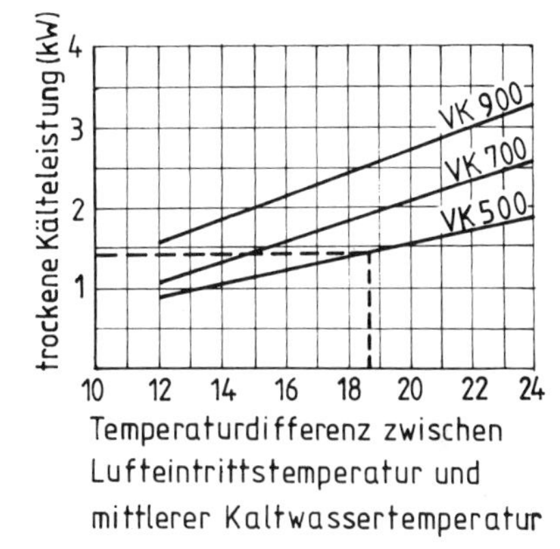

Ventilator	Korrekturfaktor	
	Volumen-strom	Leistung
schnell (max.)	1,0	1,0
mittel	0,64	0,65
langsam (min.)	0,42	0,51

Abb. 6.53 Ermittlung des Trocken-Feuchteanteils und Umrechnungsfaktoren bei anderen Drehzahlen

Aufgabe 3 (anhand Abb. 6.52 und 6.53)

Nach Festlegung des Raum- und Außenluftzustandes muß bei Mischluftbetrieb der Mischluftzustand – am einfachsten anhand des *h, x*-Diagramms – ermittelt werden (hier: ϑ_m = 27,3 °C, ϑ_m = 48 % r. F.). Die erforderliche Kälteleistung beträgt 2 450 W.

Welcher Gerätetyp kann gewählt werden, und wie groß ist der Latentanteil bzw. die Entfeuchtungsleistung, wenn eine Kaltwassertemperatur von 6/12 °C angegeben wird?

Lösung:

Mit $\vartheta_L - \vartheta_W$ = 27,3 – 9 = 18,3 K müßte nach Abb. 6.52 die kleinste Truhe **VK 500** mit etwa 2 100 W ausreichen; das Gerät **VK 700** mit etwa 2 700 W ist zweckmäßiger, wenn das Gerät nur kurzzeitig in Betrieb ist. Bei VK 500 ist der latente Anteil 2 100 – 1 400 = **700 W,** d. h. eine Entfeuchtung von $\dot{Q}/r \approx$ **1,0 l/h.**

Soll mit einem Wärmetauscher sowohl gekühlt als auch geheizt werden (2-Leiter-System), können durch die unterschiedlichen Temperaturverhältnisse und durch das entsprechende Verhältnis Kühlleistung/Wärmeleistung verschiedene Volumenströme gefordert werden. Umgekehrt kann es vorkommen, daß bei gleichem Volumenstrom getrennte Wärmetauscherflächen sinnvoll sind. Den Wärmedurchgang bei einem Wärmetauscher (hier Heiz- und Kühlregister gleichzeitig) bestimmt man durch die Beziehung:

$$\dot{Q} = A \cdot k \cdot (\vartheta_{Luft} - \vartheta_{Wasser})$$

Wärme- bzw. Kälteleistung (trocken) in Watt

A = Wärmetauscherfläche in m²
k = Wärmedurchgangskoeffizient in W/(m² · K)
$\vartheta_{Luft} - \vartheta_{Wasser}$ = mittlere Temperaturdifferenz $\Delta\vartheta_m$ in K

ϑ_{Wasser} = mittlere Temperatur des Heiz- bzw. Kühlmediums in °C
ϑ_{Luft} ≈ Lufteintrittstemperatur in °C

Aufgabe 4

Ein Truhengerät soll im Winter mit Warmwasser 70 °C/55 °C und im Sommer mit Kaltwasser 6 °C/12 °C versorgt werden. Die Heizlast nach DIN 4701 beträgt 2 450 W, und die sensible Kühllast wird mit etwa dem gleichen Wert angegeben. $\vartheta_{i(So)}$ = 26 °C, $\vartheta_{i(Wi)}$ = 22 °C.

a) Wie groß ist der erforderliche Volumenstrom im Winter bei $\Delta\vartheta_ü$ = 20 K ($\Delta\vartheta_ü$ = 15 K) und im Sommer bei $\Delta\vartheta_u$ = 10 K und wie groß das Verhältnis $\dot{V}_{So}/\dot{V}_{Wi}$?

b) In welchem Verhältnis steht die erforderliche Wärmetauscherfläche Sommer – Winter, wenn vom gleichen Wärme- und Volumenstrom ausgegangen wird?

Lösung:

Zu a) $\dot{V}_{Wi}$ = 2 450/(0,35 · 20) = **350 m³/h** (467 m³/h); $\dot{Q}_{So}$ = 2 450/(0,35 · 10) = **700 m³/h,** d. h. im Verhältnis von **1 : 2,0** (1 : 1,5).

Zu b) $\dot{Q} = A \cdot k \cdot \Delta\vartheta_m$; im Sommer: $\Delta\vartheta_m$ = 26 – 9 = **17 K;** im Winter: 62,5 – 22 = **40,5 K,** d. h. ein Verhältnis 1 : 2,41; im Sommer müßte demnach die Austauschfläche 2,4mal größer als im Winter sein. Entsprechend wählte man bei der Truhe nach Tab. 6.8 zwei Rohrreihen für das Kühlelement und eine Rohrreihe für das Heizelement (in einem Register).

Folgerungen:

- Wenn **im Sommer eine höhere Drehzahl** erforderlich ist ($\dot{V}_{So} > \dot{V}_{Wi}$), muß der Besitzer auch mit einem entsprechend höheren Geräuschpegel rechnen (vgl. Lösung a).
- Bei demselben Wärmetauscher und Volumenstrom ist – je nach $\Delta\vartheta_m$ – die **Heizleistung oft 2- bis 3mal größer als die Kühlleistung** (vgl. Lösung b).
- Wird das Gerät vorwiegend **für den Winterbetrieb ausgelegt,** muß man – zwecks besserer Anpassung an den Sommerbetrieb – die niedrigste Drehzahl zugrunde legen (höhere Drehzahl evtl. zum Schnellaufheizen).
- Grundsätzlich kann man **Heizleistung und Kühlleistung aufeinander abstimmen** durch Änderung (Anpassung) des Volumenstroms (Über- bzw. Untertemperatur), der Vorlauftemperatur, des Außen-/Umluftverhältnisses oder durch Geräteabschaltung, falls mehrere Geräte im Raum montiert sind.
- Bei Mehrraumgebäuden ist das **Zweileitersystem unbefriedigend,** da nur entweder kaltes **oder** warmes Wasser ansteht. Das Vierleitersystem bringt wesentlich höheren Komfort.

3. **Beim Einbau von Klimatruhen** (Ventilatorkonvektoren) muß man vor allem zwischen Umluft- und Mischluftgerät und zwischen Wand- und Deckengerät unterscheiden. Im Gegensatz zur Lüftungs- und Heiztruhe muß hier zusätzlich auf eine einwandfreie Kondensatableitung und auf eine entsprechende Regelung geachtet werden. Die Befestigungsabstände richten sich nach der Baugröße.

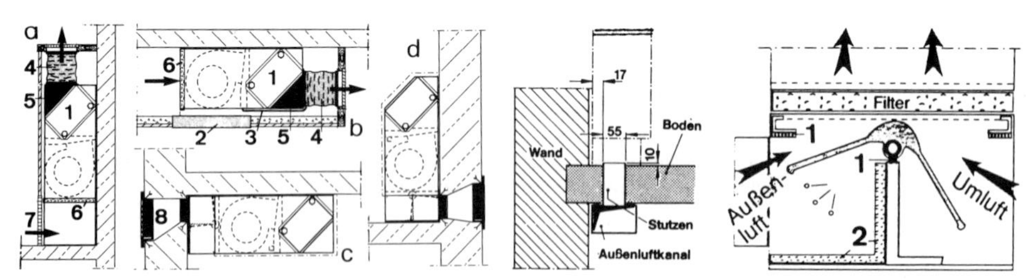

Abb. 6.54 Einbaumöglichkeiten von Gebläsekonvektoren

Abb. 6.55 Mischkasten

Abb. 6.54 zeigt verschiedene Einbaubeispiele: **a) Umluftgerät hinter einer bauseitigen Verkleidung** mit Segeltuchstutzen und Gerätesockel zur Montage des Ansauggitters, das für den Filterwechsel annehmbar ist.
b) Umluftgerät in einer Zwischendecke montiert: (1) Wärmetauscher; (2) Revisionsöffnung für Filterwechsel und bauseitigen Service; (3) Kondensatwanne mit Ablaufstutzen 20 mm, der je nach Einbaulage des Wärmetauschers links oder rechts angeordnet ist; (4) Segeltuchstutzen mit maximaler Länge von 150 mm; (5) Ausblas-Stahlblechstutzen, der beim Deckenkühlgerät entfällt; (6) Filter; (7) abnehmbares Gitter.
c) Mischluftgerät als Deckengerät mit wärmegedämmtem Gerätesockel; (8) Wetterschutzgitter mit Einbaurahmen für Außenluftanschluß.
d) Mischluftgerät als Wandgerät. Der konische Stutzen garantiert – wie auch bei c –, daß die Ansauggeschwindigkeit max. 3 m/s beträgt.
Beispiel: Gerät mit 1 000 m³/h, 20 % Außenluftanteil, Ansauggitter 200 cm², ergibt etwa 2,8 m/s.

Abb. 6.55 zeigt die Anordnung der **Mischluftklappe,** die stufenweise auf 30 %, 50 %, 75 % und 100 % Klappenöffnung einstellbar ist; (1) luftdicht schließend durch Dichtungsgummi und Bürste; (2) gedämmter Ansaugkasten. Der Mauerdurchbruch und Mauerrahmen (518 . . . 1718 mm) richten sich nach der Baugröße.

4. Der **wasserseitige Druckverlust des Wärmetauschers** hängt vorwiegend vom Wasserstrom und der Anzahl der Rohrreihen ab und liegt je nach Gerätetyp zwischen etwa 2 und 10 kPa. Damit der Wasserstrom und somit der Druckverlust nicht zu groß werden, sollte man die Temperaturspreizung nicht unter 15 bis 20 K wählen.

Bei größeren Geräten erreicht man durch Parallelanordnung der Rohrreihen geringere Druckverluste. Wie Abb. 6.56 und 6.57 zeigen, kann man die Druckverluste – je nach Wärmetauscher (2- oder 4-Leiter-System, Anzahl der Rohrreihen) anhand von Diagrammen ablesen.

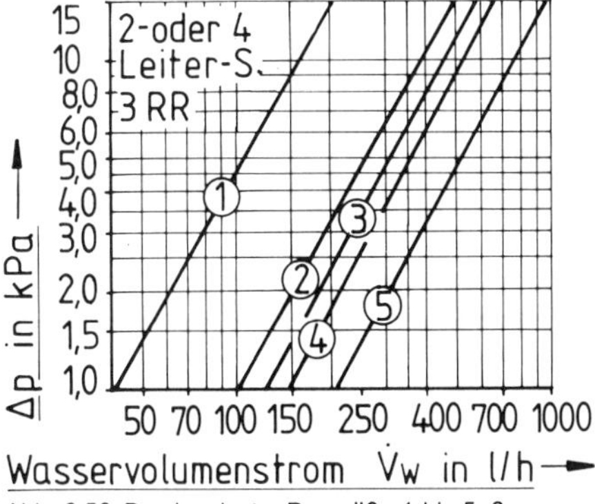

Abb. 6.56 Druckverluste, Baugröße 1 bis 5, 3 Rohrreihen (Kühlen)

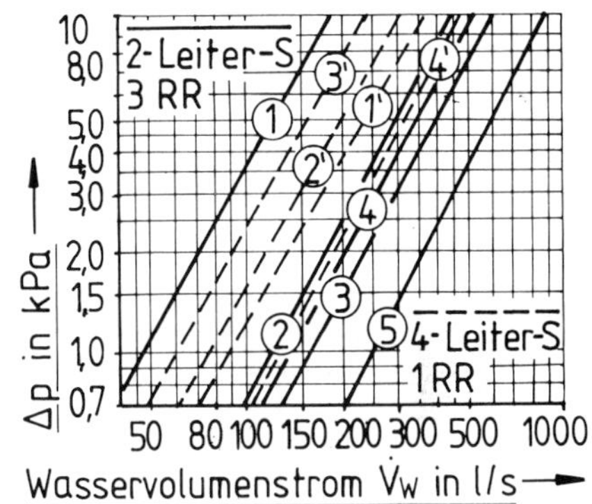

Abb. 6.57 Druckverluste (Heizen); 3 Rohrreihen, 2-Leiter-System (1 bis 5), 1 Rohrreihe 4-Leiter-System (1′ bis 4′)

Aufgabe 5

Mit einem Ventilatorkonvektor Baugröße 3 soll der Raum geheizt und gekühlt werden. Gewählt wird ein Gerät mit 3 Rohrreihen im 2-Leiter-System, Heizlast 3 800 W und Warmwasser 80/60 °C; Kühlerleistung 2 200 W und Kaltwasser 6/12 °C.

Wie groß ist der Druckverlust im Heizfall a) bei 3 Rohrreihen im 2-Leiter-System und b) bei 1 Rohrreihe im 4-Leiter-System sowie im Kühlfall bei 3 Rohrreihen (2- oder 4-Leiter-System)?

Lösung: Heizfall: $\dot{m}$ = 3 800/(1,16 · 20) ≈ 165 l/h ⇒ Δp ≈ **1 kPa** (≈ 5 kPa bei Baugröße 3!); Kühlfall: $\dot{m}$ = 2 360/(1,16 · 6) = 339 l/h ⇒ Δp ≈ **6 kPa.**

5. Bei der **Bestimmung der Ventilgröße** geht man von einer Mengenregelung aus, in der Regel mit einem stetig regelnden Motor-Dreiwegeventil für 3-Punkt-Verhalten (Auf – Halt – Zu). Wie bei der Rohrnetz- und Ventilberechnung erläutert (Bd. 2), muß ein Regelventil der Regelstrecke angepaßt werden. Es muß so bemessen werden, daß bei maximalem Wasserstrom das Ventil ganz geöffnet ist. Den Wasserstrom („Ventildurchfluß“) bei voll geöffnetem Ventil und 1bar Ventilwiderstand bezeichnet man als den k_{VS}-Wert. Je größer der Anteil des Ventilwiderstandes Δp_V am Gesamtwiderstand $\Delta p_{ges} = \Delta p_V$ + Druckverlust des zu regelnden Wasserkreises Δp_W (≈ Δp Wärmetauscher) ist, desto besser ist das Regelverhalten der Anlage. Das Verhältnis $\Delta p_V/(\Delta p_V + \Delta p_W)$ (= Ventilantorität) soll mindestens 0,5 betragen.

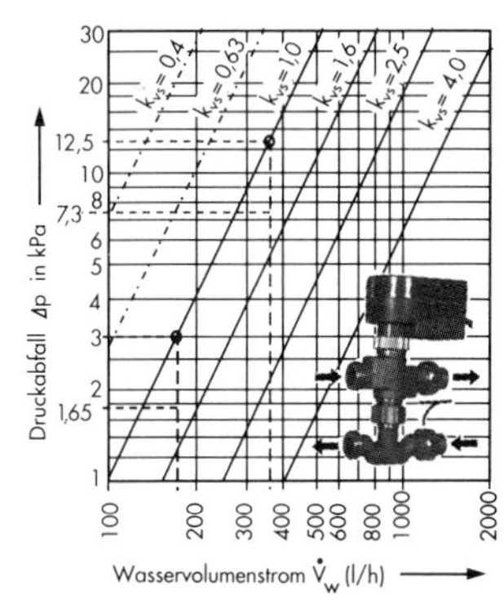

Abb. 6.58 Ventilbemessung

Abb. 6.59 Anschluß mit 3-Wege-Ventil, 2-Leiter-System

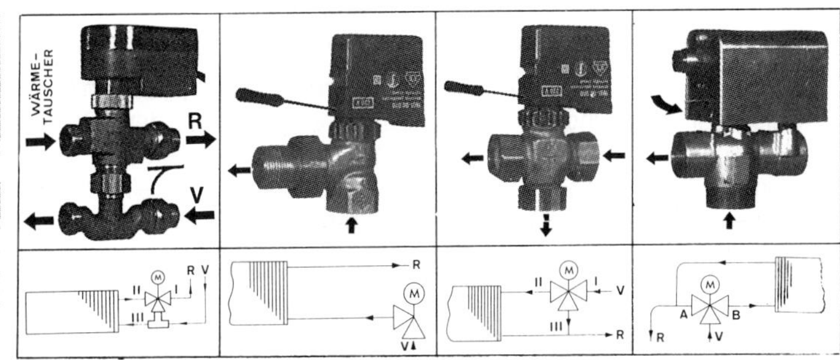

Abb. 6.60 Verschiedene Ventile und hydraulische Anordnung

Aufgabe 6

Bestimmen Sie den k_{VS}-Wert für die Truhe nach Aufgabe 4 (Heiz- und Kühlfall), und tragen Sie die Lösung in Abb. 6.58 ein.

Lösung: Heizfall: k_{VS} = 1,0 (bei Zwischenlagen kleineren Wert wählen) ⇒ Δp_V = **3 kPa.** Δp_V sollte beim Heizbetrieb 10 . . . 15 kPa nicht überschreiten. Kühlfall: k_{VS} = 1,0 ⇒ Δp_V ≈ **12,5 kPa.** Im Kühlbetrieb sollte Δp_V nicht mehr als 20 kPa betragen.

6. Der **Schallpegel** ist je nach Fabrikat, Baugröße, Ventilator und Drehzahl sehr unterschiedlich. Wie aus Tab. 6.12 ersichtlich, ist eine Klimatruhe (Ventilatorkonvektor) bei richtiger Auswahl nicht mehr zu hören. Neben der üblichen Ausführung wird noch eine extra leise Ausführung mit vermindertem Volumenstrom angeboten (vgl. Fußnote).

Tab. 6.12 Schallpegel für Ventilatorkonvektoren (Fa. GEA)

Baugröße*)		1			2			3			4			5		
Drehzahlstufe		I	II	III	I	II	III	I	II	III	I	II	III	I	II	III
Volumenstrom	m³/h	175	260	350	250	375	500	400	600	800	500	750	1000	725	1100	1500
Leistungspegel	dB(A)	33	41	48	39	48	56	41	50	56	41	49	56	43	52	59
Druckpegel ≈	dB(A)	24	32	39	30	39	47	32	41	47	32	40	47	34	43	50

*) Sonderausführung mit abgesenkter Drehzahl; bei etwa $\dot{V}/2$ wird der Geräuschpegel 9 bis 12 dB(A) weniger

Hierzu einige Hinweise (die Akustik in der RLT-Technik wird in Bd. 3 behandelt).

1. Nur der **Leistungspegel** kann vom Gerätehersteller garantiert werden, da dieser raumunabhängig ist. Mit der A-Bewertung wird die Frequenzabhängigkeit berücksichtigt.
2. Der für die Geräuschempfindung entscheidende **Druckpegel** wird in der letzten Zeile angegeben. Man erhält ihn, wenn man die **Raumabsorption berücksichtigt,** die von Raumgröße, Raumausführung, Einrichtungsgegenständen, Abstand und Richtung von Gerät und Ohr abhängig ist. **Anhaltswerte 5 . . . 10 dB (A).** Bei den Angaben nach Tab. 6.12 wurde eine Nachhallzeit von 0,5 s (≈ 30 Sabine) und ein Raumvolumen von 100 m³ angenommen.
3. Der **geringste Wert** für den Druckpegel von 24 (≈ 15) dB (A) mit Baugröße 1, Stufe I (extra leise Ausführung) steht dem **höchsten** von 59 (≈ 40) mit Baugröße 5 Stufe III (Normalausführung) gegenüber.
4. Die **Pegelzunahme durch mehrere Truhen** (nah beieinanderliegend) muß berücksichtigt werden, z. B. bei zwei Truhen + 3 dB, bei drei etwa 5 dB, bei vier etwa 6 dB, bei sechs etwa 8 dB.
   Beispiel: 3 Truhen Baugröße 2, Drehzahl II, Raumdämpfung 6 dB. Lösung: Lp = 48 + 5 − 6 = 47 dB (A). Bei Ausführung „extra leise" und gleichem Volumenstrom ⇒ Baugröße 4 ⇒ 37 + 5 − 6 = 36 dB (A).

7. Die **Kaltwassertemperatur – erzeugt durch eine Kältemaschine –** beträgt etwa 6 . . . 10 °C und erwärmt sich in den Geräten um etwa 4 . . . 6 K. Die Leistung der Kältemaschine kann wegen der ungleichen Nutzung der Truhengeräte (Gleichzeitigkeit), durch die Speicherwirkung des Gebäudes, durch die unterschiedlichen Außenklimadaten und Beschattungsverhältnisse, durch Kühllastschwankungen bezügl. der Personenzahl u. a. bis mehr als 20 % kleiner gewählt werden als die Summe der Leistung aller Truhen.

Auf die indirekte Kühlung durch Kaltwassersätze einschließlich Abführen der Kondensatorwärme wird in Kap. 13.4.2 eingegangen.

6.4.4 Regelung von Ventilatorkonvektoren

Zur Regelung von Heizungs- und Lüftungstruhen (Bd. 3) sollen hier noch einige ergänzende Hinweise zur Regelung von „Klimatruhen" angefügt werden. Diese Ventilatorkonvektoren werden nicht nur mit Warmwasser von der Heizzentrale versorgt, sondern auch mit Kaltwasser von der Kälteanlage (Abb. 3.60). Hierfür gibt es, wie schon in Kap. 3.7.1 anhand von Abbildungen erläutert, verschiedene Rohrsysteme (2-Leiter- und 4-Leiter-System).

Drei einfache grundsätzliche Regelungsmöglichkeiten, die allerdings nicht immer zu befriedigenden Ergebnissen führen, sind:

a) Zweipunkt-Heizungs-Kühlungsregelung mit zwei Ventilen; Umschaltung in der Regel durch Raumthermostat mit entsprechend neutraler Zone. Hier besteht die Gefahr der „Hin- und Herpendelung" zwischen Heiz- und Kühlbetrieb.

b) Drosselung des Wasserstroms, wobei bei geringerem Kaltwasserstrom die Kühleroberflächentemperatur ansteigt. Dadurch nimmt die Entfeuchtungsleistung ab, was eine hohe Raumfeuchte zur Folge hat (insbesondere in der Übergangszeit). Eine gleichzeitige Reduzierung des Luftstroms bringt hier bessere Ergebnisse.

c) **Regelung des Luft-Volumenstroms** bzw. der Drehzahl bei konstantem Wasserstrom und konstanter Vorlauftemperatur. Bei Reduzierung des Förderstroms sinkt allerdings die Kühleroberflächentemperatur. Dadurch erhöht sich die Entfeuchtungsleistung, was eine zu geringe Raumfeuchte und eine zu geringe Zulufttemperatur zur Folge hat.

Zur Regelung von Klimatruhen werden heute **Mikro-Computer-Regelungen** eingesetzt, bei denen Regler, Fühler und Bedienungselemente in einem gemeinsamen Gehäuse untergebracht sind. Ein solcher Regler regelt nicht nur, sondern optimiert, steuert und überwacht auch. Er eignet sich als Fernbedienung oder Raumstation oder kann direkt im Gerät eingebaut werden. Ferner kann ein Regler auch auf eine größere Gruppe von Ventilatorkonvektoren wirken. Die erforderliche Regelausrüstung je Gerät besteht aus einem Elektroschaltkasten mit der Steuerelektronik und dem angebauten Ventil mit 3-Punkt-Verhalten.
Die Reglerauswahl richtet sich bei der **Raumtemperaturregelung** nach dem Rohrsystem (2- oder 4-Leiter-System), dem Kühlsystem (wasserbeaufschlagter Kühler oder Direktverdampfer) und der Betriebsweise (Umluft- oder Mischluftbetrieb). Unabhängig von der Betriebsweise unterscheidet man beim **2-Leiter-System** unter folgenden drei Möglichkeiten: 1. Nur Heizen oder nur Kühlen (Umschaltung über Anlegethermostat); 2. Heizen oder Kühlen; 3. Kühlen und elektrische Zusatzheizung. Beim **4-Leiter-System** kann sowohl geheizt als auch gekühlt werden, d. h., hier werden zwei Motor-Dreiwegeventile angebaut.

Ob ein 2- oder 4-Leiter-System gewählt werden soll, hängt ab von: Energiekosten, Gebäudeart, Raumnutzung, Belastungsschwankungen (inner- und außerhalb des Raumes), Lüftungsforderung, Komfortansprüchen. Das 3-Leiter-System (Vorlauf warm, Vorlauf kalt, gemeinsamer Rücklauf) wird schon seit vielen Jahren, vor allem wegen der Misch- und somit hohen Energiekosten, nicht mehr installiert. Das 2-Rohr-System hat gegenüber dem teueren und aufwendigeren 4-Leiter-System folgende Nachteile: nur Heizen oder Kühlen, Aufteilung in verschiedene Stromkreise bzw. Zonen (z. B. Nord-Südlage), Mischverluste und somit höhere Energiekosten.

Beim Direktverdampfer unterscheidet man ebenfalls unabhängig von der Betriebsweise zwischen nur Kühlen, Kühlen und Heizen (Warmwasser) sowie Kühlen und Elektroheizung; jeweils mit einer Verdampfungsdruckregelung.
Beim **Mischluftbetrieb** ist zur evtl. Anhebung der Zulufttemperatur ein Zuluftfühler erforderlich (je Gerätegruppe). Die Anhebung der Zulufttemperatur erfolgt gleitend in Abhängigkeit der Raumtemperaturabweichung zur Verhinderung der Frostschutzschaltung bei tiefen Außentemperaturen. Bei Mischluftgeräten ist eine außentemperaturabhängige Vorlauftemperatur notwendig.
Wenn hier nun mit den Geräten die Lüftung übernommen werden soll, so muß entsprechend der eingeführten Außenluft auch die Fortluft abgeführt werden. Dies geschieht bei Einzelräumen in der Regel durch Wandeinbauventilatoren.

Merkmale: In der Regel dreistufig, in verschiedenen Ausführungen und Baugrößen (200 bis 1000 m^3/h), Axialventilator aus Kunststoff, Verlängerungshülse bzw. teleskopartige Einstellung auf Mauertiefe, selbsttätige Überdruckklappe, Leistungsaufnahme je nach Typ 40 bis 140 W, je nach Typ und Drehzahl 35 bis 60 dB(A), Außenläufermotor Schutzart IP 44, Isolation B/F.

Wieviel **Außenluft eingeführt** werden muß, hängt von den jeweiligen sehr unterschiedlichen Anforderungen ab. Da hierüber ausführlich in Bd. 3 eingegangen wird, nur einige Stichworte hieraus:

Fortluft-Volumenstrom demjenigen der Truhe anpassen (Überdruck- oder Unterdruck), elektrische Koppelung, im Raum gegenüber oder diagonal zur Truhe anordnen, Luft-Kurzschluß vermeiden, bei großem Längen/Breitenverhältnis mehrere Geräte anordnen, keine Widerstände einbauen und extremen Winddruck vermeiden (geringe Druckdifferenz).
Die **Zuführung der Außenluft** erfolgt in der Regel örtlich, d. h. am Gerät selbst, obwohl auch – wie bei der Induktionsanlage – eine zentrale Außenluftaufbereitung durchgeführt und von dort über Kanäle den Geräten zugeführt werden kann (Abb. 6.54).

Die Reglerauswahl für die **Zulufttemperaturregelung** erfolgt in Verbindung mit einer entsprechenden hydraulischen Schaltung. Um Schwankungen der Zulufttemperatur zu vermeiden, soll die außentemperaturabhängige Vorlauftemperatur nicht zu hoch gewählt werden (max.

etwa 60 °C). Der Regler wirkt auf das Motorventil. Eine Gruppenschaltung kann wasserseitig vorgenommen werden (Abb. 6.61). Zur Ansteuerung der Ventilatoren und Mischluftklappe können ebenfalls mehrere Geräte zu einer Gruppe zusammengefaßt werden. Die Zulufttemperaturmessung erfolgt dann nur am Führungsgerät. Die Temperaturmessung der Raumtemperatur kann in der Fernbedienung oder über einen separaten Raumfühler oder über einen Umluftfühler erfolgen.

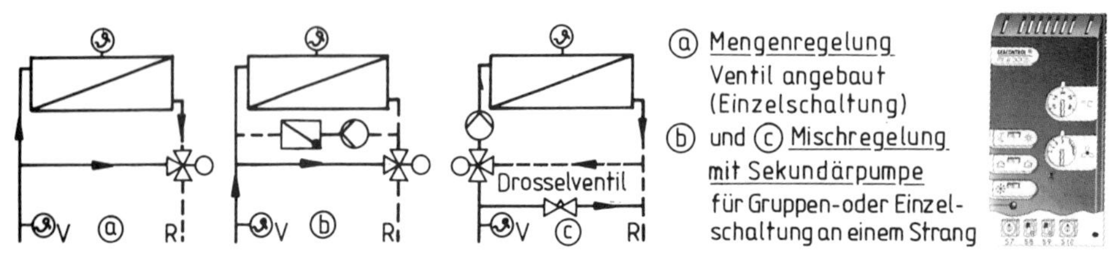

Abb. 6.61 Hydraulische Schaltungen für die Zulufttemperaturregelung

Abb. 6.62

Abb. 6.61 zeigt **Beispiele für eine hydraulische Schaltung.** Durch die Schaltung mit Bypaß a) und b) kann man durch eine gleichmäßige Wasserbeaufschlagung des Wärmetauschers auch eine gleichmäßige Zulufttemperatur erreichen. Das Mischventil muß in unmittelbarer Nähe an dem Gerät montiert werden, in dem der Zuluftfühler angebracht ist.

Abb. 6.62 zeigt die **verschiedenen Wahlschalter** am Regler, wie z.B. die Lüftungsstufe; die Umschaltungen: Tag-/Nachtbetrieb, Umluft-/Mischluftbetrieb, Heiz-/Kühlbetrieb mit und ohne Zuluftbegrenzung (letztere bei Kühlbetrieb für freie Kühlung); eingeschränkter Sollwertbereich u. a.

6.5 Befeuchtungsgeräte

Während auf die Notwendigkeit einer Luftbefeuchtung in Kap. 4.2, auf die Berechnung der Befeuchtungsleistung in Kap. 9.2.3 und auf die Einrichtungen in der Zentrale in Kap. 3.4 schon eingegangen wurde, soll hier auf die Einzelgeräte hingewiesen werden. Solche Geräte befeuchten entweder den Raum direkt (Montage bzw. Aufstellung im Raum) oder über die Zuluft. Wird z. B. ein Befeuchtungsgerät in den Zuluftkanal einer Warmluftheizung eingebaut, so spricht man hier vielfach schon von einer Teilklimaanlage oder von einer „Klimaheizung" (vgl. Bd. 3). Demnach müßte man auch dann von einer „Teilklimatisierung" sprechen, wenn in Räumen neben den Heizkörpern noch Befeuchtungsgeräte aufgestellt werden.

Das große Angebot und der häufige Einsatz in Räumen, in denen eine zu geringe Luftfeuchtigkeit zahlreiche Probleme verursacht (vgl. Kap. 4.2.2), machen deutlich, daß die Vorteile von Befeuchtungsgeräten erkannt und genutzt werden. Neben der einfachen Montage, den günstigen Investitions- und Betriebskosten und dem geringen Platzbedarf ist es vor allem die Flexibilität gegenüber Zentralanlagen. So kann man einzelne Räume oder Raumgruppen individuell mehr oder weniger befeuchten. Viele Räume in einem Gebäudekomplex müssen nämlich nicht unbedingt befeuchtet werden, andere verlangen eine sehr genaue relative Feuchte, andere müssen erst nachträglich (z. B. durch Produktionsveränderungen) befeuchtet werden. Dann gibt es Räume, denen kontinuierlich, anderen intermittierend Wasser bzw. Wasserdampf zugeführt werden muß.
Grundsätzlich wird die Luftbefeuchtung mit Einzelgeräten – wie auch bei der Befeuchtung in Kammerzentralen (vgl. Kap. 3.4) – in folgende **drei Gruppen** unterteilt, die alle ihre Bedeutung und Anwendung haben:

a) Verdunstung (= Verdampfen unterhalb der Siedetemperatur)
Luft strömt über Wasser oder über mit Wasser benetzte Flächen (Platten, Scheiben, Trommeln, Bänder usw.). Die Verdunstung ist vor allem von der Verdunstungsfläche, von der Luftbewegung und von der Temperatur abhängig.

b) Zerstäubung
Wasser wird durch Eigendruck, Druckluft oder mechanisch zerstäubt. Es kommt zur Herstellung kleinster

Wassertröpfchen (Aerosole), die in der Luft schwebefähig sind. Sie vermischen sich intensiv mit der Luft und befeuchten diese.

c) **Verdampfung**
Unter Zuführung von elektrischer Energie wird hier im Gerät das Wasser zum Verdampfen gebracht, und erst dieser heiße Wasserdampf kommt mit der zu befeuchtenden Luft in Berührung. Die Änderung des Aggregatzustandes erfolgt demnach – im Gegensatz zu a) und b) – nicht im Raum bzw. Luftstrom, so daß hier die Luft nicht abgekühlt wird (etwa isothermer Verlauf).

Alle Raumluftbefeuchter, insbesondere die Verdunstungs- und Zerstäubungsgeräte, sollten nur mit dem unbedingt erforderlichen Wasservorrat beschickt werden. Bei Betriebsunterbrechungen müssen die Behälter, Wannen, Schalen sauber gespült und anschließend durch die „Ventilatorluft" getrocknet werden. Künftig werden in Arbeitsstätten zur Bestimmung von Keimzahlen und Schimmelpilzsporen vor und nach der Reinigung Hygienekontrollen empfohlen, wofür schon spezielle Testsets angeboten werden. Auch bei Dampfluftbefeuchtern soll bei längeren Betriebsunterbrechungen kein Restwasser im Dampfzylinder stehen bleiben.

6.5.1 Verdunstungsgeräte

Die einfachsten Beispiele sind die sog. Verdunstungsschalen, Befeuchter an Heizkörpern, kleine Standgeräte, Springbrunnen usw., die aus hygienischen Gründen („Nährboden" für Bakterien) nicht zu empfehlen sind; außerdem ist meistens die Befeuchtungsleistung viel zu gering. Auch kleinere Befeuchtungsgeräte mit Wasserbad, Ventilator und nassen Filtermatten, die wöchentlich mindestens 1–2 mal (z. T. sehr umständlich) gereinigt werden müssen, sind keine gute Lösung.
Bessere Ergebnisse erzielt man mit Geräten, bei denen die Luft direkt durch das Wasser geführt wird, bei Geräten mit Frischwasseranschluß, mit automatischem Wasserwechsel, Feuchteregelung, Wasserbehandlung und Heizung.

Abb. 6.63

Abb. 6.64

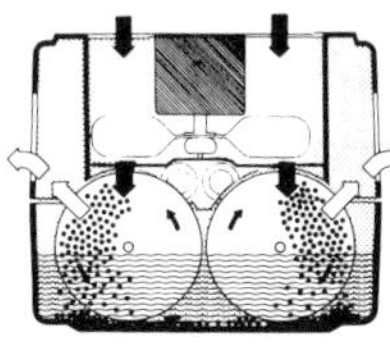

Abb. 6.65

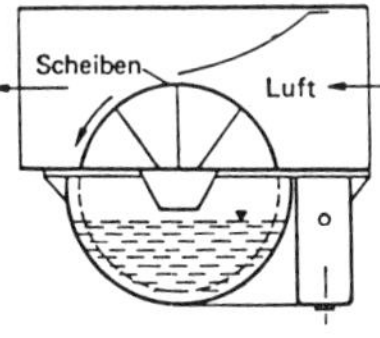

Abb. 6.66

Abb. 6.63 zeigt einen **„Heizkörperverdunster"** mit Saugfilter, Traggitter, Kunststoffbehälter und Abdeckung, Befeuchtungsleistung nur 1–3 l/Tag, nur bei sorgfältiger und kontinuierlicher Reinigung einsetzbar.

Abb. 6.64 Verdunstungsbefeuchter aus Kunststoff als **„Tischgerät"** mit Umwälzpumpe und auswechselbarem Filter, Leistung 2,5 bis 15 l/Tag, Wasservorrat 10 l; sorgfältige Reinigung unabdingbar.

Abb. 6.65 zeigt einen **Verdunstungsbefeuchter ohne Filtermatten,** die wegen Bakterienansammlung laufend gereinigt werden müssen. Die Raumluft wird durch einen im Wasser rotierenden Plattenstapel geführt und somit gewaschen. Selbst kleinste Partikel werden im Wasser gebunden. Gleichzeitig verdunstet das Wasser an den Tauscherflächen ($\approx$ 4 m^2). Durch die ständige Wasserbewegung wird ein Selbstreinigungseffekt erreicht; ein mitgelieferter Bio-Absorber sorgt für eine gleichmäßige Benetzung der Platten (Beseitigung der Oberflächenspannung des Wassers), modifiziert die Wasserhärte (zurückgebliebenes ausspülbares Sediment anstatt Steinbildung) und tötet Bakterien und Pilze; Lieferung in 2 Größen bis etwa 50 m^2 bzw. 80 m^2 Grundrißfläche.

Abb. 6.66 zeigt einen **Anbau-Verdunstungsbefeuchter** für horizontale und vertikale Luftkanäle. Etwas schräg zum Luftstrom rotieren zahlreiche Scheiben und benetzen sich im Wasserbad; Befeuchtungsleistung 2,5 ... 4 l/h; Hygieneprobleme; zahlreiche Hinweise sind zu beachten.

Abb. 6.67 zeigt einen **Verdunstungsbefeuchter mit Wasserfüllung (W), Ventilator (VE), umlaufendem Schaumstoffband (S),** Staubfilter (LF) und Elektro-Heizkörper (E), Befeuchtungsleistung 2 ... 3 l/h,

Abb. 6.68 zeigt den **Aufbau eines fahrbaren Raumluftbefeuchters,** Gehäuse aus verzinntem Messingblech (1), mit Luftfilter (2), Wasserstandsanzeiger (3), max. Wasserstandssicherung (4), Übertemperatursicherung (5), Wasserbadheizung 2 kW und max. 50 °C (6), Wasserablauf (7), min. Wasserstandssicherung (8), Turbulator (9), Schwimmerventil (10), Wasserüberlauf (11), Wasserzuführung (12), Ventilator (13), Steuerhygrostat (14), Luftaustritt (15), Lufteintritt (16).
Lieferbar von 25 bzw. 75 l/h, einer Luftumwälzung von 200 bzw. 500 m^3/h, für max. 300 bzw. 1000 m^3,

Wasservorrat 25 bzw. 50 l/h, Geräuschpegel 54 bzw. 58 dB (A); Filter EU 4, 2 einstellbare Stufen, Wasserbadheizung 2 kW (max. 50 °C), Anschlußwert 2,1 kW, eingebauter Hygrostat, automatische Regel- und Steuerfunktionen.

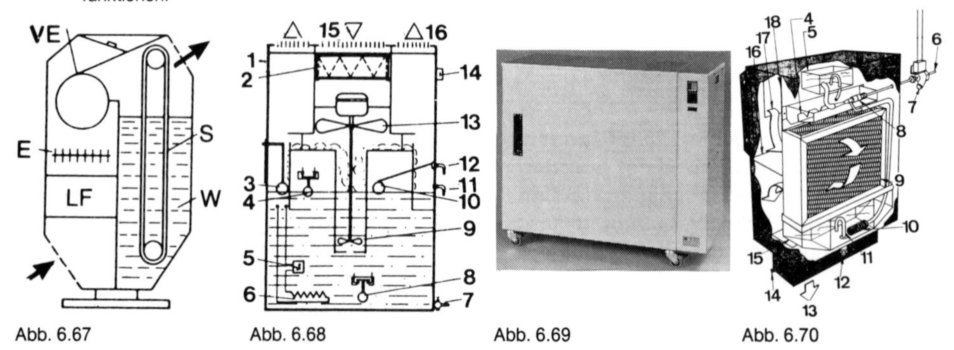

Abb. 6.67 Abb. 6.68 Abb. 6.69 Abb. 6.70

Abb. 6.69 zeigt einen **Verdunstungsbefeuchter, direkt an das Wassernetz angeschlossen.** Mit Hilfe eines Sensorsystems wird elektronisch einem Wabenpaket aus Kunststoff nur soviel Wasser zugeführt, wie das Gerät Wasserdampf an den Raum abgibt. Abtropfendes Wasser beim Abschalten wird in einer Tropfenwanne aufgenommen und von dort in den Ablauf abgeleitet. Befeuchtungsleistung 2 oder 4 kg/h.

Abb. 6.70 zeigt einen **Verdunstungsbefeuchter mit Zellkörper.** Das durch ein Magnetventil gesteuerte Netzwasser tritt durch eine Düse innerhalb der Wasserstrahlpumpe (8) ein. Durch die Diffusorwirkung wird Umlaufwasser aus der Auffangschale in den Wasserbehälter mitgerissen. Das Verhältnis von Netz- und Umlaufwasser beträgt 1 : 3. Vom Wasserbehälter fließt das Wasser von der Verteilerschale (4) über das Verdunstungselement aus Alugeflecht (9).

Anforderungen und Hinweise zu den Verdunstungsgeräten
Möglichst große Verdunstungsfläche und gleichmäßige Luftbewegung; Geräte, besonders die Schaumstoffeinlagen, müssen zur regelmäßigen Reinigung leicht zugänglich sein. Abgestandenes und verunreinigtes Wasser unbedingt vermeiden! Da jeder Liter verdunstetes Wasser dem Raum 700 Wh entzieht, muß diese Wärme wieder zugeführt werden (Raum oder Wasser); bei größeren Geräten sorgfältiger Sicherheitsablauf; optimaler Betrieb bei entkalktem und vor allem entkeimtem Wasser (z. B. UV-Lampe).

6.5.2 Zerstäubungsgeräte

Hier wird das Wasser zuerst zu unzählig vielen kleinen schwebenden Wassertröpfchen zerstäubt, und diese sog. Aerosole sollen dann auf möglichst kurzer Strecke verdunsten. Wie intensiv die Befeuchtung, d. h. der Stoffaustausch, stattfindet, hängt von sehr zahlreichen Faktoren ab, wie Tropfengröße, Luftturbulenz, Relativgeschwindigkeit, Verweilzeit, Strömungsrichtung, Temperatur u. a.

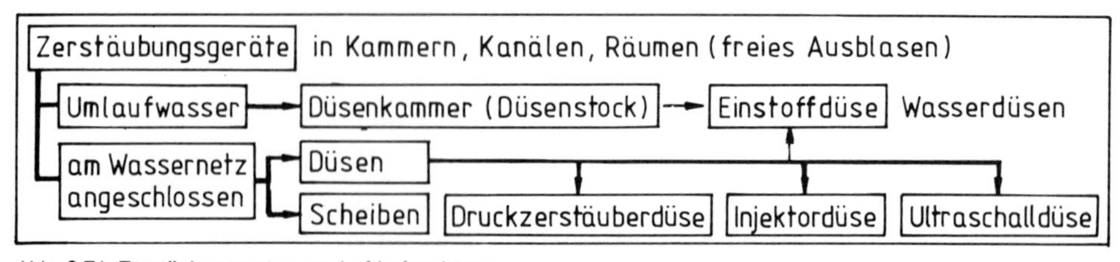

Abb. 6.71 Zerstäubungsarten zur Luftbefeuchtung

Wie **Abb. 6.71** zeigt, kann man die Zerstäubungsgeräte nach der Düsenart bzw. nach deren **Konstruktion und Wirkungsweise unterteilen.** Die Düsenkammer (Luftwäscher) einschließlich Zubehör wird ausführlicher in Kap. 3.4.2 und die Zustandsänderungen in Kap. 9.2.3 behandelt.

Abgesehen von der Düsenkammer, werden Zerstäubungsgeräte vorwiegend im gewerblichen Bereich eingesetzt. Industriebefeuchter gibt es in zahlreichen Ausführungsformen, wie z. B. transportable Geräte, Festinstallationen, Kanalbefeuchter, Zerstäubung durch Druckluft, Rotationsscheiben, Ultraschall usw. Oft sind die Geräte Tag und Nacht in Betrieb und im allgemeinen fest ans Wassernetz angeschlossen. Sie werden durch einen oder mehrere Hygrostaten gesteuert. Bei stärkerer Verschmutzungsgefahr müssen sie erst mit einem ein- oder zweistufigen Filter und automatischem Spülsystem ausgestattet werden, um Tropfenbildung, Leistungsabfall, hygienische Probleme und zu hohe Wartungskosten (Reinigung) zu vermeiden. Wie bei der Verdunstung findet auch hier eine adiabatische Abkühlung statt. Die der Luft entzogene Wärmemenge von ca. 700 Wh/Liter ist jedoch in vielen Produktionsstätten erwünscht.

Ergänzende Hinweise:

- Bei der Zerstäubung müssen die **schwebenden Wasserteilchen extrem klein** sein, damit sie sich auch auf längeren Strecken nicht absetzen und im Raum günstig verteilen können.
- Die Luft nimmt alle Stoffe auf, die in den Aerosolen vorhanden sind. So bleiben die **Salze im Wasser (Kalk)** als Staubteilchen in der Luft zurück. Wird diese leichte Verstaubung nicht in Kauf genommen, ist eine Wasseraufbereitung dringend erforderlich, was in Arbeitsstätten mit empfindlichen Einrichtungen und Arbeitsprozessen eine Selbstverständlichkeit ist.
- Der Einsatz von Zerstäubungsgeräten ist **schon seit Jahren rückläufig.** Zahlreiche Geräte aus den 70er und 80er Jahren sind vom Markt verschwunden. Insbesondere bei kleineren und mittleren Befeuchtungsleistungen dominiert der Dampfbefeuchter.

Zerstäubung durch Drehscheiben

Der Scheibenzerstäuber, auch als Drehzerstäuber oder Rotationszerstäuber bezeichnet, arbeitet mit einer oder mehreren schnell rotierenden, elektrisch angetriebenen „Schleuderscheiben", die mit einem Ventilator gekoppelt sind. Das auf die Scheibe geleitete Wasser bzw. der sich bildende dünne Wasserfilm wird infolge der Zentrifugalkraft an den Rand gegen radial angeordnete Lamellenkränze geschleudert. Dort wird dann das Wasser zu Mikroteilchen „zertrümmert". Diese schwebenden Aerosole werden dann durch den Ventilator in den Raum geblasen, um dort meist oberhalb des Aufenthaltsbereichs zu verdunsten. Beim Kanalbefeuchter, wo zahlreiche Bedingungen erfüllt werden müssen, werden sie vom Luftstrom mitgenommen.

Abb. 6.72 Abb. 6.73 Abb. 6.74 Abb. 6.75

Abb. 6.72 ist ein **Standgerät** ohne nennenswertes Wasserreservoir; Energiebedarf ca. 0,5 kW bis zu 50 kg/h; stetige Regelung 0–100 %, korrosionsbeständig.

Abb. 6.73 zeigt einen Raumluftbefeuchter für **Wandmontage.** Die Luft wird über einen 350 mm hohen auswaschbaren Filter angesaugt. Der Ausblasfächer beträgt etwa 130°; Zerstäubungsleistung bis 2,5 l/h; Luftumwälzung ca. 300 m^3/h; Motor 35 W; vollautomatische Wasserzufuhr bei 0,5 bis 1 bar (Druckminderer und Wartungsventil); Restwassersteuerung gewährleistet restlosen Verbrauch und sofortige Frischwasserversorgung.

Abb. 6 74 zeigt ein Gerät für **Deckenmontage,** wahlweise auch ohne Filter; Rundumverteilung (360°); Zerstäubungsleistung bis 7 l/h; ca. 1 300 m^3/h Luftumwälzung; 640 mm ∅; Restwassersteuerung, Hygrostat, Druckminderer usw. wie bei Wandgerät.

Abb. 6.75 zeigt einen Rotationszerstäuber, wie er früher **an Kanäle angeschlossen** wurde. Die Anforderungen und Probleme sind jedoch so mannigfaltig, daß er durch Kanal-Dampfluftbefeuchter und Ultraschallzerstäuber abgelöst wurde.

Zerstäubung durch Zweistoffdüsen

Spricht man von einer Düsenbefeuchtung, meint man in der Regel den Luftwäscher mit seinen Wasserdüsen (Einstoffdüsen). In der Industrie hat man jedoch schon sehr früh sog.

Zweistoffdüsen eingesetzt, die zusätzlich mit Druckluft versorgt werden; seit Ende der 80er Jahre auch Ultraschalldüsen. Die Anwendung einer solchen Düsenbefeuchtung findet man in der Textil-, Papier-, Tabak-, Kunststoff- und Lederindustrie, bei der Holzbearbeitung, in Gewächshäusern u. a. Das System ist völlig tropfenfrei und kann auch mit vollentsalztem Wasser betrieben werden. An keiner Stelle kommt stehendes Wasser mit Luft in Berührung. Mit speziellen Systemen wird nicht nur die Raumluft, sondern auch Prozeßluft und/oder das Material selbst befeuchtet (Abstand ca. 1,3 bis 1,4 m).

Druckzerstäuberdüsen

Die Druckluft zerstäubt Wasser zu Aerosole, transportiert und verteilt diese im Raum. Beim Abschalten der regulierbaren Druckluft wird durch eine Schließfeder die Düsennadel bewegt, die gleichzeitig die Wasserzufuhr schließt, ein Nachtropfen verhindert und die Düsenbohrung automatisch reinigt. Die Befeuchtungsleistung pro Düse beträgt etwa 2 bis 8 kg/h. Sie kann aber durch Kompakteinheiten bis 4 Düsen in einem Gehäuse erhöht werden.

Injektordüsen

Die durch die Düse strömende Druckluft erzeugt einen Unterdruck, wodurch das auf einer festgelegten Höhe drucklos gehaltene Wasser selbsttätig angesaugt wird. Der Zerstäubungsvorgang geschieht ähnlich wie bei der Druckzerstäuberdüse. Die Befeuchtungsleistung wird vom Luftdruck und von der Ansaughöhe des Wassers bestimmt (Herstellerangaben). Bei Anlagenstillstand oder bei der Reinigung (Intervall über Zeitrelais gesteuert) wird die Düsennadel mit Hilfe der Steuerluft durch die Öffnung gedrückt.

Reinigungsintervall je nach Bedarf einstellbar; Ein/Aus-Schaltung und Konstanthaltung des Zerstäubungsluftdrucks durch das Steuergerät (in Abhängigkeit von φ_i); jede Düse individuell einstellbar hinsichtlich Leistung, Wurfweite, Aerosolgröße und Sprührichtung; Düsenleistung bei 400 mm Saughöhe etwa 3 l/h (9 l/h bei 200 mm), Luftverbrauch ca. 2,5 m³/h.

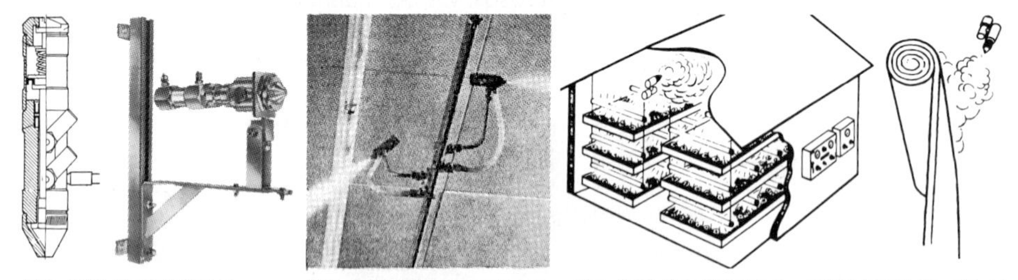

Abb. 6.76 Zweistoffdüse

Abb. 6.77 Düsenanordnung im Raum

Abb. 6.78 Gewächshaus- und Materialbefeuchtung

Abb. 6.76 bis 6.78 zeigen eine Zweistoffdüse, eine Befeuchtungsanlage in einem Textilbetrieb mit 15 Düsen je Steuerkasten, Düsenbefeuchtung in einem Gewächshaus und eine direkte Materialbefeuchtung.

Merkmale und Anforderungen an die Befeuchtung durch Zweistoffdüsen

Schnelle, flexible und platzsparende Montage (direkt unterhalb der Decke); robuste Bauweise; geringe Wartungskosten; Raumhöhe mind. 3,5 m (ausreichende Strecken für die Aerosole); ungehinderte Ausbreitung der Aerosole, wie z. B. bei Säulen, Unterzügen, gestapelten Waren, Regalen, durch richtige Plazierung und Ausrichtung (Düsenverstellung z. T. in mehreren Ebenen möglich); sorgfältige Befestigung der druckfesten Kunststoffschläuche auf Profilschienen mit speziellen Schellen, Vermeidung von Verunreinigungen, Kondenswasser und Öl in der Druckluft; Wasseraufbereitung des Befeuchtungswassers entsprechend der Wasserbeschaffenheit (Härtebildner schlagen sich im Raum als Staub nieder); Druckerhöhungsanlagen bei niedrigem oder stark schwankendem Wasserdruck; Überprüfung und Reinigung der Luft- und Wasserfilter; Entleeren des Leitungssystems bei längerem Stillstand; Überprüfung und evtl. Eichen des Hygrostaten.

Weitere Hinweise

1. Wie **Abb. 6.79** zeigt, hängt die **Befeuchtungsleistung** pro Düse sehr stark vom Wasser- und Luftdruck ab. Beide sind am Steuergerät einstellbar und können am Manometer abgelesen werden.
   Der **Druckluftverbrauch** pro Düse variiert mit dem gewählten Betriebsdruck von etwa 3,5 bis 5 bar **(Abb. 6.80).**

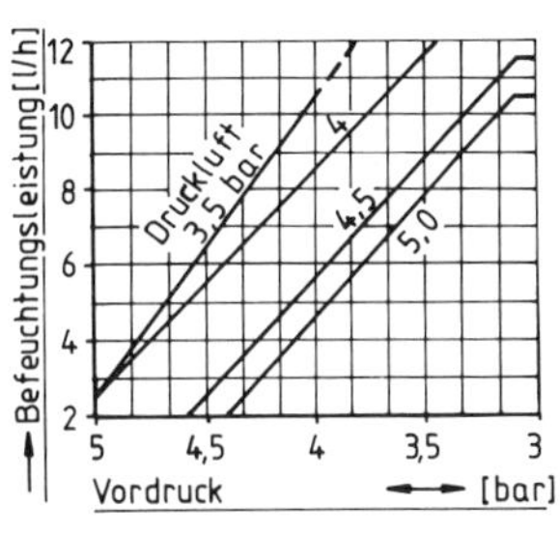

Abb. 6.79 Befeuchtungsleistung

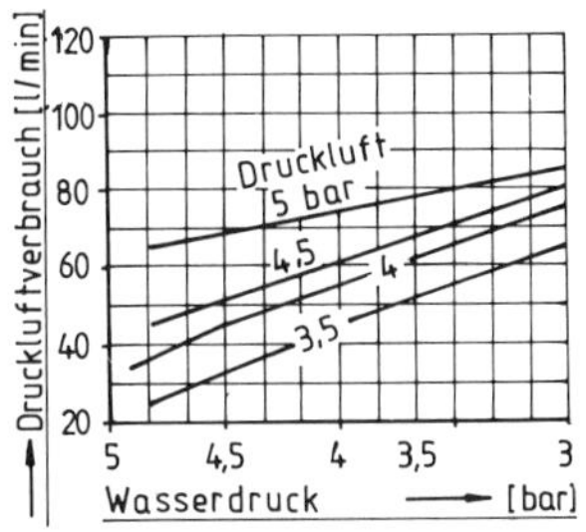

Abb. 6.80 Druckluftverbrauch

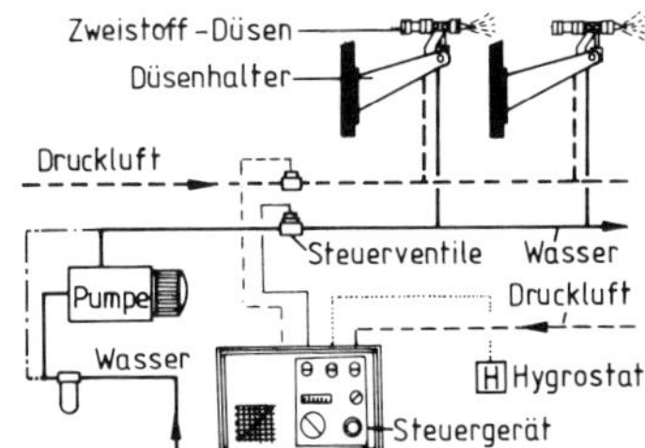

Abb. 6.81 Montageschema

2. Wie das **Montageschema** nach **Abb. 6.81** zeigt, gehören zur kompletten Ausstattung und automatischen Betriebsweise der Anlage ein Steuergerät, Steuerventile für Wasser und Druckluft, Düsenhalterungen, Raum- und Sicherheitshygrostat.

3. Auch **Ultraschalldüsen** („Frequenzdüsen") werden seit Mitte der 80er Jahre zur Befeuchtung von Prozeßluft und Material eingesetzt (Abb. 6.84).

Ultraschallzerstäubung (sonische Befeuchtung)

Die äußerst feine Verteilung von Flüssigkeitsteilchen mit Hilfe von Ultraschall gewinnt vor allem im gewerblichen und inustriellen Bereich der Luftbefeuchtung zunehmend an Bedeutung. Bekanntlich sind Schwingungen (Töne, Schallwellen) mit hoher Frequenz für das menschliche Ohr nicht mehr wahrnehmbar. Man erzeugt diese durch einen im Wasser montierten Ultraschall-Schwingungserzeuger, mit dem elektrische Energie in mechanische Energie umgewandelt wird (Schwingungsumwandler). Die an die Wasseroberfläche geleiteten Ultraschallschwingungen bringen die Wasserpartikel in großer Geschwindigkeit zum Schwingen. Wird die Schwingungsgeschwindigkeit derart erhöht, daß das Wasser der schwingenden Oberfläche nicht länger folgen kann, bilden sich schlagartig Luftblasen. Diese entstehen dort durch Unterdruck und Kompression (im Prinzip wie bei der Kavitation) und prallen so stark aufeinander, daß es an der Oberfläche zur Brechung von Kapillarwellen kommt. Diese bewirken wiederum das Herausschleudern kleinster Wassertröpfchen (Aerosole $\approx$ 0,5 bis 1 μm), die die Oberflächenspannung des vollentsalzten Wassers überwinden. Ultraschallbefeuchter gibt es nicht nur als Einzelgerät, sondern auch als Kanalbefeuchter oder für den Einbau in Kastengeräte. Außerdem gibt es auch Ultraschalldüsen.

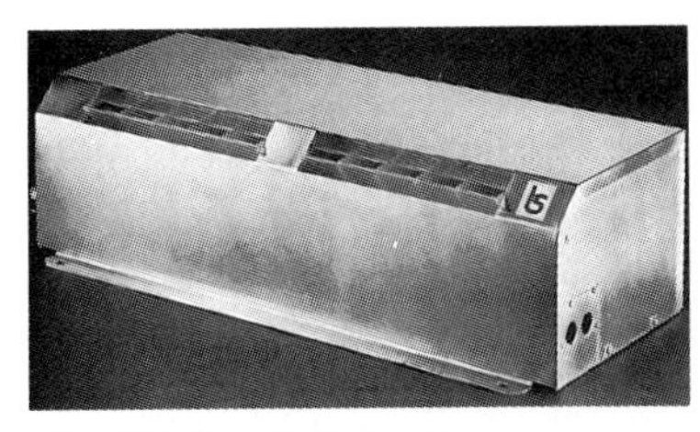

Abb. 6.82 Raumluftbefeuchter

Abb. 6.83 Kanalluftbefeuchter

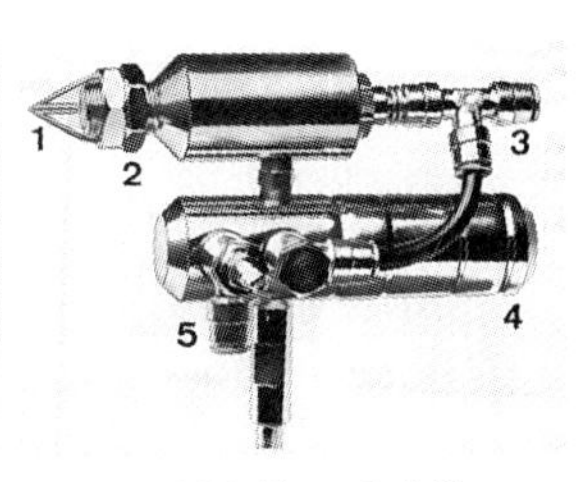

Abb. 6.84 Ultraschalldüse

Abb. 6.82 zeigt einen **Ultraschall-Raumbefeuchter.** Die vom Querstromgebläse in den Wassertank gedrückte Umgebungsluft verläßt mit dem Aerosolnebel über die Ausblasöffnungen das Gerät. Ultraschallschwinger ca. 4 cm unter dem Wasserstandsniveau, Frequenz etwa 1,6 MHz; Wasserstandshöhe, durch Schwimmer-Magnetschalter überwacht, beeinflußt die Befeuchtungsleistung (hier etwa 5 kg/h); Wassernachspeisung durch Edelstahl-Magnetventil; Ventilatorförderstrom der Befeuchtungsleistung angepaßt; waagerechte Einbaulage; Aufstellung über Edelstahl-Konsolen direkt als Wandmontage; Geräteabstand zur Decke $\geqq$ 500 mm und zu festen Bauteilen in Ausblasrichtung $\geqq$ 3 m; Verunreinigungen und Ablagerungen müssen vermieden werden; Wasseraufbereitung durch Ionenaustausch.

Abb. 6.83 zeigt einen **Ultraschall-Kanalbefeuchter,** Grundbaustein ist das Steuergehäuse mit 2 Ultraschallschwingern; durch Modulbauweise beliebige Erweiterung; in Kammern mehrere Geräte übereinander; Kanalgeschindigkeit 1,5 bis 3 m/s; horizontaler Geräteabstand zu festen Bauteilen (z. B. Bogen) $\geqq$ 500 mm; Revisionsöffnung vorsehen; Kondensatwanne mit externem Ausfluß; Wasserzulauf automatisch in Abhängigkeit der

Wasserstandshöhe; nur aufbereitetes Wasser (Kosten); Befeuchtungsleistung von 1,2 bis 9,6 l/h in 8 Baugrößen; Wasserdruck ≤ 8 bar; Sicherheitsvorrichtungen: Trockenlauf-, Thermo-, Wasserschaden- und Kondensationsschutz; Baulänge 200 bis 900 mm.

Abb. 6.84 zeigt eine **Ultraschalldüse.** Vor der Düsenmündung wird ein verstellbarer Resonator (1) montiert. Auf ihn prallt der Luftstrahl auf, wodurch ein Ultraschall-Energiefeld erzeugt wird. Die Druckluft wird am Nippel (3) des Düsensatzes (2) zugeführt. Das Wasser wird durch ein Trennventil am Nippel (5) in den Düsenkörper und von dort in den Luftstrom geleitet, der die Düsenmündung mit hoher Geschwindigkeit verläßt. Der Abstand zwischen Resonator und Düsenmündung ist verstellbar, wodurch das optimale Ultraschallfeld erreicht wird. Wegen des hohen Schallpegels wird dieses Düsensystem vorwiegend für Materialbefeuchtung verwendet.

6.5.3 Verdampfungsgeräte

Viele Nachteile der Verdunstungs- und Zerstäubungsgeräte können durch die Dampfbefeuchtung verhindert werden. Nahezu 80 % aller kleineren bis mittleren RLT-Anlagen mit Befeuchtung sind daher mit elektrischen Dampfluftbefeuchtern ausgerüstet, im allgemeinen nach dem Elektrodenprinzip mit Gitterelektroden.
In Kap. 3.4.4 wurde schon ausführlicher auf die Dampfbefeuchtung eingegangen, wobei folgende Fragen im Vordergrund standen:

1. **Welche Vorteile und Nachteile hat die Dampfbefeuchtung, und wo findet sie ihre Anwendung?**
2. **Welche Arten der Dampfbefeuchtung gibt es, und wie ist deren Aufbau und Wirkungsweise?**
3. **Welche Hinweise sind bei Planung, Montage und Betrieb vom Dampfbefeuchter zu beachten?**

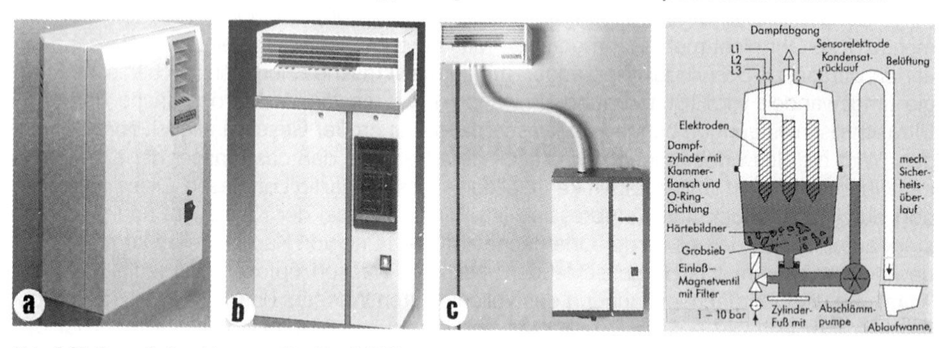

Abb. 6.85 Dampfbefeuchtungsgeräte (Fa. KAUT)

Abb. 6.86 Geräteaufbau (Hygromatik)

Abb. 6.85 zeigt verschiedene **Dampfbefeuchtungsgeräte: a)** für die direkte Raumluftbefeuchtung mit eingebautem Gebläse und einer Dampfleistung von max. 2 kg/h; **b)** ebenfalls ein Raumbefeuchtungsgerät mit aufgebautem Gebläse und einer Dampfleistung von 4 bis 90 kg/h (mit 8 Basistypen), Mikroprozessorsteuerung, Wasserdruck 1 bis 10 bar, normales Leitungswasser, Anzeige- und Bedienungsfeld, Selbstüberwachung, Fernanzeige durch Selektiv-Meldung, regelbar von 20 bis 100 %, Dampfgebläse für die direkte Raumbefeuchtung, Dampfverteilerrohre bei Kanälen; **c)** Befeuchter mit Gebläse in separater Wandmontage.

Abb. 6.86 zeigt den **Aufbau eines Dampfzylinders:** Wiederverwendbarer Dampfzylinder, austauschbare Großflächenelektroden aus Edelstahl, prozessorgesteuerte elektronische Abschlämmung, elektronikgesteuerte Anpassung an die vorhandene Wasserqualität, Überwachung von Pumpe und Wasserzulauf (Magnetventil), Sensorelektronik für Zylindervollstand, Unterbrechung des Stromflusses bei leerem Zylinder, einstufige oder stetige Regelung, 6 Baugrößen mit 2 bis 45 kg/h Dampfleistung, 8 bis 49 A, Betrieb mit Leitungswasser, vollentsalztem Wasser oder Kondensat.

6.6 Entfeuchtungsgeräte – Raumtrockner

Schon in mehreren Teilkapiteln wurde auf die Luftentfeuchtung eingegangen, so z. B. auf die Probleme und Folgen von zu hoher Raumfeuchte in Kap. 4.2.1, auf die Ermittlung der entsprechenden Entfeuchtungsleistung und Zustandsänderungen im *h,x*-Diagramm in Kap. 9.2.5, 9.2.6 und 9.5, sowie auf die Entfeuchtung von Naßräumen durch Außenluft in Bd. 3 „Lüftung und Luftheizung". Außerdem wird bei den Übungsaufgaben, bei der Auswahl von Klimageräten, beim Thema Behaglichkeit und bei den Planungsgrundlagen der hohe Stellenwert der Luftentfeuchtung deutlich.

Entfeuchtungsgeräte zur Entfeuchtung von Räumen kleinerer und mittlerer Größe im privaten und vor allem gewerblichen Bereich sind vorwiegend steckerfertige Geräte mit unterschiedlichem Aufbau und Design. So gibt es Geräte, die mehr im Komfortbereich eingesetzt werden, Geräte für spezielle Produktionsräume, Geräte zur Schwimmbadentfeuchtung, spezielle Raumtrockner u. a. Grundsätzlich kann man in vielen Fällen durch die Aufstellung solcher Entfeuchtungsgeräte erheblich teurere RLT-Anlagen umgehen.

Anwendungsbeispiele (Auswahl):

Elektroindustrie, wie z. B. Lagerung und Fertigung von Elektronikbauteilen, Telefonwählerbau
Holzindustrie, wie z. B. beim Furnieren in Möbelwerkstätten, Trocknung von speziellen Hölzern
Lebensmittelindustrie, wie z. B. Lagerung von Zucker, Salz, Mehl, Getreide, Gewürze usw.; Verpackungsräume für Süßwaren
Bauindustrie, wie z. B. zur Bautrocknung nach Gipserarbeiten und Bodenverlegung, Trocknung von Schalungen oder durchfeuchteten Dämmstoffen, Räume bei Wasserschäden
Getränkeindustrie, wie z. B. im Gärkeller, Flaschenreinigung, -lagerung und -abfüllung, Brauereien
Lagerräume, wie z. B. Trocknung von Farben, Zement, Gips, Chemikalien, kosmetischen Erzeugnissen, Plastik, Kunstfasern usw.
Kommunale Betriebe, wie z. B. Archive und Depots in Kellerräumen, Kunstsammlungen, Büchereien. Auch in Räumen, in denen kalte Oberflächen vorliegen, z. B. Technikräume in Wasserwerken, Pumpstationen u. a.
Erhaltung von Bausubstanz, d. h. gegen Verfall durch Feuchteschäden, Schutz vor Sporen, Schimmel- und Pilzbefall, Verhütung von Korrosion
Schwimmhallen, Duschräume oder sonstige Naßräume, bei denen die Lufttrocknung durch Außenluftzufuhr nicht möglich ist, nicht ausreicht oder unwirtschaftlich ist.

Im allgemeinen handelt es sich bei Entfeuchtungsgeräten um **Kälteaggregate im Umluftbetrieb,** mit denen der Raum auch etwas gekühlt wird. Ein Ventilator saugt die Raumluft über den Verdampfer, an dem das Kondenswasser abtropft. Sinkt die Temperatur der zu entfeuchtenden Luft (z. B. < 18 °C), kann es auf dem Verdampfer zu einer Reif- oder Eisbildung kommen, da die Verdampferoberflächentemperatur um einige Grad unter Null absinkt. Um dies zu verhindern, gibt es verschiedene Möglichkeiten, den Verdampfer kurzzeitig zu erwärmen und somit einen Eisansatz automatisch abzutauen.

1. Man schaltet über eine Schaltuhr zeitweise den Kompressor ab und läßt den Ventilator weiterlaufen. Die über den Verdampfer strömende (nur) warme Raumluft taut das Eis auf.
2. Das Kälteaggregat wird abgeschaltet, und eine vor dem Verdampfer angebrachte elektrische Zusatzheizung wird eingeschaltet.
3. Man verwendet überhitztes Kältemittelgas aus dem Kältekreislauf und lenkt dieses so um, daß es kurzfristig durch den Verdampfer strömt und das Eis abtaut. Die Ansteuerung erfolgt durch Programmuhr, Eisfühler oder Temperaturfühler im Luftstrom.

Abb. 6.87 Abb. 6.88 Abb. 6.89 Abb. 6.90

Abb. 6.87 zeigt ein **steckerfertiges fahrbares Gerät,** das speziell für kleinere bis mittlere Räume im privaten und gewerblichen Bereich konzipiert ist; Gehäuse aus kunststoffbeschichtetem Stahlblech; Kondensat in Sammelbehälter mit Überlaufsicherung oder mit Schlauchanschluß direkt in Kanalisation; Ausnutzung der Kondensatorwärme zur Raumbeheizung; stufenlos einstellbarer Hygrostat; Entfeuchtungsleistung und technische Daten vgl. Tab. 6.13; Vereisungsgefahr am Verdampfer unter 19 °C.
Abb. 6.88 bis 6.90 zeigen Geräte z. B. zur **Schwimmbadentfeuchtung. Abb. 6.88** ein Gerät in 5 Baugrößen mit einer Entfeuchtungsleistung von 1,2 bis 4,2 l/h, Leistungsaufnahme 0,9 bis 2,7 kW, maximale Wasseroberfläche von etwa 18 bis 60 m^2; Montage unterhalb der Decke oder auf Konsolen an einer Wand; **Abb. 6.89** ein

Gerät für den Einbau innerhalb des Mauerwerks, Ansaug im unteren und Ausblas im oberen Teil der Gitterfläche, Leistungen wie bei Abb. 6.87, auf Wunsch mit Elektro-Heizregister und Außenluftansaugung; **Abb. 6.90** zeigt eine Entfeuchtungstruhe entweder als Standgerät oder als Wandgerät; Entfeuchtung 2,3 l/h.

Tab. 6.13 Entfeuchtungsleistung des Gerätes nach Abb. 6.87 und weitere Daten (Fa. KAUT)

Typ	Raumtemp. 21°C				27°C			
r.F. %	50	60	70	80	50	60	70	80
1600	4,5	6,0	7,2	8,4	5,5	7,1	8,7	10,3
2700	5,6	8,1	10,3	12,8	8,8	11,4	13,9	16,5
3800	8,2	11,5	15,0	18,6	12,8	16,6	20,3	24,0

Typ	1600	2700	3800
Raumgröße ≈ m³	250	500	750
Volumenstrom m³/h	290	480	610
Temperaturbereich	19 bis 25°C[1]		
Leistungsaufnahme[2] W	325	450	575

[1] mit elektronischer Abtauautomatik 3 bis 35°C; [2] bei 30°C, 80% r.F.

Schwimmbadentfeuchtung

Die Luftentfeuchtung durch Luftmischung, d. h. durch Einführung von trockener Außenluft, wird ausführlicher in Bd. 3 behandelt. Dabei werden neben dem Verdunstungs- und AU-Volumenstrom auch die Probleme und Grenzen aufgezeigt, so daß Luftbefeuchter mit eingebauter Kältemaschine eine wirtschaftliche Lösung darstellen können.
Bei diesem Entfeuchter wird die durch den Verdampfer strömende Luft gekühlt und entfeuchtet und anschließend durch den Kondensator geführt, wo sie wieder erwärmt wird. Der große Vorteil dieser Luftentfeuchter ist der am Kondensator freiwerdende Wärmeüberschuß, der zur Beheizung des Schwimmbadraumes mitverwendet werden kann. Die Kondensatorleistung setzt sich nämlich aus der Verdampferleistung, der Kompressorleistung und der am Verdampfer aufgenommenen Latentwärme zusammen, so daß diese Geräte neben der Hauptfunktion – Luftentfeuchtung – den Effekt einer Wärmepumpe haben (vgl. Abb. 9.41).

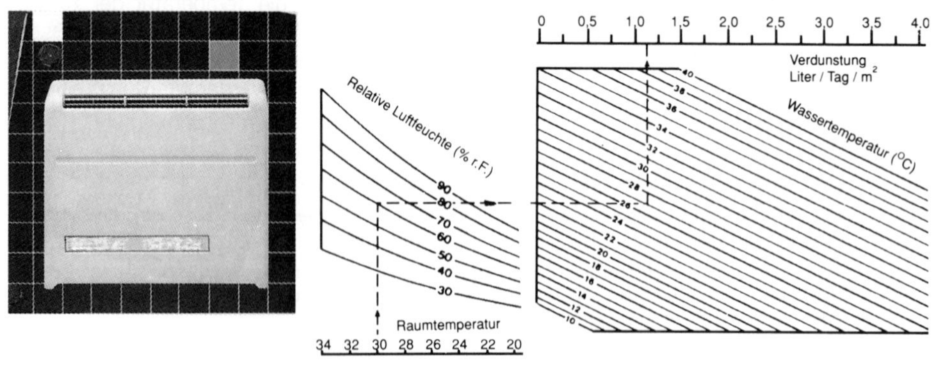

Abb. 6.91 Schwimmbad-Entfeuchtungsgerät

Abb. 6.92 Bestimmung der Verdunstungsmenge

Abb. 6.91 zeigt ein **Entfeuchtungsgerät für Wandmontage,** glasfaserverstärktes Kunststoffgehäuse, anschlußfertig, 2stufiger Ventilator, Vereisungsschutzthermostat, lieferbar in 2 Baugrößen: mit 30 bzw. 60 l/h (30 °C, φ = 60 %), Wärmerückgewinnung 2 bzw. 3,5 kW, Sonderzubehör: PWW-Heizregister, Edelstahlkonsolen, Heißgasabtauung.

Anhand **Abb. 6.92** kann man die tägliche **Verdunstungsmenge pro m² Wasseroberfläche** bestimmen.
Beispiel: Raumlufttemperatur 30 °C, Raumfeuchte 60 %, Beckentemperatur 27 °C, Beckengröße 40 m².
Lösung (nach Abb. 6.92): Enfeuchtungsleistung = 1,2 l/(Tag × m²) × 40 m² = 48 l/Tag.

Entfeuchtung durch Sorption

Bei dieser Entfeuchtungsart wird der in der Luft vorhandene Wasserdampf von geeigneten Stoffen aufgenommen. Diese hygroskopischen Stoffe, auch als Absorbienten bezeichnet, haben eine sehr große Oberfläche und können eine große Menge Wasserdampf an sich binden. Ist jedoch die maximal mögliche Feuchtigkeitsaufnahme und somit der Trocknungseffekt beendet, müssen die Stoffe wieder – meistens durch erwärmte Außenluft – regeneriert werden. Zur Erreichung eines kontinuierlichen Betriebs ist entweder eine Doppelanordnung

von Sorptionsbehältern mit entsprechenden Umschaltorganen (Abb. 9.28) oder ein rotierender, mit Sorptionsmittel imprägnierter Rundkörper erforderlich (Abb. 9.29). Wie aus dem *h,x*-Diagramm (Abb. 9.27) hervorgeht, bleibt während des Trocknungsvorgangs die Enthalpie konstant, während sich die Temperatur erhöht. (Weiteres Beispiel vgl. Abb. 9.38).
Neben den Wartungskosten entstehen hohe Energiekosten durch das Fördern der großen Luftströme und durch die ins Freie geführte aufgeheizte und gesättigte Regenerationsluft.

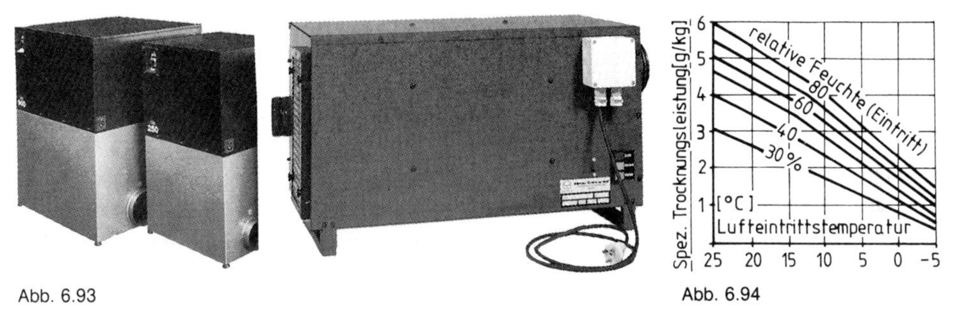

Abb. 6.93

Abb. 6.94

Abb. 6.93 zeigt zwei **Adsorptionstrockner** aus einer größeren Typenreihe; rechts daneben ein größeres Gerät, das in 5 Baugrößen geliefert wird, Anschlußleistung 0,68 bis 8,4 kW, Heizelemente 0,6 bis 7,8 kW, Trockenluft 70 bis 1 000 m^3/h, Regenerationsluft 20 bis 290 m^3/h, Entfeuchtung (bei 10 °C, 50 %) von 6 bis 85 l/Tag.
Die **spezifische Trocknungsleistung** Δx kann anhand **Abb. 6.94** in Abhängigkeit der Lufteintrittsfeuchte und Luftaustrittstemperatur ermittelt werden. **Beispiel:** Prozeßluft 20 °C, 50 %, Volumenstrom (Trockenluft) bei Gerätetyp MT 700 (d. h. 700 m^3/h). Trocknungsleistung $\dot{m}_W = \dot{V} \cdot \varrho \cdot \Delta x = 700 \cdot 1{,}2 \cdot 4{,}1 =$ **3,44 kg/h.**

6.7 Klimageräte, die keine sind

Obwohl in der DIN 8957 definiert ist, was ein Raumklimagerät ist und welche Aufgaben es zu erfüllen hat, werden zahlreiche Geräte als „Klimageräte" angeboten und gekauft.

a) Lüftungsgeräte

Was man unter Lüftung, Teilklimatisierung oder (Voll)klimatisierung versteht, geht ausführlich aus Kap. 3.1 hervor. Dies gilt auch für die Einzelgeräte. Mit einem Lüftungsgerät wird die Raumluft mit Außenluft vermischt und dadurch je nach Außenluftzustand ϑ_a, x_a auch gekühlt, erwärmt, be- oder entfeuchtet. Dies erfolgt jedoch – ob erwünscht oder unerwünscht – lediglich durch Luftaustausch und **nicht durch entsprechende Einrichtungen im Gerät.** Ein Lüftungsgerät besitzt in der Regel auch ein Filter zur Luftreinigung und ein Heizregister zur Lufterwärmung, sogar zur Raumlufterwärmung, wenn $\vartheta_{zu} > \vartheta_i$ ist (Luftheizung). Eine Lüftungstruhe oder eine Heiztruhe (Gebläsekonvektor) ist keine Klimatruhe.
„Luftreiniger" in Form von speziellen Filterelementen, wie z. B. elektrostatische Filter, Geruchs- und Partikelfilter durch Aktivkohle und Mikro-Glasfaserschicht, sind ebenfalls keine Klimageräte.

b) Luftbefeuchter

Einige in Kap. 6.6 erwähnten Luftbefeuchter werden nicht selten ebenfalls als Klimagerät angepriesen, mit dem Argument, daß mit ihnen die Luft auch gereinigt wird. Eine Luftreinigungswirkung z. B. bei Formaldehydausdünstungen, beim Zigarettenrauch u. a. ist zwar vorhanden, jedoch sehr gering. Ein solches Gerät deshalb als „Luftreiniger" oder gar als Klimagerät zu verkaufen, ist keine Werbung für die Klimabranche.

c) Luftentfeuchter

Hier kann man vielfach von einer Teilklimatisierung sprechen, da neben der Entfeuchtung die Luft auch gekühlt wird. Außerdem wird bei stärkerer Entfeuchtung ein gewisser Reinigungseffekt erzielt („Bindung" von Geruchstoffen an das Kondenswasser).

d) Ionisierer und „Elektroklimageräte"

Auf die Elektrobiologie wird in Kap. 2.1.3.2 etwas eingegangen. Die Veränderung bestimmter elektrischer Felder durch Ionisierung hat Einfluß auf das Wohlbefinden vieler Personen. Wesentlich ist der Anteil der negativen Ionen, der für das körperliche Wohlbefinden entscheidend sein kann. So kann durch Ionisation ein Überschuß an positiven Ionen in der Atemluft (z. B bei Föhnlage) durch die Produktion negativer Ionen kompensiert werden. Bei solchen „Ionisier-Geräten" deshalb von „Luftreiniger", von „Bioklima", von „Gebirgsluft aus der Steckdose" oder gar von „Klimagerät" zu sprechen, ist mehr als irreführend, zumal der Wirkungsbereich (Reichweite) sehr gering ist – oft unter 1 m. Kann CO_2 nicht abgebaut werden, kann auf ausreichendes Lüften nicht verzichtet werden.

e) Ozonisierer

Im Gegensatz zur Wasserbehandlung kann Ozon als Mittel zur Desodorierung der Raumluft nicht empfohlen werden. Ozon wirkt zwar durch Abgabe freier Sauerstoffatome oxidierend und keimabtötend. Die hierfür erforderliche Konzentration kann aufgrund gesetzlicher Vorschriften nicht eingehalten werden.

7 Kühllastberechnung - VDI 2078

So wie für die Beheizung eines Gebäudes und für die Auslegung einer Heizungsanlage die Wärmebedarfsberechnung (Heizlast) nach DIN 4701 zugrunde gelegt wird, so ist für die Luftkühlung die Kühllastberechnung nach der VDI-Richtlinie 2078 maßgebend.

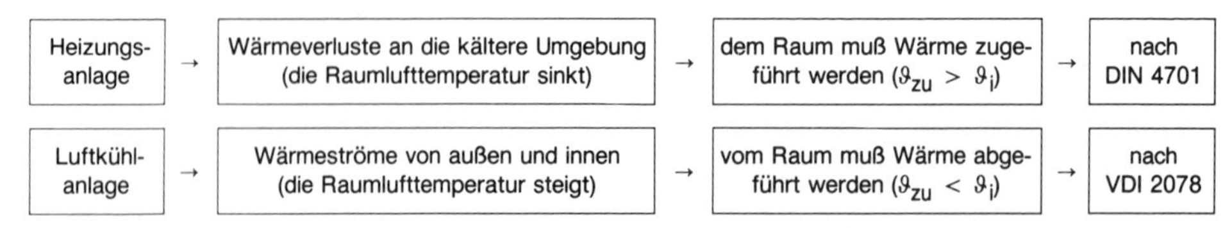

Die dem Raum abzuführenden Wärmeströme können auf verschiedene Art erfolgen:

1. durch **Einführung von kalter Zuluft** (gekühlte Luft von der Klimazentrale oder kalte Außenluft)
2. durch **im Raum angeordnete Wärmetauscher,** in denen kaltes Wasser oder Kältemittel strömt (z. B. Klimatruhe, Kühldecke)
3. durch **Bauteilkühlung,** bei der z. B. die Decke ganz oder teilweise auf Temperaturen unterhalb der Raumtemperatur gebracht wird (z. B. Kühldecke)

Unter **Kühllast** $\dot{Q}_K$ versteht man demnach die auf den Raum einwirkenden Wärmeströme, die die Raumlufttemperatur über den gewünschten Sollwert ansteigen läßt. **Es handelt sich demnach um den Wärmestrom, der zu einem bestimmten Zeitpunkt aus dem Raum abzuführen ist, damit die festgelegte Raumlufttemperatur eingehalten werden kann (sensible Kühllast).**

Somit bildet diese Richtlinie 2078 „Berechnung der Kühllast klimatisierter Räume“, kurz als „Kühllastregeln“ bezeichnet, die Grundlage für die Dimensionierung sämtlicher Teile einer Klimaanlage oder für die Auswahl von Klimageräten.

Die Richtlinie ist erstmals **1972** erschienen und wurde **1977** redaktionell überarbeitet. **1990** wurde sie als Entwurf grundsätzlich neu gefaßt, wie z. B. durch andere Randbedingungen, Einsatz von Rechnern, formale Änderungen der Gliederung, neue Einteilung in Kühllastzonen, neue Sonnenstrahlwerte durch Zweifachverglasungen, Einteilung der $\Delta\vartheta_{äq}$-Werte in Standardklassen, umfangreicheres Zahlenmaterial. Leider haben sich im Entwurf zahlreiche Fehler und Nachlässigkeiten eingeschlichen.

Die Richtlinie unterscheidet folgende zwei Berechnungsverfahren, die bei Einhaltung gleicher Randbedingungen auch zu gleichen Ergebnissen führen:

a) Kurzverfahren (nach dem die folgenden Berechnungsbeispiele durchgeführt werden)
Bei diesem Verfahren, das für sehr viele Anwendungen eine ausreichend genaue Aussage gestattet, werden **feste Randbedingungen vorgegeben,** wie z. B. konstante Raumlufttemperatur, periodische innere und äußere Belastungen, eingeschwungener Zustand, 24stündiger Anlagenbetrieb, konstanter Sonnenschutz. Ferner werden die Strahlungslasten durch sog. Kühllastfaktoren s_i und s_a der Speichereinfluß der Außenwände und Dächer mit dem Konzept der äquivalenten Temperaturdifferenzen $\Delta\vartheta_{äq}$ ermittelt.

b) EDV-Verfahren
Bei diesem mathematisch sehr aufwendigen, jedoch sehr flexiblen Verfahren kann man die Kühllastberechnung mit Hilfe geeigneter Softwareprogramme durchführen. Der große Vorteil liegt darin, daß eine Berechnung unter zahlreichen Randbedingungen bzw. wählbaren Belastungsverläufen durchgeführt werden kann, wie z. B. die Berücksichtigung von zeitlich unterschiedlichen Raumlufttemperaturen, beliebigen Beschattungen und Sonnenschutzbetätigungen und unterschiedlichen Betriebszeiten, ferner die Berechnung von Anfahrspitzen, von Raumlufttemperaturen außerhalb der Betriebszeit und bei begrenzter Kühlleistung, exakterer Einbindung der Wärmespeicherfähigkeit und schwankender thermischer Raumbelastun-

gen, u. a. Ein solches **dynamisches Kühllastrechenprogramm** berücksichtigt demnach die Gebäudeausführung, die Anlagentechnik und die Nutzung des Anlagenbetriebs. Überdimensionierungen werden hier weitgehendst vermieden. Obwohl das EDV-Verfahren für beliebige instationäre Randbedingungen gilt, ist es exakt nur für fest vorgegebene Typräume.

Im Rahmen eines **Forschungsvorhabens** werden z. Zt. an einem Büro- und Verwaltungsgebäude die wesentlichen Einflußgrößen untersucht, wie z. B. der Wärmedämmwert der Außenwände (3 Varianten), Fenstergröße bzw. Fensteranteil an der Fassade (7 Varianten), Art der Verglasung (4 Varianten), Art der RLT-Anlage (2 Varianten), Beleuchtungsstärke (künstlich).
Außerdem möchte man dabei die äußeren und inneren Lasten durch planerische und betriebliche Maßnahmen gesteuert reduzieren. Hierzu gehören z. B. der temporäre Wärmeschutz von Fenstern, der Betrieb von Lüftungsanlagen bei Nacht im Hochsommer in Verbindung mit wärmespeichernder Bauweise (freie Kühlung), *k*-Wert-Veränderungen bei Fenster und Außenwänden, Umkehrsonnenschutz.

7.1 Begriffe - Raumbelastungen - Wärmespeicherung

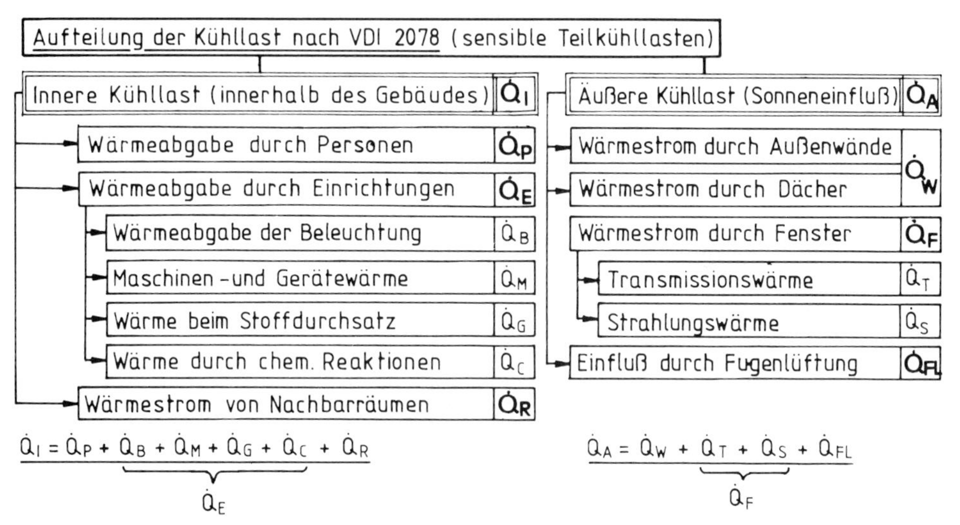

Abb. 7.1 Wärmequellen innerhalb und außerhalb von Gebäuden

Wie aus Abb. 7.1 hervorgeht, unterscheidet man bei der Kühllast zwischen der (gebäude)**inneren Kühllast** $\dot{Q}_I$, das sind die Wärmequellen, die innerhalb des Gebäudes auf den zu klimatisierenden Raum einwirken, und der **äußeren Kühllast** $\dot{Q}_A$, das sind die Wärmeströme, die von außen auf die Gebäudeumschließungsfläche einwirken. Einige der nachfolgenden Kühllastanteile können zeitweise auch negativ sein und stellen dann eine Heizlast dar.
Die Einflußgrößen auf die Kühllast sind neben den thermischen Raumbelastungen (Konvektion und Strahlung) auch die Wärmespeicherung im Raum und der gewünschte Temperaturverlauf.
Bevor auf die einzelnen Kühllastanteile eingegangen wird, sollen zuvor noch einige Begriffe und Hinweise beachtet werden:
Zunächst unterscheidet die VDI-Richtlinie zwischen verschiedenen **Kühllastbegriffen.** Außerdem sind die Begriffe Kühllast, Kühlleistung und Kühlerleistung zu unterscheiden.

- **Innere Kühllast** $\dot{Q}_I$ ist die konvektiv an die Raumluft abgegebene Wärme als Folge der in Abb. 7.1 angegebenen gebäudeinneren Raumbelastungen.
- **Äußere Kühllast** $\dot{Q}_A$ ist die konvektiv an die Raumluft abgegebene Wärme als Folge der in Abb. 7.1 angegebenen äußeren Belastungen.

Entspricht der konvektive **Wärmestrom durch die RLT-Anlage** $\dot{Q}_{KA}$ den beiden Belastungen $\dot{Q}_I + \dot{Q}_A$ und diese wiederum $\dot{Q}_{KR}$, dann kann die RLT-Anlage die vorgegebenen Raumtemperaturen genau einhalten.

Ist $\dot{Q}_{KA}$ z. B. 0 (Anlage außer Betrieb), so steigt ϑ_i so lange an, bis $\dot{Q}_I + \dot{Q}_A = 0$ ist (= freieinstellende Raumlufttemperatur).

- **Raumkühllast $\dot{Q}_{KR}$:** Das ist die in einer bestimmten Zeit vorhandene Kühllast, d. h. die Auswirkung der in der Regel **zeitveränderlichen** Kühllastkomponenten.
- **Nennkühllast $\dot{Q}_{KR,Nenn}$:** Das ist das Maximum der Raumkühllast. Mit ihr bestimmt man die Geräteleistung bzw. den dem Raum zuzuführenden Volumenstrom. Wenn nur eine Temperaturanforderung vorliegt, ist die latente Wärme ohne Bedeutung.
- **Basiskühllast** (Bezugskühllast). Das ist die Kühllast als erste Auslegungsrechnung für eine konstante Raumtemperatur (22 °C) in eingeschwungenem Zustand bei tagesperiodischer Belastung (24 h). Sie gilt nur als Grundinformation, denn die Kühllastberechnung kann für jede veränderliche Raumtemperatur angewendet werden (vgl. Beispiele).
Eine durchgehend betriebene Anlage benötigt stets die geringste maximale Leistung, und daher kann diese Betriebsweise für extreme Sommertage empfohlen werden.
- **Gebäudekühllast $\dot{Q}_{KG}$** (oder Kühllast eines Versorgungsbereichs): Das ist das Maximum aus der Summe aller zeitgleichen Raumkühllasten und nicht die Summe der Kühllastmaxima, die doch zeitlich sehr unterschiedlich auftreten. Ein Vergleich mit der Heizlastberechnung (DIN 4701) ist die Gegenüberstellung zwischen Nennwärmebedarf $\dot{Q}_N$ und Nenngebäudewärmebedarf $\dot{Q}_{N,Geb}$ (Kesselleistung). **Mit $\dot{Q}_{KG}$ bestimmt man die für das Gebäude benötigte maximale Kühlleistung bzw. bei NUR-LUFT-Anlagen den Zuluftvolumenstrom.**
- **Kühlleistung** (für Raum): Das ist eine momentan dem Raum zugeführte Leistung, d. h. die Leistung der Wärmesenke $\dot{Q}_{KA}$ durch die RLT-Anlage (Wärmeentzug im Raum), mit der ϑ_i beeinflußt wird. Entspricht $\dot{Q}_{KA}$ wieder $\dot{Q}_{KR}$, wird die gewünschte Raumtemperatur ϑ_i eingehalten.
- **Kühlleistung für Gebäude:** Das ist die Summe aller zeitgleichen Raumkühlleistungen. So kann z. B. in einem Raum die Klimatisierung nur teilweise vorgenommen, in einem andern sogar abgestellt werden.
- **Kühlerleistung:** Bei dieser Leistung werden neben den sensiblen Wärmebelastungen nach Abb. 7.1 auch die latente Kühllast, d. h. die bei der Kondensation am Kühler freigewordene Kondensationswärme, sowie die sensible und latente Wärme durch die Lüftung berücksichtigt. Die Kühlerberechnung wird u. a. ausführlicher in Kap. 9.2.5 behandelt.

Einfluß der Wärmespeicherung

Bei der Berechnung der einzelnen Kühllastfaktoren, ob es sich um die Wärmeabgabe der Personen, Beleuchtung, Sonnenstrahlung oder andere Wärmequellen handelt, muß der Einfluß der Wärmespeicherung berücksichtigt werden. **Diese macht sich im Gebäude dann bemerkbar, wenn eine Wärmebelastung infolge Strahlung entsteht oder wenn sich die Raumtemperatur ändert, d. h. eine Temperaturdifferenz zwischen Luft und Bauwerk vorliegt.** Grundsätzlich ist demnach zu unterscheiden, ob es sich außer der Transmissionswärme um konvektive Belastungen oder um Strahlungsbelastungen handelt.
Konvektive Wärmeströme werden nämlich unmittelbar von der Raumluft aufgenommen und bedeuten bei konstanter Raumlufttemperatur sofort eine Kühllast.
Strahlungsbelastungen beeinflussen dagegen die Raumlufttemperatur erst dann, wenn die von den Raumflächen und -einrichtungen aufgenommene Wärme wieder konvektiv an die Luft abgegeben wird. Anhand Abb. 7.2 soll dies verdeutlicht werden.

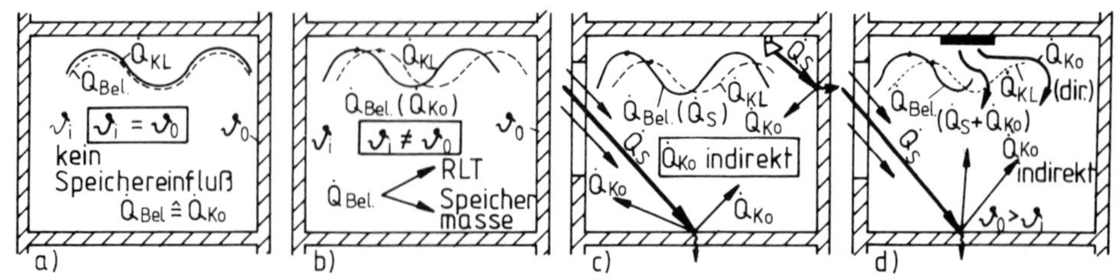

Abb. 7.2 Auswirkung von konvektiven Belastungen und Strahlungsbelastungen

Zu a) Bei konstanter Raumlufttemperatur entspricht der Belastungsverlauf ohne zeitliche Verzögerung dem Kühllastverlauf, d. h., konvektive Belastungen wirken hier nur auf die RLT-Anlage.

Zu b) Ändert sich die Raumlufttemperatur, so wirken sich ausschließlich konvektive Belastungen nicht nur auf die RLT-Anlage, sondern auch auf die Speichermassen aus, da zwischen Luft und Umgebungsflächen eine Temperaturdifferenz besteht. Der Kühllastverlauf erscheint gegenüber dem Belastungsverlauf etwas verzögert und zeitlich verschoben. Dieser Einfluß ist jedoch sehr gering und kann in der Regel vernachlässigt werden.

Zu c) Bei allen Wärmequellen mit einem Strahlungsanteil nehmen die Raumflächen und Einrichtungen Wärme auf. Je nach Wandaufbau und zeitlichem Strahlungsverlauf dringt diese Wärme mehr oder weniger tief in die Wände ein und erhöht deren Oberflächentemperatur. Von dort wird $\dot{Q}_S$ als konvektive Last $\dot{Q}_{Ko}$ wieder an die Raumluft abgegeben.
Somit sind die **Kühllasten gegenüber den Raumlasten (auch bei konstanter Lufttemperatur) stets gedämpft und zeitlich verschoben** – erheblich mehr als im Fall b). Wieviel Wärme nun wieder in den Raum zurückströmt und wieviel in Nachbarräume oder nach außen abgegeben wird, hängt von der thermischen Speicherfähigkeit des Raumes ab (vgl. Raumklassen). 20 % des Strahlungsanteils nimmt man etwa an, der durch die Möblierung konvektiv an die Raumluft abgegeben wird (vgl. Tab. 7.6).

Zu d) Während es sich im Fall c) ausschließlich um Strahlungsbelastungen handelt (z. B. bei Sonnenstrahlung, Abluftleuchten), wirken hier **beide Belastungsarten,** nämlich $\dot{Q}_{Ko}$ direkt als Kühllast und $\dot{Q}_S$ (z. B. bei Personen, Hängeleuchten) als zeitlich verzögerte Kühllast.

Kühllastfaktoren - Raumtypen

Die Speicherfunktion f_{sp} der Wärmebelastung, d. h. die **Einbeziehung der zeitabhängigen Speicherung in die Kühllastberechnung infolge innerer und äußerer Strahlungslasten, erfolgt beim Kurzverfahren durch Einführung eines Kühllastfaktors** (früher Speicherfaktor). Um die tatsächliche Kühllast zu berechnen, muß das Maximum der jeweiligen Wärmebelastung (z. B. $\dot{Q}_T$, $\dot{Q}_B$, $\dot{Q}_M$) mit dem entsprechenden Kühllastfaktor s_i oder s_a multipliziert werden.
Wie Tab. 7.6 und 7.25 zeigen, werden die Ergebnisse der Speichervorgänge für fest vorgegebene Belastungsformen durch Tagesgänge von Kühllastfaktoren angegeben, welche den Kühllastverlauf in seiner Dämpfung und Zeitverzögerung als Reaktion auf die Summe der Strahlungsfunktionen beschreiben; im wesentlichen bei konstanten Raumtemperaturen.

Da die Speicherfähigkeit wesentlich vom Aufbau des Baukörpers abhängt, hat man die Räume in **vier Typen** eingeteilt: Bauart XL sehr leicht, Bauart L leicht, Bauart M mittel, Bauart S schwer. Für jede Bauart ist ein Raumtyp mit gleicher Geometrie (Bodenfläche 17,5 m^2, Raumumschließungsfläche 86 m^2) und gleicher Wärmedämmung, jedoch unterschiedlichem Wandaufbau definiert. Für den Raumtyp „leicht" und „mittel" sind Aufbau und Kenndaten aus Tab. 7.1 ersichtlich.

Tab. 7.1 Kenndaten für die Raumtypen „leicht" und „mittel"

Raumtyp **L** "leicht"						Raumtyp **M** "mittel"					
Bauart	Aufbau	Dicke [m]	λ [W/mK]	ρ [kg/m³]	c [J/kgK]	Bauart	Aufbau	Dicke [m]	λ [W/mK]	ρ [kg/m³]	c [J/kgK]
Decke und Fußboden	Estrich	0,03	1,4	2200	1050	Decke und Fußboden					
	Steinwolle	0,02	0,047	75	840		Beton	0,12	2,035	2100	920
	Beton	0,12	2,035	2100	920		Luftschicht	-	R=0,13*	-	-
	Luftschicht	-	R=0,13*	-	-		Steinwolle	0,02	0,047	75	840
	Steinwolle	0,002	0,047	75	840		Metalldecke	0,001	58,0	78800	480
	Metalldecke	0,001	58,0	7800	480						
Innenwände	Porenbeton	0,12	0,40	1200	1050	Innenwände	Porenbeton	0,12	0,40	1200	1050
Innentür	Tischlerplatte	0,04	0,14	500	2520	Innentür	Tischlerplatte	0,04	0,14	500	2500
Außenwand	Schalung	0,01	0,14	500	2520	Außenwand	Beton	0,10	2,035	2100	920
	Dämmung	0,064	0,047	75	840		Dämmung	0,06	0,047	75	840
	Schalung	0,01	0,14	500	2520		Luftschicht	-	R=0,13*	-	-
							Faserzement	0,025	0,045	1300	1050

*) in m^{2}K/W

Als Orientierung geht man von der Masse (kg/m^2) des Fußbodens aus, wobei ein **rechnerischer Nachweis nicht Bestandteil der Kühllastberechnung** ist.

Typ XL: Gesamtmasse des Gebäudes sehr klein (< ca. 200 kg/m^2 FB)

Typ L: Gesamtmasse im Bereich von ca. 200 bis 600 kg/m^2 FB; z. B. FB und DE beide abgedeckt (Teppich oder schwimmender Estrich, abgehängte Decke); aber auch, wenn eine Masse frei und die Gesamtmasse zwischen ca. 200 bis 400 kg/m^2 FB beträgt.

Typ M: Gesamtmasse 200 bis 600 kg/m^2 FB; auch, wenn beide Massen frei sind und die Gesamtmasse zwischen 200 und 400 kg/m^2 FB liegt oder wenn mind. eine Masse frei und die Gesamtmasse 400 bis 600 kg/m^2 FB beträgt.
Die Unterscheidung nach L und M erfolgt danach, ob die Speichermassen zugänglich oder durch eine Wärmedämmung verdeckt sind.

Typ S: Bei Gesamtmasse > 600 kg/m^2 FB, was vorwiegend auf Altbauten zutrifft.

Weicht die Geometrie des zu berechnenden Raumes sehr stark von der Geometrie der Typräume ab [(A_{FB} ≈ 17,5 m^2, Breite 3,5 m, V_R = 52,5 m^3, AF = 7 m^2, k_{AW} ≈ 0,6 W/(m^2 · K)], bezieht man besser die wirksame Speichermasse auf die gesamte Raumumschließungsfläche (AW, FB, DE).

Speichereinflüsse		Wärmebelastung	abhängig von:	wird berücksichtigt durch
 vom Raum selbst	$\dot{Q}$ von innen	• direkte konvektive Last • verzögerte und gedämpfte Strahlungsbelastung	Raumtyp, Betriebszeit, Konvektivanteil (30 oder 50 %)	Kühllastfaktoren für innere Belastungen s_i (vgl. Tab. 7.6.)
	$\dot{Q}$ von außen	Sonnenstrahlung durch Zweifach-Verglasung	Raumtyp, Himmelsrichtung, Betriebszeit, Sonnenschutz	Kühllastfaktoren für äußere Belastungen s_a (Tab 7.25)
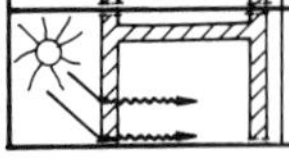 in Außenwände und Dach		instationäre Wärmeströme durch äußere Raumumschließungsflächen	Bauartklasse (1-6), Himmelsrichtung, wahre Ortszeit (2 - 24^{00} Uhr)	äquivalente Temperaturdifferenz $\Delta\vartheta_{äq}$ oder $\Delta\vartheta_{äq1}$ 6 Klassen (vgl. Tab. 7.16)

Abb. 7.3 Berücksichtigung und Auswirkung von Speicherwärme

Abb. 7.3 faßt nochmals zusammen, wie die **Speichermassen** wirksam und berücksichtigt werden. Hinsichtlich der äußeren Belastungen auf die Außenwände und Dächer, wobei noch für 6 Außenwand- und Dachklassen äquivalente Temperaturdifferenzen angegeben werden, werden in Kap. 7.3.2 Erläuterungen gegeben.
Beim EDV-Verfahren ist für die 4 Typ-Räume ein geeigneter Satz von Gewichtsfaktoren berechnet und auf die Geometrie der Außenflächen und Wärmedämmung normiert.

7.2 Innere Kühllast $\dot{Q}$

Die innere Kühllast eines Raumes setzt sich aus den nachfolgenden Teillasten zusammen und ist durch die verbesserten Sonnenschutzmaßnahmen, durch die Bauweise und durch die zunehmende Maschinenlast am Arbeitsplatz in der Regel höher als die äußere Kühllast $\dot{Q}_A$.

7.2.1 Kühllast durch Personen $\dot{Q}_P$

Bei der Wärmebelastung durch Personen, die in die Kühllast eingeht, d. h., die Raumtemperatur beeinflußt, wird nur die sensible (trockene) Wärme $\dot{Q}_s$ zugrunde gelegt. In Versammlungsräumen ist $\dot{Q}_P$ der größte innere Kühllastanteil, während $\dot{Q}_p$ in Industriebetrieben meist vernachlässigt werden kann.

$$\dot{Q}_P = n \cdot \dot{Q}_s \cdot s_i$$

$\dot{Q}_P$ Kühllastanteil durch die Personen (*W*)
n Anzahl der Personen im Raum
$\dot{Q}_S$ sensible Wärmeabgabe je Person (Tab. 7.2)
s_i Kühllastfaktor zur Berücksichtigung des Speichereinflusses

Tab. 7.2 Wärme- und Wasserdampfabgabe des Menschen

Raumlufttemperatur		°C	18	20	22	23	24	25	26	Tätigkeit: körperlich nicht tätig bis leichte Arbeiten im Stehen, Aktivitätsgrad I bis II
Wärmeabgabe	gesamt	W	125	120	120	120	115	115	115	
	sensibel	W	100	95	90	85	75	75	70	
Wasserdampfabgabe		g/h	35	35	40	50	60	60	65	

Ergänzende Hinweise:

1. Die **Gesamtwärme** $\dot{Q}_{ges}$ benötigt man für die Berechnung der Kühlerleistung, und die Differenz von $\dot{Q}_{ges}$ und $\dot{Q}_S$ ist der **latente Kühllastanteil** $\dot{Q}_l$ je Person, auch für die Ermittlung der Wasserdampfabgabe des Menschen. Diesbezüglich werden in Kap. 2.2.2 ausführlichere Angaben gemacht, ebenso zur Wärmeabgabe bei höheren Aktivitätsgraden.

2. Der **Kühllastfaktor** s_i kann aus Tab. 7.6 entnommen werden, wobei man bei der sensiblen Wärme annähernd einen Konvektionsanteil von 50 % (nach Tab. 7.6, wie bei Anbauleuchten) und für die Uhrzeit den höchsten Zahlenwert, d. h. die geringste „Speicherdämpfung" annimmt. Bei der latenten Wärme ist $s_i = 1{,}0$.
   Beispiel 1
   In einem Versammlungsraum (Raumtyp L) befinden sich von 7.00 bis 12.00 Uhr 80 Personen (sitzend); Raumtemperatur 26 °C. Wie groß ist die anfallende Kühllast um 10.00 Uhr?
   Lösung: $\dot{Q}_p = 80 \cdot 70 \cdot 0{,}81 = \mathbf{4\,536\ W}$ (Tab. 7.2 und 7.6)

7.2.2 Kühllast durch Beleuchtung $\dot{Q}_B$

Gute Umweltbedingungen im Raum erhöhen die Behaglichkeit und das Leistungsvermögen des Menschen. Wie schon in Kap. 2.1 erläutert, zählen hierzu nicht nur die thermischen Komponenten, sondern auch die akustischen und optischen. Nicht selten verursacht die

Beleuchtung in vielen Büro- und speziellen Arbeitsräumen den größten Kühllastanteil und somit den höchsten Energiebedarf. Um dem entgegenzuwirken, werden schon seit Jahren neue Beleuchtungselemente auf den Markt gebracht, die bei gleicher Beleuchtungsstärke einen wesentlich geringeren Kühllastbedarf verursachen.
Zur genauen **Berechnung der Beleuchtungswärme** $\dot{Q}_B$ müssen die lichttechnischen Planungsdaten oder die tatsächlich installierte Anschlußleistung P bekannt sein. Da im Vorprojektstadium genaue Angaben meistens fehlen, kann man P und somit $\dot{Q}_B$ nach folgenden Ansätzen bestimmen:

(1) $\dot{Q}_B = P \cdot l \cdot \mu_B \cdot s_i$ Watt (2) $P = E_N \cdot p \cdot A$ Watt

P Gesamte **Anschlußleistung** der Leuchten, bei Entladungslampen einschließlich der Verlustleistung der Vorschaltgeräte, in denen die aufgenommene elektrische Energie ebenfalls in Wärmeenergie umgewandelt wird.

E_N **Nennbeleuchtungsstärke** in Lux (lx) oder Kilolux (klx), die aus Tab. 7.3 entnommen werden kann. Dies sind Anhaltswerte aus der DIN 5035 „Innenraumbeleuchtung mit künstlichem Licht". Mit E_N wird die „Ausleuchtung" am Arbeitsplatz ausgedrückt.

p **Spezifischer Beleuchtungswert** in W/(m² · klx) – bezogene Anschlußleistung. In Tab. 7.4 werden aus der DIN 5035 Richtwerte für verschiedene Lampentypen und Büros angegeben.

A **Grundrißfläche** in m² ohne Berücksichtigung der Flächen, die evtl. durch Tageslicht ausgeleuchtet werden.

l **Gleichzeitigkeitsfaktor** der Beleuchtung zur betreffenden Zeit. Dieser bedarf einer Vereinbarung mit dem Bauherrn. Er berücksichtigt z. B. bei großen Räumen die mögliche Ausleuchtung der fensternahen Zonen oder eine teilweise eingeschränkte künstliche Beleuchtung. Dabei ist auch festzulegen, mit welchen Beleuchtungsleistungen zu Zeiten maximaler Kühllast und mit welcher Beleuchtungsdauer gerechnet werden soll.

μ_B **Raumbelastungsgrad** infolge Beleuchtung bei belüfteten Abluftleuchten; vgl. Tab. 7.5 mit Hinweisen.

s_i **Kühllastfaktor** (früher als Speicherfaktor bezeichnet), der in Abhängigkeit von Raumtyp, Einschaltzeit, Ortszeit und Konvektionsanteil aus Tab. 7.6 entnommen werden kann.

Tab. 7.3 Richtwerte für Nennbeleuchtungsstärken und Anschlußleistungen nach DIN 5035 (VDI 2078 E)

	Raumzweck und Art der Tätigkeit	Nenn beleuch-tungs-stärke lx	Anschlußleistung P/A Allgemeine Gebrauchs-Glühlampen	Anschlußleistung P/A Entladungs-lampen (je nach Typ)
1	Lagerräume mit Suchaufgabe, Verkehrswege in Gebäuden für Personen und Fahrzeuge, Treppen, Flure, Treppen und Eingangshallen in Unterrichtsstätten, Produktionsanlagen mit gelegentlichen manuellen Eingriffen, Wohnräume, Theater	100	20 bis 25	4 bis 8
2	Lagerräume mit Leseaufgabe, Versand, Kantinen, Empfang, Speiseräume in Hotels und Gaststätten, ständig besetzte Arbeitsplätze in Produktionsanlagen, grobe Arbeiten, einfache Montagearbeiten, Räume mit Publikumsverkehr	200	40 bis 50	8 bis 16
3	Büroräume mit Arbeitsplätzen ausschließlich in Fensternähe (Einzelbüro), Mehrzweckräume, Bibliotheken, Unterrichtsräume in Unterrichtsstätten, Sitzungs- und Besprechungszimmer, Verkaufsräume, Schalter und Kassenhallen	300	60 bis 75	6 bis 18
4	Büroräume (Gruppenräume), Raum für Datenverarbeitung (dort obere Grenzwerte), Unterrichtsräume mit unzureichendem Tageslicht sowie für vorwiegende Abendnutzung oder für Erwachsenenbildung, spezielle Unterrichtsräume in Unterrichtsstätten, Hörsäle mit Fenstern, feine Maschinen- und Montagearbeiten, Küchen in Hotel und Gaststätten, Forschungslaboratorien, Kaufhäuser, Ausstellungs- und Messehallen, Leder- und Holzverarbeitung.	500	100 bis 120	10 bis 24 (28)
5	Großraumbüro, technisches Zeichnen (Zeichenbrett), Kontrollplätze, Färben, Gravieren, Supermärkte, Hörsäle ohne Fenster	750	-	15 bis 30
6	Farbprüfung, Montage feiner Geräte, feinmechanische Arbeiten, Schmuckwarenherstellung, Großraumbüro (Sonderfälle)	1000	-	20 bis 40
7	Montage feinster Teile, Bearbeitung von Edelsteinen, Optiker- und Uhrmacherwerkstatt, Qualitätskontrolle bei sehr hohen Ansprüchen	1500 ... 2000	-	30 bis 40 40 bis 80

Hinweise zu Tab. 7.3

1. Die **Nennbeleuchtungsstärke E_N** mit der Einheit Lux (lx) ist der auf eine Fläche fallende Lichtstrom. In der Regel ist es die mittlere Beleuchtungsstärke im Raum oder in der einer bestimmten Tätigkeit dienenden Raumzone. Die geringen Werte bei den Entladungslampen, d. h. bei Lampen, deren Licht elektrischen Entladungen in verdünnten Gasen entstammt, ergeben sich durch die höhere Lichtausbeute.

2. Unter dem **Lichtstrom** Φ mit der Einheit Lumen versteht man die photometrisch bewertete Strahlungsleistung (Lichtleistung), die nicht mit dem zur Lichterzeugung erforderlichen Strom verwechselt werden darf. Er hängt vor allem von E_N, Beleuchtungswirkungsgrad η_B (Tab. 7.4), Raumfläche A und Farbwiedergabe ab. $\Phi = E_N \cdot A/(\eta_B \cdot f)$, wobei f ein Minderungsfaktor für Lampenalterung und Verschmutzung von etwa 0,8 bedeutet, bzw. 1/0,8 = 1,25 als Planungsfaktor.

3. Auch in den **Arbeitsstättenrichtlinien** werden in § 7 Angaben über die erforderliche Beleuchtung gemacht. Außerdem gibt es Richtlinien für die Innenbeleuchtung mit künstlichem Licht in öffentlichen Gebäuden und Schulen.

4. Da zur Zeit hoher Außenbelastung die Außenzonen des Raumes ausreichend durch das Tageslicht ausgeleuchtet werden, kann man etwa **4 m von der Fensterfront zum Rauminnern abziehen.** Das bedeutet, daß dann nur die Leuchten im Gebäude- bzw. Raumkern zu berücksichtigen sind. Dieser zu wählende Abstand hängt jedoch von zahlreichen Einflußgrößen ab, wie z. B. Fenstergröße, Schatten von Nachbargebäuden, Bäumen, Reflexionsverhalten des Raumes (Farbe), Nutzung des Raumes, Sonnenschutzeinrichtung u. a. Muß z. B. in einem Raum mit der Grundrißfläche A, wegen ausreichender Beleuchtung durch Tageslicht in der Fensterzone, nur die Fläche A' künstlich mit der festgelegten Beleuchtungsstärke berücksichtigt werden, ist der vorgenannte **Gleichheitsfaktor $l = A'/A$.**

5. Oft werden neben der gleichförmigen Ausleuchtung noch **zusätzliche örtliche Beleuchtungen** eingeschaltet (z. B. am Zeichentisch), die allerdings nur teilweise berücksichtigt werden müssen. So wird man auch bei der letzten Gruppe der Tabelle (1 500 – 2 000 lx) eine allgemeine Beleuchtung von etwa 500 lx und zusätzlich eine Arbeitsplatzbeleuchtung vorsehen.

6. Eine **ausreichende blendfreie Beleuchtungsstärke** steigert nicht nur das Wohlbefinden, sondern vermeidet Fehler und Unfälle und fördert auch Denk- und Merkfähigkeit, Ausdauer, Sicherheit und Schnelligkeit. Mit zunehmendem Alter steigt der Lichtbedarf an.

Bei ausschließlich tagesorientierten Arbeitsplätzen in Büroräumen kann man von etwa 300 lx, bei sonstigen „Zellen"-Büros von etwa 500 lx und bei Großraumbüros von 750 – 1 000 lx ausgehen.

Bei einer punktförmigen Lichtquelle nimmt **E_N umgekehrt proportional mit dem Quadrat des Abstandes** ab. So ist z. B. E_N bei 3fachem Abstand von der Glühbirne auf den 9. Teil gesunken.
Bei einem **Vergleich mit Tageslicht** liegen dort die Leuchtstärken bei stark bedecktem und bei klarem Himmel zwischen 1 000 und 100 000 lx: besonnte Straße ca. 20 000 lx, besonnter Schnee ca. 110 000 lx, dunstiger Himmel ca. 50 000 lx.

7. Bei sehr hohen E_N-Werten (ab etwa 1 000 lx) ist es ratsam, die Abluft durch die Leuchten zu führen, um eine zu hohe Strahlungsbelastung zu vermeiden (vgl. Tab. 7.5).

Tab. 7.4 Spezifischer Beleuchtungswert p in W/(m^2 · klx) nach VDI 2078 E

Lampentyp	Art des Vorschaltgerätes	Lichtausbeute einschließl. Vorschaltgerät	Einzelbüro 4x5=20m2	Gruppenbüro 7x6=42m2	Großraumbüro 12x14=168m2
			Beleuchtungswirkungsgrad η_B		
			0,45	0,55	0,65
Standardleuchtstofflampe 38 mm ∅	konventionell KVG	52	53	43	37
Dsgl. 36 mm ∅		56	49	40	34
3- Banden-Leuchtstofflampe 26 mm ∅		76	36	30	25
3- Banden-Leuchtstofflampe 26 mm ∅	elektr. EVG	95	29	24	20
Glühlampen	-	14	200	-	-

Hinweise zu Tab. 7.4

1. p ist abhängig von der **Lichtausbeute** η des gewählten Beleuchtungskonzeptes bzw. Lampentyps. Unter η versteht man das **Verhältnis von abgestrahltem Lichtstrom der Lampen zur aufgenommenen elektrischen Leistung (lm/W).**
   Die Lichtausbeute η beträgt bei der Glühlampe ca. 20 lm/W, bei der Kompakt-Leuchtstofflampe ca. 60 bis 100 lm/W (bis 5mal mehr Licht!), bei der Halogen-Metalldampflampe und Leuchtstofflampe ca. 100 lm/W, bei der Hochdruck-Natriumdampflampe ca. 130 lm/W und bei der Niederdruck-Natriumdampflampe ca. 170 lm/W.

Ferner ist p abhängig vom **Betriebswirkungsgrad der Leuchten η_{LB} („Leuchtenwirkungsgrad") und vom Raumwirkungsgrad** η_R, der von der Raumgeometrie, Montagehöhe der Lampen, vom Reflexionsverhalten der Wände und von der Lichtstärkeverteilung abhängt.
Das Produkt $\eta_{LB} \cdot \eta_R$ bezeichnet man als den **Beleuchtungswirkungsgrad η_B**, der den Umwandlungsgrad von elektrischer Energie in Lichtenergie beschreibt: $P = 1{,}25\ \text{klx}/(\eta \cdot \eta_B)$, wobei der Faktor 1,25 die Lampenalterung und die Verschmutzung berücksichtigt.
Neben den gebräuchlichen 3-Banden-Leuchtstofflampen haben sich in den letzten Jahren die gesockelten Kompaktleuchtstofflampen durchgesetzt. Diese haben eine etwa 8fache Lebensdauer und benötigen etwa **80 % weniger Strom. Sie geben 5mal mehr Licht, d. h., eine solche Leuchtstofflampe von 20 W entspricht einer herkömmlichen Glühbirne von 100 W.** Niedervolt-Halogenlampen haben eine doppelt so hohe Lebensdauer und Lichtausbeute.

2. Bei den **Tabellenangaben** wurde ein mittlerer Leuchtenwirkungsgrad η_B von 0,68 und eine gemittelte Lichtausbeute einschließlich Vorschaltverluste von 1,2 und 1,5 m langen Leuchtstofflampen zugrunde gelegt. Als Lichtfarbe liegt neutralweiß *nw* zugrunde mit einem Farbtemperaturbereich von ca. 4 000 °C (tageslichtweiß *tw* ca. 6 000 °C und warmweiß *ww* ca. 3 000 °C).

3. Aus vorstehenden Hinweisen wird deutlich, daß sich die „Beleuchtungsindustrie zunehmend bemühen" muß, η und η_B zu erhöhen, ohne daß die Farbwiedergabe verschlechtert wird. **Eine Zunahme von η und η_B** bedeutet nämlich eine geringere Beleuchtungswärme, d. h. eine Reduzierung der Kühllast und damit eine Verringerung der Anlagen und Betriebskosten der Klimaanlage.

Abluftleuchten - Deckensysteme

Die Entwicklung, Beleuchtungskörper in die Decke einzubeziehen und die Abluft durch diese Leuchten strömen zu lassen, führte schon seit langem zu speziellen integrierten Deckensystemen und somit auch zu einer Verzahnung der Fachgebiete Beleuchtungstechnik, Klimatechnik, Raumakustik und Deckengestaltung.
Bei Deckenleuchten unterscheidet man grundsätzlich zwischen den **Aufbauleuchten,** freihängend oder an der Decke (Anbauleuchte), den **Einbauleuchten** (z. B. in Zwischendecken) und den **Abluftleuchten,** auch als belüftete Leuchten oder Klimaleuchten bezeichnet, die wiederum nach Abb. 7.6 unterteilt werden.

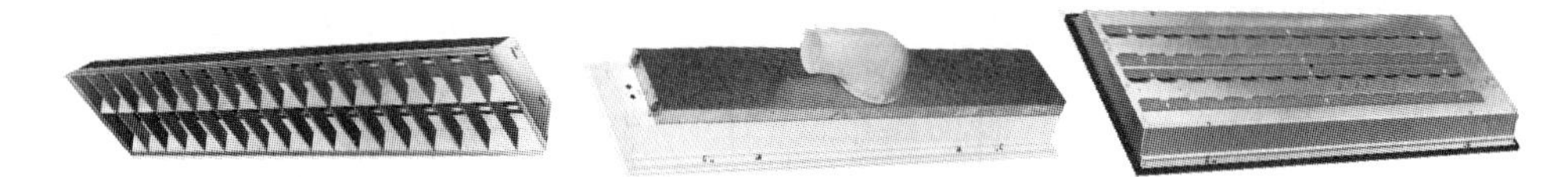

Abb. 7.4 Einbau- und Abluftleuchten a) mit abnehmbarem Raster; b) mit Abluftdom und Winkelstutzen; c) über Schlitzschieber und Luftführung im Deckenraum

Bei der **Anbauleuchte** wird die gesamte Wärmeabgabe im Raum wirksam; bei der freihängenden mit einem erhöhten Konvektionsanteil. Eine Luftführung im Deckenbereich darf durch die Leuchte nicht behindert werden.
Bei der **Einbauleuchte** kann man den Wärmestrom in den Raum nicht genau angeben. Kann nämlich der Anteil im Deckenraum nicht abströmen, entsteht ein Wärmestau, der wiederum zusätzliche Wärmebelastungen an angrenzende Räume bedeutet.

Vorteile von Abluftleuchten

1. Ein **Großteil der Beleuchtungswärme wird am Ort der Entstehung abgeführt.** Dies führt zur Reduzierung der thermischen Raumbelastung und somit auch der Kühllast und der Kältekosten, zu einem geringeren Zuluftvolumenstrom und somit geringeren Kanalquerschnitten (geringere Anschaffungskosten, geringere Geschoßhöhen).

2. Die **Nennbeleuchtungsstärke E_N kann wesentlich höher gewählt werden** (u. U. bis 3 000 lx). Bei hohen E_N-Werten (ab etwa 1 500 lx) muß jedoch auf eine gute Lampendurchlüftung geachtet werden, damit die Strahlungsbelastung in Kopfhöhe nicht zu groß wird und der Fußboden nicht zu stark aufgeheizt wird (Auftriebswirkung). Deshalb ist der Wert in Tab. 7.3 für herkömmliche Glühbirnen auf 500 lx begrenzt.

3. Die **„Lichtausbeute" wird erhöht.** Die Zunahme kann gegenüber einer unbelüfteten Leuchte über 10 % betragen, da diese von der Oberflächentemperatur abhängig ist (günstigster Wert bei etwa 25 °C). Außerdem erhöht sich die Lebensdauer durch die geringere thermische Belastung.

4. **Abluftleuchten können mit der Zuluftführung kombiniert werden.** Die Zuluft muß jedoch mit der Raumluft außerhalb der Ansaugzone der Leuchten ausreichend vermischt sein. Je nach Art und geometrischer Anordnung der Zuluftdurchlässe im Deckenbereich können die Raumbelastungsgrade nach Tab. 7.5 deutlich höher liegen.

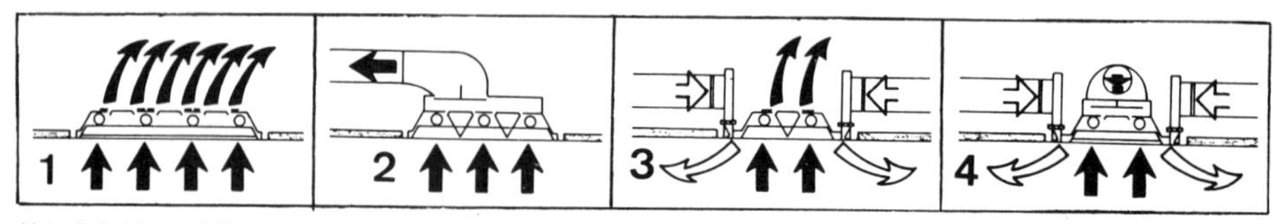

Abb. 7.5 Ab- und Zuluftführung bei Abluftleuchten

Abb. 7.5 zeigt **Luftführungsarten** mit folgenden 4 Beispielen: **Zu (1)** Abluftführung über Leuchte in den Deckenhohlraum mit Schlitzschieber zur Volumenstromregulierung, umlaufende Randabdichtung zum luftdichten Deckenanschluß. Zuluftführung über Kanalsystem und Deckendurchlässen (nicht sichtbar). **Zu (2)** Abluftführung über Leuchte in Abluftkanalsystem mit Schlitzen, Abluftdom und Ventil zur Volumenstromregulierung. Zuluftführung über Überdruck-Deckenhohlraum oder über Kanalnetz mit Deckendurchlässen (verbreitetste Ausführungsart). **Zu (3)** Abluftführung wie bei (1), Zuluftführung über wärmegedämmtem Kanalsystem und den an Leuchten entlanggeführten Schlitzdurchlässen; entlang der Decke. **Zu (4)** Abluftführung wie bei (2) und Zuluftführung wie bei (3).

Raumbelastungsgrad μ_B für Beleuchtung

Von größtem Interesse bei Abluftleuchten ist der Anteil der Leuchtenleistung, der bei stationärem Betrieb in die Kühllast eines Raumes eingeht. Wie aus der Gleichung (1) hervorgeht, wird hierzu die Anschlußleistung der Leuchten u. a. mit dem Raumbelastungsgrad μ_B multipliziert.

Tab. 7.5 Anhaltswerte für Raumbelastungsgrade μ_B bei Abluftleuchten (Leuchtstofflampen in Deckensystemen)

Volumenstrom bezogen auf die Leuchtenanschlußleistung in $m^3/(h \cdot W)$	0,2	0,3	0,5	1,0	bezogen auf Abb. 7.6
Absaugung über Deckenhohlräume (Zwischen- und Obergeschoß)	0,80	0,70	0,55	0,45	
Absaugung durch nicht gedämmte Luftleitungen (Kanäle)	0,45	0,4	0,35	0,30	
Absaugung durch gedämmte Luftleitungen (Kanäle)	0,40	0,35	0,3	0,25	

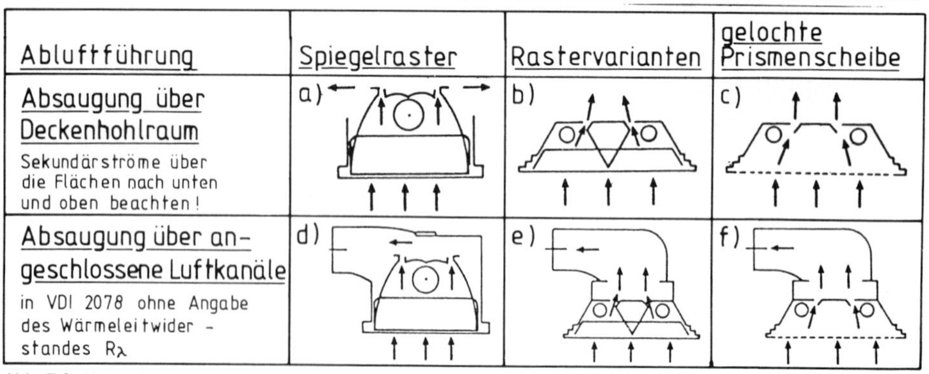

Abluftführung	Spiegelraster	Rastervarianten	gelochte Prismenscheibe
Absaugung über Deckenhohlraum Sekundärströme über die Flächen nach unten und oben beachten!	a)	b)	c)
Absaugung über angeschlossene Luftkanäle in VDI 2078 ohne Angabe des Wärmeleitwiderstandes R_λ	d)	e)	f)

Abb. 7.6 Absaugleuchten nach VDI 2078 E

Hinweise zu Tab. 7.5 und Abb. 7.6

1. Bei der **Absaugung über Deckenhohlräume** wird mit μ_B auch die Wärmerückströmung durch die Fläche an den darunter und darüberliegenden Raum erfaßt, wobei für die Unterdecke ein Wärmedurchgangskoeffizient von 1,8 $W/(m^2 \cdot K)$ angenommen wurde. Dieser Sekundärstrom kann eine beachtliche Rolle spielen.
   Die Tabellenwerte gelten exakt nur dann, wenn das Untergeschoß unter dem betrachteten Raum eine gleichartige Beleuchtung hat. Strömt jedoch von unten kein Wärmestrom durch einen warmen Deckenhohlraum nach, sind die Werte mit dem Faktor 0,9 zu multiplizieren.
   Ein **thermischer Kontakt zwischen Zu- und Abluftsystem** (z. B. Zuluft im Deckenraum, Abluftrohre nicht wärmegedämmt) soll vermieden werden, denn er kann nur von Fall zu Fall untersucht werden. Leckluftraten durch eine undichte Deckenausführung müssen ebenfalls vermieden werden.

Abb. 7.6a Spiegelraster-Leuchte für direkte und indirekte Lichtverteilung mit integriertem Luftdurchlaß (Fa. Kiefer)

2. Bei **Leuchten ohne Absaugung** ist $\mu_B = 1$. Wird die Abluft im Deckenbereich nicht durch Leuchten geführt, so kann μ_B, insbesondere bei der Verdrängungsströmung von unten, ebenfalls 1 werden.

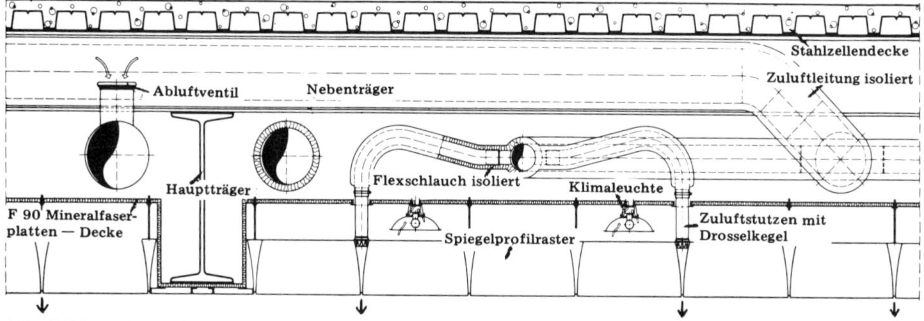

Abb. 7.7 Integriertes Deckensystem (Fa. Kiefer)

Auf die Speicherwirkung des Raumes wurde im Kap. 7.1 schon eingegangen. Auch bei der **Speicherung von Beleuchtungswärme** muß man zwischen Konvektions- und Strahlungsanteil unterscheiden. Hierfür reichen drei Leuchtentypen aus: freihängende Leuchte mit 50 % Konvektionsanteil, angebaute oder in Decke eingebaute mit 30 % und Abluftleuchte kein oder nur ein geringer Konvektionsanteil. In Abhängigkeit von Raumtyp und Ein- und Ausschaltzeitpunkt werden in Tab. 7.6 die Ergebnisse der Wärmespeicherung durch Tagesgänge von Kühllastfaktoren wiedergegeben. Diese beschreiben den Kühllastverlauf in seiner Dämpfung und Zeitverzögerung. Bei der Kühllastberechnung braucht man auch hier die Maximalkühllast $\dot{Q}_B$ nur mit diesen Faktoren zu multiplizieren.

Tab. 7.6 Kühllastfaktoren s_i für innere Raumbelastungen für verschiedene Betriebszeiten; Raumtyp L „leicht“

Konvektivanteil in % Möblierung	Leuchten	Wahre Ortszeit in h 1	2	3	4	5	6	7	8	9	10	11	12	13	14	15	16	17	18	19	20	21	22	23	24
20	0	0,26	0,23	0,20	0,18	0,16	0,14	0,13	0,12	0,55	0,62	0,67	0,71	0,75	0,78	0,81	0,83	0,85	0,86	0,88	0,89	0,46	0,39	0,34	0,30
20	30	0,17	0,15	0,14	0,12	0,11	0,10	0,09	0,08	0,68	0,73	0,76	0,79	0,82	0,84	0,86	0,88	0,89	0,90	0,91	0,92	0,32	0,27	0,24	0,21
20	50	0,12	0,11	0,10	0,09	0,08	0,07	0,06	0,06	0,77	0,81	0,83	0,85	0,87	0,89	0,90	0,91	0,92	0,93	0,94	0,94	0,23	0,19	0,17	0,15

Einschaltzeitpunkt: 8 Uhr Ausschaltzeitpunkt: 20 Uhr

Konvektivanteil in % Möblierung	Leuchten	Wahre Ortszeit in h 1	2	3	4	5	6	7	8	9	10	11	12	13	14	15	16	17	18	19	20	21	22	23	24
20	0	0,12	0,11	0,10	0,09	0,08	0,07	0,07	0,50	0,57	0,63	0,67	0,71	0,31	0,26	0,66	0,71	0,74	0,33	0,28	0,24	0,21	0,19	0,18	0,14
20	30	0,09	0,08	0,07	0,06	0,06	0,05	0,05	0,65	0,70	0,74	0,77	0,80	0,21	0,18	0,76	0,80	0,82	0,23	0,20	0,17	0,15	0,13	0,11	0,10
20	50	0,06	0,05	0,05	0,04	0,04	0,03	0,03	0,75	0,78	0,81	0,83	0,85	0,15	0,13	0,83	0,85	0,87	0,16	0,14	0,12	0,10	0,09	0,08	0,07

Einschaltzeitpunkt: 7 Uhr Ausschaltzeitpunkt: 12 Uhr Einschaltzeitpunkt: 14 Uhr Ausschaltzeitpunkt: 17 Uhr

Mit **Abb. 7.8** soll diese Dämpfung und Verzögerung nochmals verdeutlicht werden. Der Belastungsverlauf der Beleuchtung (hier 40 W) wird mit dem ausgezogenen Linienzug und der **Kühllastverlauf aufgrund der Speicherfähigkeit** mit dem gestrichelten Linienzug dargestellt. Die beim Einschaltpunkt E vorhandene Lampenwärme wird demnach erst allmählich als Kühllast wirksam. Beim Ausschaltpunkt A entfällt die Lampenwärme (Belastungsverlauf wieder senkrecht), und die gespeicherte Wärme wird allmählich an die Umgebungsluft wieder abgeführt. Der Abstand *a* ist die Differenz zwischen der eingebrachten Lampenwärme und der tatsächlichen Kühllast bei Dauerbetrieb.

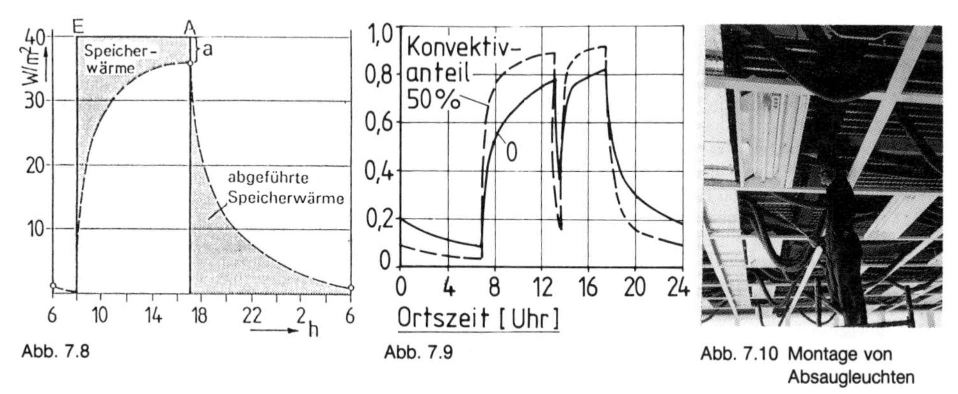

Abb. 7.8

Abb. 7.9

Abb. 7.10 Montage von Absaugleuchten

Abb. 7.9 zeigt **Kühllastfaktoren für innere Belastung eines Raumes der Bauschwere L in Abhängigkeit von der Tageszeit** (hier z. B. auch mit Lastunterbrechung zur Mittagszeit). Maßgebend ist nur der Konvektivanteil der Wärmequellen.

Abschließend kann man feststellen, daß die **Planung der Beleuchtungsanlage,** insbesondere in Verbindung mit Abluftleuchten, großen Einfluß auf die Kühllastberechnung und somit auf die Auslegung von Klimaanlagen hat. Da interessieren zuerst die geforderte Nennbeleuchtungsstärke mit der Frage, ob Allgemeinbeleuchtung, arbeitsplatzbezogene Beleuchtung oder zusätzliche Einzelplatzbeleuchtung, dann die Festlegung des Leuchtentyps nach baulichen Gegebenheiten und wirtschaftlichen Überlegungen, die lichttechnische Planung wie z. B. Leuchtenanzahl, Achsenfelder, Lichtfarbe, Farbwiedergabe, Beleuchtungswirkungsgrad, elektrische Leistung, Leuchtdichteverteilung, Direkt- und Reflexblendenbegrenzung, Schattigkeit usw., ferner nicht zuletzt der Abluftvolumenstrom je Leuchte, der wiederum von der Kühllast und somit von Zuluftvolumenstrom, Lampenanzahl und -ausführung abhängig ist und schließlich die Bestimmung der Luftführung mit der Ermittlung des Druckverlustes und Schalleistungspegels.
Sanierte Beleuchtungsanlagen mit einer Energieeinsparung bis 60 % und höher bedürfen einer entsprechenden Anpassung der Betriebsweise oder gar eine Veränderung der Klimaanlage.

Berechnung der Beleuchtungswärme

Beispiel 2

Für einen größeren Büroraum mit 120 m² Grundfläche wird durchgehend eine Beleuchtungswärme von 1 440 W angegeben. Die 3-Banden-Leuchtstofflampen (KGV) sind an der Decke angebracht, wobei ein Kühllastfaktor von 0,9 ermittelt wurde. Die Tagesbeleuchtung soll vernachlässigt werden. Berechnen Sie die Anschlußleistung P und die sich daraus ergebende Beleuchtungsstärke E_N. Reicht die Beleuchtung aus? Nehmen Sie Stellung zum Ergebnis.

Lösung: $P = \dot{Q}/(l \cdot \mu_B \cdot s_i) = 1\,440/1 \cdot 1 \cdot 0{,}9 =$ **1 600 W;** $E_N = P/p \cdot A = 1\,600/25 \cdot 120 = 0{,}53$ klx = **530 lx;** entspricht nach Tab. 7.3 der Gruppe 4, für große Büroräume etwas knapp. Eventuell werden die Arbeitsplätze wesentlich stärker und Zonen ohne Arbeitsplätze weniger stark ausgeleuchtet.

Beispiel 3

Ein Büroraum soll mit einer Stärke von 500 lx beleuchtet werden. In welchen Verhältnissen stehen folgende Beleuchtungsarten: 1. Glühbirnen, 2. an der Decke befestigte Leuchtstofflampen, 3. Abluftleuchten mit 700 m³/h · kW, wobei die Abluft über einen Deckenhohlraum geführt wird, und 4. desgl. wie 3., jedoch Abluftführung über wärmegedämmte Wickelfalzrohre. Die Lösung ist anhand Tab. 7.3 (Mittelwerte!) und 7.5 zu ermitteln, wobei es sich selbstverständlich nur um grobe Anhaltswerte handeln kann, da die Einflußgrößen, wie Wärmespeicherverhalten, Lampenausführung, Wärmerückströme an Deckenfläche u. a., unberücksichtigt sind. Unterhalb und oberhalb des Raumes wird ebenfalls klimatisiert.

Lösung:	**1**	:	**6,5**	:	**12,7**	:	**23,1**
	110 W/m²		17 W/m²		17 · 0,51 = 8,67 W/m²		17 · 0,28 = 4,76 W/m²

Beispiel 4

In einem Gebäude (Typ L) befindet sich u. a. ein klimatisierter Zeichen- und Konstruktionssaal mit 50 Personen (Arbeitsplätze). Zur Ausleuchtung wird eine gleichförmige Beleuchtung mit einer Stärke von 750 lx gefordert. Außerdem sind noch 20 % der installierten örtlichen Tischbeleuchtungen mit je 60 W zu berücksichtigen. Vorgesehen werden Abluftleuchten, und zwar umlüftete 3-Banden-Leuchtstofflampen 26 mm ∅, elektronisch (≈ 100 % Strahlungsanteil) mit elektrischem Vorschaltgerät und einem Beleuchtungswirkungsgrad η_B = 65 %. Die Beleuchtungszeit wird mit 7.00 bis 12.00 Uhr und 14.00 bis 17.00 Uhr angegeben. Die Fenster sind mit Innenvorhängen gegen Sonneneinstrahlung geschützt.
Die Abluft wird mit 50 m³/h je 100 W Lampenleistung über einen Deckenhohlraum abgesaugt. In dem Raum mit rechteckigem Querschnitt 16 m × 14 m befinden sich auf den beiden längeren Seiten eine durchgehende Fensterfront mit entsprechender Tagesbeleuchtung.
Berechnen Sie die Beleuchtungswärme, die 1 Stunde vor Abschaltung auf den Raum einwirkt.

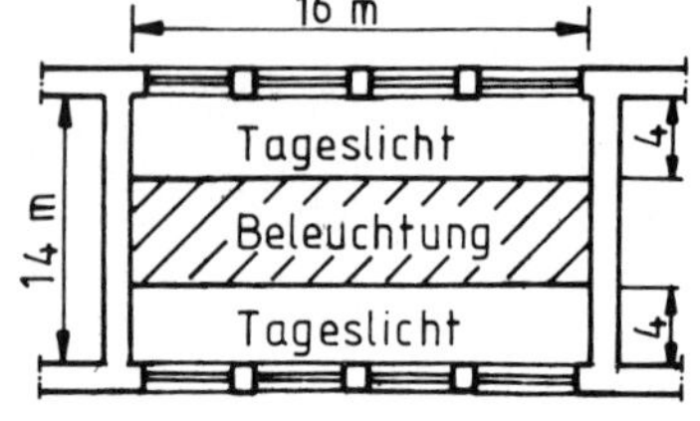

Abb 7.11

Lösung: $P = E_N \cdot p \cdot A = 0{,}75 \cdot 20 \cdot 224 = 3360$ W (Gesamtfläche) 750 lx (Tab. 7.3), 20 W/m^2 · klx (Tab. 7.4),
μ_B (Tab. 7.5), s_i (Tab. 7.6). $\dot{Q}_1 = P \cdot l \cdot \mu_B \cdot s_i = 3360 \cdot 6/14 \cdot 0{,}55 \cdot 0{,}71 =$ **562 W**
Zusatzbeleuchtung (mit Speicherberücksichtigung): $\dot{Q}_2 = 50 \cdot 0{,}2 \cdot 60 \cdot 0{,}71 =$ **426 W**; $\dot{Q}_B = 562 + 426 =$ **988 W**
Nach Tab. 7.3 ist $\dot{Q}_B = 224 \cdot 22{,}5 \cdot 6/14 \cdot 0{,}55 \cdot 0{,}71 = 843$ W (Mittelwert, da keine Angabe über Lampenqualität)

7.2.3 Kühllast durch Maschinen und Geräte

Bei Maschinen und Geräten wird die gesamte im Raum umgesetzte Energie als Wärme und somit als Kühllast wirksam. Ausnahmen bestehen dann, wenn z. B. ein Teil dieser Wärme durch eine örtliche Absaugung aus dem Raum entfernt wird, der Motor der Maschine sich außerhalb des Raumes befindet oder wenn durch Fremdbelüftung ein Teil der Motorwärme direkt abgeführt wird. Ferner ist dabei zu beachten, daß die den Elektromotoren zugeführte Leistung nicht gleich dem Quotienten von Nennleistung und Motorwirkungsgrad ist, da die Motoren in der Regel mit Über- oder Unterbelastung laufen (Belastungsfaktor beachten). Der Gleichzeitigkeitsfaktor bedeutet den Leistungsanteil der im Mittel eingeschalteten Maschinen und sollte vom Betrieb erfragt werden.

Kühllast durch Maschinen in W:

$$\dot{Q}_M = \Sigma \frac{P \cdot \mu_a}{\eta} \cdot l \cdot s_i$$

P Nennleistung (Wellenleistung) der Maschine
η mittlerer Motorenwirkungsgrad (Tab. 7.7)
μ_a Belastungsgrad zur betreffenden Zeit
l Gleichzeitigkeitsfaktor
s_i Kühllastfaktor (Tab. 7.6)

Tab. 7.7 Wirkungsgrade und Wärmeabgabe von Elektromotoren (Drehstrom – Asynchronmotoren bezogen auf Motornennleistung)

Nennleistung P		0,25	0,37	0,55	0,75	1,1	1,5	2,2	3	4	5,5	7,5
Motorwirkungsgrad ηel		0,64	0,67	0,7	0,72	0,76	0,78	0,8	0,81	0,82	0,85	0,86
anfallende Maschinenwärme im Raum $\dot{Q}$m	A + M innen*)	390	550	790	1040	1450	1920	2750	3700	4820	6470	8720
	A innen	250	370	550	750	1100	1500	2200	3000	4000	5500	7500

*) A Arbeitsmaschinen, M Motor (im Raum aufgestellt)

Hinweise zu Tab. 7.7

1. Bei Antriebsmotoren ist zumeist nur die Nennleistung bekannt, und man muß dann mittels μ_a den **tatsächlichen Energieverbrauch** schätzen. Da Motoren öfters überdimensioniert sind, wird auch bei Vollast der Maschine $\mu_a < 1$ sein.
2. Da der Strahlungsanteil von Maschinen je nach Funktion, Isolierung, evtl. Belüftung extrem unterschiedlich sein kann, wird P rein konvektiv in die Rechnung eingeführt. s_i wird nur **für die Strahlungswärmeabgabe der Maschine eingeführt,** sofern eine ausreichend sichere Abschätzung möglich ist.
3. Die einem Ventilator oder Pumpe von außen zugeführte elektrische Energie wird fast ausschließlich an das zu fördernde Medium abgegeben (vgl. Bd. 3), desgl. auch beim Kompressor in der Kältemaschine (Kap. 13.7.4) oder Wärmepumpe.

Beispiel 5
In einem Fabrikationsraum befinden sich 5 Maschinen mit je 0,8 kW und 4 Maschinen mit je 3 kW, bei denen allerdings die Motoren außerhalb des Raumes montiert sind. Der Belastungsgrad wird bei den großen Maschinen mit 0,9, bei den kleinen mit 0,85 angegeben. Von den großen Maschinen sind ständig nur 3 in Betrieb. Strahlungswärme unbekannt.
Wie groß ist die Wärmeabgabe der Maschinen bzw. Motoren? (Rechnung von Tabelle)

Lösung: $\dot{Q}_M = \frac{5 \cdot 0{,}8 \cdot 0{,}85}{0{,}73} \cdot 1 \cdot 1 + 4 \cdot 3{,}0 \cdot 0{,}9 \cdot 0{,}75 \cdot 1 =$ **12,76 kW** (Leistung an der Welle)

Bei der **Kühllast durch Geräte und Apparate** handelt es sich um Einrichtungen, die sensible Wärme an die Luft abgeben, wie z. B. Computer, Kochplatten, Grill, Toaster, Elektroherd, Waschmaschine, Kühlschrank usw. Bei guten Abzugshauben können die Tabellenwerte u. U. drastisch reduziert werden. Bei der Berechnung der Kühllast geht man vom Anschlußwert aus und berücksichtigt die Benutzungszeit und evtl. latente Wärme (Wasserdampf).

Beispiel 6
Ein Sterilisierapparat hat einen Anschlußwert von 1 000 W. Wie groß ist der Kühllastanteil dieses Gerätes

bei einer Betriebszeit von 30 Minuten, wenn außer der sensiblen Wärme noch 450 g/h Wasserdampf abgegeben werden?

Lösung: $\dot{Q}_{sens}$ = 500 W (30 Min); $\dot{Q}_{lat}$ = 0,45/2 · 627 = 141 W; $\dot{Q}$ = 500 − 141 = **359 W**

Die **Wärmeabgabe von EDV-Geräten** in Büroräumen ist oft größer als die Wärmeabgabe durch Personen und Beleuchtung. Maschinenlasten können hier 150 bis 350 W/Person und mehr betragen, wobei allerdings die Gesamtkühllast durch die Reduktionsfaktoren bis auf 40 % und mehr reduziert werden kann.

Bei den **Reduktionsfaktoren** kann man unterscheiden zwischen dem Leistungsfaktor f_1 mit etwa 0,7 (berücksichtigt die Einschaltung), dem Speicherfaktor f_2 mit etwa 0,8 und dem Nutzungsfaktor f_3 mit 0,7...0,8 (berücksichtigt z. B. die Abwesenheit), so daß z. B. die Gesamtlast nur noch $P \cdot f_1 \cdot f_2 \cdot f_3 = P \cdot 0{,}7 \cdot 0{,}75 \cdot 0{,}8 = P \cdot 0{,}42$ beträgt.

Tab. 7.8 Wärmeanfall in W durch EDV-Technik am Arbeitsplatz (Anhaltswerte nach VDI 2078)

Art der Anlage		$P_{Planung}$	P_{Typ} [1]	Art der Anlage	$P_{Planung}$	P_{Typ} [1]
Personal-computer	mit Bildschirm	130...160	300	Terminals	50...100	180
	Farbbildschirm	200...250	400	Drucker (nur bei Druckbetrieb)	30...50	100...800

[1] Die anzusetzende Leistung für die Planung ist meistens erheblich geringer als die Leistungsangabe auf dem Typenschild P_{Typ}

7.2.4 Kühllast durch Stoffdurchsatz $\dot{Q}_G$

Diese Kühllastkomponente entsteht dann, wenn irgendwelche heißen Materialien in den Raum gebracht werden, die sich im Raum abkühlen, wie z. B. wärmebehandelte Teile, Abgase. Entsprechend wird auch die Temperatur und somit die Kühllast beeinflußt, wenn kalte Materialien eingeführt werden oder Materialien aus dem Raum entfernt werden.

Die Wärmeaufnahme (bzw. -abgabe) ergibt sich aus: $\dot{Q} = \dot{m} \cdot c \cdot (\vartheta_{EIN} - \vartheta_{AUS})$, wobei $\dot{m}$ die Masse des in der Zeiteinheit in den Raum gebrachten bzw. aus ihm entfernten Gutes ist. Ist der Strahlungsanteil bekannt, wird dieser noch mit dem Kühllastfaktor s_i multipliziert.

7.2.5 Sonstige Wärmezu- und -abfuhr $\dot{Q}_C$

Es gibt sicherlich noch weitere Wärmequellen (Zu- oder Abfuhr), die Auswirkungen auf die Kühllast haben und oft nur abgeschätzt werden können (z. B. durch chemische Reaktionen) und die ebenfalls in sensible und latente Wärme aufgeteilt werden müssen. Falls der Strahlungsanteil bekannt ist, wird auch hier die Kühllast mittels Speicherfunktion errechnet.

7.2.6 Kühllast über Innenflächen aus Nachbarräumen $\dot{Q}_R$

Unter der Voraussetzung, daß die Temperaturdifferenz zu den benachbarten Räumen konstant ist, berechnet man den Wärmestrom $\dot{Q}_R$ wie bei der Wärmebedarfsberechnung nach DIN 4701 (Bd. 1). Falls die angrenzenden Räume konstant geringere Temperaturen aufweisen als der zu klimatisierende Raum (z. B. Kellerräume), kann dies als „Kühlgewinn" bei der Kühllastberechnung berücksichtigt werden.

$$\dot{Q}_R = A \cdot k \cdot (\vartheta_i - \vartheta_i') \quad \text{in W}$$

A Innenfläche in m^2 (Stockwerkshöhe einsetzen)
k Wärmedurchgangskoeffizient in $W/(m^2 \cdot K)$
ϑ_i' Temperatur des angrenzenden Raumes (Tab. 7.9)

Tab. 7.9 Temperaturen angrenzender nichtklimatisierter Räume und des Erdreichs (Annahmen im Sommer)

Raumart, Erdreich	Nichtausgebaute Dachräume [1]	Ausgebaute Dachräume	Sonst. Nachbarräume (z.B. Flur)	Kellerräume (kühl)	Erdreich	Zwischen Schaufenster und Innenfenster [2]
Temp. °C	40 bis 50	35	30	20	20	35 bis 45

[1] je nach Konstruktion und Entlüftung, [2] je nach Sonnenschutz

Beispiel 7

Ein Büroraum mit einer Grundfläche von 12 m × 12 m und einer lichten Höhe von 3 m (Deckenstärke 22 cm) soll im Sommer durch Klimatisieren auf 26°C gehalten werden; *k*-Zahl (Decke) 0,8 W/(m² · K), *k*-Zahl (Fußboden) 0,7 W/(m² · K). Drei Innenwände an nichtklimatisierte Räume *k* = 1,1 W/(m² · K); Raum darüber nichtausgebauter Dachraum, darunter 50 % Kellerraum und 50 % nichtklimatisierter Raum mit Außenwand und Fenster.

Lösung: $\dot{Q} = A \cdot k\,(\vartheta_i - \vartheta_{Umgebung})$; $\dot{Q}_{De} = 144 \cdot 0{,}8 \cdot (26 - 45) = -2\,189$ W; $\dot{Q}_{FB(1)} = 72 \cdot 0{,}7\,(26 - 30) = -202$ W; $\dot{Q}_{FB} = 72 \cdot 0{,}7\,(26 - 20) = +302$ W; $\dot{Q}_W = 3 \cdot 12 \cdot (3 + 0{,}22) \cdot 1{,}1\,(26 - 30) = -510$ W; $\dot{Q}_{ges}$ = **– 2 599 W**

7.3 Äußere Kühllast

Während bei den meisten Versammlungsräumen, wie z. B. Hörsälen, Mehrzweckhallen, Großraumbüros, oder in speziellen Fabrikationsbetrieben in der Regel die inneren Wärmequellen den Hauptteil der Kühllast stellen, sind es in großen modernen Vielraumgebäuden, Bürohochhäusern, Verwaltungsgebäuden und Produktionsstätten die äußeren Kühllasten, insbesondere bei großen Glasflächen, Leichtbaufassaden mit geringer Speicherfähigkeit und Flachdächern.

Die durch Sonneneinfluß entstandene äußere Kühllast $\dot{Q}_A$ wirkt durch Strahlung, Transmission und Infiltration. Diese wird entsprechend Abb. 7.1 unterteilt in Kühllast durch Wände und Dächer $\dot{Q}_W$, durch Transmission bei Fenstern $\dot{Q}_T$, durch Strahlung bei Fenstern $\dot{Q}_S$ und durch Infiltration (Fugenlüftung).

7.3.1 Außenklima-Sonnenstrahlung

Von den zahlreichen meteorologischen Größen, die das Außenklima (= Wettergeschehen auf einen längeren Zeitraum bezogen) kennzeichnen, interessieren vor allem die Außenlufttemperatur, die Sonnenstrahlung und die Außenluftfeuchte. Um die Auswirkungen auf die äußeren Kühllastanteile rechnerisch erfassen zu können, müssen daher der Verlauf bzw. die Tagesgänge der Außenlufttemperatur, die Sonnen- und Himmelsstrahlung sowie die Strahlungsreflexion der Umgebung bekannt sein. Die klimatologischen Gegebenheiten werden nach VDI 2078 auf mitteleuropäische Verhältnisse bezogen, d. h. bei Sonnenstrahlung auf 50° geographischer Breite, wahren Ortszeiten (Sonnenzeit) und mittleren atmosphärischen Trübungen.

Außenlufttemperaturen – Kühllastzonen

Die Außenlufttemperatur ϑ_a im Sommer benötigt man bei der Kühllastberechnung für die Transmissionswärme und Infiltration bei Fenstern. Wichtig ist sie auch für die Berechnung der Kühlerleistung, in der u. a. auch die sensible „Lüftungswärme" $\dot{Q}_L = \dot{V}_a \cdot c \cdot (\vartheta_i - \vartheta_a)$ enthalten ist. Ebenso geht man bei der überschläglichen Kühllast- bzw. Kühlerleistungsberechnung und Kleingeräteauswahl von ϑ_a aus (Kap. 7.4).

Im Gegensatz zum Winter bzw. zur DIN 4701 werden im Sommer Maximaltemperaturen zugrunde gelegt. Deren Grundlage sind – wie auch bei den zugehörigen Tagesgängen im Sommer – mittlere Extremtemperaturen und mittlere Temperaturamplituden der 60 wärmsten Tage in 20 Jahren an repräsentativen Stationen (1953 bis 1972!).

Hinsichtlich der **Maximal-Auslegungstemperaturen** unterscheidet die VDI-Richtlinie 2078 vier bzw. fünf **Kühllastzonen** (vgl. Tab. 7.10), und zwar Zone **1** Küstenklima, Zone **1a** Hangklima (Mittelgebirge), Zone **2** Binnenklima I, Zone **3** Binnenklima II, Zone **4** Flußtalklima (Bereich Mittelgebirge), Zone **5** Höhenklima.

Tab. 7.10 Einteilung von Kühllastzonen

Zone	ϑ_{max}	ϑ_m	Gebiete entsprechend der Kühllastzonenkarte
1	29	22,9	Gesamter Küstenbereich mit den nördlichen Bundesländern
1a	29	22,9	mittl. Gebirgshöhenlage, ca. 200 - 600 m N und W, 700 bis 1000 m S und O
2	31	24,3	Nordd. Tiefland, Teile der Mittelgebirge, Frankens, Schwabens, Alpenvorland
3	32	24,8	Nördl. Rheinebene, Teile Frankens, Schwabens, Bayerns; Berlin, Teile Niedersachsens
4	33	24,9	Flußtäler und Ebenen um Rhein, Mosel, Main, Neckar
5	räumlich nicht abgegrenzt, Höhenlage der nördl. und zentralen Mittelgebirge		

Bei der Höhenlagenzone 5 verwendet man die Tagesgangdaten der Zone 1 mit der Korrektur $\vartheta = \vartheta_1 - \Delta h/200$, wobei ϑ_1 die Temperatur der Zone 1 und Δh die Höhendifferenz in m über 600 m (Nord- und Westdeutschland), bzw. über 1 000 (Süddeutschland) ist. Damit erreicht man eine Tagesgangverschiebung, bei der ϑ_{max} etwa korrekt, der Temperaturverlauf jedoch nur grob genähert wird.

Tab. 7.11

Stadt		U
Aachen	3	2
Augsburg	3	s2
Berlin (West)	3	
Bielefeld	2	
Bochum	2	
Bonn	3	
Bottrop	2	
Braunschweig	3	s2
Bremen	2	
Bremerhaven	2	
Chemnitz	2	
Cottbus	3	
Darmstadt	4	
Dortmund	2	
Dresden	4	3.2
Düsseldorf	3	
Duisburg	3	
Erfurt	2	
Erlangen	4	
Essen	3	ö2
Frankfurt/Main	4	n3
Frankfurt/Oder	3	n2
Freiburg/Brsg.	4	ö2
Fürth	4	
Gelsenkirchen	2	
Göttingen	3	2
Görlitz	(3)	
Güstrow	(2)	
Halle	4	3
Hamburg	2	
Hamm	3	
Hannover	3	s2
Heidelberg	4	ö3
Heilbronn	4	3
Herne	2	
Hildesheim	2	
Kaiserslautern	3	2
Karlsruhe	4	ö3
Kassel	3	2
Kiel	2	n1
Koblenz	4	
Köln	3	
Krefeld	3	
Leipzig	4	3
Leverkusen	3	
Ludwigshafen	4	
Lübeck	2	
Magdeburg	3	w2
Mainz	4	
Mannheim	4	
Mönchen-Gladb.	3	
Moers	3	
Müllheim/Ruhr	3	
München	3	
Münster	2	
Neubrandenburg	(2)	
Neuss	3	
Neustrehlitz	(2)	
Nürnberg	4	
Oberhausen	3	
Offenbach/Main	4	
Oldenburg	2	
Osnabrück	2	
Paderborn	3	ö2
Pforzheim	3	
Recklinghausen	2	
Regensburg	3	
Remscheid	2	
Rostock	1	s2
Saarbrücken	3	2
Salzgitter	2	
Siegen	2	
Solingen	2	T3
Stuttgart	4	3
Trier	4	3
Wiesbaden	4	
Wilhelmshaven	1	
Witten	2	
Wittenberg	(3)	
Wolfsburg	3	
Würzburg	4	3
Wuppertal	3	2
Zwickau	2	s1a

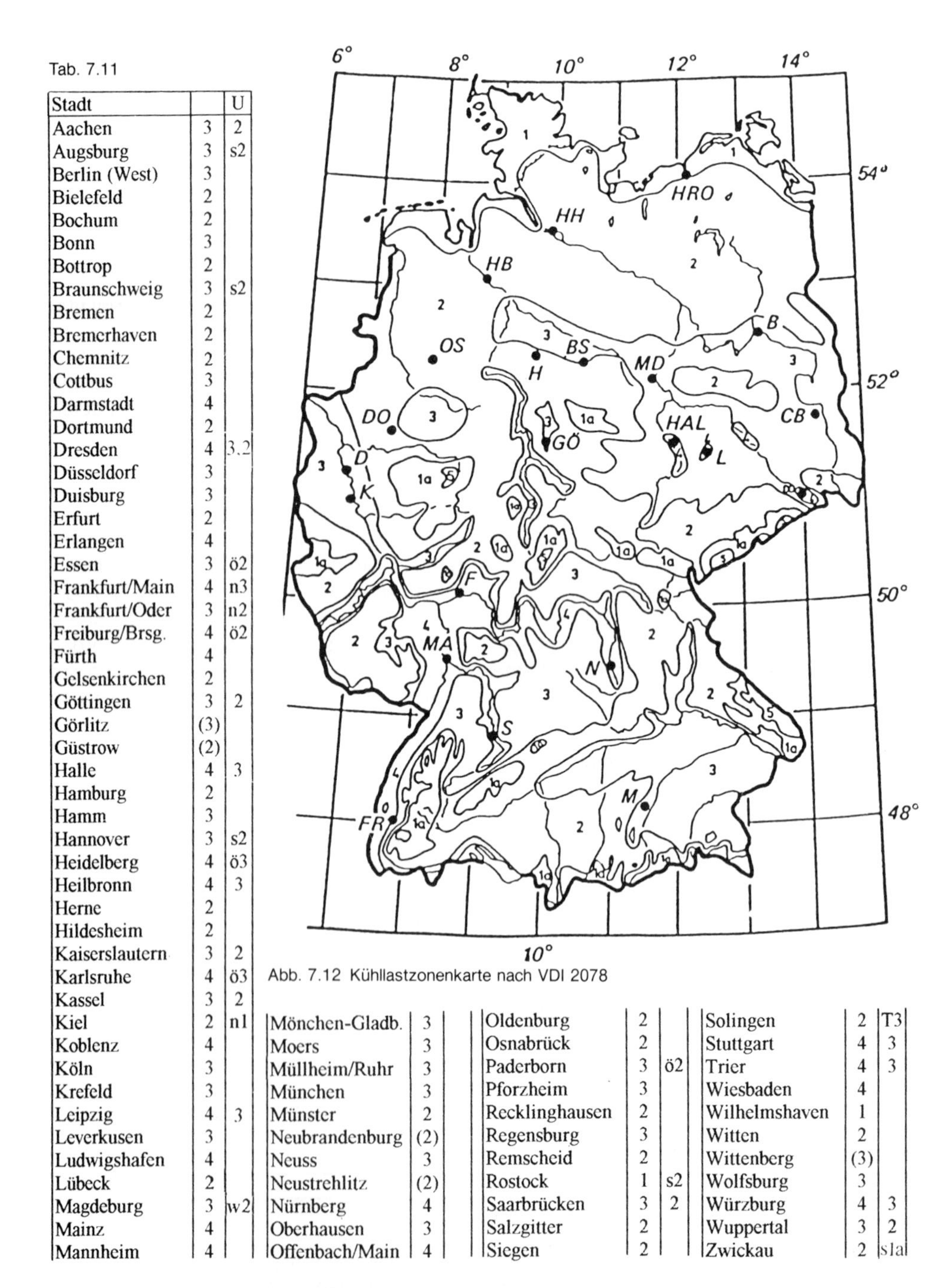

Abb. 7.12 Kühllastzonenkarte nach VDI 2078

In **Tab. 7.11** soll **für einige Städte die zugehörige Kühllastzone** angegeben werden. Dabei ist erwähnenswert, daß bei einigen Städten deren Umgebung U i. allg. die nächstgeringere (kältere) Zone zugeordnet wird; z. T. nur auf eine Himmelsrichtung bezogen: n (nördlich), s (südlich), w (westlich), ö (östlich). Die Klammerwerte sind geschätzte Zonenwerte aus Abb. 7.12.

Tagesgänge der Außentemperatur

Der Temperaturverlauf in Abhängigkeit der vier Kühllastzonen kann aus Tab. 7.12 oder graphisch aus Abb. 7.13 für die Auslegemonate **Juli** und September (Hauptauslegungsmonate) entnommen werden. Den Monat **September** wählt man deshalb, weil der tiefere Sonnenstand in der Übergangszeit eine höhere Wärmebelastung bewirkt als im Juli. Als Auslegungsmonat ist der Septemberwert nur für die Südfassade möglich. Er gilt als Kontrollrechnung, und der größere Wert (Juli oder September) geht in die Kühllast ein. Für die Kühllastberechnung bei Außenwänden, bzw. $\Delta\vartheta_{äq}$ nach Kap. 7.3.2, wird die mittlere Außentemperatur ϑ_m eingesetzt.

Tab. 7.12 Tagesgänge der Außentemperatur in Abhängigkeit der Kühllastzonen

Tageszeit	Kühllastzone 1		2		3		4	
h	Juli	Sept.	Juli	Sept.	Juli	Sept.	Juli	Sept.
1	+16,7	+13,2	+17,3	+11,7	+18,5	+14,1	+18,3	+13,7
2	+16,3	+12,4	+16,9	+11,1	+17,5	+13,1	+17,6	+13,0
3	+15,8	+11,8	+16,1	+10,7	+16,6	+12,6	+16,9	+12,4
4	+15,5	+11,6	+16,1	+10,1	+16,2	+11,7	+16,3	+11,9
5	+16,2	+10,8	+16,8	+ 9,5	+15,9	+11,2	+16,2	+11,3
6	+17,5	+10,5	+18,7	+ 9,5	+17,3	+10,9	+17,5	+11,2
7	+19,7	+11,6	+21,8	+11,5	+20,1	+12,3	+20,1	+12,4
8	+22,4	+14,9	+23,8	+14,4	+22,0	+14,4	+22,8	+15,2
9	+24,4	+17,5	+25,8	+17,5	+24,0	+17,6	+25,6	+18,6
10	+26,0	+20,0	+27,5	+19,8	+25,9	+20,3	+27,7	+21,8
11	+26,7	+21,7	+28,6	+21,6	+27,4	+22,6	+29,2	+24,0
12	+27,4	+22,8	+29,4	+22,8	+28,8	+24,4	+30,6	+25,7
13	+28,1	+23,6	+30,0	+23,8	+30,0	+25,5	+31,6	+26,9
14	+28,6	+24,0	+30,7	+24,2	+30,9	+26,6	+32,4	+27,6
15	+29,0	+24,0	+31,0	+24,4	+31,6	+27,0	+32,9	+28,0
16	+28,9	+23,6	+31,0	+23,9	+32,0	+26,9	+33,0	+27,5
17	+28,5	+22,3	+30,5	+22,9	+31,7	+26,0	+32,4	+26,1
18	+28,1	+20,4	+29,6	+20,5	+31,1	+24,2	+31,5	+23,9
19	+26,2	+18,5	+28,1	+18,0	+29,8	+22,0	+30,0	+20,8
20	+24,1	+17,2	+25,9	+16,1	+27,9	+20,5	+27,5	+18,7
21	+22,6	+16,2	+23,5	+14,9	+25,9	+18,8	+24,9	+17,3
22	+21,3	+15,3	+22,3	+13,9	+24,7	+17,7	+23,2	+16,3
23	+20,4	+14,5	+21,4	+13,1	+23,1	+16,9	+22,0	+15,5
24	+19,5	+13,8	+20,3	+12,5	+21,9	+15,8	+20,9	+15,0
T_{max}	+29,0	+24,0	+31,0	+24,4	+32,0	+27,0	+33,0	+28,0
T_m	+22,9	+17,2	+24,3	+16,6	+24,6	+18,9	+25,0	+18,9

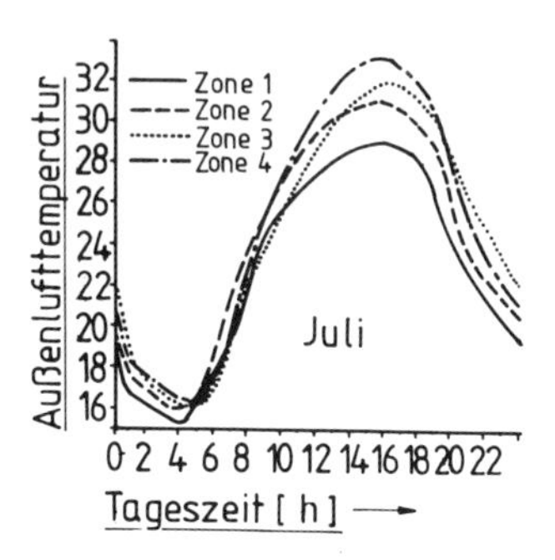

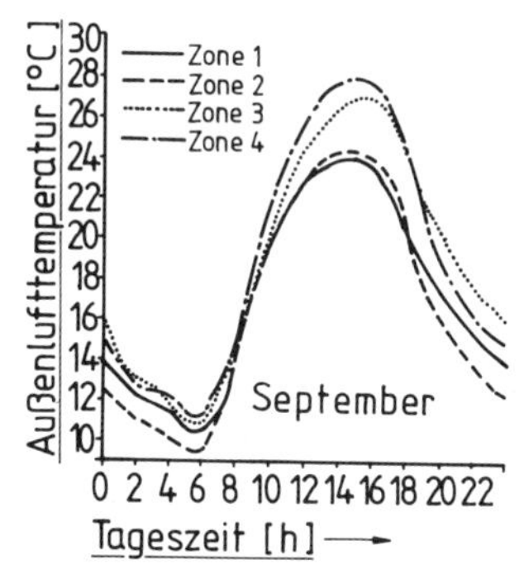

Abb. 7.13 Verlauf der Außentemperatur

Feuchtigkeit der Außenluft

Wie aus Abb. 7.14 ersichtlich, schwankt die für die Auslegung der RLT-Anlage entscheidende absolute Feuchtigkeit x_a im Lauf des Jahres sehr stark. Sie erreicht im Sommer Höchstwerte

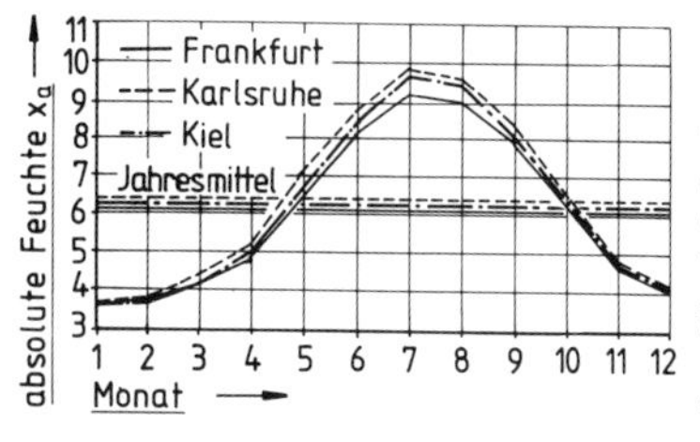

Abb. 7.14 Jahresgang der absoluten Luftfeuchte

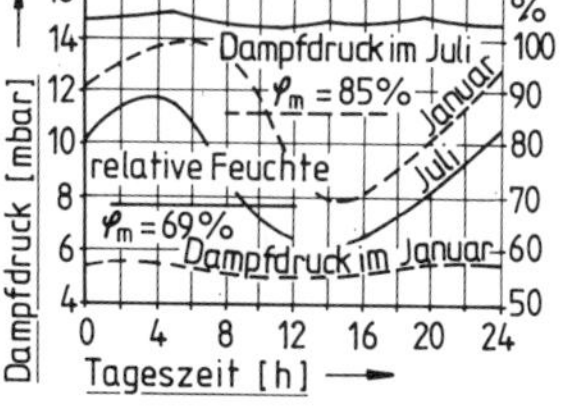

Abb. 7.15 Mittl. Tagesgang der Luftfeuchte (Berlin)

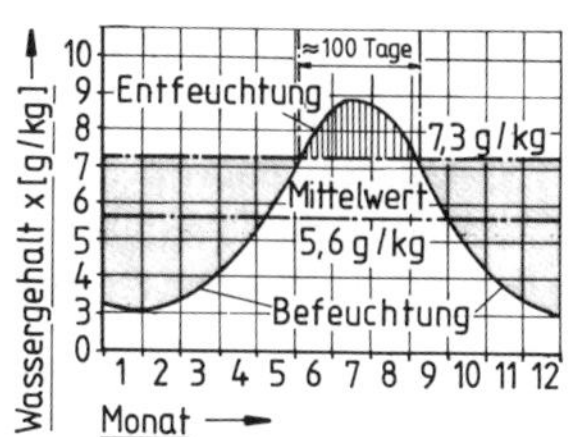

Abb. 7.16 Erforderliche Be- und Entfeuchtungstage

von etwa 9 bis 11 g/kg (in manchen Stunden, wie z. B. nach einem Gewitter, über 15 g/kg) und im Winter Tiefstwerte von etwa 2 bis 4 g/kg (an extremen Kältetagen bis < 1 g/kg). **Für die Auslegung von Klimaanlagen wird nach der VDI-Richtlinie 2078 das mittlere Maximum für den Auslegungsmonat Juli einheitlich mit $x = 12$ g/kg festgelegt.** Die Schwankung der absoluten Feuchte im Laufe eines Tages ist unbedeutend (Abb. 7.15).

Ergänzende Hinweise:

- Da nach der Klimazonenkarte unterschiedliche maximale Auslegungstemperaturen festgelegt werden, ergeben sich **für die Auslegung der Klimaanlage auch unterschiedliche relative Feuchten und Enthalpien.** Wie schon unter Kap. 4.1.5 erläutert, spielt letztere vor allem bei Wirtschaftlichkeitsberechnungen eine große Rolle.
  Beispiel: Bei Zone 3 mit $\vartheta_{a(max)} = 32$ °C und $x = 12$ g/kg beträgt die relative Feuchte φ_a etwa 40 % und die Enthalpie $h_a \approx 63$ kJ/kg. Bei z. B. Zone 1 mit 29 °C und 12 g/kg beträgt die relative Feuchte $\varphi_a \approx 46$ % und die Enthalpie $h_a \approx 59$ kJ/kg.
- Da die absolute Feuchte während des Jahres stark schwankt (Abb. 7.14), ergeben sich bei der Lufttrocknung mittels Außenluft, wie bei der **Entfeuchtung von Naßräumen (z. B. Schwimmhallen), unterschiedliche Außenluftvolumenströme.** Dies hat nicht nur für die Auslegung und Anschaffungskosten, sondern vor allem für die Betriebsweise und -kosten der Lüftungsanlage (Regelung, Energieeinsparung, Komfort) entscheidende Konsequenzen (vgl. Bd. 3).
- Wenn man von einem Luftzustand von 22 °C/50 % r. F. (oder 25 °C/40 %) ausgeht, was einer Feuchte von etwa 8 g/kg entspricht, kann man anhand Abb. 7.16 feststellen, **wann ein Raum be- oder entfeuchtet werden müßte.** Bei der eingezeichneten Verlaufskurve mit einem Mittelwert von $x_a = 5{,}6$ g/kg (annähernd für Deutschland gültig) müßte man an etwa 70 Tagen eine Entfeuchtung und an 295 Tagen eine Befeuchtung durchführen. Letztere Zahl wird jedoch nie zutreffen, da in der Regel mehr oder weniger starke Feuchtequellen im Raum vorhanden sind und außerdem im Winter eine geringere Luftfeuchte akzeptiert wird (vgl. Kap. 4.1.2).

Sonnenstrahlung und Trübungsfaktor

Ohne eine Lufthülle um die Erde würde auf eine Fläche senkrecht zur Sonnenstrahlung bei mittleren Sonnenabstand ein Wärmestrom von ca. 1 400 W/m² auftreffen. Dieser Wert, die sog. **Solarkonstante,** wird jedoch durch die Lufthülle stark geschwächt. Die Schwächung geschieht durch Streuung und Reflexion an Luftmolekülen, Staub- und Dunstteilchen sowie durch Absorption, wobei ein Teil der Strahlung in Wärme umgewandelt wird. Die Absorption wird durch verschiedene in der Luft vorhandene Gase und Stoffe (z. B. Kohlensäure, Ozon, Wasserdampf, Staub, Dunst) verursacht. Bei der Sonnenstrahlung, deren Intensität I vor allem beim Kühllastanteil durch Fenster eine große Rolle spielt (Kap. 7.3.3), unterscheidet man zwischen der

a) direkten Sonnenstrahlung, die man anhand trigonometrischer Funktionen für eine bestimmte Fläche in Abhängigkeit von der Sonnenhöhe, dem Einfallswinkel der Sonnenstrahlen auf die Fläche und dem Azimutwinkel der Sonne und Fläche bestimmen kann. Sie ist die Differenz zwischen der in Abb. 7.18 und 7.19 oder Tab. 7.14 angegebenen Gesamt- und Diffusstrahlung.

b) diffusen Sonnenstrahlung, d. h. die Zusammenfassung der diffusen Himmelsstrahlung, der reflektierten direkten Sonnenstrahlung und der reflektierten diffusen Himmelsstrahlung. Bei einer stark reflektierenden Umgebung (spiegelnde Nachbargebäude, Wasserflächen, Kiesbett, Schneeflächen u. ä.) sind u. U. die in Tab. 7.14 angegebenen Normalwerte nicht mehr ausreichend.
Es gibt Fälle, in denen die Kühllast auch bei Sonnenschein maßgeblich durch die Diffusstrahlung bestimmt wird, wie z. B. bei sehr gutem variablem Sonnenschutz oder bei fehlendem Sonnenschutz auf der Nordseite.

c) Gesamtstrahlung (Globalstrahlung), die sich aus der direkten und diffusen Strahlung sowie aus der atmosphärischen Gegenstrahlung zusammensetzt. Letztere entsteht durch die mit Wasserdampf angereicherte Atmosphäre.

Abb. 7.17 zeigt für verschiedene Monate die **mittlere Globalstrahlung auf eine Horizontalfläche** in W/m² an Strahlungstagen, abhängig von der Tageszeit (Großstadtatmosphäre).

Abb. 7.18 zeigt für Strahlungstage die **Globalstrahlung im Juli** in Abhängigkeit der Himmelsrichtung, Trübungsfaktor $T = 4$; nach DIN 4710.

Abb. 7.19 zeigt die **diffuse Sonnenstrahlung** im Juli mit Trübungsfaktor $T = 4$ und im Januar mit $T = 3$. Daraus ist ersichtlich, daß auch die diffuse Sonnenstrahlung bei allen Himmelsrichtungen wirksam ist, selbst auf beschatteten Flächen und auf der Nordseite.

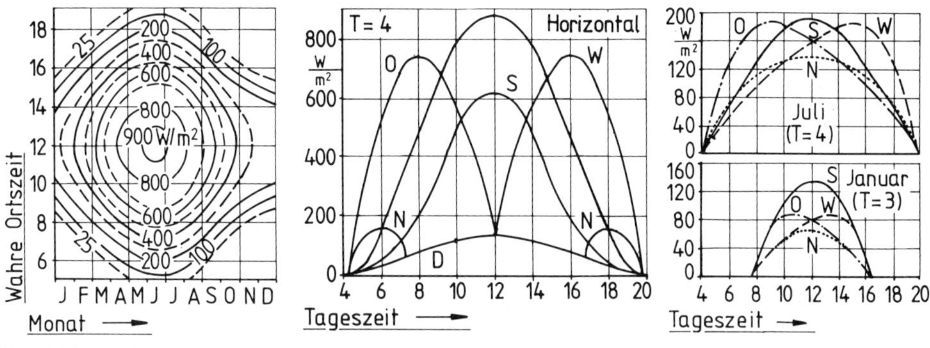

Abb. 7.17 Mittl. Globalstrahlung auf Horizontfläche

Abb. 7.18 Globalstrahlung bei verschiedenen Himmelsrichtungen

Abb. 7.19 Diffuse Sonnenstrahlung (Anhaltswerte)

Trübungsfaktor *T*

Zur Kennzeichnung der Schwächung der Strahlungsintensität der Sonne hat man den sog. Trübungsfaktor *T* eingeführt. Bei völlig ungetrübter Atmosphäre wäre $T = 1$. Er ist fast ausschließlich von den Luftmassen abhängig, während man früher nach Industrie-, Großstadt- und reiner Atmosphäre unterschieden hat. Die Schwankungsbreite von *T* ist sehr groß (z. B. 2,5 bis 11 im Sommer), und der Mittelwert T_m liegt höher, als bisher angenommen.

Weitere Hinweise:

- Wegen der großen Schwankungsbreite wählt man für die Auslegung unter extremen Kühllastsituationen bzw. bei Fällen, in denen die Last wesentlich durch eine Direktstrahlung bestimmt wird, nicht den Mittelwert T_m, sondern den **„Mittelwert minus Standardabweichung" *T'*** (Tab. 7.13). Mit diesem Wert werden auch die monatlichen Maxima der Gesamtstrahlung in Tab. 7.15 angegeben (vgl. auch Hinweise zu Tab. 7.14).

Tab. 7.13 Trübungsfaktoren nach VDI 2078, T_m = Mittelwerte, *T'* Mittelwert minus Standardabweichung (klare Atmosphäre)

Monat	Jan.	Febr.	März	April	Mai	Juni	Juli	Aug.	Sept.	Okt.	Nov.	Dez.
T_m	3,7	4,1	4,6	5,1	5,3	6,1	6,1	5,9	5,4	4,2	3,6	3,5
T'	2,7	3,1	3,3	3,5	3,7	4,3	4,3	4,1	3,9	3,0	2,9	2,7

- Nach DIN 4710 wird die maximale Trübung *T* (Juli) mit 5,8 (Industrie), 4,0 (Großstadt), 3,5 (Land) angegeben; die minimale (Jan.) mit 4,1 (Industrie), 3,0 (Großstadt) und 2,1 (Land).

Strahlungswerte als Berechnungsgrundlage

In der VDI-Richtlinie 2078 werden zahlreiche Strahlungswerte in Abhängigkeit von Monat und Ortszeit angegeben. Es handelt sich um Tagesgänge der Gesamt- und Diffusstrahlung, bei einer geographischen Breite von 50°. Für sämtliche Monate werden in der VDI-Richtlinie, sowohl mit Trübungsfaktor T_m als auch *T'*, für die Gesamt- und die **Hauptauslegungsmonate Juli und September,** in Tab. 7.14 die für die Planung erforderlichen Zahlenwerte angegeben. Hierzu gehören auch (als Auszug aus den Gesamttabellen) die **Monatsmaxima** der Gesamtstrahlung durch vertikale und horizontale Glasflächen (Tab. 7.15).

Hinweise zu Tab. 7.14

1. Für die **Ortszeiten** 1 bis 4 bzw. 5 Uhr und 19 bzw. 20 bis 24 Uhr werden in der VDI-Richtlinie 2078 keine Zahlenwerte angegeben.
2. Die Zahlenwerte in W/m² beziehen sich auf eine **Doppelverglasung** mit Normalglas. Bei Spezialglas sind u. U. Korrekturen vorzunehmen.
3. Die Tabellen mit ***T'*** (Mittelwert mit Standardabweichung) gelten für klare Atmosphäre, während die mit T_m (geringere Gesamtstrahlung) bei höherer Diffusstrahlung, wie z. B. bei gutem variablem Sonnenschutz, verwendet werden.

Tab. 7.14 Gesamt- und Diffusstrahlung in W/m² für Juli bei Trübungsfaktor T' und Zweifachverglasung (Juli)

Jahresz.	Himmelsr.	Art	Wahre Ortszeit in h																
			1–4	5	6	7	8	9	10	11	12	13	14	15	16	17	18	19	20–24
23. JULI $T = 4{,}3$	normal	gesamt:	0	163	384	539	636	693	723	738	743	738	723	693	636	539	384	163	0
		diffus:	0	46	99	124	133	132	126	121	119	121	126	132	133	124	99	46	0
	horiz.	gesamt:	0	24	82	191	324	449	548	609	631	609	548	449	324	191	82	24	0
		diffus:	0	22	44	61	73	83	90	94	96	94	90	83	73	61	44	22	0
	NO	gesamt:	0	150	314	357	294	174	98	94	92	88	83	74	64	51	36	18	0
		diffus:	0	42	84	98	100	98	96	94	92	88	83	74	64	51	36	18	0
	O	gesamt:	0	147	359	492	528	475	344	180	100	92	84	74	64	51	36	17	0
		diffus:	0	42	92	118	128	127	120	110	100	92	84	74	64	51	36	17	0
	SO	gesamt:	0	53	183	327	433	481	466	388	261	137	92	78	65	51	36	17	0
		diffus:	0	26	63	94	116	128	132	128	118	106	92	78	65	51	36	17	0
	S	gesamt:	0	17	38	59	98	186	287	359	385	359	287	186	98	59	38	17	0
		diffus:	0	17	38	59	80	99	115	125	129	125	115	99	80	59	38	17	0
	SW	gesamt:	0	17	36	51	65	78	92	137	261	388	466	481	433	327	183	53	0
		diffus:	0	17	36	51	65	78	92	106	118	128	132	128	116	94	63	26	0
	W	gesamt:	0	17	36	51	64	74	84	92	100	180	344	475	528	492	359	147	0
		diffus:	0	17	36	51	64	74	84	92	100	110	120	127	128	118	92	42	0
	NW	gesamt:	0	18	36	51	64	74	83	88	92	94	98	174	294	357	314	150	0
		diffus:	0	18	36	51	64	74	83	88	92	94	96	98	100	98	84	42	0
	N	gesamt:	0	62	77	62	70	78	85	89	90	89	85	78	70	62	77	62	0
		diffus:	0	27	50	61	70	78	85	89	90	89	85	78	70	61	50	27	0

4. Bei **zunehmender Trübung** vermindert sich die Gesamtstrahlung, während die diffuse Himmelsstrahlung zunimmt.

5. Neben den 8 vertikalen **Himmelsrichtungen** werden auch die Werte für die Horizontale (z. B. Oberlichter) und für die Normalrichtung zur Sonne angegeben. Bei zur Vertikalen geneigten Flächen (z. B. Sheddächer) muß man den Neigungswinkel der Sonne gegenüber der zu berechnenden Fläche ermitteln und umrechnen.

Tab. 7.15 Monatliche Maxima der Gesamtstrahlung (W/m²) durch zweifach verglaste Flächen bei Trübungsfaktor T'

Jahreszeit	Himmelsrichtung									
	Normal	NO	O	SO	S	SW	W	NW	N*) (bezogen auf Trübungs-Mittelwert)	Horizontal
Januar	650	45	279	526	612	526	279	45	46	168
Februar	706	68	373	581	627	581	373	68	59	286
März	762	179	477	607	599	607	477	179	74	455
April	780	307	551	570	509	570	551	307	86	585
Mai	778	384	563	507	400	507	563	384	93	659
Juni	747	385	533	458	347	458	533	385	97	657
Juli	743	357	528	481	385	481	528	357	94	631
August	739	278	508	534	483	534	508	278	87	554
September	716	154	433	565	563	565	433	154	76	431
Oktober	705	68	376	581	626	581	376	68	58	286
November	622	45	259	498	586	498	259	45	45	161
Dezember	586	38	202	464	561	464	202	38	38	113

Hinweise zu Tab. 7.15 (z. T. Ergänzungen zu den Hinweisen von Tab. 7.14)

1. Auch hier handelt es sich um die Gesamtstrahlung durch **zweifach verglaste Flächen.** Als Trübungsfaktor werden die Werte T' (Tab. 7.13) zugrunde gelegt. Lediglich die Maxima im Norden (N) werden auf die Trübungs-Mittelwerte T_m bezogen.

2. Die **Zahlenwerte, die der Kühllastberechnung zugrunde gelegt** werden, sind – wie die Beispiele Sonnenwärme bei Fenstern zeigen – wesentlich geringer als diese Tabellenwerte. Holzrahmen, Mauervorsprünge, Beschattungen und besonders aktive Sonnenschutzmaßnahmen führen zu einer starken Reduzierung.

3. Die **Diffusstrahlungsmaxima** entsprechen im wesentlichen den Werten auf der Nordseite. Bei starker Reflexstrahlung aus der Umgebung (helle Wände, Wasserflächen, Parkplätze) kann die Strahlungsbelastung wesentlich höher liegen.

Die **Sonnenstrahlung im Winter** ist sehr unbeständig und von kurzer Dauer. Trotzdem ist der Wärmegewinn durch Fenster bemerkenswert und kann im März/April bei großen Fensterflächen den gesamten Wärmebedarf des Raumes decken. Dieser Tatsache wird im Rahmen der Energieeinsparung zunehmende Bedeutung beigemessen.

Die jährliche Globalstrahlung liegt in Deutschland bei etwa 1 000 kWh/m² (horizontale Fläche). Das gemessene Tagesmittel der Globalstrahlung auf einer horizontalen Fläche schwankt zwischen 0,5 kWh/m² im Januar und bis 5,5 kWh/m² im Juni. Das Verhältnis von gemessener und möglicher Strahlung beträgt etwa 0,5 (50 %).

7.3.2 Kühllast durch Außenwände und Dächer

Im Gegensatz zu Innenwänden sind Außenwände und Dächer durch die Sonnenstrahlung zusätzlichen Wärmeströmen ausgesetzt. Die äußere Oberfläche erhält nämlich durch Sonne oder Himmel Temperaturen, die erheblich von der Außenlufttemperatur abweichen können (Zustrahlung am Tage, Ausstrahlung nachts). Der Wärmestrom (Wärmedurchgang), der infolge der erwärmten äußeren Oberfläche als Kühllastanteil in den Raum gelangt, hängt vom Wärmedurchgangskoeffizienten, von der Speicherfähigkeit der Wand und vom zeitlichen Verlauf der Strahlungsbelastung ab und ist im allgemeinen, im Vergleich zum Fenster, äußerst gering.

Während man bei der Berechnung des Transmissionswärmebedarfs nach DIN 4701 einen stationären Wärmestrom zugrunde legt (konstante mittlere Temperaturdifferenz), ist der Wärmestrom unter Einfluß der Sonne instationär, d. h., er wird auf periodische Vorgänge zurückgeführt.

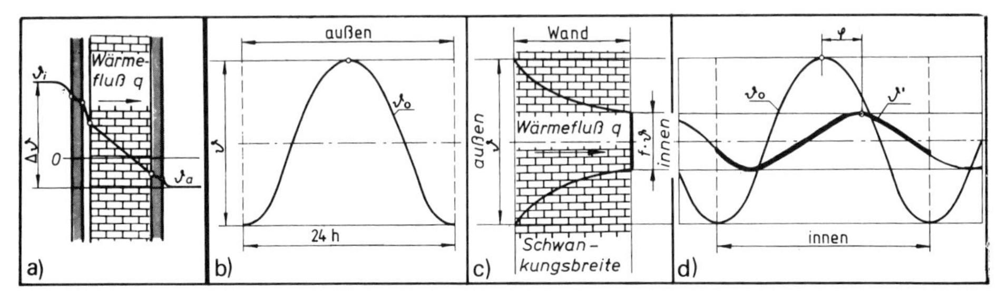

Abb. 7.20 Wärmedurchgang durch Außenwände (stationär und instationär)

Abb. 7.20 soll vereinfacht den **unterschiedlichen Verlauf des stationären und des instationären Temperatur- bzw. Wärmestromverlaufs** verdeutlichen:

Zu a) Hier handelt es sich um den dem Heizungstechniker bekannten Temperaturverlauf, ein **stationärer Vorgang** bei annähernd konstanter Außen- und Innentemperatur. Bekanntlich müßte auch hier, besonders in der Übergangszeit, ein stationärer Verlauf angenommen werden.

Zu b) Die annähernd periodisch veränderliche Sonnenstrahlung bewirkt einen täglich **schwankenden Verlauf der Oberflächentemperatur** der Außenwand ϑ_0 mit einer bestimmten Temperaturamplitude φ.

Zu c) Diese periodische Schwankung setzt sich in das Wandinnere fort, wobei das Temperaturmaximum φ (außen) auf φ' (innen) „gedämpft" wird. Diese **reduzierte Schwankungsbreite** hängt vor allem vom Speicherverhalten der Baustoffe ab. Diese hängen wiederum von der Dichte ϱ, der Wärmeleitfähigkeit λ und der spezifischen Wärmekapazität c ab. $\sqrt{\lambda \cdot c \cdot \varrho}$ bezeichnet man als **Eindringzahl *b*.**

Zu d) Das Maximum der periodisch veränderlichen Oberflächentemperatur ϑ', und somit auch der Wärmestrom, tritt erstens mit einer wesentlich geringeren Amplitude auf **(„Dämpfung")** und wird zweitens erst Stunden später im Raum wirksam **(„Phasenverschiebung φ")**. Beide Eigenschaften können anhand Tab. 7.16 nachvollzogen werden (vgl. Hinweise).

Die **dynamische Berechnung** des Wärmestroms wird nun auf die bekannte Transmissionsberechnung zurückgeführt, wozu als Temperaturdifferenz die sog. „äquivalente Temperaturdifferenz" einzusetzen ist.

$\dot{Q}_W = A \cdot k \cdot \Delta\vartheta_{äq}$

$\dot{Q}_W$ Momentaner Wärmestrom in W
A Fläche in m² (Fensterflächen abgezogen, Stockwerkshöhe)
k Wärmedurchgangskoeffizient = $1/(R_a + R_i + \Sigma R_\lambda) = 1/R_k$
$\Delta\vartheta_{äq}$ äquivalente Temperaturdifferenzen (z. B. Tab. 7.16)

Äquivalente Temperaturdifferenz $\Delta\vartheta_{äq}$

In dieser Temperaturdifferenz ist die Lösung des instationären Wärmedurchgangs durch Wände und Dächer eingearbeitet, d. h., die Außentemperatur, die Gesamtstrahlung der Sonne und die Wärmeabstrahlung der Raumumschließungsflächen gegen Himmel und Umgebung sind darin enthalten. Im thermisch eingeschwungenen Zustand und bei konstanter Raumlufttemperatur werden somit die Wärmespeichereigenschaften der Außenwände und Dächer erfaßt.

Tab. 7.16 Äquivalente Temperaturdifferenzen $\Delta\vartheta_{äq}$ für Wände bei Raumtemperatur 22 °C nach VDI 2078 E

		Wahre Ortszeit in h																	
	Himmelsr.	2	4	6	7	8	9	10	11	12	13	14	15	16	17	18	19	20	22	24
BAUARTKLASSE 1	NO	−6,4	−5,6	4,9	9,9	12,1	12,3	9,3	8,0	8,2	9,2	10,0	9,9	9,1	7,9	6,4	4,4	1,9	−2,3	−3,7
	O	−6,3	−5,7	6,6	14,9	20,9	22,9	21,0	17,0	13,3	11,1	10,3	10,1	9,5	8,3	6,4	4,2	1,8	−2,1	−3,9
	SO	−6,2	−6,7	1,3	8,4	15,8	21,7	24,7	24,5	21,7	17,9	14,2	11,5	9,8	8,4	6,7	4,4	1,9	−2,1	−3,9
	S	−5,9	−7,3	−6,0	−2,9	2,1	8,6	15,4	21,1	24,7	25,7	24,2	20,7	16,3	11,8	7,8	4,5	2,0	−1,6	−4,2
	SW	−6,0	−7,4	−5,9	−4,4	−2,2	0,8	5,2	11,0	17,7	24,2	29,1	31,1	29,5	24,6	17,8	10,6	4,7	−1,6	−3,6
	W	−5,9	−7,3	−6,1	−4,4	−2,0	0,6	3,2	5,9	9,8	15,5	22,5	28,9	32,0	30,1	23,6	14,9	6,9	−1,4	−3,5
	NW	−6,1	−7,2	−5,9	−4,5	−2,2	0,7	3,6	5,8	7,3	9,0	12,3	17,0	21,2	22,6	19,7	13,4	6,3	−1,8	−3,4
	N	−6,1	−6,4	−3,4	−1,9	−0,5	1,2	3,4	5,8	7,8	8,9	9,3	9,6	9,9	9,9	8,9	6,5	3,2	−1,9	−3,9
	diffus	−6,0	−7,1	−5,4	−3,6	−1,3	1,1	3,6	5,8	7,5	8,8	9,5	9,8	9,6	8,7	7,0	4,7	2,1	−1,9	−4,0
	horizontal	−10,6	−12,3	−11,9	−8,3	−2,1	5,8	13,8	20,4	24,7	26,1	24,5	20,1	13,9	7,1	1,2	−3,0	−5,5	−8,1	−9,9
BAUARTKLASSE 2	NO	−3,6	−6,0	−2,7	1,5	5,6	8,3	9,0	8,5	8,0	8,1	8,8	9,5	9,7	9,4	8,6	7,5	5,9	1,7	−1,3
	O	−3,8	−6,0	−2,7	2,6	8,9	14,6	17,8	18,3	16,7	14,6	12,9	12,0	11,4	10,8	9,7	8,1	6,2	1,9	−1,3
	SO	−3,7	−6,1	−4,8	−1,3	4,0	10,0	15,5	19,3	21,0	20,4	18,5	16,2	14,0	12,3	10,8	9,1	7,0	2,3	−1,1
	S	−3,4	−5,7	−7,0	−6,4	−4,4	−0,8	4,1	9,8	15,2	19,4	21,8	22,1	20,7	18,1	14,8	11,5	8,4	3,4	−0,5
	SW	−2,4	−5,4	−6,6	−6,3	−5,4	−3,8	−1,5	1,9	6,6	12,2	18,1	23,2	26,4	27,0	24,9	20,7	15,4	6,1	1,0
	W	−2,0	−5,1	−6,5	−6,3	−5,3	−3,7	−1,6	0,6	3,1	6,5	11,2	17,0	22,8	26,8	27,4	24,3	18,8	7,6	1,6
	NW	−2,4	−5,4	−6,3	−6,0	−5,2	−3,7	−1,5	0,9	3,1	4,9	6,8	9,7	13,5	17,3	19,5	18,7	15,2	5,8	0,7
	N	−3,3	−5,6	−5,3	−4,3	−3,1	−1,9	−0,4	1,4	3,5	5,5	7,0	7,9	8,6	9,2	9,5	9,0	7,6	2,8	−0,9
	diffus	−3,5	−5,7	−6,3	−5,7	−4,5	−2,9	−0,9	1,2	3,3	5,2	6,8	7,9	8,7	9,0	8,7	7,7	6,1	2,1	−1.1
	horizontal	−9,0	−10,7	−12,4	−12,0	−9,8	−5,5	0,5	7,2	13,5	18,4	21,4	22,0	20,2	16,4	11,5	6,6	2,4	−3,1	−6,6
BAUARTKLASSE 3	NO	−1,9	−4,4	−3,6	−1,0	2,3	5,2	6,9	7,5	7,4	7,5	8,0	8,7	9,1	9,1	8,8	8,0	7,0	3,7	0,5
	O	−1,9	−4,3	−3,6	−0,5	4,1	9,2	13,2	15,3	15,6	14,7	13,5	12,6	11,9	11,3	10,5	9,4	7,9	4,2	0,7
	SO	−1,7	−4,3	−4,7	−2,9	0,5	5,1	10,0	14,3	17,1	18,3	18,0	16,7	15,1	13,6	12,2	10,7	9,0	4,8	1,1
	S	−1,2	−3,8	−5,6	−5,8	−4,9	−2,8	0,6	5,0	9,8	14,1	17,4	19,3	19,5	18,4	16,4	13,8	11,1	6,2	2,0
	SW	0,3	−3,1	−5,2	−5,4	−5,1	−4,3	−2,8	−0,4	2,9	7,3	12,3	17,2	21,2	23,5	23,7	21,7	18,3	10,3	4,3
	W	0,8	−2,7	−4,9	−5,3	−5,0	−4,2	−2,8	−1,0	1,0	3,6	7,1	11,6	16,8	21,2	23,8	23,5	20,8	12,0	5,2
	NW	0,0	−3,2	−5,1	−5,3	−5,0	−4,2	−2,8	−0,9	1,0	2,8	4,6	6,8	9,8	13,2	16,0	17,0	15,8	9,2	3,5
	N	−1,6	−4,0	−4,8	−4,4	−3,6	−2,7	−1,6	−0,2	1,6	3,4	5,0	6,2	7,2	7,9	8,5	8,6	8,0	4,7	1,1
	diffus	−1,9	−4,1	−5,5	−5,4	−4,9	−3,8	−2,4	−0,6	1,2	3,1	4,7	6,1	7,1	7,8	8,0	7,7	6,8	3,7	0,6
	horizontal	−6,9	−9,0	−10,9	−11,2	−10,4	−7,9	−3,7	1,5	7,1	12,2	16,2	18,4	18,7	17,1	14,0	10,2	6,4	0,3	−3,9
BAUARTKLASSE 4	NO	−0,4	−2,4	−2,3	−0,8	1,4	3,6	5,2	6,1	6,5	6,8	7,2	7,7	8,0	8,2	8,0	7,5	6,7	4,3	1,7
	O	0,0	−1,9	−1,8	0,0	3,1	6,6	9,9	12,1	13,1	13,0	12,5	11,9	11,4	10,9	10,2	9,3	8,1	5,2	2,2
	SO	0,2	−1,9	−2,5	−1,4	0,8	3,9	7,5	10,9	13,5	15,1	15,5	15,1	14,2	13,1	12,0	10,7	9,3	6,0	2,7
	S	0,6	−1,8	−3,4	−3,6	−3,1	−1,7	0,6	3,7	7,2	10,7	13,6	15,5	16,4	16,1	15,0	13,3	11,4	7,3	3,6
	SW	2,4	−0,8	−2,9	−3,3	−3,2	−2,6	−1,6	0,2	2,6	5,8	9,5	13,3	16,7	19,0	19,8	19,1	17,2	11,4	6,2
	W	2,9	−0,4	−2,7	−3,2	−3,2	−2,7	−1,7	−0,4	1,2	3,2	5,9	9,2	12,9	16,5	18,9	19,6	18,4	12,7	7,0
	NW	1,6	−1,3	−3,2	−3,6	−3,6	−3,1	−2,2	−0,8	0,7	2,3	3,8	5,6	7,8	10,2	12,5	13,7	13,5	9,5	4,9
	N	−0,4	−2,5	−3,5	−3,4	−2,9	−2,3	−1,4	−0,4	1,0	2,4	3,7	4,8	5,8	6,5	7,0	7,2	6,9	4,8	2,0
	diffus	−0,8	−2,8	−4,1	−4,2	−3,9	−3,2	−2,2	−0,9	0,5	2,0	3,3	4,5	5,5	6,2	6,6	6,5	6,0	3,9	1,4
	horizontal	−4,9	−7,0	−8,5	−8,7	−8,2	−6,6	−3,9	−0,2	4,0	8,1	11,5	13,9	14,8	14,3	12,6	10,1	7,2	2,1	−2,0
BAUARTKLASSE 5	NO	2,4	0,7	−0,5	−0,5	0,2	1,2	2,5	3,5	4,3	4,8	5,2	5,7	6,1	6,5	6,8	6,8	6,7	5,7	4,0
	O	3,5	1,6	0,3	0,4	1,2	2,8	4,8	6,9	8,5	9,5	10,0	10,1	10,1	10,0	9,9	9,6	9,1	7,5	5,5
	SO	4,0	2,0	0,4	0,1	0,5	1,5	3,3	5,4	7,6	9,5	10,9	11,6	11,9	11,8	11,5	11,0	10,4	8,6	6,3
	S	4,6	2,3	0,4	−0,3	−0,8	−0,8	−0,2	1,0	2,7	4,9	7,1	9,2	10,9	11,9	12,3	12,2	11,6	9,6	7,1
	SW	6,8	4,0	1,6	0,6	0,0	−0,3	−0,3	0,1	0,9	2,3	4,2	6,5	9,1	11,5	13,4	14,5	14,8	13,0	9,9
	W	7,2	4,3	1,8	0,8	0,1	−0,3	−0,3	0,0	0,5	1,4	2,6	4,3	6,4	8,9	11,4	13,3	14,3	13,4	10,3
	NW	4,8	2,5	0,4	−0,4	−1,0	−1,3	−1,3	−0,9	−0,3	0,5	1,5	2,5	3,8	5,3	7,0	8,6	9,7	9,6	7,3
	N	2,0	0,3	−1,1	−1,5	−1,7	−1,7	−1,4	−1,0	−0,4	0,3	1,2	2,1	3,0	3,8	4,5	5,0	5,3	5,1	3,7
	diffus	1,5	−0,1	−1,6	−2,1	−2,4	−2,4	−2,2	−1,7	−1,1	−0,2	0,7	1,7	2,6	3,4	4,1	4,5	4,8	4,3	3,0
	horizontal	−0,4	−2,7	−4,5	−5,3	−5,8	−5,8	−5,1	−3,6	−1,5	1,0	3,7	6,2	8,2	9,4	9,8	9,4	8,4	5,4	2,4
BAUARTKLASSE 6	NO	4,0	3,3	2,6	2,3	2,1	2,2	2,4	2,7	3,0	3,4	3,6	3,8	4,1	4,3	4,5	4,7	4,8	4,9	4,5
	O	6,0	5,2	4,3	4,0	3,8	3,9	4,2	4,8	5,4	6,0	6,5	6,9	7,2	7,3	7,5	7,6	7,6	7,4	6,8
	SO	6,7	5,7	4,8	4,4	4,1	4,0	4,2	4,5	5,1	5,9	6,6	7,2	7,7	8,1	8,3	8,4	8,4	8,2	7,5
	S	6,5	5,6	4,6	4,1	3,7	3,3	3,1	3,1	3,3	3,7	4,4	5,1	5,9	6,6	7,3	7,7	7,9	7,9	7,4
	SW	8,1	7,0	5,9	5,3	4,8	4,4	4,0	3,8	3,7	3,8	4,1	4,6	5,4	6,2	7,2	8,0	8,7	9,3	9,0
	W	7,9	6,9	5,8	5,2	4,7	4,2	3,9	3,6	3,5	3,5	3,7	4,0	4,4	5,1	6,0	6,9	7,8	8,8	8,7
	NW	5,2	4,4	3,5	3,1	2,6	2,3	2,0	1,8	1,8	1,8	2,0	2,2	2,6	3,0	3,5	4,2	4,8	5,7	5,8
	N	2,6	2,0	1,3	1,0	0,8	0,6	0,4	0,4	0,4	0,6	0,8	1,0	1,4	1,7	2,0	2,3	2,6	3,0	3,0
	diffus	2,0	1,5	0,8	0,5	0,2	0,0	−0,2	−0,2	−0,2	0,0	0,2	0,5	0,8	1,2	1,5	1,8	2,1	2,4	2,4
	horizontal	2,3	1,2	0,1	−0,3	−0,8	−1,2	−1,4	−1,4	−1,1	−0,6	0,2	1,1	2,0	2,9	3,6	4,1	4,3	4,1	3,3

Während die Speichereinflüsse infolge innerer und äußerer Strahlungslasten mit Hilfe der Kühllastfaktoren s_i und s_a berücksichtigt werden (Tab. 7.6 und 7.25), geschieht dies bei Außenwänden und Dächern durch Einführung von äquivalenten Temperaturdifferenzen (Kurzverfahren). Diese können aus Tab. 7.16 in Abhängigkeit von Tageszeit, Himmelsrichtung und Bauartklasse entnommen werden.

Ergänzende Bemerkungen zu Tab. 7.16 und zur Speicherung

1. Die hier angegebenen **6 Bauartklassen** (Bauschwereklassen) werden in Tab. 7.18 für Wand- und Dachkonstruktionen mit Angabe der Wärmedurchgangszahl k, der flächenbezogenen Masse m_f und der Zeitkorrektur Δz zusammengestellt (Auswahl).

2. Der in Abb. 7.20 und 7.21 dargestellte **zeitlich verschobene Wärmestrom kann anhand der $\Delta\vartheta_{äq}$-Angaben nachvollzogen** werden. So sind z. B. die Werte bei der Ostwand nicht dann am größten, wenn die maximale Sonnenstrahlung auftritt, sondern erst viel später; um so später, je höher die Bauartklasse bzw. das Speichervermögen ist (Tab. 7.17). Entsprechend liegen die Verhältnisse bei der Westwand.

Tab. 7.17 Gegenüberstellung einer Ost- und Westwand bei Bauartklasse 2 und 6 hinsichtlich der Verzögerung

	HR	größter Sonneneinfall	Klasse	größtes $\Delta\vartheta_{äq}$ (nach Tab. 7.16)	Bemerkungen zum Wärmestrom $\dot{Q}_W$
a	O	in den frühen Vormittagsstunden	2	wenige Stunden danach (ca. 11 Uhr)	ohne große Zeitverzögerung wird $\dot{Q}_W$ im Raum wirksam
b	O	(nach Tab. 7.14 um 8 Uhr)	6	in den Abendstunden (ca. 19 Uhr)	Q_W wird durch Speichereffekt erst Stunden später wirksam
c	W	in den Nachmittagsstunden	2	nur etwa zwei Stunden später	wie bei a) jedoch stärkere Dämpfung (kleinere Zahlenwerte)
d	W	(nach Tab. 7.14 um 16 Uhr)	6	in den Nachtstunden ca. 22-24 Uhr	wie b) Kühllastfall außerhalb der Arbeitszeit

In der Regel ist eine größere Phasenverschiebung aus physiologischen und wirtschaftlichen Gründen erwünscht. So kann z. B. die Mittagssonne auf eine Leichtbaufassade noch während der Arbeitszeit wirksam werden, während bei einer dicken Altbaufassade die gespeicherte Nachtkühle ausreichen kann, um während des Tages erträgliche Raumtemperaturen aufrechtzuerhalten. Bei dicken Mauern mit kleinen Fenstern kann φ über 20 Stunden betragen. Die ausgleichende Wirkung ist auch dann von Vorteil, wenn das Außenklima (Sonnenstrahlung) stark schwankt. Bei der Raumheizung müßte ohne speichernde Baumassen wegen jedes kühleren Sommertages die Heizung eingeschaltet werden.

3. Auch der in Abb. 7.20 dargestellte abgeschwächte Wärmestrom, d. h. die **„Dämpfung" durch die Wärmespeicherung, wird in der Tabelle erkennbar.** So sind z. B. die $\Delta\vartheta_{äq}$-Werte bei der Bauartklasse 6 gegenüber der Klasse 2 nicht nur wesentlich geringer, sondern auch während des Tages annähernd ausgeglichen. Die Sonnenwärme wird gespeichert und nachts wieder vorwiegend nach außen abgegeben.
Daß die „Nachtkühle" bei den niedrigen Bauartklassen nicht ausgenutzt werden kann, erkennt man vor allem daran, daß nicht nur die hohen Tabellenwerte schnell wirksam werden, sondern auch die kühlen Nachttemperaturen, was durch die **negativen $\Delta\vartheta_{äq}$-Werte** verdeutlicht wird.

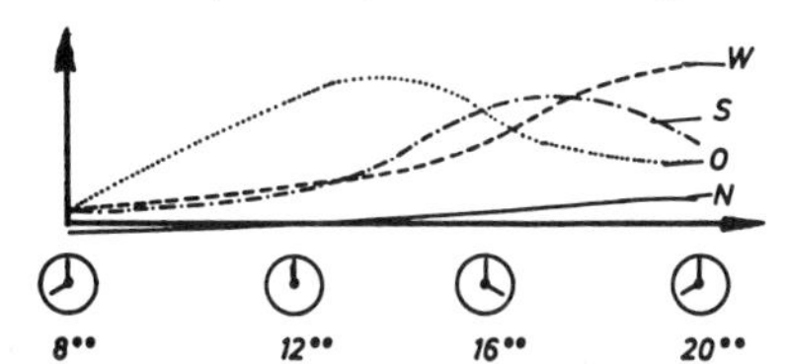

Abb. 7.21 Verlauf des Wärmeeinfalls durch Außenwände

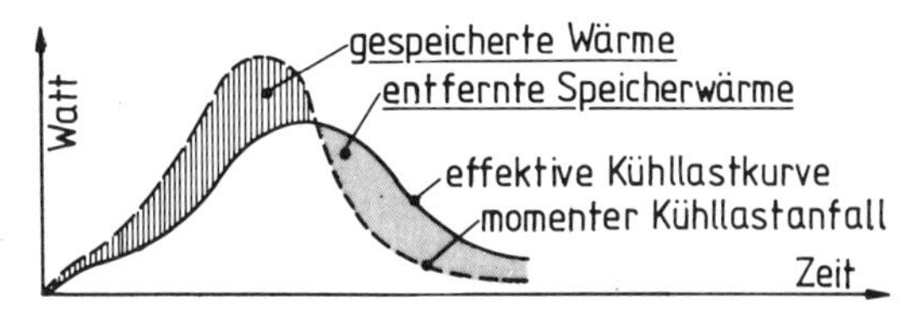

Abb. 7.22 Dämpfung und Verzögerung

4. Eine **geringere Kühllast durch das Speichervermögen** der Baumassen bedeutet geringere Investitions- und Energiekosten. Wie aus Abb. 7.22 ersichtlich, liegt der **momentane Wärmeeinfall über der effektiven Kühllast.** Je größer die Masse, desto weiter liegt die für die Gerätewahl erforderliche Kühllast vom momentanen Kühllastanfall entfernt. Die Reduzierung der Kühllast aufgrund des Speichervermögens wurde schon bei den inneren Kühllasten durch die Kühllastfaktoren s_i berücksichtigt (Tab. 7.6) und wird bei der **Sonnenwärme durch Fenster mit den Kühllastfaktoren s_a berücksichtigt.**
Wird die gespeicherte Wärme nicht entfernt, z. B. durch Auskühlung, Lüftung (kältere Außenluft) oder durch eine längere Betriebszeit des Klimagerätes, bleibt ein Teil der Speicherwärme im Baukörper und wird wieder als Kühllast am anderen Tage wirksam.
Bei höheren Bauartklassen kann ein **kleineres Gerät gewählt werden, wenn es längere Zeit durchgehend in Betrieb ist.** Es schaltet außerdem nicht so oft ein und aus und verbessert dadurch das Raumklima.

5. In der Tabelle sind zwar die Einflußgrößen angegeben, doch muß man – wie nachfolgend erläutert – bei abweichenden Außen- und Raumtemperaturen, bei anderen Oberflächentemperaturen und anderem Speicherverhalten die $\Delta\vartheta_{äq}$-Werte korrigieren ($\Delta\vartheta_{äq1}$, $\Delta\vartheta_{äq2}$, Δz).

6. Grundsätzlich kann ein Bauwerk durch sein **Speicherverhalten als Pufferzone** zwischen den äußeren

Tab. 7.18 Kennzahlen für Wand- und Dachkonstruktionen nach VDI 2078 E

Wandausführung	k $\frac{W}{m^2 \cdot K}$	m_f kg/m²	Bauart-klasse	Δz h
1 Mauerwerksand mit Außendämmung 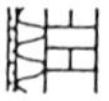 Außenputz, 5 mm Hartschaum, Loch- oder Leichtstein				
a) 17,5 cm Loch- oder Leichtstein	0,60	252	5	0
b) 24 cm Loch- oder Leichtstein	0,57	343	6	0
c) 30 cm Loch- oder Leichtstein	0,54	427	6	−2
2 Mauerwerksand - zweischalig mit Kerndämmung 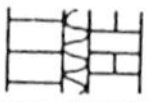 11,5 cm KS-Vollstein, 5 cm Hartschaum, Loch- oder Leichtstein				
a) 17,5 cm Loch- oder Leichtstein	0,57	478	6	−2
b) 24 cm Loch- oder Leichtstein	0,54	569	6	−4
3 Mauerwerksand mit Außendämmung und vorgehängter Fassade  Aluminiumblech, Luftschicht, 8 cm Hartschaum, Loch- oder Leichtstein				
a) 17,5 cm Loch- oder Leichtstein	0,40	258	6	+2
b) 24 cm Loch- oder Leichtstein	0,38	349	6	0
c) 30 cm Loch- oder Leichtstein	0,37	433	6	−2
4 Schwerbetonwand mit Außendämmung  Außenputz, 5 cm Hartschaum, Stahlbeton				
a) 10 cm Stahlbeton	0,68	240	5	+1
b) 20 cm Stahlbeton	0,65	470	6	+2
c) 30 cm Stahlbeton	0,63	700	6	0
5 Schwerbetonwand mit Außendämmung und vorgehängter Fassade 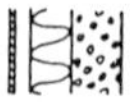 Fassadenverkleidung, Luftschicht, 8 cm Hartschaum, Stahlbeton				
5.1 Fassadenverkleidung: Aluminiumblech				
a) 10 cm Stahlbeton	0,43	243	5	+1
b) 20 cm Stahlbeton	0,42	473	6	+2
c) 30 cm Stahlbeton	0,41	703	6	0
5.2 Fassadenverkleidung: 5 cm Stahlbeton oder 2,5 cm Naturstein				
a) 10 cm Stahlbeton	0,43	293	5	0
b) 20 cm Stahlbeton	0,42	523	6	0
c) 30 cm Stahlbeton	0,41	753	6	−2
6 Leichtbetonwand  Außenputz, Gasbeton, Innenputz				
a) 20 cm Stahlbeton	1,27	207	4	−1
b) 25 cm Stahlbeton	1,07	257	5	−1
c) 30 cm Stahlbeton	0,93	307	6	0
7 Leichtbetonwand mit Außendämmung  Außenputz, 5 cm Hartschaum, Gasbeton				
a) 10 cm Gasbeton	0,59	107	4	0
b) 20 cm Gasbeton	0,50	207	6	0
c) 30 cm Gasbeton	0,44	307	6	−3
8 Holzwand mit Kerndämmung  Verg. Sperrholzplatte, 10 cm Hartschaum, Sperrholzplatte				
	0,38	35	2	−1
9 Holzwand zweischalig mit Wärmedämmung  2,4 cm Holzschalung, Luftschicht, 10 cm Hartschaum, 1,5 cm Gipskartonplatte				
	0,34	38	2	0

Dachausführung	k $\frac{W}{m^2 \cdot K}$	m_f kg/m²	Bauart klasse	Δz h
10 Schwerbeton-Warmdach mit Wärmedämmung 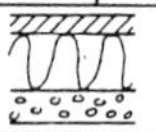 Stein, 10 cm, Stahl				
10.1 Deckschicht: dreilagige Bitumenbahn				
a) 10 cm Stahlbeton	0,36	257		
b) 15 cm Stahlbeton	0,36	377		
c) 20 cm Stahlbeton	0,35	497		
d) 25 cm Stahlbeton	0,35	617		
10.2 Deckschicht: 5 cm Kiesschüttung oder 5 cm Betonsteinplatten auf Sandbett				
a) 10 cm Stahlbeton	0,36	330		
b) 15 cm Stahlbeton	0,35	450		
c) 20 cm Stahlbeton	0,35	570		
d) 25 cm Stahlbeton	0,35	690		
10.3 Deckschicht: 20 cm Blähbeton				
a) 10 cm Stahlbeton	0,25	325		
b) 15 cm Stahlbeton	0,25	445		
c) 20 cm Stahlbeton	0,25	565		
d) 25 cm Stahlbeton	0,25	685		
11 Leichtbeton - Warmdach - mit Wärmedämmung 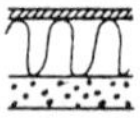 Dreilagige Bitumbahn, 10 cm Hartschaum, Gasbetonplatte				
a) 10 cm Gasbeton	0,34	137	5	0
b) 15 cm Gasbeton	0,32	197	6	0
c) 20 cm Gasbeton	0,31	257	6	0
d) 25 cm Gasbeton	0,30	317	6	−3
12 Holz - Warmdach mit Wärmedämmung  Deckschicht, 10 cm Hartschaum, 2,5 cm Sperrholzplatten				
12.1 Deckschicht: drei lagige Bitumenbahn	0,35	37	2	−1
12.2 Deckschicht: 5 cm Kiesschüttung	0,35	110	3	−1
13 Stahl - Warmdach Wärmedämmung 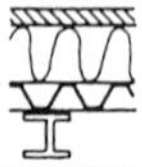 Deckschicht, 10 cm Hartschaum, Stahltrapezblech				
13.1 Deckschicht: drei lagige Bitumenbahn	0,35	30	1	−1
13.2 Deckschicht: 5 cm Kiesschüttung	0,35	103	2	−1
14 Schwerbeton - Kaltdach zweischalig mit Wärmedämmung 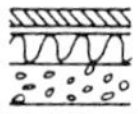 Deckschicht, Luftschicht, Stahlbeton				
14.1 Deckschicht: 10 cm Spannbetonplatten oder 8 cm Gasbetondielen				
a) 10 cm Stahlbeton	0,34	455	6	0
b) 15 cm Stahlbeton	0,34	575	6	−1
c) 20 cm Stahlbeton	0,34	695	6	−2
d) 25 cm Stahlbeton	0,33	815	6	−3
14.2 Deckschicht: 2,4 cm Holzschalung				
a) 10 cm Stahlbeton	0,33	259	5	0
b) 15 cm Stahlbeton	0,33	379	6	0
c) 20 cm Stahlbeton	0,33	499	6	0
d) 25 cm Stahlbeton	0,33	619	6	0
15 Leichtbeton - Kaltdach zweischalig mit Wärmedämmung 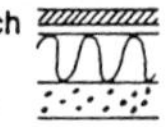 2,4 cm Holz, Luftschicht, 8 cm Mineralwolle, Gasbetonplatten				
a) 10 cm Gasbeton	0,35	138	5	0
b) 15 cm Gasbeton	0,34	198	6	0
c) 20 cm Gasbeton	0,32	258	6	0

Umwelteinflüssen und dem Raumklima betrachtet werden. Durch den Speichereinfluß kann man daher – sowohl im Sommer als auch im Winter – nicht nur Energie sparen, sondern auch das **Behaglichkeitsempfinden verbessern.**

Wand- und Dachkonstruktionen – Zeitkorrektur Δz

Für die in der $\Delta\vartheta_{äq}$-Tabelle erwähnten Bauartklassen werden in Tab. 7.18 die zugehörigen Wand- bzw. Dachkonstruktionen zusammengestellt. Um das Speicherverhalten der Bauteile zu berücksichtigen, wird entsprechend Tab. 7.19 jede Bauartklasse standardmäßig einem der 4 Raumtypen (vgl. Kap. 7.1) zugeordnet bzw. umgekehrt. Wenn jedoch das Verzögerungsverhalten von Baukonstruktionen vom Verhalten der zugeordneten Bauartklasse abweicht, muß dieses **Verhalten durch Einführung von Zeitkorrekturen Δz korrigiert** werden.

Tab. 7.19 Zuordnung der 4 Raumtypen an die 6 Bauartklassen

Standardmäßig zugeordneter Raumtyp	XL	XL	L	M	M	S	vgl. Kap. 7.1
Bauartklassen für Wände und Dächer	1	2	3	4	5	6	vgl. Tab. 7.16, 7.18

Umrechnung von $\Delta\vartheta_{äq}$ auf $\Delta\vartheta_{äq1}$

Da bei der Festlegung von $\Delta\vartheta_{äq}$ eine mittlere Außentemperatur von 24,5 °C für den Monat Juli bzw. 18,5 °C für September (Abb. 7.13) und eine Raumlufttemperatur von 22 °C berücksichtigt wird, muß bei anderen tatsächlichen mittleren Außentemperaturen $\vartheta_{a',m}$ (z. B. bei anderen Kühllastzonen) und anderen Raumlufttemperaturen $\Delta\vartheta_{äq}$ und somit $\dot{Q}_W$ korrigiert werden.

$$\Delta\vartheta_{äq1} = \Delta\vartheta_{äq} + (\vartheta_{a',m} - 24{,}5) + (22 - \vartheta_i) \qquad \dot{Q}_W = A \cdot k \cdot \Delta\vartheta_{äq1}$$

Beispiel 8

Für eine 60 m² große SW-Wand, bestehend aus 30 cm Lochstein mit Außendämmung, soll für 12.00 Uhr die Kühllast berechnet werden, ϑ_i = 22 °C.

Lösung: Nach Tab. 7.18 ist k = 0,37 W/(m² · K) und Bauschwereklasse 6, Δz = – 2h (d. h. $\Delta\vartheta_{äq}$ um 10.00 Uhr) $\Rightarrow \dot{Q}_W = 60 \cdot 0{,}37 \cdot 4{,}0 \approx$ **89 W.**

Beispiel 9

Wie verändert sich die Kühllast von Beispiel 8, wenn als mittlere Außentemperatur 22,9 °C (Kühllastzone 1, Juli, entsprechend Tab. 7.12) und eine Raumlufttemperatur von 24 °C angenommen werden?

Lösung: $\Delta\vartheta_{äq1} = \Delta\vartheta_{äq} + (22{,}9 - 24{,}5) + (22 - 24) = 4 + (-3{,}6) = 0{,}4$ K; $\dot{Q} = 60 \cdot 0{,}37 \cdot 0{,}4$ = **9 W**

Beispiel 10

Um welche Uhrzeit tritt die maximale Kühllast im Juli bei einer 28 m² großen Südost-Leichtbetonwand (30 cm Gasbeton) mit Außendämmung auf, und wie groß ist diese bei einer Raumtemperatur von 26 °C?

Lösung: Nach Tab. 7.18 ist k = 0,44 W/(m² · K), Δz = – 3h und Klasse 6. Nach Tab. 7.16 ist $\Delta\vartheta_{äq\,(max)}$ = 8,45 K um **19 und 20 Uhr;** wird aber erst um 22 und 23 Uhr wirksam und somit auch $\dot{Q}$. Umgekehrt: Wollte man um 22 Uhr die Kühllast berechnen, müßte man $\Delta\vartheta_{äq}$ 3 Stunden früher ablesen und da liegt $\Delta\vartheta_{äq\,(max)}$ vor.
$\Delta\vartheta_{äq1} = \Delta\vartheta_{äq} + (\vartheta_{a',m} - \vartheta_i) = 8{,}4 - (22 - 26) - 4{,}4$ K; $\dot{Q}_W = 28 \cdot 0{,}44 \cdot 4{,}4$ = **54 W**

Beispiel 11

Der Raum nach Abb. 7.23 hat 3 Außenflächen, wobei die Fensterflächen abgezogen wurden. Es handelt sich um den Raumtyp L, Schwerbetonwand (20 cm dick) mit Außendämmung.

a) Wie groß ist die Kühllast der Außenwände, und wann ist sie wirksam, wenn eine Raumtemperatur von 25 °C zugrunde gelegt wird? (Vergleich mit ϑ_i = 22 °C).

b) Ermitteln Sie anhand Tab. 7.16 die maximal mögliche äquivalente Temperaturdifferenz für Bauartklasse 1, 3 und 5 mit Uhrzeitangabe. Welche Folgerung ergibt sich daraus?

Bem.: Beide Ergebnisse a) und b) sollen als Tabelle zusammengefaßt werden.

Lösung a): Nach Tab. 7.25 liegt der Tagesgang bei der **SO-Wand um 10 Uhr** und bei der **NW-Wand 17 Uhr** am höchsten (größter Wert von s_a). Demnach soll für beide Uhrzeiten die Wirksamkeit der Kühllast aller 3 Wände berechnet werden. Nach Tab. 7.18 ist bei 4b: k = 0,65 W/(m² · K), Bauartklasse 6, Δz = + 2h.

SO (12.00 Uhr): $\Delta\vartheta_{äq\,(10+2)}$ = 5,1 K (Tab. 7.16); $\dot{Q}_{25} = 35 \cdot 0{,}65 \cdot [5{,}1 + (22 - 25)]$ = **48 W** ($\dot{Q}_{22}$ = 116 W)

SO (19.00 Uhr): $\Delta\vartheta_{äq\,(17+2)}$ = 8,4 K; $\dot{Q}_{25} = 35 \cdot 0{,}65 \cdot [8{,}4 + (22 - 25)]$ = **123 W** ($\dot{Q}_{22}$ = 191 W)

NW (12.00 Uhr): $\Delta\vartheta_{äq\,(10+2)} = 1{,}8$ K; $\dot{Q}_{25} =$ **- 27 W** (negative Kühllast) ($\dot{Q}_{22} = 41$ W)
NW (19.00 Uhr) $\Delta\vartheta_{äq\,(17+2)} = 4{,}2$ K; $\Delta\vartheta_{äq1} = 1{,}2$ K; $\dot{Q}_{25} =$ **27 W** ($\dot{Q}_{22} = 96$ W)
SW (12.00 Uhr): $\Delta\vartheta_{äq\,(10+2)} = 3{,}7$ K; $\Delta\vartheta_{äq1} = 0{,}7$ K; $\dot{Q}_{25} =$ **10 W** ($\dot{Q}_{22} = 53$ W)
SW (19.00 Uhr): $\Delta\vartheta_{äq\,(17+2)} = 8$ K; $\dot{Q}_{25} =$ **75 W** ($\dot{Q}_{22} = 114$ W)

Lösung b): Bauartklasse 1: $\Delta\vartheta_{äq} = 32$ K (16 Uhr); Klasse 3: 23,8 K (18.00 Uhr); Klasse 5: 14,8 K (20 Uhr): Je massiver die Bauweise, desto größer sind die Dämpfung (geringere Amplitude) und die Phasenverschiebung (zeitliche Verzögerung). Beides ist in Abb. 7.20 verdeutlicht. Mit Isolierstein und $\Delta\vartheta_{äq}$ beträgt $\dot{Q}_W$ etwa 10 . . . 15 W/m^2.

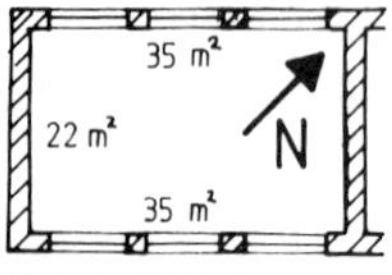

35 m²
22 m²
N
35 m²

Abb. 7.23 Zu Bsp. 4

Tab. 7.20 Ergebnisse von Aufgabe 11

	$\vartheta_i = 22$°C ($\Delta\vartheta_{äq}$)			$\vartheta_i = 22$°C ($\Delta\vartheta_{äq}$)	
	12 Uhr	19 Uhr		12 Uhr	19 Uhr
SO	116	191	SO	48	123
NW	41	96	NW	-27	+27
SW	53	114	SW	10	75

Bauart-klasse	$\Delta\vartheta_{äq}$ K	Uhr-zeit
1	32,0	16°°
3	23,8	18°°
5	14,8	20°°

Haben die Wände und Dächer Oberflächen, deren **Absorptionsgrade a_s** (für Sonnenstrahlung) und **Emissionsgrade** ε (für langwellige Strahlung) von den in der VDI-Richtlinie 2078 zugrunde gelegten Flächen (hellgetönte Wand, dunkles Dach) abweichen, so wird für die Berechnung von $\dot{Q}_W$ nicht $\Delta\vartheta_{äq}$, sondern $\Delta\vartheta_{äq2}$ eingesetzt bzw. $\Delta\vartheta_{äq}$ durch den Korrekturwert $\Delta\vartheta_{as}$ ergänzt. Für $\Delta\vartheta_{äq}$ wurde ε = **0,9 für Wände und Dächer** und **a_s = 0,7 für Wände bzw. 0,9 für Dächer** zugrunde gelegt.

Dunkelgetönte Wand ($\varepsilon = 0{,}9$; $a_s = 0{,}9$): $\Delta\vartheta_{äq2} = \Delta\vartheta_{äq} + \Delta\vartheta_{as}$; weiße Wand ($\varepsilon = 0{,}9$; $a_s = 0{,}5$): $\Delta\vartheta_{äq2} = \Delta\vartheta_{äq} - \Delta\vartheta_{as}$; metallisch blanke Wand ($\varepsilon = 0{,}5$, $a_s = 0{,}5$): $\Delta\vartheta_{äq2} = \Delta\vartheta_{äq} - \Delta\vartheta_{as} + 2{,}0$; hellgetöntes Dach ($\varepsilon = 0{,}9$; $a_s = 0{,}7$): $\Delta\vartheta_{äq2} = \Delta\vartheta_{äq} - \Delta\vartheta_{as}$; weißes Dach ($\varepsilon = 0{,}9$; $a_s = 0{,}5$): $\Delta\vartheta_{äq2} = \Delta\vartheta_{äq} - 2 \cdot \Delta\vartheta_{as}$.
Tab. 7.21 zeigt von den 6 Bauartklassen lediglich für die Klasse 3 (als Auswahl) die **Korrekturwerte $\Delta\vartheta_{as}$**.

Tab. 7.21 Korrekturwerte $\Delta\vartheta_{as}$ der äquivalenten Temperaturdifferenzen bei Veränderung des Absorptionsgrades Δ_{as} für Wände

	Himmelsr.	Wahre Ortszeit in h 2	4	6	7	8	9	10	11	12	13	14	15	16	17	18	19	20	22	24
BAUARTKLASSE 3	NO	0,2	0,0	0,7	1,6	2,5	3,3	3,5	3,3	2,9	2,5	2,3	2,1	2,0	1,7	1,5	1,3	1,1	0,6	0,3
	O	0,2	0,0	0,7	1,7	3,1	4,4	5,3	5,6	5,2	4,6	3,9	3,2	2,8	2,4	2,0	1,7	1,3	0,7	0,4
	SO	0,2	0,0	0,4	1,1	2,0	3,2	4,4	5,3	5,7	5,6	5,1	4,4	3,7	3,0	2,5	2,0	1,6	0,9	0,5
	S	0,4	0,2	0,1	0,2	0,5	1,0	1,7	2,6	3,6	4,4	5,0	5,2	4,9	4,4	3,7	2,9	2,3	1,3	0,7
	SW	0,8	0,4	0,3	0,3	0,4	0,6	0,7	1,1	1,6	2,5	3,5	4,6	5,4	5,9	5,8	5,2	4,3	2,5	1,4
	W	1,0	0,5	0,3	0,4	0,5	0,6	0,7	0,9	1,1	1,4	2,0	3,0	4,1	5,2	5,8	5,7	5,0	3,0	1,8
	NW	0,7	0,3	0,3	0,4	0,4	0,6	0,7	0,9	1,1	1,2	1,3	1,6	2,2	2,9	3,6	3,9	3,6	2,2	1,2
	N	0,3	0,1	0,4	0,6	0,9	1,0	1,1	1,2	1,2	1,4	1,4	1,4	1,4	1,4	1,4	1,4	1,4	0,9	0,4
	diffus	0,2	0,1	0,2	0,3	0,5	0,7	0,9	1,0	1,2	1,3	1,3	1,4	1,4	1,4	1,3	1,2	1,0	0,6	0,3
	horizontal	0,4	0,2	0,0	0,1	0,4	1,1	2,1	3,4	4,6	5,7	6,4	6,7	6,4	5,7	4,7	3,7	2,7	1,5	0,9

7.3.3 Kühllast durch Fenster – Sonnenschutz

Während man früher eine Fensterfläche von 15 bis 20 % der Außenfläche noch als ausreichend betrachtete, haben sich seit den 60er und 70er Jahren die Glasflächen immer mehr vergrößert und teilweise bis fast zur völligen Auflösung der Außenfläche in Glas geführt. Das lichttechnisch notwendige Maß wird auch heute noch vielfach erheblich überschritten und macht somit den Raum thermisch empfindlicher gegenüber den Umwelteinflüssen. Zugunsten von mehr Tageslicht, Ausblick, Verbundensein mit der Außenwelt, Ästhetik opfern viele Architekten und Bauherren physiologisch und wirtschaftlich günstigere Lösungen.
Vielfach verhält sich der prozentuale Fensteranteil 25 % : 50 % : 75 % zur Kühlleistung etwa 1 : 1,5 : 2 und hat somit wesentlichen Anteil an den Energie- und Investitionskosten. Auch im Winter hat ein „Glasfassadenbaustil" Konsequenzen auf Raumklima, Energiebedarf, Investitionskosten und Betriebsweise der Anlage, und dies nicht nur negativ.
Für die Klimatisierung im Sommer bedeutet die durch die Fenster eindringende Sonnenenergie eine sofortige starke Erhöhung der Raumlufttemperatur, d. h., im Gegensatz zum Wärmestrom durch Außenwände tritt hier der Wärmestrom praktisch ohne Verzögerung in das Rauminnere. Daraus folgt, daß entsprechende Bauweisen, Materialien, spezielle Gläser, Sonnenschutzmaßnahmen, Beleuchtungssysteme optimal zum Einsatz kommen müssen.
Die Kühllastberechnung bei Fenstern setzt sich zusammen aus der Last infolge Transmission $\dot{Q}_T$ und infolge Wärmestrahlung $\dot{Q}_s$ (Sonnenstrahlung).

7.3.3.1 Transmissionswärme durch Fenster $\dot{Q}_T$

Die Berechnung dieses Wärmestroms erfolgt nach der Gleichung des Wärmedurchgangs $\dot{Q} = A \cdot k_F \cdot (\vartheta_i - \vartheta_a)$, entsprechend der Wärmebedarfsberechnung (Heizlast) nach DIN 4701. Für A wird das Maueröffnungsmaß eingesetzt, den Wärmedurchgangskoeffizient k_F entnimmt man aus der DIN 4108 bzw. Herstellerunterlagen (z. T. $< 1{,}5$ W/(m² · K), ϑ_a ergibt sich aus Tab. 7.12, wobei die Uhrzeit einzusetzen ist, bei der nach Tab. 7.14 die maximale Gesamtstrahlung durch die Sonne bei der jeweiligen Himmelsrichtung angegeben wird.

Soll bei einem Doppelfenster – je nach Jahreszeit oder Kühllastanfall – durch unten angeordnete Schlitze oder Klappen eine natürliche Durchlüftung von außen nach innen ermöglicht werden, könnte man von einem ***k*-Wert-veränderlichen Fenster** sprechen. Zwischen den Scheiben befindliche Jalousien müßten – des geringeren Druckverlustes wegen – senkrechte Lamellen haben.

Beispiel 12
An einer Südwestwand befinden sich 8 Holzfenster mit Isolierverglasung, 10 mm Luftzwischenraum, 1,5 m × 1,8 m, Kühllastzone 3, Raumtemperatur 26 °C, Juli. Wie groß ist die Transmissionswärme dieser Fenster?
Lösung: $A = 8 \cdot 1{,}5 \cdot 1{,}8 = 21{,}6$ m²; $\dot{Q}_{SW(max)}$ (mit 425 W um 15 Uhr) ⇒ $\vartheta_a = 31{,}6$ °C (Tab. 7.12).
$\dot{Q}_T = 21{,}6 \cdot 2{,}2 \cdot (26 - 31{,}6) = \mathbf{-266\ W}$

7.3.3.2 Kühllast infolge Sonneneinstrahlung durch Fenster – Sonnenschutzmaßnahmen

Von der auf ein Fenster anfallenden Strahlungswärme durch die Sonne darf nur ein geringer Anteil als Kühllast im Raum wirksam werden. Ob es um 80 %, 50 %, 20 % oder sogar noch weniger sind, hängt von folgenden **Einflußgrößen** ab:

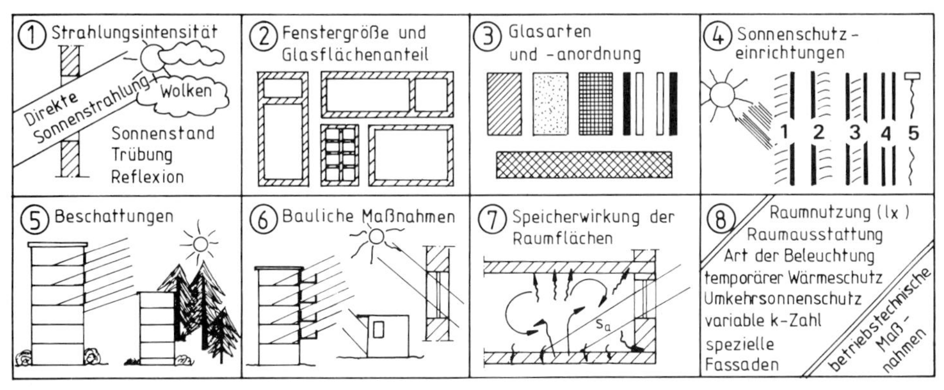

Abb. 7.24 Einflußgrößen auf Sonnenwärme durch Fenster

(Zu 1) Strahlungsintensität der Sonne

Wie im Kap. 7.3.1 erläutert, unterscheidet man zwischen der Gesamtstrahlung und der Diffusstrahlung. Beide können in Abhängigkeit von Himmelsrichtung und Uhrzeit aus Tab. 7.14 entnommen werden. Für die Berechnung legt man die Monatsmaxima nach Tab. 7.15 zugrunde. Die Schwächung der Intensität wird durch den Trübungsfaktor gekennzeichnet (Tab. 7.13).
Etwa 5 % der Sonnenstrahlung liegt im ultravioletten Bereich, etwa 45 % im sichtbaren Bereich (Lichtbereich) und etwa 50 % im Infrarotbereich. Durch geeignete Gläser möchte man zwar die Intensität im Lichtbereich gleichmäßig beibehalten, jedoch die Gesamtenergie bzw. die Durchlässigkeit im Infrarotbereich einschränken.
Wie aus Abb. 7.25 ersichtlich, wird nur ein Teil der Sonnenstrahlung im Raum wirksam, teils als Strahlung, teils als Konvektion. Bei den Tabellenwerten 7.14 und 7.15 wurde dies berücksichtigt und zweifach verglaste Flächen zugrunde gelegt. Die in den Raum eindringende Strahlungsenergie erwärmt Fußboden, Wände, Decke, Möbel usw., die wiederum ihre Wärmestrahlung an die Umgebung abgeben. Diese nun langwelligen Wärmestrahlen, aufgrund

der geringen Oberflächentemperatur, werden jedoch nicht mehr vom Fenster durchgelassen, verbleiben im Raum und erhöhen somit die Raumlufttemperatur („Wärmefalle"-Wirkung).

(Zu 2) **Einfluß der Fensterkonstruktion und Fenstergröße**
Aus den Bauplänen gehen nur die Maße der Maueröffnung hervor. Wieviel Prozent davon aus Glas besteht, kann erst anhand der Fenstergröße, Flügelanzahl, Längs- und Querholz, Rahmenmaß genauer angegeben werden. So ist es keine Seltenheit, daß manche Fenster üblicher Größe weniger als 70 % Glasfläche haben. Wenn bei der Planung die Fensterkonstruktion noch nicht bekannt ist, kann der Glasflächenanteil anhand Tab. 7.22 **abgeschätzt** werden.

Tab. 7.22 Überschlagswerte g_V für den Glasflächenanteil

Fensterbauart	Innere Laibung der Maueröffnung in m² (AM)										Abschläge
	0,5	1,0	1,5	2,0	2,5	3,0	4,0	5,0	6,0	8,0	
Holzfenster, einfach oder doppelt verglast, Verbundfenster	0,47	0,58	0,63	0,67	0,69	0,71	0,72	0,73	0,74	0,75	für Fenster mit Kämpfer oder
Holzdoppelfenster	0,36	0,48	0,55	0,60	0,62	0,65	0,68	0,69	0,70	0,71	senkrechtem Mittelstück
Stahlfenster	0,56	0,77	0,83	0,86	0,87	0,88	0,90	0,90	0,90	0,90	- 0,05
Schaufenster, Oberlichter	0,90										mit Sprossen
Balkon mit Glasfüllung	0,50										- 0,03

Aus Tab. 7.22 geht hervor, daß der **Glasflächenanteil um so größer wird, je größer die innere Laibung der Maueröffnung ist.** Bei sehr großen Schaufenstern kann annähernd das Maueröffnungsmaß eingesetzt werden. Bei Kämpfern (Querstücken), senkrechten Mittelstücken oder Sprossen sind Korrekturen vorzunehmen.

Beispiel 13
Nach Tab. 7.14 und 7.22 soll für ein Sprossenfenster auf der SW-Fassade der maximale Wärmestrom ermittelt werden. Das Fenster (ohne jegliche Sonnenschutzmaßnahme) hat ein Maueröffnungsmaß nach Bauplan von 1,3 m x 2 m.
Lösung: q nach Tab. 7.14 ⇒ 481 W (15 Uhr). $\dot{Q} = A \cdot g_V \cdot q = 1{,}3 \cdot 2 \cdot (0{,}69 - 0{,}03) \cdot 481 =$ **825 W.**

(Zu 3) **Fensterverglasung - Glasarten**
Die auf das Fenster auftreffende Sonnenstrahlen werden je nach Beschaffenheit des Glases mehr oder weniger durchgelassen, absorbiert und reflektiert. Wie aus Abb. 7.25 hervorgeht, wird die vom Glas aufgenommene Wärme konvektiv nach innen oder außen abgegeben. Obwohl in der Regel das übliche Tafelglas zur Anwendung kommt, muß man bei klimatisierten Gebäuden den Einsatz von Sonnenschutzgläsern in Erwägung ziehen. Hierzu zählen vor allem Reflexionsgläser und Absorptionsgläser.

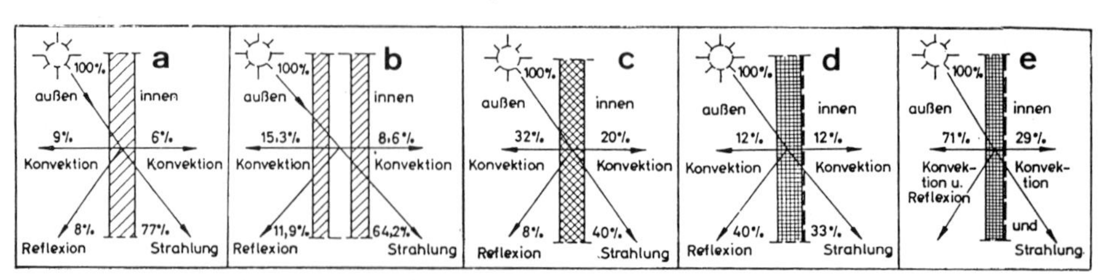

Abb. 7.25 Aufteilung der Strahlungsintensität der Sonne (Anhaltswerte),
a) Einfachverglasung (Normalglas), b) Zweifachverglasung (Thermopane), c) Wärmeabsorbierglas, d) Reflexionsglas (metallbedampft), e) desgl. mit Goldbelag

Wieviel Prozent der Sonnenenergie von der Glasscheibe zurückgehalten bzw. wieviel im Raum als Kühllast wirksam werden, geht aus Tab. 7.23 hervor. **Absorptionsgläser** erhält man durch Einschmelzen von Eisen-, Nickel- oder Kupferoxid. Durch die Färbung, daher auch als Buntglas bezeichnet, wird die Farbwiedergabe im Rauminnern etwas verfälscht. Die Anwendung ist daher selten. Da sich das Glas stark aufheizen kann (50 . . . 60 °C und höher), muß es bei der Doppelverglasung außen angeordnet werden, wo es leichter die absorbierte Wärme an die Außenluft wieder abgeben kann.

Reflexionsgläser erhält man dadurch, daß man auf das Glas eine dünne Metallschicht aufdampft (z. B. Nickel, Kobalt, Gold). So werden bei einem Edelmetallbelag (z. B. Gold) nur noch 45 % der auftreffenden Sonnenenergie im Raum als Kühllast wirksam, und dies ohne wesentlichen Einfluß auf die Ausleuchtung des Raumes. Eine zusätzliche Innenjalousie ändert diesen Prozentsatz praktisch nicht.

Tab. 7.23 Mittlere Durchlaßfaktoren der Sonnenstrahlung bei Gläsern (VDI 2078)

<table>
<tr><th colspan="3">Tafelglas</th><th>b</th><th>Absorbierglas</th><th>b</th><th>Reflexionsglas</th><th>b</th></tr>
<tr><td colspan="3">Einfachverglasung</td><td>1,1</td><td rowspan="2">Einfachverglasung</td><td rowspan="2">0,75</td><td rowspan="2">Einfachverglasung (Metalloxidbelag außen)</td><td rowspan="2">0,65</td></tr>
<tr><td colspan="3">Doppelverglasung</td><td>1,0</td></tr>
<tr><td colspan="3">Dreifachverglasung</td><td>0,9</td><td rowspan="4">Doppelverglasung Absorptionsglas nur außen, Tafelglas innen</td><td rowspan="4">0,65</td><td rowspan="7">Doppelverglasung, Reflexionsschicht meist auf der Innenseite der Außenscheibe:
Belag aus Metalloxid
Belag aus Edelmetall</td><td rowspan="7">0,55
0,45</td></tr>
<tr><td rowspan="6">Glas-bau-steine (100 mm)</td><td colspan="2">glatte Fläche</td><td></td></tr>
<tr><td>mit</td><td rowspan="2">Glasvlies-einlage</td><td>0,65</td></tr>
<tr><td>ohne</td><td>0,45</td></tr>
<tr><td colspan="2">strukturiert</td><td></td><td rowspan="3">vorgehängte Absorptions-Scheibe mit mindestens 5 cm Luftspalt</td><td rowspan="3">0,5</td></tr>
<tr><td>mit</td><td rowspan="2">Glasvlies-einlage</td><td>0,45</td></tr>
<tr><td>ohne</td><td>0,35</td></tr>
</table>

Hinweise zu Tab. 7.23

- Da die Gesamtstrahlung der Sonne in Tab. 7.14 auf eine **Doppelverglasung** bezogen wird (im Gegensatz zur vorherigen Ausgabe der VDI-Richtlinie 2078), kann man die Durchlaßfaktoren nur grob angenähert mit den Prozentangaben nach Abb. 7.25 vergleichen, zumal letztere – je nach Glaszusammensetzung – schwanken können.
- Während beim Tafelglas bei einer Zweifach-Isolierverglasung der **Wärmedurchgang** (Transmissionswärme) bis auf ein Drittel gegenüber einer Einfachverglasung reduziert wird, bietet es hinsichtlich des Wärmestromes durch die Sonnenstrahlung nur eine Reduzierung von etwa 10 %. Von großem Vorteil ist jedoch die wesentlich geringere innere Oberflächentemperatur im Winter.
  Niedrige Wärmedurchgangskoeffizienten führen zwar im Winter zur Energieeinsparung, erhöhen jedoch im Sommer und in der Übergangszeit die „Wärmefalle", d. h., beachtliche innere Wärmelasten können über große Glasflächen nicht mehr so schnell abgeführt werden.
- **Glasbausteine** unterscheiden sich vom Tafelglas dadurch, daß sie viel Sonnenenergie absorbieren und erst nach einigen Stunden die Wärme nach außen und innen wieder abgeben. Während äußere Schattenspender etwa die gleiche Wirkung haben wie auf Tafelglas, sind hier Innenjalousien praktisch wirkungslos.
- Gelegentlich werden auch **spezielle Ausführungen** angeboten, die besonders geprüft werden sollten, wie z. B. lösbare Folien, die auf das Glas geklebt werden; Gläser, die mit zunehmender Strahlungsintensität von selbst verdunkeln, u. a.
- Ein großer **Nachteil von Sonnenschutzgläsern** besteht darin, daß die hocherwünschte Wirkung der passiven Solarwärmedarbietung im Winter und in der Übergangszeit nicht entsprechend ausgenutzt werden kann. Die Tendenz geht daher eindeutig zu besonderen Sonnenschutzeinrichtungen, die ganzjährig energetisch optimal gesteuert werden können.

(Zu 4) **Sonnenschutzeinrichtungen**

Bei großen Fensterflächen mit Tafelglas muß bei der Planung schon von vornherein ein ausreichender Sonnenschutz einbezogen werden. Einen Raum ohne sonnengeschützte Fenster klimatisieren zu wollen ist heute unverantwortlich. Grundsätzlich haben aktive Sonnenschutzmaßnahmen, wie z. B. durch entsprechende Jalousien, folgende **Aufgaben und Anforderungen** zu erfüllen:

1. **Reduzierung der Kühllast** durch Sonneneinfluß und somit geringere Anschaffungskosten (Klima- und Kältezentrale, Kanalnetz) und Vermeidung von unverantwortlich hohen Energiekosten (vor allem Stromkosten).
2. **Verbesserung der raumklimatechnischen Bedingungen** durch geringere Zuluft-Volumenströme und Raumluftgeschwindigkeiten, bessere Luftführung durch geringere Untertemperaturen, geringere Strahlungsbelastungen, Schutz vor „Treibhauseffekt".
3. **Optimale Lichtdurchlässigkeit** und eine angenehme Lichtdämpfung durch eine stufenlose Lamellenstellung; Blendschutz; Vermeidung von Zerstörungen und „Aufheizung" von Einrichtungen und Raumflächen.
4. **Wärmeschutz im Winter,** wobei hier ein temporärer Wärmeschutz vor allem bei Nacht wirksam ist. Muß sowohl im Winter als auch im Sommer ein Sonnen- und Wärmeschutz

vorgesehen werden, wäre ein sog. **Umkehrsonnenschutz** ideal, wie z. B. eine doppelte Jalousie (innen und außen) oder eine Jalousie zwischen den Scheiben mit unterschiedlichen Oberflächen. Die eine Seite müßte reflektierend ausgeführt sein (Sonnenstrahlen werden nach außen zurückgeworfen), die andere Seite absorbierend, an der die absorbierten kurzwelligen Sonnenstrahlen zur Aufheizung der Jalousie führen, was zu einer sekundären Wärmestrahlung zum Rauminnern führt.

Weitere Forderungen und Kriterien an eine Sonnenschutzeinrichtung sind neben den raumklimatischen Bedingungen eine architektonische Anpassung an die Fassade, eine hohe Betriebssicherheit, eine einfache stufenlose Regulierung und Anpassung, eine problemlose Reinigungsmöglichkeit und Wartung, eine stabile Konstruktion und lange Amortisationszeiten.

Wie bei den Gläsern, so gibt es auch **Durchlaßfaktoren** der Sonnenstrahlung bei Sonnenschutzeinrichtungen (Tab. 7.24). Falls eine Kombination von mehreren Sonnenschutzanordnungen vorliegt, wird diese näherungsweise durch eine Produktbildung $b_1 \cdot b_2 \cdot b_3 \cdots$ erfaßt.

Tab. 7.24 Mittlere Durchlaßfaktoren der Sonnenstrahlung bei Sonnenschutzeinrichtungen

Außen		b	**Innen**	b
Jalousie, 45° Öffnungswinkel		0,15	Jalousie, 45° Öffnungswinkel	0,7
Stoffmarkise, oben und seitlich	ventiliert	0,3	Vorhänge hell, Gewebe aus Baumwolle, Nessel, Chemiefaser	0,5
	anliegend	0,4		
Zwischen den Scheiben			Folien aus Kunststoff:	
Jalousie, 45° Öffnungswinkel mit unbelüftetem Zwischenraum		0,5	absorbierende Wirkung	0,7
			metallisch reflektierende Wirkung	0,5

Hinweise zu Tab. 7.24 und weitere Ergänzungen zu Sonnenschutzvorrichtungen:

- Bei den **Durchlaßfaktoren** kann es sich nur um Mittelwerte handeln. Oft werden von Herstellern *b*-Werte angegeben, die einen wesentlich besseren Sonnenschutz garantieren (Prüfzeugnis verlangen). Die vorstehenden Anforderungen und Auswahlkriterien müssen auf das jeweilige Objekt (z. B. Lage, Raumnutzung) bezogen werden.
- Grundsätzlich führt jede Sonnenschutzeinrichtung zu einer **Erhöhung der Kühllast durch die Beleuchtung.** So soll die Einsparung von äußerer Kühllast nicht mit einer zu hohen inneren Last durch Lampenwärme erkauft werden. Wie bereits erwähnt, wird jedoch der Sonnenschutz nicht nur zur Kühllastreduzierung gewählt, und andererseits kann durch eine entsprechende Beleuchtung die innere Kühllast stark reduziert werden (Kap. 7.2.2).
- Neben dem Reflexionsvermögen ist bei Jalousien vor allem der **Öffnungswinkel** entscheidend. Es muß z. B. die Lamellenstellung so erfolgen, daß nicht ein Teil der auftreffenden Strahlung durch mehrmalige Brechung doch noch ins Rauminnere gelangen kann. Ein Winkel von 45 ° wurde zugrunde gelegt.

A) Sonnenschutz innen

- Beim inneren Sonnenschutz dringen – je nachdem, ob Jalousie oder Vorhang – noch **50 bis 70 %** der auftreffenden Sonnenenergie ins Rauminnere. Neben dieser Einsparung durch Kühllastreduzierung müssen Anschaffungs-, Instandsetzungs- und Reinigungskosten beachtet werden. Diese sind in der Regel wesentlich günstiger als bei Außenjalousien.
- Das **Reflexionsvermögen** der Jalousie hängt vor allem vom Material, von der Farbe und vom Verschmutzungsgrad ab. Innen sind kunststoffbeschichtete Gewebe besser als Metalljalousien, da sie sich nicht so stark aufheizen. Bei Innenjalousien soll ein wärme- und strahlungsdurchlässiges Fensterglas verwendet werden, damit möglichst viel reflektierte Sonnenstrahlung wieder nach außen zurückgeworfen werden kann. So kann z. B. ein Absorbierglas etwa 50 % der von der Jalousie reflektierten Energie wieder aufnehmen.

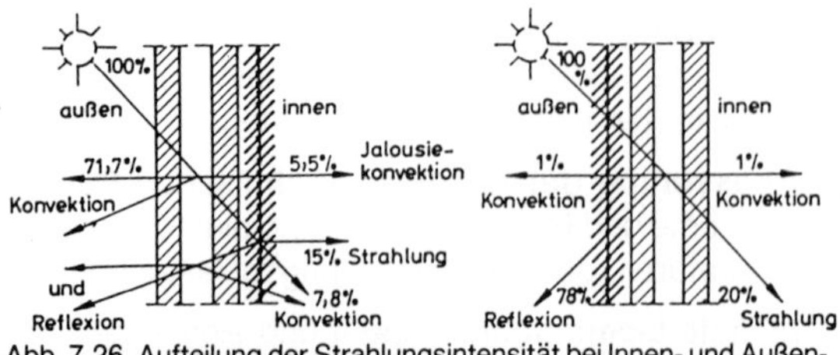

Abb. 7.26 Aufteilung der Strahlungsintensität bei Innen- und Außenjalousie

- **Vorhänge** gewähren zwar einen guten Schutz gegen Sonnenstrahlung, reduzieren jedoch sehr stark die Beleuchtungsstärke. Bei dunklen Vorhängen sind die *b*-Werte um 0,2 zu erhöhen (vgl. Beispiel 14). Nesselvorhänge sind zwar preislich günstig, sind aber in ästhetischer Hinsicht wenig befriedigend.
- Bei **Jalousien zwischen den Scheiben** liegt der Durchlaßfaktor etwa zwischen der Innen- und der Außenjalousie. Die Nachteile beider können dadurch vermindert werden. Auf die Möglichkeit des Umkehrsonnenschutzes wurde bereits hingewiesen.

B) Sonnenschutz außen

- Im Gegensatz zum inneren Sonnenschutz können nach Tab. 7.24 etwa **60 bis 85 % der Sonnenwärme zurückgehalten** werden, so daß hier besonders die Einsparung von Kältekosten deutlich wird. Die Einsparung ist besonders drastisch in der Zeit, in der der Raum nicht belegt und somit die Beleuchtung nicht benötigt wird, außerdem bei Klimaanlagen mit Abluftleuchten (Tab. 7.5).
- Um die **Forderungen während des ganzen Jahres erfüllen** zu können (Sonnenschutz, Blendschutz, Wärmeschutz, Ausnutzung der Solarwärme im Winter und in der Übergangszeit, optimale Lichtdurchlässigkeit, Witterungsbeständigkeit, Windbelastbarkeit usw.), wurden schon seit längerer Zeit **bewegliche Sonnenschutzeinrichtungen** entwickelt. Diese können zentral mit digitaler Sonnenschutzelektronik gesteuert werden, u. U. auch aus dem Sichtbereich des Fensters entfernt (Raffbarkeit).
- **Wartungs- und Reparaturkosten** sind oft 50 % und Reinigungskosten bis 100 % höher anzusetzen als bei Innenjalousien. Abschreibungszeiten von Außenjalousien werden durchschnittlich mit etwa 15 Jahren angegeben.
- Bei den **Stoffmarkisen** muß zur Einhaltung der angegebenen Durchlaßfaktoren vorausgesetzt werden, daß die Glasfläche durch die Markise immer vollständig beschattet wird.

Beispiel 14
Ein 10 m² großes Einfachfenster (Schaufenster) wird durch ein Reflexionsglas, Doppelverglasung mit einem Metalloxidbelag, ersetzt. Außerdem wird innen ein dunkler Vorhang vorgezogen. Die ermittelte Sonnenenergie für ein ungeschütztes Doppelfenster wird unter Berücksichtigung von Himmelsrichtung, Fensterkonstruktion, Beschattung mit $\dot{Q}'$ = 300 W/m² angegeben.
Wie groß ist durch diese Maßnahme die Einsparung an Kühllast in Watt und Prozent, und um wieviel Prozentpunkte ist die Einsparung größer, wenn helle Vorhänge verwendet werden?
Lösung: b_1 (Einfachglas), b_2 (Reflexionsglas), b_3 (Vorhang); $\dot{Q}_{vorher} = \dot{Q}' \cdot A \cdot b_1 = 300 \cdot 10 \cdot 1{,}1 = 3\,300$ W; $\dot{Q}_{nachher} = \dot{Q} \cdot A \cdot b_2 \cdot (b_3 + 0{,}2) = 3\,000 \cdot 0{,}55 \cdot (0{,}5 + 0{,}2) = 1\,155$ W; Einsparung **2 145 W ≙ 65 %; bei hellem Vorhang: 2 475 W** ≙ 75 % d. h. **10 % mehr.**

(Zu 5 und 6) **Beschattungen und bauliche Maßnahmen**

Eine Beschattung des Gebäudes, insbesondere der Fenster, kann zu beachtlichen Kühllastreduzierungen führen. Als „Schattenspender" kommen gegenüberliegende Gebäude, Bäume, Berge, Vordächer, Balkone, Kragplatten, zurückgesetzte Fenster bei dickem Mauerwerk u. a. in Betracht. Bei manchen Gebäuden werden vor allem die unteren Stockwerke stark beschattet. Ebenso können Fenster mit darüberbefindlichen Balkonen oder freiliegenden Terrassen oft mehr diffuse als direkte Sonnenstrahlung erhalten und dadurch auch einen geringen Lichteinfall, mehr Beleuchtungswärme an trüben Tagen und wenig Solarenergie in der Übergangszeit. Planungen von festen Sonnenschutzblenden sollten aus diesem Grund vermieden werden, denn die Kühllasteinsparung kann u. U. über das Jahr gerechnet doch sehr teuer werden. Die Berechnung der Beschattung kann graphisch durch die Gesetzmäßig-

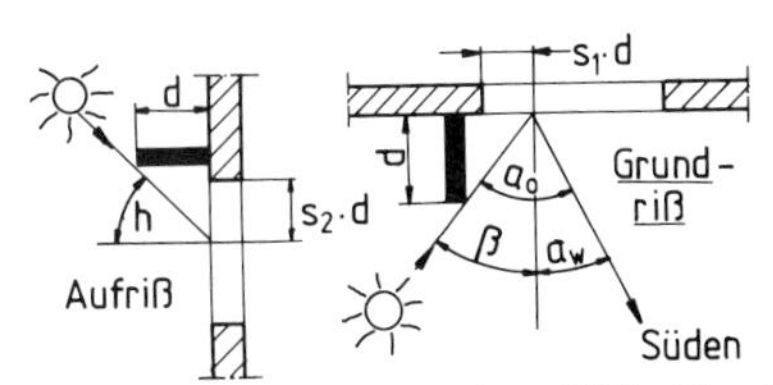

$s_1 \cdot d$ Beschattungslänge für seitliche Blende
$s_2 \cdot d$ Beschattungslänge für obere Blende

Abb. 7.27 Beschattung von Fenstern durch Blenden oder Mauervorsprünge

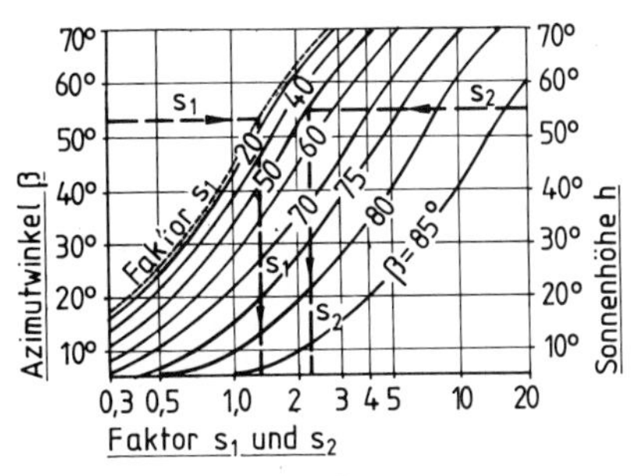

Abb. 7.28 Beschattungsdiagramm

keiten der Parallelprojektion oder durch spezielle Programme mit Computer erfolgen. Beschattungslängen bei Mauervorsprüngen, Balkonen oder Blenden können auch anhand von Beschattungsdiagrammen ermittelt werden (vgl. Abb. 7.27).

Beispiel 15

Von dem über und neben dem Fenster angeordneten Vorsprung nach Abb. 7.27 soll die Beschattungslänge bestimmt werden. Südseite senkrecht zur Wand.

- d Vorsprung der Sonnenblende oder des Mauervorsprungs in m
- h Sonnenhöhe in ° (Grad) in Abhängigkeit der Sonnenzeit (aus astronomischer Tabelle entnommen)
- a_0 Sonnenazimut in ° (Grad), ebenfalls aus astronomischer Tabelle entnommen
- a_W Wandazimut = Winkel zwischen Süden und Wand- bzw. Fenstersenkrechten (Himmelsrichtung der Wandnormalen)
- β Azimutwinkel, der durch a_0 und a_W ermittelt wird: $\beta = a_0 \pm a_W$. Anhand dessen werden in Abb. 7.28 die Beschattungsfaktoren s_1 und s_2 ermittelt.
- s_1 Beschattungsfaktor für die seitlich angeordnete Blende (in Abb. 7.28 ausgehend von β). $s_1 \cdot d$ ist die Beschattungslänge.
- s_2 Beschattungsfaktor für die oben angeordnete Blende (in Abb. 7.28 von h ausgehend). $s_2 \cdot d$ ist die Beschattungslänge.

Lösung: a_0 = 52 °, h = 55 ° (aus Tabellen entnommen); a_W = 0 °; β = 52 − 0 = 52 °; s_1 = 1,3, s_2 = 2,4 (aus Abb. 7.28), $s_1 \cdot$ d = **0,26 m;** $s_2 \cdot d$ = **0,48 m.**

(Zu 7) **Speicherwirkung der Raumflächen**

Wie schon aus den vorangegangenen Teilkapiteln hervorgeht, kann durch das Speichervermögen der Raumumfassungsflächen die Kühllastspitze der Anlage mitunter erheblich vermindert werden.

So kann z. B. der Wärmestrom durch ein Flachdach erst dann im Raum wirksam werden, wenn über die Fenster bei geringeren Außentemperaturen bereits wieder ein „Kältegewinn" vorliegt. Ebenso ist durch die Speicherung der maximale Wärmestrom durch die Außenwand wesentlich später wirksam als der Maximalwert durch das Fenster.

(Zu 8) **Weitere Möglichkeiten zur Kühllastreduzierung**

Hier können entsprechend Abb. 7.24 zahlreiche weitere Maßnahmen erwähnt werden. In Zukunft wird man mehr und mehr die Kühllast durch Sonneneinfluß in Zusammenhang mit moderner Beleuchtungstechnik, Bautechnik, Gebäudeleittechnik, Sonnenschutztechnik, Elektronik, Lüftungstechnik, Umwelttechnik (Nutzung der Solarenergie) sehen müssen. Zahlreiche laufende Forschungsvorhaben mit dynamischen Rechenprogrammen werden sicherlich neue Erkenntnisse bringen.

7.3.3.3 Kühllastberechnungen infolge Sonnenstrahlung durch Fenster

Mit nachfolgenden Beispielen soll zusammenfassend und ergänzend vor allem die Strahlungswärme durch Fenster behandelt werden. Dabei ist zwischen Direkt- und Diffusstrahlung zu unterscheiden, und die äußeren Speicherfaktoren s_a sind einzubeziehen.

Die **Berechnung infolge Strahlung** ($\dot{Q}_s$) geschieht nach folgender Gleichung:

$$\dot{Q}_s = [A_1 \cdot I_{max} + (A - A_1) \cdot I_{diff.max}] \cdot b \cdot s_a \quad \text{Watt}$$

- A_1 **Besonnte Glasfläche,** wobei nur der Glasflächenanteil unter Berücksichtigung von Tab. 7.22 eingesetzt werden darf. Sind Jalousien vorhanden, ist A_1 der Anteil der besonnten Jalousie. Bei wanderndem Schatten ist die besonnte Fläche zum Zeitpunkt der maximalen Gesamtstrahlung zu nehmen.
- A **Gesamte Glasflächen** des Raumes, sowohl die angestrahlte als auch die im Schatten liegenden Fenster. A weicht von A_1 stark ab, wenn gegenüberliegende Fenster vorliegen oder einzelne Fenster stark beschattet werden. Falls alle Glasflächen voll der Sonne ausgesetzt sind, ist $A = A_1$. Dies bedeutet, daß der zweite Summand, d. h. die diffuse Strahlung, Null ist ($A - A_1 = 0$).
- I_{max} **Maximalwert der Gesamtstrahlung** für den Auslegungsmonat. In Abhängigkeit von Himmelsrichtung und Jahreszeit werden die Werte aus Tab. 7.15 entnommen. Falls der Wert für eine bestimmte Uhrzeit verlangt wird, kann Tab. 7.14 verwendet werden.
- $I_{diff,max}$ **Maximalwert für Diffusstrahlung** für den Auslegungsmonat. Hier können aus Tab. 7.15 die Werte für die Nordseite entnommen werden. In Tab. 7.14 sind wieder die Werte in Abhängigkeit von der Uhrzeit genauer angegeben.

b	**Durchlaßfaktoren** bei Sonnenstrahlung, die Werte können aus Tab. 7.23 und 7.24 entnommen werden.
s_a	Kühllastfaktor für äußere Strahlungslasten. In der VDI-Richtlinie 2078 werden die Werte für s_a in Abhängigkeit von Raumtyp, Himmelsrichtung, Ortszeit und Sonnenschutzanordnung angegeben (vgl. Tab. 7.25). Ist $A_1/A \leq 0{,}1$, so ist s_a für die Nordrichtung einzusetzen.

Tab. 7.25 Tagesgang der äußeren Kühllastfaktoren s_a hinter 2-fach-Verglasung für Raumtyp L, Auslegungsmonat Juli, Trübungsfaktor T′ (klare Atmosphäre)

Himmelsr.	Sonnenschutz	Wahre Ortszeit in h *)																							
		1	2	3	4	5	6	7	8	9	10	11	12	13	14	15	16	17	18	19	20	21	22	23	24
normal	außen/ohne	0,19	0,17	0,15	0,14	0,22	0,35	0,47	0,56	0,64	0,70	0,74	0,78	0,80	0,82	0,82	0,80	0,75	0,65	0,50	0,37	0,32	0,28	0,24	0,21
	innen	0,10	0,09	0,08	0,07	0,22	0,43	0,59	0,70	0,78	0,83	0,86	0,88	0,89	0,89	0,87	0,83	0,74	0,59	0,37	0,19	0,17	0,15	0,13	0,11
horiz.	außen/ohne	0,13	0,11	0,10	0,09	0,10	0,13	0,21	0,32	0,43	0,54	0,63	0,69	0,71	0,70	0,65	0,57	0,47	0,37	0,30	0,24	0,21	0,19	0,16	0,14
	innen	0,07	0,06	0,05	0,05	0,07	0,13	0,25	0,41	0,57	0,70	0,79	0,84	0,83	0,78	0,68	0,54	0,39	0,26	0,17	0,13	0,11	0,10	0,09	0,08
NO	außen/ohne	0,07	0,06	0,06	0,05	0,22	0,45	0,57	0,55	0,44	0,35	0,33	0,32	0,30	0,29	0,27	0,25	0,22	0,20	0,16	0,13	0,11	0,10	0,09	0,08
	innen	0,04	0,03	0,03	0,03	0,32	0,65	0,77	0,68	0,46	0,31	0,30	0,29	0,28	0,26	0,24	0,22	0,19	0,15	0,11	0,07	0,06	0,05	0,05	0,04
O	außen/ohne	0,07	0,06	0,06	0,05	0,16	0,36	0,51	0,60	0,61	0,54	0,42	0,34	0,31	0,28	0,26	0,23	0,21	0,18	0,15	0,12	0,11	0,10	0,08	0,08
	innen	0,04	0,03	0,03	0,03	0,22	0,51	0,71	0,79	0,75	0,59	0,38	0,27	0,24	0,22	0,20	0,18	0,15	0,13	0,09	0,06	0,06	0,05	0,04	0,04
SO	außen/ohne	0,08	0,07	0,07	0,06	0,10	0,22	0,38	0,51	0,61	0,65	0,62	0,53	0,41	0,35	0,31	0,28	0,25	0,22	0,18	0,15	0,13	0,11	0,10	0,09
	innen	0,04	0,04	0,04	0,03	0,11	0,30	0,52	0,70	0,80	0,80	0,71	0,54	0,35	0,28	0,24	0,21	0,18	0,15	0,11	0,08	0,07	0,06	0,05	0,05
S	außen/ohne	0,10	0,09	0,08	0,07	0,08	0,11	0,13	0,18	0,29	0,43	0,56	0,64	0,66	0,61	0,51	0,40	0,34	0,29	0,24	0,19	0,17	0,15	0,13	0,11
	innen	0,05	0,05	0,04	0,04	0,07	0,10	0,14	0,22	0,38	0,58	0,73	0,81	0,79	0,67	0,50	0,33	0,25	0,20	0,15	0,10	0,09	0,08	0,07	0,06
SW	außen/ohne	0,13	0,11	0,10	0,09	0,10	0,11	0,12	0,13	0,15	0,16	0,21	0,33	0,48	0,59	0,66	0,66	0,59	0,47	0,34	0,26	0,22	0,19	0,17	0,14
	innen	0,07	0,06	0,05	0,05	0,07	0,09	0,11	0,13	0,15	0,18	0,25	0,43	0,63	0,77	0,82	0,77	0,63	0,43	0,23	0,13	0,12	0,10	0,09	0,08
W	außen/ohne	0,13	0,11	0,10	0,09	0,09	0,10	0,11	0,12	0,13	0,15	0,16	0,17	0,24	0,38	0,53	0,62	0,64	0,57	0,41	0,27	0,22	0,19	0,17	0,15
	innen	0,07	0,06	0,05	0,05	0,06	0,09	0,11	0,12	0,14	0,15	0,16	0,18	0,29	0,51	0,70	0,80	0,78	0,62	0,35	0,14	0,12	0,10	0,09	0,08
NW	außen/ohne	0,13	0,11	0,10	0,09	0,10	0,12	0,14	0,15	0,17	0,19	0,20	0,21	0,22	0,24	0,33	0,50	0,62	0,62	0,46	0,26	0,22	0,19	0,17	0,14
	innen	0,07	0,06	0,05	0,05	0,08	0,11	0,14	0,17	0,19	0,21	0,22	0,24	0,24	0,25	0,40	0,65	0,80	0,74	0,44	0,14	0,12	0,10	0,09	0,08
N	außen/ohne	0,22	0,19	0,17	0,15	0,43	0,55	0,56	0,58	0,65	0,71	0,77	0,80	0,82	0,82	0,80	0,77	0,78	0,79	0,73	0,43	0,36	0,32	0,28	0,24
	innen	0,11	0,10	0,09	0,08	0,55	0,69	0,60	0,68	0,75	0,82	0,87	0,89	0,90	0,88	0,83	0,77	0,71	0,82	0,71	0,23	0,19	0,17	0,15	0,13

*) Sommerzeit 1 Std. später

Hinweise zu Tab. 7.25 und folgenden Aufgaben:

1. Diese s_a-Tabelle stellt **nur eine Auswahl** dar (Raumtyp L). Die Kühllastfaktoren berücksichtigen den Speichereinfluß des Raumes auf äußere Strahlungsbelastungen. So ist z. B. die Strahlungsbelastung bei äußerem Sonnenschutz geringer als bei innerem, dadurch auch s_a und somit $\dot{Q}_S$. Der Kühllastfaktor $s_{a(max)}$ tritt zu ganz unterschiedlichen Zeiten auf, so z. B. um 9.00 Uhr bei Ost oder um 17.00 Uhr bei West.

2. Wenn sich die einzelnen Kühllastanteile zeitlich sehr verändern, ist es etwas schwierig, den Zeitpunkt festzustellen, bei dem die höchste Kühllast anfällt. Der **Zeitpunkt des voraussichtlichen Maximums muß man zunächst schätzen.**

3. **Bei Räumen mit größeren Fensterflächen und einer Außenwand** liegt die maximale Kühllast sehr nah am Höchstwert der Sonnenstrahlung I_{max}.

4. Bei **mehreren Wänden mit Fensterflächen** und unterschiedlicher Himmelsrichtung muß die Berechnung in der Regel für zwei oder mehrere Zeitpunkte durchgeführt werden. Entweder geht man von I_{max} aus und erreicht die Uhrzeit für s_a und ϑ_a ($\dot{Q}_T$-Berechnung), oder man geht von s_a aus (höchster Wert) und bestimmt mit der dort angegebenen Uhrzeit I_{max}. Der größere Wert (nach obiger Gleichung berechnet) geht in die Raumkühllast ein.
   Trotz unterschiedlichen Zeiten und maximalen s_a-Werten können die I_{max}-Werte nahe beieinander liegen; z. B. $s_{a(max)} = 0{,}66$ beim „Südfenster" um 13.00 Uhr und 0,57 beim „NO-Fenster" um 7.00 Uhr.

5. Die **Transmissionswärme** $\dot{Q}_T$ kann entweder negativ oder positiv sein und muß entsprechend berücksichtigt werden. So kann z. B. I_{max} bzw. $\dot{Q}_S$ an der Ostseite sehr hoch liegen, während $\dot{Q}_T$ negativ ist (geringes ϑ_a) und somit von $\dot{Q}_S$ abgezogen werden muß. Erst die Gesamtwerte $\dot{Q}_{max} = \dot{Q}_S + \dot{Q}_T$ können miteinander verglichen werden, wobei der Anteil $\dot{Q}_T$ von $\dot{Q}_{ges}$ auch stark von der Sonnenschutzeinrichtung abhängig ist.

6. Messungen in Bürogebäuden mit etwa 6 m Raumtiefe, Isolierverglasung, etwa 35 % Glasanteil und äußerem Sonnenschutz ergaben, daß sich bei **unterschiedlichen Himmelsrichtungen** (S, 0, W) kein wesentlicher Unterschied in der Kühllast ergab.

Beispiel 16

Das Schaufenster eines Friseursalons (Kühllastzone 3, Raumtyp L) hat eine Fläche von 8,6 m². Es handelt sich um eine Einfachverglasung mit einer *k*-Zahl von 5 W/(m² · K), die durch eine Markise (seitlich anliegend) vor Sonnenstrahlung völlig geschützt ist. Die Fensterfront befindet sich auf der Südseite.

Berechnen Sie die durch das Fenster anfallende Kühllast (Transmissions- und Strahlungswärme) bei $\vartheta_i = 26$ °C.

Lösung: Nach Tab. 7.14 ist I_{max} um 12.00 Uhr ⇒ 385 W/m²; nach Tab. 7.12 ist $\vartheta_{a'} = 28{,}8$ °C; s_a nach Tab. 7.25

ist 0,64; g_v nach Tab. 7.22. $\dot{Q}_T = A \cdot k \cdot (\vartheta_a - \vartheta_i) = 8{,}6 \cdot 5 \cdot (28{,}8 - 26) =$ **120 W**; $\dot{Q}_S = A \cdot g_v \cdot I_{max} \cdot b_1 \cdot b_2 \cdot s_a$ $= 8{,}6 \cdot 0{,}9 \cdot 385 \cdot 1{,}1 \cdot 0{,}4 \cdot 0{,}64 =$ **839 W**; $\dot{Q}_{ges} =$ **959 W** (ohne Sonnenschutz 2098 W!)
Überprüfung, ob $\dot{Q}_S$ bei $s_{a(max)}$ nicht größer ist (großer s_a-Wert ⇒ großes $\dot{Q}_S$); $s_{a(max)}$ um 13.00 Uhr (0,66 nach Tab. 7.25) ⇒ $I_{max} = 359$ W; $\dot{Q}_S = 807$ W < 893 W.

Beispiel 17
Auf beiden gegenüberliegenden Seiten SO und NW eines Konferenzraumes (ϑ_i = 26 °C) befinden sich jeweils 3 Fenster mit einem Maueröffnungsmaß von 2,8 m. Die Fenster sind doppelt verglast und werden durch eine Außenjalousie gegen Sonnenstrahlung geschützt. Wärmedurchgangszahl 2,2 W/(m² · K); Raumtyp L, Kühllastzone 2; keine zusätzliche Beschattung durch Nachbargebäude.
Weisen Sie durch Rechnung nach, an welcher Seite der größere Kühllastanteil anfällt.
Lösung: Bei SO ist I_{max} = 481 W/m² um 9.00 Uhr (Tab. 7.14) und bei NW 357 W/m² um 17.00 Uhr.
SO: $\dot{Q}_S = [A \cdot I_{max} + (A - A_1) \cdot I_{diff,max}] \cdot b \cdot s_a = [3 \cdot 2{,}8 \cdot 0{,}7 \cdot 481 + 3 \cdot 2{,}8 \cdot 0{,}7 \cdot 74] \cdot 0{,}15 \cdot 0{,}61 =$ 298 W; $\dot{Q}_T = 6 \cdot 2{,}8 \cdot 2{,}2 \cdot (25{,}8 - 26) = -7{,}4$ W; $\dot{Q}_{ges} \approx$ **292 W** (ausgehend von $s_a = 0{,}65$ um 10.00 Uhr ist $\dot{Q}_S = [8{,}4 \cdot 0{,}7 \cdot 466 + 8{,}4 \cdot 0{,}7 \cdot 83] \cdot 0{,}15 \cdot 0{,}65 = 315$ W und $\dot{Q}_T = 56$ W; $\dot{Q}_{ges} = 371$ W > 292 W)
NW: $\dot{Q}_S = [3 \cdot 2{,}8 \cdot 0{,}7 \cdot 357 + 3 \cdot 2{,}8 \cdot 0{,}7 \cdot 51] \cdot 0{,}15 \cdot 0{,}62 = 223$ W; $\dot{Q}_T = 6 \cdot 2{,}8 \cdot 2{,}2 \cdot (30{,}5 - 26) =$ 166 W; $\dot{Q}_{ges} =$ **389 W** (größter Wert); ausgehend von s_a (17.00 Uhr) ergibt etwa dasselbe Ergebnis.

Beispiel 18
Ein 300 m² großer Vortragsraum, ϑ_i = 26 °C; φ_i = 50 %, Kühllastzone 3 hat auf der Südostseite ein 12 m² großes doppelverglastes Fenster, Reflexionsglas mit einem Metalloxidbelag. Der g_v-Wert für den Glasflächenanteil wird mit 0,85 angenommen. Die Kühllastkomponenten durch innere Wärmequellen ($\dot{Q}_P$, $\dot{Q}_B$, $\dot{Q}_M$) betragen 9 kW und der Kühllastanteil durch Außen- und Innenwände 1,6 kW.

a) **Berechnen Sie den maximalen Wärmestrom durch das Fenster (Transmissions- und Strahlungswärme), wenn innen noch eine Jalousie (45 °) vorgesehen wird. k_{Fe} = 2,2 W/(m² · K).**
b) **Wieviel Prozent der inneren Kühllast entstehen durch die Beleuchtungswärme $\dot{Q}_B$? Anschlußleistung 30 W/m² (≈ 750 Lux), Gleichzeitigkeitsfaktor 0,8, Kühllastfaktor 0,85. Abluftabführung über Leuchten und Zwischendecke (Luftdurchsatz 0,3 m³/h · W).**

Lösung:
a) $\dot{Q}_S = A \cdot I_{max} \cdot g_v \cdot b_1 \cdot b_2 \cdot s_a = 12 \cdot 0{,}85 \cdot 425$ (9.00 Uhr) $\cdot 0{,}55 \cdot 0{,}7 \cdot 0{,}8 = 1\,335$ W;
$\dot{Q}_T = 12 \cdot 2{,}2 \cdot (24 - 26) = -53$ W; $\dot{Q}_{Fe} =$ **1 285 W**
b) $\dot{Q}_B = P \cdot l \cdot \mu_B \cdot s_i = 300 \cdot 30 \cdot 0{,}8 \cdot 0{,}7 \cdot 0{,}85 = 4\,284$ W ≙ **47,6 %**

7.3.4 Kühllast durch Infiltration

Darunter versteht man den Kühllastanteil, der durch das Eindringen von Außenluft durch die Fugen von Außenfenstern und -türen entsteht. Da heute die Fenster äußerst dicht und außerdem im Sommer die Auftriebs- und Windkräfte sehr gering sind, ist diese Kühllastkomponente sehr gering und in der Regel vernachlässigbar. Die Berechnung erfolgt nach DIN 4701, wobei „geschützte Lage" zu wählen ist.

Falls die Außenluft durch offene Fenster eingeführt wird, muß durch Schätzung des Luftwechsels der Außenluftvolumenstrom und somit die Lüftungswärme als Kühllastanteil berechnet werden. Bei einer Außenluftzufuhr durch Ventilatoren ist der Volumenstrom bekannt. In beiden Fällen handelt es sich nicht nur um einen sensiblen Kühllastanteil, sondern um einen Anteil des Kühlers, bei dem neben der sensiblen Wärme auch noch die latente Wärme berücksichtigt werden muß (Kap. 7.4).

7.4 Überschlägliche Kühllastberechnung – Geräteauswahl

Was die Berechnung der Kühllast betrifft, könnte man zwischen folgenden drei Verfahren unterscheiden:

1. das EDV-Verfahren mit den entsprechenden Softwareprogrammen (Grundlagen nach VDI 2078);
2. das Näherungsverfahren nach VDI-Richtlinie 2078, wie es vorstehend ausführlicher behandelt wurde.
3. eine Überschlagsrechnung, wie sie nachfolgend anhand eines Beispiels durchgeführt wird.

Fast alle Firmen, die Klimageräte herstellen oder vertreiben, haben eigene Formulare zur Durchführung einer solchen „Kühllastberechnung". Die zahlreichen Formulare weichen nicht nur bei den jeweiligen Faktoren ab, sondern sind auch in der Aufteilung und Spezifizierung der einzelnen Kühllastkomponenten sehr unterschiedlich.

Berechnungs- und Auswahlbeispiel:

a) Berechnen Sie die maximale Kühllast bzw. Kälteleistung für den skizzierten Büroraum nach Abb. 7.29 und die erforderliche Geräteleistung. Hierzu sind zu den jeweiligen Positionen die unter B) angegebenen Erläuterungen zu beachten.

b) Wählen Sie ein geeignetes Gerät aus: Einbaugerät nach Tab. 6.2, Splitgerät nach Tab. 6.6, mobiles Klimagerät nach Tab. 6.7 und Kompakttruhe nach Tab. 6.4.

c) Berechnen Sie zu Pos. 6 von Abb. 7.30 die zugrunde gelegte Außenluftrate , wenn der Außenluftzustand mit ϑ_a = 32 °C, φ_a = 40 % und der Raumluftzustand mit ϑ_i = 26 °C und φ_i = 50 % angegeben wird.

d) Stellen Sie 10 wesentliche Fragen zusammen, die bei der Auswahl, Montage und Betrieb von Klimageräten von Interesse sind.

Angaben für den nachträglich zu klimatisierenden Raum 1

1. Raum 2 und 3 sind nicht klimatisiert, ebenfalls nicht die Aufenthaltsräume über und unter dem Raum.
2. Die Raumtemperatur soll etwa 26 °C betragen, bei einer Außentemperatur von 32 °C.
3. Lichte Raumhöhe 2,6 m
4. Umfassung: Fenster jeweils: 2 m x 1,4 m
   Innenjalousien mit Öffnungswinkel 45 °
   Außentür: 0,9 m x 2,1 m
   Außenwand: Leichtbauweise ohne Wärmedämmung
5. Beleuchtungswärme des Raumes wird mit 20 W/m^2 und die Computer mit 400 W angegeben.
6. Personenzahl schwankt zwischen 4 und 6 (Mittelwert annehmen).
7. Unter den beiden Fenstern befinden sich Radiatoren.

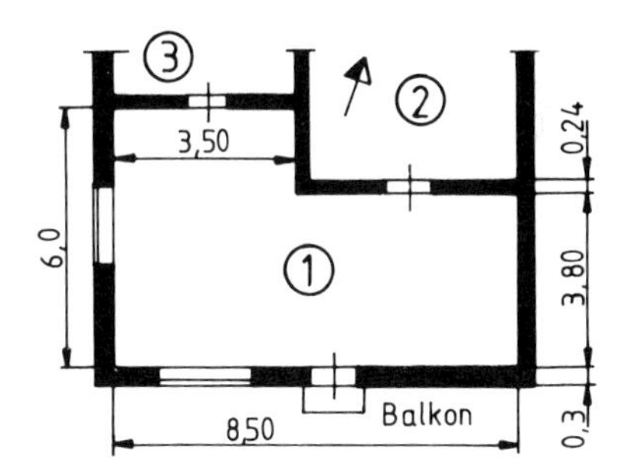

Abb. 7.29 Klimatisierung eines Büroraumes

Hinweise zum Formular nach Abb. 7.30 und zu den Ergebnissen:

A) Allgemein

a) Das Formular gilt etwa für eine **Temperaturdifferenz zwischen Außen- und Raumtemperatur von max. 6 bis 8 K;** z. B. bei ϑ_i = 26 °C mit ϑ_a = 32 bis 34 °C.

b) In der Regel sind die einzelnen **Zahlenwerte sehr reichlich,** so daß die Faktoren mit einer bestimmten Bandbreite angegeben werden müßten. Je genauer die einzelnen stark schwankenden Einflußgrößen der Kühllastberechnung aus den vergangenen Teilkapiteln bekannt sind, desto sicherer kann man diese Faktoren – entsprechend den Gegebenheiten – nach oben oder unten mehr oder weniger verändern.

c) Wenn das Gerät im Dauerbetrieb eingesetzt wird, kann das Ergebnis, d. h. die **Gesamtleistung reduziert** werden, da hier nicht kurzzeitig Speichermassen (vgl. s_i und s_a) gekühlt werden müssen. Außerdem wird eine Reduzierung deshalb vorgenommen, weil wesentliche „Kühllastanteile" zeitlich nicht zusammenfallen, wie z. B. Beleuchtungswärme und Sonnenenergie durch Flachdach, Personenzahl und Wärmestrom durch Fenster u. a. Die Reduzierung beträgt je nach Bauweise, Sonnenschutz, Fenstergröße usw. **10 bis 30 %.**

B) Zur Ermittlung der einzelnen „Kühllastanteile" Pos. 1 bis 9:

1. Zunächst sollen hier, jeweils nach Himmelsrichtung, alle **Fenster und verglaste Außentüren** eingetragen und ausgerechnet werden. Nur der höchste Wert (Produkt) bleibt stehen, während die anderen Zahlenwerte durchgestrichen, bzw. in Punkt 2 eingetragen werden; entsprechend reduziert.
   Sind die Qualität der Sonnenschutzeinrichtung (Tab. 7.24), die Konstruktion bzw. der Glasflächenanteil der Fenster und Balkontüren oder andere von den in Abb. 7.24 genannten Einflußgrößen bekannt, kann man auch die Faktoren etwas nach oben oder unten verschieben. Die Werte gelten für gute Markisen ohne Beschattung. Je nach Tageszeit liegen große Schwankungen vor.

2. Hierbei handelt es sich um die Kühllast aller **Glasflächen, die unter 1 nicht berücksichtigt** bzw. deren Werte durchgestrichen wurden. In der Regel sind es Glasflächen, bei denen nur eine diffuse Sonnenstrahlung berücksichtigt wird (vgl. Abb. 7.19, Tab. 7.14) oder Fenster mit guten Außenjalousien.

3. Hier werden nur die **Außenflächen eingesetzt, die dieselbe Himmelsrichtung aufweisen wie die unter 1 erfaßten Glasflächen.** Wer über die Berechnung des Wärmedurchgangs Bescheid weiß (mit oder ohne Sonneneinfluß), kennt einerseits die z. T. unsicheren Einflußgrößen, weiß andererseits auch, daß dieser Kühllastanteil prozentual zur Gesamtleistung (insbesondere bei großen Glasflächen, Flachdach und großen inneren Lasten) äußerst gering ist. Mit der Bauweise wird vor allem die Wärmespeicherung und deren Auswirkungen, wie Dämpfung und zeitliche Verzögerung (Abb. 7.21), berücksichtigt. „Schwere Bauweise" entspricht der Massivbauweise (dickere Steinwände). In der Regel werden die Maximalwerte erst in den

Lastart		Faktor				$\dot{Q}$
1 Fenster und Fenstertüren die der Sonne ausgesetzt sind (2,8 + 1,9)	Lage	Fläche (m^2)	Sonnenschutz			in Watt
			ohne	innen	außen	
	Nordost NO	______ x	200	120	70	= ______
	Ost O	______ x	330	230	100	= ______
	Südost SO	4,7 x	330	220	130	= 1034
	Süd S	______ x	280	180	90	= ______
	Südwest SW	2,8 x	350	220	110	= ~~616~~
	West W	______ x	340	210	100	= ______
	Nordwest NW	______ x	230	150	80	= ______
	Nord N	______ x	80	60	40	= ______
2. Fenster und Fenstertüren, die nicht unter 1. notiert sind		2,8 x	70	40	30	= 112
3. Außenflächen, die direkt der Sonne ausgesetzt sind. (Lage wie unter 1) 8,5 · 2,8 − 4,7			massiv		sehr leicht	
	Wand	19,1 x	8	(10)	12	= 191
	Dach	______ x	10		20	= ______
4. Außenwände, die nicht der Sonne ausgesetzt sind. (9,8 · 2,8) − 2,8		24,6 x	6	(8)	10	= 197
5. Innenwände und Decken	gegen		Decke	Wände ohne Wärmedämmung	Wände mit Wärmedämmung	
	nicht ausgebaute Dachräume	______ x	20	40	25	= ______
	ausgebaute Dachräume	______ x	8	15	10	= ______
	unklimatisierte Nebenräume – Wand	≈ 30 x	–	7	4	= 210
	unklimatisierte Nebenräume – Decke	40 x	4	–	–	= 160
	unklimatisierte Nebenräume – Fußboden	40 x	4	Erdreich	0	= 160
6. Personen	(Nichtraucher)	Anzahl 5 x	150			= 750
7. Beleuchtung u. Elektrogeräte		Leistung	Anzahl	Faktor		
	Beleuchtung	20 x	40 x	1		= 800
	Computer	400 x	______ x	______		= 400
	----------------	______ x	______ x	______		= ______
8. Infiltration	Volumenstrom durch Fugen und offene Türen	m^3/h	Feuchtkugeltemperatur der Außenluft: 20 / 21 / 22 / 23 / 24			
		______ x	1,6 / 2,7 / 3,1 / 5,1 / 6,4			= –
9. Maximale Gesamtkühlleistung, die um einen Prozentsatz (abhängig von Speichervermögen, Nutzungszeit, Gleichzeitigkeit, Beschattung usw.) reduziert werden kann: – 15 %						4014
						= 3412
10. Geräteauswahl (Anzahl, Typ, Ausführung, Montage und Betrieb						

Abb. 7.30 Überschlägliche Berechnung der Geräteleistung (Kühlerleistung)

Nachmittagsstunden zur Kühllast (vgl. Tab. 7.16). Größere Schwankungen der Zahlenwerte bestehen bei den Dächern, da hier die Dachkonstruktion (Steildach, Flachdach, belüftetes Dach) und die Wärmedämmung großen Einfluß haben.

4. Diese Zahlenwerte sind ebenfalls grobe Mittelwerte für die **nicht der Sonne ausgesetzten Außenflächen.** Sie berücksichtigen demnach die diffuse Sonnenstrahlung, ähnlich wie bei den Fenstern unter Punkt 2. Wie schon unter 3 erwähnt, werden auch hier die Maximalwerte – je nach Himmelsrichtung – erst am Nachmittag und gegen Abend als Kühllast wirksam.

5. Sehr große Schwankungen der Werte liegen **gegen nicht ausgebaute Dachräume** vor, je nachdem, ob der Dachraum etwas belüftet wird oder nicht (ähnlich auch bei ausgebauten Dachräumen). Bei ungeheizten **Kellerräumen** und klimatisierten Nebenräumen entfällt eine Kühllastberechnung, bzw. bei ersteren entsteht in der Regel ein „Kältegewinn" mit Temperaturdifferenzen von – 4 bis – 6 K (vgl. Tab. 7.9). Bei angrenzenden Heizräumen, Küchen oder speziellen Arbeitsräumen entscheidet man von Fall zu Fall.

6. In diesem Faktor ist **nicht nur die sensible und latente Wärme je Person, sondern auch die Lüftungswärme** (sensibel und latent) enthalten. Es handelt sich demnach nicht um die Kühllast (sensibel), sondern um den „Kältebedarf" je Person, obwohl manche Gerätehersteller ihr Formular als ein „Kühllastformular" bezeichnen.
Der Zahlenwert (Faktor) hängt deshalb vorwiegend von der Außenluftrate ab, wobei man bei Umluftgeräten mit einer entsprechenden Fensterlüftung rechnen muß. Die eintretende Außenluft muß ebenfalls gekühlt und entfeuchtet werden.
Man wird diesen Wert bis auf 200 W und höher annehmen müssen, wenn sehr hohe Anforderungen an die Raumluft gestellt werden oder wenn Raucherlaubnis besteht (vgl. Bd. 3).

7. Hier handelt es sich um die **Aufnahmeleistung aller elektrischen Betriebsmittel,** die ständig eingeschaltet sind, wie z. B. Leuchten, EDV-Geräte, Motoren von Maschinen, Kühlgeräte, Apparate u. a. Bei der Beleuchtungswärme sind zwar zahlreiche Einflußgrößen zu beachten (vgl. Kap. 7.2.2), doch kann sie näherungsweise nach Tab. 7.3 erfolgen.

8. Hierbei handelt es sich um den Kältebedarf, der durch die Kühlung und Entfeuchtung für die **einströmende Außenluft** erforderlich ist (nicht durch die RLT-Anlage). Da mit der Angabe der Feuchtkugeltemperatur die gleiche Enthalpie zugrunde liegt, wird hier sowohl die sensible als auch die latente Wärme berücksichtigt. Um den Volumenstrom (m^3/h) angeben zu können, schätzt man in der Regel eine Luftwechselzahl (0,4 bis 0,8 h^{-1}, u. U. auch höher). Näheres zur Feuchtkugeltemperatur vgl. Kap. 4.1.6.
Prinzipiell kann man so auch bei Punkt 6 den Kältebedarf für den Außenluftvolumenstrom pro Person bestimmen.
Unter Zugrundelegung obiger Außenluftrate ergibt sich ein Außenluftvolumenstrom von $5 \cdot 26 = 130\ m^3/h$, was einem Luftwechsel von 1,25 h^{-1} entspricht, der ohne Ventilator nur durch gelegentliche Fensteröffnung möglich ist. Bei einer Feuchtkugeltemperatur von 21 °C und obiger Außenluftrate wären dann für die Lüftung etwa 70 W je Person erforderlich.
Ein Luftaustausch durch **Öffnen zu Nebenräumen** hängt von der Druckdifferenz zwischen beiden Räumen, der Dichtheit und von den geöffneten Flächen ab; auch Auftriebskräfte können wirksam sein.

9. Dieser Zahlenwert (Summe von Pos. 1 bis 8) ist die **Grundlage für jede Geräteauswahl.** Da mit Pos. 6 und 8 auch die Lüftung und die latente Wärme enthalten sind, handelt es sich um die Kälteleistung der zu wählenden Klimageräte. Bei anderen Temperaturen muß diese nach Abb. 6.8 korrigiert werden und kann entsprechend Hinweis A c) 10 bis 30 % reduziert werden.

10. Die **Auswahl der Geräte** erfolgt anhand von Herstellerunterlagen, wobei die vom Verfasser zusammengestellten Hinweise unter A und B 6 zu beachten sind.

Lösung der vier Aufgaben zum Berechnungs- und Auswahlbeispiel

zu a) Die Zahlenwerte sind **in Abb. 7.30 eingetragen.** Eine Stellungnahme zu den Ergebnissen wird z. T. bei den Positionsbeschreibungen 1 bis 9 vorgenommen.

zu b) **Kompakt-Einbaugerät** („Fensterklimagerät") nach Tab. 6.2: Typ 3141 (bei Dauerbetrieb und optimalen Voraussetzungen hinsichtlich der Kühllast ist auch evtl. Typ 3103 ausreichend).
Splitgerät nach Tab. 6.6: als **Wandgerät** entweder Typ W 4 oder bei zwei Geräten Typ W1, wobei das 2. Gerät nur bei Spitzenlast in Betrieb ist; als **Truhengerät** kann Typ T 2 gewählt werden.
Mobiles Klimagerät nach Tab. 6.7: Typ 325; bei günstigen Voraussetzungen noch Typ 245.
Truhengeräte nach Tab. 6.4 sind zu groß (evtl. andere Herstellerunterlagen).

zu c) Was die **Außenluftrate** betrifft, beträgt die Wärmeabgabe des Menschen $\dot{Q}_s + \dot{Q}_l = 115$ W (vgl. Tab. 2.2 und Abb. 2.3 mit Hinweisen). Die Differenz zu 200 W mit 85 W ist für die Lüftung (sensibel und latent) vorgesehen.
$85 = \dot{m}_a \cdot c \cdot (\vartheta_i - \vartheta_a) + \dot{m}_a (x_a - x_i) \cdot r/1\,000 = \dot{m}_a [0{,}28 \cdot 6 + (12{,}2 - 10{,}7) \cdot 700/1\,000] = \dot{m}_a \cdot 2{,}73 \Rightarrow$
$\dot{m}_a = 85/2{,}73 = 31{,}1$ kg/h $\triangleq$ **26 m^3/(h · Pers.);** bei 150 W sind es nur 10,7 m^3/(h · Pers.)!

Tab. 7.26 Mindestanhaltswerte für Büroräume (Kompakt-Bürogebäude mit optimalen äußerem Sonnenschutz und optimaler Beleuchtung

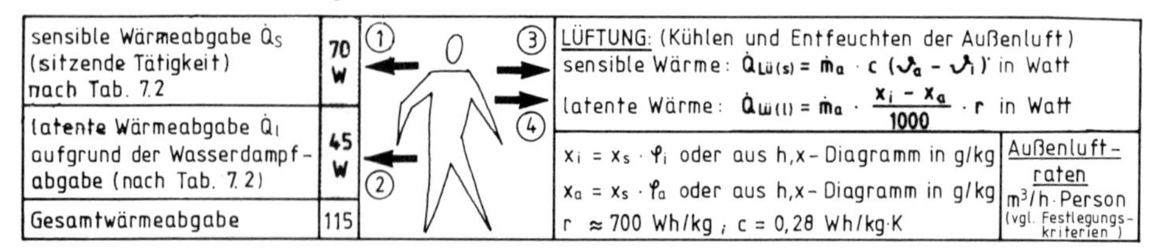

sensible Wärmeabgabe $\dot{Q}_S$ (sitzende Tätigkeit) nach Tab. 7.2	70 W	①
latente Wärmeabgabe $\dot{Q}_l$ aufgrund der Wasserdampfabgabe (nach Tab. 7.2)	45 W	②
Gesamtwärmeabgabe	115	

③ ④ LÜFTUNG: (Kühlen und Entfeuchten der Außenluft)

sensible Wärme: $\dot{Q}_{Lü(s)} = \dot{m}_a \cdot c\,(\vartheta_a - \vartheta_i)$ in Watt

latente Wärme: $\dot{Q}_{Lü(l)} = \dot{m}_a \cdot \frac{x_i - x_a}{1000} \cdot r$ in Watt

$x_i = x_s \cdot \varphi_i$ oder aus h,x-Diagramm in g/kg

$x_a = x_s \cdot \varphi_a$ oder aus h,x-Diagramm in g/kg

$r \approx 700$ Wh/kg ; $c = 0{,}28$ Wh/kg·K

Außenluftraten $m^3/h \cdot$ Person (vgl. Festlegungskriterien)

zu d) Zur Geräteauswahl, Montage und Betrieb stehen folgende **Fragen und Hinweise** im Vordergrund:

1. Welche Geräte können zweckmäßig für den vorgegebenen Büroraum verwendet werden?
2. An welcher Stelle dieses Raumes soll das (die) gewählte(n) Gerät(e) aufgestellt werden?
3. Falls ein Einbaugerät mit Direktverdampfung vorgesehen wird, soll zu folgenden Angaben jeweils ein wesentlicher Hinweis gegeben werden: Leistungsangabe, Geräuschbildung, Filtrierung, Kondensatableitung, Platzbedarf, Luftführung, Bedienung und Wartung.
4. Geben Sie drei Hinweise zur Montage eines luftgekühlten Klimagerätes in Splitbauweise. Nennen Sie außerdem 4 Vorteile, und definieren Sie die Multi-Splitausführung.
5. Wie schwanken bei den verschiedenen Gerätetypen Luftwechselzahl bzw. Umwälzzahl, Untertemperatur und Geräuschpegel?
6. Soll mit dem Klimagerät auch Außenluft eingeführt werden? Welche Forderungen ergeben sich daraus?
7. Soll mit dem Gerät auch geheizt werden, und weshalb ist die Leistung begrenzt?
8. Wie groß ist bei den Geräten jeweils die Entfeuchtungsleistung, und in welchen Fällen sind Geräte mit geringem Latentanteil wünschenswert? Wovon hängt die Entfeuchtungsleistung ab?
9. Geben Sie einen Hinweis, wann das Gerät zu klein und wann es zu groß gewählt wird!
10. Nennen Sie drei wesentliche Kriterien für die Verwendung von Klimageräten (Ventilatorkonvektoren), die von einem Kaltwassersatz mit Kaltwasser versorgt werden. Hinsichtlich der Auswahl sollen ebenfalls drei wesentliche Kriterien genannt und näher erläutert werden.

Antworten können aus Kap. 6 erarbeitet werden.

Abschließend soll mit nachfolgender Tabelle grobe Anhaltswerte für Büroräume angegeben werden, die nur mit Vorbehalt angewendet werden können. Wie die prozentuale Häufigkeit zeigt, handelt es sich bei etwa 50 W/m² um einen Mittelwert.

Tab. 7.27

Kühllast in W/m2	30 - 40	40 - 50	50 - 60	60 - 70	> 70	Mittelwert 40 - 60 W/m2
Häufigkeit in %	5	75	12	6	2	(trotz EDV-Anlagen)

Wenn man bei dem Berechnungsbeispiel anhand des Formulars auf Seite 216 von folgenden Annahmen ausgeht: Außenjalousie, Wegfall der Innenwände (d. h. daneben auch klimatisiert), nur 2 Personen, dann ergibt sich ebenfalls ein Wert von etwa 50 W/m².

8. Volumenstrombestimmung für Klimaanlagen

Mit einer Klimaanlage können bekanntlich die umfangreichsten Aufgaben der Raumlufttechnik erfüllt werden. Wie in den vorangegangenen Kapiteln schon mehrfach gezeigt, bestehen diese in der Regel darin, daß durch einen entsprechend aufbereiteten Zuluftvolumenstrom in Aufenthaltsräumen ein behaglicher und gesunder Luftzustand gewährleistet werden kann. Das gleiche gilt auch für zahlreiche Arbeitsstätten, wo erst dadurch technologisch hoch anspruchsvolle Arbeitsprozesse einwandfrei, störungsfrei und wirtschaftlich optimal ausgeführt werden können.

- Die vielfältigen Aufgaben und Anforderungen einer Klimaanlage werden in Kap. 1 zusammengestellt, ebenso die dabei möglichen Probleme, die meistens durch einen falsch ermittelten oder geregelten Volumenstrom entstanden sind.

- Bei der Berechnung und Festlegung der Luftvolumenströme unterscheidet man bekanntlich zwischen Zuluftvolumenstrom, Abluftvolumenstrom, Außenluftvolumenstrom, Umluftvolumenstrom, Volumenstrom zum Abführen von Kondensatorwärme, Volumenstrom beim Kühlturm, bei der Wärmepumpe, Volumenstrom zur Druckhaltung und für viele spezielle Aufgaben, vor allem auf dem gewerblichen Sektor.

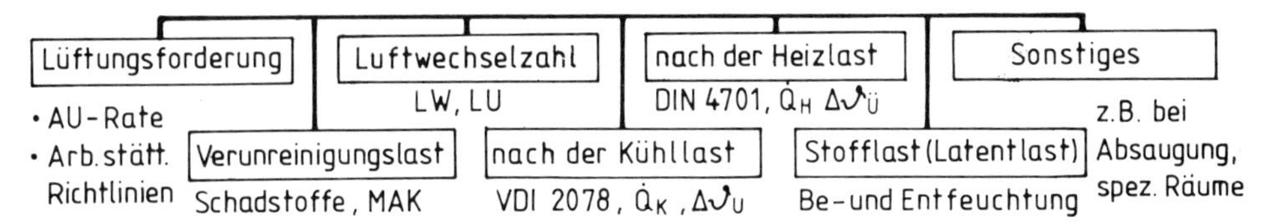

Abb. 8.1 Volumenstrombestimmung für RLT-Anlagen

8.1 Volumenstrombestimmung vorwiegend nach der Lüftungsforderung – Außenluftvolumenstrom

Der Außenluftvolumenstrom ist die entscheidende Basis für die Planung, Ausführung und Betriebsweise einer Lüftungsanlage. Er ist maßgebend für Qualität, Kosten, Anlagengröße, Platzbedarf und Energiebedarf. Da die Volumenstrombestimmung für Lüftungsanlagen ausführlicher in Bd. 3 behandelt wird, soll diese hier nur ergänzend in Zusammenhang mit der Klimatisierung betrachtet werden.

Zunächst kann man davon ausgehen, daß bei der Klimatisierung sehr oft die Lüftungsaufgabe ebenfalls von der Klimaanlage oder vom Klimagerät mit übernommen wird und somit der erforderliche Außenluftvolumenstrom berechnet werden muß. Da jedoch mit der Klimaanlage vorwiegend die erforderliche Raumtemperatur und Raumfeuchte eingehalten werden soll, muß der Zuluftvolumenstrom nach mehreren Kriterien berechnet werden, bevor festgestellt werden kann, wie groß der Ventilatorförderstrom sein muß. In der Regel ist der Zuluftvolumenstrom $\dot{V}_{ZU}$ (Volumenstrom des Zuluftventilators) größer als der Außenluftvolumenstrom $\dot{V}_{AU}$.

Ein **Außenluftvolumenstrom bei der Klimaanlage** ist grundsätzlich erforderlich,

1. wenn sich in einem Raum viele Menschen aufhalten. So ist es z. B. in **Versammlungsräumen** selbstverständlich, daß die Lüftungsaufgabe durch die RLT-Anlage durchgeführt wird. Bei großen Volumenströmen und langen Betriebszeiten wird hier aus Wirtschaftlichkeitsgründen der Einbau einer Wärmerückgewinnung empfohlen.
2. wenn Außenluft **zur Raumkühlung** genutzt werden soll. So kann man an vielen Tagen des Jahres, an denen die Außentemperatur geringer als die Raumtemperatur ist, diese sog. „freie Kühlung“ zur Unterstützung der Klimaanlage bzw. zur Einsparung von teurer Kälteenergie einbeziehen (Kap. 13.2.1).
3. wenn im Raum **hohe Anforderungen an die Luftqualität** gestellt werden. In manchen Fällen ist sogar ein reiner Außenluftbetrieb vorzusehen, d. h., die Einbringung von Umluft ist unerwünscht oder unzulässig. Dies geschieht entweder aus hygienischen Gründen (z. B. im Krankenhaus, in der Pharmazie) oder aus produktionstechnischen Gründen (z. B. in der Reinraumtechnik, Kap. 5.4).

4. wenn man die Außenluft **zur Raumluftentfeuchtung** mit einbeziehen möchte. Die Außenluft bewirkt bekanntlich dann einen Trocknungseffekt, wenn die absolute Feuchte x_a geringer als die der Raumluft x_i ist. Solange dies der Fall ist (im Winter und in der Übergangszeit), braucht man u. U. die Kälteanlage nicht in Betrieb zu nehmen. Den Außenluftvolumenstrom $\dot{V}_{AU}$ in m³/h bestimmt man nach der Beziehung: $\dot{V}_{AU} = \dot{m}_W / [\varrho \cdot (x_i - x_a)]$, wobei $\dot{m}_W$ der stündlich anfallende Wasserdampf in g / h ist, $\varrho \approx 1{,}2$ kg/m³. Man spricht hier auch von Entnebelungsanlagen, wie z. B. bei der Entfeuchtung von Schwimmhallen (vgl. Bd. 3).
5. wenn eine **Fensterlüftung sehr störend** ist, daß diese z. B. zu Unbehaglichkeit führt oder daß die Arbeitsbedingungen in Fensternähe zu stark beeinträchtigt werden.

Außerdem handelt es sich hier um eine „unkontrollierte Lüftung", die infolge der dichten Fenster öfters in Anspruch genommen werden muß. In Bd. 3 wird näher auf die Probleme der Fugen- und Fensterlüftung eingegangen.

Klimageräte ohne Außenluftvolumenstrom findet man – wie in Kap. 6 ausführlich behandelt – in zahlreichen Räumen, wie z. B. Ladengeschäften, kleinen Büros und Arbeitsräumen, Praxen, Wohnräumen, Labors usw., die mit kleinen Einzelgeräten klimatisiert (in der Regel nur gekühlt und entfeuchtet) werden. Wird die Lüftung und somit die Einführung des erforderlichen Außenluftvolumenstroms nicht oder nur bedingt vom Klimagerät übernommen, handelt es sich um Umluftgeräte ($\dot{V}_{ZU} = \dot{V}_{UM}$) bzw. um Geräte, bei denen der anteilige Außenluftvolumenstrom nur etwa 10 bis 20 % des Zuluftvolumenstroms beträgt ($\dot{V}_{ZU} = \dot{V}_{UM} + \dot{V}_{AU}$).

Die Berechnung des Zuluftvolumenstroms richtet sich demnach vorwiegend nach der sensiblen Kühllast und der Zulufttemperatur. Bei diesen Umluftgeräten wird die freie Lüftung oft akzeptiert, und bei den Geräten mit geringem Außenluftanteil wird der „mitgelieferte" Außenluftvolumenstrom mit dem gewünschten oder empfohlenen verglichen.

Es gibt auch die Möglichkeit, daß die Klimatisierung durch zwei getrennte Anlagensysteme vorgenommen wird. So kann man z. B. durch Kühlflächen (Kühldecken Kap. 3.7.3) die sensible Kühllast des Raumes abführen, d. h., die **Kühlung der Raumluft ohne Volumenströme** und Luftumwälzung durchführen, während die anderen Aufgaben die RLT-Anlage übernimmt, die dann wesentlich kleiner bemessen werden kann.

Die **Berechnung des Zuluftvolumenstroms** erfolgt dann nach dem erforderlichen Außenluftvolumenstrom und/oder nach der Stofflast, d. h. nach der erforderlichen Raumluftentfeuchtung oder der evtl. notwendigen Raumluftbefeuchtung. Eine Beheizung des Raumes kann entweder durch die RLT-Anlage oder m. E. auch über die Kühldecke erfolgen.

Volumenstrombestimmung nach dem personen- und flächenbezogenen Mindest-Außenluftvolumenstrom

Der für eine Person festgelegte Außenluftvolumenstrom nach DIN 1946 - 2 (Außenluftrate in m³/(h · Pers.)) ist die sicherste Art der Volumenstrombestimmung für Lüftungsanlagen in Versammlungs- und Arbeitsräumen. Alternativ oder als Kontrolle kann auch der flächenbezogene Volumenstrom (Außenluftrate in m³/ (h · m²)) herangezogen werden. Bei der Klimatisierung, die ja neben der Lüftung auch eine Beheizung, Kühlung, Be- oder Entfeuchtung einbezieht, kann nur überprüft werden, ob mit dem maßgebenden Zuluftvolumenstrom der erforderliche Außenluftvolumenstrom bzw. die vorgesehene Außenluftrate garantiert wird.

Tab. 8.1 Personen- und flächenbezogener Mindest-Außenluftvolumenstrom nach DIN 1946 - 2

Raumart	Beispiele	m³/(h · Pers)	m³/(h · m²)
Arbeitsräume	Einzelbüro (Großraumbüro)	40 (60)	4 (6)
Versammlungsräume	Konzertsaal, Theater, Konferenzraum	20	10–20
Unterrichtsräume	Lesesaal (Klassen- und Seminarraum, Hörsaal)	20 (30)	12 (15)
Räume mit Publikumsverkehr	Verkaufsraum (Gaststätte)	20 (30	3–12 (8)

Hierzu einige Ergänzungen und Hinweise:

1. Bei der Tab. 8.1 handelt es sich um Mindestwerte, die je nach Gegebenheiten (Raumnutzung, Luftführung, zusätzliche Verunreinigungen, Wärmerückgewinnung u. a. erhöht werden können.

2. Bei starken Geruchsbelästigungen (z. B. Tabakrauch) soll die Rate um 20 $m^3/(h \cdot P)$ erhöht werden.
3. Es gibt noch mehrere DIN-Normen und VDI-Blätter, in denen für spezielle Räume Außenluftraten in m^3/h je m^3 oder je m^2 angegeben werden (z. B. Wohngebäude, Hotelzimmer u. a. (DIN 1946 - 6); Bürogebäude (VDI 3804); Labors (DIN 1946 - 7); Verkaufsstätten (VDI 2082); Küchen (VDI 2052); Bäder und WC (DIN 18017); Hallenbäder (VDI 2089); Fertigungswerkstätten (VDI 3802); Sportstätten (DIN 18032 - 1) u. a.).

Volumenstrombestimmung nach der Luftwechselzahl

Den Volumenstrom nach der Luftwechselzahl *LW* zu bestimmen, ist eine denkbar schlechte Lösung und sollte vermieden werden. Sie ist lediglich eine Bezugsgröße, die den Zuluftvolumenstrom in m^3/h auf den Rauminhalt V_R bezieht: $LW = \dot{V}_{ZU}/V_R$; $\dot{V}_{ZU} = V_R \cdot LW$. Grundsätzlich muß mit dem Zuluftvolumenstrom die Raumluft so in Bewegung gesetzt werden, daß eine optimale raumfüllende Strömung und somit innerhalb des Raumes eine gleichmäßige Kühlung oder Erwärmung erzielt wird. Hierzu ist ein bestimmter Energiebedarf erforderlich, für dessen „Maß" die Luftwechselzahl herangezogen werden kann. Ist die Luftwechselzahl zu gering, besteht die Gefahr einer Temperaturschichtung und/oder einer unkontrollierten Raumströmung. Die untere und obere Grenze kann zwar wegen der verschiedenen Einflußgrößen (insbesondere Induktion, Anordnung der Zuluftdurchlässe und Raumgeometrie) nur ungenau angegeben werden, doch gelten Werte $< 3\ h^{-1}$ schon als problematisch. Die oberen Werte liegen bei $8 \cdots 10\ (12)\ h^{-1}$. Bei manchen RLT-Anlagen, wo die Verunreinigungs- und Schadstoffmenge nicht bekannt sind (z. B. WC, Bäder, Gaststätten, Küchen, Fabrikationsbetriebe), bestimmt man noch vorsichtig mit diesen Anhaltswerten den Zuluftvolumenstrom. Bei Klimaanlagen sollte man die Luftwechselzahlen jedoch nur als Kontrollwert heranziehen, nachdem der Zuluftvolumenstrom nach den Wärme- oder/und Stofflasten bestimmt wurde. Damit wäre die Überschrift nahezu umgekehrt, d. h. Luftwechselzahl(kontrolle) nach dem ermittelten Zuluftvolumenstrom.

Auch hier noch einige ergänzende Hinweise aus Bd. 3:

1. Zwischen den im Raum entstehenden Schadstoffen und dem erforderlichen Luftwechsel besteht keine direkte Beziehung. Außerdem hängt die LW-Annahme nicht nur von der Luftverschlechterung ab. Daher handelt es sich bei der Luftwechselzahl nur um einen Schätzwert, um einen **Erfahrungswert, der nur unter Beachtung von Randbedingungen angewendet werden kann.**
2. Die Luftwechselzahl **bezieht sich auf den Zuluftvolumenstrom,** gleichgültig ob es sich um Mischluft, Umluft oder Außenluft handelt. So wird z. B. – wenn es die Hygieneanforderungen zulassen – ein Außenluftbetrieb zum Mischluftbetrieb, wenn bei sehr hohen oder tiefen Außentemperaturen der Außenluftanteil aus Kostengründen reduziert wird. Beim Umluftbetrieb spricht man vielfach von der Luftumwälzzahl.
3. Die großen Streuungen (Bandbreiten) bei der **LW-Annahme nach Tabellen** zeigt die Auswirkung der zahlreichen Einflußgrößen. Die geringeren Werte wählt man bei geringerer Luftverschlechterung, u. U. bei geringen Raumhöhen (da schwierigere Luftführung), bei hoher Induktion der Zuluftdurchlässe, bei optimaler Anordnung der Durchlässe (Zu- und Abluft) und bei direkter Lufteinführung in Nähe der Aufenthaltszone.

Volumenstrombestimmung nach dem Schadstoffanfall

Bei der Klimatisierung von Produktionsstätten mit Schadstoffanfall muß bei der Bestimmung des Zuluftvolumenstroms so viel Außenluft beigefügt werden, daß die im Raum zulässige Schadstoffkonzentration nicht überschritten wird. Der erforderliche Außenluftvolumenstrom wird hier demnach aufgrund der Schadstoffe berechnet:

$$\dot{V}_{AU} = \frac{\dot{m}_{sch}}{k_i - k_a} \quad \text{in } \frac{m^3}{h}$$

anschließend *LW* als Kontrolle

$\dot{m}_{sch}$ Schadstoffeinfall in mg/h oder ml/h
k_i zul. Schadstoffkonzentration in ml oder mg je m^3 Raumluft (≙ MAK-Wert)
k_a Konzentration des Schadstoffes in der Außenluft in ml/m^3 oder mg/m^3

Die zulässige Schadstoffkonzentration wird durch die sog. MAK-Werte von der deutschen Forschungsgemeinschaft auf dem neuesten Stand wissenschaftlicher Erkenntnisse gehalten.

Beispiele: **CO** (30 ml/m^3 oder 33 mg/m^3); **CO_2** (500 ml/m^3 oder 9000 mg/m^3); **Nikotin** (0,07 ml/m^3 oder 0,5 mg/m^3); **Salzsäure** HCl (5 ml/m^3 oder 7 mg/m^3); **Ammoniak** NH_3 (50 ml/m^3 oder 35 mg/m^3); **Blei** (0,1 mg/m^3); **Quecksilber** (0,01 ml/m^3 oder 0,1 mg/m^3); **Ozon** (0,1 ml/m^3 oder 0,2 mg/m^3); **Hydrazin** (0,1 ml/m^3 oder 0,13 mg/m^3); **Chlor** (0,5 ml/m^3 oder 1,5 mg/m^3).

Hierzu einige Hinweise aus Bd. 3:

1. Der **MAK-Wert** (maximale Arbeitsplatzkonzentration) ist die höchstzulässige Konzentration eines Arbeitsstoffes in der Luft am Arbeitsplatz, die im allgemeinen die Gesundheit der Beschäftigten nicht beeinträchtigt und diese auch nicht unangemessen belästigt.
2. **Dabei ist zu beachten:** die tägliche und wöchentliche Arbeitszeit, die zusätzliche Liste für krebserregende Arbeitsstoffe, die unterschiedliche Empfindlichkeit der Menschen, die Messung und der zeitliche Verlauf der Schadstoffkonzentration und die Auswirkung bei Stoffgemischen.
3. Grundsätzlich ist immer anzustreben, die Schadstoffe möglichst **dort abzusaugen, wo sie entstehen,** d. h., sie sollen möglichst von der Raumluft überhaupt nicht aufgenommen werden können. Selbstverständlich muß dem Raum die entsprechende Zuluft (in der Regel Außenluft) zugeführt werden.

8.2 Volumenstrombestimmung nach den thermischen Lasten – Zuluftvolumenstrom

Während bei der Berechnung des Außenluftvolumenstroms vorwiegend die „Verunreinigungslasten" berücksichtigt werden, richtet sich die Berechnung des Zuluftvolumenstroms bei Klimaanlagen fast ausschließlich nach den thermischen Lasten. Diese Lasten (Wärme- und Wasserdampfströme) beziehen sich nur auf den Raum. Die Beeinflussung durch die Außenluft infolge der Lüftung wird hier nicht berücksichtigt. Somit wird der Raumluftzustand durch folgende Lasten beeinflußt:

1. **sensible Kühllast $\dot{Q}_K$,** d. h. die im Raum entstehenden und von außen eindringenden Wärmequellen in Watt (Kap. 7)
2. **latente Kühllast** $\dot{Q}_l$ (feuchte Kühllast), d. h. die im Raum entstehende latente Wärme, ebenfalls in Watt. Sie kann als Entfeuchtungslast $\dot{m}_E$ in kg/h angegeben werden ($\dot{m}_E = \dot{Q}_l / r$), die auch als Stofflast bezeichnet wird (Kap. 4 und 9)
3. **Heizlast ($\dot{Q}_H$),** d. h. die Wärmeverluste des Raumes, die nach DIN 4701 (Wärmebedarfsberechnung von Gebäuden) berechnet werden
4. **Befeuchtungslast** $\dot{m}_{W(Bef)}$, d. h. nur die dem Raum zugeführte Wasserdampfmenge, die durch im Raum befindliche hygroskopische Stoffe aufgenommen wird. Diese Stofflast kann auch als Wärmelast ausgedrückt werden: $\dot{Q} = \dot{m}_{W(Bef)} \cdot r$, die für den Verdunstungs- oder Verdampfungsvorgang erforderlich ist.

Es handelt sich hier nicht um die erforderliche Luftbefeuchtung, die aufgrund des „Trocknungseffektes" durch die Lüftung erforderlich ist (hier ist ja der Luftstrom gegeben), sondern eben um die in zahlreichen Produktionsstätten notwendige Luftbefeuchtung (Kap. 4.2.2).
Grundsätzlich ist jedoch in den meisten Fällen der Luftstrom $\dot{m}_L$ (z. B. durch die Heizlast oder Luftwechsel) gegeben, so daß mit ihm und $\dot{m}_W$ die erforderliche spezifische Last Δx_R bzw. Leistung Δx_{ges} bestimmt und im h,x-Diagramm abgetragen werden kann: $\Delta x_R = \dot{m}_W / \dot{m}_L$, $\Delta x_{ges} = \Delta x_R + \Delta x_{Lüftung}$ (vgl. Kap. 9.2.3 und 9.2.4).

Volumenstrombestimmung nach der Kühllast $\dot{Q}_K$

Der Zuluftvolumenstrom $\dot{V}_{ZU}$ wird in der Regel für den extremen Lastfall ausgelegt. Man ermittelt ihn nach der Gleichung:

$$\dot{V}_{ZU} = \frac{-\dot{Q}_K}{c \cdot (\vartheta_{zu} - \vartheta_i)} \quad \text{in m}^3\text{/h}$$

$\dot{Q}_K$ sensible Kühllast nach VDI 2078 (Kap. 7)
ϑ_{zu} Zulufttemperatur in °C
ϑ Raumlufttemperatur in °C
c spezifische Wärmekapazität ($\approx$ 0,35 Wh/(m³ · K))

$\vartheta_{zu} - \vartheta_i = \Delta\vartheta_u$ (Untertemperatur in K)

Demnach ist der Volumenstrom und damit der erforderliche Energieaufwand für den Ventilator um so geringer, je größer die Untertemperatur gewählt werden kann und je geringer die Summe aller auftretenden Wärmequellen ist. Hiernach gibt es zwei Möglichkeiten, den **Betrieb der Klimaanlage dem sich ständig wechselnden Kühllastanfall anzupassen:**

1. Man **verändert den Zuluftvolumenstrom** durch Ventilatordrehzahländerung oder durch das variable Volumenstromsystem VVS mit Volumenstromregler. Wenn man davon ausgeht, daß der Energiebedarf einer Klimaanlage bis über 50 % durch den Betrieb der

Ventilatoren entsteht, wird deutlich, daß man – besonders bei großen Lastschwankungen – mit dem VVS-System beachtliche Energieeinsparungen erreichen kann.

- Auf das variable Volumenstromsystem wurde schon im Kap. 3.6.3 eingegangen. **Zusätzliche Kosten** bei diesem System entstehen durch die speziellen Zuluftdurchlässe, die trotz geringeren Zuluftvolumenstroms eine raumfüllende Strömung ermöglichen, und durch die Volumenstromregler. Im Kap. 8.4 werden weitere Hinweise zur Volumenstromregelung angefügt.
- Die Einsparung erfolgt nicht nur durch die variable Anpassung der Volumenströme an die Kühl- und Heizlast, sondern auch durch den **Wegfall der Nachwärmung** bei mehreren Räumen oder Raumgruppen. Angenommen, zwei Räume, die von einer Zentrale aus klimatisiert werden, haben jeweils eine Kühllast von 20 kW (Auslegung). Der momentane Kühllastanfall von Saal A beträgt z. B. 12 kW, der von Saal B nur 8 kW. Wenn nun ϑ_{ZU} für Saal A richtig eingestellt (geregelt) wird, muß die für Saal B zu kalte Zulufttemperatur nachgewärmt werden.

2. Man **verändert die Zuluft- bzw. Untertemperatur** unter Beibehaltung des Zuluftvolumenstroms. Das Kriterium für die Wahl der Zulufttemperatur ist vor allem das Induktionsverhältnis beim gewählten Zuluftdurchlaß. Die zulässige Untertemperatur beträgt **4 bis 8(10) K.** Sie kann meistens – je nach der Art des Zuluftdurchlasses – aus den Herstellerunterlagen entnommen werden. Bei noch höheren Werten bedarf es besonderer Zuluftdurchlässe und einer optimalen Luftführung. Geringere Werte **(2 bis 3 K)** wählt man z. B. bei der Quelluftführung. Bei herkömmlichen Gittern ist schon **5 bis 6 K** ein oberer Wert. Werte von etwa **8 bis 10 K** wählt man z. B. bei Drall- und Schlitzdurchlässen.

- Für die **Wahl von** $\Delta\vartheta_u$ ist vor allem das Induktionsverhältnis $i = \dot{V}_{ges}/\dot{V}_{ZU}$, d. h. das Verhältnis von dem durch die Zuluft bewegten Luftstrom im Raum (einschließlich $\dot{V}_{ZU}$) zu dem Zuluftvolumenstrom $\dot{V}_{ZU}$, bestimmend.

  Weitere Kriterien, wiederum untereinander abhängig, sind: die Einhaltung der maximal zulässigen Raumluftgeschwindigkeit (Kap. 2.3.4) und somit die Nutzung des Raumes, Anordnung der Kanalführung und Luftdurchlässe sowie der Sitz- und Arbeitsplätze, die Raumhöhe und Raumtiefe. Ferner ist die vorstehend erwähnte Raumluftentfeuchtung maßgebend.
- Vielfach ist es **verlockend,** $\Delta\vartheta_u$ **groß zu wählen,** um einen geringeren Zuluftvolumenstrom zu erhalten. Dies bedeutet nämlich Einsparungen beim Kanalnetz mit allen damit verbundenen weiteren Einsparungen bei Montage, Kanalzubehör, Wärmedämmung, Ventilatorenergie und Platzbedarf. Die höheren Kosten für die Luftdurchlässe und die Forderung nach sorgfältiger Luftführung (Vermeidung von Zugerscheinungen) stehen dagegen.

Wird bei der Volumenstrombestimmung **neben der Kühllast auch die Lüftungsaufgabe einbezogen,** muß man nach beiden Kriterien den Volumenstrom berechnen ($\dot{V}_{ZU}$ nach der Kühllast und $\dot{V}_{AU}$ z. B. nach der Außenluftrate). Was die Auslegung betrifft, gibt es daraus folgende drei Möglichkeiten, wobei jeweils noch die Luftwechselzahl überprüft werden muß.

(1) $\dot{V}_{ZU} > \dot{V}_{AU}$ Ventilatorförderstrom ergibt sich aufgrund der Kühllastberechnung.

Wie könnte man $\dot{V}_{ZU}$ und $\dot{V}_{AU}$ etwas besser angleichen?

a) Man wählt Mischluftbetrieb, d. h., man wählt nur so viel Außenluft, wie unbedingt notwendig ist.
b) Man wählt u. U. $\Delta\vartheta_u$ etwas höher (Verwendung von Zuluftdurchlässen mit höherer Induktion).
c) Man versucht die Kühllast durch höhere Investitionen zu senken (z. B. Sonnenschutzmaßnahmen).
d) Man legt höhere Lüftungsanforderungen fest (höhere Außenluftraten).

(2) $\dot{V}_{ZU} < \dot{V}_{AU}$ Ventilatorförderstrom ergibt sich aufgrund der Lüftungsanforderung (Außenluftanlage).

Wie könnte man hier $\dot{V}_{ZU}$ und $\dot{V}_{AU}$ etwas besser angleichen?

a) Wählt man die Untertemperatur etwas geringer und erhält somit geringere Anforderungen an die Induktion der Zuluftdurchlässe?
b) Man überprüft nochmals die Berechnung des Außenluftvolumenstroms, ob z. B. die Außenluftrate noch etwas reduziert werden kann.

(3) $\dot{V}_{ZU} \ll\gg \dot{V}_{AU}$ extreme Unterschiede beim Ventilatorförderstrom für Kühlung und Lüftung

Hier gelten zwar ebenfalls die Beispiele (1) und (2), jedoch muß u. U. überprüft werden, ob zwei getrennte Anlagen (Geräte) wirtschaftlicher sind.

Volumenstrombestimmung nach der latenten Kühllast $\dot{Q}_l$ bzw. der Entfeuchtungslast $\dot{m}_W = \dot{Q}_l/r$

Der wichtige Zusammenhang zwischen dem Zuluftvolumenstrom, der latenten Kühllast bzw. der Entfeuchtungslast, der Untertemperatur und der Kühleroberflächentemperatur kann am anschaulichsten anhand des *h,x*-Diagramms verständlich gemacht und anhand von Beispielen vertieft werden (Kap. 9.2.5).

Soll mit einem Entfeuchtungsgerät einem Raum ein bestimmter Wasserdampfmassenstrom (= Entfeuchtungslast) $\dot{m}_W$ „entzogen" werden und liegt die spezifische Entfeuchtungslast $\Delta x_R = x_{zu} - x_i$ durch das Gerät fest, kann man daraus den **erforderlichen Zuluftvolumenstrom $\dot{V}_{ZU} = \dot{m}_W/(\Delta x_R \cdot \varrho)$ berechnen.** Wenn aber der Volumenstrom $\dot{V}_{ZU}$ durch die Kühllast festliegt, kann man bei gegebenem Δx_R die dadurch mögliche Entfeuchtungslast angeben; entsprechend bei einer geforderten Entfeuchtungslast den zugehörigen Wert für Δx_R.
Für die Wahl der Untertemperaturen ist demnach auch die zulässige relative Feuchte im Raum ein Kriterium. Wenn man z. B. bei einem bestimmten Volumenstrom und einer bestimmten Kühleroberflächentemperatur die Untertemperatur vergrößert, vergrößert sich Δx_R. Dadurch sinkt die absolute Feuchte der Zuluft, wodurch der Raumluft zuviel Feuchtigkeit entzogen wird (φ_i zu gering).

Volumenstrombestimmung nach der Heizlast $\dot{Q}_H$

Im Prinzip handelt es sich hier um die Grundlagen einer Warmluftheizung (vgl. Bd. 3), d. h., neben der Berechnung des Zuluftvolumenstroms interessieren vor allem die Leistung und Auswahl des Lufterwärmers und dessen Regelung sowie die Luftführung im Raum.

Wird der Zuluftvolumenstrom $\dot{V}_{ZU}$ nach der Heizlast bestimmt, so geschieht dies auch hier meistens nach dem extremen Lastfall. Im Gegensatz zur Kühllast wird die Heizlast in der Klimatechnik oft aufgeteilt in zwei Systeme. So wird z. B. eine witterungsgeführte Grundlast in Form von Raumheizkörpern im Fensterbereich oder in Form einer Fußbodenheizung gewählt, während der größere Teil durch die Klimaanlage erbracht wird. Auch bei vielen kleineren Klimageräten kann oft nur ein Teil der Heizlast gedeckt werden, da schließlich mit dem Volumenstrom, unter Berücksichtigung der zulässigen Zulufttemperaturen, auch die Kühllast gedeckt werden muß.
Die Gleichung für die Volumenstrombestimmung ist dieselbe wie die nach der Kühllast.

$$\dot{V}_{ZU} = \frac{\dot{Q}_H}{c \cdot (\vartheta_{zu} - \vartheta_i)} \quad \text{in m}^3/\text{h}$$

$\vartheta_{zu} - \vartheta_i = \Delta\vartheta_ü$ (Übertemperatur)

$\dot{Q}_H$ Heizlast (= Wärmebedarf nach DIN 4701) in W
ϑ_{zu} Zulufttemperatur in °C
ϑ_i Raumlufttemperatur in °C
c Spezifische Wärmekapazität in Wh/(m³ · K)

Hierzu folgende Ergänzungen:

1. Die Einflußgrößen für die **Wahl der Zulufttemperatur** bzw. Übertemperatur sind nahezu die gleichen wie bei der vorstehenden Untertemperatur. Die Unterschiede liegen vor allem in der Wahl der Luftführung. Während bei der Wahl der Untertemperatur mehr auf die Vermeidung von Zugerscheinung zu achten ist, ist es hier zusätzlich die Vermeidung von zu großen Temperaturschichtungen. In der Klimatechnik liegen die Übertemperaturen bei Luftdurchlässen an Kanälen je nach Konstruktion und Anordnung bei **(3) 5 bis 8 (10) K;** sie gehen aber bei Einzelgeräten (z. B. Klimatruhen), je nach Luftführung, oft bis auf den doppelten Wert und höher (Näheres hierzu Kap. 10).
2. Muß **neben der Heizlast auch die Kühllast berücksichtigt** werden, muß der Zuluftvolumenstrom nach beiden bestimmt werden. In der Regel wird der Ventilator nach der Kühllast ausgelegt, denn $\dot{Q}_H$ ist wegen der hohen Wärmedämmung und der meist vorhandenen Grundlast geringer. Kommt noch die Lüftung, d. h. ein geforderter Außenluftstrom, hinzu, so muß dieser mit $\dot{V}_{ZU}$ verglichen bzw. angepaßt werden.

3. Die **Anpassung des Anlagenbetriebs an die jeweils vorhandene Kühl- oder Heizlast** kann durch eine Veränderung der Zulufttemperatur erfolgen, d. h., liegt $\dot{V}_{zu}$ nach der Kühllast oder Lüftungsforderung vor, muß ϑ_{zu} beim Heizbetrieb überprüft werden, oder man wählt das variable Volumenstromsystem.

8.3 Übungsaufgaben zur Volumenstrombestimmung

Folgende Aufgaben beziehen sich vor allem auf Lüftung, Kühlung, Heizung und werden ohne Rangfolge hinsichtlich Schwierigkeitsgrad gewählt. Die Lösungen werden am Schluß angefügt. Die Einbeziehung der Luftentfeuchtung und -befeuchtung wird anschaulicher im nächsten Kapitel in Verbindung mit dem *h,x*-Diagramm. Dort handelt es sich ebenfalls um zahlreiche Aufgaben, bei denen der Volumenstrom einbezogen wird.

Aufgabe 1

Für einen Versammlungsraum mit einen Rauminhalt von 1220 m³ soll eine Klimaanlage vorgesehen werden. Die sensible Kühllast beträgt 10,5 kW, und die Zuluft wird 6 K unter Raumtemperatur eingeführt. Mit der Anlage soll auch gleichzeitig für 100 Personen eine ausreichende Belüftung garantiert werden.

a) Für welchen Volumenstrom soll der Zuluftventilator ausgelegt werden?

b) Wie groß sind der erforderliche prozentuale Außenluftvolumenstrom und die Luftwechselzahl? Nehmen Sie Stellung zu Ihrem Ergebnis.

Aufgabe 2

Ein Versammlungsraum mit 1000 Sitzplätzen soll belüftet und durch den Kühler auf ϑ_i = 26 °C gekühlt werden. Die zugrunde gelegte Außenluftrate von 40 m³/(h · P) wird allerdings bei ϑ_a = 32 °C aus Kostengründen auf 25 m³/(h · P) reduziert.

a) Welche Kühllast kann bei 6 K Untertemperatur und ϑ_a = 32 °C gedeckt werden, und wie groß sind hier der prozentuale Anteil des Umluftvolumenstroms und der Volumenstrom des Abluftventilators, wenn dieser 20 % geringer als $\dot{V}_{zu}$ ist?

b) Bei welcher Außentemperatur könnte man mit dem maximalen Volumenstrom die Kühllast unter a) durch freie Kühlung decken?

Aufgabe 3

Vor Jahren wurde in einem Produktionsraum mit einer Grundrißfläche von 1430 m³ und einer lichten Höhe von 3,7 m eine Lüftungsanlage eingebaut. Der Zuluftkanal hat die Abmessung 1000 mm x 560 mm. Nun soll dieser Raum im Sommer nachträglich gekühlt und entfeuchtet werden, wobei die damals angenommene Kanalgeschwindigkeit von 8 m/s beibehalten werden soll.

a) Überprüfen Sie, ob damals die Anforderungen nach den Arbeitsstättenrichtlinien erfüllt wurden (entsprechend Tab. 8.2 bei mittelschwerer handwerklicher Tätigkeit), sowie die Luftwechselzahl.

b) Überprüfen Sie, ob mit diesem Kanal die Sommerklimatisierung durchgeführt werden kann, wenn eine sensible Kühllast von 48 kW angegeben wird. Nehmen Sie Stellung zum Ergebnis.

Tab. 8.2 Mindestaußenluftströme für Personen nach den Arbeitsstättenrichtlinien

Tätigkeit (Beispiele)	Mindestaußenluftstrom **pro Person**			Mindestaußenluftstrom **pro m² Grundfläche*****)			Typische Räume oder Arbeitsstätten
	normal m³/h	zusätzliche*) Raumluftbelastung m³/h	starke**) Geruchsbelästigung m³/h	normal m³/h	zusätzliche*) Raumluftbelastung m³/h	starke**) Geruchsbelästigung m³/h	
sitzende Tätigkeit wie Lesen und Schreiben	20 – 40	30 – 40	40	4 – 8	6 – 8	8	Büros, Kinos, Messehallen, Lager, Turnhallen, Verkaufsräume
leichte Arbeit im Stehen oder Sitzen, Labortätigkeit, Maschineschreiben	40 – 60	50 – 60	60	8 – 12	10 – 12	12	Gaststätten, Großraumbüros, Montagehallen Messehallen, Werkstätten
mittelschwere handwerkliche Tätigkeit	50 – 65	60 – 65	70	10 – 13	12 – 13	14	Werkstätten, Montagehallen, Schweißereien
schwere handwerkliche Tätigkeit	über 65	über 75	85	über 13	über 15	über 17	Heiß- oder Staubbetriebe, feuchte Betriebe, Gießereien, Schmieden

Aufgabe 4

Ein anspruchsvoller Aufenthaltsraum mit 500 m² soll mit einem Klimagerät gelüftet, gekühlt und beheizt werden. Für die 260 Personen wird eine Außenluftrate von 35 m³/(h · P) zugrunde gelegt. Nach VDI 2078 wurde eine Kühllast von 22,5 kW berechnet. Die Raumtemperatur wird im Sommer mit 26 °C festgelegt.

a) Mit welcher Zulufttemperatur muß die Anlage im Sommer bei halber Kühllast und konstantem Außenluftvolumenstrom betrieben werden?
b) Überprüfen Sie, ob die Heizlast von 60 W/m² durch die Anlage gedeckt werden kann, wenn eine Übertemperatur von 10 K zugrundegelegt wird.

Aufgabe 5

Für die Klimatisierung eines 2300 m³ großen Produktionsraumes wird eine Kühlerleistung von 36 kW angegeben, wobei eine Entfeuchtungslast von 5 l/h und für die Kühlung und Entfeuchtung der Außenluft 8 kW berücksichtigt wurden. Mit der Anlage soll außerdem ein 5facher Luftwechsel angenommen werden und der Wärmebedarf nach DIN 4701 von 29 kW berücksichtigt werden. Die Raumlufttemperatur wird im Sommer mit 27 °C und im Winter mit 21 °C festgelegt, die Zulufttemperatur im Sommer mit 22 °C, im Winter mit 30 °C. Ferner sollen noch 110 l/h Schadstoffe (S) aus dem Raum entfernt werden. Der MAK-Wert wird mit 10 ppm angegeben, und die Außenluft ist mit diesem Schadstoff nicht belastet. Bestimmen Sie den Volumenstrom des Zuluftventilators, und weisen Sie durch Rechnung nach, daß damit alle vier Anforderungen erfüllt werden.

Aufgabe 6

Mit einem Klimagerät soll ein 800 m³ großer Arbeitsraum im Winter auf 20 °C beheizt und im Sommer gekühlt und entfeuchtet werden.

a) Überprüfen Sie die Luftwechselzahl und die für 60 Personen angenommene Außenluftrate, wenn bei ϑ_a = −12 °C mit einem Lufterwärmer (Heizregister) von 36 kW eine Heizlast von 24 kW gedeckt werden muß, bei einem Außenluftanteil von 20 %.
b) Wieviel Liter/h Wasser werden dem Raum mit dem unter a) ermittelten Zuluftvolumenstrom entzogen, und wie groß ist die spezifische Entfeuchtungslast Δx in g/kg, wenn bei einer Kühlerleistung von 15,5 kW die sensible Kühllast gedeckt wird und die Zuluft mit 6 K unter Raumtemperatur eingeführt wird?

Aufgabe 7

Bei der Auswahl eines Kompaktklimagerätes nach Herstellerunterlagen wurde ein Umluftgerät gewählt. Unter Berücksichtigung der angegebenen Raum- und Außenluftzustände wird eine Kälteleistung von 2700 W, eine Entfeuchtungsleistung von 1,5 l/h und ein Volumenstrom (bei größter Drehzahl) von 400 m³/h angegeben. Die Raumlufttemperatur beträgt 27 °C.

a) Überprüfen Sie, ob mit diesem Volumenstrom die sensible Kühllast von 1400 W und die zulässige Zulufttemperatur von 17 °C eingehalten wird. Bei der Kälteleistung sollen 10 % für die Kühlung und Entfeuchtung von Außenluft berücksichtigt werden (Fugen- bzw. Fensterlüftung).
b) Wie groß müßte der Zuluftvolumenstrom sein, wenn bei der obigen Kälteleistung keine Lüftung berücksichtigt wird und die Untertemperatur 10 K nicht überschreiten soll. Die Entfeuchtungsleistung beträgt wie oben 1,5 l/h.

Bemerkung zur Lösung:
Das Gerät wurde nach Tab. 6.2 ausgewählt (Typ 3103). Die genaue Berechnung des Kältebedarfs für die Lüftung wird im Kap. 9 behandelt. In Wirklichkeit verändert sich bei b) die Entfeuchtung, wenn der Volumenstrom bei gleicher Kühleroberflächentemperatur verändert wird (Kap. 9).

Aufgabe 8

Ein Kino (16 m · 12 m · 4,4 m) hat 200 Sitzplätze. Die RLT-Anlage hat vorläufig keinen Kühler, doch soll die Außenluft zur Kühlung herangezogen werden (Mischluftanlage). Die Außenluftrate wird mit 20 m³/(h · Pers.) angenommen. Als Kühllast wurde je Person (einschl. der anderen Kühllastkomponenten) 100 W angenommen. Dabei soll aber bei einer Außenlufttemperatur von 20 °C die Raumlufttemperatur 26 °C nicht überschreiten.

a) Wie groß ist die Luftwechselzahl, wenn nach vorstehenden Angaben der maximale Ventilatorförderstrom gewählt wird?
b) Wie groß ist der Volumenstrom zur Deckung einer maximalen Heizlast von 16 kW, wenn der Ventilator mit drei Drehzahlen laufen kann, und zwar mit einer Volumenstromabstufung von 40/70/100 %? Geben Sie die Zulufttemperatur an, wobei die Übertemperatur von 10 K nicht überschritten werden soll.
c) Welcher Zuluftvolumenstrom ist erforderlich, wenn die Personenzahl auf 60 % zurückgeht und die Außenlufttemperatur +14 °C beträgt? Die minimale Zulufttemperatur soll nicht mehr als 4 K von der Raumtemperatur (ϑ_i = 22 °C) abweichen. Tragen Sie in einer Skizze die Regelung mit Angabe der Volumenströme und Temperaturen ein.

Lösung zu 1:
zu a) $\dot{V}$ = 10 500/(0,35 · 6) = **5000 m³/h;**
zu b) Bei einer AR-Annahme von 30 m³/(h · P) ist $\dot{V}_{AU}$ = 3 000 m³/h ≙ **60 %.** Bei extrem kalten und heißen Außentemperaturen können die Außenluftraten bis 50 % reduziert werden (dann wären es nur 30 %).

$LW = \dot{V}_{ZU}/V_R = 5000/1220 \approx$ **4,1 h⁻¹**. Dabei handelt es sich um einen noch akzeptablen Mittelwert. Der Luftwechsel bezieht sich hierbei auf die Mischluft. Wählt man für $\dot{V}_{ZU}$ (Ventilatorförderstrom) nur Außenluft, spricht man von einem außenluftbezogenen Luftwechsel. Dies kann man sich vorstellen, wenn für die Aufbereitung der Außenluft keine große Energiemengen benötigt werden, oder bei freier Kühlung.

Lösung zu 2:
zu a) $\dot{Q}_K = 2500 \cdot 0{,}35 \cdot 6 =$ **52 500 W;** $\dot{V}_{UM} \mathrel{\hat{=}} 37{,}5\,\%$; $\dot{V}_{AB} =$ **20 000 m³/h;**
zu b) $\Delta\vartheta = 52\,500/(0{,}35 \cdot 40\,000) \approx 3{,}7\,K \rightarrow \vartheta_a =$ **22,3 °C.**

Lösung zu 3:
zu a) $\dot{V} = A \cdot v \cdot 3600 = 1{,}0 \cdot 0{,}56 \cdot 8 \cdot 3600 = 16\,128\,m^3/h$; $\dot{V}_{min} = 16\,128/1430 =$ **11,3 m³/(h · m²)** → ausreichend; $LW =$ **3,05 h⁻¹** → untere Grenze;
zu b) $\Delta\vartheta = 48\,000/(0{,}35 \cdot 16\,128) =$ **8,5 K,** d. h. ϑ_{ZU} zu kalt bei herkömmlichen Lüftungsgittern → nur möglich, wenn Luftdurchlässe mit guter Induktion vorhanden sind (z. B. Drallauslässe), andernfalls müssen Maßnahmen ergriffen werden, um die Kühllast zu reduzieren, oder man akzeptiert an den wenigen Hitzetagen eine etwas höhere Raumlufttemperatur.

Lösung zu 4:
zu a) $\dot{V}_{AU} = \dot{V}_{ZU} = 9100\,m^3/h$; $\Delta\vartheta_u = \vartheta_{ZU} - \vartheta_i = 11\,250/(0{,}35 \cdot 9100) \approx 3{,}5\,K \rightarrow \vartheta_{ZU} \approx$ **22,5 °C;**
zu b) $\dot{Q}_H = \dot{V}_{ZU} \cdot c \cdot \Delta\vartheta_ü = 9100 \cdot 0{,}35 \cdot 10 = 31\,850\,W > 30\,000\,W$ (Heizlast wird gedeckt).

Lösung zu 5:
zu a) Sensible Kühllast: $\dot{V}_s = \dot{Q}_{ges} - \dot{Q}_l - \dot{Q}_{Lü} = 36\,000 - 5 \cdot 700 - 8\,000 = 24\,500\,W$; $\dot{V} = 24\,500/[0{,}35 \cdot (27 - 22)\,] =$ **14 000 m³/h** (Kühlung);
zu b) $\dot{Q}_{ZU} = V_R \cdot LW = 2\,300 \cdot 5 =$ **11 500 m³/h** (nach Luftwechsel);
zu c) $\dot{V}_{ZU} = 29\,000/[0{,}35 \cdot (30 - 21)\,] =$ **9206 m³/h** (nach Heizlast);
zu d) $\dot{V}_{AU} = \dot{m}_{sch}/MAK = 110\,000/10 =$ **11 000 m³/h** (nach Verunreinigungslast).
Ergebnis: Der **Zuluftventilator wird nach der Kühllast bestimmt,** d. h., bei b) erhöht sich der Luftwechsel auf etwa 6 h⁻¹, bei c) kann die Übertemperatur von 9 K auf 5,9 K gesenkt werden, und wegen d) kann mit 21,4 % Umluft gefahren werden.

Lösung zu 6:
zu a) $\dot{Q}_{Reg} = \dot{Q}_H + \dot{Q}_L$; $\dot{V}_{AU} = \dot{Q}_L/[c \cdot (\vartheta_i - \vartheta_a)\,] = 36\,000 - 24\,000/0{,}35\,[20 - (-12)\,] = 1071\,m^3/h\,(\mathrel{\hat{=}} 20\,\%) \Rightarrow \dot{V}_{ZU} = 5\,360\,m^3/h$; $LW = \dot{V}_{ZU}/V_R =$ **6,7 h⁻¹;** $AR = 1071/60 =$ **17,8 m³/(h · P),** sehr knapp, nach Tab. 4.2 zu knapp;
zu b) $\dot{Q}_K = 5360 \cdot 0{,}35 \cdot 6 = 11\,256\,W\,(= \dot{Q}_s)$; $\dot{Q}_{Kü} = \dot{Q}_s + \dot{Q}_l$; $\dot{m}_W = \dot{Q}_l/r = 4\,244/700 =$ **6,06 l/h;** $\Delta x = \dot{m}_W/\dot{m}_L = 6060/(5360 \cdot 1{,}2) =$ **0,94 g/kg.**

Lösung zu 7:
zu a) $\dot{Q}_{K(s+l)} = \dot{Q}_{Kü} - \dot{Q}_{Lü} = 2700 - 270 = 2400\,W$; $\dot{Q}_l$ (Raumluftentfeuchtung) $= 1{,}5 \cdot 700 = 1050\,W$; $\dot{Q}_S\,(\dot{Q}_K) = 2430 - 1050 =$ **1380 W** (wird gedeckt); $\Delta\vartheta_u = 1380/(400 \cdot 0{,}35) \approx 9{,}8\,K \Rightarrow \vartheta_{ZU} =$ **17,2 °C** (wird eingehalten).
zu b) $\dot{V}_{ZU} = \dot{Q}_K/c \cdot \Delta\vartheta = (2700 - 1050)/(0{,}35 \cdot 10) = 1650/3{,}5 =$ **471 m³/h.**

Lösung zu 8:
zu a) $\dot{Q}_{Me} = 20\,000\,W$; $\dot{V}_{ZU} = 20\,000/(0{,}35 \cdot 6) = 9524\,m^3/h$; $LW = \dot{V}_{ZU}/V_R =$ **11,3 h⁻¹** (sehr hoch);
zu b) $\dot{V}_{ZU} = \dot{Q}_H/(c \cdot \Delta\vartheta) = 4571\,m^3/h \mathrel{\hat{=}} 48\,\%$ (von 9524 m³/h). Bei Drehzahl II: $\dot{V}_{ZU} = 9524 \cdot 0{,}7 = 6667\,m^3/h \Rightarrow \Delta\vartheta_ü = 16\,000/(6667 \cdot 0{,}35) = 6{,}9\,K \Rightarrow \vartheta_{ZU} =$ **28,9 °C**
zu c) $\dot{V}_{AU} = 200 \cdot 0{,}6 \cdot 20 = 2400\,m^3/h$; $\dot{Q}_K = 200 \cdot 0{,}6 \cdot 100 = -12\,000\,W$, $\dot{Q}_H = 16\,000 \cdot 8/34 = 3765\,W \Rightarrow \dot{Q}_K{}' = -8235\,W$; $\dot{V}_{ZU(erf)} = 8253/(0{,}35 \cdot 5) = 4716\,m^3/h \mathrel{\hat{=}} 49{,}5\,\%$; $\dot{V}_{ZU(vorh)} = 0{,}7 \cdot 9524 = 6667\,m^3/h$ (Drehzahl II); $\Delta\vartheta_{u(vorh)} = 8235/(0{,}35 \cdot 6667) = 3{,}5\,K \Rightarrow \vartheta_{ZU} = 22 - 3{,}5 =$ **18,5 °C.**

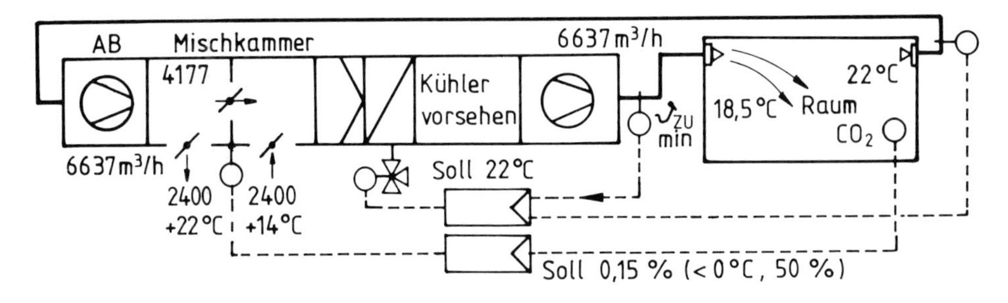

Abb. 8.2

8.3 Volumenstromregelung

Zur Einsparung von Energie bemüht man sich, den Betrieb der RLT-Anlage durch Volumenstromänderungen den jeweils vorhandenen Verhältnissen anzupassen. Beim Außenluftvolumenstrom geschieht dies z. B. bei einer schwächeren Belegung oder bei geringeren Verunreinigungsquellen, beim Zuluftvolumenstrom in der Übergangszeit, wenn nur Anteile der errechneten Kühl- und Wärmelasten vorliegen. Bei sehr schwankendem Lastanfall (insbesondere bei der Kühllast) oder beim Abschalten von Zonen hat sich in der Klimatechnik das variable Volumenstromsystem (VVS) durchgesetzt. Die Anpassung des Zuluftvolumenstroms erfolgt z. B. raumtemperaturabhängig zunächst durch den Volumenstromregler. Der dadurch beeinflußte Druck im Kanal wird durch den Druckregler konstant gehalten, indem durch ihn die Drehzahl des Ventilators entsprechend angepaßt wird. Der Abluftventilator muß selbstverständlich in seiner Drehzahl mitgeführt werden, d. h., das Stellsignal des Reglers wirkt auf beide Ventilatoren. Der Druckfühler sollte aus energetischen Gründen möglichst am Kanalende plaziert werden. Im Kap. 3.6.3 werden Hinweise zur VVS-Anlage zusammengefaßt. Hinsichtlich der Art und Verwendung der RLT-Anlage erfolgt die Volumenstromregelung temperatur-, feuchtigkeits-, druck- oder z. B. CO_2-abhängig (Luftgüteregelung).

Abb. 8.3 zeigt eine **Luftgüteregelung** in einer Teilklimaanlage: Heizen/Klappen/Kühlen. Neben der stetigen Regelung der Raumlufttemperatur (nicht eingezeichnet) wird eine separate **Mischluftregelung über die Abluft/Außenluft-Temperaturdifferenz** durchgeführt. Reicht jedoch der eingestellte Mindestaußenluftstrom nicht aus (schlechte Luftqualität im Raum), wird durch den **Luftgütefühler** (LGF) die Min.-Begrenzung der AU-Klappen stetig nach oben (u. U. bis 100 %) verschoben (= Überlagerung zur Temperaturregelung der Klappen).

Bei Wärmeanforderung öffnet das Heizventil (Kühlventil geschlossen), und die Klappen arbeiten entsprechend dem eingestellten min. AU-Anteil. Wird es im Raum zu warm, schließt das Heizventil; und anschließend öffnet die AU-Klappe stetig so lange, wie mit Außenluft gekühlt werden kann. Bei weiterem Steigen der Raumtemperatur wird stetig die Kühlung dazugeschaltet.

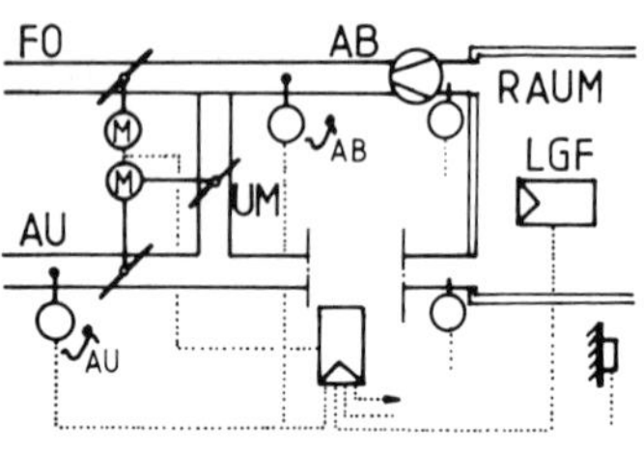

Abb. 8.3 MI- und AU-Luftregelung

Hinsichtlich der **Regelung des Ventilatorförderstroms** wurden schon in Bd. 3 unter dem Kapitel Ventilatoren Möglichkeiten und Hinweise gegeben.

Hieraus einige Auszüge und Ergänzungen:

1. Drosselregelung

Einbau eines Drosselorgans in den Kanal (**verstellbare Klappe**); billig, einfach, keine Energieeinsparung („Verlustregelung"), evtl. für kleine Leistungen oder bei geringen Betriebsstunden, Regelbereich bis etwa 50 %.

2. Bypaßregelung

Verbindungsstück zwischen Druck- und Saugseite des Ventilators mit Drosselklappe; u. U. Wirkungsgradverschlechterung, Energieverluste, unwirtschaftlich, Regelbereich praktisch bis etwa 80 % (theoretisch bis gegen Null, jedoch mit zunehmendem Anstieg der Antriebsleistung), Platzbedarf, unwirtschaftlich.

3. Drallregelung

Hier wird vor dem Laufradeintritt durch verstellbare Schaufeln **dem Volumenstrom ein Vordrall erteilt;** Energieeinsparung (jedoch wegen η_{opt} Veränderung nicht sehr groß), Regelbereich bis etwa 60 % (darunter mit polumschaltbaren Motoren, sonst unwirtschaftlich), einfach, geringe Anschaffungskosten.

Es gibt auch eine Kombination von Dralldrossel und Drehzahländerung (quasi stetige Volumenstromänderung), d. h., erst nach einer bestimmten Drosselstellung wird die nächstniedrigere Drehzahl eingestellt.

4. Drehzahlregelung

Weniger die stufenweise als vielmehr die stetige Drehzahländerung durch stetige Veränderung des elektrischen Antriebs (Motor), z. B. mit frequenzgeregeltem Drehstrommotor (Frequenzwandler sind trotz höheren Preises sehr verbreitet), Motoren mit Phasenanschnitt, Gleichstromnebenschlußmotoren, Scheibenankermotoren (Veränderung der Klemmspannung durch Trafo), Schleifringläufer mit Regulierwiderstand (sehr unwirtschaftlich!), polumschaltbare Motoren (stufenweise Drehzahländerung).

5. Mehrere Ventilatoren

Hier wird der geforderte Volumenstrom auf 2 oder mehrere Ventilatoren aufgeteilt, d. h., je nach Belastung wird ein Ventilator ein- bzw. ausgeschaltet.

6. Laufschaufelveränderung

Hier wird durch die Verstellung des Anstellwinkels die Ventilatorkennlinie verändert (ähnlich wie bei der Drehzahländerung); Verwendung bei Axialventilatoren.

9 *h,x*-Diagramm – Klimatechnische Berechnungen

Die thermodynamischen Probleme der Luftaufbereitung sind durch die Überlagerung der Wärme- und Stoffaustauschvorgänge nicht immer leicht zu verstehen. Trotzdem soll jedem, der sich mit der Klimatechnik beschäftigen will oder muß – auch demjenigen, der wenig theoretische Grundlagen beherrscht –, die Möglichkeit gegeben werden, klimatechnische Berechnungen durchführen zu können.
Aufbauend auf Kap. 3 und ganz besonders auf Kap. 4, in dem die Zustandsgrößen und Gesetze feuchter Luft ausführlicher behandelt werden, sollen nun auf einfache Weise die Leistungen und wesentlichen Kenndaten der Bauteile ermittelt werden, mit denen die thermodynamische Aufbereitung der Luft vorgenommen werden soll.

9.1 *h,x*-Diagramm – Zustandsgrößen

Das bekannteste Diagramm, mit dem klimatechnische Berechnungen durchgeführt werden können, ist das in Deutschland übliche *h,x*-Diagramm von Mollier (1923). Mit diesem Diagramm sollen folgende **Aufgaben** ermöglicht bzw. durchgeführt werden:

1. **Aufsuchen von Zustandsgrößen,** d. h., wenn zwei Zustandsgrößen im Diagramm einen Schnittpunkt bilden, können alle anderen Größen abgelesen werden (Tab. 9.2).
2. **Darstellung von Zustandsänderungen,** d. h., der jeweilige Zustandsverlauf, der durch Lufterwärmer, Luftkühler, Luftbefeuchter, Luftentfeuchter durchgeführt werden soll, wird durch einen Linienzug gekennzeichnet.
3. **Erleichterung bei der Berechnung** von RLT-Anlagen, d. h., alle Wärme- und Wasserdampfänderungen können direkt je kg Luft abgelesen werden.
4. **Kontrollieren und Vergleichen berechneter Anlagen,** d. h., von geplanten oder ausgeführten Anlagen kann man schnell und übersichtlich alle zugrunde gelegten und gesuchten Zustandsgrößen, die berechneten Leistungen, die veränderte Luftfeuchtigkeit u. a. nachvollziehen.

Tab. 9.1 Zustandsgrößen feuchter Luft im *h,x*-Diagramm

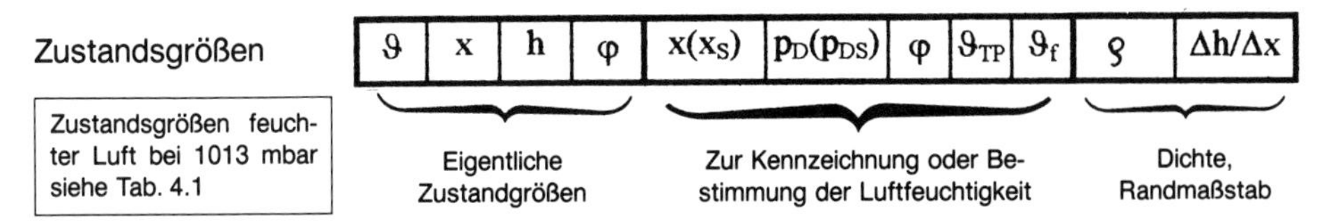

Die **Zustandsgrößen** feuchter Luft aus Tab. 9.1 und deren Verlauf im *h,x*-Diagramm gehen aus Abb. 9.1 hervor. Die gekennzeichnete Behaglichkeitszone für Sommer und Winter kann allerdings nur als ganz grober Anhaltswert angesehen werden, da die Behaglichkeit noch von anderen Einflußgrößen abhängig ist (Kap. 2.2).

Übungsbeispiele zum Aufsuchen von Kenngrößen feuchter Luft

In Tab. 9.2 sind jeweils zwei Größen angegeben (vgl. gerasterte Flächen), die im *h,x*-Diagramm zum Schnitt gebracht werden (= Luftzustand). Alle anderen angegebenen Größen sollen aus dem Diagramm entnommen und mit Ablesegenauigkeit eingetragen werden.

Die **Dichte** ϱ **feuchter Luft** (in Tab. 9.2 nicht eingetragen) ergibt sich aus der Dichte von Trockenluft und Wasserdampf, wobei die entsprechenden Raumanteile zugrunde liegen.

Mit Hilfe der Zustandsgleichung für Gase in Verbindung mit dem DALTONschen Gesetz kann man durch Rechnung nachweisen, daß die Dichte feuchter Luft mit zunehmendem Wassergehalt sinkt. Daraus folgt, wie schon unter Kap. 4.1.1 erwähnt:

Feuchte Luft ist leichter als trockene.

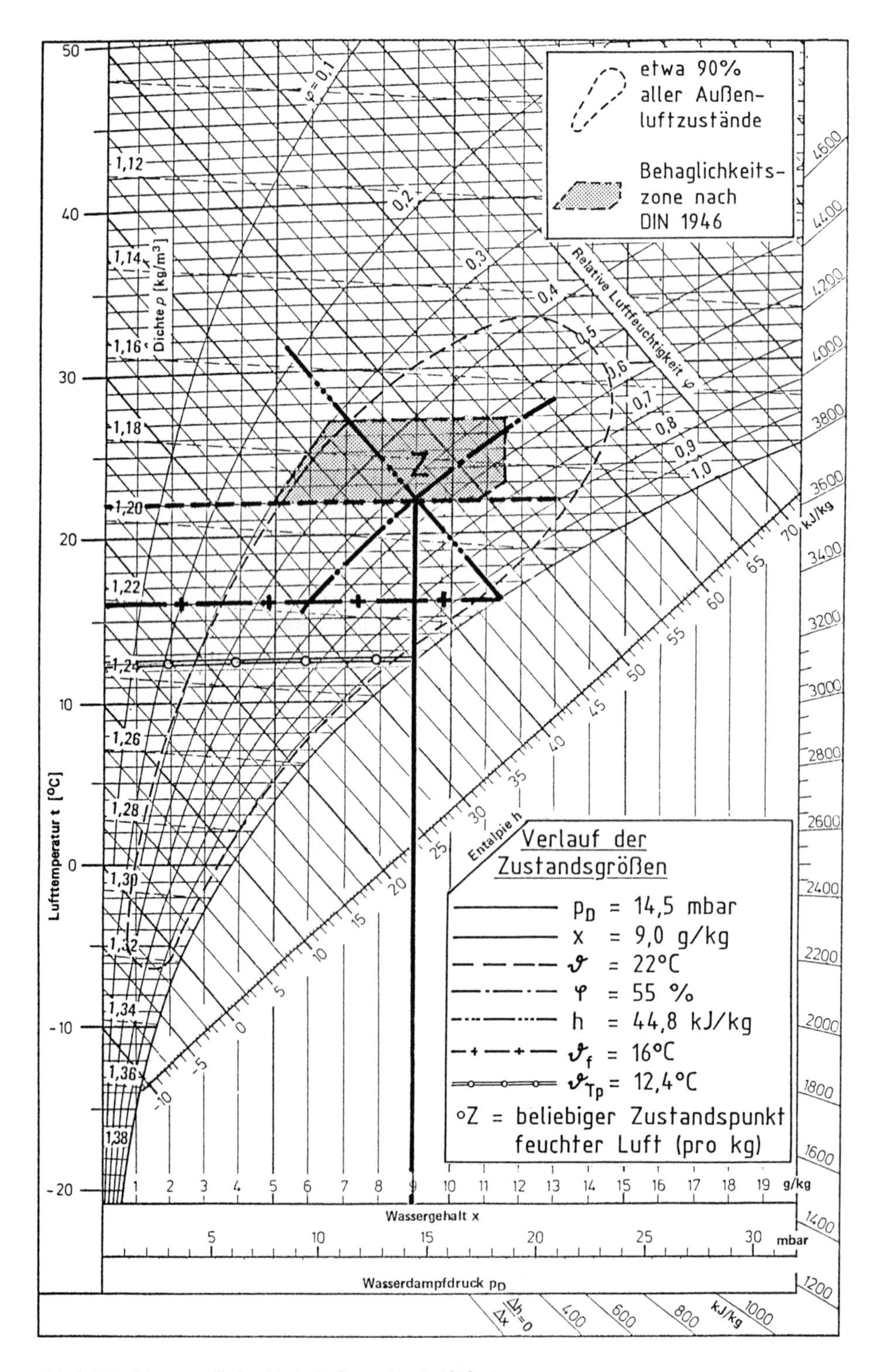

Abb. 9.1 *h,x*-Diagramm für feuchte Luft, Gesamtdruck 1013 mbar

Im Diagramm werden Linien gleicher Dichte durch die ganz schwach gestrichelten, leicht nach rechts unten führenden Linien angegeben (Abb. 9.1). Wie aus Tab. 4.1 ersichtlich, weichen die Dichten von trockener und gesättigter Luft nur unwesentlich voneinander ab.

Tab. 9.2 Aufsuchen von Zustandsgrößen im *h,x*-Diagramm

Nr.	ϑ	x	φ	h	ϑ_{Tp}	p_D	ϑ_f
–	°C	g/kg	%	kJ/kg	°C	mbar	°C
1	20	10	68	45,3	14,2	16,1	16,3
2	20	7,2	50	38,5	9,2	11,7	13,8
3	22,2	10	60	47,5	14,2	16,1	17
4	-5,2	1,7	70	-1	-9	2,7	-6,3
5	24,8	10	52	50,3	14,2	16,1	17,9
6	30	12,8	48	62,9	17,8	20,3	21,8
7	30	14,2	53	66,2	19,5	22,6	22,7
8	33,9	16,6	50	≈77	22,1	26,6	25,1
9	25,9	14,7	70	63	20	23,4	21,8
10	43	7,7	14	62,9	10	12,2	21,8
11	25	12,6	63	57	17,7	20	20
12	35	17	48	≈78,5	22,4	27,2	≈26
13	36,8	12	32	67,5	17	19,2	23,6
14	31,8	14,8	50	69,5	20	23,3	23,5
15	24,4	8	42	44,8	10,8	12,9	16

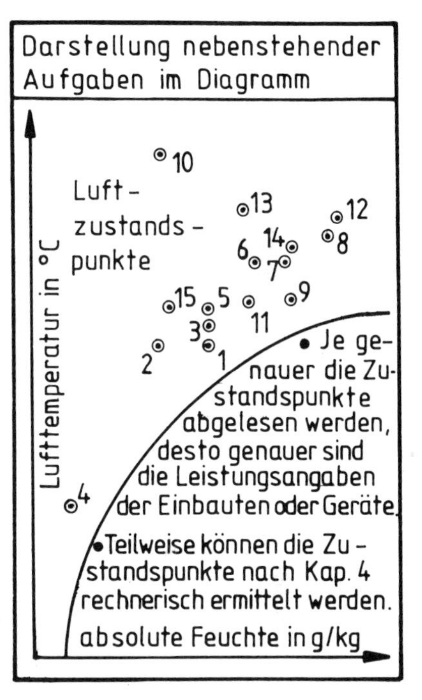

Grundlage für den Aufbau und für die **Konstruktion des *h,x*-Diagramms** sind die Ausführungen in Kap. 4.1.5, d. h. der Zusammenhang zwischen der Enthalpie, der absoluten Feuchte und Temperatur. In dem schiefwinkligen Koordinatensystem wird auf der Ordinatenachse die Enthalpie *h* und auf der Abszissenachse die absolute Feuchte *x* abgetragen.

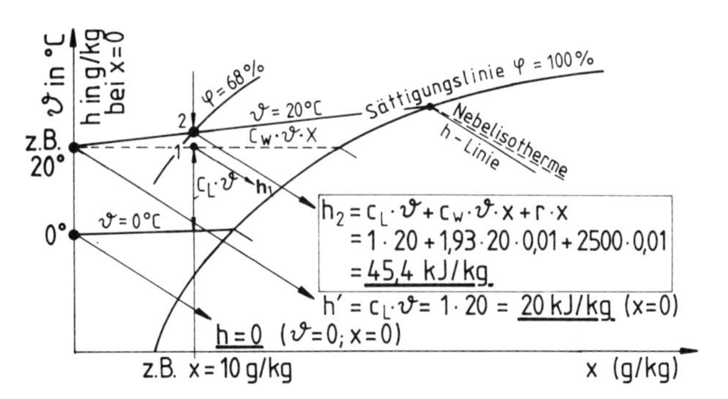

Abb. 9.2 Aufbau des *h,x*-Diagramms

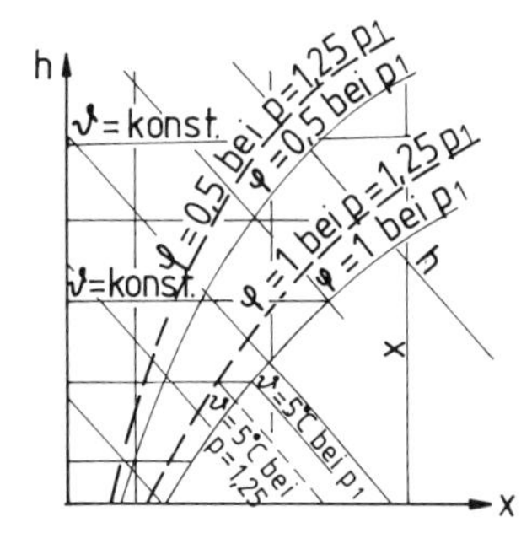

Abb. 9.3 Einfluß auf *x* und φ bei verändertem Druck

Hierzu einige wesentliche **Ergänzungen und Hinweise:**

1. Auf der Ordinatenachse kann man sowohl die ***h*-Linie für x = 0** als auch die Temperatur ϑ ablesen, denn $h = c \cdot \vartheta$ (Enthalpie trockener Luft).
2. Möchte man die **Enthalpie eines bestimmten Luftzustandes** (z. B. Pkt. 2 mit ϑ = 20 °C, x = 10 g/kg) ablesen, so wird die Enthalpie der trockenen Luft h' mit der des Wasserdampfs $h_2 - h' = c_W \cdot \vartheta \cdot x + r \cdot x$ ergänzt (vgl. Gleichung 1 in Kap. 4.1.5).

3. Die **Temperaturlinien** (Isothermen) sind schwach ansteigende Geraden, die an der Sättigungslinie nach rechts unten geknickt werden (Nebelisothermen) und dort nahezu parallel zur Enthalpielinie verlaufen. Läßt man – wie in der Praxis üblich – den sensiblen Wärmeinhalt des Wasserdampfs $h_2 - h_1 = c_W \cdot \vartheta \cdot x$ unberücksichtigt, so verlaufen die Temperaturlinien waagrecht.

4. Die **Sättigungslinie** ($\varphi = 100$ %) ergibt sich dadurch, daß man die Sättigungsdampfmenge x_s in Abhängigkeit der Temperatur aufträgt (Abb. 4.2), und die φ-Linien sind Prozentsätze des maximal möglichen Feuchtegehalts. Unterhalb der Sättigungslinie befindet sich das **Nebelgebiet.**

5. Das Diagramm gilt nur für einen **festgelegten Gesamtdruck** (in Abb. 9.1 mit 1013 mbar). Die Abweichungen des Feuchtegehalts des in der RLT-Technik üblichen Bereichs liegen bei etwa 3 %. Bei stark abweichendem Luftdruck werden in Tab. 4.2 die x_s-Werte angegeben; die φ-Linien weichen nach oben ab (Abb. 9.3).

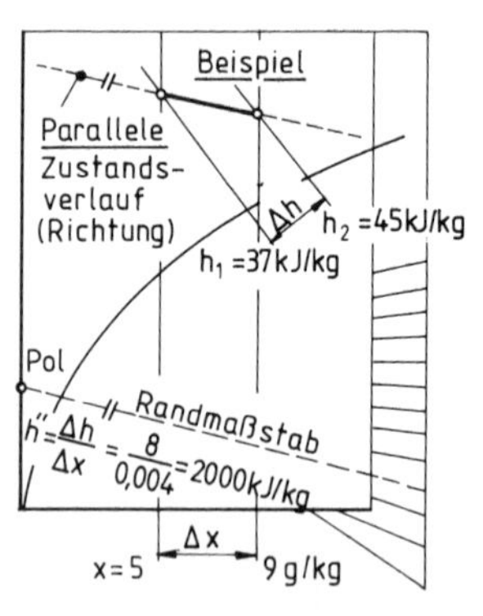

Abb. 9.4 Randmaßstab im *h,x*-Diagramm (vereinfacht)

6. Mit Hilfe des **Randmaßstabs $\Delta h/\Delta x$** kann man die Richtung von Zustandsänderungen ermitteln. Die bekannte Steigung $\Delta h/\Delta x$ wird mit dem sog. Polpunkt (hier $h = 0$, $x = 0$) verbunden. Die Parallelen dazu durch den Ausgangspunkt ergeben dann den Zustandsverlauf: Anwendung z. B. bei der Dampfbefeuchtung (vgl. Kap. 9.2.4).

9.2 Zustandsänderungen im *h,x*-Diagramm – Lasten und Leistungen

Beschreibung der Bauteile siehe unter Kap. 3

Die wichtigsten Zustandsänderungen, wie Mischungsvorgang und die thermodynamischen Vorgänge Heizen, Befeuchten, Kühlen, Entfeuchten, sollen in den folgenden Teilkapiteln – z. T. etwas vereinfacht – dargestellt und nachvollzogen werden. Mit den zahlreichen Übungsaufgaben sollen die wesentlichen Grundlagen für klimatechnische Berechnungen und Aussagen für die Planung und Auslegung der Einbauten zusammengestellt werden.

Zuvor einige **Bemerkungen** hierzu:

- Bei der Ermittlung der Zahlenwerte kann es durch die **Ableseungenauigkeit im Diagramm** zu geringen Differenzen gegenüber der genaueren Berechnung kommen.
- Bei der **Umrechnung von Luftvolumenstrom** (m^3/h) in Luftmassenstrom (kg/h) wird annähernd die Dichte ϱ = 1,2 kg/m^3 zugrunde gelegt ($\dot{m} = \dot{V} \cdot \varrho$). Ebenso wird – wie in Bd. 3 – für die spezifische Wärmekapazität c = 0,28 Wh/kg · K bzw. annähernd 0,35 Wh/m^3 · K verwendet. Die Umrechnung der Wärmeleistungen von kJ/h (Diagramm) in kW (Gerätedaten) erfolgt mit dem Faktor 3 600 (1 kW = 3 600 kJ/h).
- Wenn von **Lasten** die Rede ist, handelt es sich um die Wärme- und Wasserdampfmengen, die dem Raum stündlich zugeführt oder aus dem Raum entfernt werden müssen (ohne Berücksichtigung der Wärme- und Wasserdampfmengen, die durch die Lüftung ein- oder abgeführt werden!!), wie **Heizlast** (= Wärmebedarfsberechnung nach DIN 4701); **Befeuchtungslast,** d. h. das Wasser, das der Raumluft stündlich zugeführt werden muß; **Kühllast** (sensible), d. h. die stündlich abzuführende Wärmemenge, die durch innere Wärmequellen und durch Sonneneinwirkung den Raum „belastet" hat; **Entfeuchtungslast,** d. h. die stündlich aus dem Raum abzuführende Wasserdampfmenge.
- Die angenommenen Temperatur- und Feuchtewerte für Raum- und Außenluft sind in der Regel aus DIN-Normen, VDI-Richtlinien entnommen (vgl. Kap. 11.1). Die Berechnung der erforderlichen Außenluftvolumenströme wird im Bd. 3 behandelt.

9.2.1 Luftmischung im *h,x*-Diagramm – Mischkammer

Wenn man von Luftmischung spricht, so meint man in der Regel die Mischung von Außenluft und Umluft in der Mischkammer einer Zentrale oder im Mischluftkasten eines Klimagerätes. Grundsätzlich soll nur soviel Außenluft eingeführt werden, wie z. B. durch die Lüftungsaufgabe gefordert wird. Mischluftbetrieb bedeutet – insbesondere bei extremen Außenluftzuständen im Winter und Sommer – Einsparung von Energie; ebenso z. B. beim Aufheizen des Raumes. Nachteilig ist jedoch die Wiedereinführung von Verunreinigungen durch die Umluft.

Das gewünschte **Mischungsverhältnis** von AUL und UML in der Mischkammer erfolgt entweder konstant über Endlagenschalter, durch Potentiometer, durch Mischtemperaturregelung (Fühler in der Mischkammer), durch

Mischtemperatursteuerung (Fühler, z. B. im Außenluftkanal) oder durch eine spezielle regelungstechnische Einbindung (z. B. bei Entnebelungsanlagen, bei freier Kühlung, bei der Einhaltung von Schadstoffkonzentrationen u. a.) Auf die Klappenbetätigung durch Antriebe und Veränderung des erforderlichen Außenluftvolumenstroms sowie auf den Mischluftbetrieb selbst wurde schon in Bd. 3 eingegangen.

Ohne *h,x*-Diagramm kann man den Luftzustand in der Mischkammer durch Massen- und Energiebilanzen wie folgt berechnen:

$$\vartheta_m = \frac{\vartheta_{AU} \cdot \dot{m}_{AU} + \vartheta_{UM} \cdot \dot{m}_{UM}}{\dot{m}_{AU} + \dot{m}_{UM}}\;;\; x_m = \frac{x_{AU} \cdot \dot{m}_{AU} + x_{UM} \cdot \dot{m}_{UM}}{\dot{m}_{AU} + \dot{m}_{UM}}\;;\; h_m = \frac{h_{AU} \cdot \dot{m}_{AU} + h_{UM} \cdot \dot{m}_{UM}}{\dot{m}_{AU} + \dot{m}_{UM}}\;;\; \varphi_m = \frac{x_m}{x_{sm}}$$

Der Zustand der Umluft entspricht etwa der der Raumluft bzw. Abluft. Der Mischluftzustand soll über die gesamte Querschnittsfläche möglichst gleichmäßig sein, denn letztlich ist es der Eintrittszustand für die nachfolgenden Einbauten.

Im *h,x*-Diagramm liegt der Mischpunkt auf der Verbindungsgeraden zwischen dem Außen- und Raumluftzustand. Dabei verhalten sich die Teilstrecken l_1 und l_2 umgekehrt proportional zu den Massenströmen $\dot{m}_1$ und $\dot{m}_2$. Das Mischungsverhältnis bestimmt die Lage des Mischpunktes. Das heißt, nach Abb. 9.5 gilt die Beziehung:

$$\dot{m}_1 \cdot l_1 = \dot{m}_2 \cdot l_2 \text{ oder } \boxed{\frac{\dot{m}_1}{\dot{m}_2} = \frac{l_2}{l_1}}$$

Ersetzt man z. B. l_2 mit $l - l_1$, so ergibt sich für l_1

$\dot{m}_1 \cdot l_1 = \dot{m}_2 (l - l_1)$

$\dot{m}_1 \cdot l_1 = \dot{m}_2 \cdot l - \dot{m}_2 \cdot l_1$

$l_1 (\dot{m}_1 + \dot{m}_2) = \dot{m}_2 \cdot l$

$$\boxed{l_1 = \frac{\dot{m}_2 \cdot l}{\dot{m}_1 + \dot{m}_2}}$$

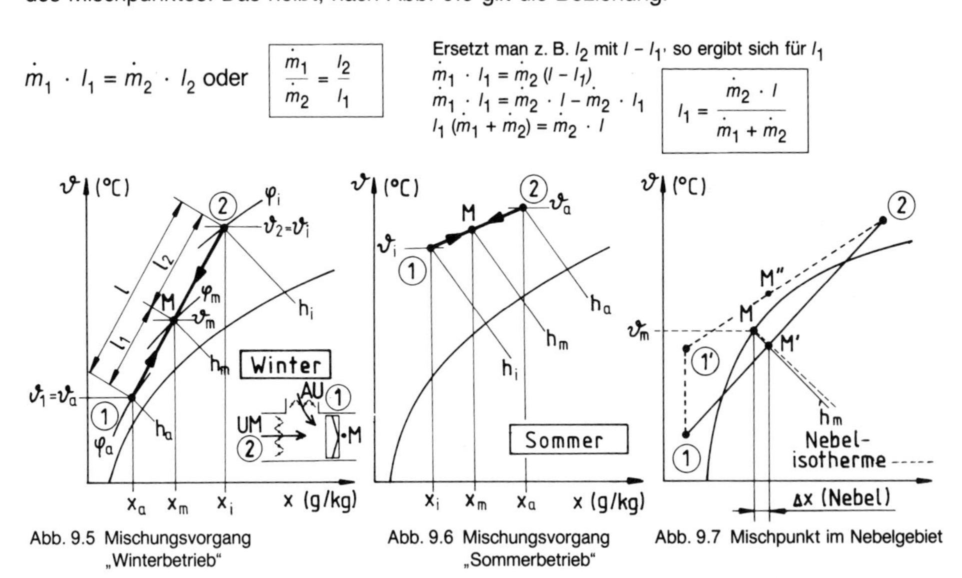

Abb. 9.5 Mischungsvorgang „Winterbetrieb"

Abb. 9.6 Mischungsvorgang „Sommerbetrieb"

Abb. 9.7 Mischpunkt im Nebelgebiet

Weitere Hinweise:

- Entsprechendes gilt auch für l_2, wenn l_1 durch $l - l_2$ ersetzt wird. l_2 wird dann von $\dot{m}_2$ abgetragen. **Es spielt demnach keine Rolle, ob man den Außen- oder Raumluftzustand mit Punkt 1 oder 2 bezeichnet.** Es muß immer nur das umgekehrte Verhältnis der Massenströme zum jeweiligen Abstand beachtet werden. $\dot{m}_1 + \dot{m}_2$ ist der Mischluftvolumenstrom und später der Zuluftvolumenstrom.
- Man kann den Mischpunkt auch ganz schnell ermitteln, wenn man **prozentual die Volumenströme abträgt,** wobei man beachten muß, daß *M* um so näher am Raumluftzustand liegt, desto geringer der Außenluftanteil ist.
  3 Beispiele hierzu: Bei 20 % Außenluft nimmt man 20 % von der Länge der Mischgeraden und trägt diese mm von Raumluftzustand ab.
  70 % Außenluft bedeutet jedoch näher am Außenluftzustand, d. h. nur 30 % Umluft und somit 30 % vom Außenluftzustand entfernt.
  Ventilatorförderstrom 4 000 m³/h, Außenluftvolumenstrom 1 000 m³/h, d. h., *M* liegt 25 % vom Raumzustand oder 75 % vom Außenluftzustand entfernt.
- **Im Sommer** (Abb. 9.6) gilt zwar dasselbe, nur muß man dabei beachten, daß die Außentemperatur höher als die Raumtemperatur ist. 30 % Außenluft heißt hier, daß 30 % der Länge von unten abgetragen werden müssen.

Wie aus Abb. 9.5 und 9.6 hervorgeht, wird in der Regel **durch den Mischungsvorgang im**

Winter die Raumluft gekühlt und entfeuchtet, im Sommer dagegen erwärmt und befeuchtet. Da bei der Klimatisierung auch die absolute Feuchte der Raumluft wieder erreicht werden soll, muß wegen der Lüftung im Winter nicht nur sensible Wärme $c \cdot (\vartheta_i - \vartheta_m)$, sondern wegen der erforderlichen Befeuchtung auch latente Wärme $r \cdot (x_i - x_m)$ wieder zugeführt werden (vgl. Kap. 9.2.3). Beim Sommerbetrieb ist es umgekehrt; dort muß sensible und latente Wärme abgeführt werden.

Liegt der **Mischpunkt im Nebelgebiet,** d. h. unterhalb der Sättigungslinie, das kann jedoch nur bei sehr hoher Raumfeuchte und tiefer Außentemperatur passieren, so scheidet ein geringer Teil des in der Luft vorhandenen Wasserdampfes in flüssiger Form als Nebel aus (Abb. 9.7). Der tatsächliche Mischpunkt M befindet sich vom ermittelten Mischpunkt M' aus entlang der Nebelisothermen ($\approx$ parallel der h-Linie) auf der Sättigungslinie.

Möchte man einen solchen Feuchtigkeitsniederschlag verhindern, muß man – wie in Abb. 9.7 dargestellt – die Außenluft so erwärmen, daß die Mischgerade möglichst etwas über der Sättigungslinie liegt (gestrichelte Linie). Die hierfür erforderliche Wärmeleistung beträgt je kg Luft $h_{1'} - h_1$.

Berechnungs- und Planungsbeispiele

Zuvor zwei Hinweise:

1. Die Lösungen sollen nicht anhand von Abb. 9.1, sondern **anhand eines Originaldiagramms** vorgenommen werden. Auch dort können durch **Ablesetoleranzen** und Runden geringe Unterschiede gegenüber den errechneten Werten entstehen. Obwohl nur die Massenströme temperaturunabhängig sind, kann man im üblichen Temperaturbereich auch mit den Volumenströmen rechnen (Umrechnung mit ϱ = 1,2 kg/m^3).
2. Da es sehr viele unterschiedliche h,x-Diagramme gibt, nicht nur hinsichtlich Form, Arbeitsbereich und Anordnung der Zustandsgrößen, sondern auch hinsichtlich des Maßstabs, erhält man auch **verschiedene maßstäbliche Abtragungen der Längen.** Das Ergebnis ist jedoch das gleiche.

Für folgende Aufgaben wurde das Diagramm entsprechend Abb. 9.1 zugrunde gelegt.

Aufgabe 9.1
Der Zuluftvolumenstrom von 8000 m^3/h besteht aus 30 % Außenluft, mit dem der Raum belüftet werden soll. Der Raumluftzustand wird mit ϑ_i = 22 °C und φ_i = 50 % und der der Außenluft mit ϑ_a = – 12 °C und φ_a = 80 % angegeben.

a) **Bestimmen Sie die 4 Zustandsgrößen ϑ, x, φ und h in der Mischkammer mit Angabe der Teilstrecken, und geben Sie an, um wieviel Grad die Raumtemperatur infolge der Lüftung abgesenkt wurde. Wie groß ist die dem Raum entzogene sensible Wärme in kW (rechnerisch)?**

b) **Durch den Mischungsvorgang (Einführung von Außenluft) wird der Raum entfeuchtet. Wie groß ist dieser „Trocknungseffekt", d. h., wieviel Wasser (l/h) wurde dem Raum entzogen?**

Lösung:
Zu a) Entsprechend Abb. 9.5 ist $l_{ges} \approx$ 134 mm und l_1 = 5 600 · 134/8 000 = 93,8 mm, was von Pkt. 1 (Außenluft) abgetragen wird, oder einfach 30 % von 134 mm = 40,2 mm vom Pkt P_2 (Raumluft = Umluft) abtragen.
ϑ_m = **11,8 °C;** x_m = **6,1 g/kg,** h_m = **27 kJ/kg,** φ_m = **70 %;** $\Delta\vartheta = \vartheta_i - \vartheta_m$ = 22 – 11,8 = **10,2 K;** $\dot{Q}_{Lü(sens.)} = \dot{V}_m \cdot c \cdot (\vartheta_i - \vartheta_m)$ oder $\dot{V}_a \cdot c \cdot (\vartheta_i - \vartheta_a) \approx$ **28 kW.**

Zu b) $x_i - x_m$ = 8,2 g/kg – 6,1 g/kg = 2,1 g/kg; $\dot{m}_W = \dot{m}_L \cdot \Delta x = \dot{m}_L \cdot \varrho \cdot \Delta x$ = 8 000 · 1,2 · 2,1 = 20 160 g/kg $\approx$ **20 l/h** [oder $\dot{m}_a \cdot (x_i - x_a)$].

Aufgabe 9.2
In der Mischkammer einer Klimazentrale ist der Thermostat auf 10 °C eingestellt. Der Mischluftstrom beträgt 15 000 m^3/h. Für die Auslegung wurde ein Außenluftzustand von ϑ_a = ± 0 °C und φ_a = 65 % und ein Raumluftzustand von ϑ_i = 22 °C und φ_i = 50 % angegeben.

a) **Wie groß ist die Außenluftrate, wenn sich im Raum 400 Personen befinden?**

b) **Wie groß ist die Wärmeleistung in kW, die durch die Luftmischung (Lüftung) erforderlich wird?**

Lösung:
Zu a) l_{ges} = 91 mm ($\hat{=}$ 15 000 m^3/h), l_1 = 50 mm (vom Raumluftzustand 1), d. h. 55 % Außenluft (Mischpunkt näher am Außenluftzustand) $\hat{=}$ 8 250 m^3/h; A_R = 8 250/400 = **20,6 m^3/h · Pers.**

Zu b) $\dot{Q}_{Lü} = \dot{m}\,(c \cdot \Delta\vartheta + r \cdot \Delta x)$ = 15 000 · 1,2 · [0,28 · 12 + 700 · (8,2 – 5)/1 000] = **100 800 W.**

Aufgabe 9.3

In den Morgenstunden soll mit einem Lüftungsgerät mit $\dot{V}$ = 4 000 m³/h ein Raum mit Außenluft gekühlt werden. Der Raumluftzustand wird mit ϑ_i = 28 °C, φ_i = 55 % und die Außenluft mit 16 °C und 65 % angegeben.

a) Wieviel Prozent Umluft sind erforderlich, damit eine Untertemperatur von 5 K nicht überschritten wird, um Zugerscheinungen zu vermeiden (nach Diagramm ermitteln)?

b) Wieviel Wärme und Wasserdampf werden dem Raum stündlich entzogen?

Lösung:

Zu a) l_{ges} = 61,5 mm, l_1 = 36 mm ≙ **58,5 %** bzw. 2 340 m³/h;

Zu b) $\dot{Q} = \dot{m} \cdot c \cdot \Delta\vartheta = 4\,000 \cdot 1{,}2 \cdot 0{,}28 \cdot 5 =$ **6 720 W**; $\dot{m}_W = \dot{m}_L\,(x_i - x_m) = 4\,000 \cdot 1{,}2\,(13 - 10{,}6) = 11\,520$ g/h ≈ **11,5 l/h**

Aufgabe 9.4

In einer Mischkammer werden 60 % Außenluft von ϑ_a = – 14 °C, φ_a = 80 % mit Umluft vermischt. Der Raumluftzustand in einem speziellen Produktionsraum wird mit ϑ_i = 23 °C und φ_i = 70 % angegeben. Der Zuluftvolumenstrom beträgt 7 200 m³/h. Mit welchem Zustand verläßt die Luft die Mischkammer, und wieviel l/h werden als Nebel ausgeschieden?

Lösung:

ϑ_m = 3,1 °C; φ_m = 100 %; x_m = 4,7 g/kg, h_m = 15 kJ/kg; Δx = 5,5 – 4,7 = 0,8 g/kg;
$\dot{m}_W = 7\,200 \cdot 1{,}2 \cdot 0{,}8 = 6\,912$ g/h ≈ **6,9 l/h**

9.2.2 Lufterwärmung im *h,x*-Diagramm

Wird dem Wasserdampf-Luftgemisch durch einen Wärmetauscher Wärme zugeführt, so findet eine Temperaturerhöhung bei gleichbleibender absoluter Feuchtigkeit statt. Die relative Feuchte nimmt jedoch dabei ab. Eine Leistungsberechnung für den Lufterwärmer, wie sie auch bei Lüftungs- und Luftheizungsanlagen ausführlich im Bd. 3 durchgeführt wurde, kann im *h,x*-Diagramm direkt als **Enthalpiedifferenz je kg Luft** abgelesen werden. Die Lufterwärmung ist bei der Winterklimatisierung die wichtigste Aufgabe der Luftbehandlung.

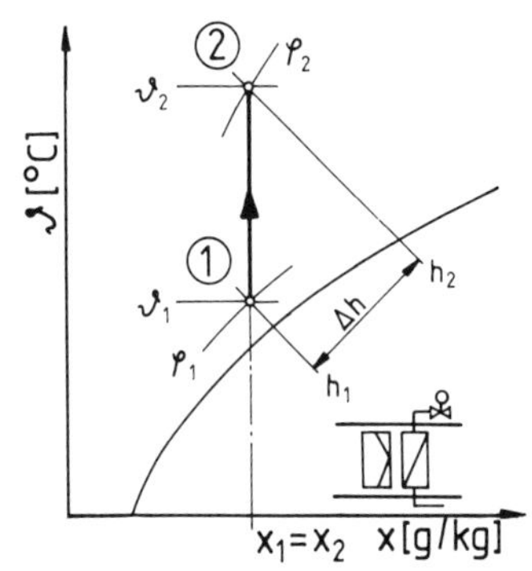

Abb. 9.8 Erwärmung bei konstantem *x*

$$\Delta h = h_2 - h_1$$

$$\Delta h = c \cdot (\vartheta_2 - \vartheta_1)$$

$$= \mathbf{0{,}28\ (\vartheta_2 - \vartheta_1)}\ \text{Wh/kg}$$

$$= 1{,}0\ (\vartheta_2 - \vartheta_1)\ \text{kJ/kg}$$

$$\dot{Q} = \dot{m} \cdot \Delta h$$

Wärmeleistung in kJ/h bzw. W
$\dot{m}$ Massenstrom in kg/h

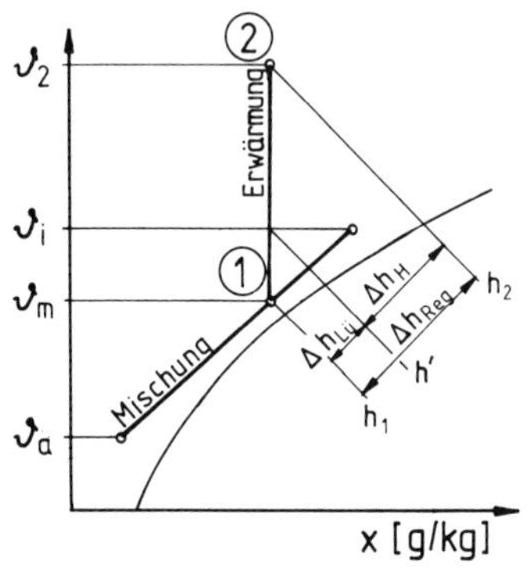

Abb. 9.9 Mischung und Erwärmung

Abb. 9.8 zeigt den **Zustandsverlauf im Lufterwärmer,** unabhängig davon, ob es sich beim Zustandspunkt 1 um Außen-, Misch- oder Umluft handelt, und unabhängig davon, ob Punkt 2 der Zuluftzustand oder ein Eintrittszustand eines nachfolgenden Bauteils (z. B. Befeuchters) ist.

Abb. 9.9 zeigt den **Zustandsverlauf Mischung + Erwärmung** (etwa 30 % Außenluft). $\Delta h_H = h_2 - h'$ ist die Heizlast (DIN 4701), wenn ϑ_2 der Zustand der Zuluft ist. $\Delta h_{Lü} = h' - h_1$ ist die Lüftungwärme (sensibel); $\Delta h_H + \Delta h_{Lü}$ ist die Registerleistung. Alle drei Δh-Werte müssen mit dem Luft-Massenstrom multipliziert werden, um jeweils die Leistungen in kJ/h zu erhalten.

Abb. 9.10 zeigt **verschiedene Betriebsfälle: a)** Lüftung mit 100 % Außenluft, da $\vartheta_2 > \vartheta_i$, wird dem Raum auch Wärme zugeführt; **b)** Lüftung mit etwa 70 % AUL, da $\vartheta_2 = \vartheta_i$, wird dem Raum keine Wärme zugeführt; **c)** Lüftung (100 % AUL), Raumkühlung, da $\vartheta_2 < \vartheta_i$, Δh_K = Kühllast; **d)** Raumheizung (Heizlast Δh_H), keine Lüftung (Umluftbetrieb).

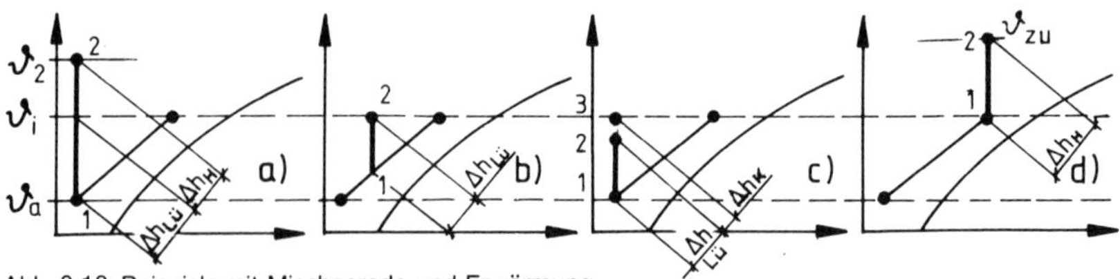

Abb. 9.10 Beispiele mit Mischgerade und Erwärmung

Berechnungs- und Planungsbeispiele (Heizung)

Obwohl die Aufgaben „Luftmischung und Lufterwärmung“ in der Regel schneller rechnerisch durchgeführt werden können (Bd. 3), sollen sie trotzdem hier anhand des h,x-Diagramms gelöst werden. Später wird nämlich der Erwärmungsvorgang in die Gesamtplanung integriert, d. h., er ist dann nur noch ein Teil der Klimatisierungsaufgabe. Die anhand des Diagramms ermittelten Ergebnisse können rechnerisch überprüft werden, wobei durch Ableseungenauigkeit und durch die Näherungswerte von c = 0,35 Wh/kg · K und ϱ = 1,2 kg/m³ immer geringe Differenzen auftreten.

Aufgabe 9.5

Der Zuluftvolumenstrom einer RLT-Anlage beträgt 11 000 m³/h, wobei 30 % Außenluft festgelegt werden sollen. Bestimmen Sie folgende Angaben anhand des Diagramms, wenn ein Außenluftzustand von ϑ_a = - 12 °C, φ_a = 80 % und ein Raumluftzustand von ϑ_i = 22 °C, φ_i = 55 % angegeben werden.

a) **Wie groß sind die Wärmeleistung des Heizregisters und der prozentuale Anteil für die Lüftungsaufgabe? Die Übertemperatur von 10 K soll nicht überschritten werden. Die Ergebnisse aus Diagrammwerten sind rechnerisch zu überprüfen.**

b) **Wie groß sind die Heizlast und der Lüftungswärmebedarf, und wie verändern sich beide, wenn mit 100 % Außenluft gefahren wird?**

Lösung:

Zu a) $\dot{Q}_{Reg} = \dot{m}\,(h_{zu} - h_m)$ = 11 000 · 1,2 · (49 – 28,5) = 270 600 kJ/h ≈ **75,2 kW;** $\Delta h_{Lü}/\Delta h_{Reg}$ = (38,8 – 28,5)/(49 – 28,5) ≈ **50 %.** $\dot{Q}_{Reg} = \dot{V} \cdot c \cdot (\vartheta_{zu} - \vartheta_m)$ = 11 000 · 0,35 · (32 – 11,9) ≈ 74 kW.
Zu b) $\dot{Q}_H = \dot{m}\,(h_{zu} - h')$ = 13 200 · (49 – 38,8) = 134 640 kJ/h ≈ **37,4 kW;** [$\dot{Q}_H = \dot{V} \cdot c \cdot (\vartheta_{zu} - \vartheta_i)$ = 38,5 kW]; $\dot{Q}_L$ = 13 200 · (38,8 – 28,5) = 135 960 kJ/h; ≈ **37,7 kW;** [$\dot{Q}_L = \dot{V} \cdot c \cdot (\vartheta_i - \vartheta_m)$ ≈ 11 000 · 0,35 · (22 – 11,9) = 38 885 W]
Zu b) $\dot{Q}_H$ bleibt unverändert, $\dot{Q}_L$ = 13 200 · (25 – (–) 9,5) = 455 400 kJ/h ≈ **127 kW**

Aufgabe 9.6

Nach der DIN 4701 wurde ein Wärmebedarf von 56 kW ermittelt. Die Übertemperatur soll 10 K nicht überschreiten. Der erforderliche Außenluftvolumenstrom wird mit 5 000 m³/h angegeben.
Ermitteln Sie anhand des h,x-Diagramms die Registerleistung in kW, bei einem Außenluftzustand von ϑ_a = - 5 °C, φ_a = 70 % und einem Raumluftzustand von ϑ_i = 20 °C, φ = 45 %. Eine anschließende Befeuchtung soll hier nicht berücksichtigt werden.

Lösung:

$\dot{V}_{zu} = \dot{Q}_H/c \cdot \Delta\vartheta$ = 56 000/0,35 · 10 = 16 000 m³/h; $\dot{V}_a$ = 5 000 m³/h ≙ 31 %, ϑ_m ≈ 12 °C; Senkrechte hochziehen und $\Delta h_H = \dot{Q}/\dot{m}$ = 56 000 · 3,6/16 000 · 1,2 = 10,5 kJ/kg von ϑ_i aus abtragen: $h_{zu} = h' + \Delta h$ = 32,5 + 10,5 = 43 kJ/kg. $\dot{Q}_{Reg}$ = 19 200 · (43 – 24) = 364 800 kJ/h ≈ **101 kW**.
Schneller ohne Diagramm: $\dot{Q}_{Reg} = \dot{V} \cdot c \cdot (\vartheta_{zu} - \vartheta_m)$ = 16 000 · 0,35 · (30 – 12) = 100 800 W = 101 kW.

Aufgabe 9.7

9000 m³/h Mischluft mit einer Temperatur von 10 °C und einer absoluten Feuchte von 5,4 g/kg durchströmen den Vorwärmer einer Klimazentrale, der mit einer Leistung von 63 kW angegeben wird. Mit der Enthalpie dieser erwärmten Luft und einer absoluten Feuchte von 11 g/kg strömt die Luft in den Nachwärmer der Klimazentrale und wird dabei auf 28 °C (= ϑ_{zu}) erwärmt. Raumluftzustand: ϑ_i = 22 °C, φ_i = 50 %.

a) **Wie groß ist der Außenluftvolumenstrom (in m³/h und Prozent), mit einer Temperatur von - 5 °C?**

b) **Wie groß sind die Lufteintrittstemperatur vom Nachwärmer und die Leistung in kW?**

c) **Wie groß ist die Heizlast in kW (rechnerisch)?**

Zu a) l = 107 mm, l_2 = 48 mm = **4 037 m³/h** ≈ **45 %**;
Zu b) $\Delta h = \dot{Q}/\dot{m}$ = 63 000 · 3,6/9 000 · 1,2 = 21 kJ/kg, $h_2 = h_1 + \Delta h$ = 24 + 21 = 45 kJ/kg ⇒ **17,2 °C;** $\dot{Q}_N = \dot{m} \cdot \Delta h$ = 9 000 · 1,2 · (56,2 – 45) = 120 960 kJ/h ≈ **34 kW;** [$\dot{Q}$ = 9 000 · 0,35 · (28 – 17,2) = 34 020 W ≈ 34 kW].
Zu c) $\dot{Q} = \dot{V} \cdot c \cdot (\vartheta_{zu} - \vartheta_i)$ = 9 000 · 0,35 · (28 – 22) = **18 900 W;** (Δh_H = 49 – 43,2 kJ/kg) d. h. immer das Δh von senkrechtem Abstand zwischen ϑ_{zu} und ϑ_i.

Aufgabe 9.8
In einer Lüftungsanlage wird Außenluft (ϑ_a = –10 °C, φ_a = 70 %) durch Wärmerückgewinnung aus der Fortluft auf ± 0 °C erwärmt. Raumluftzustand: ϑ_i = 23 °C, φ_i = 50 %. Bestimmen Sie nach Ermittlung der Δh-Werte die Leistung des Wärmerückgewinners (Lufterwärmer im Außenluftkanal) und das Heizregister in der RLT-Zentrale, mit dem bei 80 % Außenluftanteil eine isotherme Lufteinführung ($\vartheta_{zu} = \vartheta_i$) ermöglicht wird. Zuluftvolumenstrom 8500 m³/h.

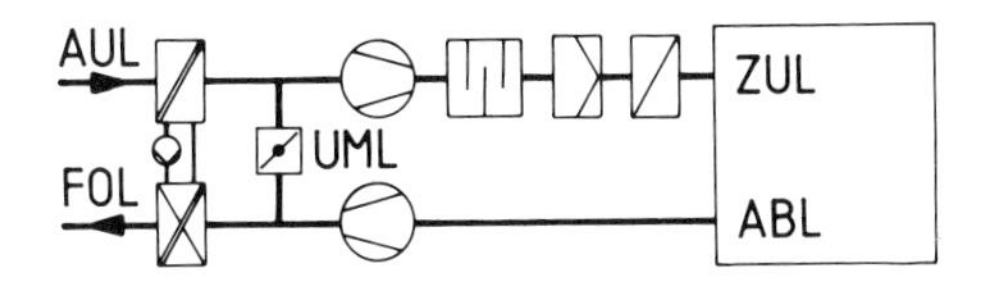

Abb. 9.11

Lösung:
$\dot{Q}_{WRG}$ = 8500 · 1,2 · 0,8 [2,7 – (–) 7,3] = 81 600 kJ/h ≈ **22,7 kW**; nach Mischpunktbestimmung ⇒
$\dot{Q}$ = 8500 · 1,2 (29,4 – 11) = 187 680 kJ/h ≈ **52,1 kW**

9.2.3 Luftbefeuchtung durch Verdunstung und Zerstäubung (*h,x*-Diagramm)

Über die notwendige Befeuchtung und über die Folgen von zu hoher und zu geringer Raumfeuchte wurde schon ausführlich in Kap. 4.2 hingewiesen. Die Düsenkammer wird eingehend in Kap. 3.4.2, der Dampfbefeuchter in Kap. 3.4.4, und Befeuchtungseinzelgeräte werden in Kap. 6.5 behandelt.

Betrachtet man im *h,x*-Diagramm die Lüftung im Winter, so wird deutlich, daß dadurch die absolute Feuchte der Raumluft stark abnimmt (Abb. 9.5) und daß zur Erreichung der Raumfeuchte die Luft wieder befeuchtet werden muß. Beim Erwärmungsvorgang (Abb. 9.8) nimmt die relative Feuchte stark ab. Gleichgültig, ob die Luft durch Zerstäubung oder durch Verdunstung befeuchtet wird, findet – im Gegensatz zur Dampfbefeuchtung – neben dem Stoffaustausch (Befeuchtung) gleichzeitig auch ein Wärmeaustausch statt. Als typisches Beispiel sei hier der Luftwäscher in der Klimakammerzentrale erwähnt, obwohl dieser Zustandsverlauf im *h,x*-Diagramm für alle Verdunstungs- und Zerstäubungsgeräte Gültigkeit hat.

Düsenkammer: Betrieb mit Umlaufwasser

Beim Luftwäscher (= Düsenkammer) mit Umlaufwasser verläuft die Zustandsänderung der Luft adiabatisch, d. h. bei konstanter *h*-Linie bis theoretisch zur Feuchtkugeltemperatur. Was schon im Kap. 4.1.5 rechnerisch erläutert wurde, kann man direkt aus Abb. 9.12 entnehmen, daß nämlich die Temperatur abnimmt, wenn die absolute Feuchte *x* zunimmt ($\Delta h_s \mathrel{\hat{=}} \Delta h_l$); anders ausgedrückt: Die Enthalpieänderung der Luft $\dot{m}_L \cdot c \cdot \Delta\vartheta$ ist genauso groß wie die des Wassers $\dot{m}_W \cdot r = \dot{m}_L \cdot \Delta x \cdot r$.

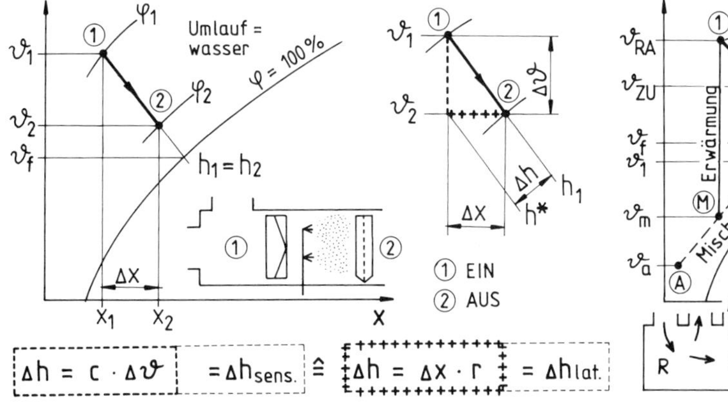

Abb. 9.12 Befeuchtung mit Umlaufwasser (Verdunstung oder Zerstäubung)

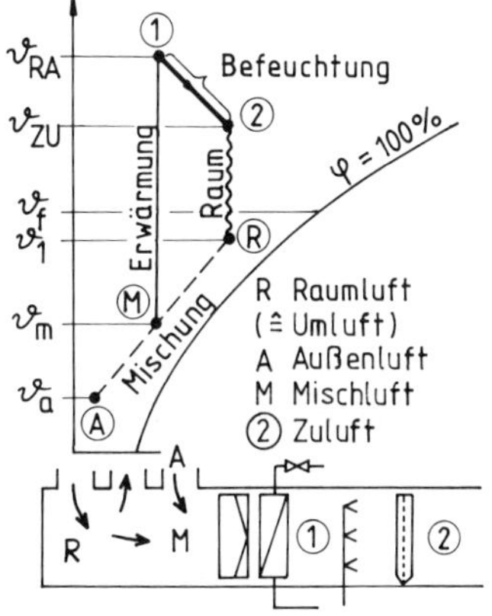

Abb. 9.13 Mischung, Erwärmung und Befeuchtung auf x_i

Hierzu noch einige Ergänzungen:

- Der **Zustandspunkt** ① als Eintrittszustand in den Luftwäscher kann sich zwar auf Außen-, Misch- oder Raumluft beziehen, doch bei RLT-Anlagen handelt es sich – wie in Abb. 9.13 dargestellt – um den erforderlichen (geregelten) Luftzustand am Austritt des Lufterwärmers.

- Der **Zustandspunkt** ② (Temperatur ϑ_2) in Abb. 9.13 liegt praktisch immer mehr oder weniger oberhalb der Feuchtkugeltemperatur, d. h., die Sättigungstemperatur wird nicht ganz erreicht.
Wie groß die Differenz $\vartheta_2 - \vartheta_f$ ist, wird durch den Befeuchtungswirkungsgrad angegeben, der z. B. durch die Drosselung des Wasserstroms verändert werden kann.

- In Abb. 9.13 wird durch die Befeuchtung, z. B. über einen Hygrostaten, die **gewünschte absolute Feuchte der Zuluft x_2** erreicht. Zuvor muß aber die Mischluft auf die Registeraustrittstemperatur ϑ_{RA} erwärmt werden (anstatt auf ϑ_{zu}), damit durch das Heizregister auch die latente Wärme erbracht wird. Die Zustandsänderung im Raum (hier nur Heizlast) wird durch die Wellenlinie dargestellt. Weitere Beispiele vgl. Abb. 9.15.

Befeuchtungswirkungsgrad η_{Bef} – Wasser-Luft-Zahl μ

In Kap. 3.4.2 wird beim Luftwäscher ausführlicher auf den Befeuchtungswirkungsgrad eingegangen. Was die Darstellung im *h,x*-Diagramm betrifft, so versteht man unter η_{Bef} das Verhältnis der in der Düsenkammer erreichten oder gewünschten Feuchtigkeitszunahme Δx zur höchstmöglichen Δx_{max} bis zur Erreichung der Feuchtkugeltemperatur.

$$\eta_{Bef} = \frac{\Delta x}{\Delta x_{max}} = \frac{x_2 - x_1}{x_f - x_1} \approx \frac{\vartheta_1 - \vartheta_2}{\vartheta_1 - \vartheta_f}$$

Anstatt Δx und Δx_{max} in g/kg zu bestimmen, kann auch der jeweilige Abstand in mm eingesetzt werden.

$$\Delta x = \Delta x_{max} \cdot \eta_{Bef}$$

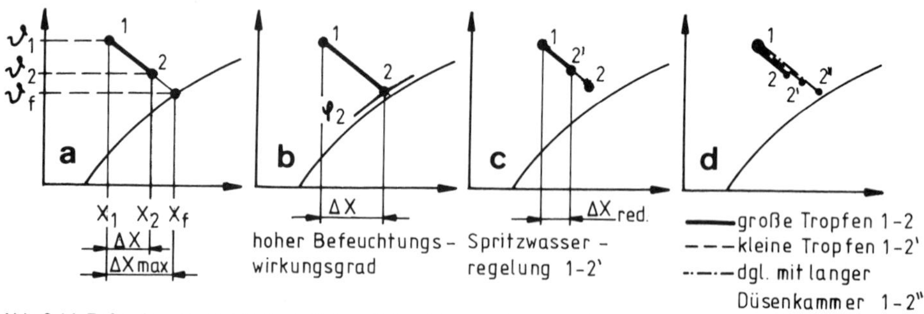

Abb. 9.14 Befeuchtung mit unterschiedlichem Befeuchtungswirkungsgrad

- **Berücksichtigung des Befeuchtungswirkungsgrades im *h,x*-Diagramm.**

Angenommen, es wird eine Befeuchtung Δx von 4,5 g/kg gefordert und ein Befeuchtungswirkungsgrad η_{Bef} von 90 % angegeben. In Abb. 9.14a entspricht Δx = 4,5 g/kg den 90 %. Δx_{max} (= 100 %) entspricht dann 5 g/kg (wird nicht erreicht). Durch Abtragen von Δx_{max} erreicht man die Feuchtkugeltemperatur ϑ_f, von wo aus dann, die *h*-Linie mit x_2 geschnitten, der Austrittszustand 2 erreicht wird.

Je größer η_{Bef}, desto näher liegt die relative Feuchte φ_2 an der Sättigungslinie (Abb. 9.14b). Je weniger Wasser verdüst wird, desto geringer ist die Befeuchtung Δx (Abb. 9.14c). Je größer die Tropfen, desto geringer ist die Oberfläche und somit die Verdunstung $\Delta x = x_2 - x_1$, d. h. entsprechend Abb. 9.14d anstatt $x_{2'} - x_1$ nun $x_2 - x_1$; ebenso wird durch eine längere Düsenkammer Δx größer ($x_{2''} - x_1$).

- Obwohl es hinsichtlich des Befeuchtungswirkungsgrades für die Austauschvorgänge und für die Tropfenbahnkurven einige Rechenansätze gibt, wird η_{Bef} empirisch bestimmt und **in den Herstellerunterlagen angegeben.** So kann man z. B. anhand Abb. 3.28 für zwei verschiedene Düsenbohrungen und Kammerlängen die η_{Bef}-Werte ablesen.

- Auch auf die **Wasser-Luft-Zahl** μ wird im Kap. 3.4.2 eingehender hingewiesen. Sie ist das Verhältnis vom versprühten Wassermassenstrom zum durchströmenden Luftmassenstrom $\mu = \dot{m}_W/\dot{m}_L$. Sie gibt an, wieviel Wasser verdüst werden muß, um einen bestimmten Befeuchtungswirkungsgrad zu erreichen. Auf diese Spritzwasserregelung wird ebenfalls in Kap. 3.4.2 hingewiesen.

Mischung (Lüftung), Heizung und Befeuchtung

Hier soll im Zusammenhang gezeigt werden, wie die Zustandsänderungen in den Bauteilen Mischkammer, Lufterwärmer, Düsenkammer durchgeführt werden. Die Verbindungslinie vom Zuluftzustand zum Abluftzustand (= Raumzustand) – hier als Zickzacklinie dargestellt – ist die Zustandsänderung im Raum, d. h. die Auswirkung der Wärme- und Stofflasten. Dadurch werden die einzelnen Zustandsänderungen Lüftung – Erwärmung – Befeuchtung – Aufnahme oder Abgabe der Raumlasten als ein **„geschlossener Kreislauf"** dargestellt. Bei den einzelnen Darstellungen in Abb. 9.13 handelt es sich nicht nur um die Auslegung von RLT-Anlagen, sondern es können auch bestimmte gewünschte Betriebszustände sein (Regelung). In den folgenden Aufgaben sollen daraus einige Auslegungsfälle gewählt und die Leistungen berechnet werden.

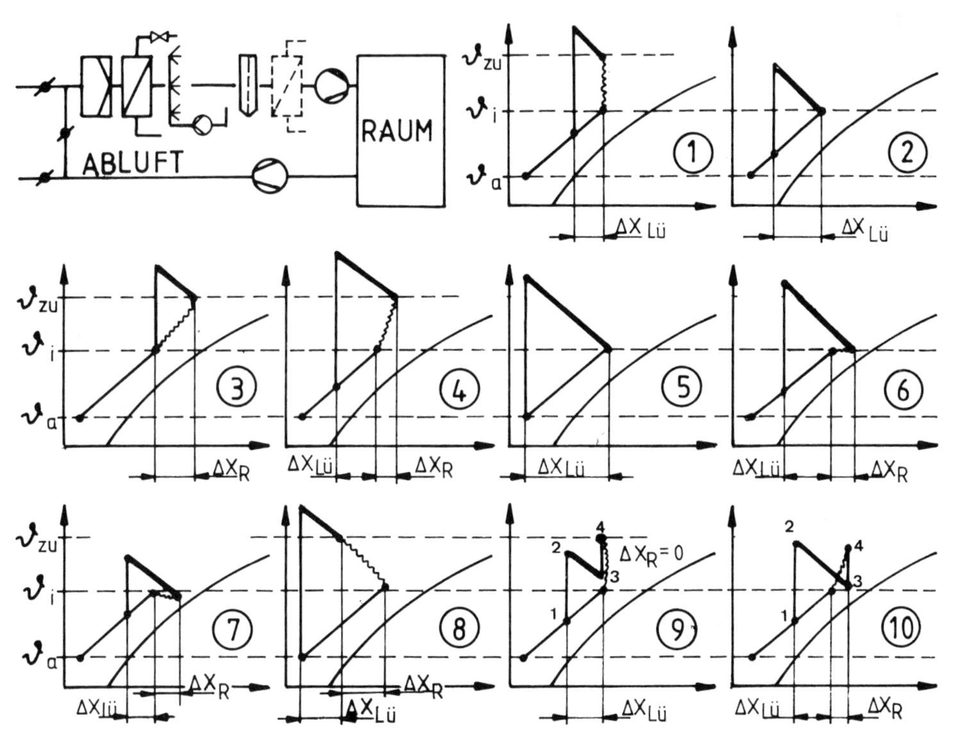

Abb. 9.15 Darstellungsbeispiele zur Luftbefeuchtung (Verdunstung oder Zerstäubung)

(1) Lüftung (etwa 40 % AUL), Raumlufterwärmung (Heizlast) Befeuchtung von x_m auf x_i (keine Raumluftbefeuchtung).

(2) Lüftung (etwa 70 % AUL), keine Raumlufterwärmung ($\vartheta_{zu} = \vartheta_i$), d. h. Heizlastdeckung, z. B. durch Raumheizkörper; Befeuchtung auf x_i, d. h., die Befeuchtung übernimmt nur den Trockungseffekt durch die Lüftung.

(3) Keine Lüftung (Umluftbetrieb); Raumluftbefeuchtung (Deckung der Befeuchtungslast) $\Delta x_R = x_{zu} - x_i$; Raumlufterwärmung.

(4) Lüftung (etwa 60 % AUL); Raumlufterwärmung (Heizlast); Raumluftbefeuchtung Δx_R (Abb. 9.16).

(5) Lüftung (reiner Außenluftbetrieb); keine Raumlufterwärmung (isotherme Lufteinführung); Befeuchtung von x_a auf x_i (keine Raumluftbefeuchtung).

(6) Lüftung (etwa 60 % AUL); Raumluftbefeuchtung (Befeuchtungslast Δx_R); Deckung der Heizlast durch eine andere Anlage (z. B. Raumheizkörper).

(7) Lüftung (etwa 30 % AUL); Raumluftbefeuchtung $\Delta x_R = x_{zu} - x_i$); Raumluftkühlung ($\vartheta_{zu} < \vartheta_i$), evtl. durch falsche Regelung des Luftwäschers oder höheren Befeuchtungswirkungsgrad.

(8) Lüftung (100 % AUL); trotz Befeuchtung wird der Raum entfeuchtet ($x_{zu} < x_i$), oder fehlendes Δx_R wird durch Feuchtequellen im Raum gedeckt; Raumlufterwärmung durch $\dot{m} \cdot c \cdot (\vartheta_{zu} - \vartheta_i)$.

(9) Lüftung (etwa 50 % AUL); Befeuchtung von x_m auf x_i (keine Raumbefeuchtung); Raumlufterwärmung; Aufteilung der Wärmeleistung in Vor- und Nachwärmer (letzterer durch Raumfühler geregelt).

(10) Lüftung (etwa 50 % AUL); Raumlufterwärmung; Raumluftbefeuchtung; Vor- und Nachwärmer.

Bestimmung der Δh-Werte und Berechnung der Wärmeleistungen

Soll ein Raum durch eine Klimaanlage belüftet, beheizt und befeuchtet werden (vorwiegend der Winterbetrieb), so kann man die erforderliche Energie – entsprechend den jeweiligen Anforderungen – anteilmäßig aus dem *h,x*-Diagramm entnehmen und daraus den zugehörenden Leistungsanteil berechnen. Bei folgendem Beispiel (Abb. 9.16) handelt es sich z. B. um einen Industriebetrieb, bei dem sich hygroskopische Stoffe befinden und somit – wie schon aus Abb. 9.15 hervorgeht – nicht nur $\Delta x_{Lü}$, sondern auch Δx_R (Befeuchtungslast) zu berücksichtigen ist.

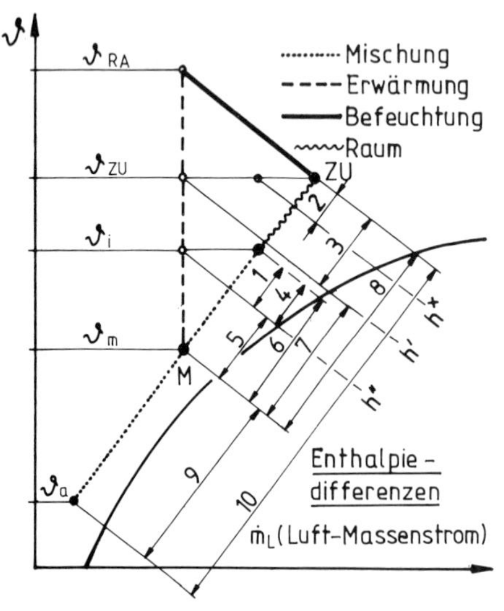

Abb. 9.16 Aufteilung der Wärmeleistung Δh-Werte (Mischluftanlage)

Ablesen der Δh-Werte aus dem *h,x*-Diagramm und Berechnung der Leistungen

1. **Heizlast,** d. h. der Wärmestrom, der durch die RLT-Anlage dem Raum zugeführt werden muß: $\dot{Q}_H = \dot{m} \cdot \Delta h_1 = \dot{m} \cdot c \cdot (\vartheta_{zu} - \vartheta_i)$

2. **Latente Wärme für die Raumluftbefeuchtung** (Verdunstungs- bzw. Verdampfungswärme); rechnerisch: $\dot{Q}_{l(R)} = \dot{m}_L \cdot \Delta h_2 = \dot{m}_{zu} (h_{zu} - h^*)$ oder $\dot{m}_{zu} (x_{zu} - x_i) \cdot r/1000$.

3. **Latente Wärme für die Befeuchtungsleistung,** d. h. die erforderliche Verdunstungswärme für die gesamte Befeuchtungsaufgabe. Bei der Dampfbefeuchtung müßte diese Energie als elektrische Energie dem Dampfbefeuchter zugeführt werden. $\dot{Q}_{l(ges)} = \dot{m}_L \cdot \Delta h_3 = \dot{m}_{zu} (h_{zu} - h') = \dot{m}_L \cdot (x_{zu} - x_m) \cdot r/1000$.

4. **Latente Wärme für die Befeuchtung der Außenluft,** die durch den Trocknungseffekt der Lüftung $x_i - x_m$ erforderlich wird. $\dot{Q}_{l(Lü)} = \dot{m}_L \cdot \Delta h_4 = \dot{m}_{zu} (h_i - h'') = \dot{m}_{zu} \cdot (x_{zu} - x_m) \cdot r/1000 = \dot{m}_a \cdot (x_a - x_m) \cdot r/1000$.

5. **Sensible Wärme für die Lüftung:** $\dot{Q}_{s(Lü)} = \dot{m}_L \cdot \Delta h_5 = \dot{m}_{zu} (h'' - h_m) = \dot{m}_{zu} \cdot c \cdot (\vartheta_i - \vartheta_m) = \dot{m}_a \cdot c \cdot (\vartheta_i - \vartheta_a)$.

6. **Energiebedarf, der durch die Lüftung erforderlich wird:** $\dot{Q}_{Lü} = \dot{m}_L \cdot \Delta h_8 = \dot{Q}_{s(Lü)} + \dot{Q}_{l(Lü)} = \dot{m}_{zu} \cdot (h_i - h_m) = \dot{m}_a \cdot (h_i - h_a)$.

7. **Sensible Wärme für Lüftung und Raumheizung,** d. h. der Energiebedarf, wenn keine Befeuchtung vorhanden wäre: $\dot{Q}_{s(ges)} = \dot{m}_L \cdot \Delta h_7 = \dot{m}_{zu} \cdot c\, (\vartheta_{zu} - \vartheta_m) = \dot{m}_{zu} \cdot c \cdot (\vartheta_{zu} \cdot \vartheta_i) + \dot{m}_a \cdot c \cdot (\vartheta_i - \vartheta_a)$.

8. **Wärmeleistung des Lufterwärmers** (Heizregister): $\dot{Q}_{Reg} = \dot{m}_L \cdot \Delta h_8 = \Delta h_7 + \Delta h_3 = \dot{m}_{zu} \cdot (h_{zu} - h_m) = \dot{m}_{zu} \cdot c \cdot (\vartheta_{RA} - \vartheta_m)$.

9. **Zusätzlicher Leistungsbedarf, wenn mit 100 % Außenluft gefahren wird,** bzw. die Energieeinsparung, wenn anstatt mit 100 % nur mit etwa 40 % AUL gefahren wird: $\dot{Q} = \dot{m}_L \cdot \Delta h_9 = \dot{m}_L (h_m - h_a)$, d. h. zusätzlich $(\Delta h_s + \Delta h_l)_{Lü}$.

10. **Wärmeleistung, wenn die Anlage mit 100 % Außenluft gefahren werde müßte:** $\dot{Q}_{Reg} = \dot{m}_L \cdot \Delta h_{10} = \dot{m}_{zu} \cdot (h_{zu} - h_a) = \dot{m}_{zu} \cdot c \cdot (\vartheta_{RA} - \vartheta_m)$, wobei die Registeraustrittstemperatur ϑ_{RA} weit oberhalb liegen würde (Senkrechte von Außenluftzustand mit *h*-Linie geschnitten).

Aufgabe 9.9

Für einen Produktionsraum wurde ein Wärmebedarf nach DIN 4701 von 48 kW ermittelt, wovon 15 kW durch eine Fußbodenheizung gedeckt werden sollen. Mit der RLT-Anlage soll neben der Deckung der Heizlast (Übertemperatur 10 K) auch eine adiabatische Befeuchtung vorgenomHmen werden, durch die die Raumfeuchte garantiert werden soll. Raumzustand: ϑ_i = 22 °C, φ_i = 50 %, Außenluftzustand: ϑ_a = – 12 °C, φ_a = 80 %; Außenluftanteil 1/3.

a) Bestimmen Sie anhand des Diagramms die Lufterwärmerleistung in kW und die Heizlast in Δh.

b) Bestimmen Sie die Befeuchtungsleistung in l/h und die hierfür erforderliche Wärmeleistung in kW.

c) Wieviel Prozent der Registerleistung müssen für die Lüftung aufgebracht werden?

Lösung (entsprechend der Abb. 9.13)

Zu a) $\dot{m}_{zu} = \dot{Q}_H / c \cdot \Delta\vartheta_{ü}$ = 33 000/0,28 · 10 = 11 785 kg/h, $\dot{m}_a \approx$ 3 890 kg/h; Mischpunkt: 10 °C, 5,8 g/kg, 25,5 kJ/kg; $x_{zu} = x_i$ = 8,2 g/kg, ϑ_{zu} = 32 °C, h_{zu} = 53 kJ/kg; $\dot{Q}_{Reg}$ = 11 785 · (53 – 25,5) = 324 087 kJ/h $\approx$ **90 kW;** $\Delta h_H \approx$ 53 – 43 = **10 kJ/kg.**

Zu b) $\dot{m}_W = \dot{m}_L \cdot (x_{zu} - x_m)$ = 11 785 · (8,2 – 5,8) = 28 284 g/h $\approx$ 28,3 l/h $\mathrel{\hat{=}}$ **19,8 kW** (*r* = 700 Wh/kg).

Zu c) $\dot{Q}_{Lü} = \dot{m}_{zu} \cdot (h_i - h_m)$ = 11 785 · (43 – 25,5) = 206 237 kJ/h $\approx$ **57 kW** (63 % von $\dot{Q}_{Reg}$).

Tab. 9.3 Befeuchtungsleistung (Wasserbedarf) in l/h bei Mischluftbetrieb

$\dot{V}$	Prozentualer Außenluftanteil [%]													
m³/h	5	10	15	20	25	30	35	40	45	50	55	60	65	70
500	0,21	0,42	0,63	0,78	0,99	1,20	1,38	1,56	1,77	1,98	2,19	2,40	2,61	2,82
1000	0,42	0,84	1,26	1,56	1,98	2,40	2,76	3,12	3,544	3,96	4,38	4,80	5,22	5,64
1500	0,63	1,26	1,89	2,34	2,97	3,60	4,14	4,68	5,31	5,94	6,57	7,20	7,83	8,46
2000	0,84	1,68	2,52	3,12	3,96	4,80	5,52	6,24	7,08	7,92	8,76	8,60	9,44	10,28
2500	1,05	2,10	3,15	3,9	4,95	6,00	6,90	7,80	8,85	9,90	10,95	12,00	13,05	14,10
3000	1,26	2,52	3,78	4,68	5,94	7,20	8,28	9,36	10,62	11,88	13,14	14,40	18,66	19,92

Außenluft: ϑ = -14 °C; φ = 90%; Raumluft: ϑ = 22 °C, φ = 45%; (ρ = 1,2 kg/m³)

Aufgabe 9.10

Mit denselben Angaben von Aufgabe 9.9 soll davon ausgegangen werden, daß es sich um einen Festsaal mit 200 Personen handelt. Dabei soll der Betriebsfall untersucht werden, wenn man die Wärme- und Wasserdampfabgabe der Menschen berücksichtigt (vgl. Tab. 7.2).

a) Welche Zulufttemperatur und Registerleistung wäre hier erforderlich?

b) Überprüfen Sie die Außenluftrate und die Luftwechselzahl (Rauminhalt 2 000 m³).

c) Ab welcher Außenlufttemperatur kann der Raum gekühlt werden (Fußbodenheizung abgeschaltet)?

Lösung (in Abb. 9.17 unmaßstäblich dargestellt)

Zu a) $\dot{Q}_{Me}$ = 17 kW, $\dot{Q}_H$ = 16 kW, ϑ_{zu} = (16 000/0,28 · 11 785) + 22 = **26,8 °C**, $x_{zu} = x_i - \Delta x_{Me}$, Δx_{Me} = 200 · 47/11 785 $\approx$ 0,8 g/kg, $\Rightarrow x_i$ = 7,4 g/kg, $h'_{zu} \approx$ 46 kJ/kg, $\dot{Q}_{Reg}$ = 11 785 · (46 – 25,5) = 24 159 kJ/h $\mathrel{\hat{=}}$ **67 kW** (Überprüfung: Gesamtwärme von 90 kW abziehen).

Zu b) $A_R = \dot{V}_a / P$ = 3 890 : 1,2/200 = **16,2 m³/h · P.** Bei tiefer Außentemperatur zu gering (vgl. Tab. 8.1). Mit mittleren Außentemperaturen und besonders, wenn teilweise geraucht wird, reichen die 33 % AUL nicht aus (vgl. Hinweise Kap. 4.2.1 Bd. 3); *LW* = 9 820/2 000 = **4,9 h^{-1}** (vgl. Hinweise Kap. 4.2.3 Bd. 3).

Zu c) $\dot{Q}_H$ = 48 – 15 = 33 kW ($\mathrel{\hat{=}}$ $\Delta\vartheta$ = 34 K); 17 kW $\mathrel{\hat{=}}$ 17,5 K $\Rightarrow \vartheta_a \leqq$ **4,5 °C**, d. h., in Versammlungsräumen muß auch im Winter gekühlt werden ($\vartheta_{zu} < \vartheta_i$).

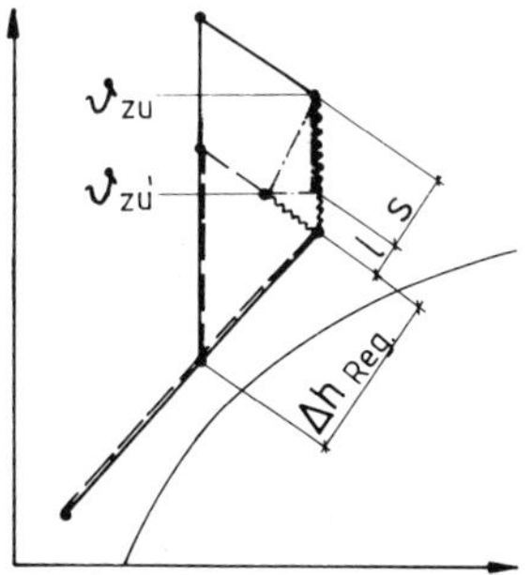

Abb. 9.17 Lösung zu Aufgabe 9.10

Aufgabe 9.11

In einem 600 m² großen Arbeitsraum eines Textilbetriebs (lichte Höhe 3,3 m) wird für die Seidenspinnerei ein Raumluftzustand von ϑ_i = 25 °C und φ_i = 65 % verlangt. Außerdem werden folgende fünf Angaben gemacht, die für die Planung zu berücksichtigen sind: Befeuchtungslast 10 l/h, entsprechend den Arbeitsstättenrichtlinien (Tab. 8.2) sollen 15 m³/(m² · h) Außenluft vorgesehen werden (bis ϑ_a = + 12 °C mit einer x_a-Annahme von 8 g/kg), ein Heizlastanteil von 27 kW, Übertemperatur nicht mehr als 10 K, Luftwechsel nicht unter 4 h^{-1}.

a) Welcher Volumenstrom muß für die Anlage zugrunde gelegt werden, und welche Zulufttemperatur ergibt sich daraus?

b) Für welche Leistung in kW muß der Lufterwärmer ausgelegt werden, und wieviel Prozent davon sind für die Lüftung und wieviel für die Befeuchtung erforderlich?

c) Wieviel Wasser muß der Volumenstrom in l/h aufnehmen, um φ_i einzuhalten? Wie groß wäre die Leistung des Lufterwärmers bei Umluftbetrieb?

Lösung (entsprechend Abb. 9.16 – Mischluftbetrieb ab $\vartheta_a \leqq 12$ °C)
Zu a) $\dot{V}_{zu}$ = 27 000/0,28 · 10 = 9 643 kg/h; $\dot{V}_a$ = 600 · 15 = 9 000 m³/h = **10 800 kg/h;** $\dot{V}_{zu} = LW \cdot \dot{V}_R$ = 4 · 600 · 3,3 · 1,2 = 9 504 kg/h (größter Wert wird zugrunde gelegt); ϑ_{zu} = **33,9 °C**

Zu b) $\dot{Q}_{Reg} = \dot{m}\,(h_{RA} - h_a)$ = 10 800 · (70 – 32) = 410 400 kJ/h ≙ **114 kW;** $\dot{Q}_L$ = 10 800 · (58,5 – 32) = 286 200 kJ/h ≈ 79,5 kW (**≈ 70 %**); $\dot{Q}_{Bef}$ = 10 800 · (70 – 55,8) = 153 360 kJ/h ≙ 42,6 kW (≈ 37 %)

Zu c) $\dot{m}_W$ = 10 800 · (13,9 – 8) = 63 720 g/h ≈ **63,7 l/h;** $\dot{Q}_{UM}$ = 10 800 · (70 – 58,5) = 124 200 kJ/h ≙ **34,5 kW** (27 + 7 = 34 kW).

Aufgabe 9.12
Der Vorwärmer einer Klimazentrale hat eine Leistung von 77,5 kW. Der Volumenstrom beträgt 15 000 m³/h, wovon ein Außenluftanteil von 50 % angegeben wird (ϑ_a = – 10 °C, φ_a = 80 %). Der Raumluftzustand ist mit ϑ_i = 22 °C, φ_i = 50 % festgelegt. Anschließend wird die Luft durch die Düsenkammer mit η_{Bef} = 90 % befeuchtet.
Wieviel l/h Wasser werden von der Luft aufgenommen, und wie groß ist die Wärmeleistung des Nachwärmers mit einer Austrittstemperatur von 30 °C?

Lösung (Darstellung entsprechend Abb. 9.14 und ähnlich Abb. 9.15 Bild 9)
Δh_V 77 500 · 3,6/18 000 = 15,5 kJ/kg; h_2 = 18 + 15,5 = 33,5 kJ/kg; Δx_{max} = 8,7 – 4,8 = 3,9 g/kg; Δx_{90} = 3,5 g/kg ⇒ x_3 = 8,3 g/kg; $\dot{m}$ = 18 000 · 3,5/1 000 = **63 l/h;** $\dot{Q}$ = 18 000 · (51 – 33,5) = 315 000 kJ/h = **87,5 kW.**

Aufgabe 9.13
Bei einer Lüftungsanlage soll bei ϑ_a = + 5 °C, φ_a = 70 % ein Außenluftanteil von 40 % garantiert werden. Im Zuluftkanal mit einem Querschnitt von 0,14 m² und einer Luftgeschwindigkeit von 6 m/s wird nachträglich ein Kanalbefeuchter (Zerstäubungsgerät) eingebaut. Mit diesem Befeuchter soll zusätzlich eine Befeuchtungslast von 5 l/h garantiert werden. Raumluftzustand: ϑ_i = 21 °C, φ_i = 45 %.
Nun sollen angeblich die 40 % Außenluft und auch die Befeuchtungslast nicht erreicht werden.

a) Überprüfen Sie rechnerisch, ob diese Reklamation stimmt. Die erwärmte Luft vor dem Befeuchter wird mit ϑ = 31 °C, φ = 20 % und die nach dem Befeuchter mit 25 °C, φ = 40 % gemessen.

b) Wieviel kW werden dem Raum zugeführt, und wieviel Wasser muß dem Raum wegen der Lüftung zugeführt werden?

Lösung: (entspricht Abb. 9.16)
Zu a) $\dot{V}$ = 0,14 · 6 · 3 600 = 3 024 m³/h = 3 628 kg/h; $x_{VOR} = x_m$ = 5,6 g/kg (**≈ 40 % AUL stimmt);** gemessen: $\Delta x_R = x_{zu} - x_i$ ≈ 1 g/kg; erforderlich Δx_R = 5 000/3 628 = 1,4 g/kg; $\dot{m}$ = 3 628 · 0,4 = 1 451 g/h ≈ **1,5 l/h fehlen**
Zu b) $\dot{Q} = \dot{m} \cdot c \cdot \Delta\vartheta$ = 3 628 · 0,28 · 4 ≈ **4 063 W** [oder $\dot{m} \cdot \Delta h = \dot{m}$ · (43 – 39)]; $\dot{m}_{W(Lü)}$ = 3 628 · (6,9 – 5,7) = 4 354 g/h ≈ **4,35 l/h**

Luftbefeuchtung mit erwärmtem Wasser (Abb. 9.18)

Wird dem Düsenstock erwärmtes Wasser zugeführt, d. h. mit einer Temperatur oberhalb der Feuchtkugeltemperatur ϑ_3, ϑ_4, ϑ_5, so verläuft auch die Zustandsänderung oberhalb der Feuchtkugeltemperatur (stark idealisiert) zum Schnittpunkt der Wassereintrittstemperatur mit der Sättigungslinie. Die Wassererwärmung erfolgt z. B. durch Einbau eines Wärmetauschers (Gegenstromapparat), der primärseitig mit Heizungswasser versorgt wird. Grundsätzlich könnte man sich auch zur Wassererwärmung eine Rohrschlange oder einen Heizstab im Wassertank eines Befeuchtungsgerätes vorstellen.

Entsprechend Abb. 9.18 kann man bei diesem sog. „Heizwäscher" folgende 3 Fälle unterscheiden, wenn die Luft vom Zustand 1 verändert wird:

1 – 3 Die Wassertemperatur wird auf ϑ_3 gehalten, so daß sich die Luft nicht mehr auf die Feuchtkugeltemperatur, sondern theoretisch auf ϑ_3 abkühlt. Somit wird ein Teil der erforderlichen Verdunstungswärme dem Wasser zugeführt.

1 – 4 Hier entspricht die dem Wasser zugeführte Energie etwa der erforderlichen Verdunstungswärme. Die Wassertemperatur beträgt ϑ_4. Theoretisch verläuft hier die Zustandsänderung isotherm, d. h., der Umgebung wird keine Wärme mehr entzogen.

1 - 5 Hier wurde dem Wasser mit der Temperatur ϑ_5 mehr Wärme zugeführt, als zur Lieferung der Verdunstungswärme erforderlich ist. Wenn die Austrittstemperatur höher als die Eintrittstemperatur ist, wird neben der latenten Wärme $(x_5 - x_1) \cdot r$ auch sensible Wärme (Δh_H) zur Lufterwärmung abgegeben.

Ergänzende Hinweise:

- Wie aus Abb. 9.18 hervorgeht, verläuft die Zustandsänderung in Wirklichkeit nicht linear bis Punkt 3, 4, 5, sondern in Form einer Kurve in Richtung $\vartheta_f = \vartheta_2$, so daß die Luftaustrittstemperatur je nach Wasser-Luft-Verhältnis mind. 5 bis 10 K tiefer liegt. Grundsätzlich ist bei jedem Austauschvorgang wieder $\Delta h_{Luft} = \Delta h_{Wasser}$. Inwieweit die Sättigungslinie erreicht wird, hängt vor allem vom Befeuchtungsgrad η_{Bef} ab.
- Während Luftwäscher kaum mit erwärmtem Wasser betrieben werden, geschieht dies öfters bei größeren Raumbefeuchtungsgeräten. Hier soll die im Wasserbad des Verdunstungsgerätes eingebaute Heizeinrichtung verhindern, daß dem Raum die Verdunstungswärme entzogen wird (vgl. Abb. 9.18). Verändert man hier die Heizstufen oder den verdunsteten Massenstrom, können in der schraffierten Fläche unterschiedliche Zustandsänderungen vorliegen; im Extremfall auch 1–5.

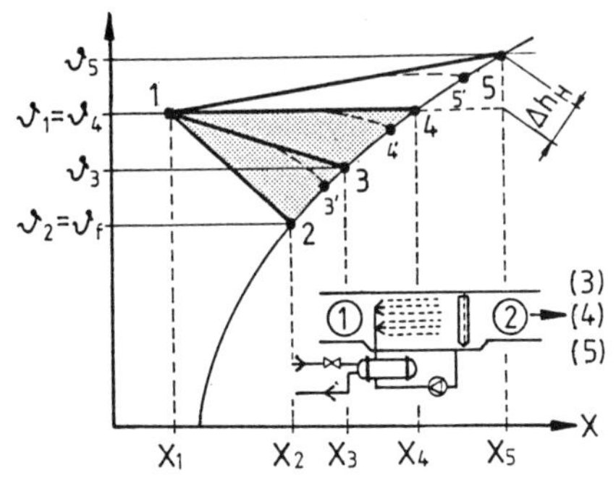

Abb. 9.18 Befeuchtung mit erwärmtem Wasser

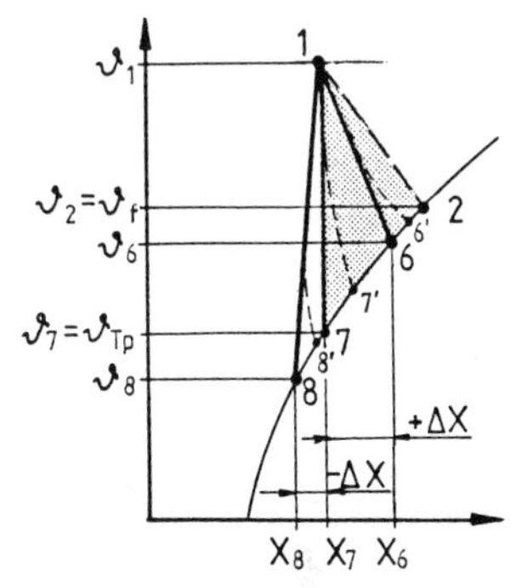

Abb. 9.19 Befeuchtung mit gekühltem Wasser

Betrieb mit gekühltem Wasser (Abb. 9.19)

Wird dem Düsenstock kaltes Wasser zugeführt, indem ein Kühler in die Umlaufleitung eingebaut wird oder Wasser aus einem Leitungsnetz entnommen wird, liegt die Wassertemperatur ϑ_6, ϑ_7, ϑ_8 unterhalb der Feuchtkugeltemperatur, und die Zustandsänderungen liegen unterhalb der h-Linie. Wie schon beim „Heizwäscher" erwähnt, hat die Zustandsänderung wieder die Form einer Kurve, d. h., die Endtemperaturen liegen etwas höher (6′, 7′, 8′).

Entsprechend Abb. 9.19 kann man bei diesem sog. „Kühlwäscher" folgende drei Fälle unterscheiden, wenn die Luft vom Zustand 1 zum Zustand 6, 7, 8 verändert wird:

1 - 2 Beim adiabatischen Wäscher nimmt Wasser die Feuchtkugeltemperatur an, d. h., dem Wasser wird weder Wärme zugeführt noch entzogen.

1 - 6 Das Wasser wird auf der Temperatur ϑ_6 gehalten, d. h., die Luft wird zwar theoretisch auf ϑ_6 abgekühlt, doch geht die Befeuchtung von $x_2 - x_1$ auf $x_6 - x_1$ zurück.

1 - 7 Hier ist die Wassertemperatur mit der Taupunkttemperatur der zu behandelnden Luft identisch. Die Luft wird demnach weder be- noch entfeuchtet (x = konst.), obwohl Wasser mit Luft in Berührung ist.

1 - 8 Hier wird das Zerstäubungswasser ständig auf der Temperatur ϑ_8 gehalten, so daß die Temperatur der Wassertröpfchen (vergleichbar mit der Lamellenoberflächentemperatur beim Kühler) geringer ist als die Taupunkttemperatur der zu behandelnden Luft. Es entsteht ein negatives Δx, d. h., mit der Düsenkammer wird hier die Luft entfeuchtet.

Aufgabe 9.14

In einer Düsenkammer wird das zu zerstäubende Wasser a) durch einen Kühler, b) durch ein Heizregister auf einer bestimmten Temperatur gehalten. Dabei soll festgestellt werden, wieviel l/h Wasser sich der Wasserdampfgehalt des durchströmenden Volumenstroms von 4 000 m³/h (ϑ = 20 °C, x = 7 g/kg) verändert. Dabei soll die idealisierte Zustandsänderung (geradliniger Verlauf und Erreichung der Sättigungslinie) angenommen werden.

a) Die Wassertemperatur des „Kühlwäschers" wird $a_{1)}$ auf 12 °C und $a_{2)}$ auf 7 °C gehalten ($\vartheta_2 < \vartheta_f$).

b) Die Wassertemperatur des „Heizwäschers" wird $b_{1)}$ auf 17 °C und $b_{2)}$ auf 23 °C gehalten ($\vartheta_2 > \vartheta_f$). Ermitteln Sie außerdem die Wärmezufuhr in kW.

Lösung:
Zu a) entsprechend Abb. 9.19: $a_{1)}$ $\dot{m}_W$ = 4 000 · 1,2 · (8,8 – 7) = 8 640 g/h ≙ **8,6 l/h** (Befeuchtung); $a_{2)}$ Δx = – 0,8 g/kg ⇒ **– 3,8 l/h** (Entfeuchtung).

Zu b) entsprechend Abb. 9.18: $b_{1)}$ $\dot{m}_W$ = 4 000 · 1,2 · (12,1 – 7) = 24 480 g/h = **24,5 l/h**; $\dot{Q} = \dot{m} \cdot \Delta h$ = 4 800 · (47,5 – 37,7)/3 600 = 13 kW (≈ 76 % der erforderlichen Verdunstungswärme von 17,1 kW); $b_{2)}$ $\dot{m}_2$ = 4 800 · (17,6 – 7) = 50 880 g/h ≈ **51 l/h**; $\dot{Q}$ = 4 800 · (67,5 – 64,5)/3 600 ≈ **4 kW** (oder 4 800 · 0,28 · 3), d. h. 4 kW mehr als die erforderliche Verdunstungswärme von 35,7 kW.

9.2.4 Dampfbefeuchtung – Randmaßstab

Auf die Dampfbefeuchter in Zentralen und Kanälen und auf Dampf-Einzelbefeuchter wurde schon in Kap. 3.4.3 und 6.5.3 ausführlicher eingegangen. Hier soll lediglich die Darstellung im *h,x*-Diagramm dargestellt werden.

Bei der Dampfbefeuchtung wird der Luft der erforderliche Wasserdampf unmittelbar zugeführt, d. h., die Aggregatzustandsänderung (Wasser zu Wasserdampf) erfolgt nicht mehr im Luftstrom. Folglich wird der Luft auch keine Verdunstungswärme entzogen, und mit einer Δx-Zunahme ist keine $\Delta\vartheta$-Abnahme mehr „gekoppelt". Anstatt einer adiabatischen Zustandsänderung (h = konst.) handelt es sich nun annähernd um eine isotherme Zustandsänderung (ϑ=konst.). Die Richtung des Zustandsverlaufs im *h,x*-Diagramm konstruiert man mit dem

Randmaßstab

Die auf der rechten Seite des Diagramms angebrachten „Randmarken" stellen jeweils das Verhältnis $\Delta h/\Delta x$, also eine Steigung dar. Diese Werte führen alle auf einen bestimmten Bezugspunkt, der bei den verschiedenen Diagrammen unterschiedlich ist. Beim Diagramm nach Abb. 9.1 ist es der Punkt ϑ = 0 °C bzw. h = 0 kJ/kg. Die **Randmarke $\Delta h/\Delta x$ mit der Einheit kJ/kg entspricht der Enthalpie h'' des Wasserdampfs,** die aus den Dampfdrucktafeln für Sattdampf entnommen werden kann.

Tab. 9.4 Enthalpie von Wasserdampf h''

ϑ_S	p	h″	ϑ_S	p	h″	ϑ_S	p	h″	p	ϑ_S	h″	p	ϑ_S	h″	p	ϑ_S	h″
100	1,01	2676	115	1,69	2699	130	2,70	2720	1,0	99,6	2675	2,5	127	2716	4,0	143	2737
105	1,21	2684	120	1,98	2706	135	3,13	2727	1,5	111	2693	3,0	133	2725	4,5	148	2743
110	1,43	2691	125	2,32	2713	140	3,61	2733	2,0	120	2706	3,5	139	2732	5,0	152	2747

ϑ_S Sättigungstemperatur in °C; p absoluter Druck in bar; h Enthalpie des Dampfes in Wh/kg

Hierzu einige Hinweise:

- Die Randmarke bzw. der **Strahl kann beliebig parallel verschoben werden,** denn das Verhältnis $\Delta h/\Delta x$ (Steigung) bleibt unverändert.
- In der Regel handelt es sich bei der Dampfbefeuchtung um **Sattdampf** in einem Temperaturbereich zwischen 105 und 110 °C. Die Enthalpie von Heißdampf wird anhand des *h,s*-Diagramms ermittelt. Der Zustandsverlauf (Steigung) wird dann steiler.
- Die Randmarke kann man auch **ohne Randmaßstab selbst konstruieren,** indem man bei beliebigen x-Werten (kg/kg) die zugehörigen h-Werte ermittelt: $h = h'' \cdot x$ und die Schnittpunkte von x und h miteinander verbindet. Dadurch wird auch die Definition verdeutlicht.

Die **Ermittlung der Zustandsänderung im *h,x*-Diagramm kann somit nach folgenden Schritten vorgenommen werden:**

1. **Einzeichnen des Randstrahls** $\Delta h/\Delta x$, d. h., Randmarke h'' (nach Tab. 9.4) mit Bezugspunkt (nach Abb. 9.1: x = 0; ϑ = 0) verbinden.
2. **Parallele zum Randstrahl** durch den Zustandspunkt der zu befeuchtenden Luft (Pkt. 1).
3. Erforderliche **Befeuchtung $\Delta x = x_2 - x_1 \Rightarrow x_{zu} - x_i = \dot{m}_W/\dot{m}_L$ (Befeuchtungslast) oder $x_{zu} - x_m$ (Lüftung + Befeuchtungslast, Mischluftbetrieb).**
4. x_2 mit dem Parallelstrahl zum Schnitt gebracht, ergibt den gewünschten Luftzustand.

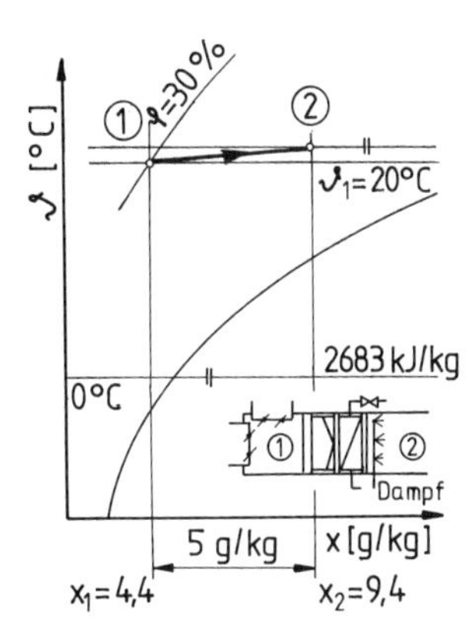

Abb. 9.20 Darstellung der Dampfbefeuchtung im *h,x*-Diagramm

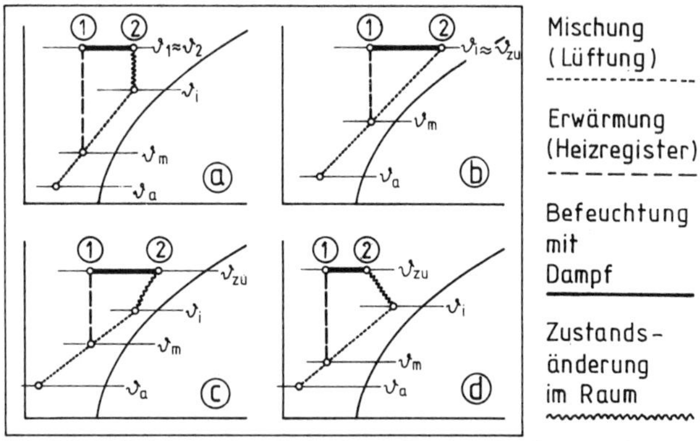

Abb. 9.21 Beispiele zur Dampfbefeuchtung (Mischen, Erwärmen, Befeuchten)

Weitere Hinweise zu Abb. 9.20 und 9.21

1. Je höher die Enthalpie des Dampfes (größere Steigung) und je größer das geforderte Δx, desto mehr weichen Eintritts- und Austrittstemperatur voneinander ab **(Abweichung vom isothermen Verlauf).** In der Praxis wird fast ausschließlich der isotherme Verlauf zugrunde gelegt.

2. Abb. 9.21 zeigt wieder **verschiedene Ausführungsbeispiele,** bei denen die Dampfbefeuchtung integriert ist: a) Lüftung + Raumheizung + Dampfbefeuchtung ($x_{zu} = x_i$), b) Lüftungsanlage mit anschließender Dampfbefeuchtung, c) Lüftung + Raumheizung + Raumluftbefeuchtung ($x_{zu} > x_i$), d) Lüftung + Raumheizung + Teilbefeuchtung mit Dampf (Rest: $x_{zu} - x_i$, z. B. durch Feuchtequellen im Raum).

3. Normalerweise ist der **Zustandspunkt (2) gewünscht,** d. h., durch diesen Punkt muß dann die Parallele gezogen werden. Zustandspunkt (1), d. h. die Luft-Austritts-Temperatur vom Lufterwärmer, liegt demnach etwas tiefer, was eine geringere Registerleistung bedeutet.

Aufgabe 9.15

Mittels Dampf sollen 3 000 m³/h Luft (ϑ = 20 °C, φ = 30 %) um 5 g/kg befeuchtet werden. Der Dampfdruck beträgt p_e = 0,2 bar. Welchen Endzustand (x, ϑ) hat die befeuchtete Luft, und wieviel kg/h Wasserdampf wurden zugeführt?

Lösung (in Abb. 9.20 eingetragen)

$\Delta h/\Delta x = h'' = 2\,683$ kJ/kg (Tab. 9.4) $\Rightarrow x_2 = x_1 + \Delta x = 4{,}4 + 5 =$ **9,4 g/kg,** $\vartheta_2 \approx$ **20,8 °C,** $\dot{m}_D = 3\,600 \cdot 5 = 18\,000$ g/h $\approx$ **18 kg/h**

Aufgabe 9.16

Entsprechend Abb. 9.21 c soll der Arbeitsraum eines Tabakbetriebs (Vorbereitungsraum) auf ϑ_i = 25 °C, φ_i = 75 % gehalten werden. Der Raum soll außerdem belüftet werden, wobei bis ϑ_a = – 10 °C, φ_a = 80 % ein AUL-Anteil von 20 % garantiert werden soll. Der Anteil der Heizlast, der durch die RLT-Anlage zu erbringen ist, wird mit 20 kW, der Volumenstrom mit 7 000 m³/h und die Befeuchtungslast (vom Tabak aufgenommene Wasserdampfmenge) mit 10 l/h angegeben. Der verwendete Produktionsdampf wird mit h'' = 2 693 kJ/kg angegeben.

a) Wie groß ist die erforderliche Leistung des Lufterwärmers in kW und der prozentuale Anteil für die Wasserdampfaufnahme durch das Material?

b) Wieviel kg/h Dampf sind zur Befeuchtung erforderlich, und um wieviel K hat sich die Luft während des Befeuchtungsvorgangs erwärmt?

c) Um wieviel kW hätte das Heizregister vergrößert werden müssen, wenn die Befeuchtung anstatt mit einem Dampfbefeuchter mit einer Düsenkammer vorgenommen worden wäre?

Lösung:

Zu a) $x_{zu} = x_i + \Delta x = 15 + 1{,}2 = 16{,}2$ kg, $\vartheta_{zu} = (18\,800/0{,}28 \cdot 8\,400) + 25 = 33$ °C, durch diesen Zustandspunkt Parallele ziehen $\Rightarrow h = 63{,}5$ kJ/kg, $\vartheta = 32{,}3$ °C; $\dot{Q}_{Reg} = 8\,400 \cdot (63{,}8 - 49{,}5) = 120\,120$ kJ/h = **32,4 kW** [$= 8\,400 \cdot 0{,}28 \cdot (32{,}3 - 18{,}1)$]. $\dot{Q} = \dot{m}_W \cdot r = 7$ kW $\hat{=}$ **21,6 %.**

Zu b) $\dot{m}_D = \dot{m}_L \cdot (x_{zu} - x_m) = 8\,400 \cdot (16{,}2 - 12{,}3) = 32\,760$ g/h $\approx$ **32,8 kg/h,** $\Delta\vartheta$ = **0,7 K.**

Zu c) $\dot{Q} = 8\,400 \cdot (74{,}5 - 63{,}8) = 89\,880$ kJ/h $\approx$ **25 kW** (= Energie zur Dampferzeugung).

Aufgabe 9.17

Ein Produktionsraum soll mit einer Klimaanlage belüftet, beheizt und befeuchtet werden. Dabei sollen

folgende Angaben berücksichtigt werden: Raumzustand ϑ_i = 22 °C, φ_i = 45 %; Außenluftzustand ϑ_a = – 12 °C, φ_a = 70 %; 80 Personen mit einer Außenluftrate von 20 m³/h · P (bis ϑ_a = – 12 °C); Heizlast 25 kW; Befeuchtungsleistung 48 l/h; Außenluftanteil 32 %.

a) Wie groß ist die Registerleistung in kW, wenn die Luft in einer Düsenkammer befeuchtet wird (nur anhand des *h,x*-Diagramms).

b) Wie groß ist bei einer Dampfbefeuchtung die Leistung des Registers und der Dampfmassenstrom, wenn 80 % Außenluftanteil vorliegen und die Randmarke mit 2 800 kJ/kg angegeben wird?

Lösung:
Zu a) V_a = 1 600 m³/h ≙ 32 % ⇒ $\dot{V}_{zu}$ = 5 000 m³/h, Δh_H = 25 000 · 3,6/6 000 = 15,0 kJ/kg, h = 43 + 15 = 58 kJ/kg ⇒ ϑ = 37,2 °C; $\Delta x_{Dü}$ = 48 000/6 000 = 8 g/kg ⇒ x_{zu} = 5,3 + 8 = 13,3 g/kg; $\dot{Q}_{Reg}$ = 6 000 · (71,5 – 24)/3 600 = **79,1 kW.**
Zu b) Parallele durch x_{zu}, ϑ_{zu} ⇒ h_{RA} = 40,5 kJ/kg; $\dot{Q}_{Reg}$ = 6 000 · (40,5 – 0,5)/3 600 = **66,7 kW,** $\dot{m}_D$ = 6 000 · (13,3 – 2,3)/1 000 = **66 kg/h.**

Aufgabe 9.18
Für verschiedene Räume soll die Luft mit Dampf befeuchtet werden. Anhand des *h,x*-Diagramms und durch Rechnung sollen in nachfolgender Tabelle die fehlenden Werte eingetragen werden.

Tab. 9.5

Raum				Volumen-	Befeuchtungs-	Mischluft		Zuluft	Außenluft			Dampfmasse in kg/h	
Nr.	ϑ_i	φ_i	x_i	strom (m³/h)	last (l/h)	ϑ_m	x_m	x_{zu}	ϑ_a	φ_a	x_a	gesamt	für Lüftung
1	25	60	11,8	4000	0	–	7,5	11,8	–	–	–	20,6	20,6
2	22	50	8.2	6000	5	5	4,4	8,9	–10	80	1,2	32,4	27,4
3	20	45	6.4	5200	6,9	–	–	7,5	–10	70	1,0	40,6	33,7
4	26	50	10,3	8000	19,2	–	7,7	12,3	–	–	–	44,2	25,0

9.2.5 Luftkühlung und Luftentfeuchtung – Kühlerleistung

Auf die Luftkühlung wurde schon mehrmals eingegangen, wie z. B. Luftkühler Kap. 3.3.2, Klimageräte mit Direktverdampfung Kap. 6, Kühllastberechnung Kap. 7 und Volumenstrom für Luftkühlanlagen (Kap. 8). Die Luftkühlung in Verbindung mit der Kältetechnik wird ausführlich im Kap. 13 behandelt. In folgendem Abschnitt sollen lediglich die Aufgaben der Luftkühlung anhand des *h,x*-Diagramms erläutert werden. Die Kenntnisse von Kap. 4 sollten hierzu bekannt sein.

Folgende **Fragenauswahl** soll verdeutlichen, welche Probleme hier im Vordergrund stehen:

1. **Wie bestimmt man anhand des *h,x*-Diagramms die Kühlerleistung in kW?**
2. **Welche Kühleroberflächentemperatur benötigt man, um die Raumluft ausreichend entfeuchten zu können, oder wie groß ist die Entfeuchtungsleistung bei gegebener Oberflächentemperatur?**
3. **Wieviel Prozent der Kühlerleistung benötigt man, um die latente Wärme abzuführen, und wovon hängt das Verhältnis lat/sens ab?**
4. **Wie wird die Kühlerleistung durch die Lüftungsforderung beeinflußt? Nennen Sie Einflußgrößen!**
5. **Wie kann man die Anteile der Kühlerleistung aus dem Diagramm (sensible Kühllast, latente Kühllast, Außenluftbehandlung) jeweils rechnerisch ermitteln?**
6. **Welcher Zusammenhang besteht zwischen Kühllast, Volumenstrom und Kühleroberflächentemperatur? Wann und wie kann man z. B. durch Änderung des Volumenstroms auf eine Kältemaschine verzichten?**
7. **Wie bestimmt man die erforderliche Kaltwassertemperatur und/oder die Verdampfungstemperatur beim Einsatz einer Kältemaschine?**
8. **Welcher Zusammenhang besteht zwischen der gewählten oder zulässigen Untertemperatur und der spezifischen Entfeuchtungslast Δx_R und somit Kaltwassertemperatur?**
9. **Wie ermittelt man das anfallende Kondensat anteilmäßig vom Raum und durch die Lüftung? Wann sind Kühlerleistung und sensible Kühllast identisch?**
10. **Unter welchen Bedingungen ist direkt am Anschluß der Kühlung noch eine Lufterwärmung erforderlich?**

Durch die **Luftkühlung** möchte man vor allem die auf den Raum einwirkenden inneren und äußeren Wärmequellen abführen und die eingeführte warme Außenluft (Lüftung) auf Raumtemperatur senken. Mit der **Luftentfeuchtung** sollen sowohl alle im Raum entstehenden Wasserdampfmengen als auch der mit der Außenluft eingeführte Wasserdampf abgeführt, d. h. von x_a auf x_i gebracht werden. Beides zusammen wird in der Regel durch einen Kühler durchgeführt, dessen Oberflächentemperatur weit unter der Taupunkttemperatur der Luft liegt. Dabei handelt es sich entweder um einen Wärmeübertrager, in dem kaltes Wasser durch Rohre zirkuliert (z. B. durch Kältemaschine erzeugtes Kaltwasser), oder um einen im Luftstrom befindlichen Verdampfer eines Kälteaggregates.

Kühlflächentemperatur oberhalb der Taupunkttemperatur

Wird an den Rohren oder Lamellen eines Kühlers die Taupunkttemperatur ϑ_{Tp} der Luft nicht erreicht (z. B. bei verhältnismäßig trockener Luft oder höherer Kaltwassertemperatur), so bleibt die Kühleroberfläche trocken, d. h., es findet keine Entfeuchtung statt, und es ist somit am Kühler auch keine latente Wärme abzuführen.

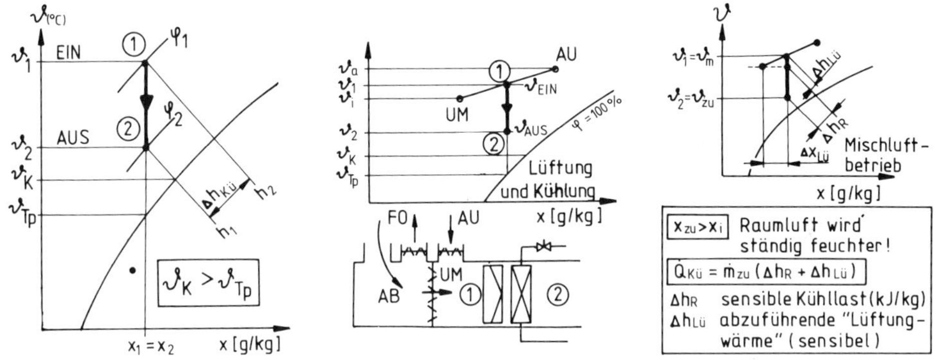

Abb. 9.22 Kühlung mittels Oberflächenkühler ohne Entfeuchtung

Aufgabe 9.19

In der Klimazentrale eines Produktionsraumes sollen 8 500 m³/h Luft von ϑ_i = 27 °C und φ_i = 45 % r. F. auf 18 °C gekühlt werden. Die Oberflächentemperatur des Kühlers beträgt 16 °C.

a) **Um wieviel K liegt die Kühlertemperatur über der Taupunkttemperatur?**

b) **Ermitteln Sie anhand des Diagramms die Kühlerleistung in kW bei Umluftbetrieb.**

c) **Wie verändert sich die Kühlerleistung in kW, wenn 50 % Außenluft (ϑ_a = 30 °C, φ_a = 50 %) beigemischt werden? Nehmen Sie Stellung zum Ergebnis.**

d) **Wieviel l/h Wasser wurden durch die Lüftung von außen eingeführt, und wie groß ist die relative Feuchte nach der Kühlung?**

Lösung:

Zu a) $\Delta\vartheta$ = 16 – 14,1 = **1,9 K;**

Zu b) $\dot{Q}_{Kü} = \dot{m} \cdot \Delta h$ = 8 500 · 1,2 · (52,5 – 43,4) = 92 820 kJ/h = **25,8 kW;**

Zu c) $\dot{Q}$ = 10 200 · (58 – 47,5) = 107 100 kJ/h ≈ **29,8 kW;** da ϑ_K knapp unterhalb ϑ_{Tp} liegt, ist mit Kondensation zu rechnen, jedoch mit keiner nennenswerten Entfeuchtung;

Zu d) $\dot{m}_{W(Lü)} = \dot{m} \cdot \Delta x_{Lü}$ = 10 200 · (11,7 – 10) = 17 340 g/h ≈ **17,3 l/h.**

Kühlflächentemperatur unterhalb der Taupunkttemperatur

Hier handelt es sich um die wichtigste Aufgabe der Klimatisierung, nämlich Kühlung, Entfeuchtung und in der Regel noch die Lüftung. Man spricht zwar von der „Sommerklimatisierung", obwohl in Versammlungsräumen vielfach auch an Wintertagen gekühlt werden muß. Im Gegensatz zur trockenen Kühleroberfläche ist hier die Kühlerleistung wesentlich größer, da vom Kühler zusätzlich die bei der Entfeuchtung frei gewordene Kondensationswärme abzuführen ist. Von der Großklimaanlage bis zum kleinsten Klimagerät muß demnach zwischen der sensiblen und latenten Wärme unterschieden werden, was im h,x-Diagramm als Δh_s und Δh_l abgelesen wird.

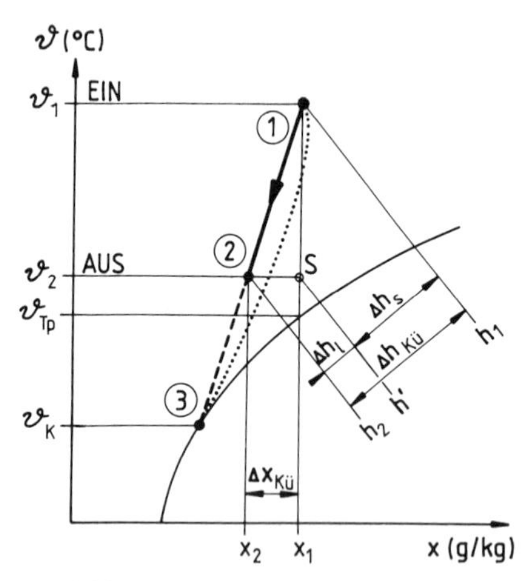

Abb. 9.23 Kühlung und Entfeuchtung

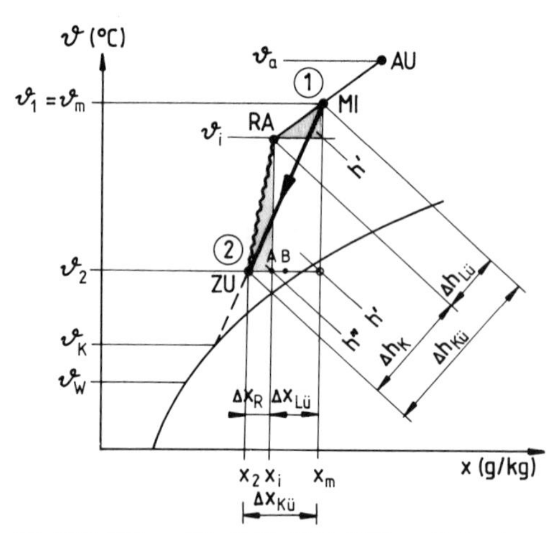

Abb. 9.24 Lüftung (Mischluftbetrieb), Kühlung, Entfeuchtung

Der **Zustandsverlauf im *h,x*-Diagramm** (Abb. 9.23) ergibt sich, indem man vom Zustandspunkt 1 **(Kühlereintritt)** zum Schnittpunkt der Kühleroberflächentemperatur mit der Sättigungslinie (Pkt. 3) eine Verbindungslinie zieht. Am geregelten **Kühleraustritt** (Pkt. 2) erhält man dann die gewünschte Temperatur ϑ_2 (= ϑ_{zu}, wenn diese Luft in den Raum geführt wird) und die Entfeuchtung $\Delta x_{Kü}$.
Der geradlinige Verlauf ist jedoch idealisiert und in Wirklichkeit zur Sättigungslinie hin gebogen (vgl. punktierte Linie); auch der Punkt 3 wird praktisch nicht ganz erreicht, da hierzu eine unendlich große Austauschfläche notwendig wäre.

- Die **Ermittlung der Kühleroberflächentemperatur** ϑ_K kann man bestimmen, indem man etwa 15–20 % der Temperaturdifferenz Wasser/Luft (je nach Luftgeschwindigkeit) oberhalb der mittleren Wassertemperatur annimmt.
  Beispiel: Kaltwasser 6/12 °C (ϑ_m = 9 °C), Lufteintritt ϑ_{LE} = 33 °C, φ_{LE} = 40 %, Luftaustritt ϑ_{LA} = 16 °C, ϑ_K = 9 + 0,15 · (33 – 9) = **12,6 °C. Anhaltswert: ϑ_K = 3-5 K über $\vartheta_{m\,(Wasser)}$**. $x_3 = x_K$ ist der Feuchtgehalt direkt an der Rippenoberfläche.
- Die **Konstruktion der Kühlgeraden** kann man dadurch bekommen, indem man diese Berechnung schrittweise vornimmt, d. h. den Kühl- und Entfeuchtungsverlauf in mehrere Stufen zerlegt. Von Rohrreihe zu Rohrreihe müßte man dann jeweils die mittlere Oberflächentemperatur bestimmen und näherungsweise mit Hilfe der Betriebscharakteristik $\Phi = \Delta\vartheta_{Luft}/\vartheta_{LE} - \vartheta_K$ die Entfeuchtung $\Delta x'$ bestimmen. $\Delta x' = x_1 - x_K$ (bezogen auf ϑ_K).
  Beispiel (mit vorstehenden Zahlenwerten): Φ = 17/33 – 12,6 = 0,83; $x_1 = x_s \cdot \varphi$ = 32,5 · 0,4 = 13 g/kg, x_K (bezogen auf 12,6 °C) = 9,1 g/kg ⇒ $\Delta x'$ = 12,9 – 9,1 = **3,8 g/kg** ⇒ x (bei 16 °C) = 13 – 3,8 = **9,2 g/kg** (ϑ = 80 %).

  Der Kurvenverlauf ist vor allem von der Registerbauart, Rippenkonstruktion, Wasserführung (Rippenwirkungsgrad), von den Wasser- und Lufttemperaturen und von der Luftgeschwindigkeit abhängig. Bei zu engen Rippenabständen (< 3 . . . 4 mm), wo das Wasser nicht mehr einwandfrei ablaufen kann, sind für Δx sehr große Unsicherheiten vorhanden.

Die **Kühlerleistung** je kg Luft $\Delta h_{Kü}$ setzt sich zusammen aus dem sensiblen Anteil $\Delta h_s = h' - h_1 = c \cdot (\vartheta_2 - \vartheta_1)$ und dem latenten Anteil $\Delta h_l = h_2 - h'$ $(= r \cdot \Delta x/1000)$.

Das Dreieck (1) – S – (2) kann man als ein rechtwinkliges Dreieck betrachten **(„Kühlerdreieck")**, wenn man den sensiblen Anteil des Wasserdampfs unberücksichtigt läßt. Die Hypotenuse „entspricht" der gesamten Kühlerleistung, die beiden Katheten entsprechen den jeweiligen Anteilen Δh_s und Δh_l.

Der **Zustandsverlauf einschließlich der Lüftung** (hier Mischluftbetrieb) wird in Abb. 9.24

dargestellt. Der Kühlereintritt (Pkt. 1) ist der Zustand der Mischluft und der Kühleraustritt der der Zuluft. Demnach setzt sich die Kühlerleistung $\Delta h_{Kü}$ zusammen aus dem Kühllastanteil Δh_K (sensibel und latent) und dem Lüftungsanteil $\Delta h_{Lü}$ (sensibel und latent). Ebenso kann man das am Kühler abgeschiedene Wasser $\Delta x_{Kü}$ aufteilen in den Teil Δx_R, der dem Raum entzogen wird („Entfeuchtungslast"), und den Teil, der durch die Lüftung eingeführt wurde ($\Delta x_{Lü}$). Die Zickzacklinie bedeutet die Zustandsänderung im Raum (Zuluft → Abluft).

Entsprechend Abb. 9.24 ergeben sich nun folgende **zwei wichtige Ausgangswerte für die Planung und Berechnung:**

1. Man **bestimmt die Entfeuchtungslast** $\Delta x_R = \Rightarrow \dot{m}_W/\dot{m}_L$, trägt diese an x_i nach links ab und bringt x_2 mit ϑ_2 (x_{zu} mit ϑ_{zu}) zum Schnitt. Dadurch erhält man den gewünschten Austrittszustand (Zuluftzustand). Vom Mischpunkt aus zieht man durch diesen Punkt die Kühlgerade und erhält unten als Schnittpunkt mit der Sättigungslinie die erforderliche Kühleroberflächentemperatur ϑ_K.

   - Den **Massenstrom der Luft** $\dot{m}_L$ erhält man aufgrund der sensiblen Kühllastberechnung: $\dot{V} = \dot{Q}_K/[c \cdot (\vartheta_{zu} - \vartheta_i)]$
   - Die **Zulufttemperatur** ϑ_{zu} wird angenommen und hängt vorwiegend von der Art und Anordnung der Zuluftdurchlässe ab (Kap. 8).
   - Der **Massenstrom** $\dot{m}_W$ ist nur der im Raum entstehende Wasserdampf in g/h. Würde man noch zusätzlich den Wasserdampfanteil durch die Lüftung berücksichtigen, müßte $\Delta x_{Kü}$ von x_m abgetragen werden. Entsprechend Abb. 9.24 muß wegen der Lüftung etwa doppelt soviel Wasser abgeschieden werden, als aus dem Raum entfernt werden muß.
   - Die erforderliche **Kaltwassertemperatur** ϑ_W hängt von verschiedenen konstruktiven und strömungstechnischen Einflußgrößen ab und kann mit etwa 3 . . . 5 K unter ϑ_K angenommen werden (vgl. Kap. 13.5.1).

2. Es liegt die **Kühleroberflächentemperatur** ϑ_K **fest,** und man erhält die mögliche Entfeuchtung Δx_R dadurch, daß man die Kühlgerade bzw. die „Kühlerkurve" mit ϑ_{zu} zum Schnitt bringt.

   - Die **Kühleroberflächentemperatur** liegt z. B. fest, wenn mit Kaltwasser gekühlt wird, bei Klima- und Entfeuchtungsgeräten mit Direktverdampfung (Kältemittelverdampfungstemperatur) oder bei einem bestimmten geregelten und eingestellten Betriebszustand.
   - Geht die **Kühlgerade durch den Schnittpunkt** ***A,*** so wird zwar sehr stark entfeuchtet ($\Delta x_{Lü}$), aber eine Raumentfeuchtung findet nicht statt ($x_{zu} = x_i$). Geht sie durch den Schnittpunkt *B*, so findet – trotz starken Kondensatanfalls am Kühler – eine Raum**be**feuchtung statt ($x_{zu} > x_i$).

Aufteilung der Kühlerleistung und Berechnung der Anteile

Wenn man sich klarmacht, wie sich die Kühlerleistung zusammensetzt, so wird auch deutlich,

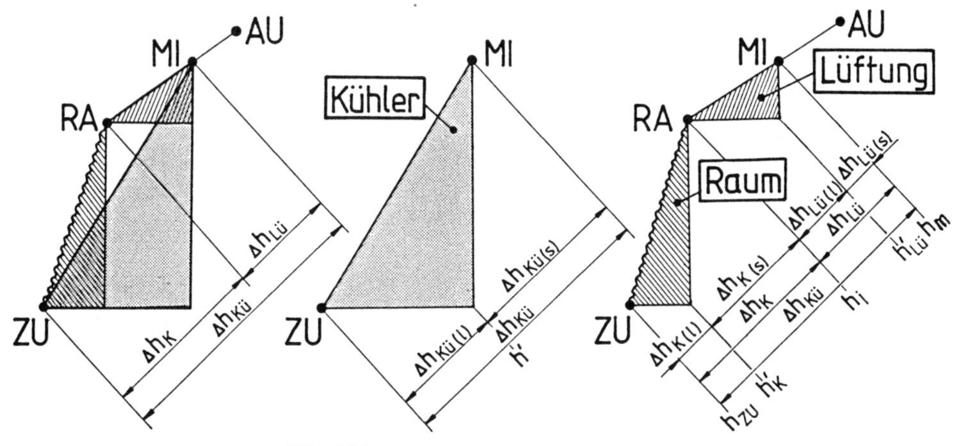

Abb. 9.25 Zusammensetzung der Kühlerleistung

wie man die jeweiligen Einflußgrößen beeinflussen kann, um z. B. teure Kälteenergie einzusparen. Neben den schon bekannten Rechenansätzen soll dies nachfolgend auch anhand des *h,x*-Diagramms erfolgen, in dem man die Zustandsänderung nach Abb. 9.24 etwas detaillierter wieder in Dreiecke aufteilt (Abb. 9.25).

Kühlerleistung	$\dot{Q}_{Kü}$	=	sensible Kühllast	$\dot{Q}_{K(s)}$	+	latente Kühllast	$\dot{Q}_{K(l)}$	+	Lüftung sensibel, latent	$\dot{Q}_{Lü}$	+	Verluste (Kanal)	$\dot{Q}_V$

Δh_K:

$$\dot{Q}_{K(s)} = \dot{m}_{zu} \cdot (h'_K - h_i) = \dot{m}_{zu} \cdot c \cdot (\vartheta_{zu} - \vartheta_i)$$

sensible Kühllast (innere und äußere Wärmequellen)

$$\dot{Q}_{K(l)} = \dot{m}_{zu}\,(h_{zu} - h'_K) = \dot{m}_{zu} \cdot \frac{x_{zu} - x_i}{1\,000} \cdot r$$

latente Kühllast (frei gewordene Kondensationswärme durch die Raumluftentfeuchtung)

$\Delta h_{Lü}$:

$$\dot{Q}_{Lü(s)} = \dot{m}_{zu}\,(h'_{Lü} - h_m) = \dot{m}_{zu} \cdot c \cdot (\vartheta_i - \vartheta_m) = \dot{m}_a \cdot c \cdot (\vartheta_i - \vartheta_a)$$

sensible Wärme durch die Lüftung (Kühlung des Außenluftanteils)

$$\dot{Q}_{Lü(l)} = \dot{m}_{zu}\,(h_i - h'_{Lü}) = \dot{m}_{zu} \frac{x_i - x_m}{1\,000} \cdot r$$

latente Wärme durch die Lüftung (frei gewordene Kondensationswärme durch Entfeuchtung der Außenluft)

$$\underbrace{\dot{m}_{zu} \cdot (h_{zu} - h_m)}_{\textbf{Kühler}} = \underbrace{\dot{m}_{zu} \cdot (h_{zu} - h_i)}_{\textbf{Kühllast}} + \underbrace{\dot{m}_{zu} \cdot (h_i - h_m)}_{\textbf{Lüftung}}$$

Obwohl die Aufteilung bzw. **Unterscheidung zwischen der sensiblen und latenten Kühllast** für die Berechnung der Kühlerleistung unbedeutend ist, soll hier nochmals hervorgehoben werden, daß man **mit der sensiblen (trockenen) Kühllast den Zuluftvolumenstrom und mit der latenten (feuchten) Kühllast bzw. mit dem Δx_R die erforderliche Kühleroberflächentemperatur ermittelt.**

Zusammenhang zwischen $\dot{Q}_K$, $\dot{m}_{zu}$, $\dot{m}_W$ und Δx_R

Der großen Bedeutung wegen, sowohl für die Planung und Auslegung von Klimaanlagen und Klimageräten als auch für Entfeuchtungs- und Entnebelungsanlagen, sollen diese vier Größen nochmals ausführlicher im Zusammenhang betrachtet werden.

$$\Delta x_R = \frac{\dot{m}_W}{\dot{m}_L}$$

$$\dot{m}_L = \frac{\dot{Q}_{K(S)}}{c \cdot \Delta\vartheta_u}$$

Δx_R Spezifische Entfeuchtungslast, d. h. der Wasserdampf in g, der vom raumdurchströmenden Luftmassenstrom je kg abzuführen ist. Einheit g/kg.

$\dot{m}_W$ Entfeuchtungslast in g/h, d. h. sämtliche im Raum anfallenden Wasserdampfmengen.

$\dot{m}_L$ Luftmassenstrom in kg/h, d. h. der Zuluftmassenstrom $\dot{m}_{zu} = \dot{V}_{zu} \cdot \varrho$. Mit dem Volumenstrom wird der Wasserdampf zum Kühler geführt.

Beispiele (Folgerungen aus diesen beiden Gleichungen können z. T. anhand Abb. 9.24 nachvollzogen werden.)

1. **Je geringer die sensible Kühllast, desto geringer ist der Zuluftmassenstrom (kleinerer Kanalquerschnitt, geringere Investitions- und Ventilatorstromkosten), desto größer Δx_R und um so tiefer die erforderliche Kühleroberflächentemperatur ϑ_K bzw. Kaltwassertemperatur (evtl. Kältemaschine erforderlich).**

2. **Je schlechter die Induktion der Zuluftdurchlässe, desto geringer muß die Untertemperatur $\Delta\vartheta_u = \vartheta_{zu} - \vartheta_i$ gewählt werden, desto größer ist der erforderliche Luftstrom (Ventilatorförderstrom), desto geringer ist Δx_R, desto höher kann die Kühleroberflächentemperatur gewählt werden.**

3. Liegt eine bestimmte Entfeuchtungslast $\dot{m}_W$ **in l/h vor, so kann man die entsprechende Gerätegröße (Volumenstrom) bestimmen, da die Kühleroberflächentemperatur ϑ_K (oder Kältemittelverdampfungstemperatur) und somit Δx_R bekannt sind.**
Umgekehrt kann man bei gegebenem Gerätetyp (Volumenstrom, Drehzahl) und ϑ_K (somit auch Δx) den höchstzulässigen Wasserdampfanfall $\dot{m}_W$ im Raum angeben, wenn eine bestimmte Raumfeuchte eingehalten werden soll.

4. **Setzt man für Δx_R die Differenz $x_i - x_a$, so kann man daraus auch den erforderlichen Außenluftmassenstrom $\dot{m}_a$ bestimmen, der eine im Raum anfallende Wasserdampfmasse $\dot{m}_W$ aufnehmen soll: $\dot{m}_W = \dot{m}_a (x_i - x_a)$. Diese sog. „Entfeuchtungslüftung" wird anhand des *h,x*-Diagramms, z. B. bei der Schwimmbadlüftung, im Bd. 3 behandelt.**

Berechnungs- und Planungsbeispiele (Kühlung und Entfeuchtung)

Aufgabe 9.20

Für ein Café (Rauminhalt 1 390 m³) ist zur Kühlung und Entfeuchtung während der Sommermonate eine Teilklimaanlage zu entwerfen. Die äußere Kühllast durch Sonne und innere durch Personen, Beleuchtung und Einrichtungen nach VDI 2078 beträgt 14 kW und die durch 60 Personen und Geräte erzeugte Entfeuchtungslast 6 kg/h. Raumzustand: ϑ_i = 27 °C, φ_i = 50 %, Außenluftzustand: ϑ_a = 33 °C, x_a = 12 g/kg; zulässige Untertemperatur 6 K.

a) **Wie groß sind der Zuluftvolumenstrom, der prozentuale Außenluftanteil (Außenluftrate mind. 25 m³/h · P) und die Luftwechselzahl?**

b) **Anhand des *h,x*-Diagramms sind die Kühleroberflächentemperatur und die Kühlerleistung zu bestimmen. Wieviel Prozent beträgt der sensible Kühleranteil?**

c) **Wie verändern sich der Außenluftanteil, die Kühleroberflächentemperatur ϑ_K und die Kühlerleistung, wenn eine Untertemperatur von 8 K gewählt wird?**

d) **Wie groß ist bei b etwa der latente Kühleranteil durch die Lüftung, wenn eine Raumfeuchte von 55 % anstatt 50 % zugelassen wird?**

Lösung:
Zu a) $\dot{m}_L$ = 14 000/0,28 · 6 = 8 333 kg/h = **6 944 m³/h;** $\dot{V}_a$ = 60 · 25 = 1 500 m³/h (≙ **22 %);**
LW = **5 h⁻¹**.
Zu b) Δx_R = 0,7 g/h ⇒ ϑ_K = **1,35** °C; $\dot{Q}_{Kü}$ = 8 333 · (47,2 – 57) = – 81 663 kJ/h ≙ **22,7 kW;**
$\dot{Q}_{Kü(s)}$ = (49,5 – 57)/(47,2 – 57) = 0,76 ≙ **76 %**.
Zu c) $\dot{m}_L$ = 6 250 kg/h = 5 208 m³/h; $\dot{V}_a$ ≙ **28,8 %;** Δx ≈ 1,0 g/kg ⇒ ϑ_K ≈ **13 °C;** $\dot{Q}_{Kü}$ = 6 250 · (57,5 – 44,5) = 81 250 kJ/h ≈ **22,6 kW.**
Zu d) $\dot{Q}_{Lü(l)}$ ≈ **0** (d. h. $x_m \approx x_i$)

Aufgabe 9.21

Während der Sommermonate wird mit einem Klimagerät ein Textilgeschäft gelüftet, gekühlt und entfeuchtet. Der Außenluftvolumenstrom (ϑ_a = 32 °C, φ_a = 40 %) von 1 000 m³/h entspricht 20 %. Der Kühler hat eine Leistung von 26 kW und eine Oberflächentemperatur von 5 °C. Raumzustand: ϑ_i = 26 °C, φ_i = 50 %. Anhand des *h,x*-Diagramms ist die sensible Kühllast in kW und die Entfeuchtungslast in l/h zu bestimmen (idealisierter Zustandsverlauf).

Lösung:
$\Delta h_{Kü}$ = 26 000 · 3,6/5 000 · 1,2 = 15,6 kJ/kg ⇒ $h_{zu} = h_m - \Delta h$ = 54,5 – 15,6 = 38,9 kJ/kg; $\dot{Q}_K = \dot{m}_L (h' - h_i)$ = 6 000 · (44 – 52,5) = – 51 000 kJ/h ≈ **14,2 kW** [$= m \cdot c \cdot (\vartheta_{zu} - \vartheta_i)$]; $m_W = m_L (x_{zu} - x_i)$ = 6 000 · (8,3 – 10,3) = – 12 000 g/h ≙ **12 l/h**

Aufgabe 9.22

Anhand des *h,x*-Diagramms soll rechnerisch nachgewiesen werden, ob folgende Behauptungen bzw. Reklamationen stimmen.

a) **Die Kühlerleistung von 76 kW bei folgenden Angaben sei viel zu groß. Sensible Kühllast 30 kW, Untertemperatur = 6 K, ϑ_i = 26 °C, φ_i = 50 %, ϑ_a = 32 °C, φ_a = 40 %, ϑ_K = 11 °C, 80 % Außenluft.**

b) **Die Kühlertemperatur müßte wesentlich tiefer liegen als 10 °C bei folgenden Angaben: Kühllast (S) 13,9 kW, Entfeuchtungslast 6 l/h, ϑ_{zu} = 16 °C, ϑ_a = 32 °C, φ_a = 45 %, ϑ_i = 26 °C, φ_i = 50 %. Mischkammerthermostat 29 °C.**

c) **In einem Produktionsraum wird die verlangte Raumfeuchte nicht erreicht (das Hygrometer zeigt zu hohe Werte an). Bei der Planung wurden folgende Angaben festgelegt: ϑ_a = 33 °C, x_a = 12 g/kg, ϑ_i = 26 °C, φ_i = 40 %, ϑ_{zu} = 16 °C, Entfeuchtungslast 5 l/h, Volumenstrom 3 300 m³/h, ϑ_K = 10 °C.**

Lösung:

Zu a) $\dot{m}_{zu}$ = 30 000/(0,28 · 6) = 17 857 kg/h; $\Delta h_{Kü}$ = (44,5 – 60) kJ/kg ⇒ Kühlerleistung stimmt etwa.
Zu b) $\dot{m}_{zu}$ = 13 900/(0,28 · 10) = 4 964 kg/h; Δx_R = 1,2 g/kg; ⇒ $\vartheta_K \approx$ 11 °C; ϑ_K stimmt etwa (Behauptung stimmt nicht).
Zu c) Behauptung stimmt (ϑ_K müßte etwa 6 K tiefer liegen, oder $\dot{V}$ müßte auf etwa 10 000 m³/h erhöht werden).

Aufgabe 9.23

In einem Produktionsraum mit 237 m² Grundfläche sollen eine sensible Kühllast von 19,2 kW und eine Entfeuchtungslast von 28,5 l/h abgeführt werden. Der Raumluftzustand wird mit ϑ_i = 25 °C und φ_i = 55 % r. F. angegeben, der Außenluftzustand mit ϑ_a = 32 °C und x_a = 12 g/kg. Die Zulufttemperatur soll 19 °C nicht unterschreiten. Die Kühleroberflächentemperatur beträgt 10 °C.

a) Welchen Zustand hat die Mischluft, wenn ohne Einschränkung je m² Grundrißfläche 10 m³/h Außenluft zugrunde gelegt werden sollen?

b) Wieviel l/h Wasser können dem Raum bei ϑ_{zu} = 19 °C maximal entzogen werden?

c) Wie groß muß die Kühlerleistung sein, um obige 28,5 l/h abzuführen, und wie groß ist die erforderliche Leistung des Nachwärmers in kW?

d) Wieviel kW Kühlerleistung sind für die Lüftung erforderlich, und wie groß wäre die Kühlerleistung bei Umluftbetrieb und trockener Kühleroberfläche?

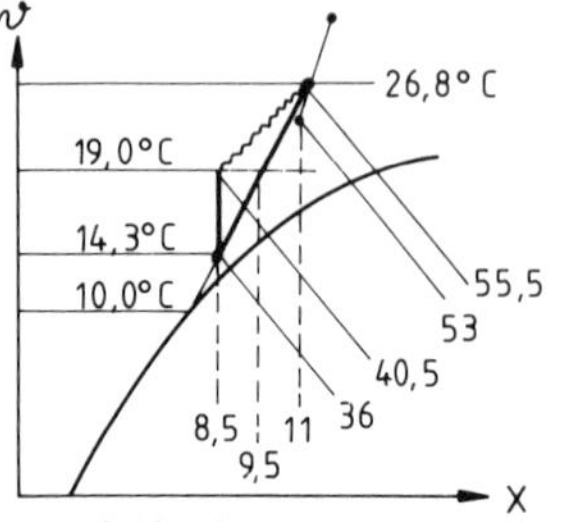

Abb. 9.26 Lösung zu Aufgabe 9.23

Lösung:

Zu a) $\dot{m}_{zu}$ = 19 200/0,28 · 6 = 11 428 kg/h, $\dot{m}_a$ = 2 844 kg/h (≈ 25 %) ⇒ ϑ_m = **26,8 °C**, x_m = **11,2 g/kg;** h_m = **55,5 kJ/kg.**
Zu b) Δx_R (bei 19 °C) ≈ 1,4 g/kg (anstatt 2,5 g/kg); ⇒ $\dot{m}_W$ = 11 428 (9,6 – 11) = 15 999 g/kg ≈ **16 l/h.**
Zu c) $\dot{Q}_{Kü}$ = 11 428 · (35,5 – 55,5)/3 600 = **63 kW,** $\dot{Q}_H$ = 11 428 · (40,5 – 35,5)/3 600 ≈ **15,9 kW.**
Zu d) $\dot{Q}_{Lü}$ = 11 428 · (55,5 – 53)/3 600 = **7,9 kW,** $\dot{Q}_K$ = **19,2 kW** (s. o.).

Aufgabe 9.24

Ein Laborraum soll gelüftet, gekühlt und entfeuchtet werden. Der Außenluftvolumenstrom beträgt 4 000 m³/h (≙ 40 %), die Entfeuchtungsleistung 21,6 l/h, die Kühlflächentempratur 5 °C. Der Raumluftzustand: ϑ_i = 26 °C, φ_i = 40 %, Außenluftzustand: ϑ_a = 32 °C, x_a = 13 g/kg.

a) Ermitteln Sie anhand des *h,x*-Diagramms die sensible Kühllast und die Entfeuchtungslast.

b) Wie groß ist der prozentuale Kältebedarf (Kühlerleistung) für die Lüftung bei 100 % Außenluftbetrieb und ϑ_K = 10 °C. Wie steht es mit der Entfeuchtung bei derselben Zulufttemperatur von a)?

Lösung:

Zu a) $\Delta x_{Kü}$ = 21 600/12 000 = 1,8 g/kg ⇒ ϑ_{zu} ≈ 19,5 °C; $\dot{Q}_K$ = 12 000 · (47,5 – 41)/3 600 = **21,7 kW;** $\dot{m}_{W(R)}$. ≈ **0** ($x_i \approx x_{zu}$);
Zu b) $\dot{Q}_{Kü}$ = 12 000 · (43,5 – 65)/3 600 = – 71,7 kW; $\dot{Q}_{Lü}$ = 12 000 · (65 – 47,5)/3 600 = 58,3 kW ≙ **81,3 %.** Der Raum wird befeuchtet, d. h., nicht einmal die Außenluftentfeuchtung wird erreicht ($x_{zu} > x_i$).

9.2.6 Entfeuchtung mit Absorptionsstoffen

Bei dieser Entfeuchtungsmethode bringt man die Luft mit hygroskopischen Stoffen (Sorp-

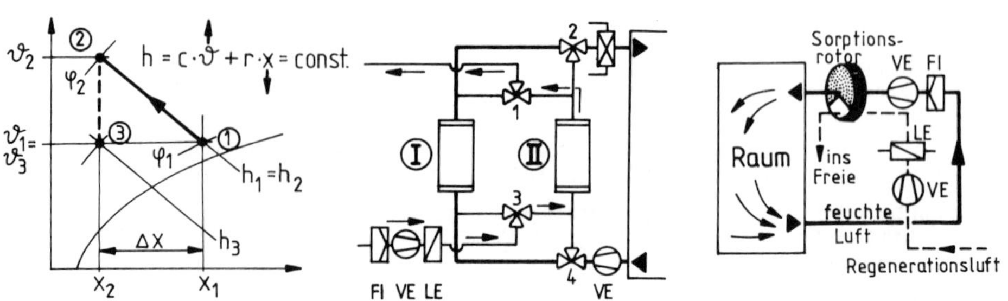

Abb. 9.27 Trocknung durch Absorptionsstoffe

Abb. 9.28 Schema einer SiO_2-Anlage

Abb. 9.29 Entfeuchtung mit Absorptionsrad

tionsstoffen) in Berührung. Der Wasserdampf der Luft haftet durch Absorption und Adsorption an der Oberfläche und kondensiert dort. Demnach wird hier latente Wärme in sensible Wärme umgewandelt, und da weder Wärme zu- noch abgeführt wird, verläuft die Zustandsänderung entlang der *h*-Linie (Abb. 9.27). Eine interessante Anwendung siehe Abb. 9.38.

Aufgabe 9.25
In einer Kieselgel-Lufttrocknungsanlage sollen 8 000 m³/h Luft entfeuchtet werden. Die Luft tritt mit ϑ = 22 °C und φ = 70 % in den Absorber ein und verläßt ihn mit einer absoluten Feuchtigkeit von 7 g/kg.
Wieviel l/h Wasser wurden absorbiert, mit welcher Temperatur verläßt die Luft den Absorber, und welche Kälteleistung wäre erforderlich, wenn man die Ausgangstemperatur wieder erreichen möchte.

Lösung:
$\dot{m}_W = 8\,000 \cdot 1{,}2 \cdot (11{,}6 - 7) = 44\,160$ g/h $\approx$ **44,2 l/h; ϑ = 33,5 °C,** $\dot{Q} = 9\,600 \cdot (51{,}5 - 39{,}8)/3\,600$ = **31,2 kW.**

Ein gebräuchlicher Adsorptionsstoff ist Kieselgel SiO_2 mit einer extrem großen Oberfläche von über 300 m²/g. Die Adsorptionsfähigkeit hängt vor allem von dem Partialdruck des Wasserdampfs ab. Wenn das Material (Körnung etwa 3 mm) gesättigt ist, wird es mit heißer Luft oder Heißdampf regeneriert.

Abb. 9.28 zeigt das **Prinzip einer SiO_2-Trocknungsanlage.** Während die Einheit I über Umschaltventile 2 und 4 in Betrieb ist (dicker Linienzug), wird die Schicht II über die Ventile 1 und 3 regeneriert (vgl. Pfeilrichtungen). Beide Kieselgelschichten (Schichtdicke etwa 50 cm) arbeiten somit im Wechsel. Regenerationsluft ist in der Regel Außenluft.

Abb. 9.29 zeigt einen **rotierenden Sorptionskörper** (Silica Gel mit Trägermaterial) mit sehr großer Oberfläche, der ähnlich arbeitet wie der bekannte regenerative Wärmerückgewinner. Der im großen Segment des hygroskopisch beschichteten Materials aufgenommene Wasserdampf wird im unteren Segment mit erhitzter Luft wieder getrocknet. Gerätegrößen von 100 bis über 30 000 m³/h, Rotordrehzahl etwa 6 bis 8 min^{-1}.

9.3 Taupunktgeregelte Klimaanlage im *h,x*-Diagramm

Mit diesem Beispiel sollen vorstehende Zustandsänderungen nochmals im Zusammenhang mit der taupunktgeregelten Klimaanlage verdeutlicht werden. Neben der richtigen Mischluft (Mischlufttemperaturregelkreis über Klappenmotoren) und der richtigen Raumlufttemperatur (Raumtemperaturregelkreis über Nachwärmer) soll hier auch die richtige Raumfeuchte durch die Düsenkammer eingehalten werden. Ausgangspunkt für diese Darstellung im *h,x*-Diagramm ist der gewünschte Zuluftzustand (ϑ_{zu} durch Annahme aufgrund von Vorgaben und $x_{zu} = x_i \pm \Delta x_R$) und der Mischluftzustand.

Darstellung für den Winterbetrieb

Entsprechend Abb. 9.30 geht man von Punkt 4 bis zur Sättigungslinie, entgegengesetzt zur Zustandsänderung im Nachwärmer, und erhält somit den **Taupunkt der Zuluft** (Pkt. 3). Von dort zieht man die *h*-Linie hoch (ebenfalls entgegengesetzt zur Zustandsänderung in der Düsenkammer) und bringt die Senkrechte vom Mischpunkt aus (Zustandsänderung im Vorwärmer) zum Schnitt. Man erhält somit den Punkt 2, den Austrittszustand des Vorwärmers (= Eintrittszustand der Düsenkammer).

Im Winterbetrieb wird durch den Taupunktthermostaten die Austrittstemperatur des Vorwärmers geregelt. Dadurch wird die geforderte absolute Feuchte der Zuluft erreicht, die mit ϑ_{zu} zusammen den gewünschten Zuluftzustand ergibt. Stellt man den Taupunktthermostaten z. B. zu hoch ein (Pkt. 3′), dann geht der Vorwärmer bis Pkt. 2′, und nach Erreichung der Sättigungslinie und der anschließenden Erreichung von ϑ_{zu} ist dann die relative Feuchte der Zuluft zu hoch (Abb. 9.30 a).
Bei Abb. 9.30 geht man fälschlicherweise davon aus, daß nach der Düsenkammer gesättigte Luft vorliegt. Wie schon im Kap. 9.2.3 gezeigt, muß hier der sog. **Befeuchtungs(wirkungs)grad η_{Bef}** berücksichtigt werden, den man z. B. anhand Abb. 3.28 bestimmen kann (Herstellerunterlagen). Die wirkliche Zustandsänderung unter Berücksichtigung des Befeuchtungsgrades in der Düsenkammer geht aus Abb. 9.31 hervor.

- **Konstruktion unter Berücksichtigung des Befeuchtungs(wirkungs)grades** (Abb. 9.31).

  Wie anhand Abb. 9.30 erläutert, geht man von Pkt. 4 aus (gewünschte absolute Feuchte x_{zu}) und erhält damit die erforderliche Befeuchtung $\Delta x_{Dü}$, die dem Befeuchtungsgrad entspricht (z. B. 90 %). Der Abstand $\Delta x_{Dü}$ (in mm oder als Δx), auf 100 % hochgerechnet, ergibt dann Δx_{max}. Vom Schnittpunkt S aus führt man wieder die h-Linie hoch, die mit der Senkrechten von Pkt. 1 den wichtigen Pkt. 2 ergibt.

  Der Schnittpunkt der Senkrechten von Pkt. 4 aus mit der h-Linie ergibt Pkt. 3. **Auf diese Temperatur $\vartheta_{Tp'}$ muß der Thermostat eingestellt werden,** wenn die absolute Feuchte der Zuluft **geregelt** werden soll. Da Pkt. 3 nicht mehr auf der Sättigungslinie liegt, ist es kein echter Taupunkt mehr. Würde man den Thermostaten auf Pkt. S einstellen, würde sich u. U. ebenfalls Pkt. 3 einstellen. Da er aber nicht gemessen wird, wird x_{zu} auch nicht geregelt.

  Ebenso wird auch die Raumfeuchte nicht geregelt, sondern durch x_{zu} gesteuert. Eine zu hohe Raumfeuchte – z. B. durch größeren Wasserdampfanfall im Raum – wird dadurch verhindert, daß über den Hygrostaten die Wäscherpumpe abgeschaltet wird (vgl. Abb. 9.32) und somit eine φ_i-Begrenzung nach oben erreicht wird.

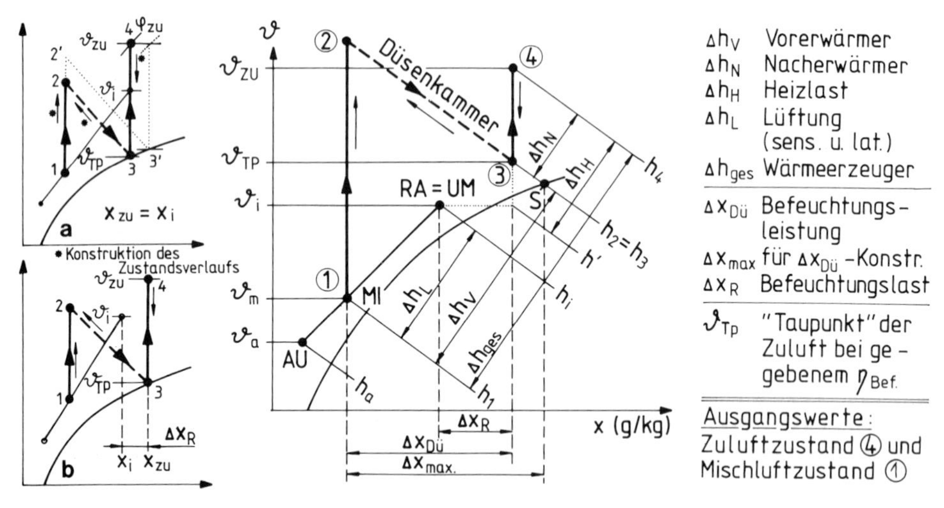

Abb. 9.30 Taupunktregelung

Abb. 9.31 Δh- und Δx-Werte einer taupunktgeregelten Klimaanlage (Winterbetrieb)

Aufgabe 1

In einer taupunktgeregelten Klimaanlage wird eine Zulufttemperatur von 35 °C festgelegt. Der Raumluftzustand ist mit ϑ_i = 22 °C, φ_i = 50 %, der Außenluftzustand mit ϑ_a = – 10 °C, φ_a = 80 % angegeben. Die Befeuchtungslast beträgt 34,6 l/h, der Befeuchtungsgrad 85 %. Durch die Lüftungsforderung wird ein Außenluftanteil von 40 % ermittelt. Der Zuluftvolumenstrom beträgt 16 000 m³/h.

a) **Auf welche Temperatur muß der Taupunktthermostat $\vartheta_{Tp'}$ eingestellt werden, und auf welcher Temperatur muß der Vorwärmer gehalten werden?**

b) **Wie groß ist die Leistung des Vorwärmers und Nachwärmers in kW und in Prozent sowie die Leistung, die von der Heizzentrale benötigt wird?**

c) **Wie groß ist die Leistung der Düsenkammer in l/h, und wieviel Wasser in l/h werden zerstäubt (Wäscherpumpe), wenn für den Düsenstock eine Wasser-Luft-Zahl von 0,3 angegeben wird?**

d) **Wieviel Prozent der Heizlast von 80 kW werden durch die RLT-Anlage gedeckt (über Δh-Werte)?**

e) **Welche Außenluftrate wurde bei ϑ_a = – 10 °C zugrunde gelegt, wenn im Raum 300 Personen zugrunde gelegt werden?**

f) **Wie groß ist die relative Feuchte der Zuluft, und wieviel l/h Wasserdampf werden dem Raum zuviel zugeführt, wenn die Luft im Vorwärmer auf 35 °C erhöht wird?**

g) **Auf welche Temperatur müßte der Vorwärmer gebracht werden, wenn anstatt der Taupunktregelung die Spritzwasserregelung verwendet wird, d. h., der Zuluftzustand ohne Nachwärmer erreicht wird? Wie groß ist die Wärmeleistung (nicht auf f beziehen)?**

h) Zeigen Sie anhand einer Schemaskizze und anhand des *h,x*-Diagramms die Taupunktregelung über Mischklappen, d. h. über das Umluft-/Außenluftverhältnis.

Lösung: (entsprechend Abb. 9.31)

Zu a) $\Delta x_{Dü}$ = 4,6 g/kg, Δx_{max} = 5,4 g/kg, $\Rightarrow$ ϑ_{Tp} = **17,5 °C,** ϑ_2 = **29 °C;**

Zu b) $\dot{Q}_V$ = 16 000 · 1,2 · (43 – 23) : 3 600 $\approx$ **107 kW (53 %),** $\dot{Q}_N$ = 19 200 · (61 – 43) : 3 600 $\approx$ **96 kW (47 %);** $\dot{Q}_{ges}$ = **203 kW;**

Zu c) $\dot{m}_{Dü}$ = 19 200 · 4,6 = 88 320 g/h = **88,3 l/h;** $\dot{m}_W$ = 19 200 · 0,3 = **5 760 l/h;**

Zu d) $\dot{Q}_H$ = 19 200 · (61 – 47,5) : 3 600 = 72 kW $\triangleq$ **90 %;**

Zu e) $\dot{V}_a$ = 16 000 · 0,4/300 $\approx$ **21 m³/h · P;**

Zu f) h = 49 kJ/kg $\Rightarrow$ x = 12,5 g/kg $\Rightarrow$ Δx_{max} = 12,5 – 5,4 = 7,1 g/kg, Δx (85 %) = 6,0 g/kg $\Rightarrow$ $\varphi_{zu'}$ $\approx$ **34 %;**

$\dot{m}_W = \dot{m}_L \cdot (x_{zu'} - x_{zu})$ = 19 200 · (12,1 – 10,1)/1 000 = **38,4 l/h;**

Zu g) ϑ $\approx$ **47 °C,** $\dot{Q}$ = **203 kW** (s. o.);

Zu h) vgl. Abb. 9.35

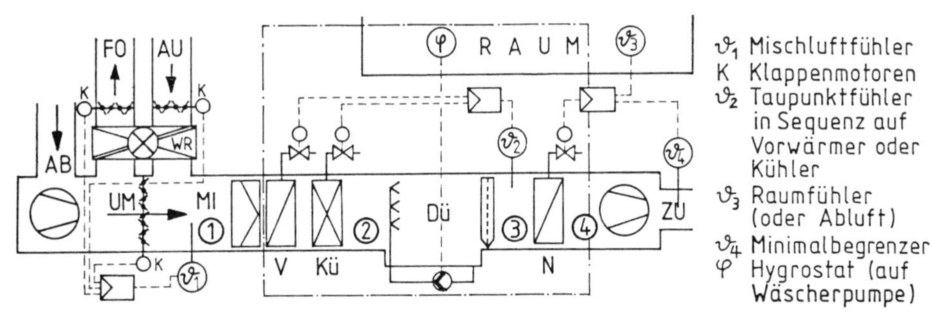

Abb. 9.32 Schema der Klimazentrale für Darstellung Abb. 9.30 und 9.31

Darstellung für den Sommerbetrieb

Im Gegensatz zum Winterfall wird hier **mit Hilfe des Taupunktthermostaten ϑ_{Tp} die Kühlertemperatur ϑ_2 geregelt,** d. h., auch hier wird – wie Abb. 9.33 und 9.34 zeigen – der Zuluftzustand (Pkt. 4) nur über die eingestellte „Taupunkttemperatur ϑ_{Tp}" erreicht. Dabei wird deutlich, daß die Lösung energetisch sehr ungünstig ist, denn die Leistung des Nachwärmers Δh_H muß vorher als Teil der Kühlerleistung aufgebracht werden.

Bei der **Konstruktion im *h,x*-Diagramm** geht man vom Mischpunkt aus und zeichnet die Kühlgerade (ϑ_K ist gegeben). Dann geht man von Pkt. 4 nach unten bis zur Sättigungslinie (Pkt. 3). Von dort entlang der *h*-Linie ergibt die Kühleraustrittstemperatur Pkt. 2 (η_{Bef} = 100 %). Den Zuluftzustand Pkt. 4 erhält man durch die Untertemperatur $\vartheta_{zu} - \vartheta_i$ und $\Delta x_R = \dot{m}_W/\dot{m}_L$. Die Enthalpiedifferenz Δh_R ist die Kühllast (sens. und lat.).

Unter Berücksichtigung des Befeuchtungswirkungsgrades η_{Bef} muß man diesen – wie beim Winterbetrieb gezeigt – vom Zuluftzustand bzw. von x_{zu} aus abtragen (in Abb. 9.34 = 85 %) und auf 100 % umrechnen $\Rightarrow$ $\vartheta_{2'}$. Der Kühler muß jedoch auf ϑ_2 gehalten werden (Regelgröße), damit bei η = 85 % der Punkt 3 („Taupunktersatztemperatur") und somit die richtige Zuluftfeuchte x_{zu} erreicht wird. Falls keine Feuchtelasten im Raum anfallen, d. h., daß die Raumluft weder be- noch entfeuchtet werden muß, ist $x_{zu} = x_i$. Würde man von Pkt. 2′ aus befeuchten, wäre bei η = 85 % x_{zu} und somit φ_i zu gering; würde man von Pkt. 2 aus befeuchten, wäre bei η_{Bef} = 100 % x_{zu} und somit φ_i zu hoch.

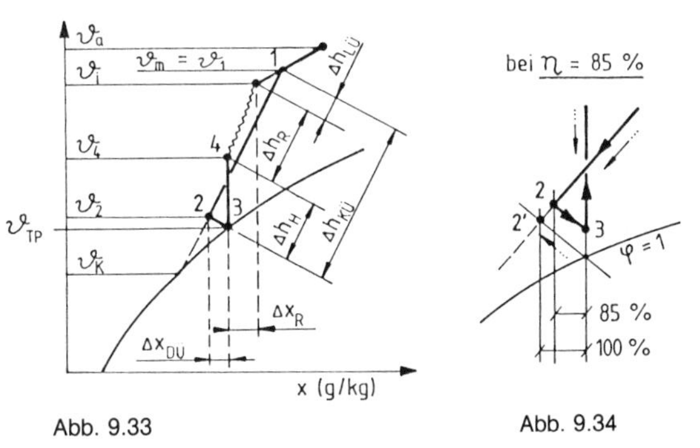

Abb. 9.33 Taupunktregelung bei η_{Bef} = 100 %; Sommerbetrieb

Abb. 9.34 Taupunktregelung unter Berücksichtigung des Befeuchtungswirkungsgrades

Aufgabe 2

Von einer taupunktgeregelten Klimaanlage mit dem Außenluftzustand ϑ_a = 33 °C; x_a = 12 g/kg und dem Raumluftzustand ϑ_i = 26 °C und φ_i = 58 % soll der Sommerfall im *h,x*-Diagramm dargestellt werden. Die Mischtemperatur wird mit 28 °C, die Kühleroberflächentemperatur mit 10 °C, die Untertemperatur mit 7 K und der Befeuchtungsgrad der Düsenkammer mit 80 % angegeben. Der Volumenstrom beträgt 10 000 m³/h und die Entfeuchtungslast 12 l/h.

a) Wieviel Prozent Außenluft wurden zugrunde gelegt, und wie groß ist der Kälteenergiebedarf?

b) Wie groß ist die Kühlerleistung in kW, etwa die Kaltwassertemperatur und der Förderstrom der Kaltwasserpumpe bei einer Spreizung von 6 K?

c) Für welche Leistung ist der Nachwärmer auszulegen, und wie groß ist die sensible Kühllast?

d) Wieviel l/h Wasser werden in der Düsenkammer von der Luft aufgenommen, und wie groß ist die Austrittstemperatur der Luft?

Lösung:

Zu a) ≈ 28 %; $\dot{Q}_{Lü} = \dot{m}_L \cdot (h_M - h_i)$ = 12 000 (58,8 – 56,8) : 3 600 = **6,7 kW** (da $\Delta x_{Lü}$ ≈ 0 ist, ist $\dot{Q}_{Kü}$ = 12 000 · 0,28 · 2/1 000 = 6,7 kW);

Zu b) Δx_R = 1 g/kg, Δx_{100} ≈ 1,3 g/kg, $\Delta x_{Dü}$ (Δx_{80}) = 1,04 g/kg ⇒ h_2 ≈ 45 kJ/kg, $\dot{Q}_{Kü}$ = 12 000 (45 – 58,8) : 3 600 = **46 kW;** ϑ_W ≈ 5 *K* unter ϑ_K ⇒ 5 °C, $\dot{m}$ = 46/1,16 · 6 = **6,6 m³/h;**

Zu c) $\dot{Q}_N$ = 12 000 (47 – 45) : 3 600 ≈ **6,7 kW;** $\dot{Q}_{K(s)}$ = 12 000 · 0,28 (26 – 19) : 1 000 ≈ **23,5 kW;**

Zu d) $\dot{m}_W$ = 12 000 · 1,04 : 1 000 = **12,5 l/h,** ϑ_3 ≈ **17 °C.**

Taupunktregelung über Mischklappen

Hier erreicht man durch Änderung des Mischpunktes 2 eine „Verschiebung" der Taupunkttemperatur und somit eine unterschiedliche absolute Feuchte der Zuluft und spezifische Stofflast ($x_{zu} - x_i$). Je nachdem ob der Raum beheizt oder gekühlt werden soll, wird die aus der Düsenkammer austretende Luft (3) über oder unter Raumtemperatur erwärmt.

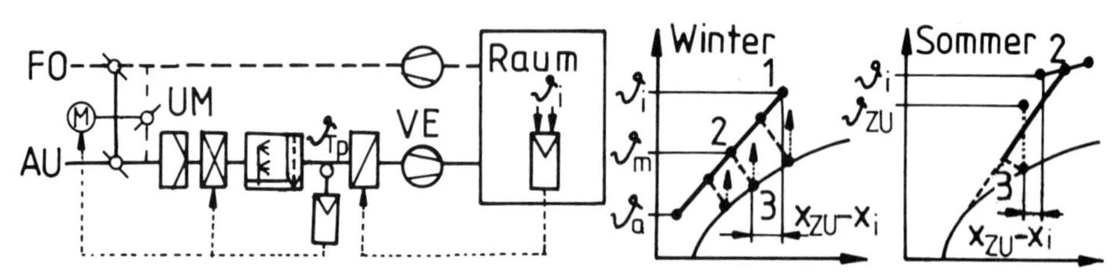

Abb. 9.35 Taupunktregelung über Mischklappen

9.4 Zusammenfassung von Zustandsänderungen und spezielle Darstellungen im *h,x*-Diagramm

Anhand Abb. 9.36 soll nochmals verdeutlicht werden, in welcher Richtung die Zustandsänderungen im *h,x*-Diagramm durch die in der Klimaanlage eingebauten Bauteile verlaufen. Dabei spielt die Betriebsweise, insbesondere die Temperaturen, eine wesentliche Rolle.

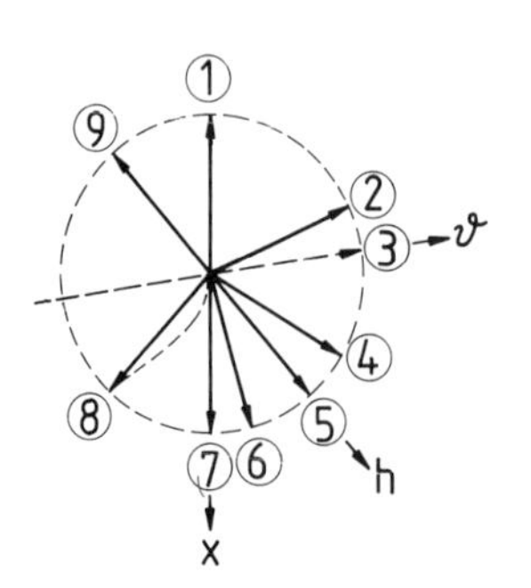

Abb. 9.36 Richtungsverlauf

1. **Erwärmung bei konstanter absoluter Feuchte** durch Heizregister, Wärmerückgewinnung oder Kondensator (Abb. 9.8).
2. **Befeuchtung mit Dampf** (Abb. 9.20) oder mit „Heizwäscher", wobei bei letzterem dem Wasser mehr Wärme zugeführt wird, als zur „Lieferung der Verdunstungswärme" erforderlich ist (Abb. 9.18).
3. **Dampfbefeuchtung,** wobei der übliche **isotherme Verlauf** angenommen wird (Abb. 9.21), oder Befeuchtung durch Verdunstung oder Zerstäubung, wobei dem Wasser genau die entsprechende Verdunstungswärme zugeführt wird (Abb. 9.18).
4. **Befeuchtung mit Wasser,** dem ein Teil der erforderlichen Verdunstungswärme zugeführt wird (Abb. 9.18).
5. **Adiabatische Befeuchtung,** d. h. Befeuchtung mit Umlaufwasser in der Düsenkammer, Befeuchtung durch Zerstäubungs- und Verdunstungsgeräte (Abb. 9.12).

6. **Befeuchtung mit gekühltem Wasser,** z. B. Kühlwäscher (Abb. 9.19).
7. **Kühlung durch Oberflächenkühler,** dessen Temperatur oberhalb des Taupunktes der Luft liegt (Abb. 9.22). Es könnte sich auch um den Fall 6 handeln, wenn die Temperatur der Wassertröpfchen mit der Taupunkttemperatur der zu behandelnden Luft identisch ist (Abb. 9.19).
8. **Kühlung und Entfeuchtung durch einen Oberflächenkühler,** dessen Temperatur unterhalb der Taupunkttemperatur der zu behandelnden Luft liegt (Abb. 9.23), oder bei einem Kältemittelverdampfer. Der geradlinige Verlauf der Zustandsänderung ist idealisiert.
9. **Luftentfeuchtung durch Adsorptionsstoffe;** dabei erfolgt eine Lufterwärmung durch die frei gewordene Kondensationswärme (Abb. 9.27).

Zusammenhängende Zustandsänderungen im *h,x*-Diagramm

Als Ergänzung zu den in Kap. 9.2 und 9.3 behandelten Übungsaufgaben sowie zur Wiederholung und Vertiefung von klimatechnischen Berechnungs- und Planungsgrundsätzen sollen anhand Abb. 9.37 zahlreiche Beispiele erläutert werden. Dabei interessieren nicht nur die Zustandsänderungen, sondern auch die Frage, ob bzw. wie der Raum gelüftet, beheizt, gekühlt, entfeuchtet oder befeuchtet wird. Zickzacklinie = Zustandsänderung im Raum. Mit den nachfolgenden Erläuterungen sollte der Leser versuchen, nur danach die entsprechende Skizze anzufertigen.

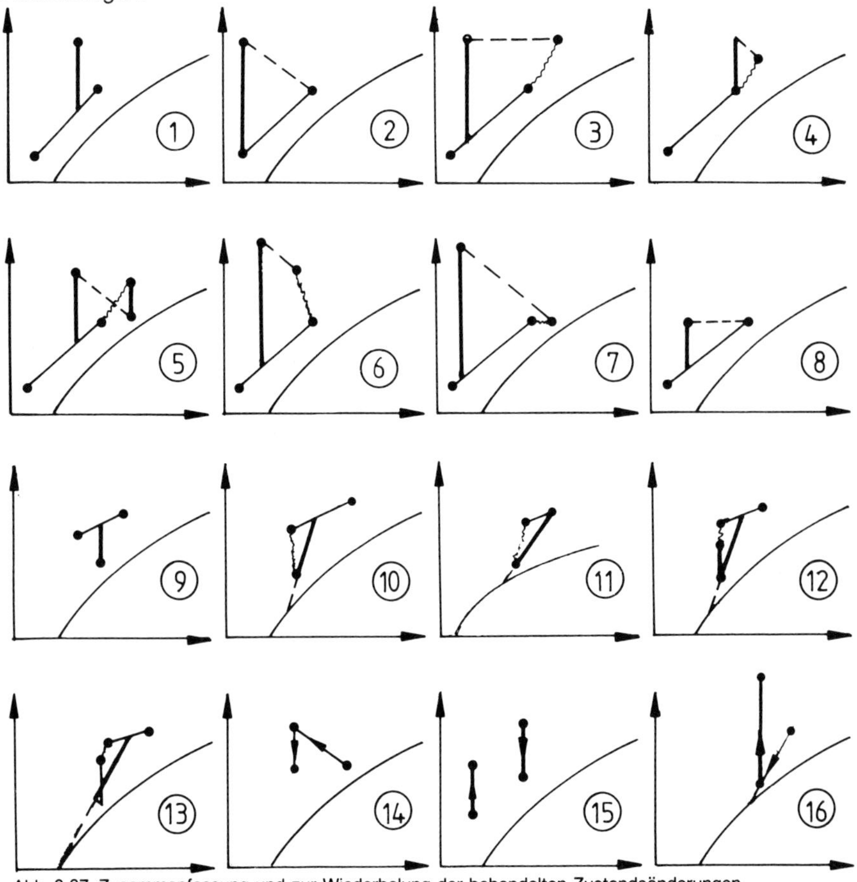

Abb. 9.37 Zusammenfassung und zur Wiederholung der behandelten Zustandsänderungen

1. **Lüftung (ca. 30 % Außenluftanteil), Erwärmung der Raumluft ($\vartheta_{zu} > \vartheta_i$), Winterbetrieb.**
2. **Lüftung (100 % Außenluft), Befeuchtung durch Verdunstung oder Zerstäubung ($\vartheta_{zu} = \vartheta_i$, $x_{zu} = x_i$), Deckung der Heizlast durch eine andere Anlage (z. B. Raumheizkörper), Winterbetrieb.**

3. Lüftung (ca. 80 % Außenluft), Befeuchtung durch Dampf, Erwärmung ($\vartheta_{zu} > \vartheta_i$) und Befeuchtung der Raumluft ($x_{zu} > x_i$), Winterbetrieb.

4. Umluftbetrieb (keine Lüftung durch die RLT-Anlage), die Raumluft wird sowohl beheizt ($\vartheta_{zu} > \vartheta_i$) als auch befeuchtet (Zerstäubung oder Verdunstung), $x_{zu} - x_i$ = spezifische Befeuchtungslast, Winter.

5. Lüftung (ca. 30 % Außenluft), Taupunktregelung Winterbetrieb, $\eta_{Bef} < 100$ %, Raumluft wird beheizt und befeuchtet (Düsenkammer), Winterbetrieb.

6. Lüftung (ca. 70 % Außenluft), Befeuchtung durch Zerstäubung. Da $x_{zu} < x_i$ ist und trotzdem der Raumluftzustand erreicht wird, befinden sich im Raum Feuchtequellen ($x_{zu} - x_i$). $x_{zu} - x_M$ ist die spezifische Befeuchtungsleistung, der Raum wird beheizt ($\vartheta_{zu} > \vartheta_i$), Winterbetrieb.

7. Lüftung (ca. 90 % Außenluft), Befeuchtung der Raumluft durch Zerstäubung oder Verdunstung ($x_{zu} > x_i$), keine Raumlufterwärmung ($\vartheta_{zu} = \vartheta_i$), Winterbetrieb.

8. Lüftung (ca. 70 % Außenluft), Befeuchtung durch Dampf, Raumluft wird weder be- noch entfeuchtet ($x_{zu} = x_i$), keine Raumlufterwärmung, d. h., Heizlast wird durch eine andere Anlage gedeckt.

9. Sommerbetrieb, Lüftung (50 % Außenluft), Kühlung der Raumluft ($\vartheta_{zu} < \vartheta_i$) durch Oberflächenkühler mit trockener Kühleroberfläche).

10. Sommerbetrieb, Lüftung (ca. 60 % Außenluft), Kühlung und Entfeuchtung durch Oberflächenkühler, geringe Raumluftbefeuchtung ($x_{zu} > x_i$), d. h. die Entfeuchtung reicht knapp zur Deckung des von außen eingeführten Wasserdampfanteils.

11. Sommerbetrieb, Lüftung (100 % Außenluft), Raumkühlung und -entfeuchtung mit Oberflächenkühler.

12. Sommerbetrieb, Lüftung (ca. 50 % Außenluft), Kühlung und Entfeuchtung durch Oberflächenkühler, Raum wird weder be- noch entfeuchtet, jedoch gekühlt; danach Erwärmung auf ϑ_{zu}.

13. Taupunktregelung (Sommerbetrieb) Lüftung (ca. 50 % Außenluft), $\eta_{bef} < 100$ %; der Raum wird sowohl gekühlt als auch entfeuchtet ($\vartheta_{zu} < \vartheta_i$ und $x_{zu} < x_i$).

14. Entfeuchtung der Luft durch Adsorptionsstoffe (z. B. Silica-Gel) und anschließende Kühlung bei x = konst auf Ausgangstemperatur.

15. Wärmerückgewinnung, d. h., die Fortluft wird gekühlt (rechts), während die Außenluft erwärmt wird (links), nur sensible Wärmeübertragung (vgl. Abb. 9.40).

16. Luft wird am Verdampfer eines Entfeuchtungsgerätes (Kälteaggregats) entfeuchtet und gleichzeitig auch gekühlt; anschließend durch den Kondensator geführt und dabei erwärmt (vgl. Abb. 9.41).

Weitere Darstellungen im *h,x*-Diagramm

Abschließend sollen noch einige spezielle klimatechnische Aufgaben erwähnt werden, die man ebenfalls sehr anschaulich im *h,x*-Diagramm darstellen kann.

Adiabatische Kühlung in Verbindung mit Sorption und Wärmerückgewinnung

Bei dieser Anlage handelt es sich um eine Zusammenfassung von 4 Bauteilen: Düsenkammer (oder andere), Entfeuchter, Wärmerückgewinner und Lufterwärmer. Dieses System eignet sich nur dann, wenn die Luft sowohl gekühlt als auch befeuchtet werden muß.

Der **Entfeuchter** besteht aus dünnen, wabenförmig aufgebauten Keramik-Silicagel-Folien, die die Feuchtigkeit der Luft aufnehmen (1–2) und diese bei höheren Lufttemperaturen wieder abgeben. Das glatte Material ist in

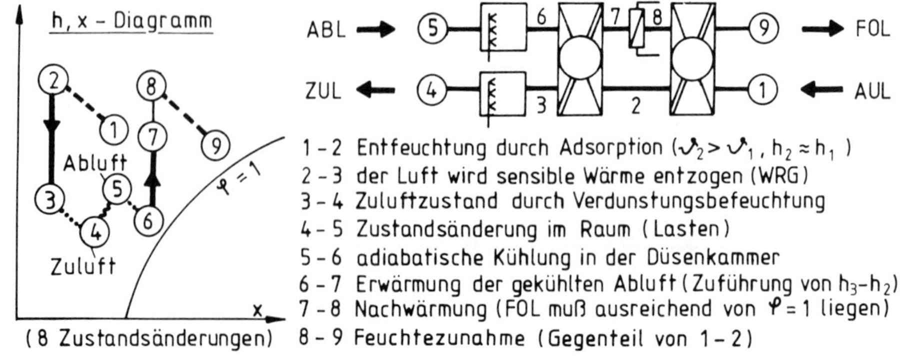

Abb. 9.38 Adiabatische Kühlung, Entfeuchtung, Befeuchtung und Wärmerückgewinnung

einem rotierenden Rad untergebracht (Sorptionsregenerator). Die Abluft erfährt im Entfeuchterrad eine Temperaturabnahme und Feuchtezunahme (= adiabatische Desorption).
Im **Wärmerückgewinner** (2–3) wird die trockene warme Luft durch „Kälterückgewinnung“ vorgekühlt (Vorkühlung der Zuluft). Für den Wärmeaustausch (6–7) im Wärmerückgewinner wird die durch einen Sprühbefeuchter heruntergekühlte Abluft (5–6) genutzt.
In der **Düsenkammer** wird nicht nur die Abluft heruntergekühlt, sondern die Luft auf die geforderte Zulufttemperatur und -feuchte gebracht (3–4). Durch den **Lufterwärmer** (Heizregister) erfolgt eine Nachwärmung (7–8), die für die Regeneration des Entfeuchterrades erforderlich ist.

Wärmerückgewinnung

Bei der Wärmerückgewinnung in RLT-Anlagen wird im Winter die der Fortluft entzogene Wärme der Außenluft zugeführt. Bei Kühlbetrieb im Sommer ist das Verhalten umgekehrt. Im wesentlichen unterscheidet man u. a. zwischen folgenden drei Kategorien von Wärmerückgewinnern (vgl. Bd. 3):

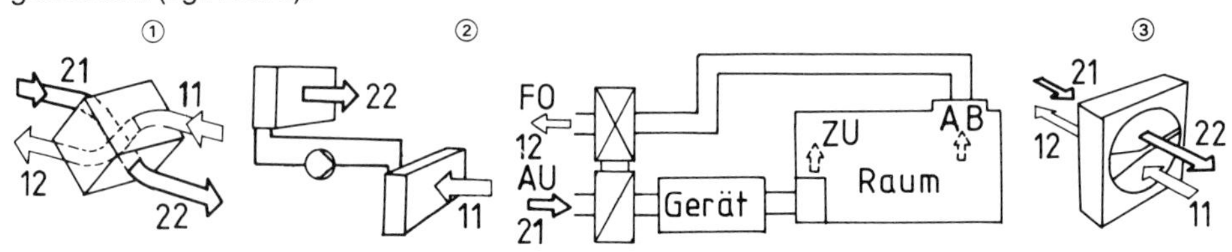

Abb. 9.39 Wärmerückgewinnungssysteme

1. **Rekuperatoren** mit Platten oder Röhren als Trennflächen aus Metall, Glas oder Kunststoff.
2. **Kreislaufverbundsysteme** (KVS), mit zwei Wärmetauschern, einer im Außenluftkanal und einer im Fortluftkanal, beide mit Rohrleitungen verbunden. Zu dieser Kategorie gehört auch das **Wärmerohr,** in dem Kältemittel zirkuliert und die Verdampfungs- und Kondensationswärme ausgenutzt wird.
3. **Regeneratoren** mit einer umlaufenden Speichermasse, z. B. in Wellenfolienstruktur aus Metall. Neben dem sensiblen Wärmerückgewinn kann hier auch latente Wärme zurückgewonnen werden, indem man auf das Material eine hygroskopische Schicht aufbringt.

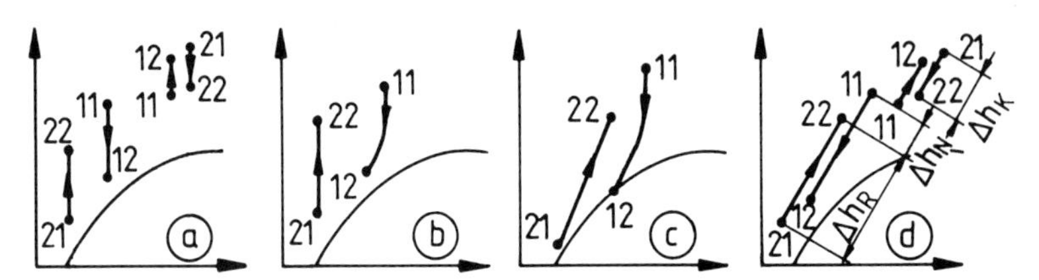

Abb. 9.40 Darstellung der Wärmerückgewinnung im *h,x*-Diagramm

Abb. 4.40 zeigt unterschiedliche **Zustandsänderungen im *h,x*-Diagramm,** wie sie prinzipiell durch den Wärmerückgewinner bzw. seine Betriebsweise vorliegen können.

Zu a) Hier wird nur sensible Wärme übertragen (x = konst), wie es bei Lüftungsanlagen mit Rekuperatoren oder KV-Systemen üblich ist; links Winterbetrieb, rechts Sommerbetrieb.

Zu b) Hier findet zwar bei der Fortluft eine Kondensation statt, der Außenluft wird jedoch nur sensible Wärme übertragen.

Zu c) Hier wird die Fortluft innerhalb des Wärmeübertragers (Kondensations-Regenerator) unter den Taupunkt der Luft 11 abgekühlt, so daß durch die Kondensatübertragung auch eine Rückfeuchtung stattfindet. Die Rückfeuchtezahl (Außenluft) ermittelt man wie folgt: $\psi = (x_{22} - x_{21})/(x_{11} - x_{21})$.

Zu d) Beim Sorptionsregenerator kann ganzjährig sowohl sensible als auch latente Wärme übertragen werden, so daß sehr hohe Rückwärmezahlen erreicht werden können (0,7 bis 0,9).
Δh_R = Wärmerückgewinn, Δh_N = Nachwärmung, Δh_K = Kälterückgewinn.

Kältekreislauf - Entfeuchtung - Wärmerückgewinnung

Bei diesem Beispiel soll im *h,x*-Diagramm gezeigt werden, wie z. B. mit einem Entfeuchtungsgerät (Kälteaggregat) sowohl die latente Wärme als auch die Kompressorwärme als Nutzwärme wieder zurückgewonnen werden kann. Bezogen auf die Kondensatorleistung (Wärmepumpenbetrieb), erreicht man demnach eine sehr hohe Leistungszahl ε.

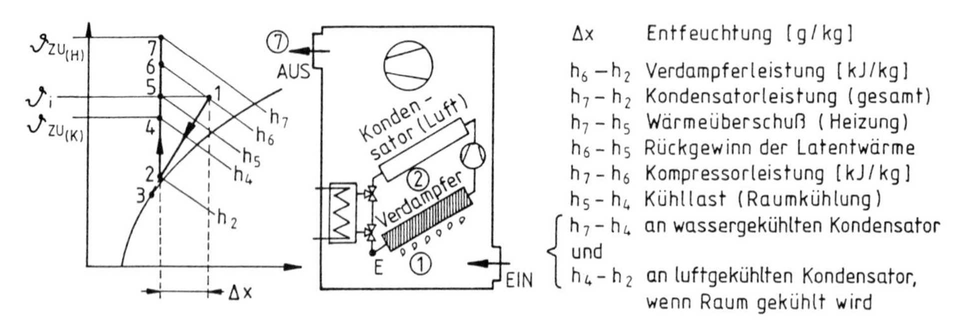

Abb. 9.41 Zustandsänderung im Wärmepumpen-Kompaktgerät

Hinweise zu den einzelnen Zustandspunkten (Temperaturen)

(1) **Raumzustand** (ϑ_i, φ_i), bzw. bei Mischluftbetrieb ist es der Mischluftzustand auf der Mischgeraden, Verdampfereintrittszustand.

(2) **Verdampferaustrittszustand** = Kondensatoreintrittszustand, mit z. B. 10 K oberhalb der Verdampfungstemperatur. Entscheidend ist die dem Raum zu entziehende Feuchtigkeit ($x_2 - x_1$ = spezifische Entfeuchtungsleistung = $\dot{m}_W/\dot{m}_L$).

(3) **Oberflächentemperatur des Verdampfers,** die vorwiegend von der Verdampfungstemperatur des Kältemittels abhängt.

(4) **Zulufttemperatur im Sommer,** wenn der Raum mit dem Gerät auch gekühlt werden soll. $\vartheta_5 - \vartheta_4$ ist die Untertemperatur $\Delta\vartheta_u$ ($\dot{Q}_K = \dot{V} \cdot c \cdot \Delta\vartheta_u$). Dabei muß die restliche Kondensatorwärme $h_7 - h_4$ anderweitig abgeführt werden, z. B. über einen wassergekühlten Kondensator zur Schwimmbeckenerwärmung.

(5) An diesem Punkt wird die durch die Entfeuchtung abgesenkte **Raumtemperatur wieder erreicht,** d. h., erst ab dieser Temperatur aufwärts wird dem Raum Wärme zugeführt.

(6) Diese Temperatur erreicht man durch die **zurückgewonnene Latentwärme** ($\Delta x \cdot r$), die im Kondensator als sensible Wärme $h_6 - h_5$ nutzbar gemacht wird.

(7) **Zuluftzustand im Winter,** d. h. die Austrittstemperatur des luftgekühlten Kondensators. Die Kondensatorleistung $h_7 - h_2$ setzt sich demnach aus der sensiblen und latenten Verdampferleistung ($h_6 - h_2$) und der Verdichterleistung $h_7 - h_6$ zusammen. In der Regel reicht jedoch die Kondensatorwärme nicht aus, um die Heizlast des Raumes zu decken; ganz abgesehen davon, daß von dem Gerät nur in der Zeit Wärme abgegeben wird, in der eine Raumentfeuchtung erfolgt.

Kühlturm

Die Rückkühlung des Kühlwassers im Kühlturm wird ausführlicher im Kap. 13.4.5 behandelt. Mit Abb. 9.42 soll hier nochmals die Zustandsänderungen von Luft und Wasser im *h,x*-Diagramm sowie die Leistungsbilanz während des Kühlbetriebs angefügt werden.

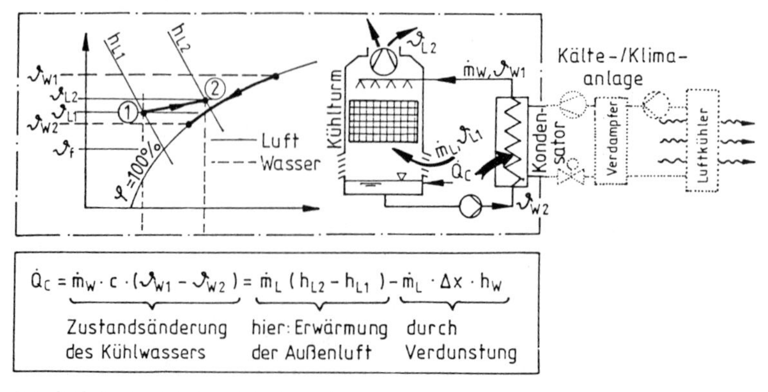

$$\dot{Q}_C = \dot{m}_W \cdot c \cdot (\vartheta_{W1} - \vartheta_{W2}) = \dot{m}_L\,(h_{L2} - h_{L1}) - \dot{m}_L \cdot \Delta x \cdot h_W$$

Zustandsänderung des Kühlwassers — hier: Erwärmung der Außenluft — durch Verdunstung

Abb. 9.42 Zustandsänderungen im Kühlturm

10 Luftführung mit Planungsbeispielen

Wenn in der RLT-Technik von Luftführung gesprochen wird, unterscheidet man zwischen der Luftführung in Gebäuden (Luftleitungen) und der Luftführung in Räumen. Beide sind bei jeder Planung eng miteinander verknüpft, wobei in der Regel die optimale Auswahl und Anordnung der Luftdurchlässe im Vordergrund stehen. Sowohl auf Luftleitungen, Kanalnetzberechnung als auch auf die zahlreichen Einflußgrößen für die Wahl der Luftdurchlässe und Luftführungsarten wurde schon in Bd. 3 eingegangen, so daß zahlreiche Begriffe und Zusammenhänge vorausgesetzt werden können.
Es sollen in diesem Kapitel neben einigen Kurzzusammenfassungen die Kühlung stärker einbezogen werden, Planungs- bzw. Auswahlbeispiele dargestellt werden, und es wird ausführlicher auf das Quellensystem eingegangen werden.

10.1 Hinweise zur Luftführung im Raum

Im Gegensatz zur Lüftung/Luftheizung muß bei der Klimatisierung in der Regel durch die Luftdurchlässe sowohl kalte als auch warme Luft in die Räume geführt werden. Außerdem sind in vielen klimatisierten Arbeits- und Produktionsstätten noch Verunreinigungslasten abzuführen, wobei zu unterscheiden ist, ob diese leichter oder schwerer als die Raumluft sind. Alle drei Möglichkeiten müssen bei der Wahl des Luftführungssystems und der Luftdurchlässe beachtet werden. Muß ein Raum z. B. nur gekühlt werden, so geschieht dies vielfach auch durch Einzelklimageräte oder z. T. durch die Lüftungsfunktion, wenn mit kälterer Außenluft eingeblasen wird. Bei den Einzelgeräten ist für die Luftverteilung im Raum demnach der Aufstellungsort entscheidend.
Bei der Wahl der Luftführung müssen hinsichtlich der thermischen Lasten zunächst die beiden Kräfte beachtet werden, welche die erforderliche Luftbewegung bewirken.

1. Die am Zuluftdurchlaß stattfindende **Impulskraft** (Trägheitskraft) „reißt" (induziert) durch die mehr oder weniger starke kinetische Energie des anstrebenden Luftstroms die Raumluft mit und ist auch mitentscheidend für die Eindringtiefe in den Raum. So gibt es Zuluftdurchlässe mit einer mehr oder weniger hohen Induktion (z. B. Düsen-, Drall-, Schlitzdurchlässe) und welche mit einer äußerst geringen Induktion (z. B. Quelluftdurchlässe).
2. Die durch die Temperatur- bzw. Dichtedifferenz zwischen Zu- und Raumluft entstehende **Schwerkraftwirkung** (thermische Kräfte) bewirkt, daß warme Luft nach oben steigt und kalte Luft sich nach unten bewegt.

Nun gibt es 2 Möglichkeiten:

- **Beide Kräfte wirken entgegengesetzt,** wenn kalte Luft im Bodenbereich oder warme Luftströme im Deckenbereich eingeführt werden.

Damit nun die Impulskraft nicht geringer als die Schwerkraft wird, sind hier an den Zuluftdurchlässen entweder eine **hohe Induktion oder eine geringe Temperaturdifferenz** zwischen Zuluft und Raumluft erforderlich. Diese Luftführung ist zwar grundsätzlich problematischer, doch gibt es heute Zuluftdurchlässe, bei denen kalte Luft auch im Bodenbereich und unter bestimmten Bedingungen auch warme Luft von oben eingeführt werden kann.

- **Beide Kräfte wirken in dieselbe Richtung,** wenn warme Luft im Bodenbereich und kalte Luft von oben eingeführt wird. Das Verhältnis Schwerkraft/Trägheitskraft bezeichnet man als die sog. Archimedeszahl, die z. B. bei Modellversuchen und Simulationen eine Rolle spielt.

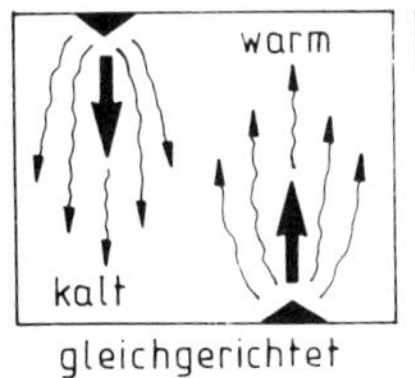

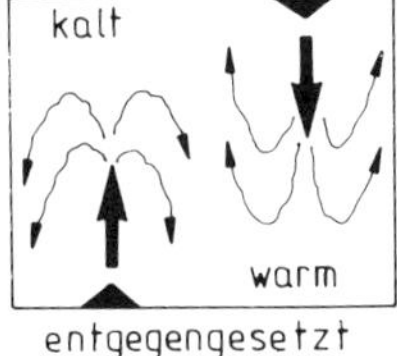

Abb. 10.1 Impuls- und Auftriebskräfte

Wenn nun bei der Klimaanlage, z. B. durch einen Luftdurchlaß im Deckenbereich, im Wechsel warme Luft (Heizlast) und kalte Luft (Kühllast) eingeführt werden muß, so besteht beim Heizfall die Forderung, die warme Luft in die Aufenthaltszone, besonders in den Fußbereich, zu bringen, und beim Kühlfall die Forderung, Zugerscheinungen zu vermeiden. Um beide gleichzeitig zu erfüllen, sollten bei der Auslegung der Luftdurchlässe und bei der Entscheidung für die Luftführung im Raum keine Kompromisse gemacht werden. Die Angaben in den Herstellerunterlagen, wie z. B. die zulässige Über- oder Untertemperatur, der Volumenstrom, die Strahlendgeschwindigkeit, der kritische Strahlweg bei der Kühlung und die Eindringtiefe

bei der Heizung, sind strikt einzuhalten (z. T. mit Korrekturen zur sicheren Seite!). Wenn man den vereinzelten Reklamationen nachgeht, die zu einer falschen Auswahl der Luftdurchlässe oder zu einer unbefriedigenden Luftströmung geführt haben, so liegt es fast ausschließlich an der ungenügenden Beachtung der zahlreichen Einflußgrößen. Hierzu zählen z. B. eine falsche Annahme hinsichtlich der Raumbeschaffenheit (Raumgeometrie, lichte Höhe, Stellflächen, Dichtheit, Deckeneinfluß, Speichervermögen, Glasflächen, Kanalführung u. a.), falsche Annahmen bei der Raumnutzung (Komfort, gewerbliche Arbeitsprozesse, Zeit, Wärmequellen, Schallpegel, Bestuhlung), ungenaue Zahlenwerte bei der Berechnung und Planung (Heiz- und Kühllast, Volumenstrom, Luftwechsel, Temperaturen) und nicht zuletzt falsche Annahmen oder Maßnahmen beim Betrieb (Regulierbarkeit am Auslaß, Druckabgleich im Kanalnetz, Regelung des Volumenstroms u. a.).
Dies macht deutlich, daß dieser Aufgabenbereich der Raumlufttechnik besonders dem Anfänger einige Schwierigkeiten und auch Unsicherheit bereitet, zumal die im Raum befindlichen Personen eine Klimaanlage fast ausschließlich nach der Luftführung beurteilen. Mit ihr soll schließlich eine optimale Temperaturverteilung (auch Feuchte), eine zugfreie Geschwindigkeitsverteilung und ein ausreichender Luftaustausch zum Abführen von CO_2, Gerüchen und Schadstoffen garantiert werden.

Der Klimatechniker weiß allerdings, daß auch andere Unzulänglichkeiten zu Reklamationen führen können, wie eine falsch berechnete Anlage, eine fehlerhafte Auswahl der Bauteile, eine schlechte Montage (z. B. Kanalnetz), eine unbefriedigende Regelung, eine oberflächliche akustische Auslegung, ein hoher Energieverbrauch und ganz besonders eine unzureichende Wartung und Pflege.

Bei der **Luftführung** in klimatisierten Räumen unterscheidet man zwischen folgenden drei Grundsystemen bzw. Strömungsarten: die Mischströmung, die Verdrängungsströmung und die Schichtenströmung.

Da die Misch- und Verdrängungsströmung schon ausführlicher in Bd. 3 behandelt wurde, sollen hier nur nochmals die wesentlichen Merkmale zusammengefaßt und hinsichtlich der Kühlung ergänzt werden. Die Schichtenströmung wird in Kap. 10.3 behandelt.

10.1.1 Mischströmung

Bei der Mischströmung unterscheidet man zwischen der **tangentialen Strömung,** bei der sich der Zuluftvolumenstrom tangierend einseitig an Raumumschließungsflächen anlegt, und der **diffusen Strömung,** bei der die Zuluft „undefiniert" mit unterschiedlichen Strömungscharakteristiken in den Raum strömt. Bei der diffusen Luftführung unterscheidet man zwischen der **Strahlluftführung** mit einer „walzenförmigen" oder mit einer mehr oder weniger diffusen Luftführung und der **Dralluftführung** als der charakteristischen Mischströmung mit deutlich diffusem Verlauf.

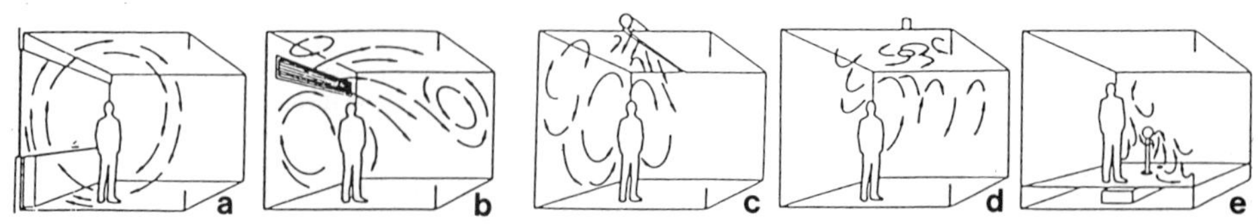

Abb. 10.2 Mischströmung: a) tangential (z. B. Truhengerät); b) desgl. mit Wandgitter (tangential oder als Strahl); c) mit Schlitzdurchlaß (diffus); d) mit Dralldurchlaß; e) örtlich

Merkmale, Vor- und Nachteile, Anwendung

1. Die **Einbringung der Zuluft** erfolgt mit großem Impuls und hohem Turbulenzgrad meist im Decken- oder oberen Wandbereich. Bei der diffusen Strömung wird der Coandaeffekt (d. h. das „Anlegen" an die Decke) bewußt vermieden.
2. Die **Aufgabe des Zuluftdurchlasses** besteht darin, den Temperaturunterschied zwischen Zuluft und Raumluft schnell abzubauen und die relativ hohe Austrittsgeschwindig-

keit schnell zu reduzieren. Beides wird dadurch erreicht, daß sich Zu- und Raumluft sehr intensiv miteinander vermischen.

3. Die **Strömung im Raum** ist bei ausreichender Luftwechselzahl ($> 4 \ldots 5$) und/oder hohem Induktionsverhältnis durch eine sehr gleichmäßige Temperatur- und Geschwindigkeitsverteilung gekennzeichnet (Abb. 10.13). Im Aufenthaltsbereich entsteht keine Vorzugsströmung.

4. Die **zulässigen Zulufttemperaturen** bzw. Über- oder Untertemperaturen $\vartheta_{zu} - \vartheta_i$ hängen von der Art und Anordnung der Zuluftdurchlässe, von der Raumnutzung, von der Raumgeometrie (insbesondere der Raumhöhe), vom Luftwechsel und von der max. Strahlgeschwindigkeit ab. Sie können daher generell nur als Anhaltswert angegeben werden.

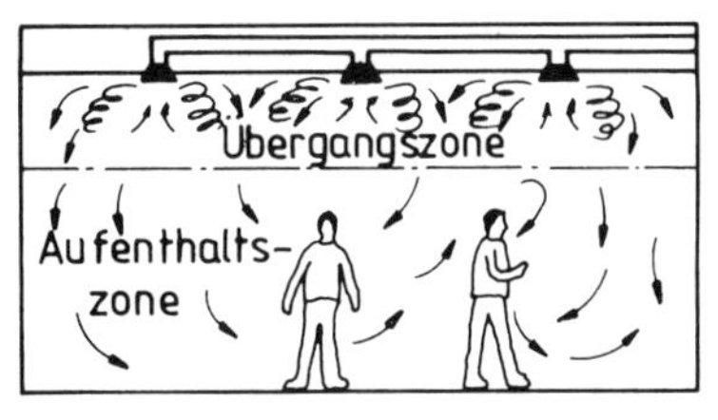

Abb. 10.3 Zonen bei der turbulenten Mischströmung

Tab. 10.1 Wahl der Untertemperatur (in K) bei Mischströmungen

Art des Luftdurchlasses	Komfortbereich	Industrie
Gitter (Wandanordnung)	2...(3)	3...4...(5)
Deckenluftverteiler	4.... 5	4.... 6
Schlitze (in Decke)	6...8...10	selten
Dralldurchlässe (Decke)	8...(10)	8... 12
Düsendurchlässe	4.... 6	4.... 8
Tellerventile	2...(3)	3...4...(5)

Weitere Hinweise hierzu:

- Die **geringeren Zahlenwerte** wählt man z. B. bei höherem Luftwechsel, bei geringeren Raumhöhen, bei hohen Behaglichkeitsanforderungen.
- Die **Einführung der Kaltluft von unten,** (z. B. Bodendralldurchlässe) ist problemlos nur bei geringen $\Delta\vartheta$-Werten von max. 3 (bis 4) K möglich; dies jedoch nicht direkt am Arbeitsplatz!
- Bei der **Kühlung über Deckenluftdurchlässen** (Schlitze, Dralldurchlässe, Düsen) wird die Zuluft horizontal mit Deckeneinfluß eingeführt. Wann sich der Strahl von der Decke löst („kritischer Strahlabfall"), hängt vom Volumenstrom, von der Gittergröße und von der Untertemperatur ab (Abb. 10.24). Die Geschwindigkeit am Ende des Strahls steigt mit zunehmender Untertemperatur (Abb. 10.23).
- Die Einführung von **Kaltluft aus Wand-Luftdurchlässen** verlangt – wie Tab. 10.1 zeigt – eine sehr geringe Untertemperatur. Die dadurch erforderlichen größeren Volumenströme verursachen höhere Kosten für die Luftförderung, für die zahlreichen Luftdurchlässe und für Nebenkosten (z. B. Montage, Einregulierung).

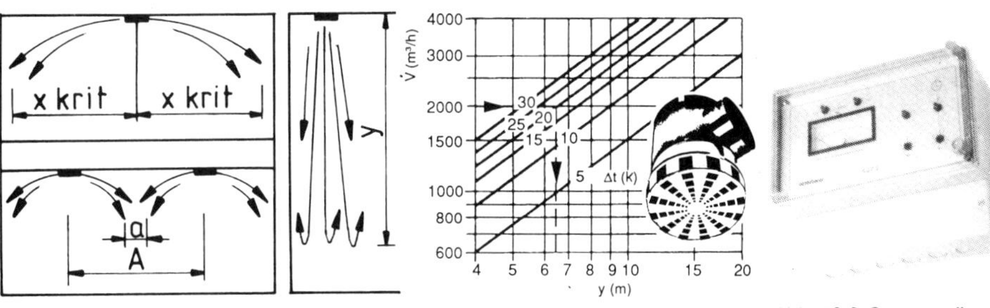

Abb. 10.4 Kritischer Strahlweg

Abb. 10.5 Vertikale Eindringtiefe *y* im Heizfall

Abb. 10.6 Steuergerät

Im Heizfall ($\vartheta_{zu} > \vartheta_i$) müssen die Luftstrahlen ab der isothermen Einblasung ($\vartheta_{zu} = \vartheta_i$) automatisch von der horizontalen Richtung (Kühlung $\vartheta_{zu} < \vartheta_i$) langsam stetig nach unten geführt werden. Während des Aufheizvorganges sind die Lamellen senkrecht nach unten gerichtet.

Die **Eindringtiefe *y*** im Heizfall, d. h. der Abstand, bei dem die Auftriebskraft wieder stärker als die an dieser Stelle noch vorhandene Impulskraft ist, kann anhand der Herstellerunterlagen ermittelt werden. Aus Bd. 3 soll dies mit Abb. 10.5 nochmals anhand eines Industriedurchlasses verdeutlicht werden. Im Heizfall sind nur die unteren Öffnungen, im Kühlfall nur die seitlichen offen. Der maximal zulässige Volumenstrom wird durch den zugelassenen Schalleistungspegel begrenzt.

Abb. 10.6 zeigt ein **Temperatur-Steuergerät** zur automatischen Regelung motorisch verstellbarer Zuluftdurchlässe für Einkanalanlagen mit Konstantvolumenstrom. Es erkennt selbsttätig den Heiz- und Kühlfall und verändert entsprechend $\vartheta_{zu} - \vartheta_i$ die Ausblasrichtung; Stellmotor, mit 24 V-Antrieb und einer Ansteuerung von 0–10 V oder Dreipunkt-Stellantrieb, wahlweise mit Sollwertgeber zur Begrenzung und ebenfalls wahlweise mit digitaler Wochenzeitschaltuhr mit Umschaltkontakten. Einjustierung der Temperaturkurve werkseitig oder/und vor Ort.

5. Bei den Geschwindigkeiten interessiert vor allem im Komfortbereich die zulässige **Geschwindigkeit in der Aufenthaltszone** mit $<$ 0,15 bis 0,2 m/s, die allerdings – im Gegensatz zur Verdrängungsströmung – nur bei sorgfältiger Auslegung ($\Delta\vartheta_u$, $\dot{V}$, v_{zu}) und Einregulierung erreicht werden kann, vorausgesetzt, es befinden sich im Raum keine hohen Störgrößen. In Produktionsstätten können die Werte – je nach Betriebsart – auf etwa das Doppelte und mehr angenommen werden. Bei der Auslegung interessiert die **Strahlendgeschwindigkeit** (Abb. 10.23). Die **Austrittsgeschwindigkeit** liegt je nach Art und Ort des Zuluftdurchlasses und Raumnutzung zwischen (2) 3 und 5 (10) m/s.
6. Die **Luftwechselzahl,** die sich ja vielfach aus $\dot{V}_{zu} = f\,(\dot{Q}_K, \dot{Q}_H, \Delta\vartheta)$ ergibt, spielt für die $\Delta\vartheta$-Wahl eine große Rolle, insbesondere im **Heizfall.** So kann man z. B. in einer Halle bei geringem Luftwechsel (2–3fach) bis 20 K und bei einem mit wesentlich höheren Werten (6–8fach) nur bis etwa 10 K gehen (im Komfortbereich bis etwa zur Hälfte).
7. Die **Anordnung der Abluftdurchlässe** hat bei der Kühlung fast keinen Einfluß auf die Raumluftströmung. Zur Durchführung des Druckabgleichs muß allerdings eine Regulierung möglich sein. Beim Heizfall ist es jedoch ratsam (insbesondere bei größeren Raumhöhen), etwa 50 % der Abluft unten abzusaugen.
   Bei der Anordnung von Dralluftdurchlässen im Deckenbereich möchte man nicht noch durch Abluftdurchlässe die Deckenfläche zu sehr „überfrachten". Vereinzelt wählt man daher Wandgitter oder führt die gesamte Abluft ringsum über Schattenfugen in der Zwischendecke ab, was nicht nur optisch schöner, sondern auch kostengünstiger ist.
8. Der **Anwendungsbereich der Mischströmung** ist zwar nahezu unbegrenzt. Trotzdem sollte man heute – vorwiegend aus energetischen und hygienischen Gründen – ihren Einsatz kritisch überlegen, wenn im Raum ein höherer Schadstoffanfall vorliegt. Durch die intensive Vermischung werden nämlich auch die oft lokal anfallenden Schadstoffe in der gesamten Aufenthaltszone verteilt. Die Schadstoffe werden lediglich „verdünnt".

Im **Komfortbereich** sollen die Raumhöhen möglichst nicht über 4 m liegen, selbst bei variablen Luftdurchlässen (Heizen und Kühlen) nicht. Nicht selten wird die Beheizung ganz oder teilweise durch Raumheizflächen oder mit einer Fußbodenheizung übernommen, was bei großen Glasflächen, ungünstigen Stellflächen, kalten Fußböden, größeren Raumhöhen vorteilhaft ist.
In **Produktionshallen** mit großen Wärmelasten gibt es spezielle Zuluftdurchlässe auch für große Höhen (Kap. 12.9). Vorteilhaft sind von oben heruntergeführte Stichkanäle (**Abb. 10.7)** bis etwa 1 m oberhalb der Aufenthaltszone. Daran montiert man dann die Dralldurchlässe. Seit einigen Jahren wählt man aus energetischen Gründen das Verdrängungsluftsystem (Abb. 10.9).

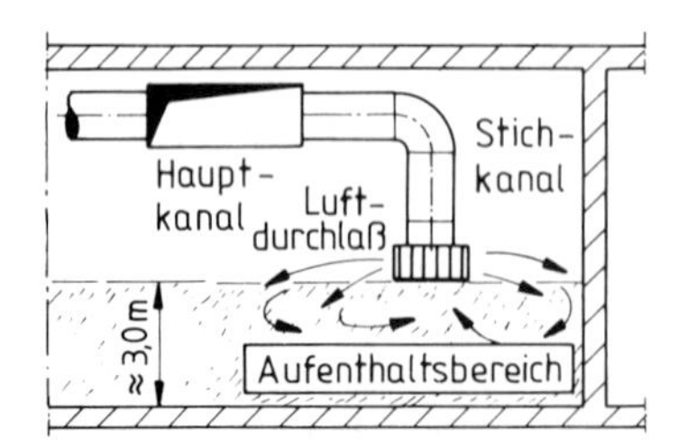

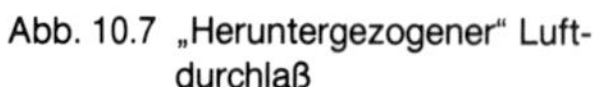
Abb. 10.7 „Heruntergezogener" Luftdurchlaß

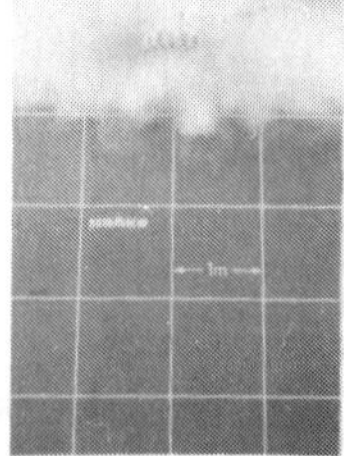
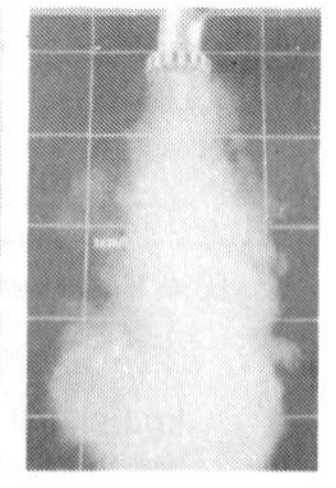

Abb. 10.8 Dralluftdurchlässe mit Rauchproben (Fa. Schako)

Abb. 10.8 zeigt zwei **Dralluftdurchlässe.** Die linke Abb. zeigt einen Durchlaß für Komforträume mit Frontplatte und verstellbaren Kunststofflamellen; für variable Volumenströme 100 ··· 40 %; Warm- und Kaltluft ohne Lamellenverstellung bis 4 m Raumhöhe; Über- bzw. Untertemperatur bis 8 (10) K; horizontale und vertikale Strahllenkung möglich.
Die rechte Abb. zeigt einen runden Luftdurchlaß für Einbauhöhen von 4 bis 10 (15) m, mit äußerem Auslaßge-

häuse und verstellbarem Innenkorb und eingebautem Lochblechgleichrichter; geeignet für variablen Volumenstrom. Bei den beiden Rauchversuchen handelt es sich um Momentaufnahmen: Kühlfall, $\dot{V}$ = 2000 m^3/h, $\Delta\vartheta_u$ = 10 K, 5 m Einbauhöhe, 600 mm ∅; Heizfall ebenfalls mit $\dot{V}$ = 2000 m^3/h, $\Delta\vartheta_ü$ = 15 K.

10.1.2 Verdrängungsströmung

Man spricht von einer Verdrängungsströmung, wenn die Luftführung so gewählt wird, daß die Zuluft die vor ihr strömende Luft vor sich herschiebend aus dem Raum verdrängt. Im Aufenthaltsbereich existiert demnach eine Vorzugsströmung, d. h., Querbewegungen zu dieser Strömung werden praktisch vermieden. Die Art und Anordnung der Durchlässe sind sehr mannigfaltig. Die Austrittsflächen gehen von zahlreichen nah beieinander angeordneten Einzelzuluftdurchlässen bis zu großflächigen Gesamtdurchlässen (z. B. eine Filterwand mit Lochblechen, Deckenfläche), wo die Raumluft und somit die thermischen Lasten und Verunreinigungen wie durch einen Kolben in Richtung Abluftsystem „geschoben" werden. Außerdem gibt es entsprechend Abb. 10.10 Verdrängungsdurchlässe, die mehr oder weniger nach dem Quelluftsystem arbeiten. Im Gegensatz zur Mischströmung haben Art und Anordnung der Abluftöffnungen einen wesentlich stärkeren Einfluß auf die Ausbildung der Raumströmung.

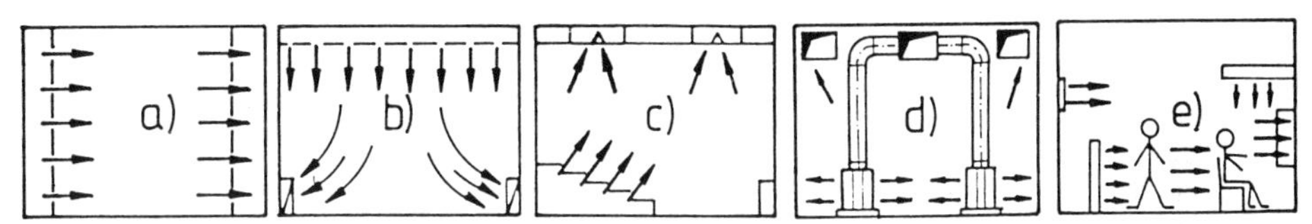

Abb. 10.9 Ausführungsarten von Verdrängungsströmungen

Zur Erzeugung einer Verdrängungsströmung gelten folgende drei Voraussetzungen:

- eine sehr **geringe Austrittsgeschwindigkeit und Zulufttemperatur,** besonders wenn die Zuluft im Aufenthaltsbereich eingeführt wird.
- **turbulenzarme Zuluftstrahlen,** um eine Vermischung der „verbrauchten" Raumluft mit der Zuluft zu minimieren. Eine geringe Induktionswirkung findet nur direkt am Luftdurchlaß statt.
- eine **Bündelung von benachbarten Einzelluftstrahlen** z. B. durch Lochblech, damit der Raum mehr oder weniger „flächenförmig" durchströmt werden kann. Thermische Auftriebskräfte kann man praktisch vernachlässigen.

Weitere Hinweise:

- Die geringe **Luftgeschwindigkeit** am Austritt (ca. 0,2 bis 0,4 m/s) führt zu sehr großen Austrittsflächen. Die Luftgeschwindigkeit im Raum hängt vom Volumenstrom, von der Untertemperatur, aber auch von internen Raumströmungen ab; letztere können das Strömungsbild beträchtlich stören (besonders bei kleinen Luftströmungen). Sie ist zwar etwas unterschiedlich, jedoch – trotz der großen Zuluftvolumenströme – ebenfalls gering. Der Turbulenzgrad im Aufenthaltsbereich beträgt $<$ 5 bis 10 %.
- Die **Temperaturverteilung** im Raum ist – im Gegensatz zur Mischströmung – ungleichmäßig, ebenso die der Konzentration. Daß zwischen der Temperatur am Fußboden und der an der Decke ein größerer Unterschied besteht (bei der Kühlung oben wesentlich wärmer und die Konzentration stärker), stört nicht weiter, da die Temperaturdifferenzen im „durchspülten" Bereich ja sehr gering sind.
- Auch die Zuluftführung durch Boden-, Stuhl- oder Pultdurchlässe ebenso über **Doppelböden** stellt eine Verdrängungsströmung dar, obwohl es sich direkt am Auslaß um eine Mischströmung handelt.

Die **Anwendung** dieser turbulenzarmen Verdrängungsströmung findet man vor allem dort, wo aus produktionstechnischen oder hygienischen Gründen im Arbeitsbereich hohe Luftreinheiten eingehalten werden müssen, wie z. B. in der Reinraumtechnik (Kap. 5.4). Grundsätzlich erreicht man jedoch mit dieser Strömungsart entweder eine gezielt partielle oder eine über die gesamte Raumfläche verteilte Raumdurchspülung; in beiden Fällen eine **sehr effektive und energetisch günstige Schadstoffabführung.** Dies ist der Grund, weshalb die Verdrängungsströmung mit speziellen Luftdurchlässen in den letzten Jahren in **Produktions-**

stätten an Bedeutung so stark zugenommen hat. Hier ist es nämlich besonders wichtig, daß lästige Schadstoffe ohne Vermischung mit der Raumluft abgeführt werden können. In Räumen oder Produktionsbereichen, in denen schwere Schadstoffe anfallen oder geringe Wärmelasten ($< 100 \cdots 150$ W/m^2) auftreten, können die Auslässe oberhalb der Aufenthaltszone angeordnet werden. Die empfohlene Ausblashöhe ist 3 m bis Unterkante Luftdurchlaß. Durch Absaugung von etwa 50 % der Abluft im Bodenbereich wird die Abführung schwerer Schadstoffe begünstigt.

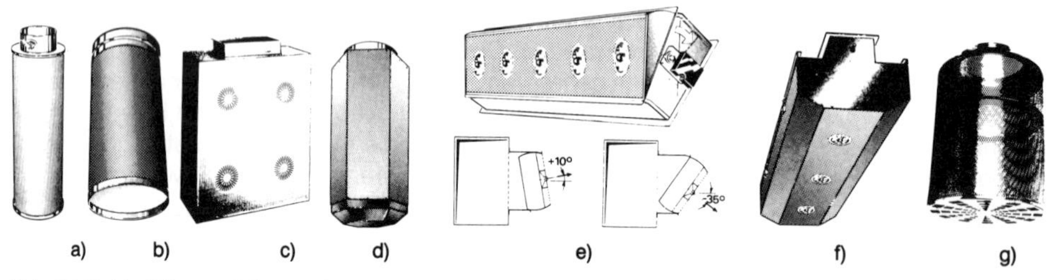

Abb. 10.10 Verdrängungsluftdurchlässe (Fa. Krantz, Schako)

zu a) Runder Verdrängungsdurchlaß; Anordnung oberhalb der Aufenthaltszone mit Leitringen (waagerecht bis senkrecht, je nach Kühl- oder Heizlast) oder auf dem Boden frei oder vor der Wand; Eindringtiefe max. 12–14 m; Entfernung zum nächsten Arbeitsplatz ca. 1 m.

zu b) Runder Durchlaß für Bodenaufstellung, der nach dem Prinzip des Quelluftsystems arbeitet (Frischluftschicht im Kühlfall); aufgrund der möglichen Veränderung der Ausblasrichtung durch integrierte Luftleiteinrichtung auch für Heizfall geeignet; max. $\Delta\vartheta = \vartheta_{zu} - \vartheta_i = \pm\ 5$ K; Erfassungsbereich ca. 8–12 m, Volumenstrom 1000–6000 m^3/h.

zu c) Rechteckiger Verdrängungsdurchlaß in Flachbauweise, als Wandmontage oder auf Fußboden. Ausblasfläche aus Lochblech, das turbulenzarme Luftstrahlen mit ausgeprägter Verdrängungscharakteristik bildet. Die Dralluftdurchlässe produzieren impulsreiche Zuluftstrahlen mit hoher Induktion, wodurch größere Eindringtiefen erreicht werden. Zulufttemperatur $\leq$ Raumlufttemperatur, damit das Quelluftsystem ausgenutzt werden kann, unterschiedliche Auslaßvarianten (waagerecht, waagerecht und senkrecht, desgl. zusätzlich mit senkrechtem Luftschleier, waagerecht und schräg oder senkrecht nach unten); Höhe 765 und 1150 mm, Länge 1000 bis 2500 mm.

zu d) Hexagonaler Verdrängungsdurchlaß, Volumenstrom 1 500–10 000 m^3/h; im Bodenbereich oder etwa 3 m über Aufenthaltsbereich; stufenlos verstellbare Ausblasrichtung. Von waagerecht bis senkrecht (manuell oder mit Stellmotor); max. Temp.-Differenz $\vartheta_{zu} - \vartheta_i = \pm\ 10$ K; 8 m Raumtiefe (bei allseitigem Ausblasen); Entfernung zum nächstliegenden Arbeitsplatz mind. 2 m bei Anordnung über FB; $\Delta\vartheta$ zwischen Zu- und Abluft 15–18 K, Montage durch Einhängen in Z-Profile.

zu e) Schwenkbarer Verdrängungsdurchlaß mit großflächiger Frontseite aus Lochblech und integrierten Dralldurchlässen; Wurfweite 10–14 m; Ausblashöhe 2,7–4 m; $\Delta\vartheta = \pm\ 10$ K; Luftstrahlrichtung bei max. Heizleistung −35°, bei max. Kühlleistung +10°; Verwendung, wenn z. B. die runde Ausführung aus baulichen Gründen nicht möglich ist; Montage an Zuluftkanal; $\dot{V}$ = 1800–3400 m^3/h mit 1600–2400 mm Länge (Hintereinander).

zu f) Trapezförmiger Verdrängungsdurchlaß für staub- und faserhaltige Luft und schwere Schadstoffe, freihängend oder deckenbündig; $\dot{V}$ = 320–2400 m^3/h; Längen 800–1800 mm; Erfassungsbereich 4–8 m; $\vartheta_{zu} - \vartheta_i$ = 3–8 K; Abluft im Bodenbereich; Ausblashöhe 3–4 m; Einbau in Kanalboden in Reihe.

zu g) Verdrängungsdurchlaß vorwiegend für Industriebetriebe; Einbau in 3–4 m Höhe; Heizfall bis $\Delta\vartheta$ +25 K, Kühlfall bis −4 K, Baugrößen 400, 500, 600 mm ∅; Bedienung: manuell, mit Bowdenzug, Stellstange oder Stellmotor (Schako).

10.2 Quelluft-System (Schichtenströmung)

Die Quelluftführung ist eine Sonderform einer von unten nach oben gerichteten Verdrängungsströmung und kann nur bei der Luftkühlung eingesetzt werden. Kalte Zuluft (hierzu zählt auch kühle Außenluft) wird durch spezielle Luftdurchlässe turbulenzarm mit geringer Untertemperatur und Austrittsgeschwindigkeit in Bodennähe eingeführt, wo sie sich dann ausbreitet und einen „Frischluftsee" bildet. Die Raumluftbewegungen werden nur im Bereich der Wärmequellen (Menschen, Geräte, u. a., d. h. durch dessen Thermik) gebildet. Dort wird die Luft direkt von Bodennähe zum Deckenbereich geführt und strömt seitlich wieder zu. Im Gegensatz zur turbulenzarmen Verdrängungsströmung, bei der die Raumluft mehr oder weniger „hinausgeschoben“ wird, ist hier die Zuluftverteilung durch diese Thermik, d. h. durch die Eigenkonvektion der Wärmequellen, „selbstregelnd“.

Die wesentlichen **Merkmale des Quelluftsystems** und die sich daraus ergebenden Vorteile und Anwendungsgrenzen kann man wie folgt zusammenfassen:

1. Die **Raumluftbewegung** setzt sich aus mehreren Strömungsformen zusammen. Dies sind die Konvektionsströme der Wärmequellen (thermischer Auftrieb), der Zuluftstrom aus den Quelluftdurchlässen, Abwärtsströmungen an kalten Flächen (z. B. Glastüren) und durch Rezirkulation sowie die Verdrängungsströmung im Deckenbereich.

- Diese **Forderung nach geringeren Strömungsgeschwindigkeiten** und Turbulenzgraden und somit nach mehr Behaglichkeit konnte – wie schon unter Kap. 2.3.4 erwähnt – der schon lange bekannten Quellüftung wieder eine Renaissance verschaffen. Hinzu kamen allerdings neue strömungstechnische und wärmephysiologische Erkenntnisse, neue Konstruktionen, neue oder veränderte Produktionsstätten und neue Klimatisierungskonzeptionen.
- Im Nahbereich des Quelluftdurchlasses, d. h. im Bereich zwischen 0,5 und 1,0 m, tritt die maximale **Luftgeschwindigkeit im Bodenbereich** auf (Turbulenzgrad $\leq$ 10 %). Anschließend nimmt sie jedoch durch die radiale Abströmung schnell ab. Eine mögliche Zugerscheinung besteht daher nur nah am Luftdurchlaß.
- Die charakteristische **Auslegungsgröße nach ISO** wird am Boden in etwa 0,1 m Höhe (insbesondere in der Nähe des Zuluftdurchlasses) mit $<$ 0,25 m/s im Sommer und $<$ 0,15 m/s im Winter angegeben. In der Praxis werden jedoch Werte $\leq$ 0,12 m/s erreicht.
- Die laminare **Austrittsgeschwindigkeit** soll bei Komfortanlagen $\leq$ 0,2 m/s betragen, was natürlich Einfluß auf die Begrenzung der Lastabfuhr hat. In Produktionshallen wählt man höhere Werte, bis $<$ 0,5 m/s.

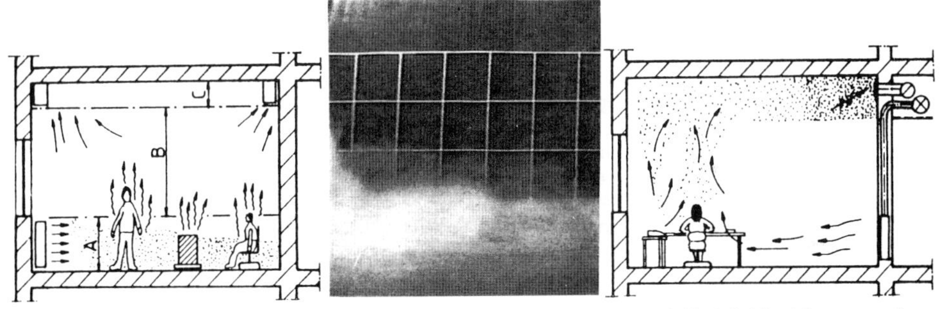

Abb. 10.11 Quelluftsystem mit Rauchprobe: **A** Frischluftschicht (Verdrängungsströmung); **B** turbulente Mischströmung; **C** Verdrängungsströmung

Abb. 10.12 Auftriebsströmung an allen Wärmequellen

2. Beim Quelluftsystem bilden sich **Luftschichten** unterschiedlichen Zustandes, die sich auf Teilbereiche des Raumes beschränken (Abb. 10.11). Diese sog. Schichtenströmung steht ganz im Gegensatz zur turbulenzreichen Mischströmung, bei der sich – wie Abb. 10.13 a zeigt – Temperatur und Verunreinigungskonzentration gleichmäßig im Raum verteilen.

- Die **Trennungslinie zwischen dem Frischluftbereich und der Mischzone (B)** hängt vor allem von der Leistung der Wärmequellen ab. Die beiden Schichten ergeben sich dadurch, daß der Luftstrom durch die Wärmequellen größer als der Zuluftvolumenstrom ist. Sind beide Luftströme gleich, schlägt die Auftriebsströmung in eine Mischströmung um. Nach ISO wird für die „Frischluftschicht“ eine Standardhöhe von 1,1 bis 1,8 m angegeben.

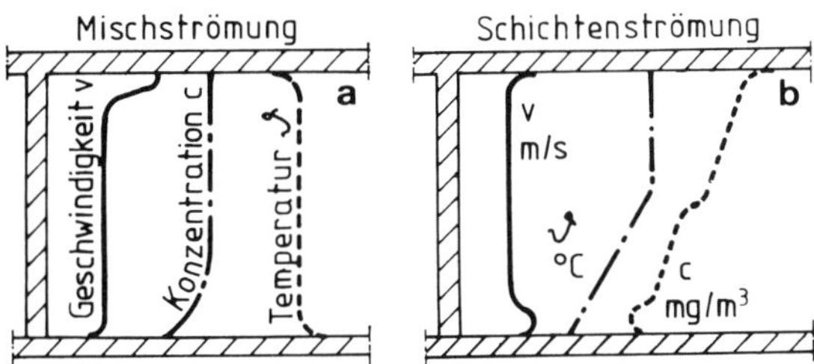

Abb. 10.13 Vertikale Verteillung im Raum

- Die Luftschichtung im unteren Raumbereich ergibt durch die schwache Durchmischung eine **geringe Verunreinigungskonzentration in der Aufenthaltszone** (Abb. 10.13 b). Dies ist nicht nur der große Vorteil in Räumen mit größeren Verunreinigungslasten, sondern bedeutet grundsätzlich einen geringeren Energiebedarf; nicht zuletzt auch durch die mögliche Außenluftreduzierung.

3. Bei den **Temperaturen** interessieren die zulässige Austrittstemperatur, der vertikale Temperaturanstieg im Raum, die Temperatur der Umfassungsflächen und der Wärmequellen.

- Wie aus Abb. 10.13 b hervorgeht, ist bei der Schichtenströmung die Temperatur im Deckenbereich nach Aufnahme der Lasten wesentlich höher als im Aufenthaltsbereich (z. B. bis 5 · · · 10 K je nach Raumhöhe. Nach ISO wird der **vertikale Temperaturanstieg** zwischen 0,1 und 1,1 m über Fußboden mit max. 3 K als charakteristische Kenngröße angegeben; nach DIN 1946 max. 2 K/m. Ein Anstieg ist nur dort festzustellen, wo sich Wärmequellen befinden. Bei zu hohen Kühllasten kann der vertikale Anstieg zu groß sein und die Behaglichkeitswerte überschreiten. Die Lastabfuhr ist demnach begrenzt, d. h., bei hohen thermischen Lasten und geringen Volumenströmen versagt die Quelluftströmung.
- Die geforderten **zulässigen Untertemperaturen** $\vartheta_{zu} - \vartheta_{Aufenthaltszone}$ von etwa $\leq$ 2 K im Komfortbereich und $\pm$ 4 · · · 6 · · · (8) K im industriellen Bereich führen zu großflächigen Zuluftdurchlässen. Je geringer die Untertemperatur gewählt wird, desto besser kann die Aufenthaltszone mit Frischluft „aufgefüllt" werden. Im Fußbodenbereich sollten etwa 22 °C nicht unterschritten und in Kopfhöhe 24–25 °C nicht überschritten werden.
- Eine zu geringe **Temperatur der Umfassungswände,** wie z. B. kalte Glasflächen, kalte Wände bei Kühldekken, können zu konvektiven Strömungen nach unten führen, so daß verschmutzte Luft aus der Mischzone in den Aufenthaltsbereich gelangen kann.
  Äußerst problematisch sind Sheddächer in Produktionsstätten. Örtliche Kaltluftströme müssen hier unbedingt verhindert werden (z. B. mittels Heizbänder). Auch zu starke Schichtenströmungen müssen vermieden werden.

4. Die **Anordnung** bzw. der Montageort muß so gewählt werden, daß die Wärmelasten als Antrieb für die Luftströmung genutzt werden können. Außerdem müssen die Durchlässe zur Erreichung einer guten Raumdurchspülung gleichmäßig über die gesamte Raumfläche verteilt werden; bei großen Grundrißflächen (Hallen) auch im Kernbereich, z. B. in der Nähe von Säulen.

- Der **Mindestabstand** zwischen Auslaß und Arbeitsplatz richtet sich vor allem nach der Größe der thermischen Last, nach der Nutzung des Raumes und nach der Bauhöhe des Auslasses. Anhaltswert 1 bis 2 m.
- Eine **Montage** nahe an großen Fenstern oder Hallentoren ist zu vermeiden. Ebenso müssen große kompakte Gegenstände vor den Auslässen fernbleiben. Im Komfortbereich sollte man Bauhöhen < 0,8 · · · 1 m vermeiden, in Produktionsstätten z. T. bis 2 m und höher.
- In Büroräumen kann die Anordnung auch als **Sockelausführung** erfolgen. Der Heizkörper induziert im Winter die eingeführte Kaltluft.

5. Die **Ausführungsarten** von Quelluftdurchlässen sind sehr mannigfaltig und beziehen sich zunächst auf die Bauform, je nachdem ob der Quelluftdurchlaß in eine Ecke (90°), an eine Wand (180°), freistehend im Raum (360°) oder in Sockel, Treppenstufen o. a. eingebaut werden soll. Ferner ist die Konstruktion der Austrittsfläche und somit der Induktionsanteil sehr unterschiedlich, wodurch die „Schnittstelle" zwischen der Verdrängungs- und Schichtenströmung nicht immer eindeutig ist.

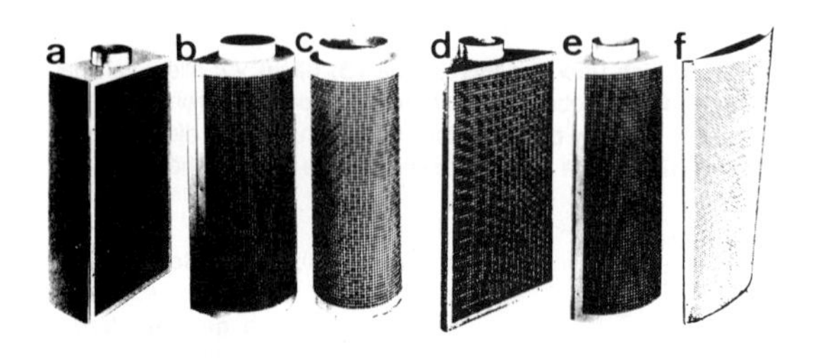

Abb. 10.14 Bauformen von Quelluftdurchlässen (Fa. Strulik und Schako)

Abb. 10.14 zeigt **Quelluftdurchlässe mit verschiedenen Ausblasflächen** a) rechteckig, b) halbrund, c) rund, d) viertelrund, e) dreieckig, f) segmentförmig. Je nach Fabrikat mit Leitmechanismus (z. B. Verteilmatte); Erfassungsbereich 5–10 m; Schallleistungspegel < 35 dB(A); Druckverlust < 35 Pa; Anschluß von oben oder unten; $\dot{V}$ = 250–2500 m^3/h je nach Typ.
Je kleiner der Lochdurchmesser für einen einzelnen Strahl ist und je geringer der Abstand zwischen den Strahlen, desto turbulenzärmer ist das Strahlbündel. Der eigentliche Quelluftdurchlaß ist nahezu ohne Induktion.

Abb. 10.15 zeigt **weitere Bauformen von Quelluftdurchlässen:**
a) rechteckige Bauform für Wandanbau und -einbau, 500–1500 hoch, 300–1500 breit, $\dot{V}$ = 100–1600 m^3/h.
b) Quelluftdurchlaß an Wänden mit $\leq$ 200 $m^3/(h \cdot m)$, ca. 6 m Erfassungsbereich, 150–500 mm hoch, 900 bis 1500 mm breit.

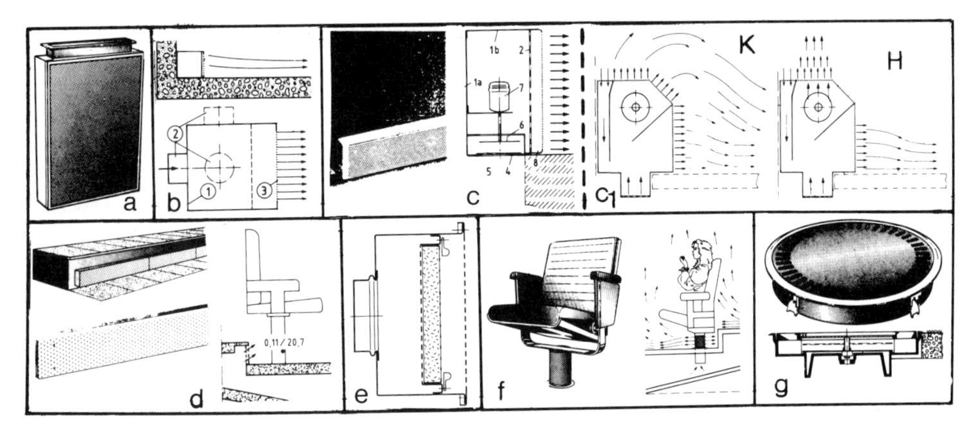

Abb. 10.15 Spezielle Quelluftdurchlässe (Fa. Krantz)

c) Sockel-Quelluftdurchlaß mit Zuluftführung von unten aus dem Hohlraumboden; Festdrossel für Druckabgleich, Erfassungsbereich ca. 6 m, 100–150 mm hoch, $\dot{V}$ = 50–100 $m^3/(h \cdot m)$, wahlweise mit Absperrklappe (durch Thermomotor betätigt); c_1) zeigt einen Sockelquelluftdurchlaß mit integrierter Heizeinrichtung.

d) Stufen-Quelluftdurchlaß vorwiegend für Versammlungsräume mit Bestuhlung; Zuluft aus Hohlraum (Druckraum); perforierte Rückseite als Festdrossel; 75 $m^3/(h \cdot m)$ bei 120 mm Höhe (≙ etwa 45 m^3/h pro Sitzplatz); v_{AUS} < 0,018 m/s und ≤ 0,1 m/s bei ca. 30 cm über FB; ϑ_{zu} ≥ 19 °C, wenn die nach DIN 1946/2 geforderte Temperatur im Bodenbereich von 21 °C eingehalten werden soll.

e) Sockel-Quelluftdurchlaß mit Filter und Anschlußkasten mit Luftverteillochblech (Fa. Schako)

f) Quelluftdurchlaß im Stuhlbein integriert; 3 Baugrößen (∅ 100, 127, 190 mm) 15–65 m^3/h; Lochblechzylinder mit Verteilkörper und perforierter Lochblende; Zuluftanschluß an Druckraum; Schalleistungspegel ≤ 16 dB(A); $\Delta\vartheta_{zu} \approx < 4$ K (in Kopfhöhe).

g) Bodenquelluftdurchlaß aus Kunststoff für Einbau in Doppelböden; umlaufende Radialschlitze, Teppichschutzring (trägt den Durchlaß); Zuluftausbreitung waagerecht und kreisförmig; Erfassungsbereich 4–5 m; zur Drosselung Lochblechscheibe oder Absperrscheibe (wahlweise mit Thermomotor); ∅ 215 mm; $\dot{V}$ = 20–50 m^3/h; $\Delta\vartheta_u$ = 1–3 K; min. Sitzplatzabstand 1 m; Temperatur (je nach $\dot{V}$) ca. 0,3–0,5 K unter ϑ_i.

Andere Ausführungsarten sind z. B. dünnschichtige Filterelemente oder ein mehrschichtiges Filtermaterial, wo das Lochblech oder Drahtgewebe auf der Abströmseite lediglich als mechanischer Schutz oder zur Stabilität verwendet wird. Außerdem werden auch sog. Textil-Luftleitsysteme angeboten (entspricht etwa EU 4), die zwar sehr preiswert sind, jedoch eine äußerst große Ausblasfläche erforderlich machen.

Induktionsquelluftdurchlässe (Abb. 10.16) ermöglichen geringere Volumenströme zum Abführen der Kühllasten. Man fördert nämlich nur Primärluft $\dot{V}_P$ von etwa 16–17 °C und induziert Raumluft (Sekundärluft $\dot{V}_S$), so daß am Austritt die Untertemperatur von ≈ 2 K eingehalten werden kann ($\dot{V}_{zu} = \dot{V}_p + \dot{V}_S$). $\dot{V}_S/\dot{V}_P$ beträgt je nach Auslaß 1 ··· 3; Ausführung z. B. als Sockel oder Säule.

Quelluft-Induktionsgeräte

Die klassischen Induktionsanlagen, wie sie noch vor 20–30 Jahren fast ausschließlich in hohen Verwaltungsgebäuden eingebaut wurden (vgl. Kap. 3.7.2), entsprechen nicht mehr den heutigen Anforderungen. Die nach oben ausströmende Luft hat nämlich im Raum eine zweidimensionale Tangentialströmung erzeugt, die sehr häufig zu Zugerscheinungen führte, wenn die Leistungen zu hoch waren. Mit diesen Quelluft-Induktionsgeräten möchte man nun einerseits die genannten Vorteile des Quellluftsystems ausnutzen und seine Kühlleistung beachtlich steigern, andererseits aber auf die Vorteile des Luft/Wasser-Klimasystems, wie z. B. die Abführung hoher thermischer Lasten, den günstigen Wärmetransport, die gute Regelbarkeit und die geringeren Betriebskosten, nicht verzichten. Die Installation dieser Geräte eignet sich sowohl für Neuanlagen (Abb. 10.32) als auch zur Sanierung älterer Induktionsanlagen.

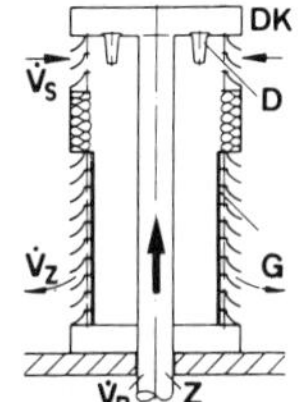

Abb. 10.16 Induktionsquelluftdurchlaß: D Düse, DK Druckkammer, G Gleichrichter, Z Zuluftrohr, $\dot{V}_P$ Primärluftstrom, $\dot{V}_S$ Sekundärstrom, $\dot{V}_Z$ Zuluftstrom (Fa. Trox)

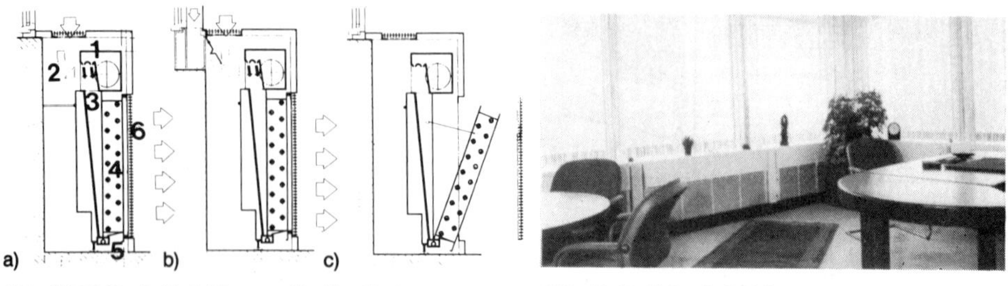

Abb. 10.17 Quelluftinduktionsgeräte (Fa. Rox)

Abb. 10.18 Einbaubeispiel

Abb. 10.17 zeigt ein Quelluftinduktionsgerät a) Brüstungseinbau, b) Sekundärluftansaugung über Doppelfenster, c) gekippter Wärmetauscher im Wartungsfall.

Lieferbar in 14 Baugrößen; Kühlleistung von 240 bis 940 W, Heizleistung (sekundär) 460 bis 1960 W bei $\dot{m}$ = 200 l/h, $\vartheta_W - \vartheta_L$ = 20 K; Primärluftvolumenstrom 28 bis 240 m^3/h; Länge 835 bis 2035 mm, Höhe 594 bis 714 mm, Tiefe 180 mm.

Der **Aufbau** besteht aus Primärluftverteiler mit Anschlußstutzen und Düsen (1), Sekundärlufteintritt (2), Spitzkanal zur Mischung von Primärluft und Sekundärluft (3), ventilgeregelter Wärmetauscher Kühlen/Heizen mit hydraulisch getrennten Wasserwegen (4), Schwitzwasserwanne (5), Quelluftauslaß (6).

Weitere Merkmale: Gleichmäßige Verteilung der Zuluft, Geschwindigkeit im Raum 0,1 bis 0,15 m/s, Untertemperatur 4 ··· 5 K, Luftaustrittsgeschwindigkeit 0,2 m/s, $\Delta\vartheta_{FB-De} \approx$ 2 K, Primärluft ca. 14 ··· 16 °C, Auslaßhöhe < 0,8 m.

Im Heizfall unterscheidet man zwischen Primärluftbetrieb (während der Arbeitszeit) und ohne Primärluft (außerhalb der Arbeitszeit), wobei es sich in beiden Fällen mehr oder weniger um eine Mischströmung im Raum handelt. Alternativ werden auch **Quelluft-Gebläsekonvektoren** angeboten, bei denen anstelle des Primärluftverteilers ein Querstromgebläse eingebaut wird.

6. Die **Anwendung des Quelluftsystems** ergibt sich aus den vorstehenden Merkmalen und Ausführungsformen. Hierzu zählen Geräte für Büroräume, Restaurants, Schalterhallen, Konferenzräume, Reinräume, Labors.

Abb. 10.19 Quelluftdurchlässe in einem Infozentrum

Abb. 10.20 Quelluftdurchlässe in einem Bekleidungsgeschäft und einer Druckerei

Seit einigen Jahren findet man das Quelluftsystem auch in Produktionsstätten. Mit diesem lastmindernden und energiesparenden Luftführungskonzept kann man nämlich die Schadstoffbelastung am Arbeitsplatz gegenüber der Mischströmung von 95 % bis auf etwa 30 % und die Wärmebelastung von 70 auf etwa 50 % verringern.

Wenn **schwere Schadstoffe im Raum** vorhanden sind, sollte man Auslässe entsprechend Abb. 10.20 über die Aufenthaltszone montieren ($\approx$ 3 ··· 4 m über FB). Die Abluft soll dann aber zu etwa 50 % unten abgesaugt werden. Die Hinweise auf evtl. störende Raumströmungen sind zu beachten.

Auf die Kombination Quellüftung und Kühldecke wird in Kap. 3.7.3 und auf die Anwendung und Sanierung bei großen Verwaltungsgebäuden anhand Abb. 10.19 hingewiesen.

7. Die **Auswahl** erfolgt anhand der Herstellerunterlagen, da die jeweiligen Ausführungen zu produktspezifischen Ergebnissen führen. Die wesentlichen Kriterien sind: Volumenstrom, Untertemperatur, Kühllast (Wärmequellen), Art der Raumnutzung (Aktivitätsgrad), Schadstoffanfall, Quellauslaß (Art, Ort, Abmessungen), örtliche Verhältnisse. Auswahlbeispiel vgl. Abb. 10.29.

10.3 Auswahl- und Planungsbeispiele

Abschließend sollen anhand von Herstellerunterlagen noch einige Auswahl- bzw. Ausführungsbeispiele dargestellt werden.

1. Auswahlbeispiel mit Dralluftdurchlässen (Mischströmung)

In einem Restaurationsbetrieb soll der Raum nach Abb. 10.21 über Kanalsystem und variablen Dralluftdurchlässen in die Klimatisierung einbezogen werden. Die spezifische Kühllast wurde mit 52 W/m² errechnet, und die Untertemperatur wird mit 8 K angenommen.

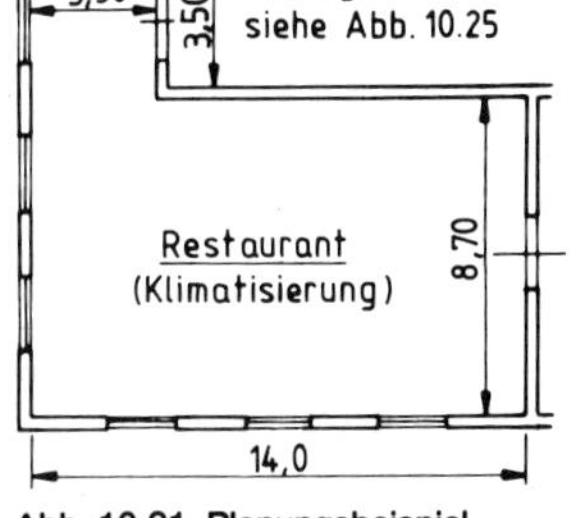

Abb. 10.21 Planungsbeispiel

a) **Überprüfen Sie die Luftwechselzahl, wenn $\dot{V}_{Zu}$ nach der Kühllast berechnet wird. Die lichte Höhe des Raumes beträgt 3 m.**

b) **Bestimmen Sie den Typ sowie die Anzahl der Dralluftdurchlässe, und nennen Sie dabei wesentliche Kriterien für die Auswahl.**

c) **Ermitteln Sie anhand Abb. 10.22 den Schalleistungspegel und den Druckverlust, nach Abb. 10.24 den kritischen Strahlweg, d. h. den Abstand, bei dem sich der Kaltluftstrahl von der Decke ablöst, und überprüfen Sie nach Abb. 10.23 die maximale Strahlgeschwindigkeit.**

d) **Deuten Sie die Kanalführung an, und bemaßen Sie den größten Kanalquerschnitt, wenn eine Kanalgeschwindigkeit von 6 m/s und eine maximale Kanalhöhe von 25 cm in der Zwischendecke angegeben wird; ebenso die Anschlüsse der Durchlässe, die mit Wickelfalzrohren (*v* = 4 m/s) vorgesehen werden.**

e) **Machen Sie Vorschläge über die Abluftführung dieses Raumes, möglichst mit Begründung.**

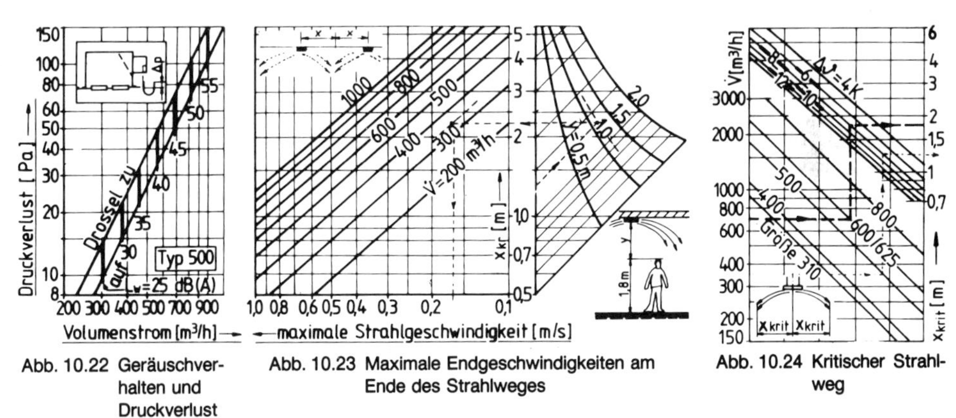

Abb. 10.22 Geräuschverhalten und Druckverlust

Abb. 10.23 Maximale Endgeschwindigkeiten am Ende des Strahlweges

Abb. 10.24 Kritischer Strahlweg

Lösung:

zu a): $LW = \dot{V}_{zu}/V_R$; $V_R = A \cdot h = 134 \cdot 3 = 402$ m³; $\dot{V}_{zu} = \dot{Q}_K/c \cdot \Delta\vartheta = 134 \cdot 52/(0{,}35 \cdot 8) = 2489$ m³/h $\Rightarrow LW = 2489/402 = \mathbf{6{,}2\ h^{-1}}$. Dieser Wert liegt bei Kühlung durch Mischluftströmung im unteren Bereich.

zu b): Zur Bestimmung des Typs bzw. der Abmessung des Luftdurchlasses (bei rund: ∅, bei quadratisch: die Kante) beachtet man zunächst die Diagramme hinsichtlich der Schalleistung und der maximalen Strahlgeschwindigkeit. Als Anhaltswert kann aus Tab. 10.2 in Abhängigkeit vom Zuluftvolumenstrom die Baugröße abgelesen werden. Daraus folgt: Bei 8 Durchlässen ist $\dot{V}_{zu}$ = 311 m³/h (Größe 500 mm), bei 7 Stück 356 m³/h (ebenfalls Größe 500 mm) und bei 6 Stück 415 m³/h (Größe 600 mm).

Zur Entscheidung hinsichtlich der Anzahl müssen noch das Deckenbild (gleichmäßige und vielfach symmetrische Anordnung) und die Abstände beachtet werden. Mehrere kleinere ergeben eine bessere Verteilung als wenige große.

Größe	Volumenstrom
300	100... 170 m³/h
400	150... 250 m³/h
500	220... 400 m³/h
600	350 700 m³/h
800	500... 1000 m³/h

Tab. 10.2 Bestimmung der Baugröße bei etwa 3 m Raumhöhe (typbezogen)

Richtwerte:

- Abstand zwischen Dralldurchlaß und Wand: (0,8) 1,2 ··· 2,0 (3,0) m
- Abstand zwischen den Dralldurchlässen: 2,5 ··· 5 (7) m; je nach Art der Nutzung auch größer.

Gewählt wurde – des vorliegenden Grundrisses wegen – **7 Stück Typ 500** (356 m^3/h). Die sich daraus ergebenden Abmessungen zwischen den Durchlässen und zur Wand gehen aus Abb. 10.25 hervor (Auslaß–Auslaß ~ 5 m, Auslaß–Wand ≈ 2 m.

zu c): Der Leistungspegel beträgt nach Abb. 10.22 etwa **28 dB(A).** Bei Abzug der Raumabsorption von ca. 7 dB(A) entspricht dies einem Druckpegel von 21 dB(A). Durch Addition von Schallpegeln erhöht sich der Pegel wieder um etwa 8 dB(A). Der Gesamtpegel von etwa 30 dB(A) liegt unter dem zulässigen Pegel nach DIN 1946 (vgl. Bd. 3). Der Druckverlust bei geschlossener Drossel beträgt ca. **19 Pa,** bei offener ca. **14 Pa.** Der kritische Strahlweg x_{krit} beträgt nach Abb. 10.24 etwa **1,3 m,** und die maximale Strahlgeschwindigkeit beträgt nach Abb. 10.23 etwa **0,17 m/s,** die mittlere liegt noch bis 50 % geringer; v_{max} nach x_{krit} (bzw. nach x, wenn $x < x_{krit}$).

zu d) Die Kanalführung geht aus Abb. 10.25 hervor, ebenso die Abmessungen. Kanal für den Gesamtvolumenstrom: $A = \dot{V}/(v \cdot 3600) = 2489/(6 \cdot 3600) = 0{,}1152\ m^2$; $b = A : h = 1152 : 25 = 46$ cm, gewählt **500 mm × 250 mm,** entsprechend werden die anderen Teilstrecken berechnet, Anschlüsse **180 mm** ∅ Flexrohr, (Kanalberechnung Bd. 3).

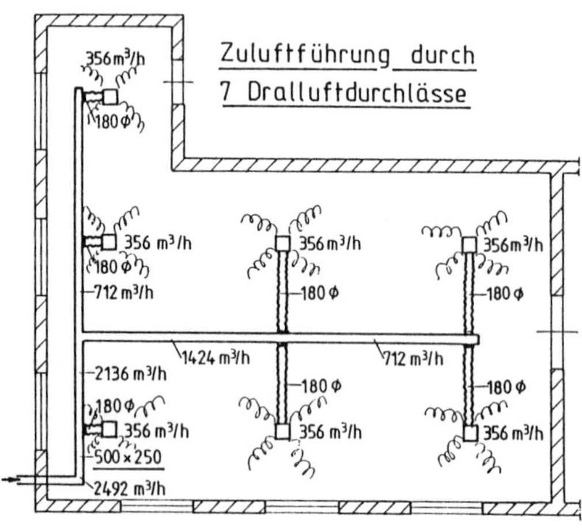

Abb. 10.25 Lösung zur Aufgabe

zu e) Weitere Dralldurchlässe würden die Deckenfläche zu sehr beaufschlagen, zumal noch zahlreiche Beleuchtungskörper untergebracht werden müssen. Möglichkeiten sind: umlaufende Schlitzdurchlässe am Rand oder das Anbringen von Lüftungsgittern über Randfriesen (jedoch nicht über Heizkörper). Entscheidende Auswahlkriterien sind Platzverhältnisse, Geräuschverhalten, Optik. Eine Abluftführung über ringsum befindlichen **Schattenfugen** über die Zwischendecke hat sich bewährt (gute Optik, geringe Investitionskosten).

Wie aus Abb. 10.26 ersichtlich, gibt es verschiedene Konstruktionen von Dralluftdurchlässen, insbesondere hinsichtlich der Anpassung von Heizung (H) auf Kühlung (K) bzw. umgekehrt. Eine Alternative zu Dralluftdurchlässn im Komfortbereich sind die Schlitzdurchlässe (Abb. 10.27), die allerdings durch die zahlreichen Vorteile der Dralluftdurchlässe an Bedeutung verloren haben. Näheres zu Schlitzdurchlässen siehe Bd. 3.

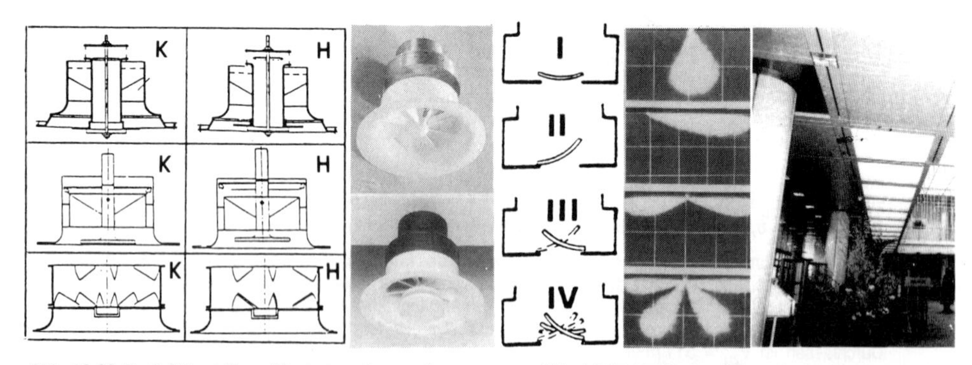

Abb. 10.26 Dralluftdurchlässe für deckenebene oder freihängende Anordnung (Fa. Krantz)

Abb. 10.27 Schlitzdurchlässe in der Eingangshalle einer Bank (Fa. Schako)

2. Klimatisierung eines Konferenzraumes mit Dralluftdurchlässen

Anhand Abb. 10.28 soll die Luftführung (Luftleitungen und Anordnung der Luftdurchlässe) eines größeren Konferenzraumes mit Foyer gezeigt werden. 20 Dralluftdurchlässe im Konferenzraum und 28 im Foyer.

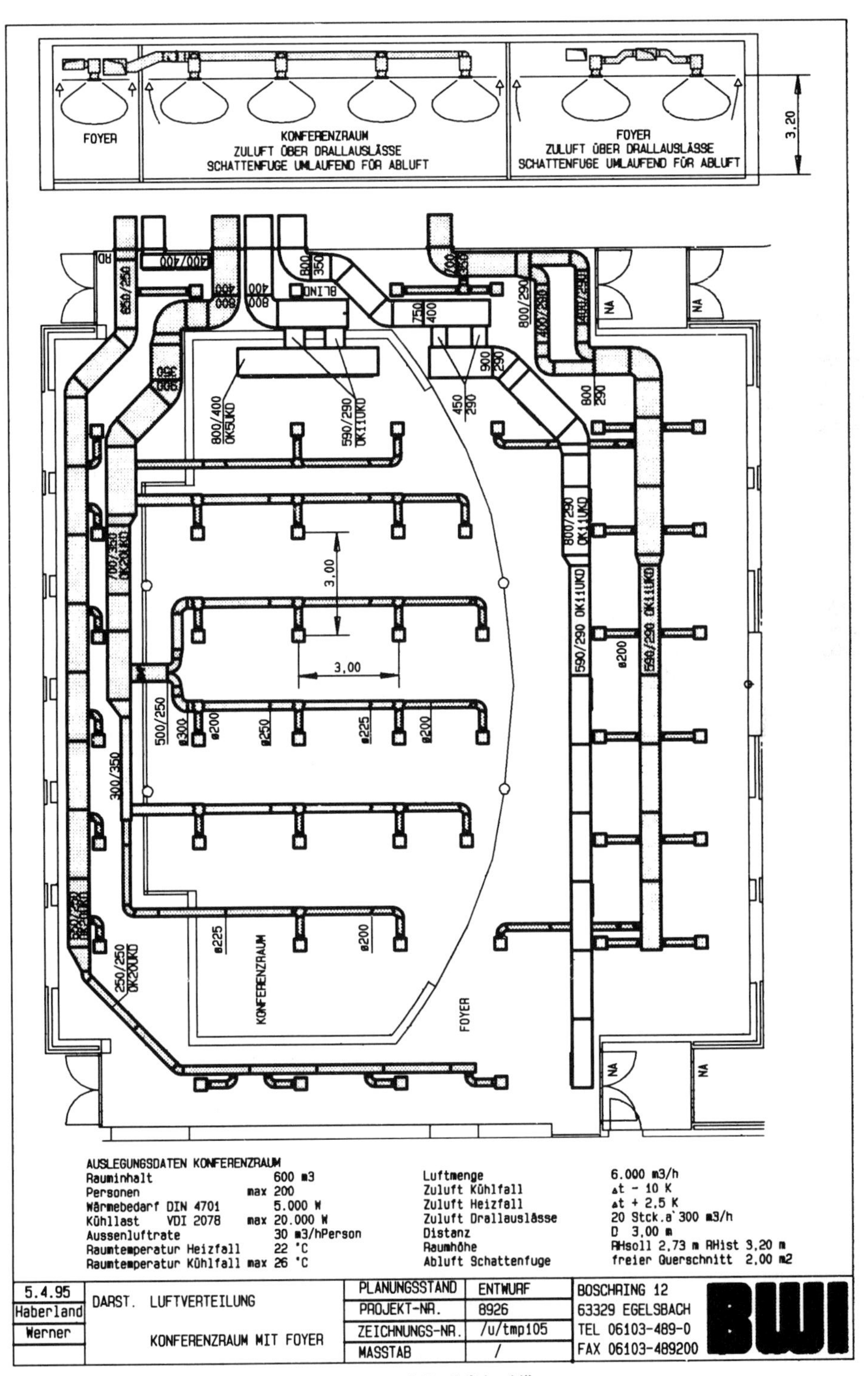

Abb. 10.28 Klimatisierung eines Konferenzraumes mit Dralluftdurchlässen

3. Auswahlbeispiel: Quelluftdurchlässe für einen Verkaufsraum

Der Raum nach Abb. 10.29 soll mittels Quelluftdurchlässe klimatisiert werden. Die Durchlässe sollen an den Wänden montiert werden und eine Höhe von 1 m betragen. Der Zuluftvolumenstrom wurde mit 2500 m³/h ermittelt.

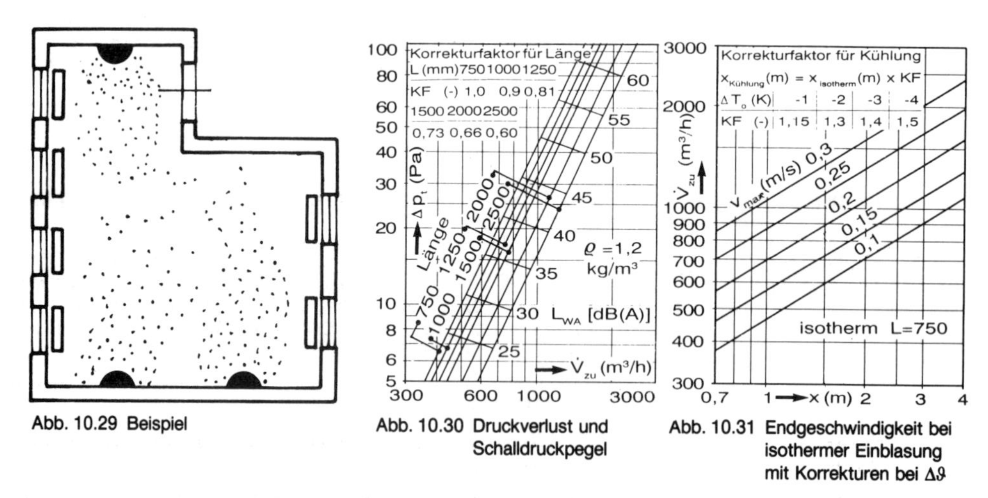

Abb. 10.29 Beispiel

Abb. 10.30 Druckverlust und Schalldruckpegel

Abb. 10.31 Endgeschwindigkeit bei isothermer Einblasung mit Korrekturen bei $\Delta\vartheta$

a) Bestimmen Sie anhand von Herstellerunterlagen den Typ und die Anzahl der Durchlässe. Nach welchen Kriterien geschieht dies?

b) Ermitteln Sie den Druckverlust, den Schalleistungspegel und die Endgeschwindigkeit, wenn eine Untertemperatur $\vartheta_{zu} - \vartheta_i$ von 2 K und ein Abstand zwischen Auslaß und nächstliegendem Arbeitsplatz von 1,5 m angenommen wurde.

c) Geben Sie Hinweise zu Luftgeschwindigkeiten und Temperaturen dieser Luftführungsart.

zu a) Entsprechend Abb. 10.14 muß man bei der Wandaufstellung den Durchlaß **180° ausblasend** zugrunde legen. Die Anzahl ergibt sich nach der Festlegung eines günstigen Volumenstroms, der wiederum hinsichtlich Schalleistung und Luftgeschwindigkeit am Arbeitsplatz zu optimalen Ergebnissen führt. Aufgrund dieser Überlegungen wird der Typ gewählt, der auch entsprechend Abb. 10.31 in einem günstigen Geschwindigkeitsbereich liegt. **Gewählt 3 Luftdurchlässe: Typ ∅ 450** (Abb. 10.30).

zu b) Bei 3 Luftdurchlässen ist der Volumenstrom jeweils 2500 : 3 = 833 m³/h ≈ **27 Pa.** L_W (je Auslaß ≈ 43 dB(A)) abzüglich Raumabsorption (≈ 7 dB(A)) ergibt einen Schalldruckpegel von ≈ **36 dB(A).**
Die Endgeschwindigkeit nach Abb. 10.30 und 10.31 beträgt 0,18 m/s × 0,9 × 1,3 = **0,21 m/s.**

zu c) Hierzu wurden schon in Kap. 10.2 unter den Hinweisen 3 und 5 nähere Angaben gemacht.

4. Planungsbeispiel einer Quelluft-Induktionsklimaanlage

Abschließend soll die Luftverteilung in einem vollklimatisierten mehrgeschossigen Bürogebäude sowohl im Grundriß als auch als Schema dargestellt werden. Mit der Klimazentrale und dem zugehörenden Regelschema soll diese Anlagenplanung noch ergänzt werden. Das Kälteschema zu dieser Anlage wird mit Abb. 13.116 dargestellt.
Die in der Kammerzentrale aufbereitete Luft wird über einen Installationsschacht zu den einzelnen Geschossen verteilt. Die **Zu- und Abluftvolumenströme** werden geschoßweise über druckunabhängig arbeitende Volumenstromregler ausgeregelt. Außerhalb der Geschäftszeiten der jeweiligen Mieter schließen diese Regler automatisch über das hauseigene Gebäudeleitsystem. Je nach der Anzahl der geöffneten Volumenstromregler wird die Leistung des Zu- und Abluftventilators mittels Frequenzregelung angepaßt. Um die Energieeinsparung noch weiter zu optimieren, werden die Sollwerte der Ventilatordruckregelung in Abhängigkeit der Stellung der Volumenstromregler entsprechend verschoben.

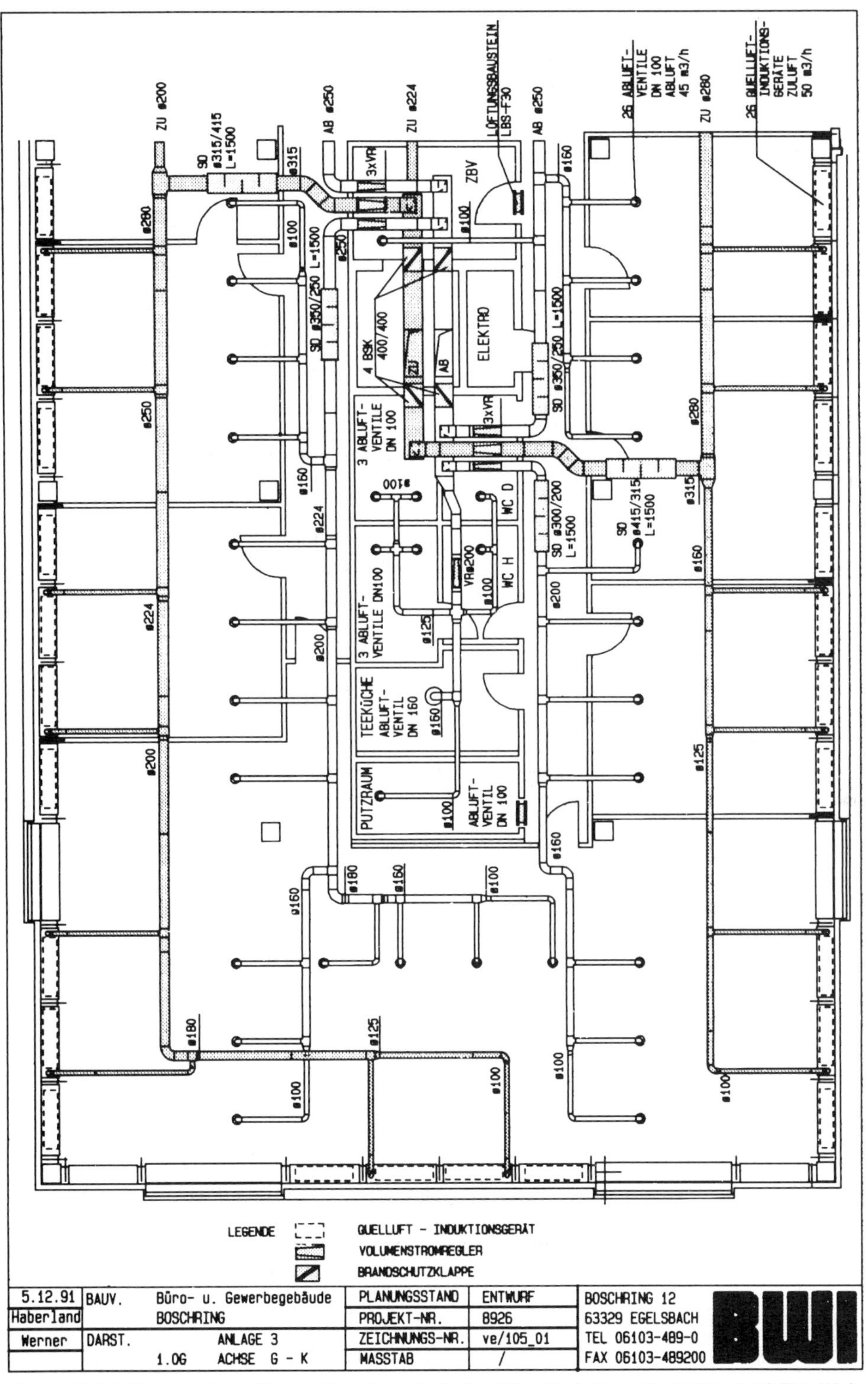

Abb. 10.32 Luftführung in einem Büro- und Gewerbegebäude. Zuluft über Quelluftinduktionsgeräte, Abluft über Abluftventile

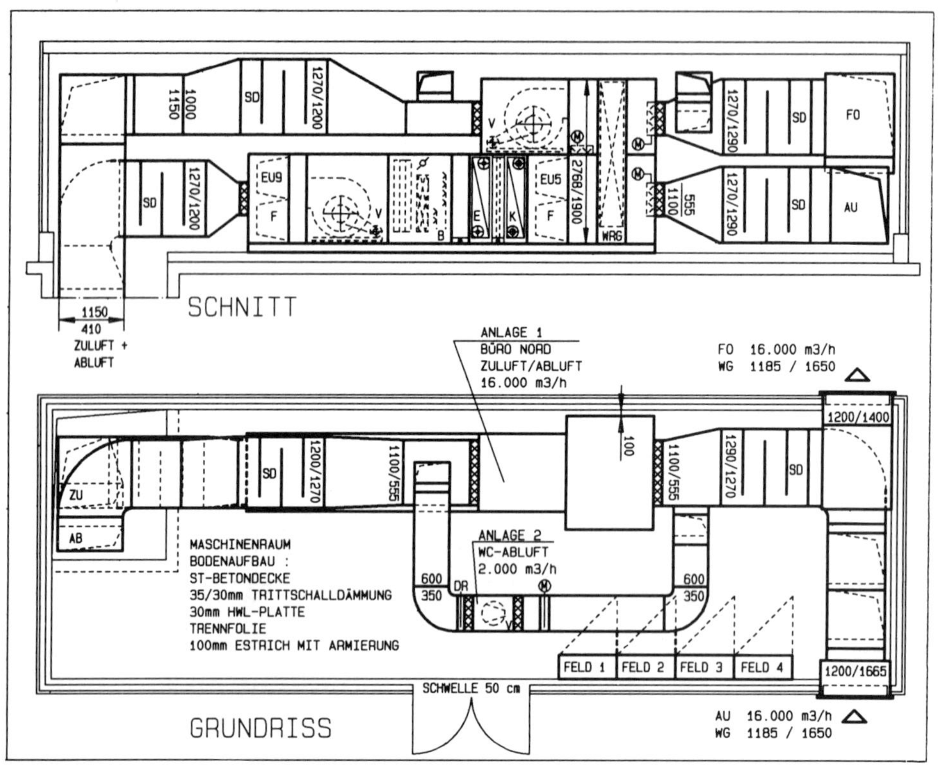

Abb. 10.33 Darstellung der Zentrale (mit CAD gezeichnet)

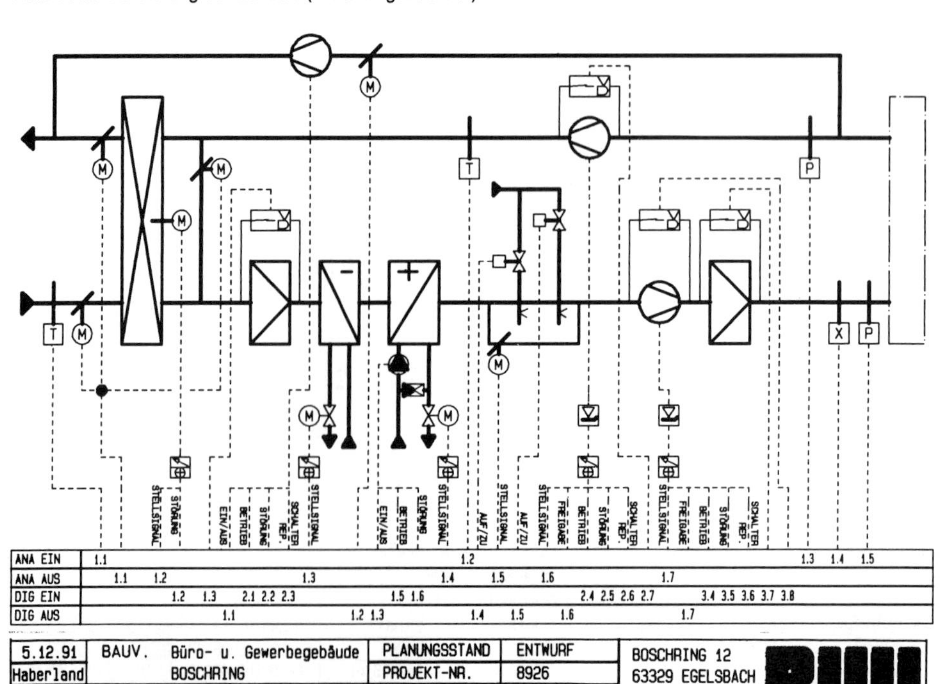

Abb. 10.34 Regelschema der Klimaanlage

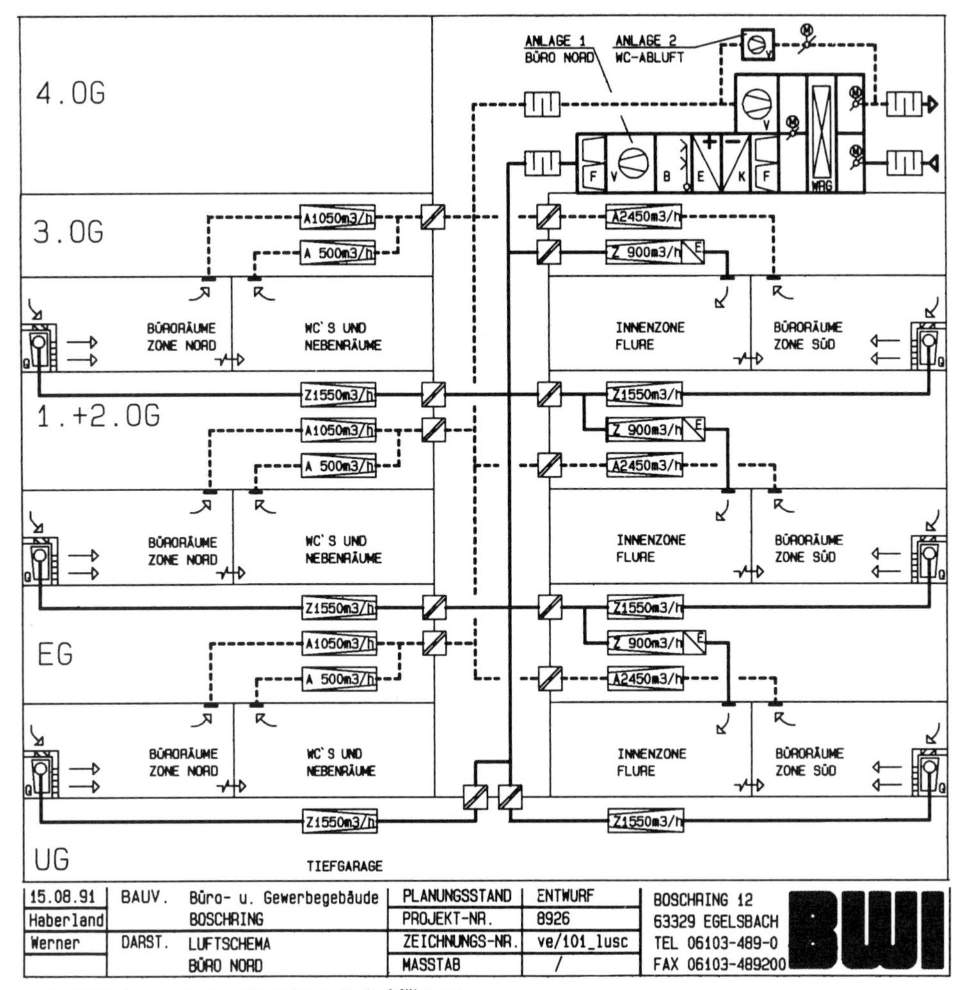

Abb. 10.35 Schematische Darstellung der Luftführung

Unter jedem Fenster wird ein **Quelluftinduktionsgerät** angeordnet, wie es anhand Abb. 10.17 beschrieben wird. Mit jeweils 50 m^3/h Primärluftanteil und einem Induktionsverhältnis 1 : 7 strömen demnach 350 m^3/h über ein kombiniertes Heiz-Kühl-Register und heizen oder kühlen den Raum. Das Heiz- und Kaltwassernetz ist als Vierleiter ausgebildet und im Tichelmannsystem verlegt. Die Regelung erfolgt wasserseitig über zwei stetig geregelte Zonenventile je Raum, und zwar über ein digitales Zonenregelsystem. Jeder Raumregler kommuniziert über einen Raumbuscontroler mit dem Gebäudeleitsystem. Die Abluft wird über die Decke abgesaugt.

Weitere technische Daten:
Zuluftventilator 13 000 m^3/h, P = 9 kW; Abluftventilator 13 000 m^3/h, P = 4,4 kW Vorfilter (saugseitig) EU 5, Nachfilter (druckseitig) EU 7; Wärmerückgewinner: Sorptionsregenerator mit Rückwärmezahl $\approx$ 73 %, 108 kW und Rückfeuchtezahl $\approx$ 76 %, 84 kW; Lufterwärmer: 39 kW bei *PWW* 50/40 °C; Luftkühler 100 kW bei *PKW* 6/12 °C; Linearbefeuchter für Frischwasserbetrieb 35 kg/h.
Quelluftinduktionsgerät: Heizleistung (sekundär) 750 W, Kühlleistung (sekundär) 540 W (*PKW* 14/20 °C) und primär 180 W bei ϑ_{zu} (Primärluft) = 15 °C; ΔP_{Luft} = 280 Pa, Schalleistung 40 dB(A).

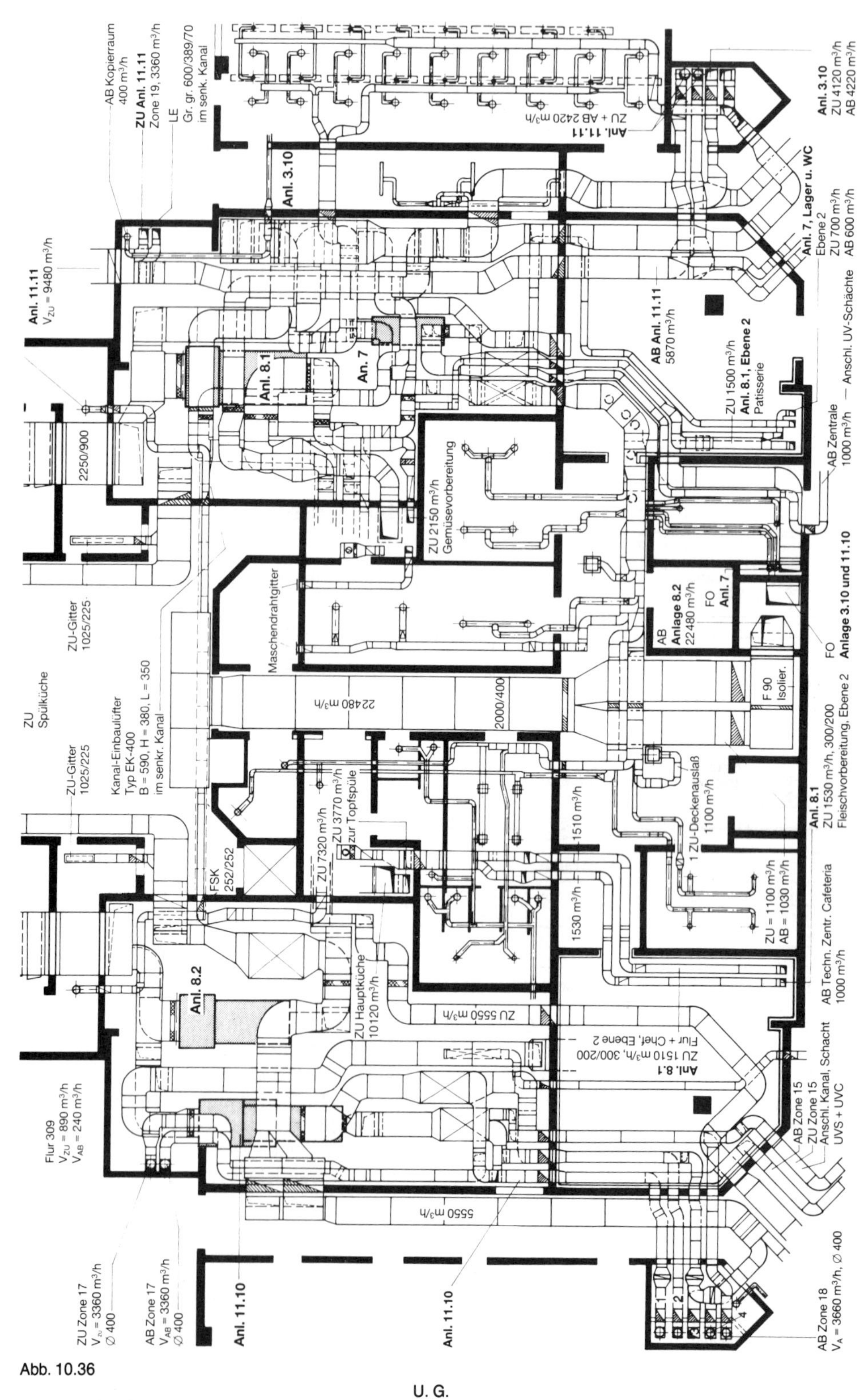

Abb. 10.36

U. G.

Kanalführung im Untergeschoß eines großen Bürogebäudes mit mehreren Zentralen (Ausschnitt)

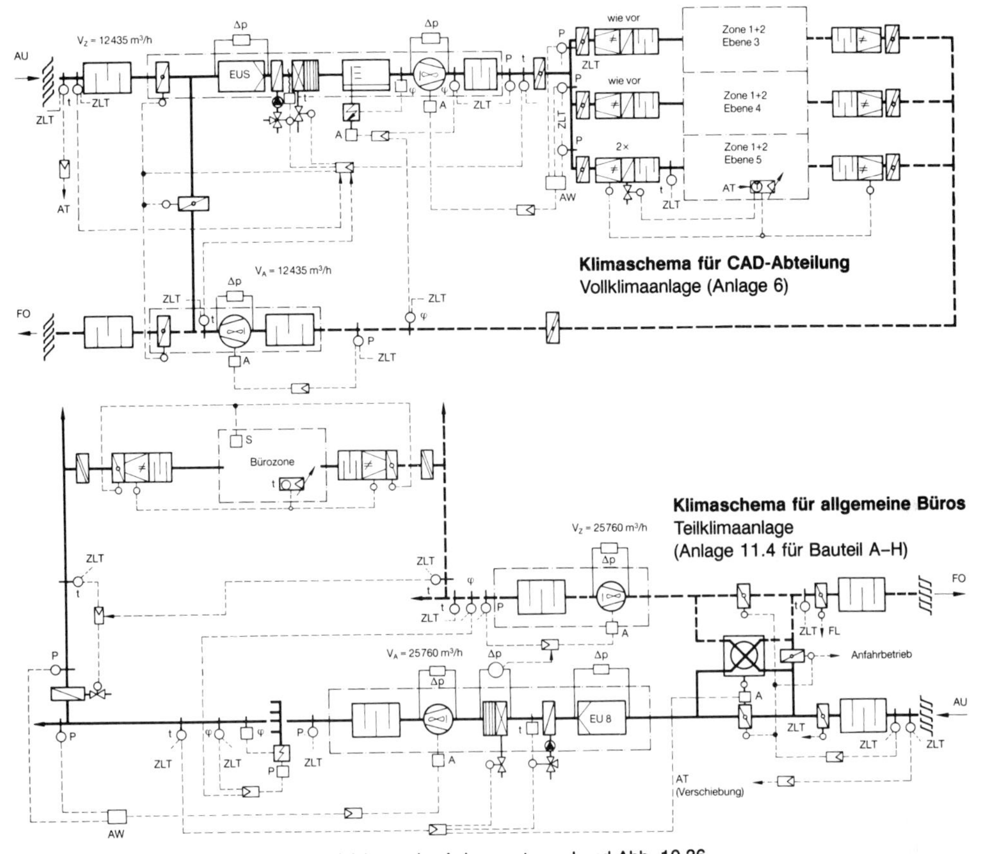

Abb. 10.37 Zwei Klimaschemen (Beispiele) von der Anlage entsprechend Abb. 10.36

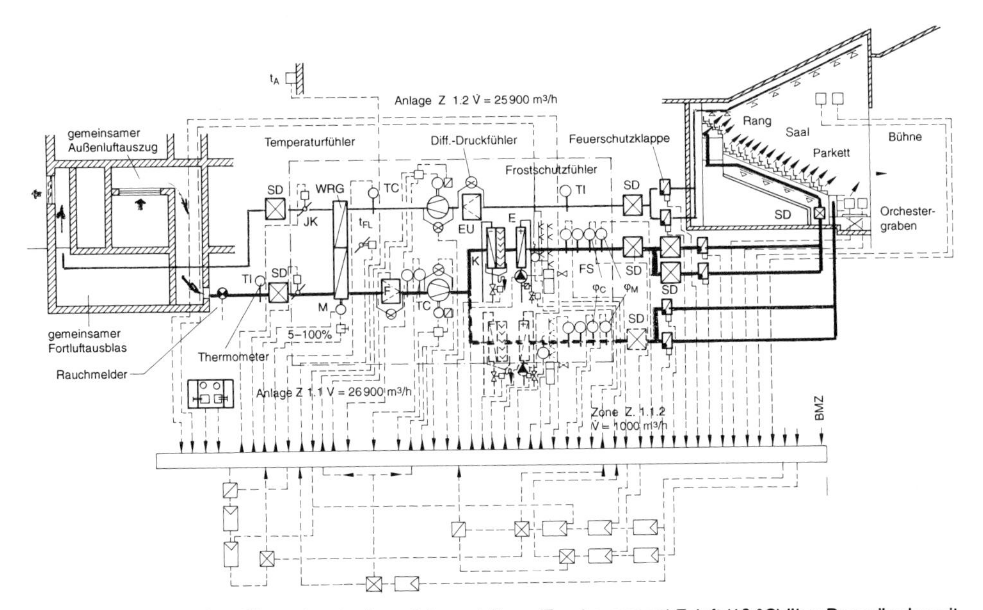

Abb. 10.38 Schema einer Klimaanlage in einem Schauspielhaus (Zuschauerraum) Zuluft (18 °C) über Doppelboden mit Stufen-Dralluftdurchlässen

11. Planungsgrundlagen - Betrieb - Wirtschaftlichkeit

Obwohl in jedem Kapitel zu den jeweiligen Themen schon spezielle Hinweise zu Planung und Betrieb angefügt werden, soll hier neben allgemeinen Planungsgrundsätzen verstärkt auf die Möglichkeiten zur Energieeinsparung hingewiesen werden. Der Einfluß des Gebäudes sowie die Anlagen- und Betriebstechnik – insbesondere die Instandhaltung – sind dabei einbezogen.
Die Inhalte der nachfolgenden Teilkapitel sind allerdings so miteinander verzahnt, daß es sich eigentlich um einen übergreifenden Gesamttext handelt.

11.1 Allgemeine Planungsanforderungen

In den Planungsphasen eines Gebäudes werden die grundsätzlichen Bedingungen durch den Architekten gelegt. Bei den Planungsvorbereitungen ist dabei die RLT-Anlage nicht selten ein Stiefkind oder wird sogar als notwendiges Übel betrachtet, d. h. die architektonischen Wünsche werden in der Regel schneller erfüllt als die der Gebäudeklimatisierung bzw. der Hausinstallation allgemein.
Der TGA-Ingenieur und -Techniker (**T**echnische **G**ebäude**a**usrüstung) muß zukünftig in noch stärkerem Maße seine Erfahrungen und Kenntnisse in die Gesamtplanung einbringen. Für die verschiedenen Bauvorhaben gibt es nämlich keine einheitlich optimale Lösung hinsichtlich Gebäude, Anlagentechnik, Energieversorgung und Betrieb. **Das Entscheidende jeder energiesparenden Anlage ist die auf den Einzelfall bezogene Planung!**

Der Klimaingenieur wird oft zu spät in die Planung einbezogen, obwohl die möglichen Einsparpotentiale an Energie zu Beginn des Planungsprozesses am größten sind und gegen Ende ständig abnehmen. Durch die frühzeitige Einbeziehung der entsprechenden Fachingenieure und Techniker können außerdem später anfallende Umweltbelastungen von vornherein reduziert oder gar vermieden werden.
Bei vielen Gebäudeplanern fehlen theoretische Grundlagen und ausreichende Erfahrungen in der technischen Gebäudeausrüstung, obwohl die TGA auch Ausbildungsbestandteil im Bereich der Architektur ist. Außerdem sind umfassende Grundlagen in Thermodynamik, Strömungstechnik, Bauphysik, Wärmephysiologie u. a. erforderlich.

Für die **Planung von RLT-Anlagen** gelten grundsätzlich die Forderungen und Empfehlungen nach zahlreichen DIN-Normen (in erster Linie die DIN 1946), anlangespezifischen VDI-Blätter und verschiedenen Verordnungen.
Im wesentlichen unterscheidet man zwischen:

1. **Vorentwurf**
   Hierzu gehören z. B. gemeinsame Besprechungen zwischen den Vertragspartnern einschließlich Architekt, Statiker und Fachingenieure, Integrationsfragen innerhalb des Gebäudes mit Festlegung der baulichen Gegebenheiten. Ermittlung des Raumbedarfs, Ermittlung der wirtschaftlichsten Lösungen (evtl. durch Simulation), erste Kostenentwürfe.
2. **Entwurf**
   Hierunter fällt z. B. die eingehende Ausarbeitung des Vorentwurfs mit allen Einflußgrößen (Gebäude, Personen, Produktion, Umwelt u. a.), überschlägliche Berechnungen (auch im Detail), Erstellung von klimatechnischen Problemanalysen, Festlegung des Platzbedarfs (Zentrale, Luftführung).
3. **Ausführungsplanung**
   Hierzu gehören z. B. Koordination der gesamten Haustechnik, Berechnung und Projektierung, Planerstellung, Berücksichtigung sämtlicher Vorschriften, akustische Auslegung, Wahl der Regelungssysteme, evtl. Gebäudeleittechnik.
4. **Konstruktion**
   (kann mit 3. zusammengefaßt werden): Hierzu gehören z. B. Anfertigung genauer Montagepläne, Erstellung von Detailzeichnungen, Koordination der Unterlagen sämtlicher Gewerke, konstruktive Einzelheiten für die Montage und Instandhaltung, Maßnahmen zur Schalldämmung und Schalldämpfung, sorgfältige Ausschreibung.

Die **Qualität und der Umfang der Planungsunterlagen**, d. h. die Zeichnungen und Unterlagen bilden eine wesentliche Grundlage zwischen den Vertragspartnern. Nicht selten entstehen nämlich zwischen dem planenden und ausführenden Unternehmern Abgrenzungsprobleme hinsichtlich der Ausführungsplanung und der Auftragsausführung. Die Unterlagen sollen außerdem schon von vornherein eindeutige Verhältnisse zwischen Auftraggeber und Auftragnehmer schaffen.

Zur **Ausführung** gehören z. B. Grundrißpläne im Maßstab 1 : 50 mit Angaben über Trassenführung, Komponentenanordnung; Schnitte im Maßstab 1 : 50 (für schwierige Bereiche 1 : 20) für Details, wie Zentrale, Schächte; Vergabepläne mit dem letztgültigen Stand der Ausführungsplanung; Anlagenbeschreibungen, Funktionsbilder, Schemata; Dimensionsangaben für alle Leitungen (Luft, Wasser), Bezugsmaße zu den Komponenten anderer Gewerke; Koordinierungsinhalte mit anderen Gewerken; sämtliche Bauauflagen, Kennzeichnung von Transportweg und Einbringungsmöglichkeit.

Zur **Montage** müssen vorstehende Pläne als erweiterte Ausführungszeichnungen mit zusätzlichen Informationen vorliegen, auch mit exakten Bezugsmaßen zum Bau und zu den Komponenten anderer Gewerke. Hierzu gehören z. B. exakte Dimensionierungsanlagen, Positionsbezeichnungen bei den Luftleitungen (evtl. mit Stückliste); Maße für Luftdurchlässe, Reinigungsöffnungen, Brandschutz- und Drosselklappen; Angaben über die vorgesehenen Materialien, Verbindungstechniken und Wärmedämmungen; Montagehinweise; genaue Typenangaben für Einbaukompontenten; Angaben über Vorfertigungsteile; technische Angaben über Fremdleistungen, Liefergrenzen; Festlegung von Meß-, Regelungs- und Kontrolleinrichtungen.

Weitere spezielle Anforderungen an Ausführungen und Montage sind z. B. genügend Raum für die Unterbringung der Geräte, Vorkehrungen gegen Schallübertragung, genügend Platz für Geräteanschlüsse, Kanäle und Rohre, ausreichender Freiraum für Bedienung, Wartung und Reparatur, optimaler FO-Auslaß und AU-Ansaug, einwandfreies Fundament mit ausreichender Höhe für Sifon.

Damit die RLT-Anlage richtig bemessen werden kann, sind unbedingt ausführliche und gesicherte Vorgaben erforderlich. Denn eine **zu groß bemessene RLT-Anlage**, die für die extrem hohen thermischen Lasten konzipiert wurde, kann während den meisten Betriebsstunden im Teillastbetrieb nicht zufriedenstellend funktionieren.

- Da die **Maximalwerte nur kurzzeitig** oder womöglich überhaupt nicht auftreten, kann es zu größeren Luftstrom-, Temperatur- und Geschwindigkeitsschwankungen kommen. Die Anlage soll daher nach realistischen Lastansätzen mit dem häufigsten Betriebszustand ausgelegt werden. Geeignete Reduktionsfaktoren sind zu beachten.
- Der Planer muß unbedingt die Schwachpunkte der **Bemessungsgrundlagen** kennen und diese differenziert und analytisch betrachten. Er muß kalkulierbare Risiken abwägen und in Kauf nehmen. Spätere Anpassungsmöglichkeiten im Betrieb müssen allerdings eingeplant werden, denn wer heute baut, sollte schon wissen, was zumindest in naher Zukunft zu erwarten ist.
- Eine sorgfältig geplante und betriebene RLT-Anlage ermöglicht große **Einsparungen bei den Energiekosten** und schont die Umwelt (Kap. 11.3).

Der **Planungseinfluß durch den Benutzer** muß ebenfalls beachtet werden, denn dieser artikuliert mehr und mehr seine Wünsche und Erwartungen:

- Die höheren Anforderungen an die Qualität der Umgebungsluft und ein störungsfreies Raumklima
- Individuelle und möglichst raumabhängige Bedienungsmöglichkeiten, Einflußnahme auf das Raumklima
- Anpassungsmöglichkeiten der technischen Einrichtungen an wandelbaren Anforderungen der Räumlichkeiten (Nutzungsänderungen, Erweiterungen u. a.)
- Informationsmöglichkeiten über den momentanen Betriebszustand sowie deren Folgen und Änderungen

Besonders bei Großprojekten müssen jedoch die Nutzeranforderungen schon bei der Vorplanung kritisch überprüft, festgelegt und spätere Änderungswünsche möglichst ausgeschlossen werden, wenn diese die Funktionsfähigkeit beeinträchtigen.

11.2 Kostenfragen und Wirtschaftlichkeit

„Rentiert sich das?" ist vielfach die Frage nach einer neuen Investition. Man verlangt nach Wirtschaftlichkeitsrechnungen, von denen man ausgeht, daß durch die zu erwartenden Kosteneinsparungen (vorwiegend Energiekosten) das eingesetzte Kapital einschließlich Zins in einer gewissen Zeit „zurück fließt", d. h. sich bezahlt hat.

In der Regel wird hier beim Auftraggeber oder Nutzer unterschiedlich gewichtet; je nachdem, welche Rangfolge die Anschaffung in seiner persönlichen Bewertungsskala einnimmt. So kann er z. B. sehr spitz rechnen, wenn es sich um die Anschaffung einer RLT-Anlage handelt, während er z. B. bei seiner Luxuslimousine oder seinem Ferienhaus überhaupt nicht rechnet.

11.2.1 Berechnung der Wirtschaftlichkeit

Zur Ermittlung der Wirtschaftlichkeit gibt es verschiedene Methoden:

a) Kapitalrückflußdauer n = Kapital/Nutzen

Da bei dieser Methode sowohl die Kapitalverzinsung als auch die Preisentwicklung nicht berücksichtigt werden, ist dieses sog. statische Verfahren unbefriedigend und höchstens für kurzfristige Schätzungen brauchbar.

Beispiel: Investition (Kapital K_i) = 65 000 DM, jährliche Ersparnis E (Nutzen) = 21 000 DM. n = K_i/E = 65 000/21 000 = **3,1 Jahre**

Möchte man jedoch die Kapitalverzinsung berücksichtigen, kann man mit Hilfe des Annuitätsfaktors die Amortisationsdauer n_A ermitteln.

So würde sich das Beispiel bei einem Zins von 7 % wie folgt ändern:
$n_A \approx$ 3,5 Jahre (Abb. 11.2), d. h. n_A ist immer länger als n.

b) Annuitätsmethode A = K_i · a

Hier wird der Kapitaleinsatz K_i während der Nutzungsdauer n mit dem Annuitätsfaktor („Tilgungsfaktor") nach Abb. 11.1 multipliziert. Bei dieser Methode ist die Kapitalverzinsung einbezogen, und man geht davon aus, daß das Kapital K_i während der Zeit n in gleichen Raten (Annuitäten) amortisiert wird.

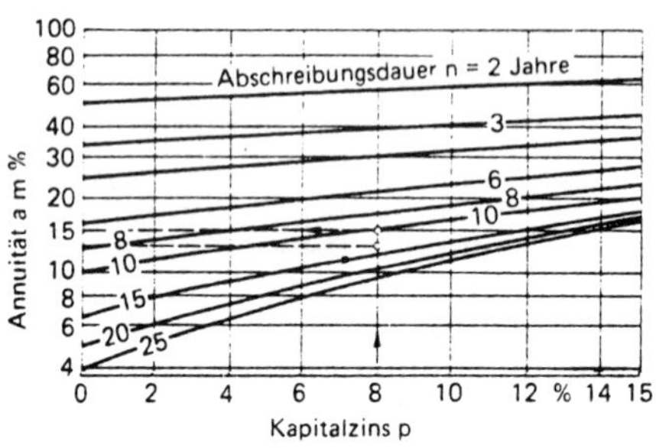

Abb. 11.1 Annuitäten von Investitionen

Anhaltswerte für Nutzungsdauer in Jahren nach VDI 2067-3 (Die Klammerwerte geben den Instandhaltungsaufwand der Investitionen in % an): Kammerzentralen 15 (2); Luftkühlgeräte 10 (5); Ventilatoren, E-Motoren und Pumpen 15 (2); Filter: Zellen- 20 (2), Rollband- 15 (3), Elektro- 12 (5), Schwebstoff- 2 (–), Aktivkohle- 0,5–1 (–); Lufterhitzer Stahl 12 (3), desgl. Cu 20 (3); Schalldämpfer 30 (1); Düsenkammer, je nach Material 10 · · · 20 (2 · · · 3); Dampfbefeuchter 10 (5); Induktionsgeräte 25 (3); Gitter und Deckendurchlässe 30 (1), Jalousienklappen 20 (2); Lüftungsrohre und -kanäle 40 (1), Flexrohre 30 (2); Brandschutzklappen 15 (5); Regelungsanlagen 12 (3), Schalttafel 25 (0,5); Kaltwassersatz 15 (2), desgl. luftgekühlt 15 (3).

Beispiel: Investition 80 000,– DM, Einsparung 10 000,– DM, Zins p = 7 %, Nutzungsdauer = 15 Jahre (Kammerzentrale). A = K_i · a (Abb. 11.1) = 80 000 · 0,12 = 9 600,– DM/a, d. h. die Investition entspricht etwa der Einsparung. Man muß jedoch auch die Erleichterung (Komfort, Bedienung), evtl. Umsatzsteigerungen und vor allem die Umweltschutzmaßnahmen und den volkswirtschaftlichen Nutzen einbeziehen.

c) Kapitalwertmethode B = E/a

Hier wird überprüft, ob der Barwert B, d. h. die Summe sämtlicher Einsparungen E während der Nutzungsdauer n (diskontiert auf Investitionsbeginn) K_i über- oder unterschreitet. Wenn B > K_i ist, ist die Investition wirtschaftlich.

Beispiel: K_i = 80 000 DM, E = 10 000 DM, a = 12 %: B = E/a = 10 000/0,12 = 83 333 DM, d. h. hier gilt derselbe Hinweis wie Beispiel unter b). q_1 Zinsfaktor = 1 + p, q_2 Preissteigerungsfaktor = 1 + prozentuale Preissteigerung.

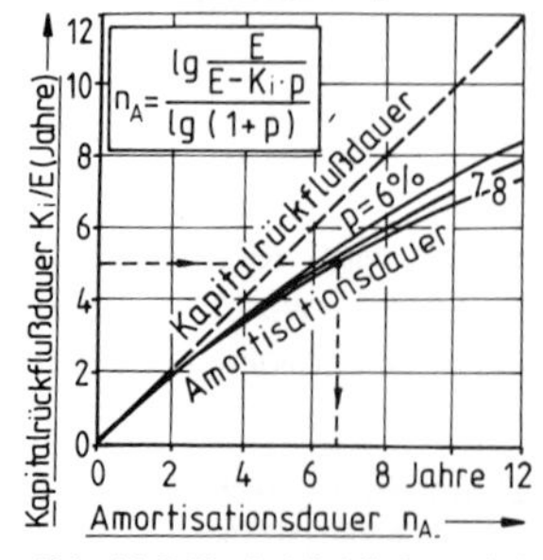

Abb. 11.2 Kapitalrückfluß- und Amortisationsdauer

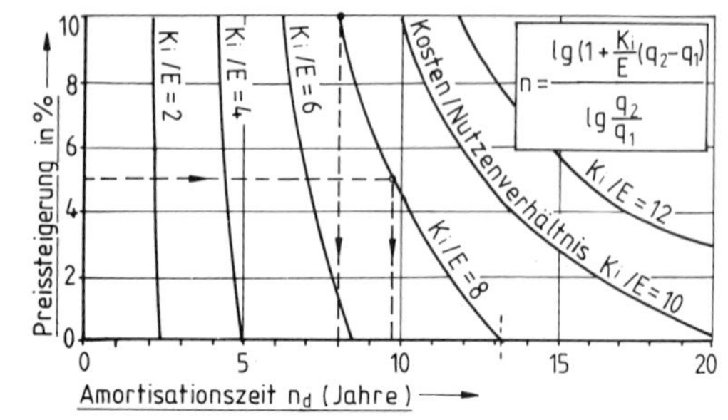

Abb. 11.3 Amortisationsdauer unter Berücksichtigung einer Energiepreissteigerung (gültig für 8 % Zins)

d) Dynamische Berechnung

Da bei den Methoden a) bis c) Preissteigerungen nicht berücksichtigt wurden, sind deren Ergebnisse heute nicht mehr realistisch. Sollen jedoch z. B. Energiepreiserhöhungen, Lohnsteigerungen oder andere Kosten berücksichtigt werden, muß die Amortisationszeit mit Preiserhöhung n_d ermittelt werden (Abb. 11.3). In der Gleichung versteht man unter q_1 den Zinsfaktor 1 + p und unter q_2 den Steigerungsfaktor = 1 + jährl. Preissteigerung in %.

Beispiel:
Durch Austausch von Ventilatoren, Regelung, Luftdurchlässe und verschiedene Umbauten wurden 40 600,– DM investiert. Dadurch sollen etwa 5 000,– DM Energiekosten eingespart werden. Wie groß ist die Amortisationsdauer bei 8 % (d. h. ohne Energiepreissteigerung) sowie bei 5 % und 10 % Energiepreissteigerung?
Kosten/Nutzen = K_i/E = 40 600/5 000 ≈ 8,1 Jahre; nach Abb. 11.3 ist n bei 8 % (Diagramm ist für p = 8 % angefertigt) ≈ **13,2 Jahre**, bei 5 % jährlicher Preissteigerung ≈ **9,7 Jahre** und bei 10 % ≈ **8 Jahre**.

Um vor allem die längerfristigen Investitionskosten richtig beurteilen zu können, sollte nur die dynamische Berechnungsmethode angewandt werden. Hierzu gibt es ebenfalls mehrere Möglichkeiten.

Bei zu vergleichenden Systemen (z. B. bei Alternativvorschlägen) müssen sämtliche technischen und betriebswirtschaftlichen Basisdaten sehr sorgfältig ermittelt werden, d. h. der **gesamte** Leistungsumfang der zu einem störungsfreien Anlagenbetrieb erforderlich ist.

11.2.2 Kostenarten

Um die Wirtschaftlichkeit einer vorgesehenen Investition beurteilen zu können, müssen die unterschiedlichen Kostenarten sorgfältig zusammengestellt und beurteilt werden. Die drei wesentlichen Arten sind:

1. Kapitalgebundene Kosten

Diese Kosten gehen nicht unmittelbar, sondern – wie vorstehend gezeigt – je nach Berechnungsverfahren entweder über die Nutzungsdauer n, Zinsfaktor p und/oder Annuitätsfaktor a als jährliche Kapitalkosten ein, und zwar umgerechnet auf die Jahre der Nutzungsdauer. Hinzu kommen noch die Kosten für Instandhaltung und Erneuerung, die prozentual von der Höhe der Investitionen abhängig gemacht werden (Klammerwerte nach Kap. 11.2.1 b).

Diese Kosten streuen bei RLT-Anlagen, insbesondere bei Klimaanlagen, äußerst stark. Vor allem sind es die unterschiedlichen Gebäudearten und deren Nutzung, die im besonderen Maße die Ausstattung der Anlage (Aufbereitungsstufen, Kanalführung, Luftführung im Raum, Regelung Schall- und Wärmeschutz u. a.) beeinflussen. Die Kosten können z. B. aus Ausschreibungsunterlagen ermittelt werden.
Anhaltswerte können nach Recknagel prozentual von den Baukonstruktionskosten wie folgt angenommen werden:
Verwaltungsgebäude 2,5 ... 5 % (niedrige technische Ausstattung) und 4,5 ... 10 % (höhere technische Ausstattung); **Hörsaalgebäude** 6,5 ... 25%; **Krankenhäuser** und **Einkaufszentren** 10 ... 15 %; **Rechenzentren** 11 ... 27 %; **Institute** für Maschinenbau, Elektrotechnik, Verfahrenstechnik 7 ... 16 %, Theor. Medizin 19 ... 30 %; Pharmazie, Chemie 22 ... 30 %.

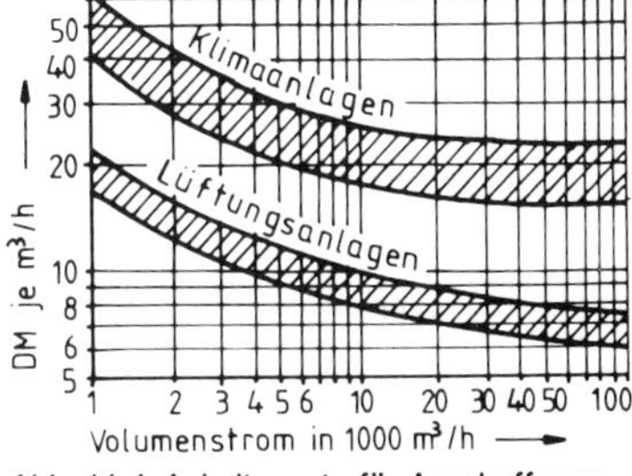

Abb. 11.4 Anhaltswerte für Anschaffungskosten von Zentralanlagen

Überschläglich kann man die Anschaffungskosten von RLT-Anlagen auch in Abhängigkeit vom Volumenstrom ermitteln (Abb. 11.4). Bei großen Komfortklimaanlagen (Klima + Heizung), wie z. B. in Verwaltungsgebäuden mit etwa 100 Beschäftigten werden Anhaltswerte von etwa 500–700 DM/m^2 oder 4 000–5 000 DM pro Arbeitsplatz genannt.

Abb. 11.4 zeigt die **ungefähren Anschaffungskosten** von Zentralanlagen einschließlich Kälteanlage und Rückgewinnung, fertig montiert, mittlere Ausdehnung, ohne bauliche Nebenkosten und Zentralheizung.

Die **prozentualen Anteile der Klimaanlagekosten** sind etwa: 20 ... 25 % für lufttechnische Bauteile; 20 ... 30 % für die Luftverteilung im Gebäude, 20 ... 30 % für Kältema-

schinen und Rückkühlung; 10 . . . 15 % für Rohrsystem und Pumpen; 15 . . . 20 % für Regelung, Schalttafel.
Für die **Kälteanlage** einschließlich Rückkühlung und Kaltwassernetz kann bei größeren Anlagen ein Anschaffungspreis von etwa 400–500 DM/kW angesetzt werden. Die jährlichen Kapitalkosten ergeben sich aus Anschaffungskosten, Betriebsstunden (350 . . . 600 h) und der Annuität. Der Strombedarf (Kältemaschine, Rückkühlung, Pumpen) beträgt etwa 0,25 . . . 0,3 kW je kW Kälteleistung.

2. Verbrauchsgebundene Kosten

Diese jährlichen Kosten setzen sich vorwiegend aus den Energiekosten zusammen. Hinzu kommen noch die Kosten für Hilfsenergie der zum Betrieb der Anlage erforderlichen Nebenaggregate, die sich aus den elektrischen Anschlußwerten und den voraussichtlichen Jahresbetriebsstunden ergeben. Ferner sind es z. B. die Kosten für Beleuchtung von Heiz- und Klimazentralen, Kühlwasserkosten, Anfuhr- und Lagerkosten für Brennstoffe, Kosten für Betriebsstoffe (z. B. Rostschutzmaßnahmen, Farbanstriche, Schmierstoffe).
Die verbrauchs- und betriebsgebundenen Kosten (oft zusammengefaßt als Betriebskosten schlechthin) werden mehr und mehr zur Bewertung eines Gebäudes herangezogen. Oft wurden sie vernachlässigt und als Festkosten je m^2 auf den Nutzer (Mieter) abgewälzt. Billige Lösungen (nicht zu verwechseln mit kostengünstigen!) verringern jedoch die Lebensdauer, verursachen eine hohe Reparaturanfälligkeit, hohe Betriebskosten, eine mangelnde Behaglichkeit und teuere Sanierungsmaßnahmen. Ähnlich geschieht dies auch bei schlechten Kompromissen infolge eines starken Preisdruckes.

Die **Energiekosten** setzen sich zusammen aus Wärmeenergie, elektrische Energie, Kälteenergie, Energie für Be- und Entfeuchtung. Aufgrund der zahlreichen Einsparmaßnahmen (Kap. 11.3) konnten diese Kosten gegenüber früher drastisch gesenkt werden. Anhaltswert für Komfortklimaanlagen (z. B. größere Bürogebäude) etwa 18 . . . 25 DM/(m^2 · a) mit etwa 20 . . . 25 % der gesamten Investitionskosten (Klima + Heizung); 30 . . . 40 % davon können allein auf die Ventilatoren und Pumpen entfallen.

Zur genauen Kostenermittlung der verbrauchs- und betriebsgebundenen Kosten müssen für jeden Einzelfall eine große Anzahl von Daten über das ganze Jahr (Stunde für Stunde) bekannt sein, wie z. B. Betriebsweise, Betriebszeiten, Wetter- und Klimadaten, Instandhaltung (Kap. 11.7), Personaländerungen u. a.

Die umfangreichen und komplexen Rechengänge sind bei größeren Objekten nur durch **Einsatz von EDV-Rechenprogrammen** genauer zu ermitteln, wozu es mehrere Verfahren gibt. Die Höhe der Kosten ist ebenfalls von der Anlagenart und -größe, vom Technikeinsatz, vom Zustand der Anlage (Wirkungsgrad) abhängig.

3. Betriebsgebundene Kosten

Diese jährlichen Kosten entstehen vor allem durch die Betätigung für Bedienung und Pflege sowie für Wartung und Kundendienst (Material-, Personal- und Anfahrkosten), ferner die Kosten für die Reinigung aller Betriebseinrichtungen und Betriebsräume, die Gebühren für Emissionsüberwachungen, Kontroll-, Prüf- und Zulassungskosten, div. Versicherungen.

Die jährlichen **Bedienungs- und Wartungskosten** sind ebenfalls vorwiegend von der Anlagengröße, von der technischen Ausstattung und vom Nutzerverhalten abhängig. Richtwerte für einfache RLT-Anlagen liegen jährlich bei etwa 2 % von den Investitionskosten, bei mittleren Anlagen 3 . . . 4 % und bei hochtechnischen Anlagen 4 . . . 6 %. Die Prozentangaben für die Investitionskosten vgl. 11.2.1 b.

Für große Komfortklimaanlagen verteilen sich die Prozente etwa zu: jeweils 10 % für Instandhaltung und Wartung, wenn für die Energie 25 % und Kapital 55 % angesetzt werden. Auf einen Büroarbeitsplatz bezogen, werden Betriebskosten zwischen 1 200,– . . . 1 500,– DM genannt.

Möchte man die Gesamtkosten und die wirtschaftliche **Optimierung einer Anlage** oder eines Anlagenteils feststellen, kann man die Einzelkosten in Form von Kurven auftragen, abhängig von der jeweiligen wichtigsten Einflußgröße, wie z. B. vom Durchmesser bei Lüftungsrohren (Abb. 11.6), vom Druckverlust bei der Filteroptimierung (Abb. 5.8), von der Dicke bei optimaler Wärmedämmung am Gebäude.

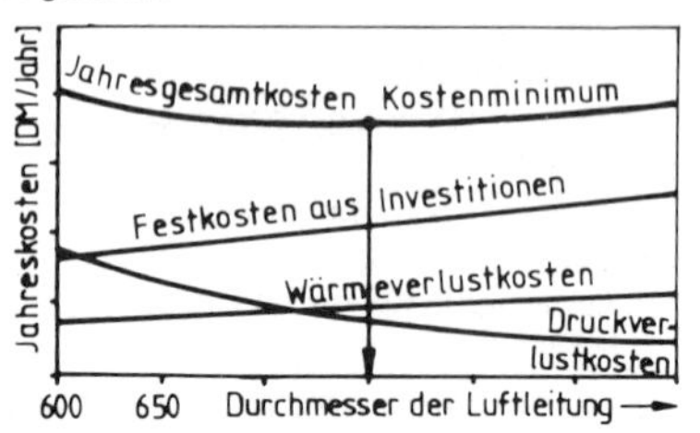

Abb. 11.5 Gesamtkosten und Kostenminimum

11.3 Maßnahmen zur Energieeinsparung

Während früher die reibungslose Funktion eine RLT-Anlage im Vordergrund stand, sind es heute die Forderungen nach einem energiesparenden und umweltfreundlichen Betrieb. Obwohl der derzeitige noch günstige Energiepreis etwas bremsend wirkt, sieht jedoch heute jedermann die Notwendigkeit zum sparsamen Umgang mit Energie ein, wobei auch die Industrie und der Verkehr einbezogen sind. Die Gründe sind:

a) **Verknappung an Primärenergie**, d. h. die noch begrenzt zur Verfügung stehenden fossilen Brennstoffvorräte müssen geschont werden.

b) **Erforderliche Umweltschutzmaßnahmen**, d. h. die durch Staub, SO_2, NO_x u. a. Gase verschmutzte Luft führt z. B. zu Gesundheitsschäden, Smog, Waldsterben, Bodenübersäuerung. Die CO_2-Emissionen verursachen Klimaveränderungen (Treibhauseffekt, Erwärmung der Erdatmosphäre).

c) **Reduzierung der Betriebskosten**, d. h. die anschließend zusammengestellten Maßnahmen zur Energieeinsparung sind äußerst vielseitig. Die Einflußgrößen auf den Verbrauch gehen aus Abb. 11.6 hervor.

Neuere Energieverbrauchsstudien über moderne, optimal geplante und betriebene RLT-Anlagen einschl. Wärmerückgewinnung zeigen, daß der jährliche Energieverbrauch kaum größer ist als bei üblichen Heizungsanlagen mit Fensterlüftung. Besonders bei Großbauten (z. B. Verwaltungsgebäude) erreicht man durch eine aufwendigere Technik große Einsparungen an Primärenergie. Das große Einsparpotential bei Altbauten liegt mehr in einer sach- und fachgerechten Wartung/Instandhaltung der haustechnischen Anlagen, bei der Bewertung des Betriebs hinsichtlich ihrer Wirtschaftlichkeit und bei der Durchführung der erforderlichen Maßnahmen.

Abb. 11.6 Einflußgrößen auf den Energieverbrauch

Zu 1: Gebäudeeinfluß (vgl. Kap. 11.4)

Während noch anfangs und Mitte der 80er Jahre bei den wirtschaftlichen Überlegungen vorwiegend die Wärmedämm-Maßnahmen für die Gebäudehülle im Vordergrund standen, hat sich heute das Gebäude als bauliche, energetische und ökologische Einheit herauskristallisiert. Hinsichtlich des Einflusses auf den Energiebedarf stehen im Vordergrund die Lage, die Gestaltung der Gebäudehüllfläche, die Optimierung von Wand und Fenster einschließlich Sonnen- und Wärmeschutz, die Wahl der Baustoffe und die Raumanordnung. Bautechnische Maßnahmen zur Energieeinsparung bei Altbauten erstrecken sich vorwiegend auf nachträgliche Wärmedämmung, Abdichtung oder Austausch von Fenstern und Anbringung von Sonnenschutzmaßnahmen.

Energiesparende Konzepte, z. T. auch gleichzeitig umweltgerecht, sind z. B.:

- **Günstige Grundrißlösungen mit entsprechender Anordnung von Außen- und Innenzonen, Unterstützung einer möglichen Querlüftung, Minimierung der Hüllflächen, d. h. geringes A/V-Verhältnis um $\dot{Q}_T$ zu senken.**
- **Gute außenlichtorientierte und gegliederte Bauweise, um Beleuchtungsenergie zu sparen, d. h. die natürliche Belichtung möglichst nutzen.**
- **Hauptnutzungsflächen bevorzugt nach S, W oder O orientieren, um während der Nutzungszeit möglichst viel Solarenergie zu gewinnen, wenn diese durch die Höhe der inneren Wärmelasten nicht gekühlt werden müssen.**
- **Räume mit geringeren Innentemperaturen möglichst nach außen verlegen (geringere Wärmeverluste im Winter).**
- **Räume mit ähnlichen Anforderungen an technischer Ausstattung neben oder übereinander anordnen.**
- **Bauweise, Bauelemente und Baustoffe unter Gesichtspunkten der gewünschten oder nicht gewünschten Wärmespeicherung wählen; auch massive Innenwände.**
- **Einbau von Wärmeschutzgläsern mit geringen Wärmedurchgangskoeffizienten.**
- **Sonnenschutzeinrichtungen mit möglichst temporärem Wärmeschutz vorsehen; innenliegender Blendschutz für winterlichen Wärmegewinn.**

- **Technische Zentralen möglichst in Verbraucherschwerpunkt legen (Reduzierung der Verluste und Transportwege, bessere Möglichkeit zur Wärmerückgewinnung), Größe und Lage müssen Erweiterungen und technische Weiterentwicklungen ermöglichen.**
- **Vermeidung von Undichtigkeiten am Gebäude, um die Lüftungswärmeverluste – insbesondere außerhalb der Nutzung – zu verringern.**
- **Vermeidung von großen unkontrollierten Lüftungswärmeverlusten durch Einbau einer mechanischen und individuell anpaßbaren Lüftungsanlage evtl. mit Wärmerückgewinnung.**

Weitere Hinweise:

1. Sämtliche baulichen und haustechnischen Komponenten müssen umfassend allen Anforderungen genügen, von der Herstellung über Einbau und Betrieb bis zu Abriß und Recycling. Dabei ist die hierfür jeweils erforderliche **Primärenergie einbezogen**.
2. Energieeinsparung durch **Solararchitektur** erreicht man z. B. durch außenliegende geregelte Sonnenschutzsysteme, gesteuert nach der Außentemperatur, nach Helligkeit oder elektronisch, sinnvolle Anordnung von massiven und leichten Wänden, Dachvorsprünge zur Verschattung der Wärmegewinnfassade aus transparenter Wärmedämmung, Außenwände als solare Energiespeicher, auch Innenwände zur Unterstützung der Nachtkühlung, aktive und passive Verschattungseinrichtungen zum Regeln der Sonneneinstrahlung; Glasvorbauten, Einsatz von Abluftfenstern.

   20 . . . 50 % des Gebäudewärmebedarfs (je nach Gebäudeart und Nutzung) kann durch richtige Ausnutzung der passiven Solarenergie und der inneren Wärmequellen gedeckt werden; noch mehr bei zusätzlicher Wärmerückgewinnung und kontrollierter Lüftung.
3. Die neue **Wärmeschutzverordnung** 1995 (vgl. Bd. 1) führt zu einer wirtschaftlichen und ökologisch orientierten Gebäudeplanung mit Berücksichtigung von inneren und äußeren Wärmegewinnen.

   Bei der Ermittlung der **optimalen Wärmedämmung** gibt es zwei Zielrichtungen. Die eine erfolgt allein nach wirtschaftlichen Gesichtspunkten, wo alle Kosten aus Investition und Verbrauch gegenübergestellt werden. Die andere erfolgt nach dem **minimalen Energieverbrauch**, wobei auch der Energieverbrauch für die Herstellung des Dämmaterials (unter Zugrundelegung einer Nutzungsdauer von ca. 40 . . . 50 Jahren) berücksichtigt wird.

Zu 2: Einfluß der RLT-Anlagenplanung

Wie im Kap. 11.4 erwähnt, möchte man durch exakte Systemanalysen und Systemoptimierungen mittels neuer Simulationstechniken eine integrierte Planung für Gebäude und Anlagentechnik erreichen. Ob und welche RLT-Anlagen vorgesehen werden sollen, muß man vorwiegend nach folgenden drei Vorgaben analysieren (vgl. auch Kap. 1.1):

a) **Gebäudebedingte Gründe** wie z. B. Hochhäuser, Gebäude mit Leichtbaufassaden, große ungeschützte Glasflächen, fensterlose Gebäude, Großraumbüros (vgl. Pkt. 1).

b) **Nutzungsbedingte Gründe** wie z. B. große Versammlungsräume, spezielle Produktionsstätten, Aufenthalts- und Arbeitsräume mit hohen Kühl- und Verunreinigungslasten, Feuchträume (Schwimmhallen, Küchen) bei hohen Forderungen an die Luftreinheit (z. B. OP).

c) **Umweltbedingte Gründe**, wie z. B. starker Straßenlärm, meteorologische Einflußgrößen, wie Hitze, Schwüle, schädliche oder lästige Luftverschmutzung.

Für ein umfassendes **Energiemanagement** steht heute die Gebäudeleittechnik (GLT) zur Verfügung, die durch die moderne CDC-Technik (Direkt Digital Control) sehr effizient ist. Sie ermöglicht nicht nur die Einsparmaßnahmen, sondern gibt auch einen Überblick über den momentanen Energieverbrauch, Prognosen über zukünftigen Verbrauch, Kontrolle der Energieverluste und Anlagenwirkungsgrade.

Selbst für kleinere, auch bewohnte Wohn- und Bürogebäude wird vielfach nach einer individuellen Energiediagnose mit Hilfe von Computern gefragt. Die Verbraucher möchten nämlich immer mehr eine umfassende Information über ihre augenblickliche Energiesituation des Gebäudes haben, einschließlich individueller Verbesserungsvorschläge und Kostenersparnis.

Maßnahmen zur Energieeinsparung

- **Regelbare Anlagen, insbesondere hinsichtlich des Volumenstroms (VVS-Anlagen, Kap. 3.6.3)**
- **Senkung der Luftwechselzahlen durch Verwendung neuartiger Zuluftdurchlässe mit hoher Induktion. Verbesserte Luftführungskonzepte bringen besonders in Großräumen große Einsparungen**
- **Einführung der Zuluft möglichst im Bereich der Aufenthaltszone (vgl. Kap. 10.1), auch im gewerblichen Bereich**
- **Keine zu hohen Luftgeschwindigkeiten im Kanalnetz und in der Kammerzentrale, strömungsgünstige Formstücke (Reduzierung der Ventilatorstromkosten)**

- **Regelbare Ventilatoren, wie z. B. durch Drallregelung, regelbare Motoren mit Frequenzumformer, Trafosysteme, hohe Wirkungsgrade (rückwärts gekrümmte Schaufeln)**
- **Einsatz von Wärmerückgewinnungsanlagen mit „maßgeschneiderten" und leistungsfähigen Lösungen (ab etwa › 2 000 m^3/h). Berücksichtigung häufig anfallender Abwärmequellen in Gewerbe- und Industriebetrieben.**
- **Umfangreiche und nach der Anlagenverordnung durchzuführende Wärmedämm-Maßnahmen bei Rohren zur Reduzierung der Verteilverluste; ebenso die Dämmung bei Luftkanälen (besonders Zuluft).**
- **Dichtes Kanalnetz und dichte Geräte und Bauteile, damit Leckverluste gering gehalten werden, insbesondere beim Zuluftsystem.**
- **Verwendung von Kühlflächen, wie z. B. Kühldecken (Kap. 3.7.3) in Verbindung mit Quelluftsystemen (Kap. 10.2).**

Bei größeren Gebäuden werden alle Zusammenhänge der Anlagentechnik und deren Einflußgrößen auf Betrieb und Nutzen durch **Simulation** optimiert.

Die **Simulation der RLT-Anlage** erfolgt parallel zur Gebäudesimulation. Sie bezieht sich auf die zahlreichen Anlagenteile und Einbauten wie Ventilatoren, Wärmetauscher, Luftfilter, Befeuchter, Mischklappen, Wärmerückgewinner, Kühlturm usw.

Die **Simulation der Raumluftströmung** geht vorwiegend von den Volumenströmen und von der Thermik durch innere Wärmequellen aus. Die Ziele sind die Verhinderung von Zugerscheinungen, Minimierung der Volumenströme und somit Energiekosten und die Sicherung von schadstoffreier Atemluft. Die Ergebnisse umfassen die wesentlichen Einflußgrößen wie Strömungsgeschwindigkeit, Temperatur, Druckverteilung, Turbulenzgrad und Schadstoffkonzentration.

Die Ziele einer **tageslichttechnischen Simulation** sind die visuelle Behaglichkeit (gleichmäßige Verteilung der Beleuchtungsstärke, die Maximierung der Tageslichtnutzung (Kühllastreduzierung) und die Minimierung der Beleuchtungsenergie durch spezielle Leuchten.

Zu 3: Einfluß des Anlagenbetriebs

Bis Mitte der 70er Jahre hat man teilweise noch Klimaanlagen erstellt, die zum Betrieb bis 3mal so viel Energie benötigten wie heute. Der Grund liegt darin, daß die in diesen Teilkapiteln vorgeschlagenen baulichen und anlagetechnischen Maßnahmen nicht oder nur teilweise eingehalten wurden, z. T. auch nicht eingehalten werden konnten.

Wenn man heute als Gutachter oder Prüfer RLT-Anlagen inspizieren und beurteilen muß, staunt man über die noch zahlreichen unbefriedigend ausgerüsteten und betriebenen Anlagen. Sie müssen teilweise nach dem Stand der Technik geändert, ergänzt oder ausgetauscht werden.

Maßnahmen zur Energieeinsparung

- **Individuelle Anpassung des Zuluft- und Außenluftvolumenstroms, je nach Nutzung des Raumes**
- **Nutzungsorientierte Grund- und Bedarfslüftung in Aufenthalts- und Arbeitsräumen, die Aufbereitungsstufen Kühlen, Ent- und Befeuchten im Einzelfall entscheiden**

  Zur **Simulation der Nutzung** (bei Großbauten) werden z. B. folgende Größen erfaßt: zeitlicher Verlauf der Heiz- und Kühllasten, die Nutzungszeiten mit Personenzahl, die Anforderungen hinsichtlich Geräte und Beleuchtung, die Betriebszeit der Anlage, die Sollwerte für die Räume, die Betätigung der Sonnenschutzeinrichtungen, die Fensterlüftung u. a.
- **Einbeziehung der Fensterlüftung (mit Einschränkung) zur Ausnutzung der Nachtkühlung**
- **Sorgfältige Einregulierung der RLT-Anlage, insbesondere ein gewissenhafter Druckabgleich (Bd. 3)**
- **Gezielte Wartungen und spezielle Wartungsverträge vornehmen (Kap. 11.7); auch eine gute Zugänglichkeit spart Wartungskosten**
- **Einbeziehung von Eisspeichern zur Einsparung von Kälteenergie und Stromkosten (Kap. 13.11.5)**
- **Nacht- und Wochenendabsenkungen, abhängig von Speicherfähigkeit des Gebäudes, Dauer des Absenkbetriebs, Absenktemperatur (4 . . . 6 K), verfügbarer Anlagenleistung zur Wiederaufheizung, Leistungsfähigkeit der Regelung**
- **Einsatz regenerativer Energien, insbesondere die Nutzung der Solarenergie in Verbindung mit Speichern ⇒ multivalente Systeme**

Zu 4: Einfluß durch Komfortanspruch

Dem Wunsch nach thermischer Behaglichkeit kommt eine besondere Bedeutung zu, obwohl es noch andere Behaglichkeitskriterien gibt (Kap. 2.1). Die Forderung nach Energieeinsparung und Umweltschutz wird zwar eingesehen, doch möchten die meisten Menschen ihre Komfortwünsche nicht wesentlich einschränken. Der Energieverbrauch wird vielfach im wesentlichen durch das individuelle Nutzerverhalten bestimmt (z. B. Bedienung, Akzeptanz, Anspruch, Wartung, Umweltbewußtsein), das demnach ein übergreifendes psychologisches Problem darstellt.

Maßnahmen zur Energieeinsparung:

- **Absenkung der Raumlufttemperatur im Winter (1 K ≙ 5 ... 6 % Brennstoffeinsparung)**
- **Anhebung der Raumlufttemperatur im Sommer, besonders während der Hitzeperiode und bei höheren Innenlasten**
- **Nutzung der nach DIN zulässigen Grenze für die relative Feuchte (Winter: min. 20 ... 30 % und Sommer max. 55 ... 65 %)**
- **Einschränkung der Beheizung oder Klimatisierung bei großem Raumanspruch in Wohnung und Arbeitsplatz und besonders bei Nebenräumen**

Zu 5: Einfluß durch Umweltschutz

Sparsamer Umgang mit Energie bedeutet gleichzeitig auch Umweltschutz sowie Einflußnahme auf die Gebäudegestaltung. Alle drei kann man deshalb nicht voneinander trennen.

Zwischen Mensch und seiner Umgebung (Umwelt) bestehen bestimmte Wechselbeziehungen), die man in bestimmte Bereiche oder Zonen einteilen kann (Abb. 11.7). Dies bedeutet, daß irgendein Eingriff nicht nur auf eine einzige Zone bezogen werden kann.

Beispiele:

- Verbesserungen in Zone 2 z. B. durch Wärmedämmung oder Wärmerückgewinnung entlastet die Zone 3 und die wiederum die Zone 4.
- Verbesserungen in Zone 3 z. B. Beschattungen durch Gebäude beeinflussen Zone 2 (Klimatisierung) oder Belastungen durch Schadstoffe belasten Zone 4.

Abb. 11. 7 zeigt die **verschiedenen Bereiche** (Zonen) zwischen Mensch und seiner Umgebung (Umwelt). **Zone 1:** Mensch, Bekleidung; **Zone 2:** Wände, Fenster (Raum), bauphysikalische Maßnahmen (Haus), Klimatisierung; **Zone 3:** Gebäudezuordnung, Siedlung, Stadtteil, Verkehrslage; **Zone 4:** Lebensraum auf der Erde, Außenklima, Atmosphäre.

Abb. 11.7

Maßnahmen zur Energieeinsparung:

- **Überwindung mancher Gewohnheiten, denn Umweltschutzmaßnahmen hängen nicht nur von technischen, physikalischen und finanziellen Möglichkeiten ab**
- **Umweltschutzmaßnahmen frühzeitig schon bei der Aufstellung des Bauprogramms und Planung berücksichtigen; möglichst anhand einer Liste von bestimmten Kriterien**
- **Bei den Investitionen auch die Kosten berücksichtigen, die aufgewendet werden müssen, um die durch CO_2 und andere Schadstoffe in Luft, Wasser, Erdreich entstandenen Umweltbelastungen zu beseitigen**
- **Schulungen, Überzeugung und Durchsetzungsvermögen bei Mitarbeiten in öffentlichen Gebäuden fordern, denn dort sind große Einsparpotentiale möglich**
- **Entsprechende Maßnahmen bei der Energieversorgung (vgl. Pkt. 6); auch alle anderen Maßnahmen bedeuten letztlich Umweltschutz**

Zu 6: Einfluß durch die Energieversorgung

Energieeinsparmöglichkeiten durch eine angepaßte optimale Energieversorgung sind vor allem bei Neubauprojekten gegeben. Dabei müssen Wärme, Kälte, Strom und auch regenerative Energien in ein integriertes Gesamtkonzept zusammengefaßt werden:

Maßnahmen zur Energieeinsparung:

- **Einsatz von hochentwickelten Heizzentralen mit hohen Nutzungsgraden bei der Wärmeerzeugung; Einsatz der Brennwerttechnik**
- **Ausnutzung der Kraftwärmekopplung in Verbindung mit der Fernwärmeversorgung**
- **Wärmeverschiebungen innerhalb eines Gebäudes z. B. in Verbindung mit Wärmepumpen**

- **Einsatz energetisch günstiger Kältemaschinen (hohe Leistungszahlen) sowie die Verwendung von Eisspeichern und die Nutzung der freien Kühlung**
- **Einsparmaßnahmen bei der Stromerzeugung, wie z. B. durch Kraftwärmekopplung, entsprechende Anlagensysteme, Einsatz regenerativer Energien (z. B. photovoltaische Stromerzeugung)**

Stromeinsparmaßnahmen müssen – wie auch die Wärmeschutzmaßnahmen – in das Gebäudemanagement eingebettet werden. Große Einsparpotentiale sind hier auch bei Modernisierungsmaßnahmen möglich; z. B. in Dienstleistungsbetrieben bis über 30 %.

Bei der Beleuchtung ergeben sich Einsparmöglichkeiten z. B. beim Ersatz von Halogen- und Glühlampen durch Entladungslampen, durch die Verwendung einflammiger Leuchten mit Reflektoren anstelle mehrflammiger Leuchten mit Wannenabdeckung, beim Ersatz von alten Leuchten durch Leuchten mit elektronischen Vorschaltgeräten (wahlweise mit Regelung), durch Infrarot-Präsenzschalter für die Lichtabschaltung (z. B. in Lagern), bei Gebäudeleitsystemen raumabhängige Beleuchtungssteuerungen d. h. automatisches Ein- und Ausschalten je nach Tageslichtverhältnissen.

Bei der Anlagentechnik ergeben sich Einsparmöglichkeiten z. B. durch kürzere Laufzeiten der verschiedenen Anlagen (Heizung, Lüftung, Klima, Kälte, Sanitär), verbrauchsabhängige Volumenstromregelungen (Reduzierung des Luftwechsels), geregelte Pumpen, bedarfsabhängige Befeuchtung, Einbau von Wärmerückgewinnungseinrichtungen, zonenweise Betriebsweise der Klimaanlage, Temperatureinschränkungen bei der Raumkühlung, Quellüftung und Bauteilkühlung (Kühldecken), Einsatz gesteuerter Lüftungsanlagen (z. B. CO bei Garagen, CO_2 bei Versammlungsräumen).

Zu 7: Einfluß durch die Energieverwendung

Für die sinnvolle Verwendung der Energie gelten die vorstehenden Hinweise. Entscheidend ist das optimal auf das Gebäude abgestimmte Analysensystem mit den entsprechenden Komponenten, wie passendes Regelungssystem, Wärmerückgewinnungssystem, Einbauten in Zentrale und Kanal.

11.4 Gebäudeplanung und Klimatechnik

Die derzeitigen ökonomischen, ökologischen und sozialen Veränderungen führten zu einer Neuorientierung in der Konzeption, Funktion und im ästhetischen Ausdruck von Gebäuden, außerdem zum Wunsch nach mehr Flexibilität und hohem Gebrauchsnutzen. Die Zeiten, in denen nur die Repräsentation eines Gebäudes im Vordergrund stand, muß der Vergangenheit angehören. Heute bevorzugt man mehr und mehr energieoptimiertes und ökologisches Bauen.

Hierzu noch einige grundsätzliche Bemerkungen:

1. **Ökologisches Bauen** heißt energie- und umweltschonend bauen, wobei zu beachten ist, daß wirtschaftliches Bauen kein Widerspruch ist, wenn dadurch die Herstellungs-, Betriebs- und Wartungskosten reduziert und die Haltbarkeit und Nutzungsdauer erhöht werden.
2. Der optimale Bauentwurf, die entsprechende Baukonstruktion, die angepaßte Verglasung mit optimiertem Sonnenschutz und die Einbeziehung der „Nachtlüftung“ ermöglichen heute, daß in den meisten Bürogebäuden **auch ohne Klimatisierung** akzeptable Raumzustände eingehalten werden können. Der hohe Kostendruck darf demnach nicht zu einer schlechten Bauausführung verleiten.
3. Die in Kap. 11. 3 Pkt. 1 zusammengefaßten **energiesparenden Konzepte bei der Gebäudeplanung** können und dürfen nicht von denen der Anlagentechnik getrennt werden. Daraus ergeben sich die Konsequenzen für eine integrale Gesamtplanung ohne Komforteinbuße für die Menschen.
4. Viele Gebäude, die nicht konsequent geplant wurden, insbesondere in den 60er und 70er Jahren, sind von „Geburt aus krank“. Viele **Bausünden der Architekten** mußten durch die Klimatechnik mit hohen Betriebskosten ausgebügelt werden, was ihr nicht immer gut bekommen ist. Hierzu zählen z. B. die Glaspaläste, die Leichtbaufassaden ohne ausreichenden Sonnenschutz, die den Menschen aufgezwungenen Großraumbüros und die Verwendung von gesundheitsschädigenden Materialien.
5. Je mehr der Baumarkt gesättigt ist, desto höher wird das Qualitätsniveau der gesamten Gebäudetechnik geschätzt und die **Attraktivität der Immobilie** wird auch nach Jahren erhalten bleiben.
6. Wenn man z. B. von modernen Verwaltungs- und Industriebauten ausgeht, wo die technische **Gebäudeausrüstung nicht selten 30 % und mehr der Bausumme** ausmacht, wird es verständlich, daß die Gebäudeleittechnik und das Gebäudemanagement so in den Blickpunkt gerückt sind.

Wenn man vielfach von **„Intelligenten Gebäuden"** spricht, erfolgt dies meistens im Zusammenhang mit Gebäudesystemtechnik, Gebäudeleittechnik, Energiemanagement, Betriebs- und Nutzungsmanagement u. a. „Intelligenz" bedeutet hier auch eine große Flexibilität, Zukunftssicherheit und Anpassungsfähigkeit an sich wandelnden Anforderungen. Eine durchdachte Planung ist immer Voraussetzung.

Wie beim Menschen gibt es auch hier verschiedene Stufen der Intelligenz. Dabei geht es nicht darum, wie vollgestopft das Gebäude mit Technik ist, sondern wie zweckmäßig sich diese an den vielseitigen Anforderungen orientieren. Oberstes Ziel ist zwar die Reduzierung der Kosten, wobei Wohlbefinden, Zweckmäßigkeit und Sicherheit für den Nutzer nicht beeinträchtigt werden soll.

Schon im Entwurfsstadium kommen computergestützte Simulationsprogramme zum Einsatz, mit denen eine thermisch-energetische Optimierung eines Gebäudes- und Anlagenentwurfs durchgeführt werden kann. Das gesamte Gebäudeverhalten kann dadurch in seiner Wechselwirkung zu den verschiedenen Klimasystemen überprüft werden. Durch die **Gebäudesimulation** erhält man z. B. die baulichen Maßnahmen, die zu einer optimalen Raumklimaverbesserung führen, den anlagentechnischen Aufwand zur Einhaltung von Mindestanforderungen, die Ermittlung von Gebäudedurchströmungszuständen sowie optimale Fensterlüftungskonzepte. Die **thermischen Eigenschaften eines Gebäudes** werden erfaßt durch Berücksichtigung der Raumgeometrie; der Fenstereigenschaften (k-Wert, Energiedurchlaßgrad, Transmissions-, Absorptions- und Reflexionsgrad der Glasschichten, Größe und Art der Öffnungsmöglichkeit, Sonnenschutzeinrichtungen, Beschattungen); der Gebäudemasse (zur genauen Erfassung und Auswirkung der Speichervorgänge) und der Baustoffeigenschaften.

Bei Großobjekten mit ihrem hohen Steuerungs- und Regelungsaufwand beziehen sich die Gebäudeansprüche auf die gesamte umfassende Gebäudeausrüstung (Heizung, Lüftung, Klima, Kälte, Elektro, Fördertechnik, Brandschutz, Kommunikation u. a.), so daß diese Vielschichtigkeit und Komplexität die Gebäudeautomation bzw. **Gebäudeleittechnik (GLT)** erforderlich macht. Ihre Aufgaben sind sehr vielseitig wie Messen, Steuern, Schalten, Regeln, Optimieren, Instandhalten, Instandsetzen, Überwachen, Sichern, Schützen, Bedienen, Beobachten, Informieren, Analysieren und Managen. Auch die umfangreichen und sorgfältigen Dokumentationen solcher Anlagen sind sowohl für den normalen Betrieb, für die Instandhaltung und besonders bei späteren Änderungen von großem Vorteil. Das Herzstück der Gebäudeleittechnik (GLT) ist ein zentraler Rechner oder spezielle Rechnerstrukturen, die über Datenbusse Meldungen einsammeln, konzentrieren, nach vorgegebenen Programmen verarbeiten und wieder Befehle an die Aggregate ausgeben und komplexe Regeloperationen durchführen.

Die Aufgaben der Gebäudeleittechnik, d. h. die Zusammenfassung aller betriebstechnischen Anlagen und deren Leitsysteme sind in der VDI-Richtlinie 3814 detailliert beschrieben.

Noch etwas über das Fenster

Wenn hier das Gebäude erwähnt wird, soll nochmals etwas über das Fenster angefügt werden. Auf die Sonneneinstrahlung und Sonnenschutzmaßnahmen wurde schon in Kap.7. 3. 3 ausführlicher eingegangen.

Das Fenster bzw. die Verglasung eines Gebäudes hat mehrere Funktionen. Einerseits soll das Fenster einen **Schutz gegenüber der Umwelt** bieten, dazu gehören Wärmeschutz, Sonnenschutz, Lärmschutz und der Schutz vor Wind, Regen und Einbruch. Andererseits haben die Fenster noch **Austauschfunktionen**, wie Luftaustausch (Fensterlüftung), natürliche Belichtung des Raumes, Sichtkontakt nach außen und passive Solarwärme im Winter. Letztlich hat die Verglasung auch ästhetische Aufgaben.

Wenn die **Fensterlüftung als Unterstützung der Klimaanlage** einbezogen wird, sollen vor allem durch die Nachtkühlung Kälteenergie gespart werden. Selbst bei extremen Sommertemperaturen von über 30 °C kann nämlich die Außentemperatur bei Nacht bis auf 15 · · · 20 °C abfallen.

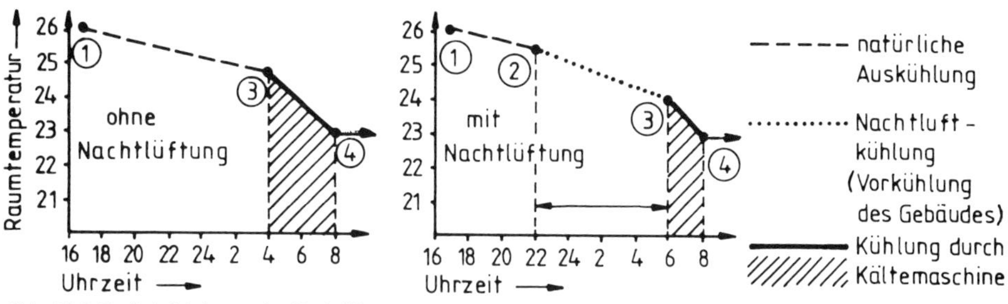

Abb. 11.8 Berücksichtigung der Nachtlüftung

Abb. 11. 8 zeigt den **Einfluß der Nachtkühlung auf den Betrieb der Kältemaschine. (1)** Ende der Arbeitszeit 17. 00 Uhr und somit der Nutzung z. B. eines Bürogebäudes; **(2)** Einschaltzeit 22. 00 Uhr des Ventilators (Lüftung), da hier eine ausreichend tiefe Außentemperatur vorliegt. Die natürliche Lüftung hat hier zwischen 17. 00 und 22. 00 nur eine Raumtemperatursenkung von 0, 5 K erbracht; **(3)** Einschaltung der Kältemaschine, die hier durch die Nutzung der Nachtlüftung erst 2 Stunden später eingeschaltet werden muß (stark von der Gebäudemasse abhängig): **(4)** gewünschte Raumlufttemperatur von 23 °C bei Arbeitsbeginn. Durch die Nachtlüftung ist eine geringere Nachkühlung durch die Kältemaschine erforderlich (schraffierte Fläche).

Ergänzende Bemerkungen hierzu:

- Bei der Nachtkühlung sollte die **Außentemperatur mind. 4 . . . 6 K unter der gewünschten Raumlufttemperatur** liegen. Beim Einsatz von Ventilatoren sind auch die Investitionskosten der Regelung und die Lufterwärmung durch Ventilator und Motor zu beachten ($\approx$ 0,5 . . . 1 K).
- die Einbindung der **Fensterlüftung** und der damit möglichen Nachtkühlung (freie Kühlung) ist oft nur bedingt, in manchen Fällen überhaupt nicht möglich, wie z. B. bei fehlendem Windeinfluß, bei ungünstiger Druckverteilung im Gebäude, bei starkem Verkehrslärm und schlechter Luftqualität, bzw. hohen Anforderungen an die Luftreinheit in Räumen, bei sehr hohen inneren Kühllasten, bei fehlender Gebäudespeicherfähigkeit, bei starker Zuggefahr, bei schlechten Fensterkonstruktionen usw.
- Wird die Fensterlüftung in **die Planung einer großen Klimaanlage fest einbezogen**, werden von jedem Nutzungsbereich durch einen entsprechenden Fühler die Daten zum zentralen Leitrechner gemeldet. Beim Erreichen des Grenzbereichs zeigt das Meldesystem an, daß die Klimaanlage auf Wunsch der Mitarbeiter eingeschaltet werden kann. Nachdem sie eingeschaltet ist, wird dies – für jeden erkennbar – über ein optisches Signal sichtbar; die Fenster bleiben dann geschlossen.

11. 5 Wärmerückgewinnung (WRG) bei RLT-Anlagen

Grundsätzliches über WRG-Anlagen wird schon im Bd. 3 behandelt. Zu den dort zusammengestellten Grundbegriffen, Anforderungen, Anwendungskriterien, Einteilung der Systeme mit Hinweisen für Planung und Ausführung sollen nachfolgend noch einige Ergänzungen hinsichtlich Auswahl, Wirtschaftlichkeit und der in der Klimatechnik genutzten Feuchteübertragung angefügt werden.

Bei jeder Planung einer RLT-Anlage muß grundsätzlich geprüft werden, ob diese mit einer Einrichtung zur WRG ausgestattet werden kann oder muß, wobei man neben der hierzu erforderlichen Betriebs- und Wirtschaftlichkeitsberechnung auch die ökologischen Gesichtspunkte beachten sollte. Der Einbau einer WRG-Anlage darf nicht dazu verleiten, Klimaanlagen deshalb energetisch großzügiger zu planen. Eine rationelle Energieverwendung und die Energieeinsparung muß primär ausgeschöpft werden. Daß in letzter Zeit die Absatzzahlen von WRG – zugenommen haben, liegt an der verbesserten und erweiterten Technik, am Wunsch nach größeren Außenluftraten, am Anstieg der Energiepreise, am verstärkten Umweltbewußtsein und an den Exportzunahmen.

Die **Vorteile der Energierückgewinnung** beziehen sich in erster Linie auf den Wärmerückgewinn; in der Klimatechnik jedoch auch auf den Kältegewinn und auf die Einsparung bei der Be- und Entfeuchtung. Je nach Art des WRG-Systems sind demnach folgende Einsparungen und Vorteile möglich:

1. **Reduzierung des Wärmeenergieverbrauchs und damit auch der Betriebskosten (Heizkosten).**

2. **Reduzierung der zu installierenden Leistungen für die Heizung und gegebenenfalls Befeuchtung. Dadurch ergeben sich Kostenreduzierung für Wärmeerzeuger, Wärmetauscher, Rohrnetz usw.**
3. **Verringerung des Kälteenergieverbrauchs und damit auch der Betriebskosten (Kältekosten).**
4. **Verringerung der zu installierenden Leistungen für Kühlung und gegebenenfalls Entfeuchtung und dadurch geringere Kosten für Kältemaschine, Kühlturm, Rohrnetz usw.**
5. **Verringerung der energiebedingten Schadstoffemissionen (Schutz der Umwelt).**
6. **Erhöhung der Raumluftqualität durch die möglichen höheren Außenluftraten.**

Für den **Einsatzbereich** von WRG-Anlagen ist folgende Gliederung möglich.

1. Gebäude des **Komfortbereichs**, wie Verwaltungsgebäude, Krankenhäuser, Kaufhäuser, Hotels, Banken usw.
2. **Industriegebäude**, wie Fabriken, Fertigungshallen, Werkstätten (z. B. Elektronikindustrie, pharmazeutische Industrie).
3. **Prozeßlufttechnische Anlagen**, wie Trocknungsanlagen, Lackierereien, Absauganlagen verschiedenster Art.

Wie schon in Bd. 3 erwähnt, handelt es sich bei der Industrie und Prozeßlufttechnik auch um die Rückgewinnung von Wärme aus Abgasen, Abwässern, Produktionsvorgängen, Kondensationswärme u. a.

Wärmerückgewinnungssysteme

Die in Bd. 3 behandelten Systeme sollen hier nur nochmals kurz erwähnt und z. T. ergänzt werden.

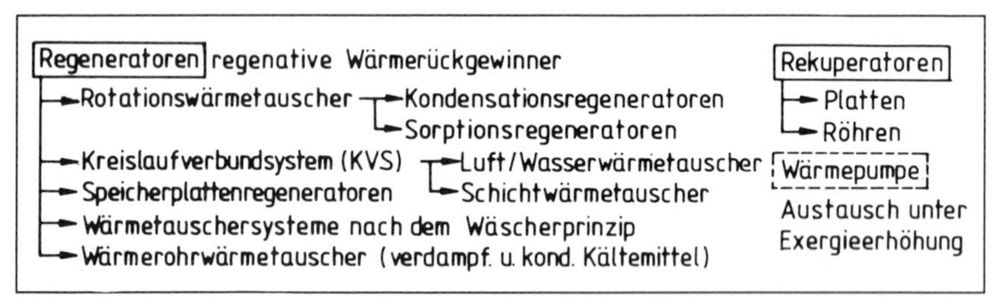

Abb. 11.9 Wärmerückgewinnungssysteme (Übersicht)

Abb. 11. 9 gibt eine **Übersicht über die WRG-Systeme**. Nach der Eurovent-Norm 10/ 1 unterscheidet man zwischen Rekuperatoren, Kreislaufverbundsystemen und Regeneratoren

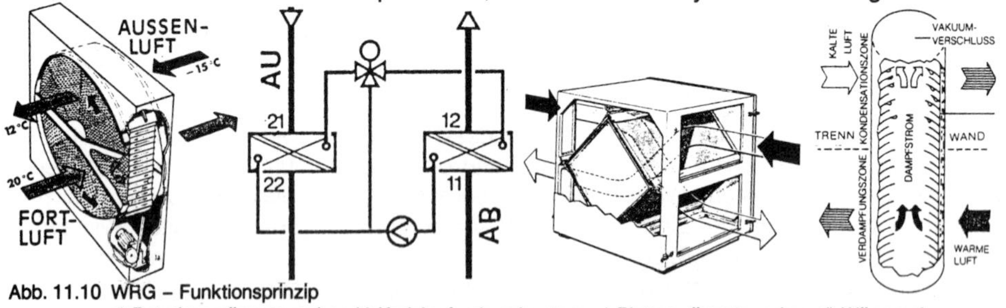

Abb. 11.10 WRG – Funktionsprinzip
a) Rotationswärmetauscher, b) Kreislaufverbundsystem, c) Plattenwärmetauscher, d) Wärmerohr

a) Regeneratoren mit drehendem, festem Wärmeträger (Rotor).

Bekanntlich wird beim **Rotationswärmetauscher** eine rotierende Speichermasse jeweils zur Hälfte von Außen- und Fortluft durchströmt. Durch die langsame Drehung wird diese ständig z. B. durch warme Fortluft thermisch aufgeladen und durch Außenluft wieder entladen. Der Rotor besteht z. B. aus metallischen, keramischen oder mineralischen Werkstoffen oder aus Kunststoff. Die Struktur ist entweder exakt geordnet (z. B. gewellte Folien) oder ungeordnet (z. B. Drahtgestrick).

Wenn gleichzeitig eine Feuchteübertragung stattfindet, indem nur der Taupunkt bei tieferen Außentemperaturen (ab etwa ≤ 5 °C) erreicht wird, spricht man von **„Kondensationsregeneratoren“** (Stoffaustausch durch Kondensation/Verdunstung).

Wird jedoch die Oberfläche des Speichermaterials durch eine spezielle Behandlung hygroskopisch gemacht, ist ein ganzjähriger Feuchtetausch möglich. Man spricht dann von **„Sorptionsregeneratoren“** (Stoffaustausch durch Absorption und Desorption). Vorteilhafte Anwendung: bei der Forderung nach hohen Übertragungswerten und bei Feuchteübertragung; nachteilig sind der große Platzbedarf, die höheren Kosten bei nachträglicher Installation, der Leckluftanteil und zusätzliche Betriebskosten durch den Rotor.

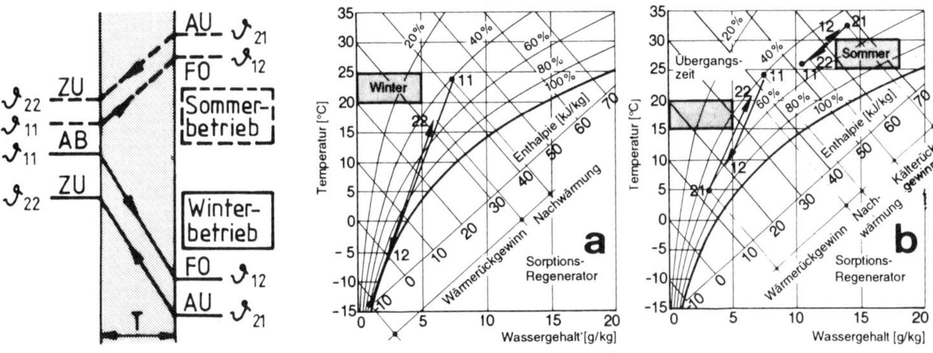

Abb. 11.11 Wärmeübertragung im Rotor

Abb. 11.12 Zustandsverlauf im h,x – Diagramm
a) Winter-, b) Sommer und Übergangszeit

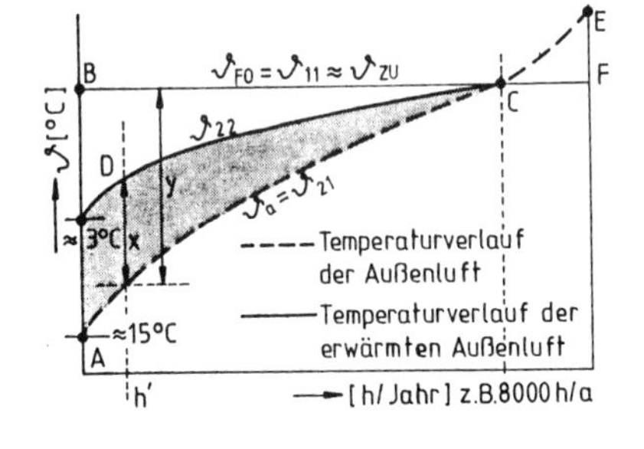

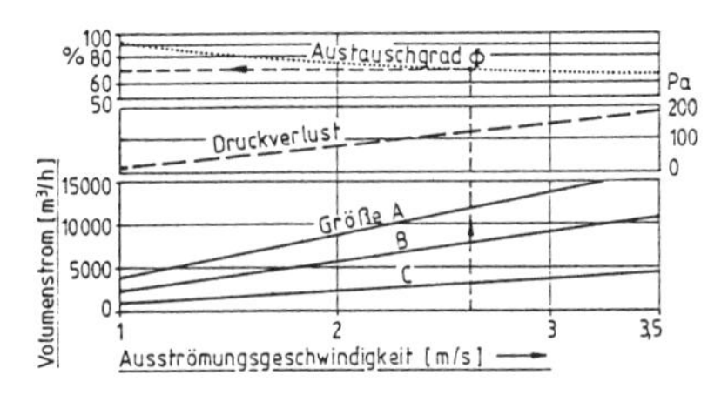

Abb. 11.13 Temperaturverlauf (isotherm) und Auswahldiagramm (Bsp.)

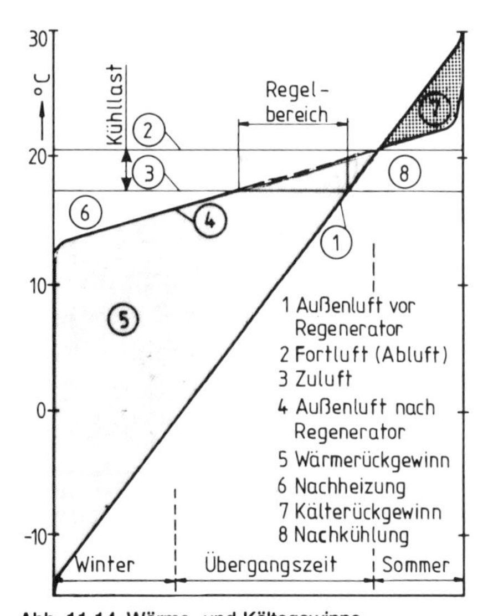

Abb. 11.14 Wärme- und Kältegewinne (Kraftanlagenbau Hdbg)

Abb. 11. 13 zeigt den für alle WRG-Systeme gültigen **Temperaturverlauf sowie den Rückgewinn** bei einer RLT-Anlage mit isothermer Einblasung. A – B – C stellt den Heizbedarf ohne Wärmerückgewinnung dar. Von dem jeweiligen Wert y (= $\vartheta_i - \vartheta_a$) läßt sich nur der Teil x (= $\vartheta_i - \vartheta_{a'}$) zurückgewinnen. Das Verhältnis x/y beschreibt demnach die Rückwärmezahl Φ bezogen auf die Außenlufterwärmung. $\Phi = \vartheta_{22} - \vartheta_{21} / (\vartheta_{21} - \vartheta_{11})$. A – C – D stellt die jährlich zurückgewonnene Wärmeenergie dar.

Abb. 11. 14 zeigt die **Betriebsperioden für Regeneratoren** mit Wärme- und Kälterückgewinn in einer Klimaanlage mit einer Untertemperatur $\vartheta_{zu} - \vartheta_i = \vartheta_3 - \vartheta_2$. Der Kälterückgewinn (7) ist gegenüber dem Wärmerückgewinn (5) sehr gering. Die Nachheizung (6) im Winter und die Nachkühlung (8) im Sommer macht die starke Reduzierung der Wärmetauscher deutlich.

Während beim Rotationswärmetauscher die Kanalanschlüsse festliegen, d. h. die Luftströme räumlich zusammenliegen müssen, bestehen die neuentwickelten Plattenregeneratoren aus zwei festmontierten Plattentauscherpaketen, die je nach Klappenverstellung von Ab- oder Außenluft durchströmt werden. Zur Umschaltung von „Laden“ auf „Entladen“ werden vier Jalousieklappen benötigt.

Abb. 11. 15 zeigt den **Aufbau eines Speicherplattengenerators**, Platten aus Alu, 0,5 mm dick und durch Noppen profiliert, Plattenabstand 3 . . . 5 mm, seitlicher Auszug zur Reinigung, Lade- und Entladezeiten am Gerät einstellbar; durch jedes Paket strömt abwechselnd Außenluft (Fall A) und Abluft (Fall B). Je nach Schaltzyklusdauer kann die Rückwärmezahl und somit die Leistung stufenlos geregelt werden; übliche Dauer 80 s (40 s laden und 40 s entladen), Luftmischung 1,5 . . . 2 %. Φ ist auch abhängig von Anströmgeschwindigkeit, Packungsdichte, Plattenlänge, Plattenabstand, Volumenstrom, AU/AB-Luftverhältnis Φ_{max} ≈ 80 . . . 90 %).

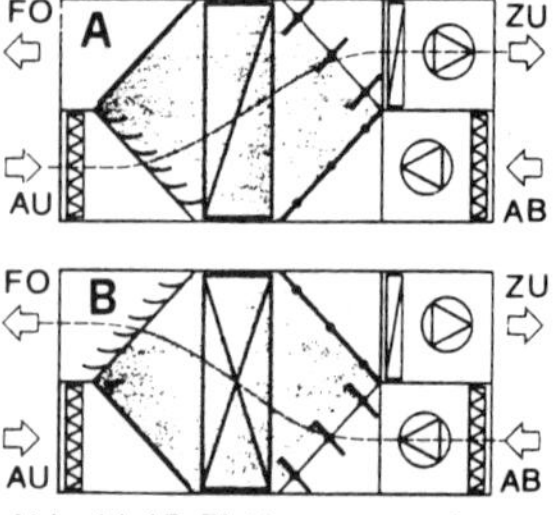

Abb. 11.15 Plattenregenerator

b) Kreislaufverbundsystem KVS

Bei diesem Regenerator (nach VDI 2071 die Kategorie II) erfolgt der Wärmeaustausch über aus Rippenrohren bestehenden Trennflächen mit Hilfe eines meist flüssigen Wärmeträgers (Wasser oder Wasser-Glykol). Bei Taupunktunterschreitung wird auch hier latente Wärme übertragen (Abb. 11. 16).

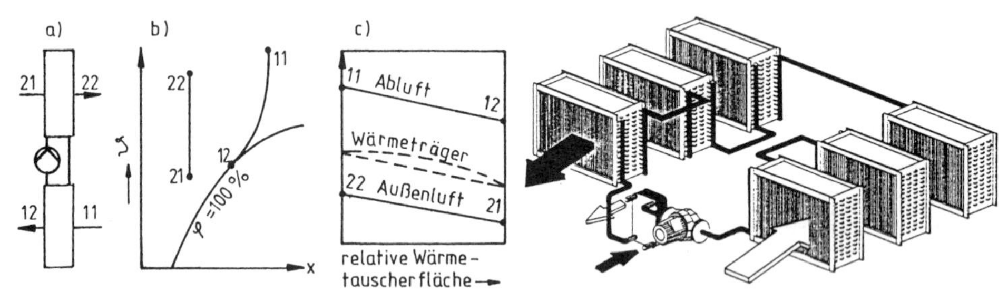

Abb. 11.16 Kreislaufverbundsystem (KVS) und Temperaturverlauf

Abb. 11.17 KV - System, Hintereinanderschaltung

Neue Hochleistungssysteme erhält man auch durch **Reihenschaltung mehrerer Wärmeübertrager** (Abb. 11. 17), was zu einer wesentlichen Steigerung der Rückwärmezahl führt (bis mind. 70 %). Diese wird dann am höchsten, wenn die Wärmestromkapazitäten von Luft und Wasser gleich sind ($4 \cdot \dot{m}_L \cdot c_L \approx \dot{m}_W \cdot c_W$); bei variablem Volumenstrom muß der Wasserstrom durch entsprechende Pumpenregelung angepaßt werden; v_L möglichst < 2,5 m/s damit Δ p nicht zu groß wird.

Eine Neuentwicklung ist der **Gegenstrom-Schichtwärmetauscher** aus Kupfer- oder Edelstahlrohren mit Alulamellen. Durch den modularen Aufbau der Baulängen und -breiten sind beliebige Wärmetauschergrößen möglich. Große Baulängen erhöhen stark die Rückwärmezahl, verursachen jedoch höhere Druckverluste. Bei Δp von 200 . . . 400 Pa sollte v_L möglichst 2 . . . 4 m/s nicht überschreiten (Kanalerweiterung).

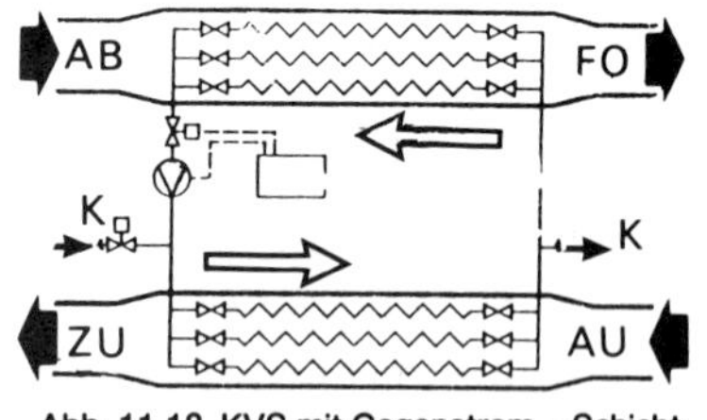

Abb. 11.18 KVS mit Gegenstrom - Schichtwärmetauscher (Fa. SEW)

c) Rekuperatoren mit Trennflächen

Hier werden die Warm- und Kaltluftströme an parallelgeführten Platten (seltener an Rohrflächen) entlanggeführt, durch die die Wärme direkt übertragen wird. Wie beim KVS wird auch hier bei Temperaturüberschreitung latente Wärme übertragen. Ein Stoffaustausch findet nicht statt. Die Luftströme müssen räumlich zusammenliegen, wobei die diagonale Luftführung üblich ist (Abb. 11. 10). Einzelheiten vgl. Bd. 3.

d) Weitere Wärmerückgewinnungssysteme

sind z. B. die Wärmetauschersysteme nach dem **Wäscherprinzip**, bei denen ein Wärme- und Stoffaustausch durch Direktkontakt zwischen dem Luftstrom und einem flüssigen umlaufenden Wärmeträger erfolgt. Die Luftströme können dabei räumlich auseinander liegen. Ferner die sog. Wärmerohr-Wärmetauscher, bei denen innerhalb des **Wärmerohrs** die Wärme nach dem Verdampfungs- und Kondensationsprinzip übertragen wird (vgl. Bd. 3). Die Wärmepumpe wird nur selten zur Wärmerückgewinnung eingesetzt. Sie ist nur dann ein Wärmerückgewinner, wenn sie zur Rückgewinnung von Wärme aus einem das System verlassenden Massenstroms verwendet wird.

Beispiel: Rückgewinn von Latentwärme in einem Entfeuchtungsgerät (Abb. 9. 41). Sie wäre auch dann ein WRG, wenn sich der Verdampfer im Abluft- und der Kondensator im Außenluftkanal befinden würde.

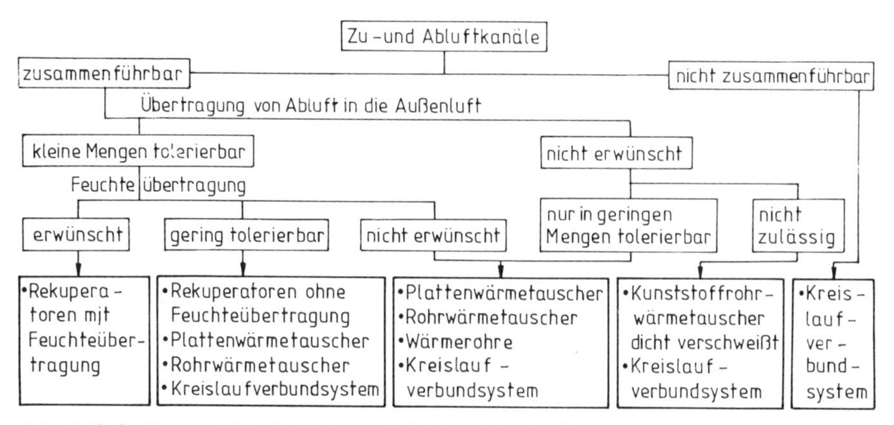

Abb. 11.19 Geräteauswahl hinsichtlich Lage, Dichtheit und Feuchteübertragung

Neben der Zuordnung von Außen- und Fortluft und der Frage nach Dichtheit und Feuchteübertragung (Abb. 11. 19) sind bei der Planung und **zur Beurteilung von WRG und ihres Betriebsverhaltens weitere Kenngrößen und Kriterien** zu beachten: Zustandsgrößen (ϑ, x, h, φ) und Zustandsänderungen bei Außen- und Fortluft, Massenstromverhältnis, Einbaulage und Anströmverhältnisse, Sorptions- und Kondensationsvorgänge, Regelbarkeit und Regelverhalten, Schadstoffauswirkungen, Verschmutzung und Selbstreinigung, Vereisungsgefahr, zulässige Druckdifferenzen, Rückwärmezahl Φ und Rückfeuchtezahl Ψ, Platzbedarf, Wartungsaufwand, bauliche Maßnahmen, Nebenkosten.

- Daraus ergibt sich, daß für die Auswahl einer WRG-Anlage nicht nur die höchste Energierückgewinnung entscheidend ist, sondern auch die **Anpassung an den jeweiligen Anwendungsfall**. Weitere Anwendungskriterien ergeben sich aus den Vor- und Nachteilen.
- Da die maximalen Temperatur- und Feuchtewerte nicht zur selben Zeit auftreten, kann man die **WRG-Beurteilung nur auf die wesentlichen Betriebszustände** beziehen.

Feuchteübertragung bei der Energierückgewinnung

Da in Klimaanlagen die Außenluft nicht nur geheizt oder gekühlt, sondern je nach Jahreszeit auch befeuchtet und entfeuchtet werden muß, ist die in Verbindung mit der Wärmerückgewinnung mögliche Feuchteübertragung von großem Interesse. Neben der energetisch günstigen Zuluftbefeuchtung im Winter, ist im Sommer eine gewisse Vorentfeuchtung bei der Außenluft möglich. Anstelle der Rückwärmezahl interessiert dann hier der Übertragungsgrad der Enthalpie: $\Phi = h_{22} - h_{21}/(h_{11} - h_{21})$ oder neben der Rückwärmezahl gleichzeitig auch die Rückfeuchtezahl Ψ. Die hohe **Rückgewinnungsleistung** beim Sorptionswärmetauscher ist dann: $\dot{Q}_{WRG} = \dot{m}_{AU}\,(h_{22} - h_{21})$; auf das Jahr bezogen, mit einem Betriebszeitfaktor f multipliziert.

- Mit steigender Außentemperatur nimmt der **Kondensationsvorgang** immer mehr ab und liegt bei Jahresmitteltemperaturen von ca. + 5 °C bei Null.
- Beim **Sorptionsvorgang** wird durch Kapillarwirkung und interne Partialdruckunterschiede aus der Abluft Wasser entzogen und an die hygroskopisch beschichtete Oberfläche der Speichermasse gebunden. Beim Kontakt mit der erwärmten und trockenen Außenluft wird das Wasser wieder abgegeben. Somit wird die Speichermasse wieder regeneriert. Die Art der Beschichtung ist ein Qualitätskriterium.
  Bei den RLT-Anlagen, wo kein Stoffaustausch gewünscht wird, wird ein anderes WRG-System gewählt.
- Der Feuchterückgewinnungsprozeß setzt sich bei Sorptionsrotoren aus den Vorgängen Kondensation, Adsorption und Absorption zusammen. Durch die in der Klimatechnik verbreitete Außenluftbehandlung und der dadurch erforderlichen Befeuchtung im Winter bzw. Entfeuchtung im Sommer (Abb. 11.12) erreicht man **durch den Stoffaustausch zusätzliche Energieeinsparpotentiale**. Bei steigenden Außenluftzuständen treten allerdings Abweichungen auf, da die Feuchteübertragung durch die Kapazität der Speichermasse bzw. Beschichtung begrenzt ist. Zur Erfassung der zahlreichen physikalischen Einflußgrößen auf die Effektivität des Stoffaustausches werden EDV-gestützte Berechnungsverfahren eingesetzt.

Grundsätzliches zur Wirtschaftlichkeit

Für alle WRG-Anlagen sind nach VDI 2071 vorstehende Kenngrößen festgelegt, die eine vergleichende Bewertung für den Wirtschaftlichkeitsnachweis während einer Betriebsperiode bei sich ändernden AU - und FO - Luftzuständen erlauben. Die Wirtschaftlichkeitsberechnungen entscheiden aber auch über die Auslegung und Betriebsweise vor- und nachgeschalteter Bauteile in der RLT-Anlage (z. B. Ventilatordruck, Ventilatoranordnung, Befeuchtungsart, Wärmeerzeuger, Größe und Regelung der Wärmetauscher u. a.). Dies bedeutet, daß alle Kosten zu erfassen sind, die durch Einbau einer WRG-Anlage eine Veränderung erfahren. Für die einzelnen Kostenarten sind jeweils die Aufwendungen von den Ersparnissen abzuziehen. Die jährlichen Gesamtkosten setzen sich zusammen aus Kapital-, Unterhaltungs-, Bedienungs-, Wartungs- und Energiekosten, u. U. auch durch Platzbedarf. Höhere Stromkosten entstehen durch Ventilatoren und durch Pumpenantrieb, Rotoren und Stellantriebe.

Die Kapitalkosten ermittelt man aus den Investitionen und der rechnerischen Nutzungsdauer der Bauteile, die Unterhaltungs-, Bedienungs- und Wartungskosten durch Multiplikation von Investition und den entsprechenden Faktoren nach VDI 2067-6. Die Energiekosten setzen sich aus Wärme-, Kälte- und Elektroenergiebedarf zusammen. Bei zusätzlichem Stoffaustausch spielen auch die Wasserkosten eine Rolle.

- Entscheidenden Einfluß für die Wirtschaftlichkeit haben neben den Investitionskosten in erster Linie die einsparbaren Energiekosten. Da die Einsparung praktisch linear zu den Betriebszeiten verläuft, **wirkt sich eine lange Laufzeit der RLT- und somit WRG-Anlage günstig auf die Amortisationszeit aus**. Vereinzelt werden zu hohe Betriebsstundenzahlen angenommen, um eine möglichst geringe Amortisationszeit angeben oder gar vortäuschen zu können.

Durch den instationären Lastverlauf, d. h. durch die **ständigen Veränderungen des Außenluftzustandes** liegt ein sinusähnlicher Verlauf des Wärmerückgewinners über das Jahr vor. Das bedeutet, daß die Temperatur und Feuchtigkeit der Außenluft die Auslegung, den Betrieb und die Wirtschaftlichkeit der WRG-Anlage bestimmt, während sich der Fortluftzustand während der jährlichen Betriebsperioden nur unwesentlich verändert. Der Verlauf des Außenluftzustands (ϑ, x, h) geht aus Abb. 11.20 hervor. Da sich diese Werte nur auf die Klimazone 1

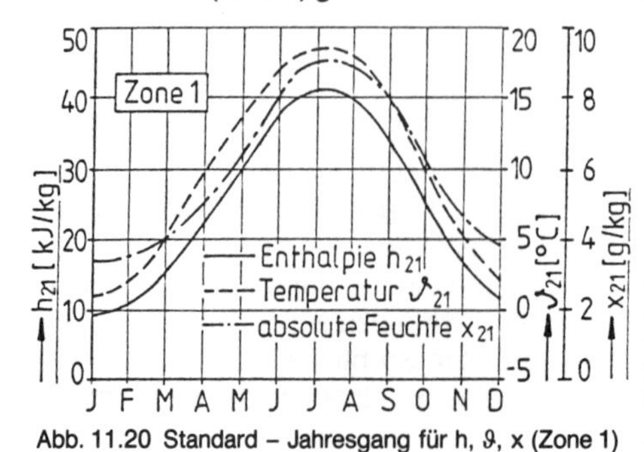

Abb. 11.20 Standard - Jahresgang für h, ϑ, x (Zone 1)

Tab. 11.1 Max. mögliche Einsparungen für Zone 1 ohne Feuchteausscheidung

Rückwärmezahl φ_2 = 0,5	Trennflächen-Rückgewinner und Kreislaufverbund-Rückgewinner			Kontaktflächen-Rückgewinner	
Fortlufttemperatur in °C	22	24	28	22	24
jährliche Einsparungen q_a $\frac{GJ}{s}/\frac{kg}{s}$	153	121	284	225	346

(Gradtagszahl < 3800) und diejenigen in Tab. 11.1 auf einen ganzjährigen 24-Stundenbetrieb bei Klimazone 2 (Gradtagszahl < 4200) und einer Rückwärmezahl Φ von 0,5 beziehen, muß man bei anderen Verhältnissen entsprechend korrigieren.

Beispiel:

Mit einem Sorptionsgenerator (Gruppe III) wird im Dezember eine Austrittsenthalpie der Außenluft mit 36 kJ/kg erreicht. Die Rückwärmezahl wird dabei mit 0,7 angegeben. Die Betriebszeit soll mit 7 bis 17 Uhr angenommen werden. Fortlufttemperatur 24 °C.

a) **Wie groß ist die rückgewinnbare Wärmeleistung in kW im Dezember, wenn ein Volumenstrom von 8000 m³/h vorliegt.**

b) **Wie groß ist die jährlich zurückgewonnene Gesamtwärme in kWh bei Klimazone 1 und bei einem 5 Tagebetrieb?**

Lösung:

Zu a) $\Delta h = h_{22} - h_{21} = 36 - 12 = 24$ kJ/h (h_{21} aus Abb. 11.20);
$\dot{Q} = 8000 \cdot 1{,}2 \cdot 24/3600 =$ **64 kW**

Zu b) $\dot{Q} = \dot{m} \cdot q \cdot (\Phi/0{,}5) \cdot f \cdot (Z_d/24) \cdot f_{ZO} \cdot f_a$
$= 2{,}67$ kg/s $\cdot$ 346 (GJ/a)/(kg/s) $\cdot\ 0{,}7/0{,}5 \cdot 0{,}87 \cdot (10/24) \cdot 0{,}9 \cdot 5/7$
$= 301{,}4$ GJ/a ≙ **83722 kWh/a**

f nach Tab. 11.2, $f_{ZO} = 0{,}9$ bei Klimazone 1; 1,0 bei Zone 2; 1,1 bei Zone 3; f_a hier 5 Tage/Woche (5/7)

Tab. 11.2 Korrekturfaktoren f für Dauer und Lage der Betriebszeit

Betriebszeit	Betriebsdauer	f
0 bis 24 Uhr	24 h	1,0
6 bis 17 Uhr	11 h	0,89
6 bis 18 Uhr	22 h	0,89
6 bis 19 Uhr	13 h	0,89
7 bis 17 Uhr	10 h	0,87
7 bis 18 Uhr	11 h	0,87
7 bis 19 Uhr	12 h	0,88
8 bis 19 Uhr	11 h	0,87
14 bis 23 Uhr	9 h	0,94
18 bis 24 Uhr	6 h	1,04

11.6 Abnahme von Klimaanlagen

Die Voraussetzung und Grundlage der Abnahme eine RLT-Anlage mit den sich daraus ergebenden Rechtswirkungen sind folgende zwei Prüfungen:

1. Vollständigkeitsprüfung

Mit dieser Prüfung sollen alle gelieferten Teile mit dem vertraglich vorgesehenen Umfang des Auftrags verglichen werden. Durch sie muß nachgewiesen werden, ob beim Einbau der Bauelemente sämtliche technischen und behördlichen Sicherheitsvorschriften beachtet wurden. Grundsätzlich darf kein Verstoß gegen die Regeln der Technik vorliegen. Die Zugänglichkeit für das Betreiben der Anlage sowie deren Reinheitszustand muß überprüft werden; ebenso alle für den Anlagenbetrieb erforderlichen Unterlagen.

Über die Vollständigkeitsprüfung ist nach VDI 2079 ein **Protokoll zu erstellen**, das von Auftraggeber und Auftragnehmer zu unterschreiben ist. Dabei müssen folgende 11 Kriterien mit den 3 Spalten „in Ordnung", „Mangel" und „Bemerkungen" angekreuzt werden: 1. Lieferumfang; 2. Werkstoffe der Bauteile; 3. Fabrikat der Bauteile; 4. Sicherheitseinrichtungen; 5. Zugänglichkeit der Bauteile; 6. Reinheitszustand der Anlage; 7. Bestandszeichnungen; 8. Bedienungsanleitungen; 9. Wartungsanleitungen; 10. Ersatzteillisten/Ersatzteile; 11. Zulassungsbescheinigungen.

Wenn noch einige für die Anlagenfunktion nicht ausschlaggebenden Bauteile fehlen und das nicht als wesentlicher Mangel zur Abnahmeverweigerung berechtigt, kann diese Prüfung trotzdem durchgeführt werden. Im Protokoll muß dies jedoch festgehalten werden.

2. Funktionsprüfung

Bei dieser Prüfung muß die vertragsmäßige Funktionsfähigkeit der Anlage nachgewiesen werden. Alle Einbauten, wie Filter, Lufterwärmer, Kühler, Befeuchter usw. müssen nicht nur auf funktionsgerechten Einbau, sondern auch auf ihre Wirksamkeit überprüft werden. Zuvor müssen jedoch noch eine größere Anzahl von Arbeiten durchgeführt werden. Hierzu gehören der Probebetrieb der Gesamtanlage bei unterschiedlichen Lastzuständen, das Einstellen von Luftstrom, Luftverteilung, Drosselelemente im Kanal und Wassernetz, Schutzeinrichtungen, Absperrvorrichtungen gegen Feuer und Rauch, Regelanlage, Frostschutz, Luftförderung an jedem Durchlaß und der Energieversorgung, ferner das Vorlegen sämtlicher Meßprotokolle über die Einregulierung und die Einweisung des Bedienungspersonals.

Die **Durchführung der Funktionsprüfung** erstreckt sich auf die Prüfung der Absperrorgane, gegen Feuer und Rauch, auf sämtliche Sicherheitseinrichtungen, auf die Versorgung mit Wärme und Kälte bei voller Beaufschlagung der Wärmetauscher, sowie stichprobenartig auf die Luftförderung an den einzelnen Durchlässen, Steuerungen, Regelungsanlagen, Schutzeinrichtungen der Motoren und Drosselorgane.
Das **Protokollmuster nach VDI 2079** – erstreckt sich demnach – ebenfalls in den 3 obigen Spalten – auf 17 Angaben: Ventilatoren, Filter, Wärmetauscher, Be- und Entfeuchter, Wärmerückgewinner, Nachbehandlungsgeräte, Luftleitungen, Brandschutzklappen, Luftklappen, Filterabdichtung, Mischkästen, Luftdurchlässe, Meß-, Regel- und Schaltgeräte, Überwachungs- und Schutzeinrichtungen, Wärme- und Kälteversorgung.

Funktionsmessung

Mit dieser vorgeschriebenen Messung soll nachgewiesen werden, daß die zugesicherten Sollwerte durch die Anlage erbracht werden. Welche Messungen und Feststellungen bei den verschiedenen RLT-Anlagen durchzuführen sind, mit und ohne vertragliche Vereinbarung, werden ebenfalls in der VDI 2079 angegeben.

Die dort angegebenen Meßverfahren und die dazugehörenden Meßgeräte beziehen sich auf die Messung des Luftstroms, der Raumluftgeschwindigkeit, der Lufttemperatur, der Luftfeuchte, des Schallpegels und der Stromaufnahme.

Eine wesentlich ausführlichere Beschreibung von einfachen und besonderen **Meßverfahren und Meßgeräten für RLT-Anlagen** erfolgt in der **VDI-Richtlinie 2080**. Beide beziehen sich auf die Meßgrößen: Druck, Temperatur, Feuchte, Raumluftgeschwindigkeit, Luftstrom, Flüssigkeitsstrom, Schall, Luftreinheit, Leckluftstrom und elektrische Leistung. neben den Messungen an den verschiedenen Bauelementen einschl. Regelungs-, Steuerungs- und Schaltanlagen wird noch auf die Unsicherheit der Meßeinrichtungen hingewiesen.

Einige auszugsweise Anmerkungen zur DIN 1961 (VOB Teil B).

1. Verlangt der Auftragnehmer nach der Fertigstellung die Abnahme, hat sie der Auftraggeber binnen 12 Werktagen durchzuführen (gegebenenfalls auch vor Ablauf der vereinbarten Ausführungsfrist).
2. Mit der erfolgten Abnahme geht die Gefahr auf den Auftraggeber über. Wegen wesentlicher Mängel kann jedoch die Abnahme bis zur Beseitigung verweigert werden.
3. Eine förmliche Abnahme hat stattzufinden, wenn eine Vertragspartei es verlangt. Sie kann auch in Abwesenheit des Auftragnehmers stattfinden, wenn der Termin vereinbart war oder der Auftraggeber mit genügender Frist dazu eingeladen hatte.
4. Wird keine Abnahme verlangt, so gilt die Leistung als abgenommen mit Ablauf von 12 Werktagen nach schriftlicher Mitteilung über die Fertigstellung.
5. Hat der Auftraggeber die Leistung (auch Teile davon) benutzt, so gilt die Abnahme nach Ablauf von 6 Werktagen nach Nutzungsbeginn als erfolgt, wenn nichts anderes vereinbart ist.

11.7 Instandhaltung, Wartung von Klimaanlagen

Mit der ständig steigenden Technisierung und Automatisierung der betriebstechnischen Anlagen steigen unweigerlich die Servicebereiche der Heizungs- und Raumlufttechnik.
Unverkennbar ist bei vielen Anbietern der starke Trend zur Dienstleistung. Begonnen hat dies schon vor Jahren mit der Erkenntnis, daß die **vorbeugende Instandhaltung durch hohe ökonomische, wirtschaftliche und humane Qualitätsmaßstäbe an die Gebäudetechnik höchste Priorität** erhalten hat. Modernes Gebäudemanagement ist heute nur noch mit einer gezielten Instandhaltungsplanung möglich. Die geplante Instandhaltung erfolgt entweder vorbeugend, d. h. **zeitabhängig** (periodisch oder laufzeitabhängig), **zustandsabhängig** (nach Inspektionen oder aufgrund permanent ermittelter Meßwerte) oder **störungs-/schadensabhängig** (ausfallbedingt).
Nach DIN 31051 versteht man unter Instandhaltung die drei Bereiche: Wartung, Inspektion und Instandsetzung, die unterschiedliche Zielsetzungen z. T. aber auch überschneidende Einzelmaßnahmen aufweisen. Sie schließen auch die Abstimmung sämtlicher Instandhaltungsziele mit den Unternehmenszielen sowie die Festlegung der entsprechenden Instandhaltungsstrategien ein.
Die für Wartung, Inspektion und Instandsetzung aufgeführten Einzelmaßnahmen sind in der Reihenfolge ihrer zeitlichen und logischen Aufeinanderfolge aufgeführt. Anschließend soll vor

allem auf die Wartung eingegangen werden, denn eine laufende optimale Wartung ergibt günstige Inspektionsergebnisse und ein „Hinausschieben" evtl. Instandsetzungsarbeiten.

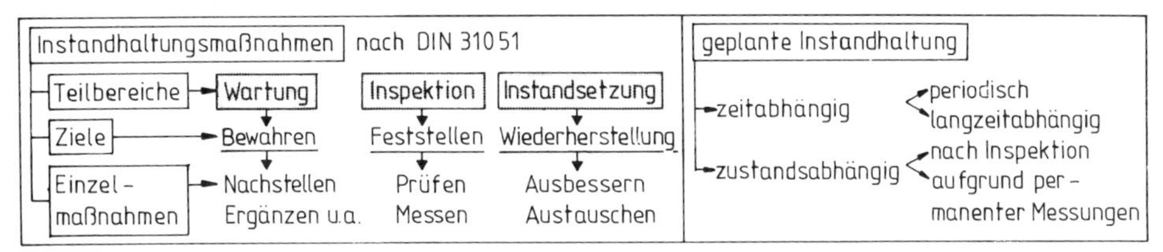

Abb. 11.21 Instandhaltung

11.7.1 Hinweise zur Wartung

Bei der Behandlung der Bauteile, wie Luftfilter, Luftwäscher, Dampfbefeuchter, Kühlturm usw. werden mehrmals entsprechende Hinweise zur Wartung angegeben, so daß nachfolgende Hinweise grundsätzliche Bedeutung haben.

1. Klimaanlagen ohne Wartung sollten heute auf keinen Fall mehr verkauft werden, denn sonst wäre die beste Einrichtung schon in wenigen Jahren nicht besser als eine Primitivlösung. Eigentlich müßte die Wartung ein **integrierter Bestandteil der Ausschreibung** sein, wobei die später anfallenden Kosten schon bei der Auftragsvergabe aufgeführt werden sollten. Das darf jedoch nicht mit einfachen Kurzbeschreibungen wie „Wartung während der Gewährleistung", „kontinuierliche Instandhaltung", „jährliche Wartung" geschehen, da danach kein brauchbares Angebot erstellt werden kann. Um nämlich hier einen günstigen Gesamtpreis zu erzielen, wählt man nicht selten eine minimale Instandhaltungsleistung.

   Es gibt eine große Anzahl von Anlagen, die richtig geplant und montiert sind, sich jedoch **nach einiger Zeit in einem miserablen Zustand** befinden. Die Gebäudenutzung, die Klimafirma und nicht zuletzt das Image der Klimatechnik kommen damit in einen sehr schlechten Ruf.

2. Die Wartung darf nicht vom Hausmeister, sondern muß unbedingt vom qualifizierten, geschulten und verantwortungsbewußten Fachpersonal vorgenommen und protokolliert werden. In vielen Fällen ist es zweckmäßig, mit der Fachfirma einen **Wartungs- oder Instandhaltungsvertrag** abzuschließen. Eine unterlassene Wartung verursacht oft höhere Kosten als ein Wartungsvertrag. Daher soll die Wartung möglichst rechtzeitig erfolgen, d. h. warten anstatten warten.

   Je älter die Anlage, desto bedeutender werden die Kosteneinsparungen durch ein Instandhaltungsmanagement. Wie in **Abb. 11.22** dargestellt, wird dabei die Kostenreduktion K mit zunehmenden Jahren immer günstiger, während in den ersten Jahren die Kosten mit einer umfangreichen Wartung höher liegen können als die ohne Wartung.

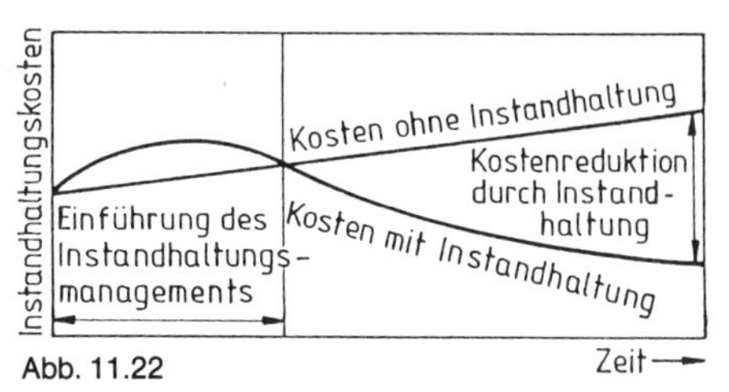

Abb. 11.22

3. Leider gibt es noch keine Wartungspflicht, d. h. keine bindenden Vorschriften über Wartungszyklen. Zumindest soll aber allen Betreibern von Klimaanlagen ein auf die **individuellen Belange zugeschneidertes Instandhaltungskonzept** eine Hilfe sein. Allen wichtigen Teilen – in erster Linie die Befeuchtungseinrichtungen und die Filter – muß eine detaillierte Beschreibung der Instandhaltungsmaßnahmen zugeordnet werden.

   - Eine generelle **Festlegung bestimmter Zeitabstände,** möglichst noch auf der Basis gesetzlicher Regelungen, werden vielfach vor allem aus hygienischen Gründen gewünscht. Dies ist jedoch äußerst schwierig, da diese zu sehr von den jeweiligen Einrichtungen, von den Betriebsbedingungen und vom Standort abhängig sind. Wenigstens drei bis viermal im Jahr sollte eine Klimaanlage genauer inspiziert werden.

- Grundsätzlich geht man davon aus, daß, so **wie ein Auto** nach einer bestimmten Zeit gewartet werden muß, auch die maschinelle Einrichtung „Klimaanlage“ ab dem Zeitpunkt der Inbetriebnahme fortlaufend instandgehalten werden muß. Wenn man jedoch den Pkw-Vergleich heranzieht. wäre das Auto bei 10 000 km etwa 200 Stunden in Betrieb; bei der Klimaanlage wären 200 Stunden jedoch nur ca. 8 Tage.

4. Erfahrungsgemäß ist das **Wartungsbewußtsein** bei Klimaanlagen von Betreibern nicht sehr ausgeprägt; oft aus Unkenntnis über die möglichen wirtschaftlichen und hygienischen Nachteile. Vielfach wird auch der Betreiber von Planern und Anlagenbauern im Unklaren gelassen, welche Kosten für Betrieb und Wartung später anfallen.

Diesbezüglich sind noch umfassendere Informations- und **Aufklärungsarbeiten erforderlich.** Man erkennt z. Zt. allerdings einen Umdenkungsprozeß, hinsichtlich der Sensibilisierung der Nutzer (Mitarbeiter, Mieter) und der Aufklärung und Einsicht der Betreiber durch die Verdeutlichung des wirtschaftlichen Nutzens und der potentiellen Gefahren.

5. Nach dem **VDMA-Einheitsblatt 24186** werden Leistungsprogramme für die Wartung von lufttechnischen Geräten und Anlagen zusammengestellt. Teil 1: Übersicht für alle Gewerke, Teil 2: Raumlufttechnik, Teil 3: Heiztechnik, Teil 4: Kältetechnik, Teil 31: Wärmepumpenanlagen, Teil 4: Meß-, Steuerungs-, Regelungstechnik und Gebäudeautomation. Diese VDMA-Blätter, die sich mittlerweile als Standardwerk herausgebildet haben, müssen jedoch erst in ein Instandhaltungskonzept einfließen, wie z. B. in Arbeitskarten oder in spezielle Instandhaltungsanweisungen.

- Im **VDMA-Einheitsblatt 24186 Teil 1** werden die umfangreichen Tätigkeiten an Baugruppen und -elementen zusammengestellt. Auszugsweise aus der Wartungsliste sollen diese für Luftbefeuchter mit Wasser anhand **Tab. 11.3** gezeigt werden (unvollständig). Weitere Tätigkeiten beziehen sich auf Ventilatoren, Luftfilter, Wärmetauscher, Dampfbefeuchter, Bauelemente (Klappen, Kanäle, Luftdurchlässe usw.), Regelanlage (Teil 4), Antriebselemente, Rohrnetz mit Armaturen.

Tab. 11.3 Auszug aus VDMA 24186–1

Baugruppen-Nr.	Bauelemente-Nr.	Tätigkeiten-Nr.	Tätigkeiten an Baugruppen und -elementen	Ausführung periodisch	Ausführung bei Bedarf
4	1		Luftbefeuchter (Medium: Wasser)		
4	1	1	Auf Verschmutzung, Beschädigung und Korrosion prüfen	×	
4	1	2	Wassereinspeisung und -verteilung auf Funktion prüfen	×	
4	1	3	Wasserstand prüfen	×	
4	1	4	Reguliereinrichtung für Wasserstand nachstellen		×
4	1	5	Abschlämmvorrichtung auf Funktion prüfen	×	
4	1	6	Abschlämmvorrichtung nachstellen		×
4	1	7	Ab- und Überlauf auf Funktion prüfen	×	
4	1	8	Schmutzfänger auf Verschmutzung prüfen	×	
4	1	9	Schmutzfänger reinigen		×

- Alle Informationen werden heute **in Instandhaltungsprogrammen verarbeitet,** die die Arbeiten terminieren und die Instandhaltungsaufträge in den entsprechenden Intervallen ausdrucken. Auf dem Markt gibt es eine Vielzahl von Instandhaltungsprogrammen mit sehr unterschiedlicher Qualität. Im Vordergrund stehen hierbei Systematisierung der Arbeit, Personalplanung und Arbeitsvorbereitung, Versorgung und Vorhalten der Ersatzteile, Erfassung der Kosten, Ausschreibung.

6. Auf die **betriebsgebundenen Kosten** wurde schon unter Kap. 11.2.2 hingewiesen. Ohne Kapitalisierung sind es die verbrauchsgebundenen Kosten (Wärme, Kälte, Strom), abhängig von den Arbeitspreisen für Energieverbrauch, von den Betriebszeiten für RLT-Anlagen, von der Ausführung des Wärmerückgewinnungssystems und von der Betriebsführung (Sorgfalt, Sparsamkeit), ferner die betriebsgebundenen Kosten, d. h. Bedienung, Wartung und Inspektion und die Instandhaltungsarbeiten mit Reparaturen, Austausch von Bauteilen, Erneuerungen.

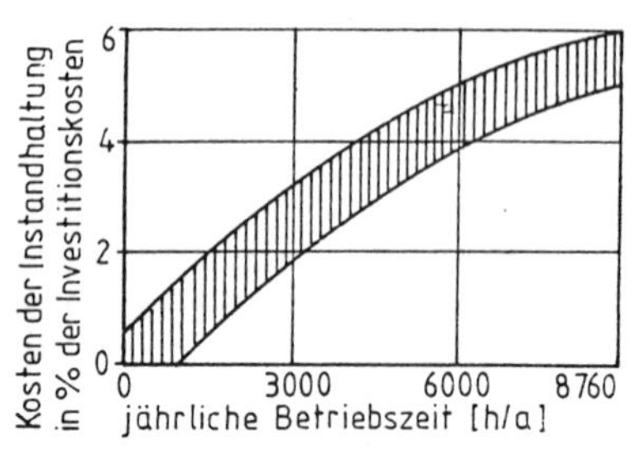

Abb. 11.23 Anhaltswerte für jährliche Wartungs- und Instandhaltungskosten

Vorteile einer regelmäßigen Wartung

Aufgrund vorstehender Hinweise kann man für die Beratung des Kunden und Betreibers sowie zur allgemeinen Information die Vorteile wie folgt zusammenfassen:

- Die Leistung und **Funktion der Anlage wird sichergestellt,** so daß ein störungsfreier Betrieb und ein optimales Raumklima garantiert werden kann.

  Am härtesten trifft es den Betreiber, wenn aufgrund einer unterlassenen Wartung sein Gebäude oder Betrieb kurz oder mittelfristig beeinträchtigt oder gar stillgelegt werden muß. Bei manchen Produktionsstätten wäre der Ausfall der Klimaanlage und somit die Produktionsausfallkosten um ein vielfaches höher als die Instandhaltungskosten.

- Die Nutzungsdauer (Lebensdauer) der Anlage bzw. der Geräte und Bauteile wird verlängert. Der **Anlagenwert wird somit länger erhalten,** d. h. hohe Investitionskosten werden langfristig abgesichert. Die Sicherstellung der Verfügbarkeit kommt hinzu.

  Die Werterhaltung wird auch dadurch verbessert, daß sich die Klimaindustrie schon seit Jahren bemüht, wartungsfreundliche Anlagen zu konzipieren. Dies bezieht sich auf die Konzeption der Komponenten und deren bedienungsfreundlichen Zugänglichkeit, auf die Materialauswahl und auf die leichte Austauschbarkeit durch Standardisierung.

- Hygienische Nachteile und **gesundheitliche Risiken werden vermieden** oder auf ein zulässiges Minimum an Keimen reduziert. Die Arbeitsproduktivität bei den Mitarbeitern wird erhöht.

  Bei ungewarteten Anlagen können sich Pilze, Bakterien, Stäube, Gase und andere Schadstoffe ansammeln und an die Raumluft übergehen. Es muß jedoch hier erwähnt werden, daß solche Risiken auch durch eine schlechte Planung, durch falschen Einbau der Komponenten (z. B. Filtersystem), durch Platzmangel u. a. verstärkt werden können.

  Durch **computergestützte Schwachstellenanalysen** wird nicht nur ein wirtschaftlicher sondern auch ein hygienisch einwandfreier Betriebsablauf weitgehend und auch langfristig sichergestellt.

- Es wird ein **energiesparender Betrieb** sichergestellt. Zumindest entstehen keine höheren Energiekosten als bei der Anlagenplanung angegeben wurden.

  Wichtig ist z. B. die Anpassung des Ventilators an die jeweiligen Betriebsbedingungen (Regelung). Die Verschiebung des Betriebspunktes und somit die Verschlechterung des Wirkungsgrades erfolgt auch durch verschmutzte Filter und Wärmetauscher.

- **Umweltschutzmaßnahmen** werden vor allem durch die Energieeinsparung und Werterhaltung erreicht. Entscheidend sind die geringeren Emissionen und die geordnete Entsorgung (z. B. Filtermaterial, Kältemittel).
- Das Image und die **Akzeptanz der Klimatechnik wird wesentlich verbessert.** Wie viele Anlagen hätten einen viel besseren Ruf, wenn sie optimal gewartet worden wären.
- Man erreicht eine **umfassende Dokumentation** insbesondere mit speziellen Instandhaltungsprogrammen. Sie dient, einschließlich evtl. Reparatur- oder Austauscharbeiten, zur laufenden Anlagenbeurteilung.

11.7.2 Inspektion

Im Gegensatz zu Wartung gibt die Inspektion Auskunft über den momentanen Zustand der Anlage, d. h. es geht hier um die **Feststellung und Beurteilung des Istzustandes.** Die Daten der Inspektion dienen zur Durchführung und Kontrolle von Instandhaltungsmaßnahmen, zur Ermittlung von Schwachstellen (z. B. frühzeitiges Erkennen von defekten Teilen), zur Darstellung des Betriebsverhaltens und Optimierung der Betriebsweise und zur Verbesserung älterer Anlagen. Die Einzelmaßnahmen sind **Prüfen, Messen und Beurteilen.** Das bedeutet, daß auch die **Ursachen** von Verschleiß und Schäden erkannt werden sollen und daraus Folgerungen gezogen werden müssen, wie ein sinnvoller Weiterbetrieb erreicht werden kann. Da hierzu oft komplexe und einschneidende Entscheidungen getroffen werden müssen, werden an das Personal (Ingenieur, Techniker) hohe Qualitätsanforderungen gestellt.

Hierzu einige Ergänzungen

- Nach **DIN 31051** beinhalten die Inspektionsmaßnahmen: Planerstellung (Istzustand, betriebliche Belange), Durchführung (Vorbereitung, quantitative Ermittlung), Vorlage der Ergebnisse, Auswertung und Beurteilung und Ableitung der Konsequenzen.
- Im **VDMA-Arbeitsblatt 24176** werden die qualitativen Grundlagen für die Inspektion von raumlufttechnischen, heiztechnischen und kältetechnischen Geräten und Anlagen zusammengefaßt.
- Die möglichst für jeden zu inspizierenden Anlageteil aufzustellende **Inspektionsanleitung** sollte folgende Angaben enthalten: Betrachtungseinheit, zu erfassende Größen, Erfassungsmethoden (Meßverfahren, Geräte), Sicherheitsvorschriften, Inspektionszyklen, Dokumentation und Beurteilungskriterien.

Die **Beurteilung des Istzustandes** setzt die Vergleichbarkeit der erfaßten Zustandsmerkmale voraus.

Die erfaßten Bestandsmerkmale müssen verglichen werden:	Die heranzuziehenden Kriterien hierfür sind:
a) mit früheren Werten am selben Objekt b) mit ganz ähnlichen Projekten c) mit theoretischen Werten	Sollwerte, Grenzwerte, Trendverlauf, Sicherheit, gesetzliche Auflagen, Auslastung, Wirtschaftlichkeit, Produktqualität, Verfügbarkeit

- Die festgestellten Ergebnisse über den Zustand der Anlage, insbesondere die Meßwerte, sollten **sofort dokumentiert** werden. Die anschließende Auswertung und Beurteilung sollte als ein eigenständiger Arbeitsvorgang behandelt werden.
- Die **Beurteilung zunächst** wird meistens vom **Inspekteur „vor Ort"** durchgeführt, wobei diese vor allem auf seinen praktischen Erfahrungen basiert. Von der Notenskala ausgehend, könnte man sich folgende Klassifizierung vorstellen:
  Sehr gut: Der Zustand entspricht praktisch einer Neuanlage.
  Gut/befriedigend: geringe Abnutzung, Zustand der Nutzungszeit entsprechend. Es sind keine Maßnahmen erforderlich.
  Ausreichend: erhöhte Abnutzung, Zustand gerade noch akzeptabel. Gegebenenfalls muß der Inspektions-/Wartungszyklus verkürzt werden. Die Schadensgrenze wird im allg. als noch zulässiger Grenzwert angegeben.
  Mangelhaft: Zustand wegen zu starker Abnutzung unzureichend. Zur Vermeidung von Funktionsbeeinträchtigungen oder eines baldigen Ausfalls muß nach der nächsten Betriebsperiode eine Instandsetzung vorgenommen werden.
  Ungenügend: völlig unzureichender Zustand. Zur Vermeidung von schwerwiegenden Funktionsbeeinträchtigungen, Gefahren oder eines kurzfristigen drohenden Ausfalls muß eine sofortige Stillsetzung und Instandsetzung veranlaßt werden.
  - Eine **generelle Beurteilung** und Entscheidung über weitere Maßnahmen erfolgt durch den **Inspektions-Sachbearbeiter** anhand eines speziellen Schemas. Die Beurteilung schließt ab (Abschlußbericht) mit der Entscheidung, welche verbindliche Maßnahmen ergriffen werden sollen: Inspektionszyklen ändern? Zusätzliche gezielte Inspektionen? Veränderte Wartungsmaßnahmen? Instandsetzung erforderlich? Außerbetriebnahme der Anlage?

11.7.3 Instandsetzung

Das Ziel ist hier die **Wiederherstellung des Sollzustandes** mit den Einzelmaßnahmen: **Ausbesserung und Austausch.** Nach DIN 31051 beinhalten diese Maßnahmen: eine Auftragsdokumentation, die Inhaltsanalyse des Auftrags, die Planung mit Bewertung von Alternativlösungen, Entscheidungsfindung, Vorbereitung der Durchführung (Kalkulation, Terminplanung, Abstimmungen, Bereitstellung von Personal und Material, Erstellung von Arbeitsplänen), Schutz- und Sicherheitseinrichtungen, Durchführung, Abnahme (Kap. 11.6), Fertigmeldung, Auswertung einschließlich Dokumentation, Kostenaufschreibung usw.

Grundsätzlich sollte man eine Instandsetzung nicht erst dann vornehmen, wenn ein Schaden vorliegt, sondern der Betreiber einer RLT-Anlage ist gut beraten, wenn er vorher seine Anlage regelmäßig kontrollieren bzw. warten läßt.

12 Hinweise zur Klimatisierung verschiedener Gebäude

Während in Kap. 11 grundsätzliche Hinweise für Planung, Ausführung und Betrieb von Klimaanlagen zusammengestellt wurden, werden anschließend noch ergänzende auf Gebäude bezogene Hinweise und Tendenzen zusammengefaßt. Auf die Gebäude, die nicht oder nur äußerst selten klimatisiert, jedoch mindestens be- und entlüftet werden müssen, wird ausführlicher in Bd. 3 eingegangen. Das sind z. B. Lüftungsanlagen für Wohnungen, Küchen, Bäder, Schwimmhallen, Verkaufsräume, Großräume, Labors, Garagen, Ställe u. a.

12.1 Wohngebäude

Eine Klimatisierung von Wohnungen bezieht sich in der Regel nur auf ein oder zwei Räume. Hierfür werden fast ausschließlich Einzelklimageräte mit luftgekühltem Kondensator in Kompakt- oder in Splitbauweise gewählt, wie z. B. Einbaugeräte, Wandgeräte, Truhengeräte, mobile Geräte oder Wärmepumpengeräte, mit denen überdies geheizt werden kann.

- Alle diese **Klimageräte** werden hinsichtlich Aufbau, Planung, Montage und Betrieb ausführlich in Kap. 6 behandelt. Sie ermöglichen während einer Hitzeperiode ein angenehmes Raumklima durch Kühlung und Entfeuchtung, insbesondere bei Wohnungen mit großen Glasflächen und ungenügendem Sonnenschutz, Flachdächern, geringen Speichermassen (fehlende Dämpfung), Wärmequellen im Raum.
  Bevorzugte Räume sind Schlaf-, Wohn- und/oder Arbeitsraum. Im Winter werden vereinzelt auch Befeuchtungsgeräte aufgestellt (Kap. 6.5), welche die Nachteile von zu trockener Luft beseitigen sollen.
- Mit dem zunehmenden Einbau von zentralen **Wohnungslüftungen einschließlich Wärmerückgewinnung** durch spezielle Wärmetauscher sollen nicht nur die Energiekosten bei der Lüftung reduziert, sondern auch die Luftqualität verbessert werden. Durch den Einbau einer Luft/Luft- oder Luft/Wasser-Wärmepumpe wird die Leistung der Wohnungslüftungsgeräte gesteigert.

12.2 Bürogebäude

Die Vielfalt von Verwaltungs- und Bürogebäuden hinsichtlich Größe, Nutzung und Bauweise ergibt auch eine Vielfalt von Möglichkeiten, solche Räume zu klimatisieren. In großen Büro- und Verwaltungskomplexen gibt es neben den eigentlichen Büroräumen zahlreiche andere Raumgruppen, die unterschiedlich lufttechnisch versorgt werden müssen, wie z. B. Konferenz- und Schulungsräume, Casino, Cafeteria, Küche, Druckerei, Lagerräume u. a. Dies führt zwangsweise zu einer starken Dezentralisierung mit mehreren RLT-Zentralen.

Vorteile der Dezentralisierung

- Die einzelnen Räume können entsprechend ihrer Nutzung und Gestaltung lüftungs- oder klimatechnisch **so behandelt werden, wie es unbedingt erforderlich ist.** Außerdem können sie unabhängig voneinander – je nach Bedarf – versorgt werden. Beides führt zu geringeren Betriebskosten und mehr Sicherheit.
- Man erreicht weitgehend eine **kreuzungsfreie Trassenführung und geringere Kanalhöhen** in abgehängten Decken. Die oberen Stockwerke können z. B. von einer Dachzentrale aus versorgt werden.
- Ein überschaubares und gegliedertes Kanalnetz **erleichtert die Einregulierung und den Druckabgleich.**

Eine Dezentralisierung und Modifizierung der Systeme führt in der Regel innerhalb des Gebäudes zu **Systemkombinationen:**

Beispiel in einem Verwaltungs-, Büro- oder Bankgebäude

- Primärluftanlage für die Außenluftversorgung je nach Anzahl der Personen (≈ 2–3facher Luftwechsel) mit regenerativer Wärmerückgewinnung
- Zuluftführung über Dralluftdurchlässe mit einer Untertemperatur von etwa 6 K; Volumenstromregler
- Kühldecke zur Kombination der Lasten und zur Regulierung der Raumtemperatur im Sommer (Abschaltung bei Fensteröffnung)
- Abluftführung über Abluftleuchten in einem Kanalnetz in der Zwischendecke
- Deckung des Wärmebedarfs im Winter durch eine Warmwasserheizung, z. B. 50/30 °C
- Küchen und WC mit örtlichen Dachventilatoren, Nachströmen der Luft aus den Fluren
- Fortluftführung z. B. in die Tiefgarage, um dort eine kostengünstige Temperierung zu erreichen
- Kälteanlage auf mehrere Kältemaschinen verteilt, Abführung der Kondensatorwärme über Kühltürme; Kaltwasserverteiler zu den Kühldecken über Wärmetauscher
- Belüftung des Treppenhauses über regelbare Fensterelemente (über Bedienungstableau).

Die **Wahl des geeigneten Klimasystems** kann man demnach nach folgenden Kriterien vornehmen:
Kosten und Wirtschaftlichkeit (Investition und Betrieb), thermische Behaglichkeit, Integration in die bauliche Konzeption, maximale Kühllast in den Räumen, Mindestaußenluftvolumenstrom, Ausrichtung und Nutzung des Gebäudes. Daraus ergeben sich auch die jeweiligen Einsatzgrenzen.

Abb. 12.1 Klimasysteme für Büroklimatisierung

Ergänzende Hinweise zu Abb. 12.1

Zu 1: Anlagen mit variablem Volumenstrom (VVS) durch Volumenstromregler übernehmen die Kühlaufgabe (vgl. Kap. 3.6.3); vorteilhaft bei großen Kühllastschwankungen. Die Raumheizung erfolgt in der Regel durch statische Heizflächen oder Fußbodenheizung; meist reiner Außenluftbetrieb mit Wärmerückgewinnung (Enthalpieaustausch), Umluftbetrieb beim Anfahren, Raumthermostat regelt Zuluftvolumenstrom (30 bis 100 %) und statische Heizfläche in Sequenz, Zuluft über Drall- oder Schlitzdurchlässe; konstante Druckverhältnisse im Kanalnetz durch stufenlose Drehzahlregelung der Ventilatormotoren (z. B. Frequenzumwandler).

Zu 2: Die Induktionsanlagen wie sie noch in den 60er und 70er Jahren gebaut wurden (Kap. 3.7.2) sind wegen der hohen Investitions- und Betriebskosten nicht mehr akzeptabel. Neue Induktionsgeräte mit VVS-System oder Quelluftinduktionsgeräte unter den Fenstern (Abb. 10.32) ermöglichen jedoch große Kostensenkungen und problemlose Luftführungen im Raum.

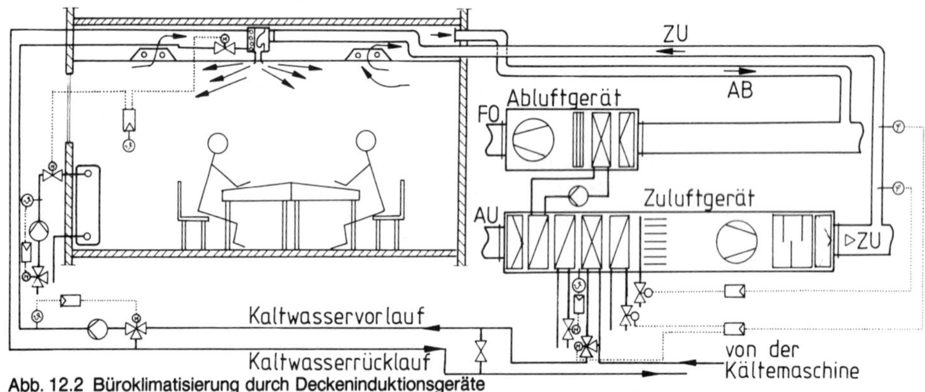

Abb. 12.2 Büroklimatisierung durch Deckeninduktionsgeräte

Abb. 12.2 zeigt z. B. eine **Büroklimatisierung mit Deckeninduktionsgeräten** vorwiegend für Innenzonen zur Belüftung und Kühlung. Die Warmwasserheizung übernimmt den Wärmebedarf (Heizkörper unter Fenster) und die Erwärmung der Primärluft auf Raumtemperatur ($\triangleq \dot{Q}_L$), so daß für Stillstandszeiten eine Beheizung ohne Ventilatorbetrieb möglich ist. Vom Raumregler aus werden Kaltwasser- und Heizkörperdurchfluß in Folge geregelt (geringere Energiekosten).

Die WW-Vorlauftemperatur wird außentemperaturabhängig geregelt, während die KW-Temperatur des Sekundärkreises ganzjährig konstant bleiben kann; Wärmerückgewinnung; Abluft über Leuchter.

Weitere Merkmale:
Spezieller Schlitzdurchlaß mit Dralleffekt, Induktionsverhältnis (3 bis 5) durch Düsenkonstruktion, verstellbare Leitlamellen, schwenkbare Prallplatte, hohe Turbulenz im Auslaß, geringe Raumluftgeschwindigkeiten ($<$ 0,15 m/s beim Einhalten der zulässigen Kühllasten und Volumenströme), Anzahl der Geräte in Büroräumen: etwa 7 ··· 12 m^2 Grundfläche/Gerät, was allerdings der Raumhöhe H angepaßt werden muß (Grundfläche je Auslaß $\approx H^2$).

Zu 3: Anlagen mit Ventilatorkonvektoren zum Heizen und Kühlen werden in der Regel unter die Fenster montiert. Sie arbeiten entweder als Umluftgerät (in der Klimatechnik als Kühlgerät) oder gleichzeitig auch als Lüftungsgerät. Die Außenluft wird entweder von einer Zentrale aus in jedes Gerät geführt oder bei jedem Gerät wird ein Wanddurchbruch nach außen vorgesehen (nur in Einzelfällen). Hinweise vgl. Kap. 3.7.1 und 6.4.

Zu 4: Die Zweikanalanlage, wie sie früher in größeren innenliegenden Großraumbüros, Schalterhallen eingebaut wurde (vgl. Kap. 3.6.2) wird heute aus Kostengründen nicht mehr angewendet; höchstens noch mit VVS- und anderen Systemen kombiniert.

Zu 5: In kleineren und mittleren Einzelbüros werden seit Jahren zwar vereinzelt jedoch zunehmend **Klimageräte mit eingebautem Kälteaggregat** eingebaut (Wand-, Truhen- oder Deckengeräte) (Kap. 6.1–6.3).

Zu 6: Die Klimatisierung durch **Kühldecken** z. B. in großen Büro-, Konferenz-, Schulungsräumen, Schalterhallen wird ausführlich in Kap. 3.7.3 behandelt.

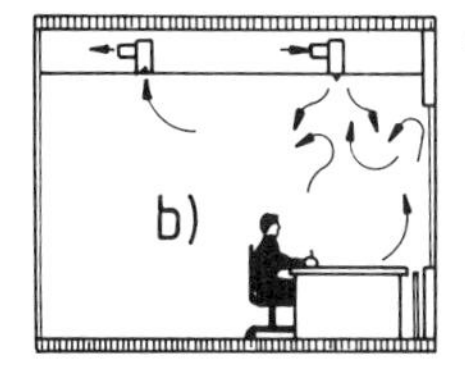

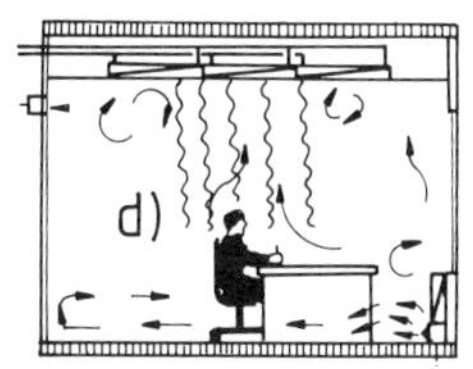

Abb. 12.3 Luftführungssysteme in Büroräumen
a) Truhengerät, Tangentialströmung; b) VVS-Anlage mit turbulenter Mischströmung (z. B. Drall, Schlitze); c) Zweileiter-Deckeninduktionsgerät (Kombination von Misch- und Verdrängungsströmung; d) Kühldecke und Schichtenströmung

Demnach werden alle die in Kap. 10 behandelten Luftführungssysteme angewendet. Die jeweils **zulässigen spezifischen Kühllasten** in W/m² sind jedoch unterschiedlich.

> Grobe Anhaltswerte: Herkömmliche Wand- und Deckendurchlässe 40–60 W/m², Schlitz- und Dralldurchlässe (diffus) 80–100 W/m², Induktionsgeräte 50–60 W/m² (mit Stützstrahl 80–100), Quelluft 30 W/m² (mit Induktion 40–60), Kühldecke 60–80 W/m² (mit Luft 100), FB-Durchlässe 80–100 W/m².

In der **VDI-Richtlinie 3804 „RLT-Anlagen für Bürogebäude"** werden vorwiegend nur allgemeine Anforderungen und Hinweise zusammengestellt. Hieraus einige Auszüge:

1. Bei den **physiologischen Anforderungen** wird hinsichtlich thermischer Behaglichkeit und Raumluftqualität auf die DIN 1946/2 hingewiesen.
   Hinsichtlich der zulässigen **Schalldruckpegel** sind es nach VDI 2081 die Werte: 30–40 dB(A) für Einzelbüros, 45–50 dB(A) für Großraumbüros, 35–40 dB(A) für Konferenz- und Versammlungsräume und 45–60 dB(A) für EDV-Räume.
   Hinsichtlich **Beleuchtung am Arbeitsplatz** werden die Richtlinien nach DIN 5035 genannt: 300 Lux für allg. Büroräume, 500 lx desgl. mit EDV, 750–100 lx für Großraumbüros, 750 lx für technisches Zeichnen und 300 lx für Sitzungsräume.
2. Die **baulichen Anforderungen** beziehen sich auf die Gebäudelage, Raumabmessungen, Möblierung, Decken, Boden, Fenster und Sonnenschutz, Wärme- und Brandschutz.
3. Bei den **thermischen Lasten** wird darauf hingewiesen, daß bei hoher Wärmedämmung und gutem äußerem Sonnenschutz die flächenbezogene Sonneneinstrahlung nicht mehr so stark von Beschattung und Himmelsrichtung abhängig ist (Abb. 12.4) und daß die Maschinenwärme einen dominierenden Kühllastanteil ausmacht; bei EDV-Geräten (PC) etwa die Hälfte und bei Drucker bis auf 10 % der Typenschildleistung.

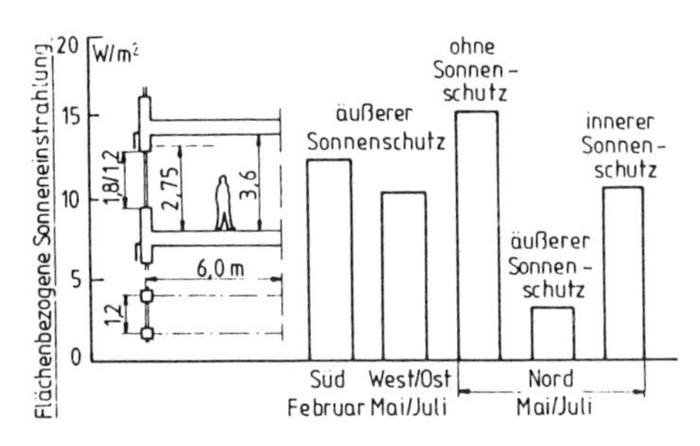

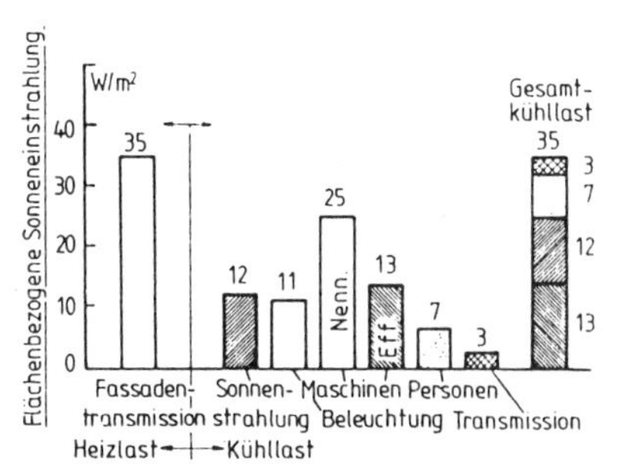

Abb. 12.4 Wärmegewinn durch Sonnenstrahlung bei verschiedenen Himmelsrichtungen (Beispiel)

Abb. 12.5 Beispiel einer Heiz- und Kühllastanlage in einem Büroraum

4. Die **Auslegungsgrundlagen** sind vor Planungsbeginn festzulegen, wie z. B. Nutzungs- und Raumprogramm, Personalbelegung, Betriebszeiten, Daten für Außen- und Innenklima, Wärme- und Stofflasten, Energieversorgung, Schallpegel, Betriebssicherheit, Bauausführung.
5. Beim Einsatz einer **mechanischen RLT-Anlage** werden zu den drei Systemen KVS, VVS und Luft/-Wassersystem sowie auf die drei bekannten Luftführungsarten Misch-, Verdrängungs- und Schichtenströmung kurze Hinweise gegeben; zuvor auf den Einbau von Kühldecken und auf die Fensterlüftung. Anschließend wird hinsichtlich der **Luftbehandlung** besonders auf die Pflege von Filtern und Luftwäschern hingewiesen. Hinsichtlich der **Regelung** werden Sollrichtwerte und Regeltoleranzen für ϑ_i, φ_i und CO_2 sowie Hinweise zur Fühlerplazierung angegeben.
6. Zur **wirtschaftlichen Beurteilung** werden am Schluß einige Energiekennwerte (Primärenergiebedarf) und in bezug auf den Jahresenergiebedarf ein tabellarischer Systemvergleich vorgenommen.

Schlußbemerkung

Wie in Kap. 11 ausführlich erläutert, kann man die starke **Reduzierung des Energiebedarfs für die Büroklimatisierung** auf $^1/_3 - ^1/_2$ gegenüber früher mit folgenden, allerdings zusammenhängenden Argumenten begründen:

- Die **baulichen Veränderungen** (und Gebäudekonzepte) beziehen sich auf Wärmeschutz, Verglasungen, Sonnenschutzeinrichtungen, Beleuchtung, Raumaufteilung, Speichermassen.
- Die **anlagenspezifischen Veränderungen** beziehen sich auf z. T. völlig neue Systeme und Komponenten einschließlich Wärmerückgewinnung; Regelung; Gebäudeleittechnik; und nicht zuletzt auf neue Planungsmethoden und den Einsatz von Simulationsprogrammen.
- Die **nutzerbedingten Veränderungen** beziehen sich auf reduzierte Komfortansprüche (ϑ_i, φ_i), auf die Einbindung der Fensterlüftung (auch zur Kühlung falls $\vartheta_a < \vartheta_i$) und Beschränkung auf nur wesentliche Räume sowie nicht zuletzt auf die Sensibilisierung hinsichtlich Energieeinsparung und Umweltschutz.

12.3 Datenverarbeitungsräume (DV-Räume)

Für den Betrieb von DV- und anderen Informationssystemen werden bestimmte Raumluftzustände gefordert. Die hierfür notwendigen RLT-Anlagen oder RLT-Geräte hängen außerdem von der Wärmeabgabe der installierten DV-Anlagen und den baulichen Verhältnissen ab. Was das **Raumklima** betrifft, schreiben die Computerhersteller – besonders bei Großrechnern – eigene Bedingungen hinsichtlich Temperatur, Feuchte und Luftreinheit vor, die z. T. von Tab. 12.1 etwas abweichen.

Tab. 12.1 Richtwerte für die Wahl der Raumlufttemperatur, der relativen Feuchte und des Schalldruckpegels nach VDI 2054

Raumarten*)	ϑ (°C	φ (%)	Lp dB(a)
DV-Maschinenräume ohne ständigen Arbeitsplätzen	20–28	30–68	< 65
Zuluftzustand	> 18	< 80	
Periphere Räume mit ständigen Arbeitsplätzen	21–26	30–64	< 55
Zuluftzustand	> 18	< 80	
Operatorräume bzw. Kontroll-Center	21–25	30–64	< 45
*) Herstellerangaben beachten!			

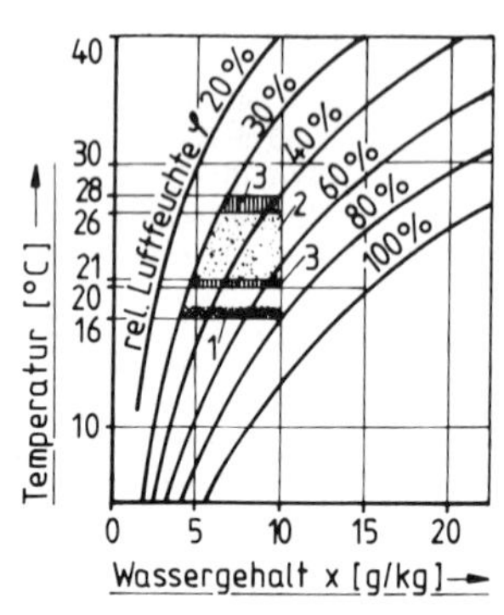

Abb. 12.6 Auslegungsbereiche

Weitere Hinweise:

- Die **Raumlufttemperaturen** nach Tab. 12.1 beziehen sich auf eine Meßebene im Raum zwischen DV-Systemen von etwa 1,8 m über Fußboden. Diese sind zu erwarten, wenn die Zuluft mit 18–19 °C eingeführt wird (vom Boden aus). Die Raumluftbedingungen (ϑ_i, φ_i) müssen auch im Lufteintrittsbereich eingehalten werden. Die höheren Werte sind für Räume ohne Personal.
- Die **Ablufttemperatur** an der Decke liegt etwa 3–4 K über der Raumlufttemperatur, so daß mit dieser $\Delta\vartheta$-Zunahme in Raumhöhe (Temperaturgradient) mit einer ca. 60 %igen Entlastung im Aufenthaltsbereich gerechnet werden kann. Dadurch sind auch geringe Zuluftvolumenströme und somit geringere Betriebskosten erforderlich.
- **Abb. 12.6** zeigt die **Auslegungsbereiche im h,x-Diagramm** (1) zulässiger Bereich für die Zuluft; (2) DV-Räume ohne ständige Arbeitsplätze; (3) periphere Räume mit ständigen Arbeitsplätzen.
- Die Einhaltung der **relativen Feuchte** ist weniger des Wohlbefindens der Personen wegen als vielmehr zur Verhinderung von elektrostatischen Aufladungen erforderlich, welche die Verarbeitung von Druckpapier beeinträchtigen und somit zu Störungen der DV-Systeme führen können.

- Die Anforderungen hinsichtlich der **Staubfreiheit** werden bei der Vorfilterung der Außenluft EU 5 und zur Zuluftfiltrierung EU 7 empfohlen.

Die **Wärmeabgabe der Geräte** wird zwar laufend vermindert, ist aber wegen der kompakteren Anordnung der Elemente immer noch sehr hoch. Die Anhaltswerte von etwa 300 ··· 500 W/m² machen deutlich, daß die Behaglichkeitswerte nach DIN 1946/2 in der Regel nicht eingehalten werden können.

Nach der **VDI-Richtlinie 2054** unterscheidet man:

1. **DV-Maschinenräume ohne ständigen Arbeitsplatz** mit **800 W/m²** bei Erstausbau (ca. 560 an Luft und 250 an Wasser) bzw. **1 200 W/m²** (ca. 825 an Luft und 375 an Wasser) bei Endausbau (ohne Berücksichtigung zukünftiger Erweiterungen)
2. **periphere Räume mit ständigem Arbeitsplatz** (nur an Luft) mit 350 W/m² (Erstausbau = Endausbau)
3. **Operatorräume** bzw. Kontroll-Center (nur an Luft) mit 100 W/m² (Erstausbau = Endausbau).

Bei der **Wahl des RLT-Systems** stehen folgende zwei Varianten im Vordergrund:

a) Einsatz von Umluftkühlgeräten

Hierzu verwendet man vielfach Klimaschränke bzw. für kleinere Computersysteme Klimatruhen. Die Geräte sollen möglichst gleichmäßig innerhalb des DV-Raumes oder in separaten Räumen aufgestellt werden. Der Zuluftvolumenstrom wird in der Regel über Doppelboden z. B. mit Boden-Dralldurchlässen eingeführt. Zur Einhaltung eines Raumüberdruckes ist $\dot{V}_{ZU}$ immer größer als $\dot{V}_{AB}$. In Maschinenräumen ($>$ 400 . . . 500 m²) sollten mindestens zwei gegenüberliegende Aufstellungsorte mit einem oder mehreren Geräten vorgesehen werden (Abb. 12.7). Luftleitungen entfallen.

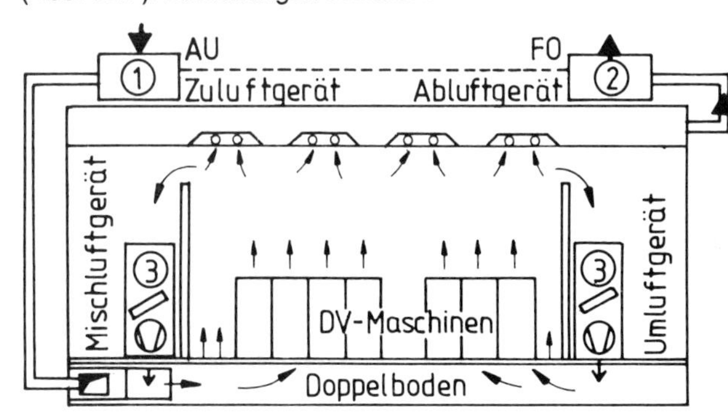

Abb. 12.7 RLT-Anlage mit Umluftkühlanlage: (1) Zuluftgerät; (2) Abluftgerät; (3) Kühlgerät

Abb. 12.8 Computer-Klimaschrank (Fa. Weiss)

- Für jede räumlich zusammenhängende DV-Maschinenraumfläche sind so viele Geräte vorzusehen, daß bei Ausfall eines Gerätes noch mindestens $^2/_3$ des maximal erforderlichen Volumenstroms zur Verfügung stehen.
- **Kompaktklimaschränke mit eingebautem Kälteaggregat** (Abb. 12.8) haben bei größeren Schränken ($>$ 15 ··· 20 kW) meistens 2 getrennte Kreisläufe; Mikroprozessorregelung, Überwachung der Geräte vielfach über Gebäudeleitsysteme; Dampfbefeuchter.

b) Zentralanlagen (auch kombiniert mit Einzelgeräten)

Hier muß man alle Möglichkeiten ausschöpfen, den Energiebedarf zu minimieren und die Gesamtkosten zu optimieren. Hierzu zählen: variabler Außenluftvolumenstrom, Nutzung der freiwerdenden Wärme im DV-Raum (Rückgewinnung), Nutzung der Enthalpie der Außenluft für Kühlzwecke (freie Kühlung) ab etwa $\vartheta_a = +10$ °C, zusätzliche Verwendung von Umluftkühlgeräten, Abluftbypassstrom zur Zuluftnachwärmung.

Ergänzende Hinweise für die Planung (nach VDI 2054)

1. Es sollten mind. zwei **Zentralgeräte** mit je $^2/_3$ des Gesamtvolumenstroms vorgesehen werden.
2. Anzahl und Leistung der **Kältemaschinen, Rückkühlwerke und Pumpen** sollten so gewählt werden, daß

bei Ausfall der größten Einheit der Rechenzentrumsbereich noch mit mind. 70 % der max. erforderlichen Kälteleistung versorgt werden kann. Bei Räumen > 1 000 m^2 sind getrennte Schaltanlagen aufzubauen; Notversorgung der wassergekühlten Rechner durch Stadtwassernoteinspeisung oder durch Kältespeicher.

3. **Außen- und Fortluftöffnungen** sollten von außen nicht einsehbar und schwer erreichbar sein; Vorkehrungen gegen unbefugtes Eindringen.
4. Bei der Ausführung der **Regelungsanlage** muß für Ventilatoren, Kältemaschinen, Pumpen, Ventile bei Ausfall der Regelung eine Notbedienung möglich sein. Zur Störwerterkennung und Betriebskontrolle sind registrierende Meßeinrichtungen vorzusehen.

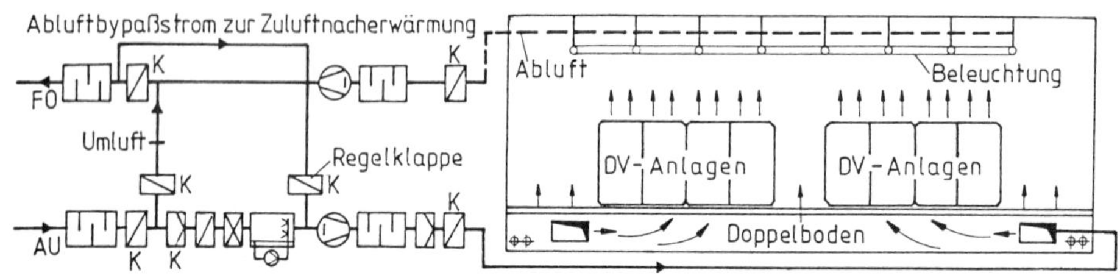

Abb. 12.9 Klimatisierung eines EDV-Raumes ohne Umluftkühlgeräte

12.4 Hotelgebäude

Im Gegensatz zu Büro- und Verwaltungsgebäuden, in denen alle Räume gleichzeitig benutzt werden und außerdem während der Nacht und an Wochenenden die RLT-Anlage abgeschaltet wird, ist die Betriebsweise in Hotelgebäuden wesentlich anders, oft mit 2–3mal höheren Betriebsstunden. In einem Hotel läßt sich nämlich ganz selten voraussagen, wieviel Personen sich zu einem bestimmten Zeitpunkt im Gebäude aufhalten und wieviel Räume dadurch belüftet oder klimatisiert werden müssen. Dies führt zu folgenden Konsequenzen:

1. Da Hotels oft nur zu 40–60 % belegt sind, ist vor allem aus Kostengründen eine **bedarfsgerechte Klimatisierung,** d. h. ein dezentrales Ein- und Ausschalten der Kühlung oder Heizung erwünscht.
2. Die **übrigen Räume,** wie Gasträume, Restaurant, Bar, Schwimmbad und Fitnessräume, Vorräume, Vorhalle (Stehempfang), Konferenzräume usw. müssen von den Hotelzimmern getrennt berücksichtigt werden. Welche davon evtl. mit derselben Zuluft versorgt werden können, ist von Fall zu Fall zu klären.
3. Unabhängig davon, ob und wie aufbereitete Zuluft eingeführt wird, sind **Bad und WC an ein separates Abluftsystem** anzuschließen. Auch hier hört man oft Klagen von Hotelbesuchern über eine ungenügende Wirksamkeit und über Geräuschbelästigungen, obwohl es heute speziell für Hotels konzipierte Systeme gibt, die geräuscharm sind. Außerdem kann der Volumenstrom zimmerweise verändert werden.
4. Die meisten Systeme sind heute auch sehr wartungsfreundlich. Die regelmäßige **Reinigung** der Abluftventile und der Luftfilter muß eingehalten werden. Die Ablufteinrichtung sollte, zur Einsparung von Energie, mit einem Licht- oder Türkontakt gekoppelt sein. Preiswerte Steuergeräte stehen zur Verfügung. So gibt es z. B. auch Kontaktschalter, die Heizung, Lüftung oder Klimatisierung abschalten, wenn das Fenster im Zimmer geöffnet wird.

Hinsichtlich der **Wahl des RLT-Systems** gibt es – wie vorstehend bei den Bürogebäuden – mehrere Möglichkeiten zur Klimatisierung. In kleineren Hotels wird mehr und mehr die dezentrale Klimatisierung mit Einzelgeräten vorgezogen. Neue, formschöne, geräuscharme, regulierbare, montage- und wartungsfreundliche Gerätevarianten haben diese individuelle Teilklimatisierung ermöglicht. Bei größeren Hotelgebäuden und anspruchsvollerer Luftbehandlung, einschließlich Lüftung und Heizung (Befeuchtung sehr selten), wählt man meistens das Luft-Wasser-System mit Ventilatorkonvektoren oder Induktionsgeräten. Für die größeren Räume außerhalb der Hotelzimmer können NUR-LUFT-Systeme, teilweise auch in Verbindung mit Kühldecken, gewählt werden.

Die **Einzelklimageräte** mit eingebautem Kälteaggregat sind eine „Ergänzung" zur eingebauten Pumpenwarmwasserheizung. Sie werden vielfach nur als Umluftgerät (meistens als Deckengerät) zur Kühlung herangezogen. Mit einem Stufenschalter können Leistung und Geräusch variiert werden. Näheres hierzu vgl. Kap. 6.2 und 6.3. Erwähnenswert sind hierzu auch die sog. Hydroniksysteme (Abb. 13.21).

Die Klimatisierung mit **Ventilatorkonvektoren,** die unter dem Fenster oder im Flurbereich in einer Zwischendecke montiert werden, haben in der Regel 2 getrennte Wärmetauscher: für Kühlen und Heizen. Für den Ventilator werden mehrere Stufen vorgesehen. Stufe 1: z. B. für Nachtbetrieb (sehr geräuscharm); Stufe 2:

tagsüber bei größerer Kühlleistung meist als Dauerbetrieb; Stufe 3: zum schnellen Abkühlen nach längerem Stillstand wegen Nichtbelegung des Hotelzimmers (störendes Geräusch!). Näheres vgl. Kap. 6.4.

Hinsichtlich des Einsatzes von **Induktionsgeräten** werden die früheren Anlagen mit dauernd vollem Luftbetrieb nicht mehr geplant. Es kommen auch hier Geräte mit variablem Volumenstrom und individueller Regelung und Absperrung zur Anwendung. Neben der starken Senkung der Energiekosten gegenüber herkömmlichen Anlagen (bis 30 %) werden auch die Anschaffungskosten wegen der kleineren Klimazentrale geringer.

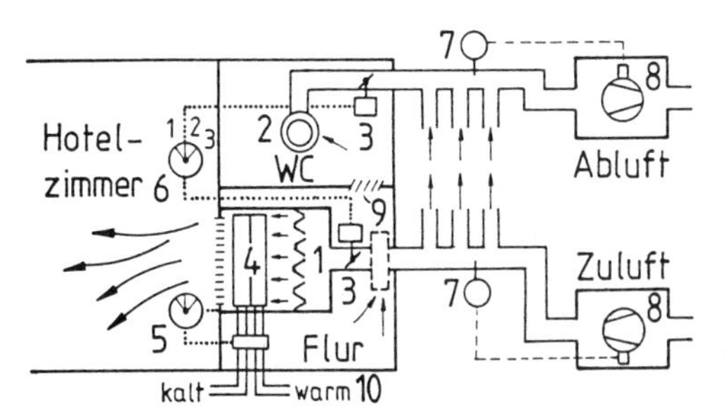

1 Induktionsgerät in Zwischendecke
2 Abluftventil (in Wand oder Decke)
3 Absperr- und Regeleinheit (ZU und AB)
4 Wärmetauscher (2- oder 4-Leitersystem)
5 Thermostat (Temperaturregelung)
6 Schalter für die Veränderung des Volumenstroms
7 Regler für konstanten Kanalluftdruck
8 zentrale Volumenstromregelung (Ventilator)
9 Sekundärluftgitter mit Luftfilter
10 Kalt- und Warmwasser (2- oder 4-Leitersystem)

Abb. 12.10 Hotelklimatisierung mit Induktionsgerät und abschaltbarer Primär- und Abluft

Abb. 12.10 zeigt ein **Induktionsgerät mit variablem Volumenstrom,** das über dem Flur montiert ist. Die Zuluft von der Zentrale wird über Düsen geführt. Durch die Primärluft (max. 40 bis 70 m^3/h) wird aus dem Flur Sekundärluft angesaugt. Je nach Lastanfall wird die Luft durch den Wärmetauscher erwärmt (Warmwasser) oder/und gekühlt (Kaltwasser).

In jedem Hotelzimmer befindet sich in der Zu- und Abluftleitung eine Vorrichtung zum Absperren oder Regeln (Drosseln) des Luftstroms (bis auf etwa 20 %). Die Betätigung über einen Stellmotor erfolgt von Hand (Schalter), beim Eintreten ins Zimmer z. B. durch Zimmertürschalter oder mit DDC-Einzelraumreglern über Bus mit dem Buchungscomputer.

Je mehr Zimmer abgeschaltet werden, desto höher steigt der statische Druck im Kanalsystem, was vom Druckfühler erfaßt wird und die entsprechende Volumenstromreduzierung durch die Ventilatorendrehzahlregelung veranlaßt.

12.5 Versammlungsräume

Im Gegensatz zu den Vielraumgebäuden (z. B. Büro- und Hotelgebäude) handelt es sich hier um die Klimatisierung eines oder mehrerer Großräume wie Theater, Kinos, Konzertsäle, Hörsäle, Ausstellungshallen, Schwimmhallen, Sporthallen usw. Die vielfach innenliegenden Räume können bei stärkerer Belegung ohne Klimatisierung nicht genutzt werden. Selbst in Räumen mit wärmegedämmten Außenwänden und Fenstern muß vielfach durch die hohe Kühllast auch im Winter oder in der Übergangszeit gekühlt werden. Im Hochsommer bedeutet jedoch der große Außenluftvolumenstrom (Lüftung) einen hohen sensiblen und latenten Kühleranteil (vgl. Kap. 9.2.5).

Bei den hierfür vorwiegend eingesetzten NUR-LUFT-Systemen ist die wichtigste und auch schwierigste Aufgabe die Wahl des Luftführungssystems, besonders wenn es sich um Mehrzweckräume mit sehr unterschiedlicher Nutzung handelt. Außerdem handelt es sich in der Regel um Gebäudekomplexe mit unterschiedlich genutzten Nebenräumen, wie z. B. bei Kongreßzentren, Universitäten, Instituten, Theater usw.

Wenn man z. B. die Klimatisierung von Konzert- oder Theatergebäuden betrachtet, so steht neben den hohen Anforderungen hinsichtlich Schallschutz (exakte Schalldämpferauslegung u. a.), Brandschutz, Regelungs- und Sicherheitstechnik die **starke Aufteilung (Dezentralisierung)** im Vordergrund, die eine differenzierte Planung erforderlich macht. Dort brauchen Zuschauerraum, Orchestergraben, Orchesterproberäume, Tonstudios, Foyerbewirtschaftung, Theaterkasse, Garderobehalle, Sozialräume, Kantine, Küche, Toilettenanlagen, Kulissenräume, Technikräume usw. eine sehr unterschiedliche Luftbehandlung, nämlich von einer Vollklimaanlage bis zu einfachen Kleinlüftungssystemen. Entsprechend unterschiedlich sind demnach auch die Luftführung, Montage, Regelung, Kosten und Betriebszeiten.

Die **Luftführung im Gebäude** erfolgt über Kanäle bzw. Rohre (meist in Zwischendecke), in vielen Großräumen über sichtbar an der Decke angeordneten Wickelfalzrohren und in Sälen mit fester Bestuhlung über Doppelboden (Druckraum).

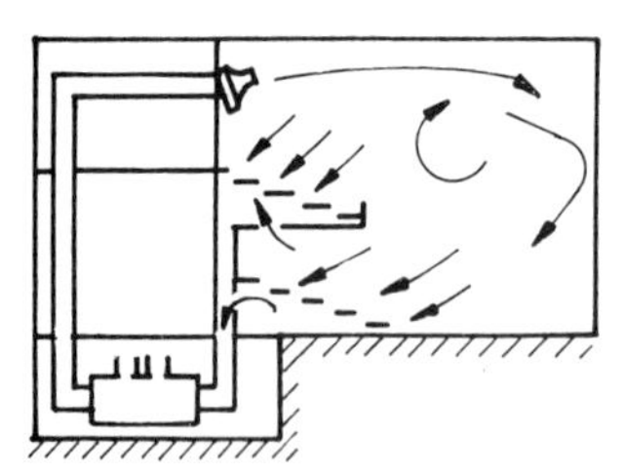
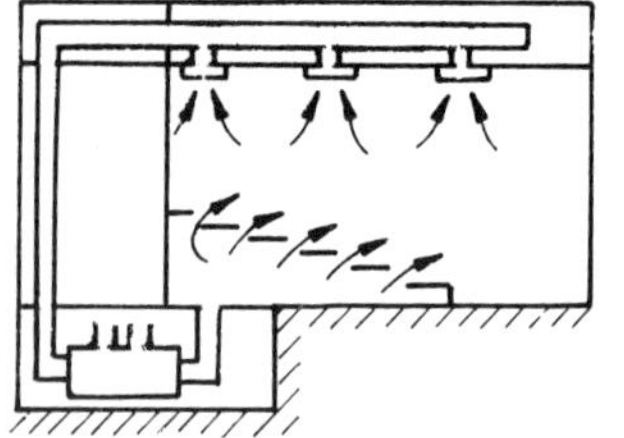
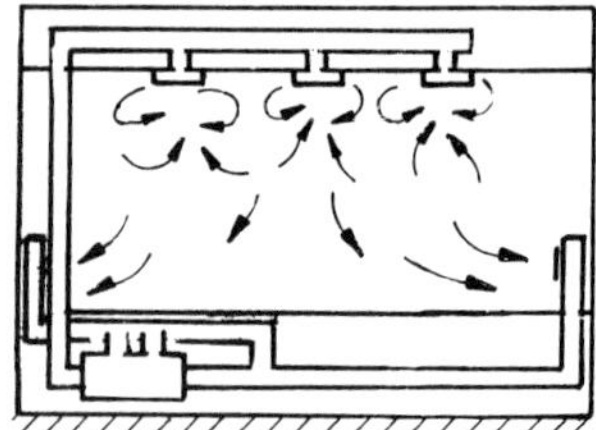

Abb. 12.11 Luftführungssysteme in Kulturbauten

Bei der **Luftführung im Saal** wird die Zuluft bei der Mischströmung (Kap. 10.1.1) mit speziellen Deckenluftdurchlässen oder Weitwurfdüsen von oben bzw. im oberen Wandbereich eingeführt. Die schwenkbaren Weitwurfdüsen für Wand- oder Rohreinbau haben verstellbare Luftstrahlen und eine extrem hohe Induktion. Die Deckenauslässe mit verstellbaren Lamellen sind für VVS-Anlagen, für Heiz- und Kühlbetrieb (elektrischer Stellmotor) und können deckenbündig oder freihängend montiert werden.
Bei der Verdrängungsströmung (Kap. 10.1.2) sind es großflächige Zuluftdurchlässe oder zahlreiche Einzelauslässe. In Sälen mit einer festen Bestuhlung wird die Zuluft über Sockel-Quelluftdurchlässe oder Durchlässe an den Stühlen zugeführt (Abb. 10.15).
Grundsätzlich ist bei größeren thermischen Lasten und Verunreinigungslasten die Luftführung von unten nach oben die bessere, da hier die aufbereitete Luft im Aufenthaltsbereich zur Verfügung steht.
Den **Zuluftvolumenstrom** bestimmt man nach dem erforderlichen Außenluftvolumenstrom und/oder Kühllastanfall (Kap. 8). Er soll etwa 15–20 % geringer als der Abluftvolumenstrom sein.

Abb. 12.12 Luftführungsarten (n. l. nach r.) in einer Kongreßhalle mit Weitwurfdüsen; in einem großen Mehrzweckraum mit Düsengitter; in einer Imbißhalle mit Dralluftdurchlässen (SCHAKO).

Die in Kap. 12 zusammengestellten Anforderungen an Planung und Betrieb von RLT-Anlagen, Gebäudeplanungen, Energieeinsparungsmaßnahmen, Wartungsstrategien u. a. beziehen sich im besonderen Maße auf die Klimatisierung von großen Vielraumgebäuden und Großräumen mit den z. T. sehr hohen Investitions- und Energiekosten.

12.6 Geschäfts- und Warenhäuser

Hinsichtlich der Klimatisierung kann man hier zwischen Ladengeschäften des Einzelhandels, Warenhäusern und Einkaufszentren unterscheiden.
Ob ein **Ladengeschäft** klimatisiert werden muß, hängt vor allem von der Lage und Nutzung des Raumes ab. Man wundert sich immer wieder, wie viele solcher Räume im Sommer mit Einzelklimageräten gekühlt und entfeuchtet, d. h. „teilklimatisiert“ werden. Das sind vorwiegend Geschäfte an Hauptverkehrsstraßen mit ungünstigem Grundriß (schmal und tief) ohne Querlüftung.

Eine Zunahme der Kundenfrequenz seit Einbau eines Klimagerätes wird von den meisten Geschäftsleuten bestätigt. Anwendungsbeispiele und Hinweise für Planung und Betrieb dieser Geräte vgl. Kap. 6.

In einem **Warenhaus** werden in mehreren Stockwerken nahezu alle Verbrauchs- und Dauergüter auf verhältnismäßig begrenztem Raum zum Verkauf angeboten. Mit Hilfe der Klimatisierung sollen die Kunden zum Verweilen animiert und ihre Kauflust angeregt werden. Jeder-

mann schätzt während der warmen Jahreszeit die klimatisierte Luft im Kaufhaus. Im Gebäude selbst befinden sich jedoch nicht nur diese Verkaufsetagen mit den vielfältigsten Abteilungen, sondern ca. 30–40 % der Gesamtfläche beziehen sich auf Nebenräume, wie Verwaltung, Sozialräume, Lager, Werkstätten usw. Wenn man außerdem noch die unterschiedliche Nutzung innerhalb der Verkaufsflächen in Betracht zieht, wie z. B. Lebensmittelabteilung, Restaurant, Möbel- und Lampenabteilung, Friseur usw., so wird deutlich, daß mehrere Zonen, d. h. mehrere RLT-Geräte mit z. T. sehr **unterschiedlicher Luftbehandlung** erforderlich sind.
Mit folgender Tabelle aus Bd. 3 soll dies nochmals verdeutlicht werden.

Tab. 12.2 Planungsdaten für Verkaufsstätten und Dienstleistungsräume

Raumgruppen, Raumnutzung	Winter	Sommer[1])		Luftwechsel	Personen dichte[2])	Beleuchtung in W/m^2
	ϑ_i in °C	ϑ_i in °C	r. F. %			
Verkauf (allg.) z. B. Textilien, Hartwaren, Schuhe, Schmuck, verpackte Lebensmittel	19 bis 22	22 bis 26	65 bis 50	2 bis 6	1 bis 2	15 bis 30
Verkauf geruchsintensiv; Schnellreinigung	19 bis 22	22 bis 26	65 bis 50	4 bis 8	0,5 bis 1	15 bis 30
Lebensmittel, wie Fleisch, Fisch, Käse, Obst	18 bis 22	18 bis 24	75 bis 65	4 bis 8	1 bis 2	15 bis 30
Verkauf mit geringer Kundenfrequenz (z. B. Möbel)	19 bis 22	22 bis 26	65 bis 50	2 bis 8	0,1 bis 0,5	15 bis 30
Verkauf mit hohem Wärmeanfall, z. B. Lampen, Funk	20 bis 24	22 bis 28	65 bis 45	6 bis 20	0,5 bis 1	50 bis 200
eingegliederte Restaurantbetriebe, z. B. Cafe, Erfrischungsraum, Kasino, Schnellimbiss	20 bis 23	22 bis 26	65 bis 50	6 bis 15	2 bis 6	10 bis 30
Lagerung (allgemein)	je nach Ware		–	1 bis 2	0,1 bis 0,2	3 bis 10
Lagerung von Lebensmitteln		je nach Ware		1 bis 4	0,1 bis 0,2	3 bis 10
Lager mit ständigem Personenaufenthalt	17 bis 20	22 bis 26	65 bis 50	1 bis 2	0,2 bis 0,4	10 bis 20
Büroräume, auch Großraumbüros	22	22 bis 26	65 bis 50	4 bis 8	1 bis 2	15 bis 40
Vorbereitung und Verarbeitung von Lebensmitteln		je nach Ware		3 bis 12	0,5 bis 1,5	15 bis 30
Werkstätten, Ateliers	18 bis 22	22 bis 26	65 bis 50	5 bis 12	0,5 bis 1,5	20 bis 40
Umkleideräume	21 bis 40	–	–	4 bis 8	–	5 bis 10
Schulungs- und Aufenthaltsräume	20 bis 22	22 bis 26	65 bis 50	3 bis 8	4 bis 6	20 bis 40
Toilettenräume	18 bis 21	–	–	5	–	5 bis 10

[1]) Relative Feuchte nur für Sommer angegeben, [2]) Personendichte bezieht sich auf 10 m^2 Grundfläche (≙ 0,1 Pers./m^2)

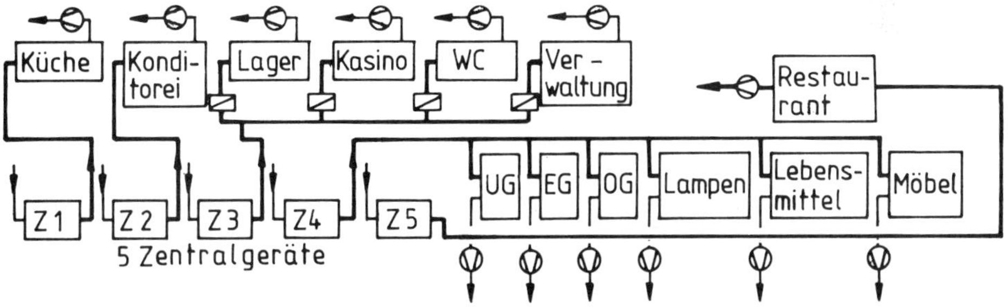

Abb. 12.13 Aufteilung eines Luftverteilsystems in einem Warenhaus (Beispiel)

In **Einkaufszentren,** d. h. in Gebäudekomplexen, in denen das gesamte Warensortiment von verschiedenen selbständigen Detailgeschäften und Dienstleistungsunternehmen angeboten wird, kann eine mögliche Luftbehandlung nur im Einzelfall entschieden werden. Dies liegt an den unterschiedlichen Anforderungen an das Raumklima (z. B. Gemäldegalerie, Konditorei, Metzgerei, Friseur, Verkauf lebender Tiere, Imbißraum usw.), ferner an den unterschiedlichen Ansprüchen der Mieter, den verschiedenen Öffnungszeiten und an der unterschiedlichen Raumanordnung (Raumtiefe, -höhe, freie Lüftungsmöglichkeit, Einrichtungen).

Innerhalb eines Einkaufszentrums befinden sich außer den zahlreichen Geschäften oft noch ein Warenhaus, ein Restaurant, ein Blumenmarkt u. a., so daß neben der individuellen Klimatisierung durch Einzelgeräte (mit oder ohne Kanalanschluß) auch zentrale Anlagen vorgesehen werden.

Die **Aufgabe einer Kaufhausklimatisierung** ist in erster Linie die Raumkühlung, d. h. das Abführen der großen Wärmeströme. Die Anlage soll sich den örtlich und zeitlich wechselnden

Lasten schnell anpassen, die kühle Zuluft zugfrei einführen, einen ausreichenden Außenluftvolumenstrom gewährleisten (evtl. auch zur Kühlung), die Ausbreitung von Gerüchen innerhalb der einzelnen Abteilungen vermeiden (Fische, Käse, Kosmetika, Lederwaren usw.) und einen wirtschaftlichen Betrieb garantieren. Eine Heizung ist oft nur in Nähe des Eingangs und im Fensterbereich notwendig. Hierzu werden in der Regel statische Heizflächen über die PWW-Heizung versorgt. Auf eine Befeuchtung wird in der Regel verzichtet, obwohl an kalten Wintertagen und bei größerem Außenluftvolumenstrom die Raumluft lästig trocken wird. Eine Luftentfeuchtung im Sommer wird durch den Kühler erreicht.

Weitere Hinweise:

1. Die sensible **Kühllast** ist ausschlaggebend für den Zuluftvolumenstrom (Kap. 8). Die Zulufttemperatur liegt allerdings durch die Verluste bei langen Lüftungsleitungen und durch die Ventilatorwärme bis zu 2 K höher als die Kühleraustrittstemperatur. Die größten Wärmequellen im Verkaufsbereich sind Beleuchtung und Menschen, wogegen die äußere Kühllast meistens gering ist. Da die einzelnen Abteilungen oft vertauscht oder verändert werden, kann man als Kühllast mindestens folgende **Anhaltswerte** zugrunde legen: Personen: 7–20 W/m^2 je nach Kundenfrequenz ($\triangleq$ 0,05–0,14 Pers./m^2), die als örtlich und zeitlich „wandernde Wärmequelle" die größte Störung im Wärmehaushalt ist; für Geräte, Motoren, Rolltreppen usw.: 5–7 W/m^2; für Beleuchtung: $\approx$ 25 W/m^2 (differenzierte Werte vgl. Tab. 12.1).
2. Der **erforderliche Außenluftvolumenstrom** wird nach den Arbeitsstätten-Richtlinien oder nach VDI-Blatt 2082 ermittelt. Die Filter sollten mind. die Klasse EU 3 oder EU 4 aufweisen.

Tab. 12.3 Außenluftraten für Geschäftshäuser und Verkaufsstätten

Raumart	Besetzung	ohne Geruchsverschlechterung		mit Geruchsverschlechterung	
	Pers./m^2	m^3/h · Pers.	m^3/h · m^2	m^3/h · Pers.	m^3/h · m^2
Verkaufsräume [2][3][4][5]	0,1 bis 0,15	–	6	–	9
Verkaufsräume mit geringer Besetzung, z. B. Möbel, Hausrat [3][5]	0,05	–	2	–	–
Dienstleistungsräume mit Publikumsverkehr [1][3][4][5]	nach Personen	30	6	45	12
Personal-Aufenthaltsräume [3][5]	nach Personen	30	–	40	–
Personal-Umkleideräume		–	–	–	18
Lebensmittelverarbeitungs- und -vorbereitungsräume [1]	nach Personen	–	–	45	12
Werkstätten und Ateliers [1][3]	nach Personen	30	6	45	12
Läger ohne Kühleinrichtung [1][5]	nach Personen	30	3	45	9

[1] Jeweils höhere Werte annehmen (Pers., m^2).
[2] Mindestaußenluftstrom entspricht bei 0,15 Pers./m^2 dem in den Arb.stätt.richtl. genannten Wert von 40 m^3/h · Pers.
[3] In den Geschäftshausverordnungen (über 2 000 m^2 Verkaufsfläche) werden $\dot{V}_a$-Werte von 12 bzw. 18 m^3/h · m^2 genannt; $\dot{V}_a$-Verringerung bis 50 % zulässig bei ϑ über 26 bis 32°C und ± 0 bis –12°C.
[4] Bei verkaufsschwachen Zeiten Reduzierung bis auf 50 % möglich.
[5] Umluftbetrieb ohne Außenluftanteil nur in Zeiten ohne Personalbesetzung zulässig.

3. Die Frage, ob die **freie Lüftung zur Kühlung ausreicht,** kann man bejahen, wenn durch die Wärmelasten die Raumlufttemperatur nicht mehr als 3 K über die Außentemperatur ansteigt (VDI 2082). Geht man z. B. von ϑ_i = 26 °C aus, so kann man bei ϑ_a = 23 °C und bei einem AU-Volumenstrom von 10 m^3/(h · m^2) entsprechend Tab. 8.2 eine Kühllast von ca. 10 W/m^2 abführen. Dieser Wert kann unter Einbeziehung einer ausreichenden Gebäudespeicherung mindestens verdoppelt werden.
4. Die in den Kaufhäusern vorgesehenen **„türlosen" Eingänge** werden aus verkaufspsychologischen Gründen gewählt. Hierzu werden vorwiegend Luftschleieranlagen („Lufttüren") mit Doppelstrahl und Bodenabsaugung vorgesehen. Auslegungsparameter sind Druckdifferenzen (Wind, Auftrieb), Temperaturdifferenzen, Daten über die Düsen (Geschwindigkeit, Schlitzbreite, Strahlvolumenstrom, Höhe über Fußboden) und Bodenkanal. Näheres hierzu siehe Bd. 3.
5. Maßnahmen zur **Energieeinsparung und Energieoptimierung** sind: geringere Kältevorhalteleistung (70–80 %); geringe Druckdifferenz in der Zuluftanlage einschl. Zentrale (max. 1,2 · · · 1,5 kPa), gleitende Regelung des Zuluftvolumenstroms, Einsatz von Volumenstromregler und Anpassung der Ventilatordrehzahl, Nutzung der Außenluftenthalpie, gute Wärmedämmung des Zuluftverteilsystems, Mittelwertbildung über mehrere Raumtemperaturfühler, Umluftbetrieb ermöglichen, Nutzung des Kaufhausabluftstroms als Zuluftvolumenstrom für Tiefgarage (Brandschutz beachten!), Einbau eines Windfangs mit Doppeltüranlage (ca. 20–30 % des Volumenstroms einer „Lufttüre").
6. **Vorschriften und Richtlinien** sind besonders die jeweiligen Bauordnungen und Geschäftsverordnungen der Länder, die Mustergeschäftsverordnung, die Arbeitsstättenverordnung, die VDI 2082 (Lüftung von Geschäfts- und Verkaufsstätten), die Auflagen über vorbeugenden Brandschutz (Feuer und Rauch), die Unfallverhütungsvorschriften, die DIN 1946/2.

12.7 Museen

Ein Museum ist eine Bildungsanstalt, ein Kulturzentrum, eine Stätte stiller Forschung und Erbauung. Die sich darin befindlichen Ausstellungsgegenstände müssen unbedingt für die Nachwelt erhalten bleiben.

Entsprechend DIN 1946/2 zählen Museen nicht als Versammlungsräume, in denen primär die Behaglichkeitsbedürfnisse der Personen erfüllt werden müssen, sondern primär dient hier eine Luftbehandlung dem Schutz der Kunstwerke. Hierzu gehören z. B. Gemälde auf Leinwand oder Holz, Holzskulpturen, Holztafelbilder, völkerkundliche Sammlungsgegenstände, Fresken, Handschriften, Zeichnungen, Drucke, botanische Sammlungen, Gegenstände tierischen Ursprungs, Teppiche, gewirkte Kostüme, Musikinstrumente u. a.
Zunächst müssen die Einflüsse von außerhalb des Gebäudes verhindert oder vermindert werden. Hierzu zählen die starken Temperatur- und Feuchteschwankungen und die Luftverschmutzung in Ballungszentren. Moderne Bauten mit großen Fensterflächen und umfangreichen Beleuchtungskörpern (Lichtstrahler) verursachen außerdem erhöhte Kühllasten, die eine Luftkühlung erforderlich machen können.
Der **relativen Luftfeuchtigkeit** muß die größte Bedeutung zugemessen werden, da die meisten Kunstgegenstände aus hygroskopischen Materialien bestehen. Wird nämlich zwischen der Raumluft und der Substanz der Ausstellungsgegenstände Wasserdampf ausgetauscht, kommt es zu Volumenänderungen, die Deformationen und Spannungen im Material verursachen. Ist die Luft zu trocken, kann es zu irreparablen Schäden durch Schwinden kommen, vorwiegend in Form von Rißbildungen. Ist die Luft zu feucht, kann es zu Quellungen und Blasenbildungen z. B. an der Farbe kommen. Außerdem bleiben dadurch die Staubteilchen der Luft an der Oberfläche haften; die Gegenstände werden trübe und je nach Verschmutzungsgrad der Luft auch beschädigt. Alle genannten möglichen Schäden können vermieden werden, wenn sich die relative Feuchte höchstens innerhalb eines engen Toleranzbereichs nur langsam ändert. Den **Mittelwert von 50–55 % ± 5** kann man – je nach Material – noch weiter eingrenzen und demnach auch die Luftbehandlung differenzierter vornehmen.

Empfohlene Werte nach STOLOW sind: 55–60 % für Pergament; 50–60 % für Lackobjekte, Elfenbein; 45–60 % für Musikinstrumente, gefaßte Skulpturen, Holztafelgemälde; 40–60 % Holz, Leder, Faserstoffe, Möbel; 40–55 % Leinwandgemälde; 40–50 % Papier; 30–50 % Textilien, Teppiche; 30–45 % Photographien, Filme; 20–60 % Keramik, Stein (je nach Salzgehalt); 20–30 % Metallobjekte je nach Korrosionszustand; 15–40 % Waffen, Rüstungen, oxidierendes Material.

Die **Raumlufttemperatur** kann man entsprechend der Jahreszeit – wie auch bei den Versammlungsräumen – etwas unterschiedlich angeben; nach oben jedoch gleitend nur bis etwa 26 °C.

In den **Wintermonaten** sollte ein Mindestwert von 18–20 °C angestrebt werden; in den **Sommermonaten** ein Wert von 25 °C ± 1. Früher konnte man in Museen mit dicken Mauern und kleinen Fenstern Werte von 22 · · · 24 °C ohne weiteres auch im Hochsommer einhalten, während heute der Maximalwert von 26 °C oft erst durch Kühlung eingehalten werden kann.

Der **Außenluftvolumenstrom** dient zur Lüftung des Raumes für das Personal. Da in Museen Rauchverbot herrscht und die Personen sich nur kurzfristig aufhalten, genügt eine Außenluftrate von 12–15 $m^3/(h \cdot Pers.)$. Je mehr ungefilterte verschmutzte Außenluft eingeführt wird, desto größer ist die Gefahr, daß Gegenstände durch Abgase (Staub, Ruß, SO_2), beschädigt werden können. In RLT-Geräten sollte daher ein Filter der Klasse EU 5 bis 7 und höher (je nach Staubempfindlichkeit) vorgesehen werden. Auf eine sorgfältige Anordnung der Außenluftstelle muß geachtet werden. Der Zuluftvolumenstrom (VVS) wird nach der Kühllast bestimmt.

Beispiel:

Für eine Ausstellungsfläche von 100 m^2 werden 20 gleichzeitig verweilende Personen angenommen (5 · · · 30). Die Kühllast beträgt 50 W/m^2 und die Untertemperatur 4 K. Der Raum ist 4,1 m hoch. Wie groß ist die auf die Zuluft und Außenluft bezogene Luftwechselzahl sowie der prozentuale Außenluftanteil, wenn eine Außenluftrate von 15 $m^3/(h \cdot Pers.)$ angenommen wird?

Lösung: $\dot{V}_{ZU} \approx 50 \cdot 100/(4 \cdot 0{,}35) = 3\,571\ m^3/h$ $\Rightarrow$ LW $\approx 3571/410 =$ **8,7 h^{-1}**; $\dot{V}_{AU} = 20 \cdot 15 = 300\ m^3/h$ $\Rightarrow$ LW = **0,73 h^{-1}** (was auch mit einer Fensterlüftung erreicht werden kann); P = 300/3571 = **8,4 %.** Werte zwischen 10 und 15 % gelten als üblich.

Weitere Hinweise:

- Die **Luftaufbereitung,** die rund um die Uhr erforderlich ist (nachts lediglich mit Umluft), erfolgt in großen Museen in Kammerzentralen mit allen Einbauten einschl. Kühler und Befeuchter, manchmal auch aufgeteilt in kleinere Einheiten, nicht zuletzt durch die verschiedenen Nebenräume (z. B. Restaurierungswerkstätten, Magazine, Vitrinen). Eine dezentrale Luftbehandlung mit Einzelgeräten steht ebenfalls zur Diskussion. Oft befinden sich in Räumen mit Massivbauweise neben den Raumheizkörpern nur automatische Luftbefeuchter einschl. Regelungs- und Registriereinrichtungen (Thermohygrographen). Zur Abfuhr der sensiblen Kühllast können auch Kühldecken vorgesehen werden, wenn eine Kanalverlegung nicht möglich oder zulässig ist.
- Für die **Luftverteilung im Raum** bietet sich das Quelluftsystem an (Kap. 10.2). Bei der Aufstellung von Geräten unter Fenster oder an Wänden handelt es sich meistens um die tangentiale Mischströmung. Stehen große Vitrinen mit intensiven Strahlern im Raum, so haben diese je nach Luftführung (Misch- oder Quelluft) unterschiedliche Auswirkungen (Kap. 10).
  Der **Schalldruckpegel** im Raum sollte 40 dB(A) nicht überschreiten, z. T. bestehen noch höhere Anforderungen.

12.8 Krankenhäuser

RLT-Anlagen in Krankenhäusern sind für den Klimaingenieur ein interessantes Betätigungsfeld, da er hier nicht nur in technischer Hinsicht gefordert wird, sondern verstärkt auch physiologische, biologische und gesundheitliche Aspekte berücksichtigen muß.

Außer der Herstellung eines behaglichen Raumklimas gilt es vor allem, die in der Luft schwebenden Mikroorganismen zu reduzieren und sie in ihrer Ausbreitung von Raum zu Raum zu verhindern. Um diese Ziele zu erreichen, bedarf es einer gewissenhaften Planung, Ausführung, Betriebsweise und Wartung der RLT-Anlage. Eine optimale Zusammenarbeit aller Beteiligten (Bauherr, Behörde für Gesundheitswesen, Architektengruppe, Planungsingenieure, ausführende Firmen, Fachingenieure der Herstellerfirmen, Arzt für Hygiene) garantiert eine technisch, wirtschaftlich und hygienisch einwandfreie Luftbehandlung zum Wohle und Wiedererlangung der Gesundheit. Das Ausschließen einer möglichen Infektionskrankheit ist nicht ganz einfach, da diese Keime jederzeit einer Luftbewegung trägheitslos folgen und außerdem eine Zeitlang in ihr überleben können. Das Einwirken auf diese Keime durch RLT-Anlagen geschieht am besten dadurch, daß man durch gezielte laminare Luftbewegungen diese Organismen dort hinbewegt, wo sie weniger oder überhaupt keinen Schaden mehr anrichten können, oder daß man sie durch Schwebestoffilter nahezu aus der Luft herausfiltert.

DIN 1946/4 „Raumlufttechnische Anlagen in Krankenhäusern“

Diese Norm ist die wichtigste Grundlage für die Planung. Sie zeigt, welchen hohen Standard hier RLT-Anlagen haben müssen und welche zahlreichen Anforderungen für den Betrieb gestellt werden. Einige wesentliche Auszüge sollen nachfolgend zusammengefaßt werden:

1. Hinsichtlich der Anforderungen an die Keimarmut werden für die einzelnen Bereiche und Räume **zwei Raumklassen** unterschieden, die jeweils in einer umfangreichen tabellarischen Übersicht entsprechend gekennzeichnet sind.

   Bei der **Klasse I** werden hohe bzw. sehr hohe Anforderungen gestellt. Das sind vorwiegend Räume, in denen aus klimaphysiologischen und infektionsprophylaktischen Gründen RLT-Anlagen unentbehrlich sind (OP-Räume, Sterilräume, spezielle Pflegebereiche mit infektionsgefährdeten Patienten). Hier ist mindestens eine dreistufige Filtrierung erforderlich.
   Bei der **Klasse II** handelt es sich um die üblichen Anforderungen an die Keimarmut, wie z. B. bei der physikalischen Therapie, Entbindungsräumen, Endoskopie. Hier wird eine mindest zweistufige Filtrierung verlangt.
2. Bei den Filterstufen unterscheidet man zwischen der **1. Filterstufe** nah an der Ansaugstelle der Außenluft zur Reinhaltung der Bauteile in der Kammerzentrale; mindestens EU 4; der **2. Filterstufe** am Ausgang der Zentrale zur Reinhaltung des Kanalnetzes; mind. EU 7; und der **3. Filterstufe** unmittelbar vor dem zu klimatisierenden Raum; mind. Filterstufe S, oder u. U. auch R-Filter (Schwebstoffilter).

3. Der erforderliche **Außenluftvolumenstrom** wird je nach Raumart mit 10–15 $m^3/(h \cdot m^2)$, in einigen Räumen wie z. B. Aufwachräumen, Endoskopie mit 30 $m^3/(h \cdot m^2)$ angegeben. Für OP-Räume wird ein Mindest-Außenluftvolumenstrom von 1200 m^3/h angegeben. Die Ansaugöffnung soll mind. 3 m über Erdniveau liegen.

   Gelüftet werden grundsätzlich alle innenliegenden Arbeitsräume, Räume, die nach DIN mechanisch be- und entlüftet werden müssen oder in denen Schadstoffe entstehen. Räume mit büroartiger Nutzung oder Patientenzimmer werden in der Regel nicht mechanisch gelüftet, ausgenommen Bettenzimmer in der Intensivmedizin oder bei der Spezialpflege.
4. Der **Zuluftvolumenstrom** kann aus Gründen der Wärmebilanz oder einer weiteren Herabsetzung des Luftkeimpegels u. U. größer sein als $\dot{V}_{AU(min)}$. Im OP-Raum ist ein Mindest-Außenluftvolumenstrom von 2400 m^3/h erforderlich. Dieser sog. „Bezugszuluftvolumenstrom" wird jedoch je nach Kontaminationsgrad und relativer Luftkeimkonzentration reduziert.

   Umluftbetrieb ist nur zulässig, wenn hinsichtlich der Abluftbelastung keine Bedenken bestehen, diese Umluft aus der Abluft desselben Raumes entnommen wird und über dieselben vorgeschriebenen Filterklassen der Außenluft geführt wird.
5. Eine **Luftströmung zwischen den Räumen** oder Krankenhausbereichen darf nur in die Richtung von Räumen mit höheren Anforderungen an die Keimarmut nach solchen mit geringeren erfolgen. Die Sicherstellung erfolgt durch die unterschiedlichen Zu- bzw. Abluftvolumenströme, wobei die notwendigen Öffnungen (Türen, Durchreichen) entsprechend dicht sein müssen. Vielfach sind auch Luftschleusen als Trennfunktion erforderlich, z. B. Räume der Klasse I gegenüber denen der Klasse II oder gegenüber dem Freien.
6. An die **Luftleitungen** werden zahlreiche Anforderungen gestellt, wie z. B. glatte Wandungen; Flexrohre zum Anschluß der Luftdruchlässe max. 2 m; keine Ablagerungsmöglichkeiten bei Formstücken; nach der 3. Filterstufe: Möglichkeit zur leichten Reinigung und Desinfizierung, keine Flexrohre, Schalldämpfer, Klappen u. a., Wickelfalzrohre müssen mit Gleitmitteln hergestellt werden; Bauelemente wie Absperrklappen, Volumenstromregler mit gutgekennzeichneten Revisionsöffnungen; Außenluftleitungen mit Dichtheitsklasse II, möglichst kurz, begehbar, kriechbar oder mit ausreichenden Reinigungsöffnungen; lange Zuluftleitungen als Überdruckleitung, bei Raumklasse I nur kurze Leitungen, Dichtheitsklasse III, Prüfstutzen für mikrobiologische Untersuchung; zahlreiche Forderungen an Absperrklappen hinsichtlich Dichtheit, Schließverhalten, Rückströmung.
7. Die **Anforderungen an die Bauelemente** beziehen sich auf die Kammerzentrale, wie: leichte Zugänglichkeit zu allen Einbauten, Kontrollmöglichkeiten durch Schaugläser und Beleuchtung (Ventilator, Filter, Be- und Entfeuchter), Hygieneausführung; auf die **Filter** (Material, Feuchteeinfluß, Dichtheit, Δp-Messung); **Luftbefeuchter:** rel. Feuchte nach der Befeuchtungsstrecke < 90 %, keine Tröpfchenbildung oder Kondensat im Zuluftsystem, aufbereitetes Wasser (vgl. Kap. 3.4.3), korrosionsbeständig, Dampf wird bevorzugt; **Entfeuchter** (Kühler): einwandfreier Kondensatabfluß (nicht an Abwassernetz), reinigungsfähiger und desinfizierbarer Naßbereich, Wasservorlage mit Schwimmerventil; **Wärmerückgewinner:** Vermeidung von Gas- oder Partikelaustausch, am günstigsten KV-System; **Schalldämpfer:** abriebfest, wasserabweisend, unverrottbar; Schutz vor mechanischer Beschädigung; **Luftdurchlässe:** leicht ausbaubar (zur Reinigung und Desinfektion des dahinterliegenden Teiles der Luftleitung), keine Rückströmmöglichkeit beim Zuluftdurchlaß (OP).
8. Bei der **Luftführung in OP-Räumen** wird die Zuluft in der Regel über an der Decke angeordnete düsenförmige oder lochblechähnliche spezielle Austrittsebenen zugeführt (z. B. Laminardecke, Lochdeckenfeld u. a.). Von der Abluft werden 1200 m^3/h in Bodennähe und der Rest in Deckennähe abgeführt. Die Sicherstellung der gewünschten Luftrichtung zu den Nachbarräumen ist dabei zu gewährleisten.

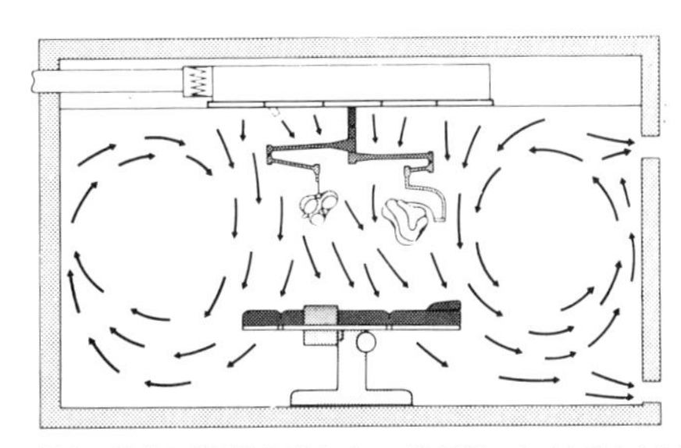
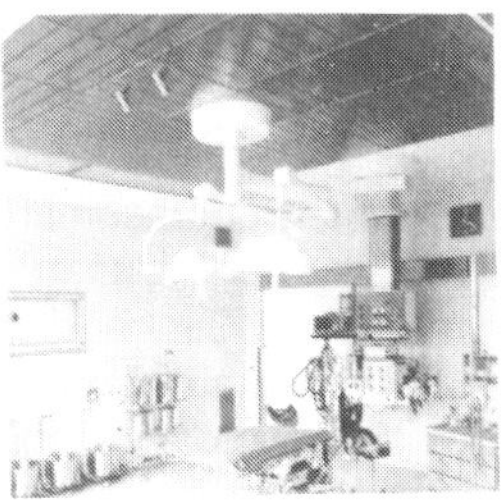

Abb. 12.14 OP-Zuluftdecke mit Stützstrahl, Edelstahlkonstruktion und Schwebstoffilter

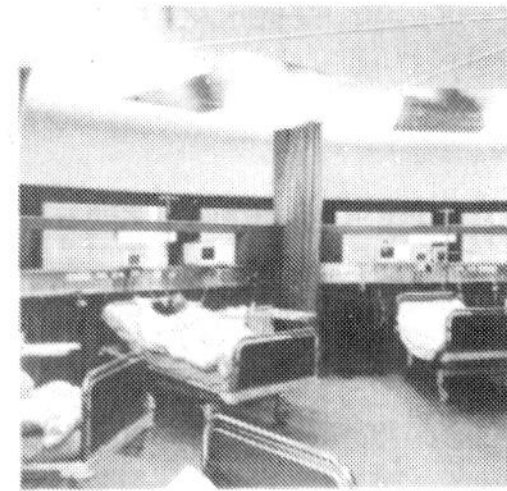

Abb. 12.15 Klimatisierung der Intensivpflegestation

9. Für die Abnahme, Wartung und Kontrolle der RLT-Anlage enthält die Norm detaillierte Anforderungen sowohl in technischer als auch in hygienischer Hinsicht. Somit unterscheidet man zwischen einer **technischen Abnahmeprüfung,** bei der neben den allgemeinen Abnahmeprüfungen umfangreiche, in einer Tabelle zusammengefaßte, krankenhausspezifische Prüfungen empfohlen werden, und einer **hygienischen Abnahmeprüfung.** Zu letzterer gehören bei einer Begehung der Anlage und Räume die detailliert aufgeführten

Prüfungen sämtlicher Anlagenteile (Leitungen, Filter, Befeuchter usw.) und bei der hygienischen Untersuchung (besonders bei Räumen der Raumklasse I) die Partikelzählungen, die Luftkeimkonzentrationsmessungen, der Nachweis der Strömungsrichtung, die Keimuntersuchung des Befeuchtungswassers.

Hinsichtlich der **Wartung und Kontrolle** nach der Inbetriebnahme werden die Tätigkeiten angegeben, die der Betreiber selbst zu veranlassen hat.

Wirtschaftlich vertretbare **Energiesparmaßnahmen** bei Heizungs- und RLT-Anlagen sind hier sowohl bei Neubau- als auch bei Umbauplanungen und ganz besonders bei Sanierungsmaßnahmen gleichzeitig ein wesentlicher Beitrag zur Kostendämpfung im Gesundheitswesen. Bei der Frage: **In welchen Nutzungsbereichen im Krankenhaus soll überhaupt eine mechanische RLT-Einrichtung vorgesehen werden,** sollte man das Haus in folgende vier Bereiche unterteilen:

1. In Büros, Ärzte- und Schwesternzimmern, Bettenzimmern, Warteräumen, Naßräumen, Eingangshallen u. a. reicht in der Regel eine Zentralheizung mit Fensterlüftung.
2. In Geräteräumen, EDV-Räumen, ambulanten Behandlungsräumen, Laborräumen, Räumen für Forschung und Lehre u. a. besteht ebenfalls kein Grund, Klimaanlagen vorzusehen. Neben der Zentralheizung und Fensterlüftung wählt man in einzelnen Räumen mit höheren Wärmelasten Umluft-Kühlgeräte (örtliche Kühlung) oder Kühldecken. Für innenliegende Nutzräume werden mechanische Lüftungssysteme mit ca. 3fachem Luftwechsel vorgesehen.
3. In Küchen, Kantinen, Cafeterien reichen im Krankenhaus in der Regel mechanische Lüftungsanlagen entsprechend den jeweiligen DIN-Normen aus.
4. In den Räumen der Raumklasse I und II nach DIN 1946/4, wie OP- und OP-Nebenräume, Intensivpflege, Infektionsräume, Endoskopien usw., sind bestimmte Anforderungen an Temperatur, Feuchte und Luftreinheit einzuhalten.

12.9 Produktionsstätten

Nicht nur die Bauweise von Produktionshallen hat sich geändert, auch die technische Gebäudeausrüstung und Betriebsweise unterliegen ebenfalls ständigen Veränderungen. So hat auch hier die Raumlufttechnik eine Reihe von Entwicklungen und die sich daraus ergebenden Aspekte zu beachten.

- Grundsätzlich – übergeordnet fast allen Entscheidungen – ist eine **rationellere Nutzung von Energie und Rohstoffen** (vgl. Kap. 11.3).
- **Höhere Wärme- und Stofflasten** entstehen durch neue Produktionsverfahren sowie durch die maschinen- und flächenintensivere Arbeitsweise.
- **Höhere Anforderungen an die Luftreinheit** ergeben sich im Hinblick auf die vorgeschriebene Qualitätssicherung bei empfindlichen Produkten.
- Durch **belastungsmindernde Luftführungssysteme** sollen die Wärme- und Stoffströme direkt an der Entstehungsstelle erfaßt und die frische Luft nahe am Arbeitsplatz zugeführt werden (vgl. z. B. Verdrängungs- und Quelluftsystem).
- Die **höheren Ansprüche der Beschäftigten** an die Arbeitsumgebung ergeben sich durch das gestiegene Gesundheitsbewußtsein.
- In verstärktem Maße wird mehr und mehr unter Einbeziehung der Gebäudemasse und einer entsprechenden Regelung die **freie Kühlung einbezogen.**

RLT-Anlagen für Produktionsstätten übernehmen vorwiegend Aufgaben der Raumheizung sowie der Be- und Entlüftung, die bei Hallen zum großen Teil dezentral mit Decken- und Wandgeräten erfüllt werden (vgl. Bd. 3). Abgesehen davon, daß Fabrikationsbetriebe mit kalter Außenluft auch gekühlt werden, gibt es Betriebe, in denen nahezu konstante Raumluftzustände und somit eine Klimatisierung oder zumindest eine Teilklimatisierung gefordert wird (vgl. Tab. 12.4).

Bestimmen die Fabrikation bzw. der Arbeitsprozeß und das verarbeitete Material die Anforderungen an die RLT-Anlage, spricht man – im Gegensatz zu den Komfortanlagen für Büro- und Versammlungsräume – von **Industrie- oder Prozeßklimaanlagen** (Konstantklimaanlagen).

Wie schon in Kap. 1 erwähnt, war es die Industrie, die die Klimatisierung „geboren" hat. Hierzu gehörte vorwiegend die Textilindustrie, die neben der Beheizung vor allem eine Luftbefeuchtung verlangte.

Tab. 12.4 Temperatur- und Feuchteangaben in Produktionsstätten

Industriezweig	Art des Betriebes	Temperatur in °C	relative Feuchte in %
Bäckerei	Mehllager	15–25	50–60
	Hefelager	0– 5	60–75
	Teigherstellung	23–25	50–60
	Zuckerlager	25	35
Brauerei	Gärraum	4– 8	60–70
	Malztenne	10–15	80–85
Büros	mit EDV-Anlage	22	40–60
Druckerei	Papier-Lagerung	20–26	50–60
	Drucken	22–26	45–60
	Mehrfarbendruck	24–28	45–50
	Photodruck	21–23	60
Elektro-Industrie	allgemeine Fabrikation	21	50–55
	Fabrikation von Thermo- und Hygrostaten	24	50–55
	Fabrikation mit kleinen Toleranzen	22	40–45
	Fabrikation von Isolierungen	24	65–70
Gummi-Industrie	Lagerung	16–24	40–50
	Fabrikation	31–33	
	Vulkanisation	26–28	25–30
	chirurgisches Material	24–33	25-30
keramische Industrie	Lagerung	16–26	35–65
	Herstellung	26–28	60–70
	Verzierungen	24–26	45–50
Kunststoffe	Verarbeitung	22–25	40–60
Leder-Industrie	Trocknung		70–75
	Lagerung		40–60
Linoleum-Industrie	Oxydation des Leinöls	32–38	20–28
	Bedrucken	26–28	30–50
mechanische Industrie	Büros, Montage	20–24	35–55
	Präzisions-Montage	22–24	40–50
Papier-Industrie	Papiermaschinenraum	22–30	
	Papierlager	20–24	40–50
pharmazeut. Industrie	Lagerung der Vorprodukte	21–27	30–40
	Fabrikation von Tabletten	21–27	35–50
Pelze	Lagerung	5–10	50–60
photographische Industrie	Fabrikation normaler Filme	20–24	40–65
	Bearbeitung von Filmen	20–24	40–60
	Lagerung von Filmen	18–22	40–60
Pilzplantage	Wachstumsperiode	10–18	
	Lagerung	0– 2	80–85
Streichhölzer	Herstellung	18–22	50
	Lagerung	15	50
Süßwaren-Industrie	Lagerung (trockene Früchte)	10–13	50
	Weich-Bonbons	21–24	45
	Herstellung von Hart-Bonbons	24–26	30–40
	Herstellung von Schokolade	15–18	50–55
	Umhüllen von Schokolade	24–27	55–60
	Verpackung von Schokolade	18	55
	Lagerung von Schokolade	18–21	40–50
	Keks- und Waffelherstellung	18–20	50
Tabak-Industrie	Lagerung des Rohtabaks	21–23	60–65
	Vorbereitung	22–26	75–85
	Zigaretten-, Zigarrenfabrikation	21–24	55–65
Textil-Industrie	**Baumwolle:**		
	Vorbereitung	22–25	40–60
	Ringspinnmaschine	22–25	55–65
	Spulerei, Zwirnerei	22–25	60–70
	Webraum	22–25	70–80
	Konditionieren von Garn und Gewebe	22–25	90–95
	Leinen:		
	Vorbereitung	18–20	60–80
	Spinnerei	24–27	60–70
	Weberei	27	80
	Wolle:		
	Vorbereitung	27–29	60
	Spinnerei	27–29	50–60
	Weberei	27–29	60–70
	Seide:		
	Vorbereitung	27	60–65
	Spinnerei	24–27	65–70
	Weberei	24–27	60–75
	Kunstseide:		
	Carderie, Spinnerei	21–25	65–75
	Weberei	24–25	60–65

Bei der Auslegung und Planung stehen folgende 2 Schwerpunkte im Vordergrund:

a) Bestimmung des Volumenstroms

Für die Ermittlung der Luftströme werden hierfür in zahlreichen DIN-Normen und Richtlinien flächenbezogene Luftraten oder einfach die Luftwechselzahl LW als Auslegungsgröße vorgegeben; sowohl zur Außen- als auch zur Zuluftvolumenbestimmung. Dies hat sich in der Praxis so festgesetzt, daß eine solche LW-Annahme oft gedankenlos zugrunde gelegt wird, ohne daß man sich genauer an den Wärme- und Schadstofflasten sowie an dem vorgesehenen Luftführungssystem orientiert. Bei Luftheizungen bestimmt die Heizlast den Zuluftvolumenstrom.
Besonders in Produktionshallen wird es deutlich, daß wegen der unterschiedlichen Lasten und Raumhöhen eine LW-Annahme allein völlig ungeeignet ist. Der erforderliche AU-Luftvolumenstrom hängt nämlich fast ausschließlich von den Wärme- und Stofflasten, von den erfaßten Schadstoffen durch Absaugeeinrichtungen sowie von der Auslegung, Wahl- und Anordnung der Luftdurchlässe (Luftführung) ab. LW-Zahlen dürfen demnach nur unter Berücksichtigung von Randbedingungen verwendet werden (vgl. Bd. 3).

Hierzu einige weitere Planungshinweise:

1. Die **Wärmelasten** $\dot{Q}_{ges}$ bestehen vorwiegend aus den Produktionseinrichtungen (Antriebe, Wärmeabgabe durch Heizmedien, Restwärme bei Absaugeeinrichtungen, abgeführte Wärme durch Kühlmedien, Wärmeabgabe durch Zu- und Abtransport von Werkstücken), aus der Transmissionswärme des Gebäudes und aus der Sonnenstrahlung. Die Wärmeabgabe durch Beleuchtung und Personen ist meistens nur geringfügig.
   Der sich daraus ergebende Zuluftvolumenstrom ist in der Regel maßgebend für die Kühlung im Sommer, wobei die Wärmestrombilanz nur auf den Arbeitsbereich aufgestellt werden kann. Wird außer der sensiblen auch die latente Wärmelast $\dot{Q}_l$ einbezogen ($\dot{Q}_{ges} = \dot{Q}_s + \dot{Q}_l$), wird man anstelle der Untertemperatur die Enthalpiedifferenz zwischen Arbeitsbereich (ARB) und Zuluft einsetzen, die allerdings von der Temperaturdifferenz nur geringfügig abweicht.

$$\dot{m}_{ZU} = \dot{Q}_s + \dot{Q}_l/(h_{ARB} - h_{ZU})$$

$\dot{m}_{ZU}$ Zuluftmassenstrom (kg/h)
$h_{ZU} \mathrel{\hat{=}} h_{AU}$ (bei Außenluftbetrieb)

Verzichtet man auf die Zuluftkühlung, kann man h_{ZU} etwas höher als die maximale Außenluftenthalpie annehmen.

2. Hinsichtlich der **Stofflasten** (Verunreinigungslasten) ist der erforderliche Außenluftstrom nach der Stoffstrombilanz größer als nach der Wärmebilanz; unabhängig davon, ob örtliche Absaugeeinrichtungen vorhanden sind oder nicht. Sehr oft ist er sogar um ein Mehrfaches größer als nach den Arbeitsstättenrichtlinien.
   Die Ermittlung der Stoffströme, die für jede Stoffart getrennt bekannt sein müssen, ist sehr unsicher, wenn nach Art, Ort und Zeit wechselnde Tätigkeiten ausgeübt werden, d. h., ein sehr variabler Lastverlauf vorliegt wie z. B. beim Behälterschweißen, bei Reinigungsarbeiten mit Chemikalien u. a.
   In geschlossenen und kontrolliert belüfteten Räumen kann man zwar freigesetzte Stoffströme ermitteln, ansonsten ist man jedoch auf die Emissionswerte in den verschiedenen Richtlinien angewiesen, die jedoch z. T. sehr lückenhaft angegeben werden. Stoffgrenzwerte am Arbeitsplatz werden durch die MAK-Werte angegeben.
   Bei vorhandenen Absaugeeinrichtungen interessiert noch das Verhältnis des von der Einrichtung erfaßten zu dem an die Raumluft übergehenden Luftstroms, das man als **Erfassungsgrad** η bezeichnen kann. Außerdem ist noch das Verhältnis des im Arbeitsbereich wirksamen zu dem an den Gesamtraum abgegebenen Stoffstrom $\dot{m}_S$ von Interesse, das man als Belastungsgrad μ bezeichnen kann. Der für die Stoffbilanz maßgebliche Stoffstrom ist dann: $\dot{m}_S \cdot (1 - \eta) \cdot \mu$.

b) Luftführung in Produktionshallen

Seit einigen Jahren wurden lastmindernde Luftführungskonzepte entwickelt, die speziell auf Produktionshallen abgestimmt sind. Bei den Einzelgeräten sind es z. B. spezielle Ausblasjalousien, bei den Zentralanlagen mit Kanalnetz sind es Neukonstruktionen bei den Zuluftdurchlässen. Hierzu zählen Drall- und Verdrängungsdurchlässe (auch für hohe Hallen), bei

Abb. 12.16 Dralluftdurchlässe (Fa. Krantz)

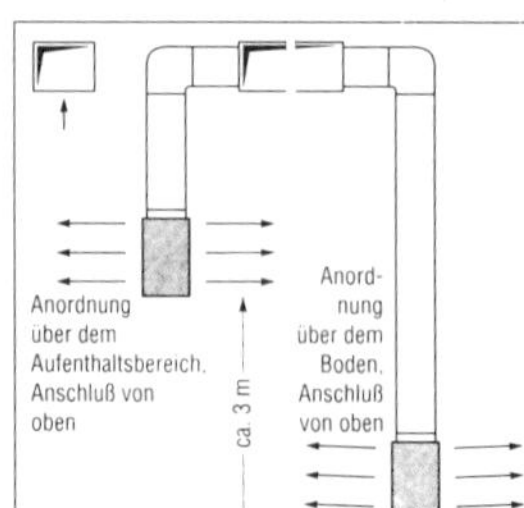

Volumenstrombereich:	1500 bis 10 000 m³/h
Erfassungsbereich:	bis 14 m
Nenngröße:	DN 315.400.630

Abb. 12.17 Verdrängungsluftdurchlässe (Fa. Krantz, Fläkt)

denen über Stellmotoren die Strahlrichtung der Heiz- oder Kühllast angepaßt wird. Je größer die Untertemperatur, desto flacher wird $\dot{V}_{ZU}$ eingeführt, und je größer die Übertemperatur, desto steiler nach unten. Beim Aufheizen wird die Luft senkrecht nach unten geführt. Andere Zuluftdurchlässe werden – insbesondere bei leichteren Schadstoffen – mittels Stichkanäle knapp über den Arbeitsbereich angeordnet (Abb. 10.7), wodurch der Aufenthaltsbereich mit geringerem Strahlimpuls intensiver durchspült wird und der Zuluftvolumenstrom oft geringer gewählt werden kann. Bei schweren Schadstoffen erfolgt nämlich die Zuluftführung am besten von oben, während die Abluft in Bodennähe abgeführt wird. Die starke Zunahme der turbulenzarmen Verdrängungsströmung und Schichtenströmung zur Luftkühlung in Produktionsstätten wurde ausführlicher in Kap. 10.1.2 und 10.2 erwähnt.

Es sei hier nochmals auf den geringeren Zuluftvolumenstrom sowie auf die geringeren Schadstoffbelastungen und niedrigeren Temperaturen im Arbeitsbereich hingewiesen. Andererseits sind jedoch die Kriterien hinsichtlich der Anwendung zu beachten, wie z. B. Schadstoffaufkommen in Arbeitszonen, Wärmeabgabe der Maschinen an den Arbeitsplätzen, Maschinenabsaugungen, Einrichtungen, Raumbeschaffenheit u. a.

12.10 Schwimmhallen

Bei der Luftbehandlung in Schwimmhallen soll in erster Linie der beim Schwimmbecken verdunstete Wasserdampf abgeführt werden. Um diese Aufgabe zu erfüllen, gibt es folgende zwei Möglichkeiten:

a) Eine Entfeuchtung erfolgt durch **Einführen von Außenluft,** vorausgesetzt, die absolute Feuchte der Außenluft ist geringer als die der Raumluft. Wie aus dem h,x-Diagramm (Kap. 9.2.1) ersichtlich, bewirkt der Außenluftstrom im Winter einen sehr starken Trocknungseffekt, während er im Sommer die Grenze einer Entfeuchtung aufzeigt.

Die Berechnung des Verdunstungsmassenstroms, des erforderlichen Außenluftvolumenstroms bei der „Entfeuchtungslüftung", die Leistung des Lufterwärmers sowie Angaben über Temperaturen, Koppelung mit der Heizung, Regelung, Energieeinsparmaßnahmen usw. werden in Bd. 3 „Lüftung und Luftheizung" behandelt.

b) Bei der Entfeuchtung durch **spezielle Entfeuchtungsgeräte** mit Kälteaggregat kann man – allerdings durch wesentlich höhere Investitionskosten – die gesamte latente Wärme für Transmission, Lüftung oder Beckenwassererwärmung wieder zurückgewinnen und somit die Betriebskosten senken. Außerdem kann hier jeder gewünschte Raumzustand (unabhängig vom Außenluftzustand) eingehalten werden. Im Verdampfer wird sensible und latente Wärme der Luft entzogen. Diese Wärmeenergie und die Kompressorwärme wird im luftgekühlten Kondensator der gekühlten und trockenen Luft wieder zugeführt; bzw. beim wassergekühlten Kondensator an das Beckenwasser. Die jeweiligen Zustandsänderungen kann man anhand des h,x-Diagramms darstellen (Abb. 9.40).
Für **Privatschwimmbäder** gibt es kleine Umluftgeräte (i. allg. als Wandgerät) bis etwa 20 (25) m² Beckenfläche oder Truhengeräte bis etwa 40 m².

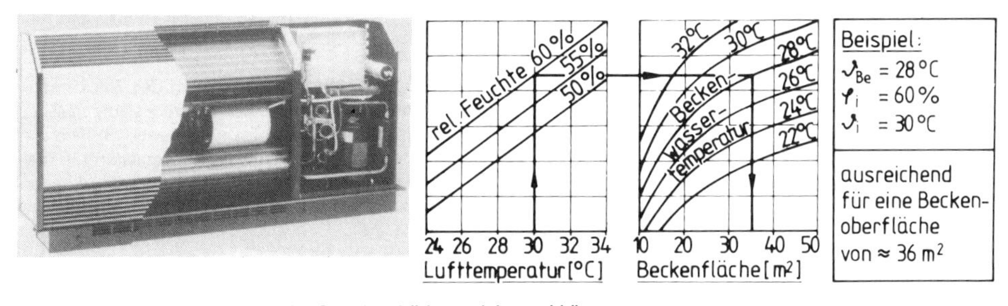

Abb. 12.18 Entfeuchtungsgerät für Schwimmbäder und Auswahldiagramm

Abb. 12.18 zeigt ein **Entfeuchtungsgerät in Truhenform.** An nebenstehendem Auslegungsdiagramm kann überschläglich die maximale Beckenoberfläche abgelesen werden; korrosionsbeständiges Gehäuse, Anschlußmöglichkeit für Außenluft (Klappe und Filter bauseits), Einbaumöglichkeit eines PKW-Heizregisters,

Kälteaggregat zur Energierückgewinnung; Rollkolbenkompressor; Fernbedienung mit Feuchteregler; Abluftventilator zur Vermeidung von Geruchsausbreitung (Unterdruck).

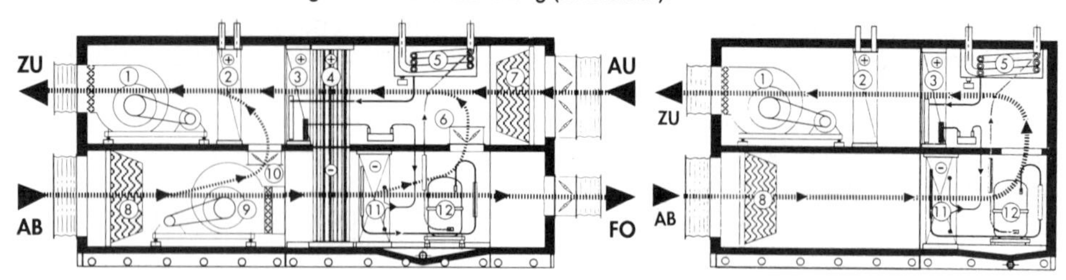

Abb. 12.19 Schwimmbadentfeuchtungsgerät mit Kältemaschine und Wärmerückgewinnung, Misch- und Umluftgerät (Fa. GEA)
(1) Zuluftventilator; (2) Nacherwärmer; (3) luftgekühlter Kondensator; (4) Wärmerohr; (5) Beckenwasserkondensator; (6) Umluftklappe; (7), (8) Taschenfilter; (9) Abluftventilator; (10) Bypaßklappe; (11) luftgekühlter Direktverdampfer; (12) Kompressor

Abb. 12.19 zeigt ein **Zentralgerät** mit Kanalanschluß für die Entfeuchtung größerer Schwimmhallen mit integrierter Energierückgewinnung. Über das Wärmerohr und über den Verdampfer wird die Luft entfeuchtet. Die dabei zurückgewonnene sensible und latente Wärme, sowie die Kompressorwärme kann wahlweise zur Beheizung des Beckenwassers bzw. zur Nachwärmung der Luft eingesetzt werden; wahlweise als Umluft oder Außenluftgerät.

Der Einsatzbereich geht aus Tab. 12.5 hervor. Je nachdem, um welches Bad es sich handelt, entstehen unterschiedliche Verdunstungsmengen. Durch die beiden Ventilatorstufen ergeben sich unterschiedliche Heiz- und Entfeuchtungsleistungen. Die dabei angenommenen Temperatur- und Feuchtewerte sind zu beachten.

Tab. 12.4 Technische Daten des Schwimmbadentfeuchtungsgerätes nach Abb. 12.19

Typ		FAU 1000	FAU 2000	FAU 3000	FAM 1000	FAM 2000	FAM 3000	FAM 4000	FAM 6000
Einsatzbereich bei Nennluftvolumenstrom		**max. Beckenfläche bei Umluftgeräten**			**max. Beckenfläche bei Außenluftgeräten**				
Privates Bad[1)]	m^2	30	45	65	45	90	135	180	275
Bewegungs-Hotelbad[1)]	m^2	–	–	–	30	60	90	120	180
Öffentliches Bad[1)]	m^2	–	–	–	20	40	65	85	125
Raumluftzustand		min + 25 °/40 % rel. Feuchte (h = 45 kJ/kg) – max. + 35 °/40 %rel. Feuchte (h = 69 kJ/kg)							
Entfeuchtungsleistung[*)]									
Umluftbetrieb[2)]	kg/h	4,3/3,5	6,3/5,1	9,0/7,6	4,7/3,9	6,2/5,2	10,1/8,6	11,2/9,9	11,6/10,2
30 %AUL[3)]	kg/h	–	–	–	7,3/6,8	12,9/12,5	19,8/19,2	25,4/24,7	35,0/33,7
nach VDI 2989/1	kg/h	–	–	–	6,4	12,7	19,1	25,4	38,2
Entfeuchtung[1) 2) 3)]	l(h × kW)	2,0	1,9	1,6	4,5	5,4	4,8	5,2	5,8
Wärmeleistung[2)]	kW	8,8/8,3	14,7/13,8	21,4/21,0	9,1/8,4	13,7/13,0	21,8/20,6	26,7/25,5	33,2/32,2
Wärmeleistung[3)]	kW	–	–	–	9,5/9,0	15,5/14,9	24,1/23,2	30,0/29,5	39,1/38,1
Nennluftvolumenströme									
Ventilatorstufe I/II	m^3/h	667/1.000	1.333/2.000	2.000/3.000	667/1.000	1.333/2.000	2.000/3.000	2.667/4.000	4.000/6.000
Luftnacherhitzer									
Heizleistung[4] 80/60 °C	kW	6,5	14,0	19,0	11,0	23,5	33,0	45,0	67,0
Anschlußleistung	kW	3,8	5,6	8,3	3,4	5,0	10,3	9,0	11,4

*) mit/ohne Beckenwasserkondensator; [1]) bei Beckenwassertemperatur 28 °C, Raumluftzustand 30 °C, 55 % rel. Feuchte; [2]) Umluftbetrieb ohne Außenluftanteil; [3]) Mischluftbetrieb mit 30 % Außenluftanteil (5 °C/85 % r. F.);; [4]) Lufteintrittstemperatur + 10 °C bei Umluft.

Abb. 12.20 zeigt die **Einbindung des Beckenwasserkondensators** in einen Filterkreislaufbypaß. (1) Gegenstromwärmer; (2) Drosselventil; (3) Filter; (4) Pumpe; (5) Magnetventil; (6) Kondensator; (7) Thermometer. Alternativ kann der Beckenwasserkondensatorkreis auch parallel zum Filterkreis angeschlossen werden.

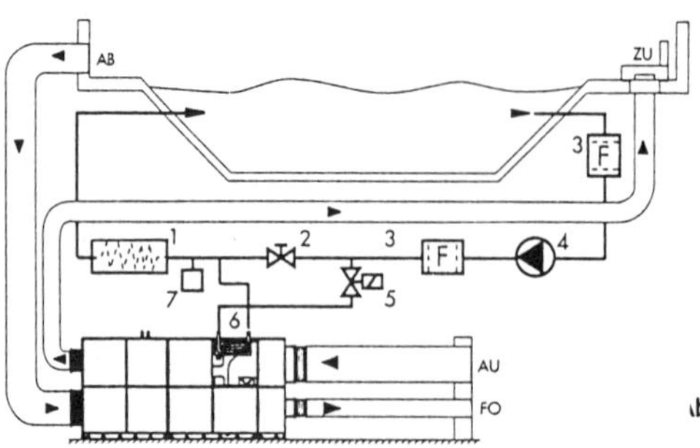

Abb. 12.20 Hydraulische Einbindung des Beckenwasserkondensators

13 Kältetechnik

Um den Anspruch dieser Überschrift etwas abzuschwächen, soll schon vorweg klargestellt werden, daß es sich in den folgenden Teilkapiteln nur um wesentliche kältetechnische Grundlagen handelt, die für die Fachgebiete Klima- und Wärmepumpentechnik erforderlich sind. Die „Klimakälte" ist nämlich nur ein geringerer Teil des Tätigkeitsbereichs eines Kältetechnikers.

13.1 Bedeutung und Anwendung

Bei der Planung und Erstellung einer Klimaanlage können zwar die heute vollständig betriebsfertig zusammengebauten Kältesysteme vom Klimatechniker anhand der Herstellerunterlagen ausgewählt werden, doch wird bei der Inbetriebnahme nicht selten der Kältespezialist der Herstellerfirma einbezogen. Zur Erstellung einer Kälteanlage, wo die einzelnen Bauteile an Ort und Stelle zusammengebaut werden müssen, sind in der Regel Fachfirmen der Kältetechnik erforderlich.

Nach DIN 8975 „Sicherheitstechnische Grundsätze für Gestaltung, Ausrüstung und Ausführung von Kälteanlagen" heißt es:
Kälteanlagen bauen dürfen nur anerkannte Fachbetriebe, wie Firmen des Kälteanlagenbauerhandwerks. **Kälte- oder Wärmepumpenanlagen aufstellen, Inbetriebnahme, Außerbetriebnahme, Montageüberwachung, Instandsetzung, Materialkontrollen, Dichtheitsprüfungen dürfen nur von Sachkundigen vorgenommen werden.** Das sind Personen, die aufgrund ihrer fachlichen Ausbildung und Erfahrung ausreichende Kenntnisse auf dem Gebiet der Kältetechnik haben und mit den einschlägigen Vorschriften (z. B. Arbeitsschutz), Richtlinien, DIN-Normen, VDE-Bestimmungen so weit vertraut sind, daß sie den arbeitssicheren Zustand von Kälteanlagen beurteilen können.

Obwohl es physikalisch den **Begriff Kälte** nicht gibt, spricht man fälschlicherweise von Kälteerzeugung, Kältemaschine, Kälteverfahren usw. In der Klimatechnik will man kühlen, d. h., **vorhandene Wärmeenergie an der Stelle wegnehmen, wo man es kälter haben möchte.** Dieser Wärmeentzug (Kühleffekt) muß bei der Klimatisierung meistens so stark sein, daß gleichzeitig auch der in der Luft vorhandene Wasserdampf ausgeschieden werden kann. Die entzogene Wärmeenergie auf niedrigem Temperaturniveau muß allerdings bei einem entsprechend höheren wieder an ein Kühlmedium (Wasser oder Luft) abgegeben werden, denn nach dem Energieerhaltungssatz kann Energie nicht „vernichtet" werden. Die Aufgabe dieser „Niveauanhebung" wird in Form eines Kreisprozesses mit zusätzlichem Energieaufwand (Kompressor) durchgeführt, sowohl in der Kälte- als auch in der Wärmepumpenanlage.

- Die **Kältetechnik ist vorwiegend ein Gebiet der angewandten Thermodynamik,** die die Basis aller Energietechniken darstellt. Zur Klimatechnik gehören u. a. vor allem noch die Fachgebiete Strömungstechnik, Akustik, Wärmephysiologie, Bauphysik und nicht zuletzt die Meß- und Regelungstechnik.
- Der **„Kältemarkt"** ist kein großer Wachstumsmarkt, da die Produkte der Kältetechnik eine lange Lebensdauer haben. Etwa 2/3 der Tätigkeiten dürften sich auf Ersatz-, Umbau- und Erweiterungsvorhaben erstrecken. Trotzdem brachte die technologisch hochentwickelte Kältetechnik auf so vielen Gebieten entscheidende und lebensnotwendige Entwicklungsimpulse.
- Der **Beruf des Kälteanlagenbauers** ist noch sehr jung. Die Verordnung über die Berufsausbildung als Vollhandwerk gibt es erst seit 1982. Zuvor haben sich z. B. Mechaniker oder Elektriker auf kältetechnische Aufgaben spezialisiert, und das Kälteanlagenbauer-Handwerk war dem Mechaniker-Handwerk zugeordnet.
- Die **geschichtliche Entwicklung der Kältetechnik** kann man mit folgenden Jahreszahlen verdeutlichen: Die Nutzung der Verdunstungswärme kennt man schon seit dem Altertum, wo man mit porösen Gefäßen den Verdunstungseffekt zur Kühlhaltung von Flüssigkeiten ausnutzte. Im **16. Jh.** kannte man schon Kältemischungen, bei denen die sog. eutektische Temperatur ausgenutzt wurde. **1755** brachte man zum erstenmal Wasser zum Gefrieren, indem man bei Druckabsenkung Äther verdampfte. **1834** entwickelte man eine mit Äther arbeitende Kältemaschine (Perkins), und Peltier erfand etwa zur selben Zeit die elektrothermische Kälteerzeugung (Peltierzelle). **1850** entstand die erste offene Kaltluftmaschine und **1862** die erste mit geschlossenem Kreislauf (Kirk). Bahnbrechend war zu dieser Zeit die erste Absorptionsmaschine von Carré. **1876** erfand Linde die erste Kaltdampfmaschine mit Kolbenverdichter, erstmals mit Ammoniak als Kältemittel. **1881** baute man das 1. Kühlhaus (London). **1895** erfand Linde die Luftverflüssigungsmaschine; Linde war auch der erste, der beim Bau von Kälteanlagen wissenschaftliche Erkenntnisse anwendete. Danach wurde die Ausbildung auch stärker experimentell ausgerichtet. **1909** baute man in Wien die erste Freilufteisbahn (Sole als Kälteträger). **1910** baute man den ersten Haushaltskühlschrank, und bis etwa zum 2. Weltkrieg verwendete man noch Kühlschränke mit Stangeneis. Etwa **1920** gab es die ersten Kältemaschi-

nenprüfungen. **1926** wurde von BBC die erste Turbokältemaschine entwickelt. **1930 erfand man die FCKW-Kältemittel,** was einen großen Auftrieb der Kältetechnik brachte. **1931** wurde das 1. Kapillarrohr eingesetzt. **1950** baute man den 1. Schraubenverdichter. Ab etwa **1962** baute man Kühltürme aus glasfaserverstärktem Polyester. Erst nach dem 2. Weltkrieg wurde der erste eigene Lehrstuhl für Kältetechnik eingerichtet.

Anwendungsbeispiele der Kältetechnik

Der wichtigste Tätigkeitsbereich eines Kältetechnikers bezieht sich auf die **Lebensmitteltechnik,** die man, in bezug auf die Kältetechnik, wiederum unterteilen kann:

Erzeugung, wie z. B. Fleischverarbeitung, Molkereien, Brauereien, Gefriertrocknung, Schokolade, u. a.
Transport, z. B. auf See, Schiene, Straße, Flugzeuge. Die ununterbrochene Kühlung, z. B. vom Fangschiff auf hoher See bis zum Haushaltskühlschrank, bezeichnet man als „Kühlkette".
Lagerung (Gewerbe und Haushalt), z. B. Kühlhäuser, gewerbliche Kühlzellen, Lagerhäuser, Vitrinen, Tiefkühltruhen, Kühlschränke.
Vertrieb, wie z. B. Getränkeautomaten, Lieferantenautos für Tiefkühlkost (Gewerbe und Haushalt).

In vielfältigster Form benötigt man Kälte in der **Verfahrenstechnik,** z. T. auch in Verbindung mit einer entsprechenden RLT-AnLage (Luftkühlung). Erwähnenswert sind die Bereiche:

Chemische Industrie, z. B. Abführen von Reaktionswärme, Trockeneiserzeugung, Gasverflüssigung, Gastrennung; **Medizin,** z. B. Blutbänke, Konservierungen, Kältebehandlungen; **Tieftemperaturphysik** (Kryophysik), z. B. Erzeugung von Edelgasen, Sauerstoffherstellung, Supraleittechnologie; **Installationstechnik** (Gefrieren von Rohrabschnitten); **Kunsteisbahnherstellung** (Schlittschuhlaufen) und Schneemaschinen; **Eisspeicher** (in Verbindung mit der Klimatechnik); **Raffinerien** (z. B. Aushärten von Wachsen); **Bautechnik,** z. B. Herstellung von Baugruben und Schächten (Vereisung).

Die große und zunehmende Bedeutung der Kältetechnik in der **Heizungs-Klimatechnik** erstreckt sich auf die Raumlufttechnik (Komfort- und Industrieklimaanlagen), Prozeßtechnik, Entfeuchtungstechnik, Wärmepumpentechnik, Fahrzeugklimatisierung u. a.

Auf die Bedeutung der Klimatisierung wird ausführliche in Kap. 1 eingegangen, der Einfluß der Kältetechnik auf die Einzelgeräte geht aus Kap. 6 hervor, die Luftkühlung und -entfeuchtung wird in Kap. 9 behandelt. Nachfolgende Teilkapitel sollen deutlich machen, daß **ein bestimmtes Grundwissen der Kältetechnik in den Bereich Heizung/Klima integriert werden muß.** Leider setzen sich in Deutschland – im Gegensatz zu den USA – viel zu wenig Klimatechniker mit der Kältetechnik auseinander.

Mit den Beispielen nach Abb. 13.1 bis 13.3 kann man einen **Zusammenhang zwischen Klimatechnik und Kältetechnik** herstellen, hier eine Verbindung zwischen dem h,x-Diagramm nach Kap. 9 und den Kenngrößen des Kältekreislaufs.

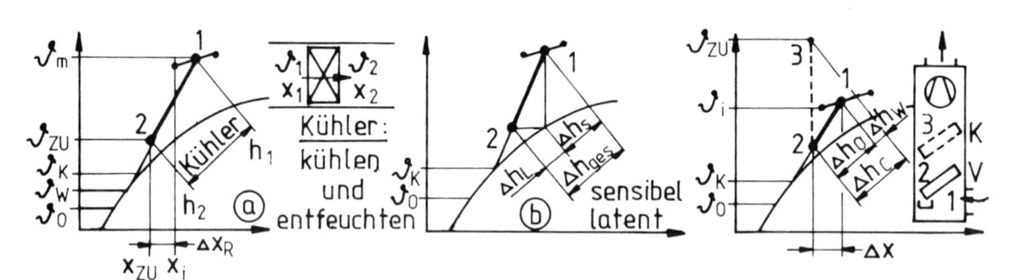

Abb. 13.1 Ermittlung der Temperaturen ϑ_K, ϑ_W, ϑ_0

Abb. 13.2 Aufteilung der Kühlerleistung

Abb. 13.3 Zustandsänderungen des Verdampfers und Verflüssigers im *h,x*-Diagramm

Zu Abb. 13.1 Soll die **Mischluft (1) auf den gewünschten Zuluftzustand (2)** gebracht werden (Kühlung und Entfeuchtung), muß der Kühler eine bestimmte Oberflächentemperatur ϑ_K haben. Für die hierzu erforderliche Temperatur des mit der Kältemaschine erzeugten Kaltwassers ϑ_W ist im Kältekreislauf die erforderliche Verdampfungstemperatur ϑ_0 des Kältemittels erforderlich. Die Verdampfungstemperatur ϑ_0 hat wiederum Einfluß auf die Auslegung, Betriebsweise und Wirtschaftlichkeit der Kältemaschine. Die erforderliche theoretische Kälteleistung $\dot{Q}_0$ ist $\dot{m} \cdot (h_2 - h_1)$.
Zu Abb. 13.2 Die Kälteleistung (Verdampferleistung) setzt sich zusammen aus einem **sensiblen Anteil** (Luftkühlung) **und einem latenten Anteil** (frei gewordene Kondensationswärme bei der Entfeuchtung). Je stärker die Raumluft entfeuchtet werden muß, d. h. je größer $x_{zu} - x_i$, desto tiefer muß die Verdampfungstemperatur ϑ_0 des Kältemittels sein (bei gleichem Luftstrom). Andererseits kann man $\Delta x_R = x_{zu} - x_i$ verringern bzw. ϑ_W und ϑ_0

erhöhen (Kap. 9.2.5), wenn man den Zuluftmassenstrom $\dot{m}_L$ erhöht: $\Delta x = \dot{m}_W/\dot{m}_L$ ($\dot{m}_W$ = Wasserdampfanfall im Raum = Entfeuchtungslast).

Zu Abb. 13.3 Mit einem Kälteaggregat wird die Luft durch die spezifische Verdampferleistung Δh_0 gekühlt bzw. primär entfeuchtet. Nach dem Verdampferaustritt (2) strömt die Luft durch den Kondensator K und wird dabei erwärmt. Da $\dot{Q}_c = \dot{Q}_0 + P$ (bzw. je kg: $\Delta h_c = \Delta h_0 + \Delta h_W$) ist, tritt die Luft mit dem Zustand 3 aus dem luftgekühlten Kondensator (⇒ Zulufttemperatur). Da hier ein Teil der Kondensatorwärme Δh_c zur Raumheizung wieder genutzt wird: $\dot{Q}_H = \dot{V}_{zu} \cdot c \cdot (\vartheta_{zu} - \vartheta_i)$, spricht man hier auch von einem Wärmepumpengerät.

13.2 Kühlsysteme ohne Kältemaschine

Soll die Raumluft ohne eine Kältemaschine gekühlt werden, so kann dies in der Regel entweder durch Einführen von kälterer Außenluft, durch Kühlung mit kälterem Wasser (z. B. Grundwasser) oder durch Verdunstungskühlung in der Regel durch direkte Berührung von Luft und Wasser geschehen.

13.2.1 Freie Kühlung

Auf die Kühlung der Raumluft durch eine Lüftungsanlage, d. h. durch Einführen von kälterer Außenluft, wurde schon in Bd. 3 hingewiesen, ebenso auf die damit mögliche Raumluftentfeuchtung.

In den Zeiten des Jahres, in denen die Außenlufttemperatur ϑ_a niedriger ist als die gewünschte Raumtemperatur oder geforderte Kaltwassertemperatur, sollte diese grundsätzlich zur Kühlung herangezogen werden. Wenn man den Außenluftvolumenstrom entsprechend regelt, kann so bei der überwiegenden Zahl aller klimatisierten Gebäude bei Außentemperaturen unter +8 bis +12 °C die Kältemaschine abgeschaltet werden.

Von großer Bedeutung ist hierbei die Einbindung der Speichermassen des Gebäudes bei einer natürlichen **Nachtluftkühlung**. Durch das Einblasen kühler Luft kann nämlich das Aufschwingen der Raumtemperatur am darauffolgenden Tag sehr stark gedämpft werden.

Ein wichtiges Bewertungskriterium für die Wirtschaftlichkeit ist die Leistungszahl ε.

$$\varepsilon = \frac{\text{Kühlleistung}}{\text{Ventilatorleistung}} = \frac{\text{Abführen der sensiblen Kühllast}}{\text{Energieaufwand für die Luftförderung}} = \frac{\dot{Q}_K}{P}$$

Weitere Hinweise zur freien Kühlung, insbesondere zur Nachtkühlung:

1. Sie ist demnach besonders dann interessant, wenn ε groß ist. So können selbst an **heißen Sommertagen** ε-Werte von 0,8 bis 1,5 (raumbezogen) bzw. 1,3 bis 1,8 (gebäudebezogen) erreicht werden. Bei Kälteanlagen liegen die ε-Werte etwa zwischen 3 und 4, die vielfach bei der freien Kühlung nachts überschritten werden können.
2. Die Nachtkühlung ist demnach sehr wirtschaftlich, wenn eine **ausreichende Untertemperatur** $\Delta\vartheta_u = \vartheta_a - \vartheta_i$ vorliegt (möglichst > 6 K). Denn dadurch ist bei gleicher Kühllast $\dot{Q}_K$ ein geringerer Außenluftvolumenstrom $\dot{V}_a = \dot{Q}_K / (0{,}35 \cdot \Delta\vartheta_u)$ und somit eine geringere Ventilatorleistung ($P = \dot{V}_a \cdot \Delta p/\eta$) erforderlich.
3. **Während der Nutzung des Raumes** muß bei zu großer Untertemperatur und ungünstiger Luftzuführung mit **Zuggefahr** gerechnet werden, wenn der Außenluftstrom den vorhandenen Luftdurchlässen nicht angepaßt wird. Gegenmaßnahmen sind demnach Reduzierung des Außenluftanteils (Mischluftbetrieb), spezielle Luftdurchlässe oder geregelte Vorwärmung der Außenluft.
   Während der Nacht kann allerdings der Außenluftstrom – unabhängig von $\vartheta_i - \vartheta_a$ – bis zu 100 % höher gewählt werden als am Tag.
4. **Wesentliche Vorteile der Nachtkühlung** sind: Geringer Mehraufwand für Instandhaltung und Wartung; Einsparung von Energie und somit umweltfreundlich; keine zusätzlichen Investitionskosten, wenn eine Lüftungsanlage erforderlich ist. Bei Hohlräumen in Decken oder Böden können Kühlflächen hergestellt werden.
   Bei einer **bivalenten Betriebsweise** (freie Kühlung und Kältemaschine), geht die Kälteanlage erst dann in Betrieb, wenn ε bei der freien Kühlung geringer ist als bei der Kältemaschine oder wenn eine größere Entfeuchtung sichergestellt werden muß. Außerdem kann die Kälteanlage kleiner ausgelegt werden, wenn durch die freie Kühlung Leistungsspitzen abgebaut werden können.
5. **Nachteilig bei der Nachtkühlung** ist die Abhängigkeit von den zufälligen meteorologischen Gegebenheiten; meistens eine zu geringe Entfeuchtung durch die Außenluft; Einschränkungen bei der Einhaltung einer bestimmten Raumtemperatur, insbesondere in den Nachmittagsstunden.
6. Durch **passive Maßnahmen am Gebäude** kann die Nachtkühlung wirksam verbessert werden, wie z. B. durch entsprechende Gebäudeorientierung, durch variablen Sonnenschutz, durch entsprechende Fenstergrößen und insbesondere durch schwerere Baumassen. Das bedeutet, daß die Gebäudedynamik eine entscheidende Rolle bei der Anlagendimensionierung spielt (günstig sind Nordräume).

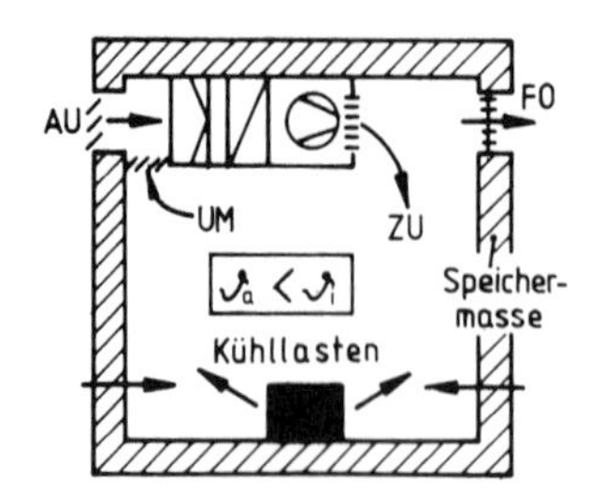

Abb. 13.4 Kühlung durch Außenluft (Zuluftgerät)

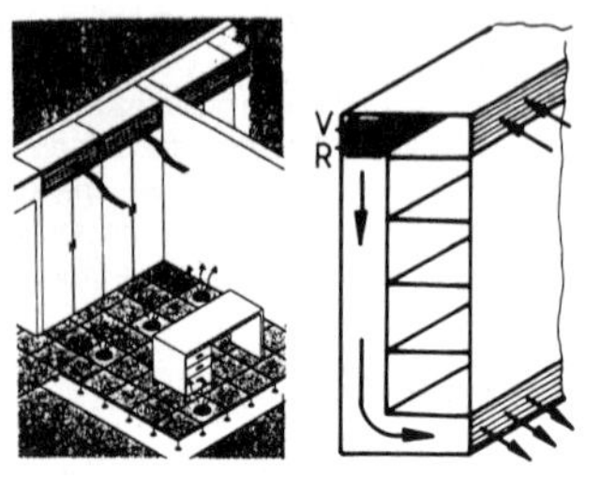

Abb. 13.5 „Fallstromkühlung"

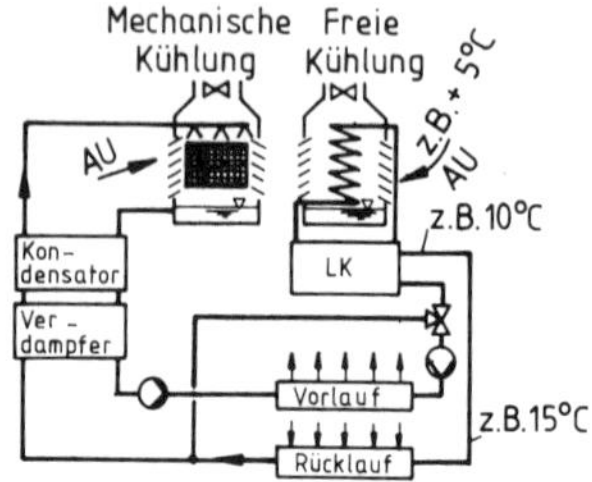

Abb. 13.6 Freie Kühlung in Verbindung mit Kältemaschine

Auch die sog. **Fallstromkühlung** bei wasserbeaufschlagten Luftkühlern wird vielfach als freie Kühlung bezeichnet, da durch die Schwerkraftwirkung die kalte Luft ohne Ventilator ausströmt. Im Prinzip ist es die Umkehrung eines Konvektors, d. h., der mit Kaltwasser betriebene Wärmetauscher kühlt die Luft ab, die dadurch nach unten in einen Zwischenboden oder aus dem Schacht direkt in Nähe der Wärmelasten ausströmt (Abb. 13.5). Durch Wegfall des Ventilators können Energie- und Betriebskosten bis zu 50% eingespart werden.
Man spricht auch dann von einer freien Kühlung, wenn mittels Ventilator die **Außenluft durch einen Wärmetauscher geführt** wird. Bei einem solchen freien Kühler verwendet man entweder den in der Kammerzentrale eingebauten Luftkühler oder – was wesentlich problemloser und in der Regel auch wirtschaftlicher ist – einen im Gebäudeinnern separat aufgestellten Außenluft/Wasser-Wärmetauscher. In Verbindung mit einer Kältemaschine befindet sich demnach neben dem luftgekühlten Kondensator ein zweiter Wärmetauscher oder beim wassergekühlten Kondensator ein zusätzlicher freier Kühlkreislauf (Abb. 13.6), jeweils gesteuert in Abhängigkeit der Außentemperatur.
An kalten Tagen unter etwa +5 °C (etwa 1/4 bis 1/3 des Jahres) reicht die freie Kühlung allein zur Erzeugung von Kaltwasser (z. B. 15 °C/10 °C) aus. Die Betriebskosten sind zwar geringer (ca. 40 %), doch die Anlage kostet wesentlich mehr als ein Kaltwassersatz.

13.2.2 Kühlung mit Grundwasser

Die Kühlung mit Leitungswasser scheitert an den Kosten, und die Kühlung mit Grundwasser bedarf einer wasserrechtlichen Erlaubnis. Jede Antragstellung zur Genehmigung eines Brunnens wird im Einzelfall überprüft; z. T. sehr kritisch. Dies gilt sowohl im Privat- als auch im industriellen Bereich. In letzter Zeit werden vor allem Großverbraucher aufgefordert, Maßnahmen zu ergreifen, um ihre Abwärmemengen zu reduzieren.

- Der **Wasserbedarf** $\dot{m}_W$ und somit auch der Förderstrom der Pumpe richtet sich nach der erforderlichen Kälteleistung $\dot{Q}$ und der gewählten Spreizung $\Delta\vartheta$, die zur Reduzierung der Pumpenstromkosten etwas höher gewählt wird als beim Einsatz von Kältemaschinen (ca. 10 bis 15 K). $\dot{m} = \dot{Q}/(1{,}16 \cdot \Delta\vartheta)$
- Die **Wassertemperaturen** von etwa 10 bis 13 °C sind verhältnismäßig hoch. Sie reichen in der Regel nicht aus, um z. B. in einem Versammlungsraum eine ausreichende Entfeuchtung durchführen zu können.

13.2.3 Naßluftkühler und Sonderfälle

Impulse für den Einsatz von Naßluftkühlern ergeben sich durch die Zwänge, Energiekosten zu senken, einen FCKW-Einsatz zu umgehen (beides bedeutet auch Umweltschutz) und die Investitionskosten zu verringern (wird nicht immer erreicht). Höhere Wartungskosten sind zu beachten.

Bei dieser Kühlmethode handelt es sich um eine kombinierte Stoff- und Wärmeübertragung durch unmittelbaren Kontakt von Wasser und Luft. Die Luft wird dadurch gekühlt, daß man z. B. durch Düsen zerstäubtes Wasser in den Luftstrom führt. Dabei wird in der Regel der Effekt der Verdunstungskühlung ausgenutzt, wie er vom Luftwäscher (Kap. 3.4.2), Verdunstungskühler oder vom Kühlturm (Kap. 13.4.5) bekannt ist. In letzter Zeit kommt der Naßluftkühler auch in verschiedenen Geräten und Systemen zur Anwendung. So z. B. in Verbindung mit Sorptionsgeneratoren (Abb. 9.38), bei der Wärmerückgewinnung, in Verbindung mit Eisspeicheranlagen (Kap. 13.11.5) u. a.

Wenn ausschließlich die Verdunstungswärme genutzt wird, d. h., die Enthalpie konstant bleibt, spricht man von einer **„adiabatischen Kühlung“.**

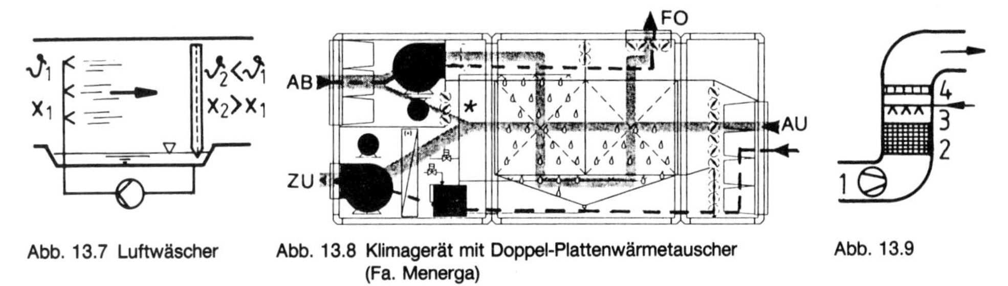

Abb. 13.7 Luftwäscher

Abb. 13.8 Klimagerät mit Doppel-Plattenwärmetauscher (Fa. Menerga)

Abb. 13.9

Abb. 13.7 zeigt den **Luftwäscher in einer Klimazentrale.** Um denselben Betrag, wie die sensible Wärme $c \cdot \Delta\vartheta$ abnimmt (Luft wird abgekühlt), nimmt die latente Wärme $r \cdot \Delta x$ zu (Luft wird befeuchtet).

Abb. 13.8 zeigt eine **Kombination von Wärmerückgewinnung und adiabatischer Kühlung,** und zwar den Betriebsfall „Lüftung mit adiabatischer Kühlung im Sommer“. Beim gestrichelten Linienzug handelt es sich um eine freie Kühlung im Sommer oder bei Übertemperatur. Der Volumenstrom wird durch die Bypaßschaltung erhöht. Im Gegensatz zur Düsenkammer verdunstet hier das Wasser im Kreuzstrom-Wärmetauscher und kühlt sowohl diesen als auch die Abluft ab. Dadurch wird die **Zuluft nicht befeuchtet** und somit eine zu hohe relative Feuchte im Raum verhindert. Bei einer sehr hohen Kühl- und Entfeuchtungslast reicht jedoch diese adiabatische Kühlung nicht aus (Außenluftabkühlung bis etwa 8 . . . 10 K), so daß noch eine kleinere Kältemaschine notwendig werden kann.
Andere Betriebsweisen sind z. B.: 1. „Lüftung im Fortluft-Außenluftbetrieb mit geregelter Wärmerückgewinnung (WRG) in der Übergangszeit“ oder 2. „Lüftung im FO/AU-Betrieb mit WRG, wo die vorgewärmte Außenluft durch das PWW-Heizregister auf die gewünschte Zulufttemperatur gebracht wird“, oder 3. lediglich eine Lufterwärmung durch das PWW-Heizregister (Umluftbetrieb).

Abb. 13.9 zeigt einen speziellen **„Feuchtekühler“ für gewerbliche Zwecke,** mit dem ein Kühlraum auf etwa 0 °C und 100 % r.F. gehalten werden soll. (1) Ventilator, (2) Füllkörper mit viel Kontaktfläche, (3) Verteilung mit Kaltwasser (z.B. Eiswasser) und (4) Tropfenabscheider.

13.3 Kältekreislauf und Kälte-Klimasysteme

Da das Kältemittel seinen Zustand ändert, während es ein geschlossenes System durchläuft, und in einem Diagramm einen geschlossenen Linienzug darstellt, d. h., wieder in seinen Anfangszustand zurückkehrt, spricht man von einem Kältekreisprozeß.

Obwohl in Kap. 6 bei den Einzelklimageräten schon mehrmals auf den Kältekreislauf eingegangen werden mußte, soll dieser hier anhand schematischer Darstellungen eingehender erklärt und in die verschiedenen Klimasysteme einbezogen werden. Der genauere Funktionsablauf wird erst richtig verständlich, wenn die einzelnen Zustandsänderungen in Verbindung mit dem *h*, log *p*-Diagramm deutlich gemacht werden (Kap. 13.6) und die Wirkungsweise der Bauteile, insbesondere die des Expansionsventils, einbezogen wird. Das gleiche gilt auch für die Wärmepumpe.

13.3.1 Kreislauf der Kältemaschine

Bei dem in der Klima-Kältetechnik fast ausschließlich verwendeten Kaltdampf-Kompressions-Kälteprozeß wird das physikalische Gesetz der Abhängigkeit der Verdampfungs- und Verflüssigungstemperatur vom Druck ausgenutzt. Durch den Einsatz von Kältemittel (Kap. 13.9.1) ist es möglich, eine Verdampfung und somit einen Wärmeentzug schon bei sehr niedrigen Temperaturen zu erreichen. Dort, wo Wärme entzogen wird, findet eine Kühlung statt (⇒ „Kälteerzeugung“). Andererseits kann das Kältemittel unter beherrschbaren Drücken wieder bei höherer Temperatur verflüssigt werden und somit Wärme abgeben (⇒ „Wärmeerzeugung“). Der Wärmepumpenkreislauf entspricht ebenfalls dem Kältekreislauf, denn die Wärmepumpe ist eine Kältemaschine, die zur Nutzung des bei höherer Temperatur abgegebenen Wärmestroms betrieben wird.

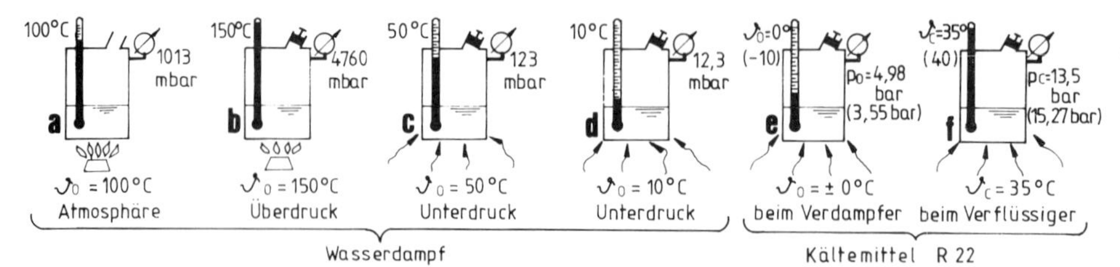

Abb. 13.10 Zusammenhang zwischen Temperatur und Druck (Vergleich: Wasser – Kältemittel)

Tab.13.1 Zustandswerte des Kältemittels R 22

ϑ °C	p bar	v' l/kg	v'' l/kg	h' kJ/kg	h'' kJ/kg	r kJ/kg	ϑ °C	p bar	v' l/kg	v'' l/kg	h' kJ/kg	h'' kJ/kg	r kJ/kg
-10	3,55	0,76	65,4	188,1	401,2	213,1	14	7,66	0,81	30,9	217,0	409,5	192,5
- 8	3,81	9,76	61,2	190,4	402,0	211,5	16	8,11	0,81	29,2	219,4	410,1	190,6
- 6	4,08	0,76	57,2	192,8	402,7	209,9	18	8,59	0,82	27,6	221,9	410,6	188,7
- 4	4,36	0,77	53,6	195,2	403,5	208,3	20	9,08	0,82	26,0	224,3	411,2	186,8
- 2	4,66	0,77	50,3	197,6	404,2	206,6	25	10,41	0,84	22,7	230,5	412,4	181,9
0	4,98	0,78	47,2	200,0	404,9	204,9	30	11,88	0,85	19,8	236,7	413,5	176,8
2	5,31	0,78	44,3	202,4	405,6	203,2	35	13,50	0,87	17,3	242,9	414,4	171,5
4	5,66	0,78	41,7	204,8	406,3	201,5	40	15,27	0,88	15,2	249,2	415,2	166,0
6	6,02	0,79	39,2	207,2	407,0	199,7	45	17,21	0,90	13,3	255,6	415,8	160,2
8	6,40	0,79	36,9	209,7	407,6	198,0	50	19,33	0,92	11,8	262,0	416,1	154,1
10	6,80	0,80	34,7	212,1	408,3	196,2	55	21,64	0,95	10,3	268,6	416,2	147,6
12	7,22	0,80	32,8	214,5	409,0	194,3	60	24,15	0,97	9,0	275,4	416,0	140,6

ϑ Temperatur; p absoluter Druck; v' spezifisches Volumen der Flüssigkeit; v'' spezifisches Volumen des Dampfes; h' Enthalpie der Flüssigkeit; h'' Enthalpie des Dampfes; r Verdampfungswärme

Aus Abb. 13.10 und Tab. 3.1: (siehe auch Abb. 13.100)

- Für jede erforderliche Verdampfungstemperatur ϑ_0 gibt es einen zugehörigen Verdampfungsdruck p_0, und für jeden Verdampfungsdruck p_0 gibt es die zugehörige Verdampfungstemperatur ϑ_0. Ändert sich der Druck, so ändert sich zwangsläufig die Temperatur und umgekehrt.
- Nach Abb. 13.10 siedet Wasser bei Atmosphärendruck und bei etwa 100 °C (a); möchte man jedoch 150 °C, ist ein absoluter Druck von 4,76 bar erforderlich (b); bei einem Absolutdruck von 123 mbar (Unterdruck) siedet das Wasser schon bei 50 °C (c), und soll mit „kochendem“ Wasser der umgebenden Luft Wärme entzogen werden (Luftkühlung), ist ein ganz geringer absoluter Druck (extremer Unterdruck) erforderlich; z. B. wird bei einem Druck von 12,3 mbar eine Verdampfungstemperatur von +10 °C erreicht (d), wobei sich aus 1 kg etwa 160 m^3 Wasserdampf entwickelt (bei 100 °C etwa 1,6 m^3/kg).
- **Kältemittel** R 22 verdampft entsprechend Tab. 3.1 bei einem absoluten Druck von 4,98 bar (e); es muß andererseits auf 13,5 bar komprimiert werden, wenn eine Verflüssigungstemperatur von 35 °C gewünscht wird. Dasselbe geht auch aus Abb. 13.10 hervor.

Darstellung des Kältekreislaufs

Die Erläuterung des dargestellten Kältekreislaufs nach Abb. 13.11 geschieht am anschaulichsten mit der Beschreibung folgender vier Hauptteile und Verbindungsleitungen. Letztere sind unterschiedlich dimensioniert, da das Kältemittel im Kreisprozeß laufend seinen Zustand, wie z. B. Druck, Temperatur, spez. Volumen, ändert.
Die Darstellung kann auch mit **genormten Symbolen** erfolgen (Abb. 13.12).

(1) Rohrleitung mit Angabe der Fließrichtung; **(2)** bewegliche Leitung; **(3)** Leitung mit Wärmedämmung; **(4)** Wirklinie, allgemein; **(5)** Ein- und Ausgang; **(6)** Absperrventil, Absperrhahn, Absperrschieber und Absperrklappe; **(7)** Rückschlagventil und Rückschlagklappe; **(8)** Antrieb allgemein mit Hilfsenergie (z. B. Volumenstromregler); **(9)** Hubkolbenverdichter; **(10)** Drehkolbenverdichter; **(11)** Rotationsverdichter; **(12)** Turboverdichter, **(13)** Schraubenverdichter allgemein; **(14)** Wärmetauscher ohne Kreuzung der Fließlinien; **(15)** desgl. mit Kreuzung; **(16)** Rohrbündelwärmetauscher; **(17)** Rippenrohrwärmetauscher; **(18)** Doppelrohrwärmetauscher; **(19)** Plattenwärmetauscher; **(20)** Luftgekühlter Rippenrohr-Wärmetauscher; **(21)** Kühlturm; **(22)** Rieselkühler; **(23)** Behälter mit Rieseleinbauten, unregelmäßige und regelmäßige Anordnung; **(24)** Schauglas; **(25)** desgl. mit

Feuchteindikator; **(26)** Schalldämpfer; **(27)** Filtertrockner; **(28)** Rohrleitungskompensator; **(29)** Ventilator; **(30)** Flüssigkeitspumpe; **(31)** Reduzierstück.

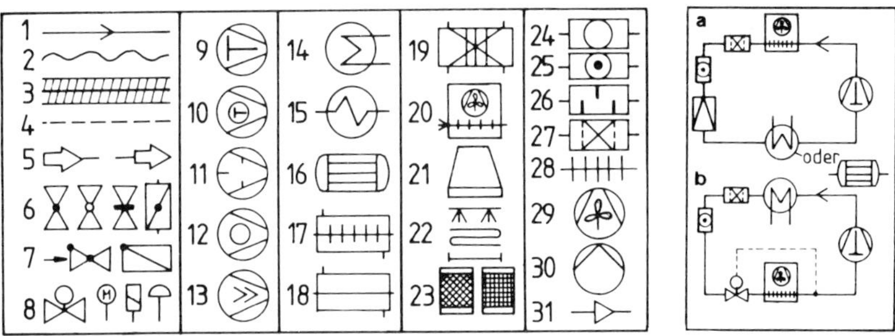

Abb. 13.12 Graphische Symbole für kältetechnische Anlagen (Auszug aus DIN 8972)

Abb. 13.13 Symbolhafte Darstellung

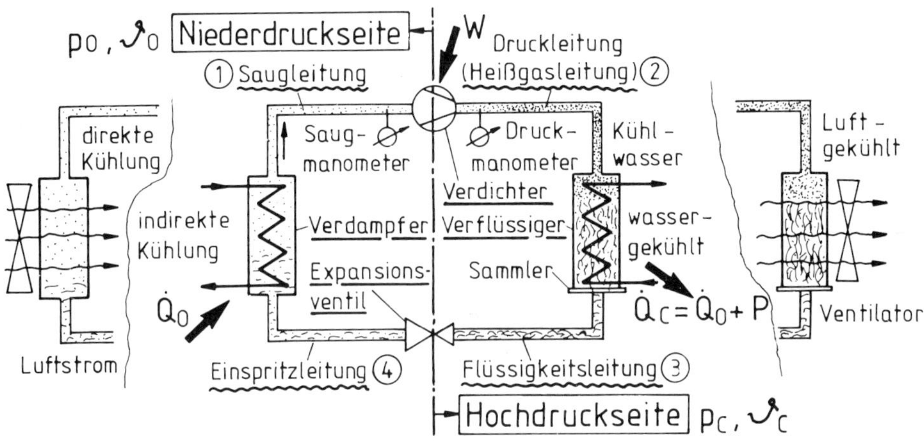

Abb. 13.11 Schematische Darstellung des Kältekreislaufs

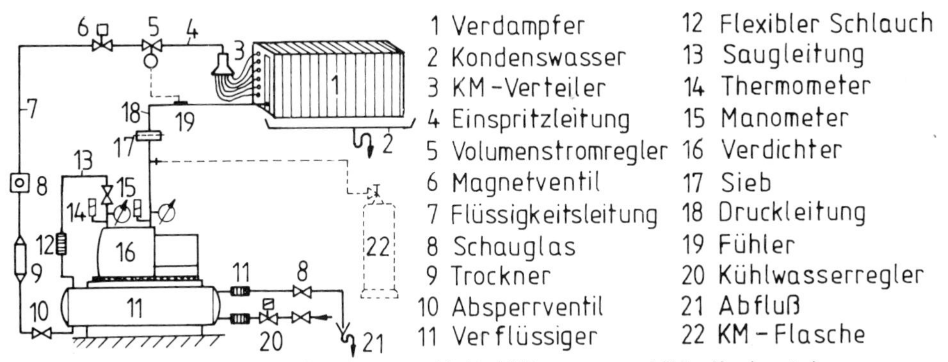

Abb. 13.14 Kälteaggregat einschließlich Armaturen (direkte Kühlung, wassergekühlter Kondensator)

Verdampfer

Der Verdampfer ist das Bauelement in der Kälteanlage, in dem der eigentliche Kühlprozeß abläuft und die gewünschte **Kälteleistung** $\dot{Q}_0$ übertragen wird. Das in der Einspritzleitung vorwiegend flüssige Kältemittel mit einer Temperatur, die weit unter der Umgebungstemperatur liegt, strömt in den Verdampfer. Die der Umgebung entzogene und vom Kältemittel aufgenommene Wärme bringt das Kältemittel zur Verdampfung. Dieser Wärmeentzug erfolgt so lange, bis sämtliche Flüssigkeit verdampft ist.

Hinweise und Ergänzungen:

1. Es kann nur dann eine Verdampfung und somit Kühlung stattfinden, wenn durch den Verdichter der erforderliche Druck p_0 erreicht ist und durch den Verdampfer das zu kühlende Medium (Luft, Wasser) strömt. Zur Aufrechterhaltung des Kreislaufs muß demnach ein Mindestvolumenstrom garantiert werden.
2. Liegt der Verdampfer in dem zu kühlenden Luftstrom, spricht man von einer **direkten Kühlung** (Kap. 13.4.1). Wird mit ihm Kaltwasser erzeugt, bezeichnet man eine fabrikmäßig vormontierte Kältemaschine auch als „Kaltwassersatz" (sämtliche Armaturen, Sicherheits- und Regelungseinrichtungen einbezogen). Da hier die Kühlung in den Klimageräten mit dem Zwischenmedium Wasser durchgeführt wird, spricht man von der **indirekten Kühlung** (Kap. 13.4.2).
3. Auf der Stirnseite des Verdampfers müssen die **einzelnen Rohre gleichmäßig mit Kältemittel versorgt** werden. Dies geschieht mit einem Verteiler (direkt hinter dem Expansionsventil), von dem aus kleine Kupferröhrchen mit den Kühlrohren des Verdampfers verbunden werden (Abb. 3.20). Die Kupferrohre haben gleiche Längen und Durchmesser und somit den gleichen Druckverlust. Die Kühlerrohre sind so angeordnet, daß das Kältemittel im Gegenstrom oder Gleichstrom zur Luft strömt.
4. Der **Fühler am Verdampferaustritt** hat die wichtige Aufgabe, die Verdampferleistung über das Expansionsventil zu regeln (Kap. 13.8.4). Je weniger Kältemittelflüssigkeit in den Verdampfer eingespritzt wird, desto weniger kann verdampfen (Verdampferfläche nicht ausgenützt), desto geringer ist die Verdampferleistung (Kühlerleistung).
5. Wenn man von der **„Verdampferseite"** spricht, meint man die Niederdruckseite der Kältemaschine. Beim Splitgerät (Kap. 6.3) handelt es sich um das Raumklimagerät.
6. In der Klimatechnik werden **verschiedene Verdampferkonstruktionen** eingesetzt. Auf einige Bauarten wird noch etwas in Kap. 13.8.1 eingegangen.

Verdichter

Der Verdichter (Kompressor), „das Herz des Kältesystems", saugt das dampfförmige Kältemittel über die Saugleitung aus dem Verdampfer und verdichtet (komprimiert) es unter **Arbeitsaufwand** (*W*) und fördert es in den Verflüssiger. Es entsteht überhitzter Kältemitteldampf. Die Verdichterfunktion besteht demnach darin, den Kältemitteldampf mit niedriger Temperatur ϑ_0 und niedrigem Druck p_0 auf eine höhere Temperatur ϑ_c und einen höheren Druck p_c zu bringen. Das Druckventil im Verdichter kennzeichnet den Grenzpunkt zwischen p_0 und p_c. Bei Auslegung und Betrieb der Kältemaschine spielt das Druckverhältnis p_c/p_0 eine große Rolle. Durch das erzielte Temperaturniveau ist es nun möglich geworden, die vom Kältemittel aufgenommene Wärme wieder an ein Medium mit geringerer Temperatur abgeben zu können. Je höher jedoch die Temperatur dieses Kühlmediums ist, desto höher muß verdichtet werden.

Hinweise und Ergänzungen:

1. Die zur Verdichtung notwendige **mechanische Energie wird in Wärmeenergie umgewandelt** und ist, abzüglich der Verluste an die Umgebung, im komprimierten Heißgas enthalten. Die Zustandsänderung im Verdichter verläuft bei konstanter Entropie (Kap. 13.6.2).
2. Durch die **„Saugwirkung"** des Verdichters wird p_0 und dadurch ϑ_0 im Verdampfer abgesenkt (Kältemittel kann verdampfen), und durch seine **„Druckwirkung"** wird p_c und ϑ_c im Verflüssiger erhöht (Kältemittel kann kondensieren).
   Sinkt z. B. bei Teillasten die Temperatur des zu kühlenden Mediums am Verdampfer, so wird der Wärmestrom zum Kältemittel geringer und dadurch auch die Dampfbildung. Da jedoch der **Verdichterförderstrom nahezu unverändert** bleibt, wird die zur Dampfbildung erforderliche Verdampfungswärme vom flüssigen Kältemittel selbst aufgebracht, wodurch p_0 und ϑ_0 sinken.
3. Der **Verdichter darf kein flüssiges Kältemittel ansaugen,** bzw. in dem angesaugten Kältemitteldampf dürfen keine Flüssigkeitsteilchen vorhanden sein. Der Ansaugzustand muß daher im Überhitzungsgebiet liegen (Kap. 13.6.3). Der Druck am Verdichteraustritt ist durch ϑ_c gegeben.
4. Hinsichtlich der Bauformen wird in der Klimatechnik vorwiegend der Kolbenverdichter eingesetzt. Auf die **Ausführungsformen** wird etwas in Kap. 13.8.3 eingegangen und auf die Verdichterleistung in Kap. 13.7.4.

Verflüssiger (Kondensator)

Wenn man im Verflüssiger dem Kältemitteldampf die während des Kälteprozesses aufgenommene Wärme entzieht, wird er wieder flüssig. Grundsätzlich ist es Aufgabe des Verflüssigers, diese Wärme bei einem erhöhten Temperaturniveau an ein Kühlmedium abzugeben. Geschieht dies mit dem Medium Luft, spricht man von einem luftgekühlten Verflüssiger

(Kap. 13.4.3), geschieht dies mit Wasser, handelt es sich um einen wassergekühlten Verflüssiger (Kap. 13.4.4). Die **Verflüssigerwärme** $\dot{Q}_c$ setzt sich im wesentlichen aus der Energieaufnahme am Verdampfer $\dot{Q}_0$ und der des Verdichters W zusammen. Hinzu kommen noch die Überhitzungs- und Unterkühlungswärme, was sich besonders anschaulich anhand des h, log p-Diagrammes erläutern läßt (vgl. Abb. 13.43).

Zur Ergänzung:

1. Das **Kältemittel aus dem Verflüssiger darf keinen Dampfanteil haben**, denn dem Expansionsventil darf nur flüssiges Kältemittel zugeführt werden. Wie in Kap. 13.6.3 erläutert, muß deshalb das Kältemittel nach der Verflüssigung noch etwas weiter unterkühlt werden.
2. Wie in Kap. 13.8.2 erläutert, gibt es verschiedene **Bauformen** mit unterschiedlicher Wirkungsweise. Die Vor- und Nachteile der in der Klimatechnik üblichen wasser- und luftgekühlten Verflüssiger werden in Kap. 13.4.3 und 13.4.4 erläutert und gegenübergestellt.
3. Die im luft- oder wassergekühlten Verflüssiger anstehende Verflüssigungs- und Überhitzungswärme versucht man heute bei größeren Kälteanlagen und besonders bei längeren Laufzeiten **zurückzugewinnen.** Dies geschieht z. B. zur Erwärmung von Trinkwasser, wobei der Speicher auf die Leistung des Kondensators abgestimmt sein sollte. Damit durch kaltes Wasser eine Erhöhung von p_c möglichst vermieden wird, kann man im oberen Teil des Speichers einen elektrischen Heizstab einbauen.

Volumenstromregler

Das Expansionsventil hat die Aufgabe, den hohen Verflüssigungsdruck p_c wieder auf den wesentlich niedrigeren Verdampfungsdruck p_0 zu bringen. Da mit diesem Ventil jedoch der Kältemittelstrom zum Verdampfer geregelt wird, ist die Bezeichnung **Volumenstromregler** der genormte Begriff. Dabei darf nicht mehr Kältemittel in den Verdampfer strömen, als der Kompressor an Dampf absaugen kann. Bei diesem Regler handelt es sich um eine Drosselung, und da dabei weder Wärme zu- noch abgeführt wird, bleibt die Enthalpie konstant. Außerdem wird während dieser Drosselung ein geringer Teil der Kältemittelflüssigkeit im Volumenstromregler verdampft („Drosseldampf"), so daß dem Verdampfer Naßdampf mit geringem Dampfgehalt zugeführt wird. Dies kann man ebenfalls sehr anschaulich im h, log p-Diagramm nachvollziehen (Abb. 13.43).

Weitere Hinweise und Ergänzungen:

1. Grundsätzlich handelt es sich beim Volumenstromregler um ein **Drosselorgan**, für das sehr verschiedene Begriffe verwendet werden, manche allerdings äußerst selten; manche sind auch veraltet und sollten vermieden werden. Wegen des Drosselvorgangs spricht man auch von einem **„Drosselventil"**, und da hier der Verflüssigungsdruck reduziert wird, von einem **„Reduzierventil"**. Expandieren heißt entspannen, daher spricht man auch von einem **„Entspannungsventil"**. Andererseits wird durch das Ventil eine bestimmte Kältemittelmenge in die Leitung bzw. in den Verdampfer eingespritzt, so daß man auch von einem **„Einspritzventil"** und bei der nachfolgenden Leitung von einer Einspritzleitung spricht. Da eine solche Einspritzung nur in einer bestimmten Dosis vorgenommen wird, hört man manchmal auch den Begriff **„Dosiergerät"**.
2. Bei kleinen Klimageräten (z. B. „Fensterklimageräten") erfolgt die Einspritzung bzw. Drosselung durch ein **Kapillarrohr**. Hierbei handelt es sich um ein Kupferrohr mit sehr kleinem Durchmesser. Dessen Länge ist so bemessen, daß der Rohrwiderstand dem gewünschten Druckabfall von p_c auf p_0 entspricht, und ist daher spiralförmig zu einer Einheit zusammengerollt. Es ist auch so ausgelegt, daß im Normalbetrieb keine Verdampfervereisung stattfindet. Eine Verstopfungsgefahr wird durch den Einbau eines Trockners und Filters verhindert. Bei solchen Geräten ist die Kältemittelmenge exakt dosiert, d. h. nur so viel, wie im Verdampfer exakt verdampfen kann.
3. Da in der Klimatechnik mit Abstand das **thermostatische Expansionsventil** am häufigsten verwendet wird, soll dieses auch ausführlicher in Kap. 13.8.4 beschrieben bzw. seine Wirkungsweise erläutert werden. Dieses Ventil regelt den Kältemittelstrom, indem es eine relativ konstante Überhitzung am Verdampferausgang aufrechterhält. Zuvor muß jedoch die in Kap. 13.6.3 beschriebene Überhitzungswärme erläutert werden.

13.3.2 Übersicht über die Kühlverfahren in RLT-Anlagen

Neben den schon in Kap. 13.2 genannten drei Möglichkeiten, Luft ohne eine Kältemaschine zu kühlen, soll in der Übersicht nach Abb. 13.15 gezeigt werden, wie das Kälteaggregat bzw. die Kältemaschine in die Klimatisierungsaufgabe einbezogen werden kann. Das beginnt mit dem kleinen Kühlgerät (in der Regel als „Klimagerät" bezeichnet) bis zur zentralen Großklimaanlage mit einer umfangreichen Kälteanlage. Wie aus Abb. 13.15 hervorgeht, kann man die verschiedenen „Stromkreise" auch symbolhaft als Ringe darstellen, die durch ihre unterschiedlichen Linienformen, übereinstimmend mit denen in der Skizze, gekennzeichnet sind. Der dick ausgezogene Ring stellt den Kältekreislauf dar.

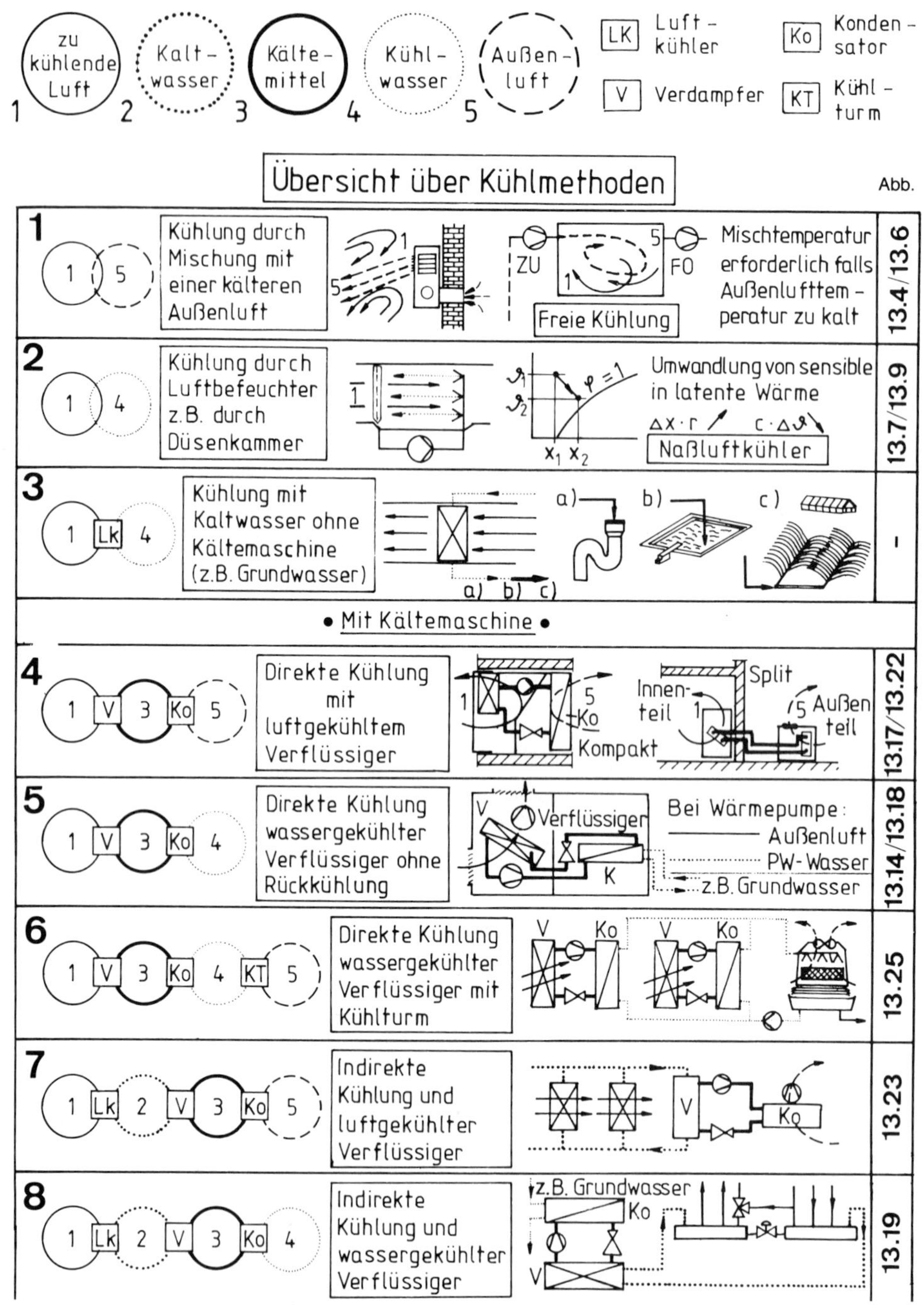

Zusammenwirken von Klima- und Kälteanlage

Dies soll anhand des Beispiels Nr. 9 von Abb. 13.15 verdeutlicht werden. Daß hier dieses „Kühlsystem" gewählt wird, hat folgende Gründe:

1. da von hier aus leicht auf die anderen 5 Klimatisierungsfälle übergegangen werden kann, indem man den einen oder anderen „Kreis entfernt";
2. da mit diesem Beispiel in Kap. 13.5.3 sämtliche Massen- und Volumenströme einschließlich der Temperaturen berechnet werden (Abb. 13.24 und 13.25);
3. da bei dieser Anlage die Heizungs-Klima-Branche gefordert wird. Arbeiten an der Kälteanlage, wie z. B. Inbetriebnahme, Kontrollarbeiten, Prüfungen sind von Sachkundigen der Kältetechnik durchzuführen.

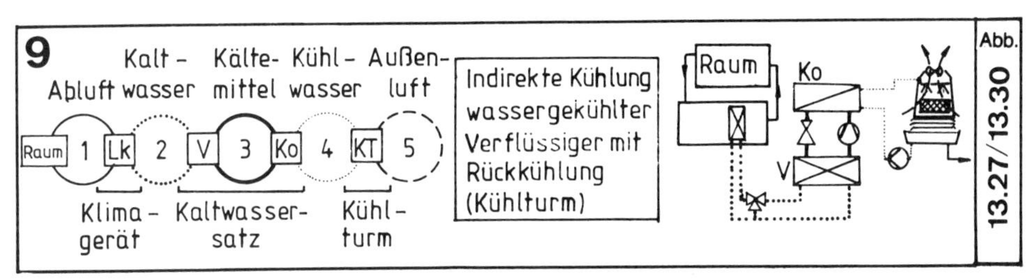

Abb. 13.15

Die inneren und äußeren Wärmequellen, die auf den Raum als Kühllast einwirken, sowie evtl. Wasserdampf, wird mit der Abluft (**Kanalsystem** ≙ **Kreis 1**) in die Klimazentrale geführt. Dort befindet sich der Kühler (LK), der die Luft kühlt und entfeuchtet. Sowohl die sensible als auch die latente Wärme werden dort an den **Kaltwasserstromkreis** (≙ **Kreis 2**) übertragen. Das erwärmte Kaltwasser wird durch den Verdampfer der Kältemaschine gepumpt und gibt dort die Wärme an den **Kältekreislauf** (≙ **Kreis 3**) bzw. an das verdampfende Kältemittel ab. Die im Verdampfer V aufgenommene Wärme wird im Kondensator (Ko) an den **Kühlwasserstrom** (≙ **Kreis 4**) wieder abgegeben. Das Kühlwasser wird in den Kühlturm (KT) gepumpt. Durch den durch den Kühlturm geführten **Außenluftstrom** (≙ **Kreis 5**) entsteht eine starke Verdunstung, bei der dem Kühlwasser die Verdunstungswärme entzogen wird.

Weitere Hinweise:

1. Die beschriebene Anlagenkombination besteht aus folgenden drei Bauteilen: **1. die Klimazentrale** mit zahlreichen Einbauten (Abb. 3.2), **2. der Kaltwassersatz:** d. h. eine fabrikmäßig zusammengebaute, transport- und anschlußfertige Kältemaschine mit allen zugehörigen Bau- und Zubehörteilen, und **3. der Kühlturm** (Rückkühlung), worüber ausführlicher in Kap. 13.4.5 und 13.8.5 eingegangen wird.
2. Bei allen **Systemen ohne Kreis 2** (Kaltwasser) handelt es sich um Kältesysteme mit direkter Kühlung, wie sie vorwiegend bei Einzelklimageräten zur Anwendung kommt (vgl. Kap. 13.4.1).
   Bei allen Systemen **ohne Kreis 4** (Kühlwasser) handelt es sich um luftgekühlte Klimasysteme, worunter man immer Kälteaggregate oder Klimageräte versteht, bei denen mit Luft die Kondensatorwärme abgeführt wird.
3. Die in Abb. 13.15 aufgeführten Kühlmethoden in einer systematischen Form darzustellen und die Varianten besser zu verdeutlichen, soll mit der Übersicht nach Abb. 13.16 versucht werden.

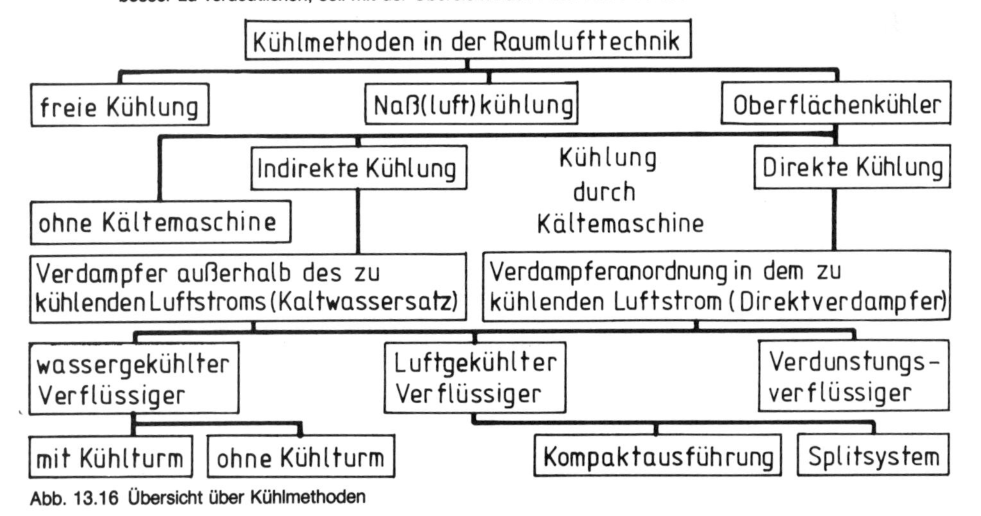

Abb. 13.16 Übersicht über Kühlmethoden

13.4 Wärmeaufnahme und -abgabe bei Kälte- und Wärmepumpensystemen – Merkmale, Vor- und Nachteile

Je nachdem, wie und welche Wärme am Verdampfer vom Kältemittel aufgenommen wird, und je nachdem, wem die am Verflüssiger abzuführende Wärme zugeführt wird, kann man die Kälte- und Wärmepumpensysteme einteilen. Die in Abb. 13.15 zusammengestellten Systeme sollen anschließend beschrieben, gegenübergestellt und durch die Wärmepumpensysteme ergänzt werden.

13.4.1 Direkte Kühlung

Bei der Luftheizung (Bd. 3) unterscheidet man zwischen der direkten Beheizung, bei der die Luft direkt am Feuerraum eines öl- oder gasbefeuerten Warmlufterzeugers erwärmt wird, und der indirekten Beheizung, bei der erst über einen Wärmeträger (Wasser, Dampf) die Luft erwärmt wird.

Bei der direkten Kühlung wird **die zu klimatisierende Luft direkt am Verdampfer gekühlt** und in der Regel auch entfeuchtet. Bei diesem Kühler spricht man in der Regel von einem Direktverdampfer oder Luftkühlverdampfer (vgl. Kap. 13.8.1). Im Gegensatz zur indirekten Kühlung, d. h. zum Kaltwassersatz („Kaltwasserkühler"), spricht man hier vielfach (auf die Kältemaschine bezogen) von einer „Luftkühlanlage". Diese Kühlmethode bezieht sich sowohl auf die zahlreichen Raumklimageräte als auch auf Klimanlagen, bei denen der Verdampfer im Zentralgerät untergebracht ist. Die maximalen Kälteleistungen hängen von den Aufstellungsbedingungen ab, gehen aber bei einer kompakten Innenaufstellung bis etwa 300 kW; bei Einzelgeräten (z. B. Klimaschränken) bis etwa 150 kW. Besonders erwähnenswert sind bei kleinen Leistungen die zahlreichen Klimatisierungsmöglichkeiten mit dem Splitsystem, bei dem mit mehreren Direktverdampfern (Klimageräten) Räume gekühlt werden, oder die verschiedenen Entfeuchtungsgeräte, bei denen, der Direktverdampfer die Aufgabe hat, die relative Luftfeuchtigkeit in den Räumen einzuhalten, ferner die Wärmepumpen, wo der Verdampfer z. B. die Aufgabe hat, der Außenluft die Wärme zu entziehen.

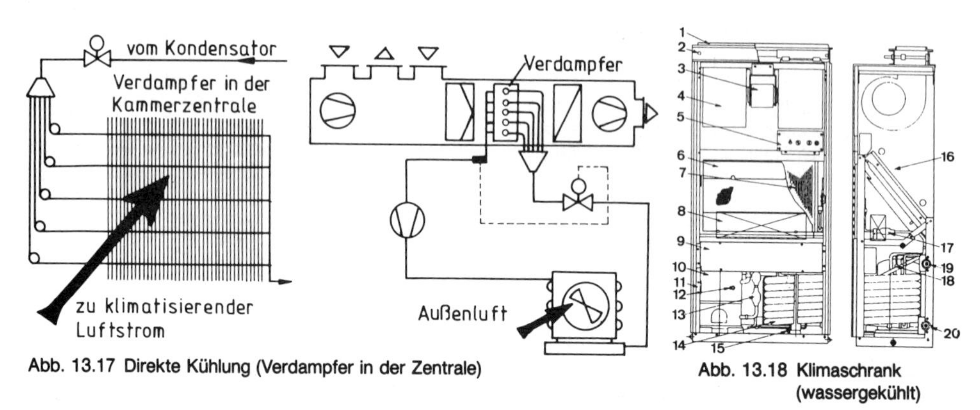

Abb. 13.17 Direkte Kühlung (Verdampfer in der Zentrale)

Abb. 13.18 Klimaschrank (wassergekühlt)

Abb. 13.18 zeigt einen **Klimaschrank mit direkter Kühlung** und wassergekühltem Verflüssiger; (1) Flansch für Zuluftkanalanschluß; (2) Justierschraube für Volumenstrom; (3) Ventilatormotor; (4) Ventilator; (5) Bedienungsteil; (6) Luftfilter; (7) Verdampfer; (8) Platz für Befeuchter; (9) Schaltkasten; (10) Kompressor; (11) Hochdruckschalter; (12) Prüfstutzen; (13) Muffler; (14) Verflüssiger; (15) Prüfstutzen; (16) Platz für Heizregister; (17) Trockner; (18) Berstsicherung; (19) Kühlwasseraustritt; (20) Kühlwassereintritt.

Die **Vor- und Nachteile** erklären einerseits den großen Anwendungsbereich der direkten Kühlung, anderseits werden auch die Anwendungsgrenzen und die möglichen Probleme aufgezeigt. Bei letzterem sind es dann die Fälle, bei denen die indirekte Kühlung nach Kap. 13.4.2 bessere Ergebnisse bringt.

Vorteile

Bei der direkten Kühlung liegen die Vorteile vorwiegend bei den unter Kap. 6 behandelten

Einzelklimageräten, mit denen einzelne Räume oder Raumgruppen klimatisiert werden sollen.

Geringere Investitionskosten (bis 30%) und geringerer Raumbedarf

1. Hohe Flexibilität in der Aufstellung; einfache Montage; geringer Planungsaufwand, Serienfertigung
2. Wegfall oder Einsparung von Luftkanälen und Luftdurchlässen und somit von umfangreichem Montagezubehör
3. Wegfall von größeren Baumaßnahmen (z. B. für Kanal- und Rohrführungen) und geringere bauseitige Leistungen; keine statischen Belastungsprobleme
4. Keine Wasserprobleme auf der Verdampferseite (in bezug auf Frostgefahr, Undichtigkeit, Korrosion); Wegfall der Entwässerung im Maschinenraum
5. Wegfall von Rohrinstallationen, Membranausdehnungsgefäß, Umwälzpumpen und Entlüftung
6. Geringerer Aufwand an Wärmedämmung bei den Luftkanälen, keine Kaltwasserrohrdämmung

Geringere Betriebskosten (vorwiegend auf Einzelgeräte bezogen)

7. Wegfall des Energieaufwandes für die bei einer indirekten Kühlung erforderliche Kaltwasserpumpe; geringere Verteilverluste, kleinere Verdichter
8. Individuelle Betriebsweise bei verschiedenartiger Raumnutzung; vorteilhafte Betriebskostenabrechnung
9. Geringere Wartungs- und Reparaturkosten und leichte Austauschbarkeit; keine Wasserleckverluste, geringe Verteilverluste, kleinere Verdichter
10. Hohe Betriebssicherheit, da durch Ausfall eines Gerätes die übrige Klimatisierung nicht beeinflußt wird
11. Geringere Stromspitzen, d. h. gegenüber Zentralanlagen ein besserer Spitzenlastenausgleich
12. Niedrigere Oberflächentemperaturen als bei Kaltwasser, was vor allem bei der Entfeuchtung günstig ist. Gerade bei Entfeuchtungsaufgaben können durch eine Direktverdampfung große Einsparungen erzielt werden.

Nachteile (vgl. auch Vorteile der indirekten Kühlung)

Nachfolgende Nachteile beziehen sich fast ausschließlich auf Kältesysteme, einschließlich der Verlegung von Kältemittelleitungen, und nicht auf Kompaktklimageräte.

1. Bei der **Regelung** einer Kälteanlage muß direkt in den Kältekreislauf eingegriffen werden, wofür der Kälteanlagenbauer der Ansprechpartner ist; z. T. sind wirtschaftliche Regelmöglichkeiten begrenzt.
2. Bei großen und weitverzweigten **Kältemittelleitungen**, besonders bei großen Höhenunterschieden zwischen den einzelnen Klimageräten, können leicht Betriebsstörungen auftreten (Behebung nur von kältetechnischem Fachpersonal), evtl. Ölrückführungsprobleme.
3. Evtl. Undichtigkeiten bei Kältemittelleitungen sind in der Regel problematischer als bei Wasserleitungen (schwieriges Auffinden, rasche Betriebsstörungen, kostenintensiv, Umweltbelastung).
4. Das Füllgewicht von Kältemittel ist begrenzt und somit auch die Anlagengröße und Zentralisierung (je nach Kältemittel jedoch unterschiedlich). Die Anzahl der Verbraucher je Verdichtereinheit ist wegen der Kältemittelverlagerung begrenzt.
5. Die Leistungszahlen ε sind wegen der niedrigeren Verdampfungstemperatur geringer, was anhand des h, log p-Diagramms verständlich gemacht werden kann.
6. In vielen Fällen muß auf die Geräuschdämpfung und Gerauschdämmung erhöhte Aufmerksamkeit aufgewendet werden.

13.4.2 Indirekte Kühlung

Bei der indirekten Kühlung wird im Kältemittelverdampfer („Wasserkühlverdampfer") eine als Kälteträger geeignete Flüssigkeit (Wasser oder Sole) abgekühlt. Bei einer indirekten Beheizung werden von einer Heizzentrale über einen Verteiler eine oder mehrere Klimazentralen

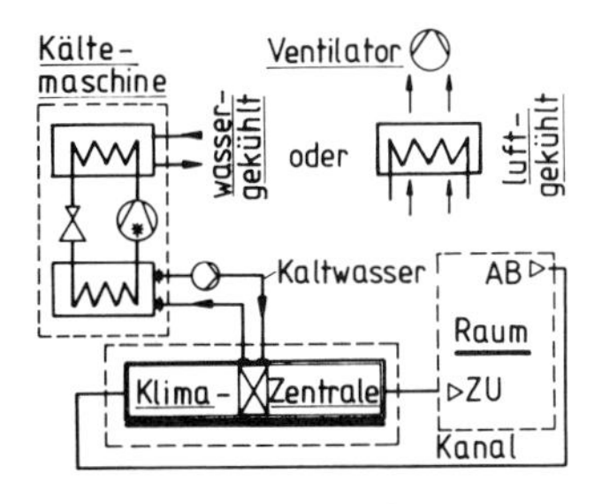

Abb. 13.19 Schema: Klima/Kälte-Anlage, indirekte Kühlung

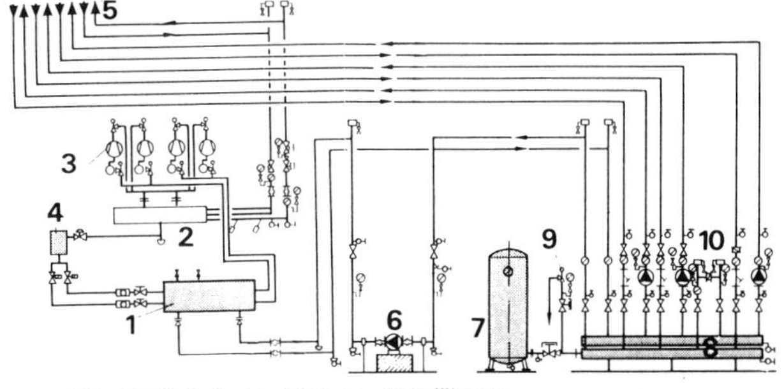

Abb. 13.20 Indirekte Kühlung, Rohrführung

oder Klimageräte mit Warmwasser versorgt. Hier werden von einer Kältezentrale (Kaltwassersatz) eine oder mehrere Zentralen (Kühler) oder Einzelgeräte über teilweise umfangreiche Rohrsysteme mit Kaltwasser versorgt.

Bei der Anwendung dieser Kühlmethode ergeben sich folgende **Vorteile:**

1. **Wasser ist leichter und exakter regelbar** als Kältemittel, d. h., überall dort, wo es auf eine besonders exakte Regelbarkeit ankommt, wie z. B. bei hohen Komfortanforderungen, bei Präzisionsfertigungen u. a., wird das Kaltwassersystem vorgezogen (besseres Teillastverhalten), Wasser ist auch ein natürlicher Wärmespeicher.
2. Von einem Kaltwassersatz können mehrere Klimazentralen und/oder eine beliebige Anzahl von Geräten (Truhengeräte, Deckengeräte, Wandgeräte) **unabhängig von den Entfernungen mit Kaltwasser versorgt** werden. Bei Kältemittelleitungen liegen maximal wirtschaftliche Leitungslängen bei etwa 30 m und maximal wirtschaftliche Höhen bei etwa 10 m.
   Über einen Verteiler können außerdem verschiedene Gruppen mit verschiedenen Kaltwassertemperaturen betrieben werden.
3. Die Forderungen und der Wunsch, sowenig wie möglich Kältemittel einzusetzen, führt zu **neueren Geräte- und Anlagenkonzeptionen** (auch für kleinere und mittlere Leistungsbereiche), bei denen mögliche Kältemittelprobleme praktisch ausgeschlossen werden.
4. Bei der Versorgung mehrerer Zentralen kann die **Kältezentrale (Gesamtkälteleistung) kleiner gewählt werden,** denn man kann nicht davon ausgehen, daß bei allen Geräten gleichzeitig der maximale Kältebedarf vorliegt. Zentrale Wartung.
5. Die hier vorhandene **Trennung von Klima- und Kälteanlage** hinsichtlich der Regelkreise und Abgrenzung der Leistungsgarantien sind dem Heizungs-Klimatechniker willkommen. Außerdem sind es nicht nur die fehlenden kältetechnischen Spezialkenntnisse, sondern die Tatsache, daß ihm die gesamte Hydraulik einschließlich der Montage des Kaltwasserverteilsystems durch das Warmwasserverteilsystem bekannt ist. Daß trotzdem für kleinere Klimatisierungsaufgaben die direkte Kühlung sinnvoller und wirtschaftlicher ist, zeigen die umfangreichen Ausführungen in Kap. 6.

Hinsichtlich der **Nachteile** können die Vorteile der direkten Kühlung herangezogen werden. Neben den Wasserproblemen, wozu auch die Vorkehrungsmaßnahmen bei Solefüllungen gehören, werden die Kosten für das Rohrnetz und für den Betrieb der Kaltwasserpumpen in den Vordergrund gestellt.

Der Kälte-Klima-Fachmann wird sicherlich andere Nachteile nennen als der Heizung-Lüftung-Klima-Fachmann. So sind bei letzterem z. B. umfangreiche Rohrnetze, hydraulische Schaltungen und Regelungen, Verlegung von Lüftungsrohren nicht problematisch und somit nachteilig.

Seit einigen Jahren werden mehr und mehr Wassersplitsysteme wie z. B. die sog. **Hydroniksysteme** angeboten. Hierbei handelt es sich um bekannte Kaltwassersysteme. Anstelle der in Kap. 6 erläuterten Splitsysteme (Direktverdampfersysteme), bei denen mehrere Innengeräte mit einem Außengerät über umfangreiche Kältemittelleitungen verbunden sind, werden hier zahlreiche in den einzelnen Räumen angeordnete Innengeräte mit dem Verdampfer eines Kälteaggregats durch Wasserleitungen verbunden. Neben den Truhengeräten werden gerne platzsparende und formschöne **Kassetten** in abgehängten Decken installiert, bei denen die klimatisierte Luft in vier Richtungen ausgeblasen wird. Die Raumtemperatur läßt sich über

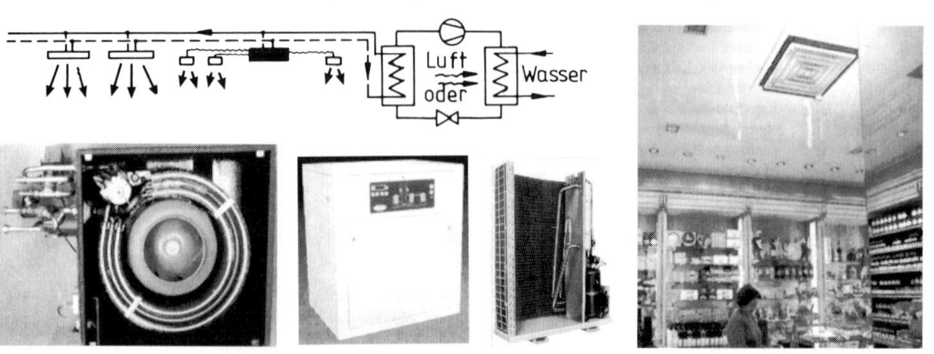

Abb. 13.21 Wasser-Splitsystem (Fa. Carrier)

Ventilatordrehschalter und/oder über Thermostat regeln. Außerdem gibt es auch sog. **Klimamodule** mit Wärmetauscher, denen Kaltwasser (evtl. über Wärmepumpe auch Warmwasser) zugeführt wird. Diese Module können zentral und zonenweise im Gebäude angeordnet werden. Von dort aus werden dann die einzelnen Räume über flexible Lüftungsrohre und Decken-Zuluftdurchlässe klimatisiert.

Abb. 13.21 zeigt ein **wassergekühltes Kälteaggregat** mit Elektronikregelung, die eine Fernüberwachung und -steuerung eines oder mehrerer Geräte ermöglicht, ebenso den Anschluß an einen PC. Durch den modularen Aufbau können mehrere verschiedene Geräte an denselben Wasserkreislauf angeschlossen werden. Der Verdichter befindet sich in einem schallgedämmten Gehäuse. Die Aufstellung erfolgt innerhalb oder außerhalb des Gebäudes. Die Abbildungen zeigen eine Hydronik-Kassette (Ausblas abgenommen) mit Regelventil für Zwei- oder Vierleiterbetrieb, das Aggregat, daneben die Kassette, in einer abgehängten Decke installiert.

Merkmale und Vorteile des Hydronik-Systems

- Es werden nur noch **geringe Füllmengen von Kältemittel** benötigt (bis 70 % weniger gegenüber Direktverdampfersystemen). Auch durch moderne Wärmeübertragungstechniken soll hier eine Kältemittelreduzierung ermöglicht werden.
  Anscheinend haben einige Hersteller Angst, bei diesem System zu eng mit der Heizungsbranche zusammenzuarbeiten und dadurch in Gefahr zu geraten, Kälteanlagenbauer als Kunden zu verlieren.
- Zwischen dem Kälteaggregat mit seinem geschlossenen leckgeprüften Kältekreislauf und den verschiedenen Klimageräten **zirkuliert im Kühlbetrieb Kaltwasser** (oder bei einer Wärmepumpe Warmwasser), daher auch die Bezeichnung **„Wassersplitsystem"** oder „Aqua Split". Die Geräte werden sowohl mit luft- als auch mit wassergekühltem Kondensator angeboten.
- Bei **nachträglichem Einbau**, bei Umbauten oder Erweiterungen werden Wasser- anstatt Kältemittelleitungen neu montiert oder verändert. Das bedeutet, daß nicht in den Kältekreislauf eingegriffen werden muß (höhere Flexibilität).
- Die vorstehend genannten grundsätzlichen **Vorteile der indirekten Kühlung** gelten größtenteils auch beim Hydronik-System. So kann z. B. auch hier ein Fernüberwachungsservice vorgesehen werden.
- Derzeit wird untersucht, inwieweit auch **Fußbodenheizungen zur Kühlung** im Sommer einbezogen werden können. Außerhalb Deutschlands werden bereits solche Systeme angeboten.

13.4.3 Luftgekühlte Verflüssiger

Luftgekühlte Verflüssiger (Kondensatoren) sind Wärmetauscher, bei denen die beim Kältekreislauf abzuführende Kondensatorwärme durch einen Luftstrom erfolgt. Während sie früher nur bei kleineren und mittleren Anlagen eingesetzt wurden, gewinnen sie – vor allem infolge der Wasserprobleme – selbst bei Großanlagen immer mehr an Bedeutung. Bei den Einzelklimageräten (Kap. 6) ist der Einsatz dieser Verflüssiger eine Selbstverständlichkeit.

Die **Aufstellung** erfolgt in der Regel im Freien, wobei überwiegend Axialventilatoren und horizontal angeordnete Wärmetauscher zur Anwendung kommen. Bei den Klima-Einzelgeräten (Splitsystemen) montiert man den Verflüssiger auf Konsolen an der Außenwand, auf Balkone, auf Kragplatten, Vordächer u. a. Bei der Aufstellung im Gebäude kommen vorwiegend aus Geräuschgründen Radialventilatoren zur Anwendung, wobei über Kanäle eine ausreichende Luftzufuhr und somit Wärmeabgabe gewährleistet sein muß. Der erforderliche Volumenstrom hängt von der Leistung ab. Die Anströmgeschwindigkeit liegt bei etwa 3 m/s.

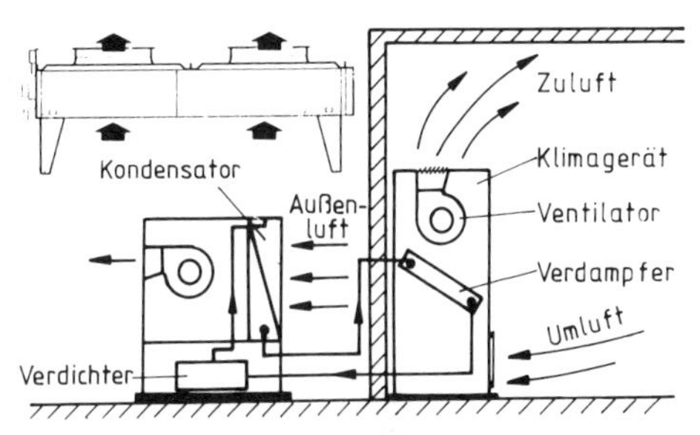

Abb. 13.22 Luftgekühlter Verflüssiger, direkte Kühlung (Splitbauweise)

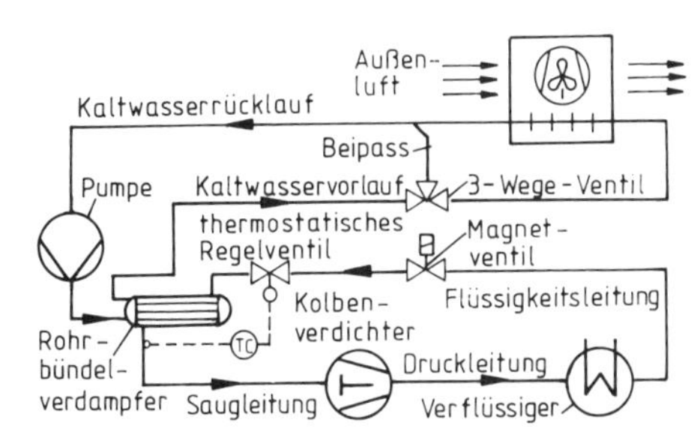

Abb. 13.23 Luftgekühlter Verflüssiger, indirekte Kühlung (Symboldarstellung)

Der Leistungsbereich geht bei der Innenaufstellung bis etwa 200 kW, bei der Außenmontage bis über 1000 kW. Dies hängt aber weniger von der Kondensatorleistung als vielmehr von der Begrenzung der möglichen Berippungslänge und den zulässigen Transportabmessungen ab. Bei großen Kondensatoren kommen mehrere Axialventilatoren zwischen 500 und 1500 mm ∅ zum Einsatz, die in Reihen oder Blockanordnung gewählt werden. Eine Aufteilung der Gesamtleistung auf mehrere Einheiten (Mehrkreisverflüssiger) ist wegen des erforderlichen Teillastbetriebs sowieso erforderlich.

Die kompletten Einheiten, die fabrikmäßig zusammengebaut sind, bestehend aus Verdichter, Antriebsmotor, Verflüssiger und sämtlichem Zubehör, bezeichnet man als **luftgekühlte Verflüssigersätze**. Da hier Verdampfer- und Verflüssigerteil weiter auseinanderliegen und durch Kältemittelleitungen verbunden sind, spricht man auch hier von einem Splitsystem.

Um die **Jahreskosten** zu ermitteln und sie denen der wassergekühlten Verflüssiger gegenüberstellen zu können, sind folgende Kosten zu erfassen: Anschaffungspreis, Montagekosten, Abschreibung und Verzinsung, Reinigungs- und Wartungskosten, Betriebsstunden, Energiekosten für den Kompressorbetrieb und nicht zuletzt die Laufzeit und der Energiebedarf der Ventilatoren.

Die **Vorteile** von luftgekühlten Verflüssigern sind gegenüber wassergekühlten beachtlich und erklären die ständig zunehmende Anwendung.

1. **Geringere Wartung**, da die Wasserprobleme, wie Verschlammung, Algenbildung, Kalkansatz, Korrosion entfallen; Wegfall von dadurch möglichen Betriebsunterbrechungen.
2. **Wegfall von hohen Wasserkosten,** und dadurch auch keinen diesbezüglichen zukünftigen Kostensteigerungen ausgesetzt.
3. Eine **Reinigung ist nur in größeren Zeitabständen** erforderlich. Durch die geringere Verschmutzung liegt ein etwa konstanter Wärmeübergang vor.
4. **Wegfall von Rohrleitungen** und dadurch geringere Verluste und keine Einfriergefahr (auch für den Kondensator). Ebenso entfallen der Wasserzufluß und die Abflußleitungen.
5. Durch die problemlose Aufstellung im Freien ist **kein umbauter Raum erforderlich**, dies gilt sowohl für die „Außenteile“ bei kleinen Splitsystemen als auch für große Verflüssigersätze.

Die **Nachteile** von luftgekühlten Verflüssigern sind gegenüber wassergekühlten mehr im Zusammenhang mit dem Kältekreislauf sowie anhand des *h,*log *p*-Diagramms zu erklären:

1. Gerade an den **heißesten Tagen** ist die Verflüssigungstemperatur ϑ_c am höchsten und dadurch die Kälteleistung am geringsten. Im Gegensatz zum wassergekühlten Verflüssiger mit Kühlturm ist nämlich nicht mehr die Feuchttemperatur der Außenluft, sondern die um etwa 10 K höhere Trockentemperatur als Bezugsgröße maßgebend.
2. Die **Leistungszahlen** sind geringer (etwa 3 gegenüber 4 bei wassergekühlt); dadurch sind für eine gleiche Spitzenlast-Kälteleistung ein größerer Verdichter und eine höhere Verdichterleistung erforderlich.
3. **Bei geringer Außenlufttemperatur sinkt** p_c, so daß eine Druckregelung erforderlich ist, die u. a. durch eine Veränderung des Luft-Förderstroms durchgeführt werden kann.
4. Durch den **schlechten Wärmeübergang** ergeben sich beim luftgekühlten Verflüssiger sehr geringe *k*-Zahlen (Tab. 13.2) und somit ein größeres Bauvolumen.
5. **Höhere Stromkosten** ergeben sich in der Regel durch den Betrieb der Ventilatoren und durch die höhere Leistungsaufnahme des Verdichters.
6. Eine erhöhte Aufmerksamkeit hinsichtlich der **Geräuschbelästigungen** durch Ventilatoren und Verdichter ist erforderlich.

Weitere Bemerkungen:

- In Kap. 13.4.3 werden noch die **verschiedenen Kondensatorbauarten** gegenübergestellt.
- Der **Aufstellungsort** soll so gewählt werden, daß ausreichend Platz für die Luftführung vorhanden ist. Vor allem muß die erwärmte Luft gut abströmen können, damit der Verflüssigungsdruck und somit die Verdichterleistung nicht ansteigen. Außerdem soll die Lufttemperatur an der Stelle möglichst gering sein (evtl. Sonnenschutz, schattiger Platz). Der Wind kann zwar im Sommer den Ventilator unterstützen, doch muß man nachteilige Windeinflüsse durch spezielle Hauben oder Leitbleche vermeiden. Der Aufstellungsort soll auch möglichst staubfrei sein, denn Staub kann die Leistung erheblich vermindern.
- Luftgekühlte Verflüssiger kann man **mit Wasser besprühen** und somit die Kühlleistung erhöhen (vgl. Verdunstungsverflüssiger Kap. 13.8.2). Selbst bei kleinen Klimageräten wird vielfach das Kondenswasser, das beim Verdampfer entsteht, über den Kondensator versprüht.
- Bei den **Temperaturen** für die Auslegung in extremen Sommertagen kann man von folgenden Werten ausgehen: Außenlufttemperatur ≈ 32 °C, Erwärmung (Spreizung) ≈ 10 K, Kondensationstemperatur $\vartheta_c \approx$ 48–50 °C.

13.4.4 Wassergekühlte Verflüssiger (Durchlaufverflüssiger)

Das durch den Verflüssiger strömende Kühlwasser verflüssigt nicht nur die Kältemitteldämpfe, sondern führt auch gleichzeitig die Kondensatorwärme ab, die sich aus Enthitzungs-, Kondensations- und Unterkühlungswärme zusammensetzt (Kap. 13.6.2 und 13.6.3). Obwohl die Verflüssigerwärme auch mit Frischwasser (z. B. Brunnenwasser) abgeführt werden kann, geschieht dies heute fast ausschließlich mit Kühlturmwasser (Kreislaufwasser).

Die **Vorteile** von wassergekühlten Verflüssigern ergeben sich aus den Nachteilen der luftgekühlten und die Nachteile aus den dortigen Vorteilen. Sie finden selbstverständlich Anwendung, wenn Oberflächenwasser oder industrielle Kühlwasserkreisläufe vorhanden sind.

Die **Verwendung von Frischwasser** aus kommunalen Leitungsnetzen, Brunnen oder offenen Gewässern (auch als Durchlaufwasser bezeichnet) ist deshalb so selten, weil das Wasser zu kostbar, zu teuer und z. T. verboten ist. Problematisch ist vielfach die Wasserqualität.

- So werden z. B. wegen der möglichen wasserseitigen Verschmutzung durch Feststoffe oder Verkalkung sog. **Verschmutzungsgrade** eingeführt, die bei der Verflüssigerauslegung zu berücksichtigen sind. Es sind demnach nicht nur wirtschaftliche, sondern auch ökologische Gründe, die gegen eine Verwendung von Frischwasser sprechen.
- Um das Kühlwasser gering zu halten, verwendet man **Kühlwasserregler**. Dieser im Frischwasserzulauf eingebaute Regler bestimmt in Abhängigkeit des Verflüssigungsdrucks p_C, (oder in Abhängigkeit von ϑ_C) den erforderlichen Mindestwasserstrom. Sinkt p_C, wird der Wasserstrom gedrosselt, steigt p_C, öffnet der Regler.

Bei der **Verwendung von Kreislaufwasser** handelt es sich – wie im folgenden Teilkapitel erläutert – um eine Wasserrückkühlung, so daß die Kondensatorwärme letztlich an die Außenluft abgegeben wird. Die Betriebskosten können dadurch bis unter 50 % reduziert werden. Der Wassermassenstrom für das Abführen der Verflüssigerwärme und somit für die Kühlwasserpumpe ist bei Frisch- und Kühlturmwasser unterschiedlich.

Bei **Frischwasser** wählt man etwa eine Temperatur von 12-14 °C, eine Erwärmung (Spreizung) von 10-15 K und eine Temperaturdifferenz $\Delta\vartheta_A$ zwischen ϑ_c und Wasseraustritt ϑ_{WA} von etwa 10 K.
Bei **Kühlturmwasser** kann man von einer Eintrittstemperatur von 26 °C, einer Spreizung von ca. 6 K und einer Temperaturdifferenz $\Delta\vartheta_A = \vartheta_c - \vartheta_{WA}$ von 10 K ausgehen.

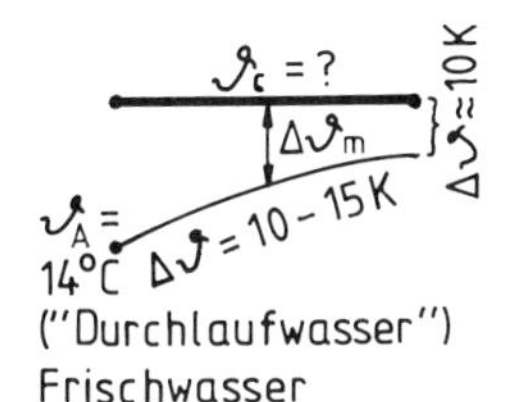

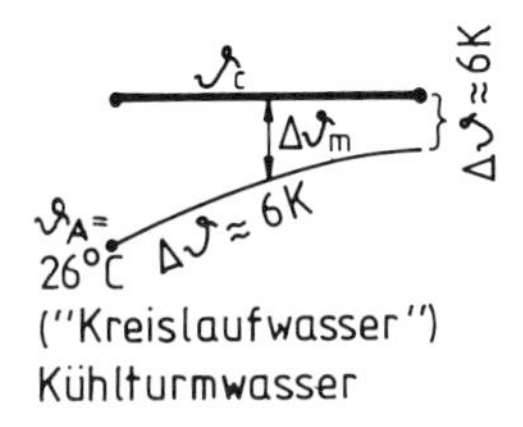

Abb. 13.24 Temperaturen bei wassergekühlten Verflüssigern

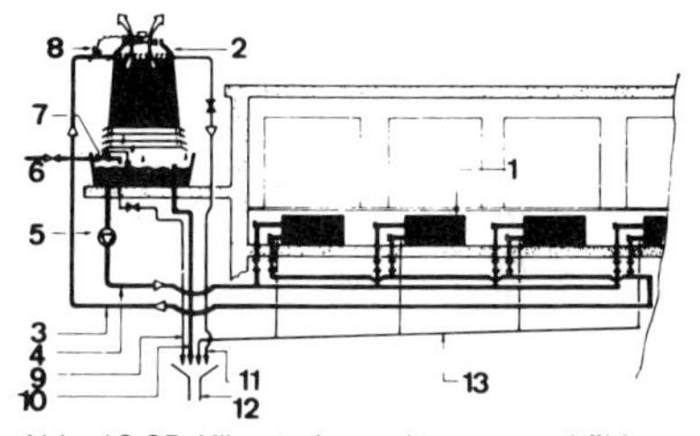

Abb. 13.25 Klimatruhen mit wassergekühlten Verflüssigern

Beispiel: (Ergänzungen vgl. Kap. 13.5)
Bestimmen Sie entsprechend Abb. 13.24 die Wasseraustrittstemperatur, die Kondensationstemperatur ϑ_c und die mittlere Temperaturdifferenz $\Delta\vartheta_m$ zur Berechnung des Wärmeaustauschers und den erforderlichen Wasserstrom bei $\dot{Q}_c$ = 5 kW: a) bei Frischwasser: ϑ_E = 14 °C, Spreizung 12 K, $\Delta\vartheta_A$ = 10 K; und b) bei Kühlturmwasser: ϑ_E = 26 °C, Spreizung 6 K, $\Delta\vartheta_A$ = 6 K.
Lösung: zu a) ϑ_A = **26 °C**, ϑ_c = 26+10 = **36 °C**, $\Delta\vartheta_m$ = 36-20 = **16 K**, $\dot{m}$ = 5000/(1,16 · 12) = **359 l/h**; zu b) ϑ_A = **32 °C**, ϑ_c = 32+6 = **38 °C**, $\Delta\vartheta_m$ = 38-29 = **9 K**, $\dot{m}$ = 5000/(1,16 · 6) = **718 l/h**

Da bei luftgekühlten Verflüssigern in den meisten Fällen die **Kühlwassertemperatur niedriger als die Lufttemperatur** ist, ist der Verflüssigungsdruck p_c geringer und somit die Leistungszahl höher (Kap. 13.7).
Die **Bemessung der Verflüssiger**, wie Typ, Leistung, Fläche, Inhalt, Kältemittelmenge, Anschlüsse, erfolgt – wie beim Verdampfer – anhand von Tabellen, Diagrammen und Nomogrammen der Hersteller.

13.4.5 Wasserrückkühlung durch Kühlturm

Durch die Rückkühlung und Wiederverwendung des in einem Kreislauf zwischen Kühlstelle (hier Verflüssiger) und Kühlturm zirkulierenden Wassers steht ständig ein „Transportmittel" zur Verfügung, mit dem nicht mehr nutzbare Abwärme (hier Verflüssigerwärme) abgeführt wird. Diese sowohl ökologisch als auch ökonomisch sinnvolle Maßnahme übernimmt in der Klimatechnik der fast ausschließlich verwendete **zwangsbelüftete Verdunstungskühlturm.**

Wie aus Abb. 13.26 und 13.27 hervorgeht, wird das vom Verflüssiger kommende erwärmte Wasser zum Kühlturm gepumpt, dort durch ein Wasserverteilsystem versprüht und über Füllkörper verieselt. Im Gegenstrom wird die Umgebungsluft durch diese Füllkörper geführt, wodurch ein geringer Teil des umlaufenden Wassers verdunstet. Die hierzu erforderliche Verdunstungswärme wird dem Kühlwasser entzogen und dann, **an die Umgebungsluft (i.allg. Außenluft) abgegeben.** Den größten Teil der Kühlleistung eines Kühlturms erbringt die Verdunstungswärme, ein geringer Teil wird durch Konvektion von warmem Wasser an die kältere Luft erbracht. Das rückgekühlte Wasser sammelt sich in der Bodenwanne und wird dem Verflüssiger wieder zugeleitet. Im **Vergleich zur Durchlaufkühlung beträgt die Kühlwassereinsparung bei der Kreislaufkühlung mit Kühlturm bis 97% der Umlaufwassermenge,** der Rest wird vorwiegend zur Abdeckung der Verdunstungs- und Abschlämmverluste benötigt.

Abb. 13.26 Innerer Aufbau eines Kühlturms (Fa. Sulzer)

Abb. 13.26 zeigt das **Funktionsbild eines Verdunstungskühlturms** in Vollkunststoffbauweise aus glasfaserverstärktem Polyester; saugend angeordneter Axialventilator mit verstellbaren Kunststoff- oder Aluminiumschaufeln; Tropfenabscheider aus profilierten Kunststoffelementen; Wasserverteilrohre mit selbstreinigenden Kunststoff-Vollkegeldüsen; Form und Bauhöhe der Füllkörper sorgen für eine lange Verweilzeit von Wasser und Luft; Lufteintrittsjalousien verhindern ein Herausspritzen von Wasser und können für Inspektions- und Reinigungszwecke leicht demontiert werden; ein Siebkorb vor dem Ablauf in der Unterschale verhindert das Eindringen grober Verschmutzungen; ein Schwimmerventil dient zum Einspeisen des Zusatzwassers.
Der **Leistungsbereich** von etwa 30 bis 3500 kW und einem Wasserdurchsatz von etwa 2 bis 500 m^3/h wird durch 24 Baugrößen gedeckt. Die Abmessungen erstrecken sich dabei von 610 x 610 x 1780 mm bis 4290 x 4340 x 5300 mm; und das Leergewicht liegt zwischen 40 und 3400 kg (Betriebsgewicht das 3-4fache).

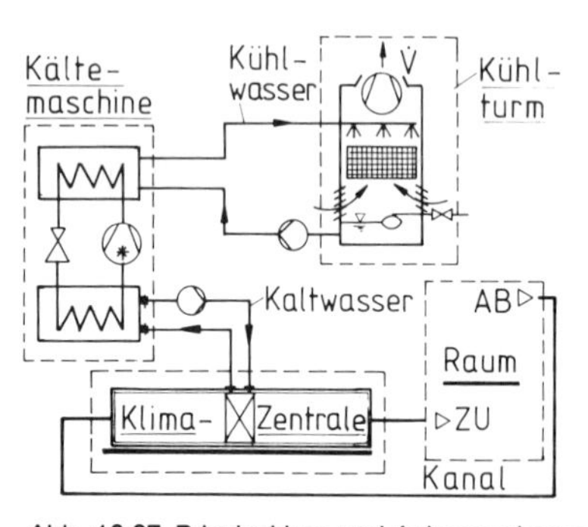

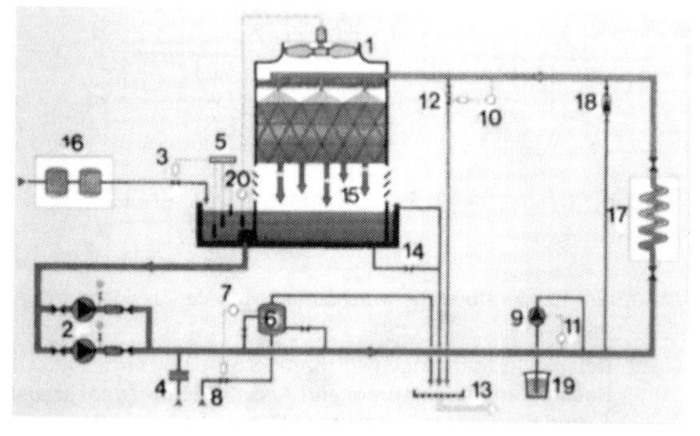

Abb. 13.27 Prinzipskizze und Anlagenschema eines Kühlkreislaufs im Einkreissystem

(1) Kühlturm; (2) Pumpe; (3) Frischwasserzuspeisung; (4) Notwasserzuspeisung; (5) Niveauüberwachung; (6) Teilstromfilter; (7) Differenzdruckmesser; (8) Spülwasserleitung; (9) Dosierpumpe; (10) Leitfähigkeitsmesser; (11) pH-Wert-Messer; (12) Abschlämmeinrichtung; (13) Ablaufkanal; (14) Entleerung; (15) Sammelwanne; (16) Wasseraufbereitung; (17) Verflüssiger; (18) Überströmventil; (19) Dosiermittelbehälter; (20) Thermostat.

Die **Kühlturmauslegung** (Kühlturmgröße) erfolgt meistens aus den Leistungsdiagrammen der Hersteller. Mit den Daten Verflüssigerleistung, Wasserdurchsatz, Kühlturm-Wassereintrittstemperatur, gewünschte Rücklauftemperatur und Feuchtkugeltemperatur kann man im Diagramm den erforderlichen Kühlturmtyp ablesen. Neben dem abzuführenden Wärmestrom ist vor allem die Differenz zwischen Kühlwasseraustrittstemperatur und Feuchtkugeltemperatur ϑ_f der Außenluft maßgebend. Dieser sog. **Kühlgrenzabstand sollte nicht kleiner als 3 bis 5 K sein,** denn je größer er ist, desto kleiner wird der Kühlturm. Die Differenz zwischen Wassereintrittstemperatur ϑ_{W1} und -austrittstemperatur ϑ_{W2} ($\approx$ 5 K) bezeichnet man als **Kühlzonenbreite.**

- Nachdem der Typ festliegt, werden anhand eines anderen Diagramms, in Abhängigkeit des Wasserdurchsatzes und der Düsenanzahl im Kühlturm, der **Düsentyp und Düsenvordruck** abgelesen. Umgekehrt kann man bei einem schon in Betrieb befindlichen Kühlturm den Düsenvordruck mit dem Manometer messen und daraus mit Hilfe des Diagramms den Wasserstrom bestimmen.
- Das Verhältnis von Kühlzonenbreite und Kühlgrenzabstand bezeichnet man als den **Abkühlungsgrad** η des Kühlturms. $\eta = (\vartheta_{W1}-\vartheta_{W2})/(\vartheta_{W1}-\vartheta_f)$. Ein **idealer Kühlturm** läge dann vor, wenn sich das Wasser von ϑ_{W1} bis auf ϑ_f abkühlen würde ($\vartheta_f \approx \vartheta_{W2} \Rightarrow \eta \approx 1$), was jedoch theoretisch nur bei einer unendlich großen Berührungsfläche zwischen Wasser und Luft möglich wäre (Abb. 13.28).

Anhand der **Wärmebilanz beim Vorgang der Rückkühlung** und der vom Hersteller empirisch ermittelten Kühlturmkonstante C kann man das Betriebsverhalten bei wechselnden Bedingungen bestimmen. Wie bereits erwähnt, wird die Kondensatorwärme letztlich an die Umgebungsluft abgegeben. Das bedeutet: **während der Wasserstrom $\dot{m}$ sich von ϑ_{W1} auf ϑ_{W2} abkühlt, vergrößert sich der Wärmeinhalt des Luftstroms $\dot{m}_L$ (sensibel + latent) von h_1 auf h_2:**

$$\dot{m}_W \cdot 1{,}16 \cdot (\vartheta_{W1} - \vartheta_{W2}) = \dot{m}_L \cdot (h_2 - h_1)$$

Dies kann man anhand des h,x-Diagrammes darstellen.

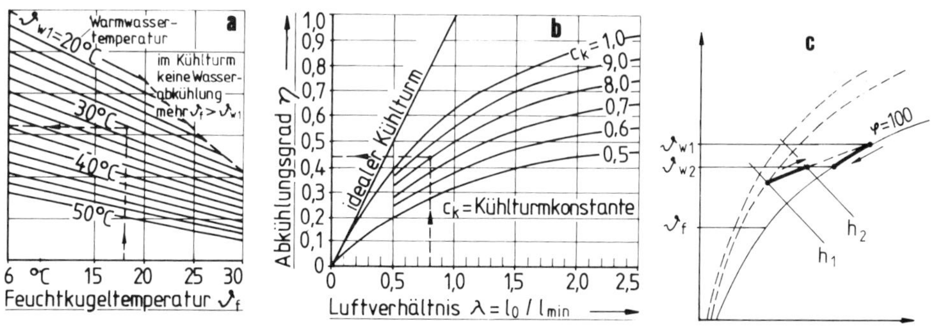

Abb. 13.28 Diagramme zur Kühlturmauslegung: a) Relativer Mindest-Volumenstrom, b) Kühlturmkennlinien, c) Zustandsänderung im h,x-Diagramm

Die **Abkühlung des Kühlwassers** soll anhand Abb. 13.28 ermittelt werden. Dabei ist für das Luftverhältnis $\lambda = l_0/l_{min}$ der relative Mindestluft-Massenstrom $l_{min} = \dot{m}_{L(min)}/\dot{m}_W$ (idealer KÜhlturm), der aus Abb. 13.28b entnommen werden kann (bei üblichen ϑ_f-Werten ist $l_{min} \approx$ 0,8...1,2). Der tatsächlich erforderliche relative Luft-Massenstrom $l_0 = \dot{m}_L/\dot{m}_W$.

Beispiel: Volumenstrom 10 000 m³/h, Wasserstrom 13 m³/h, ϑ_{W1} = 32 °C, ϑ_f = 20 °C, C = 0,8. Wie groß ist die Wasseraustrittstemperatur und die Enthalpiezunahme der Luft?

Lösung: $l_{min} \approx 0{,}96$ (Abb.); $l_0 = 10\,000 \cdot 1{,}2/13\,000 = 0{,}92$; $\lambda = 0{,}92/0{,}96 = 0{,}96$; $\eta \approx 0{,}48$; $\vartheta_{W1}-\vartheta_{W2} = \eta\,(\vartheta_{W1}-\vartheta_f) = 0{,}48(32-20) = 5{,}8$ K $\Rightarrow \vartheta_{W2} = 32-5{,}8 =$ **26,2 °C**; $\Delta h = 13\,000 \cdot 1{,}16 \cdot 5{,}8/12\,000 = 7{,}29$ Wh/kg = 26,2 kJ/kg

Die **Wasserqualität** ist beim Kühlturm von besonderer Bedeutung, da durch sie der Wasserbedarf, die Wirtschaftlichkeit, die Lebensdauer und die Betriebssicherheit abhängen. Beim offenen Kühlturm ist deshalb eine Wasseraufbereitung erforderlich, da es sich nicht nur um sauerstoffreiches Umlaufwasser handelt, sondern ständig Frischwasser zugeführt werden muß. Durch Salze, Staub, Algen und sonstige Rückstände kann es zu erheblichen Verschmutzungen im System kommen, die zu merklichen Leistungsminderungen (schlechterer Wärmeübergang) und zu höherer Verdichterleistung führen (Abschaltung des Hochdruckpressostaten durch Anstieg von ϑ_c). Außerdem fallen die hygienischen Probleme und die erhöhten Betriebskosten stark ins Gewicht.

Der **Zusatzwasserbedarf** $\dot{m}_z$ setzt sich zusammen aus der Verdunstungsmenge $\dot{m}_v$, der abzuflutenden Wassermenge (Abschlämmraten wegen der Eindickung durch Salzanreicherung) $\dot{m}_a$, dem Spritzwasserverlust $\dot{m}_s$ und den anlagenbedingten Leckverlusten $\dot{m}_l$, die in der Regel vernachlässigt werden.

Demnach kann man den **Frischwasser-Zusatzwasserbedarf** $\dot{m}_Z$ wie folgt bestimmen:

$$\dot{m}_Z = \dot{m}_V + \dot{m}_S + \frac{\dot{m}_V}{E - 1} \qquad \dot{m}_V = \frac{\text{Kondensatorleistung}}{\text{Verdunstungswärme}} = \frac{\dot{Q}_C}{r}$$

Die **Verdunstungsverluste** $\dot{m}_V$ sind der Quotient von Kondensatorwärme $\dot{Q}_C$ (W) und Verdunstungswärme r (Wh/kg). $\dot{m}_V \approx \dot{Q}_C/700$ oder als Faustwert etwa 2 l/h je kW Kälteleistung.
Die **Spritzwasserverluste** $\dot{m}_S$ hängen von Kühlturm und Betriebsweise ab und liegen meist unter 0,1% vom zu kühlenden Wasserstrom $\dot{m}_W$.
Die **Abflutungsverluste** (Abschlämmverluste) $\dot{m}_a$ zur Verhinderung einer Salzanreicherung bzw. zur Verhinderung einer zu hohen Eindickung des Umlaufwassers. Dieser ständig hierfür abzuleitende Teil („Absalzmenge") des Kreislaufswassers ist vor allem von der zulässigen Wasserqualität des Umlaufwassers und der Qualität des Zulaufwassers (Frischwassers) abhängig und kann mit der Eindickung in Zusammenhang gebracht werden. Als Faustwert kann man von etwa 3 l/h je kW Kälteleistung ausgehen.
Die sog. **Eindickung *E*** ist das Verhältnis der zulässigen Karbonathärte des Umlaufwassers K_U und der des Frischwassers K_F (jeweils in °dH oder mol/m³).

Beispiel:
Wie groß ist die erforderliche Zusatzwassermenge bei folgenden Angaben: Kälteleistung 80 kW, Leistungszahl 4, Spritzwasserverluste 0,15%; K_U = 25 °dH, K_F = 14 °dH; Kühlwasserspreizung bei Kühlturmbetrieb 5 K.
Lösung: $E = 25/14 = 1{,}78$; $\dot{Q}_c = \dot{Q}_0 + P = \dot{Q}_0 + \dot{Q}_0/\varepsilon = 100$ kW; $\dot{m}_v = 100\,000/700 \approx 143$ l/h; $\dot{m}_w = 100\,000/1{,}16 \cdot 5 = 17\,241$ l/h $\Rightarrow \dot{m}_s \approx 26$ l/h; $\dot{m}_z = 143+26+143/0{,}78 =$ **352 l/h** ($\triangleq$ 2% vom Umlaufwasserstrom)

Weitere Hinweise zu Kühlturmauslegung und Betrieb:

- Auf die **Wasserprobleme und Wasserbehandlung** (Abschlämmeinrichtungen, Desinfektion usw.) wurde schon in Kap. 3.4.3 beim Luftwäscher hingewiesen. Allerdings ist die beim Kühlturmbetrieb umlaufende Wassermenge und der Wasserinhalt im System um ein Vielfaches größer. Das Wasser von den Stadtwerken ist zwar als Trinkwasser einwandfrei, doch die zurückgebliebenen Inhaltsstoffe führen zu Härteablagerungen, Korrosion, Algenwachstum, Bakterien, so daß der Salzgehalt im Umlaufwasser in Abhängigkeit der verdunsteten Wassermenge gesteuert oder noch besser über eine Leitfähigkeitsregelung kontinuierlich geregelt werden muß.
- Bei einer **Wirtschaftlichkeitsberechnung** interessieren die Anschaffungskosten, der Frischwasserpreis einschließlich Abwassergebühr, die Stromkosten, die Betriebsstunden im Jahr und der jährliche Zinssatz. Die **Anschaffungskosten** beim Kühlturmbetrieb sind: Kühlturm einschl. Zubehör; Rohrnetz, Pumpen, Armaturen; Wasserbehandlung; Elektroinstallation; Fracht, Verpackung; Montage. Die **Betriebskosten** erstrecken sich auf den Zusatzwasserbedarf (jährlicher Verbrauch m³/a × Wasserpreis DM/m³), auf den Leistungsbedarf der Ventilatoren, Pumpen und sonstiges (jährlicher Verbrauch kWh/a × Stromkosten DM/kWh), auf die Wasserbehandlung und auf die Wartung. Die **Amortisationszeit** bestimmt man aufgrund des Annuitätsfaktors *a*. *a* = Einsparung/Mehraufwand, wie z. B. Einsparung an Betriebskosten gegenüber Frischwasser und Mehraufwand beim Kühlturmbetrieb (Anschaffungskosten). Anhand eines Diagramms kann man in Abhängigkeit von *a* und Zinssatz die Amortisationszeit („Rückflußzeit") ablesen.
- Für eine **Geräuschentstehung**, die weniger von der Leistung ais vielmehr von Bauart und Betrieb abhängig ist, kommen folgende Ursachen in Frage: Ventilatoren, Ventilatorantrieb und aufprallendes Wasser. Die Geräusche addieren sich und strahlen über Ansaug- und Ausblasstelle ab. Durch Umsetzung von Körper- in Luftschall können auch über die Kühlturmwand Geräusche abgestrahlt werden.
  Schalldämpfende Maßnahmen sind: Reduzierung der Ventilatordrehzahl, Abschirmwand in Nähe des Kühlturms ($\Delta L \approx$ 15 dB), zu- und abluftseitige Kulissenschalldämpfer, Einbau von Aufprallschwächern (Matten), Einbau der Kühltürme in Gebäuden, Vermeidung von schallreflektierenden Wänden und sorgfältige Auswahl des Aufstellungsortes (z. B. größere Entfernungen). Zulässige Regelwerte werden in der TA Lärm als Richtwerte angegeben.
- Bei Anlagen, die ganzjährig betrieben werden, sind **Frostschutzmaßnahmen** zu treffen, wie z. B. Beheizung des Wannenwassers, Rohrbegleitheizung, Zwischenbehälter zur Sammlung des Rücklaufwassers in frostschutzfreiem Raum, Frostschutzmittel, Dämmaßnahmen.
- Die Maßnahmen zur **Energieeinsparung beim Kühlturmbetrieb** sind z. B. optimale Einstellung des erforderlichen Abschlämmwasserstroms, genaue Festlegung des Einschaltpunktes des Kühlturmventilators (entsprechend dem Kühlwasser-Sollwert), automatischer Pumpenbetrieb, frühzeitiges Abschalten der Kühlturmheizung.
- Auf die verschiedenen Kühlturmbauarten wird noch in Kap. 13.8.5 hingewiesen.

13.4.6 Wärmepumpe

Da es sich hier im Prinzip ebenfalls um eine Kältemaschine handelt, muß jeder, der mit Wärmepumpen zu tun hat, auch kältetechnisches Grundwissen besitzen. Ergänzend zu diesem Kapitel, sind besonders die Zusammenhänge in Verbindung mit dem *h,p*-Diagramm und der Leistungszahl zu beachten (Kap. 13.7.2). Die Einbindung der Wärmepumpe in eine Pumpenwarmwasserheizung wird in Bd. 2 (3. Auflage) behandelt.

Im Gegensatz zur Kältemaschine wird bei der Wärmepumpe nicht die Verdampferleistung $\dot{Q}_0$ (Kälteleistung), sondern die **Verflüssigerleistung $\dot{Q}_c$ als Heizleistung genutzt.** Demnach kauft man die Wärmepumpe wegen $\dot{Q}_c$, wobei mit $\dot{Q}_0$ Wärme aus der Umgebung entnommen wird. Die Kältemaschine kauft man wegen $\dot{Q}_0$, während $\dot{Q}_c$ in der Regel ein „Abfallprodukt" ist, denn schließlich entsteht bei jeder „Kälteerzeugung" gleichzeitig auch Kondensatorwärme.

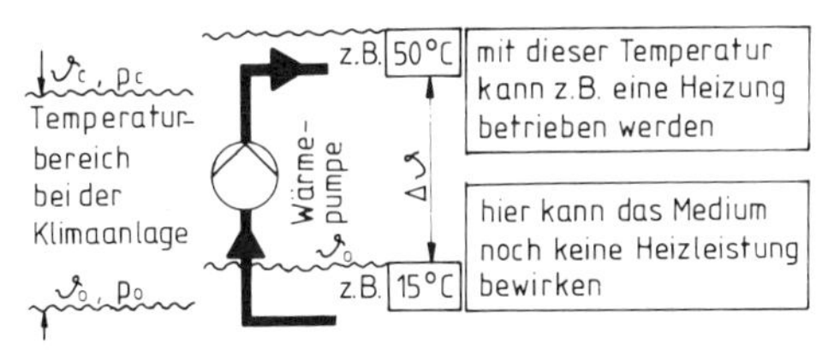

Abb. 13.29 Prinzip der Wärmepumpe

Entsprechend Abb. 13.29 hat der Verdichter bei der Wärmepumpe die Aufgabe, Wärmeenergie von einem niedrigen auf ein höheres Temperaturniveau zu bringen („zu pumpen"). Dabei liegen p_0 und p_c in der Regel auf einem höheren Temperaturniveau als bei der Kältemaschine. Im Verflüssiger wird nämlich meistens eine höhere Verflüssigungstemperatur ϑ_c benötigt (Heizmedium) als beim üblichen Kühlwasser oder bei der Außenluft im Kühlbetrieb. Beim Verdampfer liegt ϑ_0 höher, da die für die Klimatisierung erforderliche Temperatur des Kaltwassers kälter ist als die des Grundwassers oder der Luft beim Wärmepumpenbetrieb.

Die **Anwendungsmöglichkeiten** der Wärmepumpe sind sehr interessant und vielseitig. In wirtschaftlicher Hinsicht ist zwar der Wärmepumpeneinsatz noch sehr begrenzt, was sich jedoch durch Veränderungen in der Energiesituation und durch neue oder verbesserte Technologien schnell ändern kann. Der erste Einsatzbereich erstreckte sich vorwiegend auf die Beheizung von Schwimmbädern, danach auch auf die Gebäudeheizung, Trinkwassererwärmung und auf den gewerblichen Sektor. Bei manchen Klimageräten kann in der Übergangszeit von Kühlung auf Heizung umgeschaltet werden (Abb. 6.10).
Verdampferseitig nutzt man solare Umweltwärme (Luft, Wasser, Erdreich), zurückgewonnene Abluftwärme z. B. bei Klimaanlagen, Trocknungsanlagen, Wohnungslüftungen u. a., Abfallwärme in Produktionsstätten, Wärme bei Fernheizungen durch Senkung der Rücklauftemperatur, latente Wärme bei Entfeuchtungsgeräten.

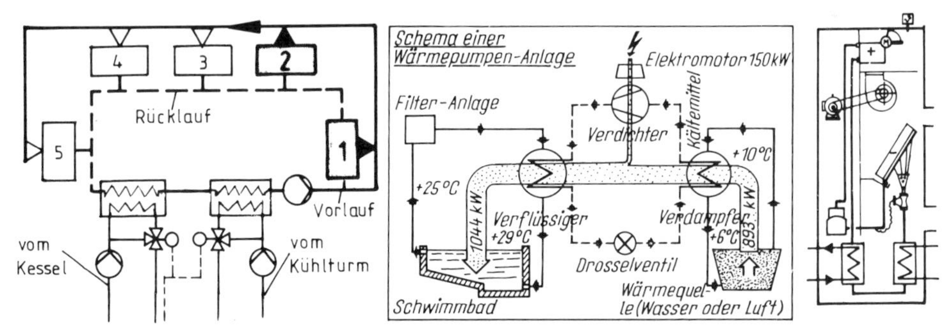

Abb. 13.29a Anwendungsbeispiele für den Einsatz von Wärmepumpen

Ein interessanter Anwendungsfall ist die **„Wärmeverschiebung"** innerhalb eines Gebäudes, wo man durch „Energiekonservierung" Wärme von zu warmen Räumen oder Innenzonen mit hohem Kühllastanfall zu den kälteren Räumen an den Gebäudeaußenseiten transportiert. So kann es vorkommen, daß in der Übergangszeit sogar ein Ausgleich der Wärmebilanz erreicht werden kann. Die Umwandlung von Heiz- auf Kühlbetrieb – oder umgekehrt – erfolgt durch die Kolbenverschiebung im Vierwegeventil, wobei die Funktion der beiden Wärmetauscher Verdampfer und Kondensator jeweils vertauscht wird.

Abb. 13.29a (links) zeigt ein **Wärmepumpensystem mit Umlaufwasser.** In einem Kreislauf wird ständig durch das gesamte Gebäude Wasser zu den einzelnen Klima- bzw. Wärmepumpengeräten (Wand- oder Deckengeräte) geführt. Dieser Wasserkreislauf dient demnach sowohl zur Wärmezufuhr, d. h., Gerät 1 und 2 gibt Kondensatorwärme an das Wasser ab (Temperaturanstieg im Kreislauf), als auch zur Wärmeabführung, d. h., den Geräten 2 bis 5 wird Wärme zugeführt (Temperaturabfall im Kreislauf).
Die **Vorlauftemperatur** liegt während des Jahres zwischen etwa max. 32 °C und min. 18 °C. Fällt sie in der kalten Jahreszeit unter etwa 21 °C, da die Kondensatorwärme nicht ausreicht, dann wird über einen Wärmetauscher vom **Heizkessel** Wärme zugeführt. Steigt aber in der warmen Jahreszeit die Temperatur über 29 °C (dem Kreislauf wird zuviel Kondensatorwärme zugeführt), muß ein **Kühlturm** eingeschaltet werden, durch den der Kreislauf abgekühlt wird. Anstelle von Kessel und Kühlturm kann auch eine Luft/Wasser-Wärmepumpe eingesetzt werden.

Die **Anwendung** eines solchen Systems erstreckt sich z. B. auf Bürogebäude (insbesondere mit großen Innenzonen) und Hotels; dies auch nachträglich bei Altbauten mit vorhandenem und ausreichendem Rohrsystem. Die **Vorteile** gegenüber einer großen Luft-Luft-Zentralanlage sind: geringere Auslegung von Heizkessel und Kühlturm, unabhängiger Betrieb jedes einzelnen Gerätes, individuelle Zonenregelung, einfachere Regelung und Installation, geringerer Platzbedarf, keine Kanäle, Wegfall der Kältezentrale, kleinere Zentrale (nur Lüftung), einfacher Austausch, nachträgliche Ergänzungen (z. B. weitere Geräte, Wärmerückgewinnung, Wämespeicher, Solaranlage, Systemvarianten). **Nachteile** sind: umfangreichere Rohrinstallation, Maßnahmen zur Lösung von Wasserproblemen, Abstimmungen von Raum-, Zonen- und Gebäudelast, schwierigere Auslegung bei unregelmäßiger Lastverteilung, Einbindung der Belüftung (günstiger bei Deckengeräten).

Die **Abb. 13.29a** in der **Mitte** zeigt die Beheizung eines Freibades und **rechts** daneben ein WP-Kompaktgerät für ein innenliegendes Schwimmbad zur Entfeuchtung der Raumluft (vgl. Abb. 9.41).

13.5 Temperaturen, Massen- und Wärmeströme

Nachdem in den beiden vorangegangenen Teilkapiteln der Kreislauf der Kältemaschine und Wärmepumpe sowie die Kühlmethoden behandelt wurden, soll nun etwas eingehender auf die Verdampfer- und Kondensatorleistung eingegangen werden. Beide sind nicht nur vom Kältemittelförderstrom, sondern auch von den Temperaturverhältnissen des gesamten Systems sowie von den beiden Massenströmen der Übertragungsmedien abhängig.

13.5.1 Temperaturen bei Klima/Kälte-Systemen

Von großem Interesse sind vor allem die beiden „Arbeitstemperaturen“ ϑ_0 und ϑ_c, der Zusammenhang von den Temperaturen der vorhandenen Medien auf der kalten und warmen Seite sowie deren Temperaturdifferenzen ($\Delta\vartheta$ und $\Delta\vartheta_m$). Diese sind wiederum abhängig vom Kältesystem, von der Art und Anforderung der Klimaanlage sowie von weiteren Randbedingungen.

Diesbezüglich interessiert sich der Klimatechniker z. B. für folgende Fragen:

1. **Wovon hängt die zu wählende Kaltwassertemperatur ab, und wie bestimmt man daraus die erforderliche Verdampfungstemperatur?**
2. **Wovon hängt die erforderliche Kondensationstemperatur ϑ_c ab: a) bei der Kältemaschine, b) bei der Wärmepumpe?**
3. **Welche unterschiedliche Auswirkung haben die direkte und die indirekte Kühlung sowie ein luft- und wassergekühlter Verflüssiger (mit und ohne Rückkühlung) auf die Verdampfungs- und Kondensationstemperatur?**
4. **In den Klimageräten mit Direktverdampfung liegt die Verdampfungstemperatur ϑ_0 fest; zu welchen Konsequenzen führt dies?**
5. **Wie groß soll etwa die Temperaturdifferenz zwischen ϑ_0 und Kaltwasseraustrittstemperatur sowie ϑ_c und Kühlwasseraustrittstemperatur betragen, und wovon ist die Wahl abhängig?**
6. **Inwieweit beeinflußt die geforderte Raumluftentfeuchtung die Verdampfungstemperatur, und wann ist überhaupt eine Kältemaschine erforderlich?**
7. **Welche Temperaturdifferenzen wählt man zur Bestimmung der Kalt- und Kühlwasserströme, und wovon hängen diese ab?**
8. **Inwieweit wird der sensible und latente Anteil der Kühlerleistung durch die Kaltwassertemperatur beeinflußt? Wann findet bei der indirekten Kühlung trotz niedriger Verdampfungstemperatur keine Entfeuchtung statt?**

Einen Teil dieser Fragen kann man schon anhand der Ausführungen in Kap. 9.2.5 und 9.5 beantworten, wo die Luftkühlung, Luftentfeuchtung und Kühlerleistung in Verbindung mit dem h,x-Diagramm behandelt werden.

Hier soll **nochmals auf die Abb. 13.1 bis 13.3 hingewiesen** werden:

Aus **Abb. 13.1** geht hervor, wie man die Kühleroberflächentemperatur ϑ_K und daraus die Kaltwassertemperatur ϑ_W und **Verdampfungstemperatur ϑ_0 bestimmt,** ausgehend von der zulässigen Zulufttemperatur ϑ_{zu} und der erforderlichen Raumentfeuchtung $\Delta x = x_{zu} - x_i = \dot{m}_{Wasser}/\dot{m}_{Luft}$. Zuluftmassenstrom $\dot{m} = \dot{Q}_K/[c \cdot (\vartheta_{zu} - \vartheta_i)]$.
Abb. 13.2 zeigt, daß durch die Verdampfungs- bzw. Kühleroberflächentemperatur das **Trocken/Feucht-Verhältnis verändert** werden kann. Der feuchte latente Anteil (Entfeuchtung) wird um so größer, je geringer die Kühleroberflächentemperatur ist.
Bei **Abb. 13.3** wird das Kälteaggregat primär zur Luftentfeuchtung gewählt. Die latente Wärme sowie die Verdichterwärme können jedoch als Teil der **Kondensatorwärme wieder für Heizzwecke** zurückgewonnen werden (vgl. Abb. 9.41).

Grundsätzlich muß die Verdampfungstemperatur ϑ_0 erheblich niedriger als z. B. die Kaltwassertemperatur liegen. Nach dem 2. Hauptsatz der Wärmelehre kann nämlich ohne Energieaufwendung keine Wärme von einem niedrigeren Temperaturniveau auf ein höheres übergehen, d. h., Wärme „fließt" immer von einem Körper oder Stoff mit einer höheren Temperatur zu einem mit niedrigerer.

Im Verdampfer fließt die Wärme vom Kaltwasser zum Kältemittel. Das bedeutet, je kälter das Wasser gewünscht wird, desto tiefer müssen ϑ_0 und p_0 sein. Im Kondensator fließt die Wärme vom Kältemittel zum Kühlmedium (Luft oder Wasser). Das bedeutet, je wärmer das Kühlmedium ist, desto höher müssen ϑ_c und p_c sein, d. h., desto höher muß das Kältemittel durch den Verdichter komprimiert werden. Diese Konsequenzen werden anhand des $h,\log p$-Diagrammes verständlicher.

Die Kältemitteltemperatur am Verdampferaustritt ist jedoch größer als ϑ_0, da das Kältemittel noch überhitzt wird und die Verflüssigungstemperatur geringer als ϑ_c ist, da es noch unterkühlt wird (Kap. 13.6.3).

Temperaturen - Temperaturdifferenzen - Wärmebilanzen

Am Beispiel einer indirekten Kühlung mit Kühlturm (Abb. 13.27) soll dies an folgendem Schema verdeutlicht und wichtige Folgerungen daraus gezogen werden:

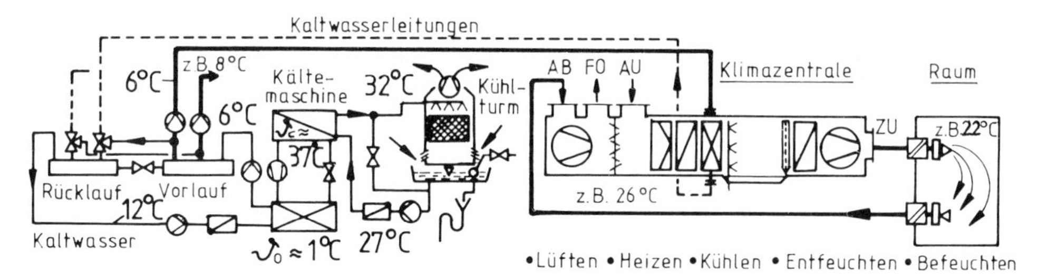

Abb. 13.30 Kälteanlage mit indirekter Kühlung und Kühlturm, entsprechend Abb. 13.31

Folgerungen und Hinweise aus Abb. 13.30 und 13.31

1. Der **Abstand zwischen Verdampfungstemperatur ϑ_0 und Kaltwasseraustrittstemperatur ϑ_{WA}** muß so groß sein, daß die gesamte Verdampferfläche ausgenützt werden kann (etwa 3–5 K). Inwieweit der Abstand ϑ_0 von der Eintrittstemperatur ϑ_{WE} gewählt werden soll, hängt von der Temperaturspreizung des Kaltwassers ab – oder umgekehrt. Bei dem üblichen Kaltwassernetz 6/12 °C wäre die mittlere Kühleroberflächentemperatur 10 °C.
2. Die **Eintrittstemperaturen des Kühlwassers beim Kondensator** hängen von der „Kühlwasserquelle" ab: z. B. bei Grundwasser (Tiefbrunnen) 10 ··· 15 °C mit max. 15 K Spreizung; bei Stadtwasser 15 ··· 18 °C mit 10 ··· 15 K Spreizung; bei Oberflächenwasser (Flüsse, Seen) 15 ··· 25 °C mit 5 ··· 15 K Spreizung; bei Kreislaufwasser mit Rückkühlung 25 ··· 27 °C mit 5 ··· 7 *K* Spreizung.

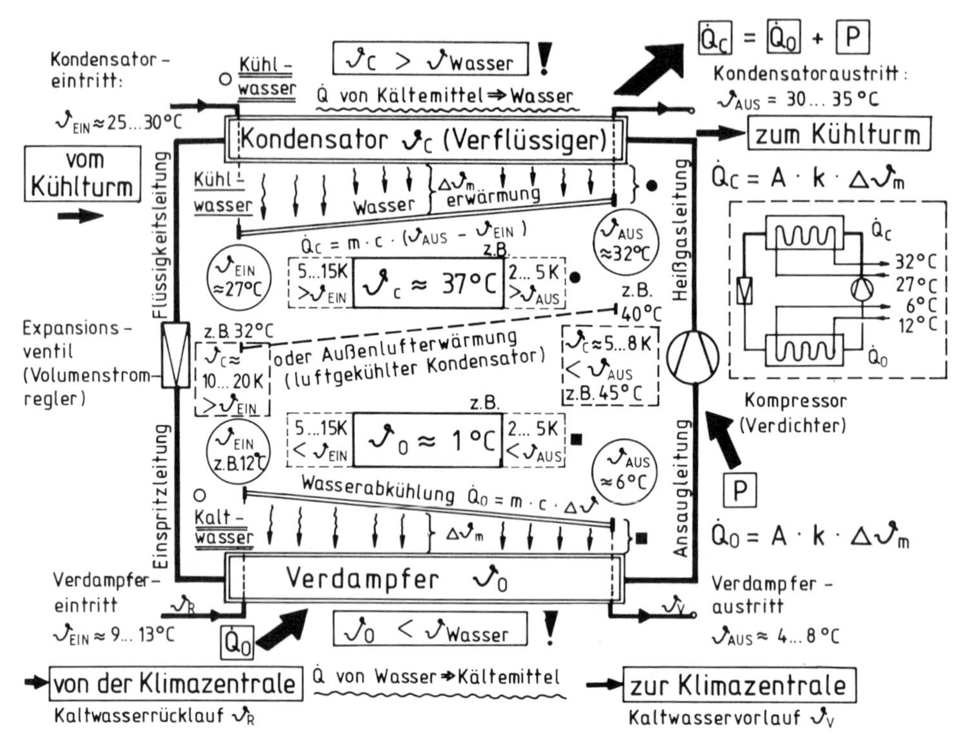

Abb. 13.31 Temperaturannahmen bei einer indirekten Kühlung mit wassergekühltem Kondensator und Kühlturm, entsprechend Abb. 13.30 (alternativ mit luftgekühltem Verflüssiger)

3. Aufgrund der vorstehenden Kalt- und Kühlwasserspreizung $\Delta\vartheta$ kann man den **Förderstrom der Kaltwasser- und Kühlwasserpumpe** berechnen: $\dot{m} = \dot{Q}/(c \cdot \Delta\vartheta)$. Für das Kaltwasser wird die Kälte- bzw. Verdampferleistung $\dot{Q}_0$ und für das Kühlwasser die Kondensationswärme $\dot{Q}_C$ eingesetzt (Kap. 13.5.3).

① Kältemittel
ϑ_{WE} Kühlwasser ϑ_{WA}
ϑ_{WE} Kaltwasser ϑ_{WA}
② Kältemittel ϑ_0

Temperaturdifferenz zwischen Kältemittel und Austrittstemperatur ϑ_{WA} des Mediums auf:			
① Verdampferseite	Wasser	$\vartheta_{WA} - \vartheta_0$	2....5 K
② Kondensatorseite	Luft	$\vartheta_C - \vartheta_{WA}$	5.... 8 K

...zwischen Kältemittel und Eintrittstemp. ϑ_{WE}				
Spreizung	4	6	8	10
$\vartheta_{WE} - \vartheta_0$	6.... 9	8....11	10....13	–
$\vartheta_C - \vartheta_{WE}$	–	11.... 14	16....20	16....20

Abb. 13.32 Anhaltswerte für Temperaturwahl bei Kaltwasser und Kühlwasser

4. Im Sommer verlangt z. B. ein **luftgekühlter Verflüssiger** in der Regel eine wesentlich höhere Kondensationstemperatur ϑ_C als ein wassergekühlter Verflüssiger. Wie schon angedeutet, muß nämlich **ϑ_C noch über der warmen Außenluft** liegen, damit die Kondensatorwärme an den z. T. sehr warmen Außenluftstrom übertragen werden kann. Bei z. B. 32 °C Lufttemperatur müßte ϑ_C bei 6 K über ϑ_{Aus} (vgl. gestrichelte Linie) etwa 46 °C betragen, d. h. 9 K höher als beim wassergekühlten Kondensator. Je höher ϑ_C, desto höher muß die Luft komprimiert werden; desto höher ist somit auch der Energieaufwand für den Verdichter.

5. Wird z. B. **beim Verflüssiger der Kühlwasserstrom reduziert** (bzw. der Luftstrom), erhöht sich die mittlere Wassertemperatur und somit auch die Kondensationstemperatur ϑ_C. Dadurch verringert sich aber die Kälteleistung. Durch Einbau eines Kühlwasserregulierventils in der Wasserzulaufleitung direkt vor dem Verflüssiger kann man in Abhängigkeit von p_C den Wasserstrom regeln, d. h., bei steigendem p_C wird der Wasserstrom erhöht.

13.5.2 Temperaturen bei der Wärmepumpe

Wie beim Wärmepumpenkreislauf in Kap. 13.4.6 schon erwähnt, wird am Kondensator die Wärme genutzt, während am Verdampfer die erforderliche Verdampfungswärme der Umgebung entzogen wird. Hinsichtlich der Temperaturen stehen folgende zwei Fragen im Vordergrund:

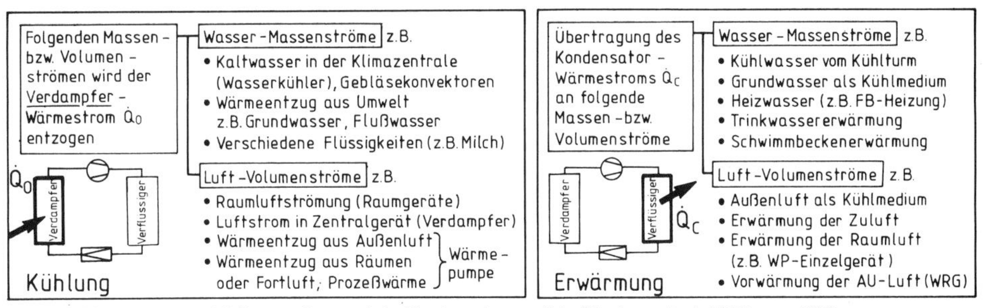

Abb. 13.33 Massen- und Wärmeströme auf der Verdampfer- und Verflüssigerseite bei Kälte- und Wärmepumpensystemen

1. **Welche Temperatur hat das Medium, dem die Kondensatorwärme $\dot{Q}_c$ zugeführt werden soll?** $\dot{Q}_c$ wird vorwiegend für Heizzwecke genutzt, und zwar – wie aus Abb. 13.33 hervorgeht – für vielfältige Aufgaben. Wird die Wärmepumpe für Heizzwecke eingesetzt, so ist die Temperatur des Heizmediums die ausschlaggebende Angabe für die Auslegung, Wirtschaftlichkeit und Vergleichsmöglichkeit der Wärmepumpe. Schließlich wird hier das Aggregat nicht des Verdampfers, sondern des Kondensators wegen eingesetzt.

   - Da – wie vorstehend erwähnt – die Kondensationstemperatur ϑ_c des Kreisprozesses immer oberhalb der Temperatur des Mediums liegen muß, wählt man **möglichst geringe Heiztemperaturen,** damit das Kältemittel nicht so hoch komprimiert werden muß. Vorteilhaft ist hier z. B. eine Fußbodenheizung mit max. 40 °C.
   - Eine **geringere Heizwassertemperatur** bedeutet eine geringere Verflüssigertemperatur ϑ_c, die wiederum eine Verbesserung der Leistungszahl und somit **geringere Betriebskosten** (Kap. 13.7). ϑ_c ist z. B. bei einer Trinkwassererwärmung konstant, während ϑ_c bei einer Reduzierung der Heizwassertemperatur ebenfalls reduziert werden kann.

2. **Welche Temperatur hat das Medium, dem die Verdampfungswärme $\dot{Q}_0$ entzogen werden soll?** Dabei handelt es sich entweder um solare Umweltwärme (Außenluft, Grundwasser) oder um Wärme, die zurückgewonnen werden soll (Abb. 13.33).

   - Wie bereits erklärt, muß die Verdampfungstemperatur ϑ_0 um so niedriger sein, je geringer die Temperatur des Mediums ist. Je geringer aber ϑ_0, desto geringer ist der zugehörige Verdampfungsdruck p_0 und, wie in Kap. 13.7.2 erläutert, auch die Leistungszahl. Es soll hier schon erwähnt werden: **Je geringer die Differenz $\vartheta_c - \vartheta_0$ ist, desto wirtschaftlicher** ist der Wärmepumpenbetrieb! Das heißt, je tiefer im Winter die Luft- oder Wassertemperatur (z. B. kaltes Flußwasser) als „Wärmequelle" ist, desto unwirtschaftlicher ist der WP-Betrieb.
   - Soll mit der Wärmepumpe auch auf der Verdampferseite eine wesentliche Aufgabe erfüllt werden, wie z. B. die Kühlung oder Entfeuchtung eines Raumes, so kann sich die **Nutzwärme auf die Verdampfer- und Kondensatorseite beziehen.** Somit kann hier genauso eine doppelte Aufgabe erfüllt werden wie bei einer Kältemaschine, bei der die Kondensatorwärme genutzt wird.

13.5.3 Massen- und Wärmeströme, Wärmetauscherfläche

Neben dem Kältemittelstrom interessieren bei der Kälte-Klimaanlage vorwiegend die Massenströme auf der Verdampfer- und Kondensatorseite. Für das Betriebsverhalten einer Kälte- und Wärmepumpenanlage sind nämlich neben dem Kältekreislaufprozeß auch die Energiebilanzen dieser beiden Massenströme mit den sich daraus ergebenden Temperaturdifferenzen $\Delta\vartheta$ und $\Delta\vartheta_m$ entscheidend. Die Leistung und der Betriebspunkt einer Kälteanlage beziehen sich demnach auf einen bestimmten Kältemittelstrom mit einer ganz bestimmten Verdampfungstemperatur ϑ_0 und Kondensationstemperatur ϑ_c.
Danach werden auch beide Tauscherflächen, der Kompressor und die entsprechenden Massenströme zugrunde gelegt, und man erhält somit bestimmte Nennbedingungen. **Verändert man nun diese Massenströme z. B. durch andere Ventilatordrehzahlen oder durch eine Drosselung des Wasserstroms, entstehen von den Normbedingungen abweichende Betriebszustände.** Wenn dadurch ϑ_0 oder ϑ_c unzulässig verändert werden, kann es durch

die Sicherheitseinrichtungen zu einer Abschaltung der Anlage kommen, wenn nicht durch regelungstechnische Maßnahmen die Funktion gewährleistet wird. Neben der Nennauslegung sollten daher auch die Grenzbedingungen bekannt sein.
Der **Förderstrom auf der Verdampferseite** ist bei der indirekten Kühlung der Kaltwasserstrom, die grundlegende Angabe für die Kühlerauslegung, hydraulische Schaltung, Umwälzpumpe, Ventilbemessung, AG-Größe u. a. Dieser soll möglichst nicht mehr als 10 . . . 15 % vom Nennwasserstrom abweichen, um die Regelung der Kältemaschine zu gewährleisten und um eine Einfriergefahr zu verhindern. Bei der direkten Kühlung ist der zu klimatisierende Luftstrom die Bemessungsgrundlage für den Ventilator. Bei der Wärmepumpe ist es der Förderstrom des Wassers (Umwälzpumpe) oder der Luft (Ventilator), mit dem die Wärme aus der Umwelt (Grundwasser oder Luft) entzogen werden soll.
Der **Förderstrom auf der Kondensatorseite** muß die Kondensatorwärme $\dot{Q}_c$ abführen. Beim Kühlmedium Wasser bestimmt man damit die Kühlwasserpumpe, die das Wasser z. B. zum Kühlturm hochfördert. Bei luftgekühltem Kondensator handelt es sich um den Ventilatorförderstrom des Kühlluftstroms. Bei der Wärmepumpe handelt es sich um den Förderstrom des Heizmediums, in der Regel um Wasser (Trinkwassererwärmung, z. B. PWW-Heizung), d. h., hier wird dieser Wärmestrom genutzt, während er bei der Kälteanlage ohne Wärmerückgewinnung ein „Abfallprodukt" ist.

Wärmetauscher

Als Wärmetauscher sind nicht nur Verdampfer und Kondensator gemeint, sondern auch wasserbeaufschlagte Luftkühler („Wasserkühler"), Lufterwärmer, Wärmerückgewinner, Warmwasserbereiter, Gegenstromapparate usw. Da hier durch eine Fläche *A* (z. B. Rohrregister) ein Wärmestrom von einem Massenstrom an einen anderen übertragen wird, ist die Bezeichnung Wärmeübertrager sinnvoll.

Einige Ergänzungen und Hinweise hierzu:

1. Die **mittlere Temperaturdifferenz** $\Delta\vartheta_m$ ist längs des Wärmetauschers nicht konstant. Sie hängt von den Temperaturen und von der Art des Wärmetauschers ab, d. h. ob Gegenstrom, Gleichstrom oder Kreuzstrom.

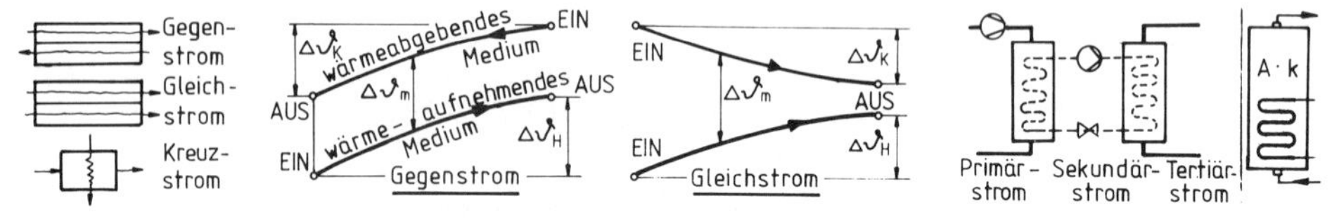

Abb. 13.34 Temperaturverlauf bei Wärmetauschern

Abb. 13.35

Anhand der mittleren Temperaturdifferenz $\Delta\vartheta_m$ könnte man theoretisch die Wärmeübertragungsfläche *A* berechnen. Nach Abb. 13.31 wäre auf der Verdampferseite $\Delta\vartheta_m = \vartheta_W - \vartheta_o = [(12 + 6)/2] - 1 = 8$ K (genauer logarithmisch: $\Delta\vartheta_m = (\Delta\vartheta_{max} - \Delta\vartheta_{min})/\ln(\Delta\vartheta_{max}/\Delta\vartheta_{min})$). Bei $\Delta\vartheta_m = 8$ K, $\vartheta_{WE} = 10$ °C, Spreizung 8 K wäre $\vartheta_o = -2$ °C.
$\Delta\vartheta_m$ wird um so geringer, je geringer die Spreizung gewählt wird (ϑ_o = konst.). Eine Reduzierung von $\vartheta_{WE} - \vartheta_o$ bzw. $\vartheta_c - \vartheta_{WE}$ bedeutet eine geringere Spreizung und dadurch eine größere Wärmetauscherfläche ($\Delta\vartheta_m$ geringer) sowie einen größeren Massenstrom (größere Rohrdurchmesser) und somit höhere Investitionskosten. **Größere Werte von $\vartheta_{WE} - \vartheta_o$ bzw. $\vartheta_c - \vartheta_{WE}$ senken zwar die Investitionskosten, erhöhen aber die Energiekosten.**

2. **Der Wärmedurchgangskoeffizient *k*** wird vor allem vom Wärmeübergangskoeffizienten α des Kältemittels und des Mediums beeinflußt, der wiederum von der Bauart und Pflege des Tauschers abhängt. Beachtet man die Tatsache, daß sich im Verflüssiger Heißdampf, Naßdampf und Flüssigkeit mit unterschiedlichen α-Werten befinden, und daß je nach Konstruktion die α-Werte bis 100 % und wesentlich darüber differieren können, wird deutlich, daß zur Leistungsberechnung höchstens die spezifische Leistung $A \cdot k$ herangezogen werden kann.
Die wesentlich geringere *k*-Zahl bei luftgekühlten Kondensatoren bedeutet eine große Übertragungsfläche und somit höhere Kosten und einen größeren Platzbedarf.

3. Je größer die Wärmetauscherfläche *A* gewählt wird (z. B. beim Verflüssiger), desto geringer ist bei gleichen Mediumstemperaturen die Differenz $\Delta\vartheta_m$ und somit p_c und p_o. Dadurch erhöht sich zwar die Kälteleistung

(Kap. 13.7), doch muß dieser **„Leistungsgewinn" der Kostenerhöhung beim Wärmetauscher gegenübergestellt** werden. Beim Verdampfer gilt dies entsprechend.

4. Damit auf der Kondensatorseite (z. B. bei der Erwärmung von Trinkwasser) niemals Kältemittel in das Wasser eindringen kann, wird ein **dritter Wärmetauscher** eingesetzt. Man unterscheidet dann zwischen Primärstrom $\dot{m}_P$, Sekundärstrom $\dot{m}_S$ und Tertiärstrom $\dot{m}_T$ (Abb. 13.35).

Übungsaufgaben

Aufgabe 1

Das durch den Luftkühler einer Klimazentrale strömende Kaltwasser wird im Verdampfer einer Kälteanlage von 11 °C auf 6 °C gekühlt. Die Kälteleistung beträgt 40 kW, die Kompressorleistung 11 kW. Berechnen Sie den Förderstrom (in m^3/h) der Kaltwasser- und Kühlwasserpumpe (Kühlturmeintritt: 33 °C; -austritt: 28 °C).

Lösung: $\dot{m}_{Ka} = \dot{Q}/(c \cdot \Delta\vartheta) = 40\,000/(1{,}16 \cdot 5) = 6\,896$ kg/h (≈ **6,9 m^3/h**); $\dot{m}_{Kü} = 51\,000/(1{,}16 \cdot 5) = 8\,793$ kg/h ≈ **8,8 m^3/h**

Aufgabe 2

Die Verdampferleistung eines Kälteaggregats beträgt 10 kW, die Kompressorleistung 2,6 kW. Der Kaltwasserförderstrom beträgt 1 230 l/h, dessen Verdampfereintrittstemperatur 12 °C. Der Ventilatorförderstrom für den luftgekühlten Kondensator wird mit 4 500 m^3/h angegeben.
Berechnen Sie die Temperaturspreizung bei Umwälzpumpe und Ventilator und die erforderliche Verdampfungstemperatur bei $\Delta\vartheta_m$ = 8 K.

Lösung: $\Delta\vartheta_{PU} = 10\,000/(1\,230 \cdot 1{,}16) =$ **7 K**; $\Delta\vartheta_{VE} = 12\,600/(4\,500 \cdot 0{,}35) =$ **8 K**; $\vartheta_m = 8{,}5$ °C ⇒ $\vartheta_o =$ **+ 0,5 °C.**

Aufgabe 3

Eine Wärmepumpenanlage zur Beheizung eines Gebäudes (Anlage 50/40 °C) hat eine Leistung von 60 kW. Der Förderstrom der Grundwasserpumpe beträgt 9,4 m^3/h. Das Grundwasser wird mit 6,5 °C dem Erdreich wieder zugeführt. Die Leistung des Verdichters wird mit 11 kW angegeben.
Wie groß ist der Förderstrom der Heizungs-Umwälzpumpe (m^3/h) und die Temperatur des Grundwassers?

Lösung: $\dot{m} = \dot{Q}_c/c \cdot \Delta\vartheta = 60\,000/(1{,}16 \cdot 10) = 5\,172$ kg/h (≈ **5,2 m^3/h**); $\dot{Q}_o = \dot{Q}_c - P = 60 - 11 = 49$ kW, $\Delta\vartheta = 49\,000/(9\,400 \cdot 1{,}16) = 4{,}5$ K ⇒ $\vartheta_W =$ **11 °C.**

Aufgabe 4

Ein Büroraum (ϑ_i = 26 °C) soll durch 5 Split-Klimageräte mit je 2,5 kW Kälteleistung klimatisiert werden. Das gemeinsame Außenteil ($\Delta\vartheta$ = 5 K) ist auf dem Flachdach montiert; die Verdichterleistung beträgt 3,6 kW. Die Zulufttemperatur der Geräte beträgt 20 °C.
Berechnen Sie den erforderlichen Volumenstrom je Gerät und den für das Split-Außenteil, wobei für letzteres nur 80 % der Gesamtkälteleistung zugrunde gelegt werden sollen.

Lösung: $\dot{V}_{zu} = \dot{Q}_o/[c \cdot (\vartheta_{zu} - \vartheta_i)] = 2\,500/(0{,}35 \cdot 6) =$ **1 190 m^3/h;**
$\dot{V}_{AU} = (\dot{Q}_o + P)/c \cdot \Delta\vartheta = [(5 \cdot 2\,500) \cdot 0{,}8 + 3\,600]/0{,}35 \cdot 5 =$ **7 771 m^3/h.**

Aufgabe 5

Bei der Bestimmung der Verdampferleistung wurde eine mittlere Temperaturdifferenz von 8 K und ein Wärmedurchgangskoeffizient von 900 W/(m^2 · K) angegeben.
Wie groß ist die Kühlfläche des Verdampfers und die erforderliche Verdampfungstemperatur, wenn der Kaltwasserstrom von 1,6 m^3/h eine Vorlauftemperatur von 6 °C und eine Spreizung von 8 K hat?

Lösung: $\dot{Q} = 1\,600 \cdot 1{,}16 \cdot 8 = 14\,848$ *W*; $A = 14\,848/(900 \cdot 8) =$ **2,06 m^2;**
$\vartheta_m = 10$ °C ⇒ $\vartheta_o = 10 - 8 =$ **+ 2 °C.**

Aufgabe 6

Die Kältemaschine in einer Großmetzgerei hat eine Verdampferleistung von 20 kW und eine Verdichterleistung von 7,1 kW. Die Kondensatorwärme soll zurückgewonnen und damit Wasser von 10 °C auf 35 °C erwärmt werden.

a) Wieviel l/h Wasser können damit erwärmt werden (ohne Berücksichtigung der Verluste), wenn eine ununterbrochene Betriebszeit angenommen wird?
b) Wie groß müßte theoretisch die Heizfläche des Wärmetauschers sein, wenn die Kondensationstemperatur 5 K über der WW-Vorlauftemperatur liegen soll und die *k*-Zahl mit 600 W/(m^2 · K) angenommen wird?

Lösung: zu a) $\dot{V} = 27\,100/(1{,}16 \cdot 25) =$ **934 l/h;** $\vartheta_m = 22{,}5$ °C, $\vartheta_c = 40$ °C
zu b) $A = \dot{Q}/(k \cdot \Delta\vartheta_m) = 27\,100/(600 \cdot 17{,}5) =$ **2,6 m^2.**

Aufgabe 7

Ein freiliegendes Freibad hat eine Beckenoberfläche von 50 m × 20 m und eine mittlere Höhe von 1,7 m. Die Wärmeverluste, die dem Beckenwasser entzogen werden (vorwiegend durch Verdunstung), wurden mit 400 W/m² geschätzt. Die Beckentemperatur wird auf 25 °C gehalten, was durch Einbau einer W/W-Wärmepumpe erreicht werden soll, die aus einem See (14 °C) die Wärme entzieht. Die Verdampfungstemperatur wird mit + 2 °C und die Kondensationstemperatur mit 37 °C angegeben. Beide Temperaturen haben jeweils zur Wasseraustrittstemperatur ein $\Delta\vartheta$ von 4 K. Die Verdichterleistung beträgt 1/5 der Verflüssigerleistung.

a) **Wie groß ist der Pumpenförderstrom $\dot{m}_1$ für die Beheizung des Schwimmbeckens in l/h, und wieviel m³/h müssen stündlich aus dem See entnommen und wieder zugeführt werden ($\dot{m}_2$)? Die Spreizung beträgt jeweils 8 K.**

b) **Wie groß müßten theoretisch die Förderströme $\dot{m}_1$ und $\dot{m}_2$ sein, wenn unter Berücksichtigung einer Teilabdeckung und des Sonneneinflusses eine tägliche Beckenabkühlung von 2 K berücksichtigt werden soll, und wie lange wäre hierbei die Aufheizzeit des Beckenwassers, bei einer Kaltwassertemperatur von 10 °C?**

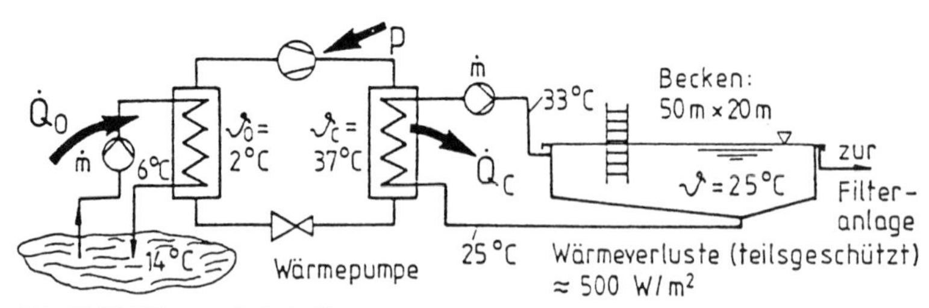

Abb. 13.36 Skizze zu Aufgabe 7

Lösung:

zu a) $\dot{Q}_{Verl.} \triangleq \dot{Q}_c = 50 \cdot 20 \cdot 0{,}4 = 400$ kW, $\dot{m}_1 = 400\,000/1{,}16 \cdot (33 - 25) =$ **43 103 kg/h**; $P = 80$ kW;
$\dot{Q}_0 = 320$ kW, $\dot{m}_2 = 320\,000/1{,}16 \cdot (14 - 6) = 34\,482$ kg/h $\triangleq$ **34,5 m³/h.**

zu b) $\dot{Q}_c = Q/t = (20 \cdot 30 \cdot 1{,}7)^3 \cdot 1{,}16 \cdot 2/24 = 164\,300$ W ≈ 165 kW, $\dot{m}_1 = 17\,780$ kg/h $\triangleq$ **17,8 m³/h;**
$\dot{Q}_0 = \dot{Q}_c - P = 165 - 33 = 132$ kW, $\dot{m}_2 =$ **14,2 m³/h.**
$t = Q/\dot{Q}_c = 10^6 \cdot 1{,}7 \cdot 1{,}16 \cdot 15/165\,000 = 179{,}3\,h \triangleq 7{,}5$ Tage ($\approx$ **8 Tage**)

Hinweis: Bei der Angabe des Wärmeverlustes kann es sich nur um einen Anhaltswert handeln, da diese sehr stark von der Beckenlage (frei oder geschützt), von der Sonnenstrahlung (kann tagsüber oft stundenweise den Großteil der Verluste decken), von der Beckenwassertemperatur, der Außenluftfeuchte, der Luftgeschwindigkeit und extrem von der Art und Zeitdauer der Beckenabdeckung abhängt.
Auf die Leistungszahl der Wärmepumpe wird eingehender in Kap. 13.7.2 hingewiesen.

13.6 Der Kältekreislauf im *h*,log *p*-Diagramm

So wie man die Vorgänge in der Klimazentrale und die Bemessung deren Bauteile anschaulich im ***h,x***-Diagramm darstellt und auswertet, so geschieht dies beim Kältekreislauf im *h*,log *p*-Diagramm (ebenfalls von Mollier entwickelt). Für jedes Kältemittel verwendet man das ihm eigene Diagramm. Daraus ermittelt man die Zustandsgrößen, verfolgt die Zustandsänderungen im Verdichter, Expansionsventil usw., bestimmt die Leistungen des Verdampfers und des Verflüssigers, entnimmt wichtige Kenngrößen, wie z. B. die Überhitzung, Unterkühlung, und zieht außerdem wichtige Erkenntnisse und Folgerungen für den Betrieb und für die Wirtschaftlichkeit der Kälte- oder Wärmepumpenanlage.

Es sei hier schon erwähnt, daß man zur Veranschaulichung des Diagramms und beim Arbeiten mit diesem (z. B. bei der Darstellung der Zustandsänderungen) unbedingt den Kältekreislauf (z. B. Abb. 13.11) mit seinen Bauteilen, Leitungen und Regelungseinrichtungen gedanklich einbeziehen muß.

13.6.1 Zustandsgrößen im *h*,log *p*-Diagramm

Bei klimatechnischen Berechnungen und für die Bemessung der Bauteile interessieren die im

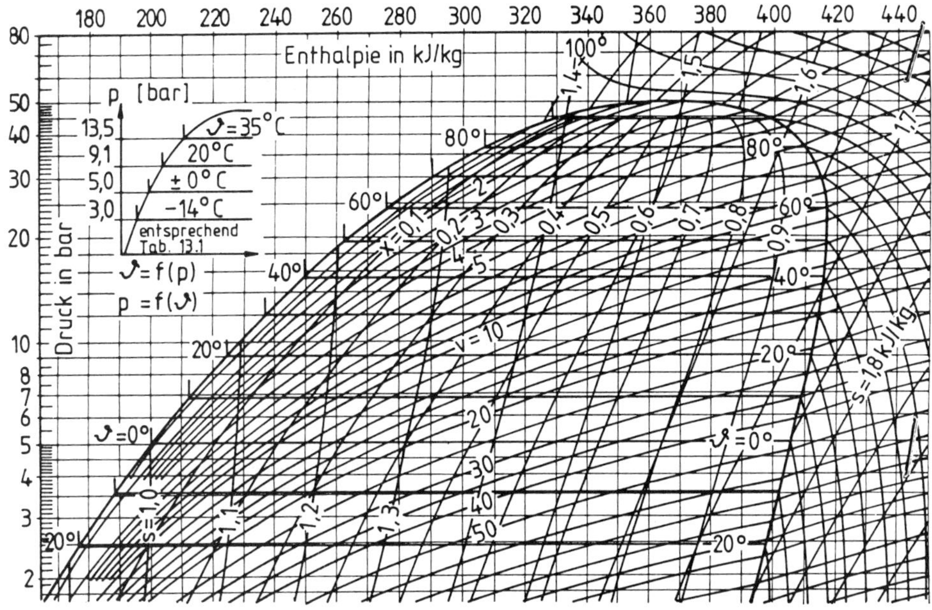

Abb. 13.37 h,log p-Diagramm für Kältemittel R 22

h,x-Diagramm dargestellten Zustandsgrößen feuchter Luft, insbesondere die Größen ϑ, x, h und φ; so z. B. in der Mischkammer, nach dem Lufterwärmer oder Kühler, hinter der Düsenkammer, am Zuluftdurchlaß usw. Hier beim Kältekreislauf sind es die **Zustandsgrößen vom Kältemittel,** die anhand des h,log p-Diagramms dargestellt werden. So interessieren für die Auslegung und für den Betrieb z. B. die Zustandsgrößen des Kältemittels beim Verdampfereintritt, beim Kompressoreintritt, beim Eintritt ins Expansionsventil usw.

Vom h,log p-Diagramm nach Abb. 13.37 sollen zunächst diese Zustandsgrößen im einzelnen hervorgehoben und erläutert werden. Hier wurde zwar das Kältemittel R 22 gewählt, doch können die Ausführungen und später auch die Aufgaben auf alle Kältemitteldiagramme entsprechend übertragen werden.

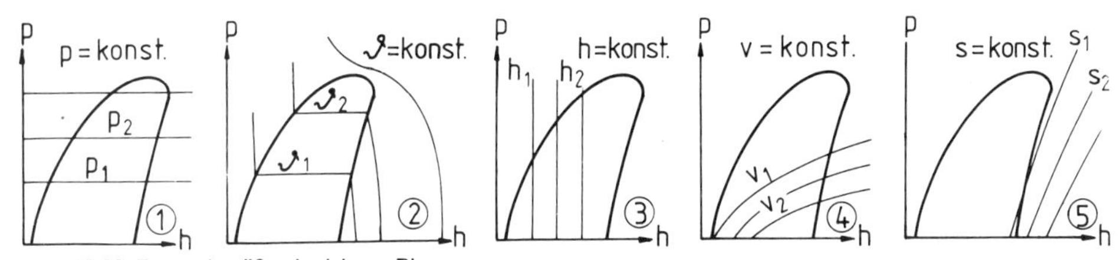

Abb. 13.38 Zustandsgrößen im h,log p-Diagramm

(zu 1) **Druck *p*** in bar (Isobare)
Diese Linien werden als Ordinate im logarithmischen Maßstab aufgetragen und verlaufen somit waagerecht. Die beiden wichtigsten Drücke, nämlich der Verdampfungsdruck p_0 und der Verflüssigungsdruck p_c, hängen von der geforderten Temperatur ϑ_0 und ϑ_c ab und diese wiederum von den betreffenden Medien, denen die Wärme entzogen bzw. zugeführt wird.

(zu 2) **Temperatur ϑ** in °C (Isotherme)
Diese Linien verlaufen fast senkrecht von links oben und verlaufen zwischen den Grenzkurven mit den Drucklinien waagerecht. Beim Erreichen der rechten Grenzlinie knicken die Temperaturlinien fast senkrecht nach unten ab. Im Vordergrund stehen die Temperaturen auf der Hoch- und Niederdruckseite des Kältekreislaufs sowie bei der Unterkühlung und Überhitzung (Abb. 13.46).

(zu 3) **Enthalpie *h*** in kJ/kg (Adiabate)
Anhand dieser Linien kann man feststellen, wieviel Wärmeenergie dem Kältekreislauf zu- oder abgeführt wird. Von links nach rechts (Wärmezufuhr) vollzieht sich die Verdampfung und Überhitzung; von rechts nach links

die Verflüssigung und Unterkühlung. Im Gegensatz zum Carnot-Prozeß, wo die Wärmeenergien als Flächen dargestellt werden (Abb. 13.55), trägt man sie hier als Strecken (Δh) ab.

(zu 4) **Spezifisches Volumen** ***v*** in dm³/kg (Isochore)
Diese Linien verlaufen flach von links nach rechts oben. Mit Hilfe von *v* kann man z. B. die volumenbezogene Kälteleistung berechnen (Kap. 13.6.4). Während bei der Verdichtung eine Volumenverkleinerung des Kältemittels stattfindet, entsteht bei der Expansion eine Volumenvergrößerung.

(zu 5) **Entropie** ***s*** in kJ/K (Isentrope)
Diese Linien verlaufen steil von links nach rechts oben. Auf dieser Linie verläuft der Verdichtungsvorgang im Kompressor (Abb. 13.43).
Die Entropie ist eine Umwandlungsgröße und ein Maß für die Arbeitsfähigkeit der Wärme. Aus der Erkenntnis des erwähnten 2. Hauptsatzes der Wärmelehre, der auch als Entropiesatz bezeichnet wird, kann man die Entropie ableiten. Mechanische Arbeit kann man restlos in Wärmeenergie umwandeln, **umgekehrt nicht,** d. h., natürliche Vorgänge, wie z. B. auch die Wärmeabgabe (Abkühlung) einer warmen Heizfläche an seine kältere Umgebung, sind nicht umkehrbar (irreversibel). Die gesamte Wärmeenergie kann nämlich nicht ausgenutzt werden, da der Stoff allein unter Arbeitsaufwand nicht bis z. B. 0 °C abgekühlt werden kann.
Die beiden **Einflußgrößen für die Entropie** ***s*** sind die ausgetauschte Wärmemenge *Q* und die absolute Temperatur *T*, beide werden ins Verhältnis gesetzt:

$$s = \frac{Q}{T}$$

$$s = \frac{dQ}{dT}$$

- Bei der Verdichtung im Kompressor wird – wie beim Carnotprozeß – eine **isentrope Zustandsänderung** (s = konst) angenommen und somit ein umkehrbarer (reversibler) Kältekreislaufprozeß.
- Somit wird **völlige Reibungsfreiheit** angenommen, d. h., die bei der Verdichtung anfallende Wärmeenergie wird vollkommen vom Kältemitteldampf aufgenommen, so daß die Gesamtenergie erhalten bleibt (keine Verluste an die Umgebung).
- Bei der realen Verdichtung (s nicht konstant) handelt es sich um eine sog. **polytrope Zustandsänderung,** wobei der Unterschied zur isentropen rechnerisch durch den indizierten Gütegrad des Verdichters erfaßt werden kann.

Daß die **Entropie bei einem nicht umkehrbaren Kreisprozeß zunimmt,** soll folgendes Zahlenbeispiel zeigen:
1 kg Wasser mit 20 °C (Q_1 = 23,2 Wh) wird mit 1 kg von 100 °C (Q_2 = 116 Wh) gemischt. $Q_1 + Q_2$ = 139,2 Wh. $Q_1/T_1 + Q_2/T_2$ = 23,2/293 + 116/373 = 0,39 Wh/K. Geht man nicht von beiden Wassermengen einzeln, sondern vom gemischten Zustand (ϑ_m = 60 °C) aus, ist Q = 2 · 1,16 · 60 = 139,2 Wh und Q_M/T_M = 139,2/333 = 0,42 Wh/K. Die Differenz, hier 0,03 Wh/K, hat Clausius als Entropie bezeichnet.

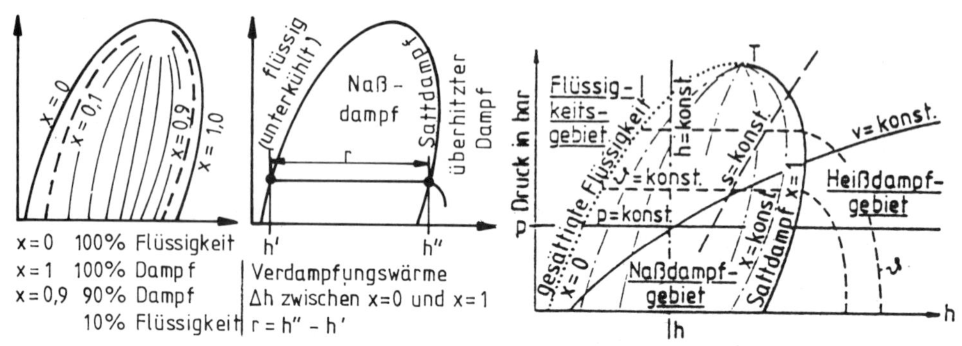

Abb. 13.39 *x*-Linien

Abb. 13.40 Zustandsformen im *h*,log *p*-Diagramm

Abb. 13.41 Verlauf der Zustandsgrößen und Begriffe

Abb. 13.39 zeigt den **Verlauf der x-Linien,** d. h. des im Kältemittel vorhandenen dampfförmigen Anteils. So ist bei x = 0 das Kältemittel in flüssigem Zustand ohne jeglichen Dampfanteil. Beim Erreichen der rechten Grenzkurve durch ständige Wärmezufuhr erhält man x = 1, d. h., hier sind alle Flüssigkeitsteilchen restlos in Dampf verwandelt worden (= Dampfdruckkurve).

Abb. 13.40 zeigt die verschiedenen **Zustandsformen,** die das Kältemittel während seines Kreislaufs einnehmen kann. Die linke Grenzkurve erhält man, indem man anhand der Tab. 3.1 zu den Drücken die jeweils entsprechende Temperatur bestimmt. Hier liest man jeweils auch die Enthalpie der Kältemittelflüssigkeit *h'* ab. Addiert man hierzu die Verdampfungsenthalpie *r*, erhält man die rechte Grenzlinie (= Sattdampf), an der man die entsprechende Enthalpie von Sattdampf *h''* abliest. Dazwischen handelt es sich um ein Gemisch von Flüssigkeit und Dampf (= **Naßdampf**). In diesem Gebiet wird der prozentuale Dampfgehalt angegeben. Kühlt man die Kältemittelflüssigkeit (x = 0) weiter ab, erhält man **unterkühlte Flüssigkeit,** und wird dem Sattdampf (x = 1) weiter Wärme zugeführt, erhält man **überhitzten Dampf.**

Abb. 13.41 zeigt nun zusammengefaßt alle Zustandsgrößen und Zustandsformen im *h,p*-Diagramm. Beide Grenzkurven laufen oben im Punkt T (= kritischer Punkt) zusammen. Dort geht der Kältemitteldampf ohne

Volumenänderung unmittelbar in Heißdampf über, d. h., oberhalb dieses Punktes ist eine Verflüssigung des Kältemittels nicht mehr möglich.

13.6.2 Zustandsänderungen im *h*,log *p*-Diagramm

Ausgehend vom Schema des Kältekreislaufs, interessiert nun, wie durch die vier Bauteile Verdampfer, Verdichter, Verflüssiger und Expansionsventil das umlaufende Kältemittel in seinem Zustand verändert wird. Bei den Punkten 1, 2, 3 und 4 handelt es sich um den Zustand des Kältemittels in den vier Leitungen in Abb. 13.11, und die vier Linienzüge hier sind die **vier Zustandsänderungen** in einer Kältemaschine oder Wärmepumpe. So bringt der Verdampfer in Abb. 13.42 das Kältemittel vom Punkt 4 (Naßdampf) auf den Zustandspunkt 1 (Sattdampf), der Verdichter von Punkt 1 auf den Zustandspunkt 2 (Heißdampf), der Verflüssiger von Punkt 2 auf den Zustandspunkt 3 (gesättigte Flüssigkeit) und das Expansionsventil von Punkt 3 wieder auf den Zustandspunkt 4, von wo aus sich der Kreislauf wiederholt.

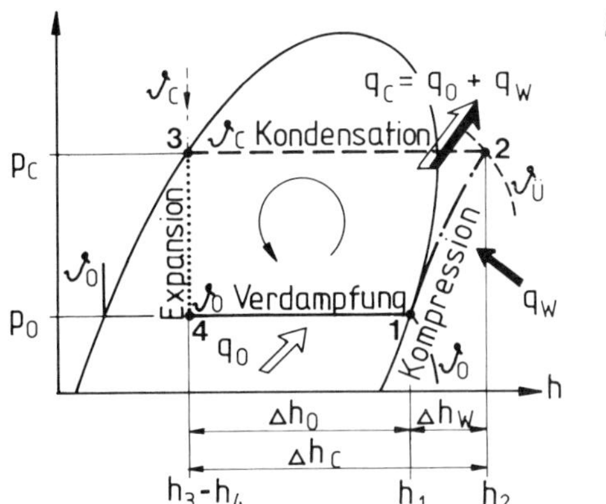

Abb. 13.42 Zustandsänderungen im Kältekreislauf (idealisiert)

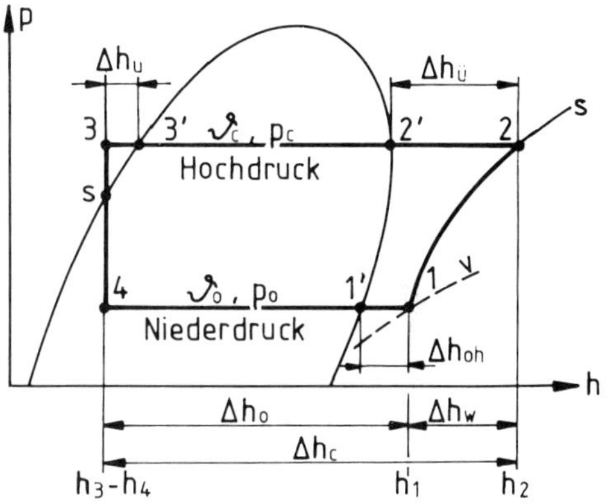

Abb. 13.43 Zustandsänderungen mit Unterkühlung und Überhitzung

Während es sich bei Abb. 13.42 um eine idealisierte Darstellung handelt, wird in Abb. 13.43 der wirkliche **Kältekreisprozeß einschließlich des überhitzten Kältemitteldampfs und der unterkühlten Flüssigkeit** dargestellt, allerdings ohne Berücksichtigung der Druckverluste. Mit den Enthalpiedifferenzen während der Zustandsänderungen kann man bei gegebenen Nutzleistungen den Kältemittelstrom $\dot{m}$ berechnen bzw. umgekehrt.

Verdampfung Δh_0

Bei $\Delta h_0 = h_1 - h_4$ handelt es sich um die von 1 kg Kältemittel im Verdampfer aufgenommene Energie, wobei es sich bei $(h_{1'} - h_4)$ um die latente Wärme und bei $h_1 - h_{1'}$ um die Überhitzungswärme handelt. Beim Klimagerät mit dem eingebauten Kälteaggregat wird sie dem zu kühlenden Medium (Luft oder Wasser) entzogen.

Kälteleistung: $$\dot{Q}_0 = \dot{m} \cdot \Delta h_0$$

$\dot{m}$ Kältemittelmassenstrom in kg/h
Δh_0 spezifische Kälteleistung in kJ/kg

Weitere Hinweise:

- Da der Kältemitteldampf überhitzt wird, erhöht sich die Temperatur von $\vartheta_{1'}$ auf ϑ_1. Wie man den Punkt 1 ermittelt, geht aus Abb. 13.46 hervor.
- Bei der **Wärmepumpe** handelt es sich bei $\dot{Q}_0$ in der Regel um solare Umweltwärme (Luft, Wasser, Erdreich), die man vielfach als **Anergie** bezeichnet. Ebenso kann es sich auch um Abfallwärme aus Produktionsstätten handeln.

Kompression (Verdichtung) Δh_w

Bei $\Delta h_w = q_w = h_2 - h_1$ handelt es sich um die Energie, die je kg Kältemittel benötigt wird, um es auf den erforderlichen Druck p_c und somit auf die Temperatur ϑ_c zu bringen. Sie wird ebenfalls vom Kältemittel aufgenommen.

Verdichterleistung: $P = \dot{m} \cdot \Delta h_w$

$\dot{m}$ Kältemittelmassenstrom in kg/h
Δh_W spezifische Kompressorleistung in kJ/kg

Weitere Hinweise:

- Die Kompression verläuft entlang der Entropielinie (s = konst) und ist somit eine isentrope Zustandsänderung.
- Bei der **Wärmepumpe** handelt es sich um die „höherwertige Energie", die man vielfach als **Exergie** bezeichnet. Mit ihr wird vorhandene Energie auf ein höheres Temperaturniveau gebracht („gepumpt").

Kondensation (Verflüssigung) Δh_c

Bei $\Delta h_c = q_c = h_3 - h_2$ handelt es sich um die je kg Kältemittel während des Kältekreislaufs aufgenommene Energie, die wieder an ein Kühlmedium abgegeben werden muß.

Verflüssigerleistung: $\dot{Q}_c = \dot{m} \cdot \Delta h_c$

= Verdampferleistung + Verdichterleistung
Δh_c spezifische Kondensatorleistung in kJ/kg

Weitere Hinweise:

- Bei der **Wärmepumpe** handelt es sich um die Heizwärme Δh_c, die sich sowohl aus der Umwelt- oder „Abfallwärme" Δh_0 als auch aus der Verdichterwärme Δh_W zusammensetzt:
  Energie = Anergie + Exergie.
- Wie aus Abb. 13.43 hervorgeht, setzt sich die Kondensatorleistung aus **3 Teilen** zusammen:
  1. **Enthitzung des Kältemitteldampfes** $\Delta h_{ü}'$ von Punkt 2 auf 2', d. h., der Dampf wird bei gleichzeitiger Temperaturabnahme vom überhitzten Zustand auf den gesättigten Dampfzustand gebracht.
  2. **Verflüssigung des Kältemittels** und somit der latente Wärmeentzug $h'' - h' = r$ (eigentliche Aufgabe des Verflüssigers)
  3. **Unterkühlung der Kältemittelflüssigkeit** Δh_u von Punkt 3' auf 3 bei konstantem Druck. Wie man den Zustand 3 im Diagramm erhält, geht aus Abb. 13.43 hervor.

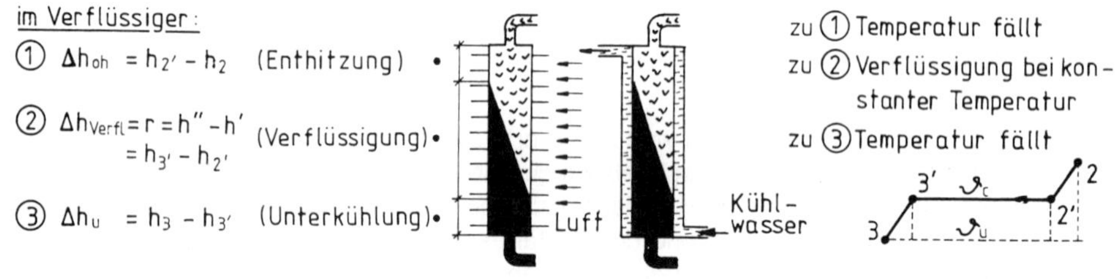

Abb. 13.44 Zustandsänderungen und Temperaturverlauf im Verflüssiger

- Demnach hat das Kältemittel **im Verflüssiger folgende 5 Zustandsformen** (von rechts nach links): Heißdampf, Sattdampf, Naßdampf, gesättigte Flüssigkeit, unterkühlte Flüssigkeit.

Expansion (Entspannung)

Bei dieser Zustandsänderung handelt es sich um einen Drosselvorgang, der bekanntlich bei konstanter Enthalpie verläuft. Hier wird deutlich, daß das Kältemittel als unterkühlte Flüssigkeit in das Expansionsventil einströmt und als Naßdampf (Punkt 4) in den Verdampfer eintritt, d. h., daß sich während des Entspannungsvorgangs etwas „Drosseldampf" gebildet hat.

Wie aus Abb. 13.43 hervorgeht, handelt es sich **beim Drosselverlauf um zwei Abschnitte.** Von Punkt 3 bis S erfährt das flüssige Kältemittel eine Druckreduzierung bei konstanter Temperatur, ohne daß eine Verdampfung eintritt. Am Punkt S ist jedoch der der Flüssigkeitstemperatur zugeordnete Sättigungsdruck erreicht, und die weitere Druckreduzierung bis Punkt 4 bewirkt einen Temperaturabfall.

Druckabfall im Kältekreislauf

Wie bei einer Heizungsanlage, so treten auch bei der Kälteanlage durch die Einbauten (Verdampfer, Verflüssiger) und Rohrleitungen Druckverluste auf, die innerhalb bestimmter wirtschaftlicher Grenzen liegen sollen.

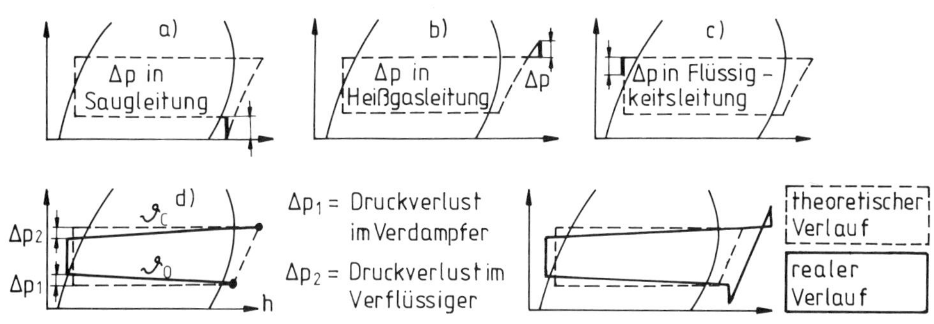

Abb. 13.45 Druckabfall im Kältekreislauf

(zu a) Der Druckverlust in der **Saugleitung** vergrößert das spezifische Volumen des Kältemittels am Verdichtereintritt und verringert dadurch etwas die Kälteleistung. Außerdem nimmt durch die Vergrößerung der Druckdifferenz (Absinken der Verdampfungstemperatur) die Leistungsaufnahme des Verdichters etwas zu, und durch die Verringerung des Kältemittelmassenstroms erhöht sich die Verdichtungsendtemperatur. So wird bei der Rohrauslegung ein Δp von entsprechend 1 bis 1,5 K zugrunde gelegt, d. h., die effektive Verdampfungstemperatur am Verdichter liegt 1 bis 1,5 K unter der nutzbaren im Verdampfer.

(zu b) Der Druckverlust in der **Heißgasleitung** bewirkt, daß der Verdichter einen um Δp höheren Kompressionsdruck erzeugen muß, damit der erforderliche Druck im Verflüssiger aufrechterhalten wird. Das dadurch höhere Verdichtungsverhältnis p_c/p_0 macht bei gegebener Kälteleistung eine größere Antriebsleistung notwendig.

(zu c) Der Druckverlust in der **Flüssigkeitsleitung** muß im Zusammenhang mit der Unterkühlung betrachtet werden. Wird nämlich der Druckabfall Δp hier nicht berücksichtigt, kann u. U. flüssiges Kältemittel zum Verdampfen führen (Kap. 13.6.3).

(zu d) Auch der Druckabfall im **Verdampfer und Verflüssiger** wurde in Abb. 13.43 nicht berücksichtigt, so daß der Zustandsverlauf des Kältemittels nicht exakt bei konstantem Druck p_0 bzw. p_c verläuft. So kann z. B. bei einem zu großen Druckverlust im Verdampfer die Zufuhr des flüssigen Kältemittels beeinträchtigt werden. Δp_1 muß daher beim thermostatischen Expansionsventil beachtet werden (Kap. 13.8.4).

13.6.3 Überhitzung und Unterkühlung

Grundsätzlich ist für die Angabe der Kälteleistung nur die Leistung des Verdampfers entscheidend. Die Angabe der Kälteleistung, auf den Verdichter bezogen, ist jedoch u. a. auch von den Randbedingungen der Sauggasüberhitzung und Flüssigkeitsunterkühlung und somit von den Betriebsbedingungen der Anlage abhängig. Während Druck und Temperatur des Kältemittels im Kreisprozeß immer in einem konstanten Verhältnis stehen, ist dies bei Überhitzung und Unterkühlung nicht der Fall.

13.6.3.1 Sauggasüberhitzung

Wie schon aus Abb. 13.43 hervorgeht, wird die Temperatur des Kältemitteldampfes bei konstantem Verdampfungsdruck p_0 von $\vartheta_{1'}$ auf ϑ_1 erhöht. Dieser sog. Überhitzungsvorgang erfolgt am Ende des Verdampfers und z. T. in der Ansaugleitung und kann nur stattfinden, wenn die Umgebungstemperatur wesentlich über ϑ_1 bzw. ϑ_0 liegt, d. h., dem Kältemitteldampf Wärmeenergie zugeführt werden kann.

Wie man die Überhitzungstemperatur im Diagramm einzeichnet und die Verdichteransaugtemperatur bestimmt, geht aus Abb. 13.46 hervor.

● **Warum Überhitzung des Kältemitteldampfes?**

1. Der Kompressor darf bei allen Betriebsbedingungen kein flüssiges Kältemittel ansaugen, denn dies führt zu mechanischen Schäden (meist an der Ventilplatte), zu Flüssigkeitsschlägen und evtl. zu erhöhtem Ölauswurf.

Würde man nämlich Sattdampf (1′) ansaugen, wäre schon bei geringstem Wärmeverlust etwas Kältemittelflüssigkeit vorhanden (Naßdampf). Je größer $\vartheta_1 - \vartheta_{1'}$, d. h., je weiter die Kompressoransaugtemperatur ϑ_1 von der Sattdampftemperatur $\vartheta_{1'}$ entfernt ist, desto geringer ist die **Gefahr der Naßdampfbildung.** Die Differenz $\vartheta_1 - \vartheta_{1'}$ bezeichnet man auch als „Arbeitsüberhitzung".

2. Das thermostatische Expansionsventil kann nur dann einwandfrei regeln, wenn der am Verdampferaustritt angebrachte Temperaturfühler eine um etwa 4 – 8 K höhere Temperatur aufweist (z. B. $\vartheta_0 = 0$ °C; $\vartheta_{oh} = \vartheta_1 \approx +5$ °C). Die Bedeutung der Überhitzung wird vor allem bei der Arbeitsweise des thermostatischen Expansionsventils verständlich (Abb. 13.91). So wird durch eine richtige Überhitzung die Sicherheit gewährleistet, daß das **Regelventil richtig eingestellt** ist und der Verdampfer für den optimalen Wärmeaustausch mit Kältemittel beaufschlagt wird, wenn zuwenig Kältemittelflüssigkeit in den Verdampfer strömt.
3. Weitere Vorteile beziehen sich auf den Liefergrad des **Verdichters** wie günstigere Verhältnisse in bezug auf Öldurchsatz, Ölabscheidung, volumetrischen Wirkungsgrad u. a.

Weitere Hinweise:

- Erfolgt die **Überhitzung schon im Verdampfer,** geht etwas Kälteleistung verloren, oder man müßte die Übertragungsfläche entsprechend größer wählen. Die Verdampferfläche wird nämlich nicht voll genutzt, wenn im hinteren Teil keine Verdampfung und somit auch keine Kühlung mehr stattfindet. Andererseits kann man notwendige Verdampferflächen zur Übertragung der Überhitzungswärme durch eine reduzierte Kältemitteleinspritzung erreichen.
- Die Überhitzung soll auf den **kleinstmöglichen Wert gehalten** werden; denn wenn dadurch die Kälteleistung q_0 verbessert wird, erhöht man auch die Leistungszahl. So wird z. B. schon seit Jahren mit elektronischen Ventilen die Überhitzung sehr gering gehalten.
- Wie aus dem ***h*,log *p*-Diagramm** ersichtlich ist, ergibt sich bei einer größeren Überhitzung eine höhere Verdichterendtemperatur für den Kältemitteldampf.
- **Bei kleinen Klimageräten** wird der angesaugte Dampf nur sehr gering überhitzt. Er kann fast als Naßdampf in den Verdichter eintreten, um die Motorwicklung kühl zu halten, und beim Überstreichen der warmen Motorwicklung bis zum Zylinderraum wird er etwas „überhitzt".

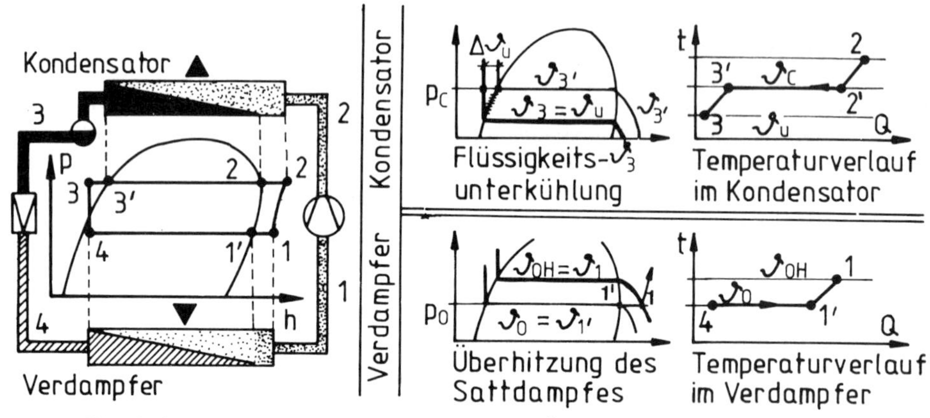

Abb. 13.46 Temperaturänderungen bei Unterkühlung und Überhitzung des Kältemittels

13.6.3.2 Flüssigkeitsunterkühlung

Wie bei der Zustandsänderung im Verflüssiger erläutert, hat er auch die Aufgabe, die gesättigte Kältemittelflüssigkeit von Punkt 3' auf 3 zu kühlen (Abb. 13.43). Mit dieser unterkühlten Flüssigkeit tritt das Kältemittel in den Volumenstromregler ein.

- **Warum Unterkühlung der Kältemittelflüssigkeit?**

1. In die Flüssigkeitsleitung und somit in das Regelventil (Expansionsventil) darf kein dampf-

förmiges Kältemittel gelangen. So besteht die Möglichkeit, daß das flüssige Kältemittel infolge Druckabfall in der Flüssigkeitsleitung (vgl. Abb. 13.45) wieder teilweise verdampfen kann.

2. Jedes Flüssigkeitsteilchen muß auf ϑ_0 abgekühlt werden, um dann verdampfen zu können. Je mehr Flüssigkeit aber unterkühlt ist, um so weniger Leistung benötigt der Verdampfer für diesen Vorgang.

Würde man z. B. die Flüssigkeitsleitung mit der Saugleitung metallisch gut miteinander verbinden, könnte man auf der einen Seite eine Unterkühlung der Flüssigkeit und auf der anderen Seite eine Erwärmung des Kältemitteldampfes erreichen. Bei großen Anlagen geschieht eine solche **Wärmeübertragung durch spezielle Wärmetauscher,** wie es schematisch in Abb. 13.47 dargestellt ist.

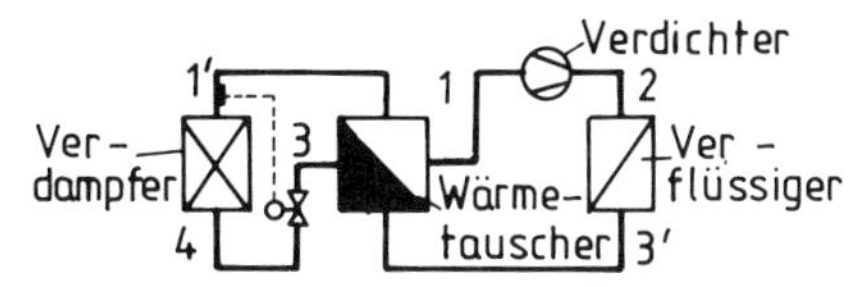

Abb. 13.47 Unterkühlung und Überhitzung durch Wärmetauscher

13.6.4 Volumenbezogene Kälteleistung – Liefergrad

Die auf das Volumen bezogene Kälteleistung interessiert weniger den Planer einer Klima-/Kälteanlage als vielmehr den Kältetechniker, der die Kälteanlage berechnen muß. Sie interessiert vor allem für die Bemessung des Verdichters und der Rohrleitungen und ist eine thermodynamische Eigenschaft der Kälteanlage.

Unter der volumenbezogenen Kälteleistung $\dot{Q}_{0\,vt}$ (auch als volumetrischer Kältegewinn oder früher als volumetrische Kälteleistung bezeichnet) versteht man die Kälteleistung je m³/h Kältemitteldampf, der vom Verdichter angesaugt wird.

$$q_{0\,vt} = \frac{h_1 - h_3}{v_1} \quad \text{in } \frac{\text{kJ}}{\text{m}^3}$$

h_1 aus Tab. 3.1: bezogen auf Ansaugzustand
h_3 h' bei ϑ_u (unterkühlte Flüssigkeit)
v_1 spezifisches Volumen in kJ/m³

Mit der bekannten Zylindergröße des Kompressors und dem sog. Liefergrad kann man den angesaugten Kältemittel-Dampfvolumenstrom und somit die Kälteleistung bestimmen. Der **Liefergrad** λ berücksichtigt nämlich alle volumetrischen Verluste des Kolbenkompressors, wie z. B. Widerstände in den Arbeitsventilen, Rückexpansion der im Zylinder verbliebenen Dämpfe, Reibungswärme am Zylinder, Füllungsverluste. Er ist das Verhältnis von dem durch den Verdichter tatsächlichen geförderten Hubvolumenstrom $\dot{V}$ (auf Saugstutzen bezogen) und dem geometrischen Hubvolumenstrom $\dot{V}_H$ und ist vor allem – bei gleichem schädlichem Raum – vom Druckverhältnis p_c/p_0 abhängig (Anhaltswert: 0,6 ··· 0,9).

$$\lambda = \frac{\dot{V}}{\dot{V}_H} = \frac{\dot{m} \cdot v_1}{\dot{V}_H}; \quad \dot{Q}_0 = \dot{V} \cdot q_{0\,vt} \Rightarrow \quad \dot{Q}_0 = \dot{V}_H \cdot \lambda \cdot q_{0\,vt} \quad \text{kJ/h}$$

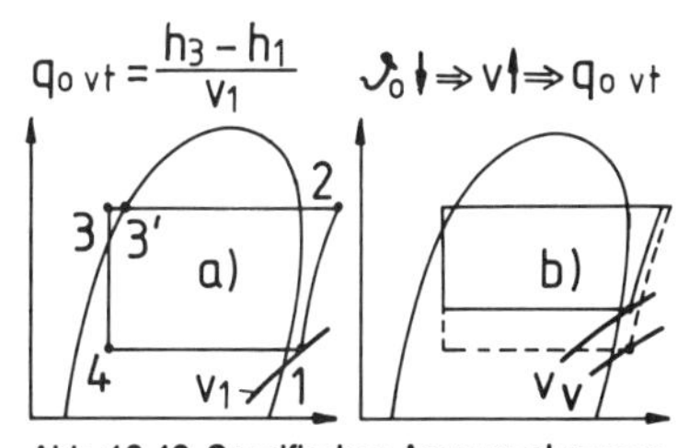

Abb. 13.48 Spezifisches Ansaugvolumen v_1

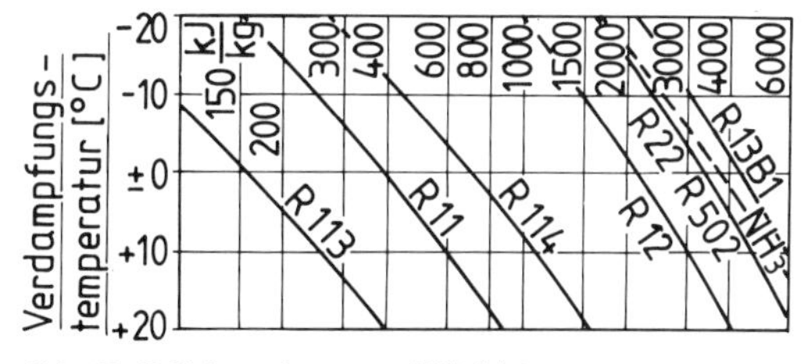

Abb. 13.49 Volumenbezogene Kälteleistung

Weitere Hinweise und Folgerungen (in Verbindung mit dem h,log p-Diagramm):

1. Der geometrische Hubvolumenstrom liegt durch die Zylinderabmessungen, Zylinderanzahl und Drehfrequenz fest, während der für die Kälteleistung erforderliche Volumenstrom noch vom Liefergrad abhängt.
2. Mit sinkender Verdampfungstemperatur ϑ_0 sinkt auch der volumetrische Kältegewinn $q_{0\,vt}$ und somit die Kälteleistung $\dot{Q}_0$ (Abb. 13.48 b).

3. Je geringer der volumetrische Kältegewinn, desto mehr Kältemitteldampf muß angesaugt werden. Dadurch vergrößern sich die Verdichterabmessungen und Rohrdimensionen und somit die Anschaffungskosten.
4. Je geringer das Druckverhältnis p_c/p_0 ist, desto besser ist der Liefergrad und somit die Kälteleistung.
5. Bei der Wärmepumpe spricht man von der volumenbezogenen Heizleistung, wenn die Verflüssigerleistung auf den Ansaugvolumenstrom bezogen wird.

Aufgabe (mit Hilfe von Tab. 3.1)

Der Kältemittelmassenstrom (R 22) beträgt 600 kg/h. Die Verdichteransaugtemperatur wird mit 6 °C, die Kondensationstemperatur mit 40 °C, die Unterkühlung mit 5 K und ein Liefergrad λ mit 0,8 angegeben. Wie groß ist der volumetrische Kältegewinn, das geometrische Hubvolumen und die Kälteleistung $\dot{Q}_0$?

Lösung: $q_{0\,vt} = (h_3 - h_1) \cdot v_1 = (242{,}9 - 407)/0{,}0443 = 3\,704$ kJ/m³ (vgl. Abb. 13.49); $\dot{V}_H = \dot{V}/\lambda = (\dot{m} \cdot v_1)/\lambda = (600 \cdot 0{,}0443)/0{,}8 = 33{,}2$ m³/h; $Q_0 = \dot{V}_H \cdot \lambda \cdot q_{0\,vt} = 33{,}2 \cdot 0{,}8 \cdot 3\,704 = 98\,378$ kJ/h $\approx$ **27,3 kW**

13.7 Leistungszahl - Kompressorleistung

Die Leistungszahl ε, die vorwiegend bei der Wärmepumpe eine Bedeutung hat, ermöglicht eine Beurteilung der Wirtschaftlichkeit, d. h., sie macht eine qualitative Aussage über den thermodynamischen Kreisprozeß. Man versteht darunter allgemein das Verhältnis von Nutzwärme (abgegebene Wärme) und aufgewendete Wärme durch den Verdichter (zugeführte Wärme). **ε ist eine dimensionslose Zahl, die angibt, wievielmal mehr Energie (Kälteenergie bei der Kältemaschine bzw. Wärmeenergie bei der Wärmepumpe) gewonnen wird, als man „hineingesteckt" hat.**

$$\varepsilon = \frac{\text{Nutzwärme (abgegebene Wärmeenergie)}}{\text{zugeführte Wärmeenergie}} \qquad \frac{\text{Nutzleistung}}{\text{aufgewandte Leistung}}$$

(Verdichter durch Elektromotoren angetrieben)

13.7.1 Leistungszahl beim Kälteaggregat

Bei der Kältemaschine oder beim Klimagerät mit Direktverdampfung ist die Nutzwärme die gewünschte Kälteenergie, denn schließlich soll in der Regel nur diese „genutzt" werden. „Abgegebene Wärme" heißt hier Wärme, die vom Medium Luft oder Wasser an das Kältemittel im Verdampfer abgegeben wird. Bei ε_K spricht man auch von der **Kältezahl.**

Nur auf den Verdichter bezogen (hermetischer Verdichter):

a) allgemein gilt für den Kältekreislauf:	b) bezogen auf eine bestimmte Zeit:	c) bezogen auf das *h*,log *p*-Diagramm:
$\varepsilon_K = \frac{\text{Kälteenergie}}{\text{Verdichterwärme}} = \frac{Q_0}{W}$	$\varepsilon_K = \frac{\text{Kälteleistung}}{\text{Verdichterleistung}} = \frac{\dot{Q}_0}{P}$	$\varepsilon_K = \frac{\Delta h_0}{\Delta h_w} = \frac{h_1 - h_4}{h_2 - h_1}$

Weitere Hinweise:

1. Diese Ansätze sind theoretisch, denn sie beziehen sich nicht auf die Kältemaschine, sondern auf den thermodynamischen Kältekreislaufprozeß. Neben der Verdichterwärme sind nämlich **bei einer Kälteanlage weitere Energieströme** erforderlich, wie z. B. für Pumpen oder Ventilatoren auf der Verdampfer- und Kondensatorseite, so daß die tatsächliche Leistungszahl geringer ist. Darauf wird ausführlicher bei der Wärmepumpe eingegangen. Auf die Verdichterleistung (Leistungsaufnahme) wird in Kap. 13.7.4 hingewiesen.
2. Was das ***h*,log *p*-Diagramm** betrifft, so wird nach Abb. 13.50 c deutlich, daß mit zunehmendem Δh_W die Leistungszahl schlechter wird. Das bedeutet, daß ε_K bei demselben Kältemittel vorwiegend von der Temperaturdifferenz $\vartheta_c - \vartheta_0$ bzw. vom Druckverhältnis p_c/p_0 abhängig ist.
3. Wenn z. B. bei einem Klimagerät vom Kompressor eine Leistung von 0,8 kW vom Netz aufgenommen wird und damit eine Kälteleistung von 1,8 kW erbracht werden kann, ist $\varepsilon_K = 1{,}8/0{,}8 = 2{,}25$. Dies bedeutet: bei $P = 1$ kW ist $\dot{Q}_0 = 2{,}25$ kW.

13.7.2 Leistungszahl bei der Wärmepumpe

Wie bereits erwähnt, wird die Leistungszahl in erster Linie zur Beurteilung von Wärmepumpen herangezogen. Hier wird es besonders deutlich, daß wesentlich weniger Energie aufgewendet werden muß, als zur Beheizung zur Verfügung steht, d. h., im Gegensatz zum Wirkungsgrad η einer Maschine ist ε **immer wesentlich größer als 1.**
Die Leistungszahl der Wärmepumpe ε_W kann man wie folgt angeben:

auf den Verdichter bezogen (hermetischer Verdichter)

a) allgemein gilt für den Wärmepumpenkreislauf	b) bezogen auf eine bestimmte Zeit	c) bezogen auf das $h,\log p$-Diagramm
$\varepsilon_W = \frac{\text{Heizenergie } Q_c}{\text{Verdichterwärme } W}$	$\varepsilon_W = \frac{\text{Wärmeleistung } \dot{Q}_c}{\text{Verdichterleistung } P}$	$\varepsilon_W = \frac{\Delta h_c}{\Delta h_W} = \frac{\Delta h_0 + \Delta h_W}{\Delta h_W} = \frac{h_3 - h_2}{h_2 - h_1}$

Wie bei der Kälteanlage, so gilt auch bei der Wärmepumpe, daß sich eine Angabe der Leistungszahl nur auf bestimmte Temperaturen ϑ_0 und ϑ_c bzw. auf ein ganz bestimmtes Druckverhältnis p_c/p_0 beziehen kann. Da sich diese im Laufe des Jahres in der Regel verändern, muß man z. B. für Wirtschaftlichkeitsberechnungen die **Leistungszahl auf einen bestimmten Zeitraum beziehen** (z. B. monatlich, jährlich, je Heizperiode usw.). Außerdem wird auch hier neben der Verdichterarbeit Energie für Zusatzeinrichtungen benötigt, wie z. B. Energie für den Ventilator und für die Umwälzpumpe bei einer L/W-Wärmepumpe. Wird auch dieser Energieaufwand berücksichtigt, so spricht man von der **Heizzahl** (manchmal auch als Arbeitszahl bezeichnet), die um einige Zehntel geringer ist als die Leistungszahl.

Ergänzende Hinweise:

1. Anhand des ***h*,log *p*-Diagramms** kann man die Zusammenhänge des Wärmepumpenbetriebs zwar vereinfacht, jedoch sehr anschaulich erklären und daraus wesentliche Erkenntnisse für Auswahl und Betrieb entnehmen.

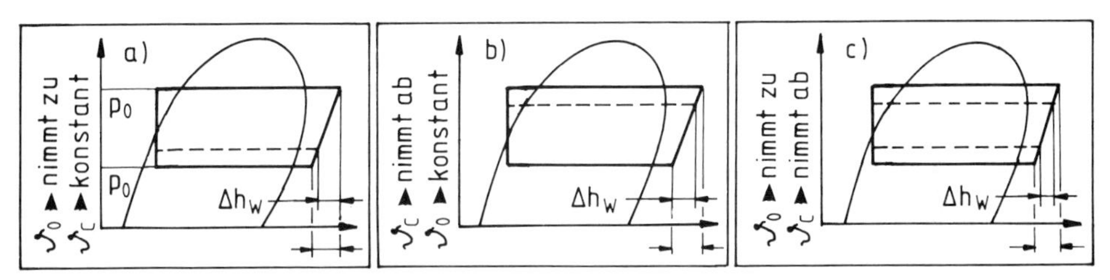

Abb. 13.50 Veränderung der Verdampfungs- und Verflüssigertemperatur

zu a) Hier wird die **Verflüssigungstemperatur konstant** gehalten, wie dies z. B. bei der Trinkwassererwärmung gewünscht wird. Die Verdampfungstemperatur wird höher, wie z. B. bei wärmerer Außenluft (L/W-Wärmepumpe) oder bei einer höheren Kühleroberflächentemperatur (Klimagerät). Dadurch reduziert sich Δh_W und p_c/p_0, und die Leistungszahl wird dadurch erhöht.

zu b) Hier wird bei **konstanter Verdampfungstemperatur** die Verflüssigungstemperatur herabgesetzt. Dies ist z. B. der Fall, wenn beim Klimagerät die Temperatur des Kühlmediums geringer ist (z. B. Kühlwasser vom Kühlturm anstatt warme Außenluft) oder wenn bei der Heizungswärmepumpe eine wärmere Außenlufttemperatur, somit eine geringere Vorlauftemperatur und somit eine geringere Verflüssigungstemperatur erforderlich werden. Auch hier wird Δh_W geringer und somit ε größer.

zu c) Hier wird die **Verdampfungstemperatur erhöht und die Kondensationstemperatur gesenkt,** was zu einer äußerst günstigen Leistungszahl führt. Das wäre z. B. der Fall bei einer sehr niedrigen Vorlauftemperatur bei einer Fußbodenheizung (⇒ große Rohrmasse) und einer relativ warmen Wärmequelle. Bei der Heizungs-Wärmepumpe nimmt bei zunehmender Außentemperatur nicht nur ϑ_0 zu, sondern ϑ_c wegen der geringeren Vorlauftemperatur ab. Gerade hier wird deutlich, daß die Leistungszahl während des Jahres nicht konstant ist.

2. Auch anhand von **Diagrammen** hinsichtlich der Leistungszahl kann man feststellen, daß ε_W um so günstiger ist, je näher ϑ_c und ϑ_0 zusammenliegen bzw. je geringer das Druckverhältnis p_c/p_0 ist. Außerdem nimmt die volumetrische Wärmeleistung bei steigender Verdampfungstemperatur zu (Abb. 13.53). Diese theoretischen Werte sind jedoch mit ausgeführten Wärmepumpenanlagen nicht zu erreichen.

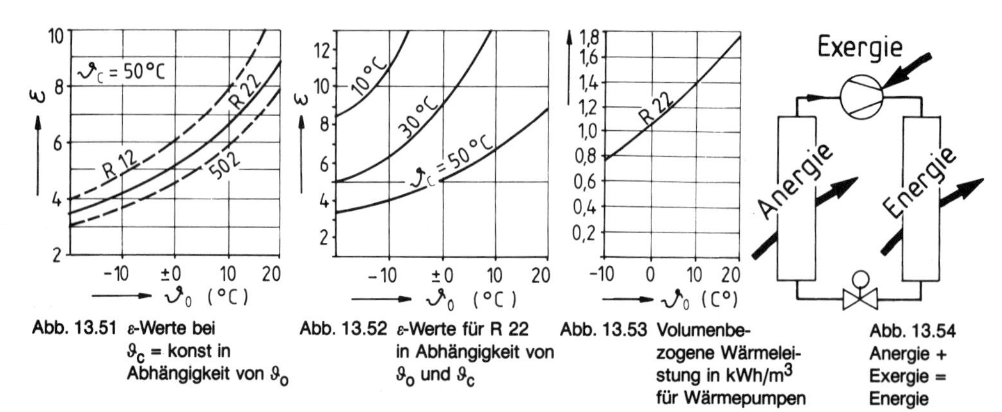

Abb. 13.51 ε-Werte bei ϑ_c = konst in Abhängigkeit von ϑ_0

Abb. 13.52 ε-Werte für R 22 in Abhängigkeit von ϑ_0 und ϑ_c

Abb. 13.53 Volumenbezogene Wärmeleistung in kWh/m^3 für Wärmepumpen

Abb. 13.54 Anergie + Exergie = Energie

3. Wenn wie im Fall a) und c) von Abb. 13.50 die Verdampfungstemperatur ϑ_0 und somit ε_W unterschiedlich ist, so wird deutlich – darauf wurde schon ausführlicher in Kap. 15.5.2 eingegangen –, daß sich die **Leistungszahl aus der Temperatur der genutzten Wärmequelle ergibt:** W Wasser, L Luft, E Erdreich, WS Wasser-Sole (der erste Buchstabe der Bezeichnung). So unterscheidet man z. B. bei der Erwärmung von Wasser u. a. zwischen:

   Wasser/Wasser-Wärmepumpe (W/W) mit einer Leistungszahl (Heizzahl) von etwa 3 bis 4 bei Brunnenwasser ($\vartheta \approx$ 8 bis 12 °); $\vartheta_0 \approx$ 0 °C konstant; Sickerbrunnen 15 bis 20 m entfernt; monovalente Betriebsweise ganzjährig möglich; genehmigungspflichtig.

   Luft/Wasser-Wärmepumpe (L/W) mit Leistungszahlen von 2,3 bis 2,5 (im Mittel), bis ϑ_a von etwa – 3 bis – 5 °C, darunter Vereisungsgefahr und zu starker ε-Rückgang (2. Energiequelle wird dann eingesetzt ⇒ bivalent); 300 bis 400 m^3/h je kW.

   Luft-Sole-Wasser-Wärmepumpe, d. h. mit Solarabsorber, bei dem die Sole als Zwischenträger dazwischengeschaltet wird. Die Wärme wird aus Luft, Wind, Regen, Kondenswasser entnommen; Tag und Nacht in Betrieb.

4. Auch mit den Begriffen **Anergie, Exergie und Energie** kann die Leistungszahl ε_W angegeben werden (vgl. Abb. 13.54). Demnach ist die Leistungszahl = (Anergie + Exergie)/Exergie oder Energie/Exergie. Damit möchte man zwischen den beiden zugeführten Energiearten: Anergie („niederwertige Energie") und Exergie („höherwertige Energie") unterscheiden.

13.7.3 Carnot-Leistungszahl – *T,s*-Diagramm

Beim Carnot-Prozeß handelt es sich um einen Idealprozeß, der immer bei bestimmten Temperaturen T_c und T_0 die höchstmögliche (theoretische) Leistungszahl von allen möglichen Kreisprozessen liefert. Er dient somit als Vergleichsprozeß für alle Wärme-Arbeitsprozesse, d. h., von ihm geht man aus, um einen praktischen wirtschaftlichen Kreisprozeß zu beurteilen. Zur Darstellung dieses verlustlosen Carnot-Prozesses verwendet man das ***T,s*-Diagramm,** bei dem die absolute Temperatur als Ordinate und die Entropie als Abszisse abgetragen werden. Da hier die während des Prozesses zu- bzw. abgeführten **Wärmeenergien anschaulich als Flächen** dargestellt werden, spricht man auch vom „Wärmediagramm".
Wie Abb. 13.55 zeigt, verläuft somit der Carnot-Prozeß im Diagramm zwischen zwei Isothermen und zwei Isentropen, und die **Bestimmung der Carnot-Kältezahl ε_{CK} sowie Carnot-Wärmezahl ε_{CW}** kann man aus den Flächen ermitteln.

Aus den Beziehungen nach Abb. 13.55 ergeben sich folgende beiden Rechenansätze:

Kältemaschine: $\varepsilon_{CK} = \frac{q_0}{q_W} = \frac{T_0 \cdot \Delta s}{(T_c - T_0) \cdot \Delta s}$ $\boxed{\varepsilon_{CK} = \frac{T_0}{T_c - T_0}}$

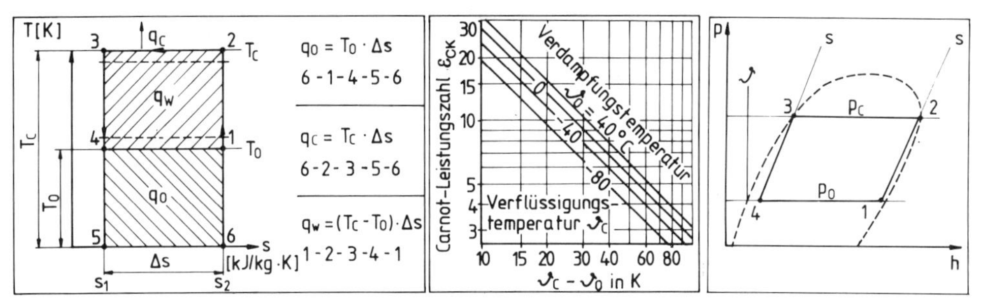

Abb. 13.55 Carnot-Prozeß im T,s-Diagramm

Abb. 13.56 Carnot-Leistungszahl

Abb. 13.57 Carnotprozeß im $h,\log p$-Diagramm

Wärmepumpe: $\varepsilon_{cW} = \dfrac{T_c \cdot \Delta s}{(T_c - T_0) \cdot \Delta s}$ $\qquad$ $\boxed{\varepsilon_{cW} = \dfrac{T_c}{T_c - T_0}}$

Bedingt durch die thermischen, mechanischen und elektrischen Verluste, ist die reale Leistungszahl ε immer wesentlich kleiner als ε_c. **Für Überschlagsrechnungen kann man ε ungefähr 0,5 · ε_c setzen.**

Zusammenfassung und Ergänzungen:

1. Durch den Vergleich der Leistungszahlen eines technisch realen Prozesses (ε) mit der des idealen Carnotprozesses (ε_C) kann man den Grad der Vollkommenheit und somit die „Qualität" der Kältemaschinen beurteilen. Hierzu hat man den **Gütegrad** $\eta_C = \varepsilon/\varepsilon_C$ eingeführt. Als Richtwerte für den Gütegrad von Kälteanlagen kann man Werte zwischen 0,4 (kleine Anlagen) und 0,6 (größere Anlagen) annehmen.
2. Die Leistungszahl ε kann man (ohne h,p-Diagramm) näherungsweise **allein durch die beiden absoluten Temperaturen T_0 und T_C** bestimmen, indem man den errechneten Wert ε mit 0,5 multipliziert.
3. Wie schon beim h,p-Diagramm gezeigt und aus Abb. 13.56 leicht ersichtlich ist, wird die Leistungszahl um so höher, je geringer die Temperaturdifferenz $T_C - T_0$ ist. Man muß sich demnach bemühen, **bei der Kondensatorseite eine möglichst geringe Temperatur** des Mediums zu wählen (z. B. bei der Wärmepumpe eine Niedertemperaturheizung) und/oder **bei der Verdampferseite eine möglichst hohe Temperatur** anzustreben (z. B. bei der L/W-Wärmepumpe höhere Außenlufttemperatur). Die Temperaturen der Medien sind in Abb. 13.55 als gestrichelte Linien eingetragen.
4. Die Entropie (Kap. 13.6.1) braucht nicht berechnet zu werden, denn nach der Berechnung der Flächen bzw. bei der Ermittlung der beiden obigen Gleichungen ist die **Entropie durch Kürzung „weggefallen"**. Sie dient hier zur Darstellung der Wärmeenergien als Flächen und im h,p-Diagramm (Abb. 13.55) zur Bestimmung der isentropen Verdichtungsarbeit Δh_W.

13.7.4 Verdichterleistung – Klemmleistung

In der Praxis ermittelt man bei Neuanlagen die Leistungsaufnahme eines Verdichters meistens anhand von Diagrammen und Tabellen der Hersteller, vorwiegend in Abhängigkeit von Typ, ϑ_0 und ϑ_c. Möchte man die Leistungsaufnahme schon vor der Erstellung der Kälteanlage – wenn auch nur überschlägig – berechnen, muß man verschiedene Verluste berücksichtigen. Beim **Kolbenverdichter** sind dies:

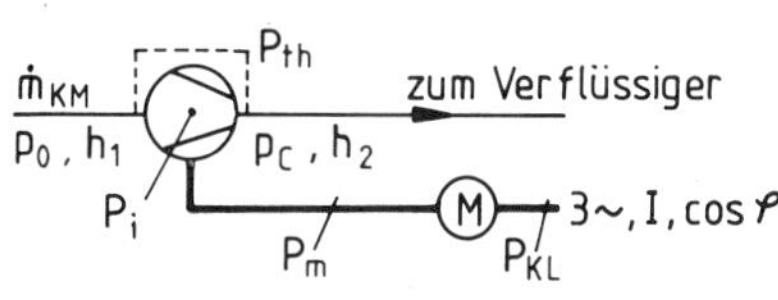

Abb. 13.58 Leistungen am Verdichter

1. Der **indizierte Wirkungsgrad** η_i berücksichtigt die thermischen Verluste, d. h. die Verluste innerhalb des Zylinders, je nach Größe etwa 0,65 bis 0,85. Die **indizierte Verdichterleistung P_i** ergibt sich aus dem Verhältnis P_{th} und η_i, wobei sich die theoretische Leistungsaufnahme $P_{th} = \dot{m}_{KM} \cdot (h_2 - h_1)$ nur auf den Kältekreislauf bezieht (verlustloser Verdichter).
2. Der **mechanische Wirkungsgrad η_m**, je nach Größe etwa 0,65 bis 0,85, berücksichtigt die mechanischen Verluste wie Kolbenreibung und Lagerreibung. Das Produkt $\eta_i \cdot \eta_m$ bezeichnet man auch als **effektiven Wirkungsgrad η_e**. Der **effektive Leistungsbedarf**

P_e, d. h. die eigentliche Kompressorantriebsleistung, ist dann: $P_e = P_{th}/(\eta_i \cdot \eta_m)$.

3. Der **elektrische Wirkungsgrad** η_{el} berücksichtigt die Verluste beim Kompressormotor. Er wird je nach Größe mit etwa 0,75 bis 0,85 angegeben.
   Mit allen drei Wirkungsgraden erhält man den Gesamtwirkungsgrad $\eta_{ges} = \eta_{KL}$ und somit die **Klemmleistung** $P_{KL} = P_{th}/(\eta_i \cdot \eta_m \cdot \eta_{el})$.
   Soll die **Leistungsaufnahme im Betriebsfall** ermittelt werden, so kann man P_{KL} beim Kompressor mit Wechselstrom wie folgt berechnen: $P_{KL} = \sqrt{3} \cdot U \cdot I \cdot cos\ \varphi$, und erhält somit die momentane Leistungsaufnahme der Kältemaschine.

Zusammenfassung:

$P_{th} = \dot{m}_{KM} \cdot (h_2 - h_1)$	$P_i = \frac{P_{th}}{\eta_i}$	$P_e = \frac{P_{th}}{\eta_i \cdot \eta_m} = \frac{P_i}{\eta_e}$

$P_{KL} = \frac{P_{th}}{\eta_i \cdot \eta_m \cdot \eta_{el}} = \frac{\dot{Q}_o}{\varepsilon_{th} \cdot \eta_{KL}}$ $\left(\text{näherungsweise: } \frac{\dot{Q}_o}{\varepsilon_{th} \cdot 0{,}5}\right)$	$P_{KL} = \sqrt{3} \cdot U \cdot I \cdot cos\ \varphi$

Vgl. Übungsaufgaben 9 und 10 im Kap. 13.7.5.

- **Daraus folgt auch, daß sowohl bei der Kältemaschine als auch bei der Wärmepumpe nicht die gesamte zugeführte Verdichtungsleistung in die Verflüssigungsleistung eingeht.**

13.7.5 Übungsaufgaben

Mit nachfolgenden Aufgaben sollen die vorstehenden Teilkapitel zum Thema Leistungszahl und Verdichterleistung – auch in Verbindung mit dem h,log p-Diagramm – vertieft werden.

Aufgabe 1:

Für eine Kältemaschine mit einer Leistung von 20 kW wird eine Leistungszahl von 3,5 angegeben. Wie groß ist die Leistung des Verflüssigers?

Aufgabe 2:

Wie groß ist die Verdichterleistung *P* eines Kälteaggregats, wenn die Leistung des Verflüssigers mit 25 kW und die Leistungszahl ε_K mit 3,8 angegeben werden?

Aufgabe 3

Eine Luft/Wasser-Wärmepumpe entzieht der Umgebung 6 kW (Anergie). Die Leistungszahl ε_W wird mit 4,5 angegeben. Wie groß ist die Heizleistung der Wärmepumpe?

Aufgabe 4

Ein Klimagerät wird wechselweise auch als Wärmepumpe genutzt. Die zugeführte Kompressorleistung beträgt 550 W. Wie groß ist die Leistungszahl beim Kühl- und Heizbetrieb, wenn die Kälteleistung 2,2 kW beträgt und 10 % der Verdichterleistung durch Wärmeverluste nicht an den Verflüssiger übergehen?

Aufgabe 5

Bei einer W/W-Wärmepumpe beträgt der Förderstrom der Grundwasserpumpe 3,5 m³/h und die Spreizung $\vartheta_V - \vartheta_R$ = 8 K. Von der gemessenen Leistungsaufnahme des Verdichters mit 12 kW werden 10 % für Wärmeverluste angenommen.
Mit welcher Leistungszahl wird die Wärmepumpe (ohne Berücksichtigung weiterer Verluste) bei diesen Zahlenwerten betrieben, und wie groß ist die Spreizung der Umwälzpumpe für die Heizungsanlage mit einem Förderstrom von 6 m³/h?

Aufgabe 6 (Carnot-Leistungszahl Abb. 13.59)

Ein außenliegendes Schwimmbecken (50 m × 20 m) wird mit einer W/W-Wärmepumpe beheizt. Die Wärme wird aus einem naheliegenden Gewässer von 14 °C entnommen. Die Wärmeverluste des Beckens werden mit 500 W/m² angegeben. Die Temperaturdifferenzen $\Delta\vartheta_m$ zwischen Kältemittel und den mittleren Wassertemperaturen (verdampfer- und kondensatorseitig) sowie die Temperaturdifferen-

zen der Wasserströme sollen mit 8 K angenommen werden.
Berechnen Sie über die Carnot-Leistungszahl die Leistungszahl und den Förderstrom der Pumpe, mit der das Wasser aus dem See entnommen wird. Der Gütegrad wird mit 0,56 angegeben.

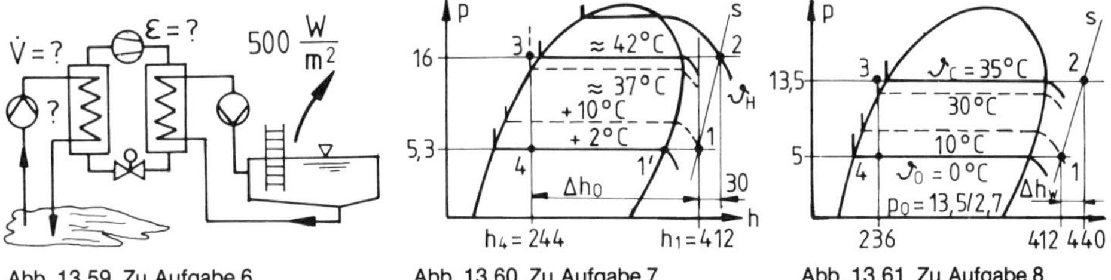

Abb. 13.59 Zu Aufgabe 6

Abb. 13.60 Zu Aufgabe 7

Abb. 13.61 Zu Aufgabe 8

Aufgabe 7 (h,log p-Diagramm Abb. 13.60)

Der Verdampfungsdruck p_0 einer Kältemaschine beträgt 5,3 bar. Nach Austritt aus dem Verdampfer wird das Kältemittel R 22 um 8 K überhitzt. Die spezifische Verdichtungswärme beträgt 30 kJ/kg.

a) Bestimmen Sie die Kondensationstemperatur und die Temperatur des überhitzten Kältemitteldampfes.

b) Wie groß ist die Leistungszahl, wenn die Kältemittelflüssigkeit nach Kondensatoraustritt um 5 K unterkühlt wird, und wie groß ist die Kältemitteleintrittstemperatur in das Expansionsventil?

Aufgabe 8 (h,log p-Diagramm, Abb. 13.61)

In einem Kälteaggregat mit dem Kältemittel R 22 beträgt die Kondensationstemperatur 35 °C; anschließend wird die Kältemittelflüssigkeit um 5 K unterkühlt. Die Überhitzung des Kältemitteldampfes beträgt 10 K und das Druckverhältnis 2,7.

a) Ermitteln Sie anhand des h,log p-Diagramms (Abb. 13.37) die spezifische Verdichtungs- und Verdampfungswärme, die Enthitzungswärme und die theoretische Leistungszahl.

b) Wie groß ist der Kältemittelförderstrom, wenn eine Kälteleistung von 20 kW angegeben wird?

Aufgabe 9 (Verdichterleistung)

An den Klemmen des Verdichters eines Kaltwassersatzes mit einer Kälteleistung von 45 kW wurde eine Stromaufnahme von 25 A gemessen (Drehstrom 400 V, 50 Hz). Die theoretische Verdichterleistung $P_{th} = \dot{m} \cdot \Delta h_w$ wurde mit 7,9 kW und $cos\ \varphi$ mit 0,8 angegeben.
Wie groß ist der Gesamtwirkungsgrad η_{KL} und die auf die Klemmleistung bezogene Kältezahl?

Aufgabe 10 (Verdichterleistung)

Für eine Kältemaschine mit einer Leistung von 20 kW wurde anhand des h,log p-Diagramms für $\Delta h_0 = h_1 - h_4 = 169$ kJ/kg und für $\Delta h_W = h_2 - h_1 = 28$ kJ/kg angegeben. Der indizierte Wirkungsgrad wurde mit 0,8, der mechanische mit 0,85 angenommen.
Berechnen Sie die theoretische Leistungszahl, den Kältemittelmassenstrom, die theoretische Verdichterleistung P_{th} (auf 2 Arten), die mechanische (effektive) Verdichterleistung und die Klemmleistung (auf 2 Arten).

Lösungen:

zu 1: $\dot{Q}_c = \dot{Q}_0 + P$; $P = \dot{Q}_0/\varepsilon_K = 20/3{,}5 = 5{,}7$ kW; $\dot{Q}_c = \mathbf{25{,}7}$ **kW**

zu 2: $\dot{Q}_0/P = (\dot{Q}_c - P)/P \Rightarrow (P \cdot \varepsilon_K) + P = \dot{Q}_c \Rightarrow P = \dot{Q}_c/(\varepsilon_K + 1) = 25/(3{,}8 + 1) = \mathbf{5{,}2}$ **kW**

zu 3: $\varepsilon_W = (\dot{Q}_0 + P)/P \Rightarrow \dot{Q}_0 = (\varepsilon_W \cdot P) - P \Rightarrow P = \dot{Q}_0/(\varepsilon - 1) = 6/3{,}5 = 1{,}71$ kW; $\dot{Q}_c = \mathbf{7{,}71}$ **kW**

zu 4: $\varepsilon_K = 2\,200/550 = \mathbf{4}$; $\dot{Q}_c = \dot{Q}_0 + P \cdot f = 2\,200 + 550 \cdot 0{,}9 = 2\,695$ W, $\varepsilon_W = \mathbf{4{,}9}$

zu 5: $\dot{Q}_c = \dot{Q}_0 + P'$; $P = 12 \cdot 0{,}9 = 10{,}8$ kW; $\dot{Q}_0 = 3\,500 \cdot 1{,}16 \cdot 8 = 32\,480$ W; $\dot{Q}_c = 32\,480 + 10\,800 = 43\,280$ W $\Rightarrow \varepsilon = 43{,}3/12 = \mathbf{3{,}6}$; $\Delta\vartheta = \dot{Q}_c/(\dot{m} \cdot c) = 43\,280/(6\,000 \cdot 1{,}16) = \mathbf{6{,}2\ K}$

zu 6: $\vartheta_{m(Ko)} = (33 + 25)/2 = 29°$ C $\Rightarrow \vartheta_c = 37$ °C $\triangleq$ 310 K; $\vartheta_{m(Verd.)} = (14 + 6)/2 = 10$ °C $\Rightarrow \vartheta_0 = 2$ °C $\triangleq$ 275 K; $\varepsilon_{CW} = T_c/(T_c - T_0) = 310/(310 - 275) = 8{,}86 \Rightarrow \varepsilon_W = 8{,}86 \cdot 0{,}56 = 4{,}96 \approx \mathbf{5}$; $\dot{Q}_c = 50 \cdot 20 \cdot 0{,}5 = 500$ kW $\Rightarrow P = 100$ kW ($\varepsilon = 5$); $\Rightarrow \dot{Q}_0 = 400$ kW; $\dot{m} = 400/(1{,}16 \cdot 8) = \mathbf{43{,}1\ m^3/h}$

zu 7: 5,3 bar $\triangleq$ + 2 °C; Verdampferaustritt 10 °C $\Rightarrow$ Pkt. 1; Δh_W-Abtragung $\Rightarrow$ Schnittpunkt mit $s \Rightarrow$ Pkt. 2 $\Rightarrow$ $\vartheta_c \approx$ **42 °C** und $\vartheta_H \approx$ **70 °C**; $\varepsilon_{th} = \Delta h_0/\Delta h_W = 168/30 = \mathbf{5{,}6}$, $\vartheta_3' = \mathbf{37}$ **°C**

zu 8: 35 °C $\triangleq$ 13,5 bar, $p_c/p_0 = 2{,}7 \Rightarrow p_0 = 13{,}5/2{,}7 = 5$ bar $\triangleq \approx 0$ °C; $\Delta h_W = 440 - 412 = 28$ kJ/kg; $\Delta h_0 = 412 - 236 = \mathbf{176\ kJ/kg}$, $\varepsilon_{th} = 176/28 = \mathbf{6{,}28}$; $\dot{m} = \dot{Q}_0/\Delta h_0 = \mathbf{409\ l/h}$

zu 9: $P_{KL} = \sqrt{3} \cdot 0{,}4 \cdot 25 \cdot 0{,}8 = 13{,}86$ kW; $\eta_{KL} = P_{th}/P_{KL} = 7{,}9/13{,}86 = \mathbf{0{,}57}$; $\varepsilon = \dot{Q}_0/P_{KL}$ ($\varepsilon = \varepsilon_{th} \cdot \eta_{KL}$) $= 45/13{,}86 = \mathbf{3{,}25}$

zu 10: $\varepsilon_{th} = 169/28 = 6{,}0$; $\dot{m} = \dot{Q}_o/\Delta h_o = 20 \cdot 3\,600/169 =$ **426 kg/h;** $P_{th} = \dot{m} \cdot \Delta h_W = 426 \cdot 28/3\,600 =$ **3,3 kW** oder $P_{th} = \dot{Q}_o/(\varepsilon_{th} \cdot \eta_i \cdot \eta_m \cdot \eta_{el})$; $P_e = 3{,}3/(0{,}8 \cdot 0{,}82) =$ **5 kW,** $P_{KL} = P_{th}/\eta_{KL} = 3{,}3/(0{,}8 \cdot 0{,}82 \cdot 0{,}85) =$ **5,9 kW** oder $P_{KL} = \dot{Q}_o/(\varepsilon_{th} \cdot \eta_{KL}) = 20/(6 \cdot 0{,}8 \cdot 0{,}82 \cdot 0{,}85)$

13.8 Bauteile der Kälteanlage

Ergänzend zum Kältekreislauf (Kap. 13.3), zu den Kältesystemen (Kap. 13.4) und zu den Zustandsänderungen im Kältekreislauf (Kap. 13.6.2) sollen anschließend wesentliche Merkmale über die verschiedenen Varianten der Bauteile zusammengefaßt werden.

13.8.1 Verdampferbauarten

Wie aus Abb. 13.62 ersichtlich, kann man den Verdampfer, d. h. das Bauteil, in dem der eigentliche Kühlprozeß abläuft, hinsichtlich seiner Konstruktions- und Betriebsmerkmale nach verschiedenen Kriterien unterteilen. Der Klimatechniker unterscheidet zunächst zwischen dem luftbeaufschlagten Verdampfer, d. h. der direkten Kühlung (Kap. 13.4.1), und dem wasserbeaufschlagten Verdampfer, d. h. der indirekten Kühlung (Kap. 13.4.2).

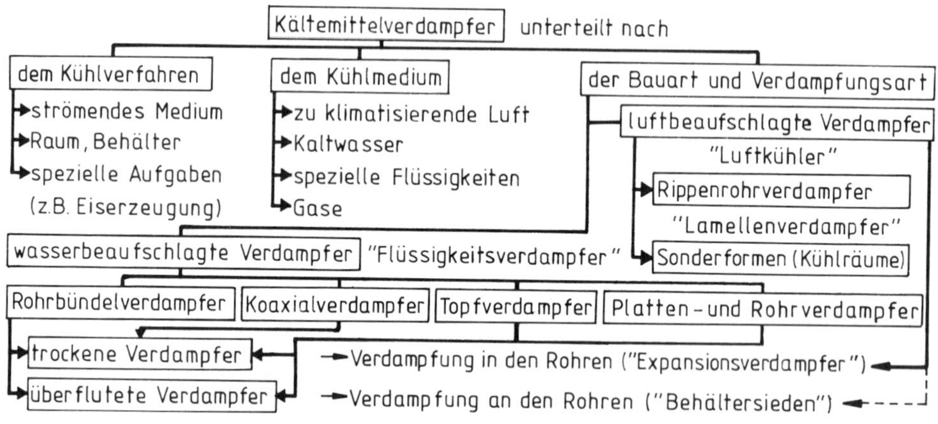

Abb. 13.62 Einteilung von Verdampfern

1. Rohrbündelverdampfer

Bei dieser Verdampferbauart – ähnlich dem in der Heizungstechnik bekannten Gegenstromapparat – unterscheidet man zwischen dem trockenen Verdampfer, bei dem die Verdampfung **in** den Rohren („Strömungssieden“) und dem überfluteten Verdampfer, bei dem die Verdampfung **an** den Rohren stattfindet („Behältersieden“).

Trockener Verdampfer (auch als Direktexpansions- oder Einspritzverdampfer bezeichnet)

Diesem mit Abstand verbreitetsten Rohrbündelverdampfer wird mit Hilfe des thermostatischen Expansionsventils (Kap. 13.8.4) nur so viel Kältemittel zugeführt, wie beim Durchströmen verdampfen soll.

Unabhängig von der Verdampferbauart, d. h. auch beim Koaxial- und dem in der Klimatechnik verbreiteten Lamellenverdampfer, füllt das in den Verdampfer einströmende flüssige Kältemittel die Rohre nicht vollständig, sondern benetzt mehr oder weniger nur die Wandung. Beim Kältemitteleintritt und im weiteren Verlauf sind die Rohre innenseitig naß, am Ende jedoch trocken. Für die Zuspeisung des flüssigen Kältemittels, vor allem bei ständig wechselnder Wärmelast, ist die Temperatur des überhitzten Kältemittels am Verdampferaustritt von Bedeutung. Ist diese nämlich zu hoch, muß durch das Expansionsventil mehr Kältemittel eingespritzt werden. Sinkt sie jedoch unter einen bestimmten Wert ab, muß die Kältemitteleinspritzung in den Verdampfer reduziert werden.

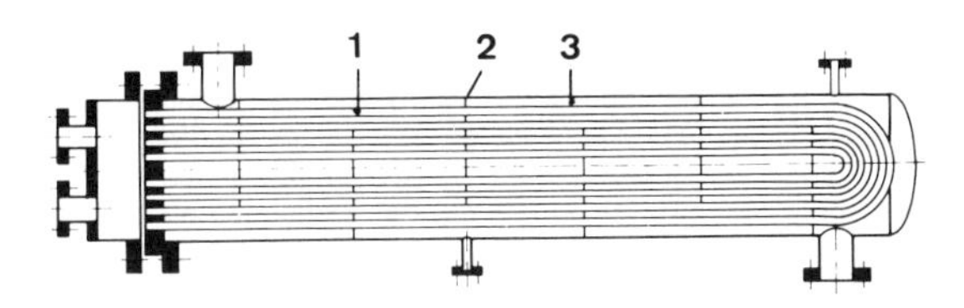

Abb. 13.63 Trockener Rohrbündelverdampfer: (1) Haarnadelrohre; (2) Umlenksegmente; (3) Wasserraum

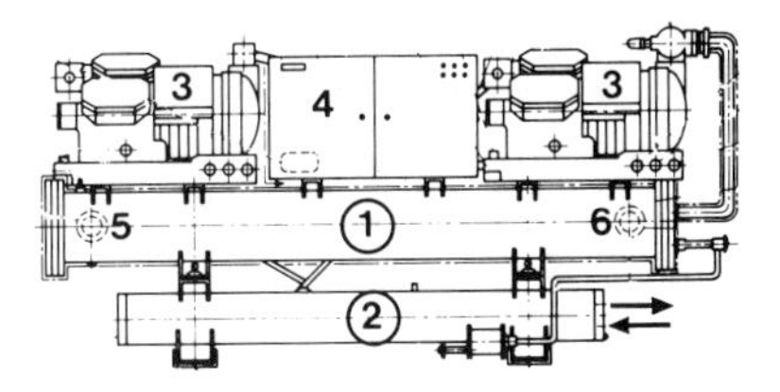

Abb. 13.64 Kaltwassersatz: (1) Verdampfer, (2) Verflüssiger, (3) Verdichter, (4) Schaltschrank, (5) Kaltwasseraustritt, (6) Kaltwassereintritt

Abb. 13.63 zeigt einen **trockenen Rohrbündelverdampfer.** Das Kältemittel wird in den parallelgeschalteten berippten Rohren (in der Regel aus Kupfer) verdampft. Das meist von unten eingeführte Kältemittel durchströmt in mehreren Wegen diese Rohre, die beidseitig in Rohrböden eingewalzt oder durch angelötete Rohrbögen verbunden sind. Am Ende erfolgt dann die Überhitzung. Die Wasserströmung wird durch Leitbleche mehrmals nach oben und unten abgelenkt (besserer Wärmeübergang).

Weitere Merkmale, Vor- und Nachteile

Fast ausschließlich zur Erzeugung von Kaltwasser oder Sole, meistens Bestandteil von Kaltwassersätzen (Abb. 13.64), geschlossener Kreislauf, geringer Druckverlust durch entsprechende Rohranordnung, zwangsläufige Ölrückführung in Saugleitung bzw. Verdichter, Versorgung mehrerer unabhängig voneinander gewünschter Kältekreise durch entsprechende Rohraufteilung (mit jeweiligem Regelventil), Stahlrohrmantel, Rohrbündel meistens aus Kupfer, Vergrößerung der Rohrinnenfläche durch sternförmige Alu-Profile (Abb. 13.66) oder durch Wellbandrohre, mechanische Reinigung nur bei ausziehbaren Rohrbündeln, bei festen Rohrböden nur chemisch, *k*-Zahlen 300 bis 1 000 W/(m^2 · K) je nach Geschwindigkeit und Rohrart, geringere Kältemittelfüllung als beim überfluteten Verdampfer, Anwendung bei kleineren und mittleren Leistungen, kompakte Bauweise.

2. Überfluteter Verdampfer

Hier ist nur so viel Kältemittel im Verdampfer, daß die kältemittelseitige Austauschfläche stets mit flüssigem Kältemittel beaufschlagt ist. Der Kältemittelstrom im Verdampfer wird durch ein Schwimmerventil (Dosiergerät) geregelt. Beim Einsatz eines Niederdruck-Schwimmerventils wird der Füllstand im Verdampfer und Sammler konstant gehalten. Bei Verwendung eines Hochdruck-Schwimmerventils wird der Kältemittelstrom zum Verdampfer in Abhängigkeit der vom Kondensator kommenden Flüssigkeitsmenge geregelt. Im Gegensatz zum trockenen Verdampfer, bei dem das Kältemittel vollständig verdampft (⇒ Heißdampf), verdampft hier nur der an der Übertragungsfläche zirkulierende Kältemittelteil, während die restliche Flüssigkeit im Verdampfer bleibt (⇒ Naßdampf oder gesättigter Dampf).

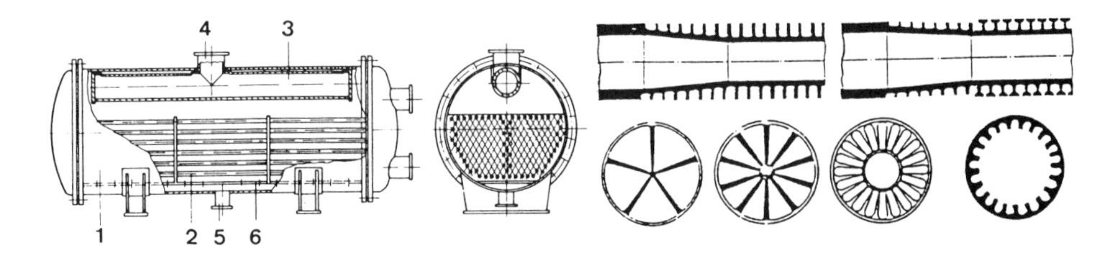

Abb. 13.65 Überfluteter Rohrbündelverdampfer

Abb. 13.66 Oberflächenvergrößerung der Rohre durch Berippung (außen) und spezielle Profile (innen)

Abb. 13.65 zeigt einen **überfluteten Verdampfer** (1). Da die Rohre (2) nur etwa die untere Hälfte des Mantelraumes ausfüllen, kann der obere freie Raum als Abscheider dienen (damit keine Kältemittelflüssigkeit in die Saugleitung gelangen kann). Hierzu werden auch Bleche oder Kanäle (3) das Abscheiden gewährleisten. Am Stutzen (4) wird der Kältemitteldampf abgesaugt. Das Kältemittel wird über den Stutzen (5) dem Verteiler (6) – meistens gelochte Bleche – zugeführt.

Weitere Merkmale, Vor- und Nachteile

Unempfindlich gegen Lastschwankungen, guter Wärmeübergangskoeffizient, keine Überhitzung (Verdichterschutz vor Flüssigkeitsschlägen erforderlich), besondere aufwendige Maßnahmen zur Ölrückführung, Abscheider erforderlich, größere Kältemittelfüllmenge, Siedeverzug durch hydrostatischen Druck, größere Einfriergefahr, feste Rohrböden (schlechte kältemittelseitige Reinigung), stehende Bauart selten, für mittlere und große Leistungen, teurer, Berieselungskondensator als Sonderbauart.

Unabhängig von der Verdampferbauart – entsprechend auch bei Kondensatoren – konnte man durch **spezielle Rippenrohre** den Wärmeübergang so erhöhen, daß die Wärmeaustauscherfläche bis um 30 % reduziert werden konnte.

Abb. 13.66 zeigt die Oberflächenvergrößerung durch eine Berippung, wenn das Kältemittel um die Rohre strömt, und durch eine spezielle Innenstruktur, wenn es in den Rohren strömt.

3. Koaxialverdampfer

Der Koaxialverdampfer besteht aus einem wendelförmig gewickelten Mantelrohr. In diesem befinden sich ein oder mehrere Innenrohre, in denen das Kältemittel verdampft. Das zu kühlende Wasser (oder Sole) strömt im Gegenstrom zwischen Mantelrohr und Innenrohren. Diese Verdampfer werden dann eingesetzt, wenn Wasser ohne Einfriergefahr weit abgekühlt werden soll und eine betriebssichere Kältemittelüberhitzung verlangt wird. Es handelt sich in der Regel um trockene Verdampfer, wobei das Kältemittel vorzugsweise im oberen Teil eingespritzt wird.

Weitere Merkmale und Hinweise

Günstiges Preis/Leistungsverhältnis bei kleineren Leistungen (etwa < 50 kW), geringer wasserseitiger Druckabfall, umschaltbar auf Kondensatorbetrieb (Wärmepumpe), enge Leistungsabstufungen, T-Anschlußstück an den Enden, Lötanschlüsse, Kältemittelseite mit trockenem Stickstoff gefüllt, wahlweise mit gedämmter Ummantelung (9 mm Armaflex).
Bei Bauarten, in denen das Kältemittel im Ringraum verdampft und das Wasser in den Rohren geführt wird, handelt es sich um ein „Mittelding“ zwischen trockenem und überflutetem Verdampfer. Weitere Hinweise siehe bei Koaxialverflüssiger (Abb. 13.73).

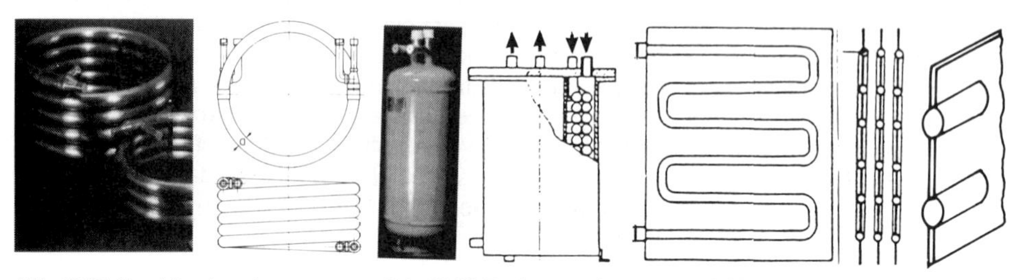

Abb. 13.67 Koaxialverdampfer Abb. 13.68 Topfverdampfer Abb. 13.69 Plattenverdampfer

4. Topfverdampfer

Bei dem in Abb. 13.68 dargestellten Topfverdampfer handelt es sich in der Regel um einen Einspritzverdampfer, bei dem das Kältemittel in den Rohren verdampft. Nur vereinzelt kommt der überflutete Verdampfer zur Anwendung.

Merkmale, Vor- und Nachteile (Einspritzverdampfer)

Bei der „Flanschausführung“ kann Kälteteil herausgezogen werden, dadurch leichte wasserseitige Reinigung, kompakte Bauweise, geringer wasserseitiger Druckverlust, günstiges Preis/Leistungsverhältnis nur bei kleineren Leistungen, Druckbehälter, Leistungsbereich bis etwa 50 kW.

5. Platten- und Rohrverdampfer

Der in Abb. 13.69 dargestellte Plattenverdampfer ist in seinem Aufbau vielfach ein Einspritzverdampfer (trockener Verdampfer). Wenn der Kälteträger (Wasser) an der Platte gekühlt wird oder diese berieselt, spricht man von einem **offenen System.** In der Klimatechnik findet man diesen Verdampfer z. B. als kompaktes Plattenpaket bei Eisspeichersystemen. Beim **geschlossenen System** strömt sowohl das Kaltwasser (max. etwa 10 m^3/h) als auch das Kältemittel im Gegenstrom in den engen Kanälen der parallelen, gepreßten und meist profilierten Platten. Die Platten sind so geformt, daß sich eine „Rohrführung“ gibt.

Merkmale, Vor- und Nachteile

Geringe Kältemittelfüllung, in der Regel mit Mehrfacheinspritzung; unempfindlich gegen Verschmutzung, leichte wasserseitige Reinigungsmöglichkeit, Umwälzung des Wassers beim offenen System durch Rührwerk; Material meist aus Edelstahl und Sondermaterialien, vereinzelt auch aus Kupfer oder Aluminium; großes Anwendungsgebiet bei Kühlmöbeln und Gefrierapparaten, Wasserabkühlung bis nahe Gefrierpunkt; Berieselungsplatten auch beim Einsatz von Groß-Wärmepumpen; Leistungsbereich 2 bis 600 kW.

Vereinzelt kommen hier auch **Rohrverdampfer** zur Anwendung. In einem Behälter befindet sich hier anstelle eines Plattenpakets ein Rohrschlangensystem. Während das Kältemittel in den Rohren verdampft, wird das im Behälter befindliche Wasser größtenteils in Eis umgewandelt.

Rippenrohrverdampfer (Lamellenverdampfer)

Abb. 13.70 Lamellenverdampfer

Diese Verdampfer werden fast ausschließlich zur Kühlung von Luft eingesetzt und daher auch als Luftkühler bezeichnet. Wie im Kap. 6 gezeigt, findet man ihn in der Klimatechnik hauptsächlich in den verschiedenen Einzelgeräten. Sie werden vorwiegend als Einspritzverdampfer eingesetzt, können aber auch mit Kältemittelumwälzung betrieben werden. Das Kältemittel wird über einen Verteiler einzeln pro Rohrreihe eingespritzt (Abb. 13.70). Neben der Luftkühlung spielt hier auch die Luftentfeuchtung eine große Rolle, speziell bei Entfeuchtungsgeräten (Kap. 6.6).

Merkmale, Vor- und Nachteile (vgl. auch Kap. 13.4.1)

Material bei Halogen-Kältemitteln vorwiegend aus parallelgeschalteten Kupferrohren (10 bis 15 mm ∅) mit aufgepreßten Aluminiumlamellen, Rohrabstand 25 bis 50 mm, bei Ammoniak Rohre und Lamellen aus Stahl; Luft- und Kältemittelführung im Gegenstrom (bei überflutetem Verdampfer unabhängig von der Führung); Einflußgrößen für den Wärmedurchgangskoeffizienten sind vor allem die Luftgeschwindigkeit und die Abmessungen wie Rohr- und Lamellenabstand, Rohrdurchmesser usw.; großer Anwendungsbereich in der Kältetechnik (Kühlräume, Lagerräume, Gefriereinrichtungen), wo bei Unterschreitung des Gefrierpunktes an der Verdampferoberfläche ein Abtauen der Eisbildung erfolgen muß.

13.8.2 Verflüssigerbauarten (Kondensatorbauarten)

Der Kondensator sorgt für die Verflüssigung des Kältemittels, das dem Sammler oder direkt dem Expansionsventil zugeführt wird. In Kap. 13.4.3 wird ausführlicher auf den luftgekühlten und in Kap. 13.4.4 auf den wassergekühlten Verflüssiger eingegangen.

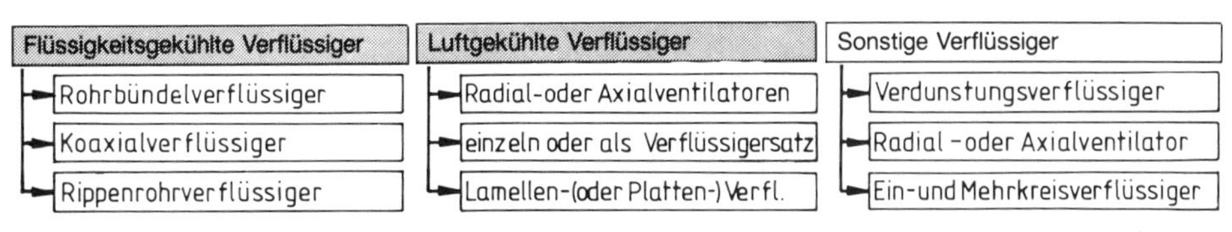

Abb. 13.71 Einteilung von Verflüssigern

Entsprechend Abb. 13.71 unterscheidet man bei Verflüssigern unter folgenden **Bauarten:**

1. Rohrbündel- und Röhrenkesselverflüssiger

Ähnlich wie beim Verdampfer erläutert, sind diese Verflüssiger in ihrer Konstruktion ähnlich. Die meist flachgerippten Kupferrohre werden durch Einschweißen oder Einwalzen mit den Rohrböden an beiden Seiten verbunden. Wasser oder Sole fließt in der Regel durch die Rohre und wird in den Deckeln umgelenkt, während das Kältemittel im Mantelraum kondensiert.

Merkmale, Vor- und Nachteile

Große Kühlfläche auf kleinem Raum; abnehmbare Deckel und dadurch leichte Reinigung; große Unterkühlung. Unten angesammelte Kältemittelflüssigkeit kann ohne Sammler dem Expansionsventil direkt zugeführt werden, d. h., der Verflüssiger übernimmt zusätzlich noch die Aufgabe des Sammlers. Dort, wo sich jedoch Kondensat ansammelt, geht dem Verflüssiger wirksame Austauschfläche verloren. Leistungsbereich der Rohrbündelverflüssiger von 2 bis über 1 500 kW; Innenrohre außen gerillt (3- bis 4fache Flächenvergrößerung); Beeinflussung der Wasserwege durch Einbauten; Verwendung mit Kreislauf- oder Kühlturmwasser.

Abb. 13.72 zeigt einen **Röhrenkesselverflüssiger.** Mantelrohr (1), Rohre (2), eintretender Kältemitteldampf (3), kondensierender Dampf in den Rohren (4), flüssiges Kältemittel (5), Wassereintritt (6), Wasseraustritt (7), Entleerung (8).

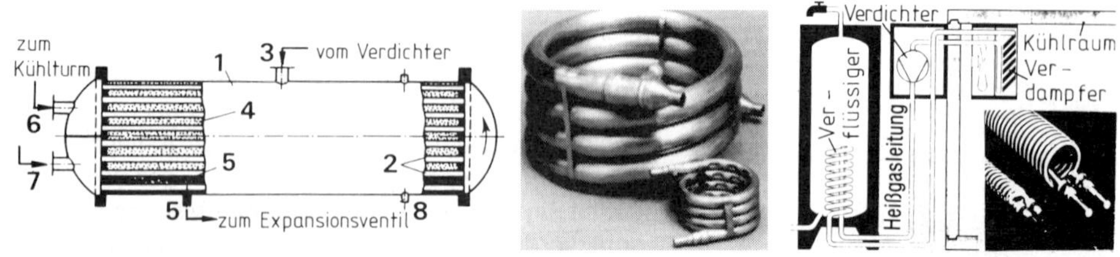

Abb. 13.72 Rohrbündelverflüssiger Abb. 13.73 Koaxialverflüssiger Abb. 13.74 Rippenrohrverflüssiger

2. Koaxialkondensatoren (Doppelrohr-Gegenstrom-Verflüssiger)

Hier handelt es sich – wie beim Koaxialverdampfer – um wendelförmig gewickelte Doppelrohre, bestehend aus einem Cu-Rippenrohr als Kernrohr und einem darüber angeordneten Cu-Mantelrohr. Bei diesem weitverbreiteten kompakten Kondensator fließt das Wasser im Gegenstrom durch das Kernrohr, während der Kältemitteldampf im oberen Teil des Mantelrohrs kondensiert und das Kondensat in den unteren Ringraum tropft. Die Anwendung bezieht sich z. B. auf Klimageräte (z. B. Truhen- und Schrankgeräte), auf Wärmepumpen zur Heizwassererwärmung, auf die Wärmerückgewinnung (Nutzung der Kondensationswärme in Kälteanlagen zum Zweck der Erwärmung von Heizungs- und Trinkwasser) und auf Kaskaden-Wärmetauscher in mehrstufigen Kälteanlagen.

Die Vorteile sind die hohe spezifische Leistung, das günstige Preis/Leistungsverhältnis, der geringe Druckverlust, die fein leistungsabgestuften Baugrößen, die vielseitige Verwendung (z. B. auch für Wärmepumpen), jedoch nur für begrenzte Nennleistungen (etwa $<$ 50 kW), keine Abnahmeverpflichtung nach der Druckbehälterverordnung.

Abb. 13.73 zeigt einen **Koaxialverflüssiger** in 11 Baugrößen zwischen 3 und 60 kW bei $\Delta\vartheta$ = 60 K, Einbaumaße 205 bis 580 mm ⌀, Rohr-⌀ 22 bis 60 mm, Anschlüsse 15 bis 32 mm, kältemittelseitig zulässiger Betriebsdruck bis 28 bar und zulässige Temperatur –50 °C bis +150 °C (kühlmittelseitig 10 bar und –20 °C bis +90 °C); Innenrohre gewalzt und niedrig berippt.

3. Rippenrohrverflüssiger („Tauchschlangen"-Verflüssiger)

Hier handelt es sich um wendelförmig gewickelte Walzrippenrohre (innen gewellt), wahlweise mit Sicherheitsrohr und Leckanzeige zur Einhaltung bestimmter Sicherheitsvorschriften. Die Anwendung erstreckt sich vor allem auf die Nutzung der Kondensationsabwärme in gewerblichen und landwirtschaftlichen Kühlanlagen zur Erwärmung von Trink- oder Heizwasser; ebenso auf W/W-Wärmepumpen bzw. Wärmepumpenspeicher.

Abb. 13.74 zeigt einen **Rippenrohrkondensator** mit Anwendungsbeispiel, lieferbar in 5 Baugrößen von 3 bis 15 kW; 63 bis 170 mm ⌀; Rohr-⌀ 15 bis 22 mm; wasserseitig galvanisch verzinnt (auf Wunsch auch vernickelt); Einbau im unteren Teil des Trinkwassererwärmers (waagrecht oder senkrecht); Abdichtung gegen Speicherflansch außerhalb; Schalldämpfereinbau in der Heißgasleitung ratsam.

4. Luftgekühlte Verflüssiger

Wie schon ausführlicher in Kap. 13.4.3. bis 13.4.5 erläutert, sind die Vorteile des luftgekühlten Verflüssigers gegenüber dem flüssigkeitsgekühlten so groß geworden, daß er in alle vorkommenden Leistungsgrößen eingedrungen ist. Außerdem sind diese Verflüssiger auch für individuelle Bedarfsfälle weiterentwickelt worden.
Was die **Bauart** betrifft, handelt es sich um den bewährten Lamellenverflüssiger entweder mit Axialventilatoren (saugend) oder Radialventilatoren (drückend). Der Kondensatorblock besteht vorwiegend aus Kupferrohren mit Alu-Lamellen, u. U. auch beides in Kupfer; etwa 4 bis 6 Rohrreihen mit 10 bis 15 mm ∅.

Abb. 13.76

Abb. 13.75 Luftgekühlter Verflüssiger

Abb. 13.77 Luftgekühlter Kaltwassersatz

Abb. 13.78 Verflüssigermontage auf dem Dach

Hinsichtlich der Ausführung und Montage **mit Axialventilatoren** wurde schon im Kap. 13.4.3 hingewiesen, ebenso bei der Behandlung von Split-Einzelklimageräten im Kap. 6. In der Regel werden diese Verflüssiger im Freien zugänglich montiert. Die großen Volumenströme können hier bei geringem Druckverlust ungehindert ein- und abströmen. Setzt sich Staub an die Lamellen, muß dieser regelmäßig entfernt werden. Filter erhöhen den Druckverlust und somit die Energiekosten und beanspruchen eine ständige Wartung. Der Ventilator ist meistens mit dem Motor direkt gekuppelt. Eine Belästigung durch Schallausbreitung muß verhindert werden.
Die Ausführung und Montage mit **Radialventilatoren** ist dann angebracht, wenn größere externe Widerstände (z. B. durch Schalldämpfer, Luftkanäle mit Formstücken) zu überwinden sind. Diese Ventilatoren haben in der Regel Keilriemenantrieb. Die Aufstellung erfolgt vielfach auch in Räumen als Kompakteinheit.

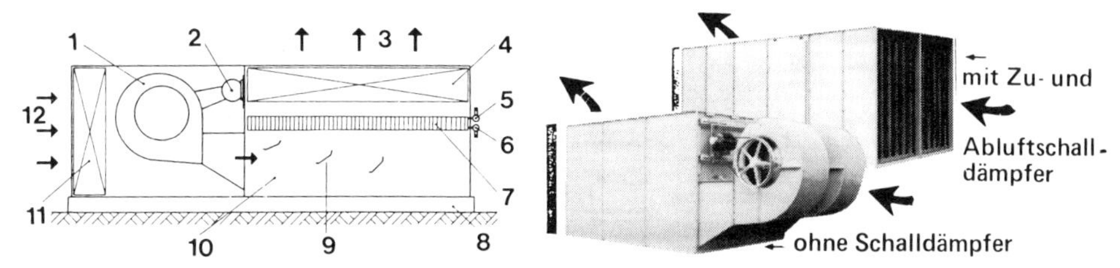

Abb. 13.79 Luftgekühlte Verflüssiger mit Radialventilatoren: (1) Radialventilator, (2) E-Motor, (3) Abluft, (4) Abluftschalldämpfer, (5) Kältemitteleintritt, (6) Kältemittelaustritt, (7) Verflüssiger, (8) Fundamente, (9) Luftleitbleche, (10) Gehäuse, (11) Zuluftschalldämpfer, (12) Zuluft

Demnach unterscheidet man auch zwischen dem luftgekühlten Kaltwassersatz und dem **gesplitteten Kältekreislauf,** bei dem die Kältemaschine z. B. in Nähe der Klima-Kammerzentrale und der Verflüssiger außerhalb (meist oben auf dem Flachdach) montiert wird

Bei letzterem sind hinsichtlich der Verlegung der Kältemittelleitungen zahlreiche Dinge zu beachten, wie z. B. geringer Druckverlust, gesicherte Ölrückführung, keine Kältemittelverlagerungen, Dämmung der Rohre, wo die Wärmeabgabe unerwünscht ist, Gefälle zum Sammler, maximale Rohrlänge (ca. 40 m) u. a.

Da hier die Kälteanlage in mehrere Kreisläufe unterteilt wird, spricht man von einem **Mehrkreisverflüssiger,** der eine wirtschaftlich günstige Kältemittelverflüssigung gewährleistet. Bei der Kaltwassersatzaufstellung im Freien besteht für das Kaltwasser im Verdampfer und in den Leitungen Einfriergefahr. Gegenmaßnahmen sind: Entleerung der Anlage (Korrosionsschutz!), die Zufügung von Frostschutzmittel (geringerer Wärmeübergang!) oder eine elektrische Beheizung von Verdampfer und freiliegenden Leitungen (Stromkosten!).

5. Verdunstungsverflüssiger

Bei diesem Verflüssiger strömt das überhitzte Kältemittelgas in ein Rohrschlangensystem (Primärkreis), während die Außenfläche dieses Systems über ein Verteilrohr mit Umlaufwasser besprüht wird (Sekundärkreis). Das Gas kühlt sich dabei bis auf die Verflüssigungstemperatur ab und beginnt zu kondensieren. Das flüssige Kältemittel fließt dann durch das Rohrsystem in das unten angebrachte Sammelstück, wo es den Verflüssiger wieder verläßt. Der auf dem Rohrschlangensystem (Wärmetauscher) befindliche Wasserfilm nimmt die Kondensationswärme auf und gibt sie an den von unten nach oben geführten Luftstrom ab. Die erwärmte und gesättigte Luft strömt nach oben wieder aus.

Weitere Merkmale

Der Verdunstungsverflüssiger ist somit eine Kombination von wassergekühltem Verflüssiger, Kühlturm und Kühlwasserumwälzsystem.

Der **Verflüssiger nach Abb. 13.80** deckt mit über 50 Baugrößen einen Leistungsbereich von 60 bis 3 600 kW ab; Radialventilatoren 5 000 bis 250 000 m^3/h, verzinktes Gehäuse mit Kunststoffbeschichtung, verzinkte Stahlrohre, selbstsäubernde Hohlkegeldüsen, Tropfenabscheider aus Aluminium, selbsttätige Abschlämmvorrichtung, spezielles Fundament.

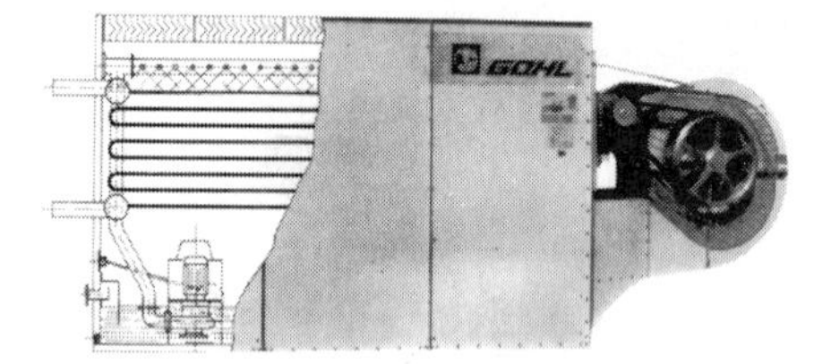

Abb. 13.80 Verdunstungsverflüssiger

Verdunstungsverflüssiger haben je nach Anlagengröße, Betriebsverhältnissen, baulichen Gegebenheiten, Sonderwünschen (Kosten), Wasser- und Luftbeschaffenheit (Korrosion, Wasseraufbereitung, Wartungsaufwand) nur noch begrenzte Einsatzmöglichkeiten. Eine Alternative ist der Rohrbündelverflüssiger mit Kühlturm.

13.8.3 Verdichterbauarten

Mit den Anwendungs- bzw. Auswahlkriterien von Verdichtern (Kompressoren) beschäftigen sich vorwiegend die Hersteller von Geräten und die Ersteller von Kälteanlagen. Trotzdem interessiert sich auch der Klimaingenieur für eine kurze Zusammenstellung dieses wichtigen Bauteils des Kältekreislaufs (Kap. 13.3.1).
Kriterien sind z. B. der maximale Ansaugdruck p_0, der Verflüssigungsdruck p_c, die maximale Druckdifferenz $p_c - p_0$, das Druckverhältnis p_c/p_0 und die maximale Ansaugtemperatur. Hinzu kommen die Fertigungskosten, der Platzbedarf, das Geräuschverhalten, der Wirkungsgrad und vor allem die Regelmöglichkeiten.
Die Verdichterkonstruktionen müssen an die neuen alternativen Kältemittel angepaßt werden.

Im wesentlichen werden die Verdichter nach dem Verdichtungsverfahren klassifiziert:

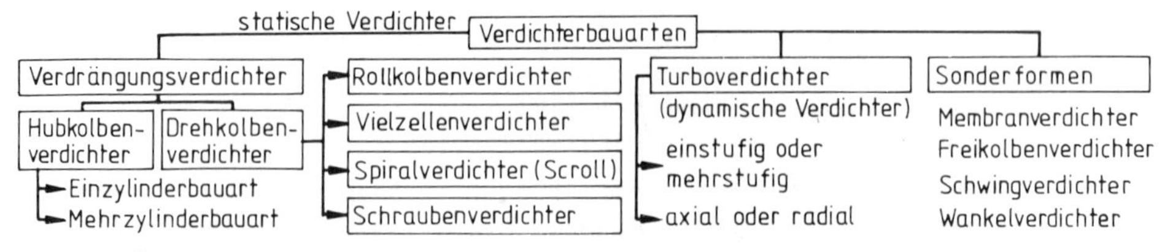

Abb. 13.81 Übersicht über Verdichter

13.8.3.1 Verdrängungsverdichter

Bei allen diesen Verdichterbauarten wird der angesaugte Kältemitteldampf in einem geschlossenen Raum bzw. durch dessen Verringerung „ruhend" verdichtet. Man spricht auch von einer statischen Verdichtung. Die Verdichtung erfolgt entweder durch hin- und hergehende Kolben (Hubkolbenverdichter) oder durch drehende Kolben (Drehkolbenverdichter).

Hubkolbenverdichter

Bei diesem ältesten und bekanntesten Kompressor erfolgt die Verdichtung und Förderung des Kältemittels durch die Hin- und Herbewegung eines Kolbens in einem abgeschlossenen Zylinder, der durch Ventile (Öffnungs- und Schließventil) mit der Saug- und Druckleitung verbunden ist. Der Umsatzrückgang in den letzten Jahren durch seine Konkurrenten ist unverkennbar. Diese sind im unteren und mittleren Leistungsbereich der Rollkolben- und vor allem der Scollverdichter, ebenfalls im mittleren und im größeren Bereich der Schraubenverdichter. Durch seine Vorteile und nicht zuletzt durch die Erfolge neuer Entwicklungen (höhere Leistungszahlen) wird er jedoch auch in Zukunft seinen Anwendungsbereich behalten.

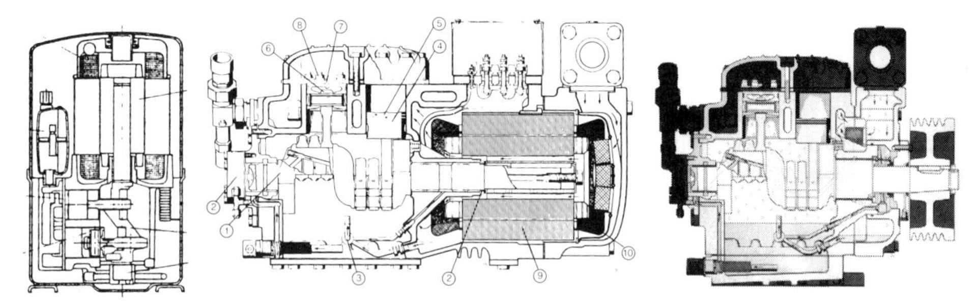

Abb. 13.82 Hermetischer Verdichter

Abb. 13.83 Halbhermetischer Verdichter

Abb. 13.84 Offener Verdichter

Man unterscheidet neben der Vielzahl von Ausführungsvarianten den offenen, den halbhermetischen und den (voll)hermetischen Verdichter, was sich allerdings nicht nur auf den Hubkolbenverdichter bezieht.

Beim **offenen Verdichter** liegt der Antrieb außerhalb des Gehäuses und ist durch eine Wellenabdichtung direkt oder mit Keilriemen mit dem Verdichter verbunden. Die kältemittelführenden Teile sind demnach vom Motor getrennt, so daß verschiedene Verdichter-Antriebskombinationen möglich sind.

Beim **halbhermetischen Verdichter** werden der Verdichter und der Elektromotor in einem gemeinsamen zusammengeschraubten Gehäuse untergebracht. Eine Reparatur der einzelnen Bauteile ist durch Abnahme des Zylinderdeckels, Ventilplatten usw. möglich.
Nicht nur wegen der neuen Ersatzkältemittel werden hier z. Zt. neue Baureihen entwickelt (z. B. auch für Schraubenverdichter), wo Verdichter und Motor getrennt werden können, neuerdings auch verstärkt mit Motor-Luftkühlung (anstatt mit Sauggas).

Beim **hermetischen Verdichter** („Kapselverdichter") sind Verdichter und Motor in einem dichten Gehäuse (Kapsel) direkt miteinander verbunden und federnd darin aufgehängt. Er wird so vom Hersteller geliefert bzw. ist als nicht zu öffnendes Bauteil im Klimagerät integriert oder millionenfach in Kühlschränken eingebaut.

Weitere Merkmale vom Hubkolbenverdichter
Leistungsbereich bis etwa 50 kW Kälteleistung beim hermetischen und bis über 500 kW (je nach Motorkühlung) beim halbhermetischen; universelle Anwendbarkeit, pulsierende Förderung, stufige Regelbarkeit; günstiges Teillastverhalten (paßt sich durch Saug- und Druckventil den gegebenen Anlagendrücken gut an); keine Ölrückführung; gute Leistungszahlen; verhältnismäßig großes Bauvolumen (wegen der Umwandlung der Drehbewegung in eine hin- und hergehende), tatsächliches Fördervolumen ist geringer als das geometrische Hubvolumen (vgl. Kap. 13.6.4); kostengünstige Herstellung.

Rollkolbenverdichter (Rotationskolbenverdichter)

Wie aus Abb. 13.85 hervorgeht, rollt der sich frei auf einem Kurbelzapfen drehende Kolben an der Zylinderwand ab und kreist dabei exzentrisch um die Achse. Durch die Berührungslinie zwischen Zylinder und Kolben sowie durch den bewegten Trennschieber wird der sichelförmige Arbeitsraum in eine Saug- und Druckseite unterteilt. Während sich bei einer Kolbenumdrehung der Saugraum ständig erweitert, verkleinert sich der Druckraum und verdichtet den eingeschlossenen Kältemitteldampf. Dies geht so lange, bis bei Erreichen des Gegendrucks das Druckventil sich öffnet und den Dampf hinausschiebt.

Vor- und Nachteile (vorwiegend gegenüber dem Hubkolbenverdichter) und weitere Hinweise

Geringes Bauvolumen, hoher Liefergrad, kleines Hubvolumen; gute Leistungsregelung mit Drehzahländerung; erhöhter fertigungstechnischer Aufwand; hohe Drehzahlen; evtl. Übertragung von Schwingungen des Pumpenteils und Motors auf Gehäuse; nur in hermetischer Ausführung; größere Kältemittelfüllung, Leistungsbereich (Antrieb) bis etwa 5 kW. Seit den 60er Jahren schon in Klimageräten zu finden.

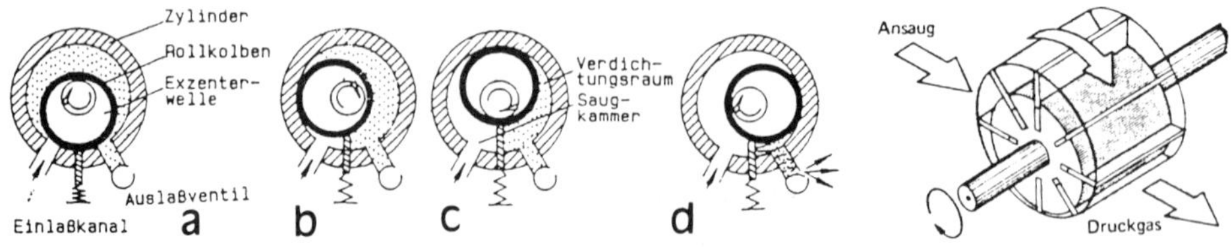

Abb. 13.85 Arbeitsprinzip des Rollkolbenverdichters: a) kurz vor dem Schließen der Saugbohrung; b) zu Beginn der Verdichtung und des Ansaugens; c) während des Ansaugens und der Verdichtung; d) beim Ausschieben

Abb. 13.86 Funktionsprinzip eines Vielzellenverdichters

Vielzellen-(Rotations)verdichter

Da sich der Kolben um seine zur Zylinderachse exzentrische Achse dreht (Abb. 13.86), handelt es sich hier um den eigentlichen Drehkolbenverdichter. Die im Kolben befindlichen beweglichen Schieber (mindestens 2) legen sich durch die Zentrifugalkraft dicht an das Gehäuse an und unterteilen dadurch den sichelförmigen Arbeitsraum in mehrere Zellen (daher der Name). Mit der Zellenzahl nimmt das Ansaugvolumen zu, da der Saugraum je Umdrehung öfters gefüllt wird.

Weitere Merkmale:

Selbsttätig entlastender Anlauf, ruhiger Lauf, Begrenzung hinsichtlich der Druckerhöhung, große Fördervolumenströme, hohe Betriebssicherheit, geringe Verschleißteile.

Scrollverdichter (Spiralverdichter)

Bei diesem alternativen Drehkolbenverdichter handelt es sich um einen ventillosen Verdichter mit zwei Spiralen (Scroll). Während sich der vom E-Motor angetriebene Scroll gegen den stationären Scroll bewegt, bilden sich mehrere sichelförmige „Gastaschen". Zwischen den beiden Spiralen gibt es demnach immer einen äußeren und inneren Berühungspunkt, der

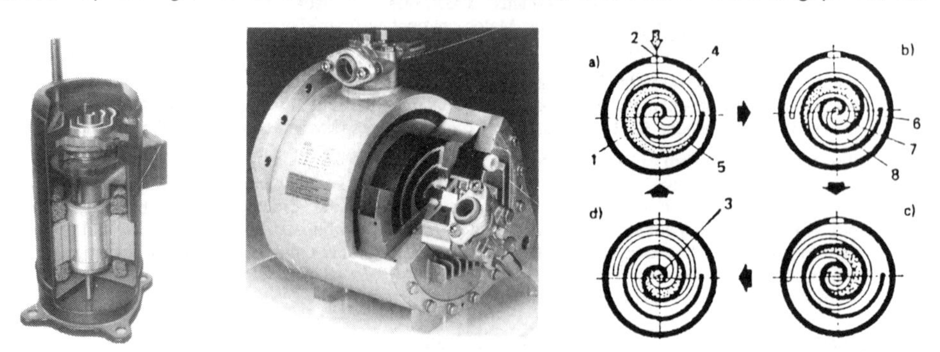

Abb. 13.87 Scrollverdichter, Bauformen und Arbeitsweise: a)b)c)d) Umlaufsinn; (1) Gasraum; (2) Ansaugöffnung; (3) Ausschuböffnung; (4) oszillierende Spirale; (4) feste Spirale; (5) Ansaugen; (7) Ausschieben; (8) Verdichten (Fa Hitachi, Bock)

radial abgedichtet ist. Mit zunehmender Drehung wandern diese Abdichtungspunkte von außen nach innen. Dadurch wird der eingeschlossene Raum ständig verkleinert, das Kältemittelgas verdichtet und durch die Auslaßöffnung in der Spiralenmitte (Hochdruckseite) hinausgeschoben.

Weitere Merkmale:

Starke Zunahme bei Einzelklimageräten; Serienproduktion seit Ende der 80er Jahre durch Computertechnologie; Leistungsbereich bis etwa 50 kW (bei Verbundsystemen bis 200 kW); geringe Abmessungen; gleichmäßige ruhige Verdichtung; hoher Liefergrad, große Wirtschaftlichkeit, einsetzbar in weitem Drehzahlbereich und gut für drehzahlvariable Antriebe; wird mittel- und längerfristig den Kolbenkompressor ablösen; z. Zt. ist er noch zwischen Kleinstverdichter und Schraubenverdichter angesiedelt, es besteht jedoch noch ein großes Entwicklungspotential.

Schraubenverdichter

Diese Drehkolbenverdichter arbeiten in der Regel mit ineinandergreifenden Walzen (Rotoren), die den Arbeitsraum in einzelne Verdichtungskammern unterteilen. Bei der Drehung der wendelförmigen Rotorprofile verkleinern sich in axialer Richtung zum Ende hin ständig die Zwischenräume („wandernde Arbeitsräume"), während sich die dahinterliegenden vergrößern. Die Verdichtung und das Volumenverhältnis Ansaug zu Ausblas ist somit durch die Schraubengeometrie festgelegt. Die Leistungsregelung wird durch einen Steuerschieber vorgenommen. Der spezielle Ölkreislauf mit Abscheider, Pumpe, Einspritzleitung, Filter, Strömungswächter usw. sowie die Anforderungen an das Öl (Menge und Viskosität) sind gegenüber dem Hubkolbenverdichter und auch den anderen Drehkolbenverdichtern nachteilig, doch die Vorteile im mittleren und größeren Leistungsbereich sind beachtlich.

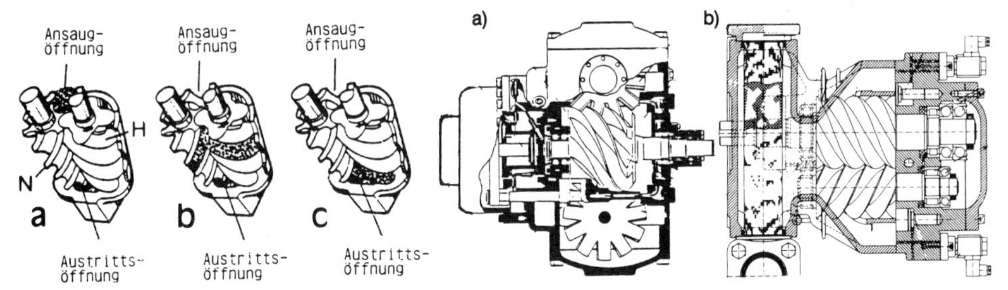

Abb. 13.88 Verdichtungsprozeß beim Schraubenverdichter: H Hauptrotor, N Nebenrotor; a) ansaugen, b) verdichten, c) ausschieben

Abb. 13.89 Schnittdarstellungen von Schraubenverdichtern a) mit einem, b) mit zwei Rotoren

Weitere Bemerkungen und Hinweise

- Es gibt auch Schraubenverdichter **mit einem Rotor,** dessen Nuten in eine oder mehrere Zahnscheiben eingreifen. Diese rotieren entsprechend der axialen Bewegung der Nuten mit und bewirken dadurch die Verdichtung.
- Der **Einsatzbereich** hat sich in den vergangenen Jahren stark vergrößert (in der Klimatechnik noch etwas zögernd) und soll zukünftig eine noch größere Rolle spielen. Der Schraubenverdichter wird vorwiegend nur bei großen Leistungen eingesetzt; bis über 600 kW Antriebsleistung, je nachdem, ob als fertige Einheit oder ob vor Ort errichtet. Schon seit Jahren zeichnen sich größere Entwicklungserfolge auch im unteren Leistungsbereich (bis runter zu 10 kW Antriebsleistung) beim offenen und halbhermetischen Verdichter ab, wo bisher der Hubkolbenverdichter dominierte. Es gibt auch komplette Kaltwassersätze mit Schraubenverdichter; für die Industriekälte auch mit dem Kältemittel Ammoniak.
- Die **Vorteile** (die z. T. auch andere Drehkolbenverdichter besitzen) sind: geringe Abmessungen, große Laufruhe, gut für drehzahlvariablen Antrieb, problemloser Einsatz in Verbundanlagen, gute Leistungsanpassung; stetige Regelung (10 bis 100 %), gleichmäßig kontinuierliche Förderung, hohe Zuverlässigkeit, geringer Wartungsaufwand.

13.8.3.2 Turboverdichter

Im Vergleich zur Verdrängungsmaschine handelt es sich hier um eine Strömungsmaschine und somit – im Gegensatz zum statischen – um einen dynamischen Verdichtungsprozeß. Im Laufrad wird dem Kältemitteldampf durch die Beschleunigung kinetische Energie verliehen, die anschließend in Verbindung mit nachgeschaltetem Diffusor in Druck umgewandelt wird. Vorwiegend kommen Radialverdichter zur Anwendung, deren Aufbau und Betriebsverhalten mit dem des Radialventilators verglichen werden kann. Der Einsatz bezieht sich nur auf große Leistungen; je nach Anzahl der Stufen und je nach Kältemittel > 1 000 kW bis etwa 2 MW.

Weitere Hinweise:
Vorteilhaft ist der dynamisch ausgeglichene Lauf, die kompakte Bauweise, der geringe Verschleiß, der wirtschaftliche Betrieb, die einfache Wartung, die ölfreie Verdichtung und die gute Regelbarkeit; ein- oder mehrstufige Ausführung; serienmäßige Turbokaltwassersätze; Kälteleistung = $\dot{V} \cdot q_{0,vt}$ ($q_{0,vt}$ vgl. Kap. 13.6.4) und somit sehr abhängig vom Volumenstrom; Drehzahl-, Vordrall-, Diffusor- oder Heißgas-Bypaßregelung.

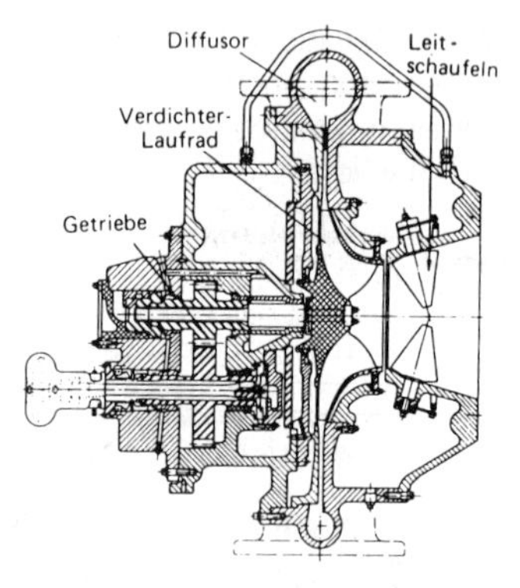

Abb. 13.90 Einstufiger Turboverdichter

13.8.4 Expansionsventil (Volumenstromregler)

Wie schon im Kap. 13.3.1 erwähnt, kommt dem Expansionsventil im Kältekreislauf eine entscheidende Bedeutung zu, da seine Arbeitsweise die Effektivität des Verdampfers (Kühlers) sowie die Leistung und den Wirkungsgrad des Verdichters beeinflußt. Um die Wirkungsweise des Ventils besser zu verstehen, sollte man sich zuerst anhand des *h, log p*-Diagramms die Überhitzung des Kältemitteldampfs verdeutlichen (Kap. 13.6.3.1).

Thermostatisches Expansionsventil

Wie aus Abb. 13.91 hervorgeht, erfolgt in Abhängigkeit von der Überhitzungstemperatur die Ventilbetätigung und somit die „Befüllung" des Verdampfers. Schließlich soll genau die Kältemittelmenge zugeführt werden, die aufgrund der Wärmezufuhr vollständig verdampfen kann. Bei steigender Fühlertemperatur steigt der Druck über der Membrane, und mit steigender Verdampfungstemperatur p_0 der Druck unter der Membrane. **Diese Druckdifferenz Δp entspricht der Überhitzung** des Kältemittels und bewirkt eine Kraft, die versucht, das Ventil gegen die entgegengerichtete Federkraft zu öffnen.

Hierzu einige weitere Bemerkungen:

- Das Ventil ist demnach eigentlich ein **„Überhitzungsregler"**, da es die ihm konstruktiv vorgegebene Überhitzung des Sauggases regelt.
- Das Ventil bewirkt eine **Zustandsänderung des Kältemittels.** Wegen der Drosselung des Drucks handelt es sich um ein Drosselorgan. Nach Durchströmung des Ventilsitzes befindet sich das Kältemittel im Siedezustand bei p_0. Nach Austritt kühlt es durch partielle Verdampfung allmählich auf ϑ_0 ab.
- Der Ventilkegel wird über die Spindel von der Membrane bewegt. Zum **Druckausgleich** beim Ventil nach Abb. 13.91 wird über eine Bohrung der Ventilaustrittsdruck direkt unter die Steuermembrane geleitet.
- Der **wärmegedämmte Fühler** nimmt praktisch die Temperatur des den Verdampfer verlassenden Kältemittels an. Er wird direkt hinter dem Verdampfer, d. h. an der kältesten Stelle angebracht.

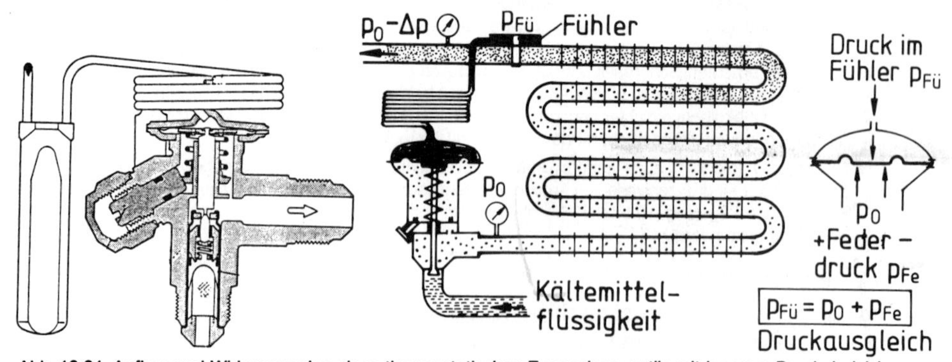

Abb. 13.91 Aufbau und Wirkungsweise eines thermostatischen Expansionsventils mit innerem Druckabgleich

Steigt die Druckdifferenz (Überhitzungstemperatur), erhöht sich die Federkraft, und das Ventil öffnet. Nun wird Kältemittel in den Verdampfer gespritzt, und je mehr verdampft, desto größer ist dann die Verdampferleistung.
Fällt die Druckdifferenz (Überhitzungstemperatur) unter die eingestellte Federkraft, schließt das Ventil. Eine Umdrehung der Regulierschraube verändert z. B. die eingestellte Überhitzung um etwa 0,5 K.

Bei einem größeren kältemittelseitigen Druckverlust im Verdampfer oder bei der Mehrfacheinspritzung (Abb. 13.17) werden **Ventile mit äußerem Druckausgleich** verwendet. Somit hat der Verdampferdruckverlust auf die Funktion des Ventils nur noch eine untergeordnete Bedeutung. Wie aus Abb. 13.92 hervorgeht, wird der Raum unterhalb der Membrane durch eine hinter dem Fühler angebrachte Ausgleichsleitung mit dem Verdampferende verbunden. Die dadurch vom Druckverlust des Verdampfers unabhängige Überhitzung bleibt konstant (wird nicht zu hoch), so daß ein „trockenes Ansaugen" des Verdichters und ein stabiles Verhalten des Regelkreises Verdampfer – Expansionsventil gewährleistet ist.

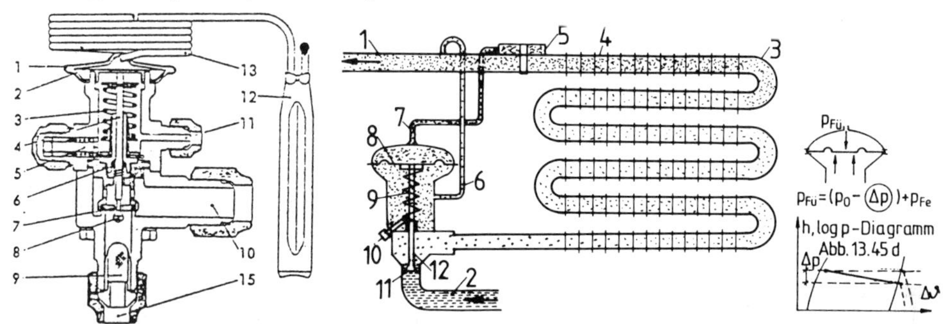

Abb. 13.92 Aufbau und Wirkungsweise des thermostatischen Expansionsventils mit äußerem Druckausgleich.
(1) Saugleitung, (2) Eintritt des flüssigen Kältemittels, (3) Kältemitteldampf, (4) überhitzter Kältemitteldampf, (5) Fühler mit Befestigung, (6) Druckausgleichsleitung, (7) Kapillarrohr mit Flüssigkeitsfüllung, (8) Membrane, (9) Regulierfeder, (10) Regulierschraube, (11) Drosselkegel bzw. Drosselnadel, (12) Spindel.

Im Gegensatz zu den Ventilen ohne Ausgleichsleitung ist hier **bei Druckabgleich:** $p_{Fü} = (p_0 - \Delta p) + p_{Fe}$, wobei es sich bei Δp um den Druckabfall im Verdampfer handelt. Dadurch können die Verdampfungs- und Überhitzungstemperatur näher beisammen liegen.

Beispiel: Bei *R* 22 ist z. B. bei $\vartheta_0 = 2$ °C (Tab. 13.1) $p_0 = 5{,}31$ bar. Wäre $\Delta p = 0{,}7$ bar, so müßte um etwa 4 *K* überhitzt werden, denn 5,31 bar + 0,7 bar = 6,01 bar $\hat{=}\ \vartheta_{überhitzt} \approx 6$ °C. Ohne Überhitzung würde hier der Verdichter Naßdampf ansaugen.

Elektronisches Expansionsventil (EEV)

Das vorstehend behandelte thermostatische Ventil (*P*-Regler) benötigt eine durch die Kraft der Regulierfeder vorgegebene statische Überhitzung, um auch bei extremer Teillast stabil regeln zu können. Die starke Zunahme dieses Ventils in der Kältetechnik kann man durch folgende **Merkmale,** vorwiegend Vorteile, erklären, die allerdings wiederum untereinander im Zusammenhang stehen:

1. Das mit Hilfsenergie arbeitende Ventil hat eine **größere Regelgenauigkeit** und spricht schneller auf die Überhitzung an. Mit Hilfe einer Mikroprozessorsteuerung können der Regelcharakteristik *P*-, *I*-, oder *D*-Anteile aufgeprägt und an den Schrittmotor des Ventilkörpers weitergegeben werden.
2. Als **Meßgrößen** kann das EEV mit elektrischen Widerstands-Meßfühlern die Verdampfungstemperatur, die Überhitzungstemperatur und die Lufteintrittstemperatur erfassen.
3. Dadurch wird der Verdampferdruck **auch bei Teillast optimiert** und nur so weit überhitzt, daß keine Flüssigkeitsschläge im Verdichter entstehen. Dies hat größere Bedeutung bei Mehrfachverdichtern, wie z. B. bei größeren luftgekühlten Verflüssigern.
4. Energetische Verbesserungen (**bessere Leistungszahl**) ergeben sich durch die geringeren Verdichtungsendtemperaturen, durch die geringere Überhitzung und durch die höheren Verdampfungstemperaturen (geringeres Δh_W).

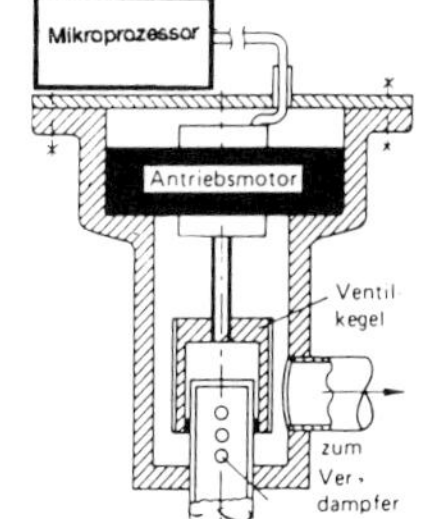

Abb. 13.93 Elektronisches Expansionsventil

5. Absolut **schnelles, dichtes Schließen** des Ventils, so daß man auf ein Magnetventil in der Flüssigkeitsleitung verzichten kann.
6. Durch die Anhebung der Verdampfungstemperatur erhöht sich auch die mittlere Oberflächentemperatur der Verdampferlamellen. Die sich dadurch ergebende **geringere Entfeuchtung der Raumluft** ist in der Klimatechnik in der Regel nicht von Vorteil.

Schlußbemerkung
Auf das Drosselorgan „Kapillarrohr" wurde schon im Kap. 13.3.1 hingewiesen. Beim überfluteten Verdampfer wurde auf den Regler (Schwimmerventil) hingewiesen, der in Abhängigkeit vom Kältemittel-Flüssigkeitsstand arbeitet. Beim Niederdruckschwimmerventil (auf der Niederdruckseite in der Verdampferkammer angebracht) sinkt der Schwimmer bei sinkendem Flüssigkeitsspiegel, das Ventil wird geöffnet. Das Hochdruckschwimmerventil (auf der Hochdruckseite angebracht) läßt nur so viel Flüssigkeit in den Verdampfer, wie kondensiert wird.

13.8.5 Kühlturmbauarten

Während im Kap. 13.4.5 „Wasserrückkühlung durch Kühlturm" zahlreiche Hinweise zur Funktion, Auslegung und Betriebsweise zusammengestellt werden, soll hier noch auf die verschiedenen Bauarten und deren Merkmale hingewiesen werden.

Kühltürme werden für sehr unterschiedliche Anwendungen eingesetzt und müssen daher auch den verschiedensten Anforderungen gerecht werden. So gibt es besonders im industriellen Bereich sehr unterschiedliche Kühlturmtypen und wegen der verschiedenen Kühlwasserzusammensetzung auch unterschiedliche Ausführungen, wie z. B. zur Rückkühlung von säure- oder sehr schmutzhaltigen Abwässern. In der **Klima- und Gebäudetechnik** verwendet man fast ausschließlich nahezu standardisierte, vorgefertigte, zwangsbelüftete Naßkühltürme mit Rieseleinbauten nach dem Gegenstromprinzip. Sie werden entweder komplett oder in wenigen Teilen an die Baustelle geliefert.

Die **Einteilung von Kühlturmbauarten** kann nach folgenden Kriterien erfolgen:
1. **Nach Triebkraft und Verlauf der Luftströmung** unterscheidet man zwischen der künstlichen Belüftung mit Ventilatoren und der natürlichen Belüftung durch Auftriebskräfte. Bei den Ventilatorkühltürmen unterscheidet man zwischen denen mit saugend angeordneten Axialventilatoren (saugbelüftete Kühltürme) und denen mit Radialventilatoren, die die Luft in den Kühlturm drücken (druckbelüftete Kühltürme).

- Bei **saugbelüfteten Kühltürmen** strömt die feuchte Luft durch den Ventilator. Er wird in der Regel als die wirtschaftlich günstigste Lösung angesehen. Der Energiebedarf ist nämlich deutlich geringer als beim druckbelüfteten.
- **Druckbelüftete Kühltürme** werden vor allem dann eingesetzt, wenn durch die Ventilatoren höhere Drücke überwunden werden müssen, z. B. durch vor- und nachgeschaltete größere Schalldämpfer. So kann der Kraftbedarf des druckbelüfteten Kühlturms bis $>$ 3 mal höher sein als beim saugbelüfteten. Bei der Aufstellung, besonders innerhalb des Gebäudes, ist die geringere Geräuschentwicklung von Vorteil.
- **Naturzugkühltürme** spielen in der Klimatechnik keine Rolle. Man findet sie z. B. in großen Kraftwerken.
- Hinsichtlich der **Luftströmung** gibt es neben dem Gegenstromkühlturm für spezielle Fälle auch Kreuzstrom- (Abb. 13.94c) und Querstromkühltürme (Abb. 13.94d).

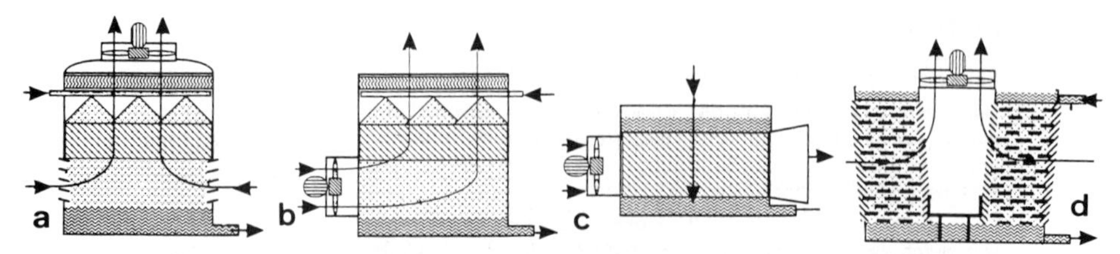

Abb. 13.94 Kühltürme nach dem Verlauf der Luftströmung zur Wasserströmung: a) Gegenstromkühlturm saugbelüftet; b) desgl. jedoch druckbelüftet; c) Kreuzstromkühlturm; d) Querstromkühlturm, druckbelüftet.

2. **Nach der Art des Wärmeaustauschs** unterscheidet man zwischen dem in der Klimatechnik üblichen offenen Kühlturm, bei dem das zu kühlende Wasser im direkten Kontakt mit der Umgebungsluft abgekühlt wird (Naßkühlturm) und dem geschlossenen Kühlturm, bei dem das Kühlwasser nicht mit der Umgebungsluft in direkte Berührung kommt (Trockenkühlturm).

- Beim offenen Kühlturm bzw. **offenen Kühlwasserkreislauf** unterscheidet man im wesentlichen zwischen dem Einkreissystem, das hauptsächlich bei kontinuierlich arbeitenden Verbrauchern eingesetzt wird (Anlagenschema mit Rohrführung und Bauteilen siehe Abb. 13.27) und dem Zweikreissystem, bei mehreren Verbrauchern mit zeitlich unterschiedlichem Kühlwasserbedarf.
- Beim geschlossenen Kühlturm bzw. **geschlossenen Kühlwasserkreislauf** (Primärkreislauf) wird der Wärmeaustauschkörper durch ein von außen besprühtes Glattrohrbündel ersetzt (Abb. 13.95).
- Die einzelnen Komponenten eines Kühlturms sind: Gehäuse, Axialventilator, Tropfenabscheider, Wasserverteilrohre, Kühleinbauten, Kunststoff-Jalousien, Unterschale mit Siebkorb, Schwimmerventil und weitere Zubehörteile wie z. B. Ausblas- und Ansaugschalldämpfer, Schalldämmatten („Aufprallabschwächer"), Leiter, Trittplatten, Thermostate zum Schalten der Ventilatordrehzahl und Frostschutz (Heizung) in Abhängigkeit von der Wassertemperatur.

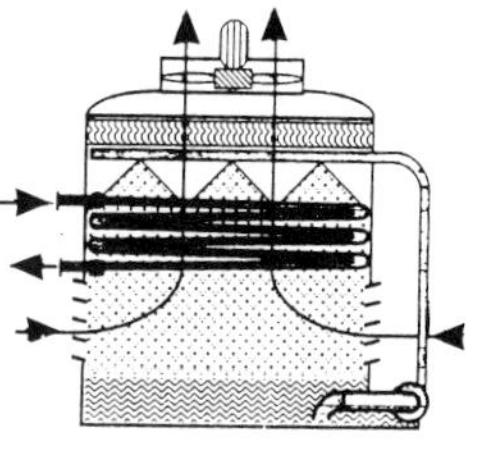

Abb. 13.95 Geschlossener Kühlturm

Anwendungs- bzw. Montagebeispiele

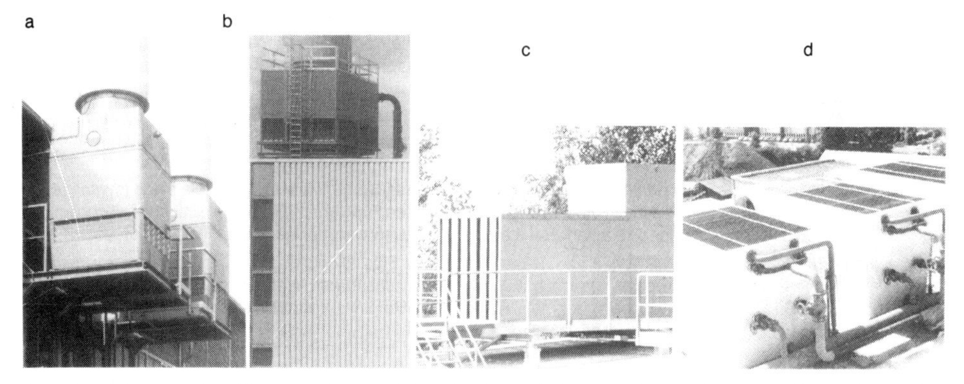

Abb. 13.96 Ausgeführte Kühlturmmontagen: a) Saugbelüfteter Kühlturm auf Konsolen an der Wand, farblich dem Gebäude angepaßt (Schnittdarstellung siehe Abb. 13.26). b) Großer Kühlturm auf Flachdach für Prozeßkühlung mit Trittplatten und Leiter, ebenfalls saugbelüftet und mit Ausblasschalldämpfer; Baukastensystem; c) Druckbelüfteter Kühlturm mit Radialventilator (Rückkühler) mit ansaug- und ausblasseitiger Schalldämpfung, auch zur Aufstellung in Technikgeschossen; d) Kühlturm mit geschlossenem Primärkreislauf zur Rückkühlung eines aggressiven Mediums, vormontierte Einheiten vor Ort aufgebaut, Wasserstrom 30 bis 240 m^3/h.

Kühlturmregelung

Da das vom Verflüssiger austretende Kühlwasser auf eine bestimmte, nicht zu geringe Temperatur gekühlt werden soll, muß der Kühlturm geregelt werden. Auch der Kompressor arbeitet nur dann mit seinem optimalen Wirkungsgrad, wenn die ausgelegte Kühlwassertemperatur korrekt eingehalten wird.

Es gibt drei wesentliche Methoden, um Kühltürme zu regeln:

1. **Zweipunktregelung.** Hier wird der Kühlturmventilator durch einen im Rücklauf angeordneten Thermostaten ein- und ausgeschaltet. Diese Regelung ist jedoch nur für kleinere Anlagen noch akzeptabel.
2. **Klappenregelung:** Diese Regelung, die mit einem Rücklauftemperaturfühler, einer Bypassklappe oder Beimischventil arbeitet, kann für alle Kühltürme verwendet werden.
3. **Drosselregelung:** Hier wird die in den Kühlturm strömende Luft durch Luftklappen gedrosselt, so daß die Kühlturmleistung reduziert wird. Bei reduziertem Volumenstrom steigt die Wassertemperatur. Auch bei dieser Regelung ist der Fühler in der Rücklaufleitung angeordnet.

13.8.6 Kältemittelleitungen, Geräte, Armaturen und Sicherheitseinrichtungen

Zu den Kältemittelleitungen wurden schon mehrmals Hinweise gegeben, wie z. B. beim Kältekreislauf, bei den Splitgeräten u. a. Neben den vier ausführlicher behandelten Bauteilen, Verdichter, Verdampfer, Verflüssiger und Expansionsventil befinden sich im Kältekreislauf noch weitere Armaturen und Geräte:

Filtertrockner

Bei neu hergestellten Kältekreisläufen oder bei größeren Reparaturen muß der Kältefachmann die kältetechnische Anlage nach der Druckprobe mit Stickstoff sorgfältig mit einer Vakuumpumpe **evakuieren.** Dadurch soll die Luft bzw. der in ihr enthaltene Wasserdampf, der größte Feind der Kälteanlage, aus dem gesamten System entfernt werden. Da jedoch eine vollständig trockene Anlage nicht erreicht wird, müssen Filtertrockner eingebaut werden. Diese absorbieren nicht nur Feuchtigkeit, sondern filtern auch Fremdstoffe aus dem Kältemittel (Späne, Schlacken, Sandkörnchen u. a.) und adsorbieren Schlamm.

Ergänzungen und Hinweise:

- Mit der **Vakuumpumpe** wird nicht das Wasser aus der Anlage gesaugt, sondern mit ihr wird der Luftdruck in der Anlage herabgesetzt und somit der Siedepunkt reduziert. Dadurch kann vorhandenes Wasser in dampfförmigen Zustand überführt und dann als Luft-Dampfgemisch angesaugt werden.
- Obwohl die Löslichkeit von Wasser in Kältemitteln äußerst gering und je nach Art des Kältemittels, Aggregatzustand und Temperatur sehr unterschiedlich ist, führt auch eine geringfügige **Feuchtigkeitsmenge zu folgenden schädlichen Auswirkungen:** Korrosionen, chemische Reaktionen wie z. B. die Bildung von Eisen- und Kupferoxid; Bildung von gefährlichen Säuren durch Zersetzung von Kältemittel und Öl (schädlich für Motorwicklung); Verstopfungsgefahr bei Eisbildung (TEV); Schlammbildung durch Ölzersetzung.
- Die **Ursachen für Feuchtigkeit** können verschieden sein, wie z. B. kondensierter Wasserdampfanteil der Luft im System, unzureichende Evakuierung, zu hoher Wassergehalt im Kältemittel, schlechte Ölqualität, Feuchtigkeit in Anlagenkomponenten, u. a.
- Die **verwendeten Trockenmittel** sind wasserabsorbierende Stoffe wie z. B. Molekularsiebe (synthetische Zeolithe), Silicagel (SiO_2), Aluminiumoxid (Al_2O_3). Der poröse Füllkörper übernimmt nicht nur die Trocknung, sondern alle vorstehenden Aufgaben. Bei kleineren Einheiten wird der gesamte Filter ausgetauscht.
- Der **Einbau des Filtertrockners** erfolgt in der Regel in der Flüssigkeitsleitung. Er wird zwar normalerweise von oben nach unten durchströmt, doch müssen bei umschaltbaren Wärmepumpen-Klimageräten beide Durchflußrichtungen möglich sein. Der meist eingelötete Filtereinsatz wird bei kleineren Einheiten nicht ausgewechselt.

Abb. 13.97 Einbauten (a) Filtertrockner; (b) Schauglas; (c) Ölabscheider; (d) Magnetventil; (e) Temperaturregler

Schauglas

Mit einem Schauglas kann man beobachten, ob der Kältemittelstrom blasenfrei ist. Außerdem kann man durch das unter der Schauglasmitte befindliche Indikatorelement feststellen, ob sich in der Anlage Feuchtigkeit befindet. Dieser Feuchtigkeitsindikator wechselt je nach Feuchtigkeitsgehalt seine Farbe, und anhand einer Farbtafel (Tabelle) kann man den Wasseranteil in *ppm* ablesen.

Ergänzungen und Hinweise:

- Der **Einbau von Schaugläsern** erfolgt nach dem Trockner in der Flüssigkeitsleitung oder bei größeren Anlagen vor dem Expansionsventil. Bei großem Rohrdurchmesser kann das Schauglas in einen über dem Rohr parallelgeführten Bypaß eingebaut werden.
- Das **Entstehen von Gasblasen** erfolgt weniger durch falsch dimensionierte und installierte Anlagen oder extremen Wärmeeinfall, als vielmehr durch erhöhten Druckanstieg bei verschmutzten Einbauten (Filter, Trockner, Ventile u. a.).

Ölabscheider

Mit einem Ölabscheider soll erreicht werden, daß die mit dem Kältemittel vermischte umlaufende Ölmenge auf ein Minimum reduziert wird und vor allem, daß das vom Verdichter mitgerissene Öl aufgefangen wird und nicht in Verdampfer und Verflüssiger (Kurbelgehäuse) gelangen kann. Es muß zum Verdichter automatisch zurückgeführt werden, damit dieser ausreichend geschmiert wird.

Ergänzungen und Hinweise

- Während man bei kleineren Kompressoren mit kurzen Druckleitungen keine Abscheider benötigt, sind sie bei großen Aggregaten und großem Abstand unabdingbar. Bei der Installation von Kompaktklimageräten mit großem Abstand zwischen Verdampfer- und Kondensatoreinheit ist auf eine entsprechende Leitungsführung zu achten.
- Das Problem der Ölabscheidung und Rückführung ist stark vom verwendeten Kältemittel abhängig. So spielt die Vermischbarkeit von den neuen Ersatzkältemitteln mit dem Kältemittelöl eine große Rolle für deren Einsatzmöglichkeiten (Kap. 13.9.3).

Weitere Armaturen, Geräte und Einrichtungen

Je nachdem, welches Kälteerzeugungsverfahren, welche Verdichterart, welcher Verdampfer und Verflüssiger verwendet wird, welches Kältemittel zum Einsatz kommt und wie groß die Anlage ist, gibt es zahlreiche verschiedene Armaturen, Meß-, Sicherheits-, Überwachungs-, Schalt- und Regelgeräte. Hinzu kommen die vielfältigen Geräte und Armaturen für Montage, Service und Reparaturarbeiten.

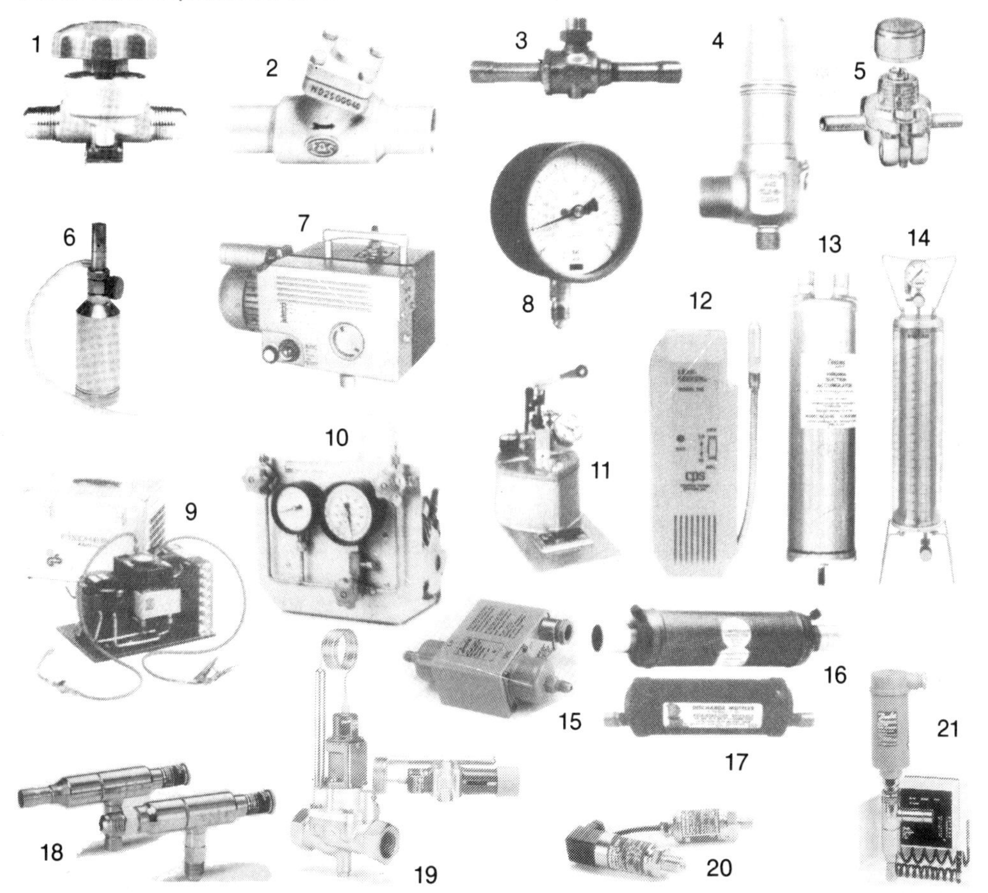

Abb. 13.98 Armaturen, Geräte, Regler und Sicherheitseinrichtungen.

(1) Membrandurchgangsventil; (2) Rückschlagventil; (3) Kugelabsperrventil; (4) Sicherheitsventil; (5) Kontrollventil zum Öffnen des geschlossenen Kreislaufs; (6) Lecksuchlampe; (7) Vakuumpumpe; (8) Manometer für alle Kältemittel; (9) KM-Absauggerät; (10); Füllaggregat; (11) Reinigungsgerät zum Spülen der Rohre; (12) elektronischer Lecksucher; (13) Flüssigkeitsabscheider in Saugleitung zur Vermeidung von Flüssigkeitsschlägen; (14) Füllzylinder zur Bemessung der einzufüllenden Kältemittelmenge; (15) Differenzdruckschalter; (16) Saugleitungsfilter; (17) Schalldämpfer (Muffler); (18) Leistungsregler; (19) temperaturgesteuertes Wasserventil; (20) Druckmeßumformer; (21) elektronischer Temperaturregler.

Magnetventile (ferngesteuerte Absperrventile) arbeiten meistens mit Servosteuerung, bestehend aus Haupt- und Pilotventil; als normale **Absperrventile** verwendet man Membran- und Kugelabsperrventile mit unterschiedlichem k_V-Wert. **Rückschlagventile** verhindern selbsttätig ein unerwünschtes Rückströmen des Mediums. **Sicherheitsventile** (auf der Hochdruckseite) öffnen bei Erreichung des Einstelldrucks selbsttätig und lassen soviel Kältemittel in den Niederdruckteil, daß unzulässige Druckerhöhungen nicht eintreten können.

Neben dem Kältemittelvolumenstromregler (Expansionsventil Kap. 13.8.4) gibt es **Verdampfungsdruckregler** in der Saugleitung zur Aufrechterhaltung eines konstanten Verdampfungsdrucks und somit einer konstanten Verdampferoberflächentemperatur, ebenso zur Sicherung gegen zu niedrigen Verdampfungsdruck (z. B. als Sicherung gegen Einfrieren des Wasserkühlers); **Verflüssigungsdruckregler** zur Einhaltung eines ausreichenden und konstanten Verflüssigungs- und Sammlerdrucks mit luftgekühlten Verflüssigern; **Temperaturregler** in der Saugleitung zur Regelung des aus dem Verdampfer austretenden Mediums; **Startregler** (in der Saugleitung vor dem Verdichter eingebaut), die den Kältemittelüberdruck am Verdichtereintritt regeln und somit eine Überlastung des Verdichterantriebmotors vermeiden (z. B. bei zu hohem Saugdruck, beim Anlaufen nach längerem Stillstand); **Leistungsregler** (einschl. Heißgasmischer), die eine modulierende Reduzierung der Verdampfleistung ermöglichen, denn bei sinkendem Saugdruck öffnet der Regler und mischt über den Mischer der verdampfenden Kältemittelflüssigkeit am Verdampfereintritt Heißgas bei.

Druckschalter (**Pressostate**) dienen dazu, einen Stromkreis beim Über- oder Unterschreiten eines bestimmten Druckes oder einer Druckdifferenz zu unterbrechen. **Überdruckschalter** dienen hauptsächlich als Sicherheitsschalter zum Schutz des Kompressors und der Anlagenteile gegen Überdruck; **Unterdruckschalter** dienen z. B. als Schaltgerät für Verdichter zur Saugdruckbegrenzung oder zur Ventilatoreinschaltung bei luftgekühlten Verflüssigern; ein **Differenzdruckschalter** am Verdichter (Differenz zwischen Öldruck und Saugdruck) soll einen einwandfreien Ölkreislauf garantieren, z. B. Schutz gegen Ölmangel oder Trockenlauf bei halbhermetischen Kältemittelpumpen; **Strömungswächter** veranlassen eine Abschaltung, wenn die Durchflußgeschwindigkeit in der Rohrleitung den Sollwert unterschreitet.

Kältemittelleitungen werden vom Kälteanlagenbauer verlegt. Auf die 4 Leitungsabschnitte: Saug-, Druck-, Flüssigkeits- und Einspritzleitung wurde schon beim Kältekreislauf (Kap. 13.3) eingegangen. Als Leitungsmaterial wird fast ausschließlich Kupfer mit Lötfittings verwendet (bei Ammoniak Stahl). Druckverluste in der Druckleitung verringern die Leistungszahl, in der Saugleitung die Förderleistung und somit die Kälteleistung. Hohe Druckverluste in der Flüssigkeitsleitung können u. U. eine Dampfblasenbildung verursachen. Die durch die Druckverluste veränderten Zustandsgrößen im Kältekreislauf kann man im h,p-Diagramm darstellen.

Die Druckverlustberechnung erfolgt im Prinzip wie die beim Heizungsrohrnetz. Bei der Rohrleitungsverlegung muß allerdings besonders darauf geachtet werden, daß evtl. mitgerissenes Öl in den Kreislauf zurückgeführt wird. Hinweise zur Rohrführung und Rohrmontage, z. B. bei Split-Geräten siehe Kap. 6.3.2.

Grundregeln: möglichst kürzester Weg (geringer Druckabfall), Gefälle immer in Richtung der Strömung; Kupferrohre in „Kühlschrank-Qualität" (nicht aus dem Installationsbereich); Einhaltung von wirtschaftlich günstigen Strömungsgeschwindigkeiten (z. B. bei längeren Saugleitungen größere Durchmesser wählen); ausreichende Anzahl von Rohrbefestigungen; Vermeidung von „Ölsäcken"; Vorkehrungen zur Rohrausdehnung; Vermeidung von Schallübertragung; Maßnahmen gegen Verschmutzung.

13.9 Kältemittel - Öle - Sole

Bis vor einigen Jahren wurden als umlaufende Arbeitsstoffe fast ausschließlich die farb- und geruchlosen, ungiftigen, nicht brennbaren, flüssigen **f**luorierten **C**hlor**k**ohlen**w**asserstoffe, sog. FCKW-Kältemittel, verwendet, die nun mehr und mehr durch andere Kältemittel oder technische Maßnahmen ersetzt werden müssen. Wie sich der Zustand des Kältemittels im Kälteaggregat, im Klimagerät, in der Wärmepumpe während des Betriebs verändert und welchen Einfluß dies auf die Leistungszahl und somit Wirtschaftlichkeit hat, wurde vor allem in Kap. 13.6 und 13.7 zusammengefaßt.

13.9.1 Anforderungen an die Kältemittel

Die Anforderungen, die an die Kältemittel gestellt werden, haben sich gegenüber früher etwas verändert. Grundsätzlich beziehen sie sich auf chemische, physikalische, physiologische, umweltverträgliche und wirtschaftliche Eigenschaften:

- **Völlig neutrales Verhalten gegenüber den im Kreislauf vorhandenen Stoffen (Metalle, Dichtungsstoffe, Schmieröl, Wasser)**
- **Stabilität gegenüber allen Temperaturbereichen und chemischen Zersetzungen sowie gute Mischbarkeit mit Schmiermittel**
- **Keine explosible Gemischbildung mit Luft, nicht toxisch, möglichst nicht brennbar und keine geschmackliche Beeinflussung von Lebensmitteln (bei kürzerer Einwirkzeit), hoher Reinheitsgrad**
- **Günstiger Verlauf der Dampfdruckkurve. Bei ϑ_0 soll noch Überdruck herrschen, d. h. p_0 soll größer als p_{amb} sein, damit bei evtl. Undichtigkeiten keine Luft angesaugt werden kann (Abb. 13.100).**
- **Ein möglichst geringer Verflüssigungsdruck p_c bei der gewünschten Verflüssigungstemperatur, damit ein geringeres Druckverhältnis p_c/p_0 und somit eine höhere Leistungszahl erreicht wird; außerdem wird dadurch eine leichtere Bauweise auf der Hochdruckseite erreicht.**
- **Eine möglichst große volumenbezogene Kälteleistung, damit die Bauteile klein gehalten werden können (Kap. 13.6.4).**
- **Möglichst geringe Herstellungskosten, einfache Handhabung (Transport, Wartung, Betrieb) und breite Einsatzbereiche in der Klimatechnik.**
- **Keine oder ökologisch akzeptable Belastungen der Umwelt und somit keine indirekten Schäden durch Klimaveränderungen.**

Der letzte Punkt ist in den Vordergrund des Interesses gerückt, da nachgewiesen wurde, daß FCKW-Kältemittel zwar sehr stabil sind, jedoch sich in der Ozonschicht zersetzen. Obwohl die Kältemittel selbst nur etwa 10 % der gesamten FCKW-Produktion ausmachen, ist auch die Kälte/Klimatechnik durch die Umweltschutzmaßnahmen stark betroffen und z. Zt. noch in eine etwas unübersichtliche Situation geraten.

13.9.2 Einteilung, Merkmale, Auswahlkriterien

Der Klimatechniker interessiert sich weniger für spezielle Auswirkungen des Kältemittels auf die Konstruktion der Bauteile. Er kennt zwar den Kältekreislauf und kann den Einfluß von Temperaturänderungen auf die Leistungen von Verdampfer, Verflüssiger und Verdichter im *h,p*-Diagramm nachvollziehen; z. B. bei veränderten Betriebsbedingungen oder beim Einsatz neuer Kältemittel. Er ist jedoch nicht kompetent genug für die vom Kältemittel abhängige Bemessung und Auswahl der zahlreichen Geräte, Armaturen und der damit verbundenen Zusammenhänge hinsichtlich Inbetriebnahme, Montage und Betreuung von Kälteanlagen. Nachfolgend sollen daher nur **10 grundsätzliche Hinweise zum Kältemittel** zusammengestellt werden.

1. Die **Kennzeichnung** bzw. Kurzzeichen nach DIN 8962 der FCKW-Kältemittel erfolgt durch ein vorangestelltes „*R*“ (Refrigerant) und eine Zahlenkombination, die sich auf die Zahl der *C*-, *H*-, *Cl*-Atome beziehen. Anstatt dieser neutralen Bezeichnung mit dem Buchstaben *R* erkennt man durch andere Buchstaben die Handelsnamen der Hersteller, wie z. B. *F22* (Fa. Hoechst), *K22* (Fa. Kaltron). Auch für neuentwickelte Ersatzkältemittel werden von den Herstellern neue Namen eingeführt (z. B. Reclin bei Fa. Hoechst oder SUVA bei Du Pont u. a).
2. Die bisherigen vollhalogenierten **FCKW**-Kältemittel, wie z. B. *R 11, R 12, R 502,* kann man in folgende Gruppen unterteilen:

   H - FCKW (teilhalogenierte FCKW als Übergangskältemittel), wie z. B. *R 22, R 123, R 104A, R 402A:* weniger stabil, weitgehende Zersetzung in den untersten Schichten der Erdatmosphäre; weitaus geringere Gefährdung der Ozonschicht (*R 22* z. B. nur 5 % von *R 11*).

   H - FKW (teilhalogenierte chlorfreie *H*-FCKW) wie z. B. *R 134a, R 404A:* Keine Schädigung der Ozonschicht, denn nur chlor- und bromhaltige FCKW gefährden die Umwelt, daher längerfristige Kältemittel.

   FKW (Fluorkohlenwasserstoffe) werden als langfristige Ersatzkältemittel betrachtet; größerer Aufwand und höhere Kosten durch erforderlichen Austausch von Bauteilen.

3. Die **Einteilung der Kältemittel in Gruppen** hinsichtlich Gesundheitsgefahr, Brennbarkeit und Explosionsgefahr wird nach EN 378/E wie folgt vorgesehen:
   Gruppe L1: nicht brennbar, ohne erhebliche gesundheitsschädigende Wirkung (= nach VBG 20 die Gruppe 1); **Gruppe L2a:** untere Explosionsgrenze $>$ 3,5 %-Vol. in Luft; **Gruppe L2b:** wie L2a zusätzlich „oder giftig oder ätzend" (nach VBG 20 die Gruppe 2); **Gruppe L3:** Untere Explosionsgrenze $<$ 3,5 Vol.-% bei Gemisch mit Luft (nach VBG 20 die Gruppe 3).

4. Beim Umgang mit Kältemitteln ist die genaue Kenntnis der **FCKW-Holon-Verbotsverordnung** von 1991 erforderlich. Diese Verordnung schreibt nicht nur die Fristen für Herstellung, Einsatz und Austausch vor, sondern regelt auch die Kennzeichnungspflicht, die Rücknahme- und Entsorgungspflicht, das Verbot des Ablassens u. a. **Alle Erzeugnisse, die FCKW enthalten, dürfen nicht mehr hergestellt oder in Verkehr gebracht werden** und zwar ab 1. 1. 95 für alle Anlagen $<$ 5 kg Füllgewicht (für Anlagen $>$ 5 kg war schon 1991 bzw. 1994 der Stichtag); ab 1. 1. 2000 auch alle Anlagen mit H-FCKW-Kältemittel (z. B. *R 22*). Die vor den genannten Stichtagen in Betrieb befindlichen Anlagen dürfen bis zu ihrer Stillegung weiter betrieben werden (Bem. des Autors: sofern für Servicearbeiten überhaupt noch das betreffende recycelte Kältemittel angeboten wird!). Die für eine Nachfüllung erforderliche Kältemittelmenge darf nur dann hergestellt und eingesetzt werden, wenn kein entsprechendes Kältemittel gefunden wurde, das ohne weitere Maßnahmen ausgetauscht werden kann.

   Welche Konsequenzen sollen daraus gezogen werden?
   Vielfache Maßnahmen, um Kältemittelverluste (Leckluftraten) zu verringern; Maschinen mit geringer Kältemittelfüllung; Umrüstung auf Ersatzkältemittel; effizientere Verdichter; Veränderung der Wärmeübertrager; Rückgewinnung und Wiederverwertung; gezieltere Ausbildung der Fachkräfte; fachgerechte Entsorgung; kleinere Kältemaschinen (z. B. durch geringere Kühllast, Eisspeicher u. a.); andere Kälteerzeugung (z. B. Verdunstung, Absorption); Verwendung natürlicher Kältemittel (vgl. Hinweis 7); Einsatz von sog. Hydroniksystemen (Kap. 13.4.2), Sekundärkreisläufe; intensivere Zusammenarbeit zwischen wissenschaftlichen Instituten, Komponentenherstellern, Betrieben und Anwendern; höhere Anforderungen an die Wartung mit Dichtheitsprüfungen und nicht zuletzt stärkere Sensibilisierung für die Umweltverantwortung.

5. Die **Umweltschädigung durch FCKW-Kältemittel** wird durch folgende Effekte gekennzeichnet:
   a) **Treibhauseffekt,** d. h. die Temperaturzunahme durch die verringerte Wärmeabstrahlung der Erdoberfläche an die Umgebung. Das Treibhauspotential wird mit **GWP** (global warming potential) angegeben.

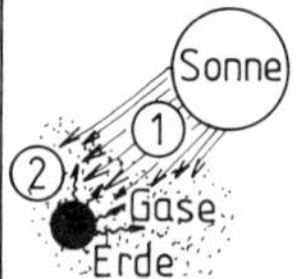

Die Gase (FCKW, CO_2, CH_4, u.a.) lassen die kurzwellige Strahlungsenergie der Sonne (1) zur Erde durch.
die dann von der Erde abgegebene langwellige Strahlungsenergie (2) wird von den Gasen absorbiert und somit ihre Abstrahlung (Rückstrahlung) behindert (die Erde erwärmt sich).

Abb. 13.99 Treibhauseffekt

   b) **Verringerung der Ozonschicht** in der Stratosphäre, die die Erde nicht mehr ausreichend von der starken UV-Strahlung der Sonne abschirmen kann. Das Ozonabbaupotential wird mit **ODP** (ozon depletation potential) angegeben. Dabei geht man – wie bei GWP auch – vom Kältemittel *R 11* (100 %) aus. Wie bereits erwähnt, hat z. B. *R 22* einen ODP-Wert von 0,05, d. h. nur 5 % Abbaupotential gegenüber *R 11*.

   c) **Gesamtbeitrag zur Erderwärmung** mit der Bezeichnung **TEWI** (total equivalent, warming impect). Dieser Wert besteht aus dem direkten kältemitteleigenen Belastungsanteil und dem indirekten Anteil, der den Energieaufwand für die Kälteerzeugung mit diesem Kältemittel berücksichtigt.

6. Die **Umstellung auf neue Ersatzkältemittel** brachte eine große Unsicherheit in der Branche, da für die bisherigen 4 – 5 wesentlichen Kältemittel in der Klimatechnik über 30 verschiedene Kältemittelgemische (Blends) von verschiedenen Herstellern unter verschiedenen Bezeichnungen mehr oder weniger erprobt angeboten werden; weltweit ein Riesenangebot. Der Ersatz bezieht sich vor allem auf die verbotenen Kältemittel *R 11, R 12, R 502* oder auf das begrenzte *R 22.* Auch *R 500, R 113, R 114, R 13 B1* werden auf dem Markt nicht mehr angeboten.

   Folgende noch vorhandene und gebräuchliche **Kältemittel in der Klimatechnik** sind:
   R 11, insbesondere in Klimaanlagen mit Turboverdichter, soll durch *R 123* (ODP und GWP jeweils 0,02) ersetzt werden, Erfahrungen liegen vor. *R 12* ebenfalls in Turboverdichtern, aber auch in vielen Raumklimageräten, soll entweder durch *R 134a* (ODP = 0, GWP = 0,25) oder durch *R 401A* (Mischung von *R 22, 152a, 124*) ersetzt werden; die Anlagenbauteile sind zu überprüfen, da z. T. spezielle Schmierstoffe erforderlich sind.
   R 502 vorwiegend in Wärmepumpen, soll durch *R 22* oder durch die Gemische *R 402A* oder *HP 62* ersetzt werden. Obwohl Betriebserfahrungen vorliegen, ist die Entwicklung noch nicht ganz abgeschlossen.

R 22 wird wahrscheinlich noch über das Jahr 2000 eingesetzt werden können; verbreitetstes Kältemittel in der Gebäudeklimatisierung. Es soll durch *R 407 C* ≙ Reclin HX 3 (Gemisch von *R 32, 125, 134a*) ersetzt werden. An weiteren Ersatzkältemitteln für *R 22* wird weltweit geforscht, wobei auch die natürlichen Kältemittel einbezogen werden.

7. Die **Verwendung von halogenfreien Kältemitteln** wird an Bedeutung zunehmen. Wenn auch Stimmen laut werden, daß hierbei die natürlichen Stoffe wie Luft, Wasser, Propan, Ammoniak die Kältemittel der Zukunft sein können, so ist doch anzunehmen, daß der weltweite enorme Bedarf von neuen FKW-Kältemitteln gedeckt wird. **Natürliche Kältemittel** sind:

   a) Ammoniak NH_3 (R 717)
   Ammoniak wird schon seit über 120 Jahren als Kältemittel verwendet. Wegen seiner sicherheitstechnischen Nachteile wird dieses Kältemittel fast ausschließlich in großen industriellen Kälteanlagen verwendet; auch zur Klimatisierung. Durch den Ausstieg aus den FCKW-Kältemitteln erlebt NH_3 z. Zt. wieder eine gewisse Renaissance. Hierzu kommen noch die großen Anstrengungen, einfachere und preiswertere Systeme, bessere Betriebssicherheit, kompakte Kaltwassersätze und Sekundärkreisläufe zur Kühlung (indirekte Kühlung) zu entwickeln. Dadurch wird sich der klassische Anwendungsbereich vom Industriebereich zunehmend noch in den gewerblichen Bereich verlegen, verwirklicht auch durch die geringeren Füllmengen ($<$ 50 kg) infolge geringvolumiger Verdampferbauarten.

   Vorteile von Ammoniak:
   Kein schädlicher Einfluß auf die Ozonschicht und keine direkten Auswirkungen auf den Treibhauseffekt; bessere Wärmeübertragungseigenschaften als die meisten FCKW-Kältemittel; NH_3 und Öl sind nicht mischbar (daher einfachere Bauweise); unkomplizierter Umbau oder Erweiterung von vorhandenen Anlagen; hohe Verdampfungswärme (6x größer als *R 22)* und dadurch geringerer Massenstrom, geringere Rohrnetzkosten (Stahl), ausgeprägte Löslichkeit mit Wasser (Absorptionsanlagen, keine Einfriergefahr des Exp. Ventils, kein Trockner und Schauglas), geringer Preis, Erfahrung mit Umgang (jedoch noch bei wenigen Kälteanlagenbauern).

   Nachteile von Ammoniak:
   NH_3 ist giftig (Gefahr für Augen, Lunge, Atemwege), man riecht es jedoch schon lange bevor die schädliche Konzentration erreicht ist; stechender Geruch; NH_3 ist in einer bestimmten Konzentration mit Luft brennbar (etwa zwischen 16 und 28 %), jedoch schwer entzündbar ($\approx$ 600 °C); NH_3 hat eine hohe Druckgastemperatur und dadurch eine hohe thermische Belastung (spezielle Verdichter); spezielle Anlagentechnik; Beschränkung auf offene Verdichter und große Schraubenverdichter; unverträglich gegen Buntmetalle und Kunststoffe; höhere Kosten bei der Trennung von Kältemaschine und Klimaanlage (indirekte Kühlung).

   b) Kohlenwasserstoffe (z. B. Propan)
   Diese brennbaren CW-Verbindungen und Mischungen aus Butan (*R 600*) Isobutan (*R 600a*) und Propan (*R 290*) waren schon vor der „FCKW-Zeit" bis anfangs der 40er Jahre verbreitet. Ihr zukünftiger Einsatz wird zwar nicht die generelle Lösung sein, doch wird der zukünftige Einsatz vor allem davon abhängen, wie die Sicherheitsaspekte hinsichtlich Brennbarkeit beachtet und gelöst werden. Die Verwendung erstreckt sich z. Zt. noch vereinzelt auf anschlußfertige Kleingeräte (Kühlschränke, Kleinwärmepumpen, Kompaktklimageräte) mit sehr geringen Füllmengen.

   Nachfolgende Vorteile, die steigende Akzeptanz der Verbraucher und veränderte Vorschriften werden in Zukunft einen größeren Einsatz ermöglichen. Bei Wärmepumpen hat man z. T. sogar wesentlich höhere Leistungszahlen erreicht als mit FCKW. Seriengeräte werden bereits angeboten. Die zahlreichen Vorschriften, vorwiegend auf Propanheizungen konzipiert, beziehen sich vor allem auf die Gewährleistung der Anlagensicherheit. Vorschriften zum Propaneinsatz für Kälteanlagen werden z. Zt. bearbeitet und zahlreiche Beschränkungen geändert. Es werden zukünftig nur die Kohlenwasserstoffe in Frage kommen, die z. B. in der zukünftigen EU-Norm EN 378/12 festgelegt werden.

   Allgemeine Merkmale, Vor- und Nachteile von Propan
   Abfallprodukt beim Raffinerieprozeß, gute Verfügbarkeit und Erfahrungen mit dem Umgang, sehr günstige Umweltbilanz, nicht giftig, brennbar, Gefahrenklasse 3, erhöhte Sicherheitsanforderungen, gut geeignet für *R 22*-Ersatz (auch für *R 562*), gute Verdichtungsverhältnisse, gutes Wärmeübergangsverhalten, geringer Stromverbrauch, gute Löslichkeit in Öl, kostengünstige Entsorgung, in großen Mengen verfügbar.

   c) Sonstige natürliche Kältemittel
   Hierzu zählen z. B. die Exoten CO_2 und Wasser, die sich noch im Stadium von Pilotanlagen befinden. Bei **Wasser** wird z. Zt. an mechanischen Wasserdampfverdichtern geforscht, die wegen des großen spez. Volumens extreme Größen darstellen (100facher Volumenstrom gegenüber NH_3), der Arbeitsbereich erfolgt im Vakuum (Abb. 13.100), extreme Probleme und Kosten bei der Umstellung. Wasser in Absorptionskälteanlagen vgl. Kap. 13.11.3. Mit $\mathbf{CO_2}$ gibt es Prototypen von Großwärmepumpen, die im überkritischen Gebiet arbeiten (Anlagendrücke $\approx$ 150 bar!). Es fehlen ebenfalls noch die entsprechenden Komponenten und Erfahrungen; langfristig begrenzter Einsatz wahrscheinlich bei Großkälteanlagen. **Luft** als Kältemittel siehe Kap. 13.11.2.

8. Die **Auswahl- bzw. Einsatzkriterien von Ersatzkältemitteln** sind äußerst vielfältig. Neben den anfangs aufgeführten Anforderungen interessieren Verfügbarkeit von Kältemitteln und Anlagenkomponenten, Mate-

rialprüfungen, maximal zulässige Drücke, Verdichtungsendtemperatur, Wärmetauscherflächen, Mischung: Kältemittel – Öl, Einstellung oder Austausch von Regel- und Sicherheitseinrichtungen, Auswirkungen auf Verdichterleistung, Energieeffizienz, Dichtungsmaterial, Motorisolierung, volumenbezogene Kälteleistung, Handhabung bei Servicearbeiten und nicht zuletzt die Umweltverordnungen, Gesetze und öffentlichen Forderungen.

9. Die **Entsorgung und Recycling** von Kältemitteln bei der Außerbetriebnahme ist zu einer der wichtigsten Aufgaben der Kältefachbetriebe geworden. Hierfür gibt es spezielle Absaugestationen, die an Flaschen angeschlossen werden, so daß nichts in die Atmosphäre gelangen kann. Sie sind den Druckbehältern zuzuordnen. Die Einheiten haben Wiegevorrichtungen und elektronische Füllmengenregelungen.
10. Die **wichtigsten Verordnungen, Gesetze, Normen** usw. sind die Unfallverhütungsvorschrift (UVV) des Verbandes der gewerblichen Berufsgenossenschaft VBG 20 (bezieht sich auf Kälteanlagen, Wärmepumpen und Kühlanlagen), die Halon-Verbots-Verordnung, die EG-Verordnung über ozonschichtschädigende Stoffe (1994), die Explosionsrichtlinie ZH 1/10, das VDMA Einheitsblatt 24243/94), das Merkblatt ZH 1/409, die Druckbehälterverordnung, die Wärmepumpenrichtlinie, die Euro Norm 378 und weitere DIN-Normen wie z. B. die DIN 8975-7 und DIN 7003, das Abfallgesetz (Entsorgung), die Altölverordnung.

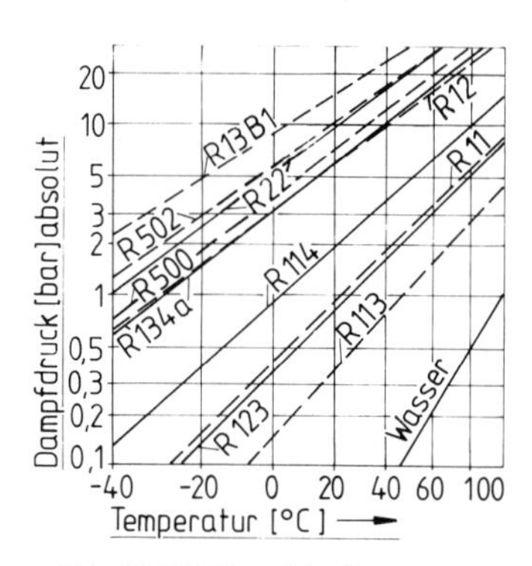

Abb. 13.100 Dampfdruckkurven verschiedener Kältemittel

13.9.3 Kältemittelöle

Das Öl – bisher gebräuchliches Mineralöl – befindet sich zusammen mit dem Kältemittel im Kältekreislauf zur Schmierung des Verdichters. Durch den Ausstieg aus den chlorhaltigen Kältemitteln FCKW mußte die Industrie jedoch zu Ölen übergehen, die auch mit H-FCKW problemlos arbeiten. Günstige Eigenschaften zeigen die Öle auf der Basis von Polyestern (*POE*), die zu den synthetischen Schmierstoffen zählen. Vergleichskriterien bei den vielen Angeboten sind Mischbarkeit mit Kältemittel, Materialverträglichkeit, Schmierfähigkeit, Viskositätsverhalten, chemische und thermische Stabilität, Feuchtigkeitsgehalt, Stockpunkt, Flammpunkt, Alterungsbeständigkeit, Kosten.

Während z. B. bei *R 134a* und *HP 62* Esteröle verlangt werden, soll bei *R 22, R 123, R 401A, R 402A* auch ein Betrieb mit gebräuchlichen Mineralölen möglich sein.
Unter Berücksichtigung des so vielseitigen Angebots an neuen Kältemitteln und -gemischen haben die teueren Esteröle ein hohes Maß an Flexibilität. Nachteilig ist das hygroskopische Verhalten, was beim Umgang, bei der Installation und bei Wartungsarbeiten beachtet werden muß.

13.9.4 Sole

Unter Sole versteht man Wasser, dem Frostschutzmittel zugesetzt wird. Während früher Salz verwendet wurde (daher der Name), sind es heute Mischungen von Wasser und höher siedenden Alkoholen (Glykole). Sole verwendet man dann, wenn Wassertemperaturen unter 3 . . . 5 °C auftreten können. Je niedriger man den Gefrierpunkt wünscht, desto höher muß die Konzentration des jeweiligen Frostschutzmittels sein. Da mit der Konzentration die Visko-

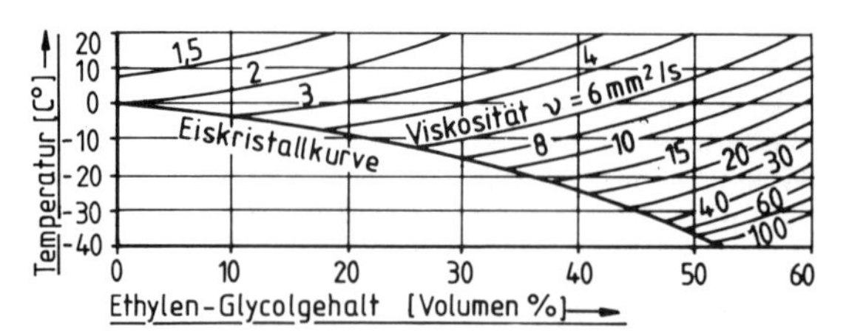

Abb. 13.101 Frostgrenze und Veränderung der Viskosität (Antifrogen, Fa. Hoechst)

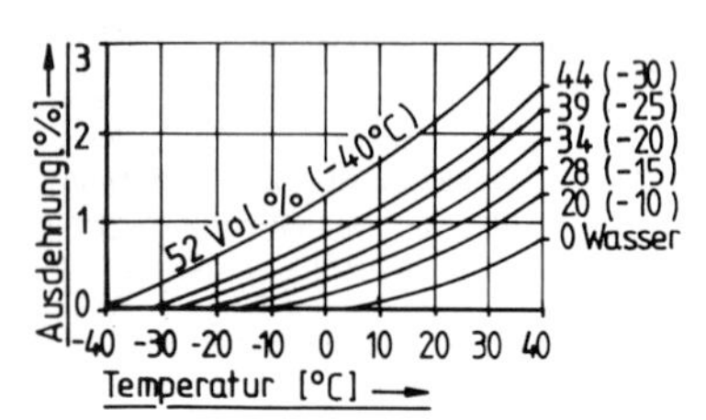

Abb. 13.102 Ausdehnung von Wasser bei Verwendung von Frostschutzmittel

sität stark zunimmt, verringern sich die Wärmeübergangskoeffizienten. Dadurch erhöhen sich die Strömungswiderstände und somit die Pumpenleistung (Abb. 13.101).

Mit zunehmender Temperatur und Konzentration erhöht sich auch die Ausdehnung der Sole, was z. B. bei der Bemessung des Membranausdehnungsgefäßes zu berücksichtigen ist (Abb. 13.102).

13.10 Regelung der Kälteanlage

Da die Kälteanlage in der Regel nach dem größten Kältebedarf ausgelegt wird, muß sie durch eine Regelung an den augenblicklichen Kältebedarf angepaßt werden. Je nachdem, ob der Verdichter, Verdampfer oder der Verflüssiger geregelt wird, unterscheidet man verschiedene Regelkreise. Während bei der indirekten Kühlung die Kaltwassertemperatur relativ einfach und genau geregelt werden kann, ist die Regelung bei der direkten Kühlung, d. h. die des Kältemittelkreislaufs, etwas schwieriger. Der regelungstechnische Aufwand hängt von der Konzeption und Größe (Kälteleistung), von der Regelgenauigkeit, von den Temperaturanforderungen der zu kühlenden Luft, von der Verdampfungsoberflächentemperatur hinsichtlich der Entfeuchtung und vom Inhalt der Kälteanlage ab.

13.10.1 Regelung des Kompressors

Der Kompressorregelkreis stellt das Minimum an regelungstechnischem Aufwand dar und ist die Grundfunktion aller weiterführenden Regelungen. Bei der Beschreibung der Verdichter (Kap. 13.8.3) und bei den Klimageräten (Kap. 6) wurde schon am Rande darauf hingewiesen.

Die Verdichterregelung hat im wesentlichen die Aufgabe, daß der Verdichter nur den Kältemittelstrom ansaugen soll, der bei vorgegebenem $\dot{Q}_0$ und ϑ_0 anfällt. Saugt er nämlich zu wenig, steigt p_0 und somit ϑ_0 und umgekehrt. Als Regler wird entweder ein Pressostat oder Thermostat verwendet, wobei – je nach Anordnung des Fühlers – auch noch der Verdampfer zum Kompressorregelkreis gehört.

Nach jedem Einschalten ist **auf die Mindestlaufzeit zu achten,** bis das beim Einschaltvorgang ausgeworfene Öl wieder zum Verdichter zurückgelangt ist. Die Zeit hängt von der Verdichterbauart ab (z. B. Hubkolbenverdichter 3 · · · 5 min, Schraubenverdichter etwa 10 und Turboverdichter etwa 20 min). Bei Ölmangel schaltet der Öldifferenzdruckschalter die Anlage ab und bei zu kurzer Laufzeit kommt es zu einem Kompressorschaden.

Der Gefahr einer Laufzeitunterschreitung kann man entgegenwirken durch Einbau von Pufferspeichern, Vermeidung trägheitsloser Meßfühler, Verwendung entsprechender Verzögerungsglieder, Beachtung der erforderlichen $\dot{Q}_0$-Erhöhung bei der kleinsten Teillaststufe u. a.

Ein- und Ausschalten des Verdichters

Diese einfache und preiswerte Schaltung des Verdichterantriebsmotors erfolgt nur bei kleinen Klimageräten; entweder über Raum- oder Umluftthermostat direkt oder bei größeren über Schaltschütz. Die bei dieser 2-Punktregelung mehr oder minder große Schwankung der Raumlufttemperatur wird in der Regel akzeptiert.

Evtl. Belästigungen durch die Zulufttemperaturschwankungen kann man z. B. dadurch beheben oder reduzieren, daß man eine geeignete Luftführung wählt oder die Schaltintervalle je Stunde reduziert.

Leistungsgeregelte Kompressoren

Eine Leistungsregelung durch Anwendung stufenloser **Drehzahländerungen** ist durch die zur notwendigen Schmierung erforderliche Mindestdrehzahl und vor allem durch die hohen Kosten begrenzt, so daß diese nur für wenige spezielle Fälle (z. B. bei thermischen Antrieben) angewandt werden. Auf die drehzahlvariablen Antriebe beim Rollkolben- und Scrollverdichter wurde unter 13.8.3 hingewiesen. Bei elektrischen Antrieben wählt man, vorwiegend für offene Verdichter, **polumschaltbare Motoren.** Bei Hubkolbenverdichtern mit mehreren Zylindern ist eine Abschaltung einzelner Zylinderpaare möglich, wodurch das geometrische Hubvolumen stufenweise durch bestimmte Prozentsätze verringert wird.
Verbreitet ist auch eine **Aufteilung der Kälteleistung auf mehrere Verdichter.** Diese Leistungsänderung erfolgt durch stufenweises Zu- und Abschalten von Verdichtern, so daß

durch möglichst unterschiedliche Leistungen eine vielseitige Regelung und gute Regelgenauigkeit möglich ist. Die Grundlast wird durch einen oder mehrere Verdichter im Dauerlauf abgedeckt. Die Ansteuerung der Leistungsstufen kann über elektrische, elektronische oder pneumatische Stufenregler erfolgen, wobei die Regelgröße verschieden ist.

Wählt man je Verdichter auch getrennte Kältekreisläufe, wird die Betriebssicherheit wesentlich erhöht. Bei Parallelschaltung auf gemeinsamem Kältekreislauf muß darauf geachtet werden, daß das Öl bei allen Betriebszuständen gleichmäßig zu allen Verdichtern zurückgelangen kann. Größere Verdichter können mit eingebauten Regeleinrichtungen auch über Saugdruck innerhalb des Verdichters angesteuert werden.

13.10.2 Regelung des Kältekreislaufs

Der Kältekreislauf wird eigentlich durch alle vor- und nachstehenden Maßnahmen und Reglereinbauten beeinflußt, gleichgültig ob der Verdichterantrieb verändert wird, ob Volumen-, Druck- oder Temperaturregler arbeiten oder ob sekundärseitig am Verdampfer oder Verflüssiger Veränderungen vorgenommen werden.

Saugdruckregelung

Hier soll entsprechend Abb. 13.103 lediglich der Druck in der Saugleitung konstant gehalten werden, daher auch die Bezeichnung „Konstantregler". Die Einstellung erfolgt an einer Regulierschraube. Wenn p_0 unter den eingestellten Wert sinkt, erfolgt eine stetige Drosselung des Kältemittelstroms, so daß ein Abfallen von ϑ_0 und somit eine evtl. Reifbildung am Verdampfer verhindert wird.

Abb. 13.103 zeigt eine **Druckregelung.** Wie im Diagramm ersichtlich, handelt es sich um eine Veränderung der volumenbezogenen Kälteleistung, d. h. bei konstantem Δh $(h_1 - h_3 = h_{1^*} - h_3)$ vergrößert sich das spezifische Dampfvolumen.

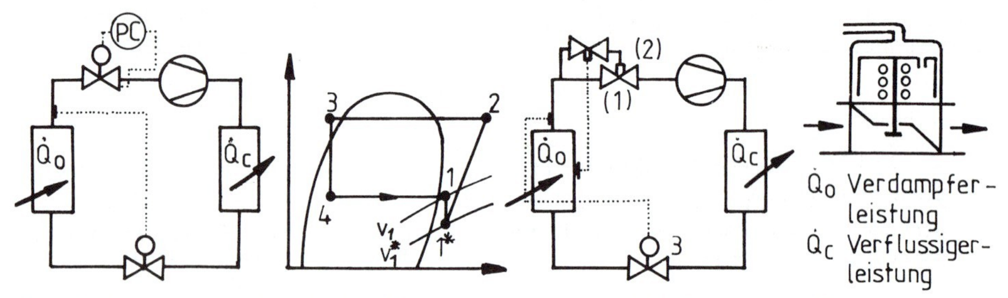

Abb. 13.103 Saugdruckregler und h, log p-Diagramm

Abb. 13.104 Pilotgesteuerte Druckregelung

Temperaturregelung

Anstelle des Druckreglers in Abb. 13.103 kann auch unmittelbar ein temperaturgesteuertes Ventil zur Drosselung des Kältemittelstromkreises eingebaut werden, das – je nach Fühleranordnung – die Raum- oder Zulufttemperatur stetig regelt. Je nach Verdichterbauart ist jedoch ein Mindestmassenstrom zur Motorkühlung erforderlich (20 ··· 40 %), denn bei einer zu starken Drosselung steigt die Verdichtertemperatur. Die Kombination mit einer Stufenregelung ist daher sinnvoll.

Abb. 13.104 zeigt eine bei größeren Leistungen übliche Regelung durch einen **Verdampfungsdruckregler (1) als Hauptventil mit einem thermostatischen Pilotventil (2) als Steuerventil.** Steigt die Temperatur (Regelgröße), öffnet das Pilotventil und somit auch das Hauptventil, so daß die abgesaugte kalte Kältemitteldampfmenge zunimmt. Der Steuerkolben mit der Düse wird durch den Druckabfall des Kältemittels beim Durchströmen durch den Sitz des Pilotventils verändert.

Heißgas-Bypaßregelung

Mit dem Heißgasbypaßregler wird die Kälteleistung durch ein Überströmventil geregelt, das in einer Überströmleitung zwischen Saug- und Heißgasleitung (Druckleitung) eingebaut wird. Unterschreitet der Kältemittelüberdruck (Saugdruck) am Verdichtereintritt den eingestellten Wert (Führungsgröße), wird die Überströmleitung geöffnet. Nun strömt wieder ein Teil des geförderten Kältemittels zum Verdichter zurück, ohne am Kälteprozeß teilzunehmen, so daß die Verdampferleistung entsprechend zurückgeht. Da durch das zugeführte Heißgas die Verdichtungstemperatur unzulässig hoch ansteigen kann (Überschreitung der Einsatzgrenze) und außerdem der Regelbereich sehr klein werden kann, wird durch Einspritzen von flüssigem Kältemittel in die Saugleitung über ein eigenes thermostatisches Expansionsventil („Nacheinspritzventil") eine Kühlung erreicht.

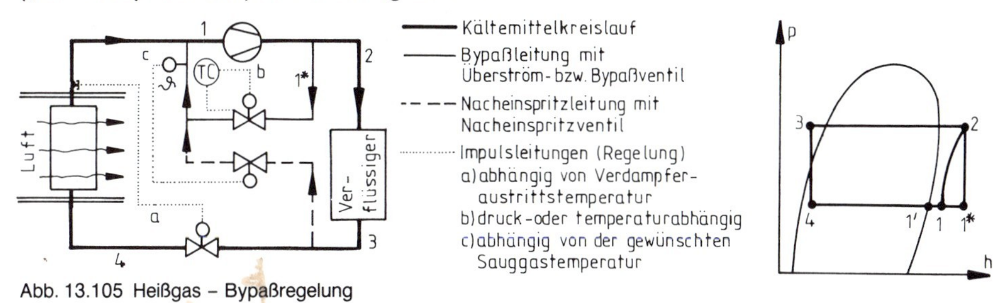

Abb. 13.105 Heißgas – Bypaßregelung

Weitere Hinweise:

- Der Kältemittelmassenstrom $\dot{m}_K$ über den Verdichter ist konstant, so daß auch seine Leistungsaufnahme gleichbleibt (keine Energieeinsparung gegenüber Vollastbetrieb). Bei größeren Leistungen wird daher diese Regelung mit einer Stufenregelung ergänzt.
- $\dot{m}_K$ über Verdampfer und Verflüssiger ist dagegen variabel, so daß eine stetige Regelung von nahezu 0 bis 100 % ermöglicht wird.
- Die Regelung des Nacheinspritzventils erfolgt in Abhängigkeit von der gewünschten Sauggasüberhitzung (5 ··· 10K über Sattdampftemperatur).
- Um zu garantieren, daß bei Vollastbetrieb der Bypaßregler vollständig geschlossen ist, wird vielfach vor dem Regler ein Magnetventil eingebaut, das bei Druck- oder Temperaturanstieg schließt.
- Auch bei der Verwendung von Temperaturreglern oder Saugdruckreglern ist oft ein Bypaßregler zusätzlich erforderlich.

Verdampfer- und Verflüssigerregelung

Die **Regelung des Verdampfers** erfolgt durch den Volumenstromregler (Expansionsventil). Beide bilden einen Regelkreis, wobei die Überhitzung des Kältemittels am Verdampferaustritt die Regelgröße ist (Kap. 13.8.4).

Eine **weitere Regelungsmöglichkeit** ist z. B. ein Verdampfereinbau mit Bypaß und doppelter Luftklappe (Abb. 13.106). Bei steigender Temperatur wird die Verdampferklappe (1) geöffnet während die Bypaßklappe (2) schließt. Ein Saugdruckregler (3) oder ein Heißgasbypaßregler verhindert ein Absinken der Verdampfungstemperatur.
Weitere Hinweise zur Verdampferregelung siehe Kap. 13.8.1

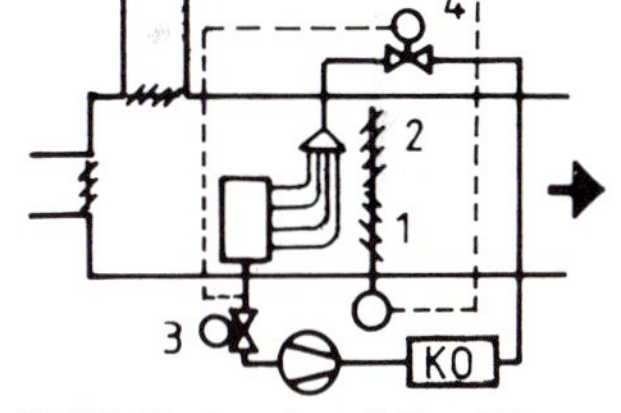

Abb. 13.106 Verdampfer mit Bypaßklappe

Die **Verflüssigerregelung** hat die Aufgabe, den Verflüssigungsdruck p_c in festgelegten Grenzen zu halten. Wenn nämlich p_c zu hoch ist, erhöht sich der Energiebedarf des Kompressors und die Ventilleistung. Bei wassergekühlten Verflüssigern wird in der Kühlwasserleitung ein Kondensationsdruckregler, der gleichzeitig auch ein Kondensationstemperaturregler ist, eingebaut. Dieser Regler (oft auch als Kühlwasserregler bezeichnet) bildet mit dem Verflüssiger einen Regelkreis; p_c ist die Regelgröße und der Kühlerwasserstrom die Stellgröße. Kühlturmwasser wird bei hohen Temperaturen mit 100 % gefahren, bei niedrigen Temperaturen muß der Kühlwasserstrom reduziert oder eine Rücklaufbeimischung gewählt werden.
Bei luftgekühlten Verflüssigern müssen die Ventilatoren geregelt oder (bei kleinen Geräten) geschaltet werden. Damit ϑ_c bei tieferen Außentemperaturen nicht unterschritten wird, muß der Kühlluftstrom reduziert oder die Übertragungsfläche durch Kondensatrückstau verkleinert werden.

13.10.3 Regelung bei der indirekten Kühlung

Hier handelt es sich um die Regelung des Kaltwasser- oder Solekreislaufs, der grundsätzlich im Gegenstrom zur Luft geführt wird. Der „Kaltwassererzeuger" ist der Verdampfer, und der „Kaltwasserverbraucher" ist der im Klimagerät eingebaute wasserbeaufschlagte Luftkühler. Die geforderte Kaltwassertemperatur kann in den meisten Fällen nur dann exakt geregelt werden, wenn kältemittelseitig eine stetige Regelung vorgenommen wurde.

- Der **Kaltwasserstrom durch den Verdampfer** darf maximal etwa ± 10 % vom Nennwasserstrom abweichen, damit die Regelung des Kältekreislaufs störungsfrei arbeiten kann und eine Eisbildung vermieden wird. Bei der Klimaregelung ist demnach immer ein konstanter „Verdampfer-Wasserstrom" erforderlich.
- Ähnlich wie bei Abb. 13.106 kann die Kühlleistung der Klimaanlage auch durch eine **Bypaßklappe am Kühler** geregelt werden. Dabei bleibt der Kaltwasserstrom bei allen Lastzuständen konstant, damit eine gleichmäßige Temperaturverteilung hinter dem Kühler garantiert wird. Auf eine gute Durchmischung von Kühl- und Bypaßluft muß geachtet werden.
- Die Regelmöglichkeiten des Wasserstroms und der Temperaturen, d. h. die möglichen **hydraulischen Schaltungen** für Warm- und Kaltwasser mit Durchgangs- oder Dreiwegeventilen, deren Einbindung in das Rohrsystem (Mengen- oder Mischregelung) sowie die Anordnung und Regelung von Pumpen, werden im Bd. 2 (4. Aufl.) näher erläutert. Einige Beispiele sind auch in die vorangegangenen Kapiteln einbezogen.

13.11 Kälteerzeugungsverfahren - Eisspeicher

Nachfolgend soll nur eine kurze Übersicht über die verschiedenen Möglichkeiten der Kälteerzeugung gegeben werden. Die umweltbedingte Umstellung auf neue Kältemittel und veränderte Technologien wird nämlich nicht nur Einfluß auf zahlreiche neue Bauelemente haben, sondern wird sich auch auf neue Kälteerzeugungsverfahren auswirken. Dies bezieht sich sowohl auf die konventionelle Kälteerzeugung als auch auf die Klima- und Wärmepumpentechnik. Einige Verfahren sollen der geringen Bedeutung wegen nur erwähnt werden.

13.11.1 Kaltdampf-Kälteprozeß

Zu diesem thermodynamischen Kälteerzeugungsverfahren zählen vor allem die Verdichtungs-Kältemaschine mit Kältemittel, wie sie ausschließlich in den vorangegangenen Teilkapiteln behandelt wurde, ferner die Verdichtungskältemaschine mit Lösungskreislauf (Kap. 13.11.3) und die Dampfstrahlkältemaschine, bei denen beiden neben der Exergie (Strom für den Verdichter) noch zusätzlich Wärmeenergie erforderlich ist.

13.11.2 Kaltluft-Kompressionskältemaschine

Grundlegend für die Wirkungsweise der Kaltluftmaschine, bei der z. B. Luft als Kältemittel verwendet wird, ist der sog. Joule-Prozeß, auf den auch der Gütegrad der Maschine bezogen wird. Da sich Luft als nahezu ideales Gas (im Gegensatz zu Dämpfen) bei den gewünschten Arbeitstemperaturen zur Erreichung einer Abkühlung nicht verflüssigen läßt, ist eine isentrope Zustandsänderung erforderlich (vgl. *T,s*-Diagramm). Der Aufbau der Maschine ist ähnlich der der Kaltdampfmaschine, nur daß anstelle des Drosselvorgangs eine Expansionsmaschine eingesetzt wird, und anstatt der Phasenübergänge bei Kaltdampfprozeß arbeitet der Kaltgasprozeß nur in der Gasphase.

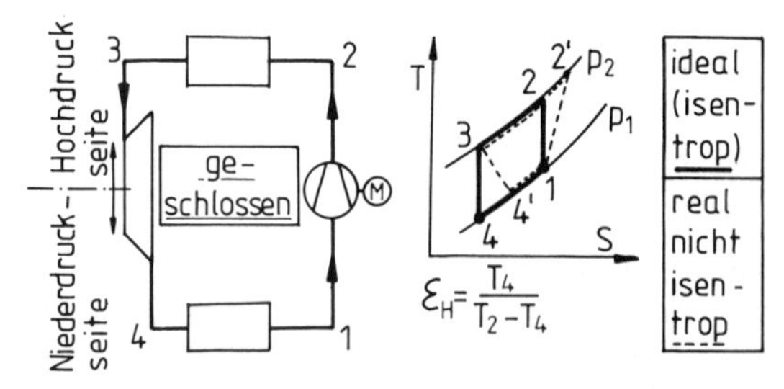

Abb. 13.107 Jouleprozeß und T, s - Diagramm

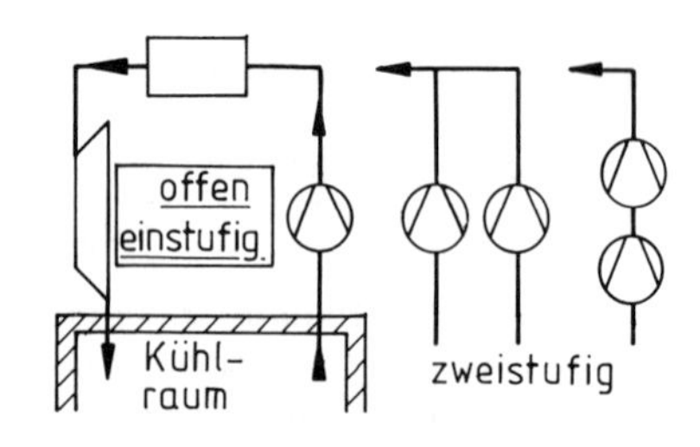

Abb. 13.108 Offener Jouleprozeß auf Kaltluftseite

Abb. 13.107 zeigt die **Zustandsänderungen des geschlossenen Joule-Prozesses** mit zwei Isentropen (Kompressor und Expansionsmaschine) und zwei Isobaren (Wärmeabgabe und Wärmeaufnahme in Wärmetauschern).

Noch einige Ergänzungen und Hinweise zur Kaltluftmaschine

- Obwohl der Joule-Prozeß und die Kaltluftmaschine schon seit über 150 Jahren bekannt sind, konnte sich bisher der Kaltluftprozeß in der Klima- und Kältetechnik nicht durchsetzen. Vereinzelte **Anwendungsbeispiele** findet man bei der Schiffs-, Flugzeug- und Pkw-Klimatisierung, bei der Lebensmittelgefrierung (Gefriertrocknung), bei der Bewetterung im Bergbau. Energetisch interessant ist die Anwendung bei tiefen Temperaturen, < –50 °C.
- Vielversprechender ist der sog. **offene Joule-Prozeß nach Abb. 13.108,** bei dem die nicht mehr umkehrbaren Wärmeübertragungsverluste – mindestens in einem Wärmetauscher – entfallen (in Abb. ist es die „Kalte" Niederdruckseite). Die Luft dient hier nicht nur als Kältemittel, sondern muß auch in vollem Umfang als Außenluft erforderlich sein. Vorteilhaft sind die rasche Abkühlung, der trägheitsarme Regelbereich und der Wegfall der Ventilatorantriebsenergie. Der offene Prozeß auf der Warmluftseite ist für die Wärmepumpe geeignet.
- **Nachteilig** ist der hohe Energiebedarf (schlechte Leistungszahl), der große Platzbedarf, die hohen Druckverluste bei der Luftförderung, der Feuchteanfall (Wasserausscheidung), der Ölgeruch und die Geräuschbildung. Mit Forschungsvorhaben und intensiven Entwicklungsarbeiten, wie z. B. bei der Verdichtertechnologie (Turboverdichter, Scrollverdichter) sollen einige Nachteile reduziert werden.
- Die **hohe Temperatur** nach dem Verdichter (bis 150 °C) kann auch als Vorteil gesehen werden, wie z. B. für Trocknungsprozesse, Hochtemperaturwärmepumpen (Hochdruckwärmetauscher bis 80 °C Wassertemperatur), oder beim Abtöten von Krankheitserregern bei Klimaanlagen.
- Der Einsatz des natürlichen, umweltfreundlichen, ungiftigen, nicht brennbaren und reich zur Verfügung stehenden **Kältemittels „Luft"** ist zwar faszinierend, doch wird hierzu noch viel Entwicklungsarbeit erforderlich sein, um den Anwendungsbereich in größerem Umfang zu verwirklichen.

13.11.3 Absorptionskältemaschine

Im Gegensatz zur Kompressionskältemaschine wird bei der Absorptionskältemaschine der Kältemitteldampf nicht mechanisch verdichtet, sondern durch eine geeignete Flüssigkeit (Absorptionsmittel) gelöst und danach wieder ausgetrieben (desorbiert).
Wie aus Abb. 13.109 hervorgeht, läuft der Prozeß in zwei ineinandergreifenden Kreisläufen ab:

- dem **Kältemittelkreislauf,** bestehend aus Wasser, im dampf- und flüssigen Zustand
- dem **Lösungsmittelkreislauf,** bestehend aus dem im Wasser gelösten Absorptionsmittel Lithiumbromid (*LiBr*).

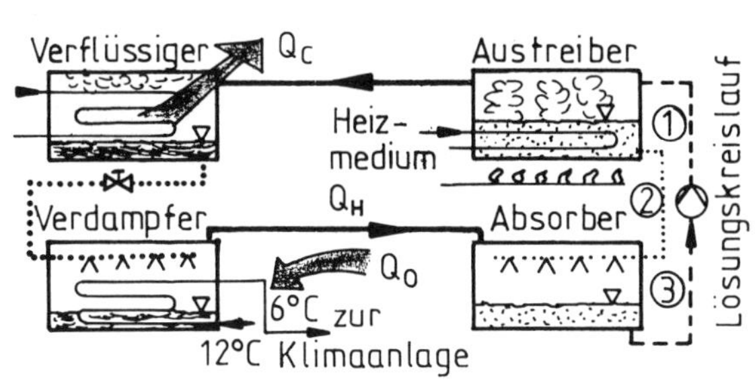

Abb. 13.109 Schema einer Absorptionskältemaschine

Abb. 13.110 LiBr – Absorptionskältemaschine (Fa. Carrier)

Die Vorgänge in den vier wesentlichen Bauteilen sind demnach:

1. Im **Verdampfer** wird dem Kaltwasser Wärme entzogen (Kälteleistung $\dot{Q}_0$).
2. Im **Absorber** wird das dampfförmige Kältemittel (Wasserdampf) bei niedrigem Verdampferdruck von der *LiBr*-Lösung absorbiert. Das mit Kältemittel angereicherte Lösungsmittel (man spricht von der „reichen Lösung") verläßt den Absorber bzw. wird durch die Lösungspumpe in den Austreiber gepumpt und somit auf den erhöhten Verflüssigungsdruck gebracht.

3. Im **Austreiber,** auch als Generator oder Kocher bezeichnet, wird durch Wärmezufuhr das Kältemittel wieder aus der reichen Lösung dampfförmig herausgelöst und zwar so lange, bis wieder die Konzentration der armen Lösung erreicht ist. Die Temperatur beträgt etwa 100 °C, während sie im Absorber wieder auf etwa 50 · · · 60 °C abgekühlt werden muß, oft durch Zwischenschaltung eines Wärmetauschers. Die kältemittelarme *LiBr*-Lösung fließt zum Absorber wieder zurück. Die Austreibung in zwei Stufen durchzuführen vermindert die Energiekosten.
4. Im **Verflüssiger** wird durch Wärmeabgabe Q_c das dampfförmige Kältemittel gekühlt und gelangt dann im flüssigen Zustand wieder in den Verdampfer.

Ergänzende Bemerkungen:

- Obwohl es mehrere Stoffpaare gibt, wird in der Klimatechnik fast ausschließlich das hygroskopische nahezu ungiftige, nicht brennbare, geruchlose und ökologisch problemlose **Absorptionsmittel *LiBr*** verwendet. Mit dem Stoffpaar Wasser/*BiBr* lassen sich Kaltwasseraustrittstemperaturen bis etwa 45 °C realisieren. Zur Erreichung von tiefen Temperaturen verwendet man das Stoffpaar Ammoniak/Wasser (bis etwa –55 °C) mit den Nachteilen: Ammoniakprobleme, hohe Systemdrücke, hohe Kosten und großer Platzbedarf.
- Der **Wärmeaufwand für den Austreiber** ist zwar sehr hoch, doch können neben Brennstoffen (vorgeschalteter öl- oder gasbefeuerter Kessel) auch Heißwasser, Abgase (z. B. in der chemischen Industrie), Abwärme aus Industrieprozessen oder Gasmotoren, niederwertige Fernwärme durch Kraft-Wärmekopplung, Solarwärme verwendet werden.
  Besonders bei großen Anlagen ($>$ 150 · · · 200 kW) ist dadurch ein wirtschaftlicher Betrieb möglich, denn die hohen Anlagenkosten werden durch die günstigeren Betriebs- und Unterhaltungskosten mehr als ausgeglichen. Die Stromkosten für die Lösungspumpe betragen etwa 1–2 % der Kälteleistung.
- Der **absolute Druck** im Verdampfer und Absorber beträgt nur etwa 8 mbar und im Austreiber und Verflüssiger etwa 80 bis 100 mbar, d. h. nur etwa 1/100 bzw. 1/10 des Atmosphärendrucks. Dieser starke Unterdruck stellt hohe Anforderungen an die Konstruktion und Dichtheit des Systems. Um ein Eindringen von Luft aus dem Kaltwassernetz zu vermeiden, wählt man einen Wärmetauscher Kältemittel/Kaltwasser. **Abb. 13.111** zeigt eine *LiBr*-Maschine in der gebräuchlichen Ausführung in der Zwei-Behälterbauweise.
- Die erste Absorptionsanlage (NH_3/H_2O) wurde etwa um die Jahrhundertwende gebaut, die erste $LiBr/H_2O$ erste Mitte der 40er Jahre.

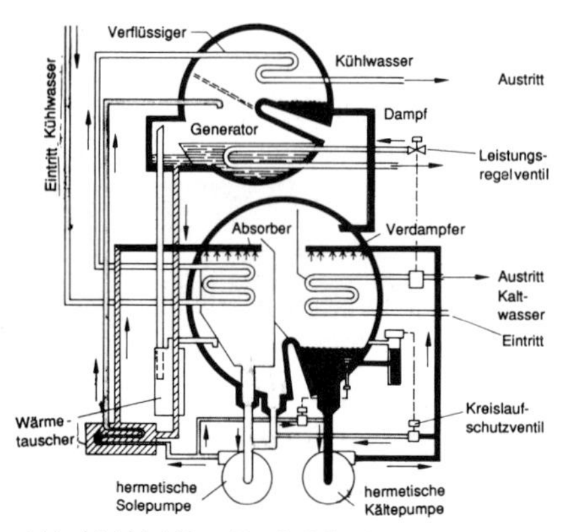

Abb. 13.111 LiBr - Zweibehälterbauweise

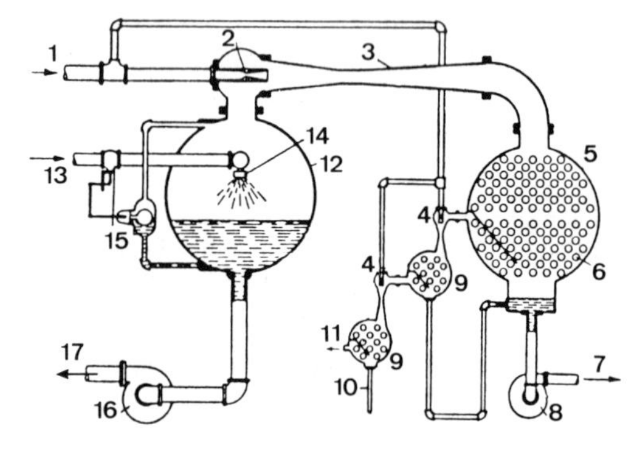

Abb. 13.112 Dampfstrahlkältemaschine

13.11.4 Sonderformen der Kälteerzeugung

Abschließend noch einige weitere Möglichkeiten der Kälteerzeugung:
Der **Dampfstrahlkälteprozeß** ist ebenfalls ein Verdichtungsprozeß. Als Antriebsenergie verwendet man Treibdampf, der im Verdampfer aus Düsen austritt und dort Dampf injektorartig ansaugt. Für den Betrieb ist Wasserdampf von möglichst 1 · · · 3 bar Überdruck erforderlich.

- Wie aus **Abb. 13.112** hervorgeht, wird die Geschwindigkeit des Mischdampfes im anschließenden Diffusor verzögert und in eine Druckhöhe umgesetzt, die dem Kondensationsdruck von etwa 50 mbar entspricht. Das anfallende Kondensat wird teils dem Verdampfer teils dem Kessel zugeführt. Das in den Verdampfer zurückströmende versprühte Kaltwasser wird durch die Verdampfung eines Teils auf die Austrittstemperatur zurückgekühlt. (1) Dampfeintritt; (2) Düse; (3) Diffusor; (4) Ejektoren; (5) Kondensator; (6) Wasserrohre; (7) zum Kessel; (8) Kondensatpumpe; (9) Hilfskondensatoren; (10) Entleerung; (11) Entlüftung; (12) Verdampfer; (13) Kaltwasserrücklauf; (14) Spritzdüse; (15) Schwimmerventil; (16) Pumpe; (17) Kaltwasservorlauf.

- Ein **Einsatz** von Dampfstrahlkältemaschinen ist nur dann wirtschaftlich, wenn Industriedampf als Treibdampf zur Verfügung steht. Außer diesem Dampf ist noch etwa 1,5 kg/kW Saugdampf erforderlich.
- Da die erzielte Druckdifferenz durch eine Reduzierung des Treibdampf-Volumenstroms nicht zu sehr abfallen darf, ist eine Leistungsregelung des Dampfstrahlverdichters (Dampfstrahlapparat, Dampfejektor) nur begrenzt möglich. Daher sollten möglichst mehrere Ejektoren parallel angeordnet und je nach Bedarf zu- und abgeschaltet werden.

Die **Kühlung durch Verdunstung** bzw. die Sorptionskühlung ist zwar je nach Außenluftzuständen begrenzt, jedoch ozonunschädlich und energetisch günstig. Da der Verdunstungseffekt allein nicht ausreichend ist, um alle Lastfälle der Klimaanlage abzudecken, muß die Luft vorher durch Adsorption entfeuchtet werden. Ein Funktionsbild zeigt Abb. 9.38.

Die Anwendung dieses Kühlsystems steht erst am Anfang, so daß umfassende Erfahrungen noch fehlen.

Die **thermoelektrische Kühlung** (Peltierkühlung) ist die Umkehrung des bekannten Thermoelements in der Meßtechnik. Wird eine Gleichspannung an einen aus zwei unterschiedlichen metallischen Leitern bestehenden Stromkreis gelegt, kühlt sich die eine Kontaktstelle ab, während sich die andere erwärmt.

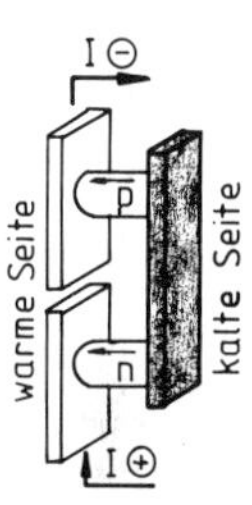

Abb. 13.113 Peltierzelle

Zur Kälteerzeugung verwendet man entsprechend Abb. 13.113 Halbleiter (*p*-*n*-leitendes Halbleitermaterial), die durch Kupferbrücken zu einem Peltierelement verbunden sind. Diese wiederum durch Reihenschaltung verbunden, ergeben eine Peltierbatterie. Vorteilhaft ist neben der exakten Regelung der Wegfall von bewegten Teilen, Kältemittel, Flüssigkeiten, Absorptionsmittel usw.; nachteilig sind die hohen Kosten. Die Anwendung bezieht sich daher nur auf wenige Sonderfälle und nur auf Kleinkälte.

13.11.5 Kältespeicherung

Seit Ende der 80er Jahre hat sich die Klimatechnik durch die Anwendung von Eisspeicheranlagen „bereichert", obwohl diese in einzelnen Industriebetrieben schon längere Zeit ihre Anwendung finden. Der Grund der starken Zunahme ergibt sich aus den nachfolgenden Vorteilen. Grundsätzlich unterscheidet man bei der Kältespeicherung zwischen zwei Systemen:

a) Kaltwasserspeicher

Bei dieser Anlage wird nur die sensible „Kälteenergie" gespeichert, nämlich $Q_s = m \cdot c \cdot \Delta\vartheta = V(\text{m}^3) \cdot \varrho(\text{kg/m}^3) \cdot c\,(Wh/\text{kg} \cdot K) \cdot \Delta\vartheta\,(K) = V \cdot 1\,000 \cdot 1{,}16 \cdot \Delta\vartheta$. Die Verdampfungstemperatur der Kältemaschine liegt hier immer über 0 °C.

- Die **Speicherkapazität** je m^3 Behälterinhalt ist demnach 1,16 kWh je Grad Temperaturunterschied.
- Die **Behälterkosten je kWh** sind sehr stark von der Behältergröße abhängig. So kostet z. B. ein 2 m^3 großer Behälter (bei 6 *K* ⇒ 13,9 kWh) etwa dreimal so viel je kWh wie einer mit 20 m^3 (139 kWh).
- Die **Temperaturdifferenz** $\Delta\vartheta$ ist die nutzbare Differenz zwischen Speicherladung und -entladung. Wenn beispielsweise eine geforderte Kaltwasserspeichertemperatur von 5 °C erreicht ist, so ist bei einem $\Delta\vartheta = 6\,K$ bzw. bei 11 °C Wassertemperatur der Speicher „leer", d. h. die Kältemaschine muß wieder für den Kühler der Klimaanlage eingeschaltet werden, wenn mit ihr weiterhin gekühlt werden soll.
  Obwohl man diese Temperaturdifferenz durch Verwendung von Sole erhöhen kann, ist generell eine Kaltwasserspeicherung für eine größere Zeitspanne unwirtschaftlich.
- Ein **Wasserspeicher als Pufferspeicher** kann dann sinnvoll sein, wenn wegen eines zu geringen Wasserinhalts der Kompressor zu oft ein- und ausschaltet (vgl. Vorteil 4 beim Eisspeicher).

b) Eisspeicher (Latentspeicher)

Bei einer Eisspeicheranlage wird ein meist in einem Behälter montiertes Wärmetauschersystem mit der Kälteanlage verbunden. In den Betriebszeiten, in denen von der Klimaanlage kein Kältebedarf angefordert wird (z. B. nachts), wird dann die Kältemaschine auf dieses System geschaltet, und anstatt Kaltwasser wird in einem Speichertank Eis erzeugt. Demnach wird hier die Schmelzwärme von Eis (q_s = 332 kJ/kg bzw. 92,2 Wh/kg) ausgenutzt, die mit konstanter Temperatur von 0 °C zur Verfügung steht.

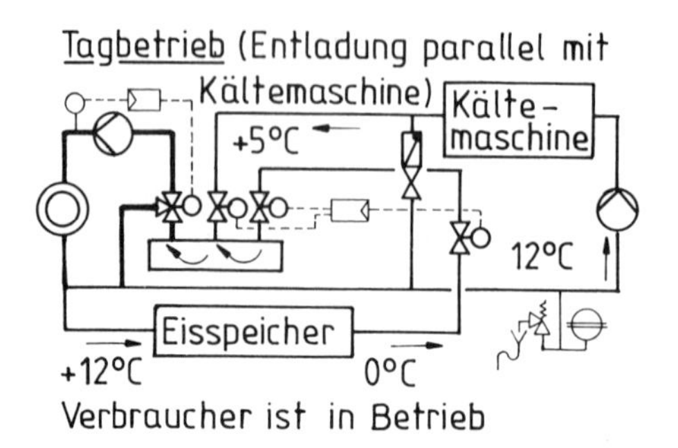

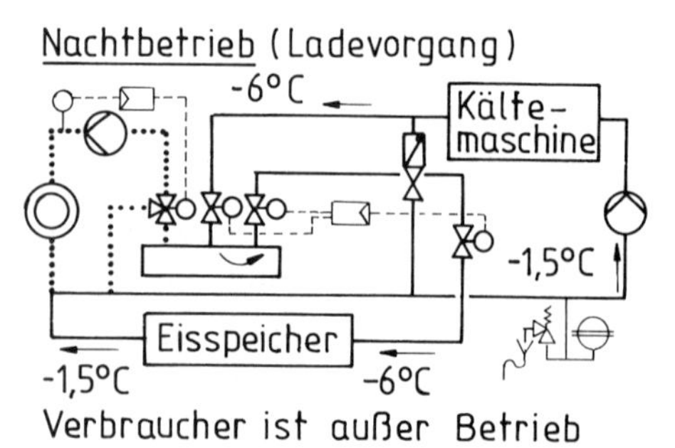

Abb. 13.114 Betriebsweise einer Eisspeicheranlage

Hinsichtlich der Eismenge und somit der gespeicherten Kälteenergie stehen folgende **drei Hinweise** im Vordergrund:

1. Möchte man die **Speicherfähigkeit in kWh pro m³ (Speicherdichte)** angeben, muß man noch die Dichte von Eis (ϱ = 0,92 kg/dm³) berücksichtigen, so daß sich der Wert von 92,2 auf: 84,8 Wh/kg (= 84,8 kWh/m³) verringert. Außerdem geht noch durch die im Behälter liegenden Wärmetauscherflächen (z. B. Kühlrohre) Platz verloren, so daß man von einem Anhaltswert von etwa **50 kWh/m³** (40 . . . 60 kWh/m³) ausgehen kann, immerhin das 7-fache gegenüber einem Wasserspeicher von +6 °C.
2. Entscheidend ist diejenige gespeicherte **Kälteenergie, die in einer bestimmten Zeit zur Verfügung stehen muß.** Es interessiert demnach die Abtauleistung (Entladeleistung), d. h. die Leistung, die aus dem Eisspeicher in der gewünschten Zeit durch Abtauen an Kälte zur Verfügung steht. Was nützt eine große vorgehaltene Eismenge, wenn der benötigte Teil nicht in der verlangten Zeitspanne abtauen kann?
Die **Berührungsfläche von Eis mit Wasser muß genau definiert sein.** Wenn demnach eine bestimmte Eismenge erzeugt wird, aber die Berührungsfläche mit dem Wasser, das schließlich den Energietransport übernimmt, zu klein ist, steht auch nur eine begrenzte Kälteenergie zur Verfügung.
3. Was den Eisvorrat und somit die Größe der Eiserzeugungsanlage betrifft, muß eine **Bedarfsermittlung über den geforderten Zeitraum** durchgeführt werden. Hierzu muß die gespeicherte Energie mindestens so groß sein wie der Bedarf. Ein geringer Zuschlag ist empfehlenswert.

Bedarfsermittlung – Eisspeichergröße

Zur Auslegung des Eisspeichers trägt man am besten den in Stunden eingeteilten Tagesbedarf (Kältebedarf) in einem Schaubild auf. Abb. 13.115. Die maximale Lastspitze wurde anhand der Kühllastberechnung von 15.30 bis 16.30 Uhr ermittelt.

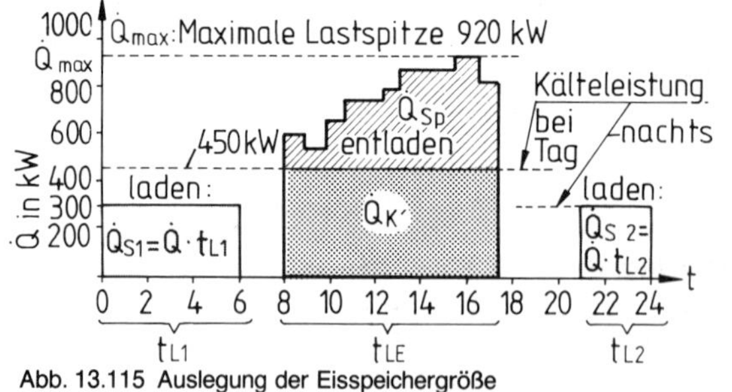

Abb. 13.115 Auslegung der Eisspeichergröße

Erläuterungen zu Abb. 13.115

$\dot{Q}_{s1} + \dot{Q}_{s2}$ **ist die gespeicherte Kälteenergie während der Zeit t_{L1} + t_{L2} zwischen 21.00 und 6.00 Uhr. Die erforderliche Kälteleistung, um die Sole z. B. von −2 °C auf −6 °C zu kühlen, wurde mit 300 kW errechnet.**

- Die Kältemaschine läuft nicht nur tagsüber, hier in der Entladezeit t_{LE} zwischen 8.00 und 17.30 Uhr, sondern auch während der **Niedertarifzeit zur Eiserzeugung.**

- Die gespeicherte Kälteenergie $Q_{S1} + Q_{S2}$ ergibt sich aus dem Produkt Leistung · Zeit = 300 kW · 9 h = **2 700 kWh.**
- Die erforderliche **Antriebsleistung der Kältemaschine** beträgt bei einer Leistungszahl von 3,0 (abhängig von ϑ_0 und ϑ_c) P = 300/3 = 100 kW.

Q_{ges} Die durch die Bedarfskurve umrahmte Gesamtfläche stellt das Gebäudelastprofil dar, d. h. den gesamten täglichen Kälteenergiebedarf, der zwischen 8.00 und 17.30 Uhr von der Klimaanlage gefordert wird. Q_{ges} wird durch Integration dieser Umgrenzungskurve ermittelt (z. B. 6 500 kWh).

$Q_{K'}$ ist die Kälteenergie der Kältemaschine während des Tages bei Vollast. Bei der berechneten Kälteleistung von hier 450 kW und einer Entladezeit t_{LE} von 9,5 h ergibt sich eine Kälteenergie von 450 · 9,5 = 4 257 kWh.

- Die Kälteleistung ist beim Tagbetrieb durch die veränderte Verdampfungs- und Kondensationstemperatur höher als bei Nacht (bessere Leistungszahl ε).
- Der Gesamtenergieverbrauch wird zwar beim nächtlichen Ladevorgang durch die geringere Leistungszahl größer, doch sinkt der Leistungspreis durch die geringere Kältemaschinen-Anschlußleitung.

Q_{sp} ist die restliche Kälteenergie, die tagsüber nicht durch den Kältemaschinenbetrieb sondern durch Entladung der Eisspeicheranlage zur Verfügung stehen muß. Werden durch Integration der Bedarfskurve q_{sp} = 2 560 kWh ermittelt, so reicht die gespeicherte Energie aus: $Q_{ges} - Q_{K'}$ = 6 500 – 4 257 = **2 243 < 2 700 kWh.** Reicht sie nicht aus, muß die Kälteleistung Q_0 während der Ladezeit entsprechend erhöht werden.

Vorteile und Einsatz von Eisspeicheranlagen

1. **Geringere Investitionskosten** für die Kälteanlage erreicht man dadurch, daß diese nur bis etwa 50 % der Spitzenlast ausgelegt werden muß. Nicht nur die Kaltwassersätze, sondern auch die Verflüssiger und Kühltürme werden kleiner. Die Amortisationszeiten liegen oft (ohne Kapitaldienst) bei 2 bis 3 Jahren.

   Aus diesem Vorteil ergeben sich **bevorzugte Anwendungsbeispiele** bei Klimaanlagen mit periodischen Lastspitzen und anschließend langen Lasttälern, d. h. Anlagen, bei denen mit dem Eisvorrat Bedarfsspitzen abgefangen werden. In manchen Produktionsstätten, bei denen täglich nur wenige Stunden „Kälte geliefert“ werden muß, haben sich Eisspeicheranlagen besonders bewährt.

   Je höher und je kürzer die Kühllastspitzen gegenüber dem mittleren Tagesverlauf sind, um so größer sind die wirtschaftlichen Vorteile einer Eisspeicheranlage.

2. **Geringere Betriebskosten** bei der Kältemaschine ergeben sich durch den geringeren Bereitstellungspreis, durch die geringere elektrische Leistung und vor allem durch die Nutzung von verbilligtem Nachtstrom (NT-Tarif). Durch die „statische Kältequelle“ (Speicher) reduzieren sich auch die Wartungskosten.

   Gerade unter dem Gesichtspunkt einer **Betriebskostenreduzierung** entscheidet man sich für Eisspeicheranlagen. Zur genauen Kostenberechnung stehen hierfür Computerprogramme zur Verfügung. Entscheidende Kriterien hierzu sind das Kühllastprofil, die Stromtarife (NT, HT), der Anschlußpreis, die Kaltwassertemperaturen, der Kälteanlagentyp (z. B. ob wasser- oder luftgekühlt), die Platzfrage und die jährliche Laufzeit der Kältemaschine.

3. Die **erhöhte Sicherheit** durch Überbrückung eines möglichen Ausfalls der Antriebsenergie der Kältemaschine oder durch Entlastung der Notstromanlage ist bei den Klima- bzw. Kälteanlagen bedeutsam, die auf keinen Fall versagen dürfen. Hierzu gehören z. B. spezielle Produktionsstätten, Krankenhäuser (OP), EDV-Anlagen u. a.

   Ein Eisspeicher mit Zubehör ist in der Regel kostengünstiger als eine Reservekältemaschine oder ein Notstromaggregat. Eine gewisse Sicherheit besteht auch darin, wenn ein unvorhergesehener extremer Kühllastanfall „abgefangen“ werden muß.

4. Die **geringere Ein- und Ausschalthäufigkeit** der Kältemaschine erhöht deren Lebensdauer. Außerdem arbeitet sie durch den geringeren Lastwechsel mit einem günstigeren Wirkungsgrad und verringert die Wartungshäufigkeit. Die gleichmäßigere Energieversorgung schont zusätzlich auch die Umwelt.

5. Die **Neuentwicklungen** in den letzten Jahren haben den Einsatz von Eisspeicheranlagen ebenfalls sehr beschleunigt. In der Klimatechnik sind indirekte Systeme (d. h. mit Wärme-

tauscher, Pumpen, Rohrsysteme, Frostschutzmittel) üblich. Wesentliche Entwicklungstendenzen sind:

- **Optimierungsmaßnahmen** hinsichtlich Platzbedarf; Behälterkonstruktion; Materialauswahl; Wartung; Regelung; Abschmelzung (gleichmäßiger); Gewicht; Kältemittelinhalt (geringer); Plattensysteme (geringerer Druckabfall, exaktere Wasserführung).
- **Kaltwassersätze mit integriertem Eisspeicher** und abgestuften betriebsfertigen Modulen für Kälteerzeugung und Eisspeicherung; fabrikmäßige Vormontage bei größeren Leistungen (früher waren mehrere Gewerke erforderlich);
- Es gibt auch **auf dem Eisspeicher angebrachte Wärmetauscherplatten,** die vom Wasser umströmt werden. Während des Herunterfließens wird ein Großteil angefroren. Über eine Umschaltautomatik wird periodisch heißes Kältemittel in die Platte eingeführt, wodurch sich die Eisstücke lösen und ins Wasser fallen. Die nun allseitig mit Wasser berührte Eisscholle ermöglicht eine wesentlich größere Abtauleistung.

13.12 Schaltschemen von Kälteanlagen

Abschließend soll noch anhand von Schemata gezeigt werden, wie man den kältetechnischen Teil einer Klimaanlage darstellen kann. Von der Vielzahl der Möglichkeiten müssen aus Platzgründen die zwei Beispiele genügen.

a) Kältetechnischer Teil der in Abb. 10.32 bis 10.35 dargestellten Klimaanlage für ein Büro- und Gewerbegebäude

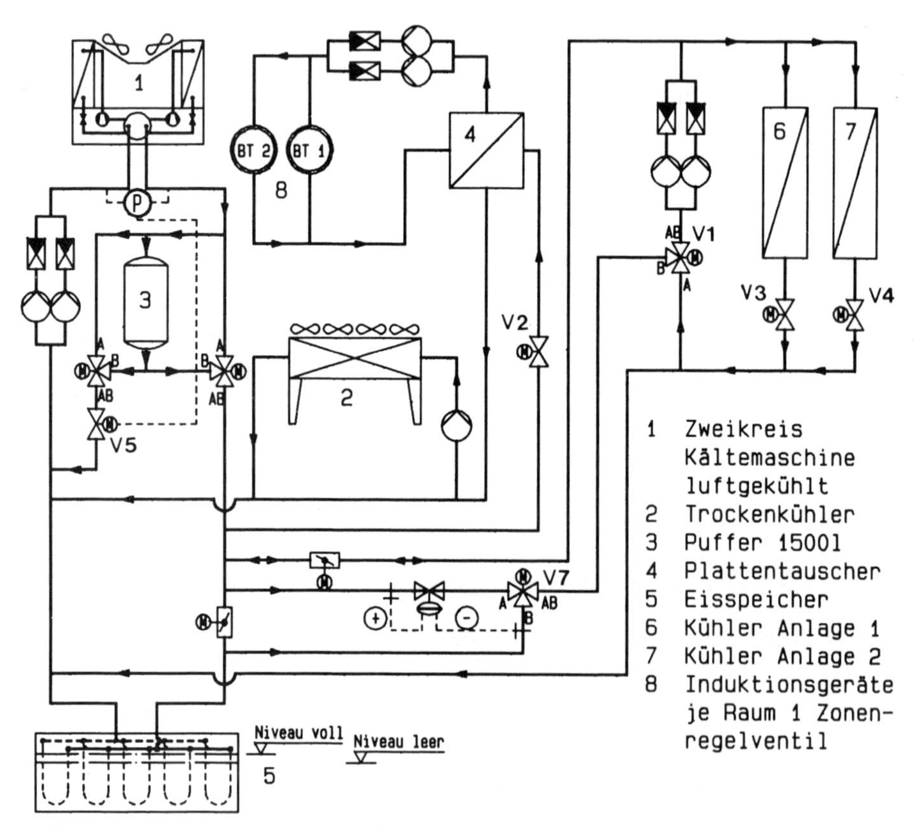

Abb. 13.116 Beispiel eines Kälteschemas für eine Klimaanlage

Die **Konzeption der Kälteerzeugung** für die Versorgung von zwei Klimazentralen mit je 100 kW Kälteleistung besteht, wie die hydraulische Schaltung nach Abb. 13.116 zeigt, aus folgenden Bauteilen:

1. **Luftgekühlter Kaltwassersatz** mit zwei kälteseitig getrennten Kreisläufen und einer stetigen Leistungsregelung.

   Je nach Betriebsart werden unterschiedliche Leistungen erzielt:
   - Eisspeicher laden: ϑ_V/ϑ_R = – 5/± 0 °C, $\dot{Q}_0$ = 140 kW
   - Tagbetrieb Klimazentralgerät: + 6/+ 12 °C, $\dot{Q}_0$ = 203 kW und/oder Induktionsgeräte gleitend bis + 12/+ 18 °C, $\dot{Q}_0$ = 246 kW

2. **Eisspeicher** mit stetiger Erfassung des Ladezustandes. Maximale Kapazität 1600 kWh, max. Entladekapazität 344 kW, Wasserinhalt 20 m^3.

   Vor- und Rücklaufkollektoren (im oberen Teil des wärmegedämmten Rechteckbehälters) sind mit PE-Rohrleitungen verbunden. Durch die in diesen Leitungen zirkulierende –5grädige Sole (70 %Wasser, 30 % Antifrogen) bildet sich um die Rohre ein Eismantel, der mit zunehmender Ladedauer ständig anwächst.

3. **Trockenkühler,** bestehend aus einem großflächigen Kühlregister mit 8 drehzahlgeregelten Axialventilatoren, die in Abhängigkeit von der Soleaustrittstemperatur betrieben werden. Mit ihm erfolgt eine freie Kühlung der Sole mit Außenluft.

   Die **Auslegedaten** betragen bei Kühllufteintritt 9,5 °C und -austritt 11,7 °C; Soleeintritt 17 °C und -austritt 11 °C; Kühlleistung 130 kW. Inbetriebnahme, wenn ϑ_a mind. 3 K niedriger als Solerücklauftemperatur ist. Wird bei $\vartheta_a < 12$ °C noch Kälte für die Klimageräte benötigt, erfolgt dies ausschließlich durch die freie Kühlung über den Trockenkühler.

4. **Plattenwärmetauscher** zur Trennung des Solekreislaufs vom Wasserkreislauf für die Klimageräte. Das Solevolumen soll dadurch so gering wie möglich sein.

   Übertragungsleistung 240 kW, Soletemperatur primär 11/17 °C, Kaltwassertemperatur sekundär 14/20 °C.

5. **Pufferspeicher** 1,5 m^3 zur Sicherstellung des Mindestwasserstroms über Verdampfer und zur Beschränkung der Schalthäufigkeit des Kompressors auf $< 5\ h^{-1}$. Dieser Mindeststrom wird differenzdruckabhängig über Regelventil V 5 sichergestellt.

6. **Die Pumpen** sind mit Ausnahme der „Verdampferpumpen" mit einer druckabhängigen Drehzahlregelung mittels Frequenzumformer ausgerüstet.

   Der vorausberechnete Differenzdrucksollwert wird in Abhängigkeit der Stellung des am weitesten geöffneten Verbrauchsregelventils auf den minimal möglichen Wert verschoben; so lange, bis das betreffende Regelventil zu 90 % geöffnet ist.

Bei den automatisch erreichbaren **Betriebsarten** über ein digitales Meß-, Steuer- und Regelsystem (DDC) gibt es folgende sechs Möglichkeiten, wobei der Eisspeicherladezustand während des Betriebs der Verbraucher überwacht und mit einer berechneten Entladekurve ständig verglichen wird.

Betriebsart 1: Normalbetrieb Sommer
Kaltwassernetzversorgung für die Geräte; Sollwert der Soleaustrittstemperatur +11 °C wird in Abhängigkeit von V 2 nach oben verschoben. Versorgung beider Luftkühler vom Eisspeicher; Sollwert der Soletemperatur mit +6 °C (V1) wird abhängig von V 3 und V 4 nach oben verschoben.
Umschaltung auf Betriebsart 6, wenn die Eisspeicherkapazität die Entladekurve unterschreitet. Umschaltung auf Betriebsart 4, wenn der Bedarf bei den Klimageräten die Minimalleistung der Kältemaschine unterschreitet und die Eisspeicherkapazität über der Entladekurve liegt.

Betriebsart 2: Eisspeicher geladen, gleichzeitige Versorgung der Verbraucher
Sie wird automatisch gewählt, wenn bestimmte Verbraucher (z. B. EDV-Räume) während der vom Zeitprogramm freigegebenen Ladezeiträume Kälte benötigen. Ausregelung der Soletemperatur auf – 5 °C, die zu den Verbrauchern über V 1 und V 7 angehoben bzw. über V 2 durch Mengenregelung angepaßt wird.

Betriebsart 3: Eisspeicher wird geladen
Wie Betriebsart 2, jedoch keine Versorgung von Verbrauchern. Der Eisspeicher wird nur während der Niedertarifzeit geladen. Bei Erreichen eines Ausgangssignals von 10 V schaltet der Niveaugeber am Eisspeicher die Kältemaschine ab, der Eisspeicher ist dann vollständig geladen.

Betriebsart 4: Eisspeicher versorgt alle Verbraucher
Hier wird die Kälteversorgung täglich neu begonnen. Sofern die vom Regler berechnete Entladekurve während der täglichen Entnahmezeit nicht unterschritten wird, erfolgt die Kälteversorgung vollständig aus dem Eisspeicher. Dies ist in der Regel in den Monaten Mai, Juni und September der Fall. Bei Unterschreitung der Entladekurve wird automatisch auf Betriebsart 1 umgeschaltet.

Betriebsart 5: Versorgung aller Verbraucher durch die Kältemaschine
Wenn der Eisspeicher vollständig entladen ist oder aus einem anderen Grund nicht zur Verfügung steht, wird Betriebsart 5 gewählt. Die von der Kältemaschine zu erzeugende Soletemperatur wird bedarfsabhängig zwischen + 6 °C und + 14 °C ausgeregelt.

Betriebsart 6: Spitzenbetrieb Sommer
Die Kältemaschine versorgt das PWK-Netz für die Induktionsgeräte und anteilig mit dem Eisspeicher die Luftkühler der Klimaanlagen. Der Leistungsanteil für die Luftkühler wird über V 7 so ausgeregelt, daß die Eisspeicherkapazität die Entladekurve nicht unterschreitet. Der Sollwert der Soleaustrittstemperatur für die Kältemaschine beträgt + 6 °C und wird in Abhängigkeit der Ventilstellung von V 3 und V 4 verschoben. Ist der Eisspeicher vollständig entladen, wird bei Überschreitung der Speicheraustrittstemperatur von + 6 °C auf Betriebsart 5 umgeschaltet.

Optimierung der Medientemperaturen

Bei den Betriebsarten 1, 2, 4 und 5 werden die Vorlauftemperaturen in beiden Kreisläufen bedarfsabhängig geregelt. Durch permanente Auswertung der Stellung an den Regelventilen wird die Vorlauftemperatur soweit angehoben, daß sie gerade noch ausreicht, um den erforderlichen Kühlprozeß zu bewerkstelligen. Bestimmend ist immer der Verbraucher mit der jeweils größten Anforderung.

b) Kälteversorgung für die Klimaanlage in einem umgebauten und erweiterten Verwaltungsgebäude.

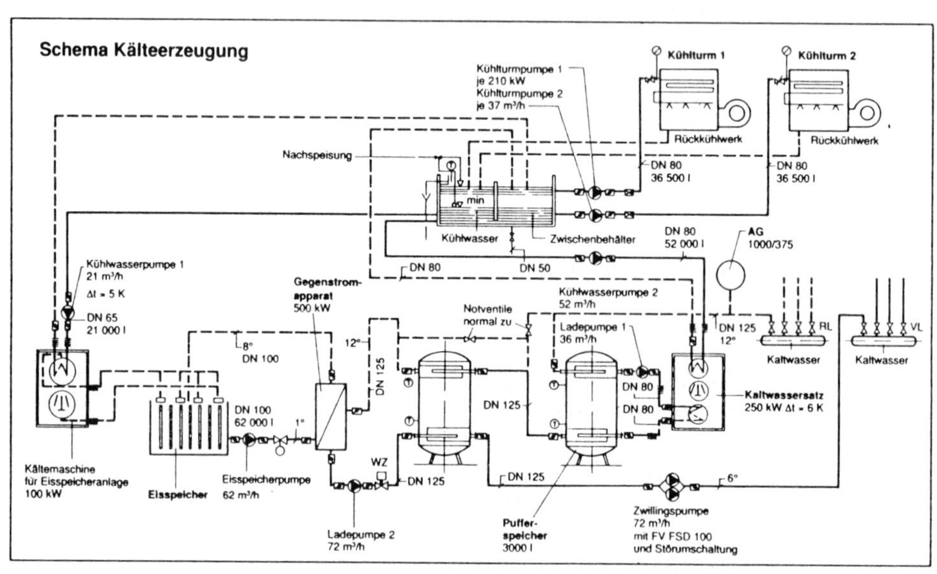

Abb. 13.117 Schaltschema einer Kältezentrale zur Klimatisierung

Aus wirtschaftlichen Gründen wurde hier ebenfalls eine Teilkühlung mit Eisspeicheranlage und Direktkühlung mit einem Kaltwassersatz gewählt.

- **Eisspeicherung** an stehenden, verzinkten Stahlplatten mit Kältemitteldirektverdampfung; 4 Plattensysteme mit je 9 Platten L × H = 3 m × 1,5 m, Eisansatz 5 cm je Plattenseite (≙ ca. 1 200 kWh in Form von Eis). Zur Eiserzeugung ist ein Verdichtersatz mit 100 kW in Betrieb (täglich 4 Vollbenutzungsstunden.
- Über zwei **Pufferspeicher** mit je 3 000 l wird die Kälteerzeugung mit dem Verbrauchernetz verbunden. Das Klimakaltwassernetz ist auf zwei unterschiedliche Systemtemperaturen aufgeteilt: a) Anlage 6/12 °C für alle RLT-Hauptanlagen (EVD-Zentrale, Schulungsräume, Labors, Restaurant, Besucherraum u. a.) in Grundlast vom Eisspeicher; und b) Anlage 10/14 °C für Umluftkühlgeräte für die Einzelbüros, wofür ein Nachregelkreis mit Mischventil vorgesehen ist.
- Die Verflüssigerwärme wird über zwei im Dachgeschoß aufgestellte **Kühltürme** abgeführt. Ein Zwischenbehälter trennt den Kühlturmkreislauf vom Verflüssiger – Kühlsystem (gute Leistungsanpassung, frostfreier Betrieb).

14 Wiederholungs- und Prüfungsfragen

Die Seitenangabe bezieht sich auf die angegebene Buchseite, nach der anhand des Textes eine Antwort zusammengestellt werden kann.

●	Einfache Fragen, die sich stärker auf die Praxis beziehen oder grundlegende Bedeutung haben.
●○	Desgl., jedoch mit höherem Schwierigkeitsgrad, insbesondere Fragen, bei denen auch einfachere, mehr praxisorientierte Zusammenhänge verlangt werden. Für den ersten Teil dieser Fragen gilt in der Regel ●.
○	Fragen, bei denen zusätzlich mehrere theoretische und komplexere Zusammenhänge verlangt werden oder Fragen aus speziellen Teilgebieten.
○○	Desgl., jedoch mit etwas höherem Schwierigkeitsgrad.

Kapitel 1 Aufgaben und Bedeutung der Klimatisierung

	Nr.	Frage	Seite
●	1.	In welchen Zusammenhang verwendet man den Begriff. „Klima“? Nennen Sie mindestens 5 Beispiele.	1
●	2.	Nennen Sie jeweils 5 wesentliche Anwendungsbeispiele a) von Humanklimaanlagen und b) von Prozeßklimaanlagen	1, 2
●○	3.	Bringen Sie folgende Stichworte mit der Klimatisierung in Zusammenhang: Komfortbedürfnis, Arbeitsbedingungen, Wärmeverschiebung, Zukunftsaufgaben.	3, 4
●	4.	Nennen Sie mindestens fünf Argumente, die für die zukünftige Entwicklung der Klimatechnik von Interesse sein werden.	5
●○	5.	Welche Veränderungen in der Bautechnik haben stärkere Auswirkungen auf die Klimatechnik? Nennen Sie 5 Beispiele.	6
●○	6.	Der Klimaanlage werden mehrere Nachteile und Kritiken nachgesagt. Nennen Sie mindestens 5 Beispiele, und versuchen Sie diese jeweils zu entkräften.	7 ff.
●○	7.	Inwieweit spielt die Fensterlüftung bei der Planung und Betriebsweise einer Klimaanlage eine Rolle?	8

Kapitel 2 Raumklima und Behaglichkeit

	Nr.	Frage	Seite
●	1.	Welche umfassenden Behaglichkeitskomponenten spielen bei Planung und Betrieb einer Klimaanlage eine Rolle?	12
○	2.	Nennen Sie mindestens 5 Hinweise, die bei der akustischen Behaglichkeit eine größere Rolle spielen.	13
○○	3.	Inwiefern können der Ionengehalt der Luft und elektrostatische Aufladungen in Räumen die Behaglichkeit beeinflussen?	13, 14
●○	4.	Nennen Sie jeweils drei optische und sonstige Einflußgrößen auf die Behaglichkeit.	15
●○	5.	Nennen Sie jeweils vier Einflußgrößen für die thermische Behaglichkeit und Raumreinheit (wahlweise): a) bezogen auf die Personen, b) auf den Raum, c) auf die RLT-Anlage.	16
○	6.	Geben Sie einen Hinweis zu der Temperaturregelung des menschlichen Körpers.	16
○	7.	Wie reagiert der menschliche Körper, a) wenn seine Umgebungstemperatur zu gering, b) wenn sie zu hoch ist (bezogen auf den Gleichgewichtszustand)?	16, 17
●	8.	Der Mensch gibt sowohl sensible als auch latente Wärme ab. In welcher Form geschieht dies jeweils?	18 ff.
●○	9.	Vergleichen Sie die Anteile von sensibler und latenter Wärme a) bei leichter und b) bei schwerer Arbeit. Welche Folgerungen entnehmen Sie daraus?	19
○	10.	Zu folgende Begriffen ist in Zusammenhang mit der Wärmeabgabe des Menschen ein kurzer Hinweis anzugeben: Wärmeleitung, Konvektion, Strahlung, feuchte Wärme, Wärmestau.	18 ff.
●○	11.	Nennen Sie die vier thermischen Behaglichkeitskomponenten, und nehmen Sie Stellung zu den unterschiedlichen Äußerungen bei der Befragung von Personen hinsichtlich der Bewertung des Raumklimas.	20
●	12.	Welche Raumlufttemperatur soll im Winter und im Sommer gewählt werden? Nennen Sie drei wesentliche Einflußgrößen, die es schwierig machen, einen allgemeingültigen, exakten Wert anzugeben.	20 ff.
●	13.	Was versteht man unter dem Begriff „Schwülegefühl“? Nennen Sie zwei wesentliche Folgerungen aus der Schwülekurve.	22
●	14.	Welche relative Feuchte wird in Aufenthaltsräumen empfohlen? Nennen Sie obere und untere Grenzwerte.	22
●○	15.	Weshalb läßt man im Winter eine etwas geringere und im Sommer eine etwas höhere relative Raumfeuchte zu?	23
○	16.	Geben Sie einen Zusammenhang zwischen innerer Oberflächentemperatur (Fenster, Wände usw.), Außentemperatur und Wärmedurchgangskoeffizienten.	23

Kapitel 3 Die Klimaanlage - Bauteile und Systeme

	Nr.	Frage	Seite
○	29.	Wodurch erreicht man beim Luftwäscher einen hohen Befeuchtungswirkungsgrad? Nennen Sie Anhaltswerte.	46
○	30.	Was versteht man beim Luftwäscher unter der Wasser-Luft-Zahl, und wodurch wird sie verändert?	46
●○	31.	Was versteht man beim Luftwäscher unter der Spritzwasserregelung?	46
●○	32.	Nennen Sie zwei Bedingungen für einen hygienisch einwandfreien Betrieb einer Düsenkammer.	47
●○	33.	Wodurch kommt es zu einer „Eindickung" beim Luftwäscher?	47
○	34.	Nennen Sie mindestens fünf negative Folgen, wenn nach der Verdunstung Salze und Schmutzteile im Umlaufwasser zurückbleiben.	47
●○	35.	Was versteht man beim Luftwäscher unter dem Begriff „Abschlämmen", und wovon hängt der Abschlämmassenstrom ab?	48
○○	36.	Wie arbeitet eine automatische Abschlämmeinrichtung, und was besagt der Zahlenwert 1000 μs/cm?	48
●○	37.	Welche Aufgaben hat beim Luftwäscher eine UV-Entkeimungsanlage?	49
○○	38.	Was bedeutet Keimzahl < 100 (bzw. < 100 KBE/ml), und wie werden Mikroorganismen durch eine Bestrahlung beeinflußt?	49
○	39.	Was muß bei der Verwendung von Bioziden beachtet werden?	50
●○	40.	Was muß bei einer Düsenkammer gewartet werden?	50
○	41.	Zur Durchführung eine Wäscherwartung sind mind. fünf Hinweise anzugeben, auch dann, wenn die Klimaanlage für längere Zeit außer Betrieb ist (z. B. übers Wochenende).	50
●	42.	Nennen Sie mind. 5 Vorteile einer Dampfbefeuchtung gegenüber der Düsenkammer.	51
○	43.	Beschreiben Sie die Wirkungsweise eines elektrischen Dampf-Luftbefeuchters.	52
○○	44.	Was versteht man beim Dampfbefeuchter unter einer vollautomatisch gesteuerten und überwachten Betriebsweise?	52
●○	45.	Wie berechnet man den Dampfmassenstrom, der durch die Einführung von Außenluft (Lüftung im Winter) erforderlich wird?	53
●○	46.	Was versteht man bei der Dampfbefeuchtung unter der Befeuchtungsstrecke, und wovon ist diese abhängig?	53, 54
●○	47.	Geben Sie 3 wesentliche Hinweise zum Verlegen der Dampfschläuche (evtl. mit Skizze).	54
○	48.	Geben Sie 2 Hinweise zur Regelung von Dampfbefeuchtern, und nennen Sie mindestens 3 Sicherheitseinrichtungen beim Dampfbefeuchter.	55
○	49.	Wovon hängt die Standzeit des Dampfzylinders ab, und wie kann man die Wartungsintervalle verlängern?	55
●○	50.	Nennen Sie 2 Bedingungen und 5 Bauteile bei der Dampfbefeuchtung mit Fremddampf.	56
○	51.	Worin unterscheidet sich bei der Dampfbefeuchtung mit Fremddampf das offene und geschlossene System?	56
○○	52.	Nennen Sie 5 Anforderungen für Montage und Betrieb von Dampfbefeuchtern mit Fremddampf.	57
●○	53.	Nennen Sie 6 Kriterien, wonach man Klimaanlagen und Klimageräte einteilen kann.	58
●○	54.	Machen Sie jeweils eine Unterteilung bei den Luft-Wasser-Systemen, den NUR-LUFT-Systemen und den Einzelgeräten.	59
●	55.	Nennen Sie 3 Beispiele, wie in Räumen eine Kombination von zentraler und dezentraler Luftdurchführung durchgeführt werden kann (Zuluft – Abluft).	59
●○	56.	Was versteht man unter einer Hochgeschwindigkeitsanlage? Nennen Sie ein Anwendungsbeispiel.	59
●	57.	Worin besteht der Unterschied zwischen einer Komfort- und einer Prozeßklimaanlage?	60
●○	58.	Nennen Sie jeweils 2 Merkmale, Anlagenvarianten und Anwendungsbeispiele von NUR-LUFT-Systemen.	60 ff.
●○	59.	Was versteht man unter einer Einkanalklimaanlage? Warum und auf welche Weise wird oft eine Raumheizung durch statische Heizflächen einbezogen?	61
○	60.	Welchen Vorteil hat eine Mehrzonenklimaanlage, und welche Anlagenvarianten kennen Sie?	62
○	61.	Beschreiben Sie die Wirkungsweise einer Zweikanalklimaanlage. Nennen Sie 3 Nachteile.	63
●○	62.	Nennen Sie das wesentliche Merkmal und 3 Vorteile einer VVS-Anlage.	64, 65
○○	63.	Begründen Sie die Anforderungen bei VVS-Anlagen hinsichtlich der oberen und unteren Volumenstrombegrenzung und des Zuluftdurchlasses.	65
●○	64.	Welche Aufgabe hat eine Volumenstromregler? Beschreiben Sie dessen Wirkungsweise.	65
●	65.	Wonach kann man Ventilatorkonvektoren zur Klimatisierung unterscheiden?	66
●○	66.	Beschreiben Sie Aufbau und Wirkungsweise einer Induktionsklimaanlage.	67, 68
○	67.	Machen Sie eine Gegenüberstellung von der NUR-LUFT- und Induktionsklimaanlage, und stellen Sie dabei 3 wesentlich unterschiedliche Merkmale heraus.	68
●○	68.	Was versteht man unter einem 2-Rohr- und 4-Rohrsystem? Nennen Sie jeweils einen Nachteil.	69
○	69.	Beschreiben Sie beim Induktionsgerät mit zwei Wärmetauschern die Klappenregelung.	69
●○	70.	Welche Aufgaben hat eine Kühldecke, und worin besteht der Unterschied zwischen einer geschlossenen und offenen Kühldecke?	70, 71

●○ 71. Erläutern Sie bei der Kühldecke die Begriffe: Kühlpaneelen, Naßverlegesystem, „Wärmetauschermatte“ und aktive Kühlfläche. 70 ff.

●○ 72. Nennen Sie vier wesentliche Vorteile von Kühldecken, und ziehen Sie jeweils daraus eine Folgerung. 72 ff.

○ 73. Begründen Sie, daß bei Verwendung von Kühldecken a) die Luftwechselzahlen für die RLT-Anlage geringer werden, b) daß die empfundene Raumtemperatur 1 – 2 K unter der gemessenen liegt und c) daß die Energie- und Investitionskosten geringer sind. 73, 74

●○ 74. Wenn neben der Kühldecke auch eine RLT-Anlage eingebaut wird, welche Luftführungssysteme können hier gewählt werden? 77

●○ 75. Wie wird eine Schwitzwasserbildung bei Kühldecken von vornherein verhindert? Nennen Sie mehrere Möglichkeiten. 77, 78

○ 76. Wie können Kühldecken geregelt werden? 78

○ 77. Wovon ist die Kälteleistung einer Kühldecke abhängig? Nennen Sie drei Einflußgrößen! 79

○ 78. Welche Betriebsarten sind möglich, wenn neben der Kühldecke auch Zuluftdurchlässe vorhanden sind, und wann werden sie jeweils gewählt? 80

○○ 79. Geben Sie Anhaltswerte für die Auslegung von Kühldecken hinsichtlich Raumtemperatur, Kühldeckentemperatur, Kaltwassertemperatur, Temperaturspreizung und Wassermassenstrom je Kreis. 80

○ 80. Was ist zu beachten, wenn Kühldecken auch für Heizzwecke verwendet werden sollen? 81

●○ 81. Welche Vorteile haben Kühldecken, die über dazwischengeschaltete Wärmetauscher betrieben werden? 82

●○ 82. In welchen Gebäuden sind bisher Kühldecken eingebaut worden, bzw. wie werden diese Gebäude genutzt, und welches System wird zur Lüftung bevorzugt? 82

Kapitel 4 Die Luftfeuchtigkeit in der Raumlufttechnik

●○ 1. Was versteht man unter Feuchtluft, und wodurch wird der Wassergehalt der Luft erhöht und wodurch verringert? 83

○ 2. Was besagt das DALTONsche Gesetz, und wann wird der Partialdruck zum Sättigungsdampfdruck? 84

●○ 3. Nennen Sie drei wesentliche Zustandsgrößen gesättigter Luft. 84

● 4. Was versteht man unter der absoluten Feuchtigkeit, und worin besteht der Unterschied zwischen x und x_s? 85

●○ 5. Die Sättigungsdampfmenge ist temperatur- und druckabhängig. Welche Folgen hat dies jeweils? 85

●○ 6. Wie verändert sich die absolute Feuchtigkeit der Außenluft x_a während des Tages und des Jahres? 85

● 7. Was versteht man unter der relativen Feuchtigkeit φ, und wo spielt sie bevorzugt eine Rolle? 86

○ 8. Wie kann man anhand der absoluten Feuchte und Temperatur die Sättigungsdampfkurve darstellen? 86

●○ 9. Weshalb schwankt die relative Feuchtigkeit der Außenluft während des Tages, und welche relative Feuchte ist in Räumen anzustreben? 87

●○ 10. Was versteht man unter der Taupunkttemperatur? Wann ist sie erwünscht, und zu welchen negativen Auswirkungen kann es kommen, wenn sie erreicht oder gar unterschritten wird? 87

○ 11. Welcher Zusammenhang besteht z. B. bei einer Gebäudeaußenfläche zwischen Taupunkttemperatur, Wärmeduchgangskoeffizient, Wärmeübergangszahl innen, Außen- und Innentemperatur? 88

○ 12. Inwiefern kann man eine Vermeidung von Schwitzwasser (Feuchteschäden) durch folgende Maßnahmen erreichen: a) Reduzierung des Wärmedurchgangskoeffizienten, b) Vermeiden von toten Ecken, c) Abschirmen durch Warmluft, d) Vermeidung von Kältebrücken, e) richtige Hygrostateinstellung und f) Dämmung von Lüftungskanälen. 88

○ 13. Was versteht man unter einer Wasserdampfdiffusion sowie dem Diffusionswiderstandsfaktor und Diffusionsdurchlaßwiderstand? 89

●○ 14. Welche Möglichkeiten gibt es, um Feuchteschäden in Gebäuden durch Wasserdampfdiffusion zu verhindern? 90, 91

●○ 15. Durch welche drei Teile setzt sich der Wärmeinhalt (= Enthalpie) feuchter Luft zusammen? Nennen Sie jeweils Bezeichnung und Rechenansatz. 91

●○ 16. Wie groß ist zahlenmäßig etwa die Verdampfungswärme in kJ/kg und Wh/kg? 91

●○ 17. Nach welcher Gleichung berechnet man die Enthalpie des Wasserdampfanteils der Luft (genau und näherungsweise) sowie die latente Wärme? 92

●○ 18. Wie kommt es, daß z. B. bei einer Luftbefeuchtung, wo die latente Wärme zunimmt, trotzdem die Enthalpie der Feuchtluft konstant bleibt? 92

●○ 19. Weshalb kühlt sich die Raumluft ab, wenn im Raum durch ein Verdunstungsgerät die Luft befeuchtet wird, und warum trifft dies beim Dampf-Luftbefeuchter nicht zu? 92

●○ 20. Um wieviel muß die Kühlerleistung größer sein, wenn durch den Kühler auch die Luft entfeuchtet wird? 93

●○ 21. Wo kann die latente Wärme a) in der Heizungstechnik und b) in der Klimatechnik genutzt werden? 93

●○ 22. Was versteht man unter der Feuchtkugeltemperatur, und wo spielt sie eine Rolle? 93

○ 23. Beschreiben Sie Aufbau und Wirkungsweise eines Psychrometers, und wie kann man anhand der psychrometrischen Differenz die relative Feuchte bestimmen (drei Möglichkeiten)? 94

○ 24. Weshalb können zwei Städte trotz unterschiedlicher Lufttemperatur dieselbe Feuchtkugeltemperatur und somit dieselbe Enthalpie haben? 95, 98

●○ 25. Nennen Sie die 4 eigentlichen (wichtigsten) Zustandsgrößen feuchter Luft, und geben Sie an, mit welchen man die Feuchtigkeit der Luft angeben kann. 95

○ 26. Wie bestimmt man das aus der Luft ausgeschiedene Wasser, wenn diese komprimiert wird? 96

●○ 27. Wie berechnet man den „Trocknungseffekt" und somit die erforderliche Wassermasse zur Befeuchtung, wenn der Raum im Winter gelüftet wird? 96

○○ 28. Wie kann man rechnerisch nachweisen, ob an einer Kaltwasserleitung die Gefahr einer Schwitzwasserbildung besteht? 97

●○ 29. Nennen Sie jeweils mehrere Folgen von zu hoher Luftfeuchtigkeit in Räumen a) hinsichtlich der Behaglichkeit, b) hinsichtlich des Baukörpers, c) hinsichtlich der Einrichtungen und d) hinsichtlich verschiedener Produktionsverfahren. 99, 100

●○ 30. Nennen Sie mindestens drei Folgen von zu geringer Luftfeuchigkeit in Räumen a) hinsichtlich der Behaglichkeit, b) hinsichtlich des Baukörpers, c) hinsichtlich der Einrichtungen und d) hinsichtlich zahlreicher Produktionsverfahren. 100, 101

●○ 31. Stellen Sie alle Maßnahmen zusammen, wie man die Luftfeuchtigkeit erhöhen und verringern kann, wobei zwischen absoluter und relativer Feuchte zu unterscheiden ist. 102

●○ 32. Welche Kriterien sind bei der Auswahl von Feuchtemeßgeräten zu beachten? 102

○ 33. Welche Verfahren zur Feuchtemessung kennen Sie, was wird jeweils gemessen, und welche werden in der Klimatechnik angewandt? 102, 103

●○ 34. Beschreiben Sie die Wirkungsweise eines Haarhygrometers, und nennen Sie die Nachteile. 103

●○ 35. Was versteht man unter einem Hygrostaten, und was ist bei der Montage zu beachten (mindestens drei Hinweise). 103, 104

○ 36. Beschreiben Sie die Wirkungsweise eines Lithium-Chlorid-Feuchtemeßgerätes. 104

○ 37. Weshalb verwendet man heute zur Feuchtemessung vorwiegend elektronische Präzisionsmeßgeräte? 105

○ 38. Was versteht man bei den elektronischen Meßgeräten unter den Begriffen: Kapazitätshygrometer und Meßwertgeber, und welche Meßgrößen können damit gemessen werden? 105

Kapitel 5 Reinhaltung der Luft - Luftfiltrierung - Reinraumtechnik

●○ 1. In welchen Räumen wird eine Staubreinheit gefordert, die sogar über den hygienischen Anforderungen liegt? 106

○ 2. Durch welche Schadstoffe und Einrichtungen wird die Außenluft belastet, und womit wird eine Schadstoffbegrenzung angestrebt? 106

●○ 3. Erläutern Sie die Begriffe MIK-Wert, Immission, Emission und TA-Luft. 106

● 4. Nennen Sie jeweils drei Möglichkeiten, wodurch die Raumluft a) im Rauminnern und b) durch RLT-Anlagen verunreinigt werden kann. 107

●○ 5. Geben Sie zu den 3 vom Menschen verursachten „Luftverunreinigungsquellen" a) CO_2-Abgabe, b) Geruch- und Ekelstoffe, c)Tabakrauch jeweils einen Hinweis hinsichtlich der Lüftungsforderung. 108

○ 6. Wodurch entstehen Staub und raumbedingte Gase, Dämpfe und Gerüche? 108, 110

●○ 7. Wodurch können Verunreinigungen durch die RLT-Anlage selbst entstehen? 109

○ 8. Erklären Sie hinsichtlich des Staubes folgende Begriffe: Teilchengrößenbereich, organischer Staub, Aerosole und Keime. 110

●○ 9. Weshalb muß der Staub auch außerhalb der Gebäude massiv bekämpft werden? 110

○ 10. Nennen Sie 3 wesentliche Abscheideeffekte bei der Staubausscheidung durch Filter. ... 110

●○ 11. Nennen Sie vier Gründe, wodurch der Einbau eines Filters in RLT-Anlagen gerechtfertigt ist. 111

●○ 12. Nennen Sie 5 wesentliche Beurteilungskriterien für Luftfilter in RLT-Anlagen. 111

○ 13. Was versteht man beim Luftfilter unter dem Abscheidegrad, und weshalb ist er im Betrieb (im Gegensatz zum Prüfstand) sehr unterschiedlich? 112

●○ 14. Wovon hängt der Druckverlust eines Luftfilters ab? Nennen Sie mindestens 3 Einflußgrößen. 112

●○ 15. Was versteht man unter der Anfangsdruckdifferenz Δp_A, der empfohlenen Enddruckdifferenz Δp_E und dem „Dimensionierungswiderstand" eines Filters? 112, 113

○ 16. Veranschaulichen Sie die Begriffe von Frage 15 anhand der Anlagen- und Ventilatorenkennlinie (Einfluß auf den Volumenstrom) einschließlich des Betriebspunkts ohne Filter. 112, 113

●○ 17. Was versteht man unter der Standzeit eines Filters, welche Bedeutung hat sie, und zwischen welchen „3 Arten von Standzeiten" kann man unterscheiden? 113

●○ 18. Wovon hängt die Standzeit eines Filters ab, und welchen Nachteil kann eine zu lange Standzeit haben? 113, 114
○ 19. Was versteht man unter dem Nennvolumenstrom und der zulässigen Anströmgeschwindigkeit eines Filters? 114
○ 20. Was versteht man unter der Staubspeicherfähigkeit eines Filters, und welche praktische Bedeutung hat sie? 114
●○ 21. Wie werden Luftfilter nach Klassen eingeteilt, und was bedeutet die Abkürzung EU? 115
○○ 22. Geben Sie einen kurzen Hinweis über die Prüfverfahren von Luftfiltern. 115
○ 23. Welche Kosten sind bei wirtschaftlichen Betrachtungen eines Luftfilters zu berücksichtigen? 116
● 24. Nennen Sie vier Gründe, die eine sorgfältige Filterwartung rechtfertigen. 117
●○ 25. Nennen Sie mindestens 4 Kriterien, nach welchen Luftfilter eingeteilt werden, und geben Sie hierzu jeweils 2 bis 3 Filterarten an. 117
●○ 26. Nennen Sie 5 oder 6 wesentliche Fragen, die vor einer Filterauswahl bzw. Filterbestellung beantwortet werden müssen. 118
●○ 27. Beschreiben Sie die Konstruktion eines Metallfilters, wo findet er Anwendung, und wie wird er gereinigt? 118
●○ 28. Was versteht man unter einem benetzten Metallfilter, und welche Anforderungen werden an das Benetzungsmittel gestellt? 119
● 29. Nennen Sie 3 wesentliche Filtermedien bei Trockenschichtfiltern. 119
●○ 30. In welchen Filterbauarten werden synthetische Filtermedien eingesetzt? 119
○ 31. Geben Sie zu folgenden Auswahlkriterien für synthetische Filtermedien 1 oder 2 Beispiele an: Struktur, Oberfläche, Lieferform, Reinigung, Abscheidung und sonstiges. 119
●○ 32. Wann verwendet man vorwiegend Wegwerffilter? 120
●○ 33. Nennen Sie Anwendungsbeispiele für das Filtermaterial der Klasse EU 2 und EU 5. 120
● 34. Erklären Sie bei einem Filter die Begriffe: progressiver Aufbau, Luftfilterband und Spannfederrahmen. 120
●○ 35. Was versteht man unter Glasfasermedien, und für welche Filterklassen werden sie eingesetzt? 121
○ 36. Wodurch wird beim Glasfaserfilter die hohe Speicherkapazität erreicht, und wozu dient hier eine Imprägnierung? 121
○ 37. Nennen Sie jeweils 2 Merkmale zu den Filtermedien Naturmischfaser und Filterschaum. 121, 122
●○ 38. Was versteht man unter einem Zellenfilter, und welche Arten und Aufgaben hat der Filterrahmen? 122
● 39. Wie soll ein regeneriertes Filter(material) gereinigt werden? 123
●○ 40. Welchen Vorteil hat eine V-förmige Anordnung von Filtermatten oder -zellen? 124
●○ 41. Was versteht man unter einem „Großflächenfilter", Einbaurahmenfilter, Kompaktfilter und Kassettenfilter? 124
○ 42. Nennen Sie 3 wesentliche Vorteile eines Kompaktkassettenfilters. 124
○ 43. Nennen Sie 3 Hinweise zum Taschenfilter (z. B. Aufbau, Befestigung, Filterklasse, Anwendung). 125
●○ 44. Beschreiben Sie die Wirkungsweise eines Rollbandfilters. 126
●○ 45. Nennen Sie jeweils zwei Vor- und Nachteile eines Rollbandfilters. 127
○ 46. Beschreiben Sie die differenzgesteuerte Automatik eines Rollbandfilters. 127
●○ 47. Welche Arten von Kanalfilter kennen Sie? 127
●○ 48. Was versteht man unter einem Schwebstoffilter, und welche Filtermedien werden verwendet? 128
○ 49. Was soll mit einem Schwebstoffilter abgeschieden werden, und wo werden die Filterelemente eingebaut? 128
○ 50. Beschreiben Sie den Aufbau eines Schwebstoffilterpaketes. 128
●○ 51. Wo werden Schwebstoffilter eingesetzt, insbesondere bei Zuluftvolumenströmen? 128
○ 52. Weshalb ist beim Schwebstoffilter eine Vorfiltrierung erforderlich? Machen Sie hierzu einen Vorschlag hinsichtlich der Filterklassen. 129
○ 53. Welche Filterklassen bei Schwebstoffiltern kennen Sie, und was wissen Sie über die Standzeit? 129
●○ 54. Erläutern Sie den Aufbau und die Wirkungsweise eines Elektrofilters. 130
●○ 55. Nennen Sie Bauarten und Anwendungsbeispiele von Elektrofiltern. 130
○ 56. Nennen Sie jeweils zwei Vor- und Nachteile von Elektrofiltern, und wie sollen diese gereinigt werden? 131
●○ 57. Was soll mit einem Aktivkohlefilter abgeschieden werden? 131
○ 58. Welche Bauarten von Aktivkohlefiltern kennen Sie, und wie erfolgt die Vorfiltrierung? ... 131
○ 59. Weshalb ist die Aufnahmefähigkeit (Adsorptionsvermögen) von Aktivkohlefiltern so unterschiedlich, und worauf ist bei der Auswahl zu achten? 132
●○ 60. Skizzieren Sie ein Mehrstufenfilter mit Symbolen, und begründen Sie dessen Einsatz. 133
● 61. Erläutern Sie ein Zwei-, Drei- und Vierstufenfilter. 133
●○ 62. Was versteht man unter der Reinraumtechnik? Nennen Sie drei Anwendungsbereiche. 134
○ 63. Skizzieren Sie drei verschiedene Ausführungsformen der Reinraumtechnik. 134

Kapitel 6 Raumklimageräte, Be- und Entfeuchtungsgeräte

Kapitel 7 Kühllastberechnung – VDI 2078

●○ 20. Skizzieren Sie drei verschiedene Möglichkeiten für die Luftführung bei Abluftleuchten. 190

●○ 21. Was versteht man bei der Beleuchtungswärme unter dem Raumbelastungsgrad μ_B, und wovon hängt dieser ab? ... 190

○ 22. Zeigen Sie anhand einer Skizze den unterschiedlichen Belastungs- und Kühllastverlauf bei der Beleuchtungswärme. ... 191

○ 23. Geben Sie etwa das Kühllastverhältnis zwischen Glühlampen, Leuchtstofflampen und Abluftleuchten an, bei gleichem Lux-Wert. ... 192

●○ 24. Wie berechnet man die Kühllast durch Maschinen und Geräte? ... 193

●○ 25. Wie berechnet man bei der Kühllast die Transmissionswärme zu Nachbarräumen? ... 194

●○ 26. Wo spielt die Außentemperatur bei der Kühllastberechnung eine Rolle? ... 195

●○ 27. Was soll durch die Einführung von Kühllastzonen berücksichtigt werden? Wieviel gibt es? 195 ff.

●○ 28. Erläutern Sie die Kühllastzonenkarte nach VDI 2078! ... 196

●○ 29. Erläutern Sie anhand einer Skizze den Tagesgang der Außentemperatur. Wovon hängt dieser ab? ... 197

○ 30. Geben Sie jeweils einen Hinweis zum Jahresgang der absoluten Feuchte, zum mittleren Tagesgang der Luftfeuchte und zu den erforderlichen jährlichen Befeuchtungstagen. ... 197, 198

●○ 31. Welche maximale absolute Feuchte wird für die Auslegung der Klimaanlage zugrunde gelegt, und welche Folgen hat die große Schwankung während des Jahres? ... 198

●○ 32. Erläutern Sie folgende vier Begriffe: Solarkonstante, direkte und diffuse Sonnenstrahlung und Globalstrahlung. ... 198

●○ 33. Was versteht man unter dem Trübungsfaktor, und worin besteht der Unterschied zwischen T und T'? ... 199

●○ 34. Wie groß ist etwa der Maximalwert der Gesamtstrahlung im Monat Juli? ... 200

●○ 35. Erläutern Sie den unterschiedlichen Wärmedurchgang durch Außenwände im Winter und im Sommer. ... 201

○ 36. Skizzieren Sie den täglichen Verlauf der Oberflächentemperatur der Außenwand sowie deren reduzierte und verzögerte Wirksamkeit durch die Speicherfähigkeit der Außenwand. 201

○ 37. Erläutern Sie die Begriffe: stationäre Wärmeströmung, Eindringzahl und Temperaturamplitude. ... 201

●○ 38. Wie berechnet man den Wärmestrom durch sonnenbeschienene Außenwände? ... 202

●○ 39. Was versteht man unter der äquivalenten Temperaturdifferenz $\Delta\vartheta_{äq}$, und welche Einflußgrößen hinsichtlich des Wärmedurchgangs werden dadurch berücksichtigt? ... 202

●○ 40. Weshalb ist meistens eine Phasenverschiebung des Wärmedurchgangs bei Außenwänden erwünscht? ... 203

●○ 41. Worin besteht der Unterschied zwischen der momentanen und der effektiven Kühllastkurve bei Außenwänden? ... 203

○ 42. Nennen Sie vier Kennzahlen für Wand- und Dachkonstruktionen, und geben Sie ihre Bedeutung an. ... 204

○ 43. Weshalb müssen teilweise beim Wärmedurchgang durch Wände und Dächer Zeitkorrekturen ΔZ eingeführt werden? ... 205

●○ 44. In welchen beiden Fällen muß $\Delta\vartheta_{äp}$ auf $\Delta\vartheta_{äq1}$ umgerechnet werden? ... 205

○○ 45. Was bedeuten Absorptions- und Emissionsgrade bei Wänden und Decken, und wie wird $\Delta\vartheta_{äq2}$ berücksichtigt? ... 206

●○ 46. Wie setzt sich die Kühllastberechnung bei Fenstern zusammen, und welche Außenlufttemperatur wird bei $\dot{Q}_T$ eingesetzt? ... 206, 207

●○ 47. Nennen Sie vier wesentliche Einflußgrößen für die eindringende Sonnenwärme durch Fenster. ... 207

●○ 48. Wie werden bei der Kühllastberechnung die Fensterrahmen (Fensterkonstruktion) berücksichtigt? ... 208

●○ 49. Was versteht man unter Absorptionsgläsern und Reflexionsgläsern, und wie ist deren Wirkung hinsichtlich des Wärmedurchgangs? ... 208, 209

●○ 50. In welchem Verhältnis liegen die Durchlaßfaktoren der Sonnenstrahlung bei Einfach-, Zweifach- und Dreifachverglasung sowie bei Glasbausteinen? Welchen Nachteil haben Sonnenschutzgläser? ... 209

●○ 51. Nennen Sie drei Aufgaben, die von Sonnenschutzeinrichtungen erfüllt werden müssen, und geben Sie jeweils eine Begründung. ... 209

●○ 52. Nennen Sie vier Forderungen an die Konstruktion von Sonnenschutzeinrichtungen, und erläutern Sie den Begriff „Umkehrsonnenschutz“. ... 210, 211

●○ 53. Vergleichen Sie die Wirkung einer Außenjalousie mit der einer Innenjalousie und mit der zwischen den Scheiben. ... 210

●○ 54. Geben Sie jeweils einen Hinweis zu den Sonnenschutzeinrichtungen: Vorhänge, beweglicher Sonnenschutz und Markisen. ... 211

●○ 55. Inwiefern kann durch bauliche Maßnahmen (Beschattungen) die Kühllast durch Sonnenstrahlung reduziert werden? Nennen Sie vier Beispiele. ... 212

○○ 56. Welche Einflußgrößen werden in einem Beschattungsdiagramm berücksichtigt? ... 211, 212

●○ 57. Wie berechnet man die Kühllast infolge Sonnenstrahlung durch Fenster? ... 212

○○ 58. Geben Sie jeweils einen Hinweis zu den Intensitäten I_{max} und $I_{diff.\ max}$ sowie zum äußeren Kühllastfaktor. 212, 213

○○ 59. Wann geht man bei der Kühllastberechnung „Sonnenstrahlung durch Fenster“ von I_{max} und wann von S_a aus? 214

●○ 60. Es soll nach einem „Formular“ vom Hersteller eine näherungsweise Kühllastbestimmung durchgeführt werden. Nehmen Sie Stellung zum Raum- und Außenluftzustand, zu den Zahlenwerten und zu den möglichen Reduzierungen. 215

●○ 61. Wovon hängen bei der näherungsweisen Kühllastbestimmung die Zahlenwerte für Glasflächen und Außenwände ab? .... 215 ff.

●○ 62. Weshalb wird je Person ein so unterschiedlicher Kühllastanteil angegeben? Zeigen Sie anhand eines Zahlenbeispiels, wie ein solcher Zahlenwert zustande kommt. 217, 218

●○ 63. Wie berechnet man je Person den sensiblen und latenten Kühllastanteil, der durch die erforderliche Lüftung zu berücksichtigen ist? 218

Kap. 8 Volumenstrombestimmung für Klimaanlagen

● 1. Welche Volumenströme müssen bei einer Klimaanlage (einschließlich Kälteanlage) berechnet werden? Nennen Sie fünf Beispiele. 219

●○ 2. Nennen Sie fünf mögliche Kriterien, nach denen der Zuluftvolumenstrom einer Klima- oder Teilklimaanlage bestimmt werden kann. 219

●○ 3. Nennen Sie drei mögliche Gründe, wann bei einer Klimaanlage die Lüftung einbezogen werden muß. 219

●○ 4. Unter welcher Bedingung kann ein Raum auch durch Außenluft entfeuchtet werden, und wie berechnet man den hierfür erforderlichen Volumenstrom? 220

● 5. Wie groß ist der personenbezogene Außenluftvolumenstrom, und wann muß dieser erhöht werden? 220, 221

●○ 6. Welche Bedeutung hat die Volumenstrombestimmung nach der Luftwechselzahl? 221

●○ 7. Geben Sie mögliche Probleme bei zu hohen und zu geringen Luftwechselzahlen an. Nennen Sie Anhaltswerte! 221

○ 8. Welche Bedingungen müssen bei geringen Luftwechselzahlen erfüllt werden? 221

●○ 9. Wie bestimmt man den Volumenstrom nach dem im Raum entstehenden Schadstoffanfall? 221

●○ 10. Was versteht man unter dem MAK-Wert, und wie wird die Schadstoffkonzentration der Außenluft berücksichtigt? 221

●○ 11. Nennen Sie vier Raumlasten, die bei Klimaanlagen Einfluß auf den Zuluftvolumenstrom haben können. 222

● 12. Wie müßte man die Kühllast und/oder die Untertemperatur verändern, wenn man den Zuluftvolumenstrom verringern möchte? 222

○ 13. Was möchte man mit dem VVS-System erreichen, und weshalb kann eine Nachwärmung bei mehreren Räumen entfallen? 223

● 14. Nennen Sie mindestens drei Einflußgrößen für die Wahl der Untertemperatur. Geben Sie Anhaltswerte! 223

●○ 15. Wie kann man $\dot{V}_{ZU}$ und $\dot{V}_{AU}$ besser angleichen, wenn der Zuluftvolumenstrom nach der Kühllast bestimmt werden muß ($\dot{V}_{ZU} > \dot{V}_{AU}$)? 223

○ 16. Wie erhält man den Zuluftvolumenstrom, wenn dieser nach der Entfeuchtungslast bestimmt werden muß? 224

●○ 17. Wie berechnet man den Zuluftvolumenstrom nach der Heizlast, und welche Kriterien kennen Sie für die Wahl der Übertemperatur? 224

○ 18. Wie bestimmt man den Volumenstrom des Zuluftventilators, wenn neben der Heizlast auch die Kühllast und die Lüftungsforderung berücksichtigt werden müssen? 224, 225

●○ 19. Nach welchen Kriterien wird nach den Arbeitstättenrichtlinien der Außenluftvolumenstrom bestimmt? 225

○ 20. Wie kann man bei gegebener Kälteleistung eines Klimagerätes überprüfen, ob die sensible Kühllast gedeckt wird (Aufg. 7)? 226, 227

○ 21. Welche Möglichkeiten kennen Sie, um den Betrieb der Klimaanlage durch Volumenstromänderungen den Lasten anzupassen? 228

●○ 22. Nach welchen Regelgrößen kann der Volumenstrom geregelt werden? 228

●○ 23. Geben Sie jeweils einen Hinweis zu folgenden Regelungsmöglichkeiten eines Ventilators: Drossel-, Bypaß-, Drall-, Drehzahl- und Laufschaufelregelung. 228

Kap. 9 h,x-Diagramm – Klimatechnische Berechnung

●○ 1. Nennen Sie vier Aufgaben, die mit dem h,x-Diagramm erfüllt werden können. Geben Sie jeweils einen Hinweis! 229

○ 2. Mit welchen Zustandsgrößen kann die Luftfeuchtigkeit gekennzeichnet oder bestimmt werden? 229

● 3. Skizzieren Sie das h,x-Diagramm mit den wesentlichen Zustandsgrößen 230

●○ 4. Bestimmen Sie anhand des Diagramms die Zustandsgrößen x, h, ϑ_{Tp}, ϑ_f, p_D, wenn das Thermometer 20 °C und das Hygrometer 50 % anzeigt. 231

●○ 37. Welcher Zusammenhang besteht zwischen der Kühleroberflächentemperatur und der Kaltwassertemperatur? 248, 249

●○ 38. Wie setzt sich die Kühlerleistung zusammen, wenn mit der RLT-Anlage die Räume gelüftet, gekühlt und entfeuchtet werden müssen? Skizze und Rechenansätze. 249, 250

●○ 39. Erläutern Sie die Vorgehensweise bei der Berechnung der Anlage nach Frage 38, a) wenn die Kühleroberflächentemperatur gesucht und b) wenn sie gegeben ist. 249

○ 40. Erläutern Sie bei der graphischen Darstellung im h,x-Diagr. das „Raumdreieck“, und geben Sie eine Erklärung dafür, daß beide Anteile getrennt erfaßt werden müssen. 250

○ 41. Geben Sie einen Zusammenhang zwischen Kühllast $\dot{Q}_{K(s)}$, Entfeuchtungslast ($\dot{m}_W$), Untertemperatur $\Delta\vartheta_U$ und Kühleroberflächentemperatur ϑ_K. 250, 251

○○ 42. Wie kann man $\Delta x_R = x_{ZU} - x_i$ und somit die Steigung der Kühlgeraden bzw. die Kühleroberflächentemperatur beeinflussen? 250

○ 43. Erklären Sie nachstehende, voneinander abhängige Begriffe (entsprechend der Reihenfolge): Kühllast ⇒ Zuluftvolumenstrom ⇒ spezifische Entfeuchtungslast Δx_R ⇒ Kühleroberflächentemperatur ⇒ Kaltwassertemperatur. Desgl. mit den Begriffen: Zuluftdurchlaß ⇒ Untertemperatur ⇒ Zuluftvolumenstrom ⇒ Δx_R ⇒ Kühleroberflächentemperatur. 250

●○ 44. Unter welchen beiden Bedingungen entspricht die Kälteleistung der sensiblen Kühllast? 250

●○ 45. Stellen Sie den Zustandsverlauf der Entfeuchtung mittels Sorptionsstoffen im h,x-Diagramm dar, und begründen Sie den evtl. Einbau eines Heiz- und Kühlregisters in einer SiO_2-Anlage. 252, 253

●○ 46. Was versteht man unter einer taupunktgeregelten Klimaanlage, und wie erhält man den Anfangs- und Endzustand der Zustandsänderungen? 253, 254

○ 47. Stellen Sie die taupunktgeregelte Klimaanlage im h,x-Diagramm dar (Winterbetrieb) a) bei $\eta_{Bef} = 100\ \%$ und b) bei $\eta_{Bef} = 90\ \%$. 254

●○ 48. Was wird durch den Taupunktthermostat geregelt (Winter und Sommer), und wo wird er in der Kammerzentrale angebracht? 254, 255

○ 49. Wie berechnet man bei der taupunktgeregelten Klimaanlage (Winterbetrieb) den Vor- und Nachwärmer, die Befeuchtungslast, und wo greift man die Heizlast und Befeuchtungsleistung ab? 254

●○ 50. Wie verändert sich die relative Feuchte, wenn der Taupunktthermostat zu hoch eingestellt wird? 254

●○ 51. Wie verändert sich die Austrittstemperatur beim Lufterwärmer, wenn anstelle der Taupunktregelung die Spritzwasserregelung gewählt wird? 254, 255

●○ 52. Stellen Sie die taupunktgeregelte Klimaanlage (Sommerbetrieb im h,x-Diagramm dar ($\eta_{Bef} = 100\ \%$). 255

●○ 53. Wie ändert sich die Konstruktion der Anlage von Frage 52, wenn der Befeuchtungswirkungsgrad berücksichtigt werden soll? 255

●○ 54. Wie erfolgt die Taupunktregelung über die Mischklappen? (Anlagen- und Diagrammskizze)

●○ 55. Tragen Sie mindestens 6 verschiedene Richtungsänderungen im h,x-Diagramm ein, und erklären Sie, wodurch diese erreicht werden. 256

●○ 56. Erklären Sie die 16 auf S. 257 dargestellten Anlagen- und Betriebsvarianten hinsichtlich der Zustandsänderungen. 257, 258

○ 57. Skizzieren Sie eine Klimaanlage mit adiabatischer Kühlung in Verbindung mit Sorption (Entfeuchtung) und Wärmerückgewinnung. Stellen Sie dies auch im h,x-Diagramm dar. 258

●○ 58. Nennen Sie die drei wesentlichen Wärmerückgewinnungssysteme, und stellen Sie jeweils die zugehörigen Luft-Zustandsänderungen im h,x-Diagramm dar. 259

●○ 59. Mit einem Wärmepumpen-Kompaktgerät wird die Raumluft entfeuchtet. Wie trägt man die Verdampfer- und Kondensatorleistung im h,x-Diagramm ein, und wie setzt sich letztere zusammen? 260

○ 60. Wie werden beim Gerät von Frage 59 der Rückgewinn der Latentwärme, die Heizlast und Kompressorwärme abgetragen? Unter welchen Bedingungen kann mit diesem Gerät die Raumluft auch gekühlt werden? 260

○ 61. Die Abkühlung des Kühlwassers und die Veränderung des Außenvolumenstroms im Kühlturm ist im h,x-Diagramm darzustellen; ebenso die Energiebilanz im Kühlturm. 260

Kapitel 10 Luftführung mit Planungsbeispielen

●○ 1. Worin unterscheiden sich bei der Wahl der Luftführung die beiden Kräfte: Schwerkraft und Impulskraft? 261

●○ 2. Nennen Sie Maßnahmen, damit die Impulskraft nicht geringer als die Schwerkraft ist, wenn beide Kräfte entgegengesetzt sind. 261

○ 3. Was versteht man unter der Archimedeszahl und wo spielt diese eine Rolle? 261

●○ 4. Nennen Sie wesentliche Fehler, die zu einer falschen Auswahl der Luftdurchlässe oder zu einer unbefriedigenden Luftströmung führen. 262

● 5. Nennen Sie wesentliche Grundsysteme bzw. Strömungsarten bei der Luftführung. 262

●○ 6. Was versteht man bei der Zuluftführung unter einer diffusen Strömung und unter einer Dralluftführung? ... 262

● 7. Nennen Sie drei wesentliche Merkmale der Mischströmung. ... 263

●○ 8. Wovon hängt die zulässige Zulufttemperatur bei der Kühlung ab? Nennen Sie Anhaltswerte. ... 263

●○ 9. Welchen Einfluß haben Luftwechsel, Einblasort und Zuluftdurchlaß auf die zu wählende Zulufttemperatur bei der Kühlung? ... 263, 264

● 10. Worin unterscheidet sich die Luftführung beim Zuluftdurchlaß zwischen Heiz- und Kühlfall. 263

●○ 11. Geben Sie Hinweise zur Anordnung der Abluftdurchlässe, insbesondere bei Dralluftdurchlässen. ... 264

●○ 12. Wann ist die Anwendung der Mischströmung unzweckmäßig? (Begründung) ... 264

●○ 13. Nehmen Sie Stellung zur Anwendung von Dralluftdurchlässen in Produktionsstätten. ... 264

●○ 14. Beschreiben Sie die Wirkungsweise einer Verdrängungsströmung. Skizzieren Sie drei Ausführungsarten. ... 265

●○ 15. Nennen Sie wesentliche Voraussetzungen zur Erzeugung einer Verdrängungsströmung. Wo wird diese bevorzugt angewandt? ... 265

○ 16. Beschreiben Sie wesentliche Verdrängungs-Luftdurchlässe (Aufbau, Montage, Wirkungsbereich usw.). ... 266

●○ 17. Beschreiben Sie anhand einer Skizze die Schichtenströmung. ... 266

●○ 18. Nennen Sie wesentliche Merkmale der Schichtenströmung hinsichtlich: Raumluftbewegung und Strömungsgeschwindigkeit. ... 267

○ 19. Stellen Sie die vertikale Geschwindigkeits-, Schadstoffkonzentrations- und Temperaturverteilung in einem Raum dar a) bei der Mischströmung b) bei der Schichtenströmung. ... 267

○ 20. Erläutern Sie im Zusammenhang mit der Schichtenströmung die Begriffe: „Frischluftschicht", vertikaler Temperaturanstieg, begrenzte Lastabfuhr, Untertemperatur und große Fensterglasflächen. ... 268

●○ 21. Geben Sie wesentliche Hinweise zur Anordnung von Quelluftdurchlässen und nennen Sie einige Ausführungsarten. ... 268

○ 22. Beschreiben Sie einen Induktionsquelluftdurchlaß und ein Quelluftinduktionsgerät. ... 269, 270

●○ 23. Begründen Sie Anwendungsbeispiele von Quelluftdurchlässen im Komfort- und Industriebereich. ... 269, 270

●○ 24. Nennen Sie drei wesentliche Kriterien für die Auswahl von Quelluftdurchlässen. ... 270 ff.

●○ 25. Skizzieren Sie die Luftführung (Kanalanordnung und Durchlässe) in einem Grundriß, und geben Sie Richtwerte für die Abstände an. ... 272

Kapitel 11 Planungsgrundlagen – Betrieb – Wirtschaftlichkeit

●○ 1. Geben Sie die schrittweise Vorgehensweise bei der Planung einer RLT-Anlage an. ... 278

●○ 2. Welche Aufgaben sind beim Vorentwurf durchzuführen? ... 278

●○ 3. Welche Unterlagen gehören zur Ausführung einer RLT-Anlage, um Mißverständnisse zwischen Auftraggeber und Auftragnehmer zu vermeiden? ... 279

●○ 4. Welche Folgen hat eine zu groß bemessene RLT-Anlage? ... 279

● 5. Inwieweit kann der Auftraggeber (Nutzer) Einfluß auf die Planung ausüben? ... 279

○ 6. Welche Methoden kennen Sie, um eine Wirtschaftlichkeitsberechnung durchzuführen? 280

○ 7. Erklären Sie die Begriffe: Kapitalrückflußdauer und Annuitätsfaktor. ... 280

●○ 8. Was versteht man unter einer dynamischen Wirtschaftlichkeitsberechnung? Nennen Sie zwei Vorteile. ... 281

●○ 9. Was versteht man unter „Kapitalgebundenen Kosten"? Weshalb schwanken sie bei RLT-Anlagen, und wonach werden sie oft überschläglich angegeben? ... 281

●○ 10. Wie setzen sich die verbrauchsgebundenen Kosten und speziell die Energiekosten zusammen? ... 282

●○ 11. Nennen Sie drei Maßnahmen, um die betriebsgebundenen Kosten zu verringern. ... 282

●○ 12. Nennen Sie drei Gründe für die Notwendigkeit der Energieeinsparung. ... 283

●○ 13. Inwieweit hat das Gebäude Einfluß auf den Energieverbrauch? Nennen Sie fünf Einflußgrößen. ... 283

○ 14. Nennen Sie sechs energiesparende Konzepte bei der Gebäudeplanung. ... 283

○ 15. Nennen Sie jeweils zwei gebäudenutzungs- und umweltbedingte Gründe für die Entscheidung für eine Klimaanlage. ... 284

○ 16. Was versteht man unter einem umfassenden Energiemanagement? ... 284

●○ 17. Nennen Sie fünf Energieeinsparmaßnahmen, die bei der Planung und Ausführung der Klimaanlage berücksichtigt werden sollen. ... 285

○ 18. Inwieweit kann bei Klimaanlagen eine Simulation durchgeführt werden? ... 288

●○ 19. Nennen Sie mind. vier Energieeinsparungsmaßnahmen beim Betrieb der Klimaanlage. 285

●○ 20. Inwieweit hängt der Energieverbrauch vom individuellen Nutzerverhalten ab? (Beispiel: Bürogebäude) ... 286

○ 21. Geben Sie drei wesentliche Hinweise zu einer energieoptimierten und ökologischen Bauweise (jeweils in Zusammenhang mit der Klimatisierung). ... 287

●○ 22. Nennen Sie fünf Maßnahmen zur Stromeinsparung in der Anlagentechnik und Beleuchtung. 287

○ 23. Welche Aufgaben soll die Gebäudeleittechnik übernehmen? 288

●○ 24. Inwieweit kann durch eine „Nachtkühlung" der Kältemaschinenbetrieb beeinflußt werden? Geben Sie drei Hinweise. 289

● 25. Nennen Sie mind. drei Vorteile einer Wärmerückgewinnungsanlage. 290

●○ 26. Geben Sie eine umfassende Übersicht über mögliche Wärmerückgewinnungsanlagen. 290

○ 27. Erläutern Sie anhand einer Skizze den Temperaturverlauf bei einer WRG-Anlage (Rotationswärmetauscher). 291

●○ 28. Was versteht man unter einem Sorptions-, Kondensations- und Plattenregenerator? 292

○ 29. Zeigen Sie anhand einer Skizze den Temperaturverlauf im Kreislaufverbund-System (Abluft, Außenluft, Wärmeträger). 292

●○ 30. Welche Kenngrößen und Kriterien sind bei der Beurteilung und Auswahl von WRG-Systemen zu beachten? Nennen Sie mind. fünf Angaben. 293

●○ 31. Wie berechnet man den Übertragungsgrad der Enthalpie und welche Bedeutung hat dieser? 293

●○ 32. Welche Bedeutung hat die Feuchteübertragung bei der Energierückgewinnung? 294

●○ 33. Welche Bauteile der RLT-Anlage werden durch den Einbau einer WRG-Anlage beeinflußt? (Begründung) 294

○ 34. Wie werden die ständigen Veränderungen des Außenluftzustandes bei der Wirtschaftlichkeitsberechnung von WRG-Anlagen berücksichtigt. 294

○ 35. Woraus bestehen die Aufgaben der Vollständigkeitsprüfung bei der Abnahme von Klimaanlagen? 295

○ 36. Beschreiben Sie bei der Abnahme die Durchführung der Funktionsprüfung und geben Sie zwei Hinweise zur Funktionsmessung. 296

●○ 37. Erläutern Sie die Begriffe Wartung, Inspektion, Instandhaltung und Instandsetzung. 297

●○ 38. Weshalb haben die Instandhaltungsmaßnahmen bei RLT-Anlagen schon seit Jahren einen so hohen Stellenwert erreicht? .... 296 ff.

○ 39. In welcher Form wird nach VDMA 24186 ein Leistungsprogramm für die Wartung aufgestellt? 298

○ 40. Geben Sie hinsichtlich der Wartung Vorteile bei RLT-Anlagen zu folgenden Stichworten eine kurze Erläuterung: Dichtheit, Nutzung, Gesundheit, Umwelt und Kosten. 299

●○ 41. Nennen Sie die Einzelmaßnahmen einer Inspektion sowie einige Angaben für eine Inspektionsanleitung. 300

○ 42. Wonach erfolgt eine Beurteilung (Vergleich) des Istzustandes einer Klimaanlage? Nennen Sie mögliche Kriterien hinsichtlich der erfaßten Bestandsmerkmale. 300

Kapitel 12 Hinweise zur Klimatisierung verschiedener Gebäude

● 1. Geben Sie Hinweise über eine Klimatisierung von Wohnräumen. 301

●○ 2. Nennen Sie ein Beispiel über eine dezentralisierte Luftbehandlung in einem großen Verwaltungsgebäude. Machen Sie Vorschläge für die einzelnen Raumgruppen. 301

●○ 3. Nennen Sie mindestens drei Klimasysteme für eine Büroklimatisierung, und geben Sie jeweils einen Hinweis. 302

○ 4. Nennen Sie drei wesentliche Merkmale einer Büroklimatisierung mit Deckeninduktionsgeräten. 302, 303

●○ 5. Anhand einer Skizze sind drei Luftführungsysteme in Büroräumen zu erklären. 303

●○ 6. Geben Sie Anhaltswerte für zulässige Kühllasten bei verschiedenen Zuluftdurchlässen. 303

●○ 7. Geben Sie für die Klimatisierung von Büroräumen Anhaltswerte für zulässige Schalldruckpegel, Beleuchtungsstärke und thermische Lasten. 303

●○ 8. Nennen Sie wesentliche Auslegungsgrundlagen bei der Büroklimatisierung, die schon vor Planungsbeginn festzulegen sind. 304

●○ 9. Welche bauliche, anlagenspezifische und nutzerbedingte Veränderungen haben schon seit Jahren zu einer drastischen Reduzierung des Energiebedarfs für die Klimatisierung geführt? Nennen Sie jeweils zwei Gründe. 304

○ 10. Geben Sie einige grundsätzliche Hinweise zur Klimatisierung von Datenverarbeitungsräumen. 304, 305

●○ 11. Worauf muß man bei der Klimatisierung von Hotelgebäuden achten? Geben Sie einen Hinweis zur Systemwahl. 306

●○ 12. Nennen Sie drei wesentliche Luftführungssysteme bei der Klimatisierung von Versammlungsräumen (Kulturbauten). 307, 308

●○ 13. Welche Abschnitte eines Geschäfts- und Warenhauses müssen in der Regel klimatisiert werden? Machen Sie jeweils einen Vorschlag. 308, 309

●○ 14. Geben Sie zur Luftbehandlung für Geschäfts- und Verkaufsstätten jeweils einen Hinweis zur Energieeinsparung, zur freien Lüftung und zum „türlosen Eingang". 310

●○ 15. In welchen Fällen ist eine Luftbehandlung (zumindest eine Teilklimatisierung) in Museen erforderlich? 311

Kapitel 13 Kältetechnik

●○ 26. Welche Aufgabe hat der Kühlwasserregler beim wassergekühlten Verflüssiger? Wann öffnet bzw. schließt er? 335

●○ 27. Was spricht gegen die Verwendung von Frischwasser zur Kondensatorkühlung? 335

●○ 28. Geben Sie die Temperaturen und Temperaturdifferenzen beim wassergekühlten Verflüssiger an. 335

●○ 29. Beschreiben Sie die Wirkungsweise und den Wärmeaustausch eines Kühlturms. 336

●○ 30. Nennen Sie anhand einer Skizze die wesentlichen Bauteile eines Kühlturms und die des Kühlwasserkreislaufs. 336

○ 31. Welche Angaben benötigt man für die Auslegung eines Kühlturms? .... 336 ff.

○ 32. Was versteht man bei der Kühlturmauslegung unter den Begriffen: Kühlgrenzabstand, Kühlzonenbreite und Abkühlungsgrad? .... 337 ff.

●○ 33. Gegen Sie einige Hinweise zur Wasserqualität beim Kühlturm. 337, 338

○ 34. Wie setzt sich der Zusatzwasserbedarf beim Kühlturm zusammen? Geben Sie jeweils einen Hinweis. 338

○ 35. Wovon hängt die Wirtschaftlichkeit eines Kühlturmbetriebs ab? 338

● 36. Worin besteht der Unterschied zwischen einer Kältemaschine und einer Wärmepumpe? 339

●○ 37. Nennen Sie 4 Anwendungsmöglichkeiten einer Wärmepumpe a) kondensatorseitig, b) verdampferseitig. 339

○ 38. Was versteht man unter einer „Wärmeverschiebung" innerhalb eines Gebäudes durch Einsatz von Wärmepumpen? Geben Sie eine kurze Beschreibung. 339

●○ 39. Welche Bedeutung hat der 2. Hauptsatz der Wärmelehre auf die Wärmeübertragung beim Verdampfer und Kondensator? 341

●○ 40. Tragen Sie in einer skizzierten Klimaanlage mit indirekter Kühlung (Raum, Klimazentrale, Kaltwassersatz, Kühlturm) sämtliche Temperaturen ein. 341

●○ 41. Welcher Zusammenhang besteht zwischen ϑ_0 und der Kaltwasseraustrittstemperatur des Kühlwassers beim Kondensator ab? 342

○ 42. Nennen Sie übliche Temperaturdifferenzen zwischen Kältemittel und Wasseraustrittstemperatur a) vom Verdampfer, b) vom Verflüssiger. 342

○ 43. Weshalb ist beim luftgekühlten Verflüssiger in der Regel eine höhere Kondensationstemperatur erforderlich als beim wassergekühlten? Genaue Begründung! 342

● 44. Nennen Sie verschiedene Wasser- und Luftströme auf der Verdampfer- und Kondensatorseite (Kältemaschine und Wärmepumpe). 343

○ 45. Welche Bedeutung hat der Förderstrom auf der Verdampfer- und Kondensatorseite, und welche Auswirkungen haben deren Änderungen auf ϑ_0 und ϑ_c? 343

●○ 46. Skizzieren und erläutern Sie den Temperaturverlauf beim Gleich- und Gegenstromprinzip. 344

●○ 47. Welchen Einfluß haben $\Delta\vartheta_m$ und der k-Wert auf die Austauschfläche und Leistung? 344

●○ 48. Wie ermittelt man den Förderstrom der Kalt- und Kühlwasserpumpe und die Verdampferfläche? 345

●○ 49. Ein großes freiliegendes Schwimmbecken wird durch eine W/W-Wärmepumpe beheizt. Erläutern Sie anhand eines Zahlenbeispiels, wie man den Förderstrom der Grundwasserpumpe berechnet. 346

●○ 50. Wozu dient das h,log p-Diagramm? Nennen Sie mind. 3 Anwendungsbeispiele. .... 346 ff.

●○ 51. Nennen Sie 5 Zustandsgrößen des Kältemittels, und zeigen Sie deren Verlauf im h,log p-Diagramm. 347

●○ 52. Wovon hängt die Wahl von p_0 und p_c a) bei der Kältemaschine und b) bei der Wärmepumpe ab? 347

○○ 53. Geben Sie eine Erläuterung zu den Begriffen: Entropie, isentrope und polytrope Zustandsänderung. 348

●○ 54. Zeigen Sie anhand einer Skizze wie man im h,log p-Diagramm folgende Begriffe darstellt: flüssiger Kältemittelanteil, Naß-. Satt- und Heißdampf, Verdampfungswärme, gesättigte und unterkühlte Kältemittelflüssigkeit. 348

●○ 55. Was bedeuten im h,log p-Diagramm die Begriffe h', h'', x = 0, Kritischer Punkt. 348

●○ 56. Skizzieren Sie den Kältekreislauf im h,log p-Diagramm mit Unterkühlung und Überhitzung und kennzeichnen Sie die Zustandsänderungen. 348, 349

●○ 57. Kennzeichnen Sie im h,log p-Diagramm die Enthalpiedifferenzen: Δh_0, Δh_w, Δh_c, Δh_u, Δh_{oh} und geben Sie jeweils deren Bedeutung an. 349

●○ 58. Wie erfolgt der Verlauf der Zustandsänderung im Verflüssiger einschließlich Enthitzung und Unterkühlung (Skizze)? 350

●○ 59. Während der Expansion erfolgt der Drosselvorgang in 2 Abschnitten. Geben Sie hierzu eine Erläuterung. 350

○ 60. Welchen Einfluß haben die Druckverluste in der Saug-, Heißgas- und Flüssigkeitsleitung auf den Kälteprozeß? 351

○ 61. Skizzieren Sie den theoretischen und den (unter Berücksichtung des Druckverlustes) realen Verlauf des Kältekreislaufs im h,log p-Diagramm. 351

●○ 62. Wo und wodurch entsteht eine Sauggasüberhitzung, und wozu wird diese gewünscht? Nennen Sie 2 Gründe. 351

●○ 63. Weshalb soll die Sauggasüberhitzung möglichst klein gehalten werden? 352

●○ 64. Weshalb soll die Kältemittelflüssigkeit unterkühlt zum Expansionsventil geführt werden? 352, 353

●○ 65. Was versteht man unter dem volumenbezogenen Kältegewinn, und wie wird dieser rechnerisch ermittelt? 353

○ 66. Was versteht man beim Verdichter unter den Begriffen Hubvolumenstrom und Liefergrad, und wie berechnet man daraus die Kälteleistung $\dot{Q}_0$? 353

○○ 67. Geben Sie einen Zusammenhang zwischen volumetrischem Kältegewinn, anzusaugendem Kältemitteldampf und Verdichterabmessung. 353, 354

●○ 68. Was versteht man unter der Leistungszahl ε? Geben Sie das Verhältnis mit Leistungsangaben und Δh-Werten (h,log p-Diagramm) an. 354

●○ 69. Zeigen Sie anhand einer Skizze (Diagramm), daß mit zunehmendem Δh_W die Leistungszahl schlechter wird. 355

●○ 70. Geben Sie die Leistungzahl einer Wärmepumpe (Heizzahl) mit Hilfe der Δh-Werte an. Weshalb ist diese immer größer als die bei der Kältemaschine und bei der Arbeitszahl? 355

●○ 71. Welche Maßnahmen kann man verdampfer- und verflüssigerseitig vornehmen, um die Leistungszahl zu verbessern a) bei der Kältemaschine b) bei der Wärmepumpe? 355

●○ 72. Welche Bedeutung hat die Carnot-Leistungszahl, und wie wird sie rechnerisch ermittelt a) bei der Kältemaschine, b) bei der Wärmepumpe? 356

●○ 73. Skizzieren Sie den Carnotprozeß im T,s- und h,p-Diagramm. Zeigen Sie außerdem, wie man mit Hilfe der Carnotzahl die Leistungszahl ε angeben kann. 357

○ 74. Welche Verluste entstehen beim Verdichter, und welche Wirkungsgrade entstehen daraus? 357, 358

○ 75. Wie ermittelt man die Klemmleistung des Verdichters mit Hilfe der Wirkungsgrade und der Leistungszahl und wie eine Leistungsaufnahme im Betriebsfall? 358

●○ 76. Wie berechnet man die Verdichterleistung der Kältemaschine P, wenn $\dot{Q}_c$ und ε_K bekannt sind? 358

●○ 77. Nach welchen Gesichtspunkten kann man Kältemittelverdampfer unterteilen? 360

●○ 78. Was versteht man unter einem trockenen Verdampfer? Nennen Sie 5 wesentliche Merkmale. 360

○ 79. Was versteht man unter einem überfluteten Verdampfer? Nennen Sie 3 wesentliche Merkmale. 361

●○ 80. Beschreiben Sie Aufbau und Wirkungsweise eines Koaxial-Verdampfers, und nennen Sie Vorteile. 362

○ 81. Was versteht man unter Topf- und Plattenverdampfer? Nennen Sie vom letzteren 3 Merkmale. 362

●○ 82. Nennen Sie 3 Merkmale eines Lamellenverdampfers. 363

●○ 83. Nennen Sie 3 wesentliche Merkmale eines Rohrbündelverflüssigers. 364

●○ 84. Welche Vorteile hat ein Koaxialverflüssiger, und wo wird er verwendet? 364

○ 85. Wann werden luftgekühlte Verflüssiger auch mit Radialventilatoren ausgeführt, und was versteht man unter einem Mehrkreisverflüssiger? 365, 366

○ 86. Wie funktioniert ein Verdunstungsverflüssiger, und weshalb hat er stark an Bedeutung verloren? 366

●○ 87. Geben Sie eine Übersicht über die wesentlichen Verdichterbauarten. 366

88. Erklären Sie die Begriffe Verdrängungsverdichter; offener, hermetischer und halbhermetischer Verdichter. 367

89. Nennen Sie 5 Merkmale des Hubkolbenverdichters hinsichtlich seines Betriebs. 367

90. Beschreiben Sie die Wirkungsweise eines Rollkolbenverdichters, und nennen Sie 4 Merkmale. 368

○ 91. Wie arbeitet ein Spiralverdichter (Scrollverdichter), und welche Vorteile hat er? 368

○ 92. Was versteht man unter einem Schraubenverdichter? Welcher Vorteile hat er, und wo wird er eingesetzt?. 369

○ 93. Worauf beruht die Wirkungsweise eines Turboverdichters, und wo liegen seine Vorteile? 369

●○ 94. Welche Aufgabe hat das Expansionsventil, und worauf beruht seine Wirkungsweise? 370

○ 95. Weshalb könnte man beim Expansionsventil auch von einem „Überhitzungsregeler" sprechen? Was heißt: „Δp entspricht der Überhitzung"? 370

●○ 96. Beschreiben Sie die Wirkungsweise des Expansionsventils mit äußerem Druckausgleich. 371

○ 97. Weshalb können durch den Druckabgleich $p_{Fü} = (p_o - \Delta_p) + p_{Fe}$ Verdampfungs- und Überhitzungstemperatur näher beisammen liegen? 371

○ 98. Welche energetischen Vorteile hat ein elektronisches Expansionsventil? 371

○ 99. Stellen Sie die Merkmale eines saug- und druckbelüfteten Kühlturms gegenüber. Welche Kühltürme werden in der Klimatechnik vorwiegend verwendet? 372

○ 100. Worin besteht der Unterschied zwischem einem Kühlturm mit offenem und einem mit geschlossenem Kühlwasserkreislauf? 372, 373

○ 101. Wie und wo werden Kühltürme montiert? Skizzieren Sie einen geschlossenen Kühlturm. 373

○ 102. Nach welchen Methoden kann ein Kühlturm geregelt werden? 373

●○ 103. Weshalb muß eine Kälteanlage evakuiert werden, und wie geschieht das? 374

○ 104. Wodurch kann Feuchtigkeit in die Kälteanlage gelangen, und zu welchen schädlichen Auswirkungen kann es dann kommen? 374

●○ 105. Wo wird der Filtertrockner eingebaut? Welche Aufgaben hat er zu erfüllen, und welche Trockenmittel verwendet man? 373

●○ 106. Welche Aufgaben hat das Schauglas in der Kältemittelleitung? Wo wird es eingebaut, und wie arbeitet der Feuchtigkeitsindikator? 374

○ 107. Wann ist in der Kälteanlage ein Ölabscheider erforderlich? 375

○ 108. Welche Aufgaben haben folgende Armaturen und Geräte in der Kälteanlage jeweils zu erfüllen: Magnetventil, Rückschlagventil, Sicherheitsventil, Verdampfungs- und Verflüssigungsregler, Temperaturregler, Startregler, Leistungsregler, Pressostat, Über- und Unterdruckschalter und Strömungswächter? 376

○ 109. Nennen Sie mindestens 5 Grundregeln hinsichtlich der Verwendung und Montage von Kältemittelleitungen.

●○ 110. Nennen Sie mindestens 5 wesentliche Anforderungen, die an ein Kältemittel gestellt werden. 377

●○ 111. Was bedeutet bei der Kennzeichnung der Kältemittel (z. B R 22) der Buchstabe und die Zahl? 377

●○ 112. Erklären Sie die Begriffe: vollhalogenierte, teilhalogenierte Kältemittel. 377

○ 113. Welche Konsequenzen und Entwicklungen ergeben sich durch die Halon-Verbotsverordnung? 378

○ 114. Was versteht man hinsichtlich der Verwendung von FCKW-Kältemitteln unter den Begriffen: Treibhaus- und Ozonabbaupotential (GWP, ODP und TEWI)? 378

●○ 115. Nennen Sie gebräuchliche herkömmliche Kältemittel und Ersatzkältemittel in der Klima- und Wärmepumpentechnik. 378

○ 116. Durch welche Kältemittel sollen R 11, R 12, R 502 ersetzt werden? 378

●○ 117. Nennen Sie jeweils drei Vor- und Nachteile des Kältemittels Ammoniak. 379

○ 118. Welche Vor- und Nachteile hat Propan als Kältemittel? Nennen Sie die wesentlichen Merkmale. 379

●○ 119. Nennen Sie 5 wesentliche Auswahl- und Einsatzkriterien von Ersatzkältemitteln. 380

○ 120. Nennen Sie Vergleichskriterien beim Einsatz von Kältemittelölen. 380

●○ 121. Was versteht man unter Sole, wann ist sie erforderlich, und welchen Einfluß hat sie auf Wärmeübergang und Druckverlust? 380

○ 122. Wovon hängt der regelungstechnische Aufwand einer Kälteanlage ab? 381

●○ 123. Wie erfolgt die Kompressorregelung, und was ist dabei zu beachten? 381

○ 124. Was versteht man unter leistungsgeregelten Kompressoren? Nennen Sie Beispiele! 381

○○ 125. Beschreiben Sie die Saugdruckregelung beim Kältekreislauf. 382

○○ 126. Was versteht man unter einem Verdampfungsdruckregler mit thermostatischem Pilotventil? 382

○ 127. Erklären Sie anhand einer Skizze die Wirkungsweise der Heißgasbypaßregelung. 382, 383

○ 128. Weshalb muß die Heißgasbypaßregelung bei größeren Leistungen z. B. durch eine Stufenregelung ergänzt werden, und wozu ist ein Nacheinspritzventil erforderlich? 383

●○ 129. Wie erfolgt die Regelung des Verdampfers und Verflüssigers (wasser- und luftgekühlt)? 383

○ 130. Worin besteht der Unterschied zwischen der Kaltdampf-und Kaltluftkältemaschine? 384

○ 131. Worauf beruht die Wirkungsweise der Kaltluftmaschine, und welche Nachteile verhindert deren Einsatz? 384, 385

○○ 132. Beschreiben Sie anhand einer Skizze Aufbau und Wirkungsweise der Absorptionskältemaschine. 385

○ 133. Welche Aufgaben hat bei der Absorptionsmaschine der Absorber und Austreiber, und was versteht man unter der „reichen Lösung"? 385, 386

○ 134. Nennen Sie die Vorteile der Absorptionsmaschine. Wann ist der Betrieb besonders wirtschaftlich? 386

○○ 135. Worauf beruht die Wirkungsweise des Dampfstrahlkälteprozesses und der thermoelektrischen Kühlung (Peltier)? 386

●○ 136. Was versteht man unter Kältespeicherung und welche zwei grundsätzlichen Möglichkeiten gibt es? 387

●○ 137. Weshalb ist eine Kaltwasserspeicherung für eine größere Zeitspanne unwirtschaftlich? 387

○ 138. Beschreiben Sie den Aufbau eines Eisspeichers und erklären Sie, weshalb die Speicherfähigkeit nur mit etwa 50 kWh/m^3 angegeben wird, obwohl die Schmelzwärme $\approx$ 92,2 Wh/kg beträgt? 388

●○ 139. Was versteht man beim Eisspeicher unter der Entladeleistung? 388

○ 140. Wie geht man bei der Bedarfsermittlung und der Auslegung des Eisspeichers vor? 388, 389

○ 141. Zeigen Sie anhand einer Skizze (Bedarfskurve) folgende Begriffe: Gebäudelastprofil, gespeicherte Kälteenergie während der Niedertarifzeit, Kälteenergie der Kältemaschine während des Tages bei Vollast, verfügbare Energie durch Entladung des Eisspeichers. 388, 389

●○ 142. Begründen Sie a) die geringeren Investitionskosten und b) die geringeren Betriebskosten einer Kälteanlage mit Eisspeicher. 389

○ 143. Nennen Sie wesentliche Entwicklungstendenzen und Neuentwicklungen von Eisspeicheranlagen. 389, 390

○ 144. Beschreiben Sie nach freier Wahl ein Kältemittelschema. 390

15. DIN-Normen und VDI-Richtlinien in der Raumlufttechnik (Auszug)

DIN-Normen

378	DIN EN (7 T) Kälteanlagen und Wärmepumpen, Anforderungen
1886	(E DIN EN) Lüftung von Gebäuden – Zentrale Luftbehandlungsgeräte, . . .
1946–1	Raumlufttechnik; Terminologie, und graphische Symbole
1946–2	Gesundheitstechnische Anforderungen
1946–4	RLT-Anlagen in Krankenhäusern
1946–6	Lüftung von Wohnungen
1946–7	RLT-Anlagen in Laboratorien
4102–6	Brandverhalten, Lüftungsleitungen
4108	Wärmeschutz. . . T. 3 Klimabedingter Feuchteschutz
4109	Schallschutz im Hochbau (7 Teile)
	Ausführung von Wärme- und Kältedämmungen
5035	Innenraumbeleuchtung mit künstlichem Licht (T. 1–7)
4797	Nachströmöffnungen, Strömungswiderstand
4799	Luftführungssysteme für OP
8957–1	Raumklimageräte; Begriffe
8957–2	– Prüfbedingungen
8957–3	– Prüfung bei Kühlbetrieb
8957–4	– Prüfung bei Heizbetrieb
8960	Kältemittel; Anforderungen
8962	Kältemittel (Begriffe, Kurzzeichen)
8971	Verflüssigersätze
8975	Kälteanlagen, Sicherheitstechnische Grundsätze (T. 1 bis T. 10)
12924	Laboreinrichtungen (Abzüge)
18017–3	Lüftung von Bädern und Toilettenräumen ohne Außenfenster mit Ventilatoren
18032–1	Sporthallen und Hallen für Mehrfachnutzung
18379	VOB-Bedingungen für Bauleistungen, Teil C, ATV, RLT-Anlagen
18910	Klima in geschlossenen Ställen
24145	Wickelfalzrohre
24146	Flexible Rohre
24150	Verbindungsarten für Blechrohre und Formstücke
24151	Rohre für Schweißverbindungen
24152	Rohre gefalzt
24154	Flachflansche
24184	Typprüfung von Schwebstoffiltern
24185	Filterprüfung für allg. RLT (T. 1, 2)
24190	Kanalbauteile für lufttechn. Anlagen – Blechkanäle gefalzt, geschweißt
24191	Kanalformstücke; gefalzt, geschweißt
24192	Verbindungen (Kanalbauteile)
24193–3	Flansche, Flach-, Winkelflansche
24194–2	Dichtheitsprüfung, -klassen
33403–1	Klima am Arbeitsplatz und Arbeitsumgebung
50012	Luftfeuchtemeßverfahren
52210	Luft- und Trittschalldämmung

VDI-Richtlinien

2044	Abnahme von Ventilatoren
2049	Abnahme von Trockenkühltürmen
2051	RLT-Anlagen in Laboratorien
2052	RLT-Anlagen für Küchen
2053	RLT-Anlagen für Garagen
2054	RLT-Anlagen für Datenverarbeitung
2058	Beurteilung von Arbeitslärm in der Nachbarschaft
2067–3	Kostenberechnung von Wärmeversorgungsanlagen, Raumluft-Technik
2067–6	Wärmepumpen
2071	Wärmerückgewinnung in RLT-Anlagen
2073	Hydraulische Schaltungen in Heizungs- und RLT-Anlagen
2078	Berechnung der Kühllast
2079	Abnahmeprüfung von RLT-Anlagen
2080	Meßverfahren und Meßgeräte für RLT-Anlagen
2081	Geräuscherzeugung und Lärmminderung in RLT-Anlagen
2082	RLT-Anlagen für Geschäftshäuser und Verkaussstätten
2083	Reinraumtechnik (T. 1, 2, 3, 5)
2084	RLT-Anlagen für Schweißräume
2087	Luftkanäle (Bemessung, Schalldämpfung, Wärmeverluste)
2089	Raumlufttechnik, Hallenbäder
2262	Staubbekämpfung am Arbeitsplatz
2265	Staubsituation am Arbeitsplatz
2310	Maximale Immissionswerte
2567	Schallschutz durch Schalldämpfer
2720–1	Schallschutz durch Abschirmung im Freien
2720–2	– in Räumen
2720–3	– im Nahfeld
3492	Messen von Innenraumluftverunreinigungen
3525	Regelung von RLT-Anlagen
3801	Betreiben von RLT-Anlagen
3802	RLT-Anlagen für Fertigungsstätten
3803	RLT-Anlagen, bauliche und technische Anforderungen
3804	RLT-Anlagen für Bürogebäude
3807	Energieverbrauchskennwerte für Gebäude
3814	Gebäudetechnik (T. 1–4)
3882–1	Bestimmung der Geruchsintensität

VDMA-Blätter

24167	Sicherheitsanforderungen bei Ventilatoren
24168	Luftdurchlässe (Luftstrommessung)
24169–1	Bauliche Explosionsschutzmaßnahmen an Ventilatoren
24176	Inspektion von lufttechnischen Anlagen
24186–1	Leistungsprogramm für die Wartung von RLT-Anlagen
24186–3	desgl. von kältetechnischen Anlagen
24772	Sensoren zur Messung der Raumluftqualität in Innenräumen

Arbeitsstättenrichtlinien

AMEV-Richtlinien (Arbeitskreis Maschinen und Elektrotechnik staatl. und kommunaler Verwaltungen)

RLT-Anlagen-Bau für öffentliche Gebäude
Baulicher Sonnenschutz an öffentlichen Gebäuden
Energieverbrauchswerte
Empfehlungen zur Sicherstellung sparsamer Energieverwendung
Bedienen von RLT-Anlagen in öffentlichen Gebäuden

Sachwortverzeichnis